SOLIDWORKS 2020 中文版
完全实战一本通

云智造技术联盟 编著

·北京·

内容提要

本书通过大量的工程实例和容量超大的同步视频，系统地介绍了 SOLIDWORKS 2020 中文版的新功能、入门必备基础知识、各种常用操作命令的使用方法，以及应用 SOLIDWORKS 2020 进行工程设计的思路、实施步骤和操作技巧。

全书共分为 15 章，主要包括 SOLIDWORKS 2020 入门、草图绘制基础、基础特征建模、附加特征建模、特征编辑、特征管理、曲线、曲面造型、钣金设计、装配体设计、动画制作、工程图的绘制、交互动画制作工具 SOLIDWORKS Composer、SOLIDWORKS Motion 运动仿真、SOLIDWORKS Simulation 有限元分析等内容。

书中所有案例均提供配套的视频、素材及源文件，扫二维码即可轻松观看或下载使用。另外，还超值赠送全国成图大赛试题集、SOLIDWORKS 行业案例设计方案及同步视频讲解。

本书内容丰富实用，操作讲解细致，图文并茂，语言简洁，思路清晰，非常适合 SOLIDWORKS 初学者、相关行业设计人员自学使用，也可作为高等院校及培训机构相关专业的教材及参考书。

图书在版编目（CIP）数据

SOLIDWORKS 2020 中文版完全实战一本通/云智造技术联盟编著. —北京：化学工业出版社，2020.5

ISBN 978-7-122-36281-0

Ⅰ. ①S…　Ⅱ. ①云…　Ⅲ. ①计算机辅助设计-应用软件　Ⅳ. ①TP391.72

中国版本图书馆 CIP 数据核字（2020）第 033206 号

责任编辑：耍利娜

责任校对：边　涛　　　　装帧设计：王晓宇

出版发行：化学工业出版社（北京市东城区青年湖南街 13 号　邮政编码 100011）

印　　装：三河市延风印装有限公司

787mm×1092mm　1/16　印张 31¼　字数 827 千字　2020 年 8 月北京第 1 版第 1 次印刷

购书咨询：010-64518888　　　　售后服务：010-64518899

网　　址：http://www.cip.com.cn

凡购买本书，如有缺损质量问题，本社销售中心负责调换。

定　　价：89.00 元

前言

SOLIDWORKS是世界上第一套基于Windows系统开发的三维CAD软件。该软件以参数化特征造型为基础，具有功能强大、易学易用等特点，是当前非常优秀的中高端三维CAD软件之一。SOLIDWORKS能够提供不同的设计方案，减少设计过程中的错误并提高产品质量。自从1996年SOLIDWORKS引入中国以来，受到了业界的广泛好评，许多高等院校也将SOLIDWORKS用作教学和课程设计的首选软件。

在万众期待中，SOLIDWORKS 2020于2019年9月18日正式发布，该版本在装配设计、草图绘制、有限元分析、可视化设计等方面增加了一些新功能，可以更好地帮助企业和设计团队提高工作效率。本书即基于目前最新版本的SOLIDWORKS 2020展开介绍，结合初学者的学习心理和学习规律，在内容编排上注重由浅入深，从易到难，在讲解过程中及时给出经验总结和相关提示，帮助读者快捷地掌握所学知识。

本书主要特色如下：

① **内容全面，知识体系完善。**本书循序渐进地介绍了SOLIDWORKS的常用功能及新功能，涵盖了草图绘制、基础特征建模、附加特征建模、特征编辑、特征管理、曲线、曲面造型、钣金设计、装配体设计、动画制作、工程图的绘制、交互动画制作工具、运动仿真和有限元分析等知识。一书在手，SOLIDWORKS知识便能全精通。

② **实例丰富，边学边做更高效。**通过案例引导，可让读者在学习的过程中快速了解SOLIDWORKS 2020的用途，并加深对知识点的掌握，在学中做，从做中学，不断巩固提高，举一反三。

③ **软件版本新，适用范围广。**本书基于目前最新的SOLIDWORKS 2020版本编写而成，同样适合SOLIDWORKS 2019、SOLIDWORKS 2018、SOLIDWORKS 2016等低版本软件的读者操作学习。

④ **微视频学习更便捷。**为了方便读者学习，本书中的重要知识点和案例都有相应的讲解视频，超过240集高清视频录像（动画演示），扫书中二维码边学边看，像看电影一样

轻松愉悦地学习本书内容，大大提高学习效率。

⑤ **大量学习资源轻松获取。**除书中配套视频外，本书还同步赠送全部实例的素材及源文件，方便读者对照学习；另外再特意赠送 SOLIDWORKS 行业案例设计方案及讲解视频，总时长达 285 分钟。

⑥ **优质的在线学习服务。**本书的作者团队成员都是行业内认证的专家，免费为读者提供答疑解惑服务，读者在学习过程中若遇到技术问题，可以通过 QQ 群等方式随时随地与作者及其他同行在线交流。

本书由云智造技术联盟编著。云智造技术联盟是一个集 CAD/CAM/CAE 技术研讨、工程开发、培训咨询和图书创作于一体的工程技术人员协作联盟，包含 20 多位专职和众多兼职 CAD/CAM/CAE 工程技术专家，主要成员有赵志超、张辉、赵黎黎、朱玉莲、徐声杰、卢园、杨雪静、孟培、闫聪聪、李兵、甘勤涛、孙立明、李亚莉、王敏、张亭、井晓翠、解江坤、胡仁喜、刘昌丽、康士廷、毛瑢、王玮、王艳池、王培合、王义发、王玉秋、张俊生等。

由于编者的水平有限，加之时间仓促，书中疏漏之处在所难免，恳请广大专家、读者不吝赐教。如有任何问题，欢迎大家联系 714491436@qq.com，及时向我们反馈，也欢迎加入本书学习交流群 QQ：828475667，与同行一起交流探讨。

编著者

目录

SOLIDWORKS 2020

第 1 章

SOLIDWORKS 2020 入门

1

第 2 章

草图绘制基础

23

第3章
基础特征建模

第 4 章 附加特征建模

第 9 章 钣金设计

第 10 章 装配体设计

第11章 动画制作

第12章 工程图的绘制

第 13 章 交互动画制作工具 SOLIDWORKS Composer

第14章 SOLIDWORKS Motion 运动仿真

第15章 SOLIDWORKS Simulation 有限元分析

第 1 章

SOLIDWORKS 2020 入门

SOLIDWORKS 应用程序是一套机械设计自动化软件，它采用了大家所熟悉的 Microsoft Windows 图形用户界面。使用这套简单易学的工具，机械设计工程师能快速地按照其设计思想绘制出草图，并运用特征与尺寸绘制模型实体、装配体及详细的工程图。

除了进行产品设计外，SOLIDWORKS 还集成了强大的辅助功能，可以对设计的产品进行三维浏览、运动模拟、碰撞和运动分析、受力分析等。

知识点

- SOLIDWORKS 的设计思想
- SOLIDWORKS 2020 简介
- 文件管理
- SOLIDWORKS 工作环境设置
- SOLIDWORKS 术语

1.1 SOLIDWORKS 的设计思想

利用 SOLIDWORKS 不仅可以生成二维工程图而且可以生成三维零件，并可以利用这些三维零件生成二维零件工程图及三维装配体，如图 1-1 所示。

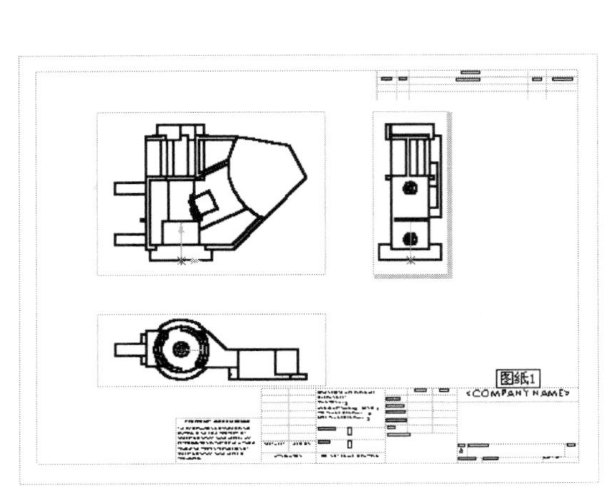

二维零件工程图

三维装配体

图 1-1 SOLIDWORKS 示例

1.1.1 三维设计的 3 个基本概念

（1）实体造型

实体造型就是在计算机中用一些基本元素来构造机械零件的完整几何模型。传统的工程设计方法是设计人员在图纸上利用几个不同的投影图来表示一个三维产品的设计模型，图纸上还有很多人为的规定、标准、符号和文字描述。对于一个较为复杂的部件，要用若干张图纸来描述。尽管这样，图纸上还是密布着各种线条、符号和标记等。工艺、生产和管理等部门的人员再去认真阅读这些图纸，理解设计意图，通过不同视图的描述想象出设计模型的每一个细节。这项工作非常艰苦，由于一个人的能力有限，设计人员不可能保证图纸的每个细节都正确。尽管经过层层设计主管检查和审批，图纸上的错误也是在所难免。

对于过于复杂的零件，设计人员有时只能采用代用毛坯，边加工设计边修改，经过长时间的艰苦工作后才能给出产品的最终设计图纸。所以，传统的设计方法严重影响着产品的设计制造周期和产品质量。

利用实体造型软件进行产品设计时，设计人员可以在计算机上直接进行三维设计，在屏幕上能够见到产品的真实三维模型，所以这是工程设计方法的一个突破。在产品设计中的一个总趋势就是：产品零件的形状和结构越复杂，更改越频繁，采用三维实体软件进行设计的优越性越突出。

当零件在计算机中建立模型后，工程师就可以在计算机上很方便地进行后续环节的设计工作，如部件的模拟装配、总体布置、管路铺设、运动模拟、干涉检查以及数控加工与模拟等。所以，它为在计算机集成制造和并行工程思想指导下实现整个生产环节采用统一的产品信息模型奠定了基础。

大体上有 6 类完整的表示实体的方法：单元分解法；空间枚举法；射线表示法；半空间表示法；构造实体几何（CSG）；边界表示法（B-rep）。

只有后两种方法能正确地表示机械零件的几何实体模型，但仍有不足之处。

（2）参数化

传统的 CAD 绘图技术都用固定的尺寸值定义几何元素。输入的每一条线都有确定的位置。要想修改图面内容，只有删除原有线条后重画。而新产品的开发设计需要多次反复修改，进行零件形状和尺寸的综合协调和优化。对于定型产品的设计，需要形成系列，以便针对用户的生产特点提供不同吨位、功率、规格的产品型号。参数化设计可使产品的设计图随着某些结构尺寸的修改和使用环境的变化而自动修改图形。

参数化设计一般是指设计对象的结构形状比较定型，可以用一组参数来约束尺寸关系。参数的求解较为简单，参数与设计对象的控制尺寸有着明显的对应关系，设计结果的修改受到尺寸的驱动。生产中最常用的系列化标准件就属于这一类型。

（3）特征

特征是一个专业术语，它兼有形状和功能两种属性，包括特定几何形状、拓扑关系、典型功能、绘图表示方法、制造技术和公差要求。特征是产品设计与制造者最关注的对象，是产品局部信息的集合。特征模型利用高一层次的具有过程意义的实体（如孔、槽、内腔等）来描述零件。

基于特征的设计是把特征作为产品设计的基本单元，并将机械产品描述成特征的有机集合。

特征设计有突出的优点，在设计阶段就可以把很多后续环节要使用的有关信息放到数据库中。这样便于实现并行工程，使设计绘图、计算分析、工艺性审查到数控加工等后续环节工作都能顺利完成。

1.1.2 设计过程

在 SOLIDWORKS 系统中，零件、装配体和工程都属于对象，它采用了自顶向下的设计方法创建对象，图 1-2 显示了这种设计过程。

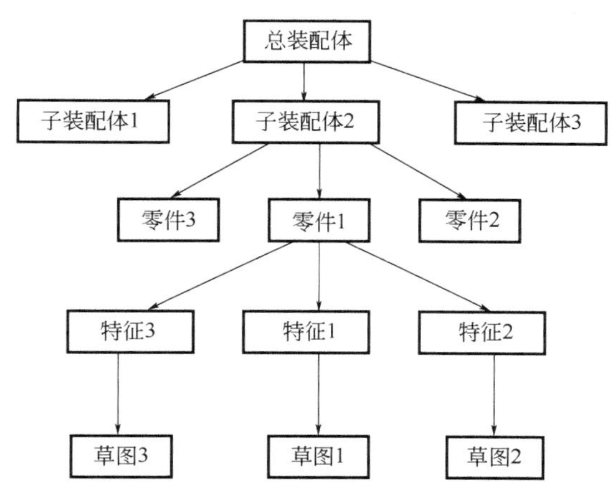

图 1-2　自顶向下的设计方法

图 1-2 所示的层次关系充分说明在 SOLIDWORKS 系统中，零件设计是核心；特征设计是关键；草图设计是基础。

草图指的是二维轮廓或横截面。对草图进行拉伸、旋转、放样或沿某一路径扫描等操作后即生成特征，如图 1-3 所示。

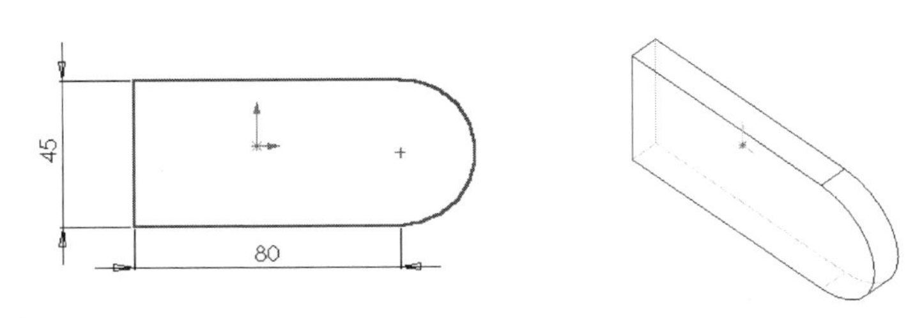

图 1-3　二维草图经拉伸生成特征

特征是指可以通过组合生成零件的各种形状（如凸台、切除、孔等）及操作（如圆角、倒角、抽壳等），图 1-4 所示给出了几种特征。

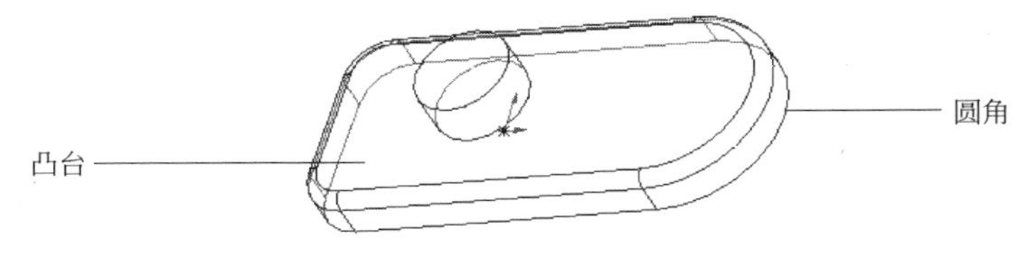

图 1-4　特征

1.1.3 设计方法

零件是 SOLIDWORKS 系统中最主要的对象。传统的 CAD 设计方法是由平面（二维）到立体（三维），如图 1-5（a）所示。工程师首先设计出图纸，工艺人员或加工人员根据图纸还原出实际零件。然而在 SOLIDWORKS 系统中却是工程师直接设计出三维实体零件，然后根据需要生成相关的工程图，如图 1-5（b）所示。

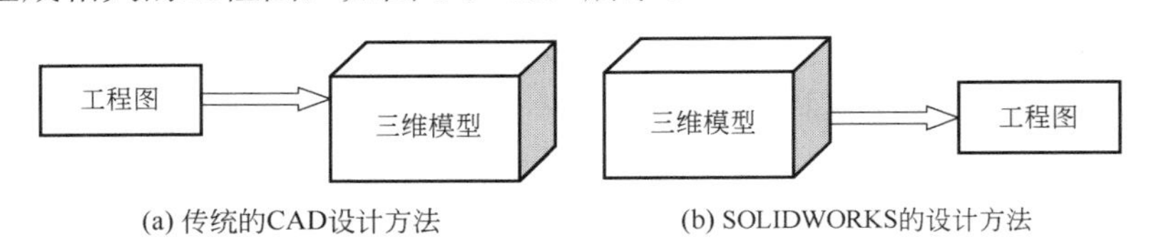

图 1-5　设计方法示意图

此外，SOLIDWORKS 系统的零件设计的构造过程类似于真实制造环境下的生产过程，如图 1-6 所示。

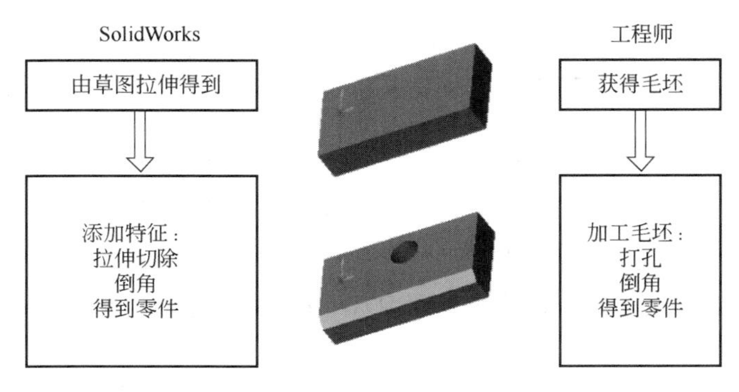

图 1-6　在 SOLIDWORKS 中生成零件

装配件是若干零件的组合，是 SOLIDWORKS 系统中的对象，通常用来实现一定的设计功能。在 SOLIDWORKS 系统中，用户先设计好所需的零件，然后根据配合关系和约束条件将零件组装在一起，生成装配件。使用配合关系，可相对于其他零部件来精确地定位零部件，还可定义零部件如何相对于其他的零部件移动和旋转。通过继续添加配合关系，还可以将零部件移到所需的位置。配合会在零部件之间建立几何关系，例如共点、垂直、相切等。每种配合关系对于特定的几何实体组合有效。

图 1-7 所示是一个简单的装配体，由顶盖和底座 2 个零件组成。设计、装配过程如下：

①设计出两个零件；②新建一个装配体文件；③将两个零件分别拖入到新建的装配体文件中；④使顶盖底面和底座顶面重合，顶盖底一个侧面和底座对应的侧面重合，将顶盖和底座装配在一起，从而完成装配工作。

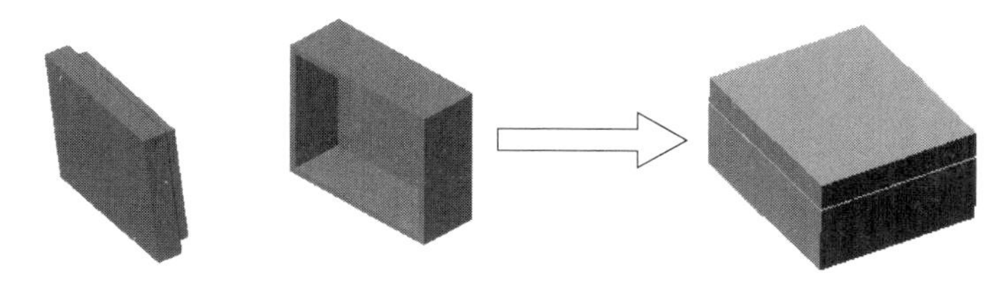

图 1-7　在 SOLIDWORKS 中生成装配体

工程图就是常说的工程图纸，是 SOLIDWORKS 系统中的对象，用来记录和描述设计结果，是工程设计中的主要档案文件。

用户根据设计好的零件和装配件，按照图纸的表达需要，通过 SOLIDWORKS 系统中的命令，生成各种视图、剖面图、轴侧图等，然后添加尺寸说明，得到最终的工程图。图 1-8 所示显示了一个零件的多个视图，它们都是由实体零件自动生成的，无须进行二维绘图设计，这也体现了三维设计的优越性。此外，当对零件或装配体进行了修改，则对应的工程图文件也会相应地修改。

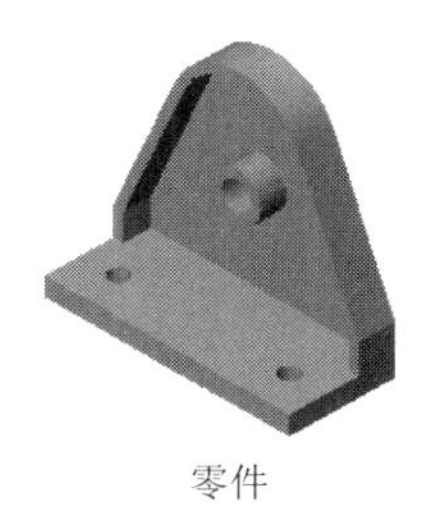

零件

主视图

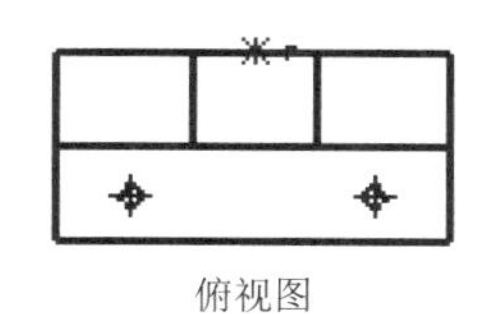

俯视图

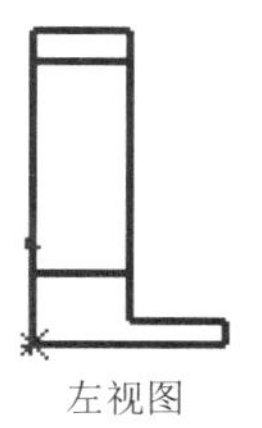

左视图

图 1-8　SOLIDWORKS 中生成的工程图

1.2　SOLIDWORKS 2020 简介

扫一扫，看视频

SOLIDWORKS 公司推出的 SOLIDWORKS 2020 在创新性、使用的方便性以及界面的人性化等方面都得到了增强，性能和质量也有了大幅度的提升，同时开发了更多 SOLIDWORKS 新设计功能，使产品开发流程发生根本性的变革；支持全球性的协作和连接，增强了项目的广泛合作。

SOLIDWORKS 2020 在用户界面、草图绘制、特征、成本、零件、装配体、SOLIDWORKS Enterprise PDM、Simulation、运动算例、工程图、出样图、钣金设计、输出和输入以及网络协同等方面都得到了增强，至少比原来的版本增强了 250 个使用功能，使用户使用更方便。本节将介绍 SOLIDWORKS 2020 的一些基本知识。

1.2.1 启动 SOLIDWORKS 2020

SOLIDWORKS 2020 安装完成后，就可以启动该软件了。在 Windows 操作环境下，单击屏幕左下角的“开始”→“所有程序”→“SOLIDWORKS 2020”命令，或者双击桌面上 SOLIDWORKS 2020 的快捷方式图标，就可以启动该软件。SOLIDWORKS 2020 的启动画面如图 1-9 所示。

图 1-9 SOLIDWORKS 2020 的启动画面

启动画面消失后，系统进入 SOLIDWORKS 2020 的初始界面，初始界面中只有几个菜单栏和“标准”工具栏，如图 1-10 所示，用户可在设计过程中根据自己的需要打开其他工具栏。

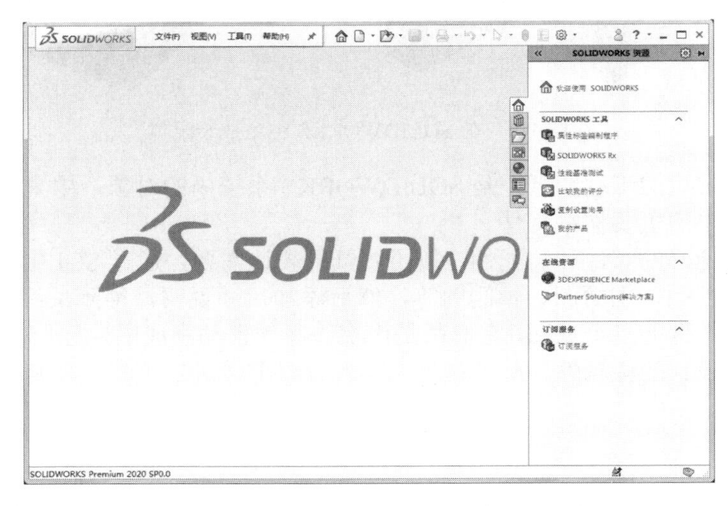

图 1-10 SOLIDWORKS 2020 的初始界面

1.2.2 新建文件

单击“标准”工具栏中的（新建）按钮，或者单击菜单栏中的“文件”→“新建”命令，弹出“新建 SOLIDWORKS 文件”对话框，如图 1-11 所示，其按钮的功能如下。

- （零件）按钮：双击该按钮，可以生成单一的三维零部件文件。
- （装配体）按钮：双击该按钮，可以生成零件或其他装配体的排列文件。
- （工程图）按钮：双击该按钮，可以生成属于零件或装配体的二维工程图文件。

单击（零件）→“确定”按钮，即进入完整的用户界面。

在 SOLIDWORKS 2020 中，“新建 SOLIDWORKS 文件”对话框有两个版本可供选择，一个是高级版本，另一个是新手版本。

在如图 1-11 所示的新手版本的“新建 SOLIDWORKS 文件”对话框中单击“高级”按钮，即进入高级版本的“新建 SOLIDWORKS 文件”对话框，如图 1-12 所示。

高级版本在各个标签上显示模板图标的对话框，当选择某一文件类型时，模板预览出现在预览框中。在该版本中，用户可以保存模板，添加自己的标签，也可以选择 MBD 标签来访问指导教程模板。

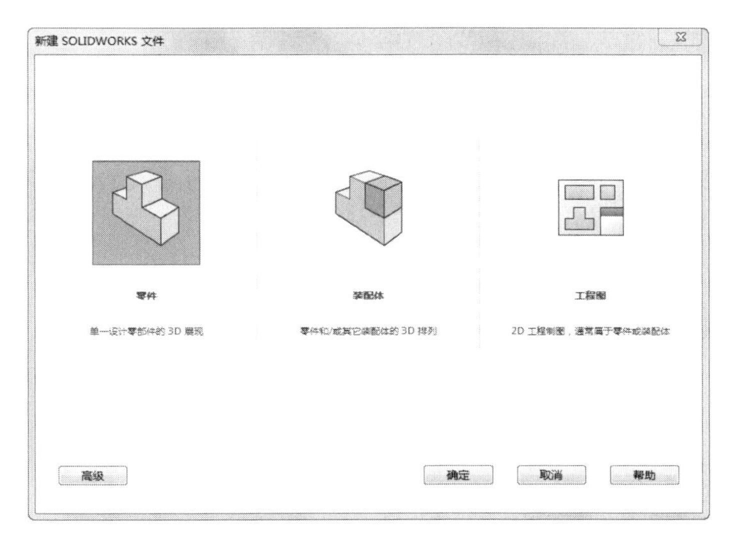

图 1-11 “新建 SOLIDWORKS 文件”对话框

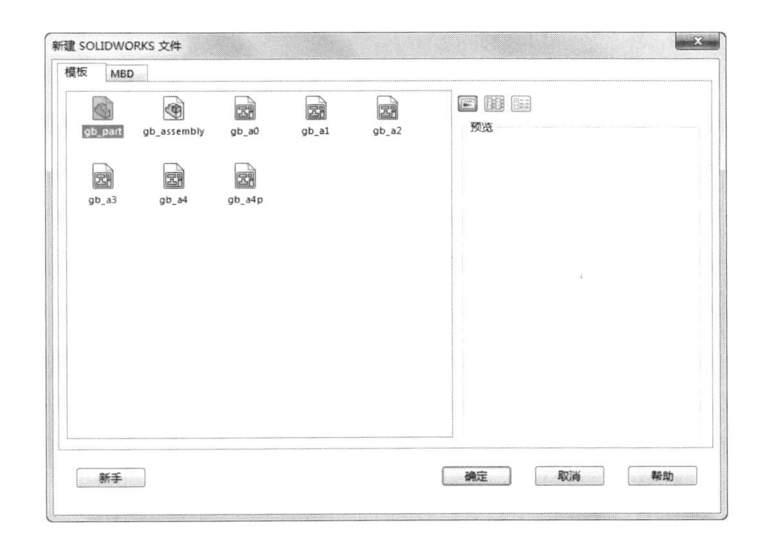

图 1-12 高级版本的“新建 SOLIDWORKS 文件”对话框

1.2.3 SOLIDWORKS 用户界面

新建一个零件文件后，进入 SOLIDWORKS 2020 用户界面，如图 1-13 所示。其中包括菜单栏、工具栏、特征管理区、图形区和状态栏等。

装配体文件和工程图文件与零件文件的用户界面类似，在此不再赘述。

菜单栏包含了所有 SOLIDWORKS 的命令，工具栏可根据文件类型（零件、装配体或工程图）来调整和放置并设定其显示状态。SOLIDWORKS 用户界面底部的状态栏可以提供设计人员正在执行的功能的有关信息。下面介绍该用户界面的一些基本功能。

（1）菜单栏

菜单栏显示在标题栏的下方，默认情况下菜单栏是隐藏的，只显示“标准”工具栏，如图 1-14 所示。

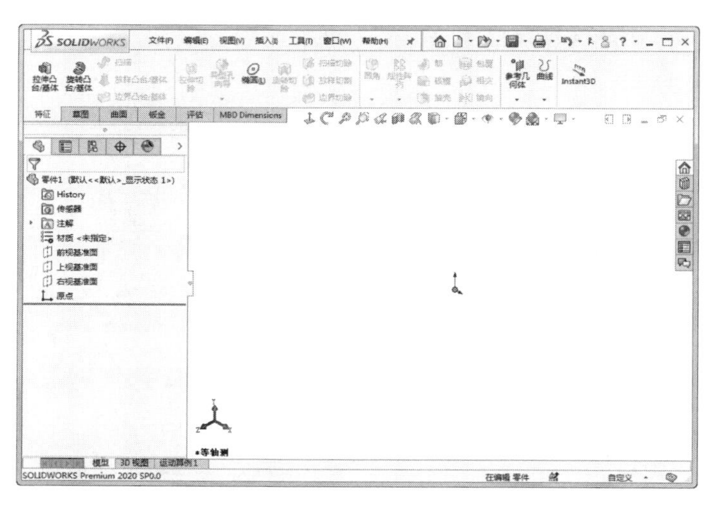

图 1-13　SOLIDWORKS 2020 的用户界面

图 1-14　“标准”工具栏

要显示菜单栏需要将光标移动到 SOLIDWORKS 图标上或单击它，显示的菜单栏如图 1-15 所示。若要始终保持菜单栏可见，需要单击（图钉）图标更改为钉住状态，其中最关键的功能集中在“插入”菜单和“工具”菜单中。

图 1-15　菜单栏

通过单击工具栏按钮旁边的下移方向键，可以打开带有附加功能的弹出菜单。这样可以通过工具栏访问更多的菜单命令。例如，（保存）按钮的下拉菜单包括“保存”“另存为”和“保存所有”命令，如图 1-16 所示。

SOLIDWORKS 的菜单项对应于不同的工作环境，其相应的菜单以及其中的命令也会有所不同。在以后的应用中会发现，当进行某些任务操作时，不起作用的菜单会临时变灰，此时将无法应用该菜单。

如果选择保存文档提示，则当文档在指定间隔（分钟或更改次数）内保存时，将出现“未保存的文档通知”对话框，如图 1-17 所示。其中，包含“保存文档”和“保存所有文档”命令，它将在几秒后淡化消失。

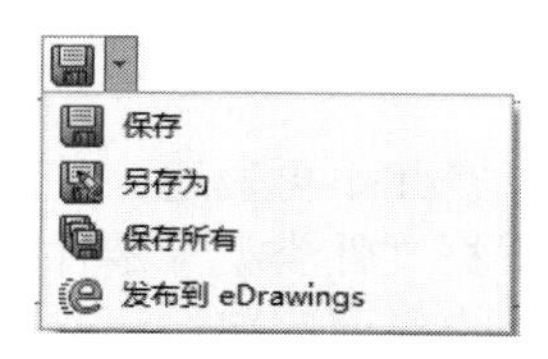

图 1-16　“保存”按钮的下拉菜单

图 1-17　“未保存的文档通知”对话框

（2）工具栏

SOLIDWORKS 中有很多可以按需要显示或隐藏的内置工具栏。单击菜单栏中的“视图”→“工具栏”命令，或者在工具栏区域右击，弹出快捷菜单。单击“自定义”命令，在打开的“自定义”对话框中勾选“视图”复选框，会出现浮动的“视图”工具栏，可以自由拖动将其放置在需要的位置上，如图 1-18 所示。

此外，还可以设定哪些工具栏在没有文件打开时可显示，或者根据文件类型（零件、装配体或工程图）来放置工具栏并设定其显示状态（自定义、显示或隐藏）。例如，保持“自定义”对话框的打开状态，在 SOLIDWORKS 用户界面中，可对工具栏按钮进行如下操作：

- 从工具栏上一个位置拖动到另一位置；
- 从一工具栏拖动到另一工具栏；
- 从工具栏拖动到图形区中，即从工具栏上将之移除。

有关工具栏命令的各种功能和具体操作方法将在后面的章节中作具体的介绍。

在使用工具栏或工具栏中的命令时，将指针移动到工具栏图标附近，会弹出消息提示，显示该工具的名称及相应的功能，如图 1-19 所示，显示一段时间后，该提示会自动消失。

（3）状态栏

状态栏位于 SOLIDWORKS 用户界面底端的水平区域，提供了当前窗口中正在编辑内容的状态，以及指针位置坐标、草图状态等信息。典型信息如下。

- 简要说明：当将指针移到一工具上时或单击一菜单项目时的简要说明。
- 重建模型图标：在更改了草图或零件而需要重建模型时，重建模型图标会显示在状态栏中。

图 1-18 调用“视图”工具栏

图 1-19　消息提示

■ 草图状态：在编辑草图过程中，状态栏中会出现 5 种草图状态，即完全定义、过定义、欠定义、没有找到解、发现无效的解。在考虑零件完成之前，应该完全定义草图。

■ 测量实体：为所选实体常用的测量，诸如边线长度。

■ “重装”按钮：在使用协作选项时用于访问“重装”对话框的图标。

■ 单位系统 MMGS：可在状态栏中显示激活文档的单位系统，并可以更改或自定义单位系统。

■ 显示或隐藏标签文本框图标：该标签用来将关键词添加到特征和零件中以方便搜索。

（4）FeatureManager 设计树

FeatureManager 设计树位于 SOLIDWORKS 用户界面的左侧，是 SOLIDWORKS 中比较常用的部分，它提供了激活的零件、装配体或工程图的大纲视图，从而可以很方便地查看模型或装配体的构造情况，或者查看工程图中不同的图纸和视图。

FeatureManager 设计树和图形区是动态链接的。在使用时可以在任何窗格中选择特征、草图、工程视图和构造几何线。FeatureManager 设计树可以用来组织和记录模型中各个要素之间的参数信息和相互关系，以及模型、特征和零件之间的约束关系等，几乎包含了所有设计信息。FeatureManager 设计树如图 1-20 所示。

FeatureManager 设计树的功能主要有以下几个方面。

■ 以名称来选择模型中的项目，即可通过在模型中选择其名称来选择特征、草图、基准面及基准轴。SOLIDWORKS 在这一项中很多功能与 Windows 操作界面类似，例如在选择的同时按住<Shift>键，可以选取多个连续项目；在选择的同时按住<Ctrl>键，可以选取非连续项目。

■ 确认和更改特征的生成顺序。在 FeatureManager 设计树中利用拖动项目可以重新调整特征的生成顺序，这将更改重建模型时特征重建的顺序。

■ 通过双击特征的名称可以显示特征的尺寸。

- 如要更改项目的名称，在名称上缓慢单击两次以选择该名称，然后输入新的名称即可，如图 1-21 所示。
- 压缩和解除压缩零件特征和装配体零部件，在装配零件时是很常用的，同样，如要选择多个特征，在选择的时候按住〈Ctrl〉键。
- 右击清单中的特征，然后选择父子关系，以便查看父子关系。
- 右击，在设计树中还可显示特征说明、零部件说明、零部件配置名称、零部件配置说明等项目。
- 将文件夹添加到 FeatureManager 设计树中。

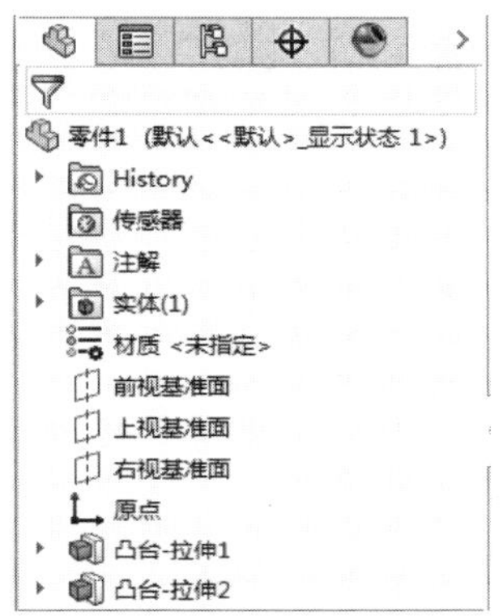

图 1-20　FeatureManager 设计树

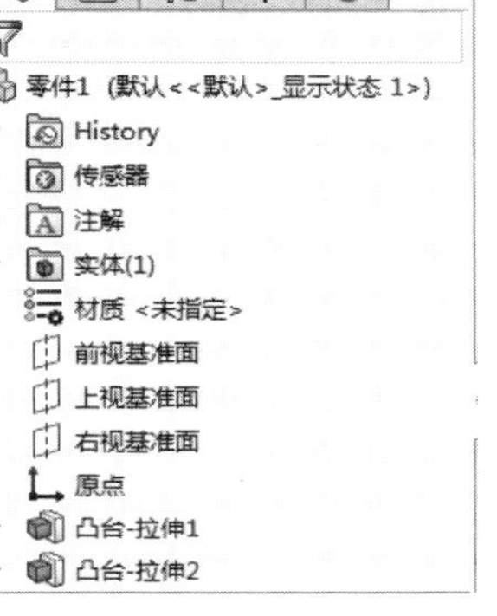

图 1-21　在 FeatureManager 设计树中更改项目名称

对 FeatureManager 设计树的熟练操作是应用 SOLIDWORKS 的基础，也是应用 SOLIDWORKS 的重点，由于其功能强大，不能一一列举，在后几章中会多次用到，只有在学习的过程中熟练应用设计树的功能，才能提高建模的效率。

（5）PropertyManager 标题栏

PropertyManager 标题栏一般会在初始化时使用，PropertyManager 为其定义命令时自动出现。编辑草图并选择草图特征进行编辑时，所选草图特征的 PropertyManager 将自动出现。

激活 PropertyManager 时，FeatureManager 设计树会自动出现。欲扩展 FeatureManager 设计树，可以在其中单击文件名称左侧的▸符号 。FeatureManager 设计树是透明的，不会影响对其下面模型的修改。

1.3 文件管理

扫一扫，看视频

除了上面讲述的新建文件外，常见的文件管理工作还有打开文件、保存文件、退出系统等，下面简要介绍。

1.3.1 打开文件

在 SOLIDWORKS 2020 中，可以打开已存储的文件，对其进行相应的编辑和操作。打开文件的操作步骤如下。

① 单击菜单栏中的“文件”→“打开”命令，或者单击“标准”工具栏中的（打开）按钮，执行打开文件命令。

② 系统弹出如图 1-22 所示的“打开”对话框，在该对话框的“文件类型”下拉列表框中选择文件的类型，选择不同的文件类型，在对话框中会显示文件夹中对应文件类型的文件。

单击“显示预览窗格”按钮，选择的文件就会显示在对话框中右上角窗口中，但是并不打开该文件。

选取了需要的文件后，单击对话框中的“打开”按钮，就可以打开选择的文件，对其进行相应的编辑和操作。

在“文件类型”下拉列表框菜单中，并不限于SOLIDWORKS类型的文件，还可以调用其他软件（如ProE、Catia、UG等）所形成的图形并对其进行编辑，图1-23所示是“文件类型”下拉列表框。

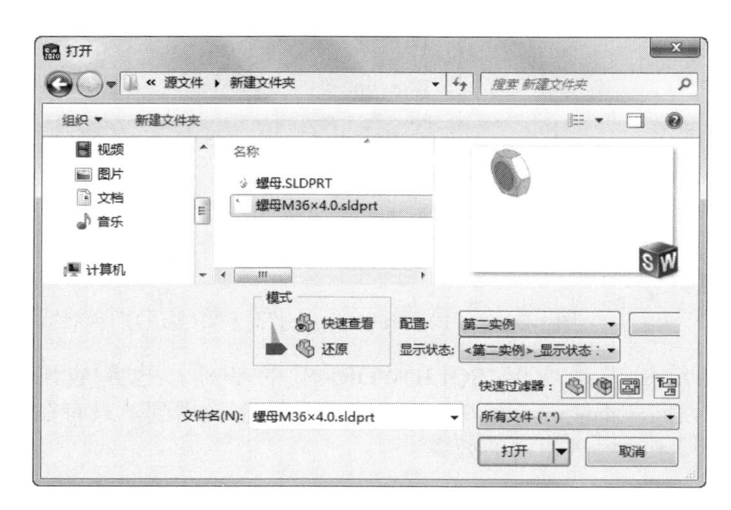

图1-22 “打开”对话框

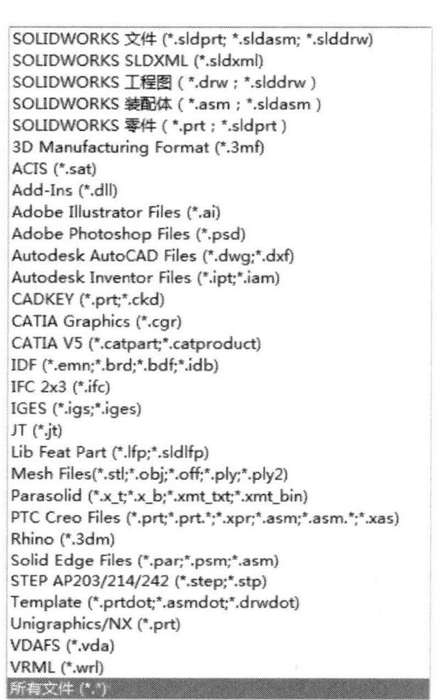

图1-23 “文件类型”下拉列表框

1.3.2 保存文件

已编辑的图形只有保存后，才能在需要时打开该文件对其进行相应的编辑和操作。保存文件的操作步骤如下。

单击菜单栏中的“文件”→“保存”命令，或者单击“标准”工具栏中的（保存）按钮，执行保存文件命令，此时系统弹出如图1-24所示的“另存为”对话框。在该对话框的“保存在”下拉列表框中选择文件存放的文件夹，在“文件名”文本框中输入要保存的文件名称，在“保存类型”下拉列表框中选择所保存文件的类型。通常情况下，在不同的工作模式下，系统会自动设置文件的保存类型。

在“保存类型”下拉列表框中，并不限于SOLIDWORKS类型的文件，如“*.SLDPRT”“*.SLDASM”和“*.slddrw”。也就是说，SOLIDWORKS不但可以把文件保存为自身的类型，还可以保存为其他类型，方便其他软件对其进行调用并编辑。

在如图1-24所示的“另存为”对话框中，可以将文件保存的同时备份一份。保存备份文件，需要预先设置保存的文件目录。设置备份文件保存目录的步骤如下。

单击菜单栏中的“工具”→“选项”命令，系统弹出如图1-25所示的“系统选项-备份/恢复”对话框，单击“系统选项”选项卡中的“备份/恢复”选项，在“备份文件夹”文本框中可以修改保存备份文件的目录。

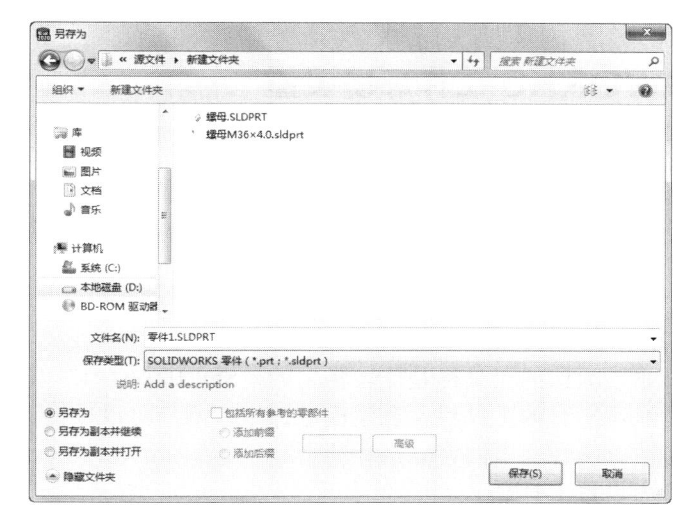

图 1-24 “另存为”对话框

图 1-25 “系统选项-备份/恢复”对话框

1.3.3 退出 SOLIDWORKS 2020

在文件编辑并保存完成后，就可以退出 SOLIDWORKS 2020 系统。单击菜单栏中的“文件”→“退出”命令，或者单击系统操作界面右上角的×（退出）按钮，可直接退出。

如果对文件进行了编辑但没有保存文件，或者在操作过程中，不小心执行了退出命令，会弹出系统提示框，如图 1-26 所示。如果要保存对文件的修改，则单击“全部保存”按钮，系统会保存修改后的文件，并退出 SOLIDWORKS 系统；如果不保存对文件的修改，则单击“不保存”按钮，系统不保存修改后的文件，并退出 SOLIDWORKS 系统；单击“取消”按钮，则取消退出操作，回到原来的操作界面。

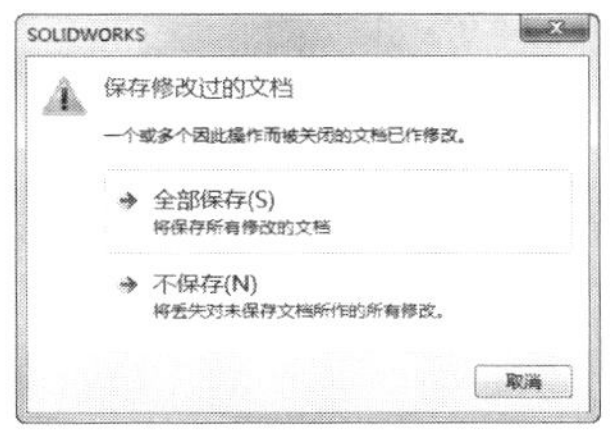

图 1-26 系统提示框

1.4 SOLIDWORKS 工作环境设置

扫一扫，看视频

要熟练地使用一套软件，必须先认识软件的工作环境，然后设置适合自己的使用环境，这样可以使设计工作更加便捷。SOLIDWORKS 软件同其他软件一样，可以根据自己的需要显示或者隐藏工具栏，以及添加或者删除工具栏中的命令按钮，还可以根据需要设置零件、装配体和工程图的工作界面。

1.4.1 设置工具栏

SOLIDWORKS 系统默认的工具栏是比较常用的，SOLIDWORKS 有很多工具栏，由于图形区的限制，不能显示所有的工具栏。在建模过程中，用户可以根据需要显示或者隐藏部分工具栏，其设置方法有两种，下面将分别介绍。

（1）利用菜单命令设置工具栏

利用菜单命令添加或者隐藏工具栏的操作步骤如下。

① 单击菜单栏中的“工具”→“自定义”命令，或者在工具栏区域右击，在弹出的快捷菜单中单击“自定义”命令，此时系统弹出“自定义”对话框，如图 1-27 所示。

② 单击对话框中的“工具栏”选项卡，此时会出现系统所有的工具栏，勾选需要打开的工具栏复选框。

③ 确认设置。单击对话框中的“确定”按钮，在图形区中会显示选择的工具栏。

如果要隐藏已经显示的工具栏，取消对工具栏复选框的勾选，然后单击“确定”按钮，此时在图形区中将会隐藏取消勾选的工具栏。

（2）利用鼠标右键设置工具栏

利用鼠标右键添加或者隐藏工具栏的操作步骤如下。

① 在工具栏区域右击，系统会出现“工具栏”快捷菜单，如图 1-28 所示。

图 1-27 “自定义”对话框

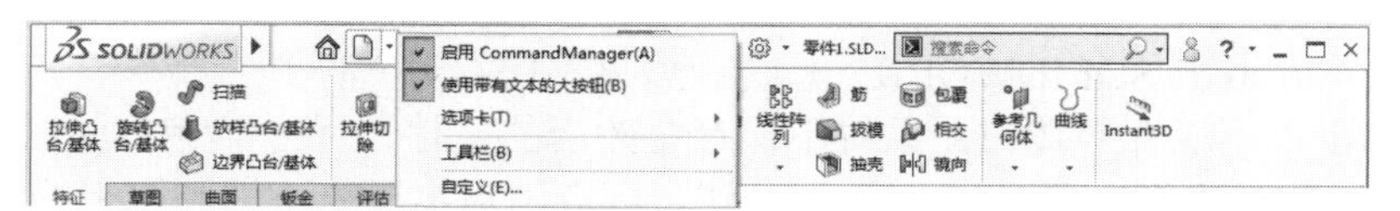

图 1-28 “工具栏”快捷菜单

② 单击需要的工具栏，前面复选框的颜色会加深，则图形区中将会显示选择的工具栏；如果单击已经显示的工具栏，前面复选框的颜色会变浅，则图形区中将会隐藏选择的工具栏。

隐藏工具栏还有一个简便的方法，即先选择界面中不需要的工具栏，用鼠标将其拖到图形区中，此时工具栏上会出现标题栏。图 1-29 所示是拖至图形区中的“注解”工具栏，单击“注解”工具栏右上角中的 （关闭）按钮，则图形区将隐藏该工具栏。

图 1-29 “注解”工具栏

1.4.2 设置工具栏命令按钮

系统默认工具栏中，并没有包括平时所用的所有命令按钮，用户可以根据自己的需要添加或者删除命令按钮。

设置工具栏中命令按钮的操作步骤如下。

① 单击菜单栏中的“工具”→“自定义”命令，或者在工具栏区域右击，在弹出的快捷菜单中单击“自定义”命令，此时系统弹出“自定义”对话框。

② 单击该对话框中的“命令”选项卡，此时出现“命令”选项卡的“类别”选项组和“按钮”选项组，如图 1-30 所示。

图 1-30 “自定义”对话框的“命令”选项卡

③ 在“类别”选项组中选择工具栏，此时会在“按钮”选项组中出现该工具栏中所有的命令按钮。

④ 在“按钮”选项组中，单击选择要增加的命令按钮，然后按住鼠标左键拖动该按钮到要放置的工具栏上，然后松开鼠标左键。

⑤ 单击对话框中的“确定”按钮，则工具栏上会显示添加的命令按钮。

如果要删除无用的命令按钮，只要打开“自定义”对话框的“命令”选项卡，然后在要删除的按钮上用鼠标左键拖动到图形区，即可删除该工具栏中的命令按钮。

例如，在“草图”工具栏中添加“椭圆”命令按钮。先单击菜单栏中的“工具”→“自定义”命令，打开“自定义”对话框，然后单击“命令”选项卡，在“类别”选项组中选择“草图”工具栏。在“按钮”选项组中单击选择⋃（抛物线）按钮，按住鼠标左键将其拖到“草图”工具栏中合适的位置，然后松开鼠标左键，该命令按钮即可添加到工具栏中。图 1-31 所示为添加命令按钮前后“草图”工具栏的变化情况。

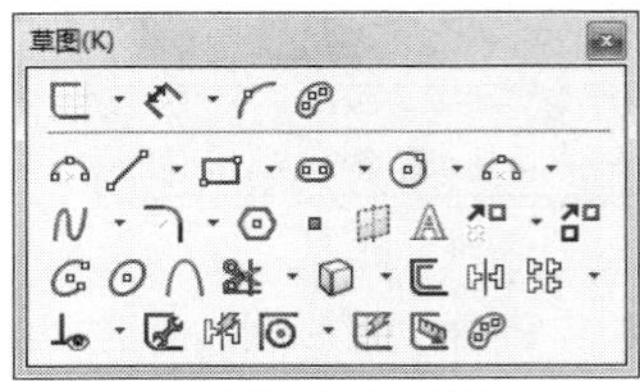

（a）添加命令按钮前

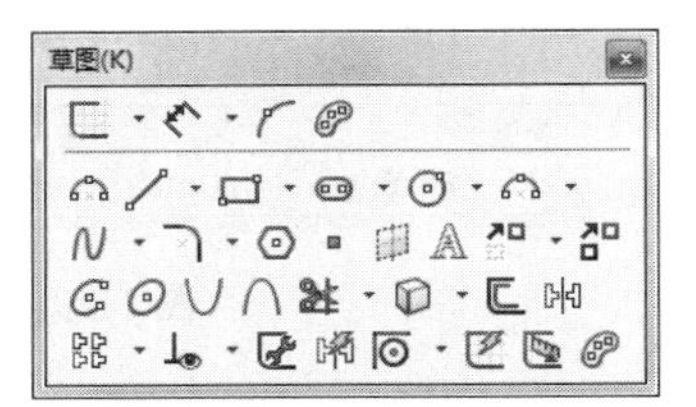

（b）添加命令按钮后

图 1-31　添加命令按钮

技巧荟萃

对工具栏添加或者删除命令按钮时，对工具栏的设置会应用到当前激活的 SOLIDWORKS 文件类型中。

1.4.3　设置快捷键

除了可以使用菜单栏和工具栏执行命令外，SOLIDWORKS 软件还允许用户通过自行设置快捷键的方式来执行命令，其操作步骤如下。

① 单击菜单栏中的“工具”→“自定义”命令，或者在工具栏区域右击，在弹出的快捷菜单中单击“自定义”命令，此时系统弹出“自定义”对话框。

② 单击对话框中的“键盘”选项卡，如图 1-32 所示。

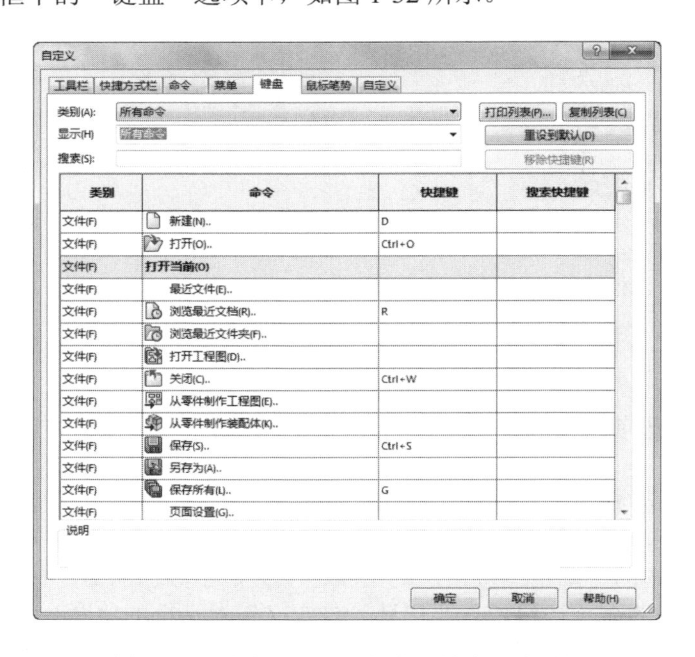

图 1-32　“自定义”对话框的“键盘”选项卡

③ 在“类别”下拉列表框中选择“所有命令”选项，然后在下面列表的“命令”选项中选择要设置快捷键的命令。

④ 在“快捷键”选项中输入要设置的快捷键，输入的快捷键就出现在“当前快捷键”选项中。

⑤ 单击对话框中的“确定”按钮，快捷键设置成功。

技巧荟萃

① 如果设置的快捷键已经被使用过，则系统会提示该快捷键已被使用，必须更改要设置的快捷键。

② 如果要取消设置的快捷键，在“键盘”选项卡中选择“快捷键”选项中设置的快捷键，然后单击对话框中的“移除”按钮，则该快捷键就会被取消。

1.4.4 设置背景

在 SOLIDWORKS 中，可以更改操作界面的背景及颜色，以设置个性化的用户界面。设置背景的操作步骤如下。

① 单击菜单栏中的“工具”→“选项”命令，此时系统弹出“系统选项-颜色”对话框。

② 在对话框的“系统选项”选项卡的左侧列表框中选择“颜色”选项，如图 1-33 所示。

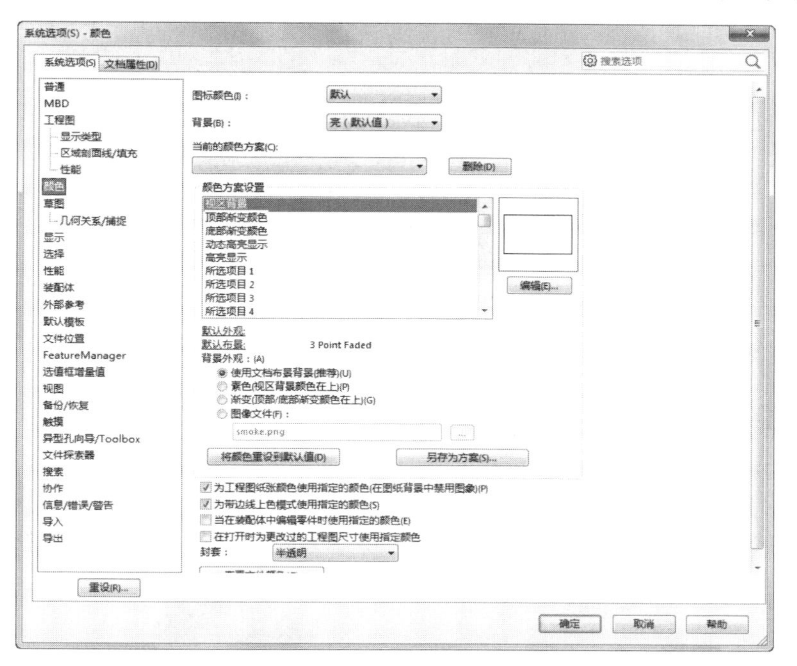

图 1-33 “系统选项-颜色”对话框

③ 在“颜色方案设置”列表框中选择“视区背景”选项，然后单击“编辑”按钮，此时系统弹出如图 1-34 所示的“颜色”对话框，在其中选择设置的颜色，然后单击“确定”按钮。可以使用该方式，设置其他选项的颜色。

④ 单击“系统选项-颜色”对话框中的“确定”按钮，系统背景颜色设置成功。

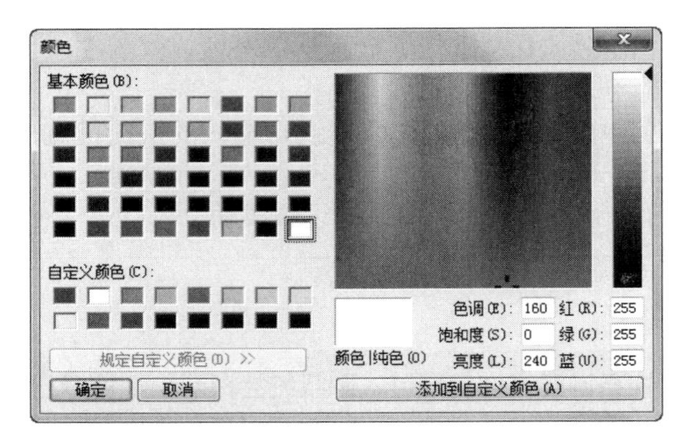

图 1-34 “颜色”对话框

在如图 1-33 所示对话框的“背景外观”选项组中，点选下面 4 个不同的单选钮，可以得到不同的背景效果，用户可以自行设置，在此不再赘述。图 1-35 所示为一个设置好背景颜色的零件图。

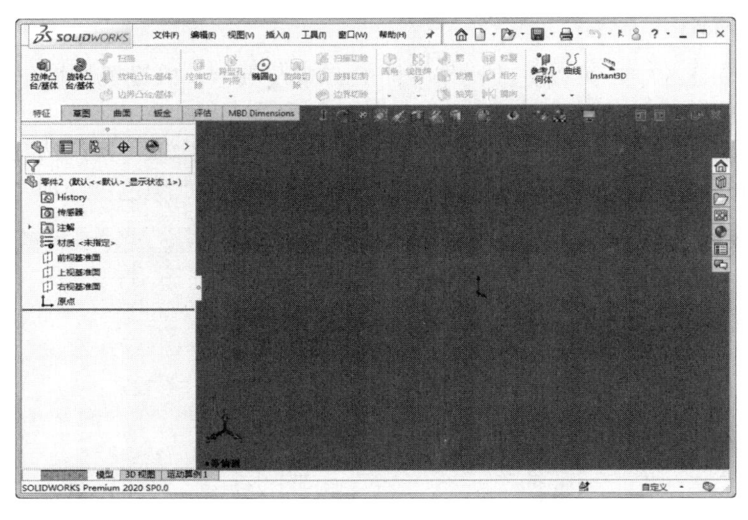

图 1-35 设置好背景颜色的零件图

1.4.5 设置实体颜色

系统默认的绘制模型实体的颜色为灰色。在零部件和装配体模型中，为了使图形有层次感和真实感，通常改变实体的颜色。下面结合具体例子说明设置实体颜色的步骤。图 1-36（a）所示为系统默认颜色的零件模型，图 1-36（b）所示为设置颜色后的零件模型。

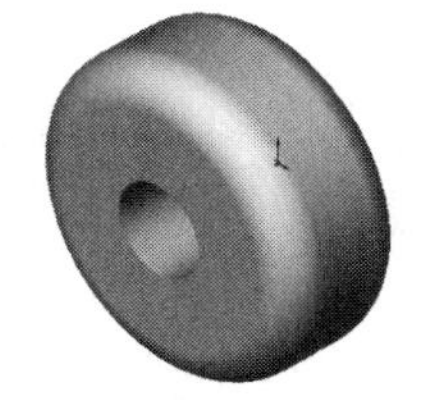

（a）系统默认颜色的零件模型

（b）设置颜色后的零件模型

图 1-36 设置实体颜色图示

① 在特征管理器中选择要改变颜色的特征，此时图形区中相应的特征会改变颜色，表示已选中的面，然后右击，在弹出的快捷菜单中单击“外观”下拉按钮，如图 1-37 所示。

② 选择特征，系统弹出的“颜色”属性管理器如图 1-38 所示，可在“颜色”选项中单击选择需要改变的颜色。

图 1-37 快捷菜单

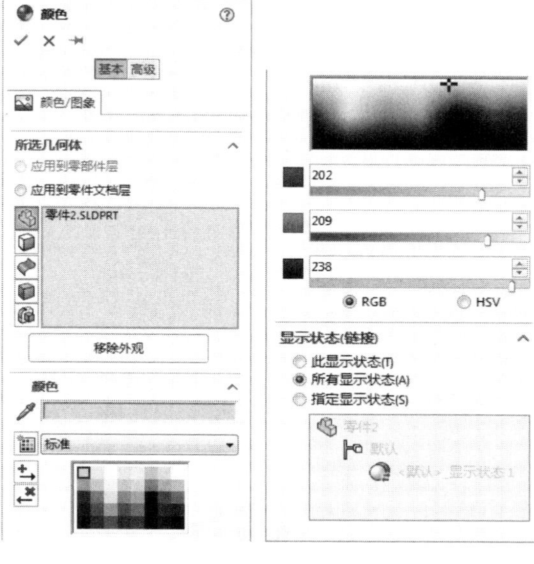

图 1-38 “外观”属性管理器

③ 单击“外观”对话框中的✔（确定）按钮，完成实体颜色的设置。

在零件模型和装配体模型中，除了可以对特征的颜色进行设置外，还可以对面进行设置。首先在图形区中选择面，然后右击，在弹出的快捷菜单中进行设置，步骤与设置特征颜色类似。

在装配体模型中还可以对整个零件的颜色进行设置，一般在特征管理器中选择需要设置的零件，然后对其进行设置，步骤与设置特征颜色类似。

技巧荟萃

对于单个零件而言，设置实体颜色渲染实体，可以使模型更加接近实际情况，更逼真。对于装配体而言，设置零件颜色可以使装配体具有层次感，方便观测。

1.4.6 设置单位

在三维实体建模前，需要设置好系统的单位，系统默认的单位为 MMGS（毫米、克、秒），可以使用自定义的方式设置其他类型的单位系统以及长度单位等。

下面以修改长度单位的小数位数为例，说明设置单位的操作步骤。

① 单击菜单栏中的“工具”→“选项”命令。

② 系统弹出“系统选项-普通”对话框，单击该对话框中的“文档属性”选项卡，然后在左侧列表框中选择“单位”选项，如图 1-39 所示。

③ 将对话框中“基本单位”选项组中“长度”选项的“小数”设置为无，然后单击“确定”按钮。图 1-40 所示为设置单位前后的图形比较。

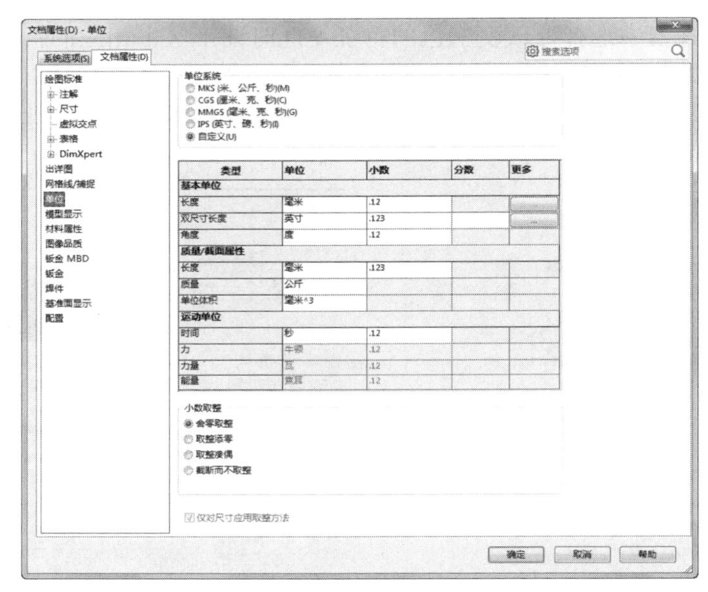

图 1-39 “单位”选项

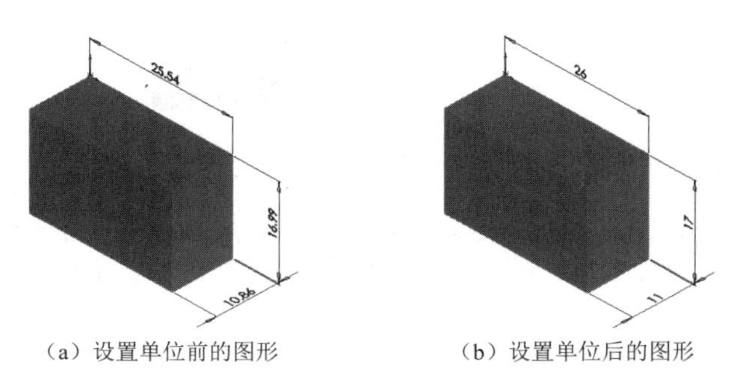

（a）设置单位前的图形 （b）设置单位后的图形

图 1-40 设置单位前后图形比较

1.5 SOLIDWORKS 术语

扫一扫，看视频

在学习使用一个软件之前，需要对这个软件中常用的一些术语进行简单的了解，从而避免因为语言理解而产生的歧义。

（1）文件窗口

SOLIDWORKS 文件窗口有两个窗格，如图 1-41 所示。

窗口的左侧窗格包含以下项目。

■ FeatureManager 设计树列出零件、装配体或工程图的结构。

■ 属性管理器提供了绘制草图及与 SOLIDWORKS 2020 应用程序交互的另一种方法。

■ ConfigurationManager 提供了在文件中生成、选择和查看零件及装配体的多种配置的方法。

窗口的右侧窗格为图形区域，此窗格用于生成和操纵零件、装配体或工程图。

（2）控标

控标允许用户在不退出图形区域的情形下，动态地拖动和设置某些参数，如图 1-42 所示。

（3）常用模型术语

如图 1-43 所示。

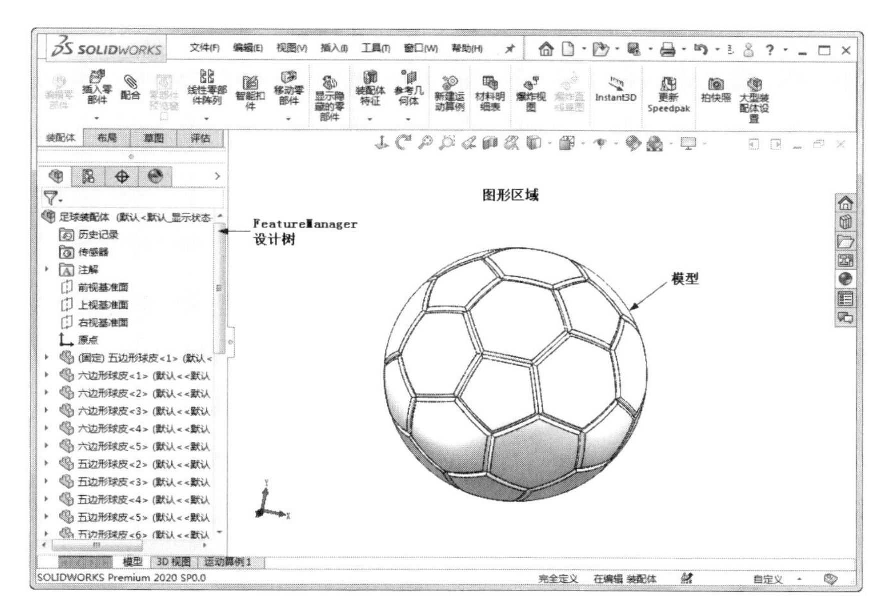

图 1-41　文件窗口

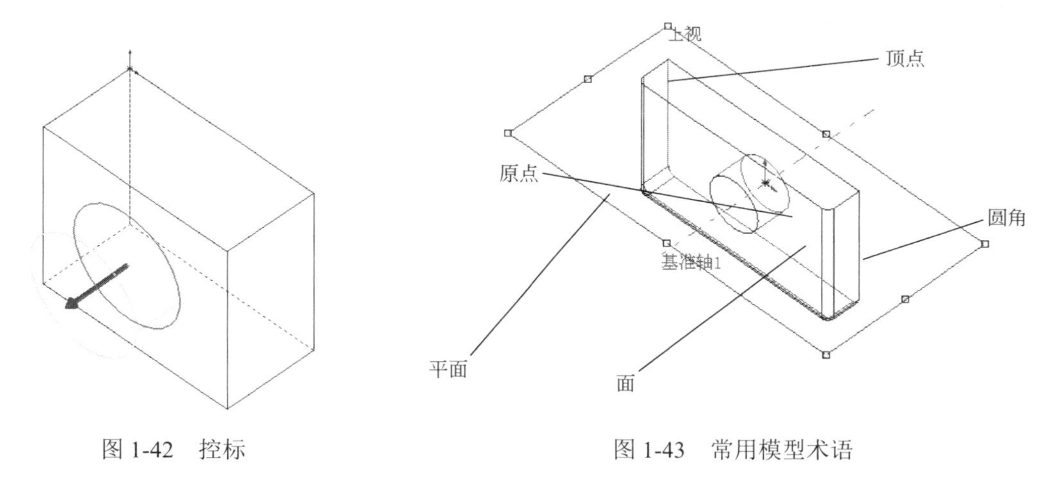

图 1-42　控标

图 1-43　常用模型术语

- 顶点：顶点为两个或多个直线或边线相交之处的点。顶点可选作绘制草图、标注尺寸以及许多其他用途。
- 面：面为模型或曲面的所选区域（平面或曲面），模型或曲面带有边界，可帮助定义模型或曲面的形状。例如，矩形实体有 6 个面。
- 原点：模型原点显示为灰色，代表模型的（0，0，0）坐标。当激活草图时，草图原点显示为红色，代表草图的（0，0，0）坐标。尺寸和几何关系可以加入到模型原点，但不能加入到草图原点。
- 平面：平面是平的构造几何体。平面可用于绘制草图、生成模型的剖面视图以及用于拔模特征中的中性面等。
- 轴：轴为穿过圆锥面、圆柱体或圆周阵列中心的直线。插入轴有助于建造模型特征或阵列。
- 圆角：圆角为草图内或曲面或实体上的角或边的内部圆形。
- 特征：特征为单个形状，如与其他特征结合则构成零件。有些特征，如凸台和切除，则由草图生成。有些特征，如抽壳和圆角，则为修改特征而成的几何体。

- 几何关系：几何关系为草图实体之间或草图实体与基准面、基准轴、边线或顶点之间的几何约束，可以自动或手动添加这些项目。
- 模型：模型为零件或装配体文件中的三维实体几何体。
- 自由度：没有由尺寸或几何关系定义的几何体可自由移动。在二维草图中，有 3 种自由度：沿 x、y 轴移动以及绕 z 轴（垂直于草图平面的轴）旋转。在三维草图中，有 6 种自由度：沿 x、y 和 z 轴移动，以及绕 x、y 和 z 轴旋转。
- 坐标系：坐标系为平面系统，用来给特征、零件和装配体指定笛卡尔坐标。零件和装配体文件包含默认坐标系；其他坐标系可以用参考几何体定义，用于测量工具以及将文件输出到其他文件格式。

SOLIDWORKS 2020

第2章 草图绘制基础

SOLIDWORKS 的大部分特征是由二维草图绘制开始的，草图绘制在该软件使用中占有重要地位，本章将详细介绍草图的绘制与编辑方法。

草图一般是由点、线、圆弧、圆和抛物线等基本图形构成的封闭或不封闭的几何图形，是三维实体建模的基础。一个完整的草图包括几何形状、几何关系和尺寸标注三方面的信息。能否熟练掌握草图的绘制和编辑方法，决定了能否快速三维建模，能否提高工程设计的效率，能否灵活地把该软件应用到其他领域。

知识点

- 草图绘制的基本知识
- “草图”操控面板
- 草图编辑
- 尺寸标注
- 几何关系
- 综合实例——拨叉草图

2.1 草图绘制的基本知识

本节主要介绍如何开始绘制草图，熟悉“草图”工具栏，认识绘图光标和锁点光标，以及退出草图绘制状态。

扫一扫，看视频

2.1.1 进入草图绘制

绘制二维草图，必须进入草图绘制状态。草图必须在平面上绘制，这个平面可以是基准面，也可以是三维模型上的平面。由于开始进入草图绘制状态时，没有三维模型，因此必须指定基准面。

绘制草图必须认识草图绘制的工具，图 2-1 所示为常用的“草图”控制面板。绘制草图可以先选择绘制的平面，也可以先选择草图绘制实体。下面通过案例分别介绍两种方式的操作步骤。

图 2-1 “草图”控制面板

【案例 2-1】进入草图绘制

（1）选择草图绘制实体

以选择草图绘制实体的方式进入草图绘制状态的操作步骤如下。

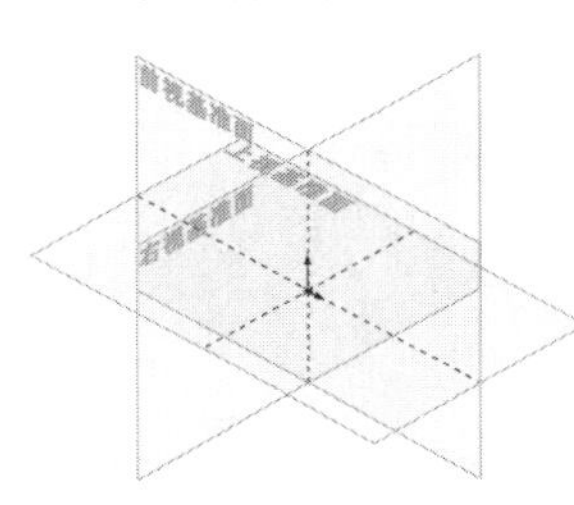

图 2-2 系统默认基准面

① 单击菜单栏中的“插入”→“草图绘制”命令，或者单击“草图”控制面板中的 （草图绘制）按钮，或者直接单击“草图”控制面板中要绘制的草图实体，此时图形区显示系统默认基准面，如图 2-2 所示。

② 单击选择图形区 3 个基准面中的一个，确定要在哪个平面上绘制草图实体。

③ 单击“前导视图”工具栏中的 （垂直于）按钮，旋转基准面，方便绘图。

（2）选择草图绘制基准面

以选择草图绘制基准面的方式进入草图绘制状态的操作步骤如下。

① 先在特征管理区中选择要绘制的基准面，即前视基准面、右视基准面和上视基准面中的一个面。

② 单击“前导视图”工具栏中的 （垂直于）按钮，旋转基准面。

（3）单击“草图”控制面板中的 （草图绘制）按钮，或者单击要绘制的草图实体，进入草图绘制状态。

2.1.2 退出草图绘制

扫一扫，看视频

草图绘制完毕后，可立即建立特征，也可以退出草图绘制再建立特征。有些特征的建立，需要多个草图，比如扫描实体等，因此需要了解退出草图绘制的方法。退出草图绘制的方法主要有如下几种，下面将分别介绍。

✿【案例 2-2】退出草图绘制

① 使用菜单方式：单击菜单栏中的“插入”→“退出草图”命令，退出草图绘制状态。

② 利用工具栏图标按钮方式：单击“标准”工具栏中的（重建模型）按钮，或者单击“草图”控制面板中的（退出草图）按钮，退出草图绘制状态。

③ 利用快捷菜单方式：在图形区右击，弹出如图 2-3 所示的快捷菜单，单击（退出草图）按钮，退出草图绘制状态。

④ 利用图形区确认角落的图标：在绘制草图的过程中，图形区右上角会显示如图 2-4 所示的确认提示图标，单击上面的图标，退出草图绘制状态。

图 2-3　快捷菜单

单击确认角落下面的图标，弹出系统提示框，提示用户是否保存对草图的修改，如图 2-5 所示，然后根据需要单击其中的按钮，退出草图绘制状态。

图 2-4　确认提示图标

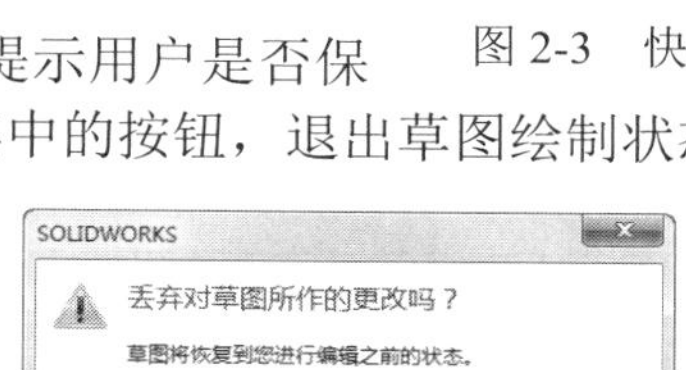

图 2-5　系统提示框

2.1.3　草图绘制工具

扫一扫，看视频

“草图”工具栏如图 2-1 所示，有些草图绘制按钮没有在该工具栏中显示，用户可以利用 1.4.2 节的方法设置相应的命令按钮。“草图”工具栏主要包括 4 大类，分别是：草图绘制、实体绘制、标注几何关系和草图编辑工具。其中各命令按钮的名称与功能分别如表 2-1～表 2-4 所示。

表 2-1　草图绘制命令按钮

按钮图标	名　称	功 能 说 明
	选择	用来选择草图实体、模型和特征的边线和面等，框选可以选择多个草图实体
	网格线/捕捉	对激活的草图或工程图选择显示草图网格线，并可设定网格线显示和捕捉功能选项
	草图绘制/退出草图	进入或者退出草图绘制状态
	3D 草图	在三维空间任意位置添加一个新的三维草图，或编辑一现有三维草图
	基准面上的 3D 草图	在三维草图中添加基准面后，可添加或修改该基准面的信息
	快速草图	可以选择平面或基准面，并在任意草图工具激活时开始绘制草图。在移动至各平面的同时，将生成面并打开草图。可以中途更改草图工具
	修改草图	移动、旋转或按比例缩放所选取的草图
	移动时不求解	在不解出尺寸或几何关系的情况下，从草图中移动草图实体
	移动实体	选择一个或多个草图实体和注解并将之移动，该操作不生成几何关系
	复制实体	选择一个或多个草图实体和注解并将之复制，该操作不生成几何关系

续表

按钮图标	名　称	功 能 说 明
	按比例缩放实体	选择一个或多个草图实体和注解并将之按比例缩放，该操作不生成几何关系
	旋转实体	选择一个或多个草图实体和注解并将之旋转，该操作不生成几何关系
	伸展实体	在 PropertyManager 中的要伸展的实体下，为草图项目或注解选择草图实体
	草图图片	可以将图片插入到草图基准面；将图片生成 2D 草图的基础；将光栅数据转换为向量数据

表 2-2　实体绘制工具命令按钮

按钮图标	名　称	功 能 说 明
	直线	以起点、终点的方式绘制一条直线
	矩形	以对角线的起点和终点的方式绘制一个矩形，其一边为水平或竖直
	中心矩形	在中心点绘制矩形草图
	3 点边角矩形	以所选的角度绘制矩形草图
	3 点中心矩形	以所选的角度绘制带有中心点的矩形草图
	平行四边形	生成边不为水平或竖直的平行四边形及矩形
	直槽口	单击以指定槽口的起点。移动指针然后单击以指定槽口长度。移动指针然后单击以指定槽口宽度。绘制直槽口
	中心点直槽口	生成中心点槽口
	三点圆弧槽口	利用三点绘制圆弧槽口
	中心点圆弧槽口	通过移动指针指定槽口长度，宽度绘制圆弧槽口
	多边形	生成边数为 3～40 的等边多边形
	圆	以先指定圆心，然后拖动光标确定半径的方式绘制一个圆
	周边圆	以圆周直径的两点方式绘制一个圆
	圆心/起/终点画弧	以顺序指定圆心、起点以及终点的方式绘制一个圆弧
	切线弧	绘制一条与草图实体相切的弧线，可以根据草图实体自动确认是法向相切还是径向相切
	三点圆弧	以顺序指定起点、终点及中点的方式绘制一个圆弧
	椭圆	以先指定圆心，然后指定长、短轴的方式绘制一个完整的椭圆
	部分椭圆	以先指定中心点，然后指定起点及终点的方式绘制一部分椭圆
	抛物线	以先指定焦点，再拖动光标确定焦距，然后指定起点和终点的方式绘制一条抛物线
	样条曲线	以不同路径上的两点或者多点绘制一条样条曲线，可以在端点处指定相切
	曲面上样条曲线	在曲面上绘制一个样条曲线，可以沿曲面添加和拖动点生成
	方程式驱动曲线	通过定义曲线的方程式来生成曲线
	点	绘制一个点，可以在草图和工程图中绘制
	中心线	绘制一条中心线，可以在草图和工程图中绘制
	文字	在特征表面上，添加文字草图，然后拉伸或者切除生成文字实体

表 2-3　标注几何关系命令按钮

按钮图标	名　　称	功 能 说 明
	添加几何关系	给选定的草图实体添加几何关系，即限制条件
	显示/删除几何关系	显示或者删除草图实体的几何限制条件
	自动几何关系	打开/关闭自动添加几何关系

表 2-4　草图编辑工具命令按钮

按钮图标	名　　称	功 能 说 明
	构造几何线	将草图中或者工程图中的草图实体转换为构造几何线，构造几何线的线型与中心线相同
	绘制圆角	在两个草图实体的交叉处倒圆角，从而生成一个切线弧
	绘制倒角	此工具在二维和三维草图中均可使用。在两个草图实体交叉处按照一定角度和距离剪裁，并用直线相连，形成倒角
	等距实体	按给定的距离等距一个或多个草图实体，可以是线、弧、环等草图实体
	转换实体引用	将其他特征轮廓投影到草图平面上，形成一个或者多个草图实体
	交叉曲线	在基准面和曲面或模型面、两个曲面、曲面和模型面、基准面和整个零件的曲面的交叉处生成草图曲线
	面部曲线	从面或者曲面提取 ISO 参数，形成三维曲线
	剪裁实体	根据剪裁类型，剪裁或者延伸草图实体
	延伸实体	将草图实体延伸以与另一个草图实体相遇
	分割实体	将一个草图实体分割以生成两个草图实体
	镜向实体	相对一条中心线生成对称的草图实体
	动态镜向实体	适用于 2D 草图或在 3D 草图基准面上所生成的 2D 草图
	线性草图阵列	沿一个轴或者同时沿两个轴生成线性草图排列
	圆周草图阵列	生成草图实体的圆周排列

2.1.4　绘图光标和锁点光标

扫一扫，看视频

在绘制草图实体或者编辑草图实体时，光标会根据所选择的命令，在绘图时变为相应的图标，以方便用户了解绘制或者编辑该类型的草图。

绘图光标的类型与功能如表 2-5 所示。

表 2-5　绘图光标的类型与功能

光 标 类 型	功 能 说 明	光 标 类 型	功 能 说 明
	绘制一点		绘制直线或者中心线
	绘制圆弧		绘制抛物线
	绘制圆		绘制椭圆
	绘制样条曲线		绘制矩形
	标注尺寸		绘制多边形
	剪裁实体		延伸草图实体
	圆周阵列复制草图		线性阵列复制草图

为了提高绘制图形的效率，SOLIDWORKS 软件提供了自动判断绘图位置的功能。在执行绘图命令时，光标会在图形区自动寻找端点、中心点、圆心、交点、中点以及其上任意点，这样提高了光标定位的准确性和快速性。

光标在相应的位置，会变成相应的图形，成为锁点光标。锁点光标可以在草图实体上形成，也可以在特征实体上形成。需要注意的是在特征实体上的锁点光标，只能在绘图平面的实体边缘产生，在其他平面的边缘不能产生。

锁点光标的类型在此不再赘述，用户可以在实际使用中慢慢体会很好地利用锁点光标，可以提高绘图的效率。

2.2 “草图”操控面板

扫一扫，看视频

SOLIDWORKS 提供了草图绘制工具以方便绘制草图实体。如图 2-6 所示为“草图”操控面板（通常也称为工具栏）。

图 2-6 “草图”操控面板

并非所有的草图绘制工具对应的按钮都会出现在“草图”操控面板中，如果要重新安排“草图”操控面板中的工具按钮，可进行如下操作。

① 选择“工具”→“自定义”命令，打开“自定义”对话框。

② 选择“命令”选项卡，在“类别”列表框中选择“草图”。

③ 单击一个按钮以查看“说明”文本框内对该按钮的说明，如图 2-7 所示。

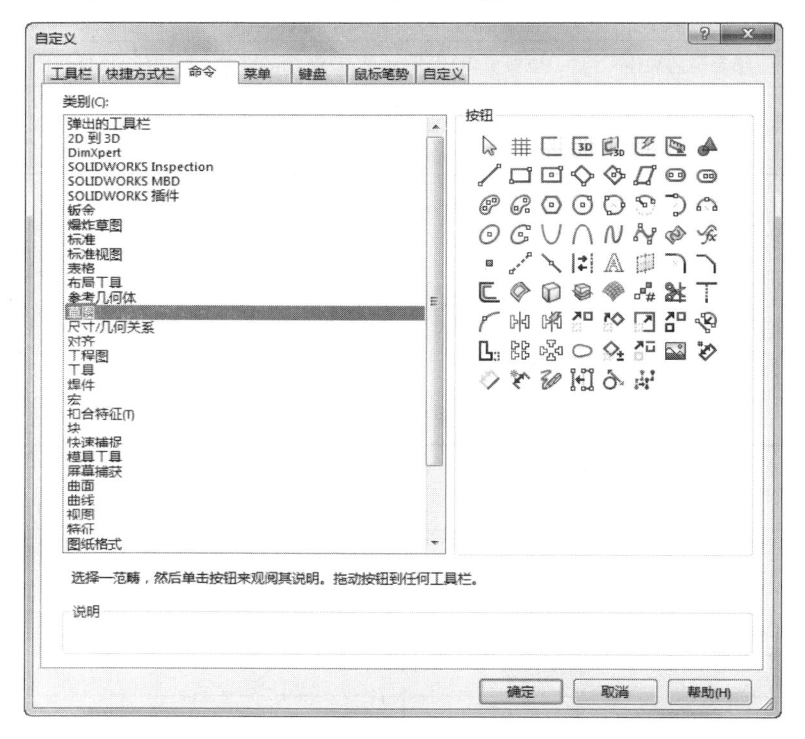

图 2-7 对按钮的说明

④ 在对话框内选择要使用的按钮，将其拖动放置到“草图”面板中。

⑤ 如果要删除面板中的按钮，只要将其从面板中拖放回按钮区域中即可。

⑥ 更改结束后，单击“确定”按钮，关闭对话框。

2.2.1 绘制点

执行点命令后，在图形区中的任何位置，都可以绘制点，绘制的点不影响三维建模的外形，只起参考作用。

执行异型孔向导命令后，点命令用于决定产生孔的数量。

扫一扫，看视频

点命令可以生成草图中两个不平行线段的交点以及特征实体中两个不平行边缘的交点，产生的交点作为辅助图形，用于标注尺寸或者添加几何关系，并不影响实体模型的建立。下面分别介绍不同类型点的操作步骤。

2.2.1.1 绘制一般点

【案例 2-3】绘制一般点

① 在草图绘制状态下，单击菜单栏中的“工具”→“草图绘制实体”→“点”命令，或者单击“草图”控制面板中的（点）按钮，光标变为绘图光标。

② 在图形区单击，确认绘制点的位置，此时点命令继续处于激活位置，可以继续绘制点。

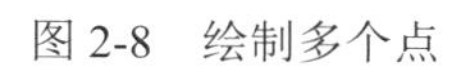
图 2-8　绘制多个点

图 2-8 所示为使用绘制点命令绘制的多个点。

2.2.1.2 生成草图中两不平行线段的交点

扫一扫，看视频

【案例 2-4】生成草图中两不平行线段的交点

以如图 2-9 所示为例，生成图中直线 1 和直线 2 的交点，其中图（a）为生成交点前的图形，图（b）为生成交点后的图形。

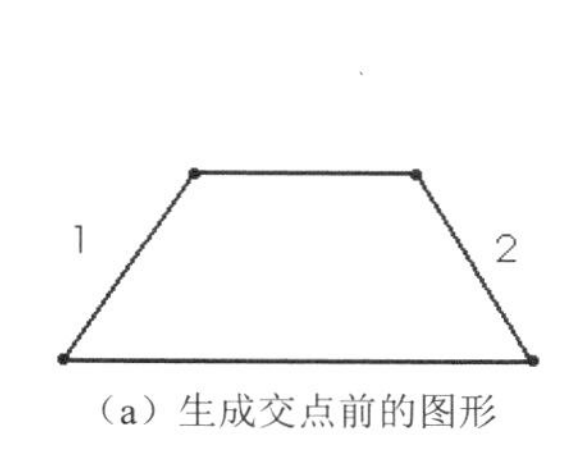

（a）生成交点前的图形

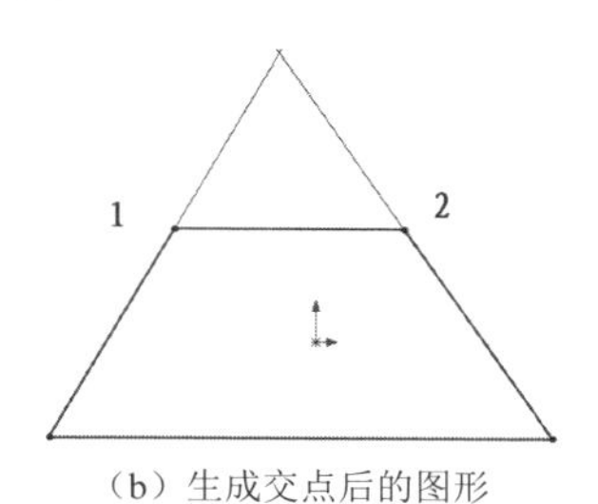

（b）生成交点后的图形

图 2-9　生成草图交点

① 打开随书资源中的“源文件\ch2\2.4.SLDPRT”，如图 2-9（a）所示。

② 在草图绘制状态按住<Ctrl>键，单击选择如图 2-9（a）所示的直线 1 和直线 2。

③ 单击菜单栏中的“工具”→“草图绘制实体”→“点”命令，或者单击“草图”控制面板中的（点）按钮，此时生成交点后的图形如图 2-9（b）所示。

2.2.1.3 生成特征实体中两个不平行边缘的交点

【案例 2-5】生成特征实体中两个不平行边缘的交点

扫一扫，看视频

以如图 2-10 所示为例，生成面 A 中直线 1 和直线 2 的交点，其中图（a）

为生成交点前的图形，图（b）为生成交点后的图形。

① 打开随书资源中的“源文件\ch2\2.5.SLDPRT”，如图 2-10（a）所示。

② 选择如图 2-10（a）所示的面 A 作为绘图面，然后进入草图绘制状态。

③ 按住<Ctrl>键，选择如图 2-10（a）所示的边线 1 和边线 2。

④ 单击菜单栏中的“工具”→“草图绘制实体”→“点”命令，或者单击“草图”控制面板中的 ▪（点）按钮，此时生成交点后的图形如图 2-10（b）所示。

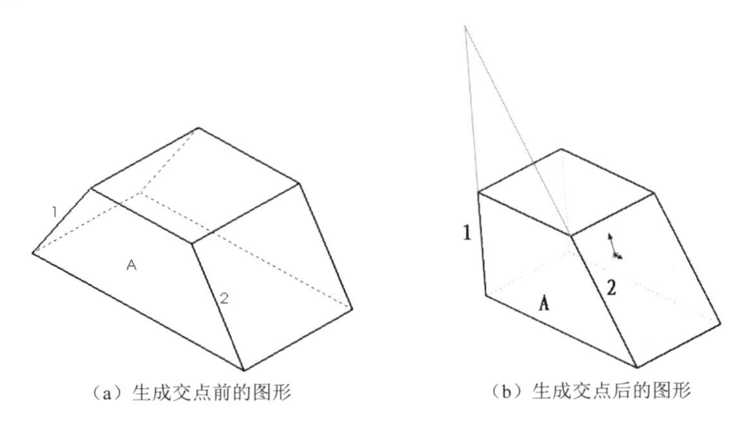

（a）生成交点前的图形　　（b）生成交点后的图形

图 2-10　生成特征边线交点

2.2.2 绘制直线与中心线

扫一扫，看视频

直线与中心线的绘制方法相同，执行不同的命令，按照类似的操作步骤，在图形区绘制相应的图形即可。

直线分为 3 种类型，即水平直线、竖直直线和任意角度直线。在绘制过程中，不同类型的直线其显示方式不同，下面将分别介绍。

- 水平直线：在绘制直线过程中，笔形光标附近会出现水平直线图标符号 ━，如图 2-11 所示。
- 竖直直线：在绘制直线过程中，笔形光标附近会出现竖直直线图标符号 ┃，如图 2-12 所示。
- 任意角度直线：在绘制直线过程中，笔形光标附近会出现任意直线图标符号 ╱，如图 2-13 所示。

图 2-11　绘制水平直线　　图 2-12　绘制竖直直线

在绘制直线的过程中，光标上方显示的参数，为直线的长度和角度，可供参考。一般在绘制中，首先绘制一条直线，然后标注尺寸，直线也随着改变长度和角度。

绘制直线的方式有两种：拖动式和单击式。拖动式就是在绘制直线的起点，按住鼠标左键开始拖动鼠标，直到直线终点放开。单击式就是在绘制直线的起点处单击一下，然后在直线终点处单击一下。

下面以绘制如图 2-14 所示的中心线和直线为例，介绍中心线和直线的绘制步骤。

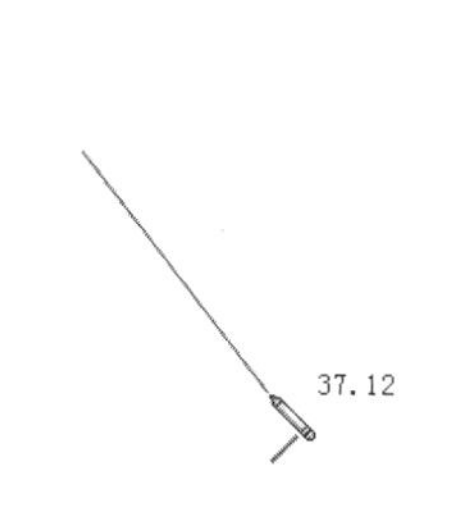

图 2-13　绘制任意角度直线

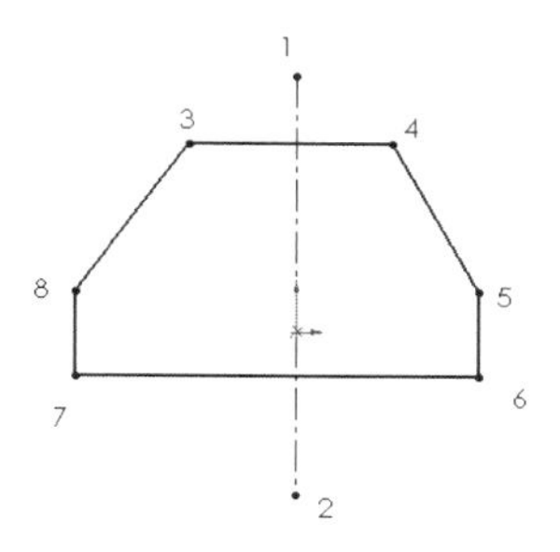

图 2-14　绘制中心线和直线

【案例 2-6】绘制中心线和直线

① 在草图绘制状态下，单击菜单栏中的“工具”→“草图绘制实体”→“中心线”命令，或者单击“草图”控制面板中的（中心线）按钮，开始绘制中心线。

② 在图形区单击确定中心线的起点 1，然后移动光标到图中合适的位置，由于图中的中心线为竖直直线，所以当光标附近出现符号 I 时，单击确定中心线的终点 2。

③ 按<Esc>键，或者在图形区右击，在弹出的快捷菜单中单击“选择”命令，退出中心线的绘制。

④ 单击菜单栏中的“工具”→“草图绘制实体”→“直线”命令，或者单击“草图”控制面板中的（直线）按钮，开始绘制直线。

⑤ 在图形区单击确定直线的起点 3，然后移动光标到图中合适的位置，由于直线 34 为水平直线，所以当光标附近出现符号一时，单击确定直线 34 的终点 4。

⑥ 重复以上绘制直线的步骤，绘制其他直线段，在绘制过程中要注意光标的形状，以确定是水平、竖直还是任意直线段。

⑦ 按<Esc>键，或者在图形区右击，在弹出的快捷菜单中单击“选择”命令，退出直线的绘制，绘制的中心线和直线如图 2-14 所示。

在执行绘制直线命令时，系统弹出“插入线条”属性管理器，如图 2-15 所示，在“方向”选项组中有 4 个单选钮，默认是点选“按绘制原样”单选钮。点选不同的单选钮，绘制直线的类型不一样。点选“按绘制原样”单选钮以外的任意一项，均会要求输入直线的参数。如点选“角度”单选钮，要求输入直线的参数。设置好参数以后，单击直线的起点就可以绘制出所需要的直线。

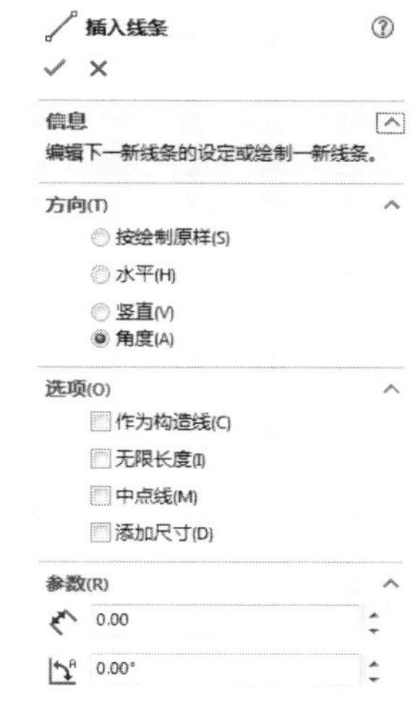

图 2-15　“插入线条”属性管理器

在“插入线条”属性管理器的“选项”选项组中有 4 个复选框，勾选不同的复选框，可以分别绘制构造线、无限长直线、中点线和添加尺寸的直线。

在“插入线条”属性管理器的“参数”选项组中有 2 个文本框，分别是长度文本框和角度文本框。通过设置这两个参数可以绘制一条直线。

2.2.3 绘制圆

当执行圆命令时，系统弹出“圆”属性管理器，如图 2-16 所示。从属性管理器中可以知道，可以通过两种方式来绘制圆：一种是绘制基于中心的圆，另一种是绘制基于周边的圆。下面将分别介绍绘制圆的不同方法。

2.2.3.1 绘制基于中心的圆

扫一扫，看视频

【案例 2-7】绘制基于中心的圆

图 2-16 “圆”属性管理器

① 在草图绘制状态下，单击菜单栏中的“工具”→“草图绘制实体”→“圆”命令，或者单击“草图”面板中的◎（圆）按钮，开始绘制圆。

② 在图形区选择一点单击确定圆的圆心，如图 2-17（a）所示。

③ 移动光标拖出一个圆，在合适位置单击确定圆的半径，如图 2-17（b）所示。

④ 单击“圆”属性管理器中的✔（确定）按钮，完成圆的绘制，如图 2-17（c）所示。

图 2-17 所示即为基于中心的圆的绘制过程。

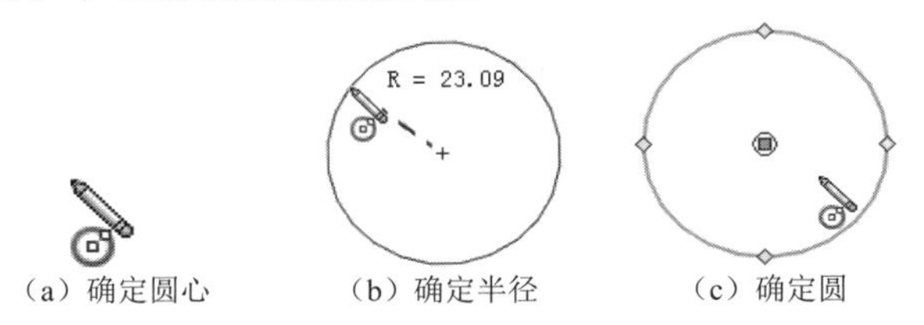

（a）确定圆心 （b）确定半径 （c）确定圆

图 2-17 基于中心的圆的绘制过程

2.2.3.2 绘制基于周边的圆

扫一扫，看视频

【案例 2-8】绘制基于周边的圆

① 在草图绘制状态下，单击菜单栏中的“工具”→“草图绘制实体”→“周边圆”命令，或者单击“草图”工具栏中的◌（周边圆）按钮，开始绘制圆。

② 在图形区单击确定圆周边上的一点，如图 2-18（a）所示。

③ 移动光标拖出一个圆，然后单击确定周边上的另一点，如图 2-18（b）所示。

④ 完成拖动时，光标变为如图 2-18（b）所示时，右击确定圆，如图 2-18（c）所示。

⑤ 单击“圆”属性管理器中的✔（确定）按钮，完成圆的绘制。

图 2-18 所示即为基于周边的圆的绘制过程。

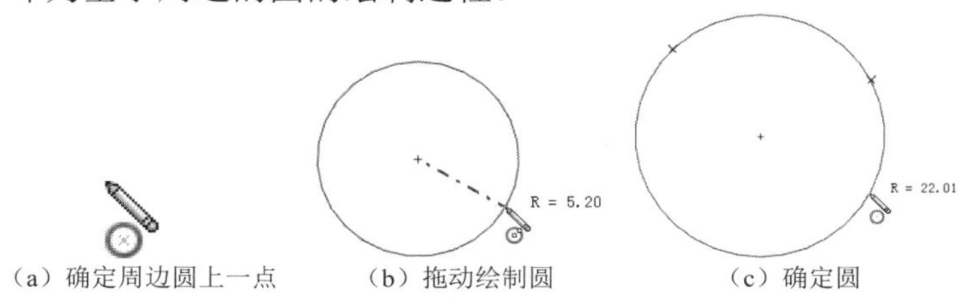

（a）确定周边圆上一点 （b）拖动绘制圆 （c）确定圆

图 2-18 基于周边的圆的绘制过程

圆绘制完成后，可以通过拖动修改圆草图。通过鼠标左键拖动圆的周边可以改变圆的半径，拖动圆的圆心可以改变圆的位置。同时，也可以通过如图 2-16 所示的“圆”属性管理器修改圆的属性，通过属性管理器中“参数”选项修改圆心坐标和圆的半径。

2.2.4 绘制圆弧

绘制圆弧的方法主要有 4 种，即圆心/起点/终点画弧、切线弧、三点圆弧与直线命令绘制圆弧。下面分别介绍这 4 种绘制圆弧的方法。

扫一扫，看视频

2.2.4.1 圆心/起点/终点画弧

圆心/起点/终点画弧方法是先指定圆弧的圆心，然后顺序拖动光标指定圆弧的起点和终点，确定圆弧的大小和方向。

【案例 2-9】圆心/起点/终点画弧

① 在草图绘制状态下，单击菜单栏中的“工具”→“草图绘制实体”→“圆心/起点/终点画弧”命令，或者单击“草图”控制面板中的 （圆心/起/终点画弧）按钮，开始绘制圆弧。

② 在图形区单击确定圆弧的圆心，如图 2-19（a）所示。

③ 在图形区合适的位置单击，确定圆弧的起点，如图 2-19（b）所示。

④ 拖动光标确定圆弧的角度和半径，并单击确认，如图 2-19（c）所示。

⑤ 单击“圆弧”属性管理器中的✔（确定）按钮，完成圆弧的绘制。

图 2-19 所示即为用“圆心/起/终点”方法绘制圆弧的过程。

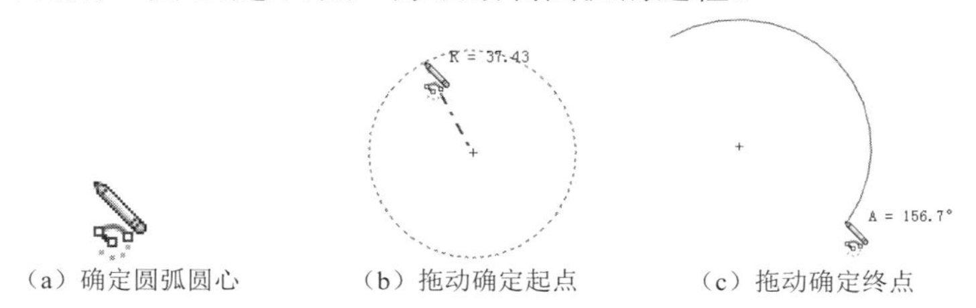

（a）确定圆弧圆心　（b）拖动确定起点　（c）拖动确定终点

图 2-19　用“圆心/起点/终点”方法绘制圆弧的过程

圆弧绘制完成后，可以在“圆弧”属性管理器中修改其属性。

扫一扫，看视频

2.2.4.2 切线弧

切线弧是指生成一条与草图实体相切的弧线。草图实体可以是直线、圆弧、椭圆和样条曲线等。

【案例 2-10】切线弧

① 打开随书资源中的“源文件\ch2\2.10.SLDPRT”。

② 在草图绘制状态下，单击菜单栏中的“工具”→“草图绘制实体”→“切线弧”命令，或者单击“草图”控制面板中的 （切线弧）按钮，开始绘制切线弧。

③ 在已经存在草图实体的端点处单击，此时系统弹出“圆弧”属性管理器，如图 2-20 所示，光标变为 形状。

④ 拖动光标确定绘制圆弧的形状，并单击确认。

⑤ 单击“圆弧”属性管理器中的✔（确定）按钮，完成切线弧的绘制。如图 2-21 所示为绘制的直线切线弧。

在绘制切线弧时，系统可以从指针移动推理是需要画切线弧还是画法线弧。存在 4 个目的区，具有如图 2-22 所示的 8 种切线弧。沿相切方向移动指针将生成切线弧，沿垂直方向移动将生成法线弧。可以通过返回到端点，然后向新的方向移动在切线弧和法线弧之间进行切换。

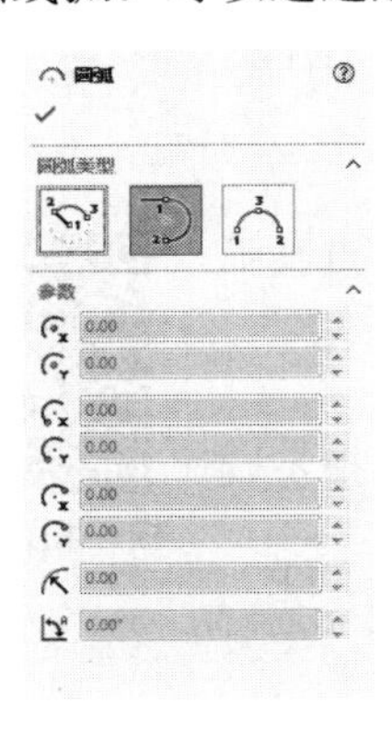

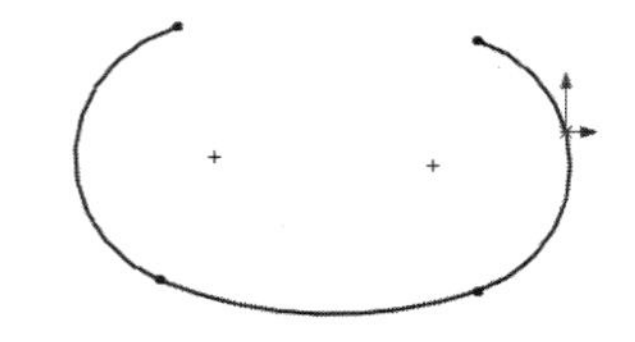

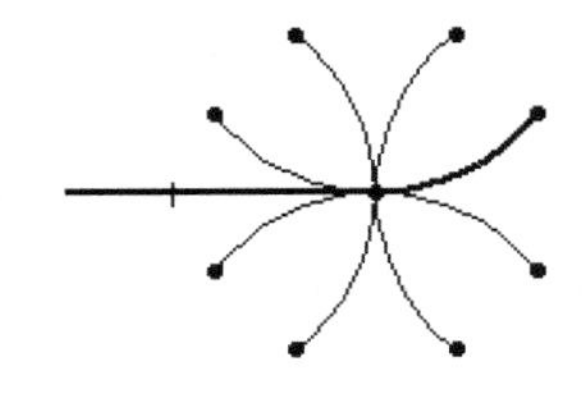

图 2-20 “圆弧”属性管理器　　图 2-21　切线弧　　图 2-22　绘制的 8 种切线弧

技巧荟萃

绘制切线弧时，光标拖动的方向会影响绘制圆弧的样式，因此在绘制切线弧时，光标最好沿着产生圆弧的方向拖动。

2.2.4.3　三点圆弧

三点圆弧是通过起点、终点与中点的方式绘制圆弧。

【案例 2-11】三点圆弧

扫一扫，看视频

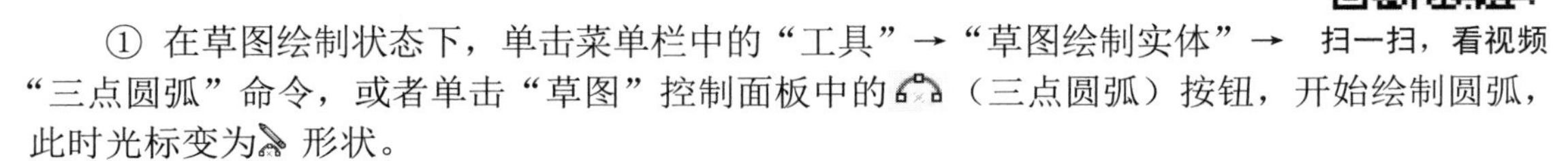

① 在草图绘制状态下，单击菜单栏中的“工具”→“草图绘制实体”→“三点圆弧”命令，或者单击“草图”控制面板中的 （三点圆弧）按钮，开始绘制圆弧，此时光标变为 形状。

② 在图形区单击，确定圆弧的起点，如图 2-23（a）所示。

③ 拖动光标确定圆弧结束的位置，并单击确认，如图 2-23（b）所示。

④ 拖动光标确定圆弧的半径和方向，并单击确认，如图 2-23（c）所示。

⑤ 单击“圆弧”属性管理器中的 （确定）按钮，完成三点圆弧的绘制。

图 2-23 所示即为绘制三点圆弧的过程。

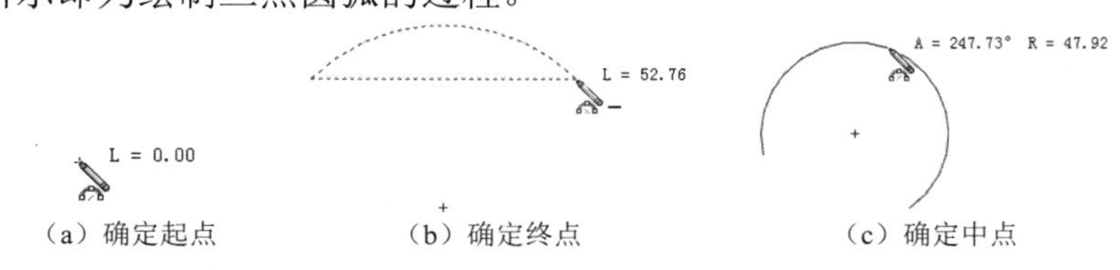

图 2-23　绘制三点圆弧的过程

选择绘制的三点圆弧，可以在“圆弧”属性管理器中修改其属性。

扫一扫，看视频

2.2.4.4　“直线”命令绘制圆弧

“直线”命令除了可以绘制直线外，还可以绘制连接在直线端点处的切线弧，使用该命令，必须首先绘制一条直线，然后才能绘制圆弧。

✿【案例 2-12】“直线”命令绘制圆弧

① 在草图绘制状态下，单击菜单栏中的“工具”→“草图绘制实体”→“直线”命令，或者单击“草图”控制面板中的（直线）按钮，首先绘制一条直线。

② 在不结束绘制直线命令的情况下，将光标稍微向旁边拖动，如图 2-24（a）所示。

③ 将光标拖回至直线的终点，开始绘制圆弧，如图 2-24（b）所示。

④ 拖动光标到图中合适的位置，并单击确定圆弧的大小，如图 2-24（c）所示。

图 2-24 所示即为使用直线命令绘制圆弧的过程。

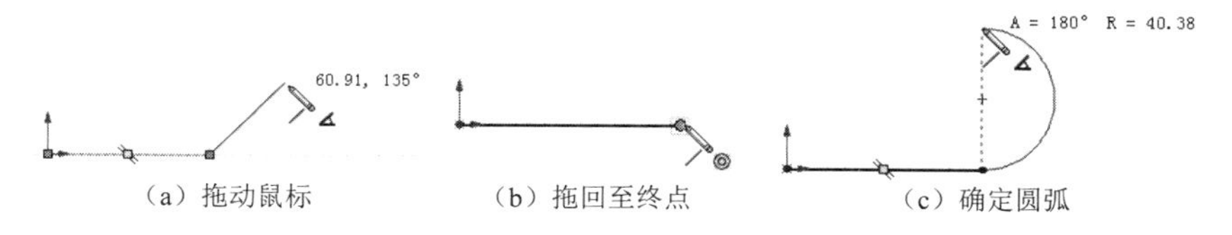

（a）拖动鼠标　（b）拖回至终点　（c）确定圆弧

图 2-24　使用直线命令绘制圆弧的过程

直线转换为绘制圆弧的状态，必须先将光标拖回至终点，然后拖出才能绘制圆弧。也可以在此状态下右击，此时系统弹出快捷菜单，如图 2-25 所示，单击“转到圆弧”命令即可绘制圆弧。同样在绘制圆弧的状态下，单击快捷菜单中的“转到直线”命令，绘制直线。

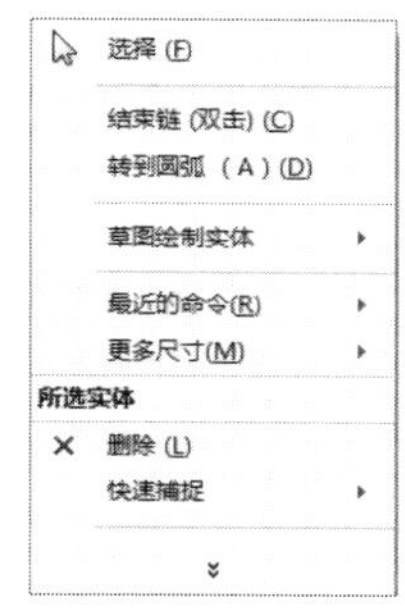

图 2-25　快捷菜单

扫一扫，看视频

2.2.5　绘制矩形

绘制矩形的方法主要有 5 种：边角矩形、中心矩形、三点边角矩形、三点中心矩形以及平行四边形命令绘制矩形。下面分别介绍绘制矩形的不同方法。

✿【案例 2-13】绘制矩形

（1）“边角矩形”命令绘制矩形

“边角矩形”命令绘制矩形的方法是标准的矩形草图绘制方法，即指定矩形的左上与右下的端点确定矩形的长度和宽度。

以绘制如图 2-26 所示的矩形为例，说明采用“边角矩形”命令绘制矩形的操作步骤。

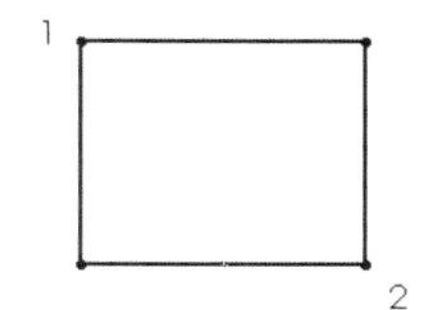

图 2-26　边角矩形

① 在草图绘制状态下，单击菜单栏中的“工具”→“草图绘制实体”→“矩形”命令，或者单击“草图”控制面板中的（矩形）按钮，此时光标变为形状。

② 在图形区单击，确定矩形的一个角点 1。

③ 移动光标，单击确定矩形的另一个角点 2，矩形绘制完毕。

在绘制矩形时，既可以移动光标确定矩形的角点 2，也可以在确定第一角点时，不释放鼠标，直接拖动光标确定角点 2。

矩形绘制完毕后，按住鼠标左键拖动矩形的一个角点，可以动态地改变矩形的尺寸。“矩形”属性管理器如图 2-27 所示。

（2）“中心矩形”命令绘制矩形

“中心矩形”命令绘制矩形的方法是指定矩形的中心与右上的端点确定矩形的中心和 4 条边线。

以绘制如图 2-28 所示的矩形为例，说明采用“中心矩形”命令绘制矩形的操作步骤。

① 在草图绘制状态下，单击菜单栏中的“工具”→“草图绘制实体”→“中心矩形”

命令，或者单击“草图”控制面板中的回（中心矩形）按钮，此时光标变为形状。

② 在图形区单击，确定矩形的中心点1。

③ 移动光标，单击确定矩形的一个角点2，矩形绘制完毕。

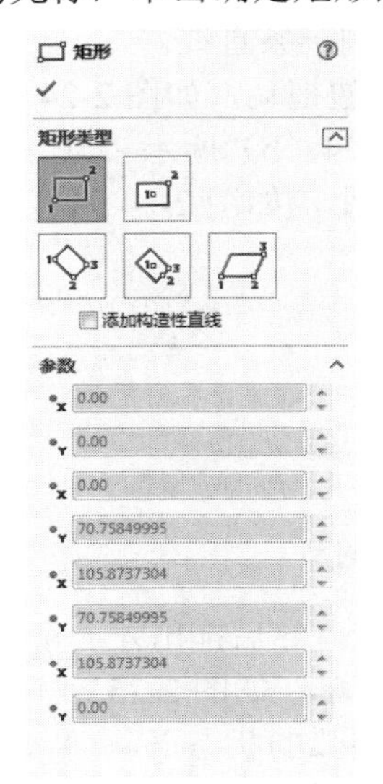

图2-27 “矩形”属性管理器

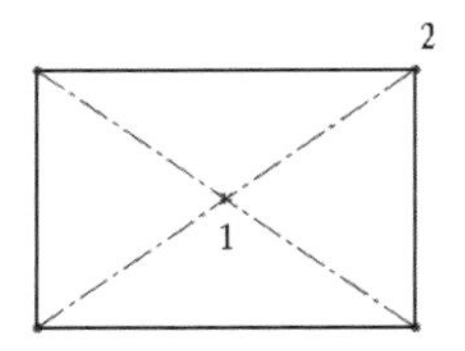

图2-28 中心矩形

(3)“三点边角矩形”命令绘制矩形

“三点边角矩形”命令是通过指定3个点来确定矩形，前面两个点来定义角度和一条边，第3点来确定另一条边。

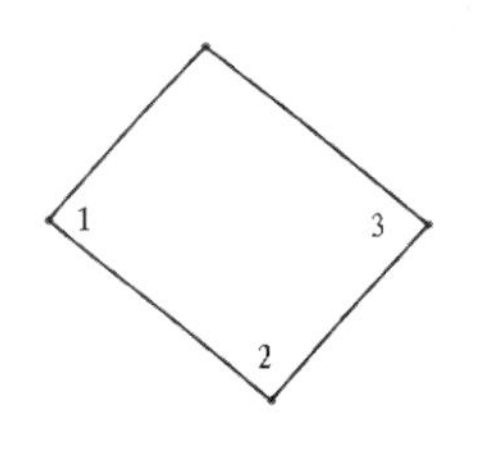

图2-29 三点边角矩形

以绘制如图2-29所示的矩形为例，说明采用“三点边角矩形”命令绘制矩形的操作步骤。

① 在草图绘制状态下，单击菜单栏中的“工具”→“草图绘制实体”→“3点边角矩形”命令，或者单击“草图”控制面板中的◇（3点边角矩形）按钮，此时光标变为形状。

② 在图形区单击，确定矩形的边角点1。

③ 移动光标，单击确定矩形的另一个边角点2。

④ 继续移动光标，单击确定矩形的第3个边角点3，矩形绘制完毕。

(4)“三点中心矩形”命令绘制矩形

“三点中心矩形”命令是通过指定3个点来确定矩形。

以绘制如图2-30所示的矩形为例，说明采用“三点中心矩形”命令绘制矩形的操作步骤。

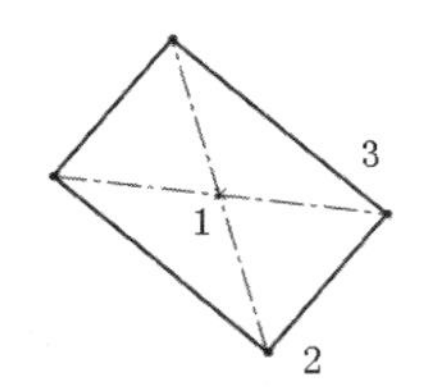

图2-30 三点中心矩形

① 在草图绘制状态下，单击菜单栏中的“工具”→“草图绘制实体”→“3点中心矩形”命令，或者单击“草图”控制面板中的◇（3点中心矩形）按钮，此时光标变为形状。

② 在图形区单击，确定矩形的中心点1。

③ 移动光标，单击确定矩形一条边线的一半长度的一个点2。

④ 移动光标，单击确定矩形的一个角点3，矩形绘制完毕。

(5)“平行四边形”命令绘制矩形

“平行四边形”命令既可以生成平行四边形，也可以生成边线与草图网格线不平行或不垂直的矩形。

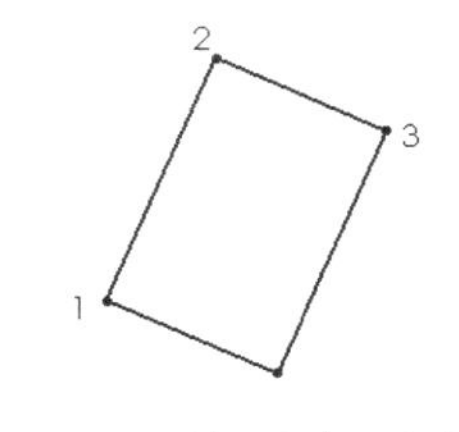

图 2-31　平行四边形之矩形

以绘制如图 2-31 所示的矩形为例，说明采用“平行四边形”命令绘制矩形的操作步骤。

① 在草图绘制状态下，单击菜单栏中的“工具”→“草图绘制实体”→“平行四边形”命令，或者单击“草图”控制面板中的（平行四边形）按钮，此时光标变为形状。

② 在图形区单击，确定矩形的第一个点 1。

③ 移动光标，在合适的位置单击，确定矩形的第二个点 2。

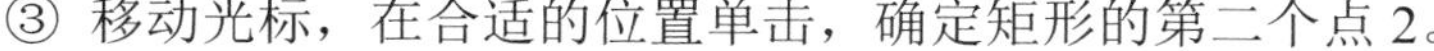

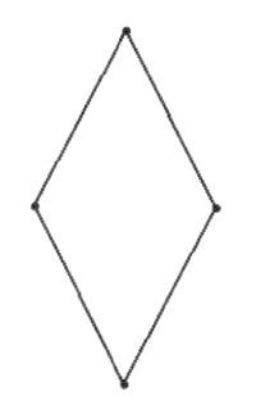
图 2-32　任意形状的平行四边形

④ 移动光标，在合适的位置单击，确定矩形的第三个点 3，矩形绘制完毕。

矩形绘制完毕后，按住鼠标左键拖动矩形的一个角点，可以动态地改变平行四边形的尺寸。

在绘制完矩形的点 1 与点 2 后，按住<Ctrl>键，移动光标可以改变平行四边形的形状，然后在合适的位置单击，可以完成任意形状的平行四边形的绘制。图 2-32 所示为绘制的任意形状的平行四边形。

扫一扫，看视频

2.2.6 绘制多边形

“多边形”命令用于绘制边数为 3～40 之间的等边多边形。

【案例 2-14】绘制多边形

① 在草图绘制状态下，单击菜单栏中的“工具”→“草图绘制实体”→“多边形”命令，或者单击“草图”控制面板中的（多边形）按钮，此时光标变为形状，弹出的“多边形”属性管理器如图 2-33 所示。

② 在“多边形”属性管理器中，输入多边形的边数。也可以接受系统默认的边数，在绘制完多边形后再修改多边形的边数。

③ 在图形区单击，确定多边形的中心。

④ 移动光标，在合适的位置单击，确定多边形的形状。

⑤ 在“多边形”属性管理器中选择是内切圆模式还是外接圆模式，然后修改多边形辅助圆直径以及角度。

⑥ 如果还要绘制另一个多边形，单击属性管理器中的“新多边形”按钮，然后重复步骤②～⑤即可。绘制的多边形如图 2-34 所示。

图 2-33　“多边形”属性管理器

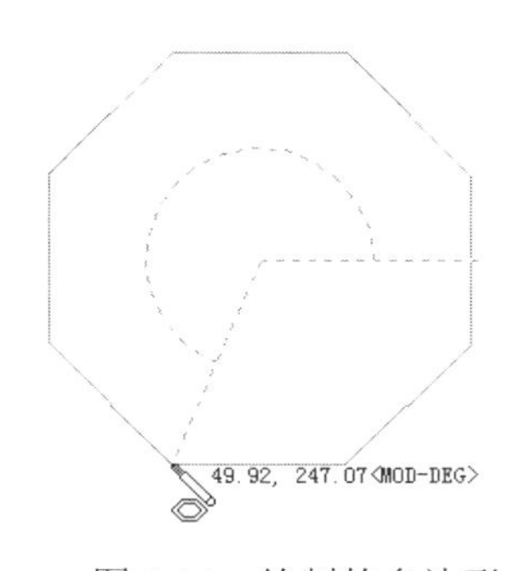

图 2-34　绘制的多边形

 技巧荟萃

多边形有内切圆和外接圆两种方式，两者的区别主要在于标注方法的不同。内切圆是表示圆中心到各边的垂直距离，外接圆是表示圆中心到多边形端点的距离。

2.2.7 绘制椭圆与部分椭圆

椭圆是由中心点、长轴长度与短轴长度确定的，三者缺一不可。下面将分别介绍椭圆和部分椭圆的绘制方法。

扫一扫，看视频

【案例 2-15】绘制椭圆与部分椭圆

（1）绘制椭圆

绘制椭圆的操作步骤如下。

① 在草图绘制状态下，单击菜单栏中的“工具”→“草图绘制实体”→“椭圆”命令，或者单击“草图”控制面板中的（椭圆）按钮，此时光标变为形状。

② 在图形区合适的位置单击，确定椭圆的中心。

③ 移动光标，在光标附近会显示椭圆的长半轴 R 和短半轴 r。在图中合适的位置单击，确定椭圆的长半轴 R。

④ 移动光标，在图中合适的位置单击，确定椭圆的短半轴 r，此时弹出“椭圆”属性管理器，如图 2-35 所示。

⑤ 在“椭圆”属性管理器中修改椭圆的中心坐标，以及长半轴和短半轴的大小。

⑥ 单击“椭圆”属性管理器中的（确定）按钮，完成椭圆的绘制，如图 2-36 所示。

图 2-35 “椭圆”属性管理器

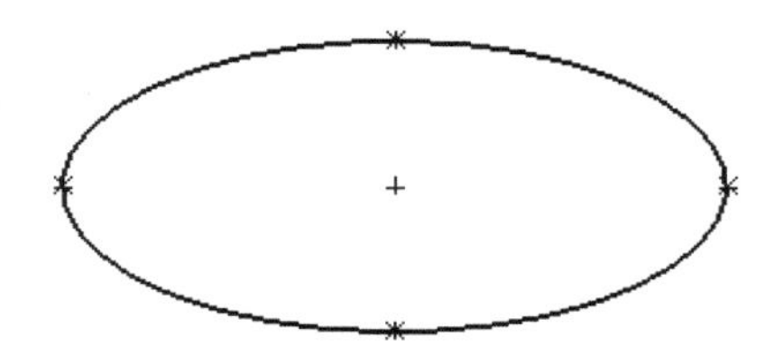

图 2-36 绘制的椭圆

椭圆绘制完毕后，按住鼠标左键拖动椭圆的中心和 4 个特征点，可以改变椭圆的形状。通过“椭圆”属性管理器可以精确地修改椭圆的位置和长、短半轴。

（2）绘制部分椭圆

部分椭圆即椭圆弧，绘制椭圆弧的操作步骤如下。

① 在草图绘制状态下，单击菜单栏中的“工具”→“草图绘制实体”→“部分椭圆”命令，或者单击“草图”控制面板中的（部分椭圆）按钮，此时光标变为形状。

② 在图形区合适的位置单击，确定椭圆弧的中心。

③ 移动光标，在光标附近会显示椭圆的长半轴 R 和短半轴 r。在图中合适的位置单击，确定椭圆弧的长半轴 R。

④ 移动光标，在图中合适的位置单击，确定椭圆弧的短半轴 r。

⑤ 绕圆周移动光标，确定椭圆弧的范围，此时会弹出“椭圆”属性管理器，根据需要设定椭圆弧的参数。

⑥ 单击“椭圆”属性管理器中的✔（确定）按钮，完成椭圆弧的绘制。

图 2-37 所示为绘制部分椭圆的过程。

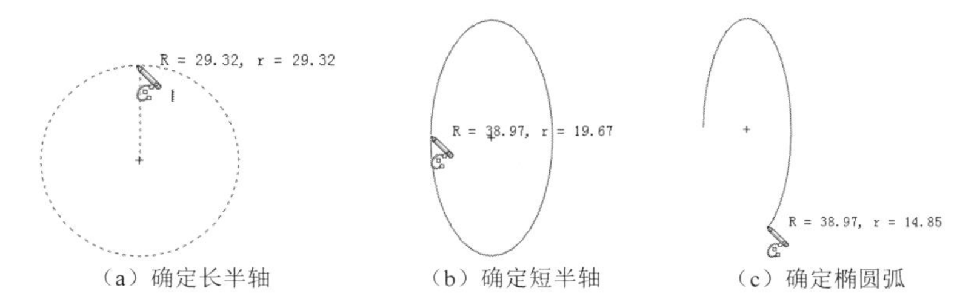

图 2-37　绘制部分椭圆的过程

2.2.8　绘制抛物线

扫一扫，看视频

抛物线的绘制方法是，先确定抛物线的焦点，然后确定抛物线的焦距，最后确定抛物线的起点和终点。

【案例 2-16】绘制抛物线

① 在草图绘制状态下，单击菜单栏中的“工具”→“草图绘制实体”→“抛物线”命令，或者单击“草图”控制面板中的∪（抛物线）按钮，此时光标变为形状。

② 在图形区中合适的位置单击，确定抛物线的焦点。

③ 移动光标，在图中合适的位置单击，确定抛物线的焦距。

④ 移动光标，在图中合适的位置单击，确定抛物线的起点。

⑤ 移动光标，在图中合适的位置单击，确定抛物线的终点，此时会弹出“抛物线”属性管理器，根据需要设置属性管理器中抛物线的参数。

⑥ 单击“抛物线”属性管理器中的✔（确定）按钮，完成抛物线的绘制。

图 2-38 所示为绘制抛物线的过程。

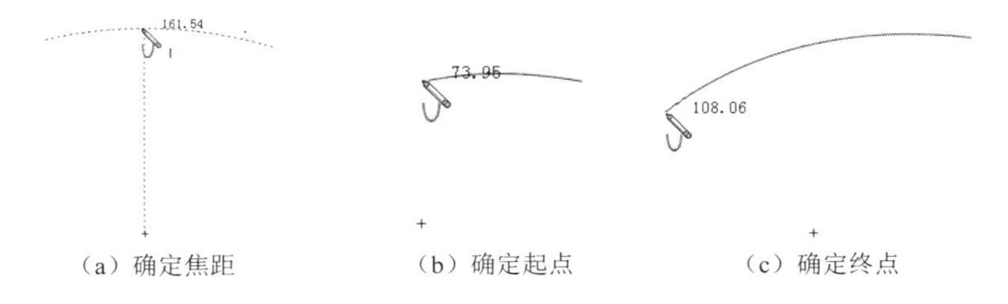

图 2-38　绘制抛物线的过程

按住鼠标左键拖动抛物线的特征点，可以改变抛物线的形状。拖动抛物线的顶点，使其偏离焦点，可以使抛物线更加平缓；反之，抛物线会更陡。拖动抛物线的起点或者终点，可以改变抛物线一侧的长度。

如果要改变抛物线的属性，在草图绘制状态下，选择绘制的抛物线，此时会弹出“抛物线”属性管理器，按照需要修改其中的参数，就可以修改相应的属性。

扫一扫，看视频

2.2.9 绘制样条曲线

系统提供了强大的样条曲线绘制功能，样条曲线至少需要两个点，并且可以在端点指定相切。

【案例 2-17】绘制样条曲线

① 在草图绘制状态下，单击菜单栏中的“工具”→“草图绘制实体”→“样条曲线”命令，或者单击“草图”控制面板中的（样条曲线）按钮，此时光标变为形状。

② 在图形区单击，确定样条曲线的起点。

③ 移动光标，在图中合适的位置单击，确定样条曲线上的第二点。

④ 重复移动光标，确定样条曲线上的其他点。

⑤ 按<Esc>键，或者双击退出样条曲线的绘制。

图 2-39 所示为绘制样条曲线的过程。

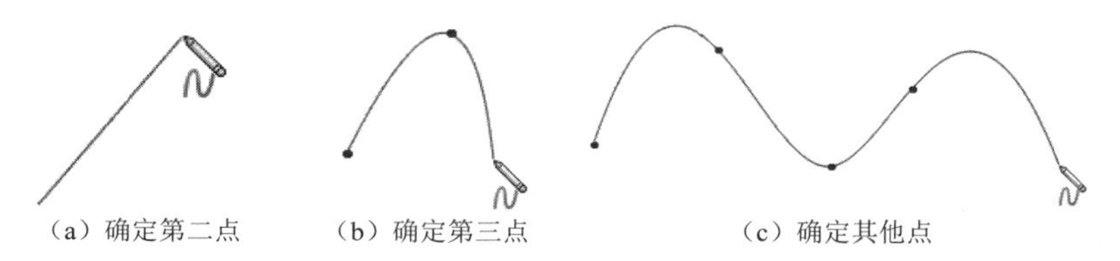
（a）确定第二点　（b）确定第三点　（c）确定其他点

图 2-39　绘制样条曲线的过程

样条曲线绘制完毕后，可以通过以下方式，对样条曲线进行编辑和修改。

（1）样条曲线属性管理器

“样条曲线”属性管理器如图 2-40 所示，在“参数”选项组中可以实现对样条曲线的各种参数进行修改。

（2）样条曲线上的点

选择要修改的样条曲线，此时样条曲线上会出现点，按住鼠标左键拖动这些点就可以实现对样条曲线的修改，图 2-41 所示为样条曲线的修改过程，图（a）为修改前的图形，图（b）为修改后的图形。

图 2-40　“样条曲线”属性管理器

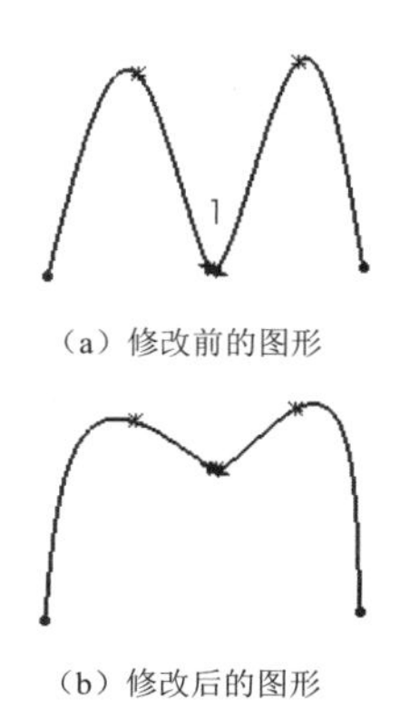
（a）修改前的图形

（b）修改后的图形

图 2-41　样条曲线的修改过程

（3）插入样条曲线型值点

确定样条曲线形状的点称为型值点，即除样条曲线端点以外的点。在样条曲线绘制以后，还可以插入一些型值点。右击样条曲线，在弹出的快捷菜单中单击“插入样条曲线型值点”命令，然后在需要添加的位置单击即可。

（4）删除样条曲线型值点

若要删除样条曲线上的型值点，则单击选择要删除的点，然后按<Delete>键即可。

样条曲线的编辑还有其他一些功能，如显示样条曲线控标、显示拐点、显示最小半径与显示曲率检查等，在此不一一介绍，用户可以右击，选择相应的功能，进行练习。

技巧荟萃

系统默认显示样条曲线的控标。单击“样条曲线工具”工具栏中的（显示样条曲线控标）按钮，可以隐藏或者显示样条曲线的控标。

2.2.10 绘制草图文字

扫一扫，看视频

草图文字可以在零件特征面上添加，用于拉伸和切除文字，形成立体效果。文字可以添加在任何连续曲线或边线组中，包括由直线、圆弧或样条曲线组成的圆或轮廓。

【案例 2-18】绘制草图文字

① 在草图绘制状态下，单击菜单栏中的“工具”→“草图绘制实体”→“文本”命令，或者单击“草图”工具栏中的（文本）按钮，系统弹出“草图文字”属性管理器，如图 2-42 所示。

② 在图形区中选择一边线、曲线、草图或草图线段，作为绘制文字草图的定位线，此时所选择的边线显示在“草图文字”属性管理器的“曲线”选项组中。

③ 在“草图文字”属性管理器的“文字”选项中输入要添加的文字“SOLIDWORKS 2020”。此时，添加的文字显示在图形区曲线上。

④ 如果不需要系统默认的字体，则取消对“使用文档字体”复选框的勾选，然后单击“字体”按钮，此时系统弹出“选择字体”对话框，如图 2-43 所示，按照需要进行设置。

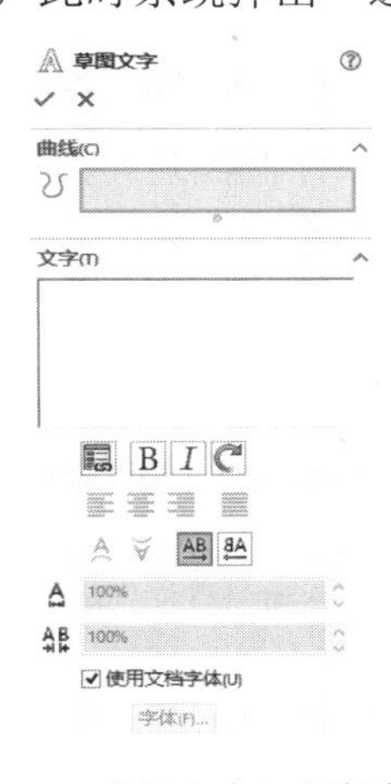

图 2-42 “草图文字”属性管理器

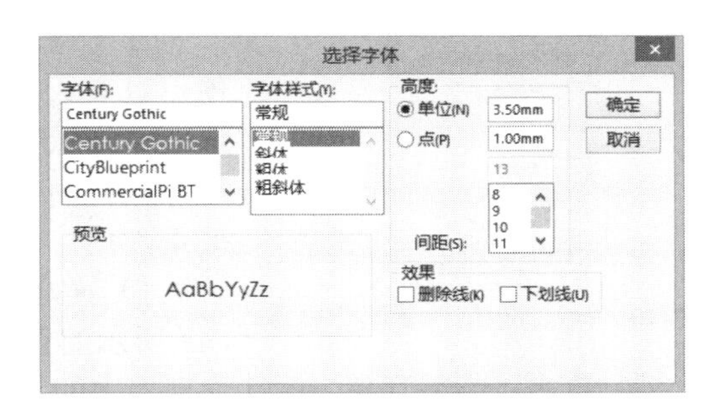

图 2-43 “选择字体”对话框

⑤ 设置好字体后，单击“选择字体”对话框中的“确定”按钮，然后单击“草图文字”属性管理器中的✔（确定）按钮，完成草图文字的绘制。

技巧荟萃

① 在草图绘制模式下，双击已绘制的草图文字，在系统弹出的“草图文字”属性管理器中，可以对其进行修改。

② 如果曲线为草图实体或一组草图实体，而且草图文字与曲线位于同一草图内，那么必须将草图实体转换为几何构造线。

图 2-44 所示为绘制的草图文字，图 2-45 所示为拉伸后的草图文字。

SOLIDWORKS 2020

图 2-44　绘制的草图文字

图 2-45　拉伸后的草图文字

2.3 草图编辑

本节主要介绍草图编辑工具的使用方法，如圆角、倒角、等距实体、剪裁、延伸、镜向、移动、复制、旋转与修改等。

扫一扫，看视频

2.3.1 绘制圆角

绘制圆角工具是将两个草图实体的交叉处剪裁掉角部，生成一个与两个草图实体都相切的圆弧，此工具在二维和三维草图中均可使用。

【案例 2-19】绘制圆角

① 草图编辑状态下，单击菜单栏中的“工具”→“草图工具”→“圆角”命令，或者单击“草图”控制面板中的⌝（绘制圆角）按钮，此时系统弹出“绘制圆角”属性管理器，如图 2-46 示。

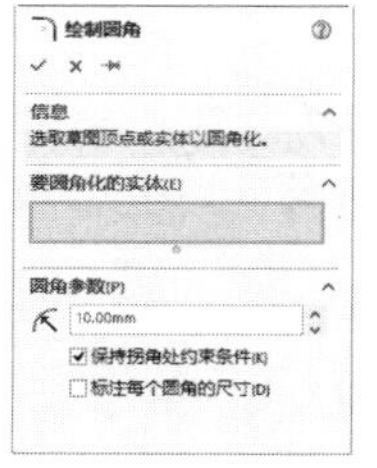

图 2-46 “绘制圆角”属性管理器

② “绘制圆角”属性管理器中，设置圆角的半径。如果顶点具有尺寸或几何关系，勾选“保持拐角处约束条件”复选框，将保留虚拟交点。如果不勾选该复选框，且顶点具有尺寸或几何关系，将会询问是否想在生成圆角时删除这些几何关系。

③ 置好“绘制圆角”属性管理器后，单击选择如图 2-47（a）所示的直线 1 和 2、直线 2 和 3、直线 3 和 4、直线 4 和 1。

④ 单击“绘制圆角”属性管理器中的✔（确定）按钮，完成圆角的绘制，如图 2-47（b）所示。

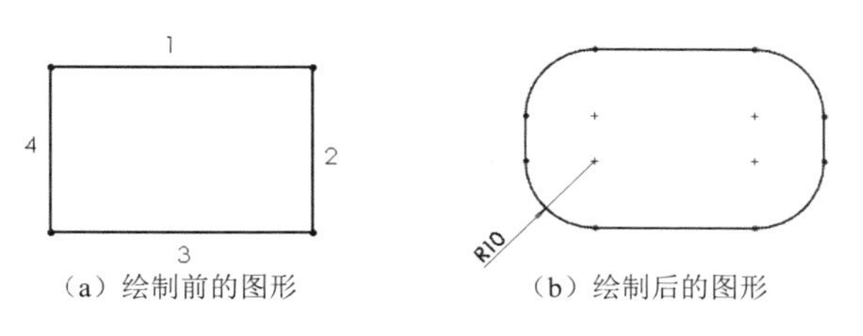

（a）绘制前的图形　　（b）绘制后的图形

图 2-47　绘制圆角过程

技巧荟萃

SOLIDWORKS 可以将两个非交叉的草图实体进行倒圆角操作。执行完“圆角”命令后，草图实体将被拉伸，边角将被进行圆角处理。

2.3.2 绘制倒角

扫一扫，看视频

绘制倒角工具是将倒角应用到相邻的草图实体中，此工具在二维和三维草图中均可使用。倒角的选取方法与圆角相同。“绘制倒角”属性管理器中提供了倒角的两种设置方式，分别是“角度距离”设置倒角方式和“距离-距离”设置倒角方式。

【案例 2-20】绘制倒角

① 在草图编辑状态下，单击菜单栏中的“工具”→“草图工具”→“倒角”命令，或者单击“草图”控制面板中的（绘制倒角）按钮，此时系统弹出“绘制倒角”属性管理器，如图 2-48 所示。

② 在“绘制倒角”属性管理器中，点选“角度距离”单选钮，按照如图 2-48 所示设置倒角方式和倒角参数，然后选择如图 2-50（a）所示的直线 1 和直线 4。

③ 在“绘制倒角”属性管理器中，点选“距离-距离”单选钮，按照如图 2-49 所示设置倒角方式和倒角参数，然后选择如图 2-50（a）所示的直线 2 和直线 3。

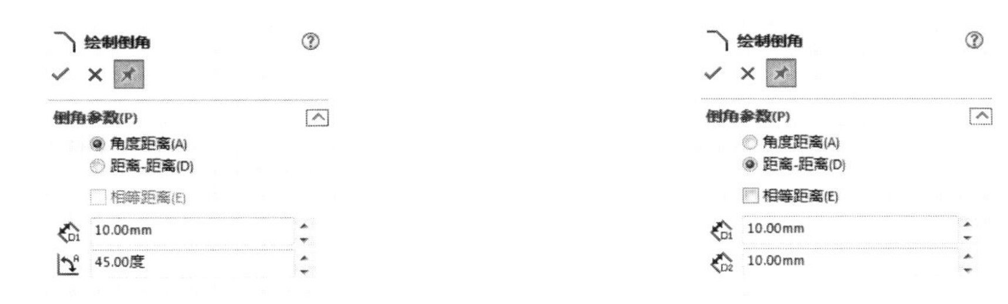

图 2-48　“角度距离”设置方式　　图 2-49　“距离-距离”设置方式

④ 单击“绘制倒角”属性管理器中的（确定）按钮，完成倒角的绘制，如图 2-50（b）所示。

以“距离-距离”设置方式绘制倒角时，如果设置的两个距离不相等，选择不同草图实体的次序不同，绘制的结果也不相同。如图 2-50 所示，设置 D1＝10、D2＝20，图 2-51（a）

所示为原始图形；图 2-51（b）所示为先选取左侧的直线，后选择右侧直线形成的倒角；图 2-51（c）所示为先选取右侧的直线，后选择左侧直线形成的倒角。

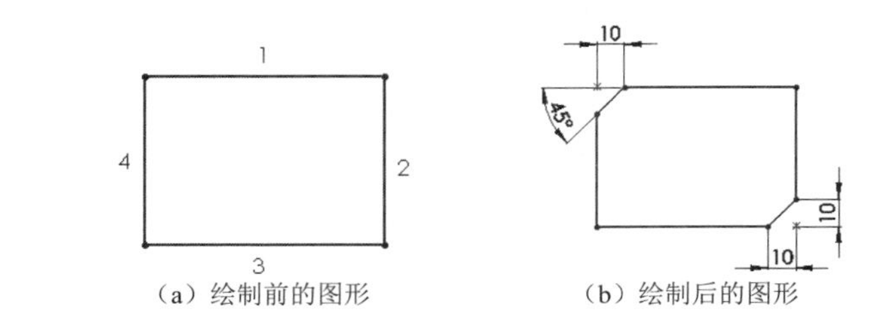

（a）绘制前的图形 （b）绘制后的图形

图 2-50　绘制倒角的过程

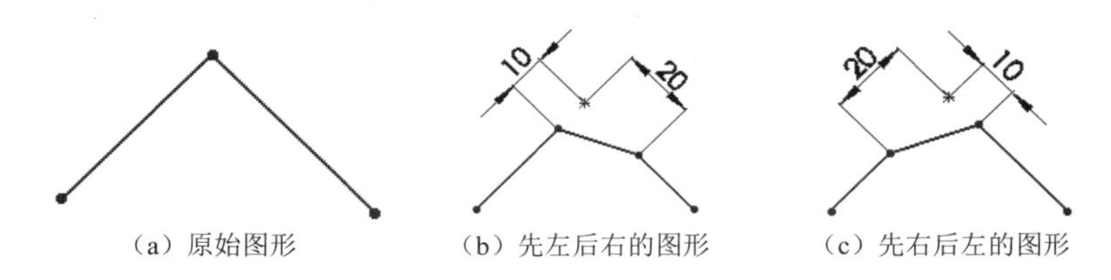

（a）原始图形 （b）先左后右的图形 （c）先右后左的图形

图 2-51　选择直线次序不同形成的倒角

2.3.3 等距实体

扫一扫，看视频

等距实体工具是按特定的距离等距一个或者多个草图实体、所选模型边线、模型面，例如样条曲线或圆弧、模型边线组、环等之类的草图实体。

【案例 2-21】等距实体

① 在草图绘制状态下，单击菜单栏中的“工具”→“草图工具”→“等距实体”命令，或者单击“草图”控制面板中的（等距实体）按钮。

② 系统弹出“等距实体”属性管理器，按照实际需要进行设置。

③ 单击选择要等距的实体对象。

④ 单击“等距实体”属性管理器中的（确定）按钮，完成等距实体的绘制。

“等距实体”属性管理器中各选项的含义如下。

■ “等距距离”文本框：设定数值以特定距离来等距草图实体。

■ “添加尺寸”复选框：勾选该复选框将在草图中添加等距距离的尺寸标注，这不会影响到包括在原有草图实体中的任何尺寸。

■ “反向”复选框：勾选该复选框将更改单向等距实体的方向。

■ “选择链”复选框：勾选该复选框将生成所有连续草图实体的等距。

■ “双向”复选框：勾选该复选框将在草图中双向生成等距实体。

■ “顶端加盖”复选框：勾选该复选框将通过选择双向并添加一顶盖来延伸原有非相交草图实体。

图 2-53 所示为按照如图 2-52 所示的“等距实体”属性管理器进行设置后，选取中间草图实体中任意一部分得到的图形。

图 2-54 所示为在模型面上添加草图实体的过程，图（a）为原始图形，图（b）为等距实体后的图形。执行过程为：先选择如图 2-54（a）所示的模型的上表面，然后进入草图绘制

状态，再执行等距实体命令，设置参数为单向等距距离，距离为 10mm。

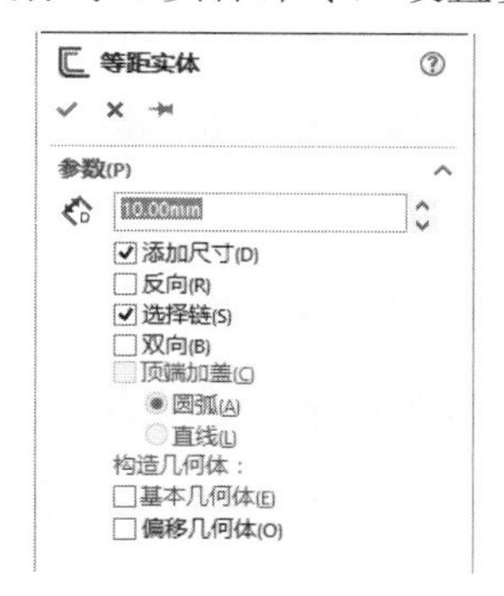

图 2-52 “等距实体”属性管理器

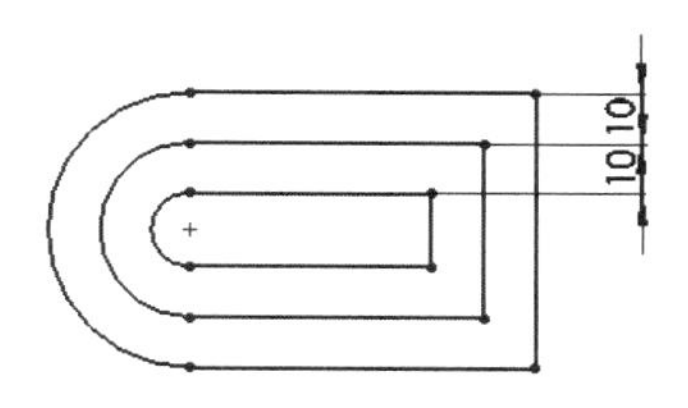

图 2-53 等距后的草图实体

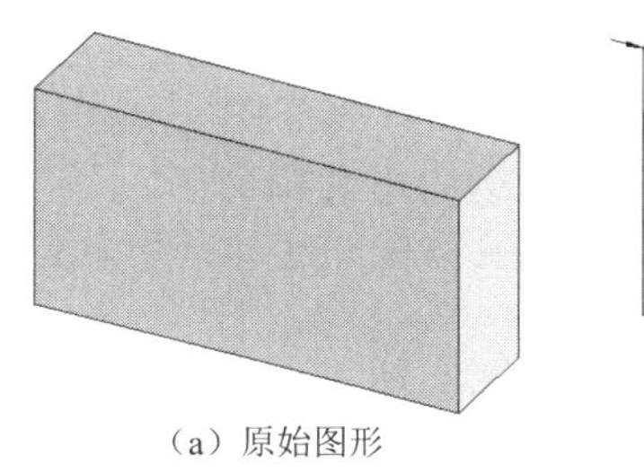
（a）原始图形

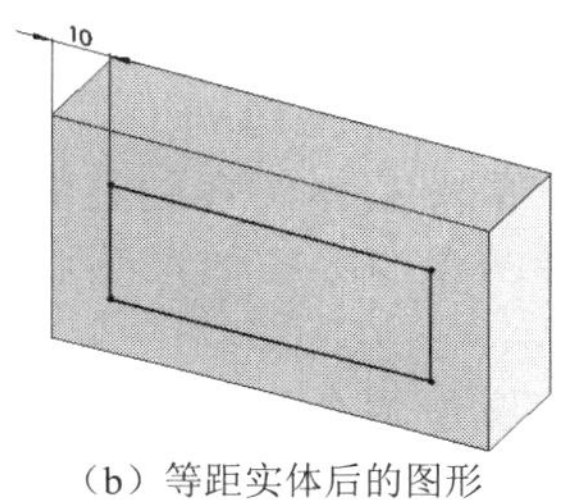

（b）等距实体后的图形

图 2-54 模型面等距实体

技巧荟萃

在草图绘制状态下，双击等距距离的尺寸，然后更改数值，就可以修改等距实体的距离。在双向等距中，修改单个数值就可以更改两个等距的尺寸。

2.3.4 转换实体引用

扫一扫，看视频

转换实体引用是通过已有的模型或者草图，将其边线、环、面、曲线、外部草图轮廓线、一组边线或一组草图曲线投影到草图基准面上。通过这种方式，可以在草图基准面上生成一个或多个草图实体。使用该命令时，如果引用的实体发生更改，那么转换的草图实体也会相应改变。

【案例 2-22】转换实体引用

① 打开随书资源中的“源文件\ch2\2.22.SLDPRT”。

② 在特征管理器的树状目录中，选择要添加草图的基准面，本例选择基准面 1，然后单击“草图”控制面板中的（草图绘制）按钮，进入草图绘制状态。

③ 按住<Ctrl>键，选取如图 2-55（a）所示的边线 1、2、3、4 以及圆弧 5。

④ 单击菜单栏中的“工具”→“草图工具”→“转换实体引用”命令，或者单击“草图”工具栏中的（转换实体引用）按钮，执行转换实体引用命令。

⑤ 出草图绘制状态，转换实体引用后的图形如图 2-55（b）所示。

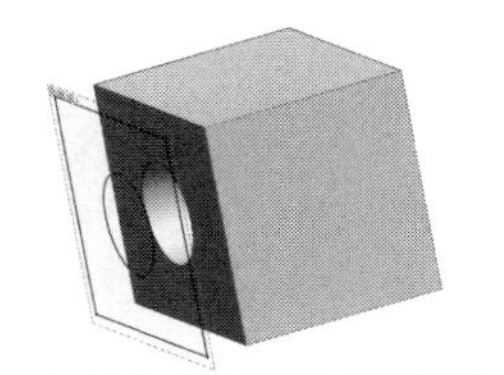

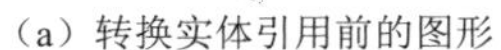

（a）转换实体引用前的图形　　（b）转换实体引用后的图形

图 2-55　转换实体引用过程

2.3.5 草图剪裁

扫一扫，看视频

草图剪裁是常用的草图编辑命令。执行草图剪裁命令时，系统弹出“剪裁”属性管理器，如图 2-56 所示，根据剪裁草图实体的不同，可以选择不同的剪裁模式，下面将介绍不同类型的草图剪裁模式。

- 强劲剪裁：通过将光标拖过每个草图实体来剪裁草图实体。
- 边角：剪裁两个草图实体，直到它们在虚拟边角处相交。
- 在内剪除：选择两个边界实体，然后选择要剪裁的实体，剪裁位于两个边界实体外的草图实体。
- 在外剪除：剪裁位于两个边界实体内的草图实体。
- 剪裁到最近端：将一草图实体剪裁到最近端交叉实体。

【案例 2-23】草图剪裁

以如图 2-57 所示为例说明剪裁实体的过程，图（a）为剪裁前的图形，图（b）为剪裁后的图形，其操作步骤如下。

① 打开随书资源中的“源文件\ch2\2.23.SLDPRT”，如图 2-57（a）所示。

② 在草图编辑状态下，单击菜单栏中的“工具”→“草图工具”→“剪裁”命令，或者单击“草图”工具栏中的（剪裁实体）按钮，此时光标变为形状，并在左侧特征管理器弹出“剪裁”属性管理器。

③ 在“剪裁”属性管理器中选择“剪裁到最近端”选项。

④ 依次单击如图 2-57（a）所示的 A 处和 B 处，剪裁图中的直线。

⑤ 单击“剪裁”属性管理器中的（确定）按钮，完成草图实体的剪裁，剪裁后的图形如图 2-57（b）所示。

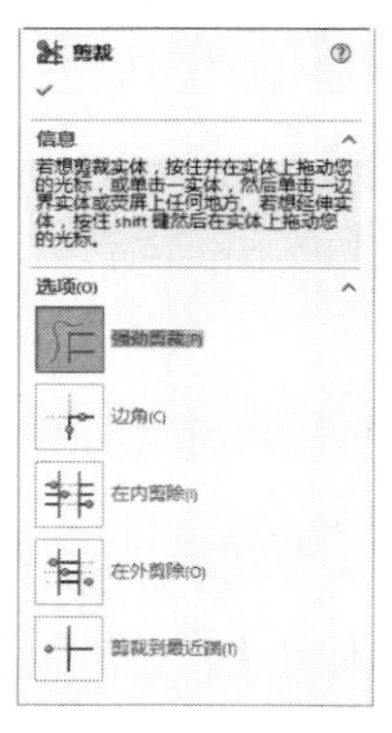

图 2-56　“剪裁”属性管理器

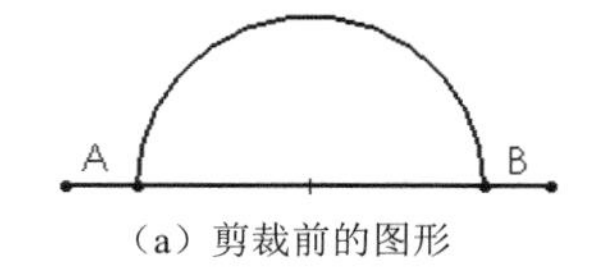

（a）剪裁前的图形

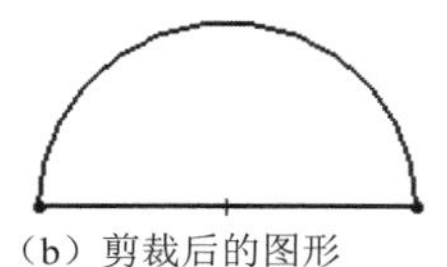

（b）剪裁后的图形

图 2-57　剪裁实体的过程

2.3.6 草图延伸

扫一扫，看视频

草图延伸是常用的草图编辑工具。利用该工具可以将草图实体延伸至另一个草图实体。

【案例 2-24】草图延伸

以如图 2-58 所示为例说明草图延伸的过程，图（a）为延伸前的图形，图（b）为延伸后的图形。操作步骤如下。

① 打开随书资源中的“源文件\ch2\2.24.SLDPRT”，如图 2-58（a）所示。

② 在草图编辑状态下，单击菜单栏中的“工具”→“草图工具”→“延伸”命令，或者单击“草图”控制面板中的（延伸实体）按钮，光标变为形状，进入草图延伸状态。

③ 单击如图 2-58（a）所示的直线。

④ 按<Esc>键，退出延伸实体状态，延伸后的图形如图 2-58（b）所示。

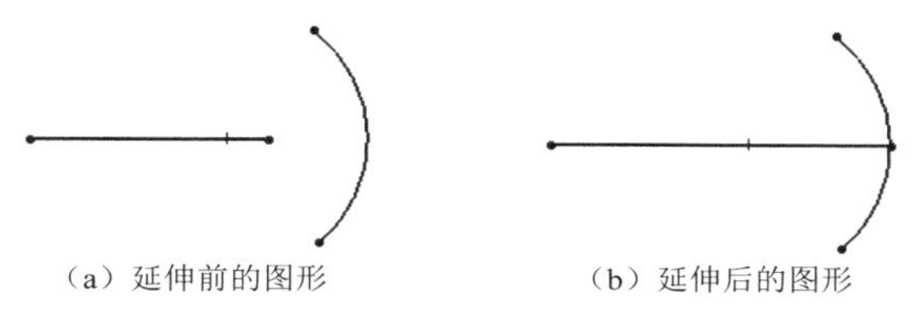

（a）延伸前的图形　　（b）延伸后的图形

图 2-58　草图延伸的过程

在延伸草图实体时，如果两个方向都可以延伸，而只需要单一方向延伸时，单击延伸方向一侧的实体部分即可实现，在执行该命令过程中，实体延伸的结果在预览时会以红色显示。

2.3.7 分割草图

扫一扫，看视频

分割草图是将一连续的草图实体分割为两个草图实体，以方便进行其他操作。反之，也可以删除一个分割点，将两个草图实体合并成一个单一草图实体。

【案例 2-25】分割草图

以如图 2-59 所示为例说明分割实体的过程，图（a）为分割前的图形，图（b）为分割后的图形，其操作步骤如下。

① 打开随书资源中的“源文件\ch2\2.25.SLDPRT”，如图 2-59（a）所示。

② 在草图编辑状态下，单击菜单栏中的“工具”→“草图工具”→“分割实体”命令，或者单击“草图”控制面板中的（分割实体）按钮，进入分割实体状态。

③ 单击如图 2-59（a）所示的圆弧的合适位置，添加一个分割点。

④ 按<Esc>键，退出分割实体状态，分割后的图形如图 2-59（b）所示。

在草图编辑状态下，如果欲将两个草图实体合并为一个草图实体，单击选中分割点，然后按<Delete>键即可。

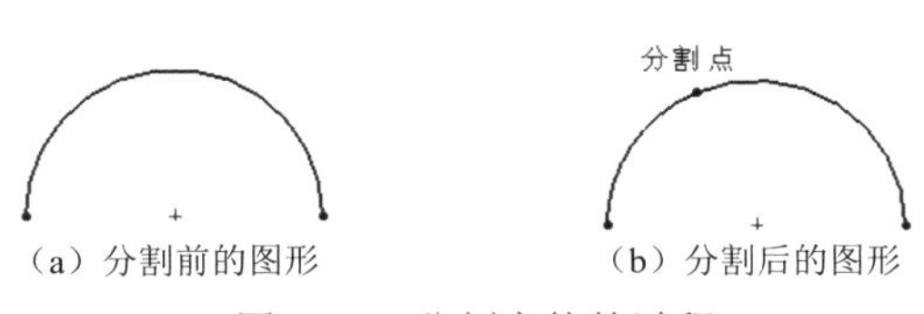

（a）分割前的图形　　（b）分割后的图形

图 2-59　分割实体的过程

2.3.8 镜向草图

扫一扫，看视频

在绘制草图时，经常要绘制对称的图形，这时可以使用镜向实体命令来实现，“镜向”属性管理器如图 2-60 所示。

在 SOLIDWORKS 2020 中，镜向点不再仅限于构造线，它可以是任意类型的直线。SOLIDWORKS 提供了两种镜向方式，一种是镜向现有草图实体，另一种是在绘制草图时动态镜向草图实体。下面将分别介绍。

【案例 2-26】镜向草图

（1）镜向现有草图实体

以如图 2-61 所示为例说明镜向草图的过程，图（a）为镜向前的图形，图（b）为镜向后的图形，其操作步骤如下。

① 打开随书资源中的“源文件\ch2\2.26.SLDPRT”，如图 2-61（a）所示。

② 在草图编辑状态下，单击菜单栏中的“工具”→“草图工具”→“镜向”命令，或者单击“草图”控制面板中的（镜向实体）按钮，此时系统弹出“镜向”属性管理器。

③ 单击属性管理器中的“要镜向的实体”列表框，使其变为蓝色，然后在图形区框选如图 2-61（a）所示的直线左侧图形。

④ 单击属性管理器中的“镜向点”列表框，使其变为蓝色，然后在图形区选取如图 2-61（a）所示的直线。

⑤ 单击“镜向”属性管理器中的（确定）按钮，草图实体镜向完毕，镜向后的图形如图 2-61（b）所示。

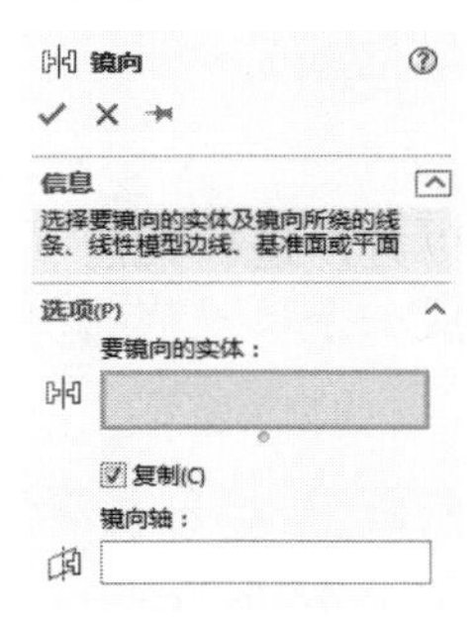

图 2-60 “镜向”属性管理器

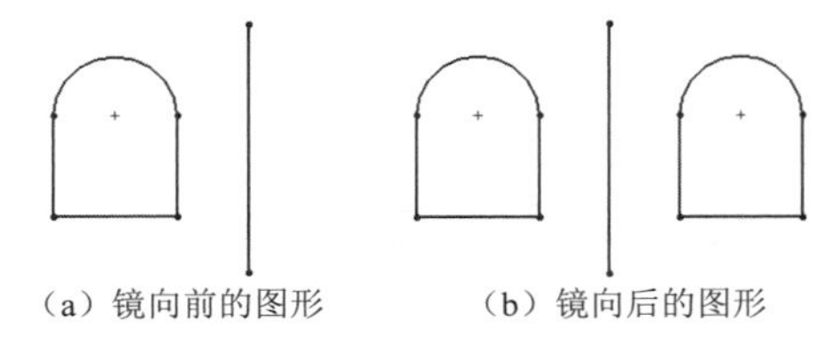

（a）镜向前的图形　（b）镜向后的图形

图 2-61 镜向草图的过程

（2）动态镜向草图实体

以如图 2-62 所示为例说明动态镜向草图实体的过程，操作步骤如下。

【案例 2-27】动态镜向草图实体

扫一扫，看视频

① 在草图绘制状态下，先在图形区中绘制一条中心线，并选取它。

② 单击菜单栏中的“工具”→“草图工具”→“动态镜向”命令，或者单击“草图”控制面板中的（动态镜向实体）按钮，此时对称符号出现在中心线的两端。

③ 单击“草图”控制面板中的（直线）按钮，在中心线的一侧绘制草图，此时另一侧会动态地镜向出绘制的草图。

④ 草图绘制完毕后，再次单击“草图”控制面板中的（直线）按钮，即可结束该命令的使用。

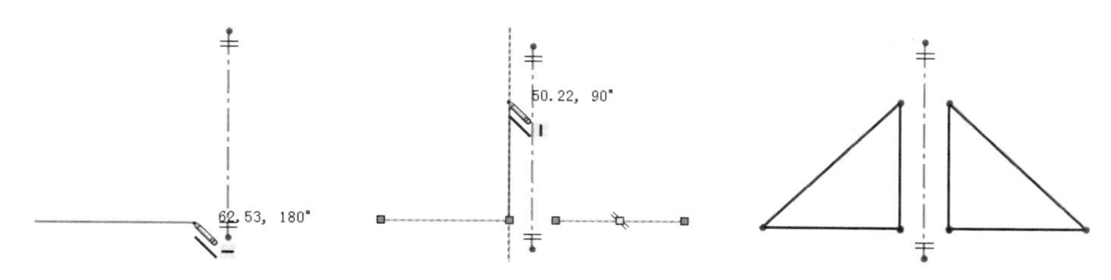

图 2-62　动态镜向草图实体的过程

技巧荟萃

镜向实体在三维草图中不可使用

2.3.9　线性草图阵列

扫一扫，看视频

线性草图阵列是将草图实体沿一个或者两个轴复制生成多个排列图形。执行该命令时，系统弹出“线性阵列”属性管理器，如图 2-63 所示。

【案例 2-28】线性草图阵列

以如图 2-64 所示为例说明线性草图阵列的过程，图（a）为阵列前的图形，图（b）为阵列后的图形，其操作步骤如下。

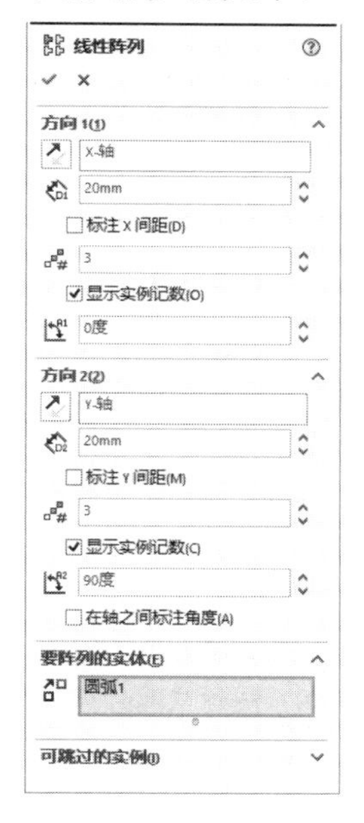

图 2-63　“线性阵列”属性管理器

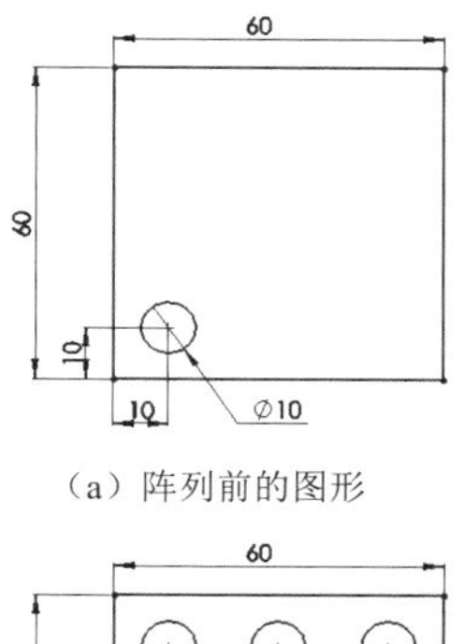

（a）阵列前的图形

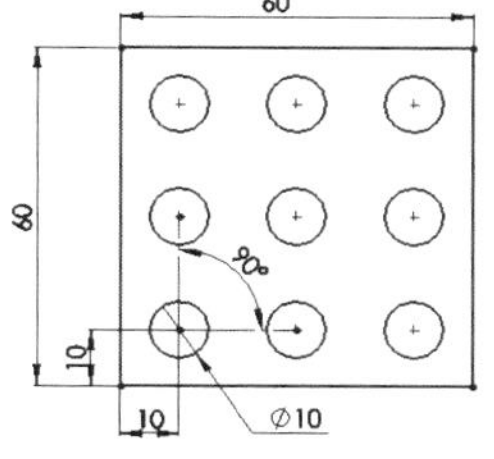

（b）阵列后的图形

图 2-64　线性草图阵列的过程

① 打开随书资源中的“源文件\ch2\2.28.SLDPRT”，如图 2-64（a）所示。

② 在草图编辑状态下，单击菜单栏中的“工具”→“草图工具”→“线性阵列”命令，或者单击“草图”控制面板中的（线性草图阵列）按钮。

③ 此时系统弹出“线性阵列”属性管理器，单击“要阵列的实体”列表框，然后在图形区中选取如图 2-64（a）所示的直径为 10mm 的圆弧，其他设置如图 2-63 所示。

④ 单击“线性阵列”属性管理器中的✔（确定）按钮，结果如图 2-64（b）所示。

扫一扫，看视频

2.3.10 圆周草图阵列

圆周草图阵列是将草图实体沿一个指定大小的圆弧进行环状阵列。执行该命令时，系统弹出的“圆周阵列”属性管理器如图 2-65 所示。

【案例 2-29】圆周草图阵列

以如图 2-66 所示为例说明圆周草图阵列的过程，图（a）为阵列前的图形，图（b）为阵列后的图形，其操作步骤如下。

① 打开随书资源中的“源文件\ch2\2.29.SLDPRT”，如图 2-66（a）所示。

② 在草图编辑状态下，单击菜单栏中的“工具”→“草图工具”→“圆周阵列”命令，或者单击“草图”控制面板中的（圆周草图阵列）按钮，此时系统弹出“圆周阵列”属性管理器。

③ 单击“圆周阵列”属性管理器的“要阵列的实体”列表框，然后在图形区中选取如图 2-66（a）所示的圆弧外的三条直线，在“参数”选项组的列表框中选择圆弧的圆心，在（数量）文本框中输入“8”。

④ 单击“圆周阵列”属性管理器中的✔（确定）按钮，阵列后的图形如图 2-66（b）所示。

图 2-65 “圆周阵列”属性管理器

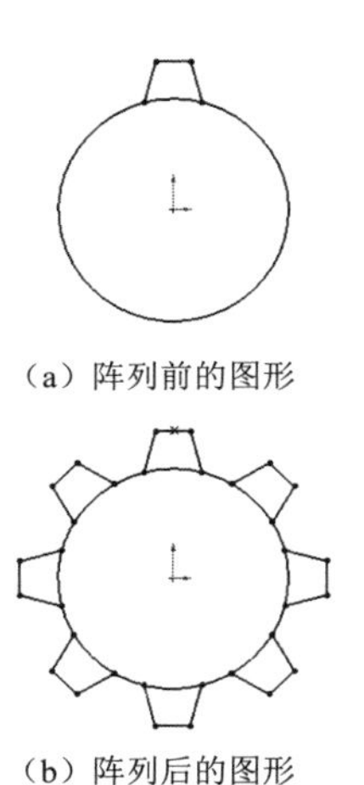

（a）阵列前的图形

（b）阵列后的图形

图 2-66 圆周草图阵列的过程

2.3.11 移动草图

“移动”草图命令，是将一个或者多个草图实体进行移动。执行该命令时，系统弹出“移动”属性管理器，如图 2-67 所示。

在“移动”属性管理器中，“要移动的实体”列表框用于选取要移动的草图实体；“参数”选项组中的“从/到”单选钮用于指定移动的开始点和目标点，是一个相对参数；如果在“参数”选项组中点选“X/Y”单选钮，则弹出新的对话框，在其中输入相应的参数即可以设定的数值生成相应的目标。

2.3.12 复制草图

“复制”草图命令，是将一个或者多个草图实体进行复制。执行该命令时，系统弹出“复制”属性管理器，如图 2-68 所示。“复制”属性管理器中的参数与“移动”属性管理器中参数意义相同，在此不再赘述。

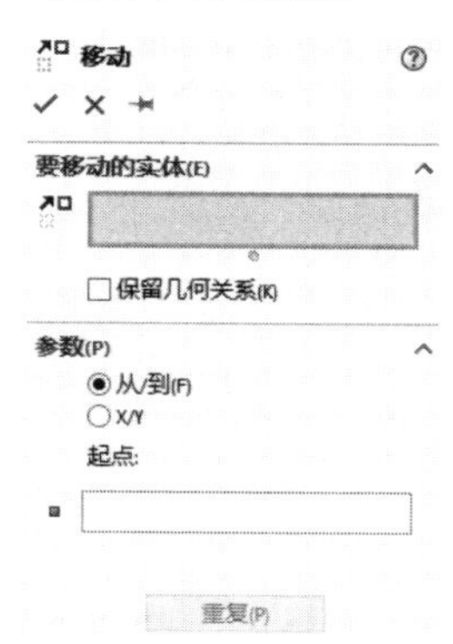

图 2-67 “移动”属性管理器

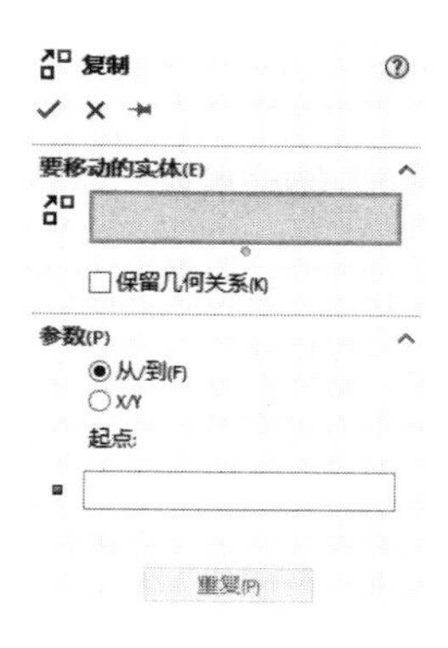

图 2-68 “复制”属性管理器

2.3.13 旋转草图

扫一扫，看视频

“旋转”草图命令，是通过选择旋转中心及要旋转的度数来旋转草图实体。执行该命令时，系统弹出“旋转”属性管理器，如图 2-69 所示。

【案例 2-30】旋转草图

以如图 2-70 所示为例说明旋转草图的过程，图（a）为旋转前的图形，图（b）为旋转后的图形，其操作步骤如下。

① 打开随书资源中的“源文件\ch2\2.30.SLDPRT”，如图 2-70（a）所示。

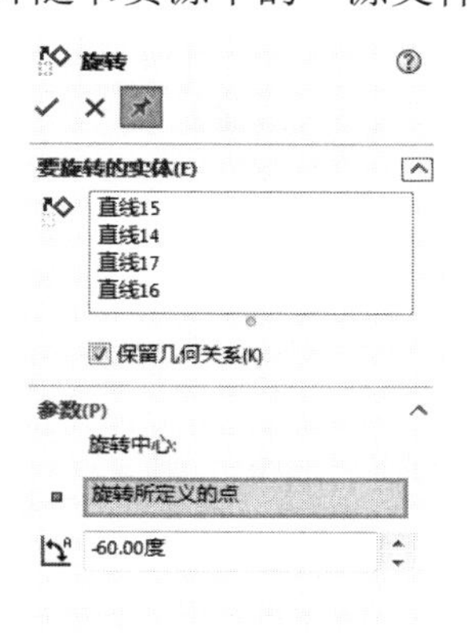

图 2-69 “旋转”属性管理器

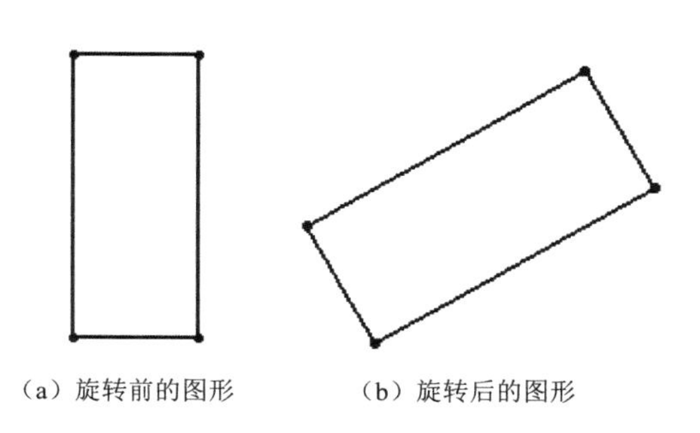

（a）旋转前的图形　（b）旋转后的图形

图 2-70 旋转草图的过程

② 在草图编辑状态下，单击菜单栏中的“工具”→“草图工具”→“旋转”命令，或者单击“草图”控制面板中的（旋转实体）按钮。

③ 此时系统弹出“旋转”属性管理器，单击“要旋转的实体”列表框，在图形区中选取如图 2-70（a）所示的矩形，在■（基准点）列表框中选取矩形的左下端点，在（角度）文本框中输入“−60”。

④ 单击“旋转”属性管理器中的（确定）按钮，旋转后的图形如图 2-70（b）所示。

2.3.14 缩放草图

扫一扫，看视频

“缩放实体比例”命令，是通过基准点和比例因子对草图实体进行缩放，也可以根据需要在保留原缩放对象的基础上缩放草图。执行该命令时，系统弹出“比例”属性管理器，如图 2-71 所示。

【案例 2-31】缩放草图

以如图 2-72 所示为例说明缩放草图的过程，图（a）为缩放比例前的图形，图（b）为比例因子为 0.8 不保留原图的图形，图（c）为保留原图、复制数为 5 的图形，其操作步骤如下。

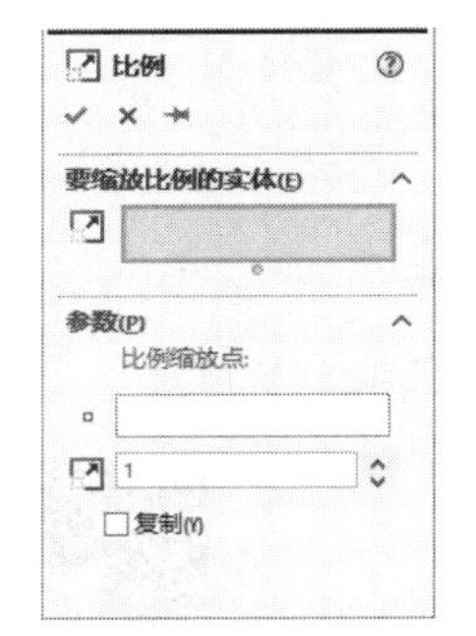

图 2-71 “比例”属性管理器

① 打开随书资源中的“源文件\ch2\2.31.SLDPRT”，如图 2-72（a）所示。

② 在草图编辑状态下，单击菜单栏中的“工具”→“草图工具”→“缩放比例”命令，或者单击“草图”控制面板中的（缩放实体比例）按钮。此时系统弹出“比例”属性管理器。

③ 单击“比例”属性管理器的“要缩放比例的实体”列表框，在图形区选取如图 2-72（a）所示的矩形，在（基准点）列表框中选取矩形的左下端点，在（比例因子）文本框中输入“0.8”，缩放后的结果如图 2-72（b）所示。

④ 勾选“复制”复选框，在（复制数）文本框中输入“5”，结果如图 2-72（c）所示。

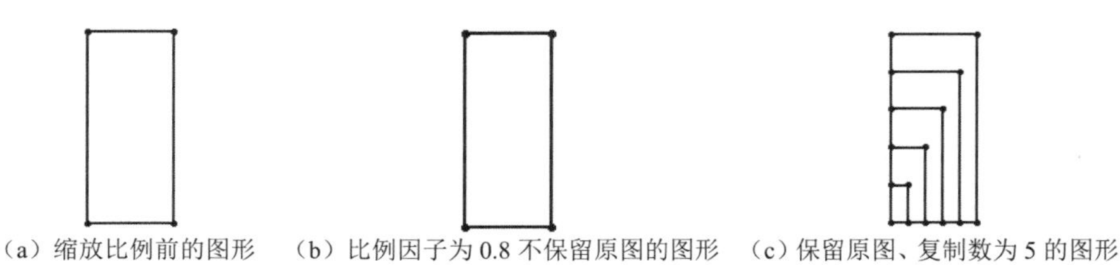

（a）缩放比例前的图形　（b）比例因子为 0.8 不保留原图的图形　（c）保留原图、复制数为 5 的图形

图 2-72 缩放草图的过程

⑤ 单击“比例”属性管理器中的（确定）按钮，草图实体缩放完毕。

2.3.15 伸展草图

扫一扫，看视频

“伸展实体”命令，是通过基准点和坐标点对草图实体进行伸展。执行该命令时，系统弹出“伸展”属性管理器，如图 2-73 所示。

【案例 2-32】伸展草图

以如图 2-74 所示为例说明伸展草图的过程，图（a）为伸展前的图形，图（b）为缩放后的图形，其操作步骤如下。

① 打开随书资源中的“源文件\ch2\2.32.SLDPRT”，如图 2-74（a）所示。

② 在草图编辑状态下，单击菜单栏中的“工具”→“草图工具”→“伸展实体”命令，或者单击“草图”控制面板中的（伸展实体）按钮，此时系统弹出“伸展”属性管理器。

③ 单击“伸展”属性管理器的“要绘制的实体”列表框，在图形区中按住鼠标左键并拖

动以选择如图2-74（a）所示矩形的两条水平线以及左侧竖直线，在■（基准点）列表框中选取矩形的左下端点，单击基点●然后单击草图设定基准点，拖动以伸展草图实体；当放开鼠标时，实体伸展到该点并且 PropertyManager 将关闭。

④ 单击“X/Y”单选钮，为 ΔX 和ΔY 设定值以伸展草图实体，如图 2-74（b）所示，单击“重复”按钮以相同距离伸展实体，伸展后的结果如图 2-74（c）所示。

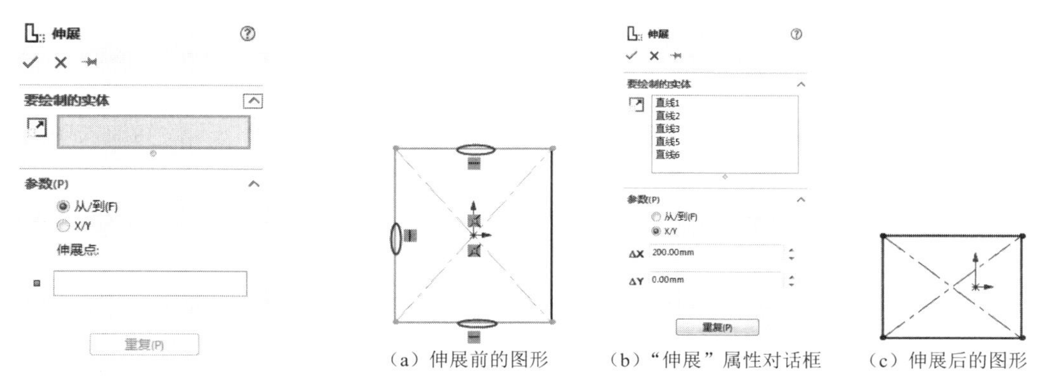

（a）伸展前的图形　（b）“伸展”属性对话框　（c）伸展后的图形

图 2-73 “比例”属性管理器　　图 2-74 伸展草图的过程

⑤ 单击“伸展”属性管理器中的✓（确定）按钮，草图实体伸展完毕。

2.4 尺寸标注

SOLIDWORKS 2020 是一种尺寸驱动式系统，用户可以指定尺寸及各实体间的几何关系，更改尺寸将改变零件的尺寸与形状。尺寸标注是草图绘制过程中的重要组成部分。SOLIDWORKS 虽然可以捕捉用户的设计意图，自动进行尺寸标注，但由于各种原因有时自动标注的尺寸不理想，此时用户必须自己进行尺寸标注。

2.4.1 度量单位

在 SOLIDWORKS 2020 中可以使用多种度量单位，包括埃、纳米、微米、毫米、厘米、米、英寸、英尺。设置单位的方法在第 1 章中已讲述，这里不再赘述。

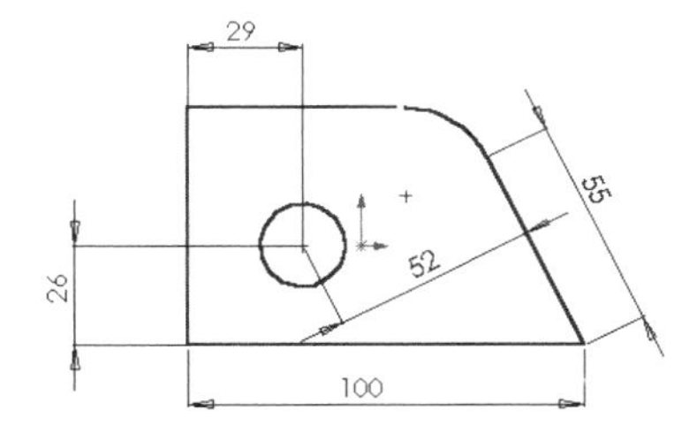

图 2-75 线性尺寸的标注

2.4.2 线性尺寸的标注

线性尺寸用于标注直线段的长度或两个几何元素间的距离，如图 2-75 所示。

扫一扫，看视频

2.4.2.1 标注直线长度尺寸

【案例 2-33】线性标注

操作步骤如下。

① 打开随书资源中的“源文件\ch2\2.33. SLDPRT”，如图 2-75 所示。

② 单击“草图”控制面板中的（智能尺寸）按钮，此时光标变为形状。

③ 将光标放到要标注的直线上，这时光标变为形状，要标注的直线以红色高亮度显示。

④ 单击，则标注尺寸线出现并随着光标移动，如图 2-76（a）所示。

⑤ 将尺寸线移动到适当的位置后单击，则尺寸线被固定下来。

⑥ 如果在“系统选项”对话框的“系统选项”选项卡中勾选了“输入尺寸值”复选框，则当尺寸线被固定下来时会弹出“修改”对话框，如图 2-76（b）所示。

⑦ 在“修改”对话框中输入直线的长度，单击（确定）按钮，完成标注。

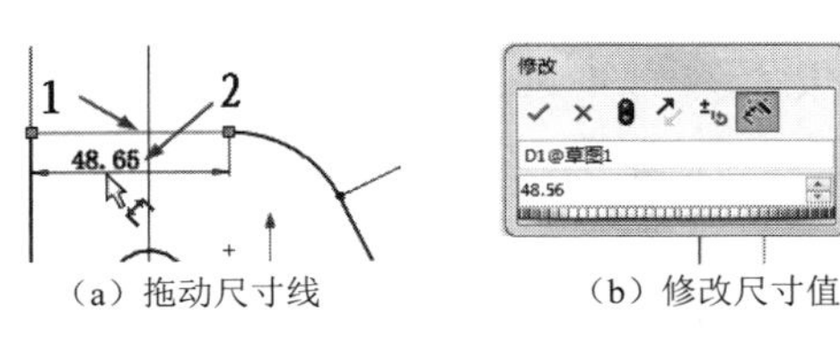

（a）拖动尺寸线　　（b）修改尺寸值

图 2-76　直线标注

⑧ 如果没有勾选“输入尺寸值”复选框，则需要双击尺寸值，打开“修改”对话框对尺寸进行修改。

2.4.2.2　标注两个几何元素间距离

操作步骤如下。

① 单击“草图”控制面板中的（智能尺寸）按钮，此时光标变为形状。

② 单击拾取第一个几何元素。

③ 标注尺寸线出现，不用管它，继续单击拾取第二个几何元素。

④ 这时标注尺寸线显示为两个几何元素之间的距离，移动光标到适当的位置。

⑤ 单击，将尺寸线固定下来。

⑥ 在“修改”对话框中输入两个几何元素间的距离，单击（确定）按钮，完成标注。

2.4.3　直径和半径尺寸的标注

默认情况下，SOLIDWORKS 对圆标注的直径尺寸、对圆弧标注的半径尺寸如图 2-77 所示。

扫一扫，看视频

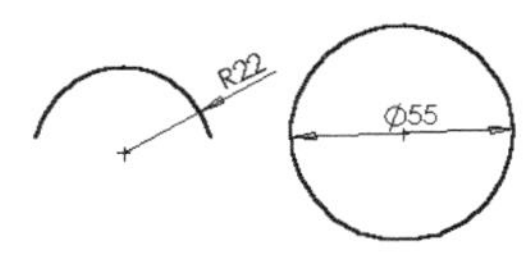

图 2-77　直径和半径尺寸的标注

2.4.3.1　对圆进行直径尺寸标注

【案例 2-34】直径标注

操作步骤如下。

① 打开随书资源中的“源文件\ch2\2.34.SLDPRT”。

② 单击“草图”控制面板中的（智能尺寸）按钮，此时光标变为形状。

③ 将光标放到要标注的圆上，这时光标变为形状，要标注的圆以红色高亮度显示。

④ 单击，则标注尺寸线出现，并随着光标移动。

⑤ 将尺寸线移动到适当的位置后，单击将尺寸线固定下来。

⑥ 在“修改”对话框中输入圆的直径，单击（确定）按钮，完成标注。

2.4.3.2　对圆弧进行半径尺寸标注

操作步骤如下。

① 单击“草图”控制面板中的（智能尺寸）按钮，此时光标变为形状。

② 将光标放到要标注的圆弧上，这时光标变为形状，要标注的圆弧以红色高亮度显示。

③ 单击，则标注尺寸线出现，并随着光标移动。

④ 将尺寸线移动到适当的位置后，单击将尺寸线固定下来。

⑤ 在“修改”对话框中输入圆弧的半径，单击（确定）按钮，完成标注。

2.4.4　角度尺寸的标注

角度尺寸标注用于标注两条直线的夹角或圆弧的圆心角。

扫一扫，看视频

【案例 2-35】角度标注

（1）标注两条直线夹角

操作步骤如下。

① 绘制两条相交的直线。

② 单击“草图”控制面板中的（智能尺寸）按钮，此时光标变为形状。

③ 单击拾取第一条直线。

④ 标注尺寸线出现，不用管它，继续单击拾取第二条直线。

⑤ 这时标注尺寸线显示为两条直线之间的角度，随着光标的移动，系统会显示 3 种不同的夹角角度，如图 2-78 所示。

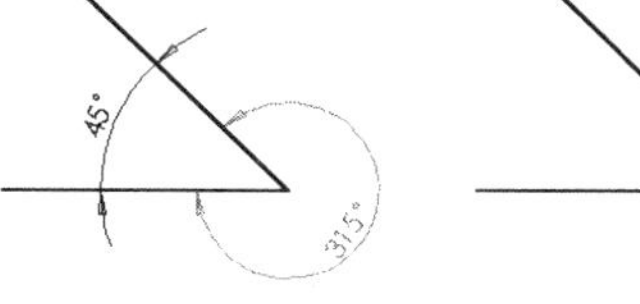

图 2-78　3 种不同的夹角角度

⑥ 单击鼠标，将尺寸线固定下来。

⑦ 在“修改”对话框中输入夹角的角度值，单击（确定）按钮，完成标注。

（2）标注圆弧圆心角

操作步骤如下。

① 单击“草图”控制面板中的（智能尺寸）按钮，此时光标变为形状。

② 单击拾取圆弧的一个端点。

③ 单击拾取圆弧的另一个端点，此时标注尺寸线显示这两个端点间的距离。

④ 继续单击拾取圆心点，此时标注尺寸线显示圆弧两个端点间的圆心角。

⑤ 将尺寸线移到适当的位置后，单击将尺寸线固定下来，标注结果如图 2-79 所示。

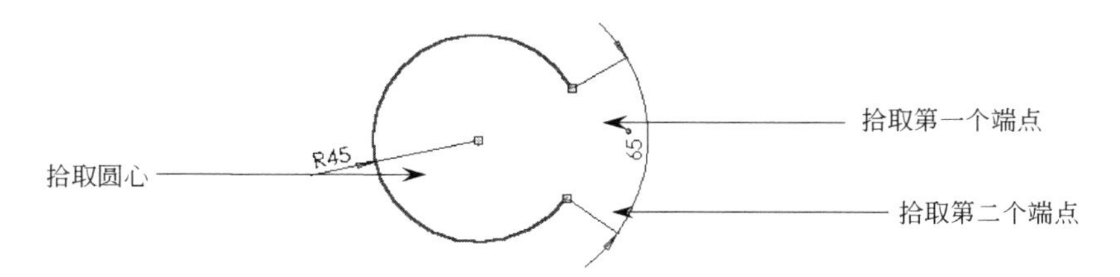

图 2-79　标注圆弧的圆心角

⑥ 在“修改”对话框中输入圆弧的角度值，单击（确定）按钮，完成标注。

⑦ 如果在步骤④中拾取的不是圆心点而是圆弧，则将标注两个端点间圆弧的长度。

2.5 几何关系

几何关系为草图实体之间或草图实体与基准面、基准轴、边线或顶点之间的几何约束。表 2-6 说明了可为几何关系选择的实体以及所产生的几何关系的特点。

表 2-6　几何关系说明

几何关系	要执行的实体	所产生的几何关系
水平或竖直	一条或多条直线，两个或多个点	直线会变成水平或竖直（由当前草图的空间定义），而点会水平或竖直对齐
共线	两条或多条直线	实体位于同一条无限长的直线上
全等	两个或多个圆弧	实体会共用相同的圆心和半径
垂直	两条直线	两条直线相互垂直
平行	两条或多条直线	实体相互平行
相切	圆弧、椭圆和样条曲线，直线和圆弧，直线和曲面或三维草图中的曲面	两个实体保持相切

续表

几何关系	要执行的实体	所产生的几何关系
同心	两个或多个圆弧，一个点和一个圆弧	圆弧共用同一圆心
中点	一个点和一条直线	点位于线段的中点
交叉	两条直线和一个点	点位于直线的交叉点处
重合	一个点和一直线、圆弧或椭圆	点位于直线、圆弧或椭圆上
相等	两条或多条直线，两个或多个圆弧	直线长度或圆弧半径保持相等
对称	一条中心线和两个点、直线、圆弧或椭圆	实体保持与中心线相等距离，并位于一条与中心线垂直的直线上
固定	任何实体	实体的大小和位置被固定
穿透	一个草图点和一个基准轴、边线、直线或样条曲线	草图点与基准轴、边线或曲线在草图基准面上穿透的位置重合
合并点	两个草图点或端点	两个点合并成一个点

2.5.1 添加几何关系

扫一扫，看视频

利用添加几何关系工具上可以在草图实体之间或草图实体与基准面、基准轴、边线或顶点之间生成几何关系。

【案例 2-36】添加几何关系

以如图 2-80 所示为例说明为草图实体添加几何关系的过程，图（a）为添加相切关系前的图形，图（b）为添加相切关系后的图形，其操作步骤如下。

（a）添加相切关系前　（b）添加相切关系后

图 2-80　添加相切关系前后的两实体

① 打开随书资源中的“源文件\ch2\2.36.SLDPRT”，如图 2-80（a）所示。

② 单击“草图”控制面板“显示/删除几何关系”下拉列表中的上（添加几何关系）按钮，或单击菜单栏中的“工具”→“关系”→“添加”命令。

③ 在草图中单击要添加几何关系的实体。

④ 此时所选实体会在“添加几何关系”属性管理器的“所选实体”选项中显示，如图 2-81 所示。

⑤ 信息栏ⓘ显示所选实体的状态（完全定义或欠定义等）。

⑥ 如果要移除一个实体，在“所选实体”选项的列表框中右击该项目，在弹出的快捷菜单中单击“删除”命令即可。

⑦ 在“添加几何关系”选项组中单击要添加的几何关系类型（相切或固定等），这时添加的几何关系类型就会显示在“现有几何关系”列表框中。

⑧ 如果要删除添加了的几何关系，在“现有几何关系”列表框中右击该几何关系，在弹出的快捷菜单中单击“删除”命令即可。

⑨ 单击✔（确定）按钮后，几何关系添加到草图实体间，如图 2-80（b）所示。

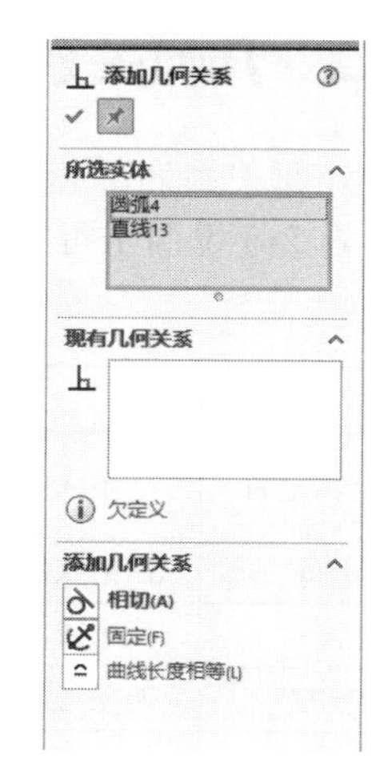

图 2-81　“添加几何关系”属性管理器

2.5.2 自动添加几何关系

使用 SOLIDWORKS 的自动添加几何关系后，在绘制草图时光标会改变形状以显示可以生成哪些几何关系。图 2-82 显示了不同几何关系对应的光标指针形状。

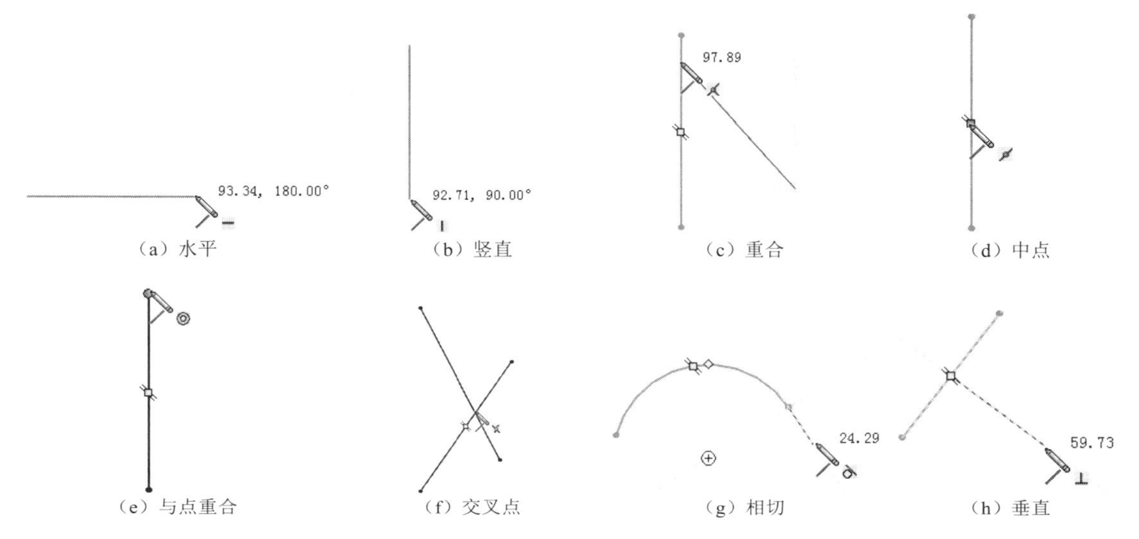

图 2-82　不同几何关系对应的光标指针形状

将自动添加几何关系作为系统的默认设置，其操作步骤如下。

① 单击菜单栏中的“工具”→“选项”命令，打开“系统选项”对话框。

② 在“系统选项”选项卡的左侧列表框中单击“几何关系/捕捉”选项，然后在右侧区域中勾选“自动几何关系”复选框，如图 2-83 所示。

图 2-83　自动添加几何关系

③ 单击“确定”按钮，关闭对话框。

技巧荟萃

所选实体中至少要有一个项目是草图实体，其他项目可以是草图实体，也可以是一条边线、面、顶点、原点、基准面、轴或从其他草图的线或圆弧映射到此草图平面所形成的草图曲线。

2.5.3 显示/删除几何关系

利用“显示/删除几何关系”工具可以显示手动和自动应用到草图实体的几何关系，查看有疑问的特定草图实体的几何关系，并可以删除不再需要的几何关系。此外，还可以通过替换列出的参考引用来修正错误的实体。

如果要显示/删除几何关系，其操作步骤如下。

① 单击“草图”控制面板中的（显示/删除几何关系）按钮，或单击菜单栏中的“工具”→“关系”→“显示/删除几何关系”命令。

② 在弹出的“显示/删除几何关系”属性管理器的列表框中执行显示几何关系的准则，如图 2-84（a）所示。

③ 在“几何关系”选项组中执行要显示的几何关系。在显示每个几何关系时，高亮显示相关的草图实体，同时还会显示其状态。在“实体”选项组中也会显示草图实体的名称、状态，如图 2-84（b）所示。

④ 勾选“压缩”复选框，压缩或解除压缩当前的几何关系。

⑤ 单击“删除”按钮，删除当前的几何关系；单击“删除所有”按钮，删除当前执行的所有几何关系。

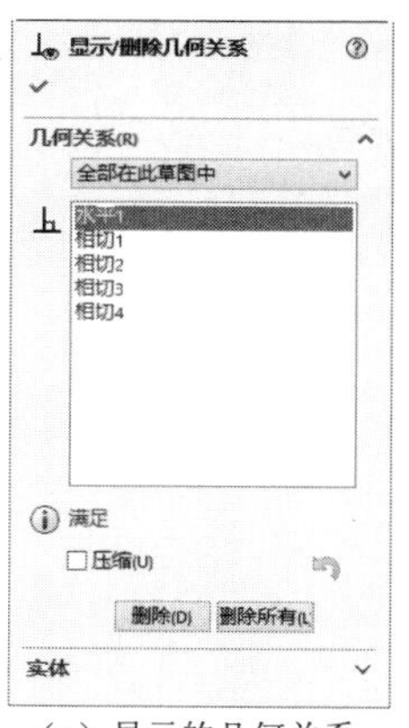

（a）显示的几何关系

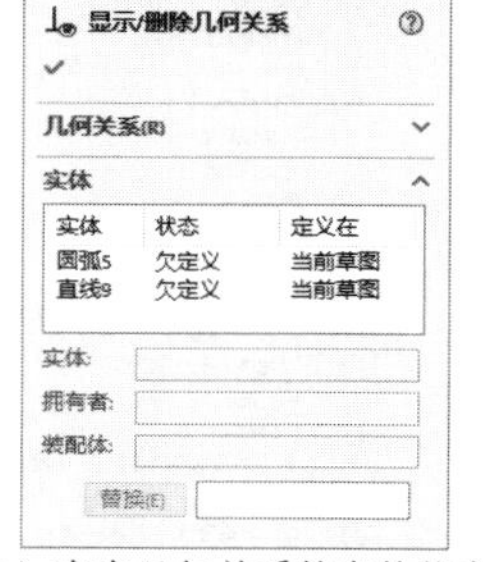

（b）存在几何关系的实体状态

图 2-84 “显示/删除几何关系”属性管理器

2.6 综合实例——拨叉草图

扫一扫，看视频

本案例绘制的拨叉草图如图 2-85 所示。首先绘制构造线，构建大概轮廓，然后对其进行修剪和倒圆角操作，最后标注图形尺寸，完成草图的绘制。

绘制步骤

（1）新建文件

单击“标准”工具栏中的“新建”按钮，在弹出如图 2-86 所示的“新建 SOLIDWORKS 文件”对话框中选择“零件”按钮，然后单击“确定”按钮，创建一个新的零件文件。

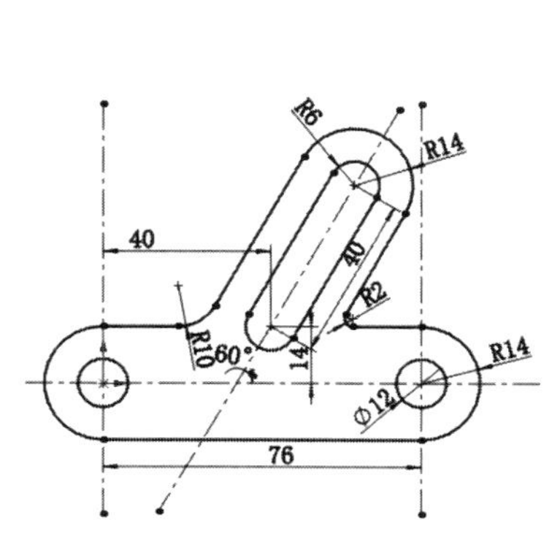

图 2-85　拨叉草图

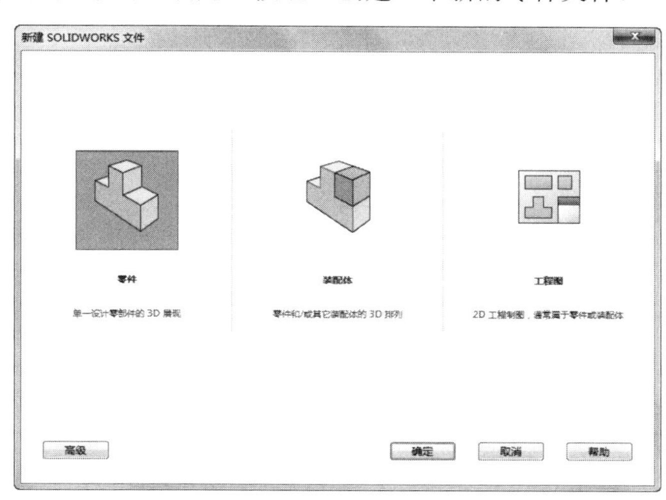

图 2-86　“新建 SOLIDWORKS 文件”对话框

（2）创建草图

① 在左侧的 FeatureManager 设计树中选择“前视基准面”作为绘图基准面。单击“草图”控制面板中的“草图绘制”按钮，进入草图绘制状态。

② 单击“草图”控制面板中的“中心线”按钮，弹出“插入线条”属性管理器，如图 2-87 所示。单击“确定”按钮，绘制中心线，如图 2-88 所示。

③ 单击“草图”控制面板中的“圆”按钮，弹出如图 2-89 所示的“圆”属性管理器。分别捕捉两竖直直线和水平直线的交点为圆心（此时鼠标变成），单击“确定”按钮，绘制圆，如图 2-90 所示。

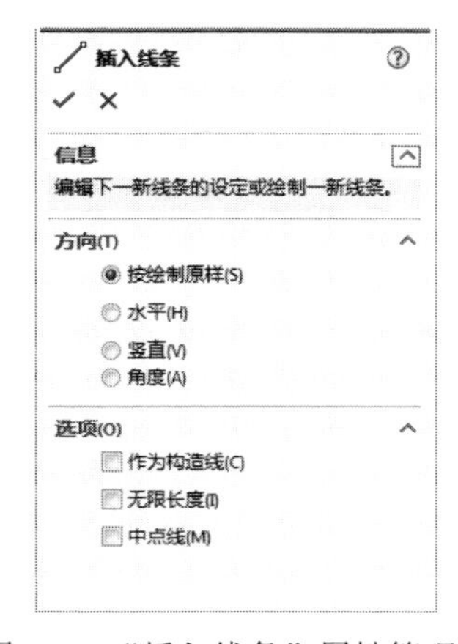

图 2-87　“插入线条”属性管理器

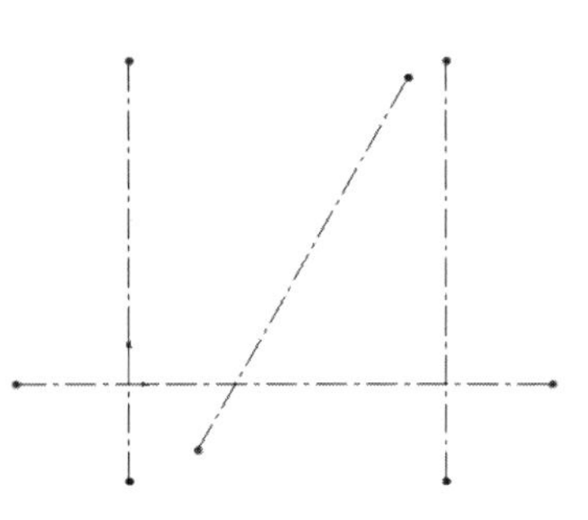

图 2-88　绘制中心线

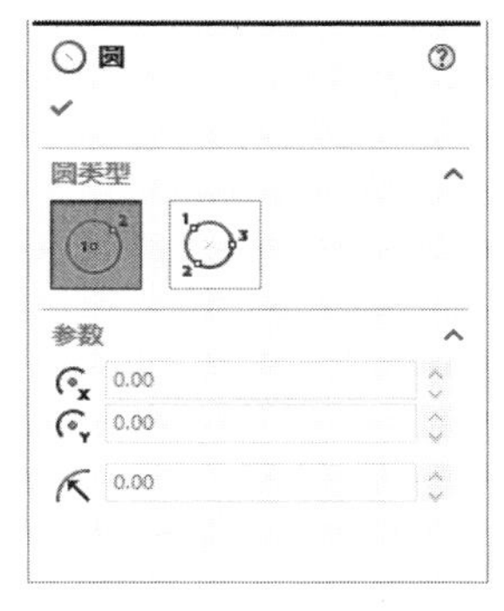

图 2-89　“圆”属性管理器

④ 单击“草图”控制面板中的“圆心/起/终点画弧”按钮，弹出如图 2-91 所示“圆弧”属性管理器，分别以上步绘制圆的圆心绘制两圆弧，单击“确定”按钮，如图 2-92 所示。

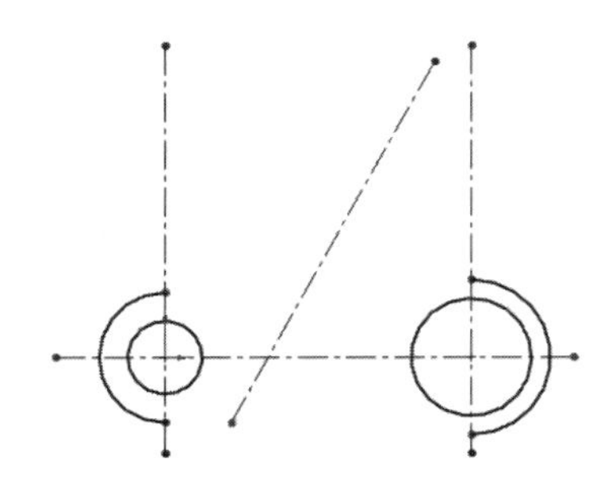

图 2-90　绘制圆　　图 2-91　“圆弧”属性管理器　　图 2-92　绘制圆弧

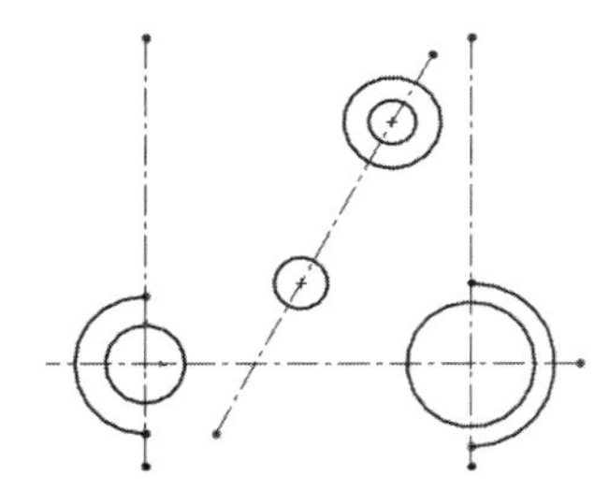

图 2-93　绘制圆

⑤ 单击“草图”控制面板中的“圆”按钮，弹出“圆”属性管理器。分别在斜中心线上绘制三个圆，单击“确定”按钮，绘制圆，如图 2-93 所示。

⑥ 单击“草图”控制面板中的“直线”按钮，弹出“插入线条”属性管理器，绘制直线，如图 2-94 所示。

（3）添加约束

① 单击“草图”控制面板“显示/删除几何关系”下拉列表中的“添加几何关系”按钮，弹出“添加几何关系”属性管理器，如图 2-95 所示。选择步骤（2）的③中绘制的两个圆，在属性管理器中选择“相等”按钮，使两圆相等，如图 2-96 所示。

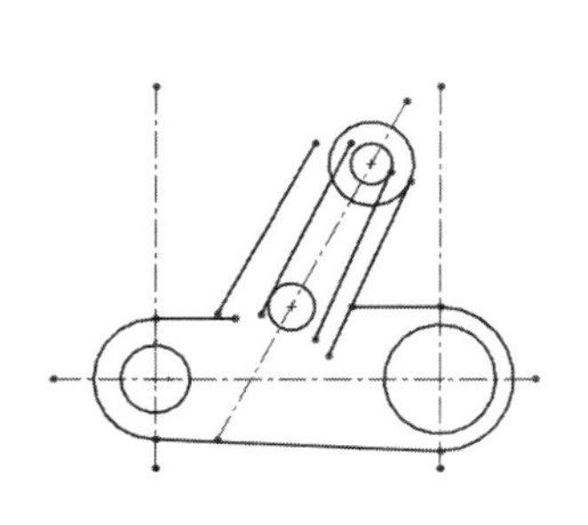

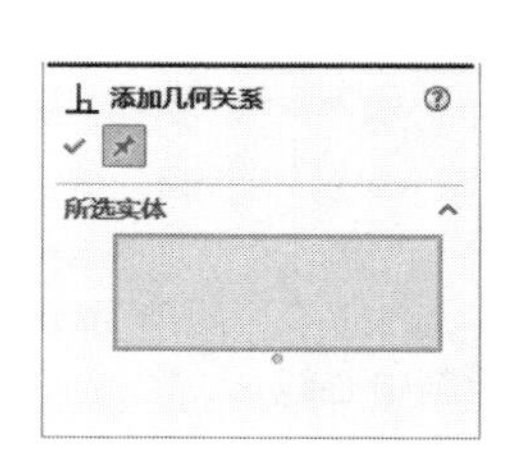

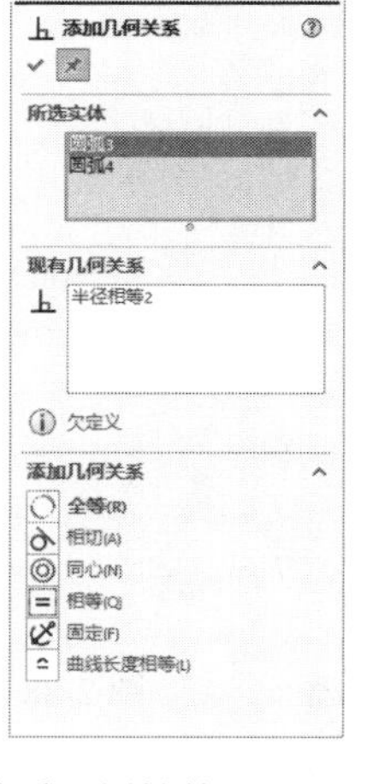

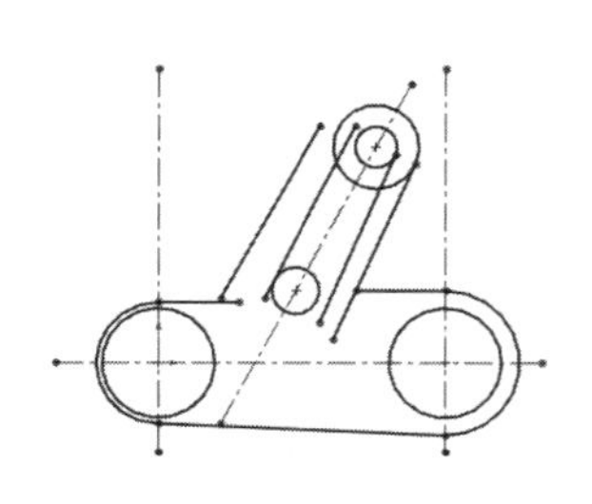

图 2-94　绘制直线　　图 2-95　“添加几何关系”属性管理器　　图 2-96　添加相等约束 1

② 同上步骤，分别使两圆弧和两小圆相等，结果如图 2-97 所示。

③ 选择小圆和直线，在属性管理器中选择“相切”按钮，使小圆和直线相切，如图 2-98 所示。

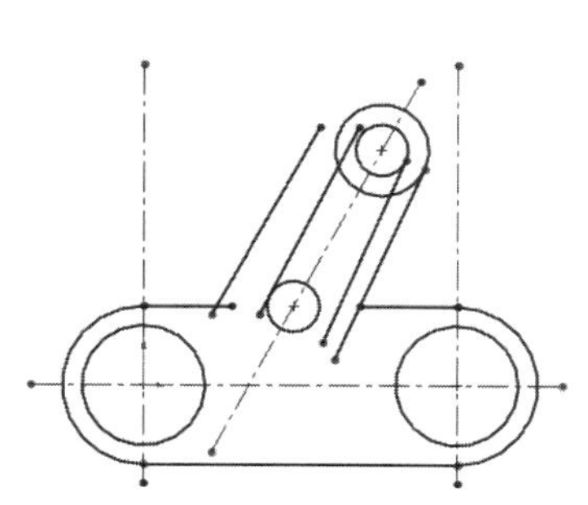
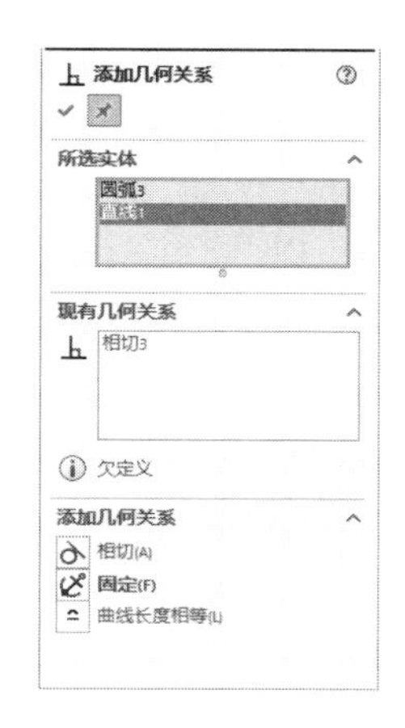

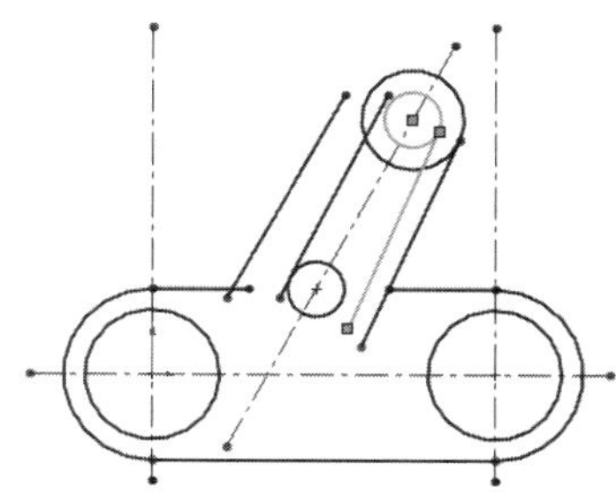
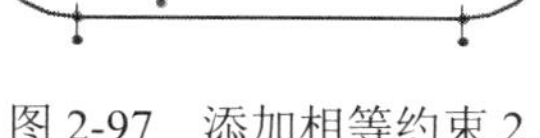

图 2-97 添加相等约束 2　　图 2-98 添加相切约束 1

④ 重复上述步骤，分别使直线和圆相切。

⑤ 选择 4 条斜直线，在属性管理器中选择“平行”按钮，结果如图 2-99 所示。

（4）编辑草图

① 单击“草图”控制面板中的“绘制圆角”按钮，弹出如图 2-100 所示的“绘制圆角”属性管理器，输入圆角半径为 10mm，选择视图中左边的两条直线，单击“确定”按钮，结果如图 2-101 所示。

② 重复“绘制圆角”命令，在右侧创建半径为 2 的圆角，结果如图 2-102 所示。

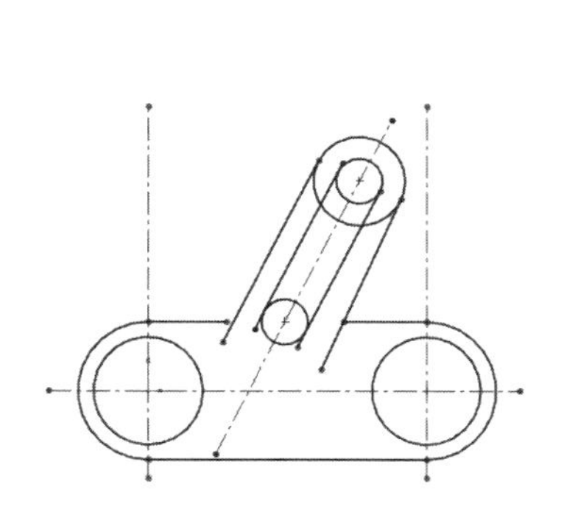
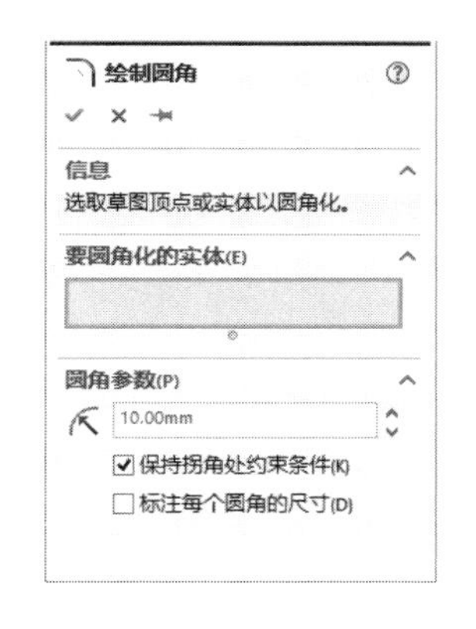

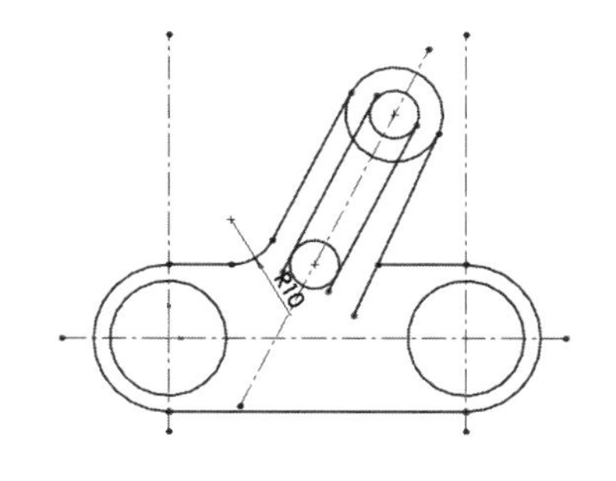

图 2-99 添加相切约束 2　　图 2-100 “绘制圆角”属性管理器　　图 2-101 绘制圆角 1

③ 单击“草图”控制面板中的“剪裁实体”按钮，弹出如图 2-103 所示的“剪裁”属性管理器，选择“剪裁到最近端”选项，剪裁多余的线段，单击“确定”按钮，结果如图 2-104 所示。

（5）标注尺寸

单击“草图”控制面板中的“智能尺寸”按钮，选择两竖直中心线，在弹出的“修改”对话框中修改尺寸为 76。同理标注其他尺寸，结果如图 2-85 所示。

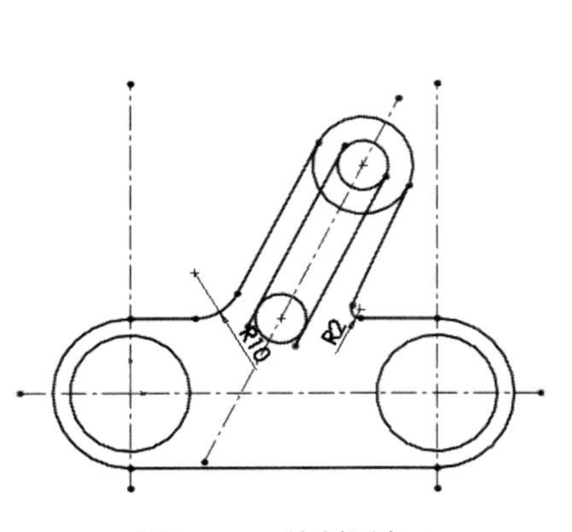

图 2-102　绘制圆角 2

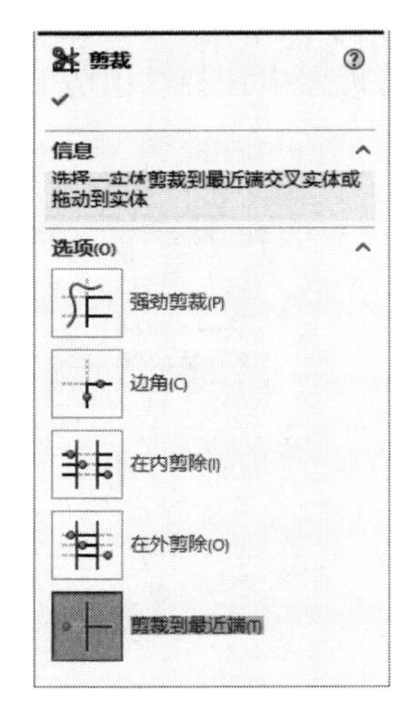

图 2-103　“剪裁”属性管理器

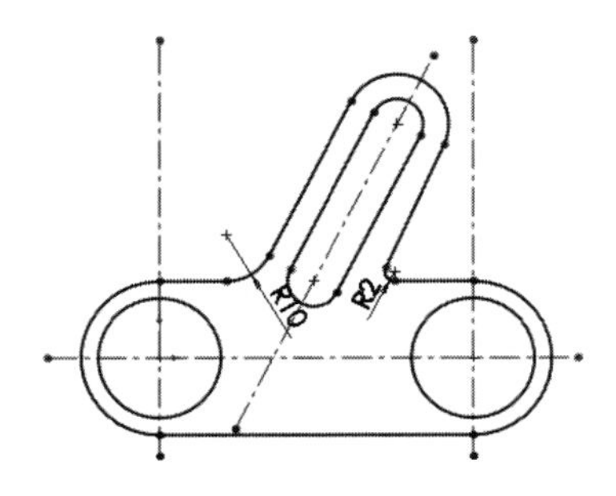

图 2-104　剪裁图形

SOLIDWORKS 2020

第3章 基础特征建模

在 SOLIDWORKS 中，特征建模一般分为基础特征建模和附加特征建模两类。本章主要介绍基础特征建模。关于附加特征建模将在第 4 章中介绍。

基础特征建模是三维实体最基本的绘制方式，可以构成三维实体的基本造型。基础特征建模相当于二维草图中的基本图元，主要包括拉伸特征、拉伸切除特征、旋转特征、旋转切除特征、扫描特征与放样特征等。

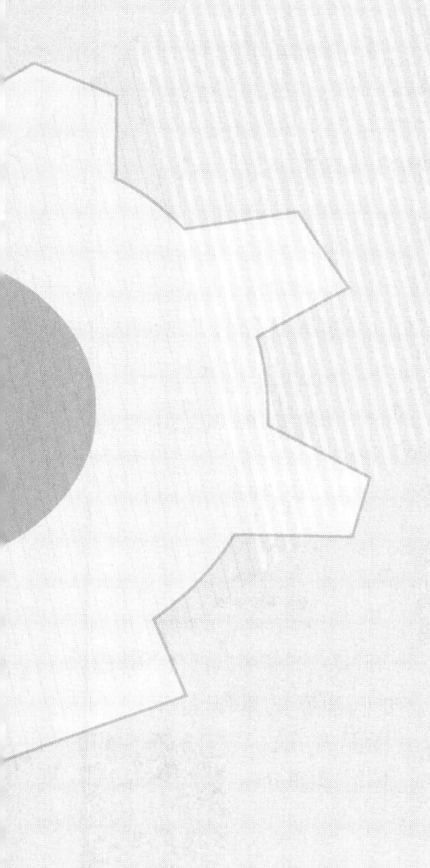

知识点

- 特征建模基础
- 参考几何体
- 拉伸特征
- 旋转特征
- 扫描特征
- 放样特征
- 综合实例——摇臂

3.1 特征建模基础

SOLIDWORKS 提供了专用的“特征”控制面板，如图 3-1 所示。单击控制面板中相应的图标按钮就可以对草体实体进行相应的操作，生成需要的特征模型。

图 3-1 “特征”控制面板

图 3-2 所示为内六角螺钉零件的特征模型及其 FeatureManager 设计树，使用 SOLID WORKS 进行建模的实体包含这两部分的内容，零件模型是设计的真实图形，FeatureManager 设计树显示了对模型进行的操作内容及操作步骤。

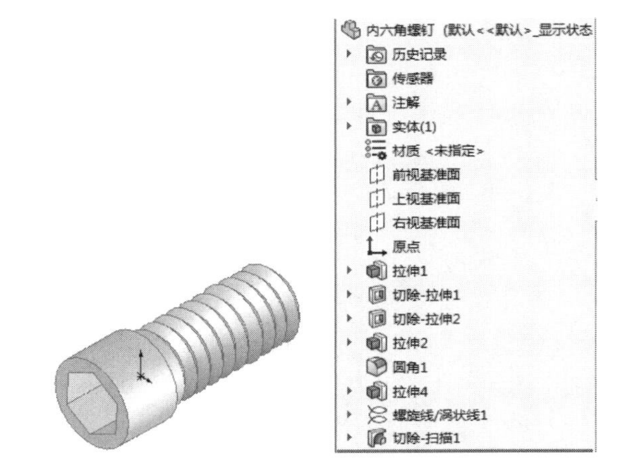

图 3-2 内六角螺钉零件的特征模型及其 FeatureManager 设计树

3.2 参考几何体

参考几何体主要包括基准面、基准轴、坐标系与点 4 个部分。“参考几何体”操控板如图 3-3 所示，各参考几何体的功能如下。

3.2.1 基准面

基准面主要应用于零件图和装配图中，可以利用基准面来绘制草图，生成模型的剖面视图，用于拔模特征中的中性面等。

SOLIDWORKS 提供了前视基准面、上视基准面和右视基准面 3 个默认的相互垂直的基准面。通常情况下，用户在这 3 个基准面上绘制草图，然后使用特征命令创建实体模型即可绘制需要的图形。但是，对于一些特殊的特征，比如扫描特征和放样特征，需要在不同的基准面上绘制草图，才能完成模型的构建，这就需要创建新的基准面。

图 3-3 “参考几何体”操控板

创建基准面有 6 种方式，分别是：通过直线/点方式、点和平行面方式、夹角方式、等距距离方式、垂直于曲线方式与曲面切平面方式。下面详细介绍这几种创建基准面的方式。

扫一扫，看视频

3.2.1.1 通过直线/点方式

该方式创建的基准面有三种：通过边线、轴；通过草图线及点；通过三点。下面通过实例介绍该方式的操作步骤。

☼【案例 3-1】通过直线/点创建基准面

① 打开随书资源中的“源文件\ch3\3.1.SLDPRT”，打开的文件实体如图 3-4 所示。

② 执行“基准面”命令。单击菜单栏中的“插入”→“参考几何体”→“基准面”命令，或者单击“特征”控制面板“参考几何体”下拉列表中的▮（基准面）按钮，此时系统弹出“基准面”属性管理器。

③ 设置属性管理器。在“第一参考”选项框中，选择如图 3-4 所示的边线 1。在“第二参考”选项框中，选择如图 3-4 所示的边线 2 的中点。“基准面”属性管理器设置如图 3-5 所示。

④ 确认创建的基准面。单击“基准面”属性管理器中的✔（确定）按钮，创建的基准面 1 如图 3-6 所示。

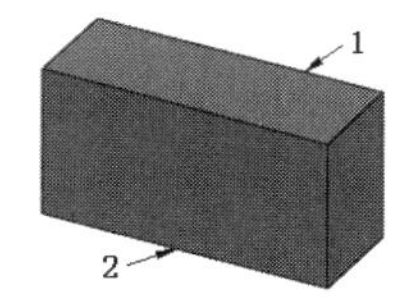

图 3-4　打开的文件实体 1

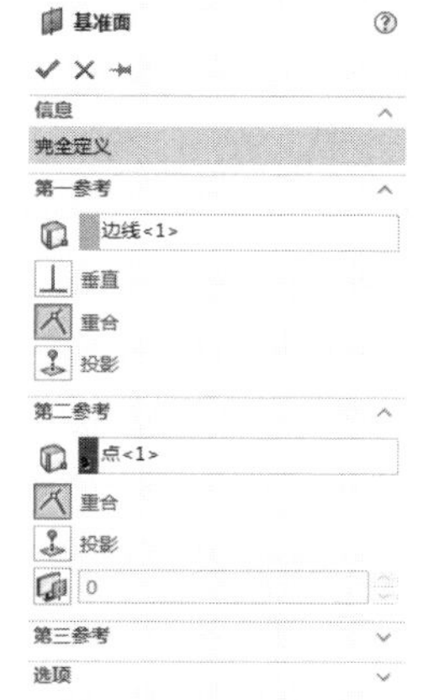

图 3-5　“基准面”属性管理器 1

图 3-6　创建的基准面 1

3.2.1.2　点和平行面方式

该方式用于创建通过点且平行于基准面或者面的基准面。下面通过实例介绍该方式的操作步骤。

扫一扫，看视频

☼【案例 3-2】通过点和平行面创建基准面

① 打开随书资源中的“源文件\ch3\3.2.SLDPRT”，打开的文件实体如图 3-7 所示。

② 执行“基准面”命令。单击菜单栏中的“插入”→“参考几何体”→“基准面”命令，或者单击“特征”控制面板“参考几何体”下拉列表中的▮（基准面）按钮，此时系统弹出“基准面”属性管理器。

③ 设置属性管理器。在“第一参考”选项框中，选择如图 3-7 所示的边线 1 的中点。在“第二参考”选项框中，选择如图 3-7 所示的面 2。“基准面”属性管理器设置如图 3-8 所示。

④ 确认创建的基准面。单击“基准面”属性管理器中的✔（确定）按钮，创建的基准面 2 如图 3-9 所示。

3.2.1.3　夹角方式

该方式用于创建通过一条边线、轴线或者草图线，并与一个面或者基准面成一定角度的基准面。下面通过实例介绍该方式的操作步骤。

扫一扫，看视频

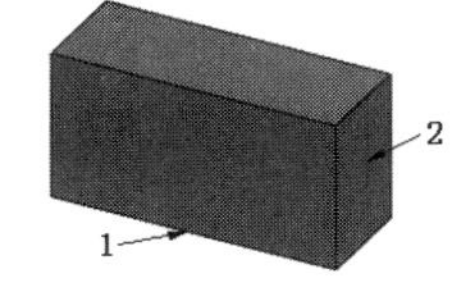

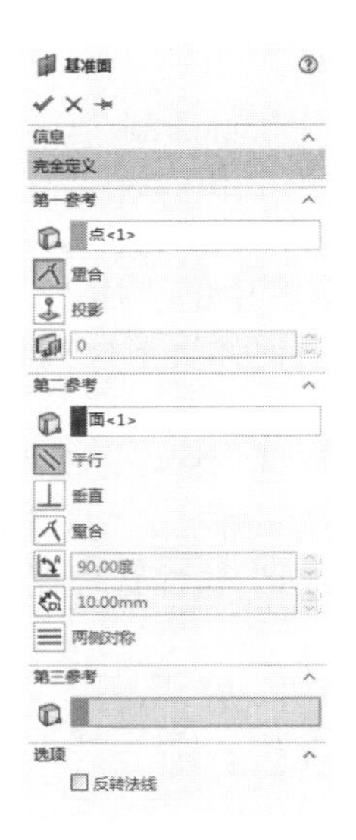

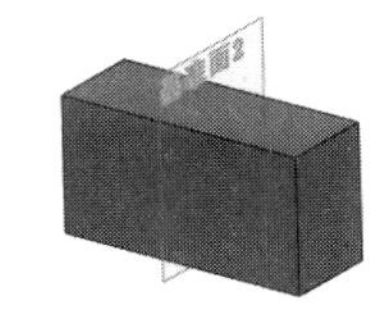

图 3-7　打开的文件实体 2　　图 3-8　“基准面”属性管理器 2　　图 3-9　创建的基准面 2

【案例 3-3】通过夹角创建基准面

① 打开随书资源中的“源文件\ch3\3.3.SLDPRT”，打开的文件实体如图 3-10 所示。

② 执行“基准面”命令。单击菜单栏中的“插入”→“参考几何体”→“基准面”命令，或者单击“特征”控制面板“参考几何体”下拉列表中的（基准面）按钮，此时系统弹出“基准面”属性管理器。

③ 设置属性管理器。在“第一参考”选项框中，选择如图 3-10 所示的面 1。在“第二参考”选项框中，选择如图 3-10 所示的边线 2。“基准面”属性管理器设置如图 3-11 所示，夹角为“60°”。

④ 确认创建的基准面。单击“基准面”属性管理器中的✔（确定）按钮，创建的基准面 3 如图 3-12 所示。

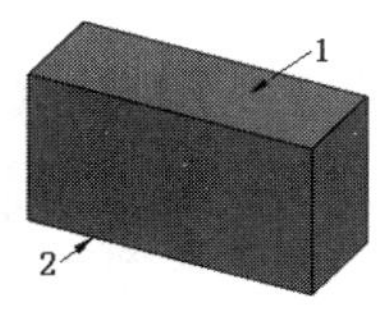

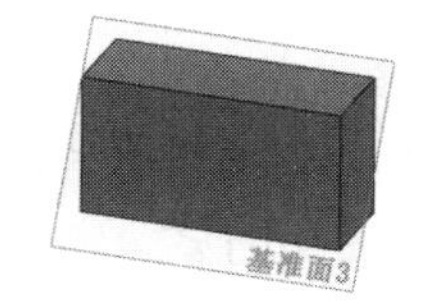

图 3-10　打开的文件实体 3　　图 3-11　“基准面”属性管理器 3　　图 3-12　创建的基准面 3

3.2.1.4 等距距离方式

该方式用于创建平行于一个基准面或者面，并等距指定距离的基准面。下面通过实例介绍该方式的操作步骤。

扫一扫，看视频

【案例 3-4】通过等距距离创建基准面

① 打开随书资源中的“源文件\ch3\3.4.SLDPRT”，打开的文件实体如图 3-13 所示。

② 执行“基准面”命令。单击菜单栏中的“插入”→“参考几何体”→“基准面”命令，或者单击“特征”控制面板“参考几何体”下拉列表中的（基准面）按钮，此时系统弹出“基准面”属性管理器。

③ 设置属性管理器。在“第一参考”选项框中，选择如图 3-13 所示的面 1。“基准面”属性管理器设置如图 3-14 所示，距离为“20”。勾选“基准面”属性管理器中的“反转等距”复选框，可以设置生成基准面相对于参考面的方向。

④ 确认创建的基准面。单击“基准面”属性管理器中的（确定）按钮，创建的基准面 4 如图 3-15 所示。

扫一扫，看视频

3.2.1.5 垂直于曲线方式

该方式用于创建通过一个点且垂直于一条边线或者曲线的基准面。下面通过实例介绍该方式的操作步骤。

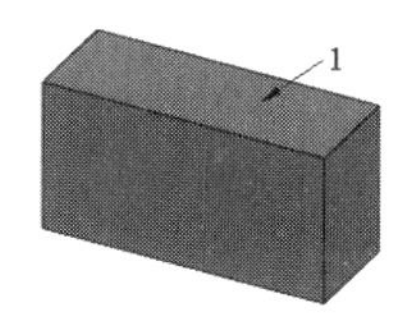

图 3-13 打开的文件实体 4

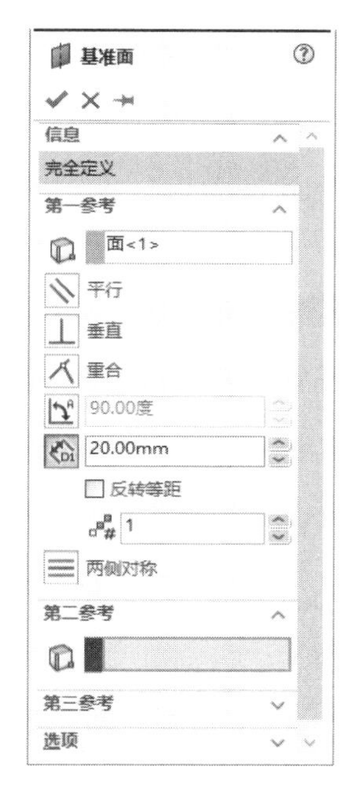

图 3-14 “基准面”属性管理器 4

图 3-15 创建的基准面 4

【案例 3-5】通过垂直于曲线创建基准面

① 打开随书资源中的“源文件\ch3\3.5.SLDPRT”，打开的文件实体如图 3-16 所示。

② 执行“基准面”命令。单击菜单栏中的“插入”→“参考几何体”→“基准面”命令，或者单击“特征”控制面板“参考几何体”下拉列表中的（基准面）按钮，此时系统弹出示“基准面”属性管理器。

③ 设置属性管理器。在“第一参考”选项框中，选择如图 3-16 所示的点 1。在“第二参考”选项框中，选择如图 3-16 所示的线 2。“基准面”属性管理器设置如图 3-17 所示。

④ 确认创建的基准面。单击“基准面”属性管理器中的✔（确定）按钮，则创建通过点 1 且与螺旋线垂直的基准面 5，如图 3-18 所示。

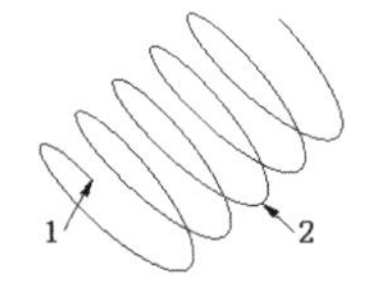

图 3-16　打开的文件实体 5

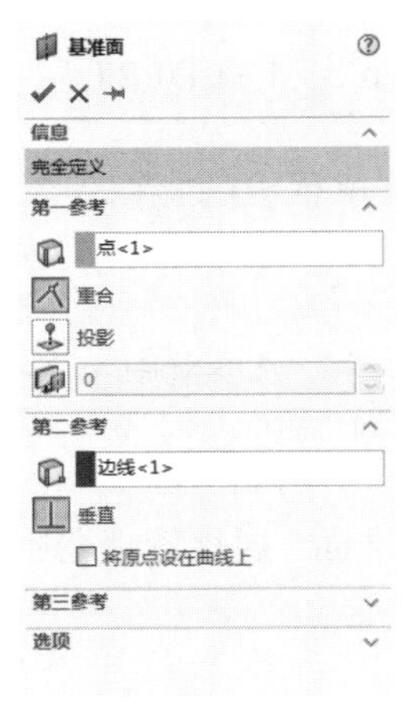

图 3-17　“基准面”属性管理器 5

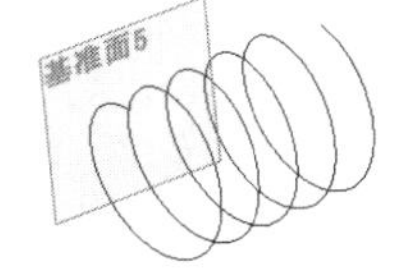

图 3-18　创建的基准面 5

⑤ 单击“前导视图”工具栏中的（旋转视图）按钮，将视图以合适的方向显示，如图 3-19 所示。

扫一扫，看视频

3.2.1.6　曲面切平面方式

该方式用于创建一个与空间面或圆形曲面相切于一点的基准面。下面通过实例介绍该方式的操作步骤。

【案例 3-6】通过曲面切平面创建基准面

① 打开随书资源中的“源文件\ch3\3.6.SLDPRT”，打开的文件实体如图 3-20 所示。

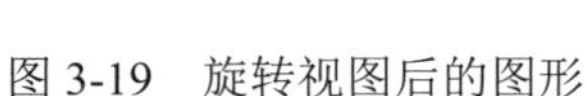

图 3-19　旋转视图后的图形

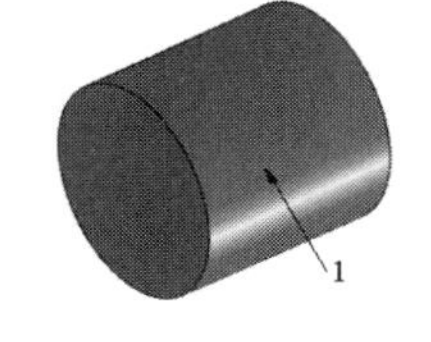

图 3-20　打开的文件实体 6

② 执行“基准面”命令。单击菜单栏中的“插入”→“参考几何体”→“基准面”命令，或者单击“特征”控制面板“参考几何体”下拉列表中的（基准面）按钮，此时系统弹出“基准面”属性管理器。

③ 设置属性管理器。在“第一参考”选项框中，选择如图 3-20 所示的面 1。在“第二参考”选项框中，选择右视基准面。“基准面”属性管理器设置如图 3-21 所示。

④ 确认创建的基准面。单击“基准面”属性管理器中的✔（确定）按钮，则创建与圆柱体表面相切且垂直于右视基准面的基准面，如图 3-22 所示。

本实例是以参照平面方式生成的基准面，生成的基准面垂直于参考平面。另外，也可以参考点方式生成基准面，生成的基准面是与点距离最近且垂直于曲面的基准面。图 3-23 所示为参考点方式生成的基准面。

图 3-21 “基准面”属性管理器 6

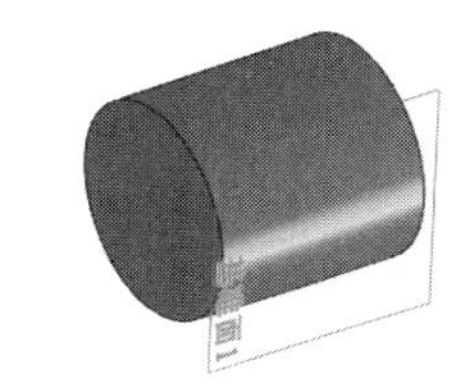

图 3-22 参照平面方式创建的基准面

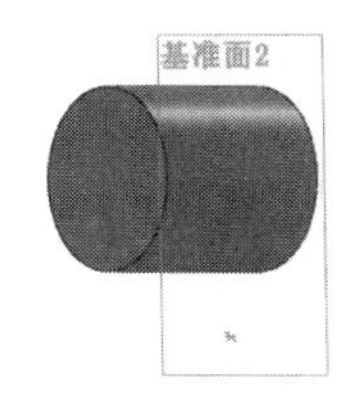

图 3-23 参考点方式创建的基准面

3.2.2 基准轴

基准轴通常在草图几何体或者圆周阵列中使用。每一个圆柱和圆锥面都有一条轴线。临时轴是由模型中的圆锥和圆柱隐含生成的，可以单击菜单栏中的“视图”→“临时轴”命令来隐藏或显示所有的临时轴。

创建基准轴有 5 种方式，分别是：直线/边线/轴方式、两平面方式、两点/顶点方式、圆柱/圆锥面方式与点和面/基准面方式。下面详细介绍这几种创建基准轴的方式。

扫一扫，看视频

3.2.2.1 直线/边线/轴方式

选择一草图的直线、实体的边线或者轴，创建所选直线所在的轴线。下面通过实例介绍该方式的操作步骤。

【案例 3-7】通过直线/边线/轴方式创建基准轴

① 打开随书资源中的“源文件\ch3\3.7.SLDPRT”，打开的文件实体 1 如图 3-24 所示。

② 执行“基准轴”命令。单击菜单栏中的“插入”→“参考几何体”→“基准轴”命令，或者单击“特征”控制面板“参考几何体”下拉列表中的 （基准轴）按钮，此时系统弹出“基准轴”属性管理器。

③ 设置属性管理器。在“第一参考”选项框中，选择如图 3-24 所示的线 1。“基准轴”属性管理器设置如图 3-25 所示。

④ 确认创建的基准轴。单击“基准轴”属性管理器中的 ✔（确定）按钮，创建的边线 1 所在的基准轴 1 如图 3-26 所示。

3.2.2.2 两平面方式

扫一扫，看视频

将所选两平面的交线作为基准轴。下面通过实例介绍该方式的操作步骤。

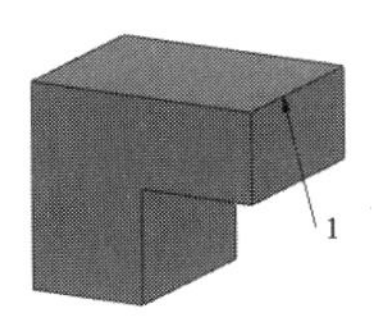

图 3-24 打开的文件实体 1

图 3-25 “基准轴”属性管理器 1

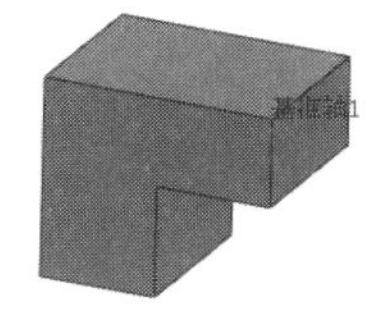

图 3-26 创建的基准轴 1

【案例 3-8】通过两平面方式创建基准轴

① 打开随书资源中的“源文件\ch3\3.8.SLDPRT”，打开的文件实体 2 如图 3-27 所示。

② 执行“基准轴”命令。单击菜单栏中的“插入”→“参考几何体”→“基准轴”命令，或者单击“特征”控制面板“参考几何体”下拉列表中的 （基准轴）按钮，此时系统弹出“基准轴”属性管理器。

③ 设置属性管理器。在“第一参考”选项框中，选择如图 3-27 所示的面 1。在“第二参考”选项框中，选择如图 3-27 所示的面 2。“基准轴”属性管理器设置如图 3-28 所示。

④ 确认创建的基准轴。单击“基准轴”属性管理器中的✔（确定）按钮，以两平面的交线创建的基准轴 2 如图 3-29 所示。

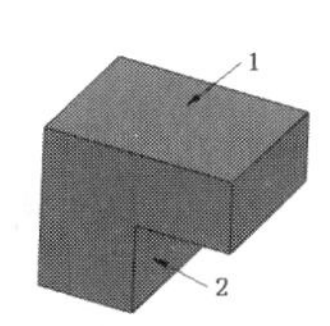

图 3-27 打开的文件实体 2

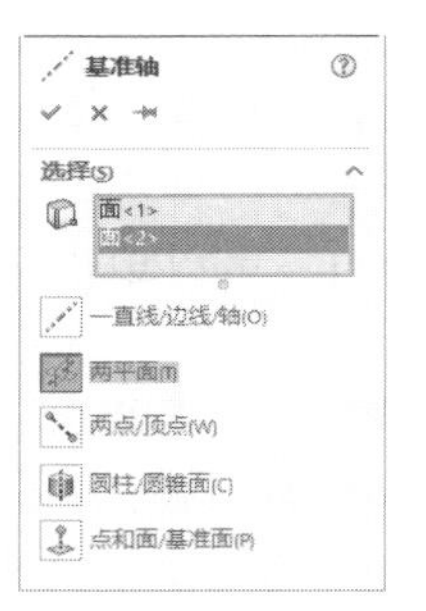

图 3-28 “基准轴”属性管理器 2

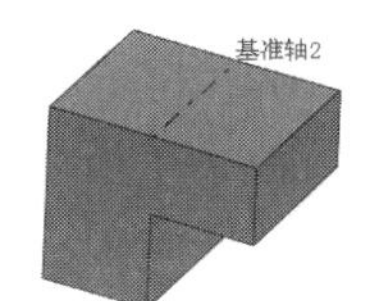

图 3-29 创建的基准轴 2

3.2.2.3 两点/顶点方式

扫一扫，看视频

将两个点或者两个顶点的连线作为基准轴。下面通过实例介绍该方式的操作步骤。

【案例 3-9】通过两点/顶点方式创建基准轴

① 打开随书资源中的“源文件\ch3\3.9.SLDPRT”，打开的文件实体 3 如图 3-30 所示。

② 执行“基准轴”命令。单击菜单栏中的“插入”→“参考几何体”→“基准轴”命令，或者单击“特征”控制面板“参考几何体”下拉列表中的 （基准轴）按钮，此时系统弹出“基准轴”属性管理器。

③ 设置属性管理器。在“第一参考”选项框中，选择如图 3-30 所示的点 1。在“第二参考”选项框中，选择如图 3-30 所示的点 2。“基准轴”属性管理器设置如图 3-31 所示。

④ 确认创建的基准轴。单击“基准轴”属性管理器中的✔（确定）按钮，以两顶点的交线创建的基准轴 3 如图 3-32 所示。

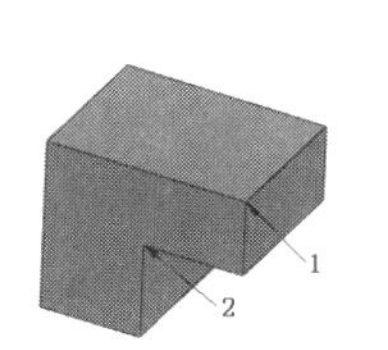

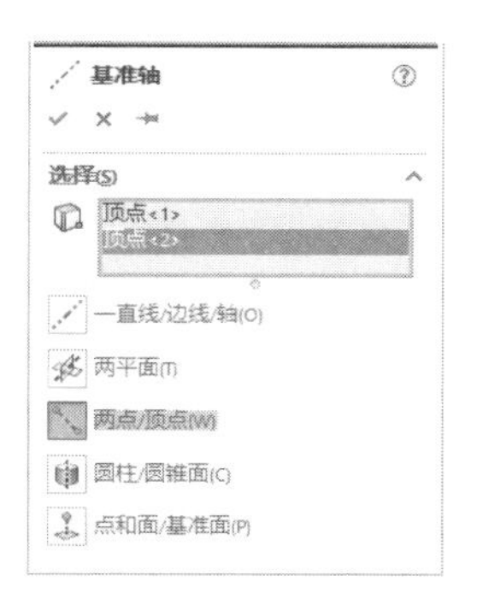

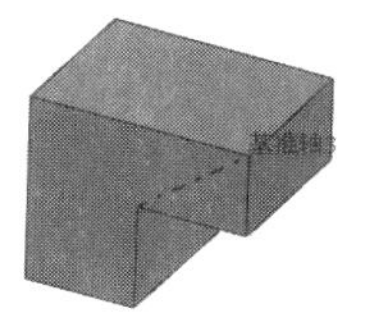

图 3-30　打开的文件实体 3　　图 3-31　“基准轴”属性管理器 3　　图 3-32　创建的基准轴 3

3.2.2.4　圆柱/圆锥面方式

扫一扫，看视频

选择圆柱面或者圆锥面，将其临时轴确定为基准轴。下面通过实例介绍该方式的操作步骤。

【案例 3-10】通过圆柱/圆锥面方式创建基准轴

① 打开随书资源中的“源文件\ch3\3.10.SLDPRT”，打开的文件实体 4 如图 3-33 所示。

② 执行“基准轴”命令。单击菜单栏中的“插入”→“参考几何体”→“基准轴”命令，或者单击“特征”控制面板“参考几何体”下拉列表中的⟋（基准轴）按钮，此时系统弹出“基准轴”属性管理器。

③ 设置属性管理器。在“第一参考”选项框中，选择如图 3-33 所示的面 1。“基准轴”属性管理器设置如图 3-34 所示。

④ 确认创建的基准轴。单击“基准轴”属性管理器中的✔（确定）按钮，将圆柱体临时轴确定为基准轴 4 如图 3-35 所示。

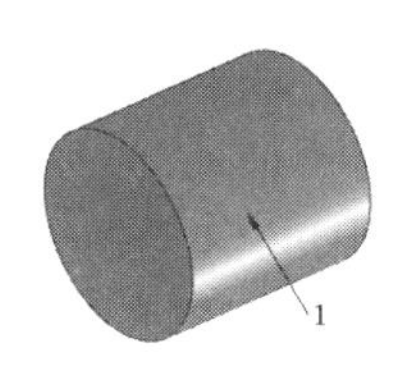

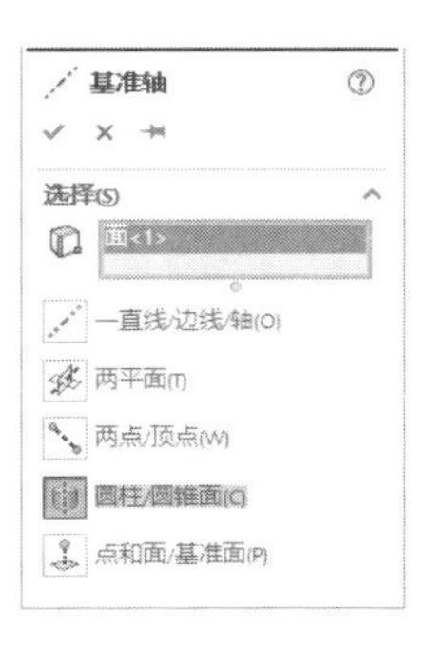

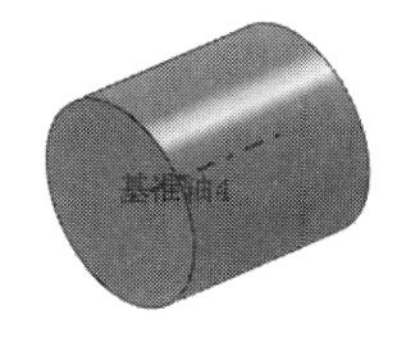

图 3-33　打开的文件实体 4　　图 3-34　“基准轴”属性管理器 4　　图 3-35　创建的基准轴 4

3.2.2.5　点和面/基准面方式

扫一扫，看视频

选择一曲面或者基准面以及顶点、点或者中点，创建一个通过所选点并且垂直于所选面的基准轴。下面通过实例介绍该方式的操作步骤。

【案例 3-11】通过点和面/基准面方式创建基准轴

① 打开随书资源中的“源文件\ch3\3.11.SLDPRT”，打开的文件实体 5

如图 3-36 所示。

② 执行“基准轴”命令。单击菜单栏中的“插入”→“参考几何体”→“基准轴”命令，或者单击““特征”控制面板“参考几何体”下拉列表中的 （基准轴）按钮，此时系统弹出“基准轴”属性管理器。

③ 设置属性管理器。在“第一参考”选项框中，选择如图 3-36 所示的面 1。在“第二参考”选项框中，选择如图 3-36 所示的边线 2 的中点。“基准轴”属性管理器设置如图 3-37 所示。

④ 确认创建的基准轴。单击“基准轴”属性管理器中的✔（确定）按钮，创建通过边线 2 的中点且垂直于面 1 的基准轴 5。

⑤ 旋转视图。单击“前导视图”工具栏中的 （旋转视图）按钮，将视图以合适的方向显示，创建的基准轴 5 如图 3-38 所示。

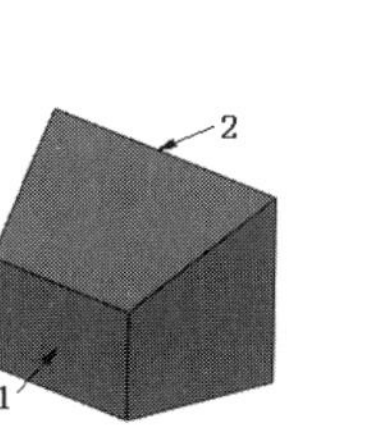

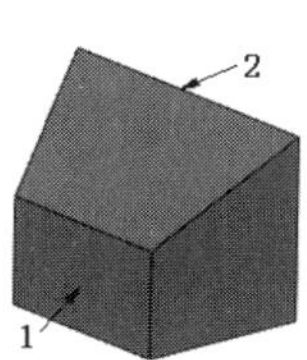

图 3-36　打开的文件实体 5

图 3-37　“基准轴”属性管理器 5

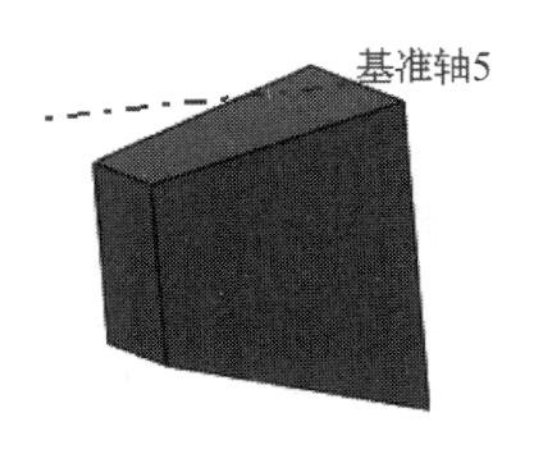

图 3-38　创建的基准轴 5

3.2.3 坐标系

扫一扫，看视频

“坐标系”命令主要用来定义零件或装配体的坐标系。此坐标系与测量和质量属性工具一同使用，可用于将 SOLIDWORKS 文件输出为 IGES、STL、ACIS、STEP、Parasolid、VRML 和 VDA 文件。

下面通过实例介绍创建坐标系的操作步骤。

【案例 3-12】创建坐标系

① 打开随书资源中的“源文件\ch3\3.12.SLDPRT”，打开的文件实体如图 3-39 所示。

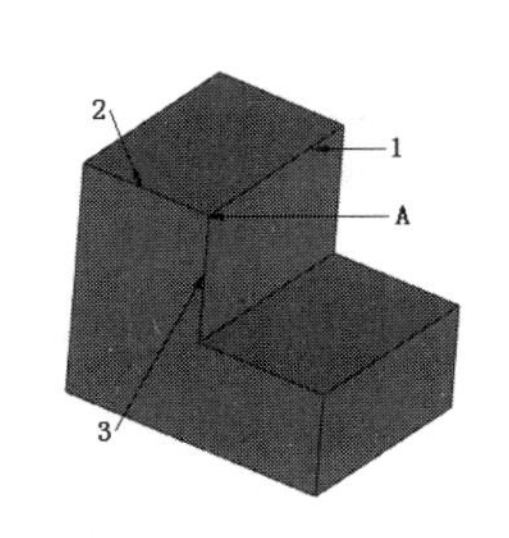

图 3-39　打开的文件实体

② 执行“坐标系”命令。单击菜单栏中的“插入”→“参考几何体”→“坐标系”命令，或者单击“特征”控制面板“参考几何体”下拉列表中的 （坐标系）按钮，此时系统弹出“坐标系”属性管理器。

③ 设置属性管理器。在 （原点）选项中，选择如图 3-39 所示的点 A；在“X 轴”选项中，选择如图 3-39 所示的边线 1；在“Y 轴”选项中，选择如图 3-39 所示的边线 2；在“Z 轴”选项中，选择图 3-39 所示的边线 3。“坐标系”属性管理器设置如图 3-40 所示，单击 （反转轴方向）按钮，改变轴线方向。

④ 确认创建的坐标系。单击“坐标系”属性管理器中的✔（确定）按钮，创建的新坐标系 1 如图 3-41 所示。此时所创建的坐标系 1 也会出现在 FeatureManager 设计树中，如图 3-42 所示。

技巧荟萃

在“坐标系”属性管理器中，每一步设置都可以形成一个新的坐标系，并可以单击“方向”按钮调整坐标轴的方向。

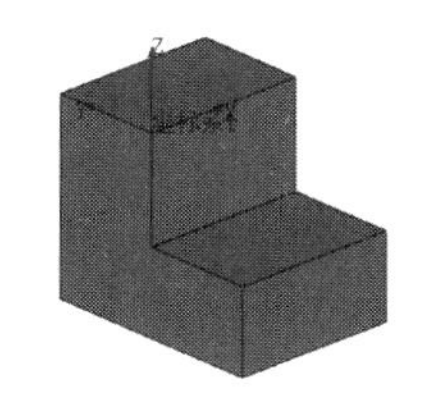

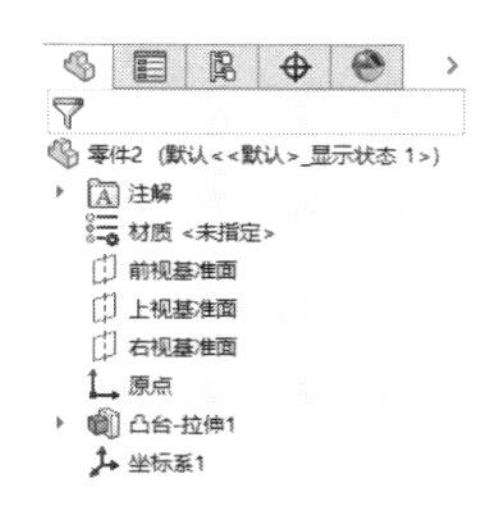

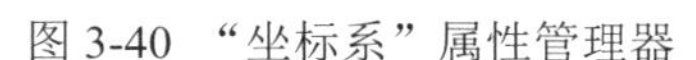

图 3-40 “坐标系”属性管理器　　图 3-41 创建的坐标系 1　　图 3-42 FeatureManager 设计树

3.3 拉伸特征

扫一扫，看视频

拉伸特征是将一个用草图描述的截面，沿指定的方向（一般情况下是沿垂直于截面方向）延伸一段距离后所形成的特征。拉伸是 SOLIDWORKS 模型中最常见的类型，具有相同截面、有一定长度的实体，如长方体、圆柱体等都可以由拉伸特征来形成。图 3-43 展示了利用拉伸基体/凸台特征生成的零件。

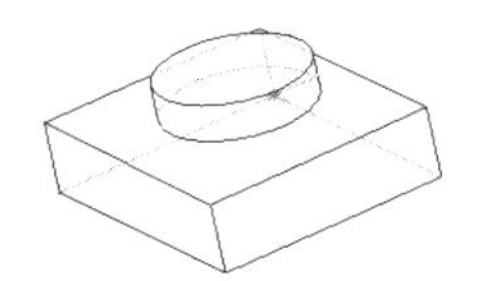
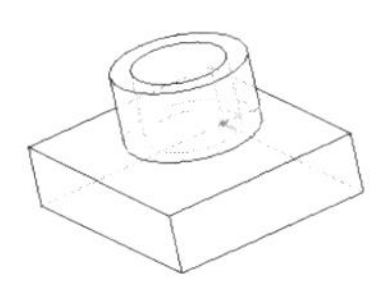
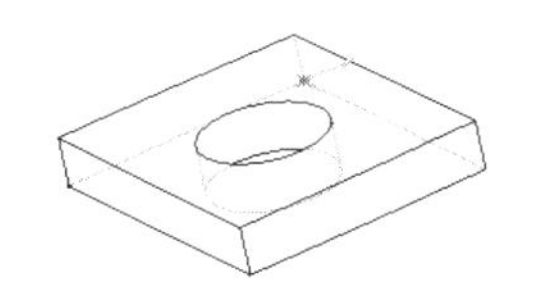

图 3-43 利用拉伸基体/凸台特征生成的零件

下面结合实例介绍创建拉伸特征的操作步骤。

【案例 3-13】创建拉伸特征

① 打开随书资源中的“源文件\ch3\3.13.SLDPRT”，打开的文件实体如图 3-44 所示。

② 保持草图处于激活状态，单击“特征”控制面板中的（拉伸凸台/基体）按钮，或单击菜单栏中的“插入”→“凸台/基体”→“拉伸”命令。

③ 此时系统弹出“凸台-拉伸”属性管理器，各选项的注释如图 3-45 所示。

④ 在“方向 1”选项组的（终止条件）下拉列表框中选择拉伸的终止条件，有以下几种。

- 给定深度：从草图的基准面拉伸到指定的距离平移处，以生成特征，如图 3-46（a）所示。
- 完全贯穿：从草图的基准面拉伸直到贯穿所有现有的几何体，如图 3-46（b）所示。
- 成形到下一面：从草图的基准面拉伸到下一面（隔断整个轮廓），以生成特征，如图 3-46（c）所示。下一面必须在同一零件上。
- 成形到一面：从草图的基准面拉伸到所选的曲面以生成特征，如图 3-46（d）所示。

■ 到离指定面指定的距离：从草图的基准面拉伸到离某面或曲面的特定距离处，以生成特征，如图 3-46（e）所示。

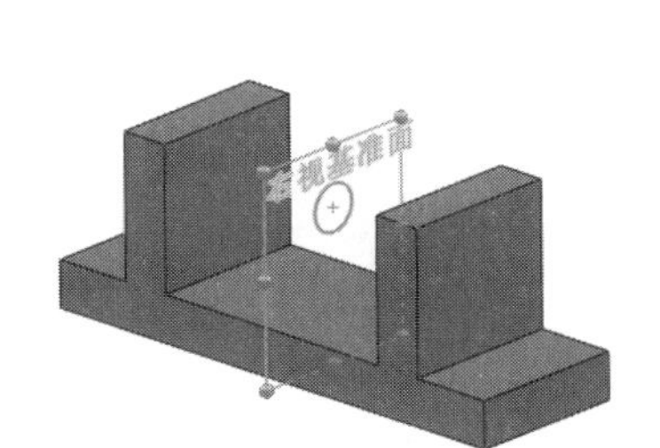

图 3-44 打开的文件实体

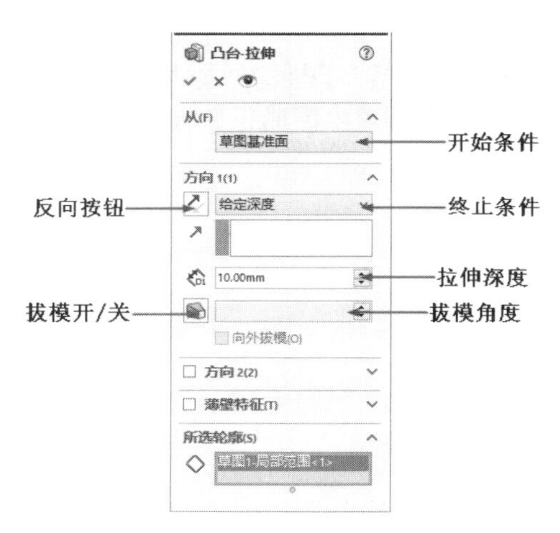

图 3-45 “凸台-拉伸”属性管理器

■ 两侧对称：从草图基准面向两个方向对称拉伸，如图 3-46（f）所示。
■ 成形到一顶点：从草图基准面拉伸到一个平面，这个平面平行于草图基准面且穿越指定的顶点，如图 3-46（g）所示。

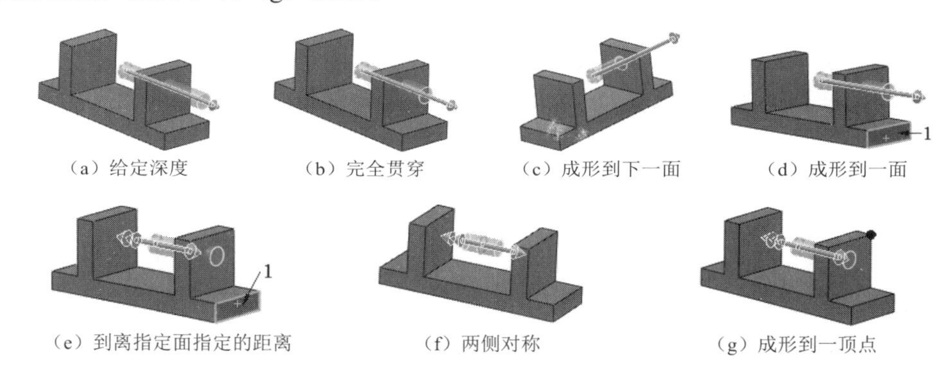

（a）给定深度 （b）完全贯穿 （c）成形到下一面 （d）成形到一面

（e）到离指定面指定的距离 （f）两侧对称 （g）成形到一顶点

图 3-46 拉伸的终止条件

⑤ 在右面的图形区中检查预览。如果需要，单击（反向）按钮，向另一个方向拉伸。

⑥ 在（深度）文本框中输入拉伸的深度。

⑦ 如果要给特征添加一个拔模，单击（拔模开/关）按钮，然后输入一个拔模角度。图 3-47 说明了拔模特征。

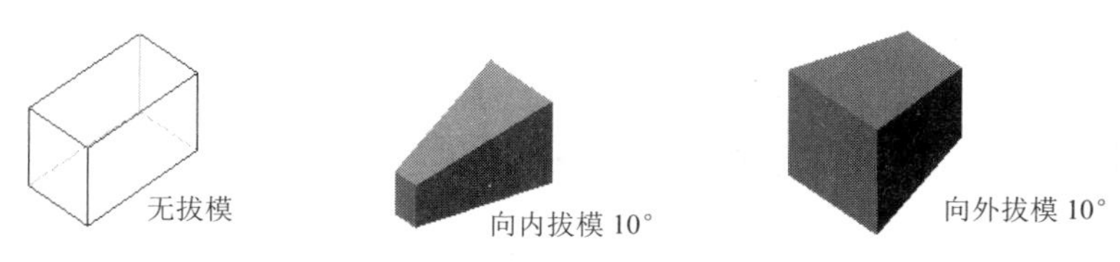

图 3-47 拔模说明

⑧ 如有必要，勾选“方向 2”复选框，将拉伸应用到第二个方向。

⑨ 保持“薄壁特征”复选框没有被勾选，单击（确定）按钮，完成基体/凸台的

创建。

3.3.1 拉伸实体特征

SOLIDWORKS 可以对闭环和开环草图进行实体拉伸，如图 3-48 所示。所不同的是，如果草图本身是一个开环图形，则拉伸凸台/基体工具只能将其拉伸为薄壁；如果草图是一个闭环图形，则既可以选择将其拉伸为薄壁特征，也可以选择将其拉伸为实体特征。

扫一扫，看视频

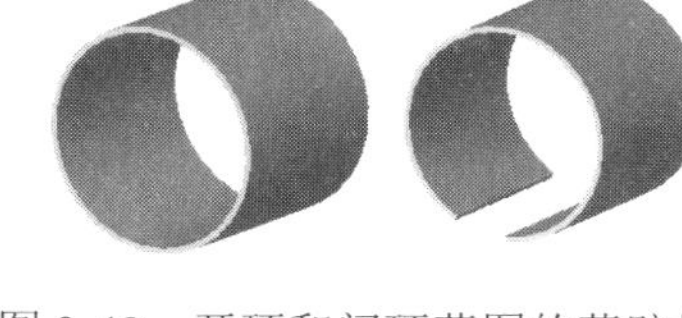
图 3-48　开环和闭环草图的薄壁拉伸

下面结合实例介绍创建拉伸薄壁特征的操作步骤。

【案例 3-14】创建拉伸薄壁特征

① 单击“标准”工具栏中的（新建）按钮，进入零件绘图区域。

② 绘制一个圆。

③ 保持草图处于激活状态，单击“特征”控制面板中的（拉伸凸台/基体）按钮，或单击菜单栏中的“插入”→“凸台/基体”→“拉伸”命令。

④ 在弹出的“拉伸”属性管理器中勾选“薄壁特征”复选框，如果草图是开环系统则只能生成薄壁特征。

⑤ 在右侧的“拉伸类型”下拉列表框中选择拉伸薄壁特征的方式。

- 单向：使用指定的壁厚向一个方向拉伸草图。
- 两侧对称：在草图的两侧各以指定壁厚的一半向两个方向拉伸草图。
- 双向：在草图的两侧各使用不同的壁厚向两个方向拉伸草图。

⑥ 在（厚度）文本框中输入薄壁的厚度。

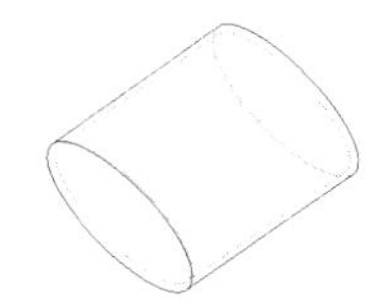
（a）中空零件

（b）带有圆角的薄壁

图 3-49　薄壁

⑦ 默认情况下，壁厚加在草图轮廓的外侧。单击（反向）按钮，可以将壁厚加在草图轮廓的内侧。

⑧ 对于薄壁特征基体拉伸，还可以指定以下附加选项。

- 如果生成的是一个闭环的轮廓草图，可以勾选“顶端加盖”复选框，此时将为特征的顶端加上封盖，形成一个中空的零件，如图 3-49（a）所示。
- 如果生成的是一个开环的轮廓草图，可以勾选“自动加圆角”复选框，此时自动在每一个具有相交夹角的边线上生成圆角，如图 3-49（b）所示。

⑨ 单击（确定）按钮，完成拉伸薄壁特征的创建。

3.3.2 实例——圆头平键

键是机械产品中经常用到的零件，作为一种配合结构，其广泛用于各种机械中。键的创建方法比较简单，首先绘制键零件的草图轮廓，然后通过 SOLIDWORKS 2020 中的拉伸工具即可完成，如图 3-50 所示。

扫一扫，看视频

图 3-50　圆头平键

绘制步骤

① 单击“标准”工具栏中的“新建”按钮，在打开的“新建 SOLIDWORKS 文件”对话框中，单击“确定”按钮。

② 在打开的模型树中选择“前视基准面”作为草图绘制平面，单击“视图”工具栏中的“正视于”按钮，使绘图平面转为正视方向。单击“草图”控制面板中的“边角矩形”按钮，绘制键草图的矩形轮廓，如图 3-51 所示。

③ 单击“草图”控制面板中的“智能尺寸”按钮，标注草图矩形轮廓的实际尺寸，如图 3-52 所示。

④ 单击“草图”控制面板中的“圆”按钮，捕捉草图矩形轮廓的宽度边线中点（光标显示），以边线中点为圆心画圆，如图 3-53 所示。

⑤ 系统弹出“圆”属性管理器，如图 3-54 所示。保持其余选项的默认值不变，在参数输入框中输入 2.5mm，单击“确定”按钮，生成圆，如图 3-55 所示。

⑥ 单击“草图”控制面板中的“剪裁实体”按钮，剪裁草图中的多余部分，如图 3-56 所示。

⑦ 绘制键草图右侧特征。利用 SOLIDWORKS 2020 中的圆绘制工具，重复步骤④～⑥可以绘制草图右侧特征，也可以通过“镜向”工具来生成。首先，绘制镜向中心线。单击“草图”控制面板中的“中心线”按钮，绘制一条通过矩形中心的垂直中心线，如图 3-57 所示。单击草图左侧半圆，按住<Ctrl>键并单击中心线，单击“草图”控制面板中的“镜向实体”按钮，生成镜向特征，如图 3-58 所示。

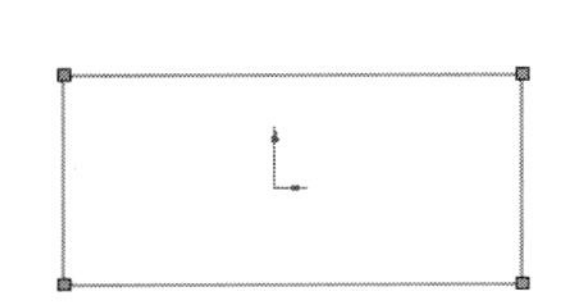

图 3-51　绘制键的矩形轮廓

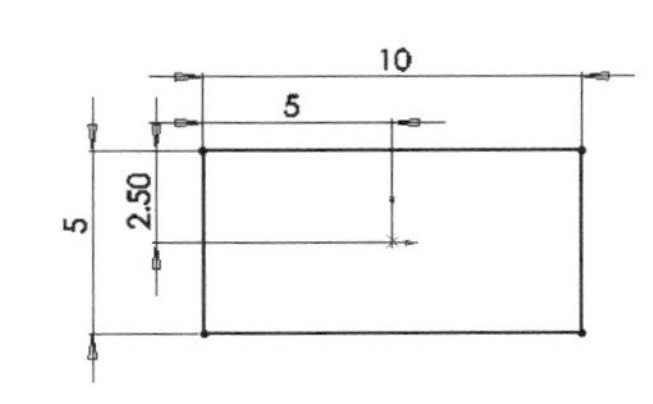

图 3-52　标注草图矩形轮廓尺寸

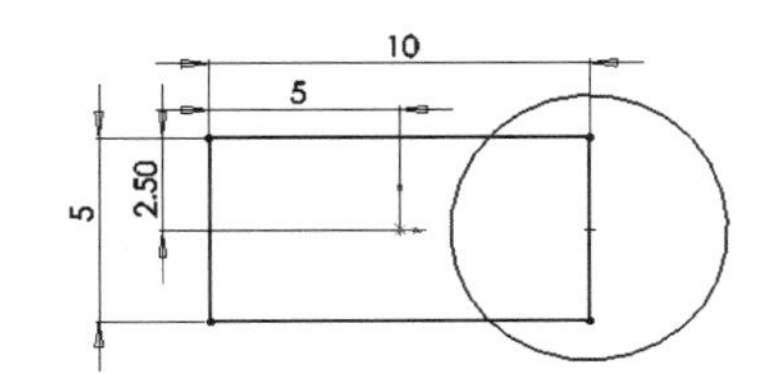

图 3-53　以中点为圆心画圆

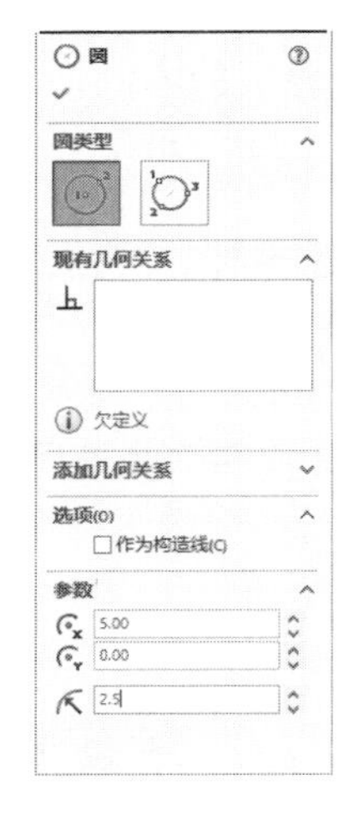

图 3-54　“圆”属性管理器

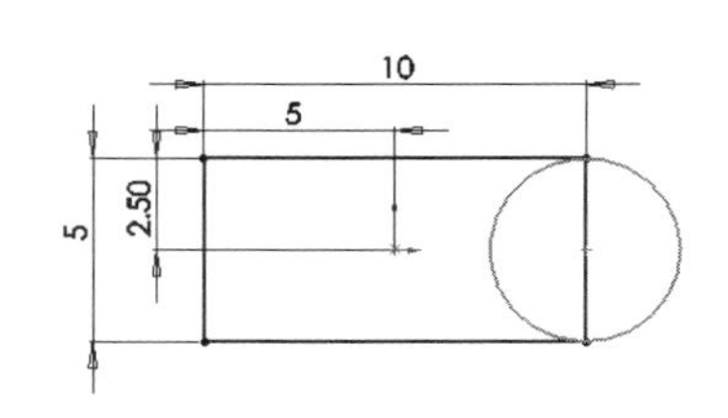

图 3-55　输入半径值生成圆

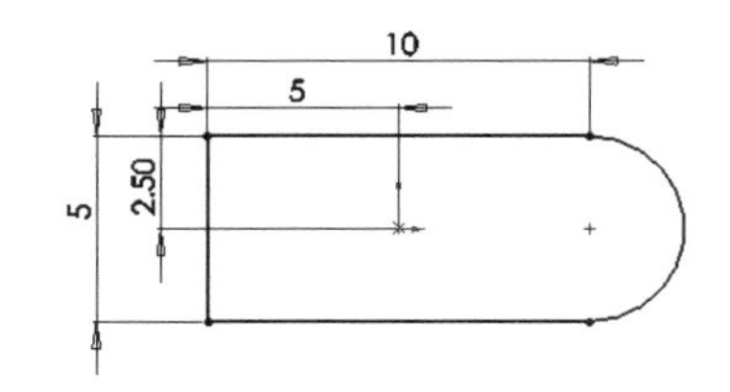

图 3-56　剪裁多余草图实体

⑧ 单击“草图”控制面板中的“剪裁实体”按钮，剪裁草图中的多余部分，完成键草图轮廓特征的创建。

⑨ 创建拉伸特征。单击“特征”控制面板中的“拉伸凸台/基体”按钮，弹出“凸台-拉伸”对话框，同时显示拉伸状态，如图 3-59 所示。

本实例的创建中，在“方向 1”选择框中设置终止条件为“给定深度”在“深度”输入框中输入拉伸的深度值 5.00mm，单击“确定”按钮，生成的实体模型如图 3-50 所示。

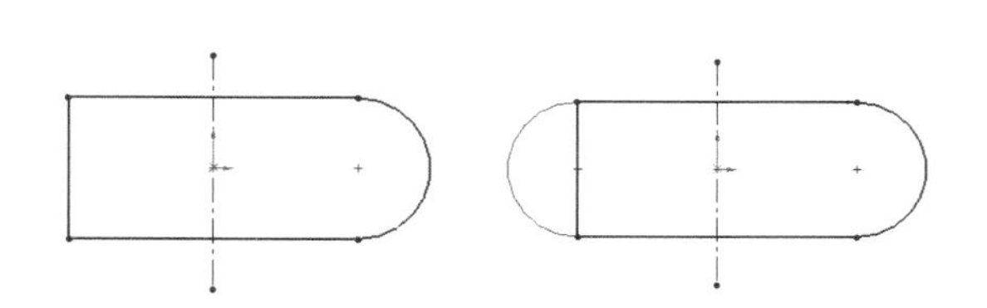

图 3-57　绘制镜向中心线　图 3-58　通过“镜向”工具创建键草图镜向特征

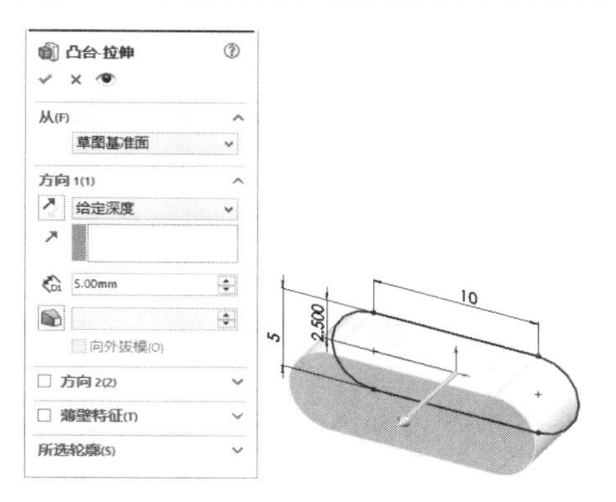

图 3-59　“拉伸”对话框及图形界面

3.3.3　拉伸切除特征

扫一扫，看视频

图 3-60 展示了利用拉伸切除特征生成的几种零件效果。下面结合实例介绍创建拉伸切除特征的操作步骤。

切除拉伸

反侧切除

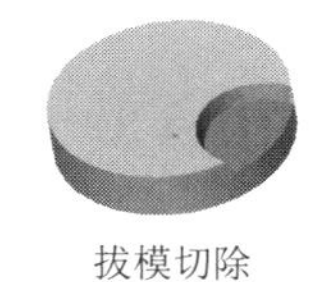

拔模切除

薄壁切除

图 3-60　利用拉伸切除特征生成的几种零件效果

【案例 3-15】创建拉伸切除特征

① 打开随书资源中的“源文件\ch3\3.15.SLDPRT”，打开的文件实体如图 3-61 所示。

② 保持草图处于激活状态，单击“特征”控制面板中的（拉伸切除）按钮，或单击菜单栏中的“插入”→“切除”→“拉伸”命令。

③ 此时弹出“切除-拉伸”属性管理器，如图 3-62 所示。

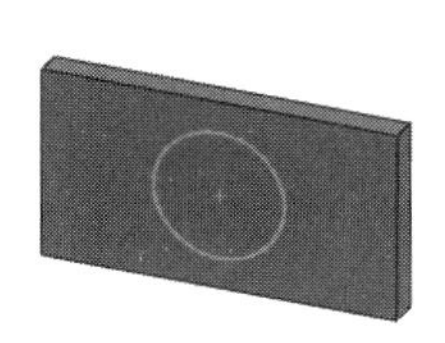

图 3-61　打开的文件实体

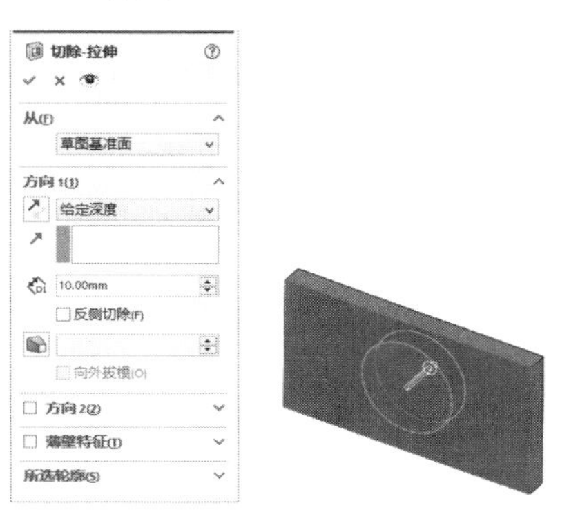

图 3-62　“切除-拉伸”属性管理器

④ 在“方向 1”选项组中执行如下操作。

■ 在↗右侧的“终止条件”下拉列表框中选择“给定深度”。
■ 如果勾选了“反侧切除”复选框，则将生成反侧切除特征。
■ 单击↗（反向）按钮，可以向另一个方向切除。
■ 单击（拔模开/关）按钮，可以给特征添加拔模效果。

⑤ 如果有必要，勾选“方向 2”复选框，将拉伸切除应用到第二个方向。

⑥ 如果要生成薄壁切除特征，勾选“薄壁特征”复选框，然后执行如下操作。

■ 在↗右侧的下拉列表框中选择切除类型：单向、两侧对称或双向。
■ 单击↗（反向）按钮，可以以相反的方向生成薄壁切除特征。
■ 在（厚度微调）文本框中输入切除的厚度。

⑦ 单击✔（确定）按钮，完成拉伸切除特征的创建。

技巧荟萃

下面以图 3-63 为例，说明“反侧切除”复选框对拉伸切除特征的影响。图 3-63（a）所示为绘制的草图轮廓；图 3-63（b）所示为取消对“反侧切除”复选框勾选的拉伸切除特征；图 3-63（c）所示为勾选“反侧切除”复选框的拉伸切除特征。

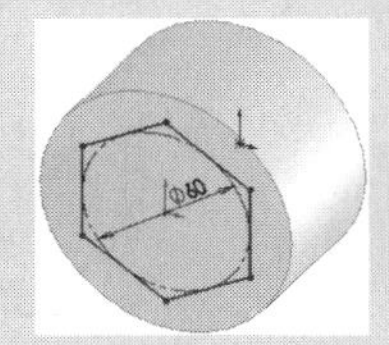

（a）绘制的草图轮廓

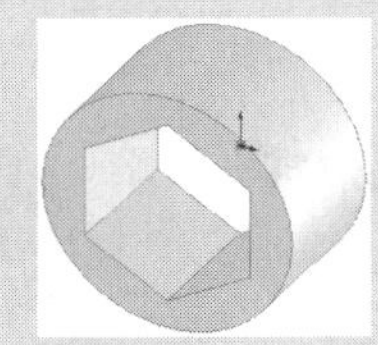

（b）未选择复选框的特征图形

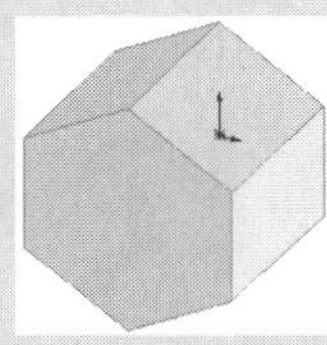

（c）选择复选框的特征图形

图 3-63 “反侧切除”复选框对拉伸切除特征的影响

3.3.4 实例——盒状体

利用拉伸和切除特征进行零件建模，最终生成零件如图 3-64 所示。

扫一扫，看视频

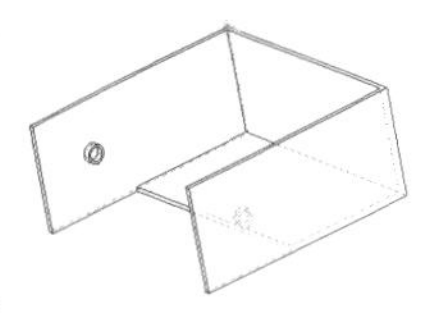

图 3-64 盒状体

绘制步骤

① 单击菜单栏中的“文件”→“新建”命令，或者单击“标准”工具栏中的“新建”按钮，在弹出的“新建 SOLIDWORKS 文件”对话框中先单击“零件”按钮，再单击“确定”按钮，创建一个新的零件文件。

② 在设计树中选择前视基准面，单击“草图绘制”按钮，新建一张草图。

③ 单击“草图”控制面板中的“直线”按钮，将指针移动到原点处，绘制开环轮廓。

④ 单击“草图”控制面板中的“智能尺寸”按钮，标注直线尺寸，如图 3-65 所示。

⑤ 单击“特征”控制面板中的“拉伸凸台/基体”按钮，或执行“插入”→“凸台/基体”→“拉伸”菜单命令。在“方向 1”中设定拉伸的终止条件为“给定深度”，并在微调框中设置拉伸深度为 100mm。单击反向按钮↗，使薄壁沿内侧拉伸，在微调框中设置薄壁的厚度为 2mm。单击✔按钮，从而生成开环薄壁拉伸特征，如图 3-66 所示。

⑥ 选择薄壁的底面内侧，单击“草图绘制”按钮，新建一张草图。

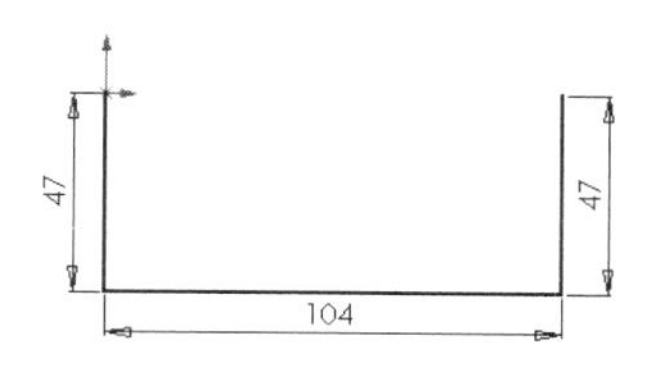

图 3-65　草图轮廓

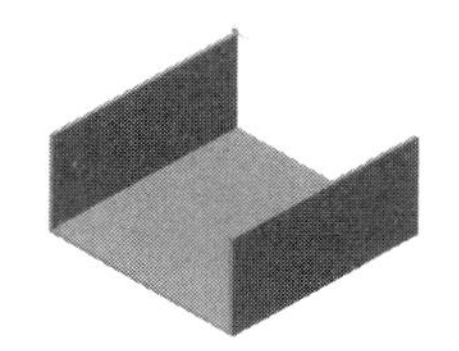
图 3-66　生成开环薄壁拉伸特征

⑦ 沿薄壁的边绘制一个 104mm×2mm 的矩形，如图 3-67 所示。

⑧ 单击“特征”控制面板中的“拉伸凸台/基体”按钮，或执行“插入”→“凸台/基体”→“拉伸”菜单命令。在“方向 1”中设定拉伸的终止条件为“给定深度”，并在微调框中设置拉伸深度为 45mm。单击按钮，从而形成实体，如图 3-68 所示。

⑨ 再次选择薄壁的底面内侧，单击“草图绘制”按钮，新建一张草图。

⑩ 沿底面边缘绘制一个 100mm×56mm 的矩形，如图 3-69 所示。

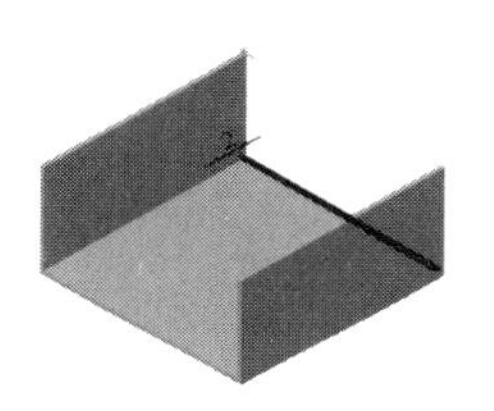
图 3-67　绘制矩形

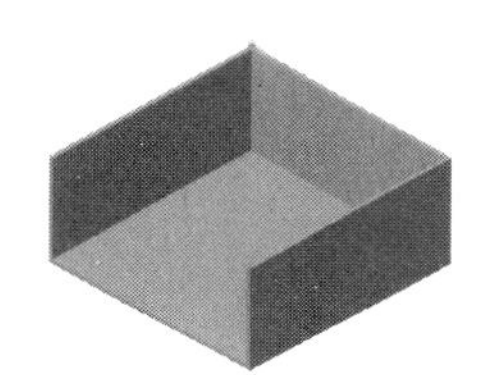
图 3-68　拉伸矩形

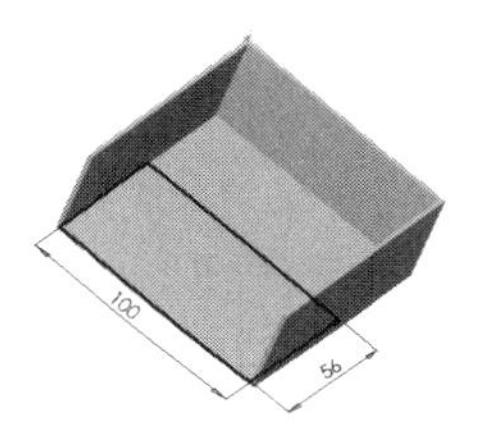

图 3-69　绘制矩形

⑪ 单击“特征”控制面板中的“拉伸切除”按钮，或执行“插入”→“切除”→“拉伸”菜单命令。设置切除的终止条件为“完全贯穿”，单击按钮后，如图 3-70 所示。

⑫ 选择侧壁内侧，单击“草图绘制”按钮，新建一张草图。

⑬ 单击“草图”控制面板中的“圆”按钮，绘制一个直径为 8mm 的圆。单击“草图”控制面板中的“智能尺寸”按钮，为圆定位，如图 3-71 所示。

⑭ 单击“特征”控制面板中的“拉伸凸台/基体”按钮，或执行“插入”→“凸台/基体”→“拉伸”菜单命令。在“方向 1”栏中设定拉伸的终止条件为“给定深度”，并在微调框中设置拉伸深度为 3mm。单击反向按钮，使薄壁沿内侧拉伸，在微调框中设置薄壁厚度为 1mm。单击按钮，生成薄壁特征，如图 3-72 所示。

⑮ 仿照步骤⑫～⑭，在另一侧薄壁内侧生成对称的薄壁拉伸特征。

⑯ 单击保存按钮，将零件保存为盒状体.SLDPRT。

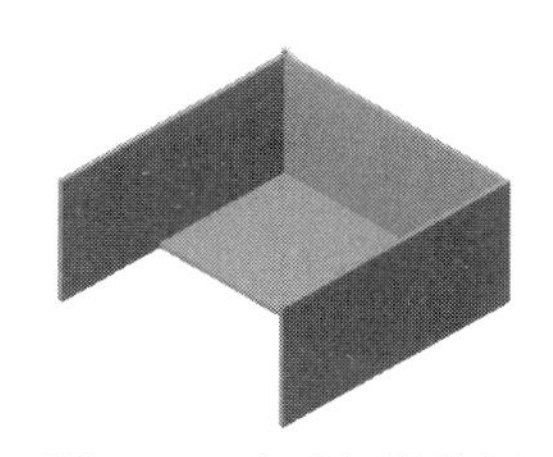
图 3-70　生成切除特征

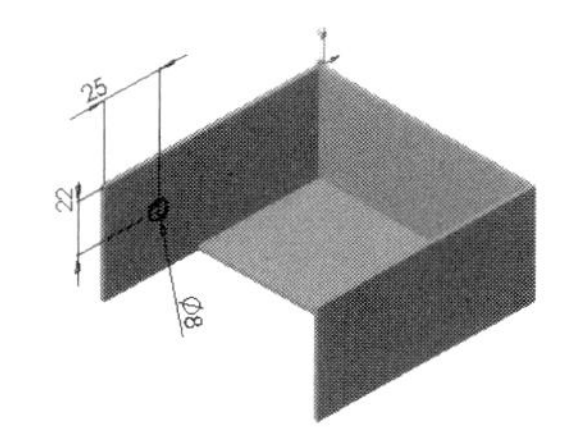

图 3-71　定位圆

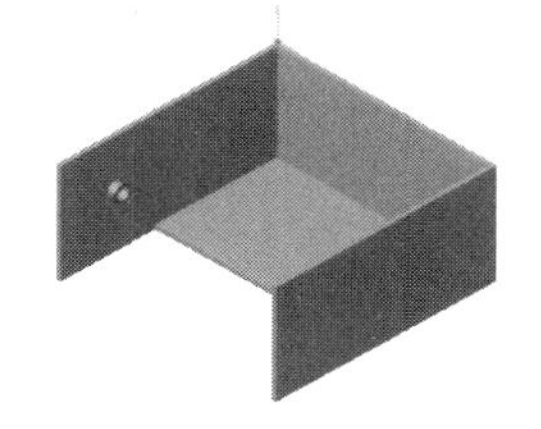
图 3-72　生成薄壁特征

3.4 旋转特征

旋转特征是由特征截面绕中心线旋转而成的一类特征，它适于构造回转体零件。图 3-73 所示是一个由旋转特征形成的零件实例。

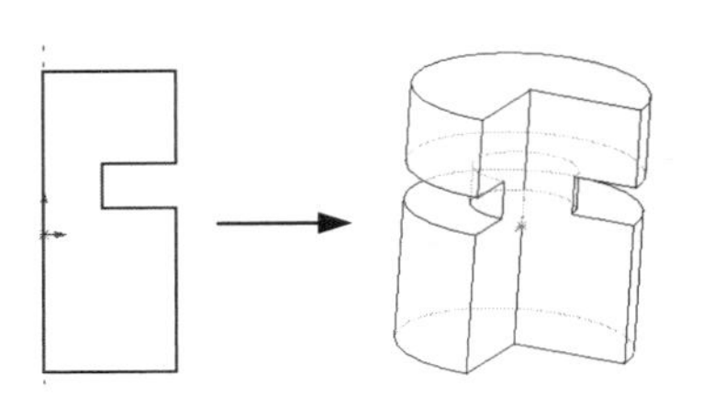
图 3-73　由旋转特征形成的零件实例

实体旋转特征的草图可以包含一个或多个闭环的非相交轮廓。对于包含多个轮廓的基体旋转特征，其中一个轮廓必须包含所有其他轮廓。薄壁或曲面旋转特征的草图只能包含一个开环或闭环的非相交轮廓，轮廓不能与中心线交叉。如果草图包含一条以上的中心线，则选择一条中心线用作旋转轴。

旋转特征应用比较广泛，是比较常用的特征建模工具，主要应用在以下零件的建模中。

- 环形零件，如图 3-74 所示。
- 球形零件，如图 3-75 所示。
- 轴类零件，如图 3-76 所示。
- 形状规则的轮毂类零件，如图 3-77 所示。

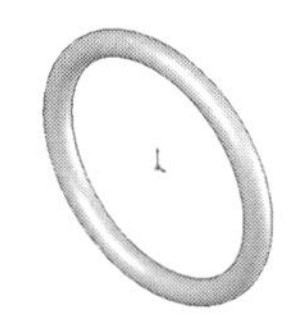
图 3-74　环形零件

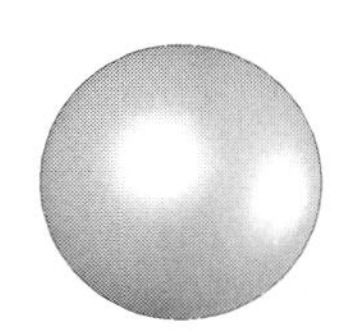
图 3-75　球形零件

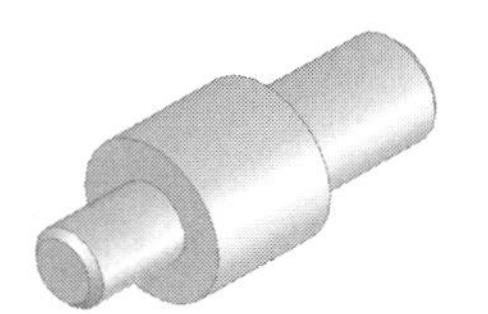
图 3-76　轴类零件

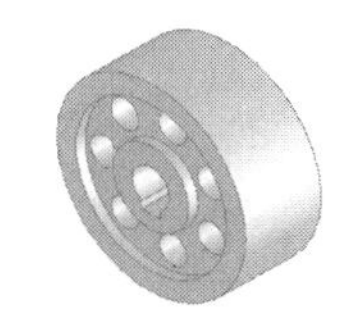
图 3-77　轮毂类零件

3.4.1　旋转凸台/基体

扫一扫，看视频

下面结合实例介绍创建旋转凸台/基体特征的操作步骤。

【案例 3-16】创建旋转凸台/基体

① 打开随书资源中的“源文件\ch3\3.16.SLDPRT”，打开的文件实体如图 3-78 所示。

② 单击“特征”控制面板中的（旋转凸台/基体）按钮，或单击菜单栏中的“插入”→“凸台/基体”→“旋转”命令。

③ 弹出“旋转”属性管理器，同时在右侧的图形区中显示生成的旋转特征，如图 3-79 所示。

④ 在“旋转参数”选项组的下拉列表框中选择旋转类型。

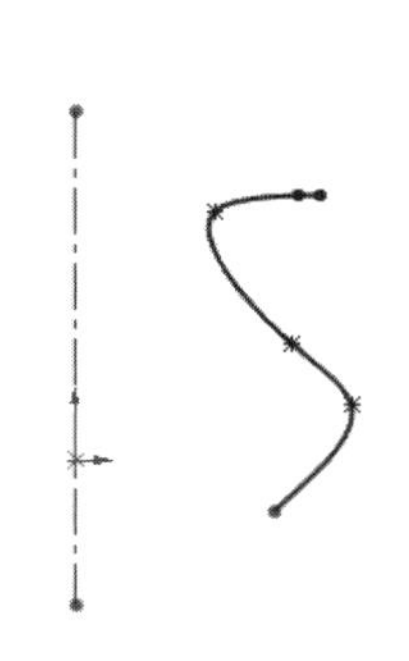
图 3-78　打开的文件实体

图 3-79　“旋转”属性管理器

- 给定深度：从草图以单一方向生成旋转，在“方向 1 角度“一栏中设定由旋转所包容的角度。如果想要向相反的方向旋转特征，单击（反向）按钮。

- 成形到一顶点：从草图基准面生成旋转到指定的顶点的旋转特征。
- 成形到一面：从草图基准面生成旋转到指定的曲面的旋转特征。
- 到离指定面指定的距离：从草图基准面生成旋转到指定曲面的指定等距的旋转特征。
- 两侧对称：从草图基准面以顺时针和逆时针方向生成旋转特征。

⑤ 在（角度）文本框中输入旋转角度。

⑥ 如果准备生成薄壁旋转，则勾选“薄壁特征”复选框，然后在“薄壁特征”选项组的下拉列表框中选择拉伸薄壁类型。这里的类型与在旋转类型中的含义完全不同，这里的方向是指薄壁截面上的方向。

- 单向：使用指定的壁厚向一个方向拉伸草图，默认情况下，壁厚加在草图轮廓的外侧。
- 两侧对称：在草图的两侧各以指定壁厚的一半向两个方向拉伸草图。
- 双向：在草图的两侧各使用不同的壁厚向两个方向拉伸草图。

⑦ 在（厚度）文本框中指定薄壁的厚度。单击（反向）按钮，可以将壁厚加在草图轮廓的内侧。

⑧ 单击（确定）按钮，完成旋转凸台/基体特征的创建。

3.4.2 实例——乒乓球

本例绘制乒乓球，如图 3-80 所示。这是一个规则薄壁球体。首先绘制一条中心线作为旋转轴，然后绘制一个半圆作为旋转的轮廓，最后使用旋转命令生成乒乓球图形。

图 3-80 乒乓球

绘制步骤

① 启动 SOLIDWORKS 2020，执行“文件”→“新建”菜单命令，或者单击“标准”工具栏中的“新建”按钮，在弹出的“新建 SOLIDWORKS 文件”对话框中选择“零件”按钮，然后单击“确定”按钮，创建一个新的零件文件。

② 在左侧的“FeatureManager 设计树”中用选择“前视基准面”作为绘制图形的基准面。

③ 单击“草图”控制面板中的“中心线”按钮，绘制一条通过原点的中心线，长度大约为 70；单击“草图”控制面板中的“圆心/起/终点画弧”按钮，绘制圆心为原点的半圆；单击“草图”控制面板中的“智能尺寸”按钮，然后单击半圆的边缘一点，弹出“修改”对话框，在对话框中输入值 25。单击“确定”按钮，结果如图 3-81 所示。

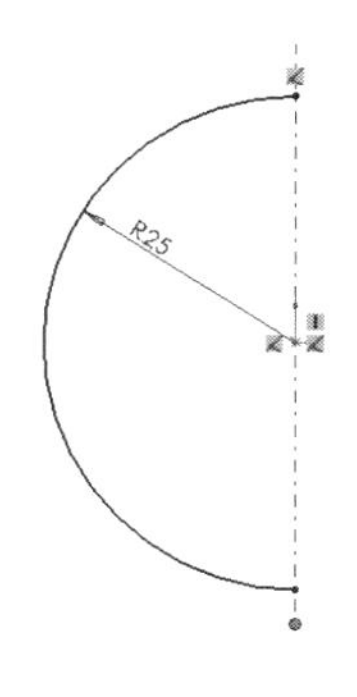

图 3-81 绘制的草图

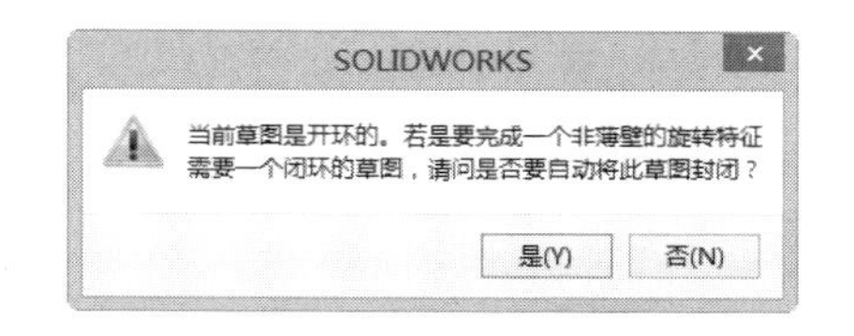

图 3-82 系统提示框

④ 旋转实体。单击“特征”控制面板中的“旋转”按钮，或执行“插入”→“凸台/基体”→“旋转”菜单命令，此时系统弹出如图 3-82 所示的系统提示框。因为乒乓球是薄壁实体，所以选择“否”，此时系统弹出 3-83 所示的“旋转”对话框。在“旋转轴”栏用鼠标

选择图中通过原点的中心线；在“厚度”一栏中输入值 1；在“类型”栏的下拉菜单中，选择“单向”选项。按照图 3-83 所示进行设置，此时图形如图 3-84 所示。确定设置的参数无误后，单击对话框中的“确定”按钮✔。结果如图 3-80 所示。

图 3-83 “旋转”对话框

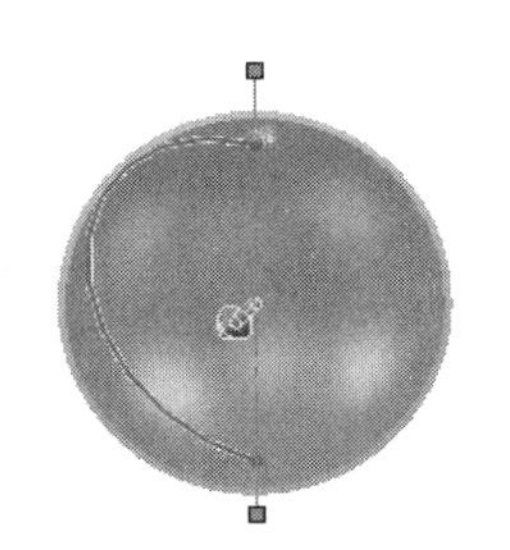

图 3-84 设置后的图形

3.4.3 旋转切除

与旋转凸台/基体特征不同的是，旋转切除特征用来产生切除特征，也就是用来去除材料。图 3-85 展示了旋转切除的两种效果。

下面结合实例介绍创建旋转切除特征的操作步骤。

扫一扫，看视频

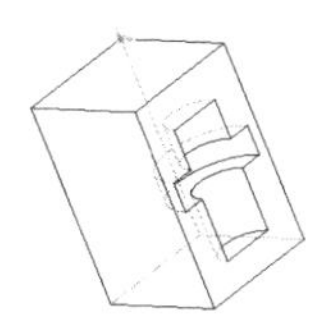

（a）旋转切除 （b）旋转薄壁切除

图 3-85 旋转切除的两种效果

【案例 3-17】创建旋转切除特征

① 打开随书资源中的“源文件\ch3\3.17.SLDPRT”，打开的文件实体如图 3-86 所示。

② 选择模型面上的一个草图轮廓和一条中心线。

③ 单击“特征”控制面板中的“旋转切除”按钮，或执行“插入”→“切除”→“旋转”菜单命令。

④ 弹出“切除-旋转”属性管理器，同时在右侧的图形区中显示生成的切除旋转特征，如图 3-87 所示。

⑤ 在“旋转参数”选项组的下拉列表框中选择旋转类型（单向、两侧对称、双向），其含义同“旋转凸台/基体”属性管理器中的“旋转类型”。

⑥ 在（角度）文本框中输入旋转角度。

⑦ 如果准备生成薄壁旋转，则勾选“薄壁特征”复选框，设定薄壁旋转参数。

⑧ 单击✔（确定）按钮，完成旋转切除特征的创建。

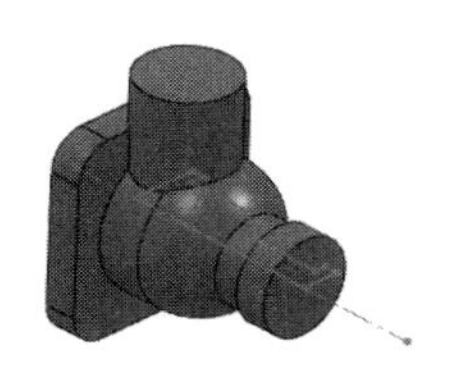

图 3-86 打开的文件实体

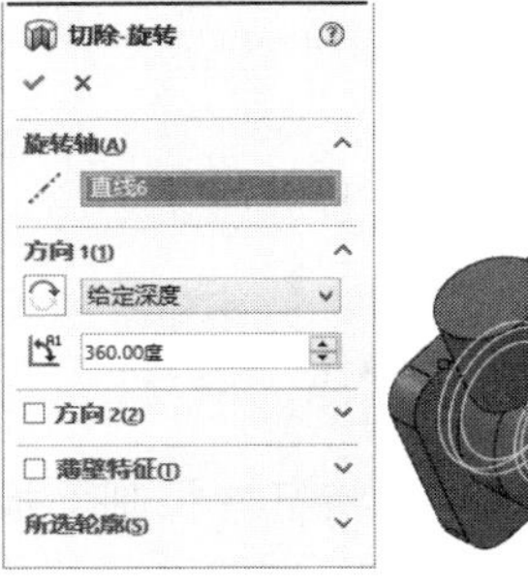

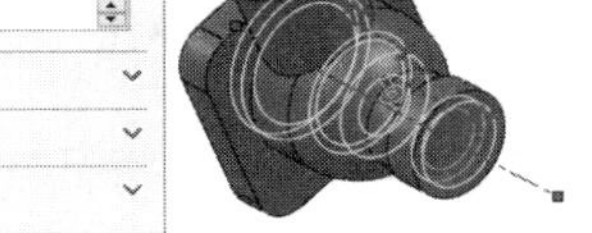

图 3-87 “切除-旋转”属性管理器

3.4.4 实例——酒杯

本例绘制酒杯，如图 3-88 所示。首先绘制酒杯的外形轮廓草图，然后旋转成为酒杯轮廓，最后旋转切除为酒杯。

图 3-88　酒杯

绘制步骤

① 启动 SOLIDWORKS 2020，单击菜单栏中的“文件”→“新建”命令，或者单击“标准”工具栏中的“新建”按钮，在弹出的“新建 SOLIDWORKS 文件”对话框中先单击“零件”按钮，再单击“确定”按钮，创建一个新的零件文件。

② 在左侧的“FeatureManager 设计树”中用鼠标选择“前视基准面”作为绘制图形的基准面。单击“草图”控制面板中的“直线”按钮，绘制一条通过原点的竖直中心线；单击“草图”控制面板中的“直线”按钮和“圆心/起点/终点画弧”按钮以及“绘制圆角”按钮，绘制酒杯的草图轮廓，结果如图 3-89 所示。

③ 单击“草图”控制面板中的“智能尺寸”按钮，标注上一步绘制草图的尺寸结果如图 3-90 所示。

④ 单击“特征”控制面板中的“旋转凸台/基体”按钮，或执行“插入”→“凸台/基体”→“旋转”菜单命令，此时系统弹出如图 3-91 所示的“旋转”对话框。按照图示设置后，然后单击对话框中的“确定”按钮，结果如图 3-92 所示。

技巧荟萃

在使用旋转命令时，绘制的草图可以是封闭的，也可以是开环的。绘制薄壁特征的实体，草图应是开环的。

⑤ 在左侧的“FeatureManager 设计树”中单击 “前视基准面”，然后单击“前导视图”工具栏中的“正视于”图标，将该表面作为绘制图形的基准面，结果如图 3-93 所示。

⑥ 单击“草图”控制面板中的“等距实体”图标，绘制与酒杯圆弧边线相距 1mm 的轮廓线，单击“直线”图标及“中心线”按钮，绘制草图，延长并封闭草图轮廓，如图 3-94 所示。

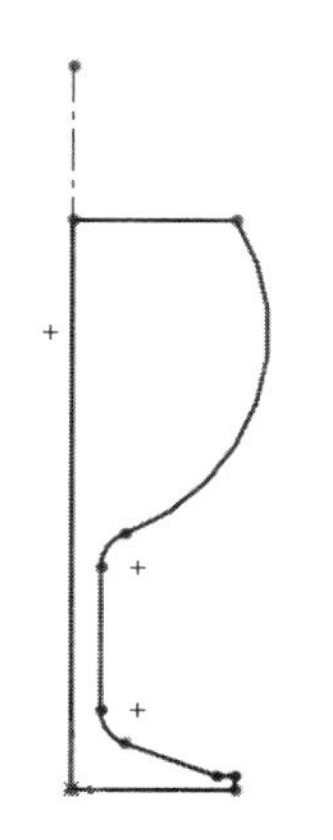

图 3-89　绘制的草图

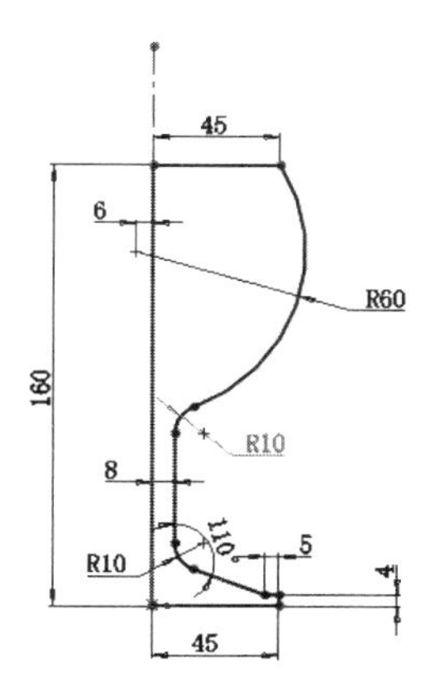

图 3-90　标注的草图

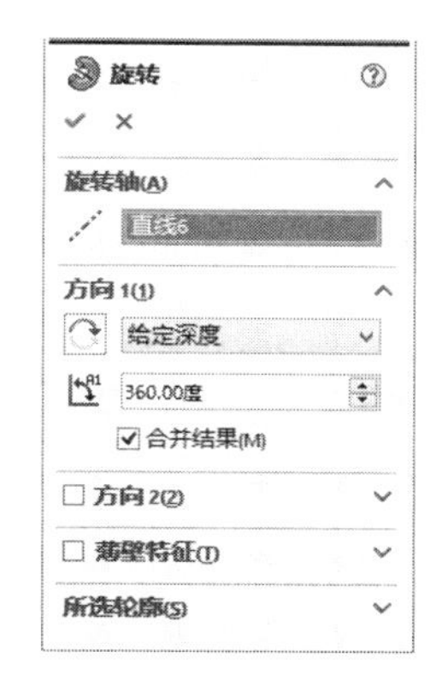

图 3-91　“旋转”对话框

图 3-92　旋转后的图形

⑦ 单击“旋转切除”按钮，在图形区域中选择通过坐标原点的竖直中心线作为旋转的中心轴，其他选项如图 3-95 所示。

⑧ 单击“确定”按钮✔，生成旋转切除特征。

⑨ 设置视图方向。单击“前导视图”工具栏中的“等轴测”按钮，将视图以等轴测方向显示，结果如图 3-96 所示。

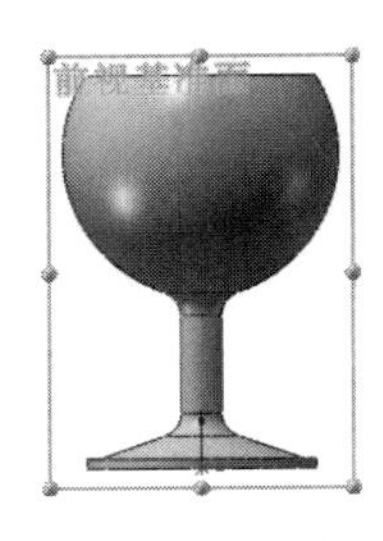

图 3-93 设置的基准面

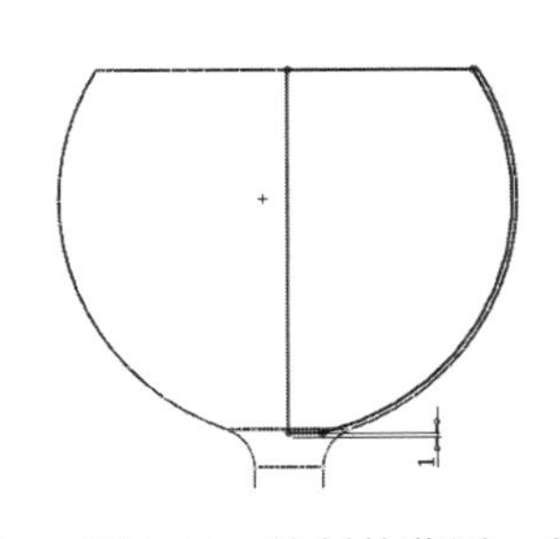

图 3-94 绘制的草图

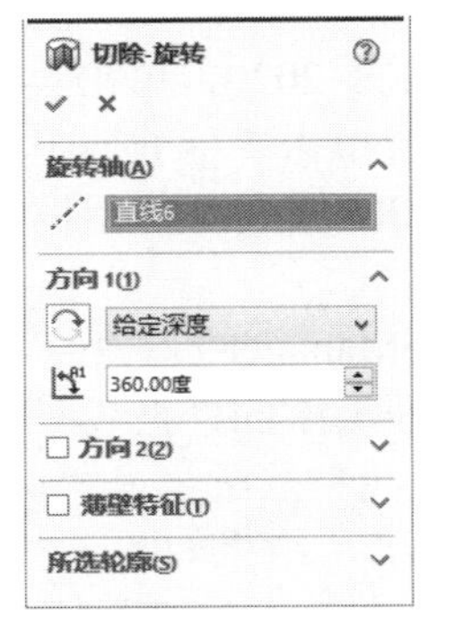

图 3-95 “旋转切除”对话框

图 3-96 切除后的图形

3.5 扫描特征

扫描特征是指由二维草绘平面沿一平面或空间轨迹线扫描而成的一类特征。沿着一条路径移动轮廓（截面）可以生成基体、凸台、切除或曲面。图 3-97 所示是扫描特征实例。

SOLIDWORKS 2020 的扫描特征遵循以下规则。

- 扫描路径可以为开环或闭环。
- 路径可以是草图中包含的一组草图曲线、一条曲线或一组模型边线。
- 路径的起点必须位于轮廓的基准面上。

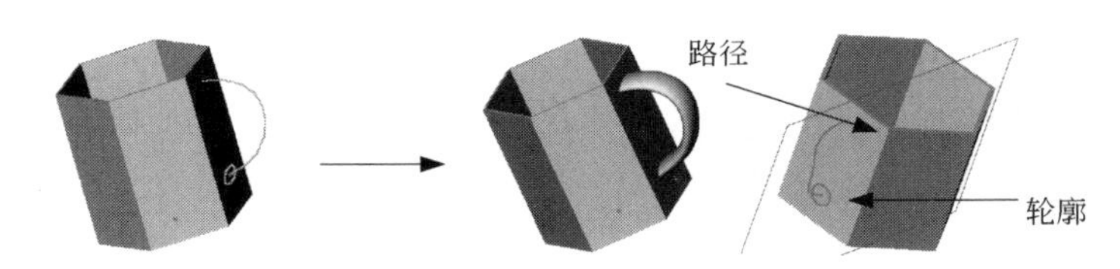

图 3-97 扫描特征实例

3.5.1 凸台/基体扫描

扫一扫，看视频

凸台/基体扫描特征属于叠加特征。下面结合实例介绍创建凸台/基体扫描特征的操作步骤。

【案例 3-18】凸台/基体扫描

① 打开随书资源中的“源文件\ch3\3.18.SLDPRT”，打开的文件实体如图 3-98 所示。

② 在一个基准面上绘制一个闭环的非相交轮廓。使用草图、现有的模型边线或曲线生成轮廓将遵循的路径，如图 3-97 所示。

③ 单击“特征”控制面板中的“扫描”按钮，或执行“插入”→“凸台/基体”→“扫描”菜单命令。

④ 系统弹出“扫描”属性管理器，同时在右侧的图形区中显示生成的扫描特征，如图 3-99 所示。

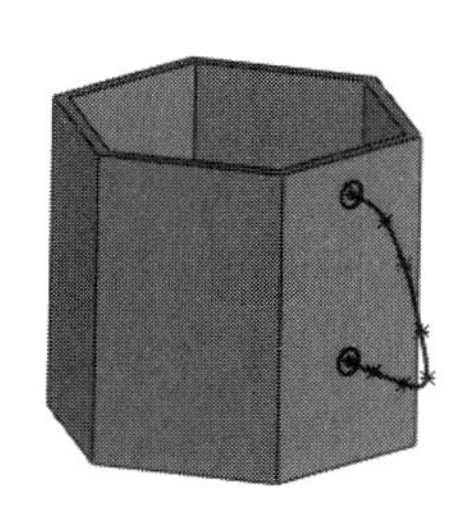

图 3-98　打开的文件实体

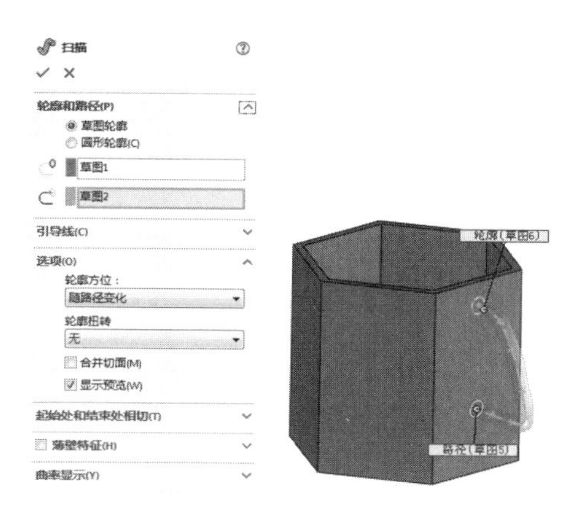

图 3-99　“扫描”属性管理器

⑤ 单击（轮廓）按钮，然后在图形区中选择轮廓草图。

⑥ 单击（路径）按钮，然后在图形区中选择路径草图。如果预先选择了轮廓草图或路径草图，则草图将显示在对应的属性管理器文本框中。

⑦ 在“方向/扭转类型”下拉列表框中，选择以下选项之一。

- 随路径变化：草图轮廓随路径的变化而变换方向，其法线与路径相切，如图 3-100（a）所示。
- 保持法线不变：草图轮廓保持法线方向不变，如图 3-100（b）所示。

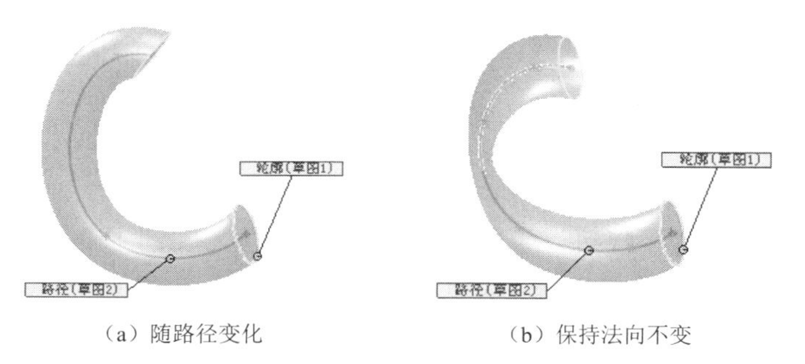

（a）随路径变化　（b）保持法向不变

图 3-100　扫描特征

⑧ 如果要生成薄壁特征扫描，则勾选“薄壁特征”复选框，从而激活薄壁选项。

- 选择薄壁类型（单向、两侧对称或双向）。
- 设置薄壁厚度。

⑨ 扫描属性设置完毕，单击（确定）按钮。

3.5.2 切除扫描

扫一扫，看视频

切除扫描特征属于切割特征。下面结合实例介绍创建切除扫描特征的操作步骤。

【案例 3-19】切除扫描

① 打开随书资源中的“源文件\ch3\3.19.SLDPRT”，打开的文件实体如图 3-101 所示。

② 在一个基准面上绘制一个闭环的非相交轮廓。

③ 使用草图、现有的模型边线或曲线生成轮廓将遵循的路径。

④ 单击菜单栏中的“插入”→“切除”→“扫描”命令。

⑤ 此时弹出“切除-扫描”属性管理器，同时在右侧的图形区中显示生成的切除扫描特征，如图 3-102 所示。

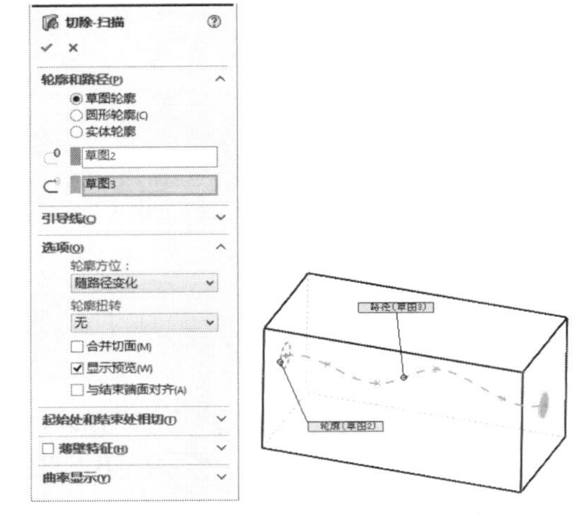

图 3-101　打开的文件实体

图 3-102　“切除-扫描”属性管理器

⑥ 单击 （轮廓）按钮，然后在图形区中选择轮廓草图。

⑦ 单击 （路径）按钮，然后在图形区中选择路径草图。如果预先选择了轮廓草图或路径草图，则草图将显示在对应的属性管理器方框内。

⑧ 在“选项”选项组的“方向/扭转类型”下拉列表框中选择扫描方式。

⑨ 其余选项同凸台/基体扫描。

⑩ 切除扫描属性设置完毕，单击✔（确定）按钮。

3.5.3 引导线扫描

扫一扫，看视频

SOLIDWORKS 2020 不仅可以生成等截面的扫描，还可以生成随着路径变化截面也发生变化的扫描—引导线扫描。图 3-103 展示了引导线扫描效果。

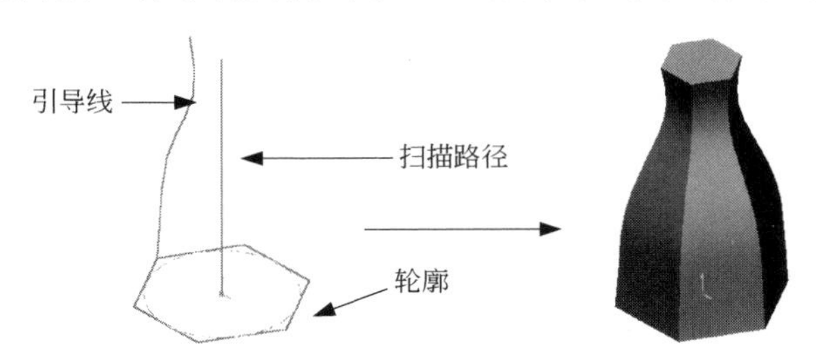

图 3-103　引导线扫描效果

在利用引导线生成扫描特征之前，应该注意以下几点。

■ 应该先生成扫描路径和引导线，然后再生成截面轮廓。

■ 引导线必须要和轮廓相交于一点，作为扫描曲面的顶点。

■ 最好在截面草图上添加引导线上的点和截面相交处之间的穿透关系。

下面结合实例介绍利用引导线生成扫描特征的操作步骤。

☼【案例 3-20】引导线扫描

① 打开随书资源中的“源文件\ch3\3.20.SLDPRT”，打开的文件实体如图 3-104 所示。

② 在轮廓草图中引导线与轮廓相交处添加穿透几何关系。穿透几何关系将使截面沿着路径改变大小、形状或者两者均改变。截面受曲线的约束，但曲线不受截面的约束。

③ 单击“特征”控制面板中的“扫描”按钮，或执行“插入”→“凸台/基体”→“扫描”菜单命令。如果要生成切除扫描特征，则单击菜单栏中的“插入”→“切除”→“扫描”命令。

④ 弹出“扫描”属性管理器，同时在右侧的图形区中显示生成的基体或凸台扫描特征。

⑤ 单击（轮廓）按钮，然后在图形区中选择轮廓草图。

⑥ 单击（路径）按钮，然后在图形区中选择路径草图。如果勾选了“显示预览”复选框，此时在图形区将显示不随引导线变化截面的扫描特征。

⑦ 在“引导线”选项组中单击（引导线）按钮，然后在图形区中选择引导线。此时在图形区中将显示随引导线变化截面的扫描特征，如图 3-105 所示。

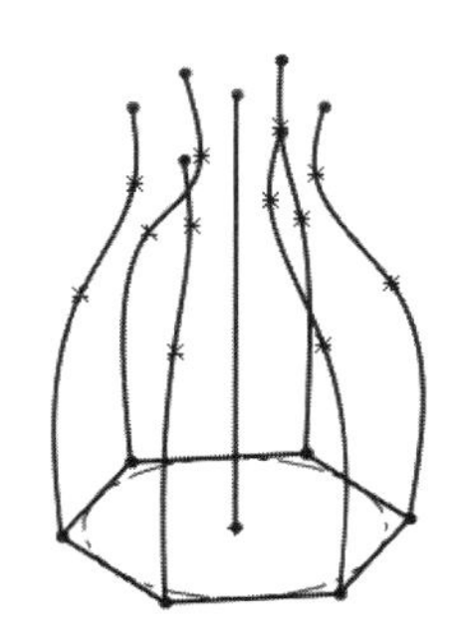

图 3-104　打开的文件实体

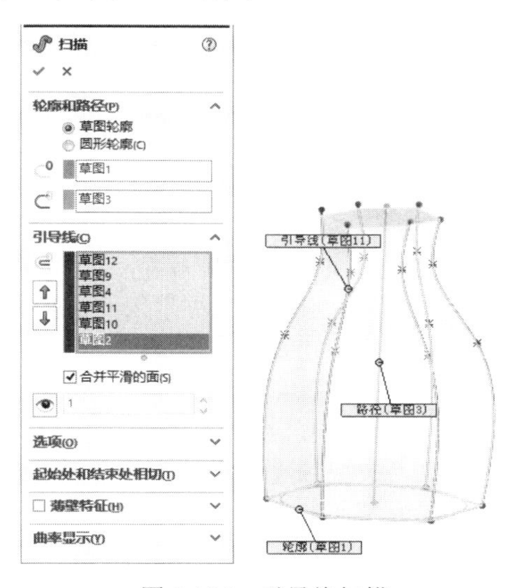

图 3-105　引导线扫描

⑧ 如果存在多条引导线，可以单击（上移）按钮或（下移）按钮，改变使用引导线的顺序。

⑨ 单击（显示截面）按钮，然后单击（微调框）箭头，根据截面数量查看并修正轮廓。

⑩ 在“选项”选项组的“轮廓方位”下拉列表框中可以选择以下选项。

■ 随路径变化：草图轮廓随路径的变化而变换方向，其法线与路径相切。

■ 保持法线不变：草图轮廓保持法线方向不变。

⑪ 在“选项”选项组的“轮廓扭转”下拉列表框中可以选择以下选项。

■ 无：（仅限于 2D 路径。）将轮廓的法线方向与路径对齐。不进行纠正。

■ 随路径和第一引导线变化：如果引导线不止一条，选择该项将使扫描随第一条引导线变化，如图 3-106（a）所示。

■ 随第一和第二引导线变化：如果引导线不止一条，选择该项将使扫描随第一条和第二条引导线同时变化，如图 3-106（b）所示。

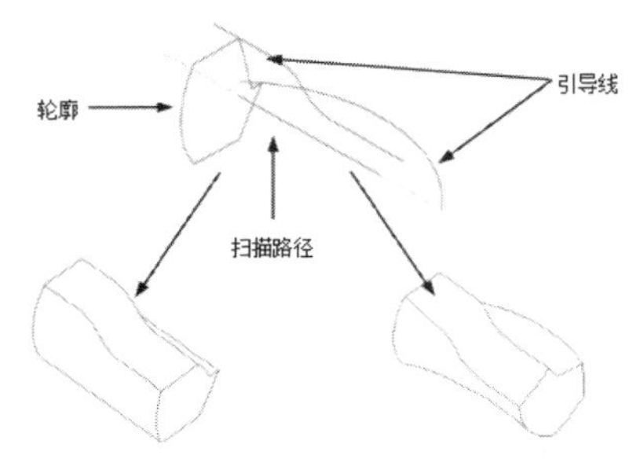

（a）随路径和第一条引导线变化　（b）随第一条和第二条引导线变化

图 3-106　随路径和引导线扫描

⑫ 如果要生成薄壁特征扫描，则勾选“薄壁特征”复选框，从而激活薄壁选项。

■ 选择薄壁类型（单向、两侧对称或双向）。

■ 设置薄壁厚度。

⑬ 在“起始处和结束处相切”选项组中可以设置起始或结束处的相切选项。

■ 无：不应用相切。

■ 路径相切：扫描在起始处和终止处与路径相切。

⑭ 扫描属性设置完毕，单击✔（确定）按钮，完成引导线扫描。

扫描路径和引导线的长度可能不同，如果引导线比扫描路径长，扫描将使用扫描路径的长度；如果引导线比扫描路径短，扫描将使用最短的引导线长度。

扫一扫，看视频

3.5.4 实例——台灯支架

本例绘制台灯支架，如图 3-107 所示。首先绘制台灯支架底座的外形草图，并拉伸为实体；然后扫描支架的支柱部分；最后使用旋转实体命令绘制灯罩。

绘制步骤

① 新建文件。单击菜单栏中的“文件”→“新建”命令，或者单击“标准”工具栏中的“新建”按钮，在弹出的“新建 SOLIDWORKS 文件”对话框中先单击“零件”按钮，再单击“确定”按钮，创建一个新的零件文件。

图 3-107　台灯支架

② 绘制支架底座，绘制草图。在左侧的“FeatureManager 设计树”中用鼠标选择“前视基准面”作为绘制图形的基准面。单击“草图”控制面板中的“圆”按钮，以原点为圆心绘制一个圆。

③ 标注尺寸。单击菜单栏中的“工具”→“尺寸”→“智能尺寸”命令，标注圆的直径，结果如图 3-108 所示。

④ 拉伸实体。单击菜单栏中的“插入”→“凸台/基体”→“拉伸”命令，此时系统弹出“凸台-拉伸”对话框。在“深度”一栏中输入 30mm，单击对话框中的“确定”图标✔，结果如图 3-109 所示。

⑤ 绘制开关旋钮，设置基准面。用鼠标单击图 3-109 所示的表面 1，然后单击“前导视图”工具栏中的“正视于”图标，将该表面作为绘制图形的基准面，结果如图 3-110 所示。

⑥ 绘制草图。单击菜单栏中的“工具”→“草图绘制实体”→“直线”命令，或者单击“草图”制面板中的“中心线”图标，绘制一条通过原点的水平中心线；单击“草图”控制面板中的“圆”图标，绘制一个圆，结果如图 3-111 所示。

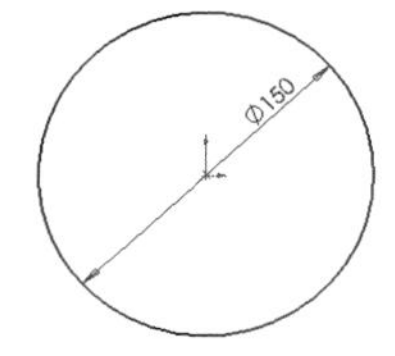

图 3-108　标注的草图

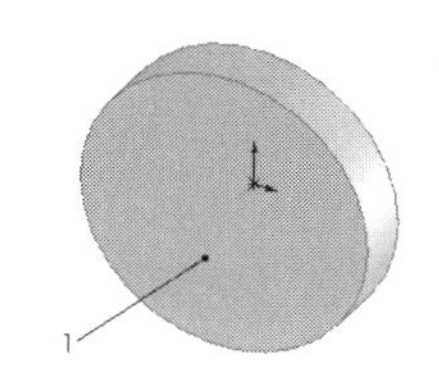

图 3-109　拉伸后的图形

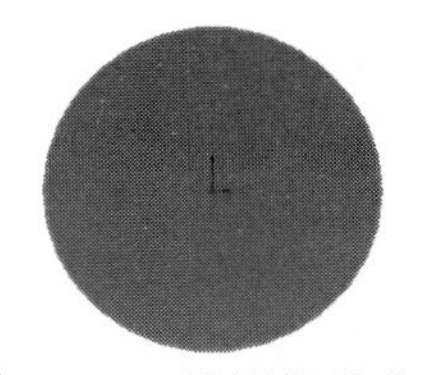

图 3-110　设置的基准面

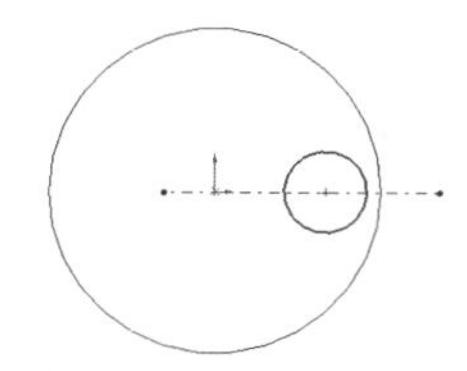

图 3-111　绘制的草图

⑦ 添加几何关系。单击菜单栏中的“工具”→“关系”→“添加”命令，或者单击“草图”控制面板“显示/删除几何关系”下拉列表中的“添加几何关系”图标，将圆心和水平中心线添加为“重合”几何关系。

⑧ 标注尺寸。单击“草图”控制面板中的“智能尺寸”图标，标注如图 3-111 所示圆的直径及其定位尺寸，结果如图 3-112 所示。

⑨ 拉伸实体。单击“特征”控制面板中的“拉伸凸台/基体”图标，此时系统弹出“拉伸”对话框。在“深度”一栏中输入 25mm，然后单击对话框中的“确定”图标。

⑩ 设置视图方向。单击“前导视图”工具栏中的“等轴测”图标，将视图以等轴测方向显示，结果如图 3-113 所示。

⑪ 绘制支柱部分。设置基准面。用鼠标单击如图 3-113 所示的表面 1，然后单击“前导视图”工具栏中的“正视于”图标，将该表面作为绘制图形的基准面。

⑫ 绘制草图。单击“草图”控制面板中的“中心线”图标，绘制一条通过原点的水平中心线；单击“草图”控制面板中的“圆”图标，绘制一个圆，结果如图 3-114 所示。

⑬ 添加几何关系。单击“草图”控制面板“显示/删除几何关系”下拉列表中的“添加几何关系”图标，将圆心和水平中心线添加为“重合”几何关系。

⑭ 标注尺寸。单击“草图”控制面板中的“智能尺寸”图标，标注图中的尺寸，结果如图 3-115 所示，然后退出草图绘制状态。

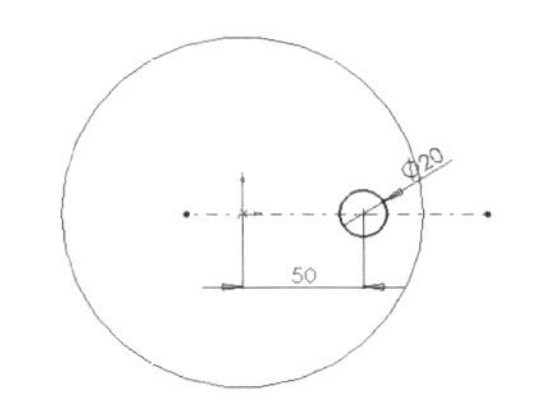

图 3-112　标注的图形

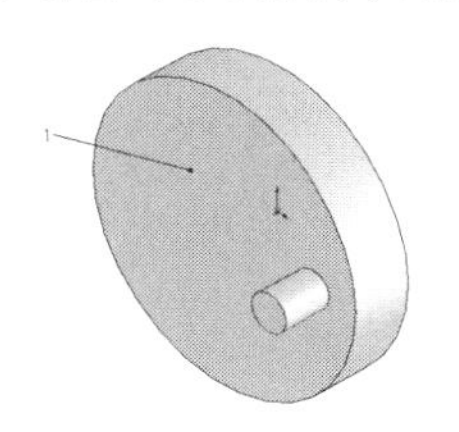

图 3-113　拉伸后的图形

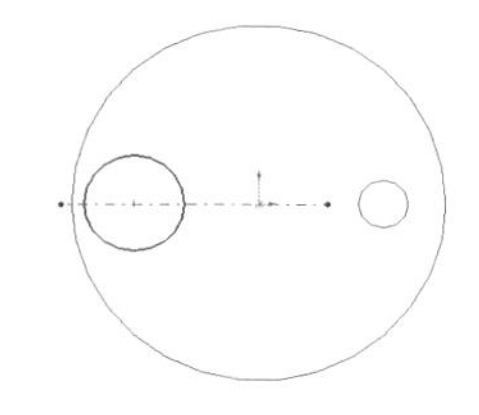
图 3-114　绘制的草图

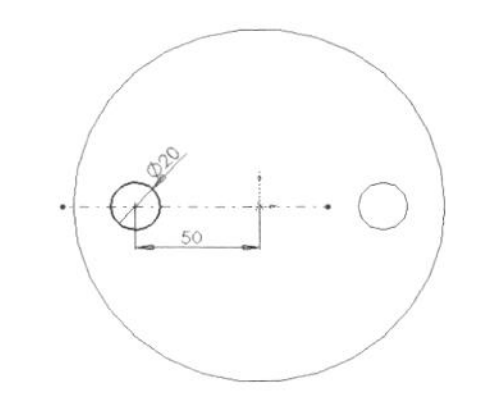

图 3-115　标注的图形

⑮ 设置基准面。用鼠标单击“上视基准面”，然后“前导视图”工具栏中的“下视”图标，将该基准面作为绘制图形的基准面，结果如图 3-116 所示。

⑯ 绘制草图。单击“草图”控制面板中的“直线”图标，绘制一条直线，起点在直径为 20mm 的圆的圆心处，然后单击“草图”控制面板中的“切线弧”图标，绘制一条通过绘制直线的圆弧。

⑰ 标注尺寸。单击“草图”控制面板中的“智能尺寸”图标，标注图中的尺寸，结果如图 3-117 所示，然后退出草图绘制。

⑱ 设置视图方向。单击“前导视图”工具栏中的“等轴测”图标，将视图以等轴测方向显示，结果如图 3-118 所示。

⑲ 扫描实体。单击“特征”控制面板中的“扫描”图标，此时系统弹出如图 3-119 所示的“扫描”对话框。在“轮廓”一栏中，用鼠标选择图 3-13 中的圆 1；在“路径”一栏中，用鼠标选择如图 3-118 所示的草图 2。按照图示进行设置后，单击对话框中的“确定”图标，结果如图 3-120 所示。

⑳ 绘制台灯灯罩，设置基准面。用鼠标单击“上视基准面”，然后“前导视图”工具栏中的“下视”图标，将该基准面作为绘制图形的基准面，结果如图 3-121 所示。

㉑ 绘制草图。单击“草图”控制面板中的“中心线”图标，绘制一条中心线；单击“直线”图标，绘制一条直线；单击 “切线弧”图标，绘制两条切线弧，结果如图 3-122 所示。

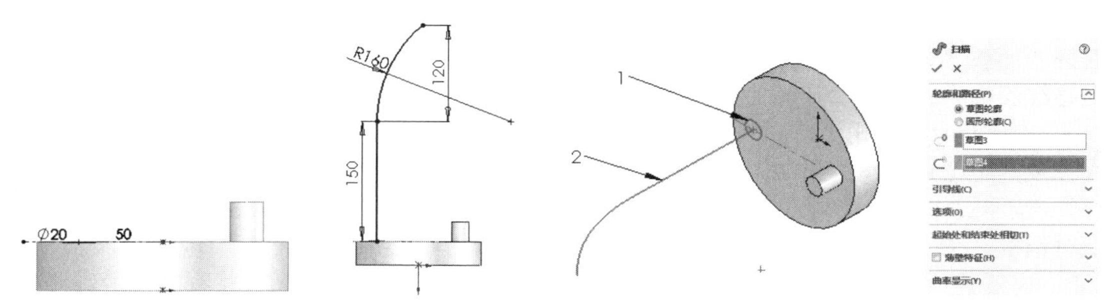

图 3-116　设置的基准面　图 3-117　标注的图形　图 3-118　等轴测视图　图 3-119 “扫描”对话框

㉒ 添加几何关系。单击“草图”控制面板“显示/删除几何关系”下拉列表中的“添加几何关系”图标⊥，将如图 3-122 所示的直线 1 和直线 2 添加为“共线”几何关系，以及图的边线与直线 2 的“共线”几何关系。然后重复此命令，将直线 1 和中心线 3 添加为“平行”几何关系。

技巧荟萃

在设置几何关系中，可以先设置直线 1 和中心线 3 平行，然后再设置直线 1 和直线 2 重合，要灵活应用。

㉓ 标注尺寸。单击“草图” 控制面板中的“智能尺寸”图标，标注尺寸，结果如图 3-123 所示。

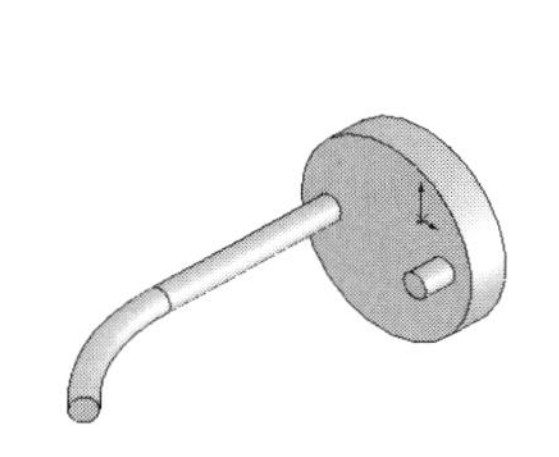

图 3-120　扫描后的图形

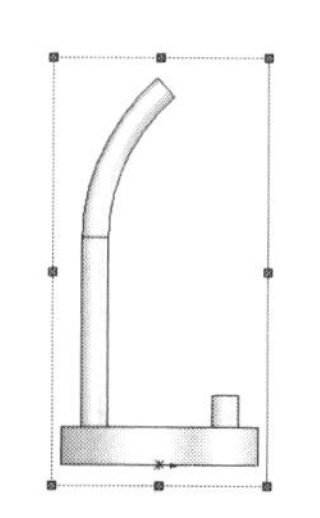

图 3-121　设置的基准面

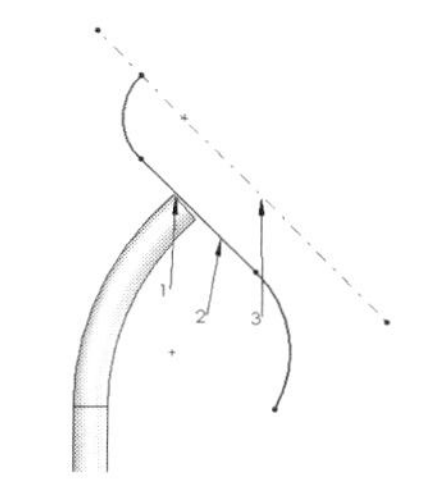

图 3-122　绘制的草图

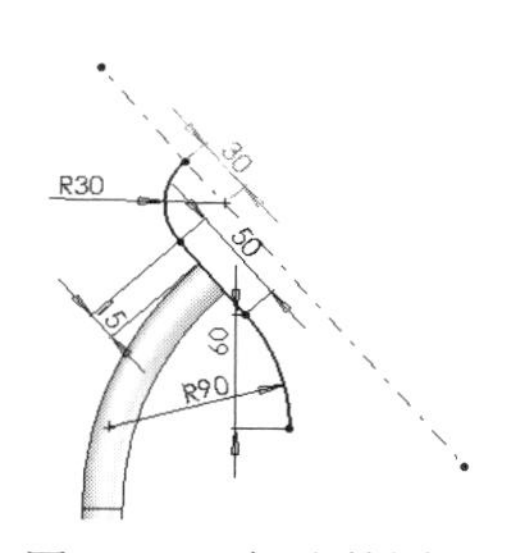

图 3-123　标注的图形

㉔ 旋转实体。单击菜单栏中的“插入”→“凸台/基体”→“旋转”命令，此时系统弹出如图 3-124 所示的系统提示框。单击“否”按钮，旋转为一个薄壁实体，此时系统弹出如图 3-125 所示的“旋转”对话框。按照图示所示进行设置，单击对话框中的“确定”图标✔，旋转生成实体。

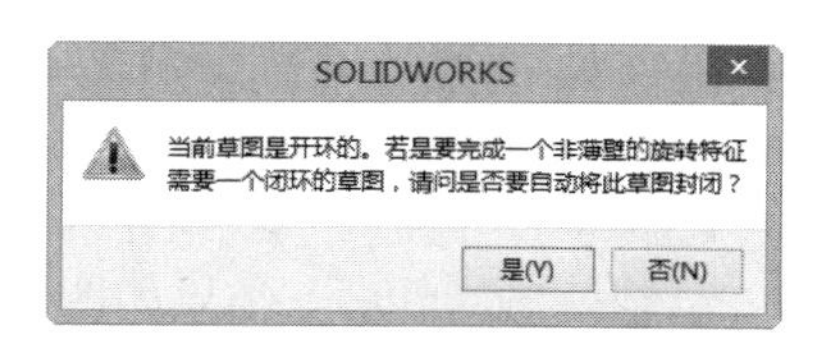

图 3-124　系统提示框

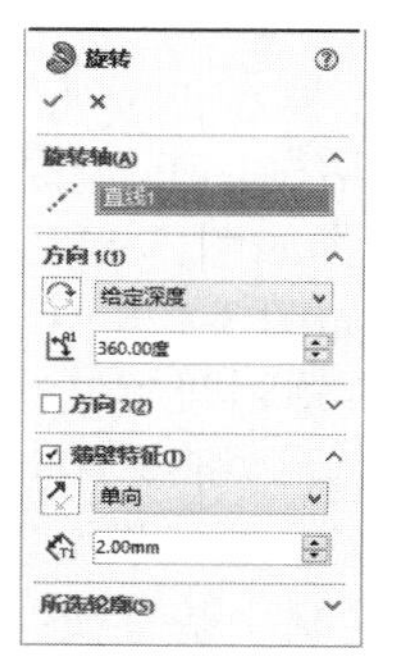

图 3-125 “旋转”对话框

㉕ 设置视图方向。单击“视图”工具栏中的“旋转视图”图标，将视图以合适的方向显示，结果如图 3-107 所示。

3.6 放样特征

所谓放样是指连接多个剖面或轮廓形成的基体、凸台或切除，通过在轮廓之间进行过渡来生成特征。图 3-126 所示是放样特征实例。

图 3-126 放样特征实例

3.6.1 设置基准面

放样特征需要连接多个面上的轮廓，这些面既可以平行也可以相交。要确定这些平面就必须用到基准面。

基准面可以用在零件或装配体中，通过使用基准面可以绘制草图、生成模型的剖面视图、生成扫描和放样中的轮廓面等。基准面的创建参照 3.2.1 节的内容。

3.6.2 凸台放样

扫一扫，看视频

通过使用空间上两个或两个以上的不同平面轮廓，可以生成最基本的放样特征。

下面结合实例介绍创建空间轮廓的放样特征的操作步骤。

【案例 3-21】凸台放样

① 打开随书资源中的“源文件\ch3\3.21.SLDPRT”，打开的文件实体如图 3-127 所示。

② 单击“特征”控制面板中的“放样凸台/基体”按钮，或执行“插入”→“凸台/基体”→“放样”菜单命令。如果要生成切除放样特征，则单击菜单栏中“插入→切除→放样”命令。

③ 此时弹出“放样”属性管理器，单击每个轮廓上相应的点，按顺序选择空间轮廓和其他轮廓的面，此时被选择轮廓显示在“轮廓”选项组中，在右侧的图形区显示生成的放样特征，如图 3-128 所示。

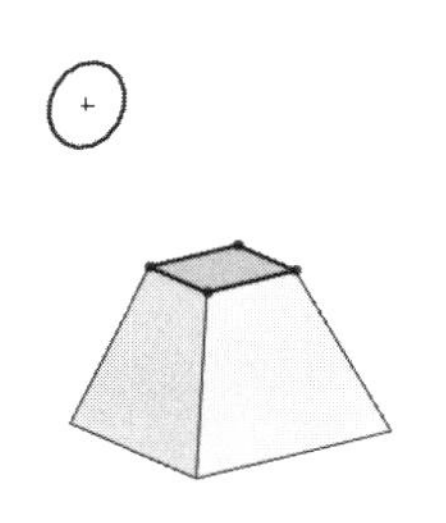

图 3-127 打开的文件实体

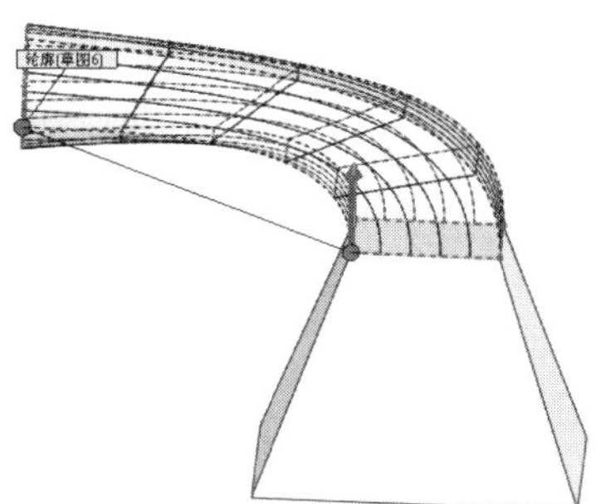

图 3-128 “放样”属性管理器

④ 单击⬆（上移）按钮或⬇（下移）按钮，改变轮廓的顺序。此项只针对两个以上轮廓的放样特征。

⑤ 如果要在放样的开始和结束处控制相切，则设置“起始/结束约束”选项组。

■ 无：不应用相切。

■ 垂直于轮廓：放样在起始和终止处与轮廓的草图基准面垂直。

■ 方向向量：放样与所选的边线或轴相切，或与所选基准面的法线相切。

■ 所有面：放样在起始处和终止处与现有几何的相邻面相切。

图 3-129 说明了相切选项的差异。

⑥ 如果要生成薄壁放样特征，则勾选“薄壁特征”复选框，从而激活薄壁选项。

■ 选择薄壁类型（单向、两侧对称或双向）。

■ 设置薄壁厚度。

⑦ 放样属性设置完毕，单击✔（确定）按钮，完成放样。

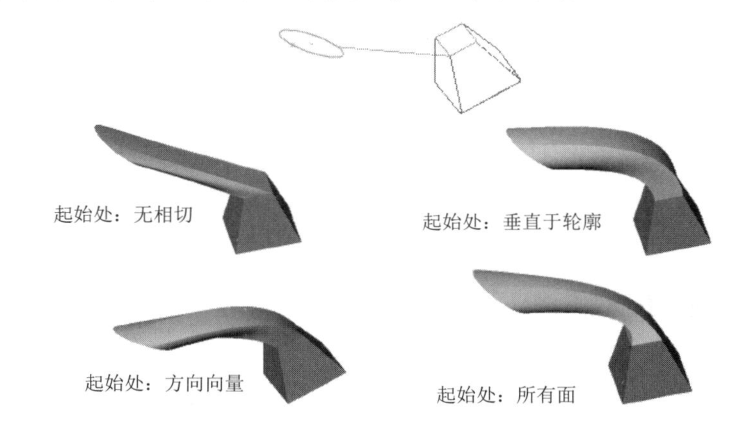

图 3-129　相切选项的差异

3.6.3 引导线放样

扫一扫，看视频

同生成引导线扫描特征一样，SOLIDWORKS 2020 也可以生成引导线放样特征。通过使用两个或多个轮廓并使用一条或多条引导线来连接轮廓，生成引导线放样特征。通过引导线可以帮助控制所生成的中间轮廓。图 3-130 展示了引导线放样效果。

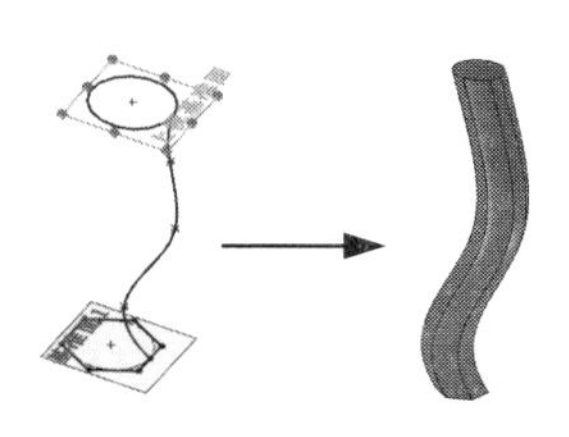

图 3-130　引导线放样效果

在利用引导线生成放样特征时，应该注意以下几点。

■ 引导线必须与轮廓相交。

■ 引导线的数量不受限制。

■ 引导线之间可以相交。

■ 引导线可以是任何草图曲线、模型边线或曲线。

■ 引导线可以比生成的放样特征长，放样将终止于最短的引导线的末端。

下面结合实例介绍创建引导线放样特征的操作步骤。

【案例 3-22】引导线放样

① 打开随书资源中的“源文件\ch3\3.22.SLDPRT”，打开的文件实体如图 3-131 所示。

② 在轮廓所在的草图中为引导线和轮廓顶点添加穿透几何关系或重合几何关系。

③ 单击“特征”控制面板中的“放样凸体/基体”按钮，或执行“插入”→“凸台/基体”→“放样”菜单命令，如果要生成切除特征，则单击菜单栏中的“插入”→“切除”→“放样”命令。

④ 弹出“放样”属性管理器，单击每个轮廓上相应的点，按顺序选择空间轮廓和其他轮廓的面，此时被选择轮廓显示在“轮廓”选项组中。

⑤ 单击⇧（上移）按钮或⇩（下移）按钮，改变轮廓的顺序，此项只针对两个以上轮廓的放样特征。

⑥ 在“引导线”选项组中单击（引导线框）按钮，然后在图形区中选择引导线。此时在图形区中将显示随引导线变化的放样特征，如图3-132所示。

图3-131　打开的文件实体

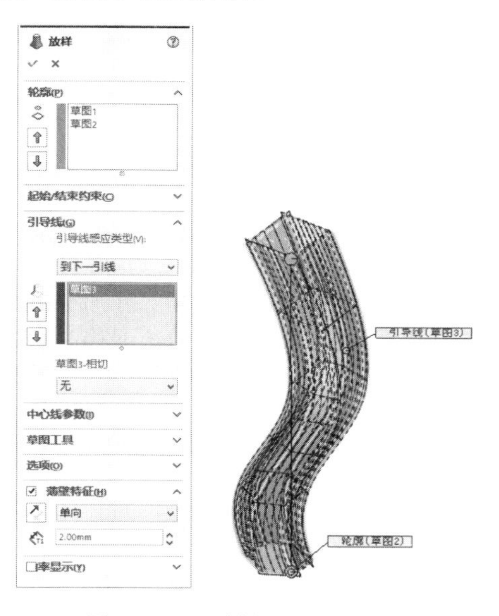

图3-132　“放样”属性管理器

⑦ 如果存在多条引导线，可以单击⇧（上移）按钮或⇩（下移）按钮，改变使用引导线的顺序。

⑧ 通过“起始/结束约束”选项组可以控制草图、面或曲面边线之间的相切量和放样方向。

⑨ 如果要生成薄壁特征，则勾选“薄壁特征”复选框，从而激活薄壁选项，设置薄壁特征。

⑩ 放样属性设置完毕，单击✔（确定）按钮，完成放样。

技巧荟萃

绘制引导线放样时，草图轮廓必须与引导线相交。

3.6.4 中心线放样

SOLIDWORKS 2020还可以生成中心线放样特征。中心线放样是指将一条变化的引导线作为中心线进行的放样，在中心线放样特征中，所有中间截面的草图基准面都与此中心线垂直。

扫一扫，看视频

中心线放样特征的中心线必须与每个闭环轮廓的内部区域相交，而不是像引导线放样那样，引导线必须与每个轮廓线相交。图 3-133 展示了中心线放样效果。

下面结合实例介绍创建中心线放样特征的操作步骤。

【案例 3-23】中心线放样

① 打开随书资源中的“源文件\ch3\3.23.SLDPRT”，打开的文件实体如图 3-134 所示。

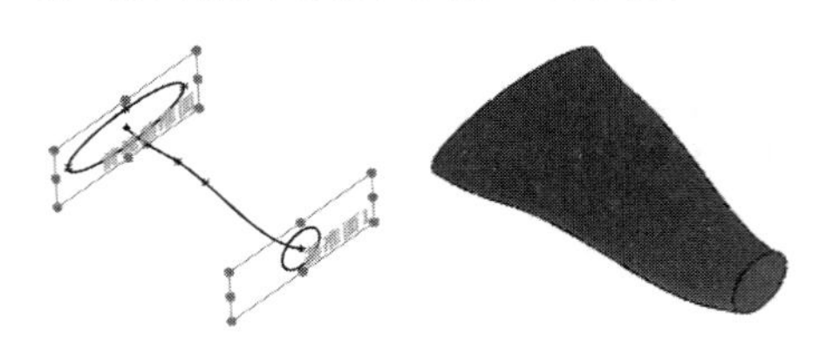

图 3-133 中心线放样效果

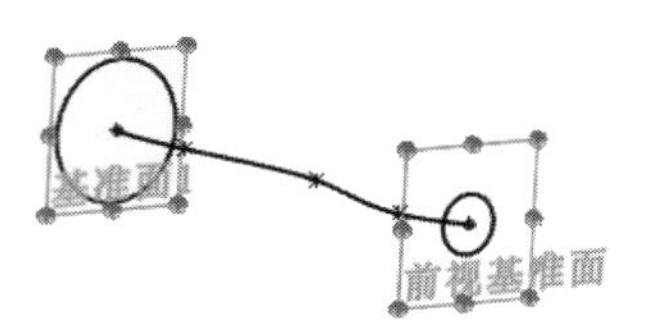

图 3-134 打开的文件实体

② 单击“特征”控制面板中的“放样”按钮，或执行“插入”→“凸台/基体”→“放样”菜单命令。如果要生成切除特征，则单击菜单栏中的“插入”→“切除”→“放样”命令。

③ 弹出“放样”属性管理器，单击每个轮廓上相应的点，按顺序选择空间轮廓和其他轮廓的面，此时被选择轮廓显示在“轮廓”选项组中。

④ 单击（上移）按钮或（下移）按钮，改变轮廓的顺序，此项只针对两个以上轮廓的放样特征。

⑤ 在“中心线参数”选项组中单击（中心线框）按钮，然后在图形区中选择中心线，此时在图形区中将显示随着中心线变化的放样特征，如图 3-135 所示。

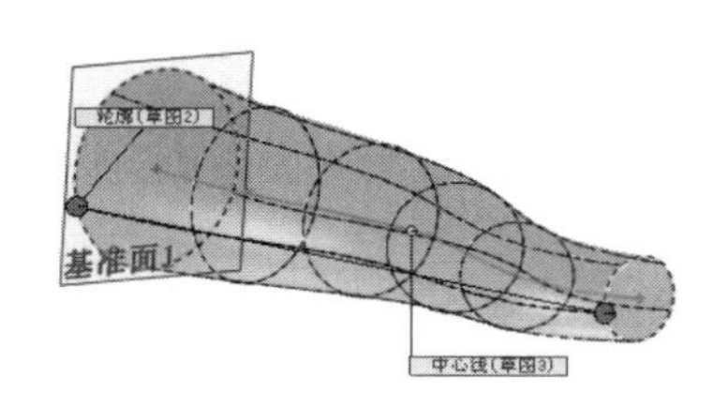

图 3-135 “放样”属性管理器

⑥ 调整“截面数”滑杆来更改在图形区显示的预览数。

⑦ 单击（显示截面）按钮，然后单击（微调框）箭头，根据截面数量查看并修正轮廓。

⑧ 如果要在放样的开始和结束处控制相切，则设置“起始/结束约束”选项组。

⑨ 如果要生成薄壁特征，则勾选“薄壁特征”复选框，并设置薄壁特征。

⑩ 放样属性设置完毕，单击（确定）按钮，完成放样。

技巧荟萃

绘制中心线放样时，中心线必须与每个闭环轮廓的内部区域相交。

3.6.5 用分割线放样

扫一扫，看视频

要生成一个与空间曲面无缝连接的放样特征，就必须要用到分割线放样。分割线放样可以将放样中的空间轮廓转换为平面轮廓，从而使放样特征进一步扩展到空间模型的曲面上。图 3-136 说明了分割线放样效果。

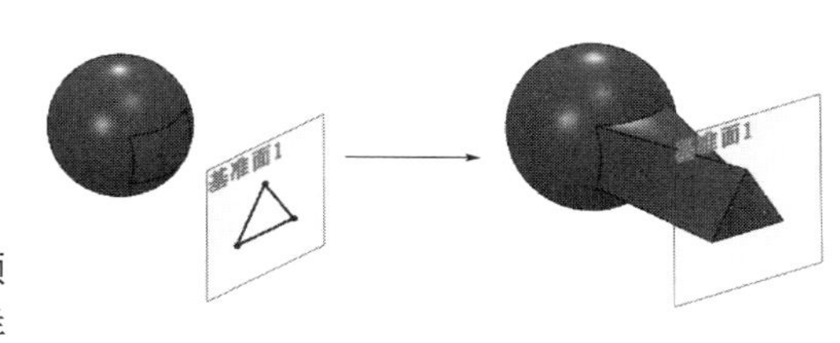

图 3-136　分割线放样效果

下面结合实例介绍创建分割线放样的操作步骤。

【案例 3-24】分割线放样

① 打开随书资源中的“源文件\ch3\3.24.SLDPRT”,打开的文件实体如图 3-136 左图所示。

② 单击“特征”控制面板中的“放样凸体/基体”按钮，或执行“插入”→“凸台/基体”→“放样”菜单命令。如果要生成切除特征，则单击菜单栏中的“插入”→“切除”→“放样”命令，弹出“放样”属性管理器。

③ 单击每个轮廓上相应的点，按顺序选择空间轮廓和其他轮廓的面，此时被选择轮廓显示在“轮廓”选项组中。此时，分割线也是一个轮廓。

④ 单击（上移）按钮或（下移）按钮，改变轮廓的顺序，此项只针对两个以上轮廓的放样特征。

⑤ 如果要在放样的开始和结束处控制相切，则设置“起始/结束约束”选项组。

⑥ 如果要生成薄壁特征，则勾选“薄壁特征”复选框，并设置薄壁特征。

⑦ 放样属性设置完毕，单击（确定）按钮，完成放样，效果如图 3-136 右图所示。

利用分割线放样不仅可以生成普通的放样特征，还可以生成引导线或中心线放样特征。它们的操作步骤基本一样，这里不再赘述。

3.6.6 实例——电源插头

扫一扫，看视频

本例绘制电源插头，如图 3-137 所示。首先绘制电源插座的主体草图并放样实体，然后在小端运用扫描和旋转命令绘制进线部分，最后在大端绘制插头。

图 3-137　电源插头

绘制步骤

① 新建文件。单击菜单栏中的“文件”→“新建”命令，或者单击“标准”工具栏中的“新建”按钮，在弹出的“新建 SOLIDWORKS 文件”对话框中先单击“零件”按钮，再单击“确定”按钮，创建一个新的零件文件。

② 绘制草图。在左侧的“FeatureManager 设计树”中用鼠标选择“前视基准面”作为绘制图形的基准面。单击“草图”控制面板中的“边角矩形”图标，绘制一个矩形。

③ 标注尺寸。单击菜单栏中的“工具”→“标注尺寸”→“智能尺寸”命令，或者单击“草图”控制面板中的“智能尺寸”图标，标注矩形的尺寸，结果如图 3-138 所示，然

后退出草图绘制状态。

④ 添加基准面。在左侧的“FeatureManager 设计树”中用鼠标选择“前视基准面”，然后单击菜单栏中的“插入”→“参考几何体”→“基准面”命令，此时系统弹出如图 3-139 所示的“基准面”对话框。在“偏移距离”一栏中输入 30mm，并调整设置基准面的方向。按照图示进行设置后，单击“确定”图标，添加一个新的基准面 1。

⑤ 设置视图方向。单击“前导视图”工具栏中的“等轴测”图标，将视图以等轴测方向显示，结果如图 3-140 所示。

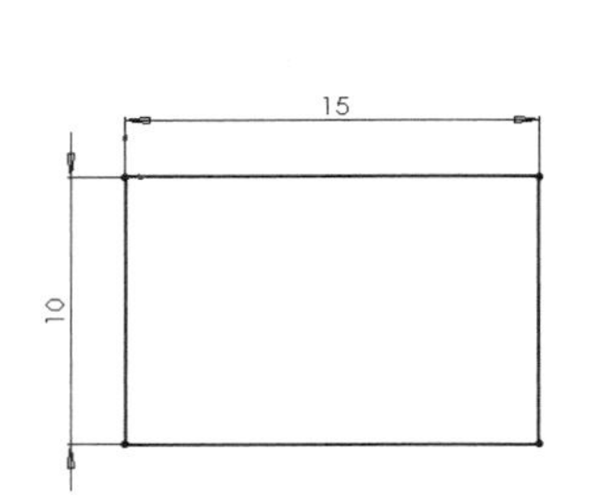

图 3-138 标注的图形

图 3-139 “基准面”对话框

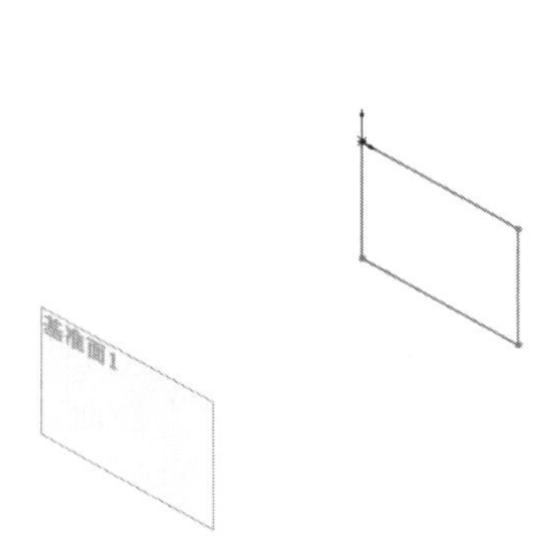

图 3-140 添加的基准面

⑥ 设置基准面。用鼠标选择第 4 步添加的基准面 1，然后单击“前导视图”工具栏中的“正视于”图标，将该表面作为绘制图形的基准面。

⑦ 绘制草图。单击“草图”控制面板中的“边角矩形”图标，在上一步设置的基准面上绘制一个矩形。

⑧ 标注尺寸。单击“草图”控制面板中的“智能尺寸”图标，标注矩形各边的尺寸，结果如图 3-141 所示，然后退出草图绘制状态。

⑨ 放样实体。单击菜单栏中的“插入”→“凸台/基体”→“放样”命令，或者单击“特征”控制面板中的“放样凸台/基体”图标，此时系统弹出如图 3-142 所示的“放样”对话框。在“轮廓”一栏中，依次选择大矩形草图和小矩形草图。按照图示进行设置后，单击“确定”图标，结果如图 3-143 所示。

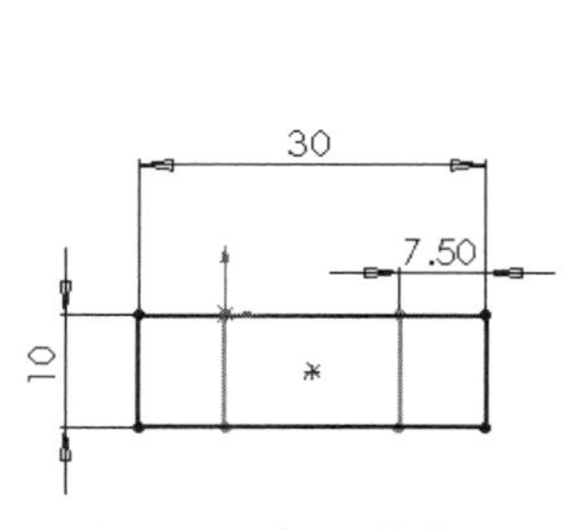

图 3-141 标注的草图

图 3-142 “放样”对话框

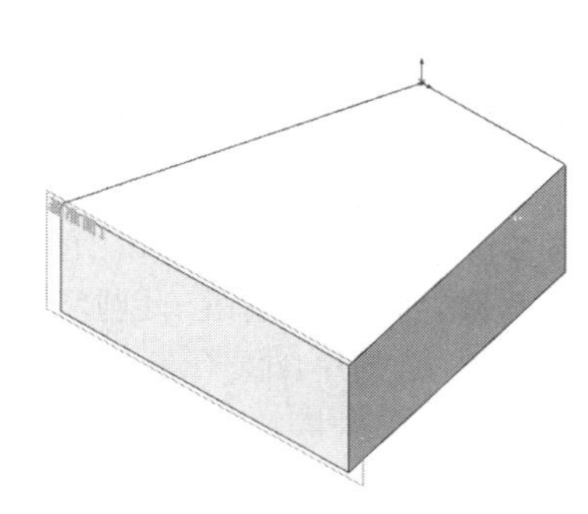

图 3-143 放样后的图形

技巧荟萃

在选择放样的轮廓时，要先选择大端草图，然后选择小端草图，注意顺序不要改变，读者可以反选，观测放样的效果。

⑩ 圆角实体。单击菜单栏中的“插入”→“特征”→“圆角”命令，或者单击“特征”控制面板中的“圆角”图标，此时系统弹出“圆角”对话框框。在“半径”一栏中输入5mm，然后用鼠标选择如图3-143所示的4条斜边线。单击对话框中的“确定”图标，结果如图3-144所示。

⑪ 添加基准面。在左侧的“FeatureManager 设计树”中用鼠标选择“右视基准面”，然后单击菜单栏中的“插入”→“参考几何体”→“基准面”命令，或者单击“特征”控制面板“参考几何体”下拉列表中的“基准面”图标，此时系统弹出“基准面”对话框。在“偏移距离”一栏输入7.5mm，并调整设置基准面的方向。单击“确定”图标，添加一个新的基准面，结果如图3-145所示。

⑫ 设置基准面。用鼠标选择上一步添加的基准面，然后单击“前导视图”工具栏中的“正视于”图标，将该表面作为绘制图形的基准面。

⑬ 绘制草图。单击菜单栏中的“工具”→“草图绘制实体”→“直线”命令，或者单击“草图”控制面板中的“直线”图标，绘制一系列的直线段，结果如图3-146所示。

⑭ 旋转实体。单击菜单栏中的“插入”→“凸台/基体”→“旋转”命令，或者单击“特征”控制面板中的“旋转凸台/基体”图标，此时系统弹出如图所示3-147所示的“旋转”对话框。在“旋转轴”一栏中，用鼠标选择上一步绘制草图中的水平直线。按照图示进行设置后，单击对话框中的“确定”图标，旋转生成实体，结果如图3-148所示。

⑮ 设置基准面。用鼠标选择第⑪步设置的基准面，然后单击“前导视图”工具栏中的“正视于”图标，将该基准面作为绘制图形的基准面。

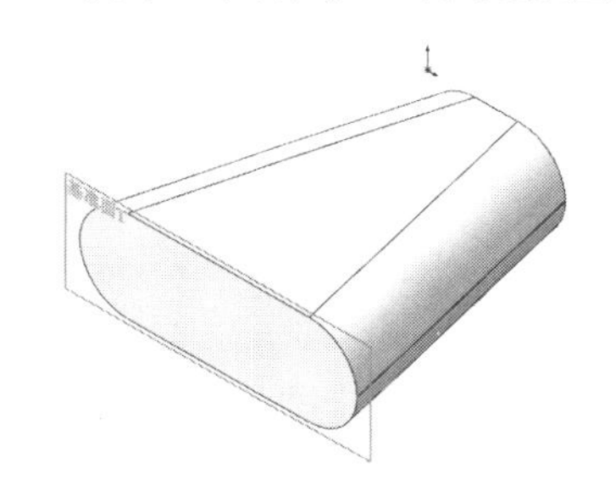

图3-144　圆角后的图形

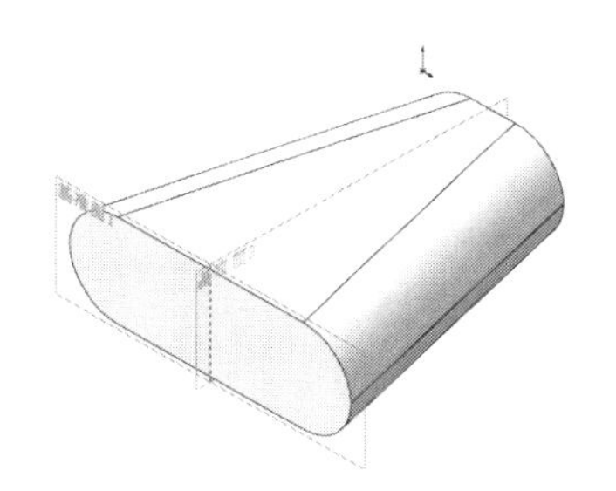

图3-145　添加的基准面

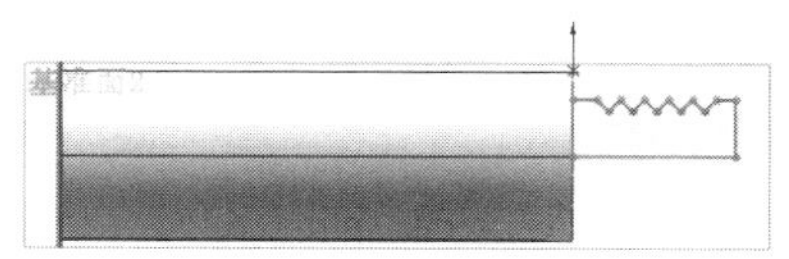

图3-146　绘制的草图

⑯ 绘制草图。单击菜单栏中的“工具”→“草图绘制实体”→“样条曲线”命令，或者单击“草图”控制面板中的“样条曲线”图标，绘制一条曲线，结果如图3-149所示，然后退出草图绘制状态。

⑰ 设置基准面。用鼠标选择如图3-149所示的表面1，然后单击“前导视图”工具栏中的“正视于”图标，将该表面作为绘制图形的基准面。

⑱ 绘制草图。单击“草图”控制面板中的“圆”图标，在上一步设置的基准面上绘制一个圆。

⑲ 标注尺寸。单击“草图” 控制面板中的“智能尺寸”图标，标注圆的直径，结果如图3-150所示，然后退出草图绘制状态。

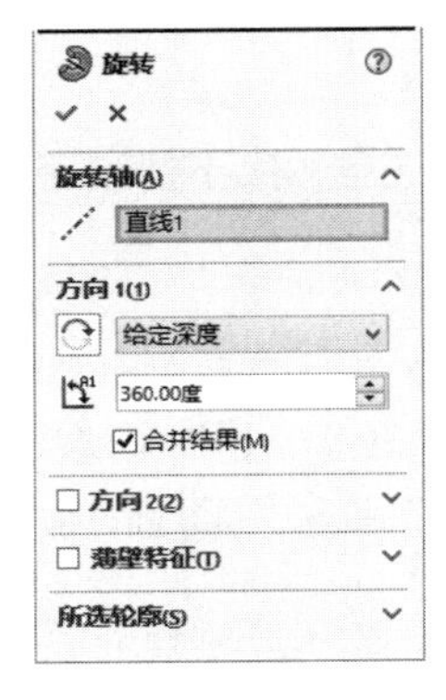

图 3-147 “旋转”对话框

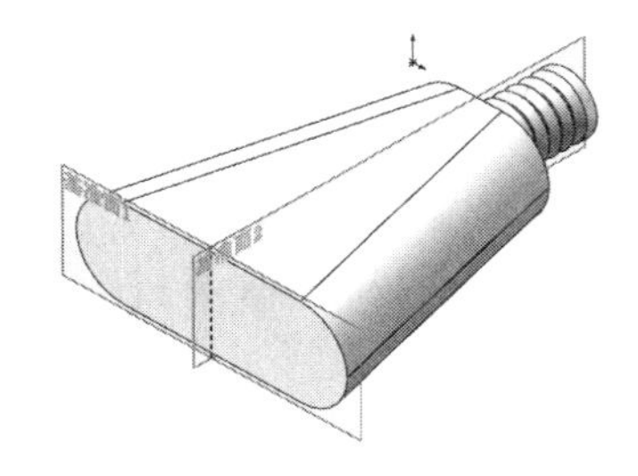

图 3-148 旋转后的图形

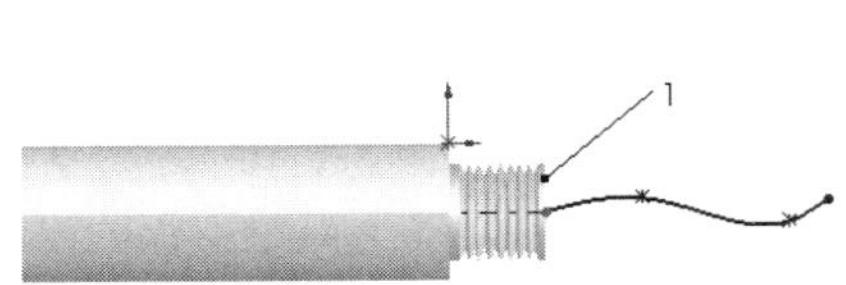

图 3-149 绘制的草图

⑳ 扫描实体。单击菜单栏中的“插入”→“凸台/基体”→“扫描”命令，或者单击“特征”控制面板中的“扫描”图标，此时系统弹出如图 3-151 所示的“扫描”对话框。在“轮廓”栏中，用鼠标选择图第⑲步标注的圆；在“路径”栏中，用鼠标选择第⑯步绘制的样条曲线，单击对话框中的“确定”图标。

㉑ 设置视图方向。单击“前导视图”工具栏中的“等轴测”图标，将视图以等轴测方向显示，结果如图 3-152 所示。

㉒ 绘制插针。设置基准面。选取基准面 1，然后单击“前导视图”工具栏中的“正视于”图标，将该面作为绘制图形的基准面。

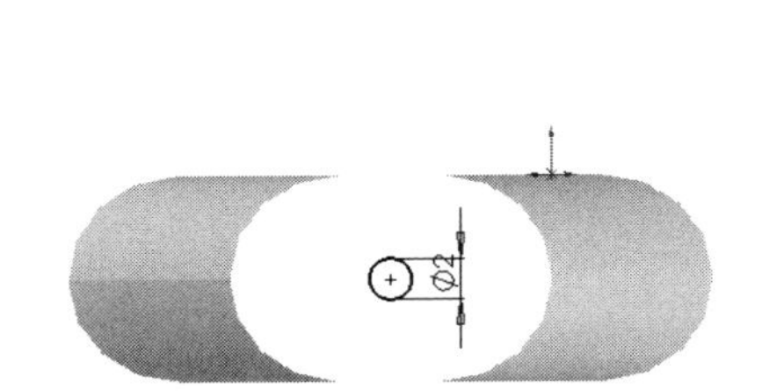

图 3-150 标注的草图

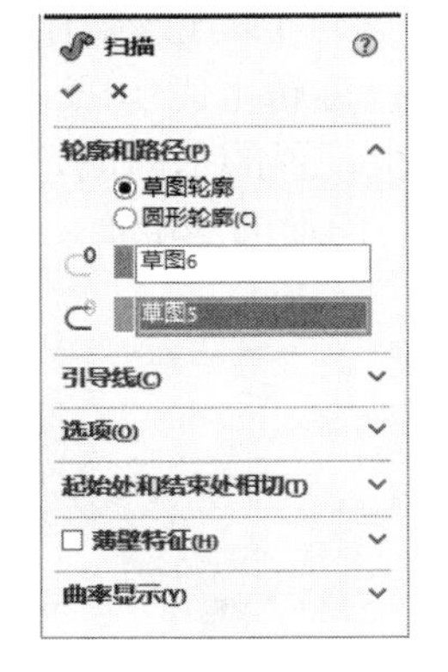

图 3-151 “扫描”对话框

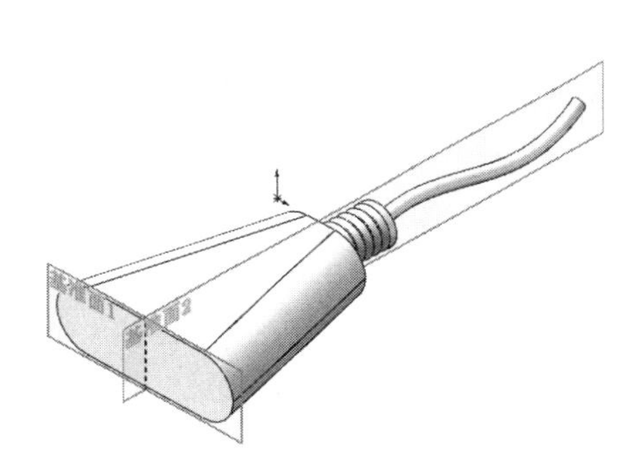

图 3-152 扫描后的图形

㉓ 绘制草图。单击“草图”控制面板中的“边角矩形”图标，在上一步设置的基准面上绘制一个矩形。

㉔ 标注尺寸。单击“草图” 控制面板中的“智能尺寸”图标，标注矩形各边的尺寸及其定位尺寸，结果如图 3-153 所示。

㉕ 拉伸实体。单击菜单栏中的“插入”→“凸台/基体”→“拉伸”命令，或者单击“特征”控制面板中的“拉伸凸台/基体”图标，此时系统弹出“拉伸”对话框。在“深度”一栏中输入 20mm。单击“确定”图标，结果如图 3-154 所示。

㉖ 设置基准面。用鼠标选择如图 3-154 所示的表面 1，然后单击“前导视图”工具栏中的“正视于”图标，将该表面作为绘制图形的基准面。

㉗ 绘制草图。单击“草图”控制面板中的“圆”图标，在上一步设置的基准面上绘制一个圆。

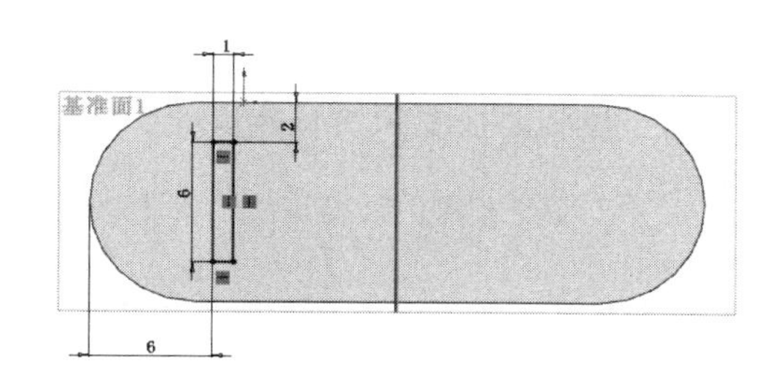

图 3-153　标注的草图

㉘ 标注尺寸。单击“草图”控制面板中的“智能尺寸”图标，标注圆的直径及其定位尺寸，结果如图 3-155 所示。

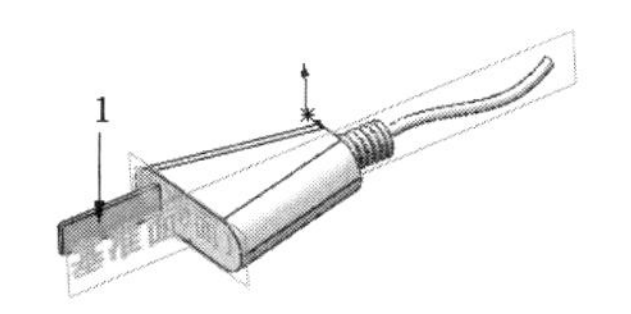

图 3-154　拉伸后的图形

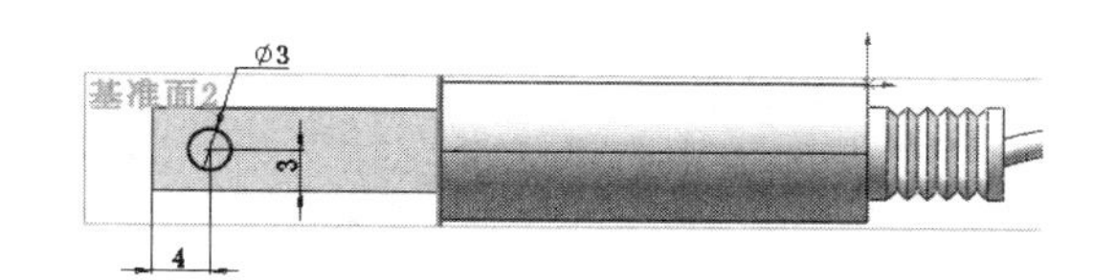

图 3-155　标注的草图

㉙ 拉伸切除实体。单击菜单栏中的“插入”→“切除”→“拉伸”命令，或者单击“特征”控制面板中的“拉伸切除”图标，此时系统弹出“拉伸切除”对话框。在“深度”一栏中输入 1mm，然后单击对话框中“确定”图标。

㉚ 设置视图方向。单击“前导视图”工具栏中的“等轴测”图标，将视图以等轴测方向显示，结果如图 3-156 所示。

㉛ 绘制插针。选取基准面 1，然后单击“前导视图”工具栏中的“正视于”图标，将该面作为绘制图形的基准面。

㉜ 绘制草图。单击“草图”控制面板中的“边角矩形”图标，在上一步设置的基准面上绘制一个矩形。

㉝ 标注尺寸。单击“草图”控制面板中的“智能尺寸”图标，标注矩形各边的尺寸及其定位尺寸，结果如图 3-157 所示。

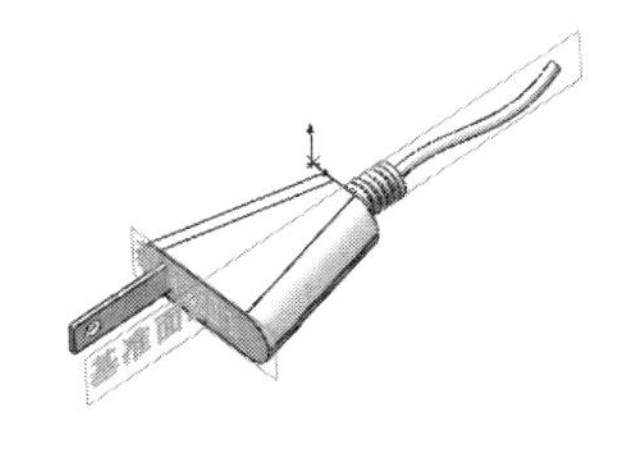

图 3-156　拉伸切除后的图形

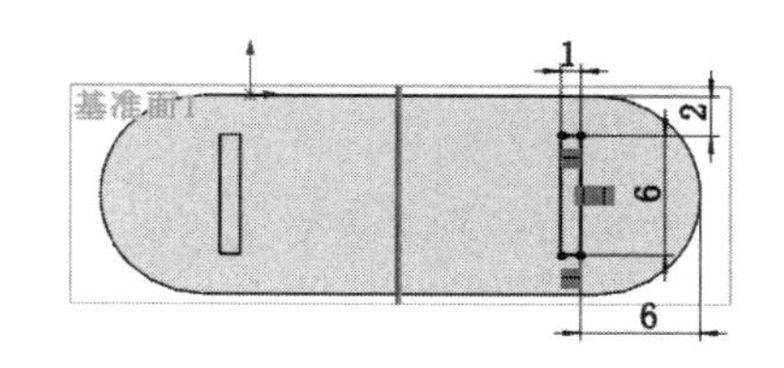

图 3-157　标注的草图

㉞ 拉伸实体。单击菜单栏中的“插入”→“凸台/基体”→“拉伸”命令，或者单击“特征”控制面板中的“拉伸凸台/基体”图标，此时系统弹出“拉伸”对话框。在“深度”栏中输入 20mm，单击“确定”图标，结果如图 3-158 所示。

㉟ 设置基准面。用鼠标选择如图 3-158 所示的表面 1，然后单击“前导视图”工具栏中的“正视于”图标，将该表面作为绘制图形的基准面。

㊱ 绘制草图。单击“草图”控制面板中的“圆”图标，在上一步设置的基准面上绘

制一个圆。

㊲ 标注尺寸。单击“草图”控制面板中的“智能尺寸”图标，标注圆的直径及其定位尺寸，结果如图 3-159 所示。

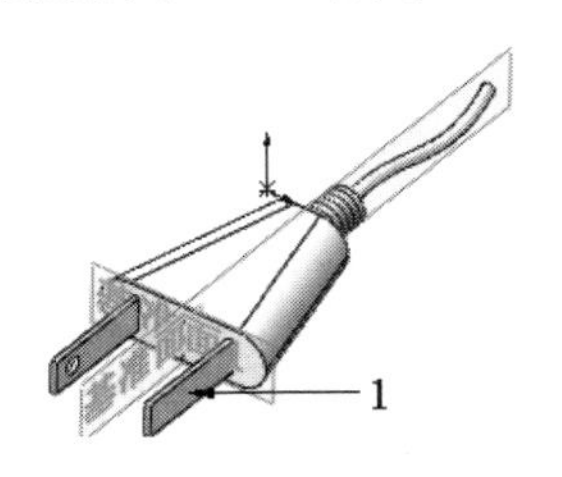

图 3-158　拉伸后的图形

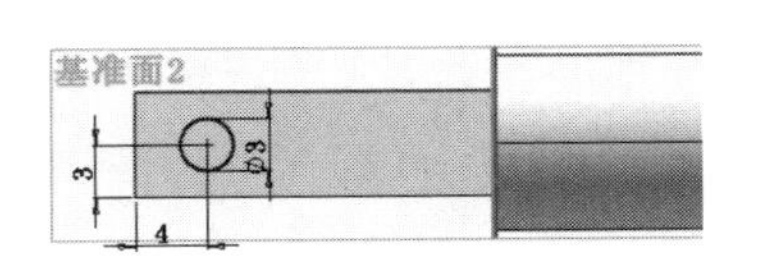

图 3-159　标注的草图

㊳ 拉伸切除实体。单击菜单栏中的“插入”→“切除”→“拉伸”命令，或者单击“特征”控制面板中的“拉伸切除”图标，此时系统弹出“拉伸切除”对话框。在“深度”栏中输入 1mm，然后单击对话框中“确定”图标。

㊴ 设置视图方向。单击“前导视图”工具栏中的“等轴测”图标，将视图以等轴测方向显示，结果如图 3-160 所示。

㊵ 设置显示属性。单击“视图”菜单，此时系统弹出如图 3-161 所示的下拉菜单。用鼠标单击一下“基准面”选项，则视图中的基准面不再显示，结果如图 3-137 所示。

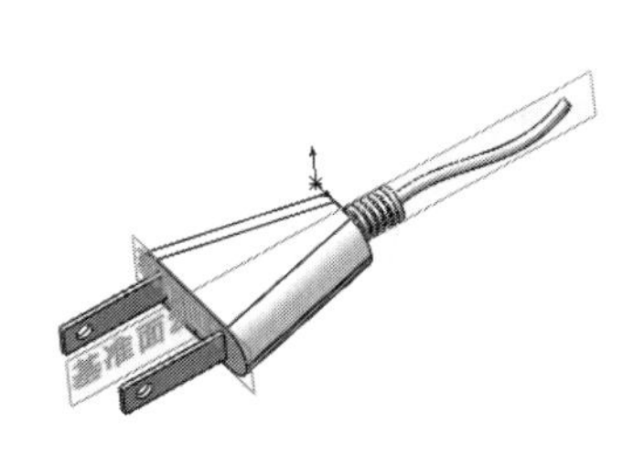

图 3-160　拉伸切除后的图形

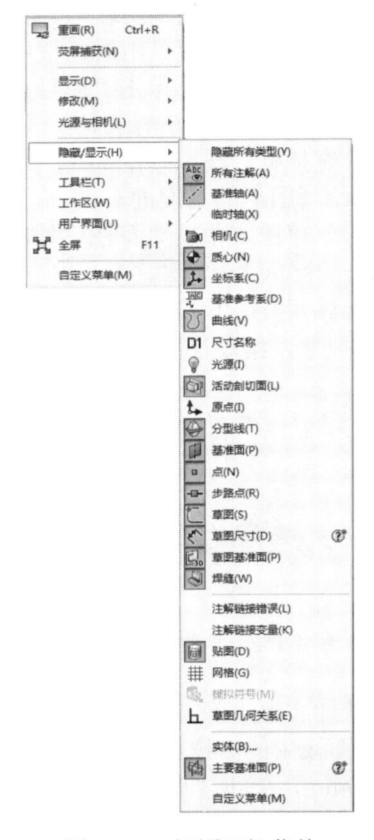

图 3-161　视图下拉菜单

3.7 综合实例——摇臂

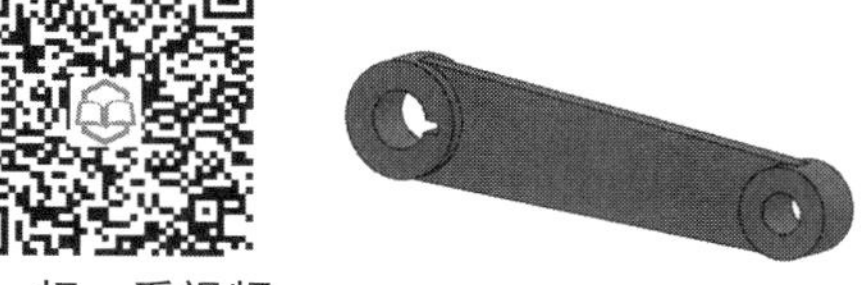

图 3-162　摇臂

本实例使用草图绘制命令绘制草图，利用特征控制面板中的相关命令进行实体操作，并通过“特征编辑”以及“草图编辑”命令修改模型，最终完成如图 3-162 所示的摇臂的绘制。

绘制步骤

① 新建文件。启动 SOLIDWORKS，选择菜单命令“文件”→“新建”或单击工具，在打开的“新建 SOLIDWORKS 文件”对话框中，选择“零件”按钮，单击“确定”按钮。

② 新建草图。在设计树中选择前视基准面，单击草图绘制按钮，新建一张草图。

③ 绘制中心线。单击“草图”控制面板中的“中心线”按钮，通过原点绘制一条水平中心线。

④ 绘制轮廓。利用草图绘制，绘制草图作为拉伸基体特征的轮廓，如图 3-163 所示。

⑤ 拉伸形成实体。单击“特征”控制面板中的“拉伸凸台/基体”按钮，设定拉伸的终止条件为“给定深度”。在微调框中设置拉伸深度为 6mm，保持其他选项的系统默认值不变，如图 3-164 所示。

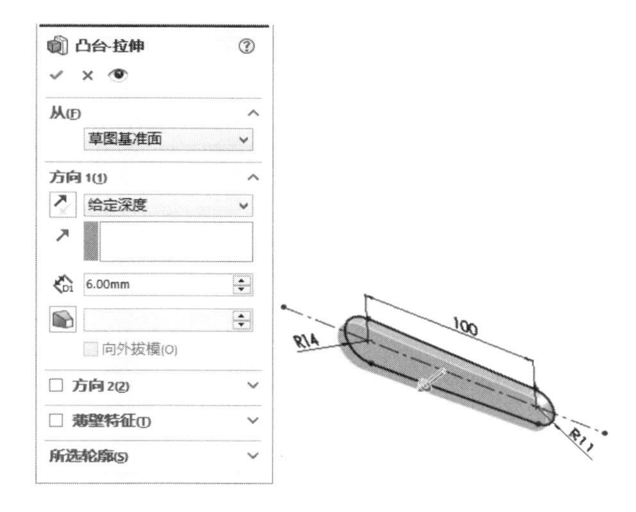

图 3-163　基体拉伸草图

图 3-164　设置拉伸参数

⑥ 单击“确定”图标✔，完成基体拉伸特征。

⑦ 建立基准面。选择特征管理器设计树上的前视视图，然后选择“插入”→“参考几何体”→“基准面”命令或单击“特征”控制面板 “参考几何体”下拉列表中的“基准面”按钮。在基准面属性管理器上的微调框中设置等距距离为 3mm，如图 3-165 所示。

⑧ 单击“确定”图标✔，添加基准面。

⑨ 选择视图，新建草图。单击“草图绘制”按钮，从而在基准面 1 上打开一张草图。单击“前导视图”工具栏中的“正视于”图标，正视于基准面 1 视图。

⑩ 绘制圆。单击“草图”控制面板中的“圆”按钮，绘制两个圆作为凸台轮廓，如图 3-166 所示。

⑪ 拉伸形成实体。单击“特征”控制面板中的“拉伸凸台/基体”图标，设定拉伸的

终止条件为“给定深度”。在微调框中设置拉伸深度为 7mm，保持其他选项的系统默认值不变，如图 3-167 所示。

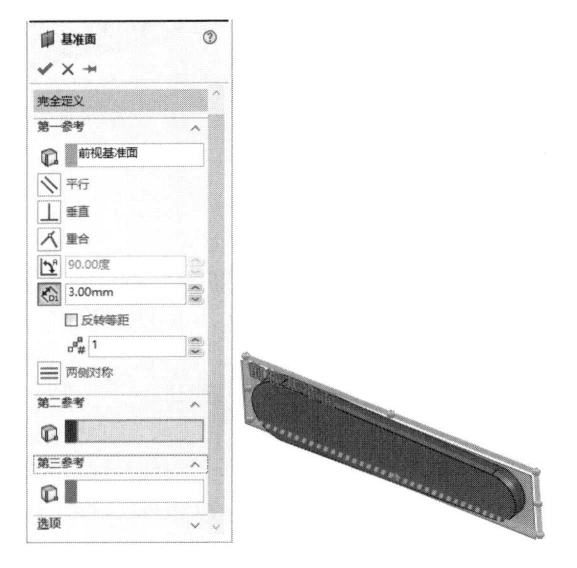

图 3-165　添加基准面

图 3-166　绘制凸台轮廓

⑫ 单击“确定”图标，完成凸台拉伸特征。

⑬ 在特征管理器设计树中，右击基准面 1。在弹出的快捷菜单中选择“隐藏”命令，将基准面 1 隐藏起来。单击等轴测按钮，用等轴测视图观看图形，如图 3-168 所示。从图中看出两个圆形凸台在基体的一侧，而并非对称分布。下面需要对凸台进行重新定义。

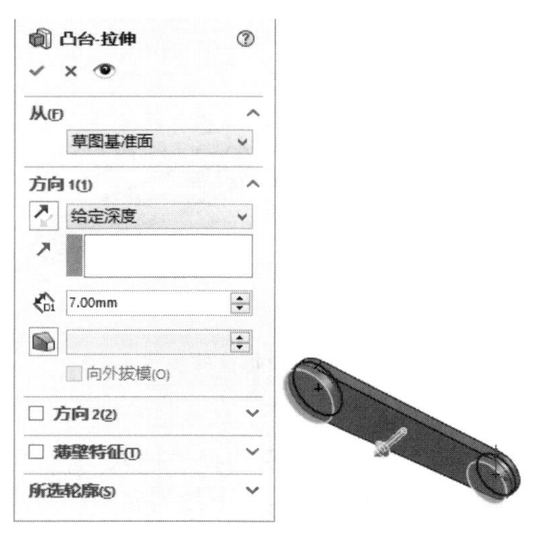

图 3-167　拉伸凸台

图 3-168　原始的凸台特征

⑭ 拉伸形成实体。在特征管理器设计树中，右击特征“凸台-拉伸 2”。在弹出的快捷菜单中选择“编辑特征”命令。在拉伸属性管理器中将终止条件改为“两侧对称”，在微调框中设置拉伸深度为 14mm，如图 3-169 所示。

⑮ 单击“确定”图标，完成凸台拉伸特征的重新定义。

⑯ 新建草图。选择凸台上的一个面，然后单击“草图绘制”按钮，在其上打开一张

新的草图。

⑰ 绘制圆。单击“草图”控制面板中的“圆”按钮，分别在两个凸台上绘制两个同心圆，并标注尺寸，如图 3-170 所示。

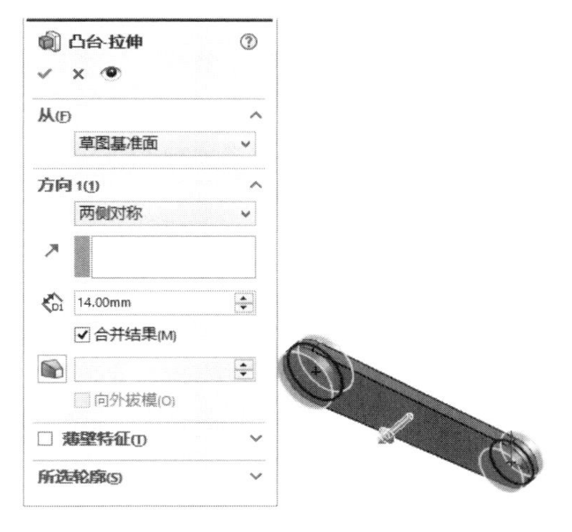

图 3-169　重新定义凸台

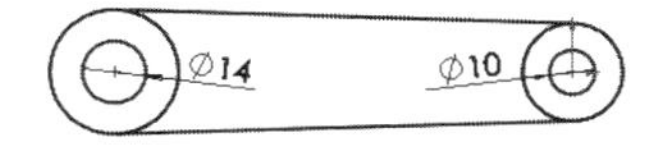

图 3-170　绘制同心圆

⑱ 切除实体。单击“特征”控制面板中的“拉伸切除”按钮，设置切除的终止条件为：完全贯穿。单击“确定”✔按钮，生成切除特征，如图 3-171 所示。

因为这个摇壁零件缺少一个键槽孔，所以下面使用编辑草图的方法对草图重新定义，从而生成键槽孔。

⑲ 修改草图。在特征管理器设计树中右击切除-拉伸 1，在弹出的快捷菜单中选择“编辑草图”命令，从而打开对应的草图 3。使用绘图工具对草图 3 进行修改，如图 3-172 所示。

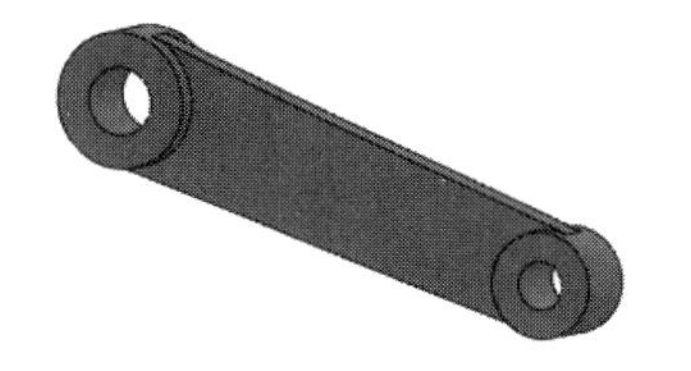

图 3-171　生成切除特征

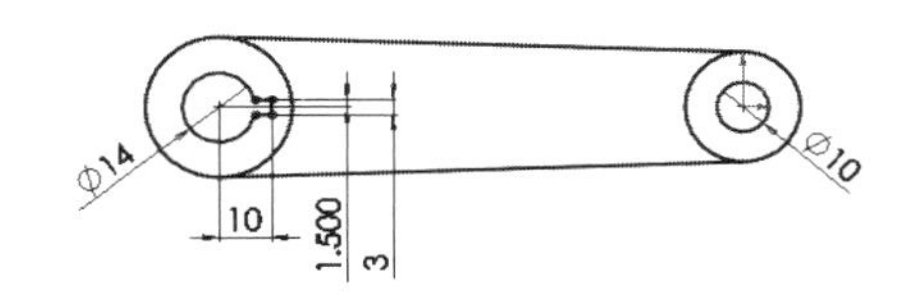

图 3-172　修改草图

⑳ 单击“退出草图”按钮，退出草图绘制。

㉑ 单击“保存”按钮，将零件保存为“摇柄.SLDPRT”，最后效果如图 3-162 所示。

SOLIDWORKS 2020

第4章 附加特征建模

附加特征建模是指对已经构建好的模型实体进行局部修饰，以增加美观度并避免重复性的工作。

在 SOLIDWORKS 中附加特征建模主要包括：圆角特征、倒角特征、圆顶特征、拔模特征、抽壳特征、孔特征、筋特征、自由形特征和比例缩放特征等。

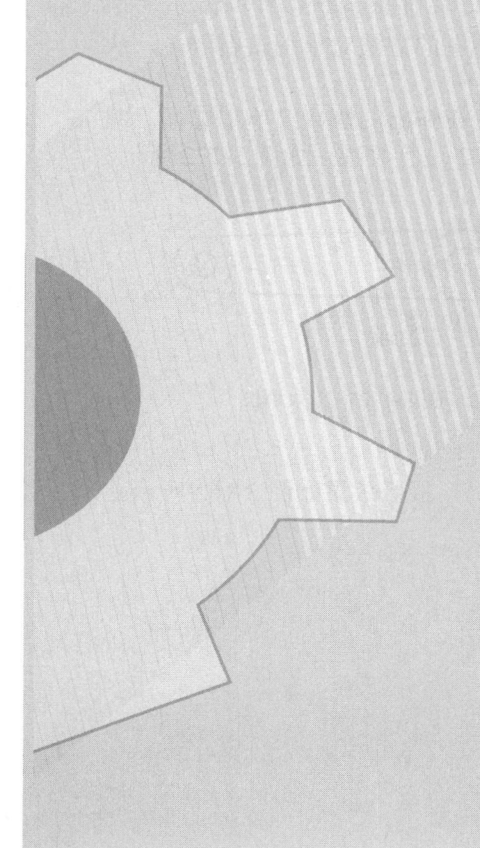

知识点

- 圆角特征
- 倒角特征
- 圆顶特征
- 拔模特征
- 抽壳特征
- 孔特征
- 筋特征
- 自由形特征
- 比例缩放
- 综合实例——支撑架

4.1 圆角特征

使用圆角特征可以在零件上生成内圆角或外圆角。圆角特征在零件设计中起着重要作用。大多数情况下，如果能在零件特征上加入圆角，则有助于造型上的变化，或是产生平滑的效果。

SOLIDWORKS 2020 可以为一个面上的所有边线、多个面、多个边线或边线环创建圆角特征。在 SOLIDWORKS 2020 中有以下几种圆角特征。

- 等半径圆角：对所选边线以相同的圆角半径进行倒圆角操作。
- 多半径圆角：可以为每条边线选择不同的圆角半径值。
- 圆形角圆角：通过控制角部边线之间的过渡，消除或平滑两条边线汇合处的尖锐接合点。
- 逆转圆角：可以在混合曲面之间沿着零件边线进入圆角，生成平滑过渡。
- 变半径圆角：可以为边线的每个顶点指定不同的圆角半径。
- 面圆角：通过它可以将不相邻的面混合起来。
- 全周圆角：生成相切于三个相邻面组（一个或多个面相切）的圆角。

图 4-1 展示了几种圆角特征效果。

等半径圆角

多半径圆角

圆形角圆角

逆转圆角

变半径圆角

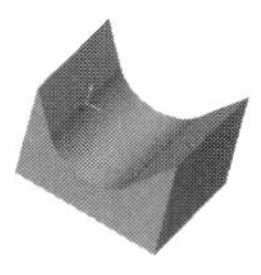
面圆角

全周圆角

图 4-1　圆角特征效果

4.1.1 等半径圆角特征

扫一扫，看视频

等半径圆角特征是指对所选边线以相同的圆角半径进行倒圆角操作。下面结合实例介绍创建等半径圆角特征的操作步骤。

【案例 4-1】等半径圆角

① 打开随书资源中的“源文件\ch4\4.1.SLDPRT”，打开的文件实体如图 4-2 所示。

② 单击“特征”控制面板中的“圆角”按钮，或执行“插入”→“特征”→“圆角”菜单命令。

③ 在弹出的“圆角”属性管理器的“圆角类型”选项组中，单击“恒定大小圆角”按钮，如图 4-3 所示。

④ 在“圆角参数”选项组的（半径）文本框中设置圆角的半径。

⑤ 单击（边线、面、特征和环）图标右侧的列表框，然后在右侧的图形区中选择要进行圆角处理的模型边线、面或环。

⑥ 如果勾选“切线延伸”复选框，则圆角将延伸到与所选面或边线相切的所有面，切线延伸效果如图 4-4 所示。

⑦ 在“圆角选项”选项组的“扩展方式”组中选择一种扩展方式。

- 默认：系统根据几何条件（进行圆角处理的边线凸起和相邻边线等）默认选择“保持边线”或“保持曲面”选项。
- 保持边线：系统将保持邻近的直线形边线的完整性，但圆角曲面断裂成分离的曲面。

在许多情况下，圆角的顶部边线中会有沉陷，如图 4-5（a）所示。

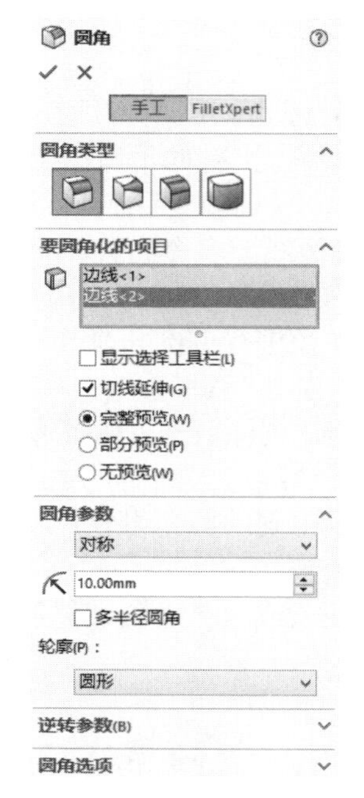

图 4-2　打开的文件实体

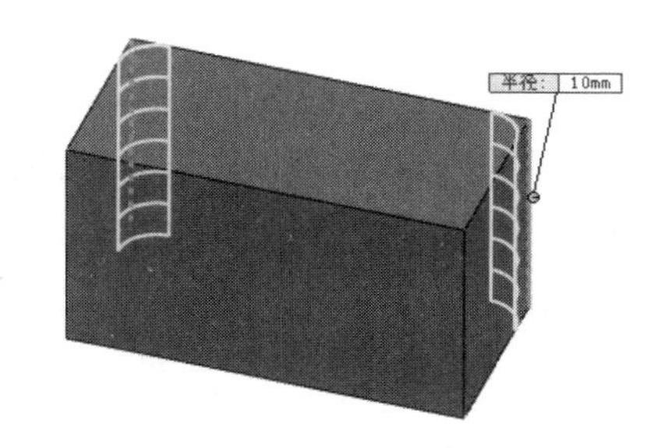

图 4-3　“圆角”属性管理器

■ 保持曲面：使用相邻曲面来剪裁圆角。因此圆角边线是连续且光滑的，但是相邻边线会受到影响，如图 4-5（b）所示。

⑧ 圆角属性设置完毕，单击✔（确定）按钮，生成等半径圆角特征。

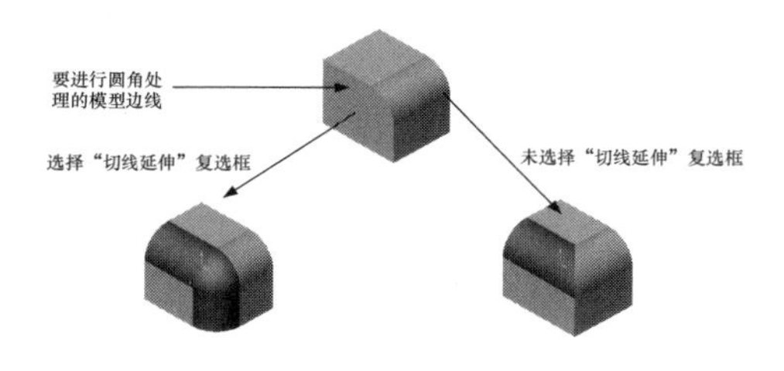

图 4-4　切线延伸效果

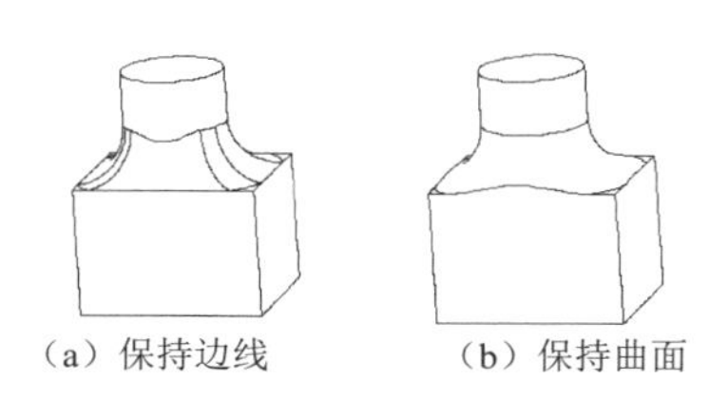

（a）保持边线　（b）保持曲面

图 4-5　保持边线与曲面

4.1.2　多半径圆角特征

使用多半径圆角特征可以为每条所选边线选择不同的半径值，还可以为不具有公共边线的面指定多个半径。下面结合实例介绍创建多半径圆角特征的操作步骤。

扫一扫，看视频

【案例 4-2】多半径圆角

① 打开随书资源中的“源文件\ch4\4.2.SLDPRT”。

② 单击“特征”控制面板中的“圆角”按钮，或执行“插入”→“特征”→“圆角”菜单命令。

③ 在弹出的“圆角”属性管理器的“圆角类型”选项组中，单击“恒定大小圆角”按钮。

④ 在“圆角参数”选项组中，勾选“多半径圆角”复选框。

⑤ 选取如图 4-6 所示“圆角”属性管理器中的边线 1，在“半径”一栏中输入值 10；选取如图 4-6 所示“圆角”属性管理器中的边线 2，在“半径”一栏中输入值 20；选取如图 4-6 所示“圆角”属性管理器中的边线 3，在“半径”一栏中输入值 30。此时图形预览效果如图 4-7 所示。

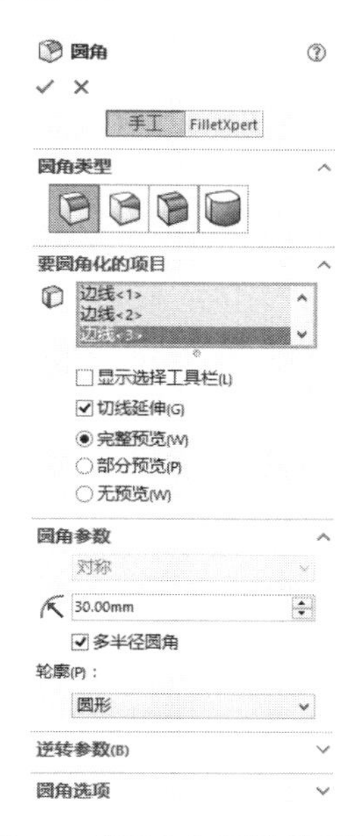

图 4-6 “圆角”属性管理器

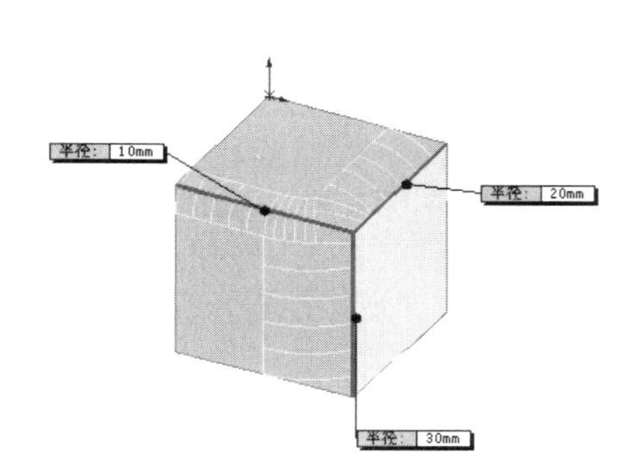

图 4-7 预览图形效果

⑥ 圆角属性设置完毕，单击（确定）按钮，生成多半径圆角特征。

4.1.3 圆形角圆角特征

扫一扫，看视频

使用圆形角圆角特征可以控制角部边线之间的过渡，圆形角圆角将混合连接的边线，从而消除或平滑两条边线汇合处的尖锐接合点。

下面结合实例介绍创建圆形角圆角特征的操作步骤。

【案例 4-3】圆形角圆角

① 打开随书资源中的“源文件\ch4\4.3.SLDPRT”，打开的文件实体如图 4-8 所示。

② 单击“特征”控制面板中的“圆角”按钮，或执行“插入”→“特征”→“圆角”菜单命令。

③ 在弹出的“圆角”属性管理器的“圆角类型”选项组中，单击“恒定大小圆角”按钮。

④ 在“要圆角化的项目”选项组中，取消对“切线延伸”复选框的勾选。

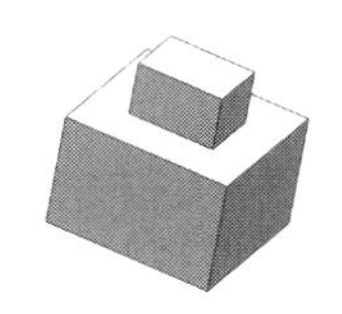

图 4-8 打开的文件实体

⑤ 在“圆角参数”选项组的（半径）文本框中设置圆角半径。

⑥ 单击图标右侧的列表框，然后在右侧的图形区中选择两个或更多相邻的模型边线、面或环。

⑦ 在“圆角选项”选项组中，勾选“圆形角”复选框。

⑧ 圆角属性设置完毕，单击（确定）按钮，生成圆形角圆角特征，如图 4-9 所示。

图 4-9 生成的圆角特征

4.1.4 逆转圆角特征

扫一扫，看视频

使用逆转圆角特征可以在混合曲面之间沿着零件边线生成圆角，从而进行平滑过渡。图 4-10 说明了应用逆转圆角特征的效果。

下面结合实例介绍创建逆转圆角特征的操作步骤。

【案例 4-4】逆转圆角

① 打开随书资源中的“源文件\ch4\4.4.SLDPRT”，如图 4-10（a）所示。

② 单击“特征”控制面板中的“圆角”按钮，或执行“插入”→“特征”→“圆角”菜单命令，系统弹出“圆角”属性管理器。

③ 在“圆角类型”选项组中，单击“恒定大小圆角”按钮。

④ 在“圆角参数”选项组中，勾选“多半径圆角”复选框。

⑤ 单击图标右侧的显示框，然后在右侧的图形区中选择 3 个或更多具有共同顶点的边线。

⑥ 在“逆转参数”选项组的（距离）文本框中设置距离。

⑦ 单击图标右侧的列表框，然后在右侧的图形区中选择一个或多个顶点作为逆转顶点。

⑧ 单击“设定所有”按钮，将相等的逆转距离应用到通过每个顶点的所有边线。逆转距离将显示在（逆转距离）右侧的列表框和图形区的标注中，如图 4-11 所示。

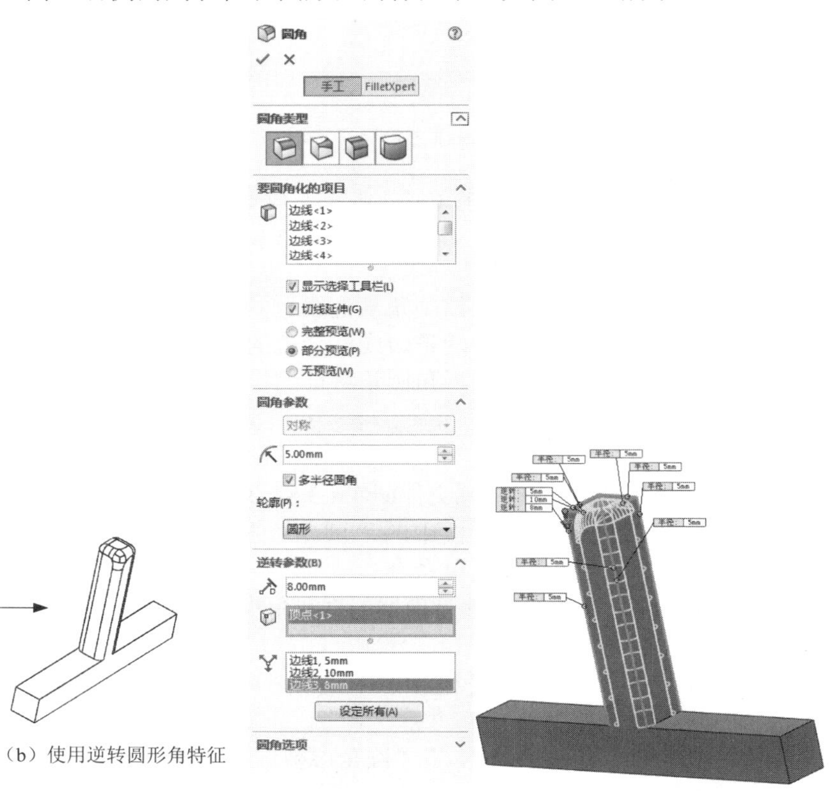

（a）未使用逆转圆形角特征　（b）使用逆转圆形角特征

图 4-10　逆转圆角效果

图 4-11　生成逆转圆角特征

⑨ 如果要对每一条边线分别设定不同的逆转距离，则进行如下操作。

■ 单击图标右侧的列表框，在右侧的图形区中选择多个顶点作为逆转顶点。

■ 在（距离）文本框中为每一条边线设置逆转距离。

■ 在（逆转距离）列表框中会显示每条边线的逆转距离。

⑩ 圆角属性设置完毕，单击（确定）按钮，生成逆转圆角特征，如图 4-10（b）所示。

4.1.5 变半径圆角特征

扫一扫，看视频

变半径圆角特征通过对边线上的多个点（变半径控制点）指定不同的圆角半径来生成圆角，可以制造出另类的效果，变半径圆角特征如图 4-12 所示。

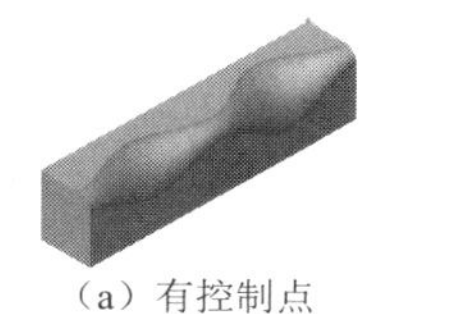

（a）有控制点

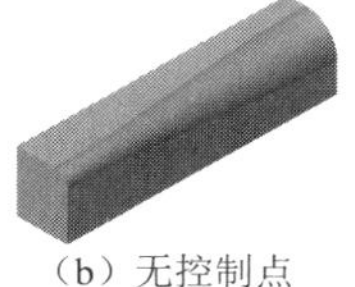

（b）无控制点

图 4-12　变半径圆角特征

下面结合实例介绍创建变半径圆角特征的操作步骤。

【案例 4-5】变半径圆角

① 打开随书资源中的“源文件\ch4\4.5.SLDPRT”，如图 4-12 所示。

② 单击“特征”控制面板中的“圆角”按钮，或执行“插入”→“特征”→“圆角”菜单命令。

③ 在弹出的“圆角”属性管理器的“圆角类型”选项组中，单击“变量大小圆角”按钮。

④ 单击图标右侧的列表框，然后在右侧的图形区中选择要进行变半径圆角处理的边线。此时，在右侧的图形区中系统会默认使用 3 个变半径控制点，分别位于沿边线 25%、50% 和 75%的等距离处，如图 4-13 所示。

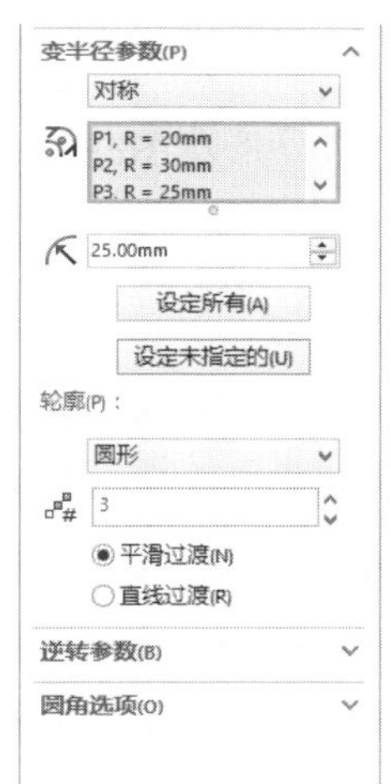

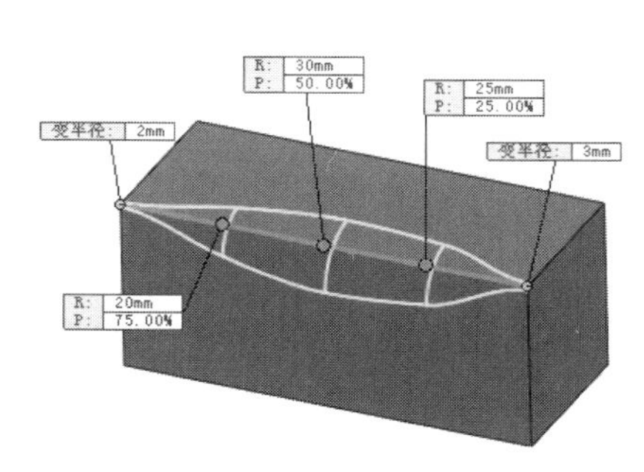

图 4-13　默认的变半径控制点

⑤ 在“变半径参数”选项组图标右侧的下拉列表框中选择变半径控制点，然后在（半径）文本框中输入圆角半径值。如果要更改变半径控制点的位置，可以通过光标拖动控制点到新的位置。

⑥ 如果要改变控制点的数量，可以在图标右侧的文本框中设置控制点的数量。

⑦ 选择过渡类型。

■ 平滑过渡：生成一个圆角，当一个圆角边线与一个邻面结合时，圆角半径从一个半径平滑地变化为另一个半径。

■ 直线过渡：生成一个圆角，圆角半径从一个半径线性地变化为另一个半径，但是不与邻近圆角的边线相结合。

⑧ 圆角属性设置完毕，单击✔（确定）按钮，生成变半径圆角特征。

技巧荟萃

如果在生成变半径控制点的过程中，只指定两个顶点的圆角半径值，而不指定中间控制点的半径，则可以生成平滑过渡的变半径圆角特征。

在生成圆角时，要注意以下几点。

① 在添加小圆角之前先添加较大的圆角。当有多个圆角汇聚于一个顶点时，先生成较大的圆角。

② 如果要生成具有多个圆角边线及拔模面的铸模零件，在大多数的情况下，应在添加圆角之前先添加拔模特征。

③ 应该最后添加装饰用的圆角。在大多数其他几何体定位后再尝试添加装饰圆角。如果先添加装饰圆角，则系统需要花费很长的时间重建零件。

④ 尽量使用一个“圆角”命令来处理需要相同圆角半径的多条边线，这样会加快零件重建的速度。但是，当改变圆角的半径时，在同一操作中生成的所有圆角都会改变。

此外，还可以通过为圆角设置边界或包络控制线来决定混合面的半径和形状。控制线可以是要生出圆角的零件边线或投影到一个面上的分割线。

4.1.6 实例——电机

本例绘制水气混合泵电机，如图 4-14 所示。首先绘制电机后罩的轮廓草图，并拉伸实体；再绘制电机外形草图并拉伸实体；然后绘制电机的前端和底座。

扫一扫，看视频

图 4-14　电机

绘制步骤

① 新建文件。单击菜单栏中的“文件”→“新建”命令，或者单击“标准”工具栏中的“新建”按钮，在弹出的“新建 SOLIDWORKS 文件”对话框中先单击“零件”按钮，再单击“确定”按钮，创建一个新的零件文件。

② 绘制电机后罩，绘制草图。在左侧的“FeatureManager 设计树”中选择“前视基准面”作为绘制图形的基准面，然后单击“草图”控制面板中的“圆”图标，以原点为圆心绘制一个圆。

③ 标注尺寸。单击菜单栏中的“工具”→“标注尺寸”→“智能尺寸”命令，或者单击“草图” 控制面板中的“智能尺寸”图标，标注上一步绘制圆的直径，结果如图 4-15 所示。

④ 拉伸实体。单击菜单栏中的“插入”→“凸台/基体”→“拉伸”命令，或者单击“特征”控制面板中的“拉伸凸台/基体”图标，此时系统弹出“拉伸”对话框。在“深度”一栏中输入 60mm，然后单击“确定”图标✔。

⑤ 设置视图方向。单击“前导视图”工具栏中的“等轴测”图标，将视图以等轴测方向显示，结果如图 4-16 所示。

⑥ 绘制电机外形轮廓，设置基准面。单击如图 4-16 所示的表面 1，然后单击“前导视图”工具栏中的“正视于”图标，将该表面作为绘制图形的基准面。

⑦ 绘制草图。单击“草图”控制面板中的“圆”图标，以原点为圆心绘制一个直径为 130mm 的圆；单击“草图”控制面板中的“样条曲线”图标，绘制样条曲线；单击“草

图”控制面板中的“圆周草图阵列”图标，圆周阵列绘制的样条曲线；单击“草图”控制面板中的“剪裁实体”图标，剪裁绘制的草图，结果如图 4-17 所示。

⑧ 拉伸实体。单击“特征”控制面板中的“拉伸凸台/基体”图标，此时系统弹出“拉伸”对话框。在“深度”栏中输入 150mm，然后单击“确定”图标。

⑨ 设置视图方向。单击“前导视图”工具栏中的“等轴测”图标，将视图以等轴测方向显示，结果如图 4-18 所示。

⑩ 圆角实体。单击菜单栏中的“插入”→“特征”→“圆角”命令，或者单击“特征”控制面板中的“圆角”图标，此时系统弹出“圆角”对话框。在“半径”栏中输入 15mm，然后用鼠标选择如图 4-18 所示的边线 1。单击对话框中的“确定”图标，结果如图 4-19 所示。

⑪ 绘制电机前端，设置基准面。单击如图 4-18 所示的表面 1，然后单击“前导视图”工具栏中的“正视于”图标，将该表面作为绘制图形的基准面。

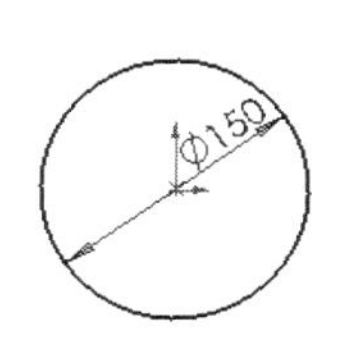

图 4-15　标注的草图

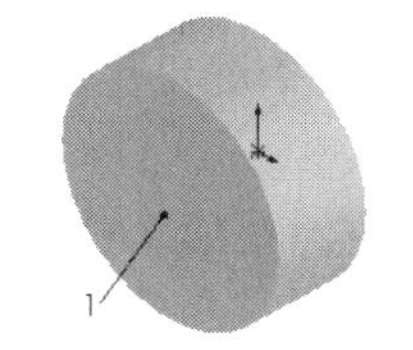

图 4-16　拉伸后的图形

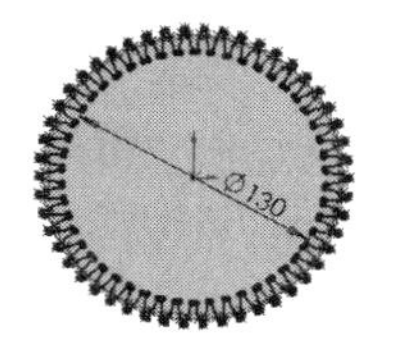

图 4-17　标注的草图

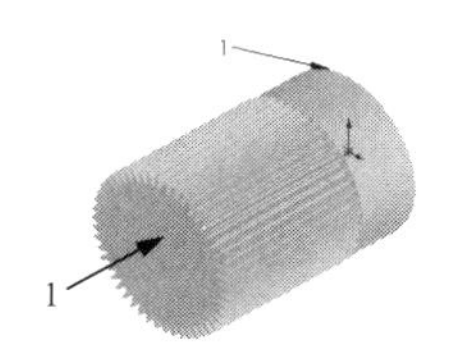

图 4-18　拉伸后的图形

⑫ 绘制草图。单击“草图”控制面板中的“圆”图标，以原点为圆心绘制一个直径为 130mm 的圆，如图 4-19 所示。

⑬ 拉伸实体。单击“特征”控制面板中的“拉伸凸台/基体”图标，此时系统弹出“拉伸”对话框。在“深度”一栏中输入 10mm，然后单击对话框中的“确定”图标。

⑭ 设置视图方向。单击“前导视图”工具栏中的“等轴测”图标，将视图以等轴测方向显示，结果如图 4-20 所示。

⑮ 设置基准面。单击如图 4-20 所示的表面 1，然后单击“前导视图”工具栏中的“正视于”图标，将该表面作为绘制图形的基准面。

⑯ 绘制草图。单击“草图”控制面板中的“圆”图标，以原点为圆心绘制一个直径为 60mm 的圆；单击“草图”控制面板中的“直线”图标，绘制三条直线；单击“草图”控制面板中的“圆周草图阵列”，圆周阵列绘制的直线；单击“草图”控制面板中的“绘制圆角”图标，对相应的部分进行圆角；单击“草图”控制面板中的“剪裁实体”图标，剪裁绘制的草图，结果如图 4-21 所示。

⑰ 拉伸实体。单击“特征”控制面板中的“拉伸凸台/基体”图标，此时系统弹出“拉伸”对话框。在“深度”栏中输入 30mm，然后单击对话框中的“确定”图标。

⑱ 设置视图方向。单击“前导视图”工具栏中的“等轴测”图标，将视图以等轴测方向显示，结果如图 4-22 所示。

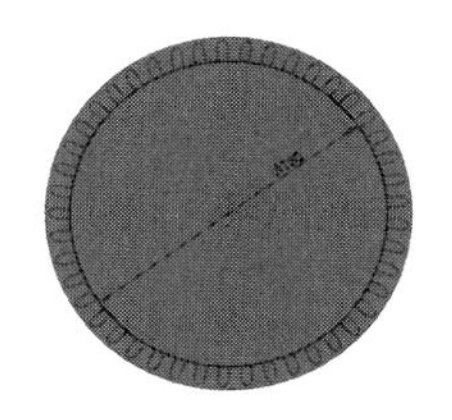

图 4-19　标注的草图

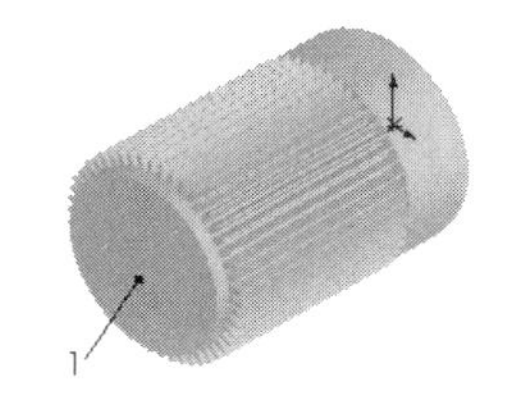

图 4-20　拉伸后的图形

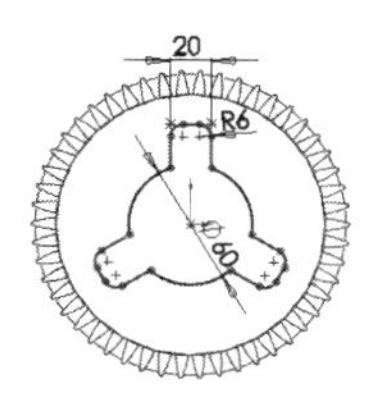

图 4-21　绘制的草图

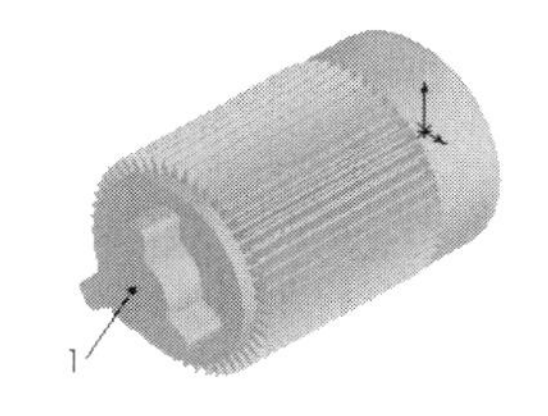

图 4-22　拉伸后的图形

⑲ 设置基准面。单击如图 4-22 所示的表面 1，然后单击“前导视图”工具栏中的“正视于”图标，将该表面作为绘制图形的基准面。

⑳ 绘制草图。单击“草图”控制面板中的“圆”图标，以原点为圆心绘制一个直径为 100mm 的圆。

㉑ 拉伸实体。单击“特征”控制面板中的“拉伸凸台/基体”图标，此时系统弹出“拉伸”对话框。在“深度”栏中输入 10mm，然后单击对话框中的“确定”图标。

㉒ 设置视图方向。单击“前导视图”工具栏中的“等轴测”图标，将视图以等轴测方向显示，结果如图 4-23 所示。

㉓ 绘制电机底座，添加基准面。在“FeatureManager 设计树”中用鼠标选择“上视基准面”作为参考基准面，然后单击菜单栏中的“插入”→“参考几何体”→“基准面”命令，此时系统弹出“基准面”对话框。在“等距距离”栏中输入 85mm，并调节添加基准面的方向，使其在原点的下方。单击对话框中的“确定”图标，结果如图 4-24 所示。

㉔ 设置基准面。单击上一步添加的基准面，然后单击“前导视图”工具栏中的“正视于”图标，将该基准面作为绘制图形的基准面。

㉕ 绘制草图。单击“草图”控制面板中的“边角矩形”按钮，绘制一个矩形。

㉖ 标注尺寸。单击“草图”控制面板中的“智能尺寸”图标，标注上一步绘制草图的尺寸，结果如图 4-25 所示。

㉗ 拉伸实体。单击“特征”控制面板中的“拉伸凸台/基体”图标，此时系统弹出“拉伸”对话框。在“深度”栏中输入 15mm，然后单击对话框中的“确定”图标。

㉘ 设置视图方向。单击“前导视图”工具栏中的“等轴测”图标，将视图以等轴测方向显示。

㉙ 设置显示属性。单击菜单栏中的“视图”→“隐藏/显示”→“基准面”命令，使视图中不再显示基准面，结果如图 4-26 所示。

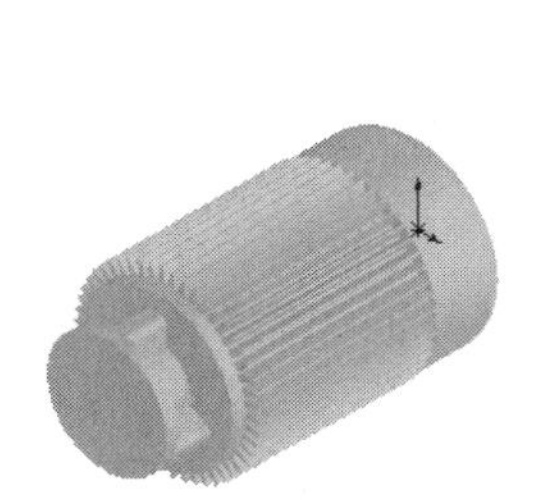

图 4-23 绘制的草图

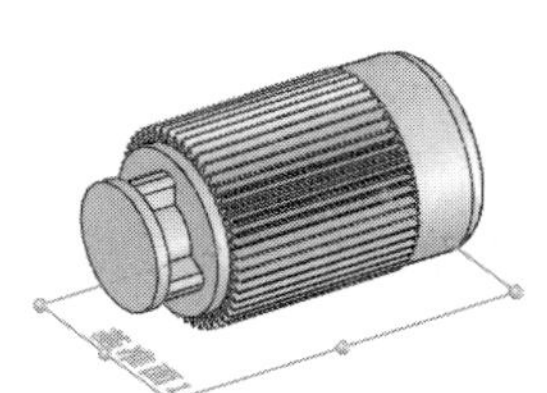

图 4-24 拉伸后的图形

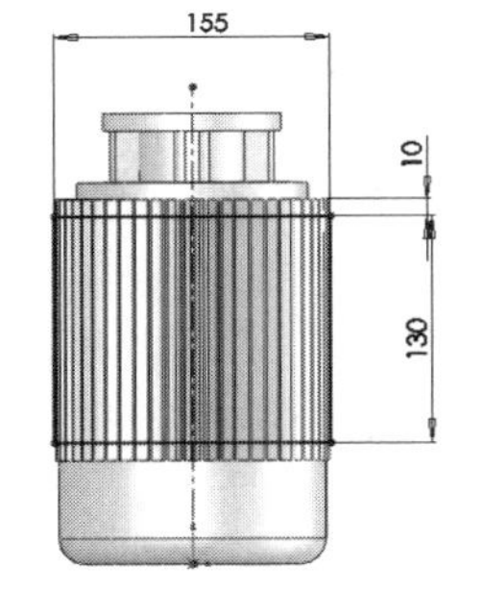

图 4-25 绘制的草图

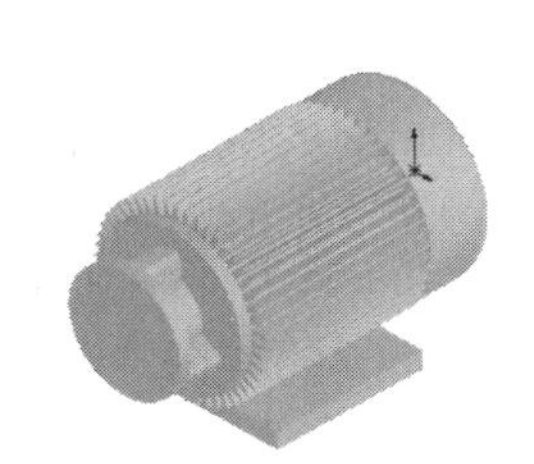

图 4-26 拉伸后的图形

㉚ 设置基准面。在左侧的“FeatureManager 设计树”中用鼠标选择“右视基准面”，然后单击“前导视图”工具栏中的“正视于”图标，将该基准面作为绘制图形的基准面。

㉛ 绘制草图。单击“草图”控制面板中的“边角矩形”按钮，绘制三个矩形。

㉜ 标注尺寸。单击“草图”控制面板中的“智能尺寸”图标，标注上一步绘制草图的尺寸，结果如图 4-27 所示。

㉝ 拉伸实体。单击“特征”控制面板中的“拉伸凸台/基体”按钮，此时系统弹出“拉伸”对话框。在方向 1 和方向 2 的“深度”栏中均输入 70mm，然后单击对话框中的“确定”图标。

㉞ 设置视图方向。单击“前导视图”工具栏中的“等轴测”图标，将视图以等轴测方

向显示，结果如图 4-28 所示。

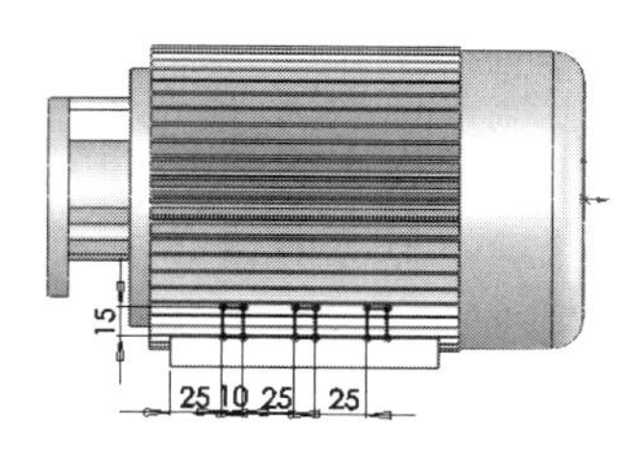

图 4-27　绘制的草图

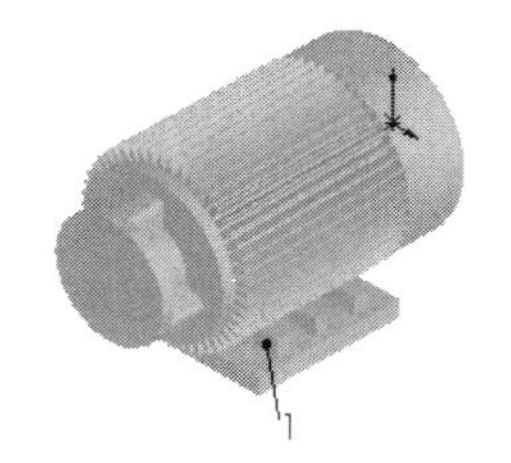

图 4-28　拉伸后的图形

㉟ 设置基准面。单击如图 4-28 所示的表面 1，然后单击“前导视图”工具栏中的“正视于”图标，将该表面作为绘制图形的基准面。

㊱ 绘制草图。单击“草图”控制面板中的“中心线”按钮，绘制一条通过原点的竖直中心线；然后单击“草图”控制面板中的“直线”按钮，绘制如图 4-29 所示的三角形。

㊲ 标注尺寸。单击“草图”控制面板中的“智能尺寸”按钮，标注上一步绘制草图的尺寸及其定位尺寸，结果如图 4-29 所示。

㊳ 拉伸切除实体。单击“特征”控制面板中的“拉伸切除”按钮，此时系统弹出“拉伸切除”对话框。在“深度”栏中输入 85mm。单击对话框中的“确定”图标，结果如图 4-30 所示。

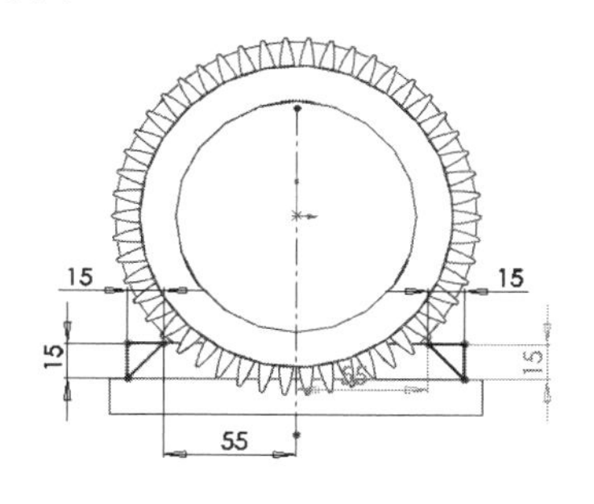

图 4-29　标注的草图

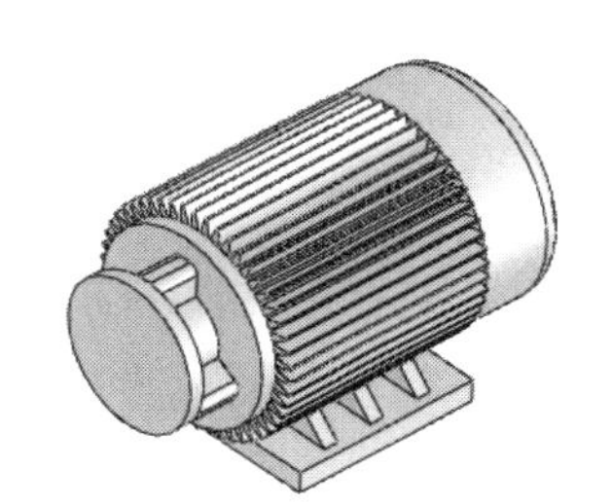

图 4-30　拉伸切除后的图形

㊴ 设置视图方向。单击“前导视图”工具栏中的“等轴测”图标，将视图以等轴测方向显示，结果如图 4-14 所示。

4.2 倒角特征

上节介绍了圆角特征，本节将介绍倒角特征。在零件设计过程中，通常对锐利的零件边角进行倒角处理，防止伤人并避免应力集中，便于搬运、装配等。此外，有些倒角特征也是机械加工过程中不可缺少的工艺。与圆角特征类似，倒角特征是对边或角进行倒角。图 4-31 所示是应用倒角特征后的零件实例。

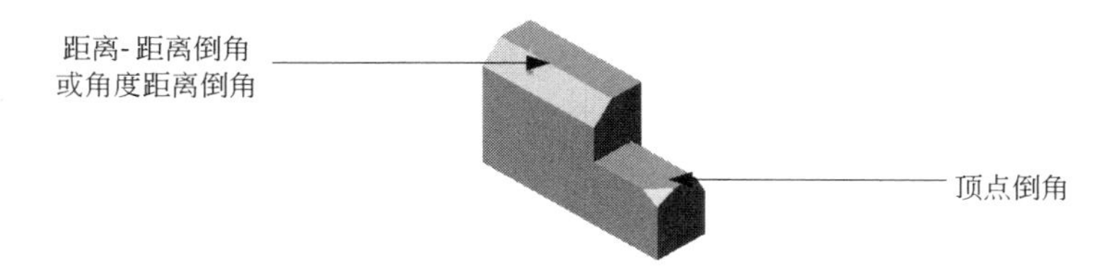

图 4-31　倒角特征零件实例

4.2.1 创建倒角特征

扫一扫，看视频

下面结合实例介绍在零件模型上创建倒角特征的操作步骤。

【案例 4-6】倒角

① 打开随书资源中的“源文件\ch4\4.6.SLDPRT”。

② 单击“特征”控制面板中的“倒角”按钮，或单击菜单栏中的“插入”→“特征”→“倒角”命令，系统弹出“倒角”属性管理器。

③ 在“倒角”属性管理器中选择倒角类型。

- 角度距离：在所选边线上指定距离和倒角角度来生成倒角特征，如图 4-32（a）所示。
- 距离-距离：在所选边线的两侧分别指定两个距离值来生成倒角特征，如图 4-32（b）所示。
- 顶点：在与顶点相交的 3 个边线上分别指定距顶点的距离来生成倒角特征，如图 4-32（c）所示。

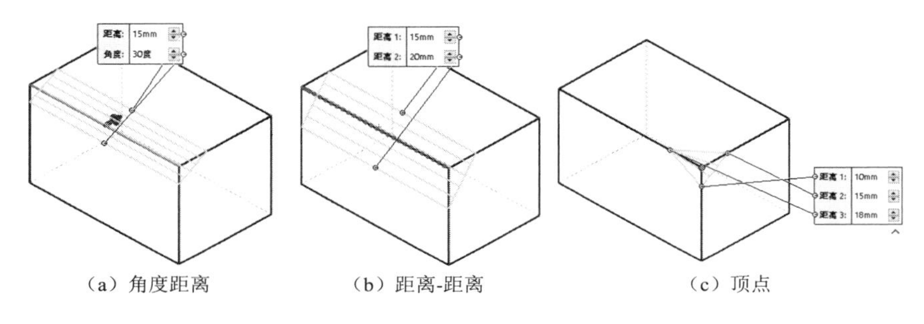

（a）角度距离　（b）距离-距离　（c）顶点

图 4-32　倒角类型

④ 单击图标右侧的列表框，然后在图形区选择边线、面或顶点，设置倒角参数，如图 4-33 所示。

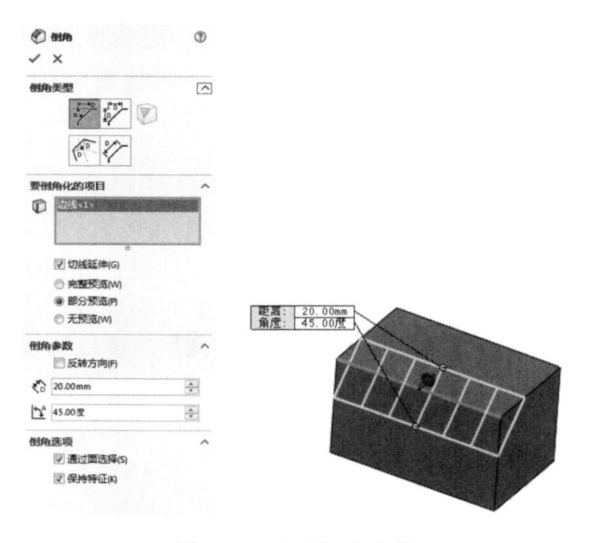

图 4-33　设置倒角参数

⑤ 在对应的文本框中指定距离或角度值。

⑥ 如果勾选“保持特征”复选框，则当应用倒角特征时，会保持零件的其他特征，如图 4-34 所示。

⑦ 倒角参数设置完毕，单击✔（确定）按钮，生成倒角特征。

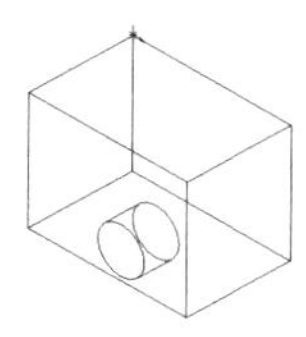
（a）原始零件

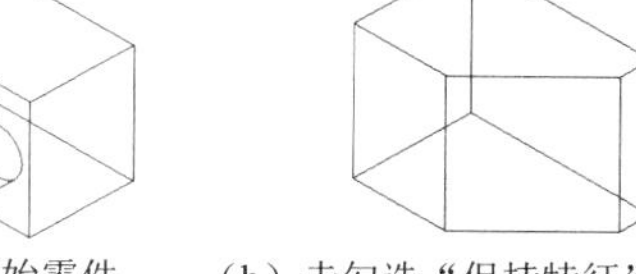
（b）未勾选“保持特征”复选框

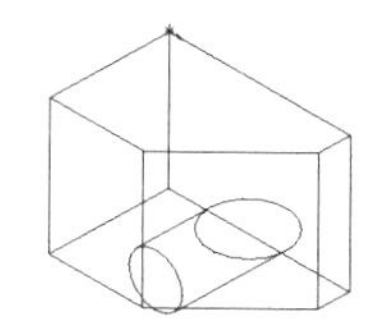
（c）勾选“保持特征”复选框

图 4-34　倒角特征

4.2.2　实例——混合器

扫一扫，看视频

本例绘制水气混合泵混合器，如图 4-35 所示。首先绘制混合器盖的轮廓草图，并拉伸实体；再绘制与电机连接的部分，然后绘制进水口和出水口；最后绘制进气口，并对相应的部分进行倒角和圆角处理。

图 4-35　混合器

绘制步骤

① 新建文件。启动 SOLIDWORKS 2020，单击菜单栏中的“文件”→“新建”命令，或者单击“标准”工具栏中的“新建”按钮，在弹出的“新建 SOLIDWORKS 文件”对话框中先单击“零件”按钮，再单击“确定”按钮，创建一个新的零件文件。

② 绘制盖轮廓。绘制草图。在左侧的“FeatureManager 设计树”中选择“前视基准面”作为绘制图形的基准面。单击“草图”控制面板中的“圆”图标，以原点为圆心绘制一个圆。

③ 标注尺寸。单击菜单栏中的“工具”→“标注尺寸”→“智能尺寸”命令，或者单击“草图”控制面板中的“智能尺寸”图标，标注上一步绘制圆的直径，结果如图 4-36 所示。

④ 拉伸实体。单击菜单栏中的“插入”→“凸台/基体”→“拉伸”命令，或者单击“特征”控制面板中的“拉伸凸台/基体”图标，此时系统弹出“拉伸”对话框。在“深度”栏中输入 20mm，然后单击对话框中的“确定”图标✔。

⑤ 设置视图方向。单击“前导视图”工具栏中的“等轴测”图标，将视图以等轴测方向显示，结果如图 4-37 所示。

⑥ 设置基准面。单击如图 4-37 所示的表面 1，然后单击“前导视图”工具栏中的“正视于”图标，将该表面作为绘制图形的基准面。

⑦ 绘制草图。单击“草图”控制面板中的“圆”图标，以原点为圆心绘制一个直径为 90mm 的圆。

⑧ 拉伸实体。单击“特征”控制面板中的“拉伸凸台/基体”图标，此时系统弹出“拉伸”对话框。在“深度”栏中输入 42mm，然后单击对话框中的“确定”图标✔。

⑨ 设置视图方向。单击“前导视图”工具栏中的“等轴测”图标，将视图以等轴测方向显示，结果如图 4-38 所示。

⑩ 圆角实体。单击菜单栏中的“插入”→“特征”→“圆角”命令，或者单击“特征”控制面板中的“圆角”图标，此时系统弹出“圆角”对话框。在“半径”栏中输入 10mm，

然后用鼠标选择如图 4-38 所示的边线 1。单击对话框中的“确定”图标，结果如图 4-39 所示。

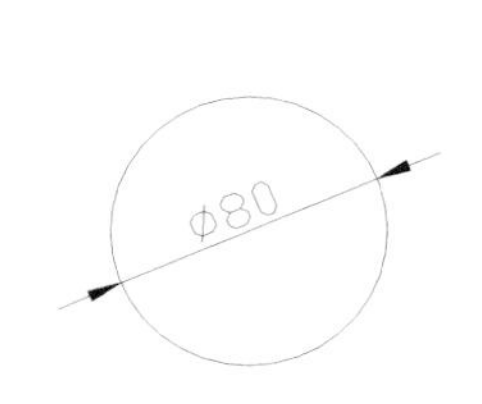

图 4-36　标注的草图

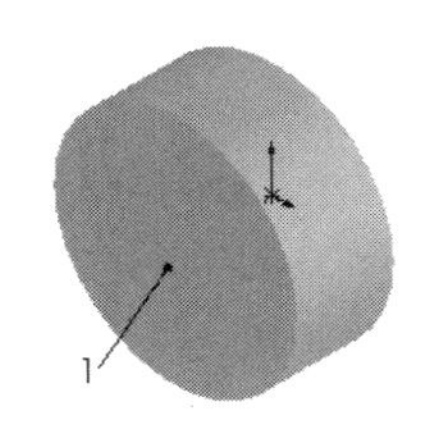

图 4-37　拉伸后的图形

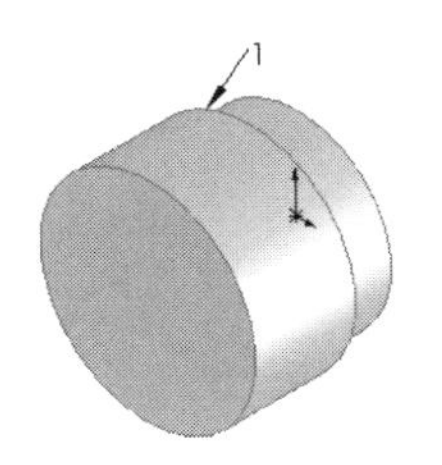

图 4-38　拉伸后的图形

⑪ 绘制与电机连接部分。设置基准面。在左侧的“FeatureManager 设计树”中用鼠标选择“前视基准面”，然后单击“前导视图”工具栏中的“正视于”图标，将该基准面作为绘制图形的基准面。

⑫ 绘制草图。单击“草图”控制面板中的“中心线”图标，以绘制一条通过原点的水平中心线和一条通过原点的斜中心线；单击“草图”控制面板中的“圆”图标，以斜中心线上的一点为圆心绘制一个圆，结果如图 4-40 所示。

⑬ 标注尺寸，单击“草图” 控制面板中的“智能尺寸”图标，标注上一步绘制草图的尺寸，结果如图 4-40 所示。

⑭ 圆周阵列草图。单击菜单栏中的“工具”→“草图绘制工具”→“圆周阵列”命令，或者单击“草图”控制面板中的“圆周草图阵列”图标，此时系统弹出如图 4-41 所示的“圆周阵列”对话框。在“要阵列的实体”一栏中，选择如图 4-40 所示的圆。按照图示进行设置后，单击对话框中的“确定”图标，结果如图 4-42 所示。

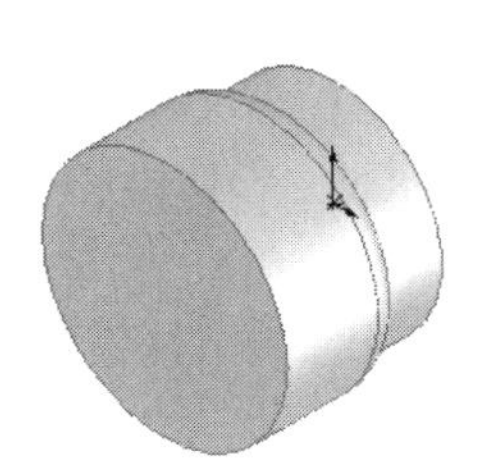

图 4-39　圆角后的图形

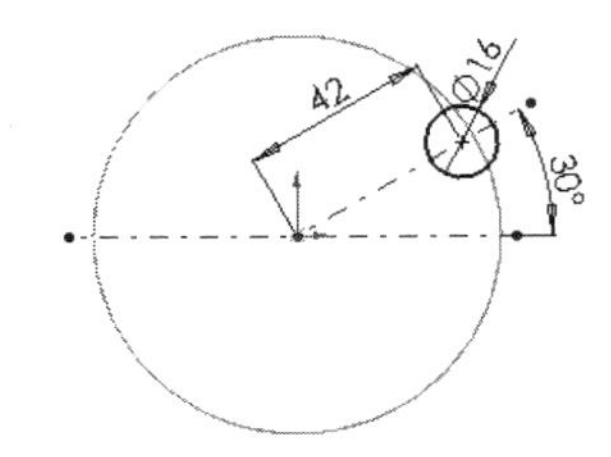

图 4-40　标注的草图

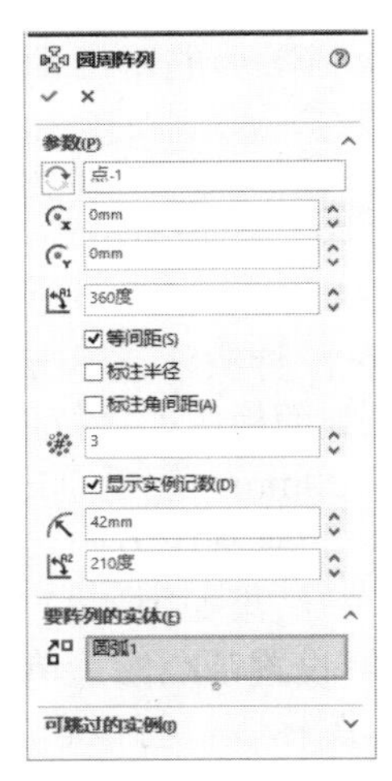

图 4-41　“圆周阵列”对话框

⑮ 拉伸实体。单击“特征”控制面板中的“拉伸凸台/基体”图标，此时系统弹出“拉伸”对话框。在“深度”栏中输入 32mm，然后单击对话框中的“确定”图标。

⑯ 设置视图方向。单击“前导视图”工具栏中的“等轴测”图标，将视图以等轴测方向显示，结果如图 4-43 所示。

⑰ 设置基准面。单击如图 4-43 所示的表面 1，然后单击“前导视图”工具栏中的“正视于”图标，将该表面作为绘制图形的基准面。

⑱ 绘制草图。重复上面绘制草图的命令，并圆环阵列草图，结果如图 4-44 所示。

⑲ 拉伸实体。单击“特征”控制面板中的“拉伸凸台/基体”图标，此时系统弹出“拉伸”对话框。在“深度”栏中输入 32mm，然后单击对话框中的“确定”图标。

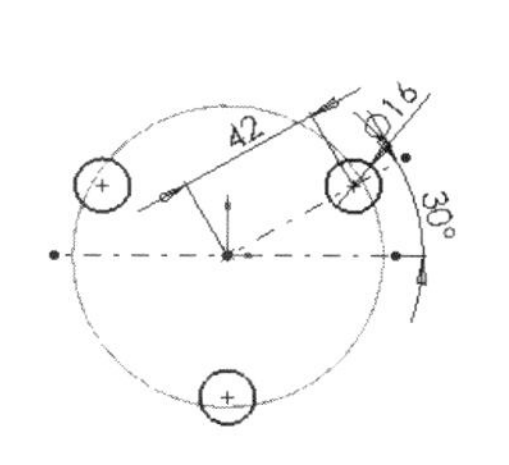

图 4-42　阵列后的草图

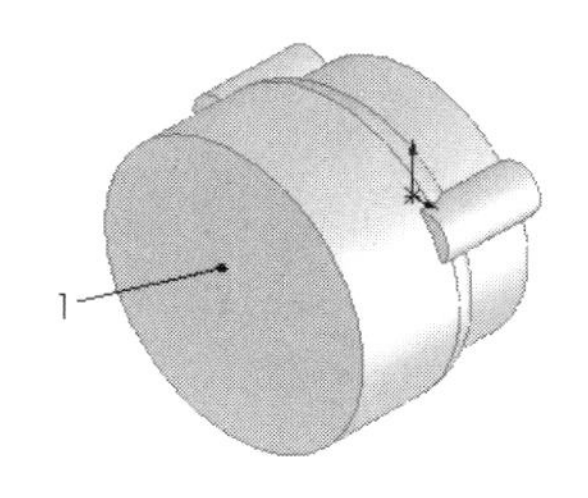

图 4-43　拉伸后的图形

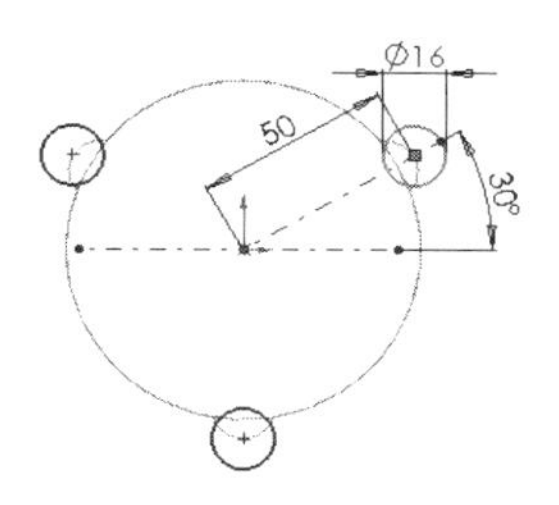

图 4-44　绘制的草图

⑳ 设置视图方向。单击“前导视图”工具栏中的“等轴测”图标，将视图以等轴测方向显示，结果如图 4-45 所示。

㉑ 圆角实体。单击“特征”控制面板中的“圆角”图标，此时系统弹出“圆角”对话框。在“半径”栏中输入 2mm，然后用鼠标选择如图 4-45 所示与边线 1 类似的 3 个特征处和与边线 2 类似的 3 个特征处。单击对话框中的“确定”图标，结果如图 4-46 所示。

㉒ 绘制顶部轮廓。设置基准面。在左侧的“FeatureManager 设计树”中用鼠标选择“上视基准面”，然后单击“前导视图”工具栏中的“正视于”图标，将该基准面作为绘制图形的基准面。

㉓ 绘制草图。单击“草图”控制面板中的“矩形”图标，在上一步设置的基准面上绘制一个矩形。

㉔ 标注尺寸。单击“草图” 控制面板中的“智能尺寸”图标，标注上一步绘制矩形的尺寸及其约束尺寸，结果如图 4-47 所示。

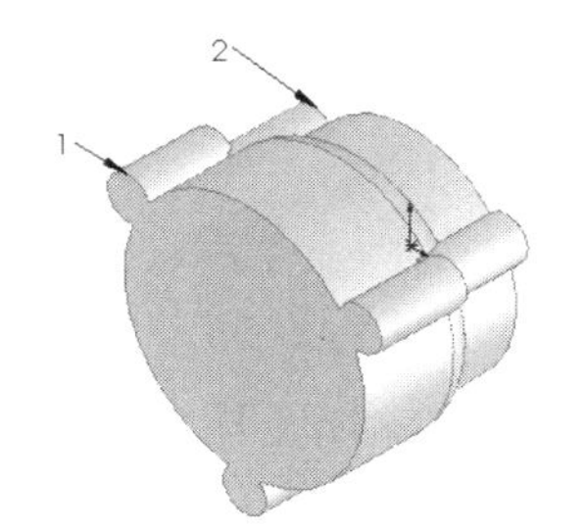

图 4-45　拉伸后的图形

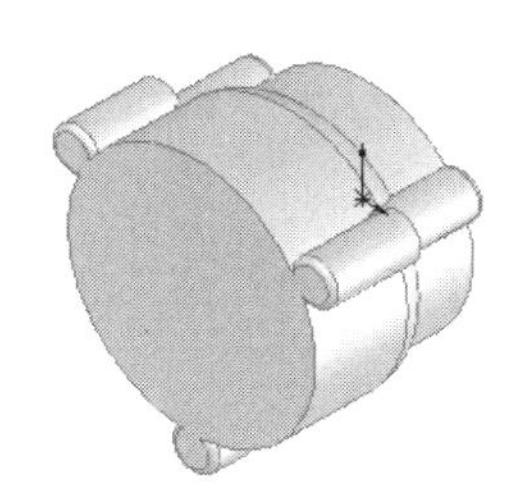
图 4-46　圆角后的图形

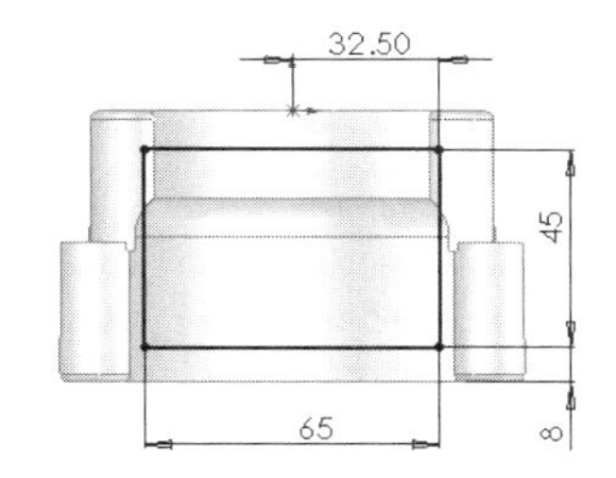

图 4-47　标注的草图

㉕ 拉伸实体。单击“特征”控制面板中的“拉伸凸台/基体”图标，此时系统弹出“拉伸”对话框。在“深度”栏中输入 50mm，然后单击对话框中的“确定”图标。

㉖ 设置视图方向。单击“前导视图”工具栏中的“等轴测”图标，将视图以等轴测方向显示，结果如图 4-48 所示。

㉗ 设置基准面。单击如图 4-48 所示的表面 1，然后单击“前导视图”工具栏中的“正视于”图标，将该表面作为绘制图形的基准面。

㉘ 绘制草图。单击“草图”控制面板中的“圆”图标，以原点为圆心绘制一个直径为 60mm 的圆。

㉙ 拉伸切除实体。单击“特征”控制面板中的“拉伸切除”图标，此时系统弹出“拉伸切除”对话框。在“深度”栏中输入 10mm，然后单击对话框中的“确定”图标。

㉚ 设置视图方向。单击“前导视图”工具栏中的“等轴测”图标，将视图以等轴测方向显示，结果如图 4-49 所示。

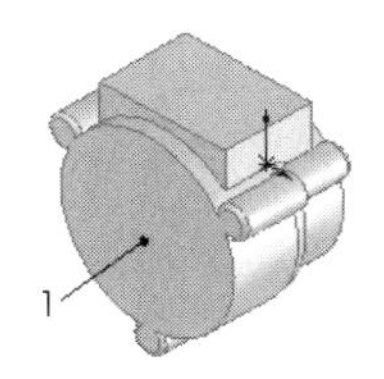

图 4-48　拉伸后的图形

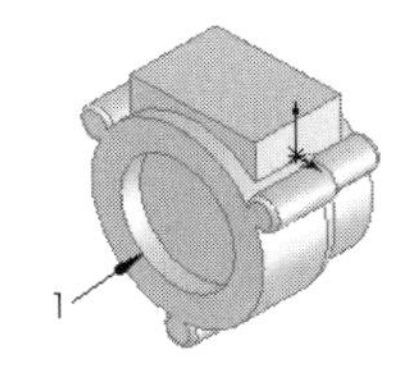

图 4-49　拉伸切除后的图形

㉛ 倒角实体。单击“特征”控制面板中的“倒角”图标，此时系统弹出“倒角”对话框。在“距离”栏中输入 2mm，然后用鼠标选择如图 4-49 所示的边线 1。单击对话框中的“确定”图标✔，结果如图 4-50 所示。

㉜ 设置基准面。单击如图 4-50 所示的表面 1，然后单击“前导视图”工具栏中的“正视于”图标，将该表面作为绘制图形的基准面。

㉝ 绘制草图。单击“草图”控制面板中的“矩形”图标，在上一步设置的基准面上绘制一个矩形。

㉞ 标注尺寸。单击“草图” 控制面板中的“智能尺寸”图标，标注上一步绘制矩形的尺寸及其约束尺寸，结果如图 4-51 所示。

㉟ 拉伸实体。单击“特征”控制面板中的“拉伸凸台/基体”图标，此时系统弹出“拉伸”对话框。在“深度”栏中输入 50mm，然后单击对话框中的“确定”图标✔。

㊱ 设置视图方向。单击“前导视图”工具栏中的“等轴测”图标，将视图以等轴测方向显示，结果如图 4-52 所示。

㊲ 绘制进水口。设置基准面。单击如图 4-52 所示上面实体的左后侧表面，然后单击“前导视图”工具栏中的“正视于”图标，将该表面作为绘制图形的基准面。

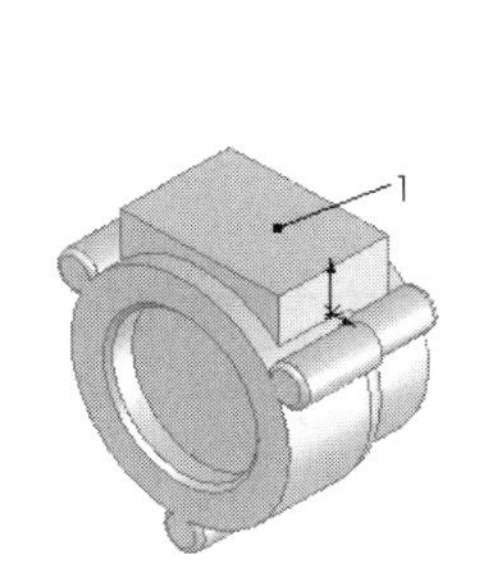

图 4-50　拉伸后的图形

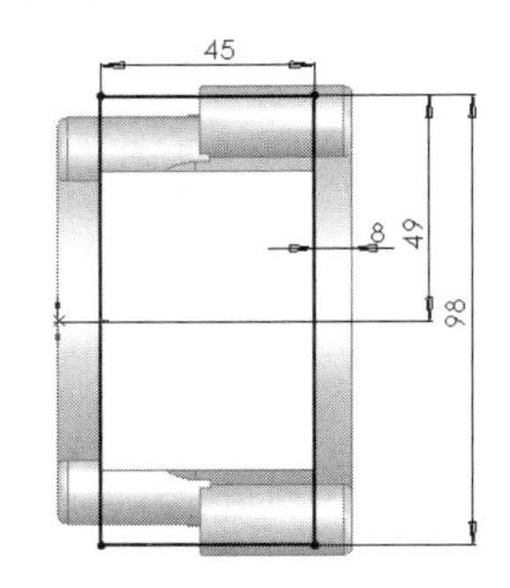

图 4-51　标注的草图

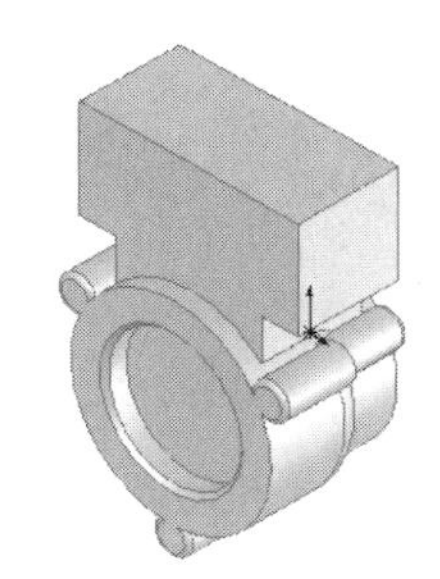

图 4-52　拉伸后的图形

㊳ 绘制草图。单击“草图”控制面板中的“圆”图标，在上一步设置的基准面上绘制两个同心圆。

㊴ 标注尺寸。单击“草图”控制面板中的“智能尺寸”图标，标注上一步绘制圆的直径及其约束尺寸，结果如图 4-53 所示。

㊵ 拉伸实体。单击“特征”控制面板中的“拉伸凸台/基体”图标，此时系统弹出“拉伸”对话框。在“深度”栏中输入 15mm，然后单击对话框中的“确定”图标✔。

㊶ 设置视图方向。单击“前导视图”工具栏中的“等轴测”图标，将视图以等轴测方向显示，结果如图 4-54 所示。

㊷ 绘制堵盖，设置基准面。单击如图 4-54 所示上面实体的右侧表面，然后单击“前导视图”工具栏中的“正视于”图标，将该表面作为绘制图形的基准面。

㊸ 绘制草图。单击“草图”控制面板中的“圆”图标，在上一步设置的基准面一个直径为 30mm 的圆，并且圆心在右侧表面的中央处。

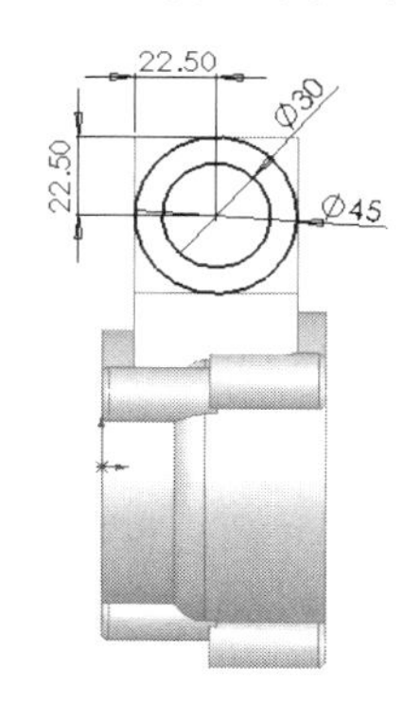

图 4-53　标注的草图

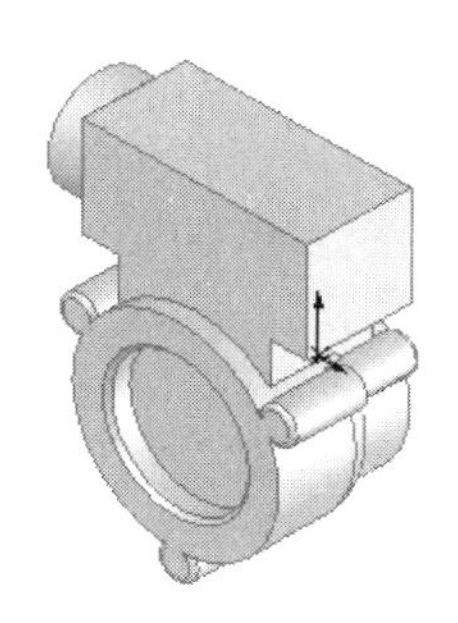

图 4-54　拉伸后的图形

㊹ 拉伸实体。单击“特征”控制面板中的“拉伸凸台/基体”图标，此时系统弹出“拉伸”对话框。在“深度”栏中输入 5mm，然后单击对话框中的“确定”图标。

㊺ 设置视图方向。单击“前导视图”工具栏中的“等轴测”图标，将视图以等轴测方向显示，结果如图 4-55 所示。

㊻ 绘制出水口，设置基准面。单击如图 4-55 所示表面 1，然后单击“前导视图”工具栏中的“正视于”图标，将该表面作为绘制图形的基准面。

㊼ 绘制草图。单击“草图”控制面板中的“圆”图标，在上一步设置的基准面上绘制两个同心圆。

㊽ 标注尺寸。单击“草图” 控制面板中的“智能尺寸”图标，标注上一步绘制圆的直径及其约束尺寸，结果如图 4-56 所示。

㊾ 拉伸实体。单击“特征”控制面板中的“拉伸凸台/基体”图标，此时系统弹出“拉伸”对话框。在“深度”栏中输入 15mm，然后单击对话框中的“确定”图标。

㊿ 设置视图方向。单击“前导视图”工具栏中的“等轴测”图标，将视图以等轴测方向显示，结果如图 4-57 所示。

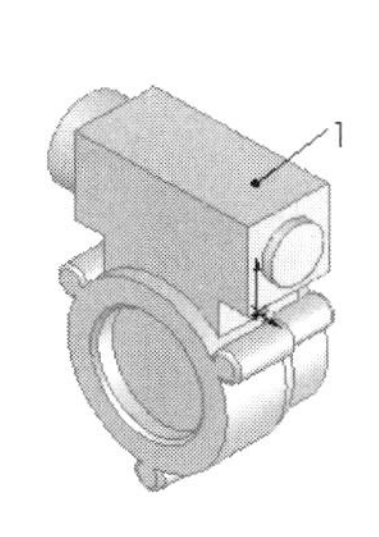

图 4-55　拉伸后的图形

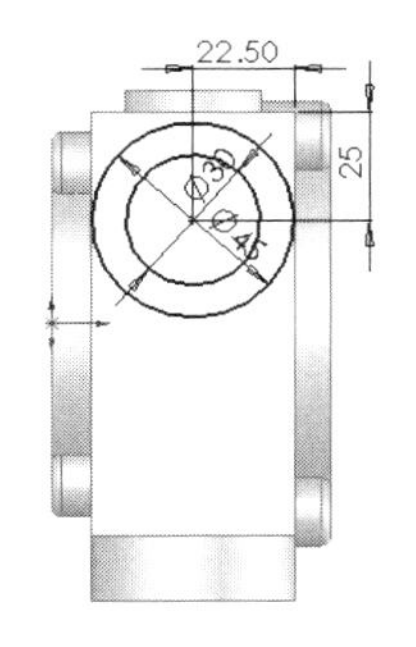

图 4-56　标注的草图

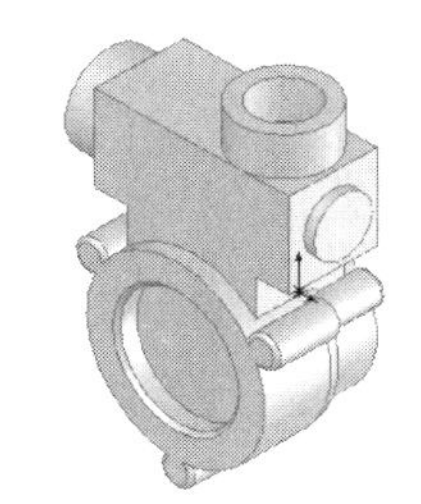

图 4-57　拉伸后的图形

51 绘制进气口，设置基准面。单击如图 4-55 所示表面 1，然后单击“前导视图”工具栏中的“正视于”图标，将该表面作为绘制图形的基准面。

52 绘制草图。单击“草图”控制面板中的“多边形”图标，绘制一个正六边形。

⑤③ 标注尺寸。单击“草图” 控制面板中的“智能尺寸”图标，标注上一步绘制草图的尺寸，结果如图 4-58 所示。

⑤④ 拉伸实体。单击“特征”控制面板中的“拉伸凸台/基体”图标，此时系统弹出“拉伸”对话框。在“深度”栏中输入 8mm，然后单击对话框中的“确定”图标。

⑤⑤ 设置视图方向。单击“前导视图”工具栏中的“等轴测”图标，将视图以等轴测方向显示，结果如图 4-59 所示。

⑤⑥ 设置基准面。单击如图 4-59 所示表面 1，然后单击“前导视图”工具栏中的“正视于”图标，将该表面作为绘制图形的基准面。

⑤⑦ 绘制草图。单击“草图”控制面板中的“圆”图标，在上一步设置的基准面上以正六边形内切圆的圆心为圆心绘制一个直径为 10mm 的圆。

⑤⑧ 拉伸实体。单击“特征”控制面板中的“拉伸凸台/基体”图标，此时系统弹出“拉伸”对话框。在“深度”栏中输入 30mm，然后单击对话框中的“确定”图标。

⑤⑨ 设置视图方向。单击“前导视图”工具栏中的“等轴测”图标，将视图以等轴测方向显示，结果如图 4-60 所示。

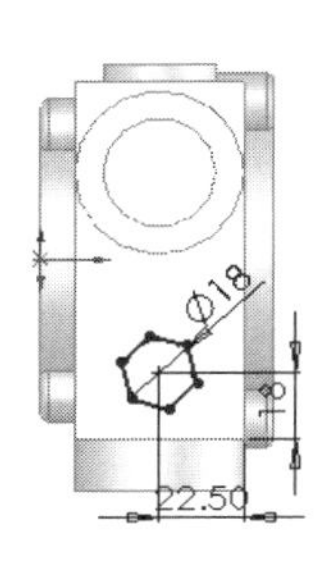

图 4-58　标注的草图

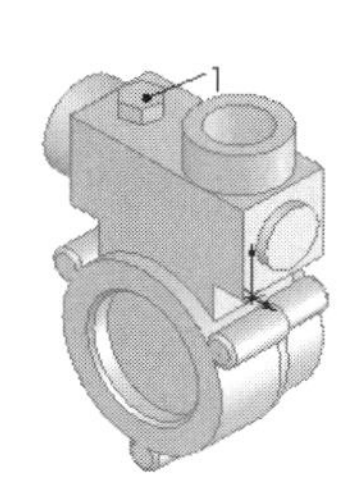

图 4-59　拉伸后的图形

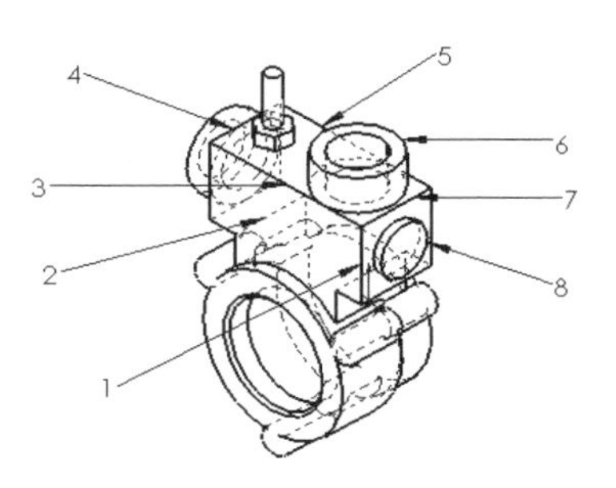

图 4-60　拉伸后的图形

⑥⓪ 圆角实体。单击菜单栏中的“插入”→“特征”→“圆角”命令，或者单击“特征”控制面板中的“圆角”图标，此时系统弹出“圆角”对话框。在“半径”栏中输入 2mm，用鼠标选择如图 4-60 所示的边线 1 和边线 2，然后单击对话框中的“确定”图标。重复此命令，将边线 3 和 5 修改成圆角半径为 5mm 的实体；将边线 4 和 7 修改成圆角半径为 1.5mm 的实体；将边线 6 和 8 修改成圆角半径为 1.5mm 的实体，结果如图 4-35 所示。

4.3 圆顶特征

圆顶特征是对模型的一个面进行变形操作，生成圆顶型凸起特征。图 4-61 展示了圆顶特征的三种效果。

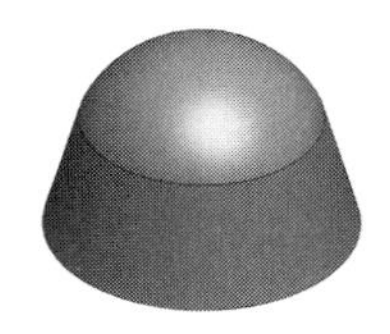
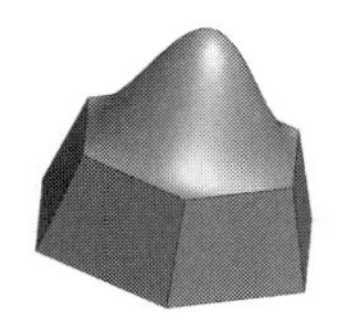

图 4-61　圆顶特征的三种效果

4.3.1 创建圆顶特征

扫一扫，看视频

下面结合实例介绍创建圆顶特征的操作步骤。

【案例 4-7】圆顶

① 打开随书资源中的“源文件\ch4\4.7.SLDPRT”，如图 3-62 所示。

② 单击“特征”控制面板中的“圆顶”按钮，或执行“插入”→“特征”→“圆顶”菜单命令，此时系统弹出“圆顶”属性管理器。

③ 在“参数”选项组中，单击选择如图 4-62 所示的表面 1，在“距离”文本框中输入“50”，勾选“连续圆顶”复选框，“圆顶”属性管理器设置如图 4-63 所示。

④ 单击属性管理器中的（确定）按钮，并调整视图的方向，连续圆顶的图形如图 4-64 所示。

图 4-65 所示为不勾选“连续圆顶”复选框生成的圆顶图形。

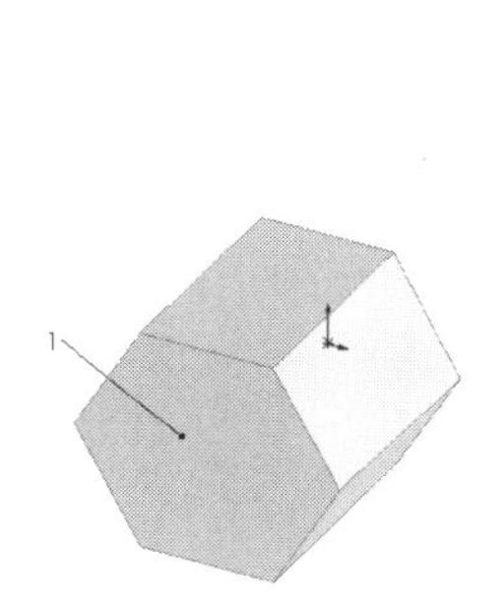

图 4-62 拉伸图形

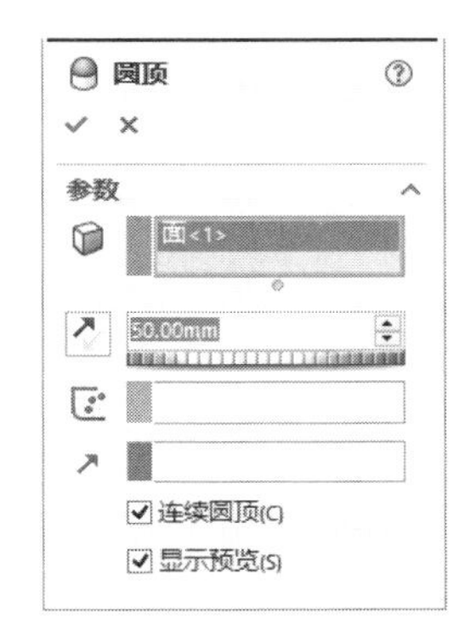

图 4-63 “圆顶”属性管理器

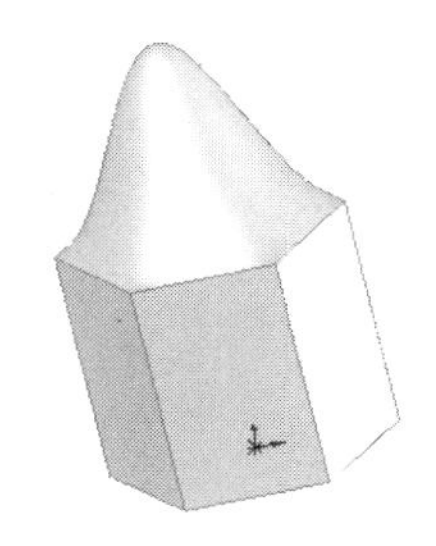

图 4-64 连续圆顶的图形

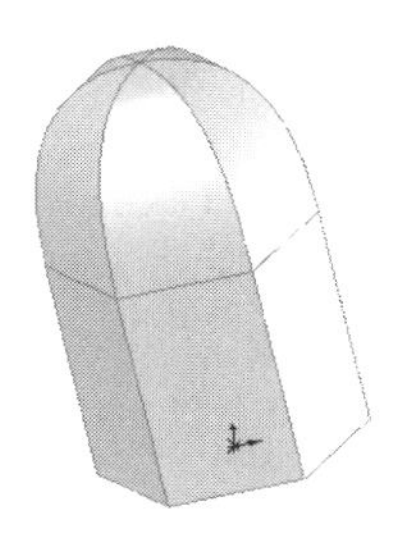

图 4-65 不连续圆顶的图形

技巧荟萃

在圆柱和圆锥模型上，可以将“距离”设置为 0，此时系统会使用圆弧半径作为圆顶的基础来计算距离。

4.3.2 实例——螺丝刀

扫一扫，看视频

本实例绘制的螺丝刀如图 4-66 所示。首先绘制螺丝刀的手柄部分，然后绘制圆顶，再绘制螺丝刀的端部，并拉伸切除生成“一字”头部，最后对相应部分进行圆角处理。

图 4-66 螺丝刀

绘制步骤

① 新建文件。单击菜单栏中的“文件”→“新建”命令，创建一个新的零件文件。

② 绘制螺丝刀手柄草图。在左侧的 FeatureManager 设计树中选择“前视基准面”作为绘图基准面。单击“草图”控制面板中的“圆”按钮，以原点为圆心绘制一个大圆，并以原点正上方的大圆处为圆心绘制一个小圆。

③ 标注尺寸。单击菜单栏中的“工具”→“尺寸”→“智能尺寸”命令，或者单击“草图”控制面板中的（智能尺寸）按钮，标注步骤②中绘制圆的直径，如图 4-67 所示。

④ 圆周阵列草图。单击菜单栏中的“工具”→“草图工具”→“圆周阵列”命令，或者单击“草图”控制面板中的“圆周草图阵列”按钮，此时系统弹出“圆周阵列”属性管理器。按照如图 4-68 所示进行设置后，单击✔（确定）按钮，阵列后的草图如图 4-69 所示。

⑤ 剪裁实体。单击菜单栏中的“工具”→“草图工具”→“剪裁”命令，或者单击“草图”控制面板中的“剪裁实体”按钮，剪裁图中相应的圆弧处，剪裁后的草图如图 4-70 所示。

⑥ 拉伸实体。单击菜单栏中的“插入”→“凸台/基体”→“拉伸”命令，或者单击“特征”控制面板中的（拉伸凸台/基体）按钮，此时系统弹出“拉伸”属性管理器。在深度文本框中输入“50”，然后单击✔（确定）按钮。

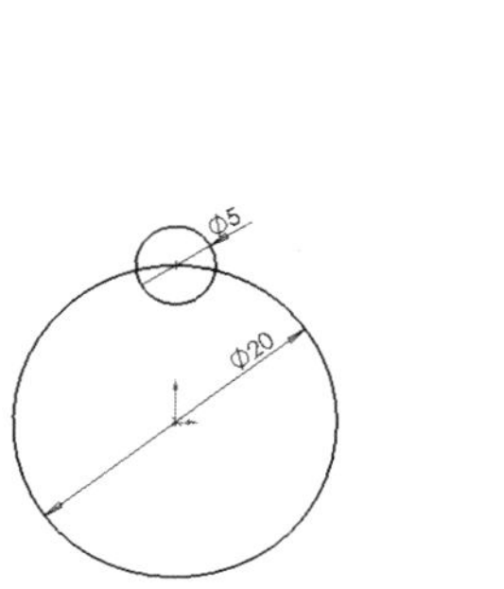

图 4-67　标注尺寸 1

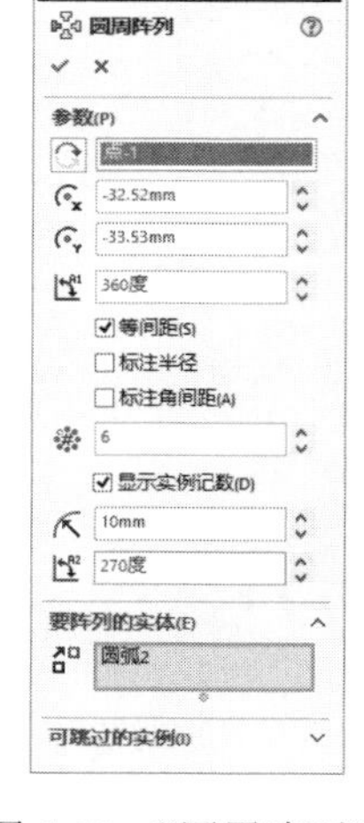

图 4-68　“圆周阵列”属性管理器

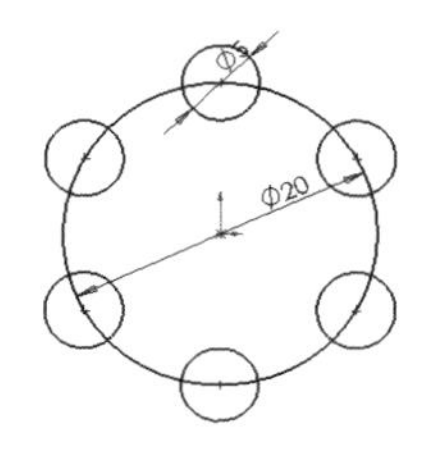

图 4-69　阵列后的草图

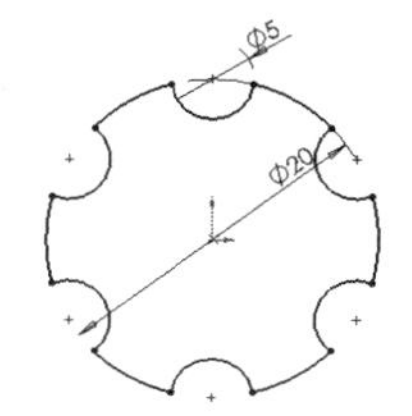

图 4-70　剪裁后的草图

⑦ 设置视图方向。单击“前导视图”工具栏中的（等轴测）按钮，将视图以等轴测方向显示，创建的拉伸 1 特征如图 4-71 所示。

⑧ 圆顶实体。单击菜单栏中的“插入”→“特征”→“圆顶”命令，此时系统弹出“圆顶”属性管理器。在“参数”选项组中，单击选择如图 4-71 所示的表面 1。按照如图 4-72 所示进行设置后，单击✔（确定）按钮，圆顶实体如图 4-73 所示。

⑨ 设置基准面。单击选择如图 4-73 所示后表面，然后单击“前导视图”工具栏中的（正视于）按钮，将该表面作为绘制图形的基准面。

⑩ 绘制草图。单击“草图”控制面板中的（圆）按钮，以原点为圆心绘制一个圆。

⑪ 标注尺寸。单击“草图”控制面板中的（智能尺寸）按钮，标注刚绘制的圆的直径，如图 4-74 所示。

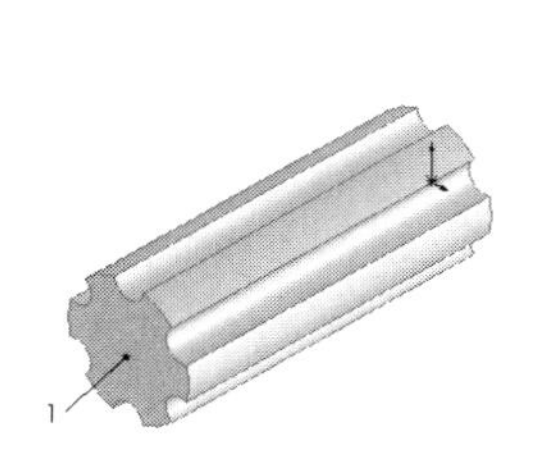

图 4-71　创建拉伸 1 特征

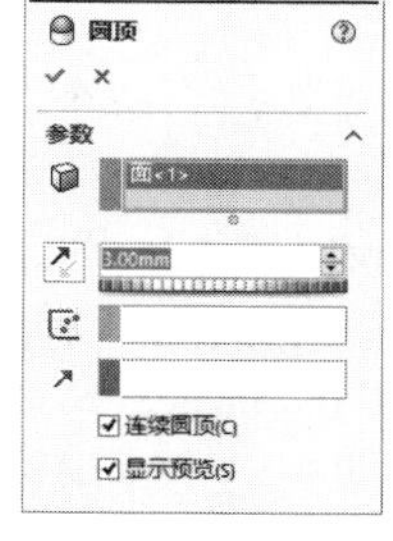

图 4-72　“圆顶”属性管理器

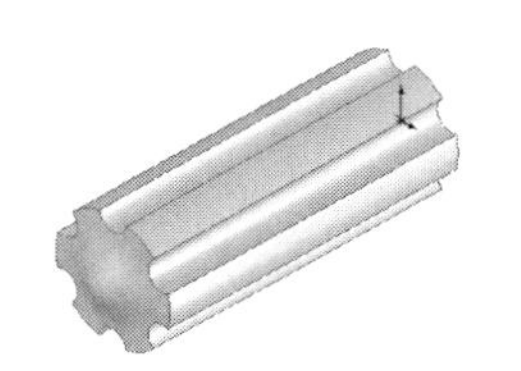

图 4-73　圆顶实体

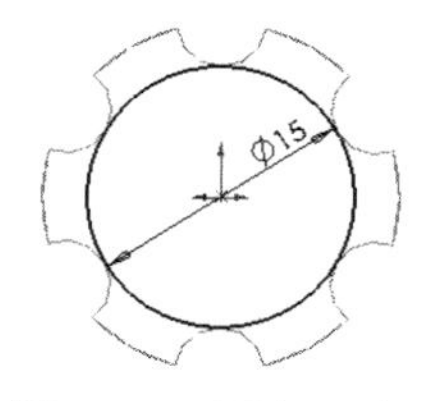

图 4-74　标注尺寸 2

⑫ 拉伸实体。单击菜单栏中的“插入”→“凸台/基体”→“拉伸”命令，或者单击“特征”控制面板中的（拉伸凸台/基体）按钮，此时系统弹出“拉伸”属性管理器。在（深度）文本框中输入“16”，然后单击（确定）按钮。

⑬ 设置视图方向。单击“前导视图”工具栏中的（等轴测）按钮，将视图以等轴测方向显示，创建的拉伸 2 特征如图 4-75 所示。

⑭ 设置基准面。单击选择如图 4-75 所示后表面，然后单击“前导视图”工具栏中的（正视于）按钮，将该表面作为绘制图形的基准面。

⑮ 绘制草图。单击“草图”控制面板中的（圆）按钮，以原点为圆心绘制一个圆。

⑯ 标注尺寸。单击“草图”控制面板中的（智能尺寸）按钮，标注刚绘制的圆的直径，如图 4-76 所示。

⑰ 拉伸实体。单击“特征”控制面板中的（拉伸凸台/基体）按钮，此时系统弹出“拉伸”属性管理器。在（深度）文本框中输入“75”，然后单击（确定）按钮。

⑱ 设置视图方向。单击“前导视图”工具栏中的（等轴测）按钮，将视图以等轴测方向显示，创建的拉伸 3 特征如图 4-77 所示。

⑲ 设置基准面。在左侧的 FeatureManager 设计树中选择“右视基准面”，然后单击“前导视图”工具栏中的（正视于）按钮，将该基准面作为绘制图形的基准面。

⑳ 绘制草图。单击“草图”控制面板中的（直线）按钮，绘制两个三角形。

㉑ 标注尺寸。单击“草图”控制面板中的（智能尺寸）按钮，标注步骤⑳中绘制草图的尺寸，如图 4-78 所示。

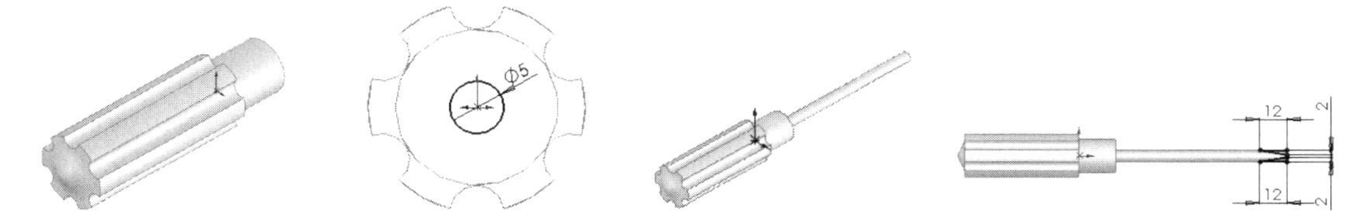

图 4-75　创建拉伸 2 特征　图 4-76　标注尺寸 3　图 4-77　创建拉伸 3 特征　图 4-78　标注尺寸 4

㉒ 拉伸切除实体。单击菜单栏中的“插入”→“切除”→“拉伸”命令，或者单击“特征”控制面板中的（拉伸切除）按钮，此时系统弹出“拉伸”属性管理器。在“方向 1”选项组的“终止条件”下拉列表框中选择“两侧对称”选项，然后单击（确定）按钮。

㉓ 设置视图方向。单击“前导视图”工具栏中的（等轴测）按钮，将视图以等轴测方向显示，创建的拉伸 4 特征如图 4-79 所示。

㉔ 倒圆角。单击“特征”控制面板中的（圆角）按钮，此时系统弹出“圆角”属性管理器。在（半径）文本框中输入“3”，然后单击选择如图 4-79 所示的边线 1，单击（确定）按钮。

㉕ 设置视图方向。单击“前导视图”工具栏中的（等轴测）按钮，将视图以等轴测方向显示，倒圆角后的图形如图 4-80 所示。

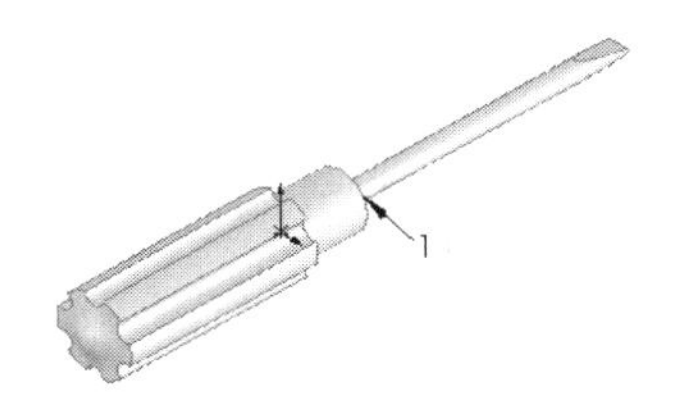

图 4-79　创建拉伸 4 特征

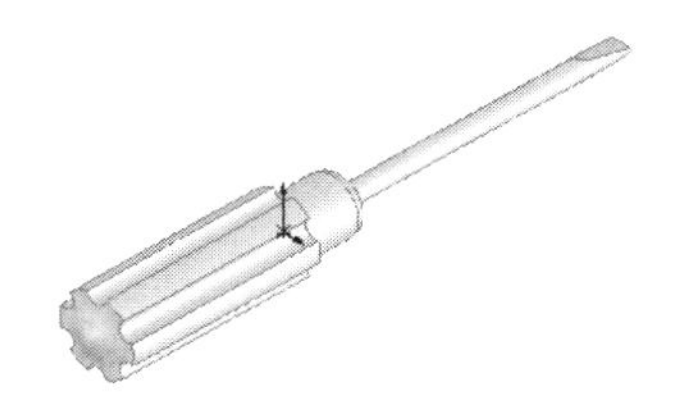

图 4-80　倒圆角后的图形

4.4 拔模特征

拔模是零件模型上常见的特征，是以指定的角度斜削模型中所选的面。经常应用于铸造零件，由于拔模角度的存在可以使型腔零件更容易脱出模具。SOLIDWORKS 提供了丰富的拔模功能。用户既可以在现有的零件上插入拔模特征，也可以在拉伸特征的同时进行拔模。本节主要介绍在现有的零件上插入拔模特征。

下面对与拔模特征有关的术语进行说明。

■ 拔模面：选取的零件表面，此面将生成拔模斜度。

■ 中性面：在拔模的过程中大小不变的固定面，用于指定拔模角的旋转轴。如果中性面与拔模面相交，则相交处即为旋转轴。

■ 拔模方向：用于确定拔模角度的方向。

图 4-81 所示是一个拔模特征的应用实例。

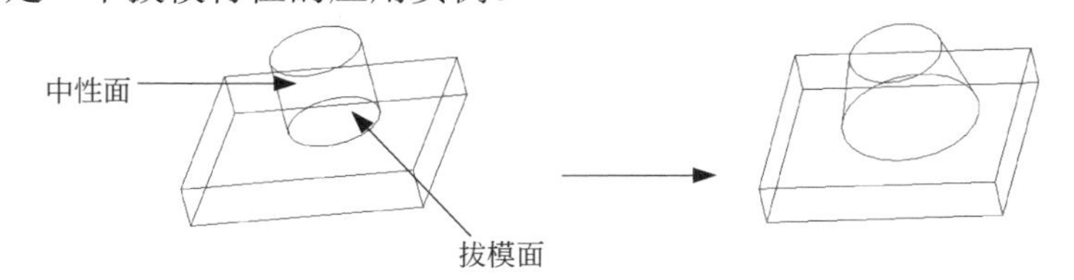

图 4-81　拔模特征实例

4.4.1 创建拔模特征

要在现有的零件上插入拔模特征，从而以特定角度斜削所选的面，可以使用中性面拔模、分型线拔模和阶梯拔模。

下面结合实例介绍使用中性面在模型面上生成拔模特征的操作步骤。

扫一扫，看视频

【案例 4-8】拔模

① 打开随书资源中的“源文件\ch4\4.8.SLDPRT”。

② 单击“特征”控制面板中的“拔模”按钮，或执行“插入”→“特征”→“拔模”菜单命令，系统弹出“拔模”属性管理器。

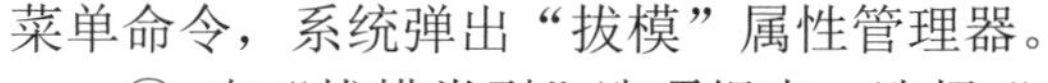

③ 在“拔模类型”选项组中，选择“中性面”选项。

④ 在“拔模角度”选项组的（角度）文本框中设定拔模角度。

⑤ 单击“中性面”选项组中的列表框，然后在图形区中选择面或基准面作为中性面，如图 4-82 所示。

图 4-82　选择中性面

⑥ 图形区中的控标会显示拔模的方向，如果要向相反的方向生成拔模，单击（反向）按钮。

⑦ 单击“拔模面”选项组图标右侧的列表框，然后在图形区中选择拔模面。

⑧ 如果要将拔模面延伸到额外的面，从“拔模沿面延伸”下拉列表框中选择以下选项。

■ 沿切面：将拔模延伸到所有与所选面相切的面。

■ 所有面：所有从中性面拉伸的面都进行拔模。

■ 内部的面：所有与中性面相邻的内部面都进行拔模。

■ 外部的面：所有与中性面相邻的外部面都进行拔模。

■ 无：拔模面不进行延伸。

⑨ 拔模属性设置完毕，单击✔（确定）按钮，完成中性面拔模特征。

此外，利用分型线拔模可以对分型线周围的曲面进行拔模。下面结合实例介绍插入分型线拔模特征的操作步骤。

【案例 4-9】分型线拔模

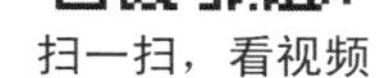

扫一扫，看视频

① 打开随书资源中的“源文件\ch4\4.9.SLDPRT”。

② 单击“特征”控制面板中的“拔模”按钮，或执行“插入”→“特征”→“拔模”菜单命令，系统弹出“拔模”属性管理器。

③ 在“拔模类型”选项组中，选择“分型线”选项。

④ 在“拔模角度”选项组的（角度）文本框中指定拔模角度。

⑤ 单击“拔模方向”选项组中的列表框，然后在图形区中选择一条边线或一个面来指示拔模方向。

⑥ 如果要向相反的方向生成拔模，单击（反向）按钮。

⑦ 单击“分型线”选项组图标右侧的列表框，在图形区中选择分型线，如图 4-83（a）所示。

⑧ 如果要为分型线的每一线段指定不同的拔模方向，单击“分型线”选项组图标右侧列表框中的边线名称，然后单击“其他面”按钮。

⑨ 在“拔模沿面延伸”下拉列表框中选择拔模沿面延伸类型。

■ 无：只在所选面上进行拔模。

■ 沿相切面：将拔模延伸到所有与所选面相切的面。

⑩ 拔模属性设置完毕，单击✔（确定）按钮，完成分型线拔模特征，如图 4-83（b）所示。

技巧荟萃

拔模分型线必须满足以下条件：①在每个拔模面上至少有一条分型线段与基准面重合；②其他所有分型线段处于基准面的拔模方向；③没有分型线段与基准面垂直。

除了中性面拔模和分型线拔模以外，SOLIDWORKS 还提供了阶梯拔模。阶梯拔模为分型线拔模的变体，它的分型线可以不在同一平面内，如图 4-84 所示。

（a）设置分型线拔模

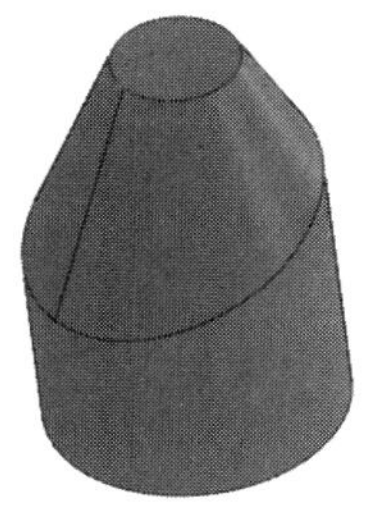

（b）分型线拔模效果

图 4-83　分型线拔模

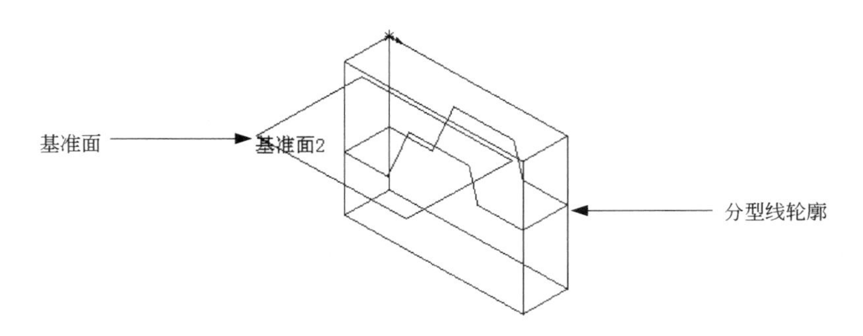

图 4-84　阶梯拔模中的分型线轮廓

下面结合实例介绍插入阶梯拔模特征的操作步骤。

【案例 4-10】阶梯拔模

扫一扫，看视频

① 打开随书资源中的"源文件\ch4\4.10.SLDPRT"。

② 单击"特征"控制面板中的"拔模"按钮，或执行"插入"→"特征"→"拔模"菜单命令，系统弹出"拔模"属性管理器。

③ 在"拔模类型"选项组中，选择"阶梯拔模"选项。

④ 如果想使曲面与锥形曲面一样生成，则勾选"锥形阶梯"复选框；如果想使曲面垂直于原主要面，则勾选"垂直阶梯"复选框。

⑤ 在"拔模角度"选项组的（角度）文本框中指定拔模角度。

⑥ 单击"拔模方向"选项组中的列表框，然后在图形区中选择一基准面指示起模方向。

⑦ 如果要向相反的方向生成拔模，则单击（反向）按钮。

⑧ 单击"分型线"选项组图标右侧的列表框，然后在图形区中选择分型线，如图 4-85（a）所示。

⑨ 如果要为分型线的每一线段指定不同的拔模方向，则在"分型线"选项组图标右侧的列表框中选择边线名称，然后单击"其他面"按钮。

⑩ 在"拔模沿面延伸"下拉列表框中选择拔模沿面延伸类型。

⑪ 拔模属性设置完毕，单击（确定）按钮，完成阶梯拔模特征，如图 4-85（b）所示。

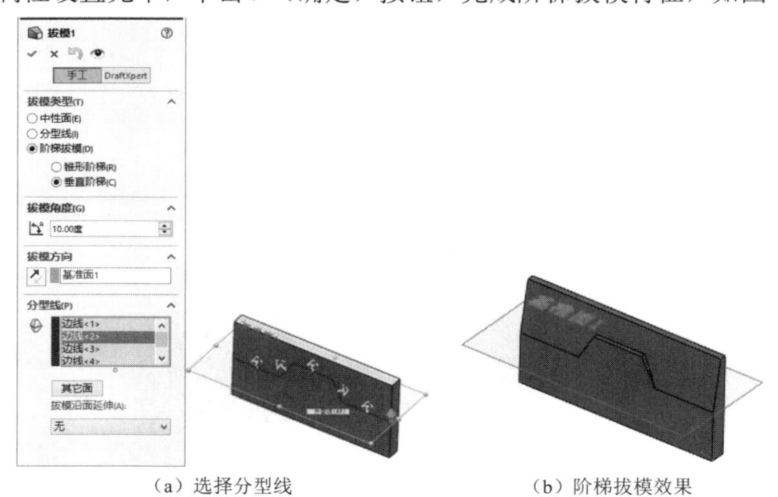

（a）选择分型线　　（b）阶梯拔模效果

图 4-85　创建分型线拔模

4.4.2 实例——球棒

扫一扫，看视频

本实例绘制的球棒如图 4-86 所示。首先绘制一个圆柱体，然后绘制分割线，把圆柱体分割成两部分，将其中一部分进行拔模处理，完成球棒的绘制。

绘制步骤

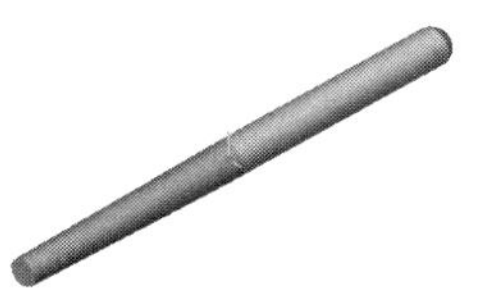
图 4-86　球棒

① 新建文件。单击菜单栏中的“文件”→“新建”命令，创建一个新的零件文件。

② 绘制草图。单击“草图”控制面板中的（草图绘制）按钮，新建一张草图。默认情况下，新的草图在前视基准面上打开。单击“草图”控制面板中的（圆）按钮，绘制一个圆形作为拉伸基体特征的草图轮廓。

③ 标注尺寸。单击“草图”控制面板中的（智能尺寸）按钮，标注尺寸如图 4-87 所示。

④ 拉伸实体。单击“特征”控制面板中的（拉伸凸台/基体）按钮，或单击菜单栏中的“插入”→“凸台/基体”→“拉伸”命令，在弹出的“拉伸”属性管理器的“方向 1”选项组中设定拉伸“终止条件”为“两侧对称”；在（深度）文本框中输入“160”，单击（确定）按钮，生成的拉伸实体特征如图 4-88 所示。

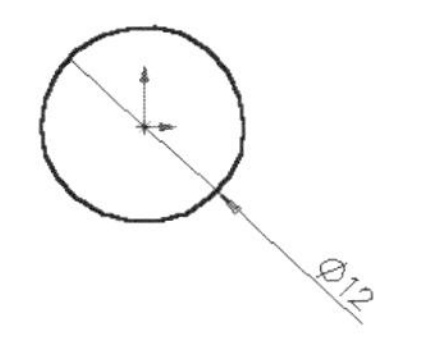

图 4-87　标注尺寸

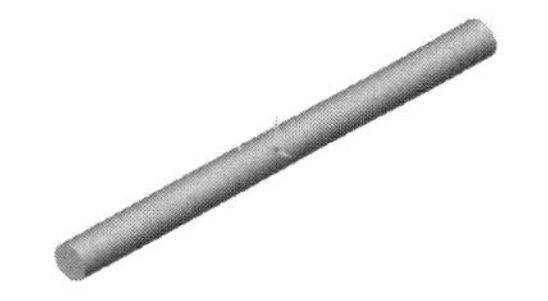
图 4-88　基体拉伸特征

⑤ 创建基准面。单击“特征”控制面板“参考几何体”下拉列表中的“基准面”按钮，或执行“插入”→“参考几何体”→“基准面”菜单命令，系统弹出“基准面”属性管理器。选择上视基准面，然后在“基准面”属性管理器的（偏移距离）文本框中输入“20”，单击（确定）按钮，生成分割线所需的基准面 1。

⑥ 设置基准面。单击“草图”控制面板中的（草图绘制）按钮，在基准面 1 上打开一张草图，即草图 2。单击“前导视图”工具栏中的（正视于）按钮，正视于基准面 1 视图。

⑦ 绘制草图。单击“草图”控制面板中的“直线”按钮，在基准面 1 上绘制一条通过原点的水平直线。

⑧ 设置视图方向。单击“前导视图”工具栏中的（消除隐藏线）按钮，以轮廓线观察模型。单击“前导视图”工具栏中的（等轴测）按钮，用等轴测视图观看图形，如图 4-89 所示。

⑨ 创建分割线。单击菜单栏中的“插入”→“曲线”→“分割线”命令，或者单击“特征”控制面板“曲线”下拉列表中的（分割线）按钮，系统弹出“分割线”属性管理器。在“分割类型”选项组中点选“投影”单选钮，单击图标右侧的列表框，在图形区中选择草图 2 作为投影草图；单击图标右侧的列表框，然后在图形区中选择圆柱的侧面作为要分割的面，如图 4-90 所示。单击（确定）按钮，生成平均分割圆柱的分割线，如图 4-91 所示。

⑩ 创建拔模特征。单击“特征”控制面板中的“拔模”按钮，或执行“插入”→“特征”→“拔模”菜单命令，系统弹出“拔模”属性管理器。在“拔模类型”选项组中点选“分型线”单选钮，在（角度）文本框中输入“1”；然后在图形区中选择圆柱-侧顶面为拔模方向。单击✔（确定）按钮，完成分型面拔模特征。

⑪ 创建圆顶特征。单击选择柱形的底端面（拔模的一端）作为创建圆顶的基面。单击“特征”控制面板中的“圆顶”按钮，或单击菜单栏中的“插入”→“特征”→“圆顶”命令，在弹出的“圆顶”属性管理器中指定圆顶的高度为“5mm”。单击✔（确定）按钮，生成圆顶特征。

⑫ 保存文件。单击“标准”工具栏中的“保存”按钮，将零件保存为“球棒.SLDPRT”。至此该零件就制作完成了，最后的效果（包括 FeatureManager 设计树）如图 4-92 所示。

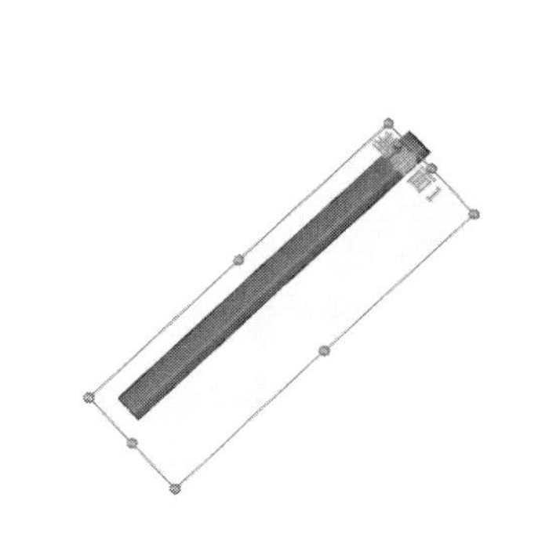

图 4-89　在基准面 1 上生成草图 2

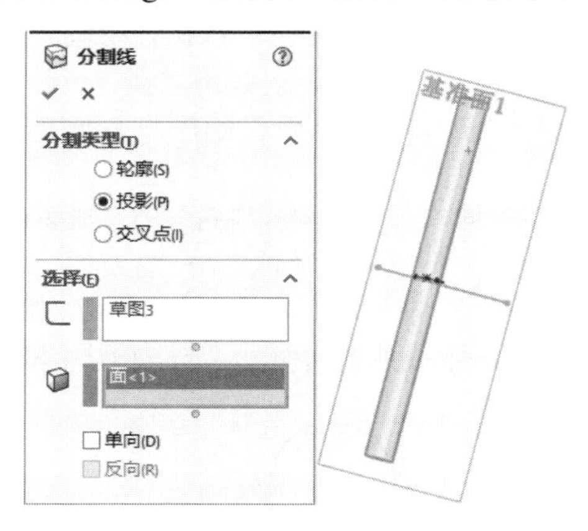

图 4-90　“分割线”属性管理器

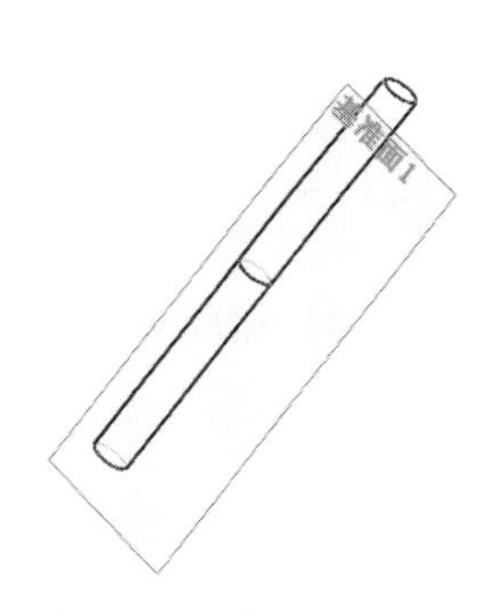

图 4-91　生成分割线

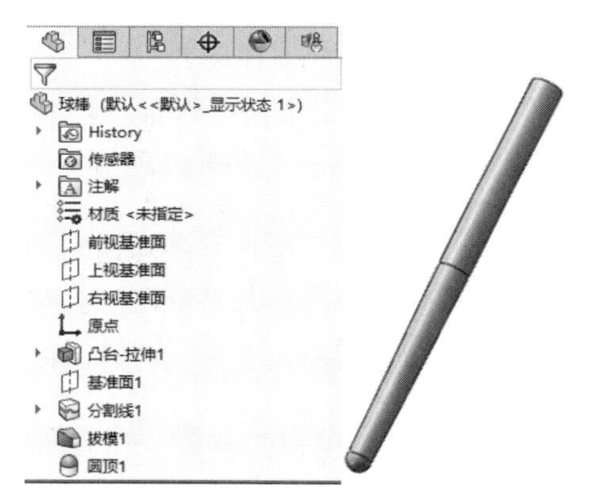

图 4-92　最后的效果

4.5 抽壳特征

抽壳特征是零件建模中的重要特征，它能使一些复杂工作变得简单化。当在零件的一个面上抽壳时，系统会掏空零件的内部，使所选择的面敞开，在剩余的面上生成薄壁特征。如果没有选择模型上的任何面，而直接对实体零件进行抽壳操作，则会生成一个闭合、掏空的模型。通常，抽壳时各个表面的厚度相等，也可以对某些表面的厚度进行单独指定，这样抽壳特征完成之后，各个零件表面的厚度就不相等了。

图 4-93 所示是对零件创建抽壳特征后建模的实例。

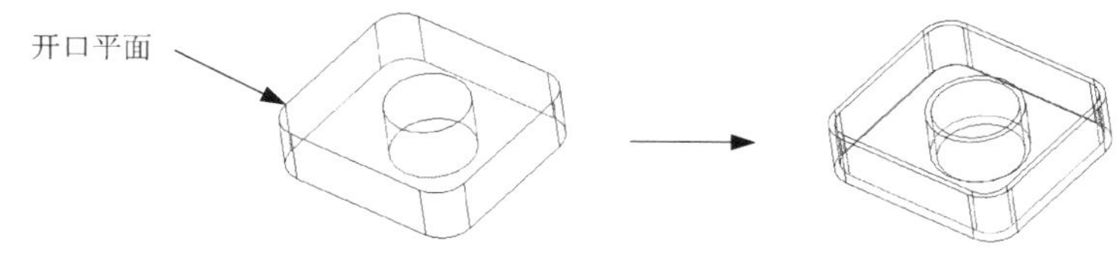

图 4-93　抽壳特征实例

4.5.1　创建抽壳特征

扫一扫，看视频

4.5.1.1　等厚度抽壳特征

下面结合实例介绍生成等厚度抽壳特征的操作步骤。

【案例 4-11】等厚度抽壳

① 打开随书资源中的“源文件\ ch4\4.11.SLDPRT”。

② 单击“特征”控制面板中的“抽壳”按钮，或执行“插入”→“特征”→“抽壳”菜单命令，系统弹出“抽壳”属性管理器。

③ 在“参数”选项组的（厚度）文本框中指定抽壳的厚度。

④ 单击图标右侧的列表框，然后从右侧的图形区中选择一个或多个开口面作为要移除的面。此时在列表框中显示所选的开口面，如图 4-94 所示。

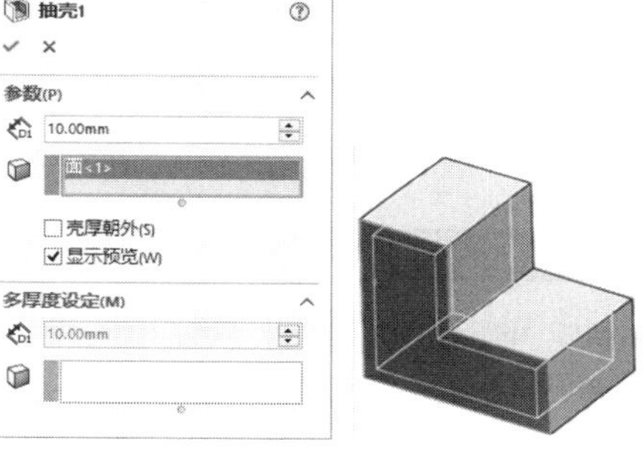

图 4-94　选择要移除的面

⑤ 如果勾选了“壳厚朝外”复选框，则会增加零件外部尺寸，从而生成抽壳。

⑥ 抽壳属性设置完毕，单击（确定）按钮，生成等厚度抽壳特征。

技巧荟萃

如果在步骤④中没有选择开口面，则系统会生成一个闭合、掏空的模型。

4.5.1.2　具有多厚度面的抽壳特征

下面结合实例介绍生成具有多厚度面抽壳特征的操作步骤。

扫一扫，看视频

【案例 4-12】多厚度抽壳

① 打开随书资源中的“源文件\ch4\4.12.SLDPRT”。

② 单击“特征”控制面板中的“抽壳”按钮，或执行“插入”→“特征”→“抽壳”菜单命令，系统弹出“抽壳”属性管理器。

③ 单击“多厚度设定”选项组图标右侧的列表框，激活多厚度设定。

④ 在图形区中选择开口面，这些面会在该列表框中显示出来。

⑤ 在列表框中选择开口面，然后在“多厚度设定”选项组的（厚度）文本框中输入对应的壁厚。

⑥ 重复步骤⑤，直到为所有选择的开口面指定了厚度。

⑦ 如果要使壁厚添加到零件外部，则勾选“壳厚朝外”复选框。

⑧ 抽壳属性设置完毕，单击（确定）按钮，生成多厚度抽壳特征，其剖视图如图 4-95 所示。

技巧荟萃

如果想在零件上添加圆角特征，应当在生成抽壳之前对零件进行圆角处理。

4.5.2 实例——移动轮支架

扫一扫，看视频

本实例绘制的移动轮支架如图 4-96 所示。

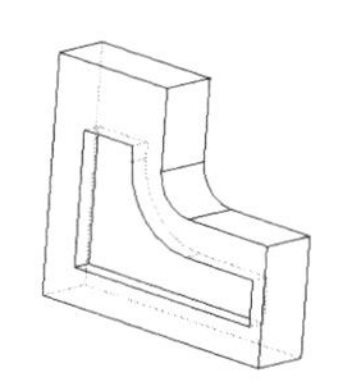

图 4-95　多厚度抽壳（剖视图）

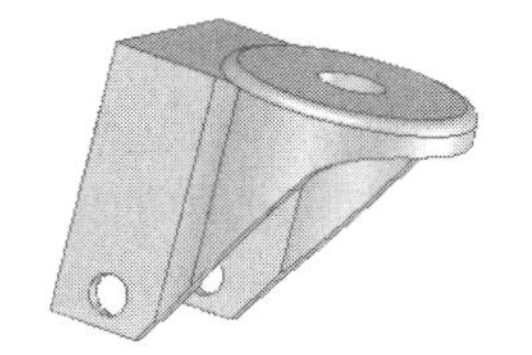

图 4-96　移动轮支架

绘制步骤

① 单击“标准”工具栏中的“新建”按钮，创建一个新的零件文件。在弹出的“新建 SOLIDWORKS 文件”对话框中选择“零件”按钮，然后单击“确定”按钮，创建一个新的零件文件。

② 绘制主体轮廓，绘制草图。在左侧的 FeatureManager 设计树中选择“前视基准面”作为绘制图形的基准面。单击“草图”控制面板中的“圆”按钮，以原点为圆心绘制一个直径为 58 的圆；单击“草图”控制面板中的“直线”按钮，在相应的位置绘制三条直线。

③ 标注尺寸。单击“草图”控制面板中的“智能尺寸”按钮，标注上一步绘制草图的尺寸，结果如图 4-97 所示。

④ 剪裁实体。单击“草图”控制面板中的“剪裁实体”按钮，裁剪直线之间的圆弧，结果如图 4-98 所示。

⑤ 拉伸实体。单击“特征”控制面板中的“拉伸凸台/基体”按钮，此时系统弹出“拉伸”属性管理器。在“深度”栏中输入 65，然后单击属性管理器中的“确定”图标。

⑥ 设置视图方向。单击“视图定向”工具栏中的“等轴测”图标，将视图以等轴测方向显示，结果如图 4-99 所示。

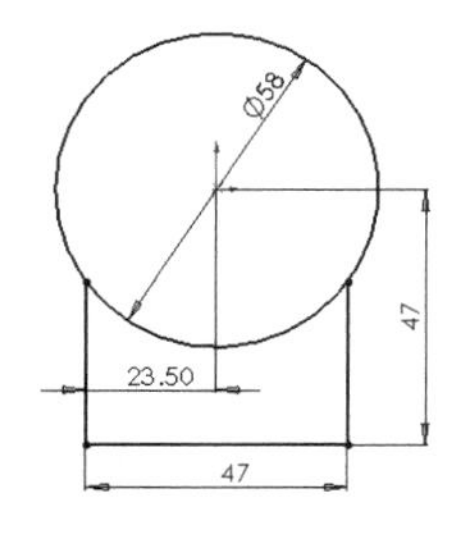

图 4-97　标注的草图

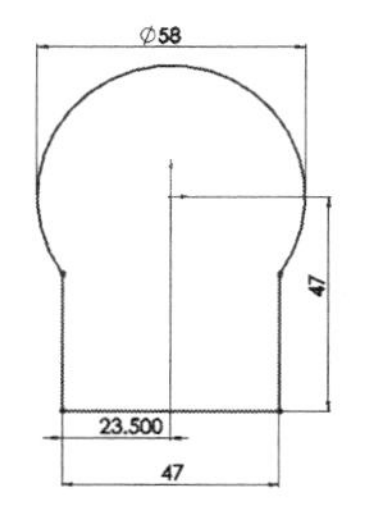

图 4-98　裁剪的草图

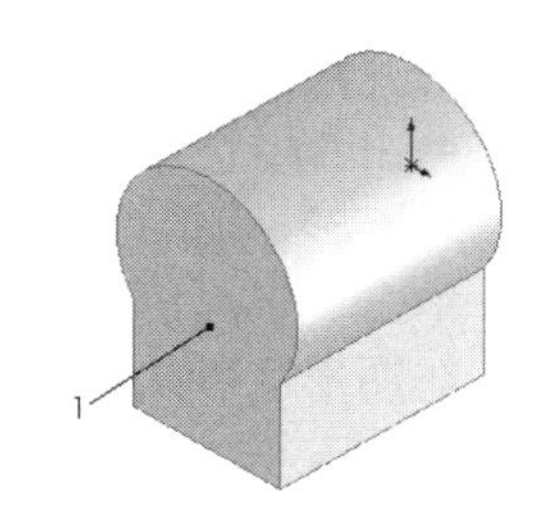

图 4-99　拉伸后的图形

⑦ 抽壳实体。单击“特征”控制面板中的“抽壳”按钮，此时系统弹出如图 4-100 所示的“抽壳”属性管理器。在“深度”一栏中输入值 3.5，单击属性管理器中的“确定”图标，结果如图 4-101 所示。

⑧ 设置基准面。在左侧的 FeatureManager 设计树中用鼠标选择“右视基准面”，然后单击“视图定向”工具栏“正视于”图标，将该基准面作为绘制图形的基准面。

⑨ 绘制草图。单击“草图”控制面板中的“直线”按钮，绘制 3 条直线；单击“草图”控制面板中的“3 点圆弧”按钮，绘制一个圆弧。

⑩ 标注尺寸。单击“草图”控制面板中的“智能尺寸”按钮，标注上一步绘制的草图的尺寸，结果如图 4-102 所示。

⑪ 拉伸切除实体。单击“特征”控制面板中的“拉伸切除”按钮，此时系统弹出“切除-拉伸”属性管理器。在方向 1 和方向 2 的“终止条件”一栏的下拉菜单中，用选择“完全贯穿”选项，单击属性管理器中的“确定”图标。

⑫ 设置视图方向。单击“视图定向”工具栏中的“等轴测”图标，将视图以等轴测方向显示，结果如图 4-103 所示。

图 4-100 “抽壳”属性管理器

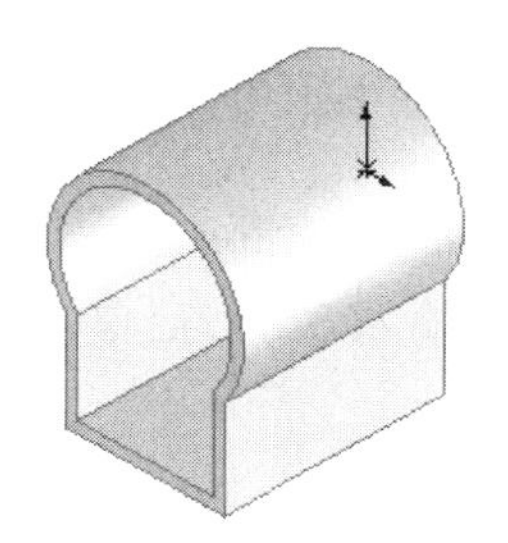

图 4-101 抽壳后的图形

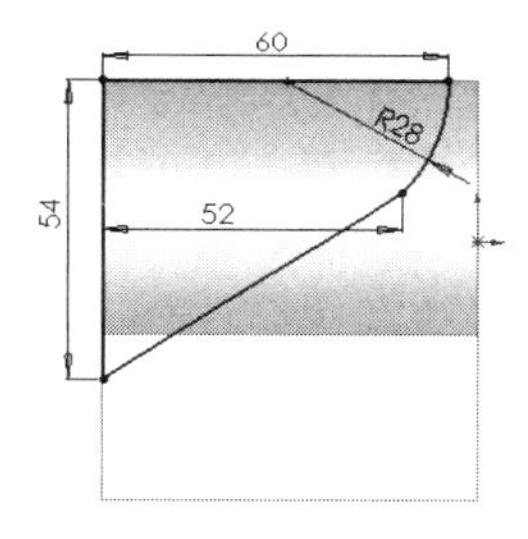

图 4-102 标注的草图

⑬ 圆角实体。单击“特征”控制面板上的“圆角”按钮，此时系统弹出“圆角”属性管理器。在“半径”一栏中输入值 15，然后用鼠标选择如图 4-103 所示的边线 1 以及左侧对应的边线。单击属性管理器中的“确定”图标，结果如图 4-104 所示。

⑭ 设置基准面。单击如图 4-104 所示的表面 1，然后单击“视图定向”工具栏中的“正视于”图标，将该表面作为绘制图形的基准面。

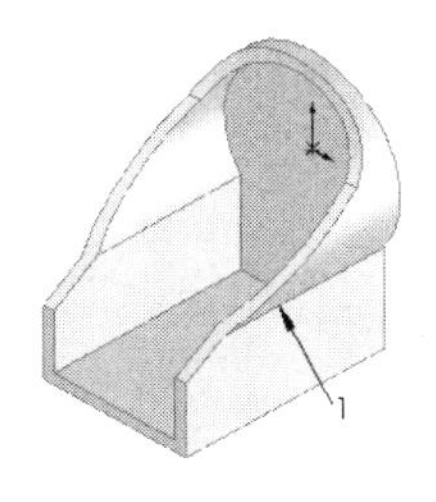

图 4-103 拉伸切除后的图形

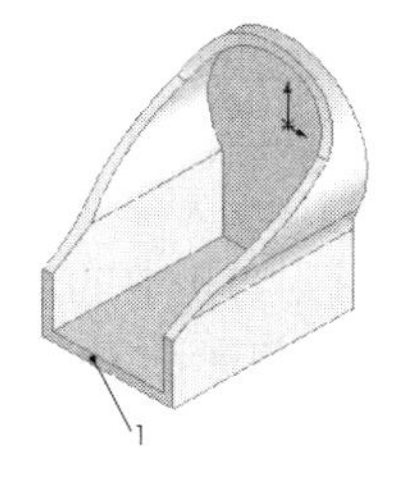

图 4-104 拉伸切除后的图形

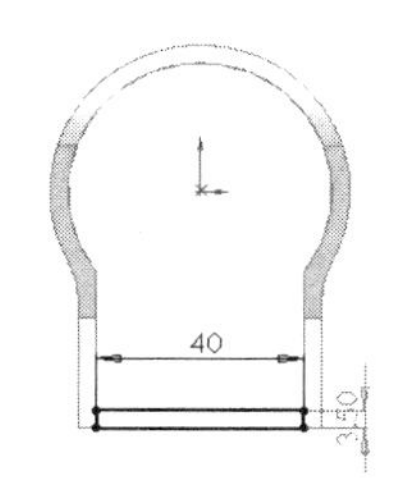

图 4-105 标注的草图

⑮ 绘制草图。单击“草图”控制面板中的“边角矩形”按钮，绘制一个矩形。

⑯ 标注尺寸。单击“草图”控制面板中的“智能尺寸”按钮，标注上一步绘制草图的尺寸，结果如图 4-105 所示。

⑰ 拉伸切除实体。单击“特征”控制面板中的“拉伸切除”按钮，此时系统弹出“切除-拉伸”属性管理器。在“深度”栏中输入61.5，然后单击属性管理器中的“确定”图标。

⑱ 设置视图方向。单击“视图定向”工具栏中的“等轴测”图标，将视图以等轴测方向显示，结果如图4-106所示。

⑲ 绘制连接孔，设置基准面。单击如图4-104所示的表面1，然后单击“视图定向”工具栏中的“正视于”图标，将该表面作为绘制图形的基准面。

⑳ 绘制草图。单击“草图”控制面板中的“圆”按钮，在上一步设置的基准面上绘制一个圆。

㉑ 标注尺寸。单击“草图”控制面板中的“智能尺寸”按钮，标注上一步绘制圆的直径及其定位尺寸，结果如图4-107所示。

㉒ 拉伸切除实体。单击“特征”控制面板中的“拉伸切除”按钮，此时系统弹出“切除-拉伸”属性管理器。在“终止条件”一栏的下拉菜单中，用鼠标选择“完全贯穿”选项。单击属性管理器中的“确定”图标。

㉓ 设置视图方向。单击“视图定向”工具栏中的“旋转视图”图标，将视图以合适的方向显示，结果如图4-108所示。

㉔ 设置基准面。单击如图4-108所示的表面1，然后单击“视图定向”工具栏中的“正视于”图标，将该表面作为绘制图形的基准面。

㉕ 绘制草图。单击“草图”控制面板中的“圆”按钮，在上一步设置的基准面上绘制一个直径为58mm的圆。

㉖ 拉伸实体。单击“特征”控制面板中的“拉伸凸台/基体”按钮，此时系统弹出“拉伸”属性管理器。在“深度”栏中输入3，然后单击属性管理器中的“确定”图标。

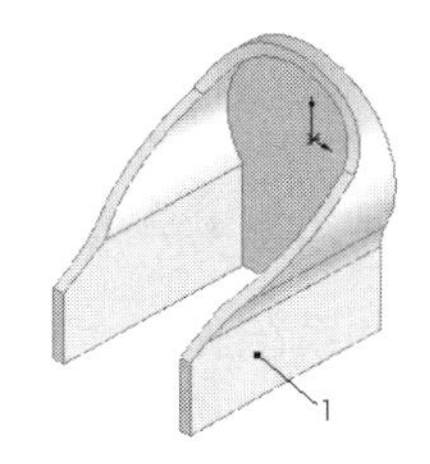

图4-106 拉伸切除后的图形

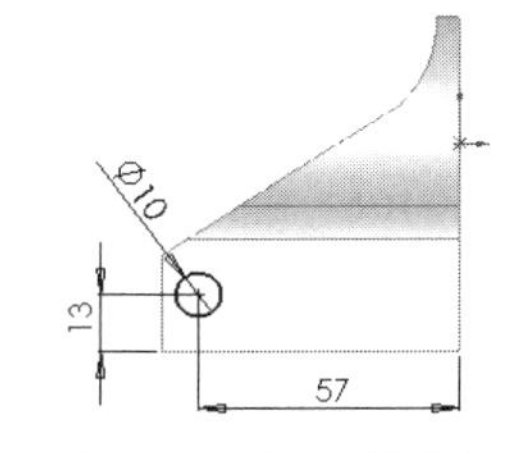

图4-107 标注的草图

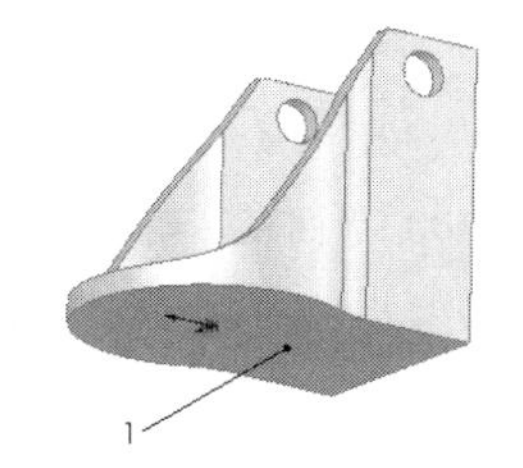

图4-108 拉伸切除后的图形

㉗ 设置视图方向。单击“视图定向”工具栏中的“旋转视图”图标，将视图以合适的方向显示，结果如图4-109所示。

㉘ 圆角实体。单击“特征”控制面板上的“圆角”按钮，此时系统弹出“圆角”属性管理器。在“半径”栏中输入3，然后用鼠标选择如图4-109所示的边线1。单击属性管理器中的“确定”图标，结果如图4-110所示。

㉙ 绘制轴孔，设置基准面。单击图4-110中的表面1，然后单击“视图定向”工具栏中的“正视于”图标，将该表面作为绘制图形的基准面。

㉚ 绘制草图。单击“草图”控制面板中的“圆”按钮，在上一步设置的基准面上绘制一个直径为16的圆。

㉛ 拉伸切除实体。单击“特征”控制面板中的“拉伸切除”按钮，此时系统弹出“切除-拉伸”属性管理器。在“终止条件”一栏的下拉菜单中，用鼠标选择“完全贯穿”选项，单击属性管理器中的“确定”图标。

㉜ 设置视图方向。单击“视图定向”工具栏中的“等轴测”图标，将视图以等轴测

方向显示，结果如图 4-111 所示。

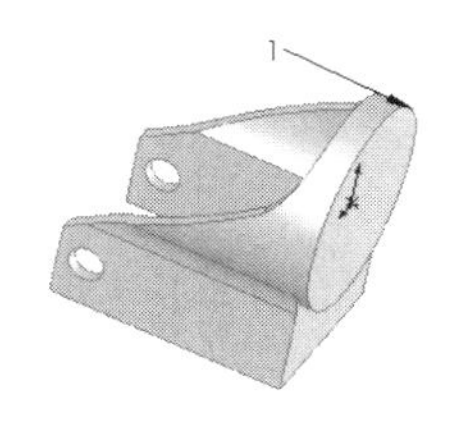

图 4-109　拉伸后的图形

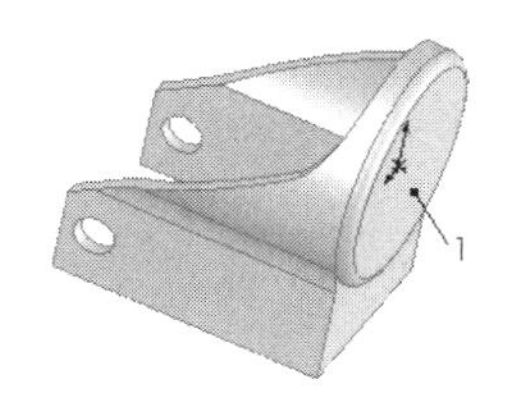

图 4-110　圆角后的图形

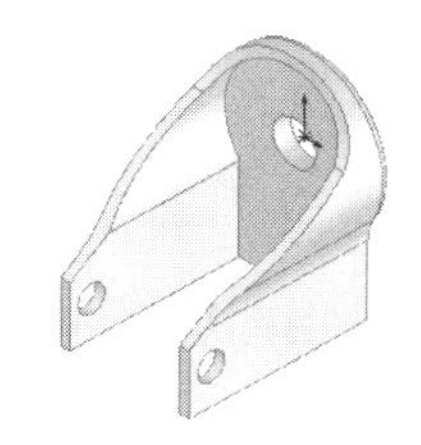

图 4-111　拉伸切除后的图形

4.6 孔特征

钻孔特征是指在已有的零件上生成各种类型的孔特征。SOLIDWORKS 提供了两大类孔特征：简单直孔和异型孔。下面结合实例介绍不同钻孔特征的操作步骤。

4.6.1 创建简单直孔

扫一扫，看视频

简单直孔是指在确定的平面上，设置孔的直径和深度。孔深度的“终止条件”类型与拉伸切除的“终止条件”类型基本相同。

下面结合实例介绍简单直孔创建的操作步骤。

① 打开随书资源中“源文件\ch4\4.13.SLDPRT”，如图 4-112 所示。

② 单击选择如图 4-112 所示的表面 1，执行“插入”→“特征”→“简单直孔”菜单命令，此时系统弹出“孔”属性管理器。

③ 设置属性管理器。在“终止条件”下拉列表框中选择“完全贯穿”选项，在（孔直径）文本框中输入“30”，“孔”属性管理器设置如图 4-113 所示。

④ 单击“孔”属性管理器中的（确定）按钮，钻孔后的实体如图 4-114 所示。

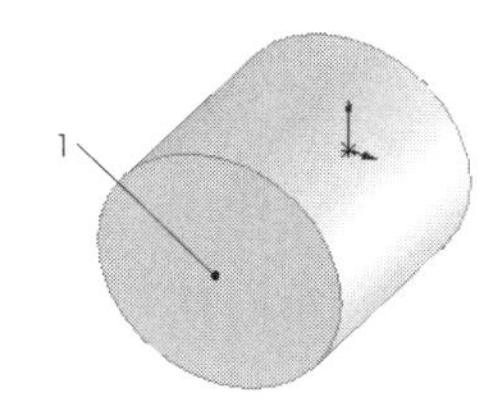

图 4-112　打开的实体

⑤ 在 FeatureManager 设计树中，右击步骤④中添加的孔特征选项，此时系统弹出的快捷菜单如图 4-115 所示，单击其中的（编辑草图）按钮，编辑草图如图 4-116 所示。

图 4-113 “孔”属性管理器

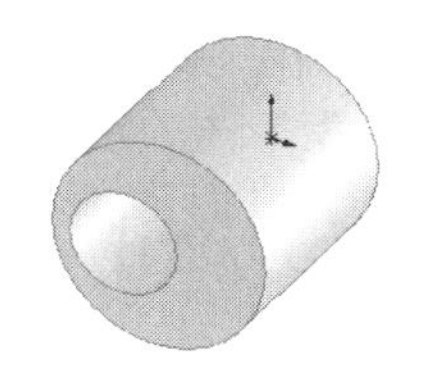

图 4-114　实体钻孔

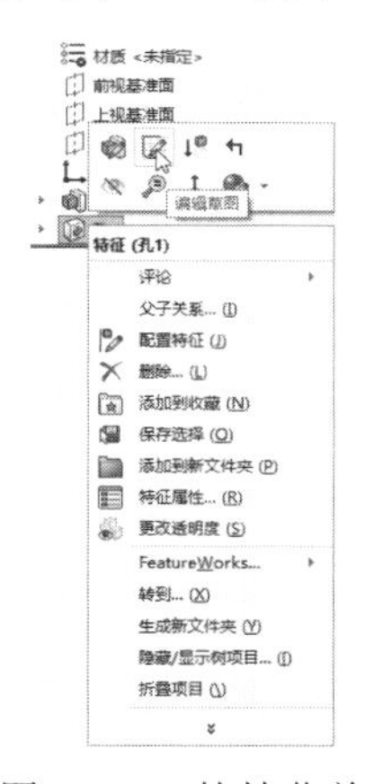

图 4-115　快捷菜单

⑥ 按住<Ctrl>键，单击选择如图 4-116 所示的圆弧 1 和边线弧 2，此时系统弹出的“属性”属性管理器如图 4-117 所示。

⑦ 单击“添加几何关系”选项组中的“同心”按钮，此时“同心”几何关系显示在“现有几何关系”选项组中。为圆弧 1 和边线弧 2 添加“同心”几何关系，再单击✔（确定）按钮。

⑧ 单击图形区右上角的（退出草图）按钮，创建的简单孔特征如图 4-118 所示。

技巧荟萃

在确定简单孔的位置时，可以通过标注尺寸的方式来确定，对于特殊的图形可以通过添加几何关系来确定。

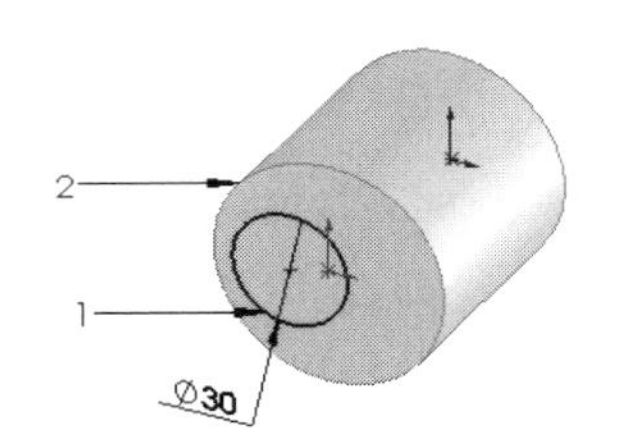

图 4-116 编辑草图

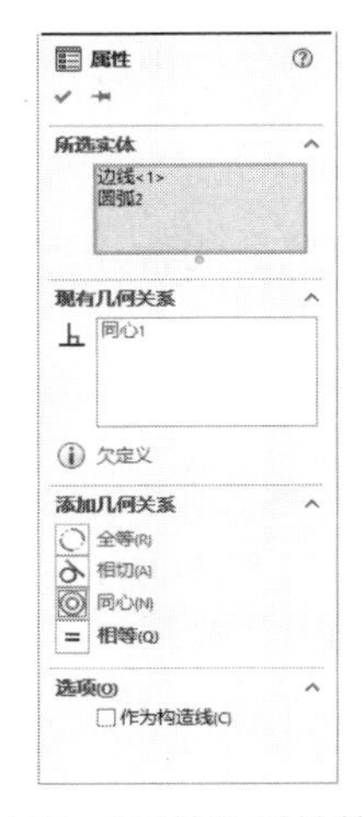

图 4-117 “属性”属性管理器

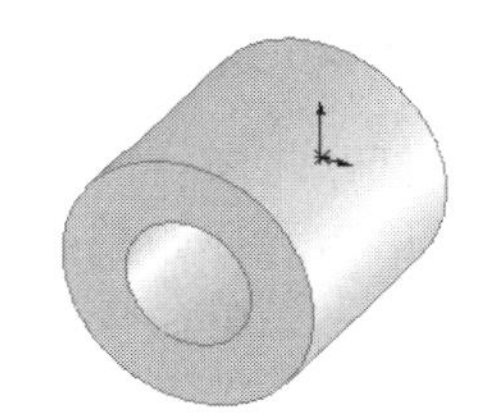

图 4-118 创建的简单孔特征

4.6.2 创建异型孔

扫一扫，看视频

异型孔即具有复杂轮廓的孔，主要包括柱孔、锥孔、孔、螺纹孔、管螺纹孔和旧制孔 6 种。异型孔的类型和位置都是在“孔规格”属性管理器中完成。

下面结合实例介绍异型孔创建的操作步骤。

【案例 4-14】异型孔

① 打开随书资源中的“源文件\ch4\4.14.SLDPRT”，打开的文件实体如图 4-119 所示。

② 单击选择如图 4-119 所示的表面 1，单击“特征”控制面板中的“异形孔向导”按钮，或执行“插入”→“特征”→“孔”→“向导” 菜单命令，此时系统弹出“孔规格”属性管理器。

图 4-119 打开的文件实体

③ “孔类型”选项组按照如图 4-120 所示进行设置，然后单击“位置”选项卡，此时单击“3D 草图”按钮，在如图 4-119 所示的表面 1 上添加 4 个点。

④ 选择草图 2 单击右键选择“编辑草图”命令，标注添加 4 个点的定位尺寸，如图 4-121 所示。

⑤ 单击“孔规格”属性管理器中的✔（确定）按钮，添加的孔如图 4-122 所示。

⑥ 选择菜单栏“视图”→“修改”→“旋转视图”，将视图以合适的方向显示，旋转视图后的图形如图 4-123 所示。

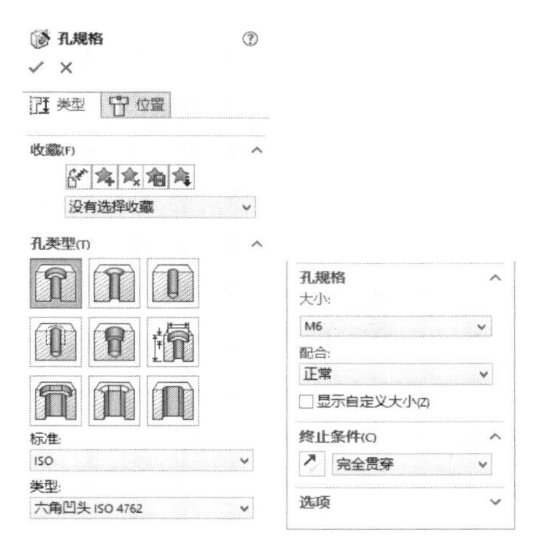

图 4-120 “孔规格”属性管理器

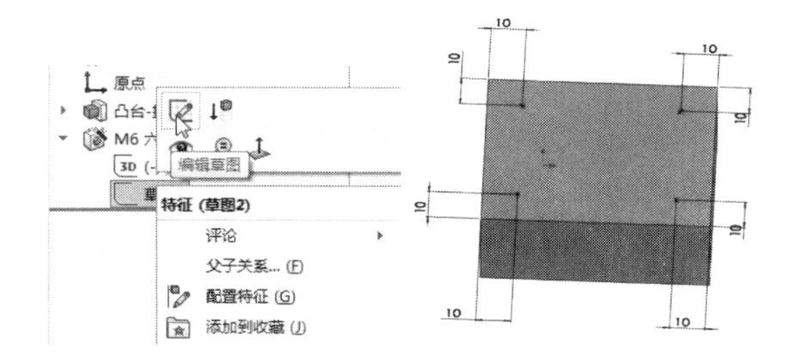

图 4-121 标注孔位置

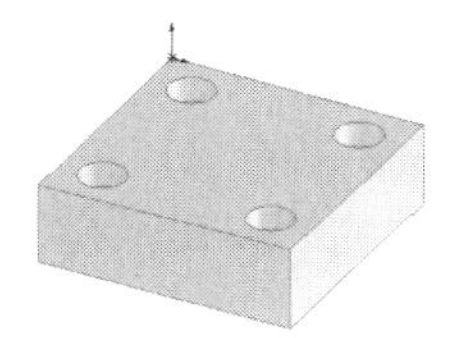

图 4-122 添加孔

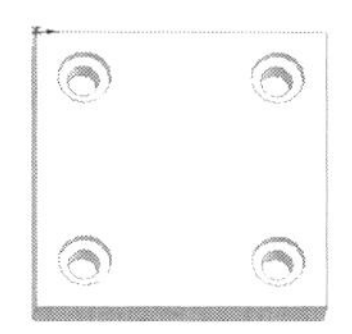

图 4-123 旋转视图后的图形

4.6.3 实例——锁紧件

扫一扫，看视频

本实例绘制的锁紧件如图 4-124 所示。首先绘制锁紧件的主体轮廓草图并拉伸实体，然后绘制固定螺纹孔以及锁紧螺纹孔。

绘制步骤

① 新建文件。单击菜单栏中的“文件”→“新建”命令，创建一个新的零件文件。

② 绘制锁紧件主体的草图。在左侧的 FeatureManager 设计树中选择“前视基准面”作为绘制图形的基准面。单击“草图”控制面板中的“圆”图标，以原点为圆心绘制一个圆；单击“草图”控制面板中的“直线”图标，绘制一系列的直线；单击“草图”控制面板中的（3 点圆弧）按钮，绘制圆弧；单击“草图”控制面板中的“中心线”图标，绘制一条通过原点的水平中心线。

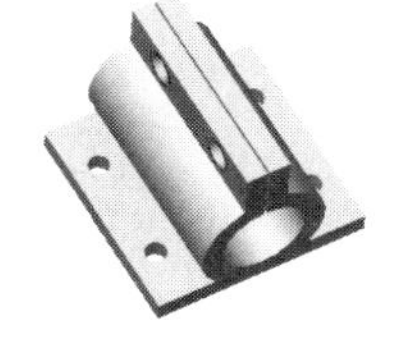

图 4-124 锁紧件

③ 标注尺寸。单击菜单栏中的“工具”→“尺寸”→“智能尺寸”命令，或者单击“草图”控制面板中的“智能尺寸”图标，标注步骤②中绘制草图的尺寸，如图 4-125 所示。

④ 拉伸实体。单击菜单栏中的“插入”→“凸台/基体”→“拉伸”命令，或者单击“特征”控制面板中的“拉伸凸台/基体”图标，此时系统弹出“拉伸”属性管理器。在“深度”文本框中输入“60”，然后单击✔（确定）按钮。

⑤ 设置视图方向。单击“前导视图”工具栏中的(等轴测)按钮，将视图以等轴测方向显示，创建的拉伸 1 特征如图 4-126 所示。

⑥ 设置基准面。单击选择如图 4-126 所示的表面 1，然后单击“前导视图”工具栏中的(正视于)按钮，将该表面作为绘制图形的基准面。

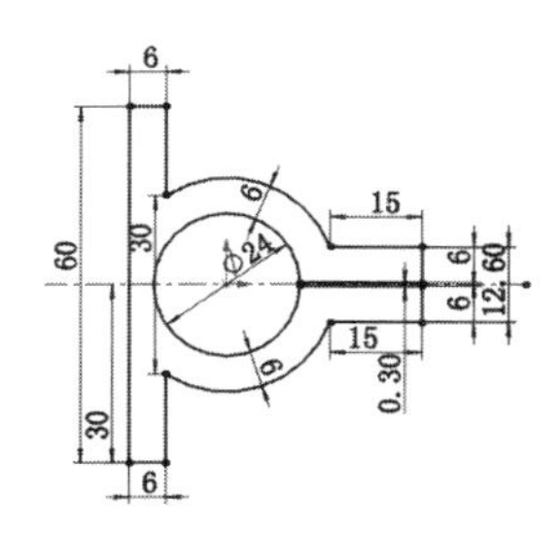

图 4-125　标注尺寸 1

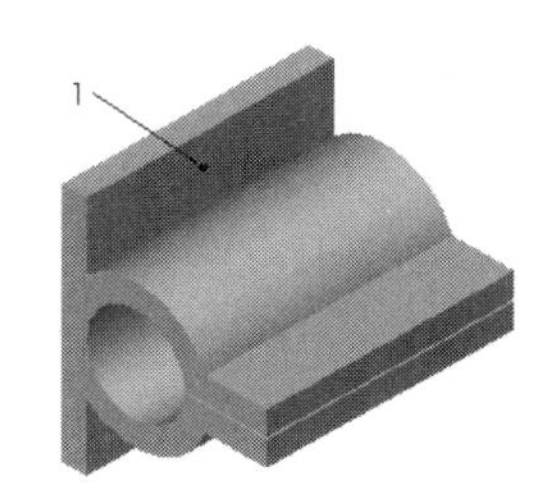

图 4-126　创建拉伸 1 特征

⑦ 绘制草图。单击“草图”控制面板中的“圆”图标，在步骤⑥中设置的基准面上绘制 4 个圆。

⑧ 标注尺寸。单击“草图”控制面板中的“智能尺寸”图标，标注步骤⑦中绘制的圆的直径及其定位尺寸，如图 4-127 所示。

⑨ 拉伸切除实体。单击菜单栏中的“插入”→“切除”→“拉伸”命令，或者单击“特征”控制面板中的“拉伸切除”图标，此时系统弹出“拉伸”属性管理器。在“终止条件”下拉列表框中选择“完全贯穿”选项，如图 4-128 所示，单击(确定)按钮。

⑩ 设置视图方向。单击“前导视图”工具栏中的(等轴测)按钮，将视图以等轴测方向显示，创建的拉伸 2 特征如图 4-129 所示。

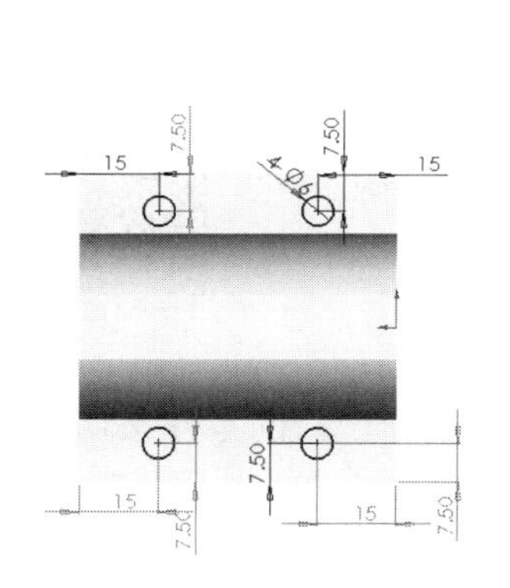

图 4-127　标注尺寸 2

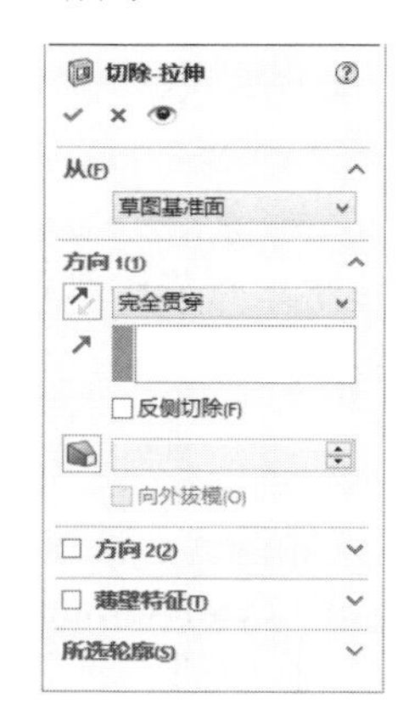

图 4-128　“切除-拉伸”属性管理器

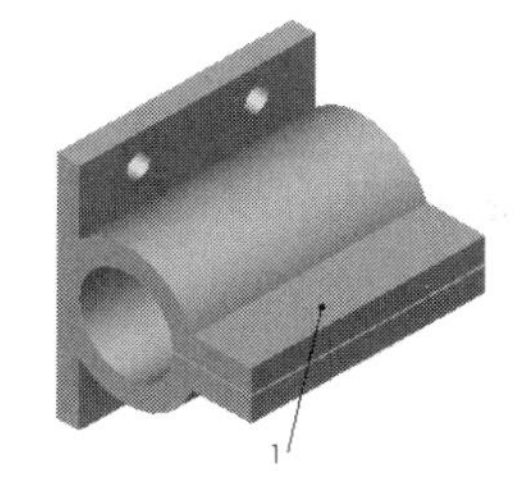

图 4-129　创建拉伸 2 特征

⑪ 设置基准面。单击选择如图 4-129 所示的表面 1，然后单击“前导视图”工具栏中的(正视于)按钮，将该表面作为绘制图形的基准面。

⑫ 添加柱形沉头孔。单击菜单栏中的“插入”→“特征”→“孔向导”命令，或者单击“特征”控制面板中的“异型孔向导”图标，此时系统弹出“孔规格”属性管理器。按照如图 4-130 所示设置“类型”选项卡，然后单击“位置”选项卡，在步骤⑪中设置的基准面上添加两个点，并标注点的位置，如图 4-131 所示。单击(确定)按钮，完成柱形沉头孔的绘制。

⑬ 设置视图方向。单击“前导视图”工具栏中的(等轴测)按钮，将视图以等轴测方

向显示，钻孔后的图形如图 4-132 所示。

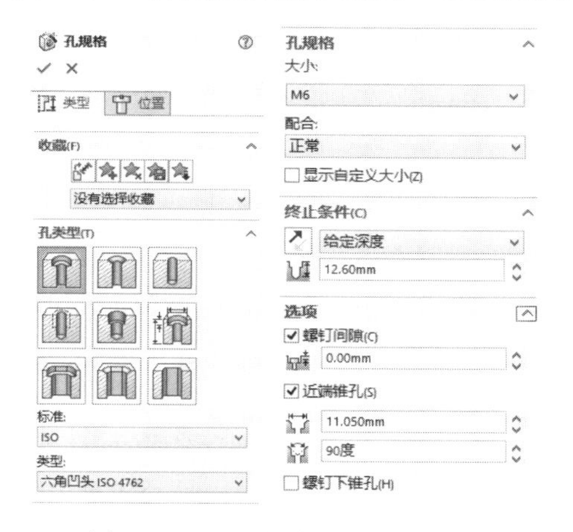

图 4-130 “孔规格”属性管理器

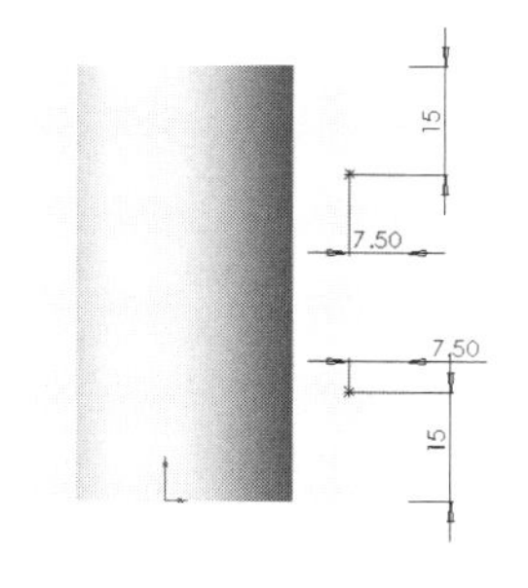

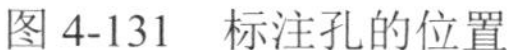
图 4-131 标注孔的位置

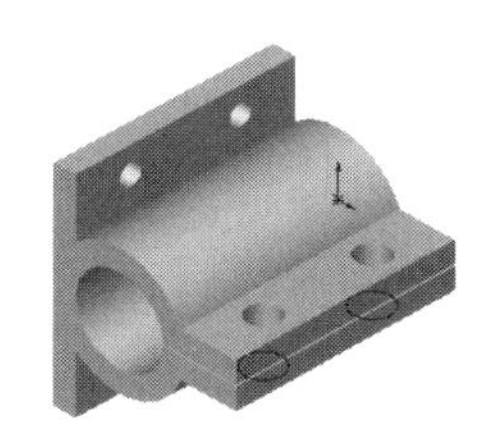
图 4-132 钻孔后的图形

技巧荟萃

常用的异型孔有柱形沉头孔、锥形沉头孔、孔、螺纹孔和管螺纹孔等。“异型孔向导”命令集成了机械设计中所有孔的类型，使用该命令可以很方便地绘制各种类型的孔。

4.7 筋特征

筋是零件上增加强度的部分，它是一种从开环或闭环草图轮廓生成的特殊拉伸实体，它在草图轮廓与现有零件之间添加指定方向和厚度的材料。

在 SOLIDWORKS 2020 中，筋实际上是由开环的草图轮廓生成的特殊类型的拉伸特征。图 4-133 展示了筋特征的几种效果。

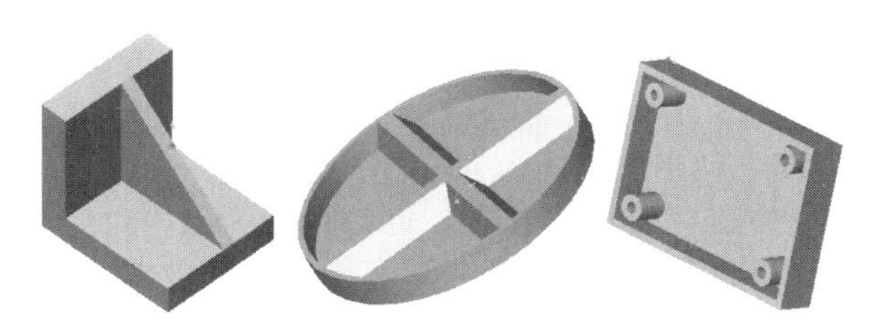
图 4-133 筋特征效果

4.7.1 创建筋特征

下面结合实例介绍筋特征创建的操作步骤。

扫一扫，看视频

【案例 4-15】筋

① 打开随书资源中的“源文件\ch4\4.15.SLDPRT”，如图 4-134 所示。

② 选择“前视基准面”作为筋的草绘平面，绘制如图 4-135 所示的草图。

单击“特征”控制面板中的“筋”按钮，或执行“插入”→“特征”→“筋”菜单命令。

③ 此时系统弹出“筋”属性管理器。按照如图 4-136 所示进行参数设置，然后单击✔（确定）按钮。

④ 单击“前导视图”工具栏中的（等轴测）按钮，将视图以等轴测方向显示，添加的筋如图 4-137 所示。

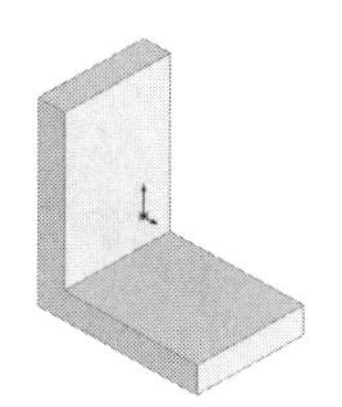

图 4-134 打开的文件实体

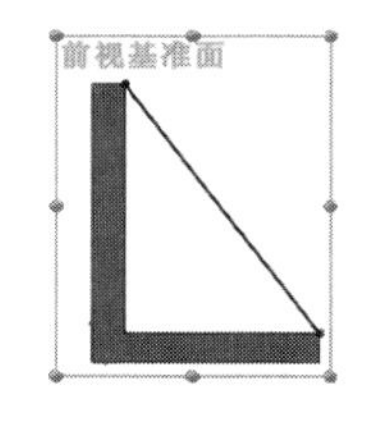

图 4-135 绘制草图

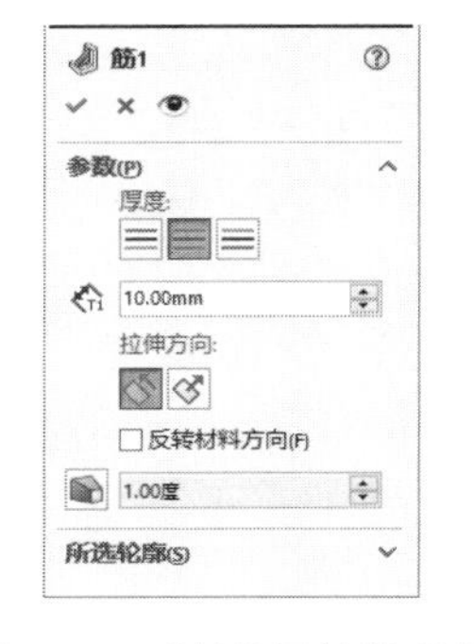

图 4-136 “筋”属性管理器

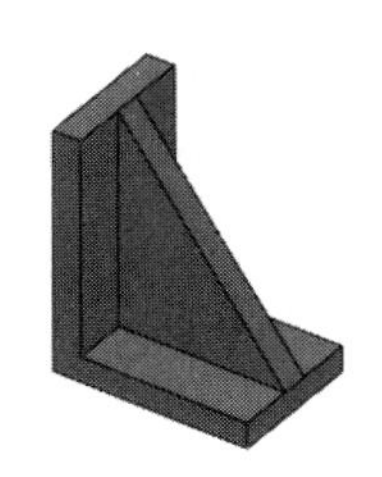

图 4-137 添加筋

4.7.2 实例——轴承座

扫一扫，看视频

本实例绘制的轴承座如图 4-138 所示。首先绘制轴承座底座草图并拉伸实体，然后在底座上添加柱沉头孔，再绘制轴承座肋板，然后绘制轴孔，最后对相应部分进行圆角处理。

图 4-138 轴承座

绘制步骤

① 新建文件。单击菜单栏中的“文件”→“新建”命令，创建一个新的零件文件。

② 绘制底座的草图。在左侧 FeatureManager 设计树中选择“前视基准面”作为绘制图形的基准面。单击“草图”控制面板中的“中心矩形”按钮，以原点为角点绘制一个矩形。

③ 标注尺寸。单击“草图”控制面板中的“智能尺寸”按钮，标注步骤②中绘制矩形的尺寸，如图 4-139 所示。

④ 拉伸实体。单击菜单栏中的“插入”→“凸台/基体”→“拉伸”命令，或者单击“特征”控制面板中的（拉伸凸台/基体）按钮，此时系统弹出“拉伸”属性管理器。在“方向 1”选项组中选择“两侧对称”选项，在（深度）文本框中输入“20”，然后✔（确定）按钮，创建的拉伸 1 特征如图 4-140 所示。

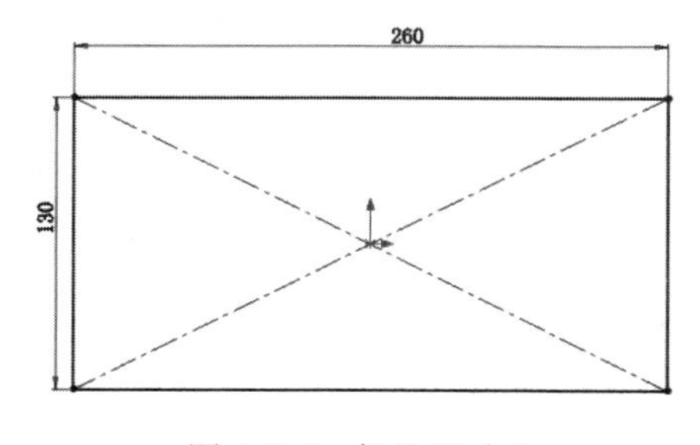

图 4-139 标注尺寸 1

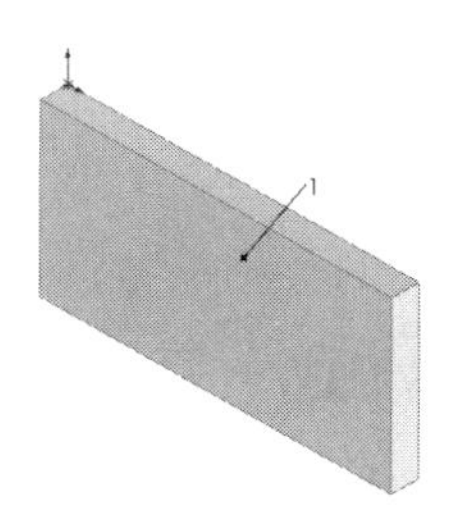

图 4-140 创建拉伸 1 特征

⑤ 设置基准面。单击选择如图 4-140 所示的表面 1，然后单击“前导视图”工具栏中的（正视于）按钮，将该表面作为绘制图形的基准面。

⑥ 添加柱形沉头孔。单击“特征”控制面板中“异形孔向导”按钮，或执行“插入”→“特征”→“孔”→“向导” 菜单命令，系统弹出“孔规格”属性管理器。按照如图 4-141 所示设置“类型”选项卡，然后单击“位置”选项卡，在步骤⑤中设置的基准面上添加 4 个点，并标注点的位置，如图 4-142 所示。单击（确定）按钮，完成柱形沉头孔的绘制。单击“前导视图”工具栏中的（等轴测）按钮，将视图以等轴测方向显示，如图 4-143 所示。

⑦ 设置基准面。在左侧的 FeatureManager 设计树中选择“上视基准面”，然后单击“视图”工具栏中的“正视于”按钮，将该基准面作为绘制图形的基准面。

⑧ 绘制草图。单击“草图”控制面板中的“圆”按钮，以竖直中心线上的一点为圆心绘制一个圆。

⑨ 标注尺寸。单击“草图”控制面板中的“智能尺寸”按钮，标注步骤⑧中绘制草图的尺寸，如图 4-144 所示。

⑩ 拉伸实体。单击“特征”控制面板中的“拉伸凸台/基体”按钮，此时系统弹出“拉伸”属性管理器。在“方向 1”选项组中选择“两侧对称”选项，在（深度）文本框中输入“130”，单击（确定）按钮。

⑪ 设置视图方向。单击“前导视图”工具栏中的（等轴测）按钮，将视图以等轴测方向显示，创建的拉伸 2 特征如图 4-145 所示。

⑫ 设置基准面。先选择上视基准面，然后单击“视图”工具栏中的“正视于”按钮，将该基准面作为绘制图形的基准面。

⑬ 绘制草图。利用“直线”命令和“实体转换”命令，绘制如图 4-146 所示的草图。

⑭ 标注尺寸。单击“草图”控制面板中的“智能尺寸”按钮，标注步骤⑬中绘制草图的尺寸，如图 4-147 所示。

图 4-141 “孔规格”属性管理器

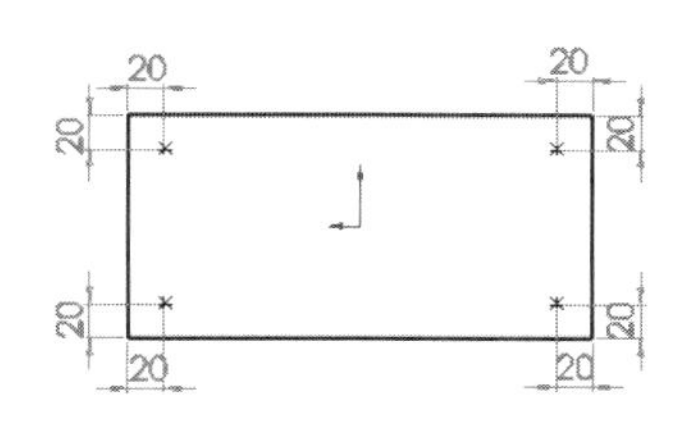

图 4-142 标注孔的位置

图 4-143 创建柱形沉头孔

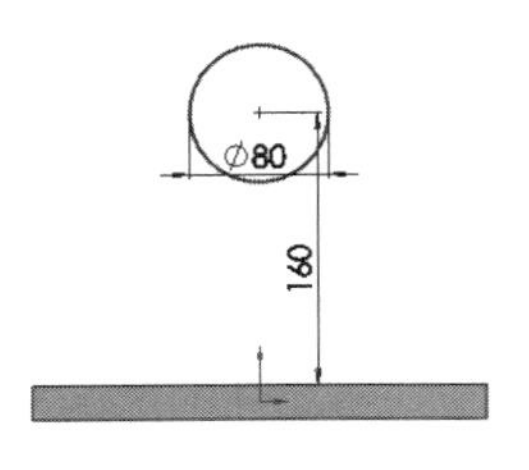

图 4-144　标注尺寸 2

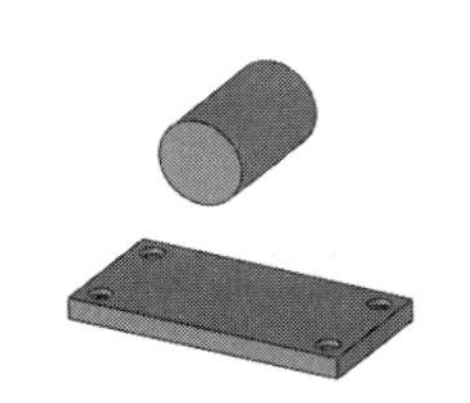

图 4-145　创建拉伸 2 特征

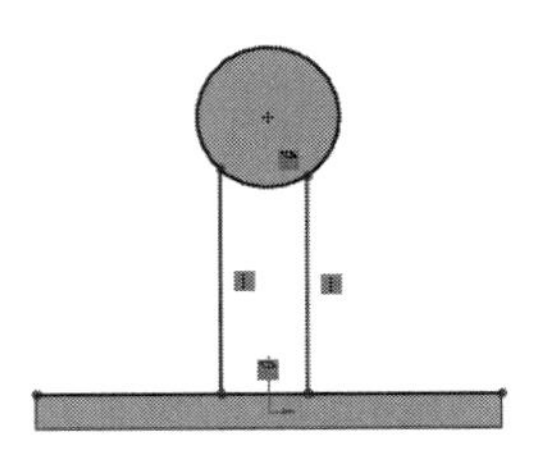

图 4-146　绘制草图

⑮ 拉伸实体。单击“特征”控制面板中的“拉伸凸台/基体”按钮，此时系统弹出“拉伸”属性管理器。在“方向 1”选项组中选择“两侧对称”选项，在（深度）文本框中输入“30”，单击（确定）按钮，创建的拉伸 3 特征如图 4-148 所示。

⑯ 绘制线段。将上视基准面作为绘制图形的基准面。单击“草图”控制面板中的“直线”按钮，绘制斜线段，使圆柱体底面边线与斜线段相切，直线上端点与圆柱体底面边线重合，如图 4-149 所示。

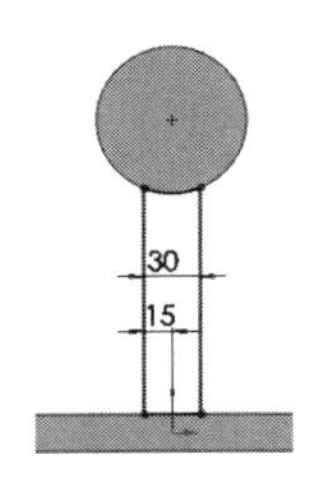

图 4-147　标注尺寸 3

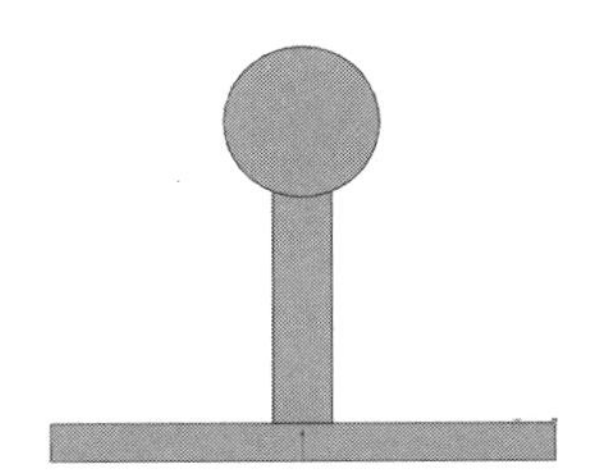

图 4-148　创建拉伸 3 特征

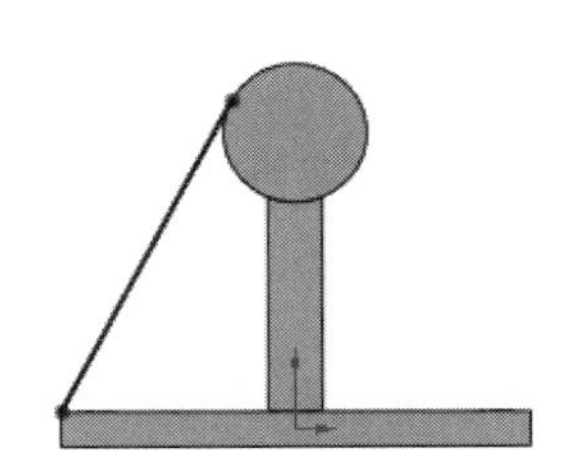

图 4-149　绘制斜线段

⑰ 绘制筋特征。单击“特征”控制面板中的“筋”按钮，此时系统弹出“筋”属性管理器。在“参数”选项组的（厚度）文本框中输入“10”，勾选“反转材料方向”复选框，如图 4-150 所示。单击（确定）按钮，添加的筋如图 4-151 所示。

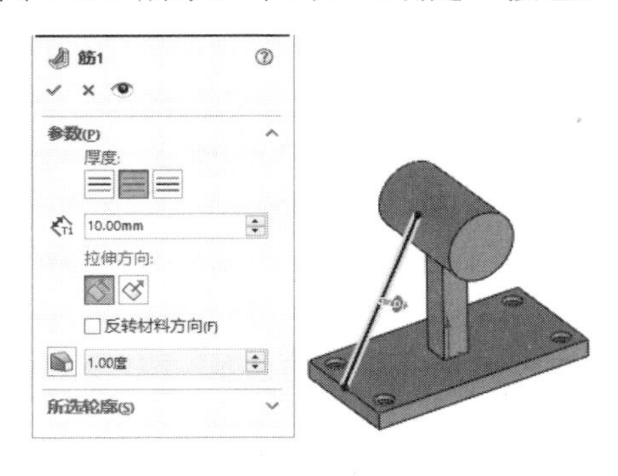

图 4-150　“筋”属性管理器

图 4-151　添加筋

⑱ 镜向筋板。单击“特征”控制面板中的“镜向”按钮，以右视基准平面作为镜向面，将步骤⑰中绘制的筋板镜向复制，如图 4-152 所示。

⑲ 绘制通孔。以圆柱体底面为绘图平面，绘制一个直径为 40mm 的圆，并与底面圆同心。单击“特征”控制面板中的“拉伸切除”按钮，系统弹出“拉伸”属性管理器。在“方向 1”选项组中选择“完全贯穿”选项，然后单击（确定）按钮，结果如图 4-153 所示。

⑳ 实体倒圆角。单击“特征”控制面板中的“倒角”按钮，或执行“插入”→“特

征”→“倒角”菜单命令，此时系统弹出“圆角”属性管理器。在（半径）文本框中输入“20”，单击选择如图 4-153 所示的底座的 4 条竖直边线，然后单击（确定）按钮。绘制完成的轴承座如图 4-138 所示。

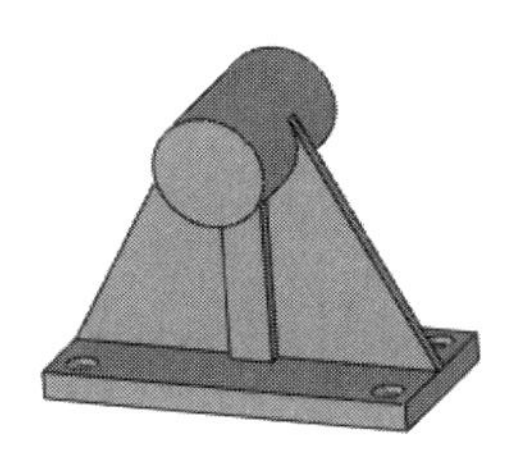

图 4-152　镜向筋

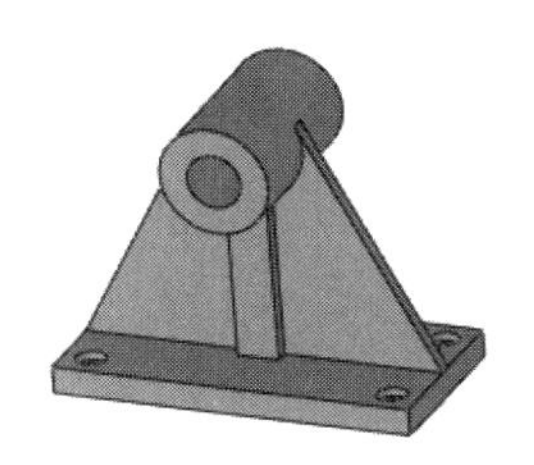

图 4-153　绘制通孔

4.8 自由形特征

扫一扫，看视频

自由形特征与圆顶特征类似，也是针对模型表面进行变形操作，但是具有更多的控制选项。自由形特征通过展开、约束或拉紧所选曲面在模型上生成一个变形曲面。变形曲面灵活可变，很像一层膜，可以使用“自由形特征”属性管理器中“控制”标签上的滑块将之展开、约束或拉紧。

下面通过实例介绍该方式的操作步骤。

【案例 4-16】自由形特征

① 打开随书资源中的“源文件\ch4\4.16.SLDPRT”，打开的文件实体如图 4-154 所示。

② 执行特型特征。选择菜单栏中的“插入”→“特征”→“自由形”命令，此时系统弹出如图 4-155 所示的“自由形”属性管理器。

③ 设置属性管理器。在“面设置”栏中，用选择如图 4-154 所示的表面 1，按照如图 4-155 所示进行设置。

④ 确认特型特征。单击属性管理器中的“确定”按钮，结果如图 4-156 所示。

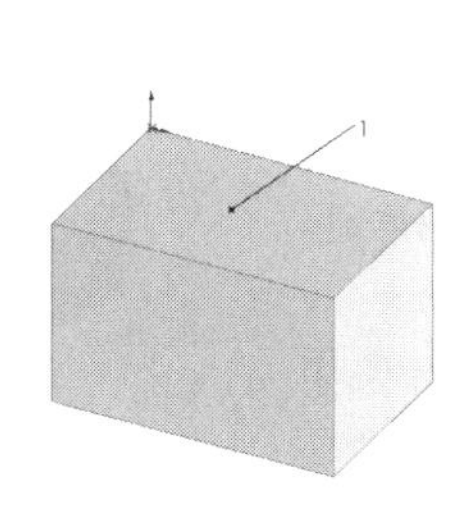

图 4-154　打开的文件实体

图 4-155　“自由形”属性管理器

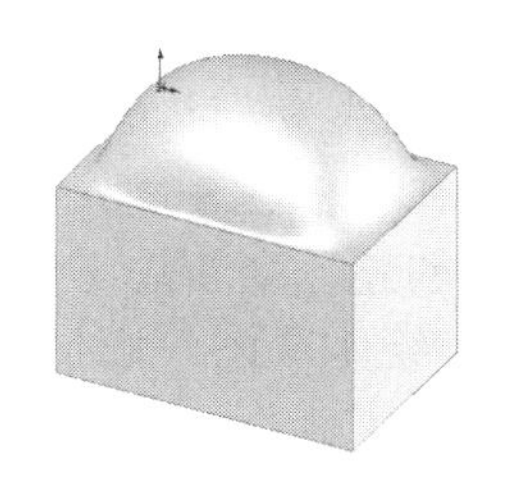

图 4-156　自由形的图形

4.9 比例缩放

扫一扫，看视频

比例缩放是指相对于零件或者曲面模型的重心或模型原点来进行缩放。比例缩放仅缩放模型几何体，常在数据输出、型腔等中使用。它不会缩放尺寸、草图或参考几何体。对于多实体零件，可以缩放其中一个或多个模型的比例。

比例缩放分为统一比例缩放和非等比例缩放，统一比例缩放即等比例缩放，该缩放比较简单，不再赘述。

下面通过实例介绍该方式的操作步骤。

【案例 4-17】比例缩放

① 打开随书资源中的“源文件\ch4\4.17.SLDPRT”，如图 4-157 所示。

② 执行缩放比例命令。选择菜单栏中的“插入”→“特征”→“缩放比例”命令，此时系统弹出如图 4-158 所示的“缩放比例”属性管理器。

③ 设置属性管理器。取消“统一比例缩放”选项的勾选，并为 X 比例因子、Y 比例因子及 Z 比例因子单独设定比例因子数值，如图 4-159 所示。

④ 确认缩放比例。单击“缩放比例”属性管理器中的“确定”按钮✔，结果如图 4-160 所示。

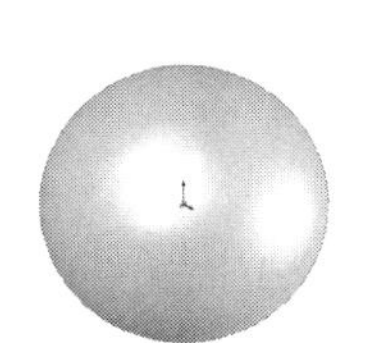
图 4-157　打开的文件实体

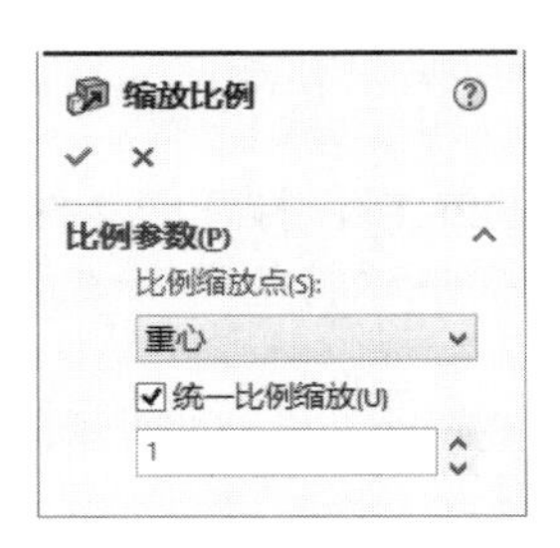

图 4-158　“缩放比例”属性管理器

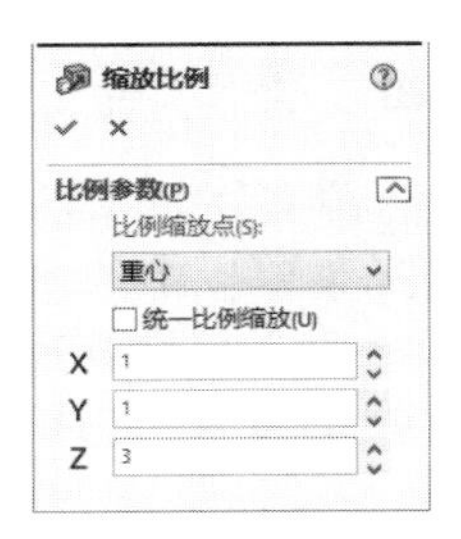

图 4-159　设置的比例因子

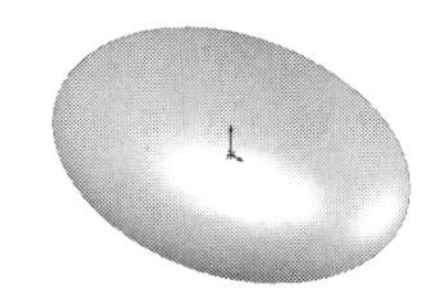
图 4-160　缩放比例的图形

4.10 综合实例——支撑架

扫一扫，看视频

本实例绘制的托架如图 4-161 所示。支撑架主要起支撑和连接作用，其形状结构按功能的不同一般分为 3 部分：工作部分、安装固定部分和连接部分。

绘制步骤

图 4-161　支撑架

① 新建文件。单击“标准”工具栏中的“新建”按钮，在弹出的“新建 SOLIDWORKS 文件”对话框中选择“零件”按钮，然后单击“确定”按钮，创建一个新的零件文件。

② 绘制草图。选择“前视基准面”作为草图绘制平面，然后单击菜单栏中的“工具”→“草图绘制实体”→“中心矩形”命令，或者单击“草图”控制面板中的（中心矩形）按钮，以坐标原点为中心绘制一矩形。不必追求绝对的中心，只要大致几何关系正确就行。

③ 标注尺寸。单击“草图”控制面板中的“智能尺寸”按钮，标注绘制的矩形尺寸，如图 4-162 所示。

④ 实体拉伸 1。单击“特征”控制面板中的“拉伸凸台/基体”按钮，系统弹出“凸台-拉伸”属性管理器。设置拉伸的终止条件为“给定深度”，在（深度）文本框中输入“24”，单击（确认）按钮，创建的拉伸 1 特征如图 4-163 所示。

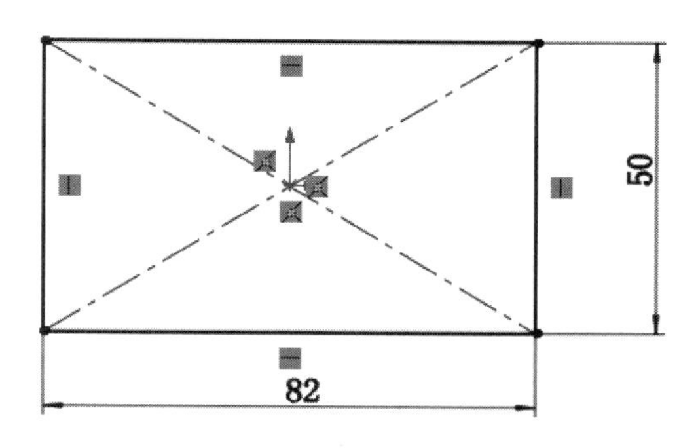

图 4-162　标注矩形尺寸

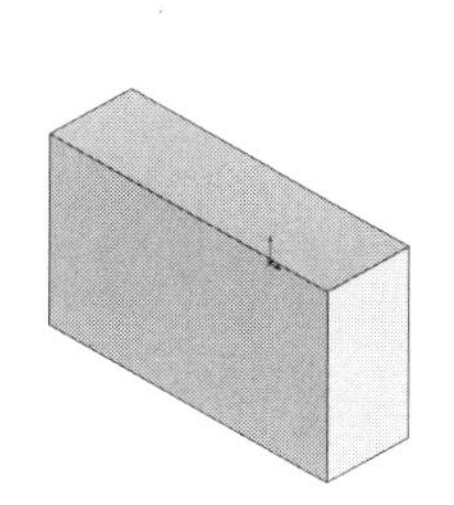

图 4-163　创建拉伸 1 特征

⑤ 绘制草图。选择“右视基准面”作为草图绘制平面，然后单击“草图”控制面板中的“圆”按钮，绘制一个圆。

⑥ 尺寸标注 2。单击“草图”控制面板中的“智能尺寸”按钮，为圆标注直径尺寸并定位几何关系，如图 4-164 所示。

⑦ 实体拉伸 2。单击“特征”控制面板中的“拉伸凸台/基体”按钮，系统弹出“凸台-拉伸”属性管理器。设置拉伸的终止条件为“两侧对称”，在（深度）文本框中输入“50”，如图 4-164 所示，单击（确认）按钮。

⑧ 创建基准面。单击“特征”控制面板“参考几何体”下拉列表中的“基准面”按钮，选择“上视基准面”作为参考平面，在“基准面”属性管理器的（偏移距离）文本框中输入“105”，如图 4-165 所示，单击（确认）按钮。

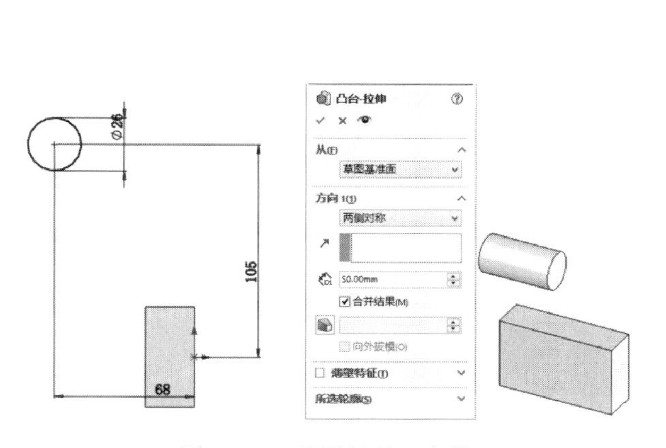

图 4-164　设置拉伸 2 参数

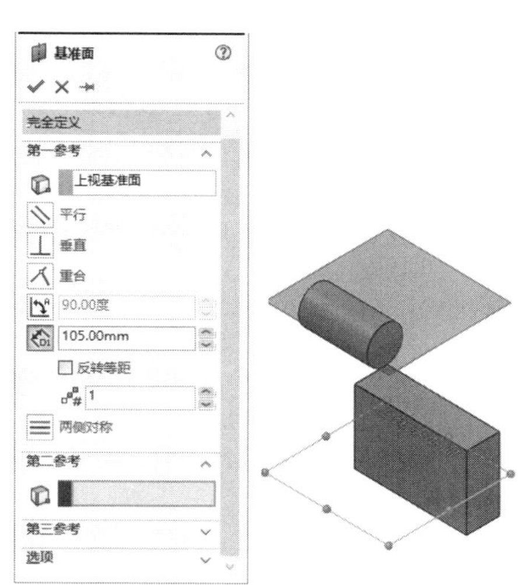

图 4-165　设置基准面参数

⑨ 设置基准面。选择刚创建的“基准面 1”，单击“草图”控制面板中的“草图绘制”按钮，在其上新建一草图。单击“前导视图”工具栏中（垂直于）按钮，正视于该草图。

⑩ 绘制草图。单击“草图”控制面板中的“圆”按钮，绘制一个圆，使其圆心的 X 坐标为 0。

⑪ 尺寸标注 2。单击“草图”控制面板中的“智能尺寸”按钮，标注圆的直径尺寸并对其进行定位，如图 4-166 所示。

⑫ 实体拉伸 3。单击“特征”控制面板中的“拉伸凸台/基体”按钮，系统弹出“凸台-拉伸”属性管理器。在“方向 1”选项组中设置拉伸的终止条件为“给定深度”，在（深度）文本框中输入“12”；在“方向 2”选项组中设置拉伸的终止条件为“给定深度”，在（深度）文本框中输入“9”，如图 4-166 所示，单击（确认）按钮。

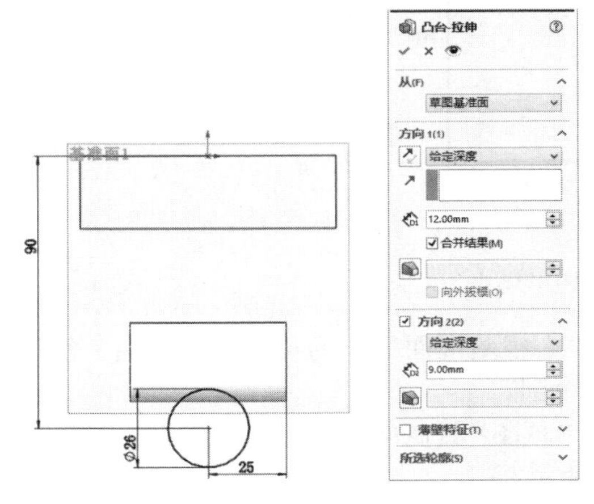

图 4-166　设置拉伸 3 参数

⑬ 设置基准面。选择“右视基准面”，单击“草图”控制面板中的“草图绘制”按钮，在其上新建一草图。单击“前导视图”工具栏中的（垂直于）按钮，正视于该草图平面。

⑭ 投影轮廓。按住<Ctrl>键，选择固定部分的轮廓（投影形状为矩形）和工作部分中的支撑孔基体（投影形状为圆形），单击“草图”控制面板中的“转换实体引用”按钮，将该轮廓投影到草图上。

⑮ 草绘图形。单击“草图”控制面板中的“直线”按钮，绘制一条由圆到矩形的直线，直线的一个端点落在矩形直线上。

⑯ 添加几何关系。按住<Ctrl>键，选择所绘直线和轮廓投影圆。在出现的“属性”属性管理器中单击“相切”按钮，为所选元素添加“相切”几何关系，单击（关闭对话框）按钮，添加的“相切”几何关系如图 4-167 所示。

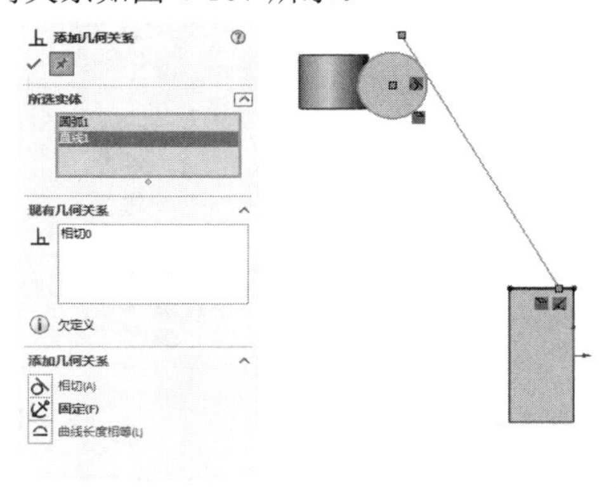

图 4-167　添加“相切”几何关系

⑰ 标注尺寸。单击“草图”控制面板中的“智能尺寸”按钮，标注落在矩形上的直线端点到坐标原点的距离为“4mm”。

⑱ 设置属性管理器。选择所绘直线，在“等距实体”属性管理器中设置等距距离为“6mm”，其他选项的设置如图 4-168 所示，单击✔（确认）按钮。

⑲ 剪裁实体。单击“草图”控制面板中的“剪裁实体”按钮，剪裁掉多余的部分，完成 T 形肋板截面为 40×6 的肋板轮廓，如图 4-169 所示。

图 4-168 “等距实体”属性管理器

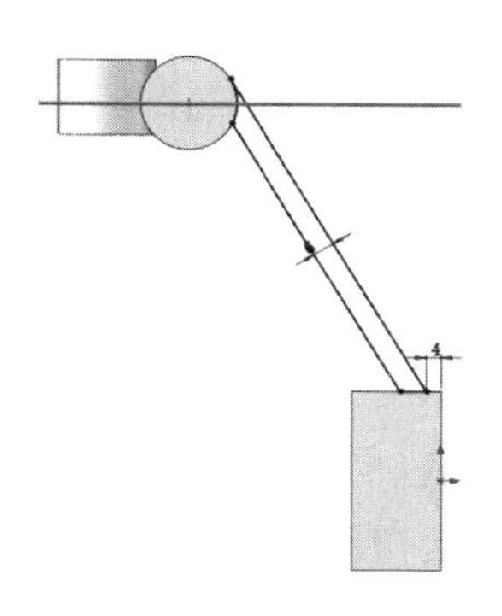

图 4-169 肋板轮廓

⑳ 实体拉伸 4。单击“特征”控制面板中的“拉伸凸台/基体”按钮，系统弹出“拉伸”属性管理器。设置拉伸的终止条件为“两侧对称”，在（深度）文本框中输入“40”，其他选项的设置如图 4-170 所示，单击✔（确定）按钮。

㉑ 设置基准面。选择“右视基准面”作为草绘基准面，单击“草图”控制面板中的“草图绘制”按钮，在其上新建一草图。单击“前导视图”工具栏中的（正视于）按钮，正视于该草图平面。

㉒ 投影轮廓。按住<Ctrl>键，选择固定部分（投影形状为矩形）的左上角的两条边线、工作部分中的支撑孔基体（投影形状为圆形）和肋板中内侧的边线，单击“草图”控制面板中的（转换实体引用）按钮，将该轮廓投影到草图上。

㉓ 绘制草图。单击“草图”控制面板中的“直线”按钮，绘制一条由圆到矩形的直线，直线的一个端点落在矩形的左侧边线上，另一个端点落在投影圆上。

㉔ 标注尺寸。单击“草图”控制面板中的“智能尺寸”按钮，为所绘直线标注尺寸定位，如图 4-171 所示。

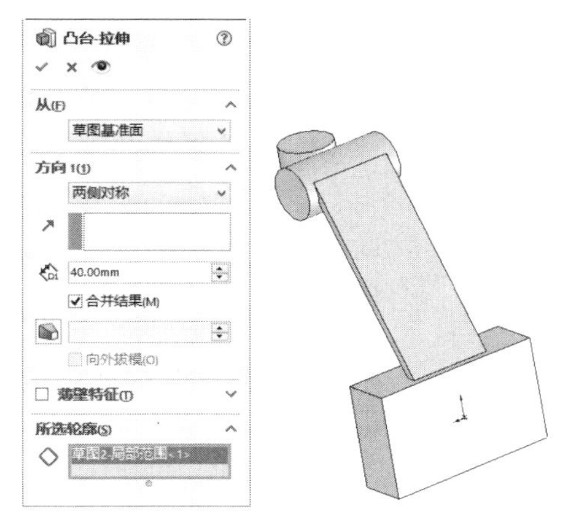

图 4-170 设置拉伸 4 参数

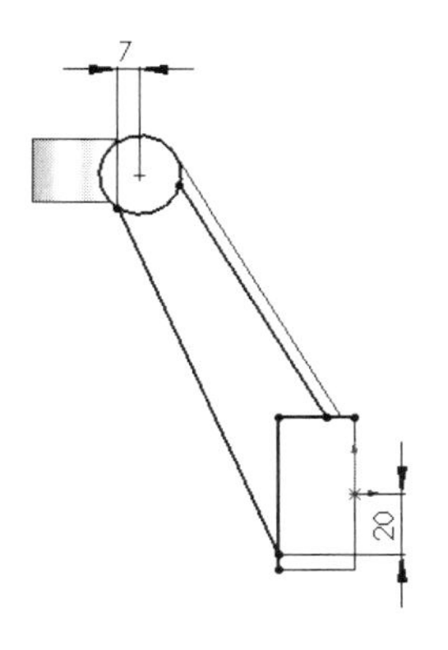

图 4-171 标注尺寸定位

㉕ 剪裁实体。单击“草图”控制面板中的“剪裁实体”按钮，剪裁掉多余的部分，完成 T 形肋中另一肋板。

㉖ 实体拉伸 5。单击“特征”控制面板中的“拉伸凸台/基体”按钮，系统弹出“凸台-拉伸”属性管理器。设置拉伸的终止条件为“两侧对称”，在（深度）文本框中输入“8”，其他选项的设置如图 4-172 所示，单击（确定）按钮。

㉗ 绘制草图。选择固定部分基体的侧面作为草绘基准面，单击“草图”控制面板中的“草图绘制”按钮，在其上新建一张草图。单击“草图”控制面板中的“边角矩形”按钮，绘制一个矩形作为拉伸切除的草图轮廓。

㉘ 标注尺寸。单击“草图”控制面板中的“智能尺寸”按钮，标注矩形尺寸并定位几何关系。

㉙ 实体拉伸 6。单击“特征”控制面板中的“拉伸切除”按钮，系统弹出“切除-拉伸”属性管理器。选择终止条件为“完全贯穿”，其他选项设置如图 4-173 所示，单击（确定）按钮。

㉚ 绘制草图。选择托架固定部分的正面作为草绘基准面，单击“草图”控制面板中的“草图绘制”按钮，在其上新建一张草图。单击“草图”控制面板中的“圆”按钮，绘制两个圆。

㉛ 标注尺寸。单击“草图”控制面板中的“智能尺寸”按钮，为两个圆标注尺寸并进行尺寸定位。

㉜ 实体拉伸 7。单击“特征”控制面板中的“拉伸切除”按钮，系统弹出“切除-拉伸”属性管理器。选择终止条件为“给定深度”，在（深度）文本框中输入“3”，其他选项的设置如图 4-174 所示，单击（确定）按钮。

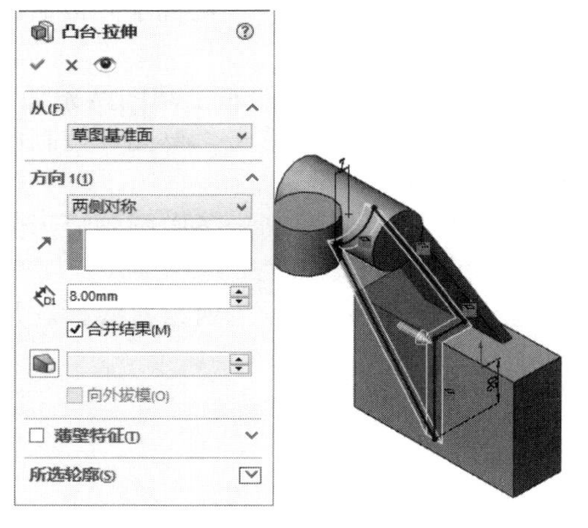

图 4-172　设置拉伸 5 参数

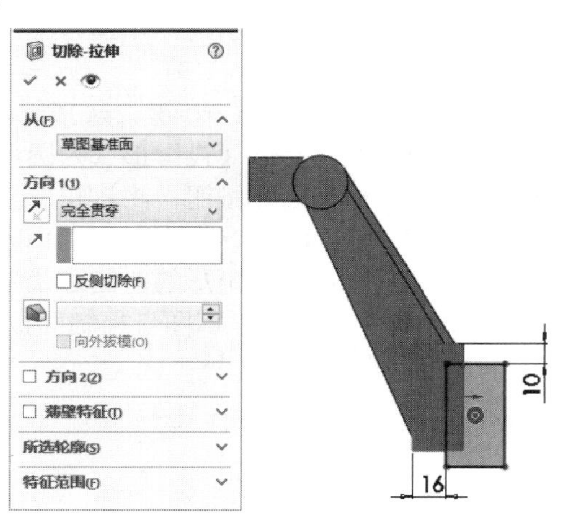

图 4-173　设置拉伸 6 参数

㉝ 绘制草图。选择新创建的沉头孔的底面作为草绘基准面，单击“草图”控制面板中的“草图绘制”按钮，在其上新建一张草图。单击“草图”控制面板中的“圆”按钮，绘制两个与沉头孔同心的圆。

㉞ 标注尺寸。单击“草图”控制面板中的“智能尺寸”按钮，为两个圆标注直径尺寸，如图 4-175 所示。

㉟ 实体拉伸 8。单击“特征”控制面板中的“拉伸切除”按钮，弹出“切除-拉伸”属性管理器。选择终止条件为“完全贯穿”，其他选项设置如图 4-176 所示，单击（确定）按钮。

㊱ 绘制草图。选择工作部分中高度为 50mm 的圆柱的一个侧面作为草绘基准面，单击

“草图”控制面板中的“草图绘制”按钮，在其上新建一草图。单击“草图”控制面板中的“圆”按钮，绘制一个与圆柱轮廓同心的圆。

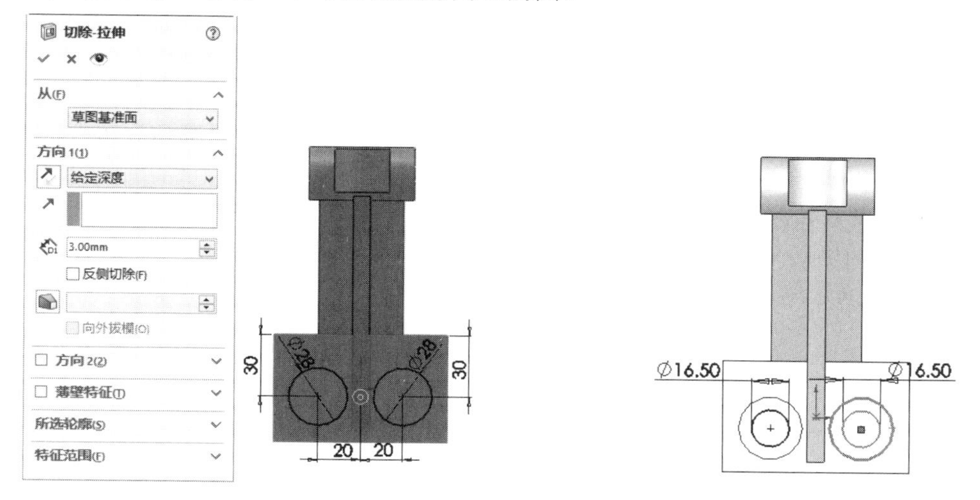

图 4-174 设置拉伸 7 参数

图 4-175 标注尺寸

㊲ 标注尺寸，单击“草图”控制面板中的“智能尺寸”按钮，标注圆的直径尺寸。

㊳ 实体拉伸 8。单击“特征”控制面板中的“拉伸切除”按钮，弹出“切除-拉伸”属性管理器。设置终止条件为“完全贯穿”，其他选项设置如图 4-177 所示，单击（确定）按钮。

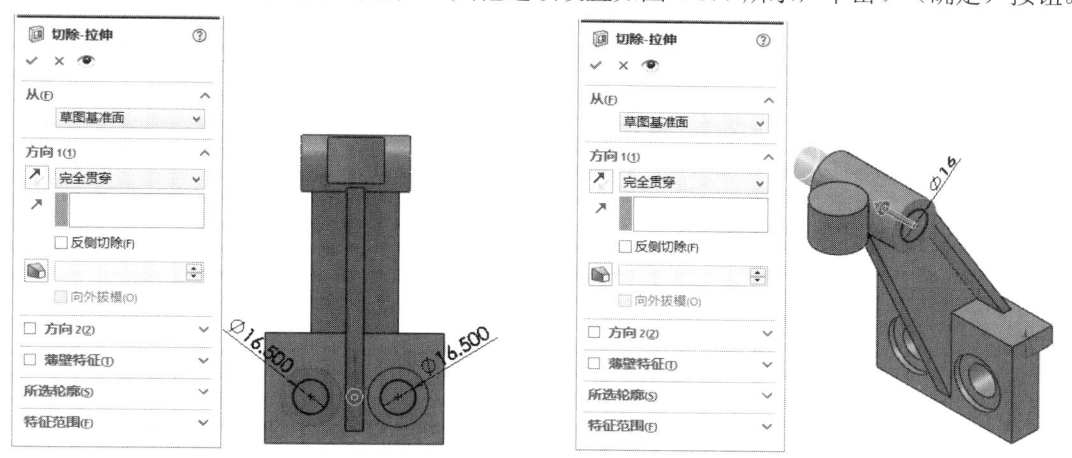

图 4-176 设置拉伸 8 参数

图 4-177 设置拉伸 8 参数

㊴ 绘制草图。选择工作部分的另一个圆柱段的上端面作为草绘基准面，单击“草图”控制面板中的“草图绘制”按钮，新建草图。单击菜单栏中的“工具”→“草图绘制实体”→“圆”命令，或者单击“草图”控制面板中的“圆”按钮，绘制一与圆柱轮廓同心的圆。

㊵ 标注尺寸。单击“草图”控制面板中的“智能尺寸”按钮，标注圆的直径尺寸为“11mm”。

㊶ 实体拉伸 9。单击“特征”控制面板中的“拉伸切除”按钮，系统弹出“拉伸”属性管理器。设置终止条件为“完全贯穿”，其他选项的设置如图 4-178 所示，单击（确定）按钮。

㊷ 绘制草图。选择“基准面 1”作为草绘基准面，单击“草图”控制面板中的“草图绘

制”按钮，在其上新建一草图。单击“草图”控制面板中的“边角矩形”按钮，绘制一矩形，覆盖特定区域。

㊸ 实体拉伸 10。单击“特征”控制面板中的“拉伸切除”按钮，系统弹出“切除-拉伸”属性管理器。设置终止条件为“两侧对称”，在（深度）文本框中输入“3”，其他选项的设置如图 4-179 所示，单击（确定）按钮。

㊹ 创建圆角。单击“特征”控制面板中的“圆角”按钮，打开“圆角”属性管理器。在右侧的图形区域中选择所有非机械加工边线，即图示的边线；在（半径）文本框中输入“2”；其他选项的设置如图 4-180 所示，单击（确定）按钮。

㊺ 保存文件。单击菜单栏中的“文件”→“保存”命令，将零件文件保存，文件名为“支撑架”，完成的支撑架如图 4-161 所示。

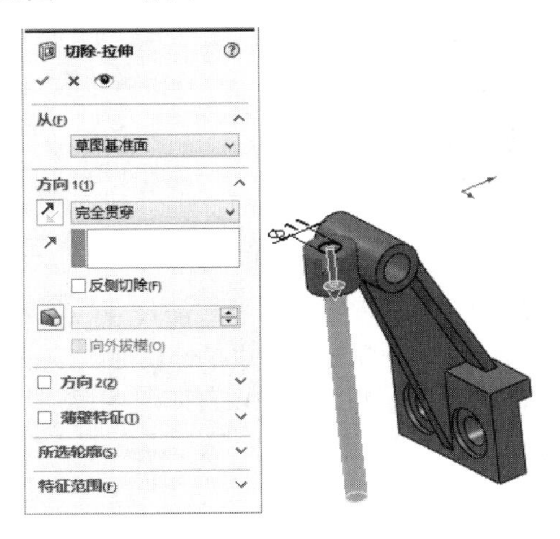

图 4-178　设置拉伸 9 参数

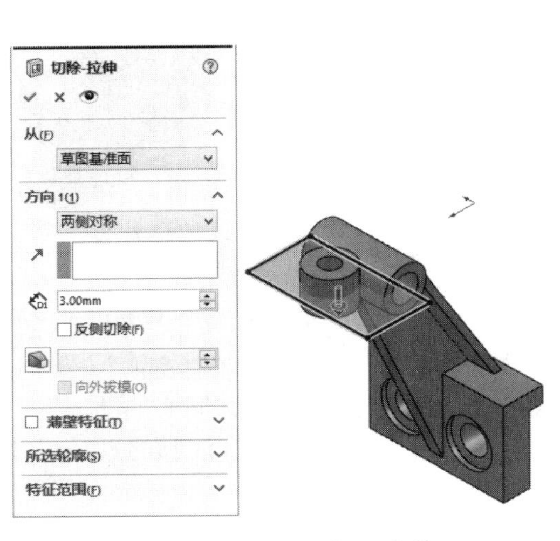

图 4-179　设置拉伸 10 参数

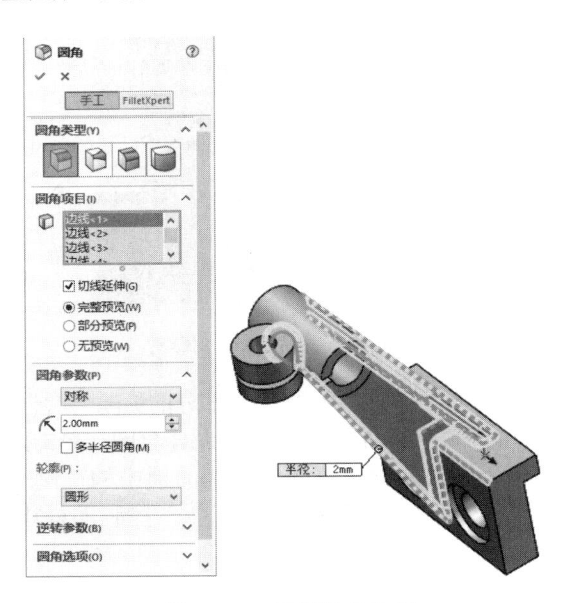

图 4-180　设置圆角选项

第5章 特征编辑

在复杂的建模过程中，单一的特征命令有时不能完成相应的建模，需要利用一些特征编辑工具来完成模型的绘制或提高绘制的效率和规范性。这些特征编辑工具包括阵列特征、镜向特征、特征的复制与删除以及参数化设计工具。

本章将简要介绍这些工具的使用方法。

知识点

- 阵列特征
- 镜向特征
- 特征的复制与删除
- 参数化设计
- 综合实例——螺母紧固件系列

5.1 阵列特征

特征阵列用于将任意特征作为原始样本特征，通过指定阵列尺寸产生多个类似的子样本特征。特征阵列完成后，原始样本特征和子样本特征成为一个整体，用户可将它们作为一个特征进行相关的操作，如删除、修改等。如果修改了原始样本特征，则阵列中的所有子样本特征也随之更改。

SOLIDWORKS 2020 提供了线性阵列、圆周阵列、草图阵列、曲线驱动阵列、表格驱动阵列和填充阵列 6 种阵列方式。下面详细介绍前五种常用的阵列方式。

5.1.1 线性阵列

线性阵列是指沿一条或两条直线路径生成多个子样本特征。图 5-1 所示列举了线性阵列的零件模型。下面结合实例介绍创建线性阵列特征的操作步骤。

扫一扫，看视频

【案例 5-1】线性阵列

① 打开随书资源中的“源文件\ch5\5.1.SLDPRT”，打开的文件实体如图 5-2 所示。

图 5-1 线性阵列模型

图 5-2 打开的文件实体

② 在图形区中选择原始样本特征（切除、孔或凸台等）。

③ 单击“特征”控制面板中的“线性阵列”按钮，或执行“插入”→“阵列/镜向”→“线性阵列”菜单命令，系统弹出“线性阵列”属性管理器。在“要阵列的特征”选项组中将显示步骤②中所选择的特征。如果要选择多个原始样本特征，在选择特征时，需按住<Ctrl>键。

技巧荟萃

当使用要阵列的面来生成线性阵列时，所有阵列的特征都必须在相同的面上。

④ 在“方向 1”选项组中单击第一个列表框，然后在图形区中选择模型的一条边线或尺寸线指出阵列的第一个方向。所选边线或尺寸线的名称出现在该列表框中。

⑤ 如果图形区中表示阵列方向的箭头不正确，则单击（反向）按钮，可以反转阵列方向。

⑥ 在“方向 1”选项组的（间距）文本框中指定阵列特征之间的距离。

⑦ 在“方向 1”选项组的（实例数）文本框中指定该方向下阵列的特征数（包括原始样本特征）。此时在图形区中可以预览阵列效果，如图 5-3 所示。

⑧ 如果要在另一个方向上同时生成线性阵列，则仿照步骤②～⑦中的操作，对“方向 2”选项组进行设置。

⑨ 在“方向 2”选项组中有一个“只阵列源”复选框。如果勾选该复选框，则在第 2 方向中只复制原始样本特征，而不复制“方向 1”中生成的其他子样本特征，如图 5-4 所示。

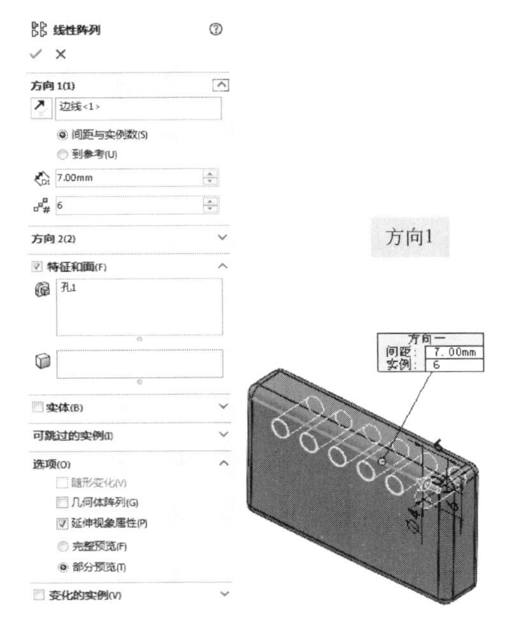

图 5-3　设置线性阵列

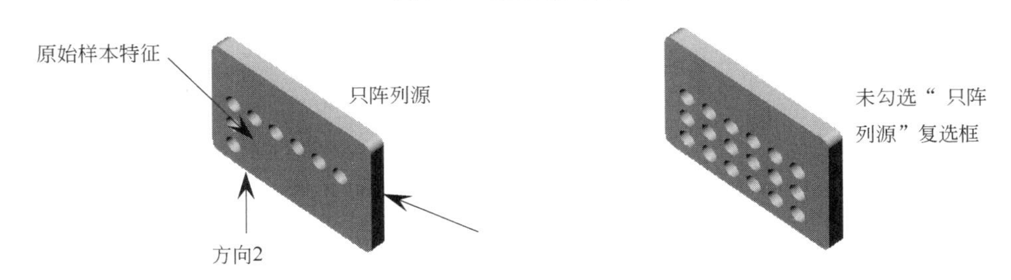

图 5-4　只阵列源与阵列所有特征的效果对比

⑩ 在阵列中如果要跳过某个阵列子样本特征，则在“可跳过的实例”选项组中单击图标右侧的列表框，并在图形区中选择想要跳过的某个阵列特征，这些特征将显示在该列表框中。图 5-5 显示了可跳过的实例效果。

⑪ 线性阵列属性设置完毕，单击✔（确定）按钮，生成线性阵列。

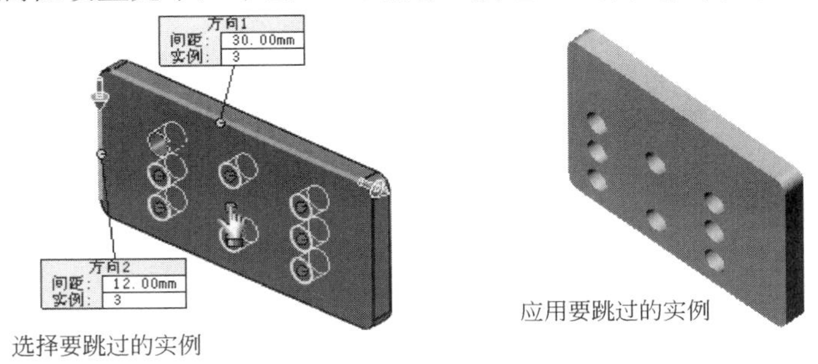

图 5-5　阵列时应用可跳过实例

5.1.2 圆周阵列

扫一扫，看视频

圆周阵列是指绕一个轴心以圆周路径生成多个子样本特征。图 5-6 所示为采用了圆周阵列的零件模型。在创建圆周阵列特征之前，首先要选择一个中心轴，这个轴可以是基准轴或者临时轴。每一个圆柱和圆锥面都有一条轴线，称之为临时轴。临时轴是由模型中的圆柱和圆锥隐含生成的，在图形区中一般不可见。在生成圆周阵列时需要使用临时轴，单击菜单栏中的“视图”→“隐藏/显示”→“临时轴”命令就可以显示临时轴了。此时该菜单命令图标凸显，表示临时轴可见。此外，还可以生成基准轴作为中心轴。

下面结合实例介绍创建圆周阵列特征的操作步骤。

【案例 5-2】圆周阵列

图 5-6 打开的文件实体

① 打开随书资源中的“源文件\ch5\5.2.SLDPRT”，如图 5-6 所示。

② 执行“视图”菜单栏中的“临时轴”命令，显示临时轴。

③ 在图形区选择原始样本特征（切除、孔或凸台等）。

④ 单击“特征”控制面板中的“圆周阵列”按钮，或执行“插入”→“阵列/镜向”→“圆周阵列”菜单命令，系统弹出“圆周阵列”属性管理器。

⑤ 在“要阵列的特征”选项组中高亮显示步骤②中所选择的特征。如果要选择多个原始样本特征，需按住<Ctrl>键进行选择。此时，在图形区生成一个中心轴，作为圆周阵列的圆心位置。

在“参数”选项组中，单击第一个列表框，然后在图形区中选择中心轴，则所选中心轴的名称显示在该列表框中。

⑥ 如果图形区中阵列的方向不正确，则单击（反向）按钮，可以翻转阵列方向。

⑦ 在“参数”选项组的（角度）文本框中指定阵列特征之间的角度。

⑧ 在“参数”选项组的（实例数）文本框中指定阵列的特征数（包括原始样本特征）。此时在图形区中可以预览阵列效果，如图 5-7 所示。

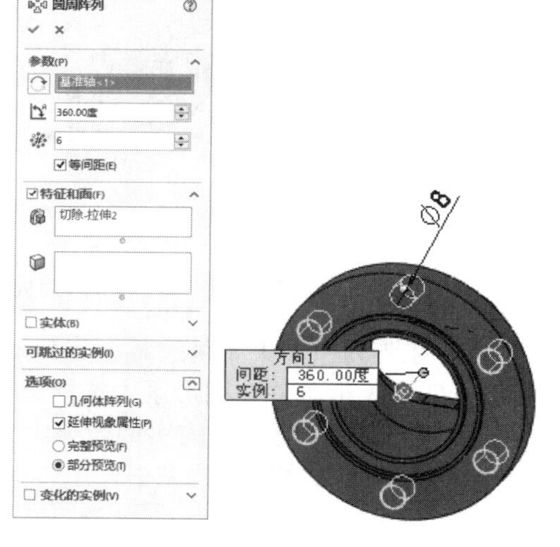

图 5-7 预览圆周阵列效果

⑨ 勾选“等间距”复选框，则总角度将默认为 360deg，所有的阵列特征会等角度均匀分布。

⑩ 勾选“几何体阵列”复选框，则只复制原始样本特征而不对它进行求解，这样可以加速生成及重建模型的速度。但是如果某些特征的面与零件的其余部分合并在一起，则不能为这些特征生成几何体阵列。

⑪ 圆周阵列属性设置完毕，单击（确定）按钮，生成圆周阵列。

5.1.3 草图阵列

扫一扫，看视频

SOLIDWORKS 2020 还可以根据草图上的草图点来安排特征的阵列。用户只要控制草图上的草图点，就可以将整个阵列扩散到草图中的每个点。

下面结合实例介绍创建草图阵列的操作步骤。

【案例 5-3】草图阵列

① 打开随书资源中的“源文件\ch5\5.3.SLDPRT”，如图 5-8 所示。

② 选取如图 5-8 所示的图形表面 1 作为草绘平面，单击“草图绘制”按钮。

③ 单击“草图”控制面板中的（点）按钮，绘制驱动阵列的草图点，如图 5-9 所示。

④ 单击“退出草图”按钮，关闭草图。

⑤ 单击“特征”控制面板中的（草图驱动的阵列）按钮，或者单击菜单栏中的“插入”→“阵列/镜向”→“草图驱动的阵列”命令，系统弹出“由草图驱动的阵列”属性管理器。

⑥ 在“选择”选项组中，单击图标右侧的列表框，然后选择驱动阵列的草图，则所选草图的名称显示在该列表框中。

⑦ 选择参考点。

■ 重心：如果点选该单选钮，则使用原始样本特征的重心作为参考点。

■ 所选点：如果点选该单选钮，则在图形区中选择参考顶点。可以使用原始样本特征的重心、草图原点、顶点或另一个草图点作为参考点。

⑧ 单击“要阵列的特征”选项组图标右侧的列表框，然后选择要阵列的特征。此时在图形区中可以预览阵列效果，如图 5-10 所示。

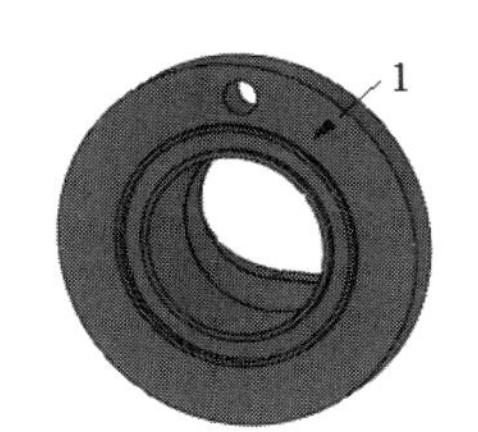

图 5-8 打开的文件实体

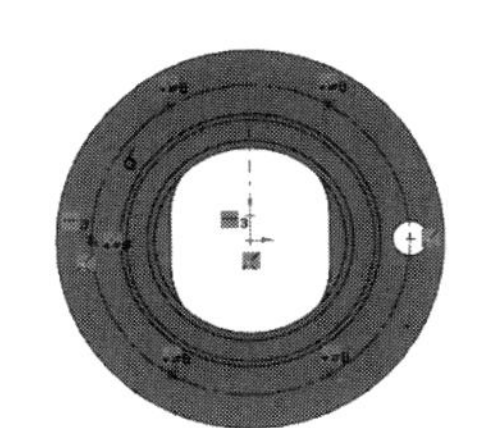

图 5-9 草图

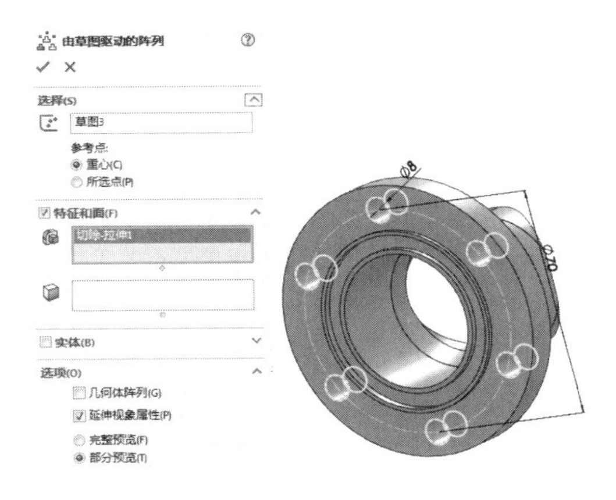

图 5-10 预览阵列效果

⑨ 勾选“几何体阵列”复选框，则只复制原始样本特征而不对它进行求解，这样可以加速生成及重建模型的速度。但是如果某些特征的面与零件的其余部分合并在一起，则不能为这些特征生成几何体阵列。

⑩ 草图阵列属性设置完毕，单击（确定）按钮，生成草图驱动的阵列。

扫一扫，看视频

5.1.4 曲线驱动阵列

曲线驱动阵列是指沿平面曲线或者空间曲线生成的阵列实体。下面结合实例介绍创建曲线驱动阵列的操作步骤。

【案例 5-4】曲线驱动阵列

① 打开随书资源中的“源文件\ch5\5.4.SLDPRT”，如图 5-11 所示。

② 设置基准面。用鼠标选择如图 5-11 所示的表面 1，然后单击“前导视图”工具栏中

的“正视于”按钮，将该表面作为绘制图形的基准面。

③ 绘制草图。选择菜单栏中的“工具”→“草图绘制实体”→“样条曲线”命令，绘制如图 5-12 所示的样条曲线，然后退出草图绘制状态。

④ 执行曲线驱动阵列命令。选择菜单栏中的“插入”→“阵列/镜向”→“曲线驱动的阵列”命令，或者单击“特征”控制面板中的“曲线驱动的阵列”按钮，此时系统弹出如图 5-13 所示的“曲线驱动的阵列”属性管理器。

⑤ 设置属性管理器。在“要阵列的特征”栏用鼠标选择如图 5-12 所示拉伸的实体；在“阵列方向”栏用鼠标选择样条曲线。其他设置参考如图 5-13 所示。

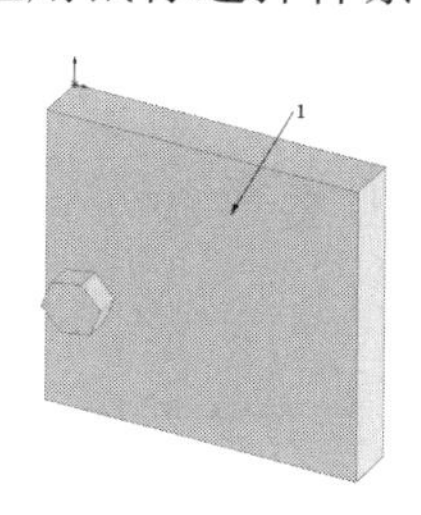

图 5-11　打开的文件实体

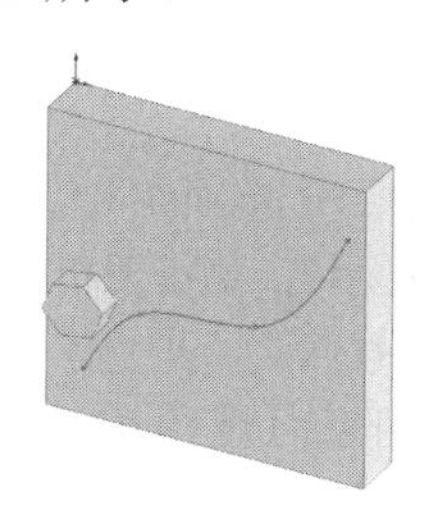

图 5-12　切除拉伸的图形

⑥ 确认曲线驱动阵列的特征。单击“曲线驱动的阵列”属性管理器中的“确定”按钮，结果如图 5-14 所示。

⑦ 取消视图中草图显示。选择菜单栏中的“视图”→“草图”命令，取消视图中草图的显示，结果如图 5-15 所示。

图 5-13 “曲线驱动的阵列”属性管理器

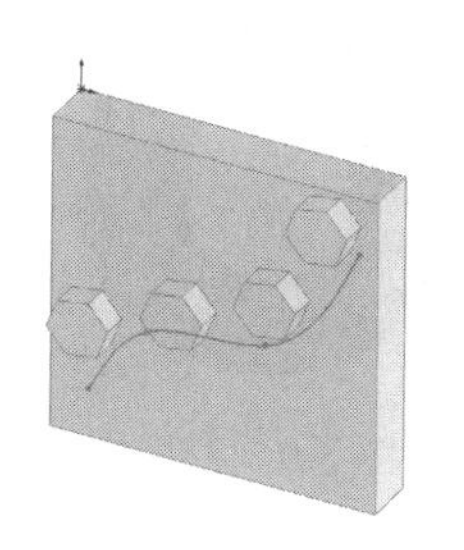

图 5-14　曲线驱动阵列的图形

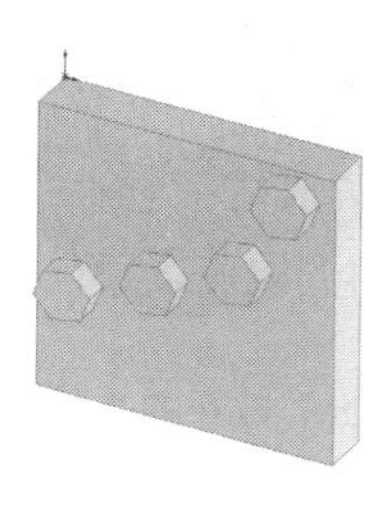

图 5-15　取消草图显示的图形

5.1.5 表格驱动阵列

表格驱动阵列是指添加或检索以前生成的 X-Y 坐标，在模型的面上增添源特征。下面结合实例介绍创建表格驱动阵列的操作步骤。

扫一扫，看视频

【案例 5-5】表格驱动阵列

① 打开随书资源中的“源文件\ch5\5.5.SLDPRT”，如图 5-16 所示。

② 执行坐标系命令。选择菜单栏中的“插入”→“参考几何体”→“坐标系”命令，或者单击“特征”控制面板“参考几何体”下拉列表中的“坐标系”按钮，此时系统弹出如图 5-17 所示的“坐标系”属性管理器，创建一个新的坐标系。

③ 设置属性管理器。在“原点”栏用鼠标选择如图 5-16 所示中的点 A；在“X 轴参考方向”栏用鼠标选择图 5-16 中的边线 1；在“Y 轴参考方向”栏用鼠标选择如图 5-16 所示中的边线 2；在“Z 轴参考方向”栏用鼠标选择如图 5-16 所示中的边线 3。

④ 确认创建的坐标系。单击“坐标系”属性管理器中的“确定”按钮✔，结果如图 5-18 所示。

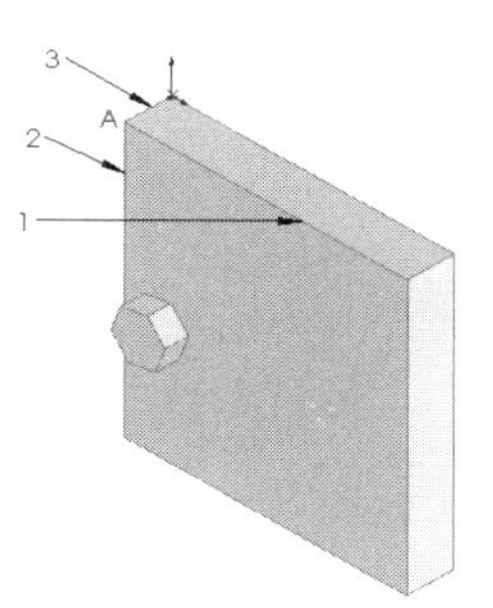

图 5-16 绘制的图形

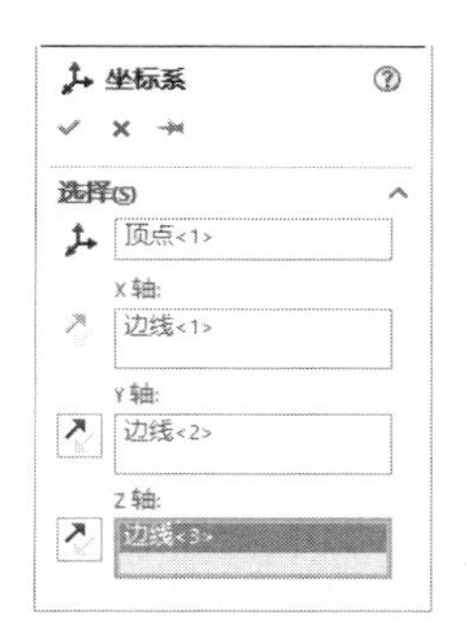

图 5-17 “坐标系”属性管理器

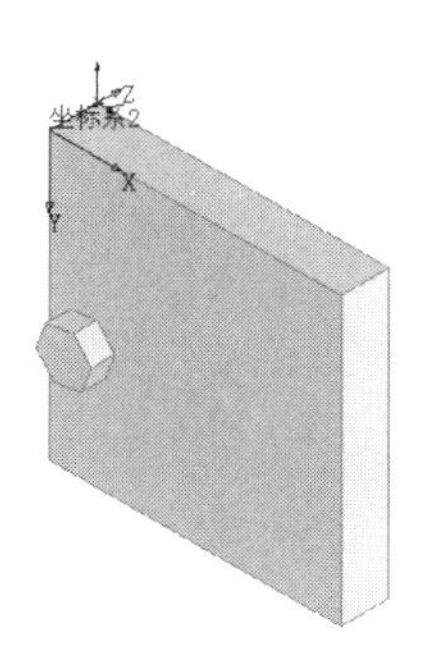

图 5-18 创建坐标系的图形

⑤ 执行表格驱动阵列命令。选择菜单栏中的“插入”→“阵列/镜向”→“表格驱动的阵列”命令，或者单击“特征”控制面板中的“表格驱动的阵列”按钮，此时系统弹出如图 5-19 所示的“由表格驱动的阵列”属性管理器。

⑥ 设置属性管理器。在“要复制的特征”栏用鼠标选择如图 5-12 所示的拉伸实体；在“坐标系”栏用鼠标选择如图 5-18 所示中的坐标系 2。点 0 的坐标为源特征的坐标，双击点 1 的 X 和 Y 的文本框，输入要阵列的坐标值；重复此步骤，输入点 2～点 5 的坐标值，“由表格驱动的阵列”属性管理器设置如图 5-20 所示。

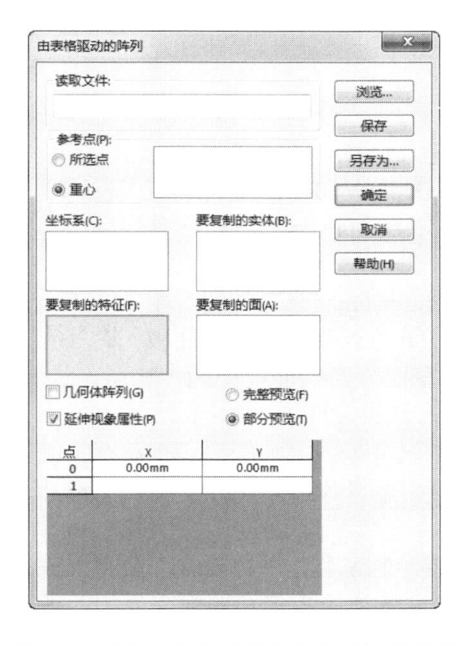

图 5-19 “由表格驱动的阵列”属性管理器

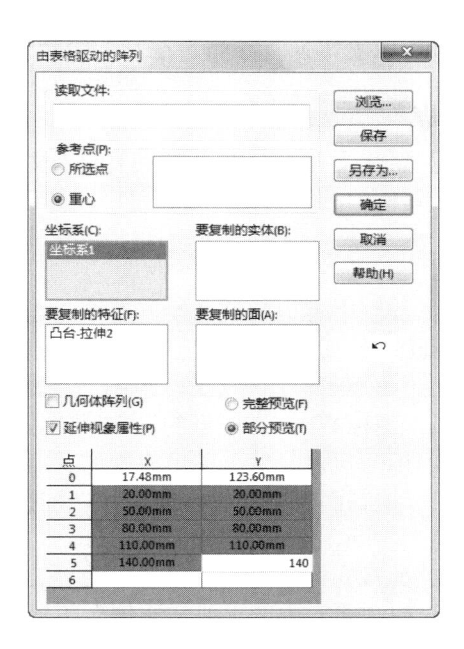

图 5-20 “由表格驱动的阵列”属性管理器设置

⑦ 确认表格驱动阵列特征。单击“由表格驱动的阵列”属性管理器中的“确定”按钮，

结果如图 5-21 所示。

⑧ 取消显示视图中的坐标系。选择菜单栏中的“视图”→“隐藏/显示”→“坐标系”命令，取消视图中坐标系的显示，结果如图 5-22 所示。

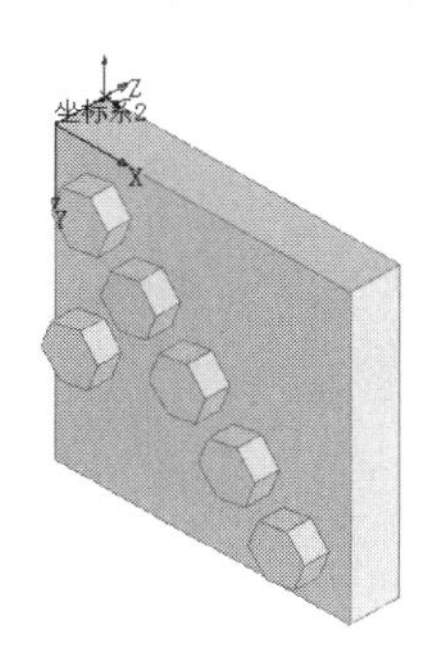

图 5-21 阵列的图形

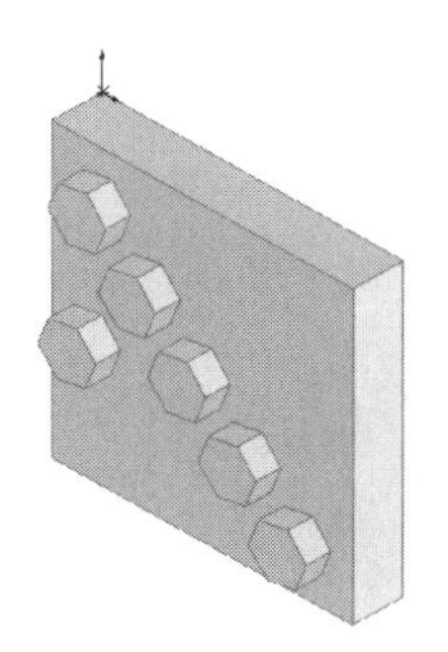

图 5-22 取消坐标系显示的图形

技巧荟萃

在输入阵列的坐标值时，可以使用正或者负坐标，如果输入负坐标，在数值前添加负号即可。如果输入了阵列表或文本文件，就不需要输入 x 和 y 坐标值。

5.1.6 实例——电容

扫一扫，看视频

本例绘制电容，如图 5-23 所示。首先绘制电容电解池草图，然后拉伸实体，即电容的主体；再绘制电容的封盖，然后以封盖为基准面绘制电容的引脚；最后以主体为基准面，在其上绘制草图文字并拉伸。

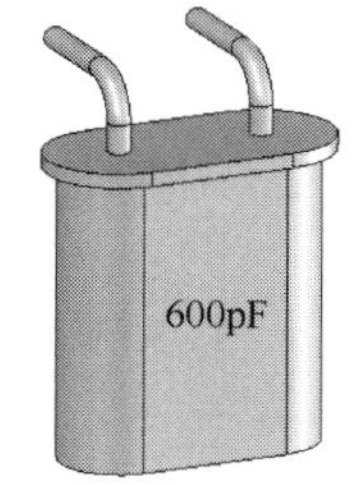

图 5-23 电容

绘制步骤

① 新建文件。单击菜单栏中的“文件”→“新建”命令，或者单击“标准”工具栏中的“新建”按钮，在弹出的“新建 SOLIDWORKS 文件”对话框中先单击“零件”按钮，再单击“确定”按钮，创建一个新的零件文件。

② 绘制电容电解池。绘制草图。在左侧的“FeatureManager 设计树”中用鼠标选择“前视基准面”作为绘制图形的基准面。单击“草图”控制面板中的“边角矩形”图标，绘制一个矩形；单击“草图”控制面板中的“3 点圆弧”图标，在矩形的左右两侧绘制两个圆弧，结果如图 5-24 所示。

③ 标注尺寸。单击菜单栏中的“工具”→“标注尺寸”→“智能尺寸”命令，或者单击“草图” 控制面板中的“智能尺寸”按钮，标注图中矩形各边的尺寸及圆弧的尺寸，结果如图 5-25 所示。

④ 剪裁实体。单击菜单栏中的“工具”→“草图绘制工具”→“剪裁”命令，或者单击“草图”控制面板中的“剪裁实体”图标，将如图 5-25 所示矩形和圆弧交界的两条直线进行剪裁，结果如图 5-26 所示。

⑤ 拉伸实体。单击菜单栏中的“插入”→“凸台/基体”→“拉伸”命令，或者单击“特征”控制面板中的“拉伸凸台/基体”图标，此时系统弹出“拉伸”对话框。在“深度”栏中输入 40mm，然后单击对话框中的“确定”图标。

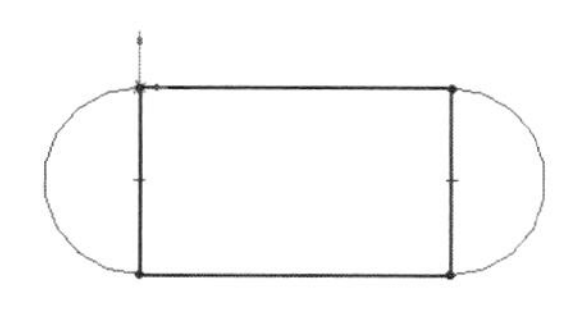

图 5-24　绘制的草图

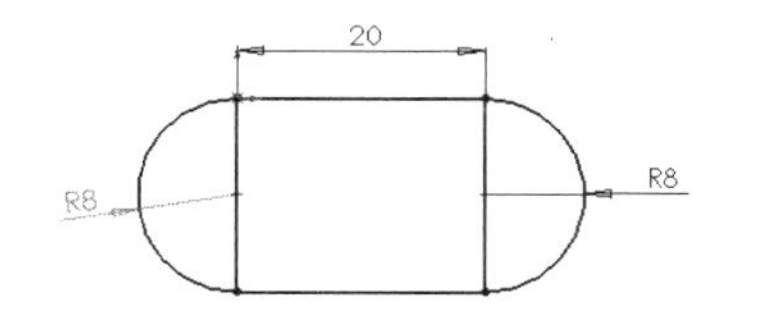

图 5-25　标注后的图形

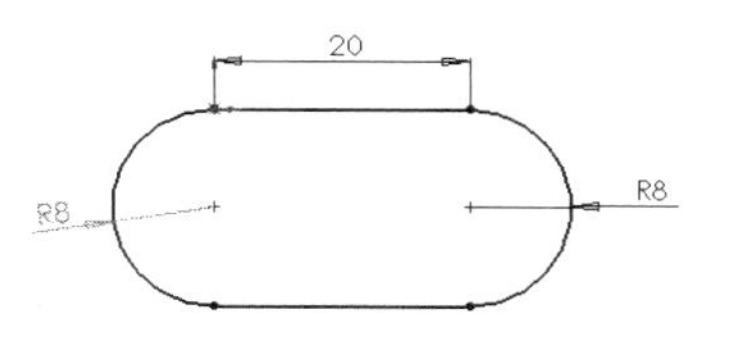

图 5-26　剪裁后的图形

⑥ 设置视图方向。单击“前导视图”工具栏中的“等轴测”图标，将视图以等轴测方向显示，结果如图 5-27 所示。

⑦ 绘制电容的封盖，设置基准面。选择如图 5-27 所示的表面 1，然后单击“前导视图”工具栏中的“正视于”图标，将该表面作为绘图的基准面。

⑧ 绘制草图。单击“草图”控制面板中的“边角矩形”图标，绘制一个矩形，单击“草图”控制面板中的“3 点圆弧”图标，在矩形的左右两侧绘制两个圆弧。

⑨ 标注尺寸。单击“草图” 控制面板中的“智能尺寸”按钮，标注上一步绘制的矩形各边的尺寸及圆弧的尺寸，结果如图 5-28 所示。

⑩ 剪裁实体。单击菜单栏中的“工具”→“草图绘制工具”→“剪裁”命令，或者单击“草图”控制面板中的“剪裁实体”图标，将如图 5-28 所示矩形和圆弧交界的两个直线进行剪裁，结果如图 5-29 所示。

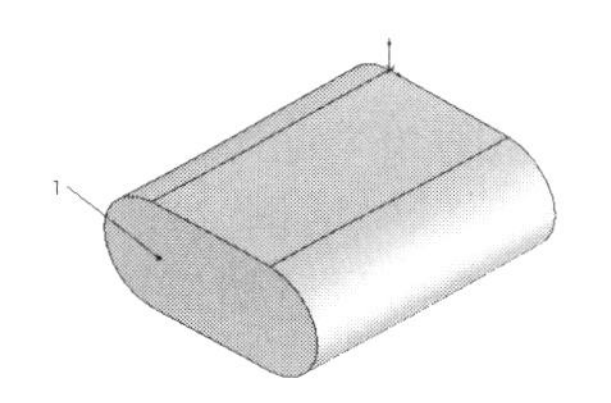

图 5-27　拉伸后的图形

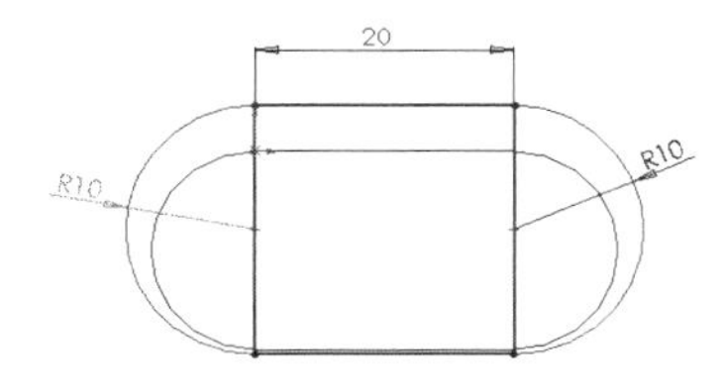

图 5-28　标注后的图形

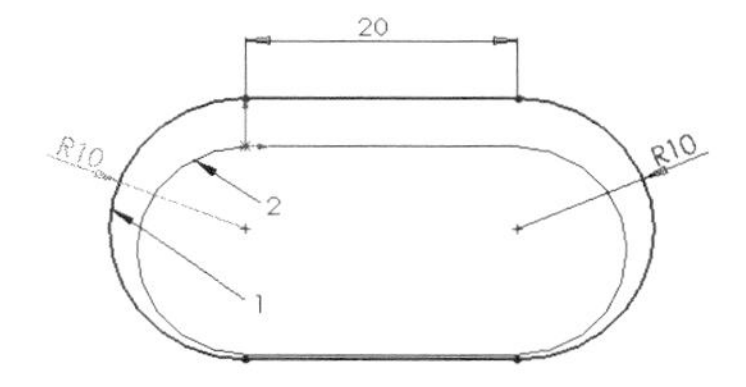

图 5-29　剪裁后的图形

⑪ 添加几何关系。单击菜单栏中的“工具”→“几何关系”→“添加”命令，或者单击“草图”控制面板“参考几何体”下拉列表中的“添加几何关系”按钮，此时系统弹出如图 5-30 所示的“添加几何关系”对话框。单击如图 5-29 所示的圆弧 1 和圆弧 2，此时所选的实体出现在对话框中，然后单击对话框中的“同心”图标，此时“同心”关系出现在对话框中。设置好几何关系后，单击对话框中的“确定”图标，结果如图 5-31 所示。

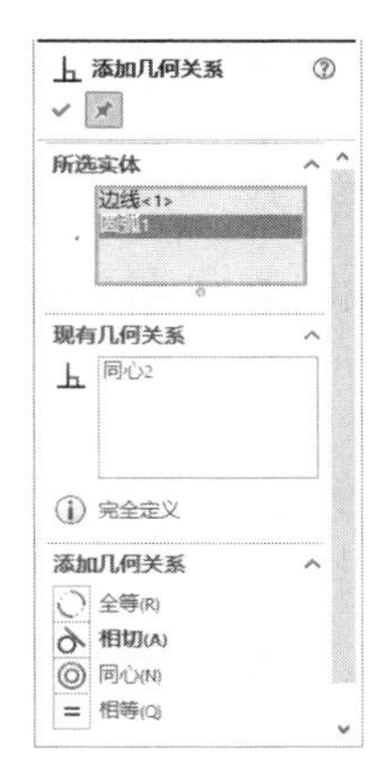

图 5-30 “添加几何关系”对话框

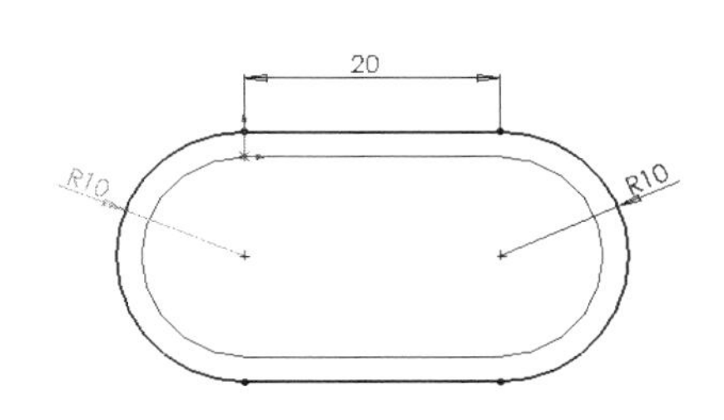

图 5-31　同心后的图形

⑫ 拉伸实体。单击菜单栏中的“插入”→“凸台/基体”→“拉伸”命令，或者单击“特征”控制面板中的“拉伸凸台/基体”图标，此时系统弹出“拉伸”对话框。在“深度”栏中输入 2，然后单击对话框中的“确定”图标。

⑬ 设置视图方向。单击“前导视图”工具栏中的“等轴测”图标，将视图以等轴测方向显示，结果如图 5-32 所示。

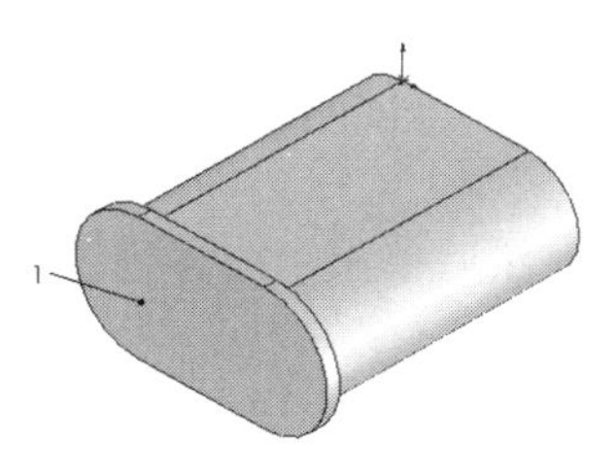

图 5-32　拉伸后的图形

⑭ 绘制电容引脚，设置基准面。选择如图 5-32 所示的表面 1，然后单击“前导视图”工具栏中的“正视于”图标，将该表面作为绘图的基准面。

⑮ 绘制草图。单击“草图”控制面板中的“圆”图标，在上一步设置的基准面上绘制一个圆。

⑯ 标注尺寸。单击“草图”控制面板中的“智能尺寸”按钮，标注圆的直径，结果如图 5-33 所示。

⑰ 添加几何关系。单击“草图”控制面板“参考几何体”下拉列表中的“添加几何关系”按钮，将如图 5-33 所示的圆弧 1 和圆弧 2 添加为“同心”几何关系，具体操作参见第⑪步的介绍，然后退出草图绘制状态。

⑱ 设置基准面。在左侧的“FeatureManager 设计树”中用鼠标选择“右视基准面”，然后单击“前导视图”工具栏中的“正视于”图标，将该基准面作为绘图的基准面。

⑲ 绘制草图。单击“草图”控制面板中的“直线”图标，绘制两条直线，直线的一个端点在第⑮步绘制的圆的圆心处，结果如图 5-34 所示。

⑳ 绘制圆角。单击菜单栏中的“工具”→“草图绘制工具”→“圆角”命令，或者单击“草图”控制面板中的“绘制圆角”图标，此时系统弹出“绘制圆角”对话框。在“半径”栏中输入 6mm，然后选择上一步绘制的两条直线段，结果如图 5-35 所示，然后退出草图绘制状态。

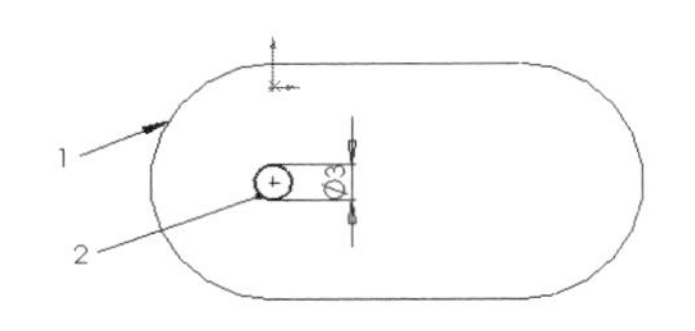

图 5-33　标注后的图形

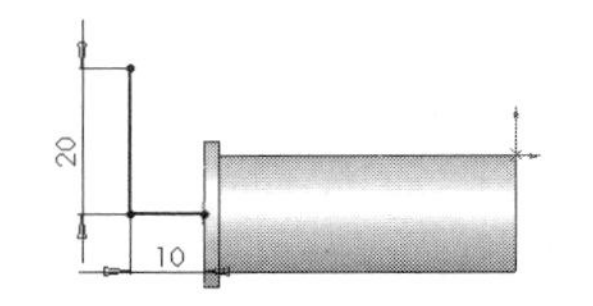

图 5-34　绘制的草图

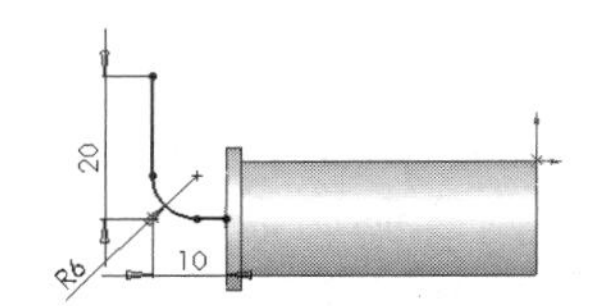

图 5-35　圆角后的图形

㉑ 设置视图方向。单击“前导视图”工具栏中的“等轴测”图标，将视图以等轴测方向显示，结果如图 5-36 所示。

㉒ 扫描实体。单击菜单栏中的“插入”→“凸台/基体”→“扫描”命令，或者单击“特征”控制面板中的“扫描”图标，此时系统弹出“扫描”对话框。在“轮廓”一栏中，用鼠标选择如图 5-36 所示圆 1；在“路径”栏用鼠标选择如图 5-36 所示的草图 2。单击对话框中的“确定”图标，结果如图 5-37 所示。

㉓ 线性阵列实体。单击菜单栏中的“插入”→“阵列/镜向”→“线性阵列”命令，或者单击“特征”控制面板中的“线性阵列”图标，此时系统弹出“线性阵列”对话框，如图 5-38 所示。在“边线”栏用鼠标选择如图 5-37 所示的边线 1；在“间距”一栏中输入值 20mm；在“实例数”栏中输入 2mm；在“要阵列的特征”栏选择第㉒步扫描的实体。单击对话框中“确定”图标，结果如图 5-39 所示。

㉔ 绘制电容文字。设置基准面。用鼠标选择如图 5-39 所示的底面，然后单击“前导视图”工具栏中的“正视于”图标，将该表面作为绘制图形的基准面。

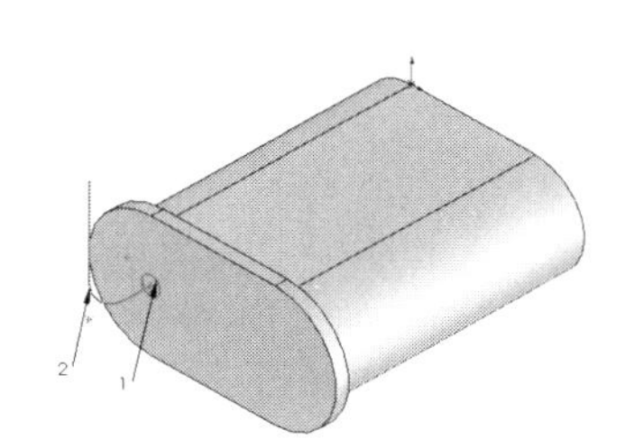

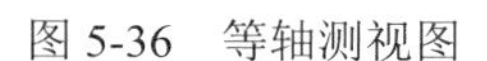

图 5-36　等轴测视图

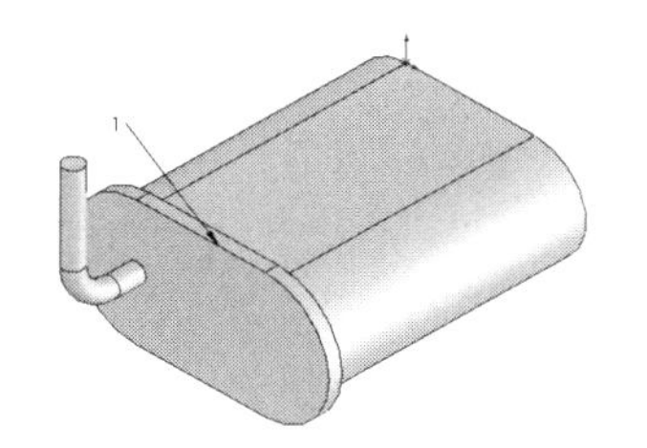

图 5-37　扫描后的图形

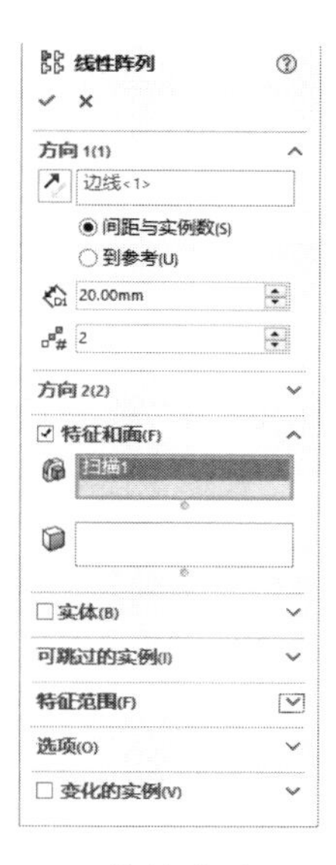

图 5-38 “线性阵列”对话框

㉕ 绘制文字草图。单击菜单栏中的“工具”→“草图绘制实体”→“文字”命令，或者单击“草图”控制面板中的“文字”图标，此时弹出如图 5-40 所示的“文字”对话框。在“草图文字”栏中输入“600pF”，并设置文字的大小及属性，然后用鼠标调整文字在基准面上的位置。单击对话框中的“确定”图标，结果如图 5-41 所示。

㉖ 拉伸草图文字。单击菜单栏中的“插入”→“凸台/基体”→“拉伸”命令，或者单击“特征”控制面板中的“拉伸凸台/基体”图标，此时系统弹出如图 5-42 所示“拉伸”对话框。在“深度”栏中输入 1mm，按照图示进行设置后，单击“确定”图标，结果如图 5-43 所示。

㉗ 设置视图方向。单击“视图”工具栏中的“旋转视图”图标，将视图以合适的方向显示，结果如图 5-23 所示。

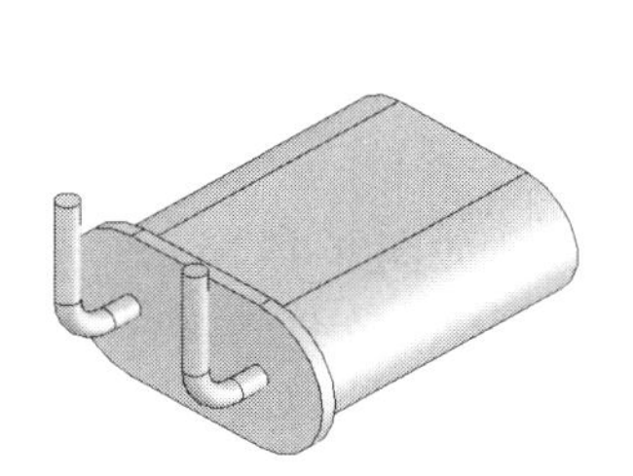

图 5-39　阵列后的图形

图 5-40 “草图文字”对话框

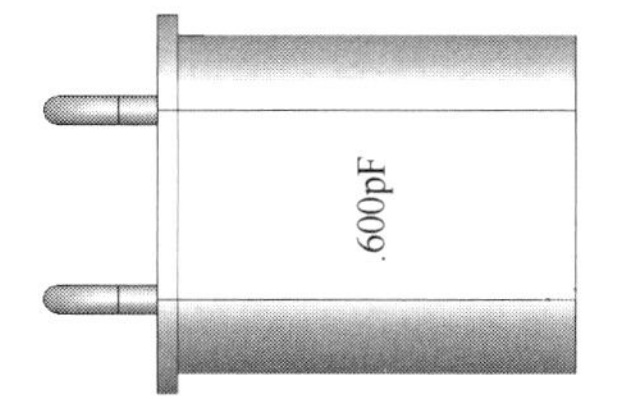

图 5-41　绘制的草图文字

图 5-42 “拉伸”对话框

图 5-43 拉伸后的图形

5.2 镜向特征

如果零件结构是对称的，用户可以只创建零件模型的一半，然后使用镜向特征的方法生成整个零件。如果修改了原始特征，则镜向的特征也随之更改。图 5-44 所示为运用镜向特征生成的零件模型。

图 5-44 镜向特征生成零件

5.2.1 创建镜向特征

扫一扫，看视频

镜向命令按照对象的不同，可以分为镜向特征和镜向实体。

5.2.1.1 镜向特征

镜向特征是指以某一平面或者基准面作为参考面，对称复制一个或者多个特征。下面结合实例介绍创建镜向特征的操作步骤。

【案例 5-6】镜向特征

① 打开随书资源中“源文件\ch5\5.6.SLDPRT”，打开的文件实体如图 5-45 所示。

② 单击“特征”控制面板中的“镜向”按钮，或执行“插入”→“阵列/镜向”→“镜向”菜单命令，系统弹出“镜向”属性管理器。

③ 在“镜向面/基准面”选项组中，单击选择如图 5-46 所示的前视基准面；在“要镜向的特征”选项组中，选择拉伸特征 1 和拉伸特征 2，“镜向”属性管理器设置如图 5-46 所示。单击✔（确定）按钮，创建的镜向特征如图 5-47 所示。

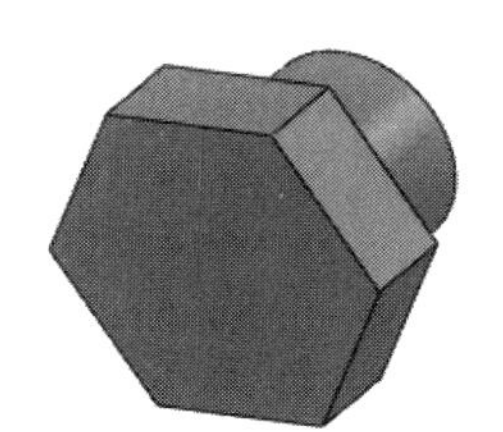

图 5-45　打开的文件实体

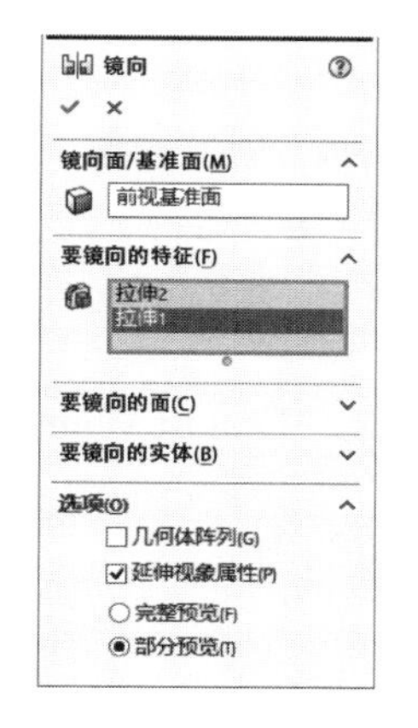

图 5-46　“镜向”属性管理器

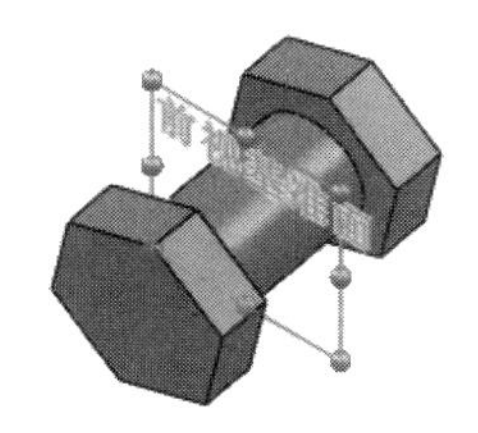

图 5-47　镜向特征

5.2.1.2　镜向实体

镜向实体是指以某一平面或者基准面作为参考面，对称复制视图中的整个模型实体。下面介绍创建镜向实体的操作步骤。

【案例 5-7】镜向实体

① 打开随书资源中的“源文件\ch5\5.7.SLDPRT”，打开的文件实体如图 5-48 所示。

② 单击“特征”控制面板中的“镜向”按钮，或执行“插入”→“阵列/镜向”→“镜向”菜单命令，系统弹出“镜向”属性管理器。

③ 在“镜向面/基准面”选项组中，单击选择如图 5-48 所示的面 1；在“要镜向的实体”选项组中，选择【案例 5-6】中生成的镜向特征。“镜向”属性管理器设置如图 5-49 所示。单击✔（确定）按钮，创建的镜向实体如图 5-50 所示。

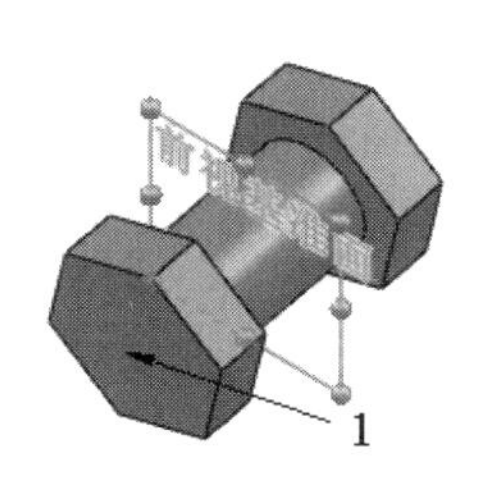

图 5-48　打开的文件实体

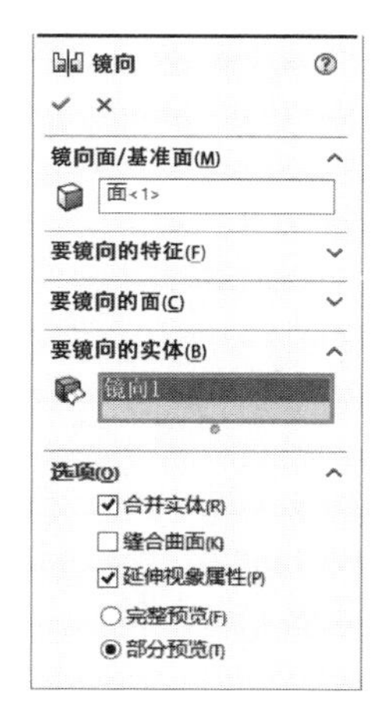

图 5-49　“镜向”属性管理器

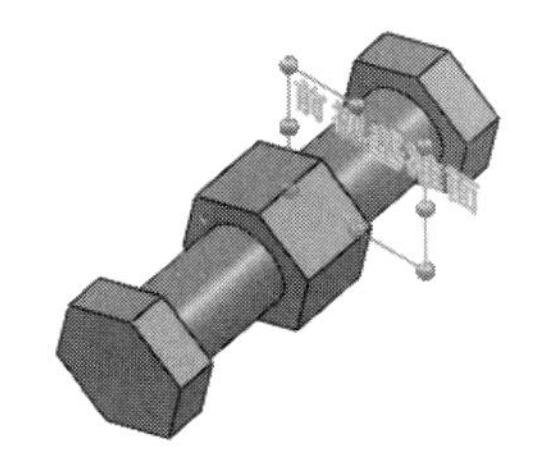

图 5-50　镜向实体

5.2.2　实例——台灯灯泡

扫一扫，看视频

本例绘制台灯灯泡，如图 5-51 所示。首先绘制灯泡底座的外形草图，拉伸为实体轮廓；然后绘制灯管草图，扫描为实体；最后绘制灯尾。

绘制步骤

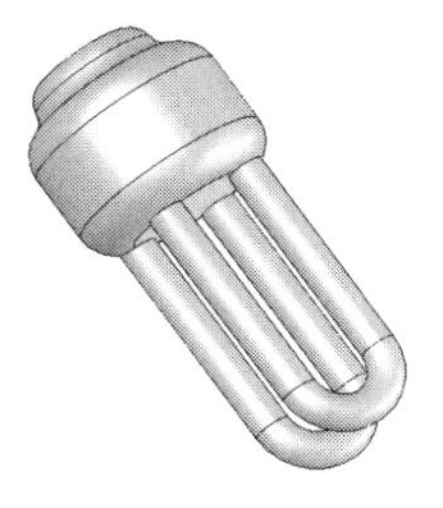
图 5-51　台灯灯泡

① 新建文件。单击菜单栏中的“文件”→“新建”命令，或者单击“标准”工具栏中的“新建”按钮，在弹出的“新建 SOLIDWORKS 文件”对话框中先单击“零件”按钮，再单击“确定”按钮，创建一个新的零件文件。

② 绘制底座，绘制草图。在左侧的“FeatureMannger 设计树”中用鼠标选择“前视基准面”作为绘制图形的基准面。单击“草图”控制面板中的“圆”图标，绘制一个圆心在原点的圆。

③ 标注尺寸。单击菜单栏中的“工具”→“标注尺寸”→“智能尺寸”命令，或者单击“草图”控制面板中的“智能尺寸”按钮，标注圆的直径，结果如图 5-52 所示。

④ 拉伸实体。单击菜单栏中的“插入”→“凸台/基体”→“拉伸”命令，或者单击“特征”控制面板中的“拉伸凸台/基体”图标，此时系统弹出“拉伸”对话框。在“深度”栏中输入 40mm，然后单击对话框中的“确定”图标，结果如图 5-53 所示。

⑤ 设置基准面。用鼠标单击如图 5-4 所示的外表面，然后单击“前导视图”工具栏中的“正视于”图标，将该表面作为绘制图形的基准面，结果如图 5-54 所示。

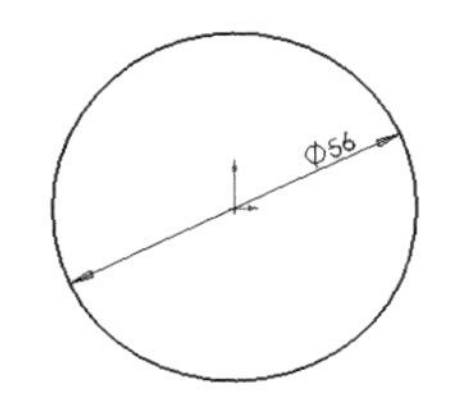

图 5-52　绘制的草图

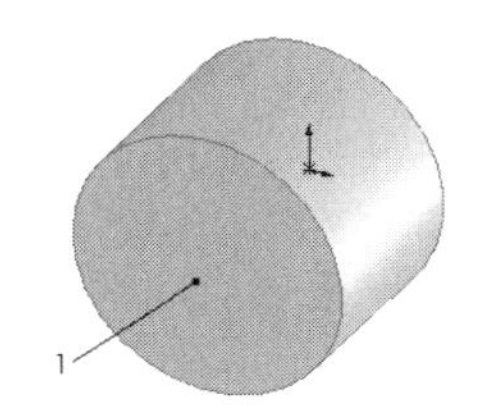

图 5-53　拉伸后的图形

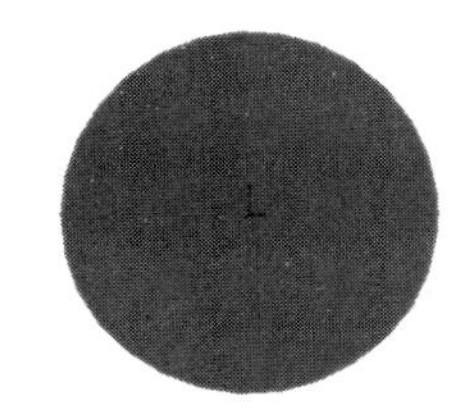
图 5-54　设置的基准面

⑥ 绘制灯管。绘制草图。单击菜单栏中的“工具”→“草图绘制实体”→“圆”命令，或者单击“草图”控制面板中的“圆”图标，在上一步设置的基准面上绘制一个圆。

⑦ 标注尺寸。单击“草图”控制面板中的“智能尺寸”按钮，标注上一步绘制圆的直径及其定位尺寸，结果如图 5-55 所示，然后退出草图绘制。

⑧ 添加基准面。在左侧的“FeatureManager 设计树”中用鼠标选择“右视基准面”作为参考基准面，添加新的基准面。单击菜单栏中的“插入”→“参考几何体”→“基准面”命令，或者单击“特征”控制面板“参考几何体”下拉列表中“基准面”按钮，此时系统弹出如图 5-56 所示的“基准面”对话框。在“偏移距离”栏中输入 13mm，并调整设置基准面的方向。按照图示进行设置后，单击对话框中的“确定”图标，结果如图 5-57 所示。

⑨ 设置基准面。在左侧的“FeatureManager 设计树”中用鼠标选择上一步添加的基准面，然后单击“前导视图”工具栏中的“正视于”图标，将该基准面作为绘制图形的基准面，结果如图 5-58 所示。

⑩ 绘制草图。单击“草图”控制面板中的“直线”图标，绘制起点在如图 5-57 所示小圆的圆心的直线，单击“草图”控制面板中的“中心线”图标，绘制一条通过原点的水平中心线，结果如图 5-59 所示。

⑪ 镜向实体。单击菜单栏中的“工具”→“草图绘制工具”→“镜向”命令，或者单击“草图”控制面板中的“镜向实体”图标，此时系统弹出“镜向”对话框。在“要镜向的实体”一栏中，依次选择第⑩步绘制的直线；在“镜向点”一栏中选择第⑩步绘制的水平中心线。单击对话框中的“确定”图标，结果如图 5-60 所示。

⑫ 绘制草图。单击“草图”控制面板中的“切线弧”图标，绘制一个端点为两条直线端点的圆弧，结果如图 5-61 所示。

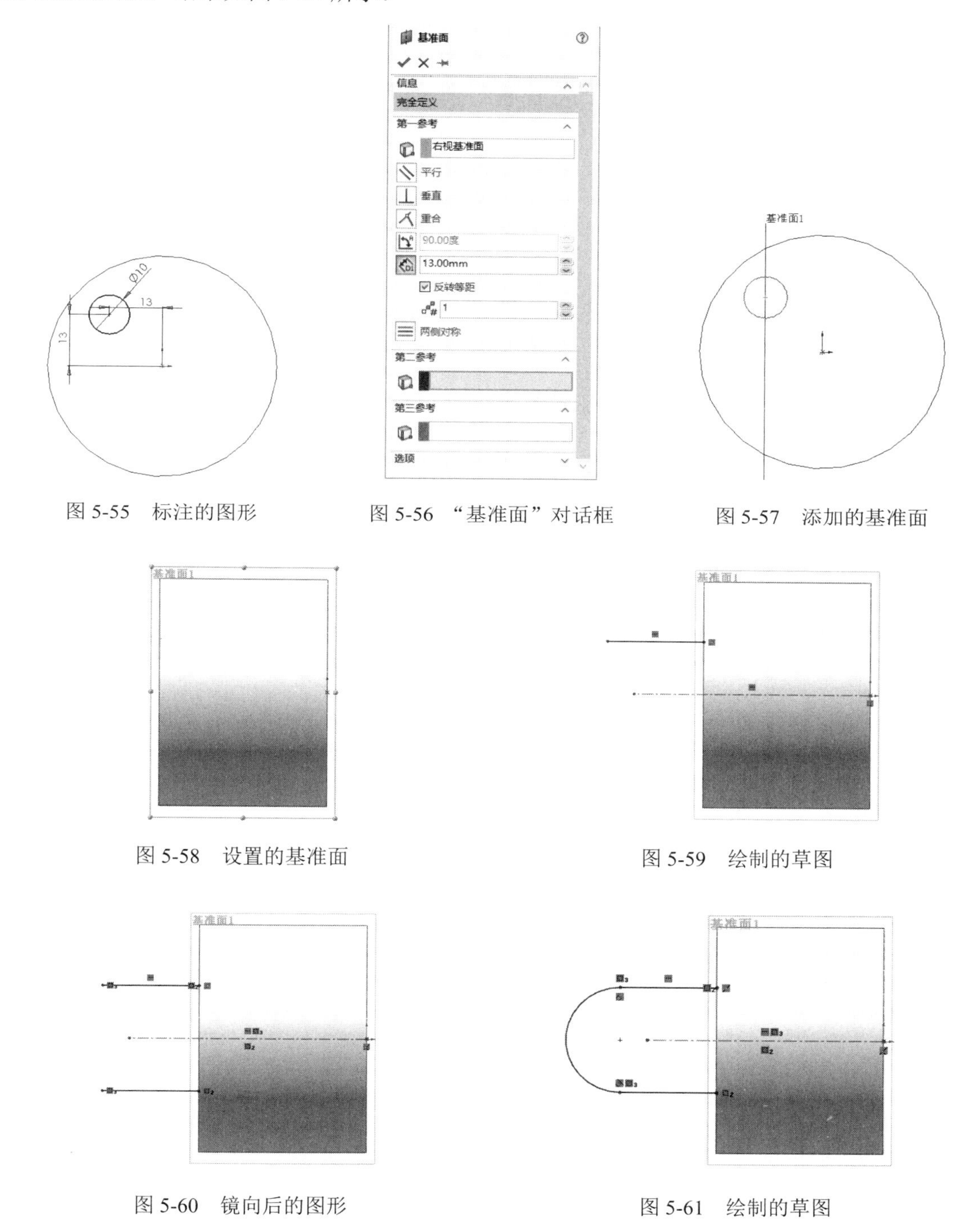

图 5-55　标注的图形

图 5-56　“基准面”对话框

图 5-57　添加的基准面

图 5-58　设置的基准面

图 5-59　绘制的草图

图 5-60　镜向后的图形

图 5-61　绘制的草图

⑬ 标注尺寸。单击“草图” 控制面板中的“智能尺寸”按钮，标注尺寸，结果如图 5-62 所示，然后退出草图绘制。

⑭ 设置视图方向。单击“前导视图”工具栏中的“等轴测”图标，将视图以等轴测

方向显示，结果如图 5-63 所示。

⑮ 扫描实体。单击菜单栏中的“插入”→“凸台/基体”→“扫描”命令，此时系统弹出如图 5-64 所示的“扫描”对话框。在“轮廓”栏用鼠标选择如图 5-63 所示的圆 1；在“路径”栏用鼠标选择如图 5-63 所示的草图 2，单击对话框中的“确定”图标。

⑯ 隐藏基准面。单击菜单栏中的“视图”→“隐藏/显示（H）” →“基准面”命令，视图中就不会显示基准面，结果如图 5-65 所示。

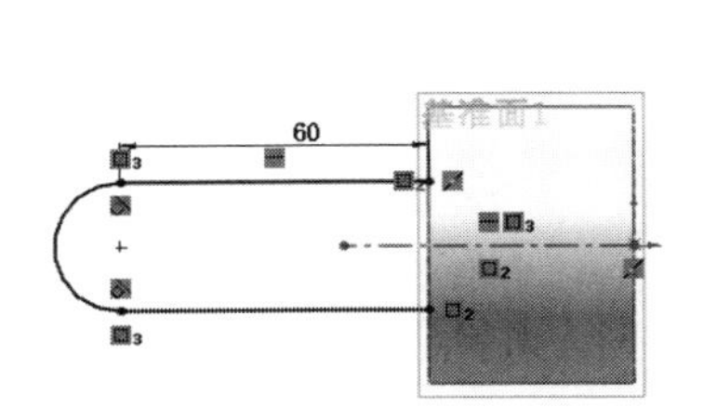

图 5-62 标注的草图

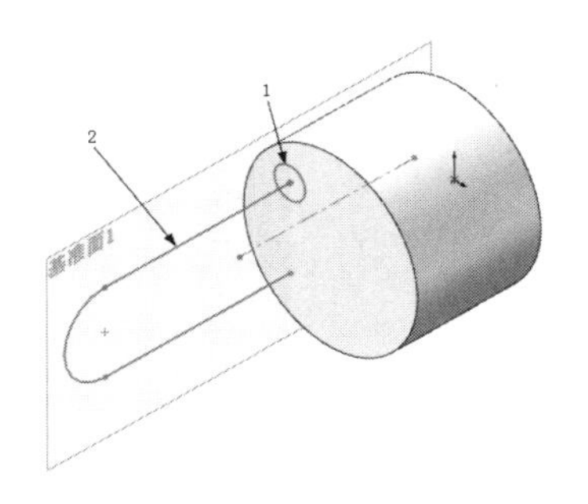

图 5-63 等轴测视图

⑰ 镜向实体。单击菜单栏中的“插入”→“阵列/镜向”→“镜向”命令，或者单击“特征”控制面板中的“镜向”图标，此时系统弹出如图 5-66 所示的“镜向”属性管理器。在“镜向面/基准面”栏，用鼠标选择“右视基准面”；在“要镜向的特征”一栏中，用鼠标选择扫描的实体。单击对话框中的“确定”图标，结果如图 5-67 所示。

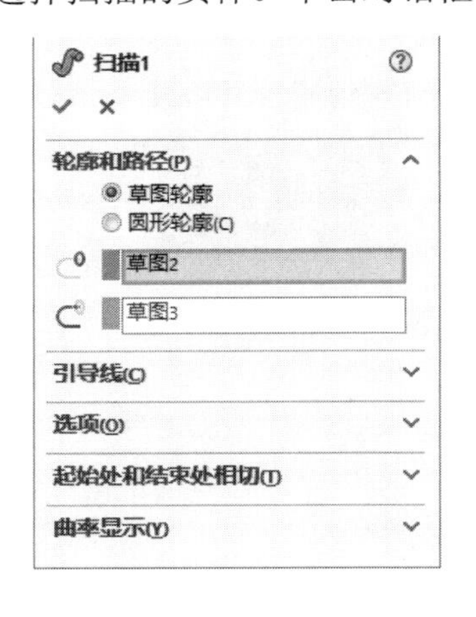

图 5-64 “扫描”对话框

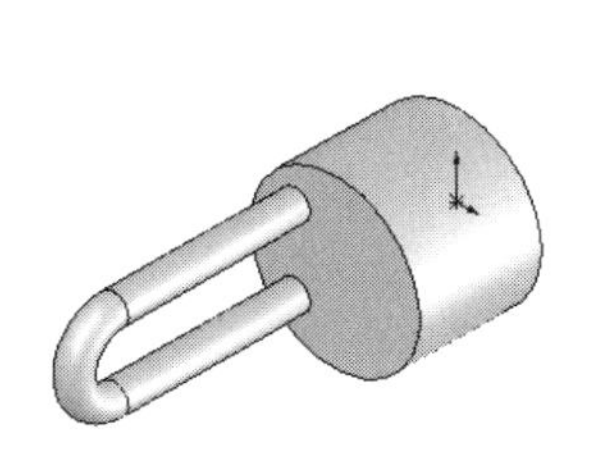

图 5-65 扫描后的图形

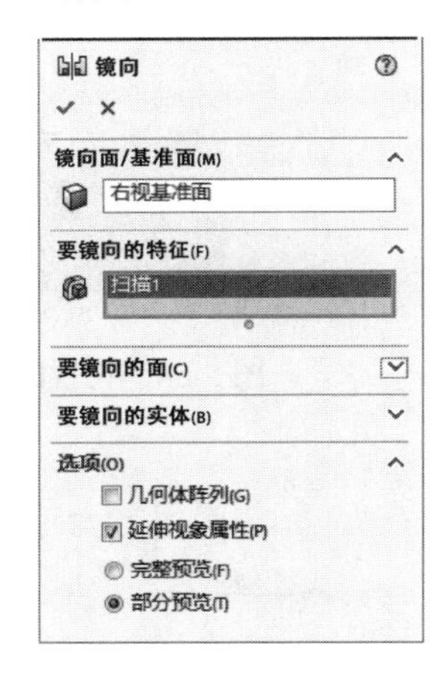

图 5-66 “镜向”对话框

⑱ 圆角实体。单击“特征”控制面板中的“圆角”图标，此时系统弹出如图 5-68 所示的“圆角”对话框。在“半径”栏中输入 10mm，然后用鼠标选取如图 5-67 所示的边线 1 和 2。调整视图方向，将视图以合适的方向显示，结果如图 5-69 所示。

⑲ 绘制灯尾，设置基准面。选择如图 5-69 所示的表面 1，然后单击“前导视图”工具栏中的“正视于”图标，将该表面作为绘制图形的基准面，结果如图 5-70 所示。

⑳ 绘制草图。单击“草图”控制面板中的“圆”图标，以原点为圆心绘制一个圆。

㉑ 标注尺寸。单击“草图”控制面板中的“智能尺寸”按钮，标注上一步绘制圆的直径，结果如图 5-71 所示。

㉒ 拉伸实体。单击“特征”控制面板中的“拉伸凸台/基体”图标，此时系统弹出如图 5-72 所示的“拉伸”对话框。在“深度”栏中输入 10mm，按照图示进行设置后，单击“确定”图标。

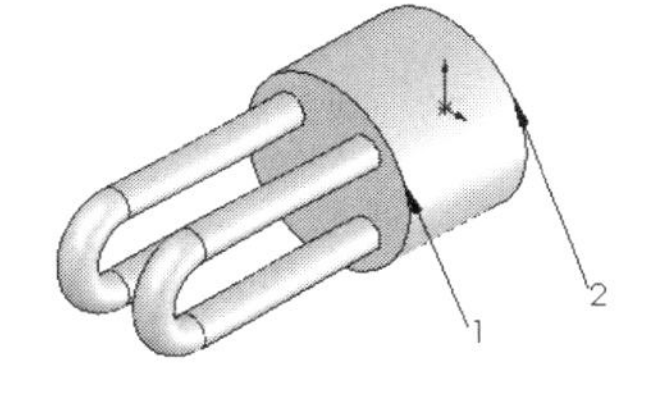

图 5-67　镜向后的图形

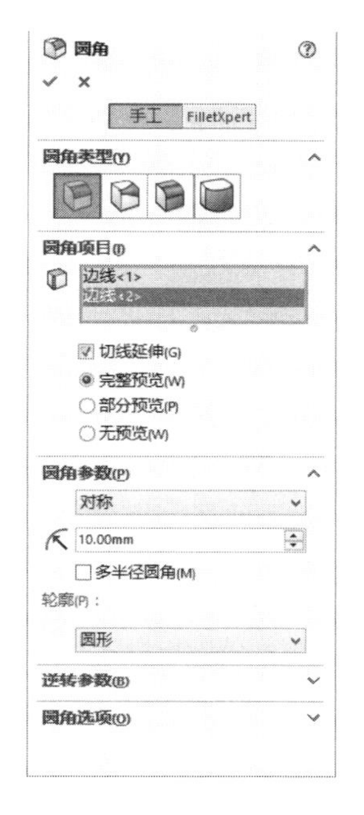

图 5-68　“圆角”对话框

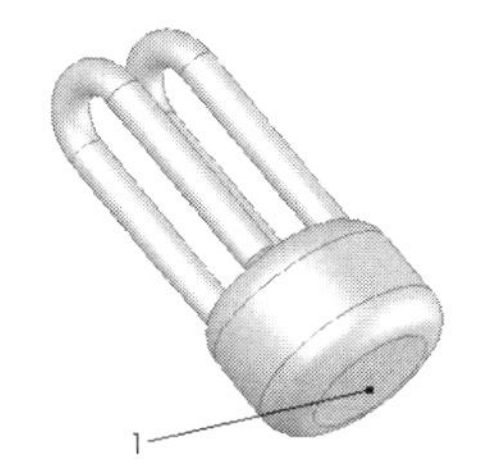

图 5-69　圆角后的图形

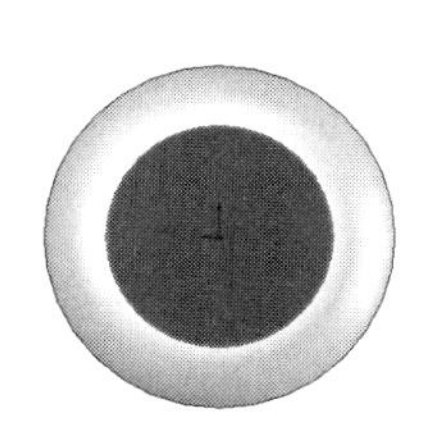

图 5-70　设置的基准面

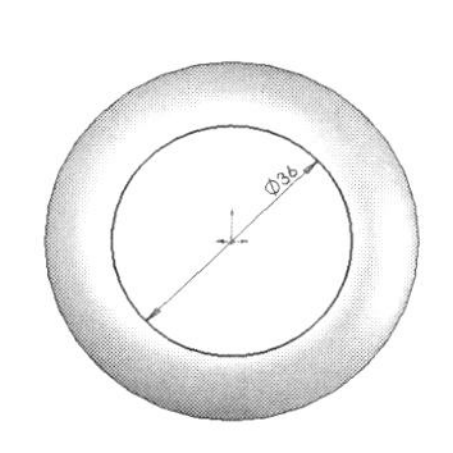

图 5-71　标注的草图

图 5-72　“拉伸”对话框

㉓ 设置视图方向。单击“视图”工具栏中的“旋转视图”图标，将视图以合适的方向显示，结果如图 5-73 所示。

㉔ 圆角实体。单击“特征”控制面板中的“圆角”图标，此时系统弹出如图 5-74 所示的“圆角”对话框。在“半径”栏中输入 6mm，然后用鼠标选取如图 5-73 所示的边线 1 和 2。按照图示进行设置后，单击“确定”图标，结果如图 5-75 所示。

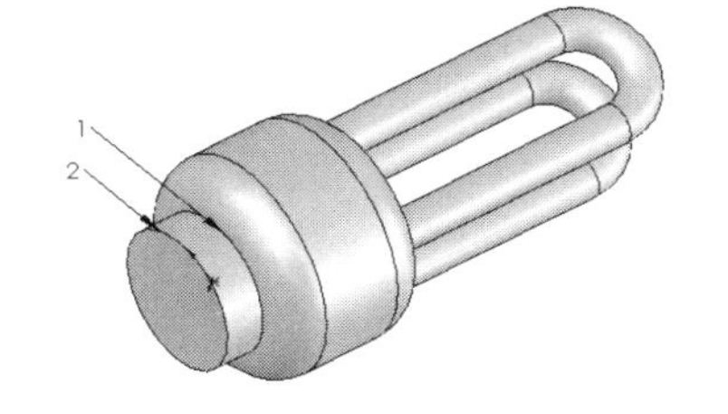

图 5-73　拉伸后的图形

图 5-74　“圆角”对话框

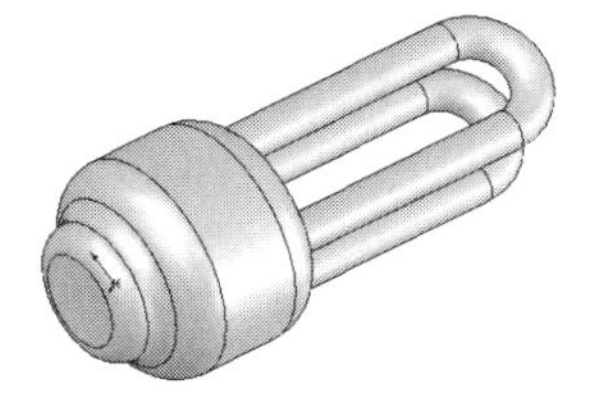

图 5-75　圆角后的图形

5.3　特征的复制与删除

扫一扫，看视频

在零件建模过程中，如果有相同的零件特征，用户可以利用系统提供的特征复制功能进行复制，这样可以节省大量的时间，达到事半功倍的效果。

SOLIDWORKS 2020 提供的复制功能，不仅可以实现同一个零件模型中的特征复制，还可以实现不同零件模型之间的特征复制。下面结合实例介绍在同一个零件模型中复制特征的操作步骤。

【案例 5-8】在同一个零件模型中复制特征

① 打开随书资源中的“源文件\ch5\5.8.SLDPRT”，如图 5-76 所示。

② 在图形区中选择特征，此时该特征在图形区中将以高亮度显示。

③ 按住<Ctrl>键，拖动特征到所需的位置上（同一个面或其他的面上）。

④ 如果特征具有限制其移动的定位尺寸或几何关系，则系统会弹出“复制确认”对话框，如图 5-77 所示，询问对该操作的处理。

图 5-76　打开的文件实体

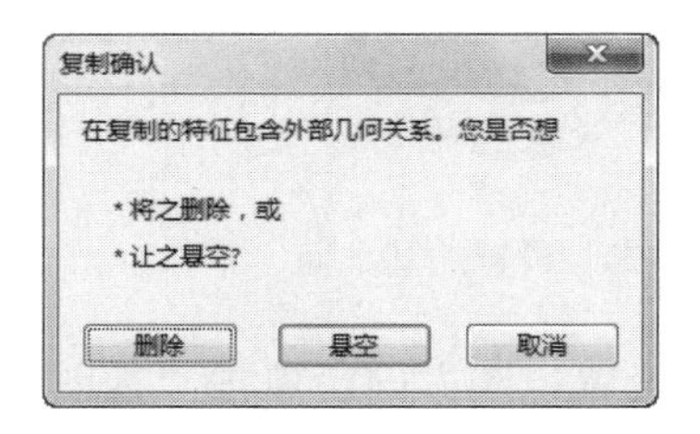

图 5-77　“复制确认”对话框

■ 单击“删除”按钮，将删除限制特征移动的几何关系和定位尺寸。

■ 单击“悬空”按钮，将不对尺寸标注、几何关系进行求解。

■ 单击“取消”按钮，将取消复制操作。

⑤ 如果在步骤④中单击“悬空”按钮，则系统会弹出“什么错”对话框，如图 5-78 所示。警告在模型中的尺寸和几何关系已不存在，用户应该重新定义悬空尺寸。

⑥ 要重新定义悬空尺寸，首先在 FeatureManager 设计树中右击对应特征的草图，在弹出的快捷菜单中单击“编辑草图”命令。此时悬空尺寸将以灰色显示，在尺寸的旁边还有对应的红色控标，如图 5-79 所示。然后按住鼠标左键，将红色控标拖动到新的附加点。释放鼠标左键，将尺寸重新附加到新的边线或顶点上，即完成了悬空尺寸的重新定义。

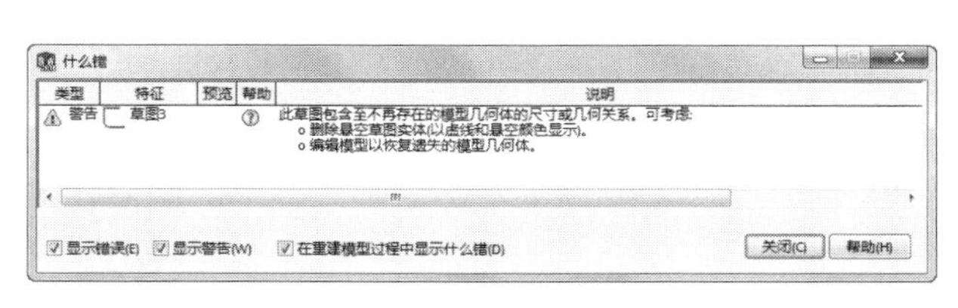

图 5-78 “什么错”对话框

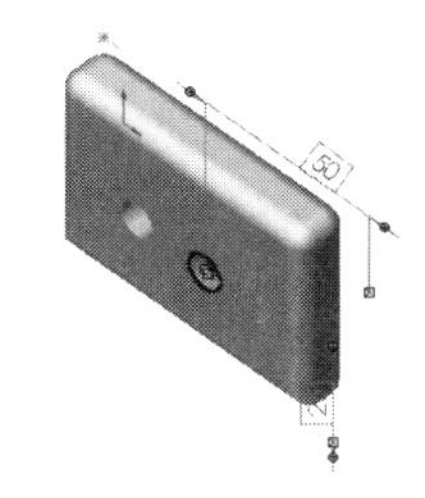

图 5-79 显示悬空尺寸

下面介绍将特征从一个零件复制到另一个零件上的操作步骤。

【案例 5-9】将特征从一个零件复制到另一个零件

① 打开随书资源中的“源文件\ch5\5.9.SLDPRT”及“源文件\ch5\5.8. SLDPRT”，如图 5-80 所示。

② 单击菜单栏中的“窗口”→“横向平铺”命令，以平铺方式显示多个文件。

③ 在 5.8 文件中的 FeatureManager 设计树中选择要复制的特征。

④ 单击菜单栏中的“编辑”→“复制”命令。

⑤ 在 5.9 文件中，单击菜单栏中的“编辑”→“粘贴”命令。

图 5-80 打开的文件实体

系统会弹出“复制确认”对话框，如图 5-81 所示，询问对该操作的处理。单击“悬空”按钮，系统会弹出如图 5-82 所示的“警告”对话框，单击“继续”按钮，选择复制的特征单击右键，则系统会弹出“什么错”对话框，如图 5-83 所示。警告在模型中的尺寸和几何关系已不存在，用户应该重新定义悬空尺寸，单击“关闭”按钮。

⑥ 要重新定义悬空尺寸，首先在 5.9 文件中的 FeatureManager 设计树中右击对应特征的草图，在弹出的快捷菜单中单击“编辑草图”按钮。此时悬空尺寸将以灰色显示，选取尺寸，尺寸的旁边会出现对应的红色控标，如图 5-84 所示。然后按住鼠标左键，将红色控标拖动到新的附加点，释放鼠标左键，尺寸改变，双击尺寸进行修改，即完成了悬空尺寸的重新定义，结果如图 5-85 所示。

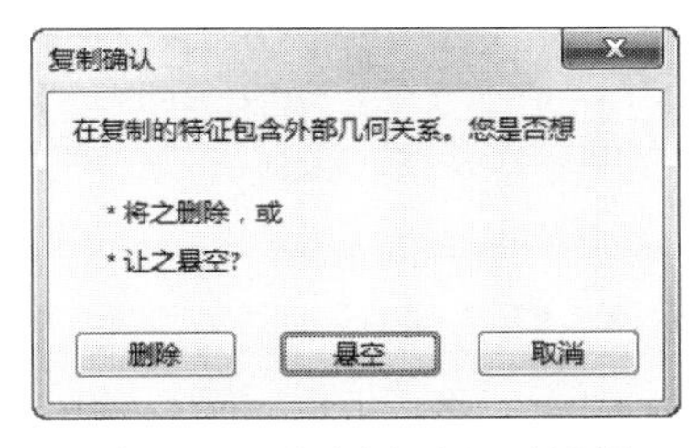

图 5-81 “复制确认”对话框

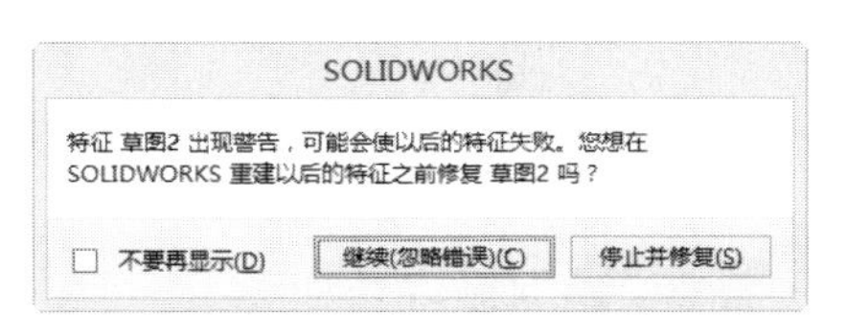

图 5-82 “警告”对话框

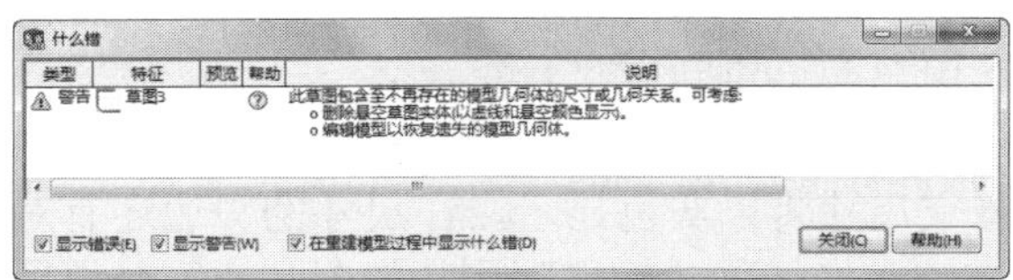
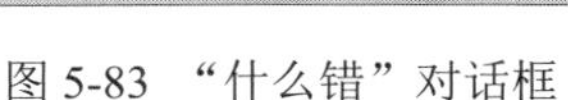

图 5-83 “什么错”对话框

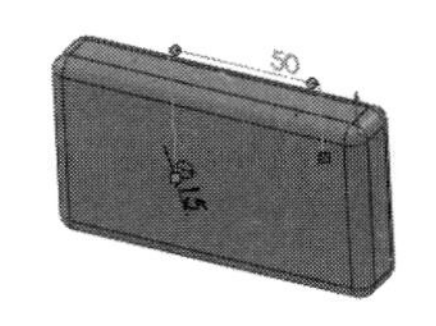

图 5-84 显示悬空尺寸

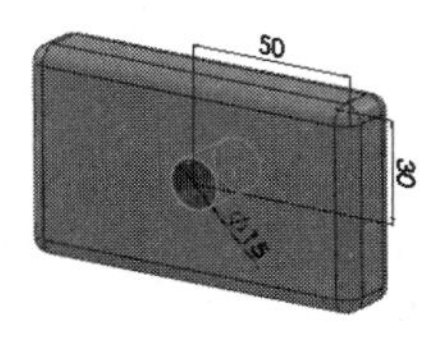

图 5-85 结果图

5.4 参数化设计

在设计的过程中，可以通过设置参数之间的关系或事先建立参数的规范达到参数化或智能化建模的目的，下面简要介绍。

5.4.1 方程式驱动尺寸

扫一扫，看视频

连接尺寸只能控制特征中不属于草图部分的数值，即特征定义尺寸，而方程式可以驱动任何尺寸。当在模型尺寸之间生成方程式后，特征尺寸成为变量，它们之间必须满足方程式的要求，互相牵制。当删除方程式中使用的尺寸或尺寸所在的特征时，方程式也一起被删除。

下面结合实例介绍生成方程式驱动尺寸的操作步骤。

【案例 5-10】方程式尺寸

（1）为尺寸添加变量名

① 打开随书资源中的“源文件\ch5\5.10.SLDPRT”，如图 5-86 所示。

② 在 FeatureManager 设计树中，右击 （注解）文件夹，在弹出的快捷菜单中单击“显示特征尺寸”命令，此时在图形区中零件的所有特征尺寸都显示出来。

③ 在图形区中，右击尺寸值，系统弹出“尺寸”属性管理器。

④ 在“数值”选项卡的“主要值”选项组的文本框中输入尺寸名称，如图 5-87 所示。单击✔（确定）按钮。

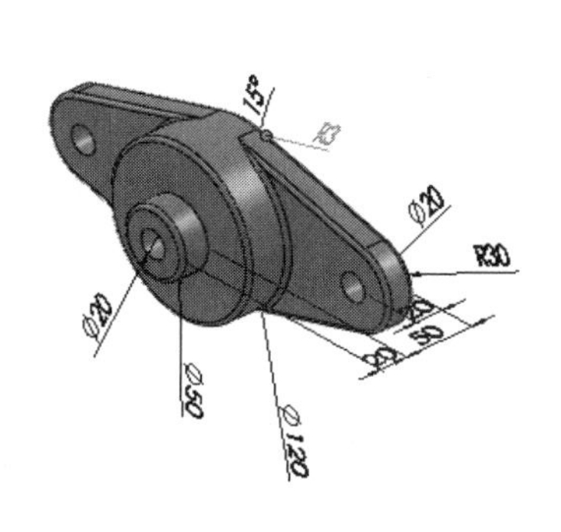

图 5-86 打开的文件实体

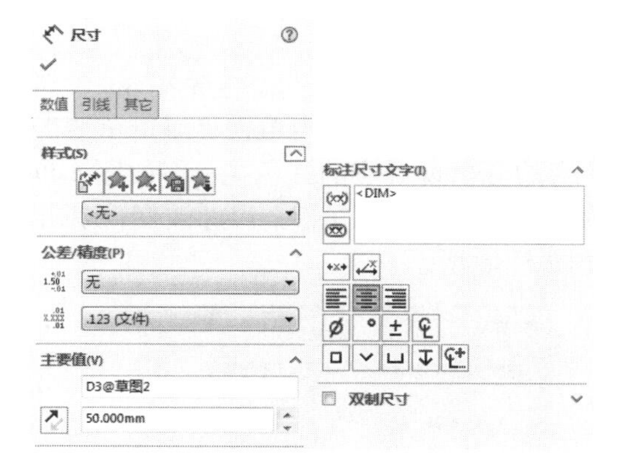

图 5-87 “尺寸”属性管理器

（2）建立方程式驱动尺寸

① 单击菜单栏中的“工具”→“方程式”命令，系统弹出“方程式、整体变量及尺寸”对话框。单击“添加”按钮，弹出“方程式、整体变量及尺寸”对话框，如图 5-88 所示。

② 在图形区中依次单击左上角图标，分别显示“方程式视图”“草图方程式视图”“尺寸视图”和“按序排列的视图”，如图 5-88 所示。

图 5-88 “方程式、整体变量及尺寸”对话框

③ 单击对话框中的“重建模型”按钮，或单击菜单栏中的“编辑”→“重建模型”命令来更新模型，所有被方程式驱动的尺寸会立即更新。此时在 FeatureManager 设计树中会出现（方程式）文件夹，右击该文件夹即可对方程式进行编辑、删除、添加等操作。

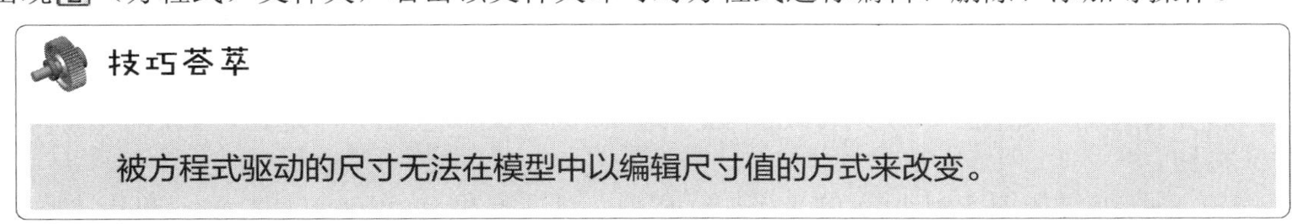

技巧荟萃

被方程式驱动的尺寸无法在模型中以编辑尺寸值的方式来改变。

为了更好地了解设计者的设计意图，还可以在方程式中添加注释文字，也可以像编程那样将某个方程式注释掉，避免该方程式的运行。

下面介绍在方程式中添加注释文字的操作步骤。

① 可直接在“方程式”下方空白框中输入内容，如图 5-88（a）所示。

② 单击如图 5-88 所示“方程式、整体变量及尺寸”对话框中的 输入(I)... 按钮，在弹出如图 5-89 所示的“打开”对话框选择要添加注释的方程式，即可添加外部方程式文件。

③ 同理，单击“输出”按钮，输出外部方程式文件。

图 5-89 “打开”对话框

5.4.2 系列零件设计表

如果用户的计算机上同时安装了 Microsoft Excel，就可以使用 Excel 在零件文件中直接嵌入新的配置。配置是指由一个零件或一个部件派生而成的形状相似、大小不同的一系列零件或部件集合。在 SOLIDWORKS 中大量使用的配置是系列零件设计表，用户可以利用该表很容易地生成一系列形状相似、大小不同的标准零件，如螺母、螺栓等，从而形成一个标准零件库。

使用系列零件设计表具有如下优点。

- 可以采用简单的方法生成大量的相似零件，对于标准化零件管理有很大帮助。
- 使用系列零件设计表，不必一一创建相似零件，可以节省大量时间。
- 使用系列零件设计表，在零件装配中很容易实现零件的互换。

生成的系列零件设计表保存在模型文件中，不会链接到原来的 Excel 文件，在模型中所进行的更改不会影响原来的 Excel 文件。

下面结合实例介绍在模型中插入一个新的空白的系列零件设计表的操作步骤。

【案例 5-11】系列零件设计表

① 打开随书资源中的“源文件\ch5\5.11.SLDPRT”。

② 单击菜单栏中的“插入”→“表格”→“设计表”命令，系统弹出“系列零件设计表”属性管理器，如图 5-90 所示。在“源”选项组中点选“空白”单选钮，然后单击✔（确定）按钮。

③ 系统弹出如图 5-91 所示的“添加行和列”对话框和一个 Excel 工作表，单击“确定”按钮，Excel 工具栏取代了 SOLIDWORKS 工具栏，如图 5-92 所示。

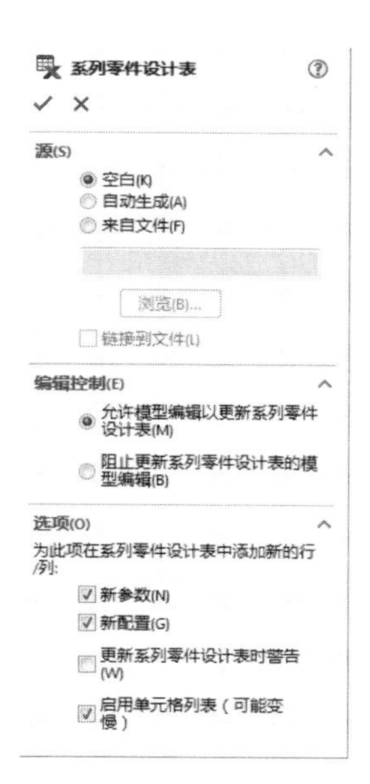

图 5-90 “系列零件设计表”属性管理器

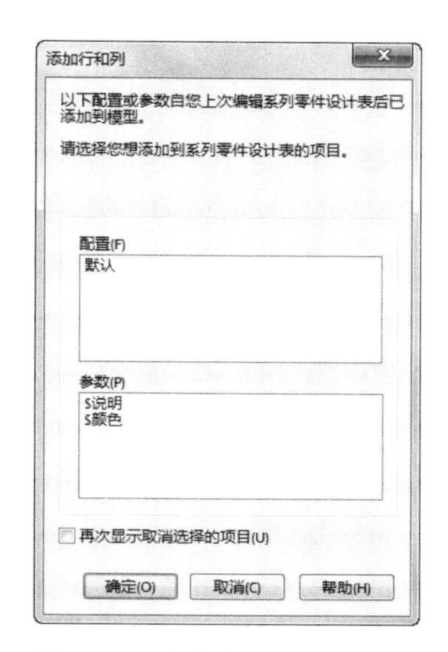

图 5-91 “添加行和列”对话框

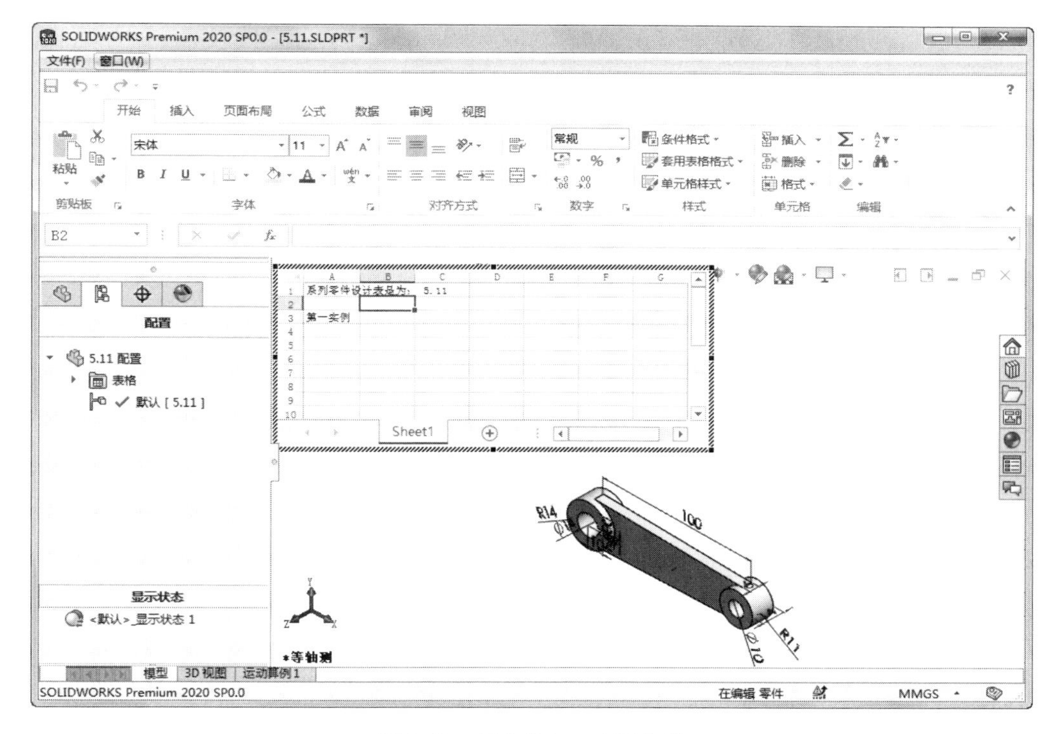

图 5-92 插入的 Excel 工作表

④ 在表的第 2 行输入要控制的尺寸名称，也可以在图形区中双击要控制的尺寸，则相关的尺寸名称出现在第 2 行中，同时该尺寸名称对应的尺寸值出现在“第一实例”行中。

⑤ 重复步骤④，直到定义完模型中所有要控制的尺寸。

⑥ 如果要建立多种型号，则在列 A（单元格 A4、A5…）中输入想生成的型号名称。

⑦ 在对应的单元格中输入该型号对应控制尺寸的尺寸值，如图 5-93 所示。

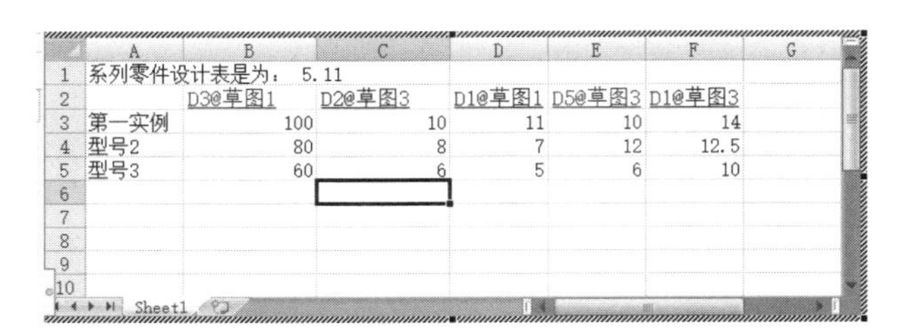

	A	B	C	D	E	F	G
1	系列零件设计表是为：5.11						
2		D3@草图1	D2@草图3	D1@草图1	D5@草图3	D1@草图3	
3	第一实例	100	10	11	10	14	
4	型号2	80	8	7	12	12.5	
5	型号3	60	6	5	6	10	
6							
7							
8							
9							
10							

图 5-93　输入控制尺寸的尺寸值

⑧ 向工作表中添加信息后，在表格外单击，将其关闭。

⑨ 此时，系统会显示一条信息，如图 5-94 所示，列出所生成的型号，单击“确定”按钮。

当用户创建完成一个系列零件设计表后，其原始样本零件就是其他所有型号的样板，原始零件的所有特征、尺寸、参数等均有可能被系列零件设计表中的型号复制使用。

下面介绍将系列零件设计表应用于零件设计中的操作步骤。

① 单击图形区左侧面板顶部的（ConfigurationManager 设计树）选项卡。

② ConfigurationManager 设计树中显示了该模型中系列零件设计表生成的所有型号。

③ 右击要应用型号，在弹出的快捷菜单中单击“显示配置”命令，如图 5-95 所示。

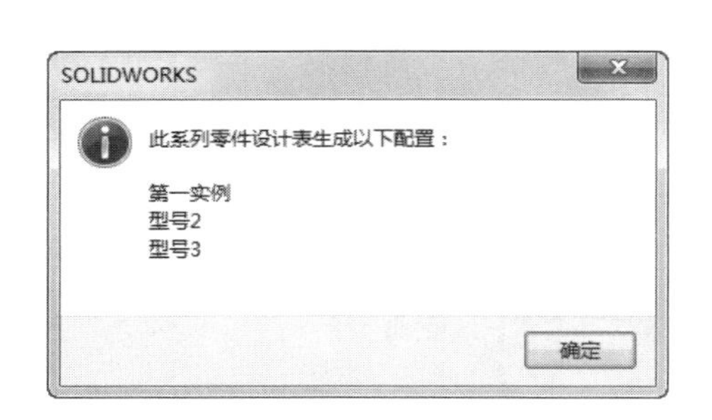

图 5-94　信息对话

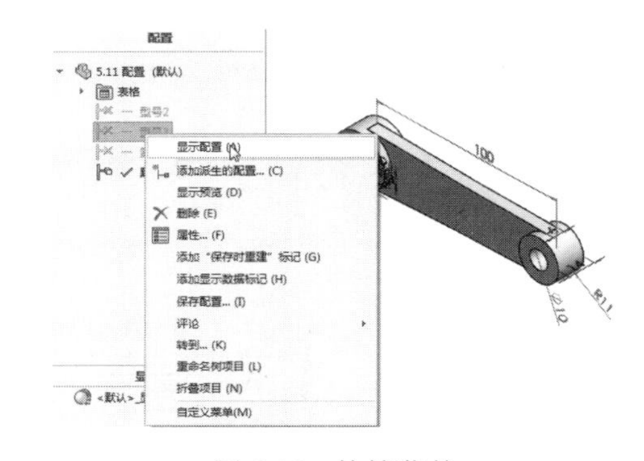

图 5-95　快捷菜单

④ 系统就会按照系列零件设计表中该型号的模型尺寸重建模型。

下面介绍对已有的系列零件设计表进行编辑的操作步骤。

① 单击图形区左侧面板顶部的（ConfigurationManager 设计树）选项卡。

② 在 ConfigurationManager 设计树中，右击（系列零件设计表）按钮。

③ 在弹出的快捷菜单中单击“编辑定义”命令。

④ 如果要删除该系列零件设计表，则单击“删除”命令。

在任何时候，用户均可在原始样本零件中加入或删除特征。如果是加入特征，则加入后的特征将是系列零件设计表中所有型号成员的共有特征。若某个型号成员正在被使用，则系统将会依照所加入的特征自动更新该型号成员。如果是删除原样本零件中的某个特征，则系列零件设计表中的所有型号成员的该特征都将被删除。若某个型号成员正在被使用，则系统会将工作窗口自动切换到现在的工作窗口，完成更新被使用的型号成员。

5.5 综合实例——螺母紧固件系列

扫一扫，看视频

在机器或仪器中，有些大量使用的机件，如螺栓、螺母、螺钉、键、销、轴承等，它们的结构和尺寸均已标准化，设计时刻根据有关标准选用。

螺栓和螺母是最常用的紧固件之一，其连接形式如图 5-96 所示。这种连接构造简单、成本较低、安装方便、使用不受被连接材料限制，因而应用广泛，一般用于被连接厚度尺寸较小或能从被连接件两边进行安装的场合。

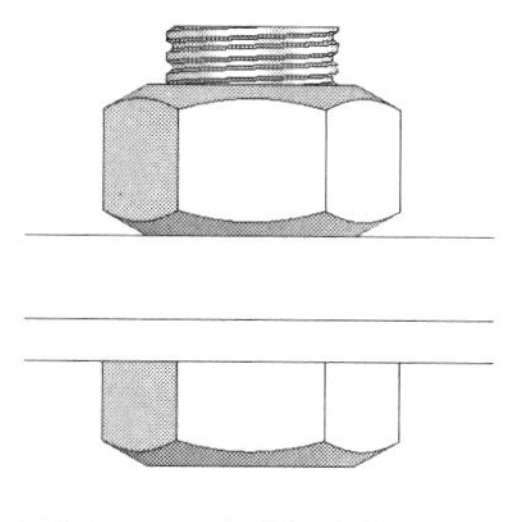

图 5-96　螺栓连接形式

螺纹的加工方法有车削、铣削、攻丝、套丝、滚压及磨削等。根据螺纹的使用功能与使用量不同，尺寸大小、牙型等不同而选择不同的加工方法。

本节将创建符合标准 QJ3146.3/2—2002H（中华人民共和国航天行业标准）的 M12、M14、M16、M18、M20 的一系列六角薄螺母，如图 5-97 所示。

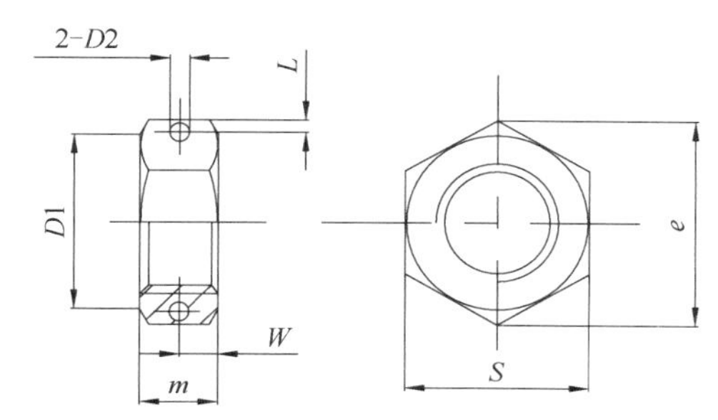

（单位：mm）

螺纹规格		S		m		L	D1	D2	W
公称直径 D	螺距	基本尺寸	极限偏差	基本尺寸	极限偏差				
M12	1.5	19	0 −0.33	7.2	0 −0.36	1.2	18	1.5	2.6
M14				8.4			21		3.1
M16				9.6			23		3.6
M18				10.8	0 −0.43		26		4.1
M20				12			29		4.6

图 5-97　QJ3146.3/2-2002H 螺母

建模的过程是首先中规中矩地建立一个符合标准的 M12 螺母，然后利用系列零件设计表来生成一系列大小相同、形状相似的标准零件。

绘制步骤

① 新建文件。单击菜单栏中的“文件”→“新建”命令，或者单击“标准”工具栏中的“新建”按钮，在弹出的“新建 SOLIDWORKS 文件”对话框中先单击“零件”按钮，再单击“确定”按钮，创建一个新的零件文件。

② 绘制螺母外形轮廓。选择“前视基准面”作为草图绘制平面，单击“草图绘制”按钮，进入草图编辑状态。单击“草图”控制面板中的“多边形”图标，以坐标原点为多边形内切圆圆心绘制一个正六边形，根据 SOLIDWORKS 提供的自动跟踪功能将正六边形的一个顶点放置到水平位置。

③ 标注尺寸。单击菜单栏中的“工具”→“尺寸”→“智能尺寸”命令，或者单击“草图”控制面板中的“智能尺寸”按钮，标注圆的直径尺寸为 19mm。

④ 拉伸实体。单击菜单栏中的“插入”→“凸台/基体”→“拉伸”命令，或者单击“特

征”控制面板中的“拉伸凸台/基体”图标，设置拉伸的终止条件为“两侧对称”；在图标右侧的微调框中设置拉伸深度为7.2mm；其余选项如图5-98所示。单击“确认”按钮，生成螺母基体。

⑤ 绘制边缘倒角。选择“上视基准面”，单击“草图绘制”按钮，在其上新建一草图。

⑥ 绘制草图。单击“草图”控制面板中的“中心线”图标，绘制一条通过原点的竖直中心线；单击“草图”控制面板中的“点”图标，绘制两个点；单击“草图”控制面板中的“直线”图标，绘制螺母两侧的两个三角形。

⑦ 标注尺寸。单击“草图”控制面板中的“智能尺寸”按钮，标注尺寸，如图5-99所示。

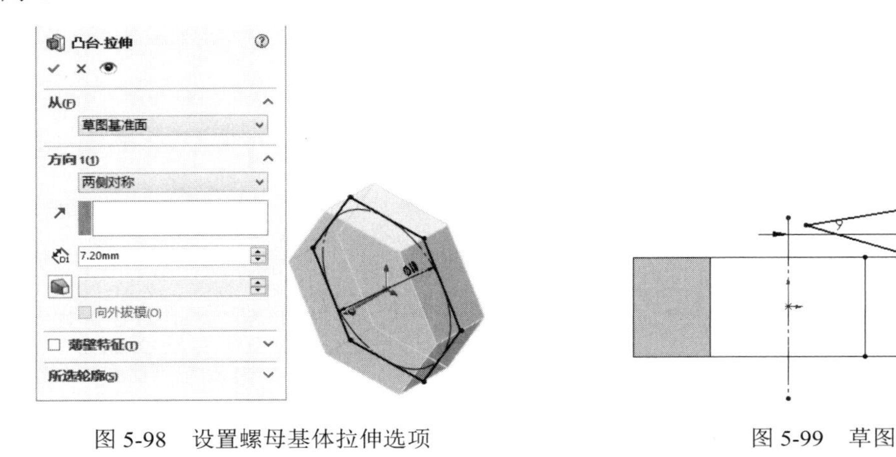

图5-98　设置螺母基体拉伸选项　　图5-99　草图

⑧ 旋转切除实体。单击菜单栏中的“插入”→“切除”→“旋转”命令，或者单击“特征”控制面板中的“旋转切除”图标，在图形区域中选择通过坐标原点的竖直中心线作为旋转的中心轴，其他选项如图5-100所示。单击“确认”按钮，生成旋转切除特征。

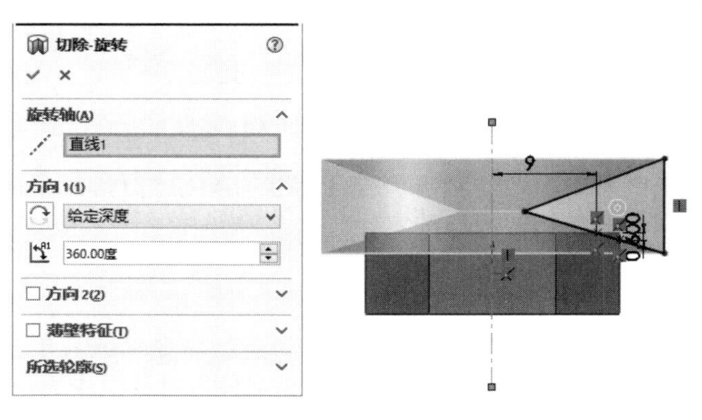

图5-100　设置旋转切除选项

⑨ 单击“特征”控制面板中的“镜向”按钮，或执行“插入”→“阵列/镜向”→“镜向”菜单命令，选择FeatureManager设计树中的“前视基准面”作为镜向面；选择刚生成的“切除-旋转1”特征作为要镜向的特征，其他的选项如图5-101所示。单击“确认”按钮，创建镜向特征。

⑩ 绘制草图。选择螺母基体的上端面，单击“草图绘制”按钮，在其上新建一草图。单击“草图”控制面板中的“圆”图标，以坐标原点为圆心绘制一圆。

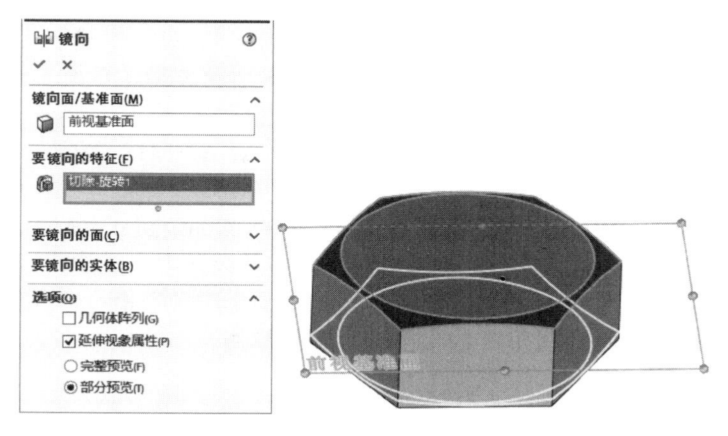

图 5-101　设置镜向特征参数

⑪ 标注尺寸。单击“草图”控制面板中的“智能尺寸”按钮，标注圆的直径尺寸为10.5mm。

⑫ 拉伸切除实体。单击菜单栏中的“插入”→“切除”→“拉伸”命令，或者单击“特征”控制面板中的“拉伸切除”图标，设置拉伸类型为“完全贯穿”，具体的选项如图 5-102 所示。单击“确认”按钮，完成拉伸切除特征。

⑬ 生成螺纹线。选择菜单栏命令“插入”→“注解”→“装饰螺纹线”，单击螺纹孔的边线作为“螺纹设定”中的圆形边线；选择终止条件为“通孔”；在图标右侧的微调框中设置“次要直径”为 12mm；具体的选项如图 5-103 所示。单击“确认”按钮，完成螺纹孔的创建。

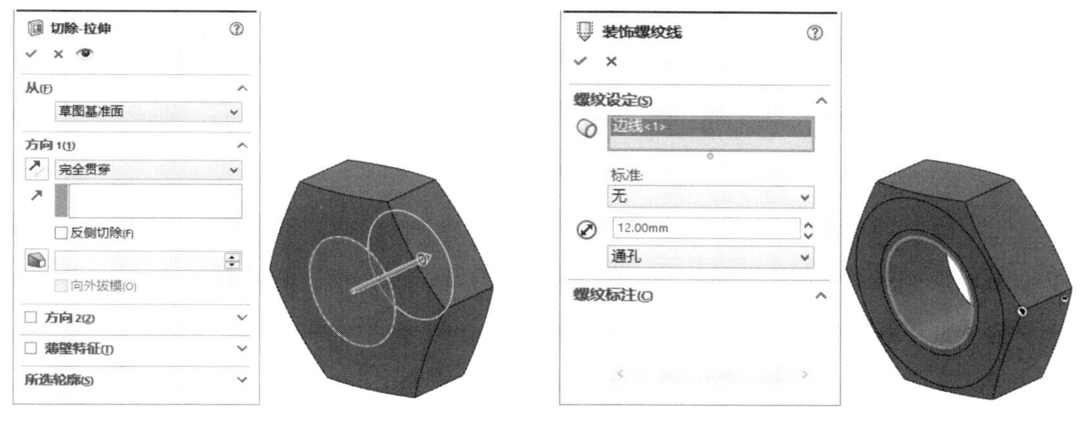

图 5-102　设置拉伸切除类型

图 5-103　设置装饰螺纹线选项

⑭ 生成系列零件设计表。下面就以 M12 的螺母作为原始样本零件创建系列零件设计表，从而创建一系列的零件。

a．用鼠标右键单击 FeatureManager 设计树中的注解文件夹，在打开的快捷菜单中选择“显示特征尺寸”。这时，在图形区域中零件的所有特征尺寸都显示出来。作为特征定义尺寸，它们的颜色是蓝色的，而对应特征中的草图尺寸则显示为黑色，如图 5-104 所示。

b．选择菜单栏中的“插入”→“表格”→“设计表”命令。在“系列零件设计表”属性编辑器中的“源”栏中选择“空白”。单击“确认”按钮，在出现的“添加行和列”对话框中，单击“确认”按钮，如图 5-105 所示。

这时，出现一个 Excel 工作表出现在零件文件窗口中，Excel 工具栏取代了 SOLIDWORKS 工具栏，在图形区域中双击各个驱动尺寸，如图 5-106 所示。

c．在系列零件设计表中，输入如图 5-107 所示的数据。

d．单击图形的空白区域，从而生成 M12、M14、M16、M18 的螺母，单击如图 5-108 所示的“确认”按钮完成系列零件设计表的制作。

e．单击 SOLIDWORKS 窗口左边面板顶部的 ConfigurationManager 图标 。在 ConfigurationManager 设计树中显示了该模型中系列零件设计表生成的所有型号。

右击要应用的型号，在打开的快捷菜单中选择“显示配置”命令，如图 5-109 所示。系统就会按照系列零件设计表中该型号的模型尺寸重建模型。

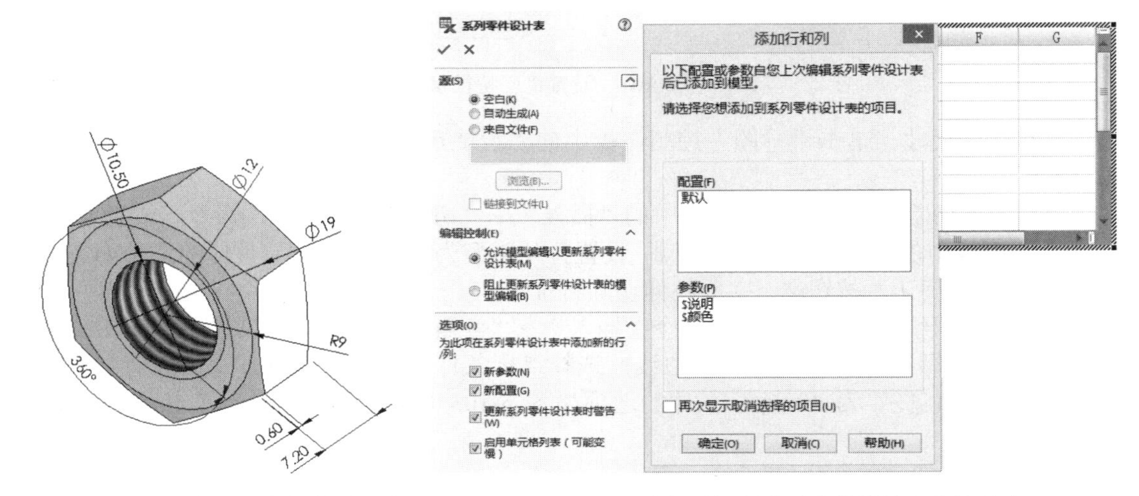

图 5-104　显示特征尺寸与草图尺寸　　　　图 5-105　选择添加到系列零件设计表中的尺寸

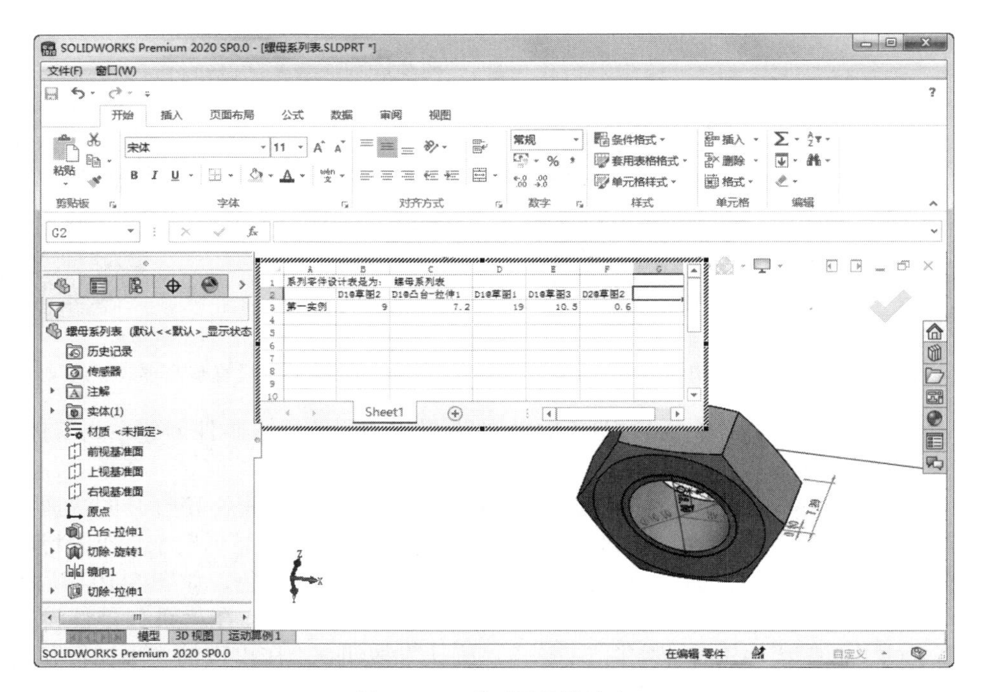

图 5-106　系列零件设计表

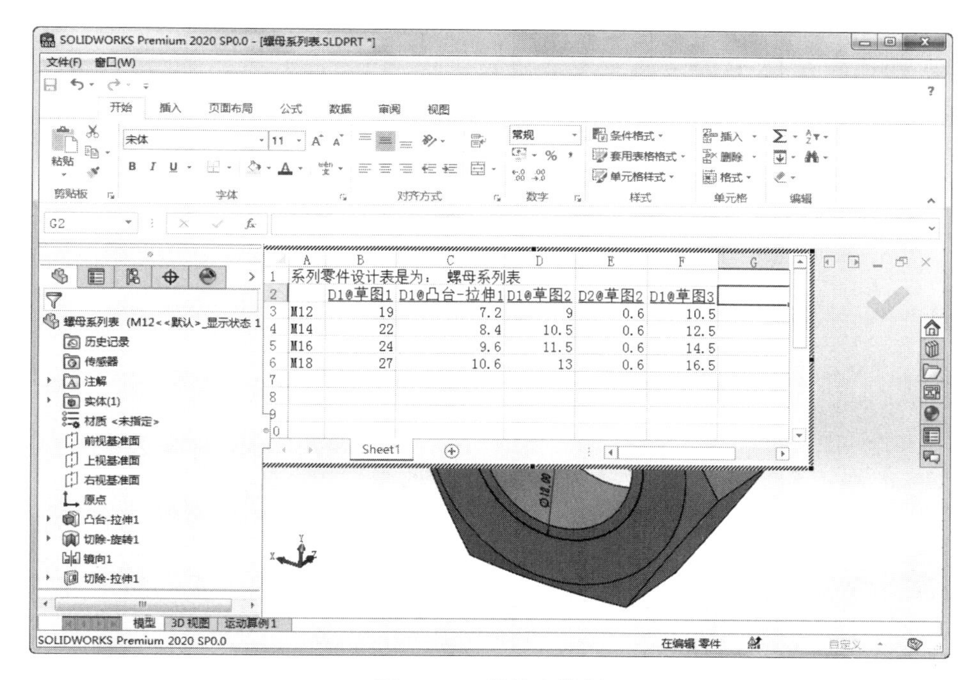

图 5-107　零件表数据

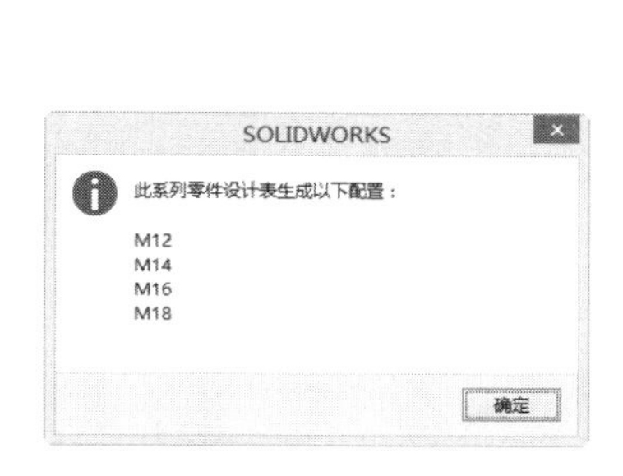

图 5-108　提示生成的配置

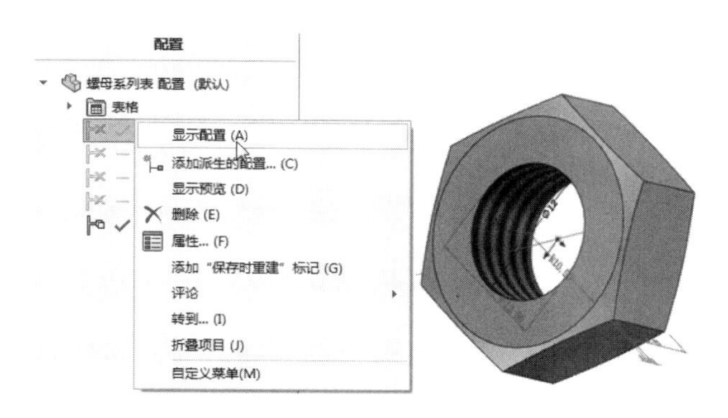

图 5-109　设置配置

f. 完成模型的构建后，单击"保存"按钮，将零件保存为"螺母系列表.SLDPRT"。

SOLIDWORKS 2020

第6章 特征管理

为了方便设计，SOLIDWORKS 提供了一些参数化和智能化功能。利用这些功能，可以提高设计的效率，带来便捷的零件特征管理方式。

本章将简要介绍这些工具的使用方法。

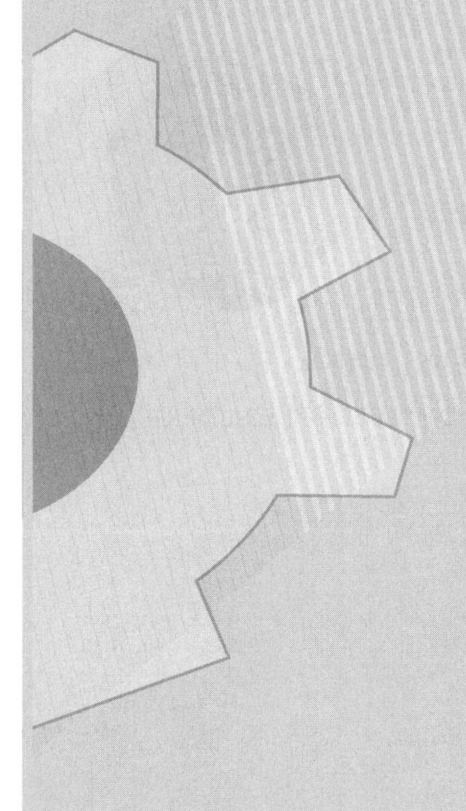

知识点

- 库特征
- 查询
- 零件的特征管理
- 零件的外观
- 综合实例——斜齿圆柱齿轮

6.1 库特征

SOLIDWORKS 2020 允许用户将常用的特征或特征组（如具有公用尺寸的孔或槽等）保存到库中，便于日后使用。用户可以使用几个库特征作为块来生成一个零件，这样既可以节省时间，又有助于保持模型中的统一性。

用户可以编辑插入零件的库特征。当库特征添加到零件后，目标零件与库特征零件就没有关系了，对目标零件中库特征的修改不会影响到包含该库特征的其他零件。

库特征只能应用于零件，不能添加到装配体中。

技巧荟萃

大多数类型的特征可以作为库特征使用，但不包括基体特征本身。系统无法将包含基体特征的库特征添加到已经具有基体特征的零件中。

6.1.1 库特征的创建与编辑

扫一扫，看视频

如果要创建一个库特征，首先要创建一个基体特征来承载作为库特征的其他特征，也可以将零件中的其他特征保存为库特征。下面介绍创建库特征的操作步骤。

【案例 6-1】库特征

① 打开随书资源中的“源文件\ch6\6.1.SLDPRT”。

② 在基体上创建包括库特征的特征。如果要用尺寸来定位库特征，则必须在基体上标注特征的尺寸。

③ 在 FeatureManager 设计树中，选择作为库特征的特征。如果要同时选取多个特征，则在选择特征的同时按住<Ctrl>键。

④ 单击菜单栏中的“文件”→“另存为”命令，系统弹出“另存为”对话框。选择“保存类型”为“Lib Feat Part Files（*.sldlfp）”，并输入文件名称，如图 6-1 所示。单击“保存”按钮，生成库特征。

此时，在 FeatureManager 设计树中，零件图标将变为库特征图标，其中库特征包括的每个特征都用字母 L 标记，如图 6-2 所示。在库特征零件文件中（.sldlfp）还可以对库特征进行编辑。如要添加另一个特征，则右击要添加的特征，在弹出的快捷菜单中单击“添加到库”命令；如要从库特征中移除一个特征，则右击该特征，在弹出的快捷菜单中单击“从库中删除”命令。

图 6-1　保存库特征

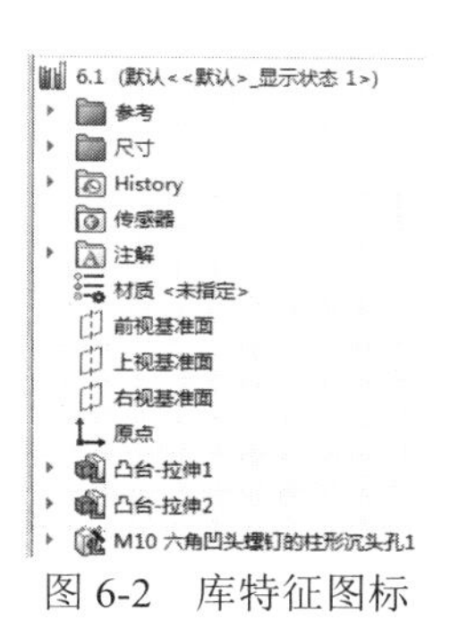

图 6-2　库特征图标

6.1.2 将库特征添加到零件中

扫一扫，看视频

在库特征创建完成后，就可以将库特征添加到零件中去。下面结合实例介绍将库特征添加到零件中的操作步骤。

【案例 6-2】将库特征添加到零件

① 打开随书资源中的“源文件\ch6\6.2.SLDPRT”。

② 在图形区右侧的任务窗格中单击（设计库）按钮，系统弹出“设计库”对话框，如图 6-3 所示。这是 SOLIDWORKS 2020 安装时预设的库特征。

③ 浏览到库特征所在目录，从下窗格中选择库特征，然后将其拖动到零件的面上，即可将库特征添加到目标零件中。打开的库特征文件如图 6-4 所示。

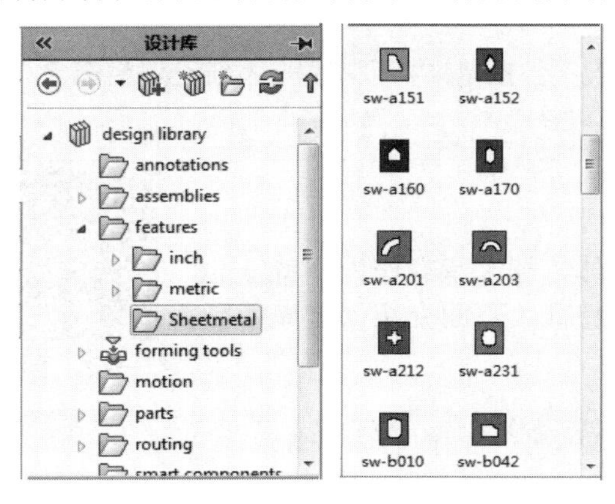

图 6-3 “设计库”对话框

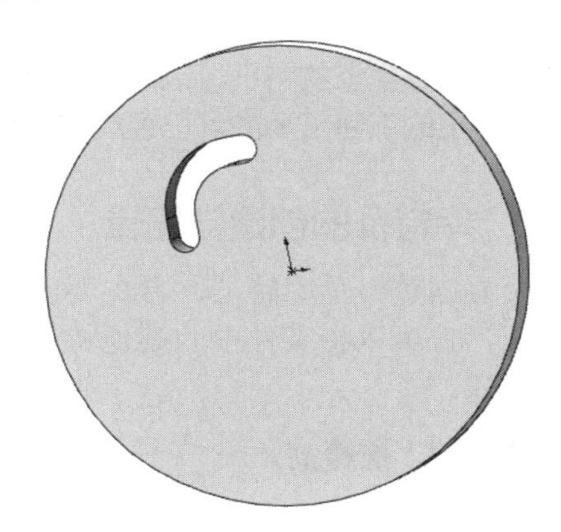

图 6-4 打开的库特征文件

在将库特征插入到零件中后，可以用下列方法编辑库特征。

- 使用（编辑特征）按钮或“编辑草图”命令编辑库特征。
- 通过修改定位尺寸将库特征移动到目标零件的另一位置。

此外，还可以将库特征分解为该库特征中包含的每个单个特征。只需在 FeatureManager 设计树中右击库特征图标，然后在弹出的快捷菜单中单击“解散库特征”命令，则库特征图标被移除，库特征中包含的所有特征都在 FeatureManager 设计树中单独列出。

6.2 查询

查询功能主要是查询所建模型的表面积、体积及质量等相关信息，计算设计零部件的结构强度、安全因子等。SOLIDWORKS 提供了 3 种查询功能，即测量、质量特性与截面属性。这 3 个命令按钮位于“工具”工具栏中。

6.2.1 测量

扫一扫，看视频

测量功能可以测量草图、三维模型、装配体或者工程图中直线、点、曲面、基准面的距离、角度、半径、大小，以及它们之间的距离、角度、半径或尺寸。当测量两个实体之间的距离时，delta X、Y 和 Z 的距离会显示出来。当选择一个顶点或草图点时，会显示其 *X*、*Y* 和 *Z* 的坐标值。

下面结合实例介绍测量点坐标、测量距离、测量面积与周长的操作步骤。

☼【案例 6-3】测量

① 打开随书资源中的“源文件\ch6\6.3.SLDPRT”，如图 6-5 所示。

② 单击菜单栏中的“工具”→“评估”→“测量”命令，或者单击“评估”控制面板中的“测量”按钮，系统弹出“测量”对话框。

③ 测量点坐标。测量点坐标主要用来测量草图中的点、模型中的顶点坐标。单击如图 6-5 所示的点 1，在“测量”对话框中便会显示该点的坐标值，如图 6-6 所示。

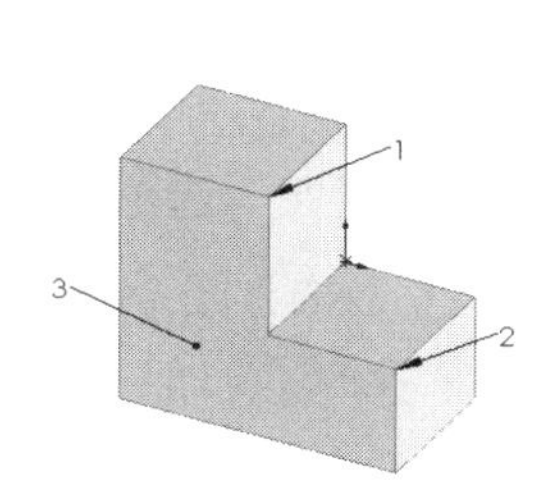

图 6-5　打开的文件实体

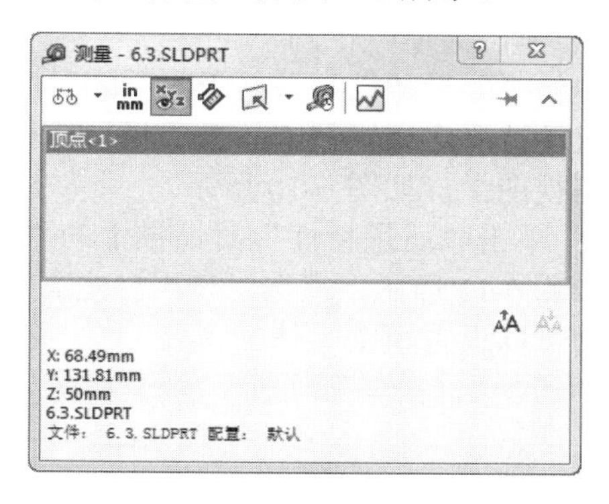

图 6-6　测量点坐标的“测量”对话框

④ 测量距离。测量距离主要用来测量两点、两条边和两面之间的距离。单击如图 6-5 所示的点 1 和点 2，在“测量”对话框中便会显示所选两点的绝对距离以及 *X*、*Y* 和 *Z* 坐标的差值，如图 6-7 所示。

⑤ 测量面积与周长。测量面积与周长主要用来测量实体某一表面的面积与周长。单击如图 6-5 所示的面 3，在“测量”对话框中便会显示该面的面积与周长，如图 6-8 所示。

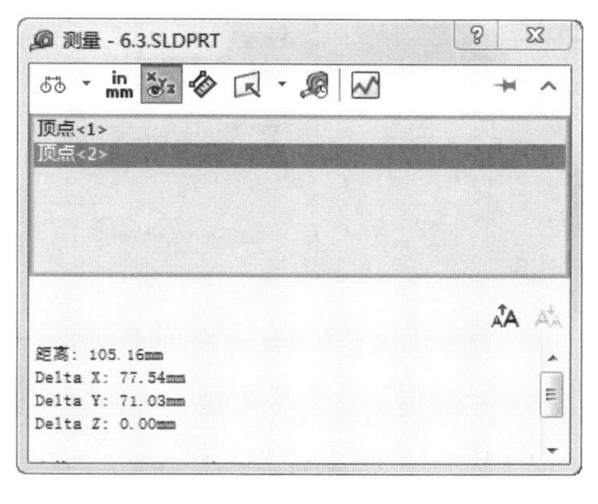

图 6-7　测量距离的“测量”对话框

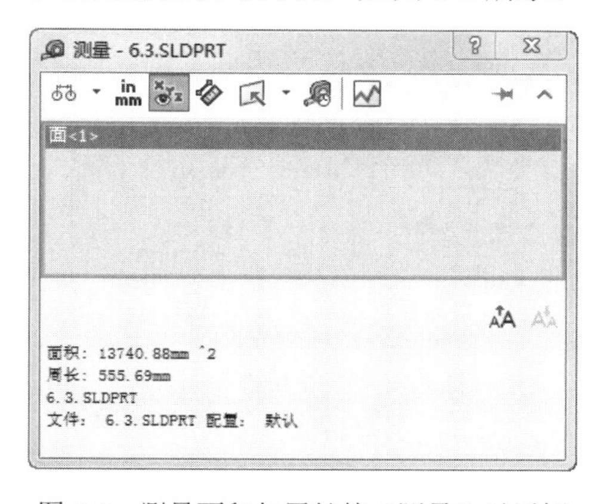

图 6-8　测量面积与周长的“测量”对话框

技巧荟萃

执行“测量”命令时，可以不必关闭对话框而切换不同的文件。当前激活的文件名会出现在“测量”对话框的顶部，如果选择了已激活文件中的某一测量项目，则对话框中的测量信息会自动更新。

6.2.2 质量特性

扫一扫，看视频

质量特性功能可以测量模型实体的质量、体积、表面积与惯性矩等。下面结合实例介绍质量特性的操作步骤。

【案例 6-4】质量特性

① 打开随书资源中的“源文件\ch6\6.4. SLDPRT”，如图 6-5 所示。

② 单击菜单栏中的“工具”→“评估”→“质量特性”命令，或者单击“评估”控制面板中的“质量特性”按钮，系统弹出的“质量特性”对话框如图 6-9 所示。在该对话框中会自动计算出该模型实体的质量、体积、表面积与惯性矩等，模型实体的主轴和质量中心显示在视图中，如图 6-10 所示。

③ 单击“质量特性”对话框中的“选项”按钮，系统弹出“质量/剖面属性选项”对话框，如图 6-11 所示。点选“使用自定义设定”单选钮，在“材料属性”选项组的“密度”文本框中可以设置模型实体的密度。

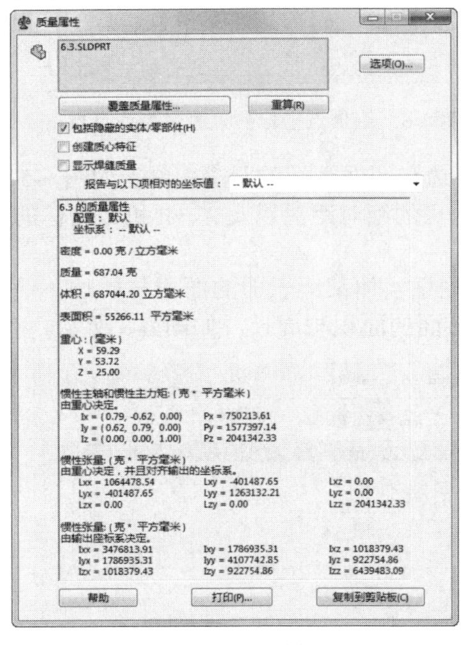

图 6-9 “质量特性”对话框

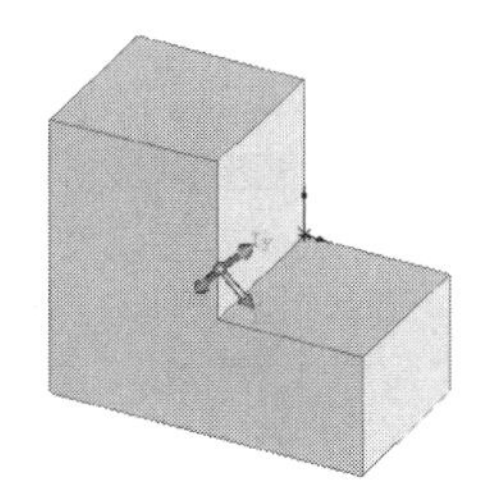

图 6-10 显示主轴和质量中心

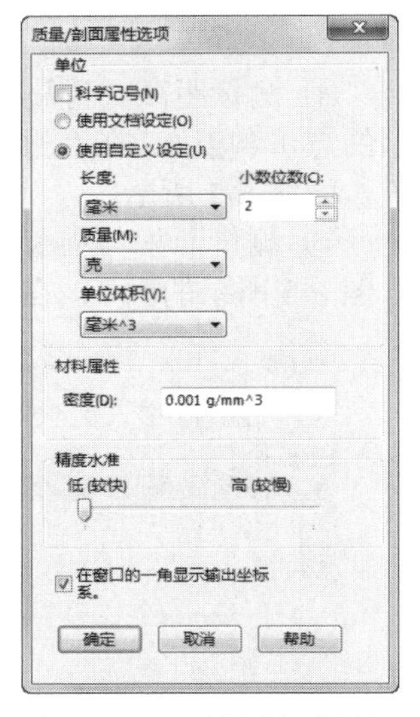

图 6-11 “质量/剖面属性选项”对话框

技巧荟萃

在计算另一个零件的质量特性时，不需要关闭“质量特性”对话框，选择需要计算的零部件，然后单击“重算”按钮即可。

6.2.3 截面属性

扫一扫，看视频

截面属性可以查询草图、模型实体重平面或者剖面的某些特性，如截面面积、截面重心的坐标、在重心的面惯性矩、在重心的面惯性力矩、位于主轴和零件轴之间的角度以及面心的二次矩等。下面结合实例介绍截面属性的操作步骤。

☼【案例 6-5】截面属性

① 打开随书资源中的“源文件\ch6\6.5.SLDPRT”，如图 6-12 所示。

② 单击菜单栏中的“工具”→“评估”→“截面属性”命令，或者单击“评估”控制面板中的“截面属性”按钮，系统弹出“截面属性”对话框。

③ 单击如图 6-12 所示的面 1，然后单击“截面属性”对话框中的“重算”按钮，计算结果出现在该对话框中，如图 6-13 所示。所选截面的主轴和重心显示在视图中，如图 6-14 所示。

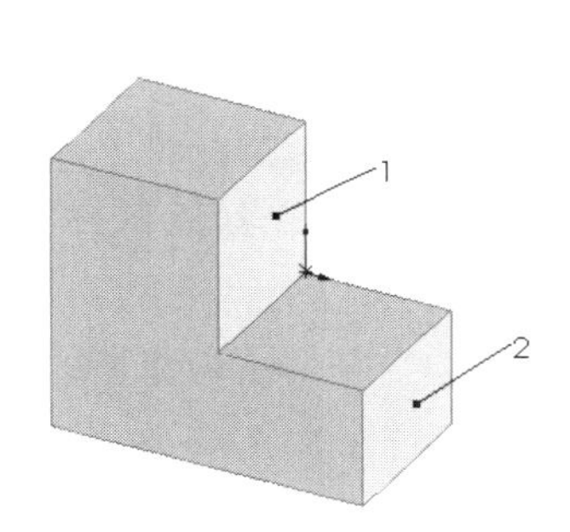

图 6-12　打开的文件实体

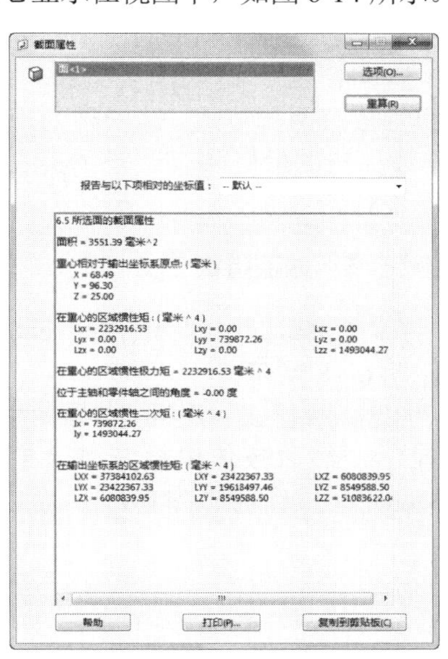

图 6-13　“截面属性”对话框 1

截面属性不仅可以查询单个截面的属性，还可以查询多个平行截面的联合属性。图 6-15 所示为图 6-14 中面 1 和面 2 的联合属性，图 6-16 所示为面 1 和面 2 的主轴和重心显示。

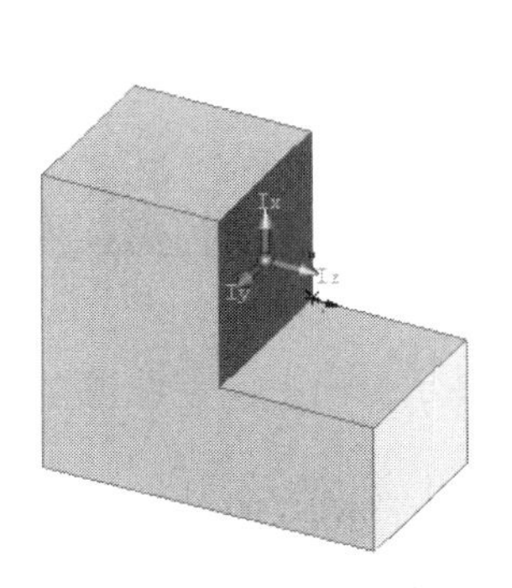

图 6-14　显示主轴和重心的图形 1

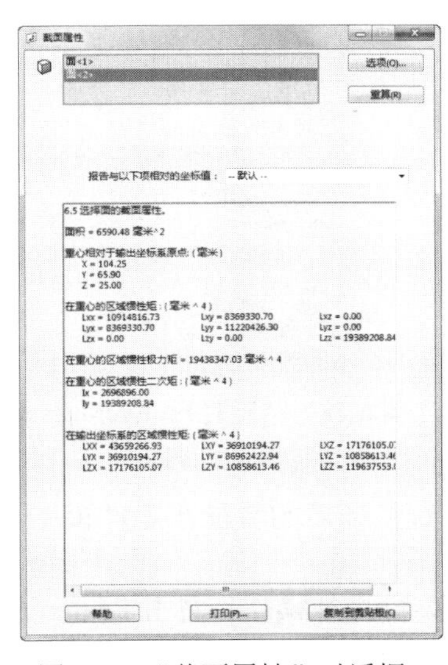

图 6-15　“截面属性”对话框 2

图 6-16　显示主轴和重心的图形 2

6.3 零件的特征管理

零件的建模过程实际上是创建和管理特征的过程。本节介绍零件的特征管理，即退回与插入特征、压缩与解除压缩特征、动态修改特征。

扫一扫，看视频

6.3.1 退回与插入特征

退回特征命令可以查看某一特征生成前后模型的状态，插入特征命令用于在某一特征之后插入新的特征。

6.3.1.1 退回特征

退回特征有两种方式，第一种为使用“退回控制棒”，另一种为使用快捷菜单。在 FeatureManager 设计树的最底端有一条粗实线，该线就是“退回控制棒”。下面结合实例介绍退回特征的操作步骤。

【案例 6-6】退回特征

① 打开随书资源中的“源文件\ch6\6.6.SLDPRT”，如图 6-17 所示。基座的 FeatureManager 设计树如图 6-18 所示。

② 将光标放置在“退回控制棒”上时，光标变为形状。单击，此时“退回控制棒”以蓝色显示，然后按住鼠标左键，拖动光标到欲查看的特征上，并释放鼠标。操作后的 FeatureManager 设计树如图 6-19 所示，退回的零件模型如图 6-20 所示。

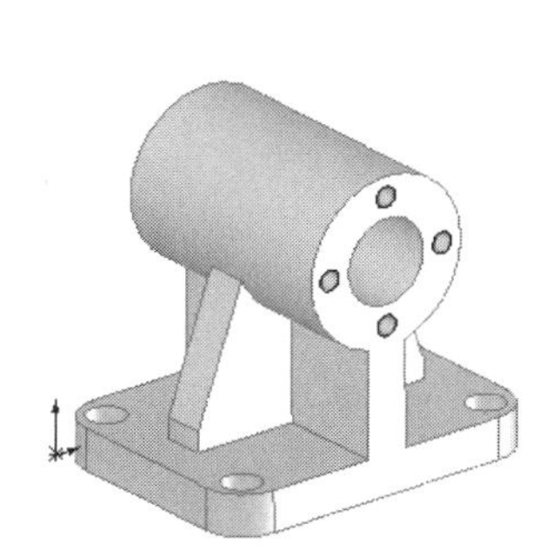

图 6-17 打开的文件实体

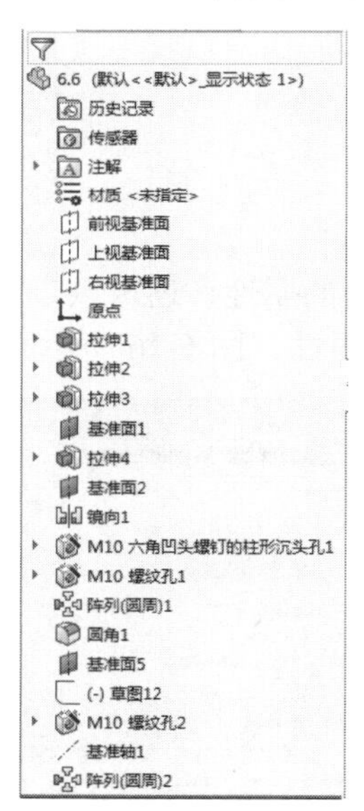

图 6-18 基座的 FeatureManager 设计树

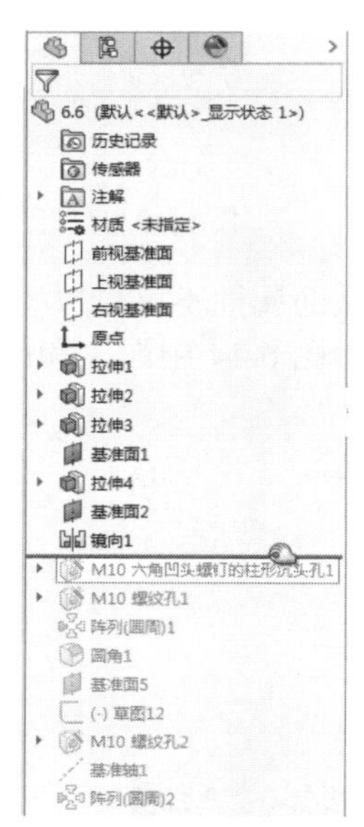

图 6-19 操作后的 FeatureManager 设计树

从图 6-20 中可以看出，查看特征后的特征在零件模型上没有显示，表明该零件模型退回到该特征以前的状态。

退回特征还可以使用快捷菜单进行操作，右击 FeatureManager 设计树中的“M10 六角凹头螺钉的柱形沉头孔 1”特征，系统弹出的快捷菜单如图 6-21 所示，单击（退回到前）按钮，此时该零件模型退回到该特征以前的状态，如图 6-20 所示。也可以在退回状态下，使用如图 6-22 所示的退回快捷菜单，根据需要选择需要的退回操作。

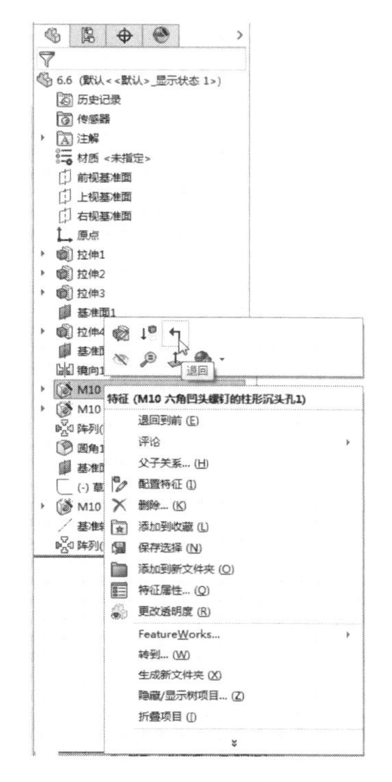

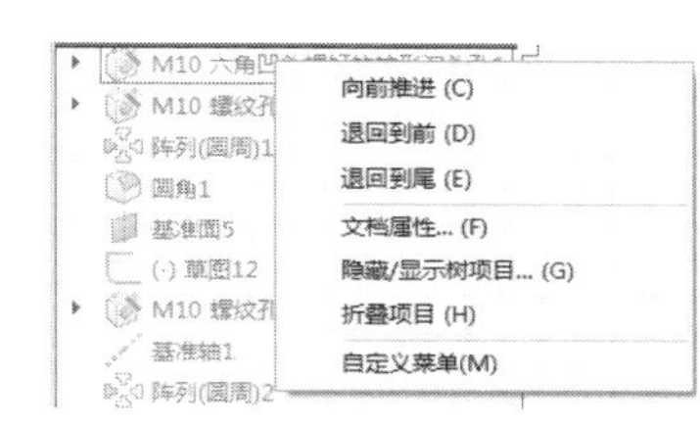

图 6-20　退回的零件模型　　图 6-21　快捷菜单　　图 6-22　退回快捷菜单

在退回快捷菜单中，“向前推进”命令表示退回到下一个特征；“退回到前”命令表示退回到上一退回特征状态；“退回到尾”命令表示退回到特征模型的末尾，即处于模型的原始状态。

技巧荟萃

① 当零件模型处于退回特征状态时，将无法访问该零件的工程图和基于该零件的装配图。

② 不能保存处于退回特征状态的零件图，在保存零件时，系统将自动释放退回状态。

③ 在重新创建零件的模型时，处于退回状态的特征不会被考虑，即视其处于压缩状态。

6.3.1.2　插入特征

插入特征是零件设计中一项非常实用的操作，其操作步骤如下。

【案例 6-7】插入特征

① 打开随书资源中的“源文件\ch6\6.7.SLDPRT”，如图 6-23 所示。

② 将 FeatureManager 设计树中的“退回控制棒”拖到需要插入特征的位置。

③ 根据设计需要生成新的拉伸切除特征。

④ 将“退回控制棒”拖动到设计树的最后位置，完成特征插入，结果如图 6-24 所示。

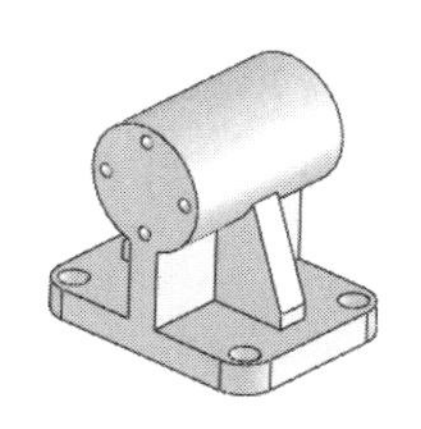

图 6-23　打开的文件实体

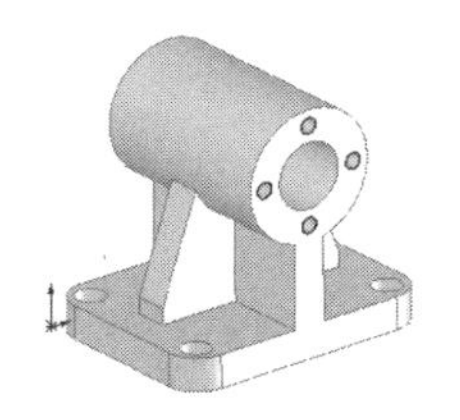

图 6-24　结果图

6.3.2 压缩与解除压缩特征

扫一扫，看视频

6.3.2.1 压缩特征

压缩的特征可以从 FeatureManager 设计树中选择需要压缩的特征，也可以从视图中选择需要压缩特征的一个面。压缩特征的方法有以下几种。下面通过实例介绍该方式的操作步骤。

【案例 6-8】压缩特征

① 打开随书资源中的“源文件\ch6\6.8.SLDPRT”，如图 6-23 所示。

② 工具栏方式：选择要压缩的特征，然后单击“特征”工具栏中（压缩）按钮。

③ 菜单栏方式：选择要压缩的特征，然后单击菜单栏中的“编辑”→“压缩”→“此配置”命令。

④ 快捷菜单方式：在 FeatureManager 设计树中，右击需要压缩的特征，在弹出的快捷菜单中单击（压缩）按钮，如图 6-25 所示。

⑤ 对话框方式：在 FeatureManager 设计树中，右击需要压缩的特征，在弹出的快捷菜单中单击“特征属性”命令。在弹出的“特征属性”对话框中勾选“压缩”复选框，然后单击“确定”按钮，如图 6-26 所示。

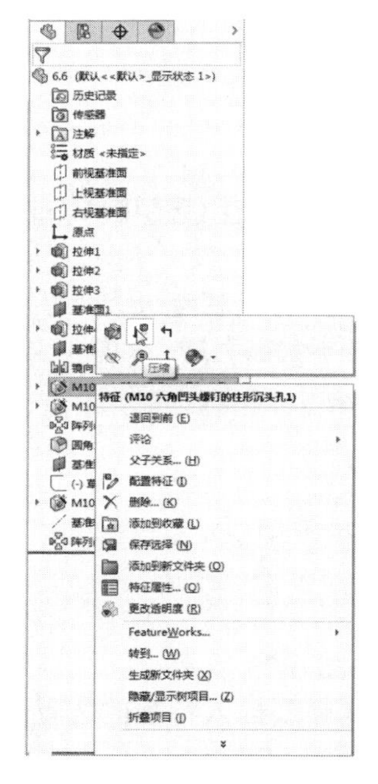

图 6-25　快捷菜单

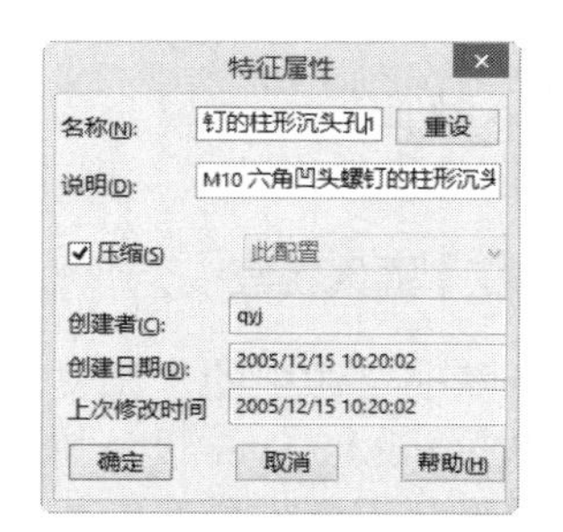

图 6-26　“特征属性”对话框

特征被压缩后，在模型中不再被显示，但是并没有被删除，被压缩的特征在FeatureManager设计树中以灰色显示。图6-27所示为基座镜向特征后面的特征被压缩后的图形，图6-28所示为压缩后的FeatureManager设计树。

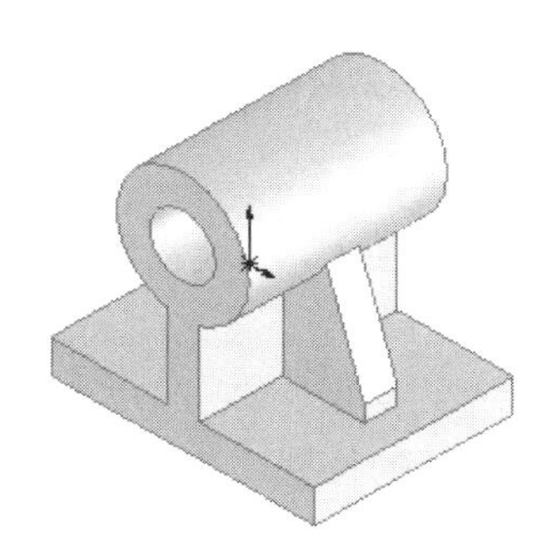

图6-27 压缩特征后的基座

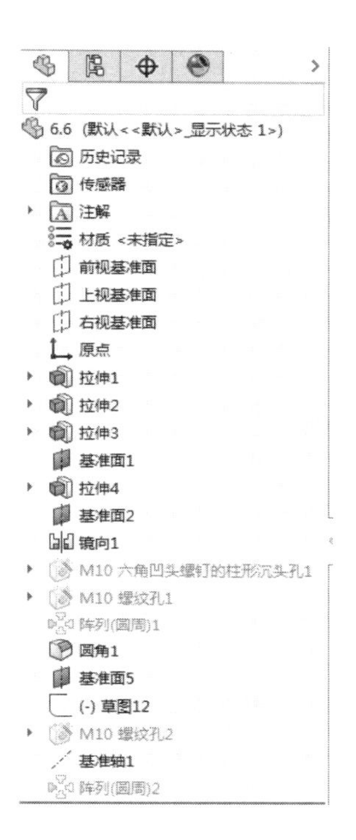

图6-28 压缩后的FeatureManager设计树

6.3.2.2 解除压缩特征

解除压缩的特征必须从FeatureManager设计树中选择需要压缩的特征，而不能从视图中选择该特征的某一个面，因为视图中该特征不被显示。下面通过实例介绍该方式的操作步骤。

扫一扫，看视频

【案例6-9】解除压缩特征

① 打开随书资源中的“源文件\ch6\6.9.SLDPRT”，如图6-29所示。

② 工具栏方式：选择要解除压缩的特征，然后单击“特征”工具栏中的（解除压缩）按钮。

③ 菜单栏方式：选择要解除压缩的特征，然后单击菜单栏中的“编辑”→“解除压缩”→“此配置”命令。

④ 快捷菜单方式：在FeatureManager设计树中，右击要解除压缩的特征，在弹出的快捷菜单中单击（解除压缩）按钮。

⑤ 对话框方式：在FeatureManager设计树中，右击要解除压缩的特征，在弹出的快捷菜单中单击“特征属性”命令。在弹出的“特征属性”对话框中取消对“压缩”复选框的勾选，然后单击“确定”按钮。

压缩的特征被解除以后，视图中将显示该特征，FeatureManager设计树中该特征将以正常模式显示，如图6-30所示。

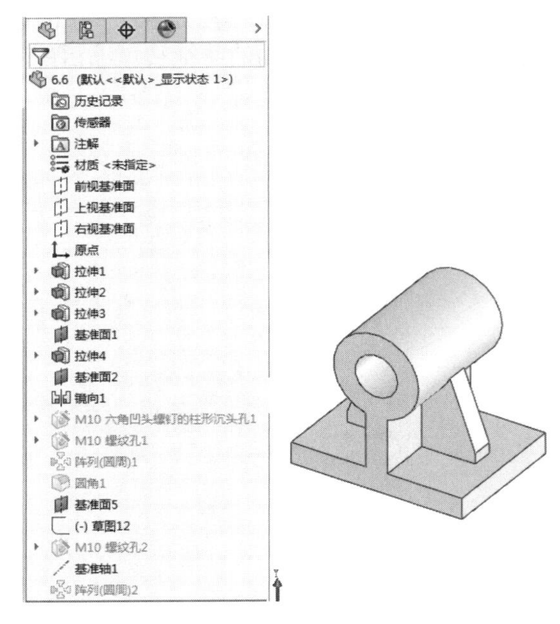

图 6-29　打开的文件实体

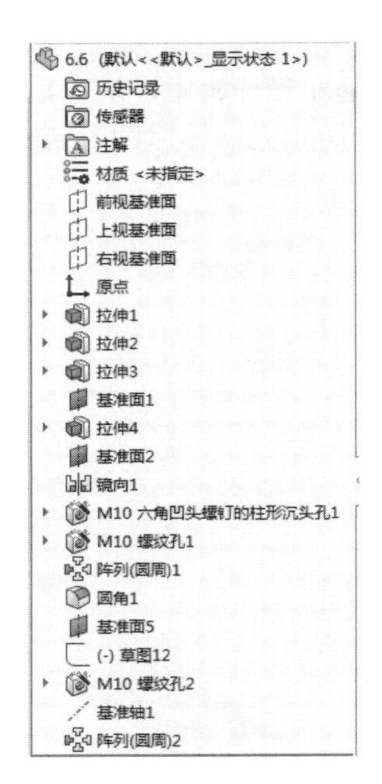

图 6-30　正常的设计树

6.3.3 Instant3D

扫一扫，看视频

Instant3D（动态修改特征）是指系统不需要退回编辑特征的位置，直接对特征进行动态修改的命令，通过控标移动、旋转来调整拉伸及旋转特征的大小。Instant3D 可以修改草图，也可以修改特征。下面结合实例介绍 Instant3D 的操作步骤。

【案例 6-10】Instant3D

（1）修改草图

① 打开随书资源中的“源文件\ch6\6.10.SLDPRT”。

② 单击“特征”控制面板中的（Instant3D）按钮，开始动态修改特征操作。

③ 单击 FeatureManager 设计树中的“拉伸 1”作为要修改的特征，视图中该特征被亮显，如图 6-31 所示，同时，出现该特征的修改控标。

④ 拖动直径为 80mm 的控标，屏幕出现标尺，如图 6-32 所示。使用屏幕上的标尺可以精确地修改草图，修改后的草图如图 6-33 所示。

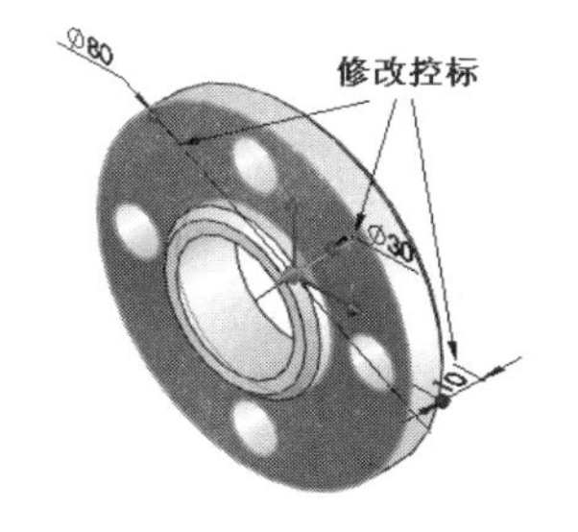

图 6-31　选择需要修改的特征 1

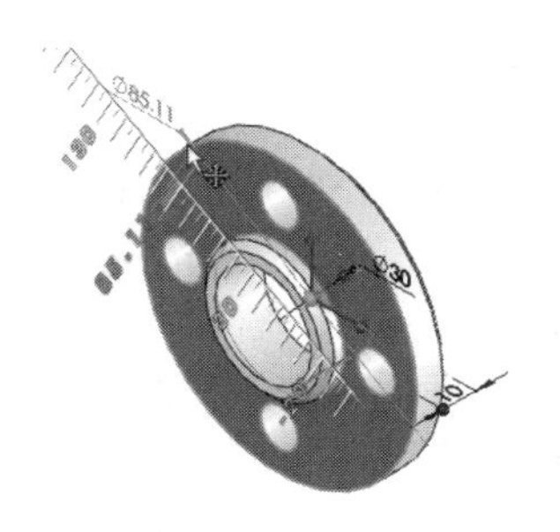

图 6-32　标尺

⑤ 单击“特征”控制面板中的（Instant3D）按钮，退出 Instant3D 特征操作，修改后的模型如图 6-34 所示。

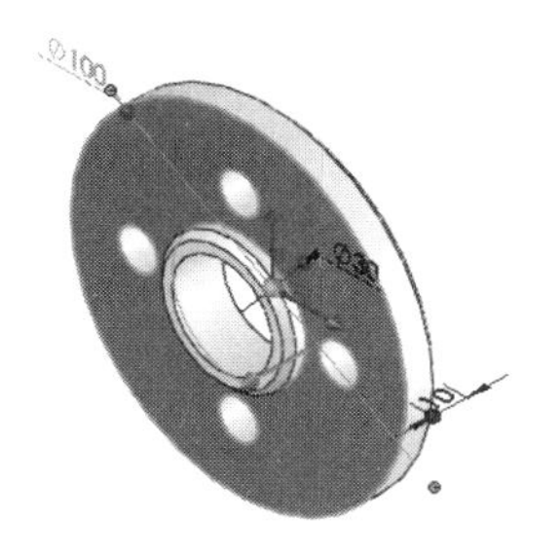

图 6-33　修改后的草图

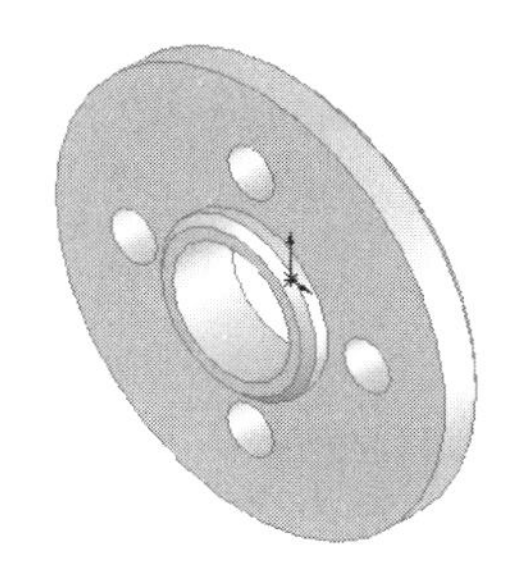

图 6-34　修改后的模型 1

（2）修改特征

① 单击“特征”控制面板中的（Instant3D）按钮，开始动态修改特征操作。

② 单击 FeatureManager 设计树中的“拉伸 2”作为要修改的特征，视图中该特征被亮显，如图 6-35 所示，同时，出现该特征的修改控标。

③ 拖动距离为 5mm 的修改控标，调整拉伸的长度，如图 6-36 所示。

④ 单击“特征”控制面板中的（Instant3D）按钮，退出 Instant3D 特征操作，修改后的模型如图 6-37 所示。

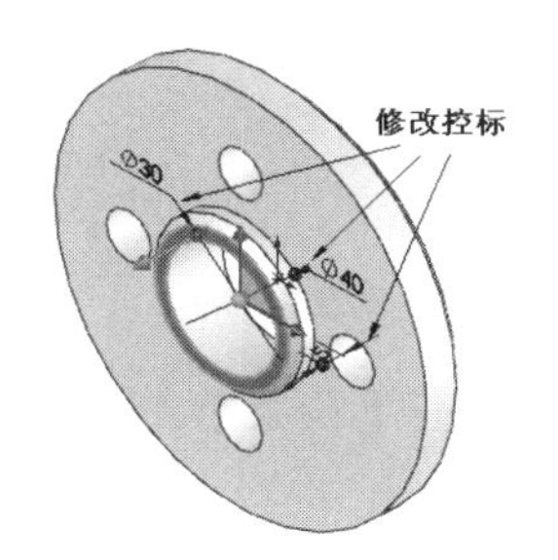

图 6-35　选择需要修改的特征 2

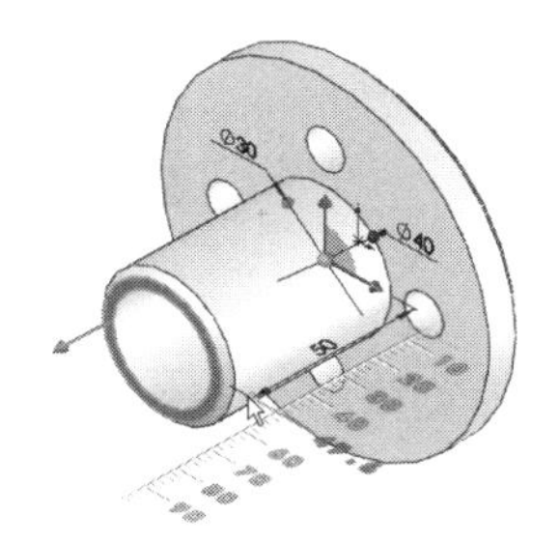

图 6-36　拖动修改控标

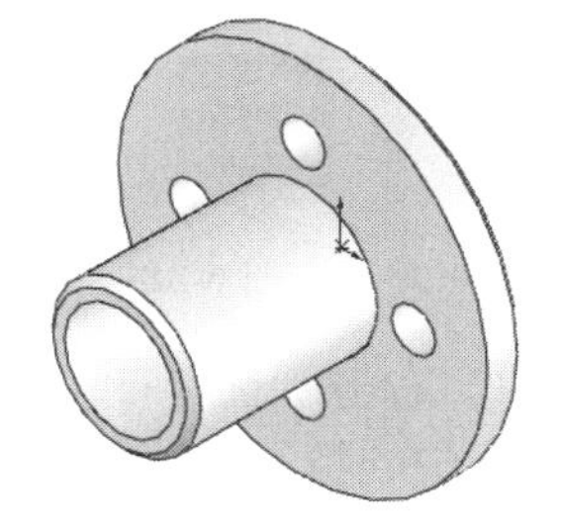

图 6-37　修改后的模型 2

6.4 零件的外观

零件建模时，SOLIDWORKS 提供了外观显示，可以根据实际需要设置零件的颜色及透明度，使设计的零件更加接近实际情况。

6.4.1 设置零件的颜色

设置零件的颜色包括设置整个零件的颜色属性、所选特征的颜色属性以及所选面的颜色属性。下面结合实例介绍设置零件颜色的操作步骤。

扫一扫，看视频

【案例 6-11】设置零件颜色

（1）设置零件的颜色属性

① 打开随书资源中的“源文件\ch6\6.11.SLDPRT”。

② 右击 FeatureManager 设计树中的文件名称，在弹出的快捷菜单中单击“外观”→“外观”命令，如图 6-38 所示。

③ 系统弹出的“外观”属性管理器如图 6-39 所示，在“颜色”选项组中选择需要的颜色，然后单击✔（确定）按钮，此时整个零件将以设置的颜色显示。

（2）设置所选特征的颜色

① 在 FeatureManager 设计树中选择需要改变颜色的特征，可以按<Ctrl>键选择多个特征。

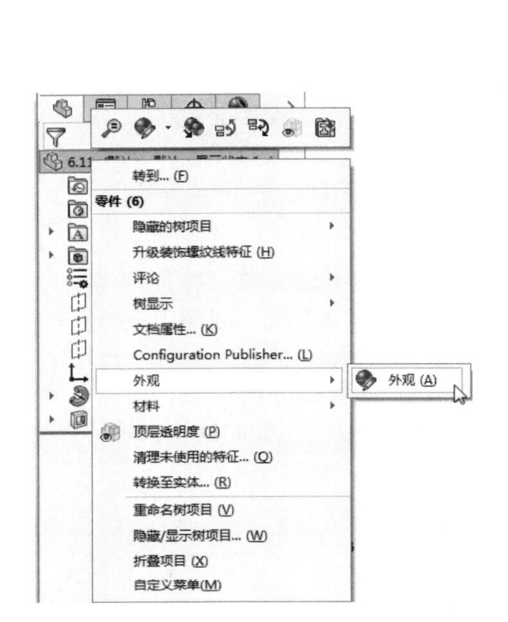

图 6-38　快捷菜单 1

图 6-39 “外观”属性管理器

② 右击所选特征，在弹出的快捷菜单中单击（外观）按钮，在下拉菜单中选择步骤①中选中的特征，如图 6-40 所示。

③ 系统弹出的“外观”属性管理器如图 6-39 所示，在“颜色”选项中选择需要的颜色，然后单击✔（确定）按钮图标，设置颜色后的特征如图 6-41 所示。

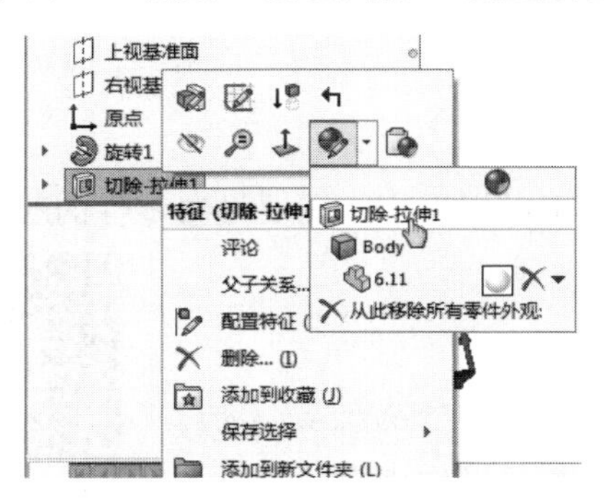

图 6-40　快捷菜单 2

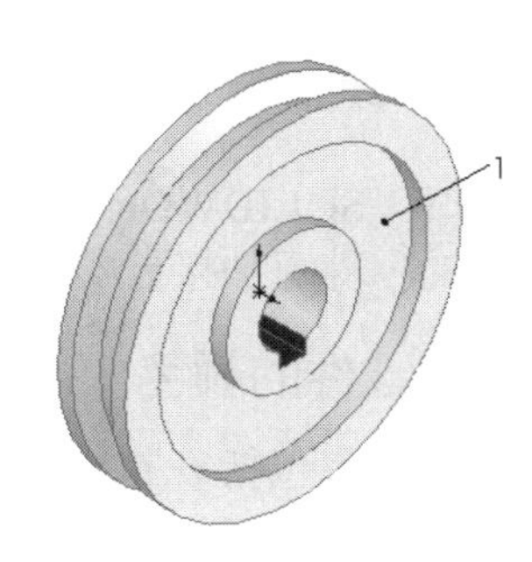

图 6-41　设置特征颜色

（3）设置所选面的颜色属性

① 右击如图 6-41 所示的面 1，在弹出的快捷菜单中单击（外观）按钮，在下拉菜单中选择刚选中的面，如图 6-42 所示。

② 系统弹出的“外观”属性管理器如图 6-39 所示。在“颜色”选项组中选择需要的颜色，然后单击✔（确定）按钮，设置颜色后的面如图 6-43 所示。

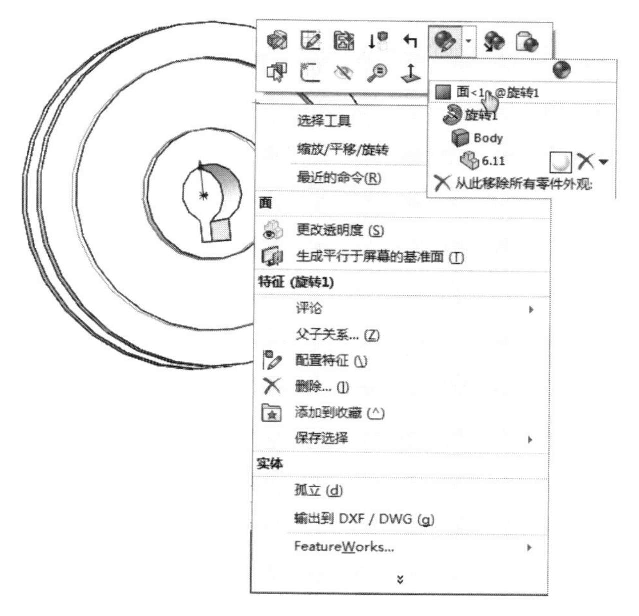

图 6-42　快捷菜单 3

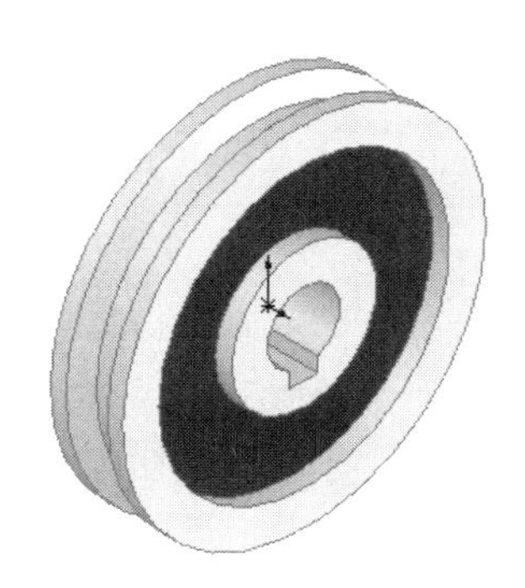

图 6-43　设置面颜色

6.4.2　设置零件的透明度

扫一扫，看视频

在装配体零件中，外面零件遮挡内部的零件，给零件的选择造成困难。设置零件的透明度后，可以透过透明零件选择非透明对象。下面结合实例介绍设置零件透明度的操作步骤。

☼【案例 6-12】设置零件透明度

① 打开随书资源中的“源文件\ch6\6.12\6.12 传动装配体.SLDPRT”，打开的文件实体如图 6-44 所示。传动装配体的 FeatureManager 设计树如图 6-45 所示。

② 右击 FeatureManager 设计树中文件名称“(固定) 基座<1>”，或右击视图中的基座 1，弹出快捷菜单。单击（外观）按钮，在下拉菜单选择“基座”选项，如图 6-46 所示。

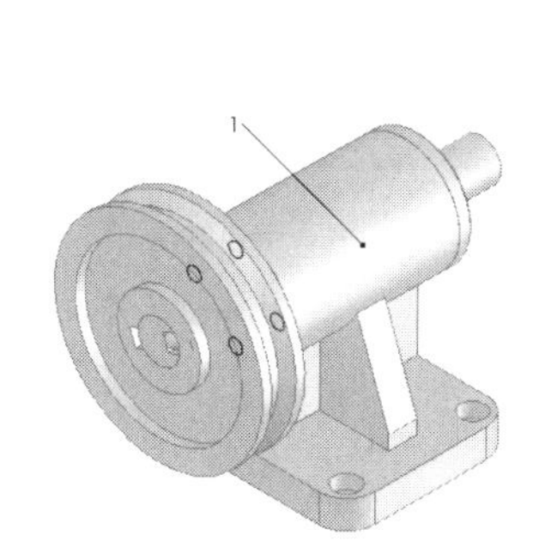

图 6-44　打开的文件实体

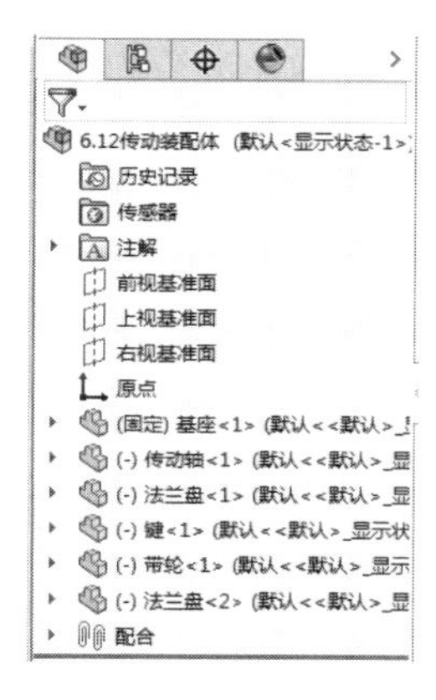

图 6-45　传动装配体的 FeatureManager 设计树

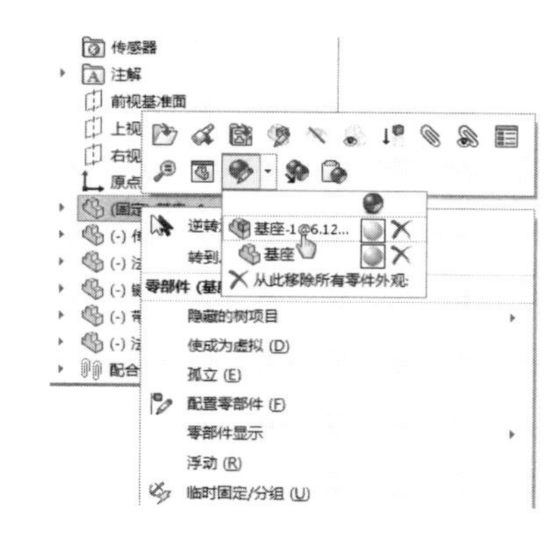

图 6-46　快捷菜单

③ 系统弹出的“外观”属性管理器如图 6-47 所示，在“高级”→“照明度”选项组的“透明度”文本框中，调节所选零件的透明度。单击✔（确定）按钮，设置透明度后的图形如图 6-48 所示。

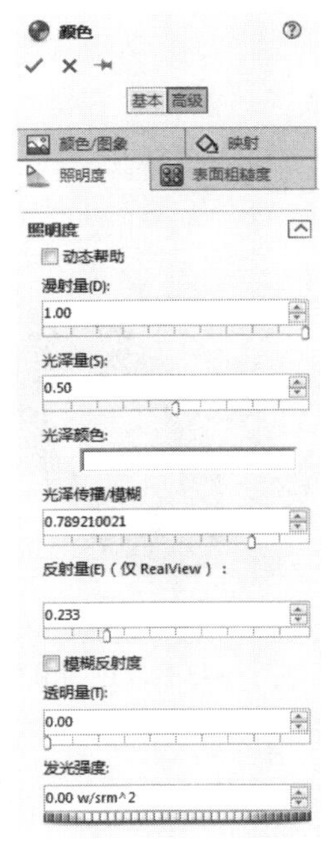

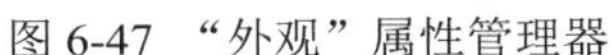
图 6-47 “外观”属性管理器

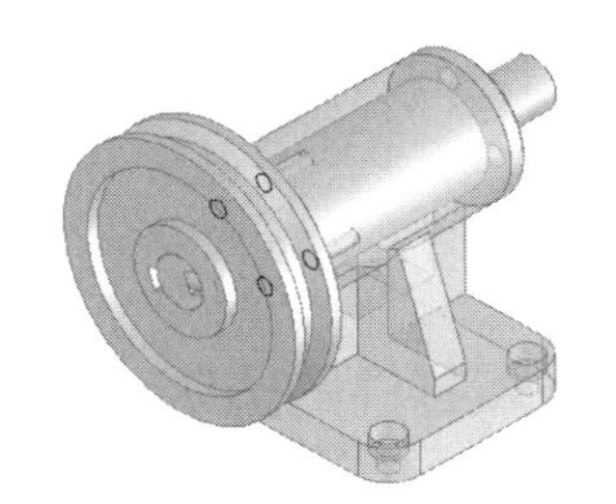
图 6-48 设置透明度后的图形

6.4.3 实例——木质音箱

扫一扫，看视频

本实例绘制的木质音箱如图6-49所示。首先绘制音响的底座草图并拉伸，然后绘制主体草图并拉伸，将主体的前表面作为基准面，在其上绘制旋钮和指示灯等，最后设置各表面的外观和颜色。

绘制步骤

① 新建文件。单击菜单栏中的“文件”→“新建”命令，创建一个新的零件文件。

② 绘制音响底座草图。在左侧的 FeatureManager 设计树中选择“前视基准面”作为草绘基准面。单击“草图”控制面板中的“中心线”图标，绘制通过原点的竖直中心线；单击“草图”控制面板中的“直线”图标，绘制 3 条直线。

图 6-49 木质音箱

③ 标注尺寸。单击菜单栏中的“工具”→“尺寸”→“智能尺寸”命令，或者单击“草图”控制面板中的“智能尺寸”按钮，标注步骤②中绘制的各直线段的尺寸，如图 6-50 所示。

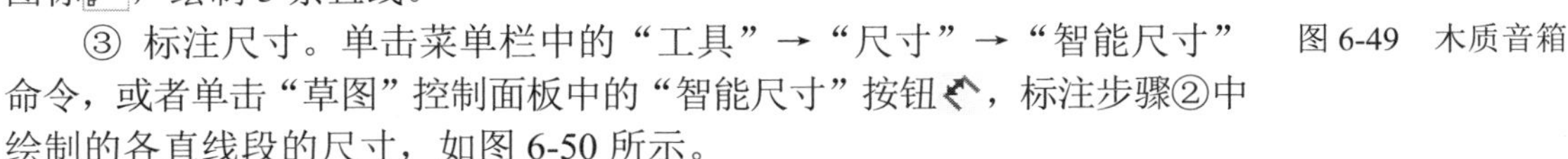

④ 镜向草图。单击菜单栏中的“工具”→“草图工具”→“镜向”命令，或者单击“草图”控制面板中的“镜向实体”图标，系统弹出“镜向”属性管理器。在“要镜向的实体”选项组中，选择如图 6-50 所示的 3 条直线；在“镜向点”选项组中，选择竖直中心线，单击✔（确定）按钮，镜向后的图形如图 6-51 所示。

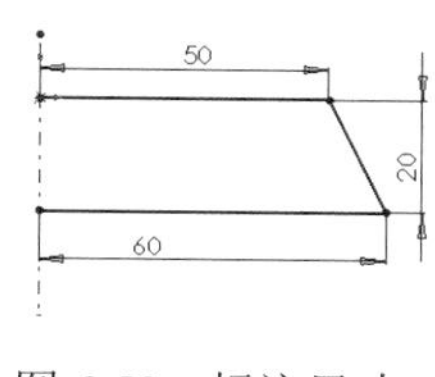

图 6-50　标注尺寸 1

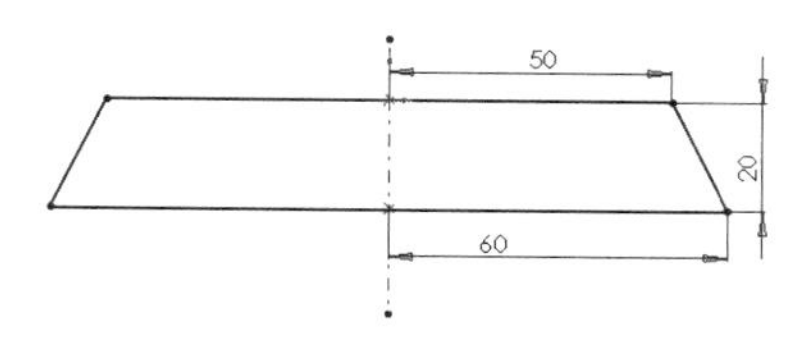

图 6-51　镜向草图

⑤ 拉伸薄壁实体。单击菜单栏中的“插入”→“凸台/基体”→“拉伸”命令，或者单击“特征”控制面板中的“拉伸凸台/基体”图标，系统弹出“拉伸”属性管理器。在（深度）文本框中输入“100”，在（厚度）文本框中输入“2”。其他选项设置如图 6-52 所示，单击（确定）按钮。

⑥ 设置视图方向。单击“前导视图”工具栏中的（等轴测）按钮，将视图以等轴测方向显示，创建的拉伸 1 特征如图 6-53 所示。

⑦ 设置基准面。在左侧的 FeatureManager 设计树中选择“前视基准面”，然后单击“前导视图”工具栏中的（正视于）按钮，将该基准面作为草绘基准面。

⑧ 绘制草图。单击“草图”控制面板中的“中心线”图标，绘制通过原点的竖直中心线；单击“草图”控制面板中的“3 点圆弧”图标，绘制一个原点在中心线上的圆弧；单击“草图”控制面板中的“直线”图标，绘制 3 条直线。

⑨ 标注尺寸。单击“草图”控制面板中的“智能尺寸”按钮，标注步骤⑧中绘制草图的尺寸，如图 6-54 所示。

⑩ 添加几何关系。单击菜单栏中的“工具”→“关系”→“添加”命令，或者单击“草图”控制面板“显示/删除几何关系”下拉列表中的“添加几何关系”图标，系统弹出“添加几何关系”属性管理器。单击如图 6-54 所示的原点 1 和中心线 2，将其约束为“重合”几何关系，将边线 3 和边线 4 约束为“相切”几何关系。

⑪ 拉伸实体。单击“特征”控制面板中的（拉伸凸台/基体）按钮，系统弹出“拉伸”属性管理器。在（深度）文本框中输入“100”，然后单击（确定）按钮。

⑫ 设置视图方向。单击“前导视图”工具栏中的（等轴测）按钮，将视图以等轴测方向显示，创建的拉伸 2 特征如图 6-55 所示。

⑬ 设置基准面。单击选择如图 6-55 所示的表面 1，然后单击“前导视图”工具栏中的（正视于）按钮，将该表面作为草绘基准面。

图 6-52 “拉伸”属性管理器

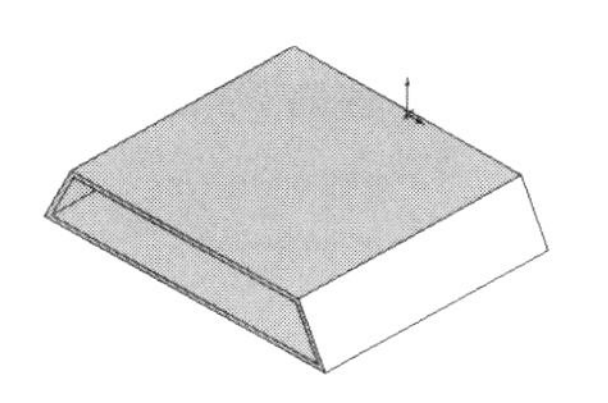

图 6-53　创建拉伸 1 特征

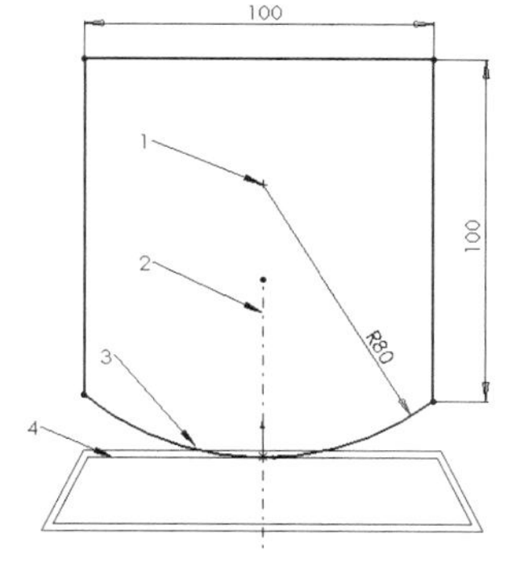

图 6-54　标注尺寸 2

⑭ 绘制草图。单击“草图”控制面板中的“边角矩形”图标▭，在步骤⑬中设置的基准面上绘制一个矩形。

⑮ 标注尺寸。单击“草图”控制面板中的“智能尺寸”按钮，标注步骤⑭中绘制矩形的尺寸及其定位尺寸，如图 6-56 所示。

⑯ 拉伸实体。单击“特征”控制面板中的（拉伸凸台/基体）按钮，系统弹出“拉伸”属性管理器。在（深度）文本框中输入“1”，然后单击✔（确定）按钮。

⑰ 设置视图方向。单击“前导视图”工具栏中的（等轴测）按钮，将视图以等轴测方向显示，创建的拉伸 3 特征如图 6-57 所示。

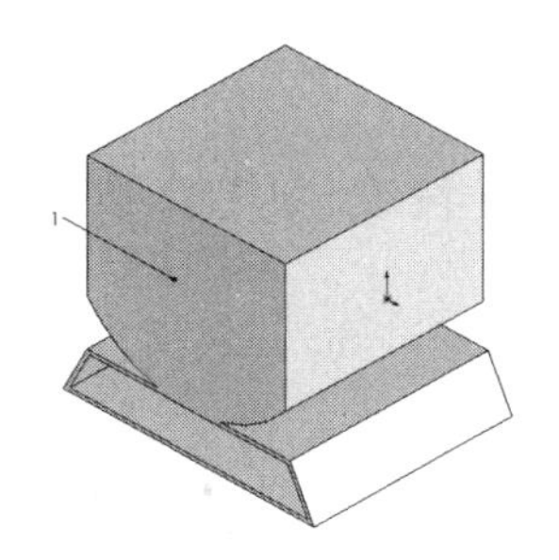

图 6-55　创建拉伸 2 特征

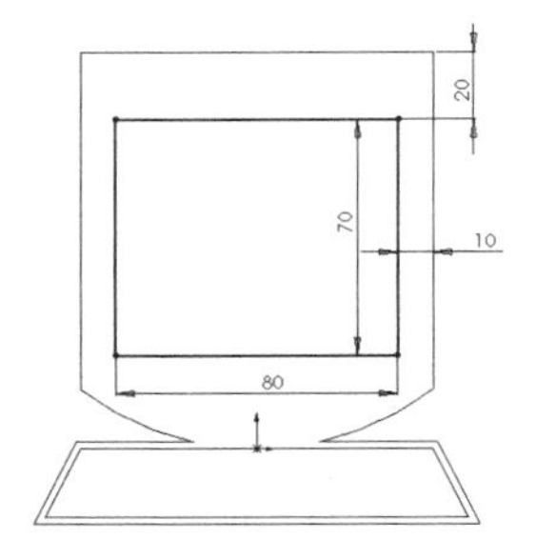

图 6-56　标注尺寸 3

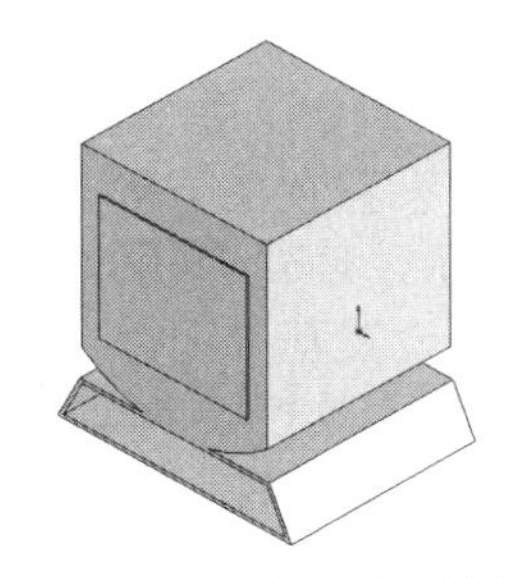

图 6-57　创建拉伸 3 特征

⑱ 设置外观属性。用鼠标单击第⑯步拉伸的实体，然后单击鼠标右键，此时系统弹出如图 6-58 所示的菜单。选择“添加外观”，打开“颜色”对话框，如图 6-59 所示。单击“高级”按钮，在如图 6-60 所示的“外观”组中单击“浏览”按钮，系统弹出“打开”对话框，如图 6-61 所示，在下部的“文件类型”下拉框中选择“所有文件”。并根据路径软件安装磁盘：\ProgramFiles（x86）\SOLIDWORKS\data\graphics\Materials\legacy\miscellaneous\pattern，打开“grid15”图片。单击“外观”组中的“保存外观”按钮，在弹出的“另存为”对话框中单击“保存”，将图片保存为“p2m”格式。此时显示器屏幕如图 6-62 所示，利用控制指针将图片调节到合适的大小。单击“确定”图标✔，结果如图 6-63 所示。

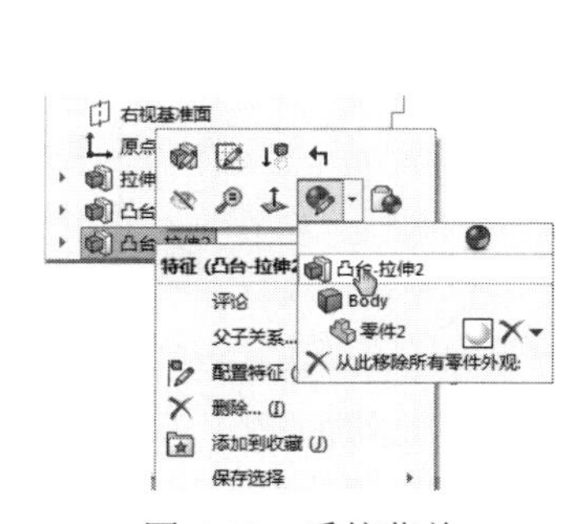

图 6-58　系统菜单

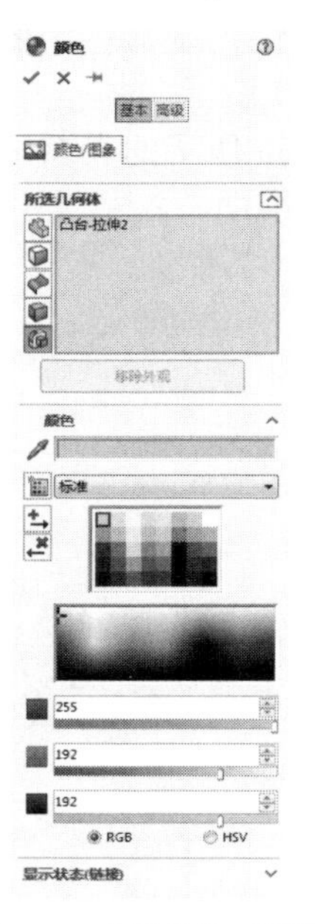

图 6-59　“颜色”对话框

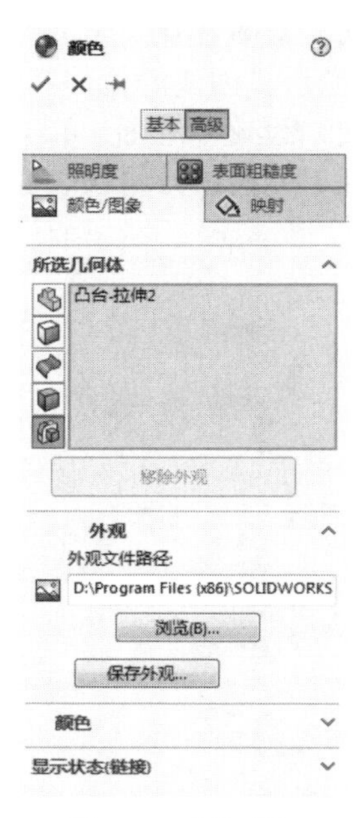

图 6-60　“外观”

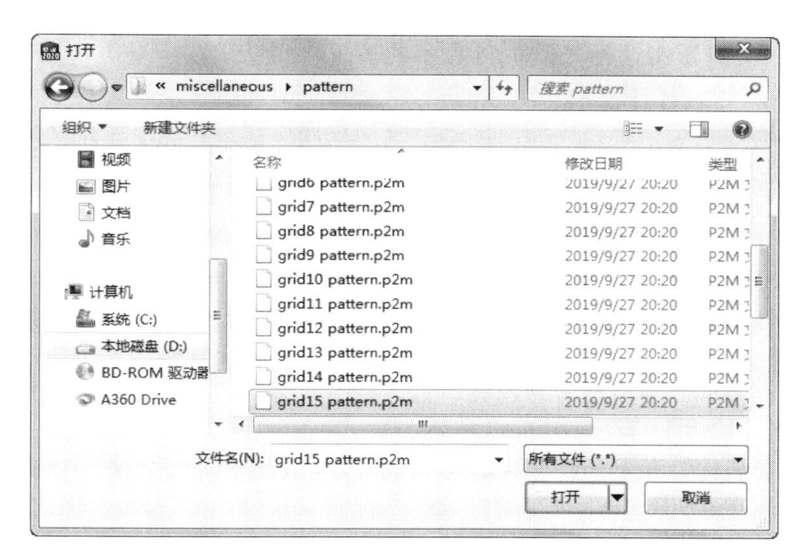

图 6-61 “打开”对话框

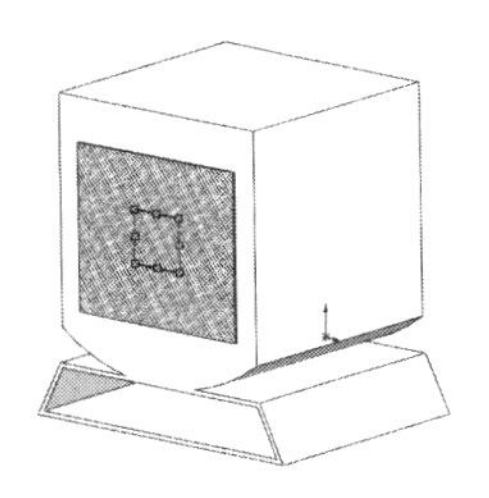

图 6-62 放置图片

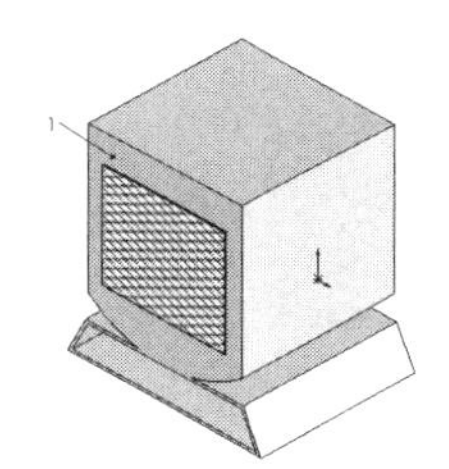

图 6-63 设置外观后的图形

技巧荟萃

在 SoildWorks 中，外观设置的对象有多种：面、曲面、实体、特征、零部件等。其外观库是系统预定义的，通过对话框既可以设置纹理的比例和角度，也可以设置其混合颜色。

⑲ 设置基准面。单击选择如图 6-63 所示的表面 1，然后单击“前导视图”工具栏中的（正视于）按钮，将该表面作为草绘基准面。

⑳ 绘制草图。单击菜单栏中的“工具”→“草图绘制实体”→“矩形”命令，或者单击“草图”控制面板中的“圆”图标，在步骤⑲中设置的基准面上绘制 4 个圆。

㉑ 标注尺寸。单击“草图”控制面板中的“智能尺寸”按钮，标注步骤⑳中绘制圆的直径及其定位尺寸，标注的草图如图 6-64 所示。

㉒ 拉伸切除实体。单击菜单栏中的“插入”→“切除”→“拉伸”命令，或者单击“特征”控制面板中的（拉伸切除）按钮，系统弹出“拉伸”属性管理器。在（深度）文本框中输入“10”，并调整切除拉伸的方向，然后单击（确定）按钮。

㉓ 设置视图方向。单击“前导视图”工具栏中的（等轴测）按钮，将视图以等轴测方向显示，创建的拉伸 4 特征如图 6-65 所示。

㉔ 设置基准面。单击选择如图 6-65 所示的表面 1，然后单击“前导视图”工具栏中的（正视于）按钮，将该表面作为草绘基准面。

㉕ 绘制草图。单击菜单栏中的“工具”→“草图绘制实体”→“圆”命令，或者单击“草图”控制面板中的“圆”图标，在步骤㉔中设置的基准面上绘制 3 个圆，并且要求这 3 个圆与拉伸切除的实体同圆心。

㉖ 标注尺寸。单击“草图”控制面板中的“智能尺寸”按钮，然后标注步骤㉕中绘制的圆的直径及其定位尺寸，如图 6-66 所示。

㉗ 拉伸实体。单击“特征”控制面板中的（拉伸凸台/基体）按钮，系统弹出“拉伸”属性管理器。在（深度）文本框中输入“20”，然后单击（确定）按钮。

㉘ 设置视图方向。单击“前导视图”工具栏中的（等轴测）按钮，将视图以等轴测方向显示，创建的拉伸 5 特征如图 6-67 所示。

㉙ 设置颜色属性。在 FeatureManager 设计树中，右击拉伸 5 特征，在弹出的快捷菜单中单击（外观）按钮，在下拉菜单中选择刚选中的实体，系统弹出的“外观”属性管理器如图 6-68 所示。在其中选择蓝颜色，然后单击（确定）按钮。

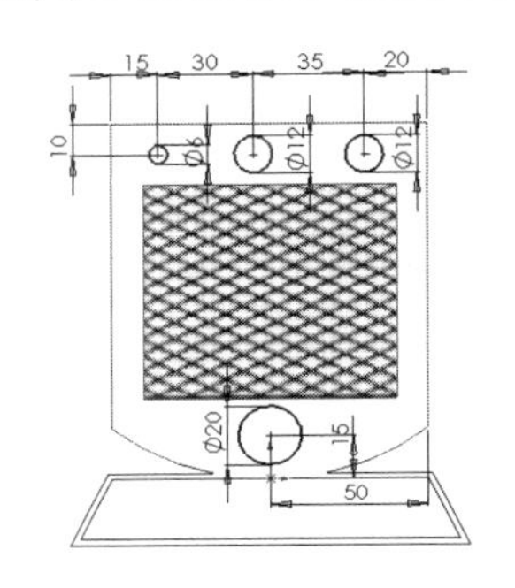

图 6-64　标注尺寸 4

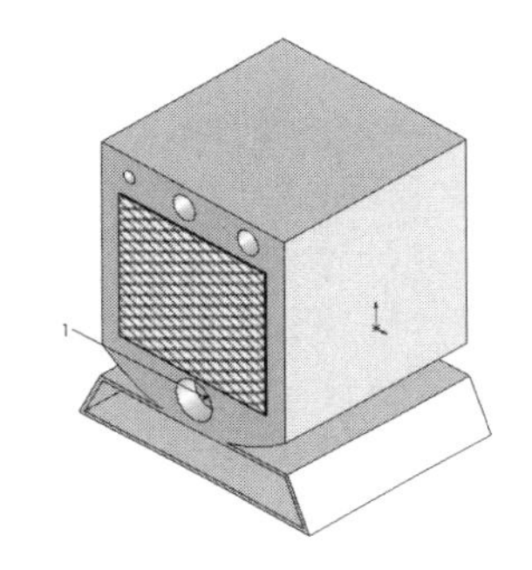

图 6-65　创建拉伸 4 特征

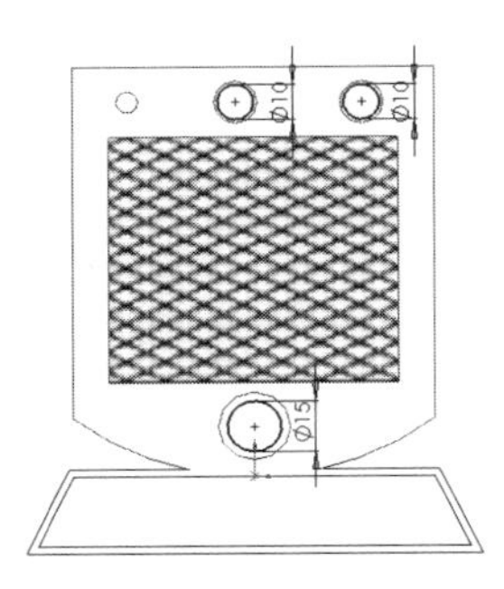

图 6-66　标注尺寸 5

㉚ 设置基准面。单击选择如图 6-67 所示的左上角左侧拉伸切除实体的底面，然后单击“前导视图”工具栏中的（正视于）按钮，将该表面作为草绘基准面。

㉛ 绘制草图。单击菜单栏中的“工具”→“草图绘制实体”→“矩形”命令，或者单击“草图”控制面板中的“圆”图标，在步骤㉚中设置的基准面上绘制一个圆，并且要求其与拉伸切除的实体同圆心。

㉜ 标注尺寸。单击“草图”控制面板中的“智能尺寸”按钮，标注步骤㉛中绘制的圆的直径为 4mm。

㉝ 拉伸实体。单击“特征”控制面板中的（拉伸凸台/基体）按钮，系统弹出“拉伸”属性管理器。在（深度）文本框中输入“16”，然后单击（确定）按钮。

㉞ 设置视图方向。单击“前导视图”工具栏中的（等轴测）按钮，将视图以等轴测方向显示，创建的拉伸 6 特征如图 6-69 所示。

㉟ 设置外观属性。重复步骤㉙，将如图 6-69 所示拉伸和圆角后实体 1 设置为红色，作为指示灯。

㊱ 设置外观属性。在零件上单击鼠标右键，选择“外观”→“零件”，此时系统弹出“颜色”对话框和“外观、布景和贴图”对话框，如图 6-70 所示。选择“外观”→“有机”→“木材”→“山毛榉”→“粗制山毛榉横切面”选项，然后单击“确定”图标，结果如图 6-49 所示。

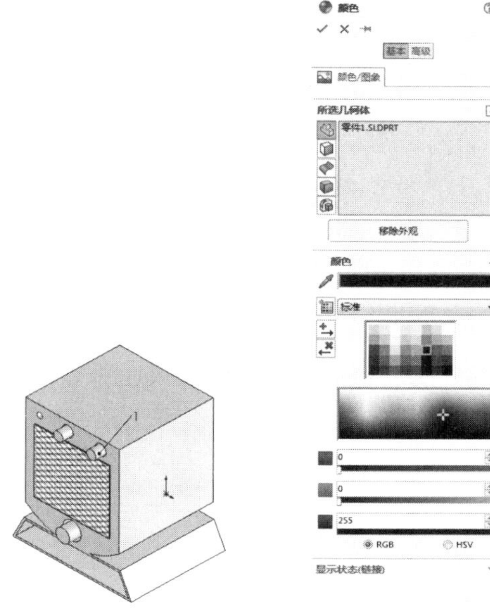

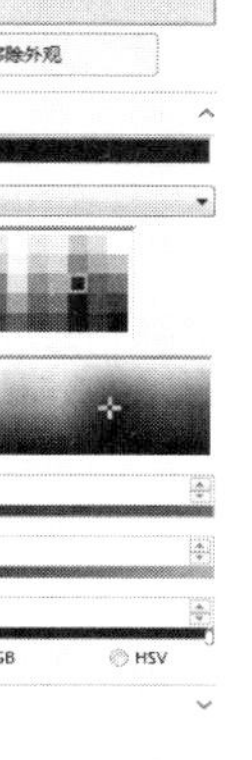

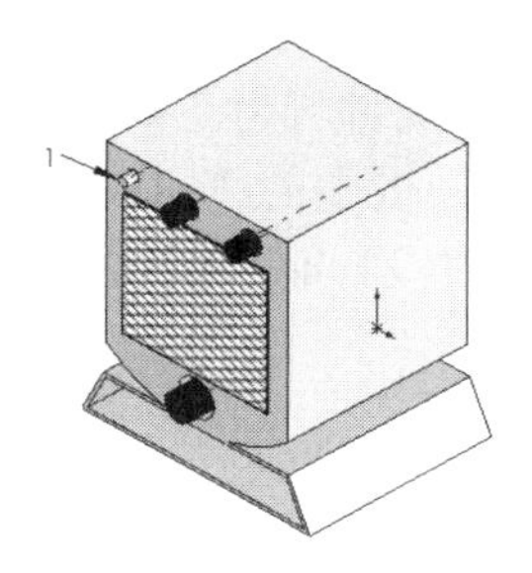

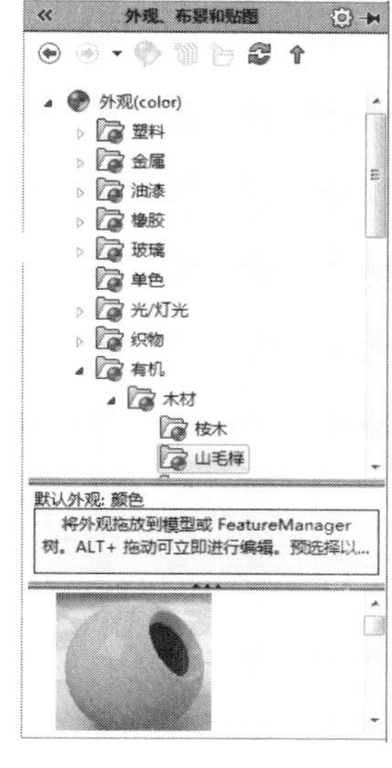

图 6-67　创建拉伸 5 特征

图 6-68　“外观”属性管理器

图 6-69　创建拉伸 6 特征

图 6-70　“外观、布景和贴图”对话框

6.5　综合实例——斜齿圆柱齿轮

扫一扫，看视频

本例绘制斜齿圆柱齿轮。图 6-71 所示为此斜齿圆柱齿轮的各项参数。图 6-72 所示为此斜齿圆柱齿轮的二维工程图。

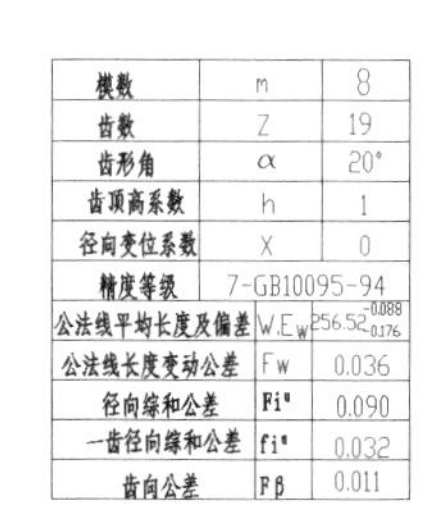

模数	m	8
齿数	Z	19
齿形角	α	20°
齿顶高系数	h	1
径向变位系数	X	0
精度等级	7-GB10095-94	
公法线平均长度及偏差	$W.E_w$	$256.52^{-0.088}_{-0.176}$
公法线长度变动公差	Fw	0.036
径向综和公差	Fi"	0.090
一齿径向综和公差	fi"	0.032
齿向公差	Fβ	0.011

图 6-71　斜齿圆柱齿轮的参数

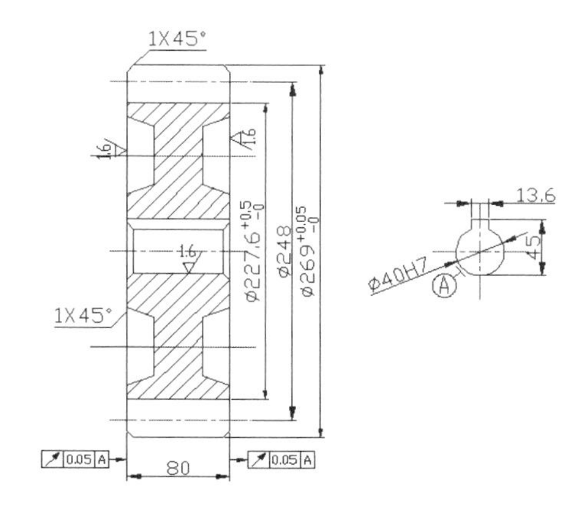

图 6-72　斜齿圆柱齿轮的二维工程图

绘制步骤

（1）绘制齿形

① 新建文件。单击“标准”工具栏中的“新建”按钮，在弹出的“新建 SOLIDWORKS 文件”属性管理器中选择“零件”按钮，然后单击“确定”按钮，创建一个新的零件文件。

② 选择“前视基准面”作为草图绘制平面，单击“草图”控制面板中的“草图绘制”按钮进入草图编辑状态。

a．单击“草图”控制面板中的“圆”按钮，以原点为圆心绘制 3 个同心圆。

b．单击“草图”控制面板中的“智能尺寸”按钮，标注 3 个圆的直径分别为 227.5mm（齿根圆）、250mm（分度圆）、270mm（齿顶圆）。

c．单击“草图”控制面板中的“中心线”按钮，绘制两条通过原点的水平和竖直中心线，草图如图 6-73 所示。

d．单击“草图”控制面板中的“点”按钮，在直径 250mm 的分度圆上绘制一点，单击“草图”控制面板中的“智能尺寸”按钮标注尺寸 8mm，该尺寸作为半齿宽度。

e．单击“草图”控制面板中的“点”按钮，在直径 270mm 的齿顶圆上绘制一点，单击“草图”控制面板中的“智能尺寸”按钮标注尺寸为 3.5mm，该尺寸作为齿顶宽度。

f．单击“草图”控制面板中的“点”按钮，在直径 227.5mm 的齿根圆上绘制一点，单击“草图”控制面板中的“智能尺寸”按钮标注尺寸为 12mm，该尺寸作为齿根宽度，草图如图 6-74 所示。

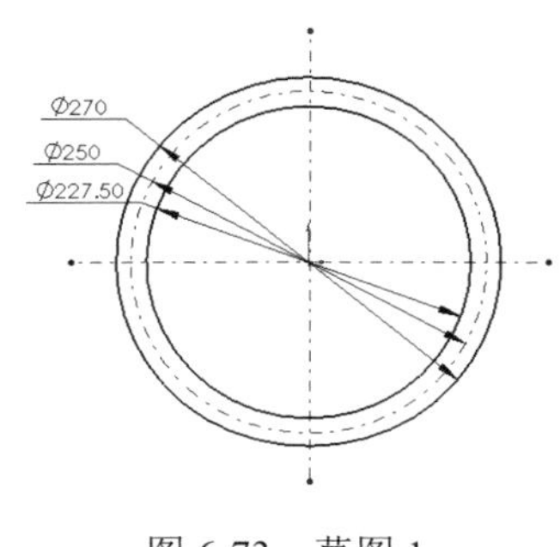

图 6-73 草图 1

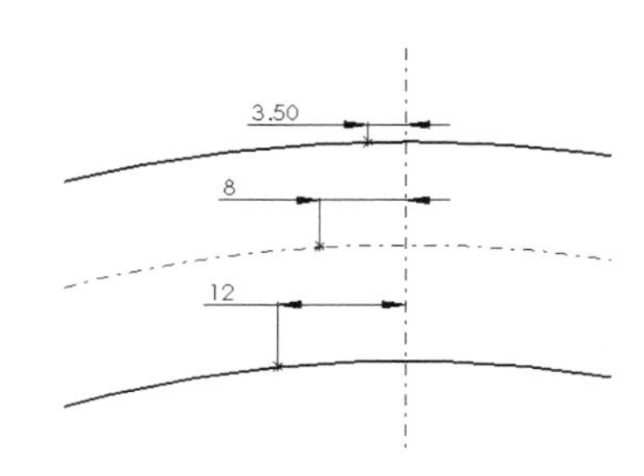

图 6-74 绘制作为齿形关键点

g．单击“草图”控制面板中的“三点圆弧”按钮，绘制齿形，并标注尺寸，如图 6-75 所示。

h．单击“草图”控制面板中的“剪裁实体”按钮，裁剪掉与齿形无关的线条，如图 6-76 所示。

i．单击“草图”控制面板中的“镜向实体”按钮，镜向修剪后的齿形，形成一完整的齿廓，如图 6-77 所示。

j．单击“草图”控制面板中的“退出草图”按钮，完成草图的绘制并退出草图。

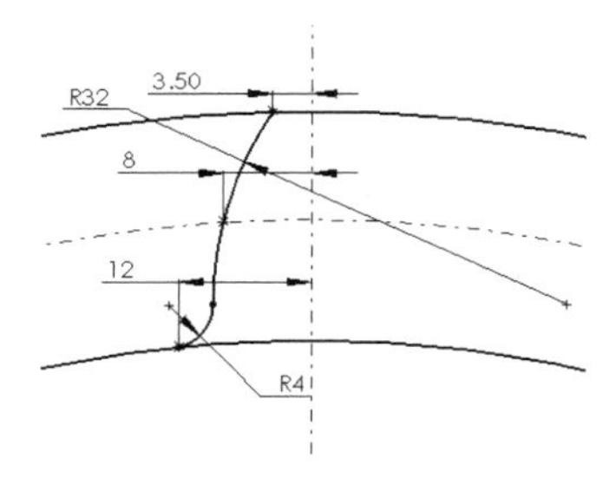

图 6-75 齿形曲线

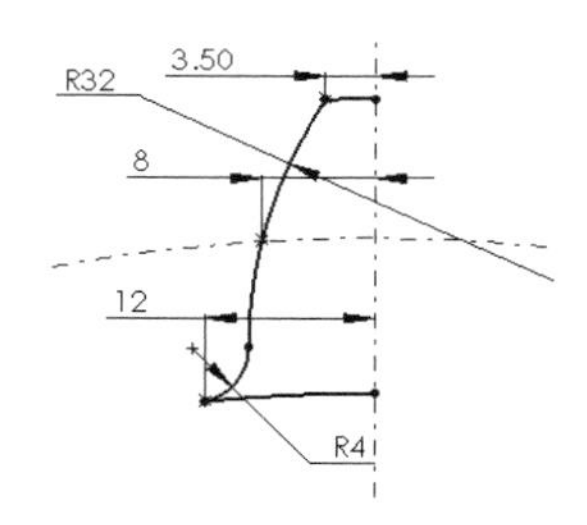

图 6-76 裁剪后的齿形

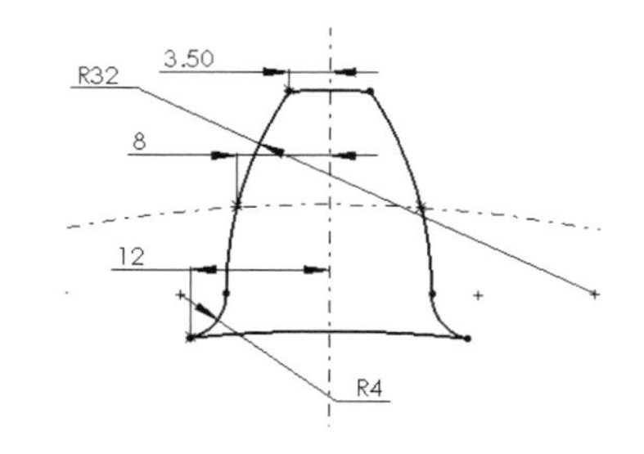

图 6-77 完整齿形

（2）创建齿条

① 创建基准面。单击“特征”控制面板“参考几何体”下拉列表中的“基准面”按钮，选择“前视基准面”作为参考实体。点击“偏移距离”按钮，在输入框中输入距离“80mm”，

单击“确定”按钮✔创建与齿形草图所在平面距离为80mm的“基准面1”。

② 绘制草图。选择“基准面1”作为草图平面，单击“草图”控制面板中的“草图绘制”按钮进入草图编辑状态。选择在“前视基准面”上绘制的齿形，单击“转换实体引用”按钮将齿形投影到“基准面1”上。

③ 旋转齿形。选择转换为“基准面1”的草图轮廓，单击“草图”控制面板中的“旋转实体”按钮；选择图形区域中的原点作为“基准点”；在“旋转”栏目中的“角度”微调框中输入8°，从而将齿形轮廓以原点为旋转中心旋转8°，如图6-78所示。单击“确定”按钮✔，完成草图旋转。

完成斜齿轮的另一个轮廓，如图6-79所示。

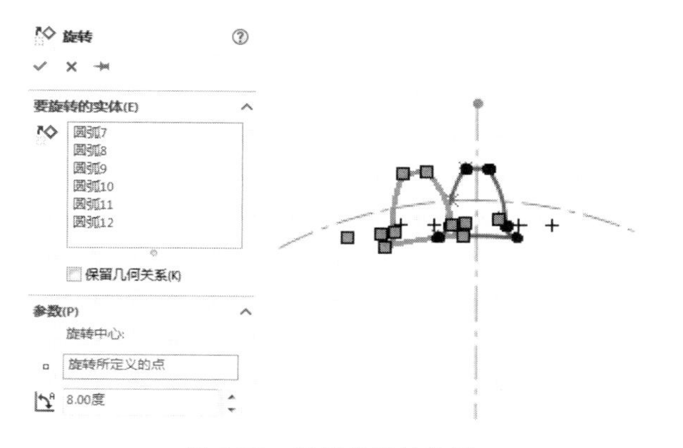

图6-78 设置齿形的旋转

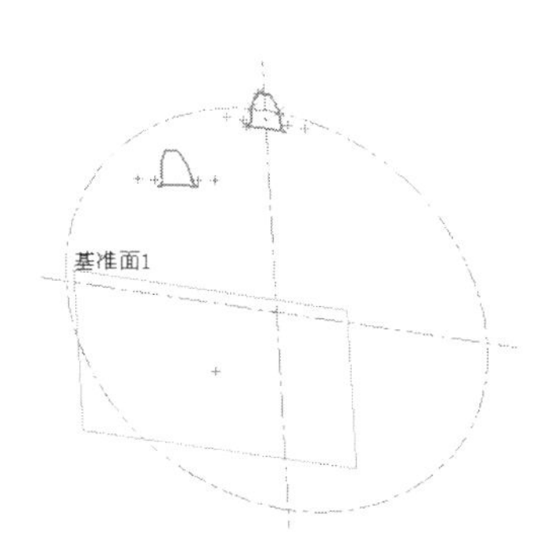

图6-79 斜齿轮的两个齿形轮廓

④ 放样齿条。单击“特征”控制面板中的“放样凸台/基体”按钮，选择两个齿形轮廓草图作为放样轮廓。单击“确定”按钮✔，完成齿条的放样特征，如图6-80所示。

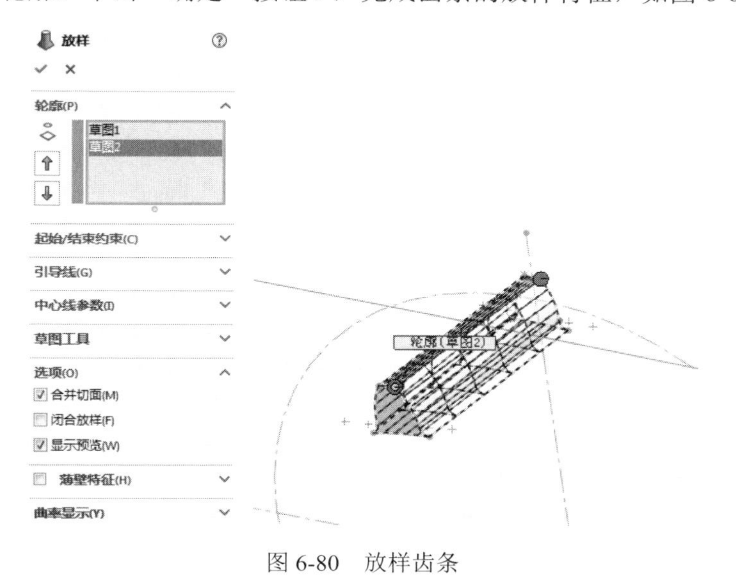

图6-80 放样齿条

（3）创建齿轮基体

① 绘制草图。选择“上视基准面”作为草图绘制平面，单击“草图”控制面板中的“草图绘制”按钮进入草图编辑状态。单击“草图”控制面板中的“中心线”按钮，绘制一条通过原点的竖直中心线作为圆周阵列的中心轴。单击“草图”控制面板中的“退出草图”

按钮退出草图。

② 创建基准轴。单击“特征”控制面板“参考几何体”下拉列表中的“基准轴”按钮，打开“基准轴”属性管理器。在图形区域中选择刚绘制的“草图3”中的中心线作为基准轴。单击“确定”按钮，从而创建基准轴。

③ 绘制草图。选择“上视基准面”作为草图绘制平面，单击“草图”控制面板中的“草图绘制”按钮进入草图编辑状态。单击“草图”控制面板中的“直线”按钮，绘制作为齿轮基体的旋转草图。

④ 标主尺寸。单击“草图”控制面板中的“智能尺寸”按钮，标注齿轮基体草图，如图6-81所示。

⑤ 生成基体。单击“特征”控制面板中的“旋转凸台/基体”按钮，选择“基准轴1”作为旋转轴，其他选项如图6-82所示。单击“确定”按钮，创建齿轮基体。

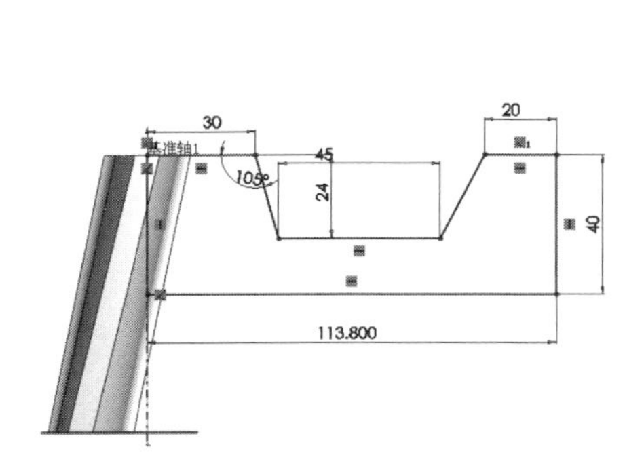

图6-81 旋转草图

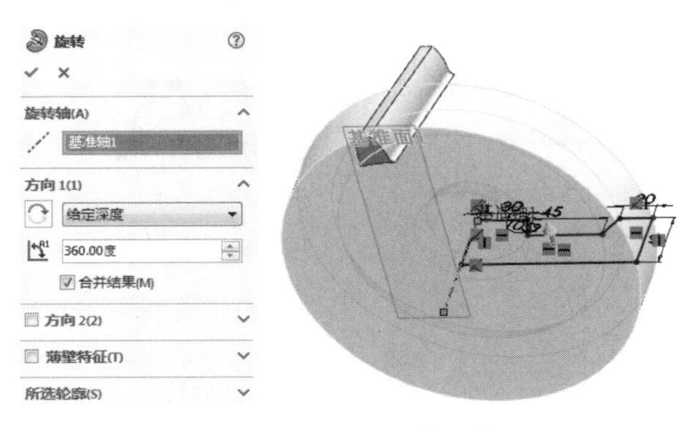

图6-82 设置旋转参数

⑥ 镜向实体。单击“特征”控制面板“镜向”按钮，选择前面步骤创建的齿轮基体作为镜向特征；选择齿轮基体的内侧平面作为镜向面；其他选项如图6-83所示。单击“确定”按钮，创建齿轮基体的另一半，完成齿轮基体的创建。

⑦ 圆周阵列实体。单击“特征”控制面板“圆周阵列”按钮，选择作为齿条的放样特征作为要阵列的特征；选择 “基准轴1”作为阵列轴；在“实例数”微调框中输入要阵列的实例个数为25，其他选项如图6-84所示。单击“确定”按钮，完成实体齿形的阵列复制。

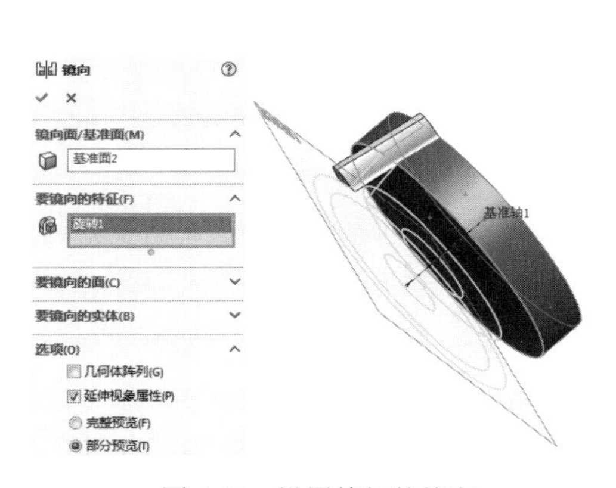

图6-83 设置特征的镜向

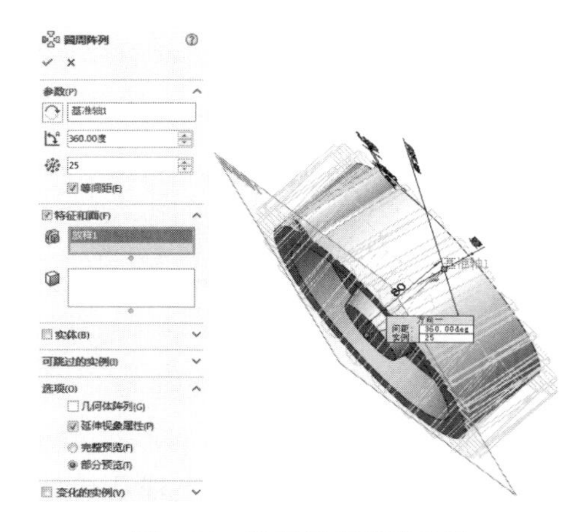

图6-84 设置圆周阵列参数

（4）创建齿轮安装孔

① 绘制草图。选择“前视基准面”作为草图绘制平面，单击“草图”控制面板中的“草图绘制”按钮进入草图编辑状态。单击“草图”控制面板中的“圆”按钮和“直线”按钮，绘制齿轮安装孔的草图。

② 标注尺寸。单击“草图”控制面板中的“剪裁实体”按钮，裁剪掉多余部分，单击“草图”控制面板中的“智能尺寸”按钮标注安装孔尺寸，如图 6-85 所示。

③ 拉伸切除实体。单击“特征”控制面板中的“拉伸切除”按钮，在“切除-拉伸”属性管理器中设置终止条件为“完全贯穿”，其他选项如图 6-86 所示。单击“确定”按钮，完成齿轮安装孔的创建，结果如图 6-87 所示。

④ 保存文件。单击“标准”工具栏中的“保存”按钮，将零件文件保存，文件名为“斜齿圆柱齿轮”。

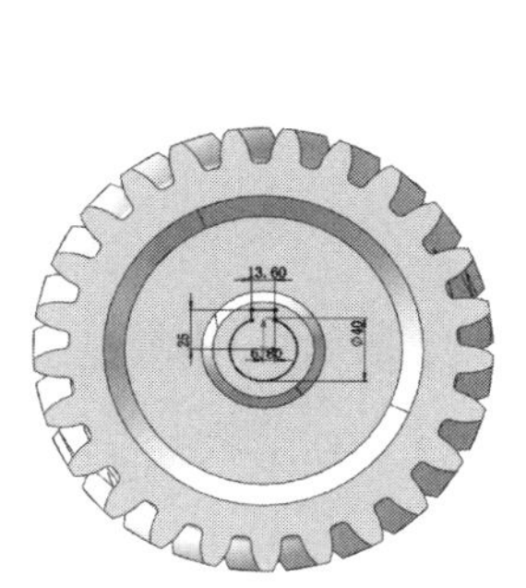
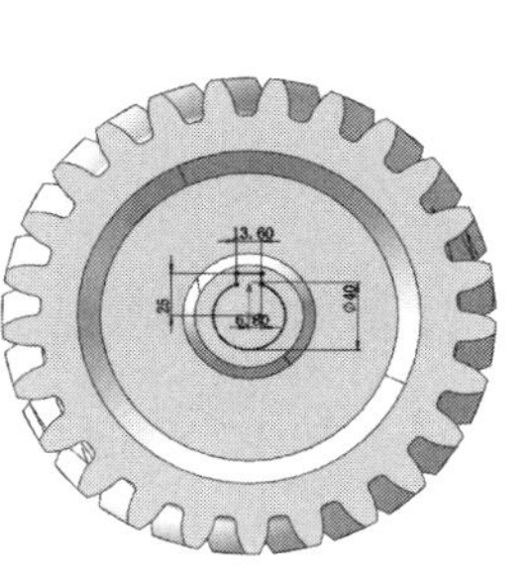

图 6-85　齿轮安装孔草图

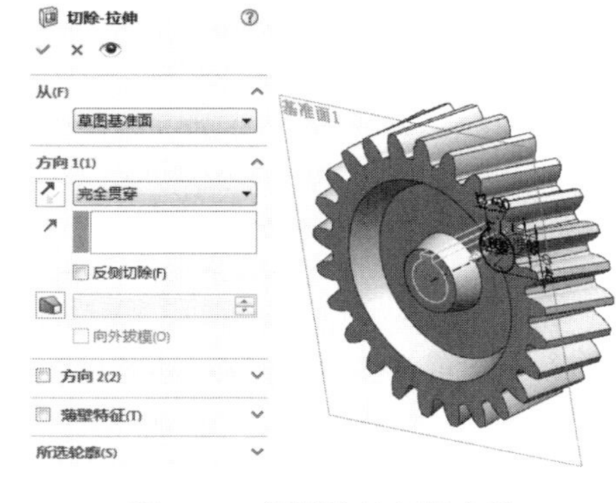

图 6-86　设置拉伸切除参数

图 6-87　斜齿轮

SOLIDWORKS 2020

第7章 曲线

三维曲线的引入，使 SOLIDWORKS 的三维草图绘制能力显著提高。用户可以通过三维操作命令，绘制各种三维曲线，也可以通过三维样条曲线，控制三维空间中的任何一点，从而直接控制空间草图的形状。三维草图绘制通常用于创建管路设计和线缆设计，及作为其他复杂的三维模型的扫描路径。

知识点

- 三维草图
- 创建曲线
- 综合实例——螺钉

7.1 三维草图

在学习曲线生成方式之前，首先要了解三维草图的绘制，它是生成空间曲线的基础。

SOLIDWORKS 可以直接在基准面上或者在三维空间的任意点绘制三维草图实体，绘制的三维草图可以作为扫描路径、扫描的引导线，也可以作为放样路径、放样中心线等。

扫一扫，看视频

7.1.1 绘制三维草图

7.1.1.1 绘制三维空间直线

【案例 7-1】绘制三维直线

① 新建一个文件。单击“前导视图”工具栏中的“等轴测”按钮，设置视图方向为等轴测方向。在该视图方向下，坐标 X、Y、Z 三个方向均可见，可以比较方便地绘制三维草图。

② 选择菜单栏中的“插入”→“3D 草图”命令，或者单击“草图”控制面板中的“3D 草图”按钮，进入三维草图绘制状态。

③ 单击“草图”控制面板中需要绘制的草图工具，本例单击“草图”控制面板中的“直线”按钮，开始绘制三维空间直线，注意此时在绘图区中出现了空间控标，如图 7-1 所示。

④ 以原点为起点绘制草图，基准面为控标提示的基准面，方向由光标拖动决定，如图 7-2 所示为在 XY 基准面上绘制草图。

⑤ 步骤④是在 XY 基准面上绘制直线，当继续绘制直线时，控标会显示出来。按<Tab>键，可以改变绘制的基准面，依次为 XY、YZ、ZX 基准面。如图 7-3 所示为在 YZ 基准面上绘制草图。按<Tab>键依次绘制其他基准面上的草图，绘制完的三维草图如图 7-4 所示。

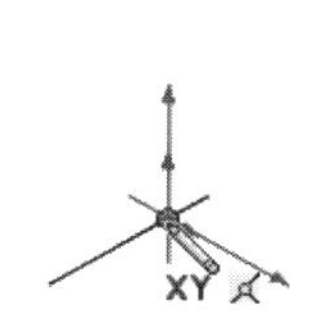

图 7-1　空间控标

图 7-2　在 XY 基准面上绘制草图

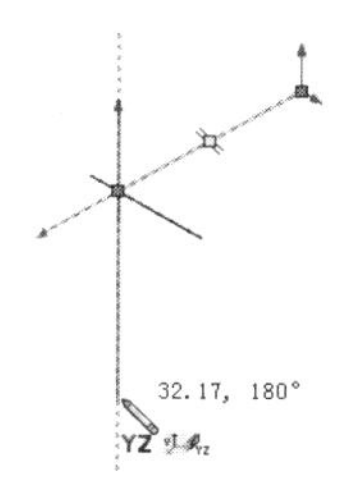

图 7-3　在 YZ 基准面上绘制草图

⑥ 再次单击“草图”控制面板中的“3D 草图”按钮，或者在绘图区右击，在弹出的快捷菜单中，单击“退出草图”按钮，退出三维草图绘制状态。

二维草图和三维草图既有相似之处，又有不同之处。在绘制三维草图时，二维草图中的所有圆、弧、矩形、直线、样条曲线和点等工具都可用，曲面上的样条曲线工具只能用在三维草图中。在添加几何关系时，二维草图中大多数几何关系都可用于三维草图中，但是对称、阵列、等距和等长线例外。

另外需要注意的是，对于二维草图，其绘制的草图实体是所有几何体在草绘基准面上的投影，而三维草图是空间实体。

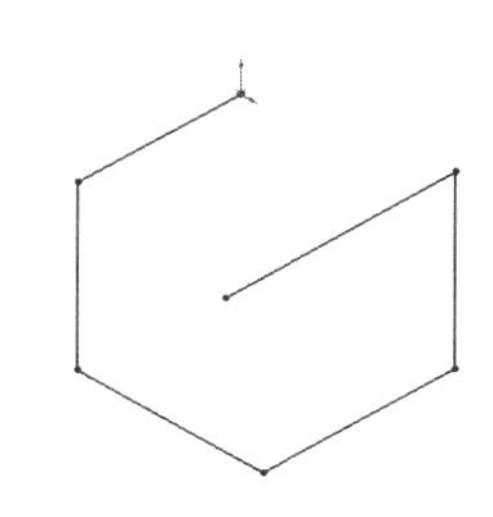

图 7-4　绘制完的三维草图

在绘制三维草图时，除了使用系统默认的坐标系外，用户还可以定义自己的坐标系，此坐标系将同测量、质量特性等工具一起使用。

7.1.1.2 建立坐标系

【案例 7-2】建立坐标系

扫一扫，看视频

① 打开随书资源中的“源文件\ch7\7.2.SLDPRT”，打开的文件实体如图 7-5 所示。

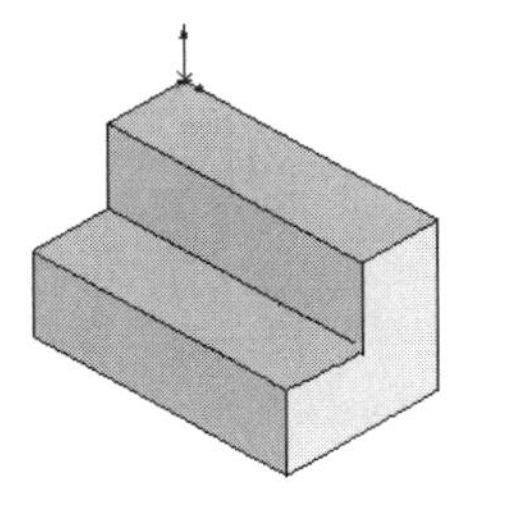

图 7-5 打开的文件实体

② 选择菜单栏中的“插入”→“参考几何体”→“坐标系”命令，或者单击“特征”控制面板“参考几何体”下拉列表中的“坐标系”按钮，系统弹出“坐标系”属性管理器。

③ 单击单击“坐标系”属性管理器中按钮右侧的“原点”列表框，然后单击如图 7-7 所示的点 A，设置 A 点为新坐标系的原点；单击“X 轴”下面的“X 轴参考方向”列表框，然后单击如图 7-7 所示的边线 1，设置边线 1 为 X 轴；依次设置如图 7-6 所示的边线 2 为 Y 轴，边线 3 为 Z 轴，“坐标系”属性管理器设置如图 7-6 所示。

④ 单击“确定”按钮，完成坐标系的设置，添加坐标系后的图形如图 7-7 所示。

技巧荟萃

在设置坐标系的过程中，如果坐标轴的方向不是用户想要的方向，可以单击“坐标系”属性管理器中设置轴左侧的“反转方向”按钮进行设置。

在设置坐标系时，X 轴、Y 轴和 Z 轴的参考方向可为以下实体。

- 顶点、点或者中点：将轴向的参考方向与所选点对齐。
- 线性边线或者草图直线：将轴向的参考方向与所选边线或者直线平行。
- 非线性边线或者草图实体：将轴向的参考方向与所选实体上的所选位置对齐。
- 平面：将轴向的参考方向与所选面的垂直方向对齐。

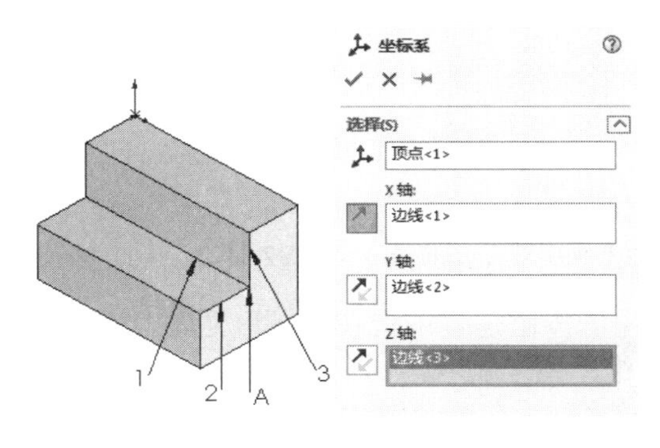

图 7-6 “坐标系”属性管理器

图 7-7 添加坐标系后的图形

7.1.2 实例——办公椅

扫一扫，看视频

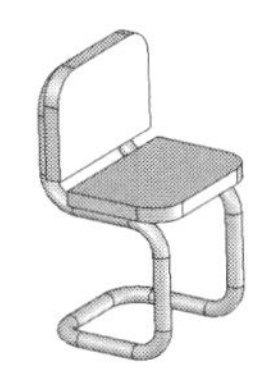

图 7-8 办公椅

本实例绘制的办公椅如图 7-8 所示。

在建模过程当中要先绘制支架部分，再分别绘制椅垫和椅背。绘制流程

如图 7-9 所示。

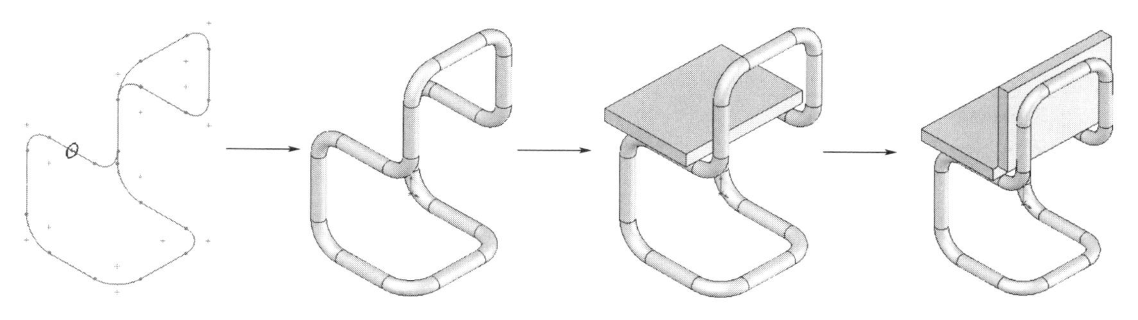

图 7-9　椅子的绘制流程

绘制步骤

① 新建文件。启动 SOLIDWORKS 2020，单击“标准”工具栏中的“新建”按钮，创建一个新的零件文件。

② 绘制三维草图。选择菜单栏中的“插入”→“3D 草图”命令，然后单击“草图”控制面板中的“直线”按钮，并借助<Tab>键，改变绘制的基准面，绘制如图 7-10 所示的三维草图。

③ 标注尺寸及添加几何关系。标注的尺寸 1 如图 7-11 所示。

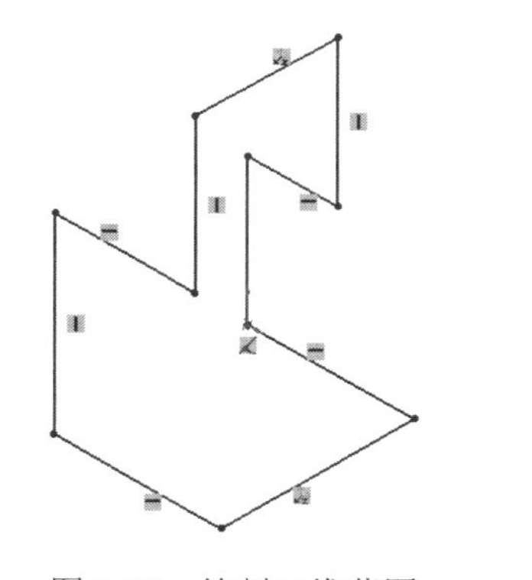

图 7-10　绘制三维草图

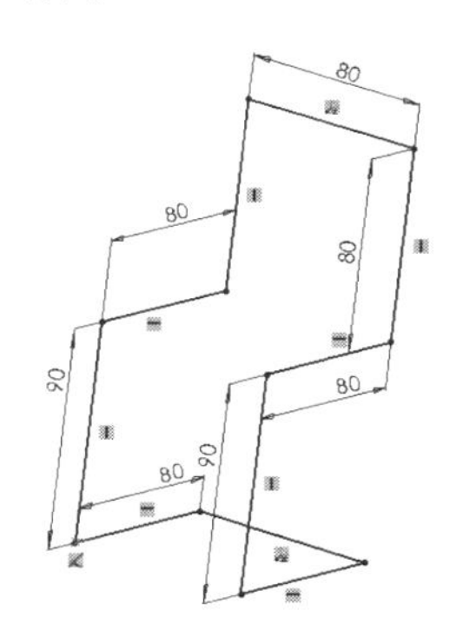

图 7-11　标注尺寸 1

④ 绘制圆角。单击“草图”工具栏中的“绘制圆角”按钮，系统弹出“绘制圆角”属性管理器。依次选择如图 7-11 所示的每个直角处的两条直线段，设置圆角半径为 20mm，如图 7-12 所示。单击“确定”按钮，绘制圆角后的图形如图 7-13 所示。

技巧荟萃

在绘制三维草图时，首先将视图方向设置为等轴测。另外，空间坐标的控制很关键。空间坐标会提示视图的绘制方向，还要注意，在改变绘制的基准面时，要按<Tab>键。

⑤ 添加基准面。在左侧的 FeatureManager 设计树中选择“前视基准面”，然后单击“特征”控制面板“参考几何体”下拉列表中的“基准面”按钮，系统弹出“基准面”属性管理器。在“偏移距离”文本框中输入“40”如图 7-14 所示，单击“确定”按钮，添加的

基准面 1 如图 7-15 所示。

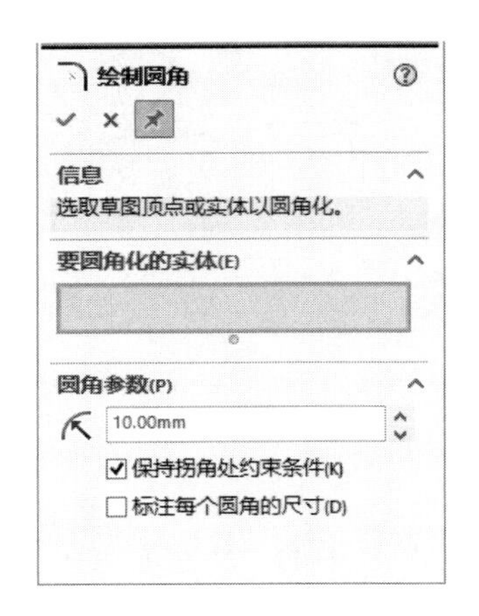

图 7-12 “绘制圆角”属性管理器

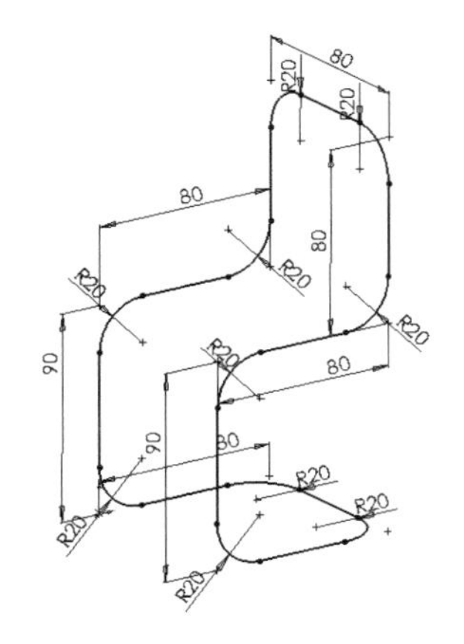

图 7-13 绘制圆角

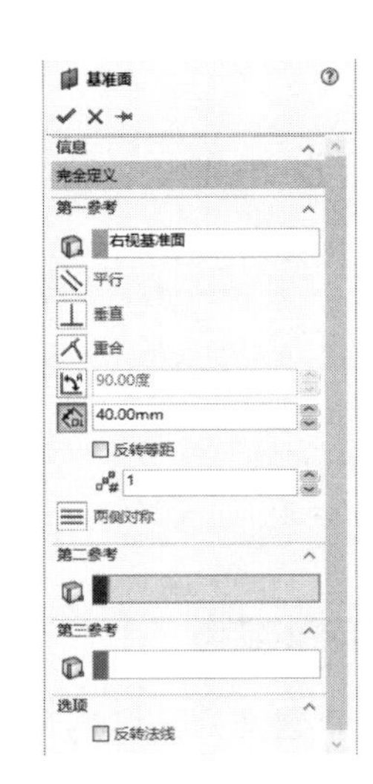

图 7-14 “基准面”属性管理器 1

⑥ 设置基准面。在左侧的 FeatureManager 设计树中，单击选择步骤⑤中添加的基准面 1，然后单击“前导视图”工具栏中的“正视于”按钮，将该基准面设置为草绘基准面。

⑦ 绘制草图。单击“草图”控制面板中的“圆”按钮，绘制一个圆，原点自动捕获在直线上。单击“草图”控制面板上的“智能尺寸”按钮，标注圆的直径，如图 7-16 所示。

⑧ 设置视图方向。单击“前导视图”工具栏中的“等轴测”按钮，将视图以等轴测方向显示，等轴测视图如图 7-17 所示，然后退出草图绘制。

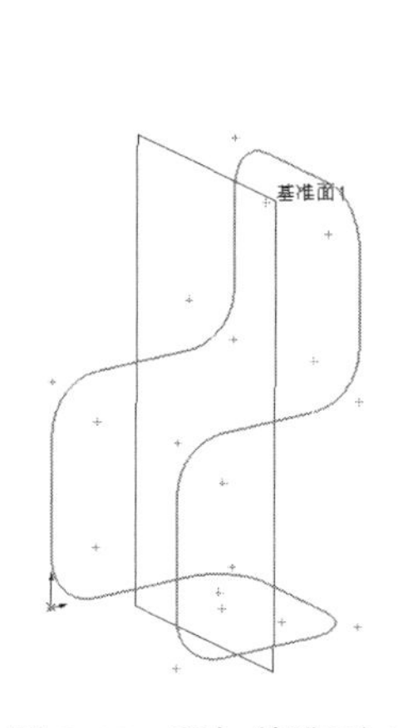

图 7-15 添加基准面 1

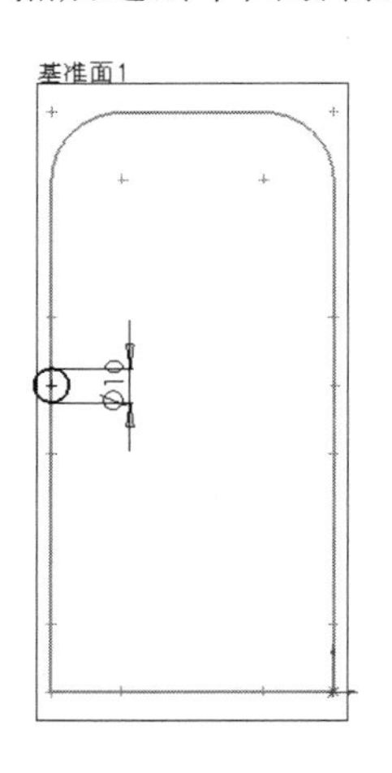

图 7-16 标注尺寸 2

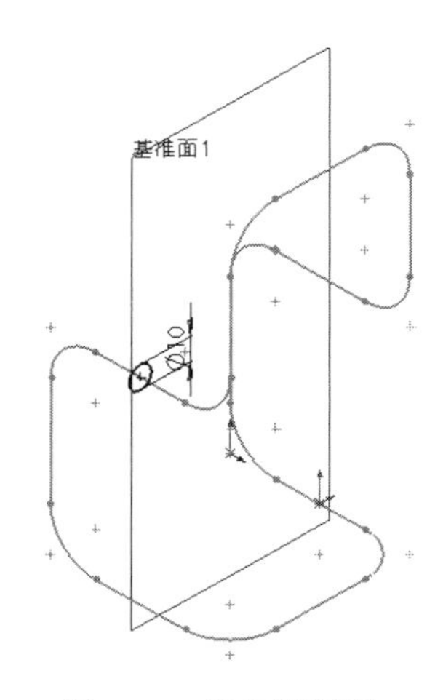

图 7-17 等轴测视图 1

⑨ 扫描实体。单击“特征”控制面板中的“扫描”按钮，系统弹出“扫描”属性管理器。在“轮廓”列表框中，单击选择步骤⑦中绘制的圆；在“路径”列表框中，单击选择步骤④中绘制圆角后的三维草图，如图 7-18 所示。单击“确定”按钮，扫描后的图形如图 7-19 所示。

⑩ 添加基准面。在左侧的 FeatureManager 设计树中选择“上视基准面”，然后单击“特征”控制面板“参考几何体”下拉列表中的“基准面”按钮，系统弹出“基准面”属性管

理器。在“偏移距离”文本框中输入“95”，如图 7-20 所示。单击“确定”按钮，添加的基准面 2 如图 7-21 所示。

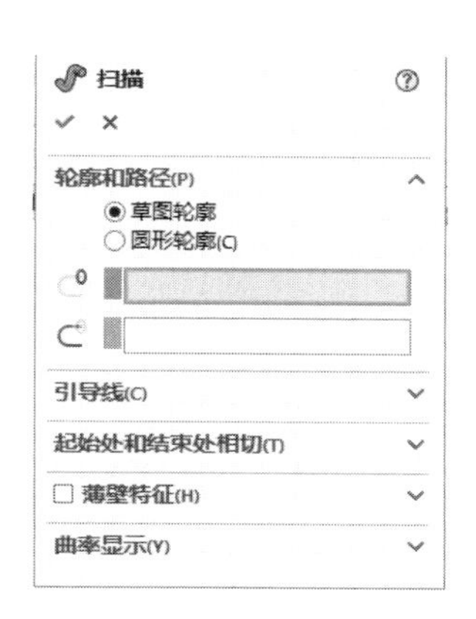

图 7-18 “扫描”属性管理器

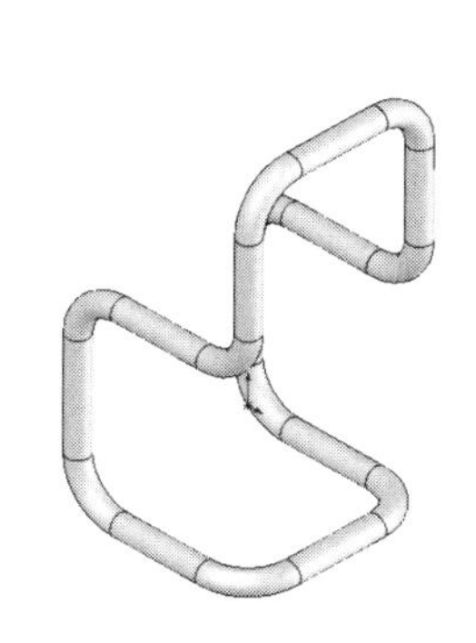
图 7-19 扫描实体

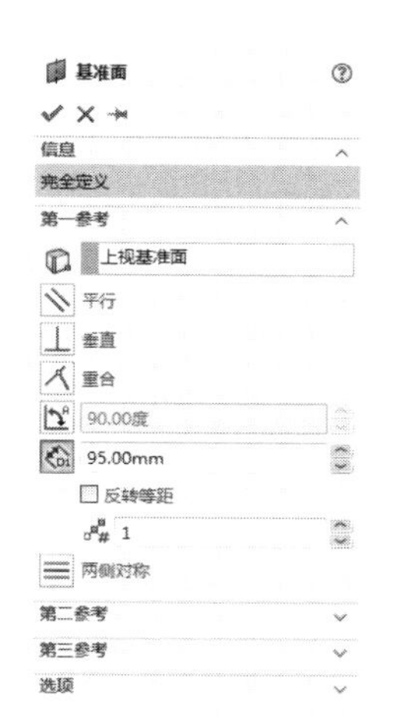

图 7-20 “基准面”属性管理器 2

⑪ 设置基准面。在左侧的 FeatureManager 设计树中，单击步骤⑩中添加的基准面 2，然后单击“前导视图”工具栏中的“正视于”按钮，将该基准面作为草绘基准面。

⑫ 绘制草图。单击“草图”控制面板中的“边角矩形”按钮，绘制一个矩形，然后单击“草图”控制面板中的“中心线”按钮，绘制通过扫描实体中间的中心线，如图 7-22 所示。

⑬ 标注尺寸。单击“草图”控制面板上的“智能尺寸”按钮，标注步骤⑫中绘制的矩形尺寸，如图 7-23 所示。

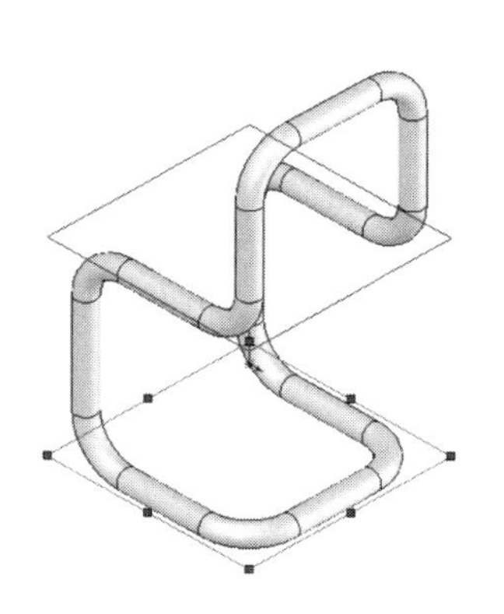
图 7-21 添加基准面 2

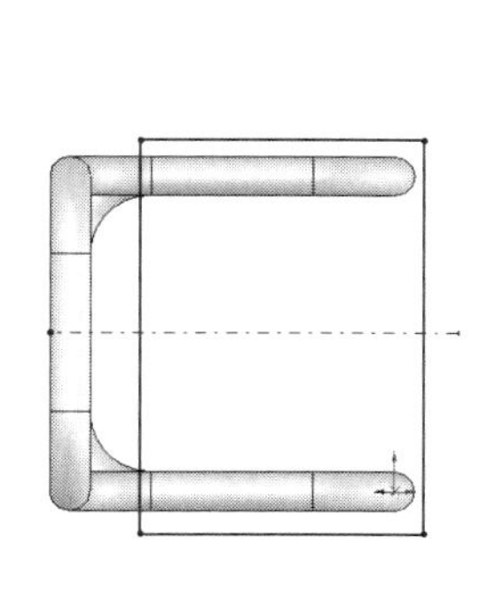
图 7-22 绘制草图

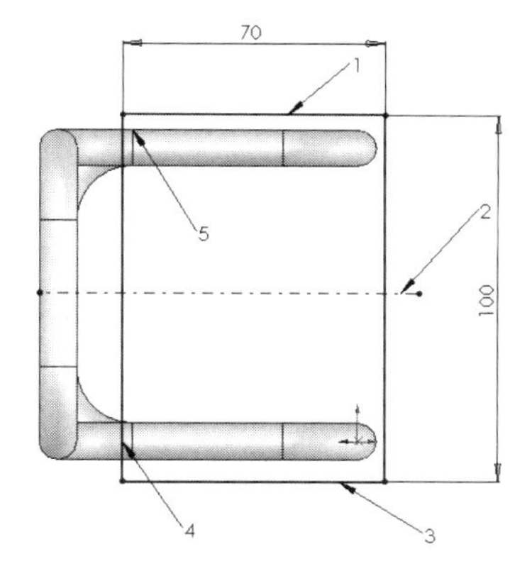

图 7-23 标注尺寸 3

⑭ 添加几何关系。单击“草图”控制面板“显示/删除几何关系”下拉列表中的“添加几何关系”按钮，系统弹出“添加几何关系”属性管理器。依次选择如图 7-23 所示的直线 1、3 和中心线 2，注意选择的顺序，此时这 3 条直线出现在“添加几何关系”属性管理器中。单击“对称”按钮，按照图 7-24 进行设置，然后单击“确定”按钮，则图中的直线 1 和 3 关于中心线 2 对称。重复该命令，将如图 7-23 所示的直线 4 和直线 5 设置为“共线”几何关系，添加几何关系后的图形如图 7-25 所示。

⑮ 拉伸实体。单击“特征”控制面板中的“拉伸凸台/基体”按钮，系统弹出“凸台-拉伸”

属性管理器。在“深度”文本框中输入“10”，单击“确定”按钮，实体拉伸完毕。

⑯ 设置视图方向。单击“前导视图”工具栏中的“等轴测”按钮，将视图以等轴测方向显示，等轴测视图如图 7-26 所示。

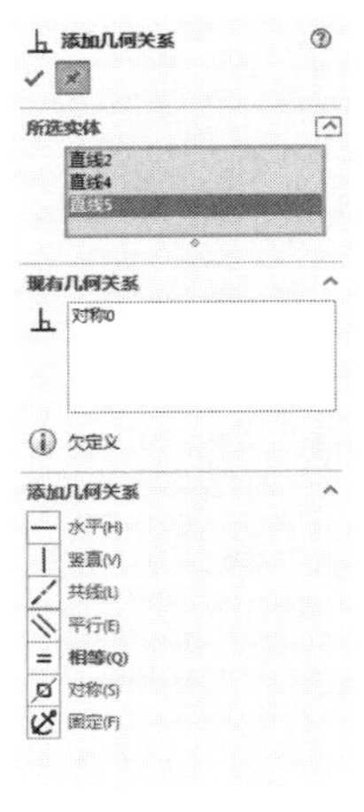

图 7-24 “添加几何关系”属性管理器

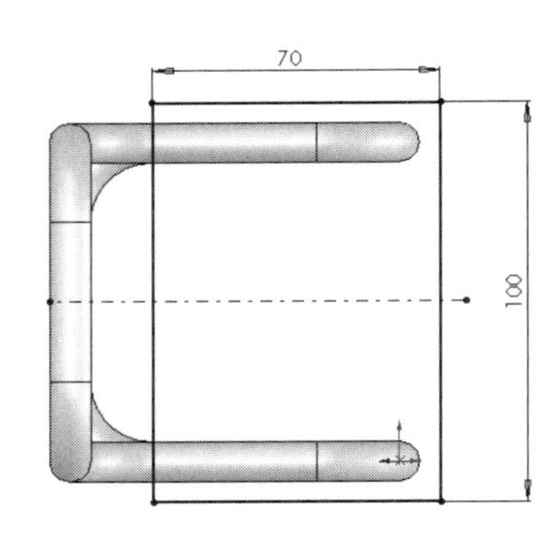

图 7-25 添加几何关系

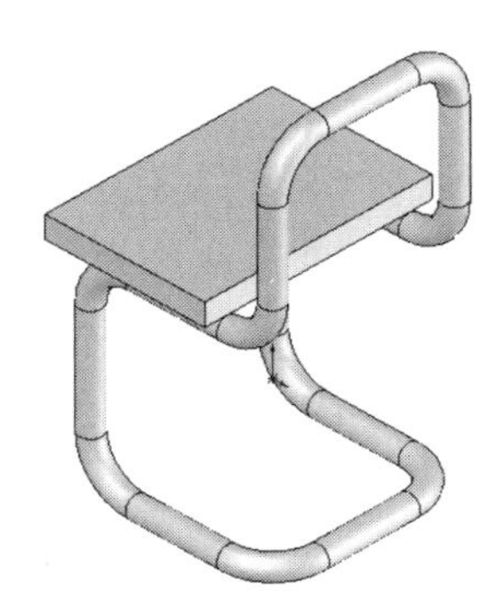

图 7-26 等轴测视图 2

⑰ 添加基准面。在左侧的 FeatureManager 设计树中选择“前视基准面”，单击“特征”控制面板“参考几何体”下拉列表中的“基准面”按钮，系统弹出“基准面”属性管理器。在“偏移距离”文本框中输入“75”，单击“确定”按钮，添加的基准面 3 如图 7-27 所示。

⑱ 设置基准面。在左侧的 FeatureManager 设计树中，单击步骤⑰中添加的基准面 3，然后单击“前导视图”工具栏中的“正视于”按钮，将该基准面作为草绘基准面。

⑲ 绘制草图。单击“草图”控制面板中的“边角矩形”按钮，绘制一个矩形。单击“草图”控制面板中的“中心线”按钮，绘制通过扫描实体中间的中心线。标注草图尺寸和添加几何关系，如图 7-28 所示。

⑳ 设置视图方向。单击“前导视图”工具栏中的“等轴测”按钮，将视图以等轴测方向显示。

㉑ 拉伸实体。单击“特征”控制面板中的“拉伸凸台/基体”按钮，系统弹出“凸台-拉伸”属性管理器。在“深度”文本框中输入“10”，由于系统默认的拉伸方向是坐标的正方向，所以需要改变拉伸的方向，单击“反向”按钮，改变拉伸方向。单击“确定”按钮，实体拉伸完毕，拉伸后的图形如图 7-29 所示。

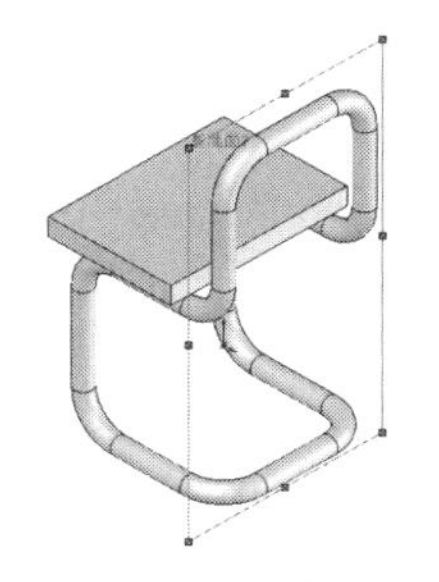

图 7-27 添加基准面 3

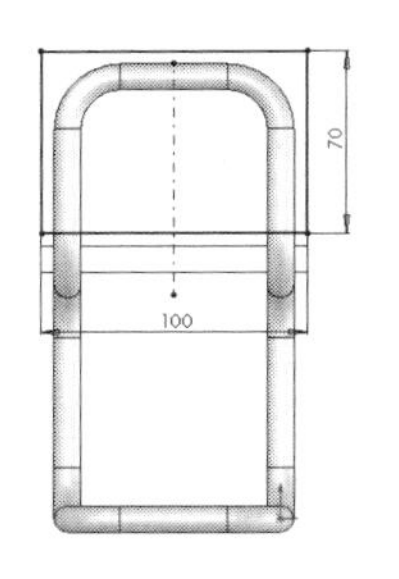

图 7-28 标注尺寸 4

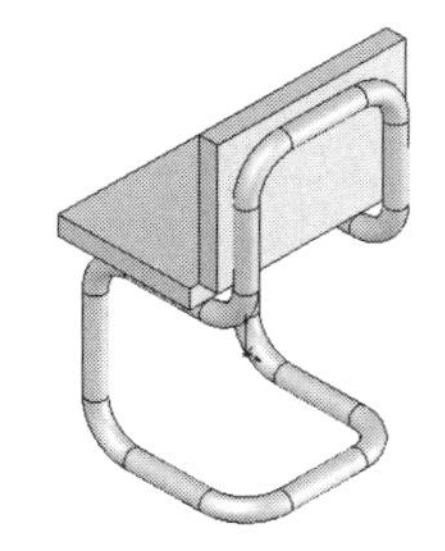

图 7-29 实体拉伸

㉒ 设置视图方向。单击“前导视图”工具栏中的“旋转视图”按钮，将视图以合适的方向显示。

㉓ 实体倒圆角。单击“特征”控制面板中的“圆角”按钮，系统弹出“圆角”属性

管理器。在“半径”文本框中输入“20”，然后依次选择椅垫外侧的两条竖直边，单击“确定”按钮。重复执行“圆角”命令，对椅背上面的两条直边倒圆角，半径也为“20mm”。倒圆角后的实体如图 7-8 所示。

7.2 创建曲线

曲线是构建复杂实体的基本要素，SOLIDWORKS 提供专用的“曲线”工具栏，如图 7-30 所示。

在“曲线”工具栏中，SOLIDWORKS 创建曲线的方式主要有：投影曲线、组合曲线、螺旋线和涡状线、分割线、通过参考点的曲线与通过 XYZ 点的曲线等。本节主要介绍各种不同曲线的创建方式。

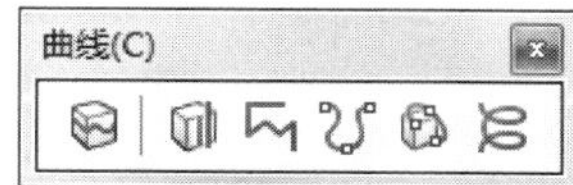

图 7-30 “曲线”工具栏

7.2.1 投影曲线

在 SOLIDWORKS 中，投影曲线主要有两种创建方式：一种方式是将绘制的曲线投影到模型面上，生成一条三维曲线；另一种方式是在两个相交的基准面上分别绘制草图，此时系统会将每一个草图沿所在平面的垂直方向投影得到一个曲面，这两个曲面在空间中相交，生成一条三维曲线。下面将分别介绍采用两种方式创建曲线的操作步骤。

7.2.1.1 利用绘制曲线投影到模型面上生成投影曲线。

【案例 7-3】利用绘制曲线投影到模型面上生成投影曲线

扫一扫，看视频

① 新建一个文件，在左侧的 FeatureManager 设计树中选择“前视基准面”作为草绘基准面。

② 单击“草图”控制面板中的“样条曲线”按钮，绘制样条曲线。

③ 选择菜单栏中的“插入”→“曲面”→“拉伸曲面”命令，或者单击“曲面”控制面板中的“拉伸曲面”按钮，系统弹出“曲面-拉伸”属性管理器。在“深度”文本框中输入“120”，单击“确定”按钮，生成拉伸曲面。

④ 单击“特征”控制面板“参考几何体”下拉列表中的“基准面”按钮，系统弹出“基准面”属性管理器。选择“上视基准面”作为参考面，单击“确定”按钮，添加基准面 1。

⑤ 在新平面上绘制样条曲线，如图 7-31 所示。绘制完毕退出草图绘制状态。

⑥ 选择菜单栏中的“插入”→“曲线”→“投影曲线”命令，或者单击“曲线”工具栏中的“投影曲线”按钮，系统弹出“投影曲线”属性管理器。

⑦ 点选“面上草图”单选钮，在“要投影的草图”列表框中，单击选择如图 7-31 所示的样条曲线 1；在“投影面”列表框中，单击选择如图 7-31 所示的曲面 2；在视图中观测投影曲线的方向，是否投影到曲面，勾选“反转投影”复选框，使曲线投影到曲面上。“投影曲线”属性管理器设置如图 7-32 所示。

⑧ 单击“确定”按钮，生成的投影曲线 1 如图 7-33 所示。

7.2.1.2 利用两个相交的基准面上的曲线生成投影曲线

【案例 7-4】利用两个相交的基准面上的曲线生成投影曲线

扫一扫，看视频

① 新建一个文件，在左侧的 FeatureManager 设计树中选择“前视基准面”作为草绘基准面。

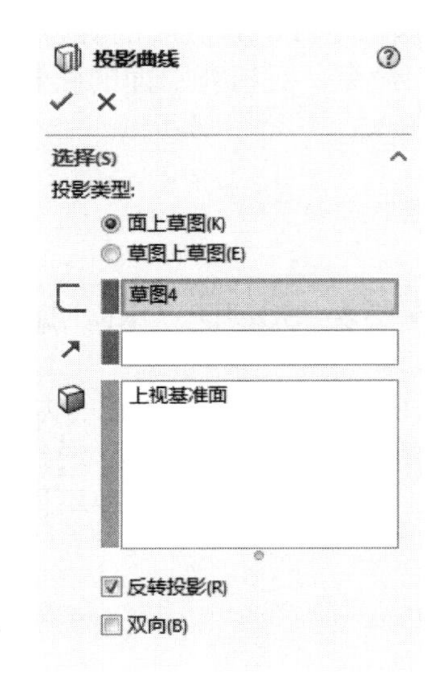

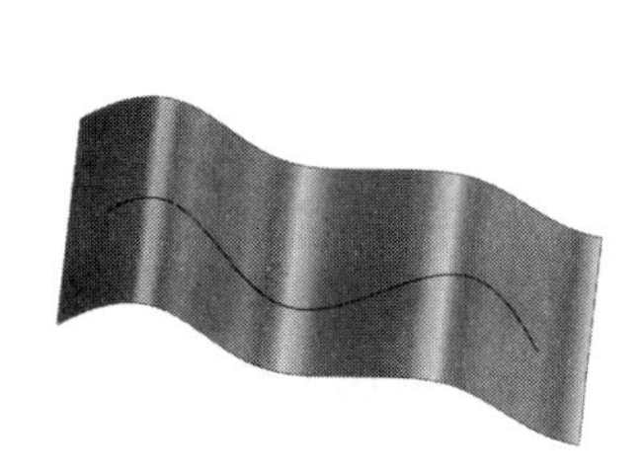

图 7-31　绘制样条曲线 1　　图 7-32　“投影曲线”属性管理器 1　　图 7-33　投影曲线 1

② 单击“草图”控制面板中的“样条曲线”按钮 ，在步骤①中设置的基准面上绘制一个样条曲线，如图 7-34 所示，然后退出草图绘制状态。

③ 在左侧的 FeatureManager 设计树中选择“上视基准面”作为草绘基准面。

④ 单击“草图”控制面板中的“样条曲线”按钮 ，在步骤③中设置的基准面上绘制一个样条曲线，如图 7-35 所示，然后退出草图绘制状态。

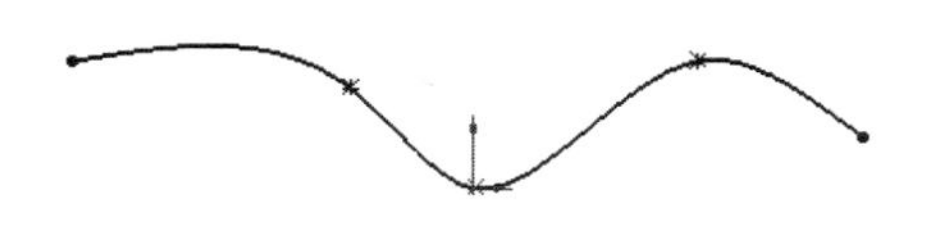

图 7-34　绘制样条曲线 2

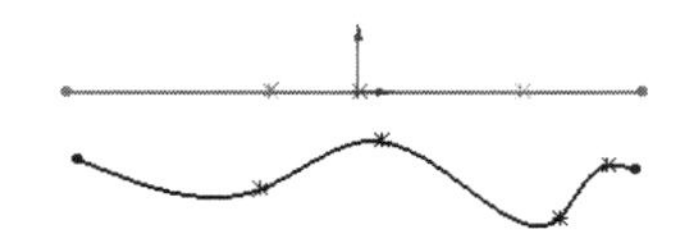

图 7-35　绘制样条曲线 3

⑤ 选择菜单栏中的“插入”→“曲线”→“投影曲线”命令，或者单击“曲线”工具栏中的“投影曲线”按钮 ，系统弹出的“投影曲线”属性管理器。

⑥ 点选“草图上草图”单选钮，在“要投影的草图” 列表框中，选择如图 7-35 所示的两条样条曲线，如图 7-36 所示。

⑦ 单击“确定”按钮 ，生成的投影曲线如图 7-37 所示。

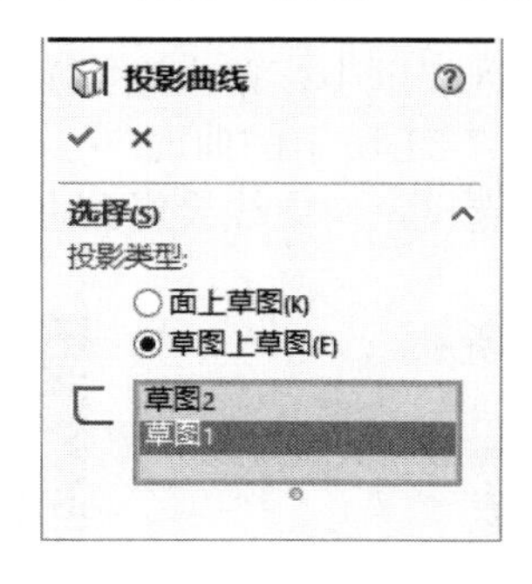

图 7-36　“投影曲线”属性管理器 2

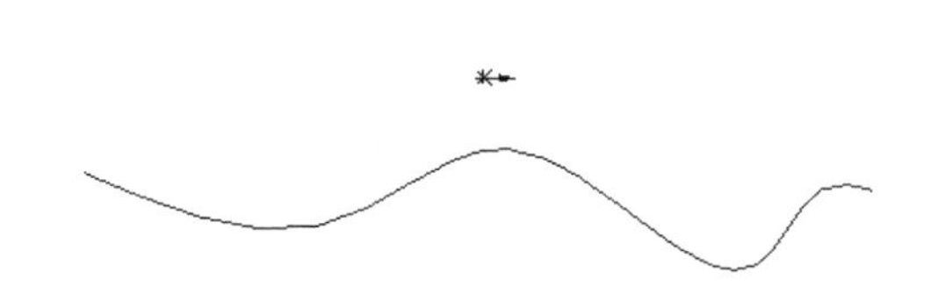

图 7-37　投影曲线 2

技巧荟萃

如果在执行投影曲线命令之前，先选择了生成投影曲线的草图，则在执行投影曲线命令之后，“投影曲线”属性管理器会自动选择合适的投影类型。

7.2.2 组合曲线

扫一扫，看视频

组合曲线是指将曲线、草图几何和模型边线组合为一条单一曲线，生成的该组合曲线可以作为生成放样或扫描的引导曲线、轮廓线。下面结合实例介绍创建组合曲线的操作步骤。

【案例 7-5】组合曲线

① 打开随书资源中的“源文件\ch7\7.5.SLDPRT”，打开的文件实体如图 7-38 所示。

② 选择菜单栏中的“插入”→“曲线”→“组合曲线”命令，或者单击“曲线”工具栏中的“组合曲线”按钮，系统弹出“组合曲线”属性管理器。

③ 在“要连接的实体”选项组中，选择如图 7-38 所示的边线 1、边线 2、边线 3 和边线 4，如图 7-39 所示。

④ 单击“确定”按钮✔，生成所需要的组合曲线。生成组合曲线后的图形及其 FeatureManager 设计树如图 7-40 所示。

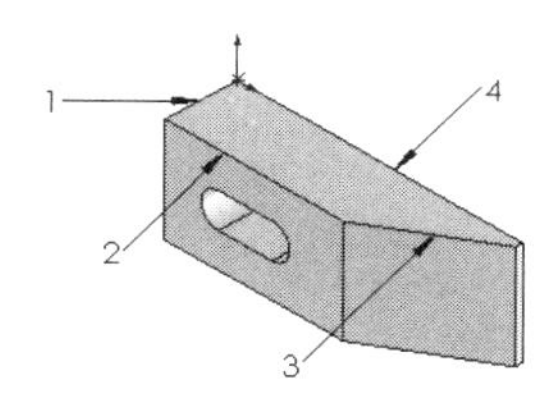

图 7-38　打开的文件实体

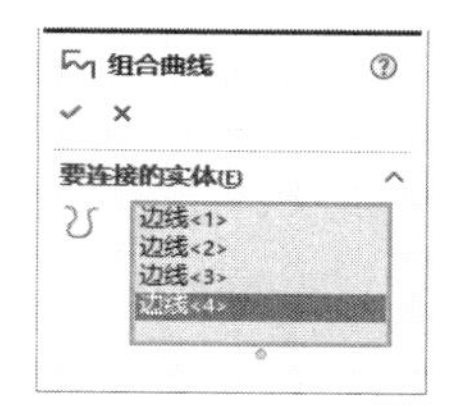

图 7-39　“组合曲线”属性管理器

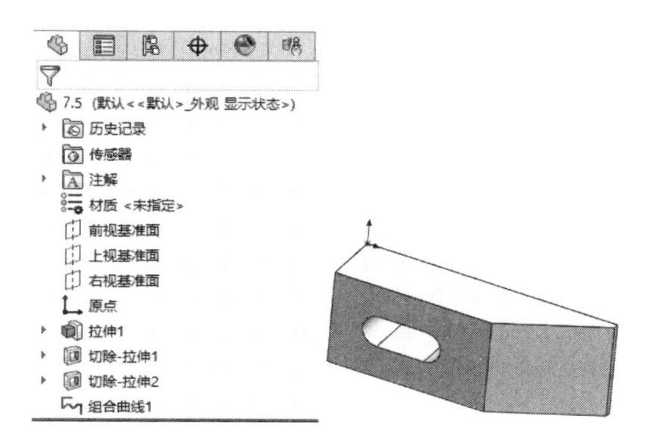

图 7-40　生成组合曲线后的图形及其 FeatureManager 设计树

技巧荟萃

在创建组合曲线时，所选择的曲线必须是连续的，因为所选择的曲线要生成一条曲线。生成的组合曲线可以是开环的，也可以是闭合的。

7.2.3 螺旋线和涡状线

螺旋线和涡状线通常在零件中生成，这种曲线可以被当成一个路径或者引导曲线使用在扫描的特征上，或作为放样特征的引导曲线，通常用来生成螺纹、弹簧和发条等零件。下面将分别介绍绘制这两种曲线的操作步骤。

7.2.3.1 创建螺旋线

【案例 7-6】螺旋线

扫一扫，看视频

① 新建一个文件，在左侧的 FeatureManager 设计树中选择“前视基准面”作为草绘基准面。

② 单击“草图”控制面板中的“圆”按钮，在步骤①中设置的基准面上绘制一个圆，然后单击“草图”控制面板上的“智能尺寸”按钮，标注绘制圆的尺寸，如图 7-41 所示。

③ 选择菜单栏中的“插入”→“曲线”→“螺旋线/涡状线”命令，或者单击“曲线”工具栏中的“螺旋线/涡状线”按钮，系统弹出“螺旋线/涡状线”属性管理器。

④ 在“定义方式”选项组中，选择“螺距和圈数”选项；点选“恒定螺距”单选钮；在“螺距”文本框中输入“15”；在“圈数”文本框中输入“6”；在“起始角度”文本框中输入“135”，其他设置如图 7-42 所示。

⑤ 单击“确定”按钮，生成所需要的螺旋线。

⑥ 单击“前导视图”工具栏中的“旋转视图”按钮，将视图以合适的方向显示。生成的螺旋线及其 FeatureManager 设计树如图 7-43 所示。

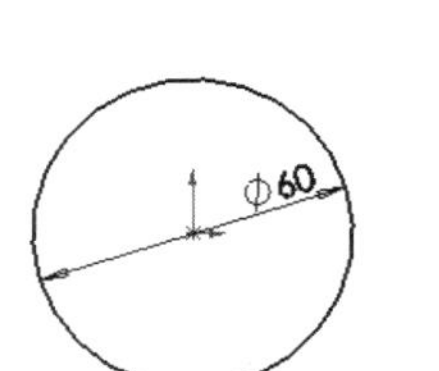

图 7-41 标注尺寸 1

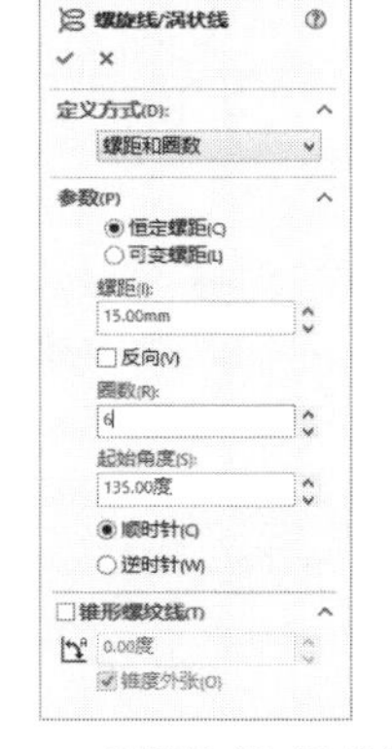

图 7-42 “螺旋线/涡状线”属性管理器 1

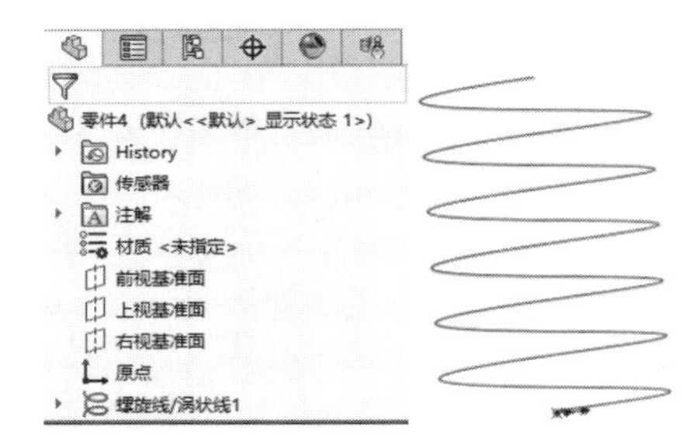

图 7-43 生成的螺旋线及其 FeatureManager 设计树

使用该命令还可以生成锥形螺纹线，如果要绘制锥形螺纹线，则在如图 7-42 所示的“螺旋线/涡状线”属性管理器中勾选“锥形螺纹线”复选框。

如图 7-44 所示为取消对“锥度外张”复选框的勾选设置后生成的内张锥形螺纹线。如图 7-45 所示为勾选“锥度外张”复选框的设置后生成的外张锥形螺纹线。

在创建螺纹线时，有螺距和圈数、高度和圈数、高度和螺距等几种定义方式，这些定义方式可以在“螺旋线/涡状线”属性管理器的“定义方式”选项中进行选择。下面简单介绍这几种方式的意义。

- 螺距和圈数：创建由螺距和圈数所定义的螺旋线，选择该选项时，参数相应发生改变。
- 高度和圈数：创建由高度和圈数所定义的螺旋线，选择该选项时，参数相应发生改变。
- 高度和螺距：创建由高度和螺距所定义的螺旋线，选择该选项时，参数相应发生改变。

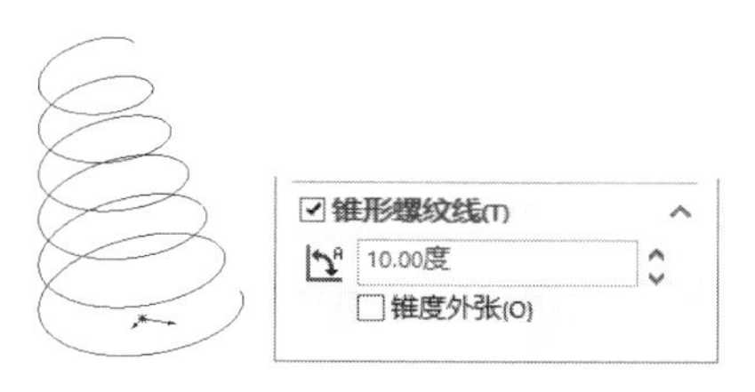

图 7-44　内张锥形螺纹线

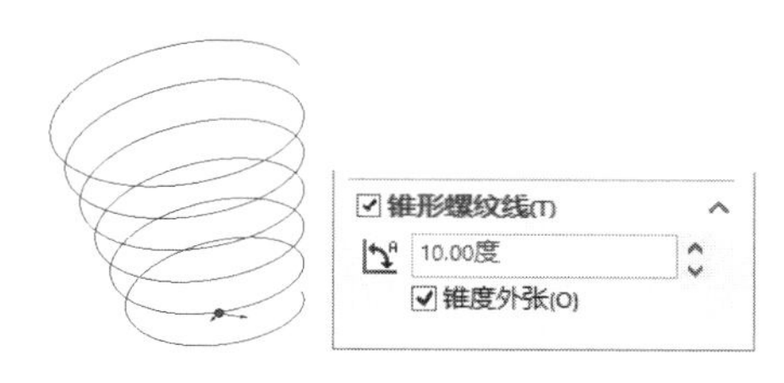

图 7-45　外张锥形螺纹线

7.2.3.2　创建涡状线

扫一扫，看视频

① 新建一个文件，在左侧的 FeatureManager 设计树中选择“前视基准面”作为草绘基准面。

② 单击“草图”控制面板中的“圆”按钮，在步骤①中设置的基准面上绘制一个圆，单击“草图”控制面板上的“智能尺寸”按钮，标注绘制圆的尺寸，如图 7-46 所示。

③ 选择菜单栏中的“插入”→“曲线”→“螺旋线/涡状线”命令，或者单击“曲线”工具栏中的“螺旋线和涡状线”按钮，系统弹出“螺旋线/涡状线”属性管理器。

④ 在“定义方式”选项组中，选择“涡状线”选项；在“螺距”文本框中输入“15”；在“圈数”文本框中输入“5”；在“起始角度”文本框中输入“135”，其他设置如图 7-47 所示。

⑤ 单击“确定”按钮，生成的涡状线及其 FeatureManager 设计树如图 7-48 所示。

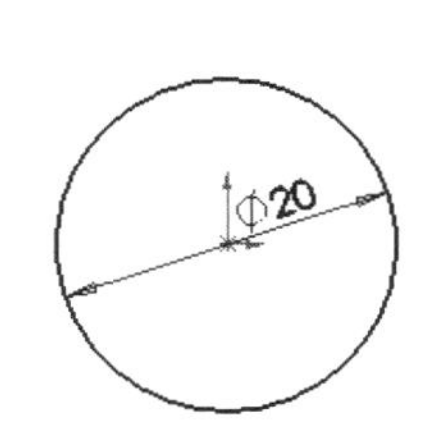

图 7-46　标注尺寸 2

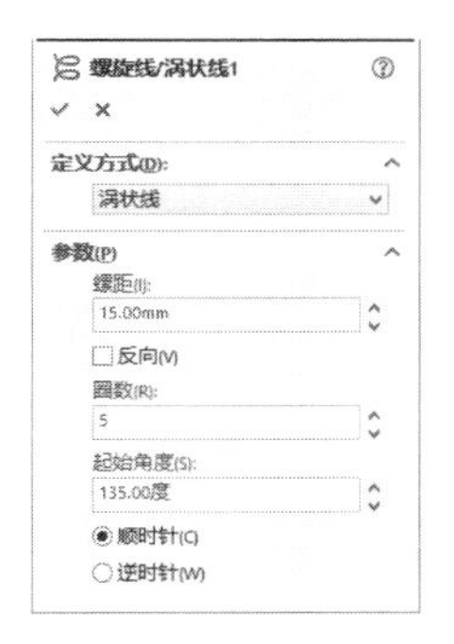

图 7-47　“螺旋线/涡状线”属性管理器 2

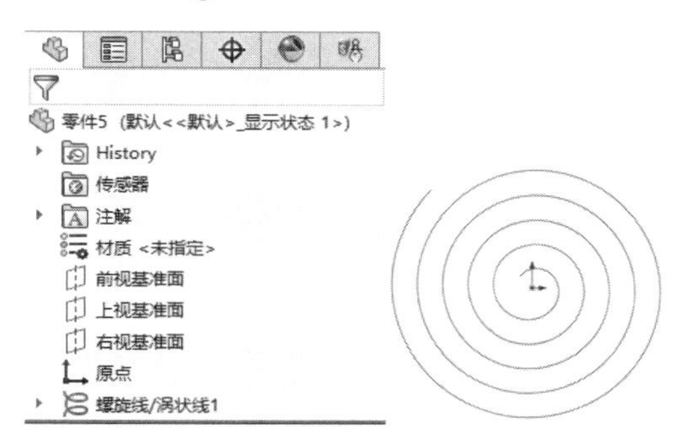

图 7-48　生成的涡状线及其 FeatureManager 设计树

SOLIDWORKS 既可以生成顺时针涡状线，也可以生成逆时针涡状线。在执行命令时，系统默认的生成方式为顺时针方式，顺时针涡状线如图 7-49 所示。在如图 7-42 所示“螺旋线/涡状线”属性管理器中点选“逆时针”单选钮，就可以生成逆时针方向的涡状线，如图 7-50 所示。

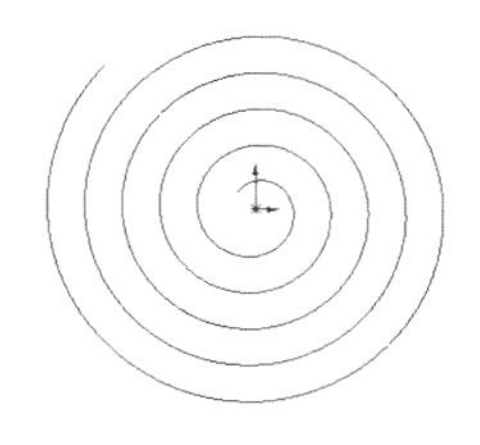

图 7-49　顺时针涡状线

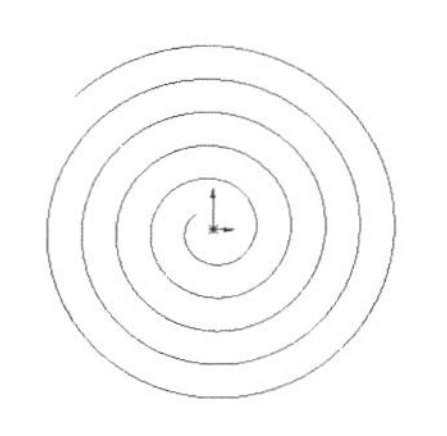

图 7-50　逆时针涡状线

7.2.4 实例——螺母

本实例绘制的螺母如图 7-51 所示。

扫一扫，看视频

图 7-51 螺母

思路分析

首先绘制螺母外形轮廓草图并拉伸实体，然后旋转切除边缘的倒角，最后绘制内侧的螺纹。

绘制步骤

① 新建文件。启动 SOLIDWORKS 2020，单击“标准”工具栏中的“新建”按钮，创建一个新的零件文件。

② 绘制螺母外形轮廓的草图。在左侧的 FeatureManager 设计树中选择“前视基准面”作为草绘基准面。单击“草图”控制面板中的“多边形”按钮，以原点为圆心绘制一个正六边形，其中多边形的一个角点在原点的正上方。

③ 标注尺寸。单击“草图”控制面板上的“智能尺寸”按钮，标注步骤②中绘制草图的尺寸，如图 7-52 所示。

④ 拉伸实体。单击“特征”控制面板中的“拉伸凸台/基体”按钮，系统弹出“拉伸”属性管理器。在“深度”文本框中输入“6”，然后单击“确定”按钮。

⑤ 设置视图方向。单击“前导视图”工具栏中的“等轴测”按钮，将视图以等轴测方向显示，创建的拉伸特征如图 7-53 所示。

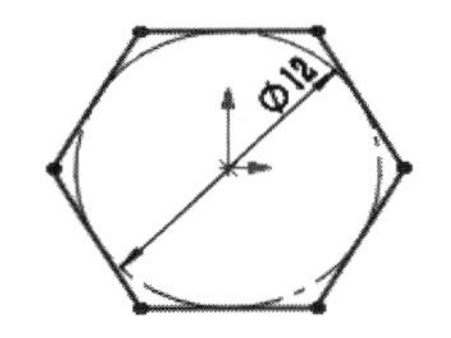

图 7-52 标注尺寸 1

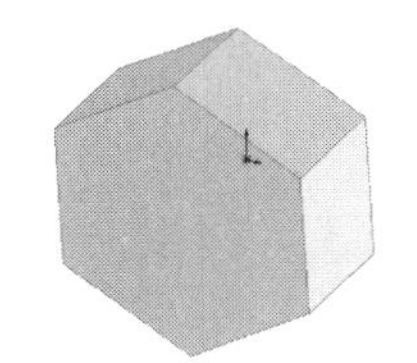

图 7-53 创建拉伸特征

⑥ 设置基准面。在左侧的 FeatureManager 设计树中选择“上视基准面”，然后单击“前导视图”工具栏中的“正视于”按钮，将该基准面作为草绘基准面。

⑦ 绘制草图。单击“草图”控制面板中的“中心线”按钮，绘制一条通过原点的水平中心线；单击“草图”控制面板中的“直线”按钮，绘制螺母两侧的两个三角形。

⑧ 标注尺寸。单击“草图”控制面板上的“智能尺寸”按钮，标注步骤⑦中绘制草图的尺寸，如图 7-54 所示。

⑨ 旋转切除实体。单击“特征”控制面板中的“旋转切除”按钮，系统弹出“切除-旋转”属性管理器。在“旋转轴”列表框中，单击选择绘制的水平中心线，然后单击“确定”按钮。

⑩ 设置视图方向。单击“前导视图”工具栏中的“等轴测”按钮，将视图以等轴测方向显示，创建的旋转切除特征如图 7-55 所示。

⑪ 创建螺纹孔。单击“特征”控制面板中的“异型孔向导”按钮，系统弹出“孔规格”属性管理器。“孔类型”下拉列表中选择“直螺纹孔”。在“标准”下拉列表框中选择“ISO”选项，在“类型”下拉列表框中选择“螺纹孔”选项，在“大小”下拉列表框中选择“M6”选项；单击“位置”选项卡，选择如图 7-55 所示的表面 1。单击“确定”按钮，生成的螺纹孔如图 7-56 所示。

⑫ 设置基准面。单击如图 7-56 所示的表面 1，然后单击“前导视图”工具栏中的“正视于”按钮，将该表面作为草绘基准面。

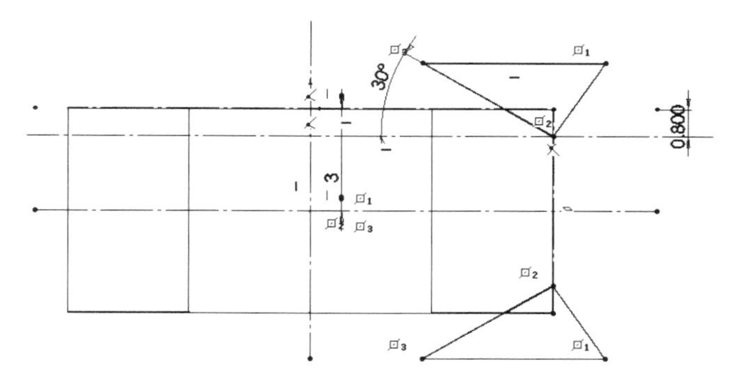

图 7-54　标注尺寸 2

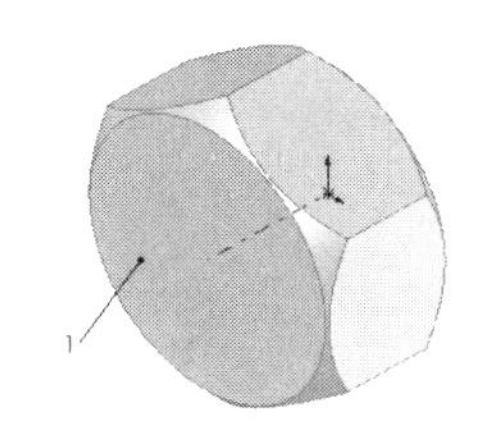
图 7-55　创建旋转切除特征

⑬ 绘制草图。单击“草图”控制面板中的“圆”按钮，以原点为圆心绘制一个圆。

⑭ 标注尺寸。单击“草图”控制面板上的“智能尺寸”按钮，标注圆的直径，如图 7-57 所示。

⑮ 生成螺旋线。单击“特征”控制面板“曲线”下拉列表中的“螺旋线和涡状线”按钮，系统弹出“螺旋线/涡状线”属性管理器。按照图 7-58 所示进行参数设置，然后单击“确定”按钮。

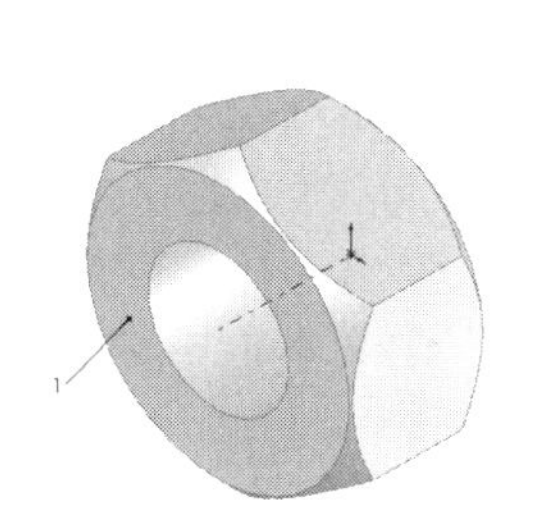
图 7-56　创建螺纹孔

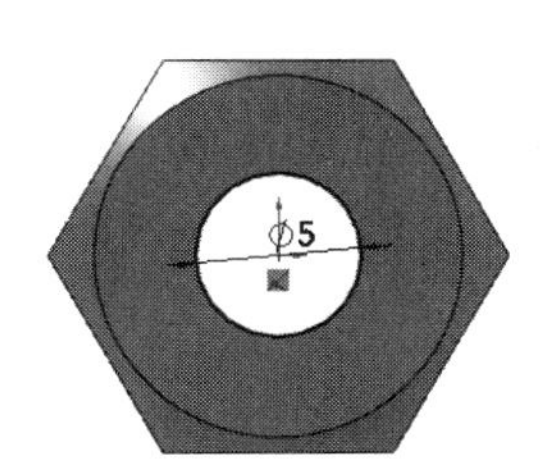

图 7-57　标注尺寸 3

图 7-58　“螺旋线”属性管理器

⑯ 设置视图方向。单击“前导视图”工具栏中的“等轴测”按钮，将视图以等轴测方向显示，生成的螺旋线如图 7-59 所示。

⑰ 设置基准面。在左侧的 FeatureManager 设计树中选择“右视基准面”，然后单击“前导视图”工具栏中的“正视于”按钮，将该基准面作为草绘基准面。

⑱ 绘制草图。单击“草图”控制面板中的“多边形”按钮，以螺旋线右上端点为圆心绘制一个正三角形。

⑲ 标注尺寸。单击“草图”控制面板上的“智能尺寸”按钮，标注步骤⑱中绘制正三角形的内切圆的直径，如图 7-60 所示，然后退出草图绘制状态。

⑳ 扫描切除实体。单击“特征”控制面板中的“扫描切除”按钮，系统弹出“切除-扫描”属性管理器。在“轮廓”列表框中，单击选择如图 7-60 所示的绘制的正三角形；在“路径”列表框中，单击选择如图 7-59 所示绘制的螺旋线，单击“确定”按钮。

㉑ 设置视图方向。单击“前导视图”工具栏中的“等轴测”按钮，将视图以等轴测方向显示，创建的扫描切除特征如图 7-61 所示。

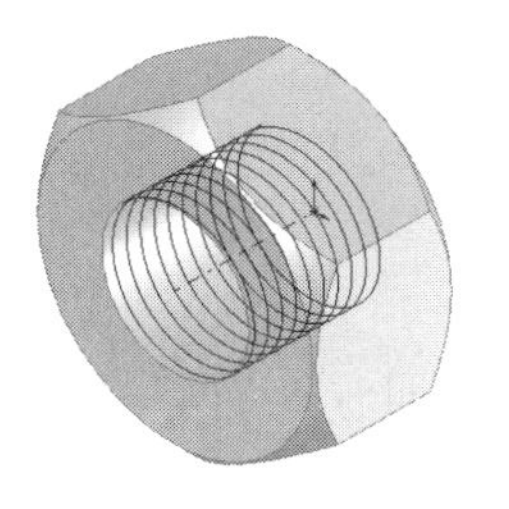

图 7-59 创建螺旋线

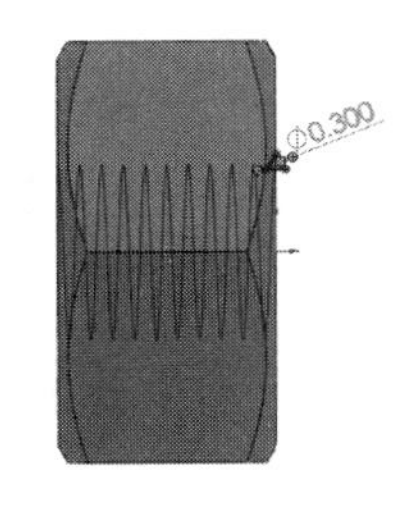

图 7-60 标注尺寸 4

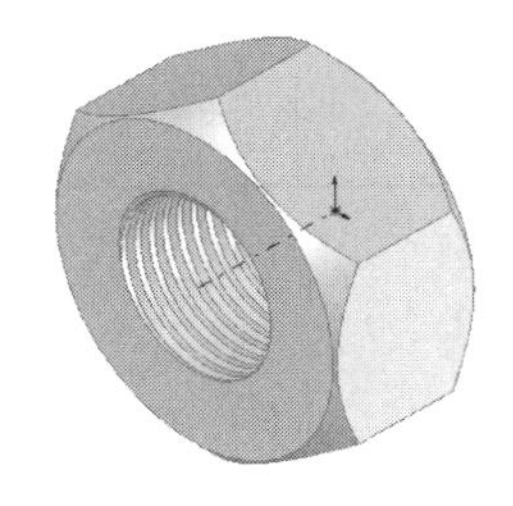

图 7-61 创建扫描切除特征

7.2.5 分割线

扫一扫，看视频

分割线工具将草图投影到曲面或平面上，它可以将所选的面分割为多个分离的面，从而可以选择操作其中一个分离面，也可将草图投影到曲面实体生成分割线。利用分割线可创建拔模特征、混合面圆角，并可延展曲面来切除模具。创建分割线有以下几种方式。

■ 投影：将一条草图线投影到一表面上创建分割线。

■ 侧影轮廓线：在一个圆柱形零件上生成一条分割线。

■ 交叉：以交叉实体、曲面、面、基准面或曲面样条曲线分割面。

下面结合实例介绍以投影方式创建分割线的操作步骤。

【案例 7-8】分割线

① 新建一个文件，在左侧的 FeatureManager 设计树中选择“前视基准面”作为草绘基准面。

② 单击“草图”控制面板中的“边角矩形”按钮，在步骤①中设置的基准面上绘制一个圆，单击“草图”控制面板上的“智能尺寸”按钮，标注绘制矩形的尺寸，如图 7-62 所示。

③ 单击“特征”控制面板中的“拉伸凸台/基体”按钮，系统弹出“拉伸”属性管理器。在“终止条件”下拉列表框中选择“给定深度”选项，在“深度”文本框中输入“60”，如图 7-63 所示，单击“确定”按钮。

④ 单击“前导视图”工具栏中的“等轴测”按钮，将视图以等轴测方向显示，创建的拉伸特征如图 7-64 所示。

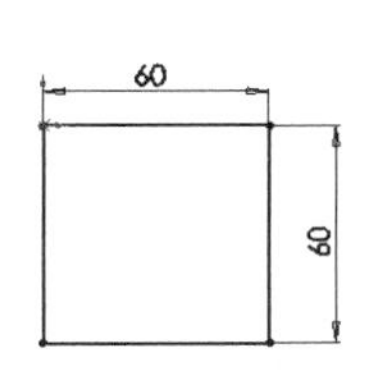

图 7-62 标注尺寸

图 7-63 “拉伸”属性管理器

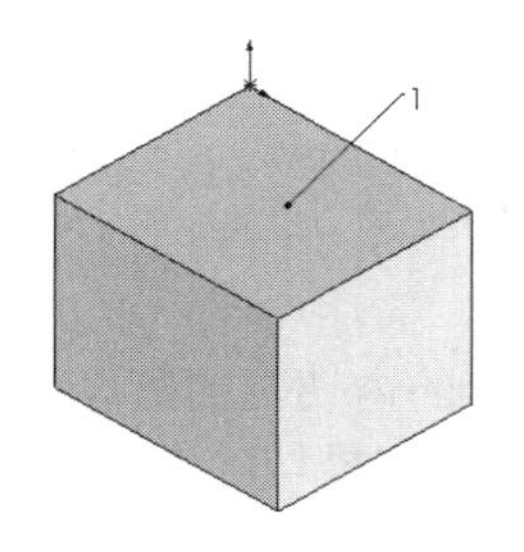

图 7-64 创建拉伸特征

⑤ 单击“特征”面板“参考几何体”下拉列表中的“基准面”按钮，系统弹出“基准面”属性管理器。在“参考实体”列表框中，单击选择如图 7-64 所示的面 1；在“等距距离”文本框中输入“30”，并调整基准面的方向，“基准面”属性管理器设置如图 7-65 所示。单击“确定”按钮，添加一个新的基准面，添加基准面后的图形如图 7-66 所示。

⑥ 单击步骤⑤中添加的基准面，然后单击“前导视图”工具栏中的“正视于”按钮，将该基准面作为草绘基准面。

⑦ 单击“草图”控制面板中的“样条曲线”按钮，在步骤⑥中设置的基准面上绘制一个样条曲线，如图 7-67 所示，然后退出草图绘制状态。

图 7-65 “基准面”属性管理器

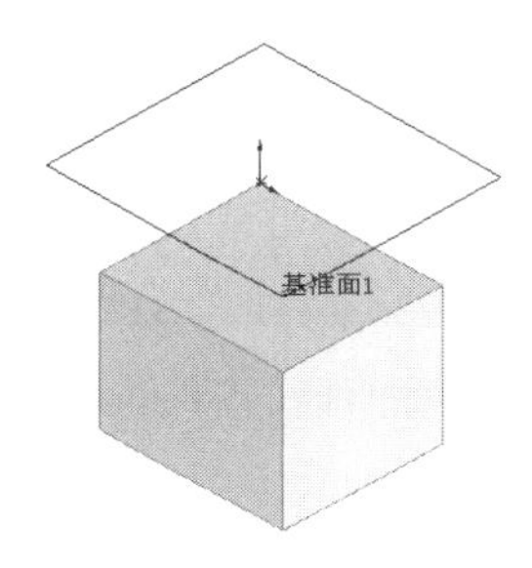

图 7-66 添加基准面

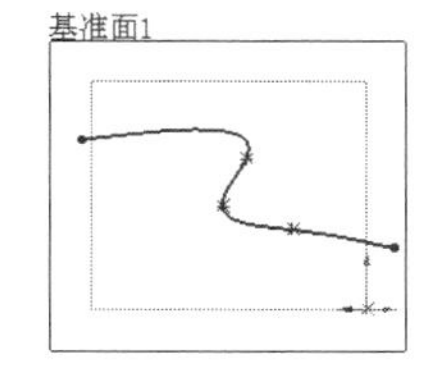

图 7-67 绘制样条曲线

⑧ 单击“前导视图”工具栏中的“等轴测”按钮，将视图以等轴测方向显示，如图 7-68 所示。

⑨ 选择菜单栏中的“插入”→“曲线”→“分割线”命令，或者单击“曲线”控制面板中的“分割线”按钮，系统弹出“分割线”属性管理器。

⑩ 在“分割类型”选项组中，点选“投影”单选钮；在“要投影的草图”列表框中，单击选择如图 7-68 所示的草图 2；在“要分割的面”列表框中，单击选择如图 7-68 所示的面 1，具体设置如图 7-69 所示。

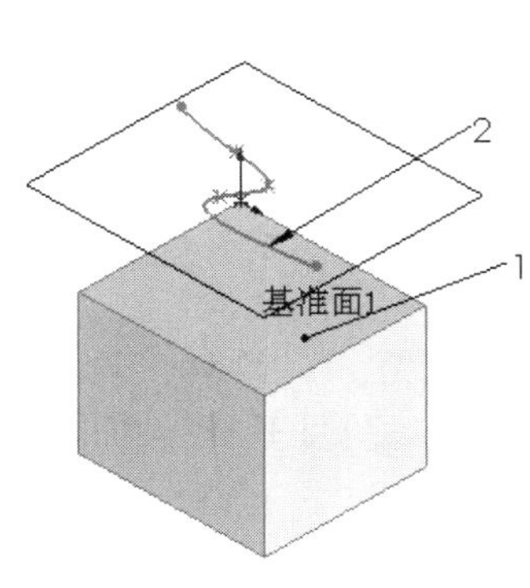

图 7-68 等轴测视图

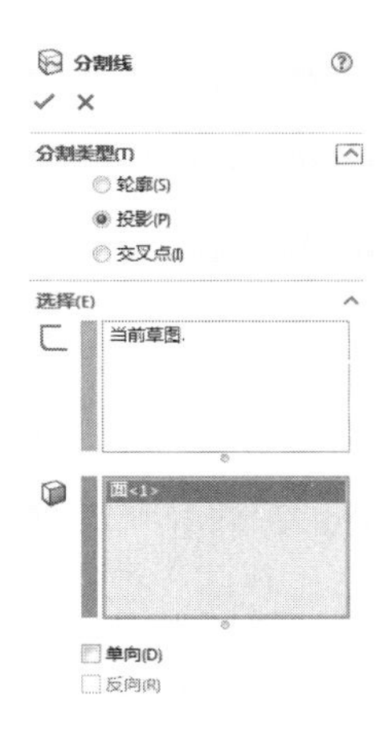

图 7-69 “分割线”属性管理器

⑪ 单击“确定”按钮✓，生成的分割线及其 FeatureManager 设计树如图 7-70 所示。

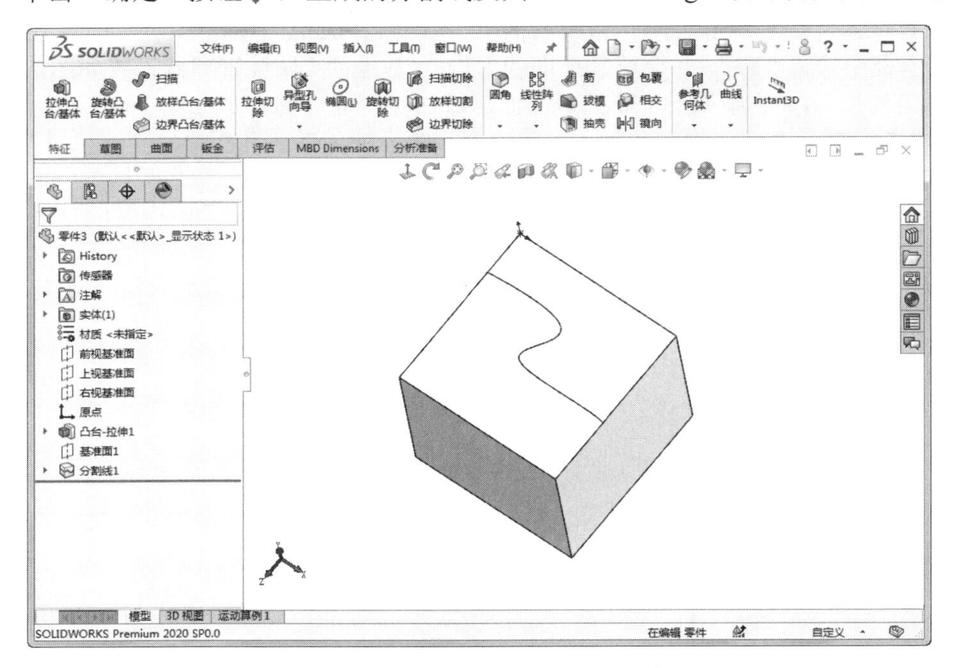

图 7-70　生成的分割线及其 FeatureManager 设计树

技巧荟萃

在使用投影方式绘制投影草图时，绘制的草图在投影面上的投影必须穿过要投影的面，否则系统会提示错误，而不能生成分割线。

7.2.6 实例——茶杯

本例绘制茶杯，如图 7-71 所示。主要利用放样和分割线命令完成绘制。

扫一扫，看视频

图 7-71　茶杯

绘制步骤

① 新建文件。单击菜单栏中的“文件”菜单栏中的“新建”命令，或者单击“标准”工具栏中的“新建”按钮，在弹出的“新建 SOLIDWORKS 文件”对话框中先单击“零件”按钮，再单击“确定”按钮，创建一个新的零件文件。

② 新建草图。在设计树中选择“前视基准面”，单击“草图绘制”按钮，新建一张草图。

③ 绘制轮廓。单击“草图”控制面板中的“中心线”按钮，绘制一条通过原点的竖直中心线。单击“草图”控制面板中的“直线”按钮和单击“草图”控制面板中的“切线弧”按钮，绘制旋转的轮廓。

④ 单击“草图”控制面板中的“智能尺寸”按钮，对旋转轮廓进行标注，如图 7-72 所示。

⑤ 单击“特征”控制面板中的“旋转凸台/基体”按钮。在弹出的询问对话框（图 7-73）中单击按钮【否】。在微调框中设置旋转角度为 360° 。单击薄壁拉伸的反向按钮，使薄壁向内部拉伸，并在微调框中设置薄壁的厚度为 1mm。单击按钮从而生成薄壁旋转特征，如图 7-74 所示。

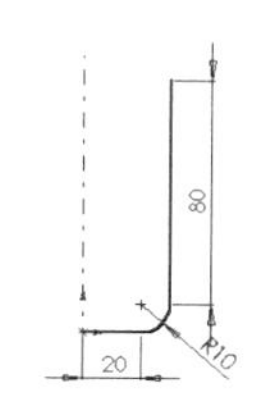

图 7-72 旋转草图轮廓

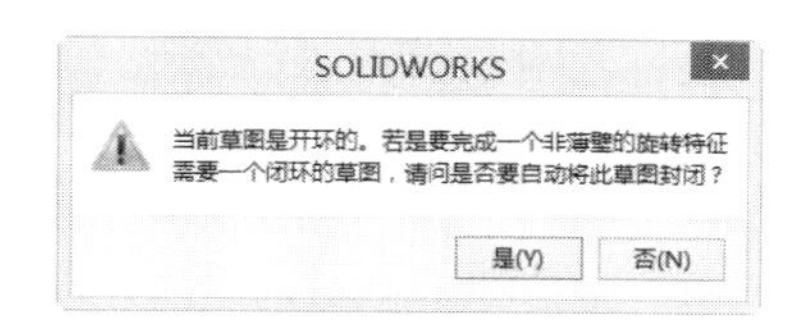

图 7-73 “询问”对话框

图 7-74 旋转特征

⑥ 选择特征管理器设计树上的“前视基准面”，单击“草图绘制”按钮，在前视视图上再打开一张草图。

⑦ 单击“前导视图”工具栏中的“正视于”按钮，正视于前视视图。

⑧ 单击“草图”控制面板中的“三点圆弧”按钮，绘制一条与轮廓边线相交的圆弧作为放样的中心线并标注尺寸，如图 7-75 所示。

⑨ 再次单击“草图”控制面板中的“三点圆弧”按钮，退出草图的绘制。

⑩ 选择特征管理器设计树上的“上视基准面”，单击“特征”控制面板“参考几何体”下拉列表中的“基准面”按钮。在【基准面】属性管理器上的微调框中设置等距距离为 48mm。单击按钮生成基准面 1，如图 7-76 所示。

⑪ 单击“草图绘制”按钮，在基准面 1 视图上再打开一张草图。

⑫ 单击“前导视图”工具栏中的“正视于”按钮，以正视于基准面 1 视图。

⑬ 单击“草图”控制面板中的“圆”按钮，绘制一个直径为 8mm 的圆。注意在步骤⑧中绘制的中心线要通过圆，如图 7-77 所示。

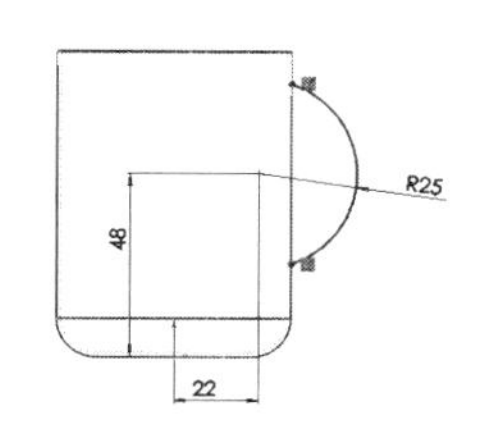

图 7-75 绘制放样路径

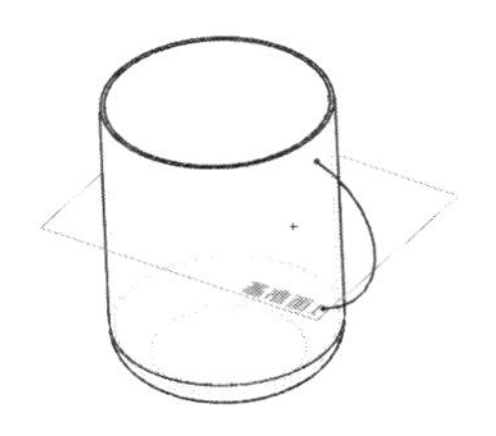

图 7-76 生成基准面

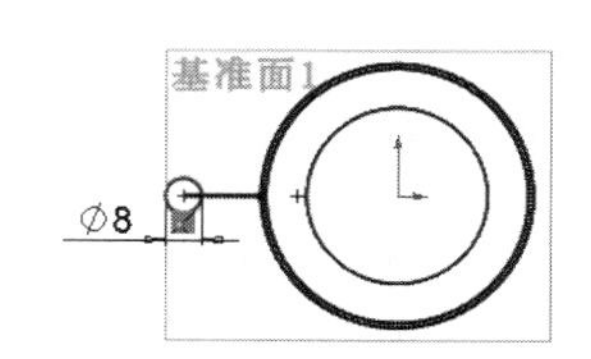

图 7-77 绘制放样轮廓 2

⑭ 单击“退出草图”按钮，退出草图的绘制。

⑮ 选择特征管理器设计树上的“右视基准面”，单击“特征”控制面板“参考几何体”下拉列表中的“基准面”按钮。在属性管理器的微调框中设置等距距离为 50mm。单击按钮生成基准面 2。

⑯ 单击“前导视图”工具栏中的“等轴测”图标，用等轴测视图观看图形，如图 7-78 所示。

⑰ 单击“前导视图”工具栏中的“正视于”按钮，正视于基准面 2 视图。

⑱ 单击“草图”控制面板中的“椭圆”按钮，绘制椭圆。

⑲ 单击“草图”控制面板“显示/删除几何关系”下拉列表中的“添加几何关系”按钮，为椭圆的两个长轴端点添加水平几何关系。

⑳ 标注椭圆尺寸，如图 7-79 所示。

㉑ 单击“退出草图”按钮，退出草图的绘制。

㉒ 执行“插入”→“曲线”→“分割线”命令，在“参考线”属性管理器中设置分割类型为“投影”。选择要分割的面为旋转特征的轮廓面。单击✔按钮生成分割线，如图 7-80（等轴测视图）所示。

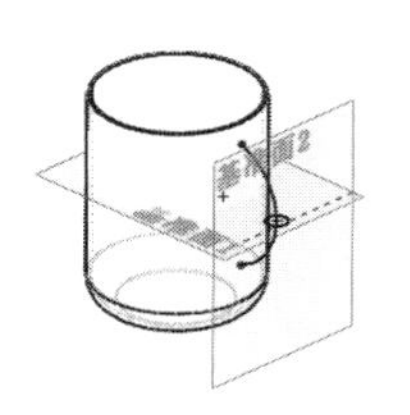

图 7-78 等轴侧视图下的模型

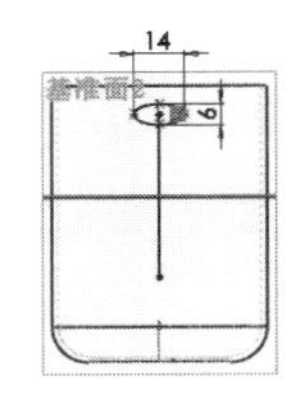

图 7-79 标注椭圆

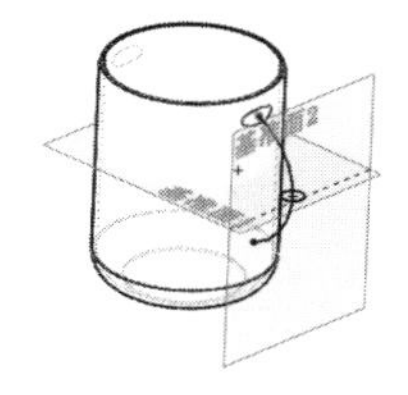

图 7-80 生成的放样轮廓 3

㉓ 因为分割线不允许在同一草图上存在两个闭环轮廓，所以要仿照步骤⑰～步骤㉒再生成一个分割线。不同的是，这个轮廓在中心线的另一端，如图 7-81 所示。

㉔ 单击“特征”控制面板中的“放样凸台/基体”按钮，或执行“插入”→“凸台/基体”→“放样”菜单命令。

㉕ 单击“放样”属性管理器中的放样轮廓框，然后在图形区域中依次选取轮廓 1、轮廓 2 和轮廓 3。单击中心线参数框，在图形区域中选取中心线。单击✔按钮，生成沿中心线的放样特征。

㉖ 单击“保存”按钮，将零件保存为“杯子.SLDPRT”。至此该零件就制作完成了，最后的效果（包括特征管理器设计树）如图 7-82 所示。

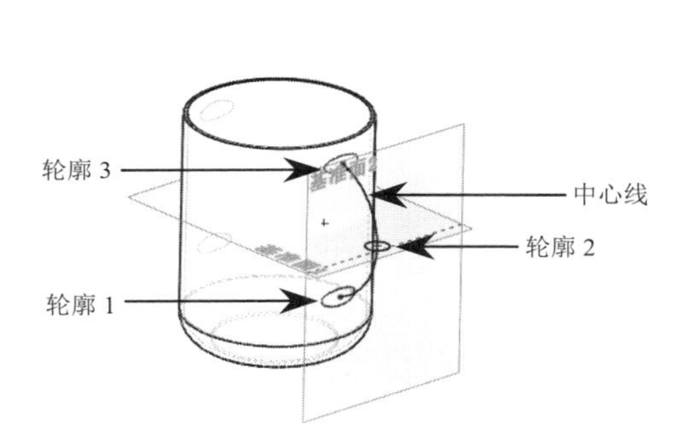

图 7-81 生成的放样轮廓

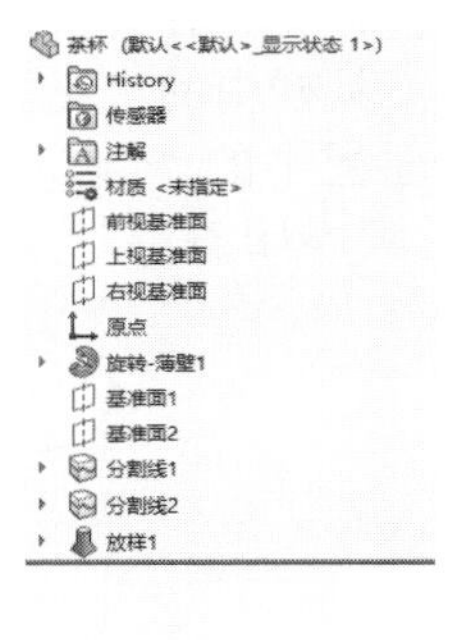

图 7-82 最后的效果

7.2.7 通过参考点的曲线

通过参考点的曲线是指生成通过一个或者多个平面上点的曲线。下面结合实例介绍创建通过参考点的曲线的操作步骤。

扫一扫，看视频

【案例 7-9】通过参考点的曲线

① 打开随书资源中的“源文件\ch7\7.9.SLDPRT”，打开的文件实体如图 7-83 所示。

② 选择菜单栏中的“插入”→“曲线”→“通过参考点的曲线”命令，或者单击“曲线”工具栏中的“通过参考点的曲线”按钮，系统弹出“通过参考点的曲线”属性管理器。

③ 在“通过点”选项组中，依次单击选择如图 7-83 所示的点，其他设置如图 7-84 所示。

④ 单击“确定”按钮✔，生成通过参考点的曲线。生成曲线后的图形及其 FeatureManager

设计树如图 7-85 所示。

图 7-83　打开的文件实体

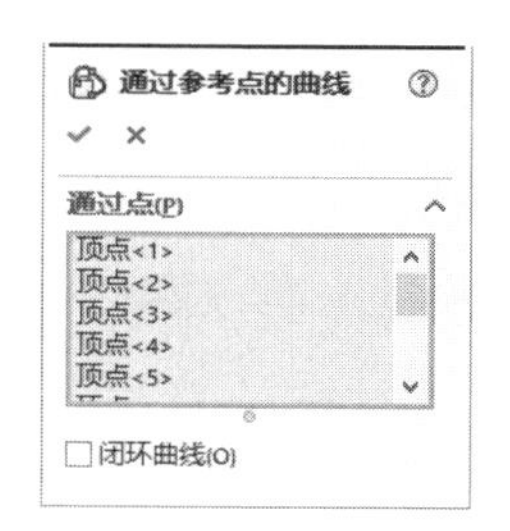

图 7-84　“通过参考点的曲线”属性管理器

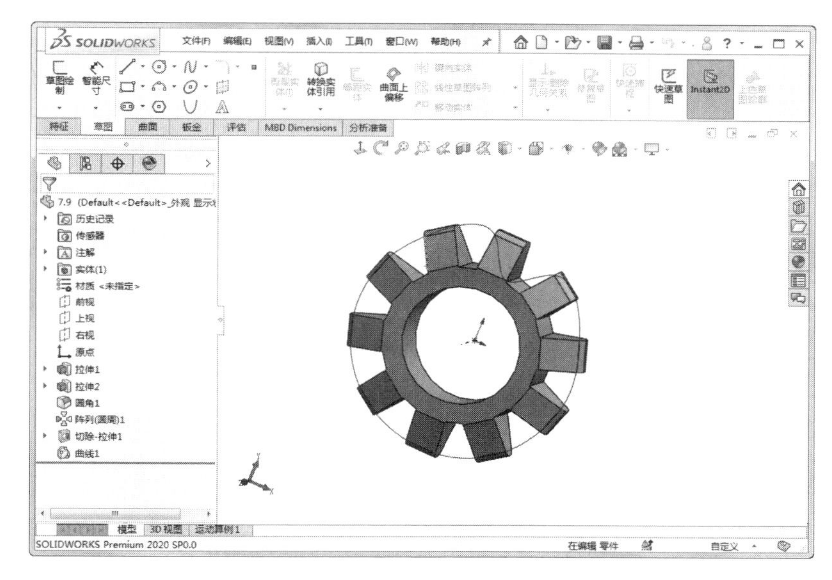

图 7-85　生成曲线后的图形及其 FeatureManager 设计树

在生成通过参考点的曲线时，系统默认生成的为开环曲线，如图 7-86 所示。如果在“通过参考点的曲线”属性管理器中勾选“闭环曲线”复选框，则执行命令后，会自动生成闭环曲线，如图 7-87 所示。

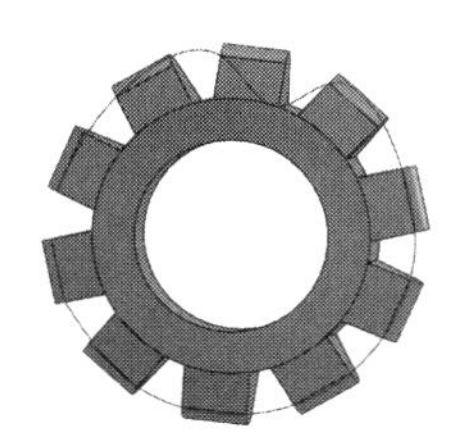

图 7-86　通过参考点的开环曲线

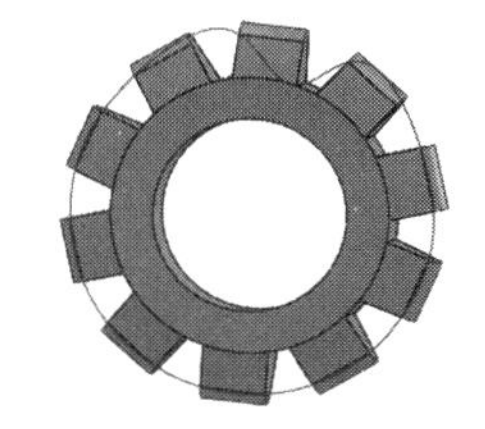

图 7-87　通过参考点的闭环曲线

7.2.8　通过 XYZ 点的曲线

通过 XYZ 点的曲线是指生成通过用户定义的点的样条曲线。在 SOLIDWORKS 中，用户既可以自定义样条曲线通过的点，也可以利用点坐标文件生成样条曲线。

扫一扫，看视频

下面结合实例介绍创建通过 XYZ 点的曲线的操作步骤。

【案例 7-10】通过 XYZ 点的曲线

① 选择菜单栏中的“插入”→“曲线”→“通过 XYZ 点的曲线”命令，或者单击“曲线”工具栏中的“通过 XYZ 的曲线”按钮，系统弹出的“曲线文件”对话框如图 7-88 所示。

图 7-88 “曲线文件”对话框

② 单击 X、Y 和 Z 坐标列各单元格并在每个单元格中输入一个点坐标。

③ 在最后一行的单元格中双击时，系统会自动增加一个新行。

④ 如果要在行的上面插入一个新行，只要单击该行，然后单击“曲线文件”对话框中的“插入”按钮即可；如果要删除某一行的坐标，单击该行，然后按<Delete>键即可。

⑤ 设置好的曲线文件可以保存下来。单击“曲线文件”对话框中的“保存”按钮或者“另存为”按钮，系统弹出“另存为”对话框，选择合适的路径，输入文件名称，单击“保存”按钮即可。

⑥ 如图 7-89 所示为一个设置好的“曲线文件”对话框，单击对话框中的“确定”按钮，即可生成需要的曲线，如图 7-90 所示。

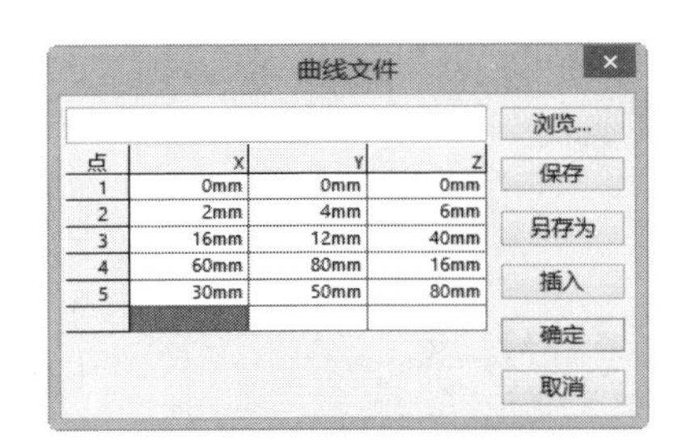

图 7-89 设置好的“曲线文件”对话框

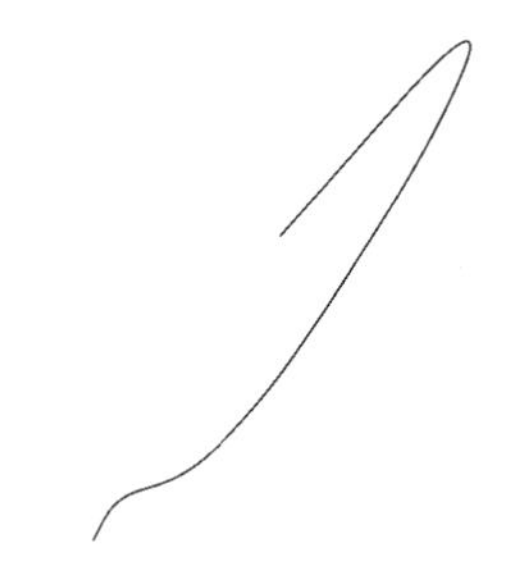

图 7-90 通过 XYZ 点的曲线

保存曲线文件时，SOLIDWORKS 默认文件的扩展名称为“*.sldcrv”，如果没有指定扩展名，SOLIDWORKS 应用程序会自动添加扩展名“.sldcrv”。

在 SOLIDWORKS 中，除了在“曲线文件”对话框中输入坐标来定义曲线外，还可以通过文本编辑器、Excel 等应用程序生成坐标文件，将其保存为“*.txt”文件，然后导入系统即可。

技巧荟萃

在使用文本编辑器、Excel 等应用程序生成坐标文件时，文件中必须只包含坐标数据，而不能是 X、Y 或 Z 的标号及其他无关数据。

下面介绍通过导入坐标文件创建曲线的操作步骤。

① 选择菜单栏中的“插入”→“曲线”→“通过 XYZ 点的曲线”命令，或者单击“曲线”工具栏中的“通过 XYZ 的曲线”按钮，系统弹出的“曲线文件”对话框如图 7-90 所示。

② 单击“曲线文件”对话框中的“浏览”按钮，弹出“打开”对话框，查找需要输入的文件名称，然后单击“打开”按钮。

③ 插入文件后，文件名称显示在“曲线文件”对话框中，并且在图形区中可以预览显示效果，如图 7-91 所示。双击其中的坐标可以修改坐标值，直到满意为止。

④ 单击“曲线文件”对话框中的“确定”按钮，生成需要的曲线。

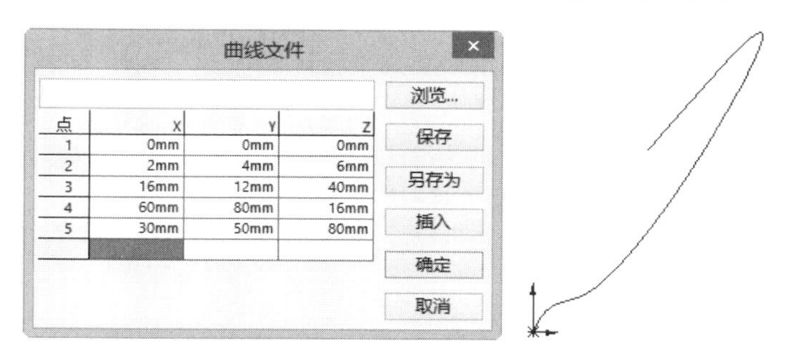

图 7-91　插入的文件及其预览效果

7.3 综合实例——螺钉

扫一扫，看视频

本实例绘制的螺钉如图 7-92 所示，螺钉尺寸如图 7-93 所示。基本绘制方法是结合“螺旋线”命令和“旋转”命令以及“扫描切除”命令来完成模型创建。

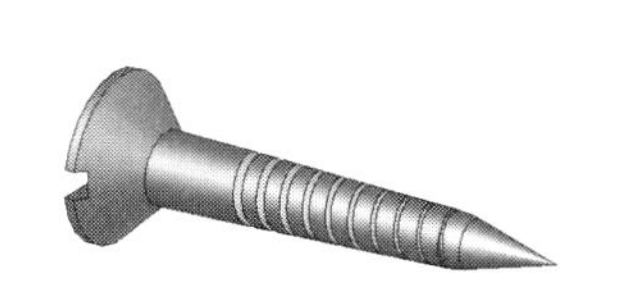

图 7-92　螺钉

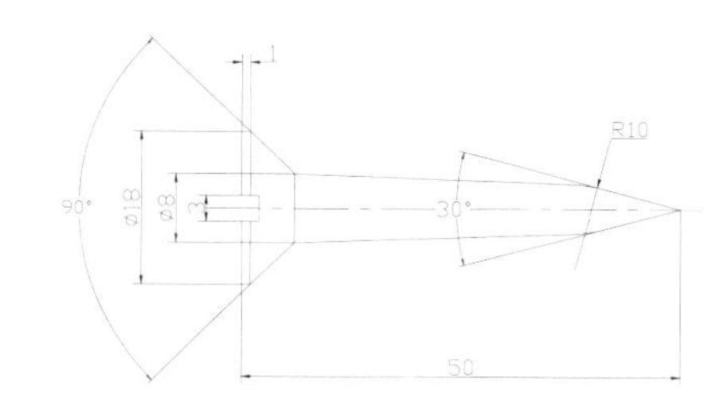

图 7-93　螺钉尺寸

绘制步骤

① 新建文件。单击菜单栏中的“文件”菜单栏中的“新建”命令，或者单击“标准”工具栏中的“新建”按钮，在弹出的“新建 SOLIDWORKS 文件”对话框中先单击“零件”按钮，再单击“确定”按钮，创建一个新的零件文件。

② 创建外观。

a．选择“前视基准面”，单击“草图绘制”按钮，新建草图。

b．利用草图绘制工具绘制螺钉的旋转轮廓草图，并标注驱动尺寸和添加几何关系，如图 7-94 所示。单击“特征”控制面板中的“旋转”按钮，打开“旋转”属性编辑器。SOLIDWORKS 会自动将草图中唯一的中心线作为旋转轴，在图标右侧的角度微调框中设置旋转的角度为 360°，如图 7-95 所示。单击“确认”按钮，从而旋转生成螺钉的基体。

c．单击“特征”控制面板“参考几何体”下拉列表中的“基准面”按钮，选择零件基体上的左端面，设置基准面与左端面相距 20mm，如图 7-96 所示。单击“确认”按钮，从而生成平行于零件左端面 20mm 的基准面。

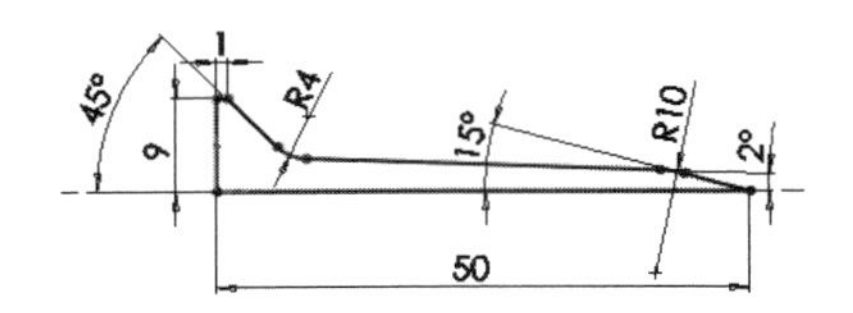

图 7-94　零件的旋转草图轮廓

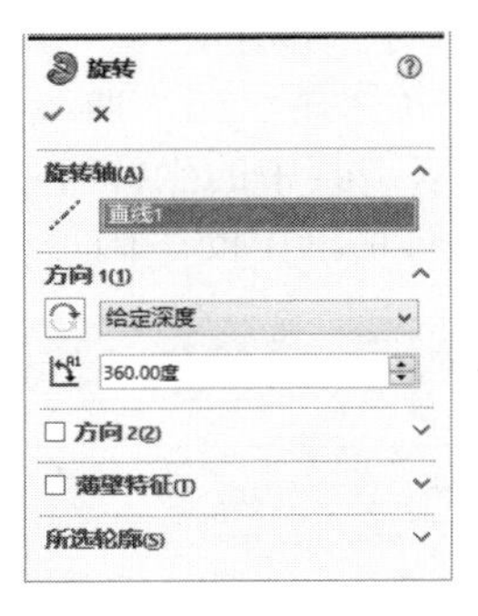

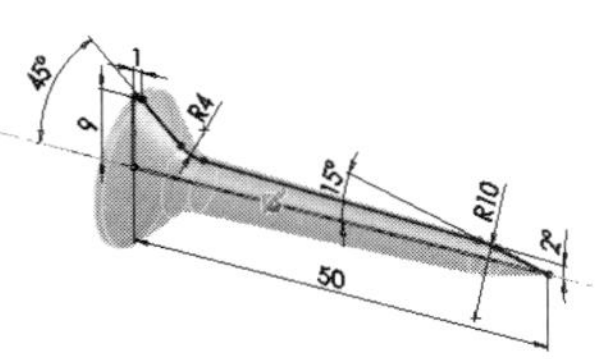

图 7-95　设置旋转参数

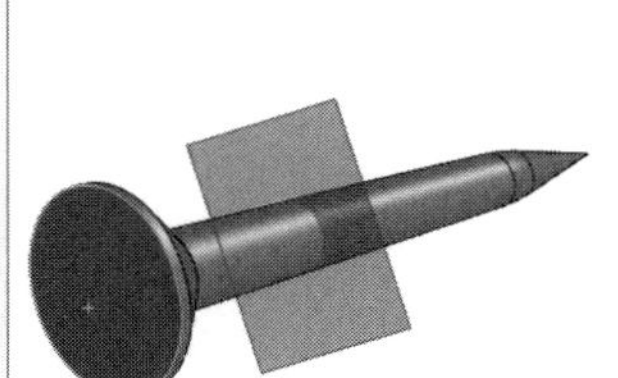

图 7-96　生成基准面

d．单击“草图绘制”按钮，在新生成的“基准面”新建草图。单击“草图”控制面板中的“圆”按钮，绘制一圆，并标注直径尺寸为 4mm，作为螺旋线的基圆。

e．选择菜单栏中的“插入”→“曲线”→“螺旋线/涡装线”命令，或单击“螺旋线/涡装线”按钮，在“螺旋线/涡装线”属性编辑器中设置定义方式为高度 30mm；螺距 2.5mm；起始角度 0°，其他选项如图 7-97 所示。单击“确认”按钮，生成螺旋线。

f．选择“前视基准面”，单击“草图绘制”按钮，新建草图。绘制齿沟截面草图，如图 7-98 所示。值得注意的是齿沟槽的顶点应与螺旋线与草图的交点重合，这可以利用 SOLIDWORKS 提供的自动跟踪功能实现。上述参数是笔者自己设的，等有了确切的参数，只要一改就行。单击“退出草图”按钮，退出该草图。

g．单击“特征”控制面板中的“扫描切除”按钮，或执行“插入”→“切除”→“扫描”菜单命令，选择齿沟截面草图作为扫描切除的轮廓，螺旋线作为扫描路径。单击“确认”按钮，从而生成螺纹，如图 7-99 所示。

③ 开螺丝刀用槽、渲染。

a．选择“前视基准面”作为草绘平面，绘制 3×2 的螺丝刀用槽草图，如图 7-100 所示。

b．单击“特征”控制面板中的“拉伸切除”按钮，设置“终止条件”为“两侧对称”；深度为 30mm；其他选项保持不变，如图 7-101 所示。单击“确认”按钮，从而生成螺丝刀槽。

c．选择菜单栏中的“编辑”→“外观”→“材质”命令，在“材料”对话框中选择“其他金属”→“钛”，如图 7-102 所示。单击“确认”按钮，完成材质的指定。最后结果如图 7-92 所示。

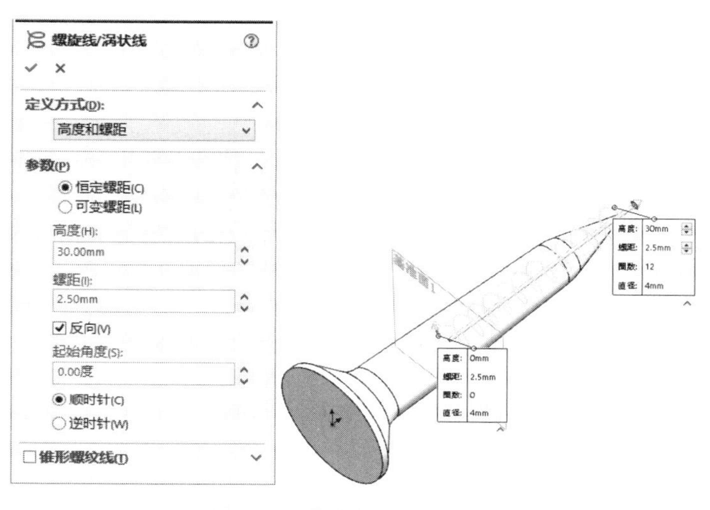

图 7-97　作为螺旋线的基圆

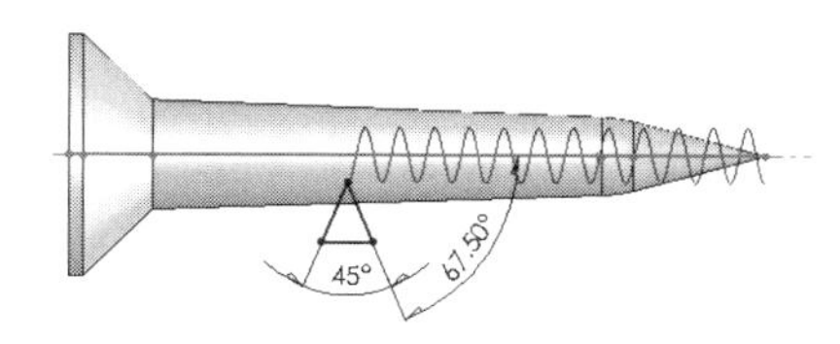

图 7-98　螺纹齿截面草图

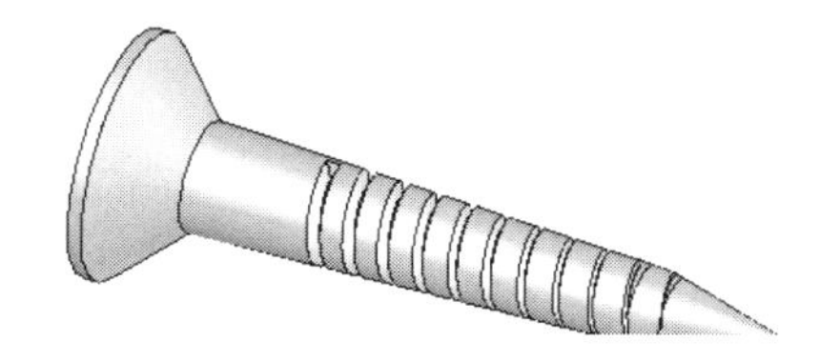

图 7-99　螺纹效果

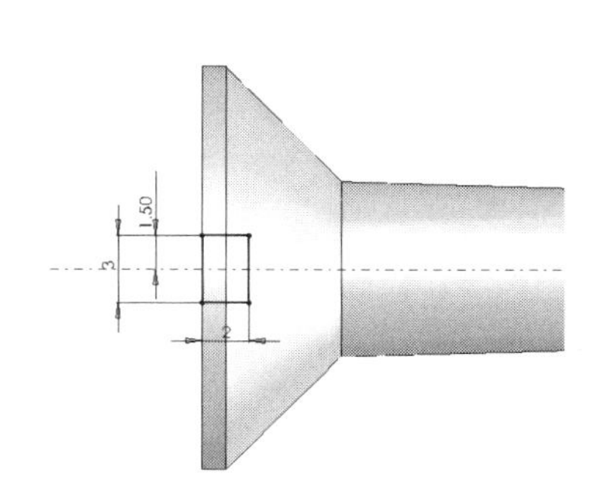

图 7-100　螺丝刀用槽草图

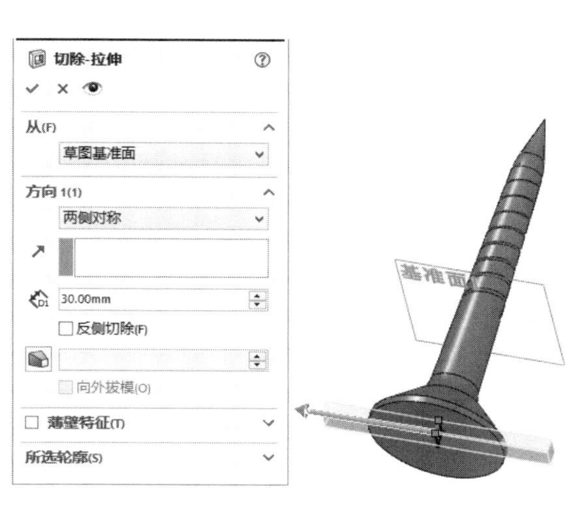

图 7-101　设置拉伸切除

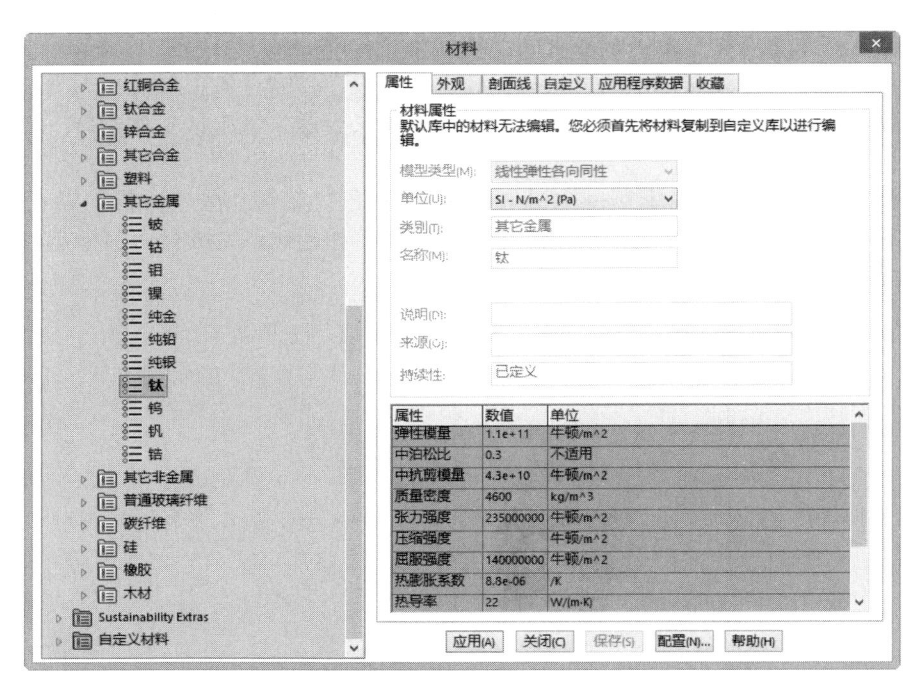

图 7-102　指定钛金属材质

第8章 曲面造型

随着 SOLIDWORKS 版本的不断更新，其复杂形体的设计功能不断加强，同时由于曲面造型特征的增强，操作起来更需要技巧。本章主要介绍曲面的生成方式以及曲面的编辑，并利用实例练习绘制技巧。

知识点

- 曲面的生成
- 曲面的编辑
- 综合实例——足球

8.1 曲面的生成

在 SOLIDWORKS 2020 中，建立曲面后，可以用很多方式对曲面进行延伸。用户既可以将曲面延伸到某个已有的曲面，与其缝合或延伸到指定的实体表面；也可以输入固定的延伸长度，或者直接拖动其红色箭头手柄，实时地将边界拖到想要的位置。

另外，现在的版本可以对曲面进行修剪，可以用实体修剪，也可以用另一个复杂的曲面进行修剪。此外，还可以将两个曲面或一个曲面与一个实体进行弯曲操作，SOLIDWORKS 2020 将保持其相关性，即当其中一个发生改变时，另一个会同时相应的改变。

SOLIDWORKS 2020 可以使用下列方法生成多种类型的曲面：

- ■ 由草图拉伸、旋转、扫描或放样生成曲面；
- ■ 从现有的面或曲面等距生成曲面；
- ■ 从其他应用程序（如 Pro/ENGINEER、MDT、Unigraphics、SolidEdge 和 Autodesk Inventor 等）导入曲面文件；
- ■ 由多个曲面组合成曲面。

曲面实体用来描述相连的、零厚度的几何体，如单一曲面和圆角曲面等。一个零件中可以有多个曲面实体。SOLIDWORKS 2020 提供了专门的曲面控制面板（图 8-1）来控制曲面的生成和修改。

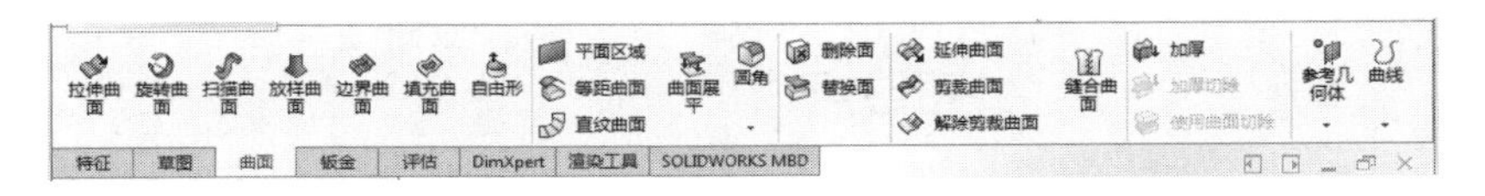

图 8-1 “曲面”控制面板

8.1.1 拉伸曲面

扫一扫，看视频

【案例 8-1】拉伸曲面

操作步骤

① 单击“草图”控制面板中的“草图绘制”按钮，打开一个草图并绘制曲面轮廓。

② 单击“曲面”控制面板中的“拉伸曲面”按钮，或执行“插入”→“曲面”→“拉伸曲面”菜单命令。

③ 此时出现“曲面-拉伸”属性管理器，如图 8-2 所示。

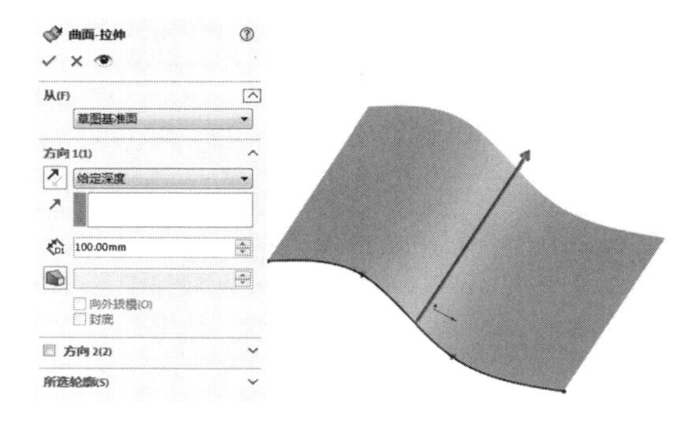

图 8-2 “曲面-拉伸”属性管理器

④ 在“方向 1”栏中的终止条件下拉列表框中选择拉伸的终止条件。

⑤ 在右面的图形区域中检查预览。单击“反向”按钮，可向另一个方向拉伸。

⑥ 在微调框中设置拉伸的深度。

⑦ 如有必要，选择“方向 2”复选框，将拉伸应用到第二个方向。

⑧ 单击“确定”按钮，生成拉伸曲面。

扫一扫，看视频

8.1.2 旋转曲面

【案例 8-2】旋转曲面

操作步骤

① 单击“草图”控制面板中的“草图绘制”按钮，打开一个草图并绘制曲面轮廓以及它将绕着旋转的中心线。

② 单击“曲面”控制面板中的“旋转曲面”按钮，或执行“插入”→“曲面”→“旋转曲面”菜单命令。

③ 此时出现“曲面-旋转”属性管理器，同时在右面的图形区域中显示生成的旋转曲面，如图 8-3 所示。

图 8-3 “曲面-旋转”属性管理器

④ 在“旋转类型”下拉列表框中选择旋转类型。

⑤ 在微调框中指定旋转角度。

⑥ 单击“确定”按钮，生成旋转曲面。

8.1.3 扫描曲面

扫一扫，看视频

扫描曲面的方法同扫描特征的生成方法十分类似，也可以通过引导线扫描。在扫描曲面中最重要的一点，就是引导线的端点必须贯穿轮廓图元，通常必须产生一个几何关系，强迫引导线贯穿轮廓曲线。

【案例 8-3】扫描曲面

操作步骤

① 根据需要建立基准面，并绘制扫描轮廓和扫描路径。如果需要沿引导线扫描曲面，还要绘制引导线。

② 如果要沿引导线扫描曲面，需要在引导线与轮廓之间建立重合或穿透几何关系。

③ 单击“曲面”控制面板中的“扫描曲面”按钮，或执行“插入”→“曲面”→“扫描”菜单命令。

④ 在“曲面-扫描”属性管理器中单击按钮（最上面的）右侧的显示框，然后在图形区域中选择轮廓草图，则所选草图出现在该框中。

⑤ 单击按钮右侧的显示框，然后在图形区域中选择路径草图，则所选路径草图出现在该框中。此时，在图形区域中可以预览扫描曲面的效果，如图 8-4 所示。

⑥ 在“方向/扭转控制”下拉列表框中，可选择以下选项：

- 随路径变化：草图轮廓随着路径的变化变换方向，其法线与路径相切。
- 保持法向不变：草图轮廓保持法线方向不变。

- ■ 随路径和第一条引导线变化：如果引导线不只一条，选择该项将使扫描随第一条引导线变化。
- ■ 随第一条和第二条引导线变化：如果引导线不只一条，选择该项将使扫描随第一条和第二条引导线同时变化。
- ■ 沿路径扭转：沿路径扭转截面，在定义方式下按度数、弧度或旋转定义扭转。
- ■ 以法向不变沿路径扭曲：通过将截面在沿路径扭曲时保持与开始截面平行而沿路径扭曲截面。

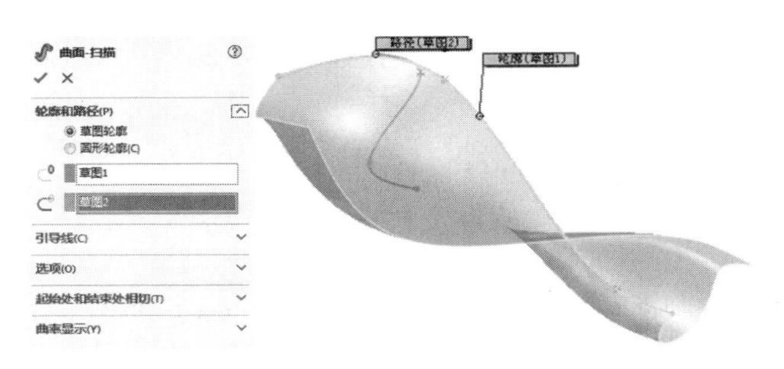

图 8-4　预览扫描曲面的效果

⑦ 如果需要沿引导线扫描曲面，则激活“引导线”栏，然后在图形区域中选择引导线。

⑧ 单击“确定”按钮✔，生成扫描曲面。

扫一扫，看视频

8.1.4　放样曲面

放样曲面是通过曲线之间进行过渡而生成曲面的。

☼【案例 8-4】放样曲面

操作步骤

① 在一个基准面上绘制放样的轮廓。

② 建立另一个基准面，并在上面绘制另一个放样轮廓，这两个基准面不一定平行。

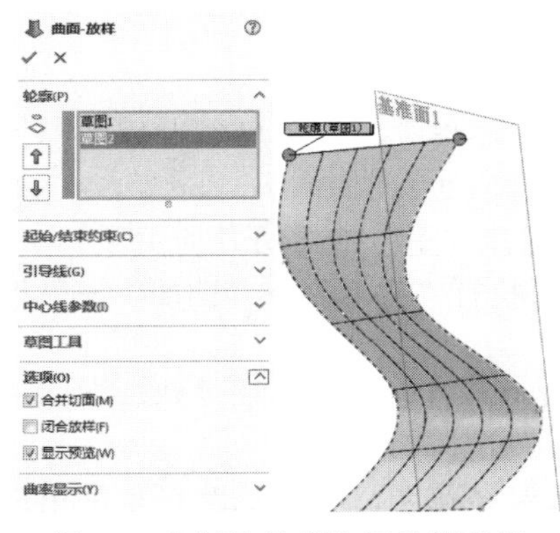

图 8-5　“曲面-放样”属性管理器

③ 如有必要，还可以生成引导线，来控制放样曲面的形状。

④ 单击“曲面”控制面板中的“放样曲面”按钮，或执行“插入”→“曲面”→“放样曲面”菜单命令。

⑤ 在“曲面-放样”属性管理器中单击按钮右侧的显示框，然后在图形区域中按顺序选择轮廓草图，则所选草图出现在该框中。在右面的图形区域中显示生成的放样曲面，如图 8-5 所示。

⑥ 单击上移按钮或下移按钮改变轮廓的顺序。此项操作只针对两个轮廓以上的放样特征。

⑦ 如果要在放样的开始处和结束处控制相切，则设置“起始处/结束处相切”选项。

- ■ 无：不应用相切。
- ■ 垂直于轮廓：放样在起始处和终止处与轮廓的草图基准面垂直。
- ■ 方向向量：放样与所选的边线或轴相切，或与所选基准面的法线相切。

⑧ 如果要使用引导线控制放样曲面，在“引导线”一栏中单击按钮右侧的显示框，然后在图形区域中选择引导线。

⑨ 单击“确定”按钮，生成放样曲面。

扫一扫，看视频

8.1.5 等距曲面

对于已经存在的曲面（不论是模型的轮廓面，还是生成的曲面），都可以像等距曲线一样生成等距曲面。

【案例 8-5】等距曲面

操作步骤

① 单击“曲面”控制面板中的“等距曲面”按钮，或执行“插入”→“曲面”→“等距曲面”菜单命令。

② 在“等距曲面”属性管理器中单击按钮右侧的显示框，然后在右面的图形区域选择要等距的模型面或生成的曲面。

③ 在“等距参数”栏中的微调框中指定等距面之间的距离，此时在右面的图形区域中显示等距曲面的效果，如图 8-6 所示。

④ 如果等距面的方向有误，单击反向按钮，反转等距方向。

⑤ 单击“确定”按钮，生成等距曲面。

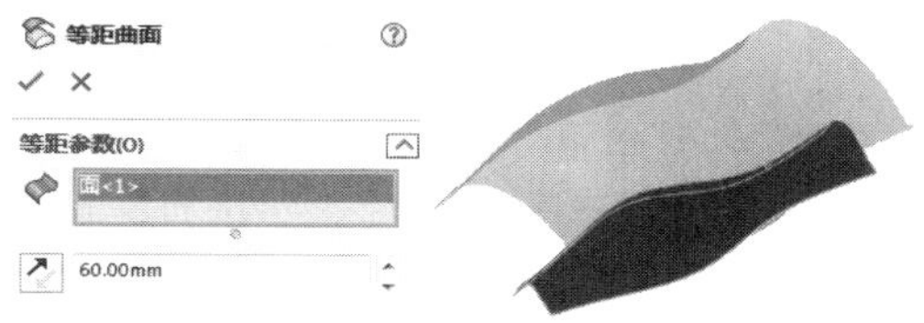

图 8-6　等距曲面的效果

8.1.6 延展曲面

扫一扫，看视频

用户可以通过延展分割线、边线，并平行于所选基准面来生成曲面，如图 8-7 所示。延展曲面在拆模时最常用。当零件进行模塑，产生公母模之前，必须先生成模块与分型面，延展曲面是用来生成分型面的。

【案例 8-6】延展曲面

操作步骤

① 单击“曲面”控制面板中的“延展曲面”按钮，或执行“插入”→“曲面”→“延展曲面”菜单命令。

② 在“延展曲面”属性管理器中单击按钮右侧的显示框，然后在右面的图形区域中选择要延展的边线。

③ 单击“延展参数”栏中的第一个显示框，然后在图形区域中选择模型面作为延展曲面方向，如图 8-8 所示。延展方向将平行于模型面。

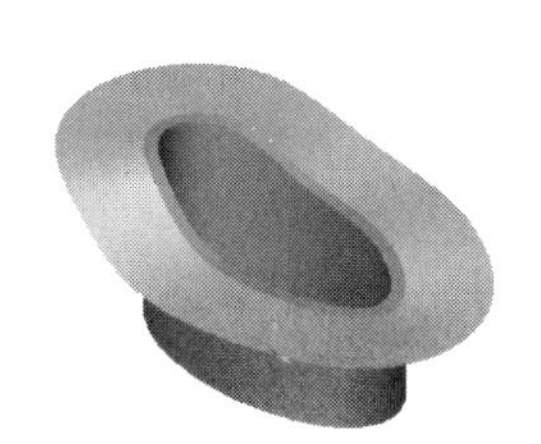

图 8-7　延展曲面的效果

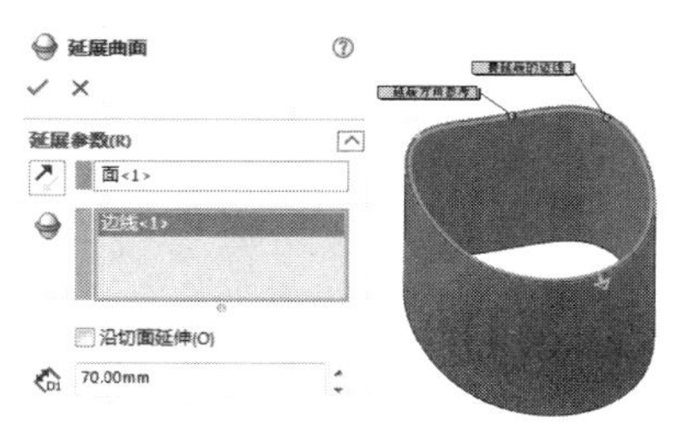

图 8-8　延展曲面

④ 注意图形区域中的箭头方向（指示延展方向），如有错误，单击“反向”按钮。

⑤ 在按钮右侧的微调框中指定曲面的宽度。

⑥ 如果希望曲面继续沿零件的切面延伸，就选择“沿切面延伸”复选框。

⑦ 单击“确定”按钮，生成延展曲面。

扫一扫，看视频

8.1.7 边界曲面

边界曲面特征用于生成在两个方向上（曲面所有边）相切或曲率连续的曲面。

【案例 8-7】边界曲面

操作步骤

① 在一个基准面上绘制放样的轮廓。

② 建立另一个基准面，并在上面绘制另一个放样轮廓，这两个基准面不一定平行。

③ 如有必要，还可以生成引导线，来控制放样曲面的形状。

④ 单击“曲面”控制面板中的“边界曲面”按钮，或执行“插入”→“曲面”→“边界曲面”菜单命令。

⑤ 在图形区域中按顺序选择轮廓草图，则所选草图出现在该框中。在右面的图形区域中显示生成的边界曲面，如图 8-9 所示。

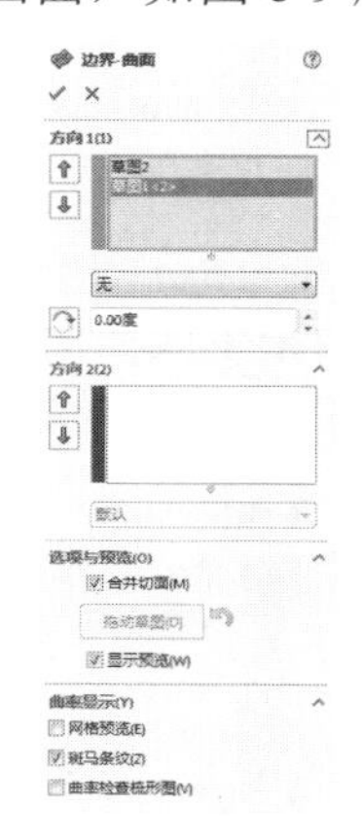

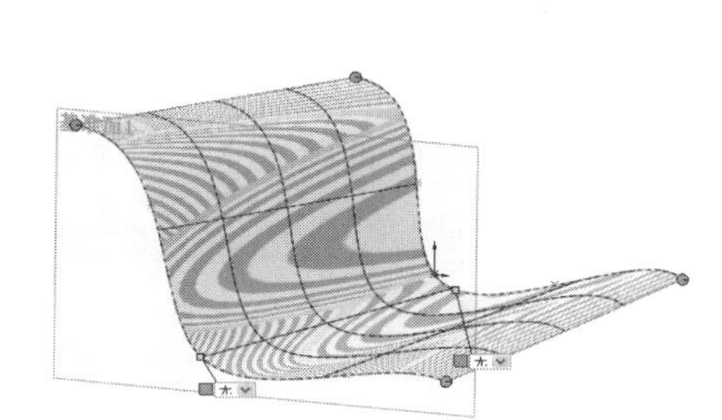

图 8-9 “边界-曲面”属性管理器

⑥ 单击上移按钮或下移按钮改变轮廓的顺序。此项操作只针对两个轮廓以上的边界方向。

⑦ 如果要在边界的开始处和结束处控制相切，就设置“起始处/结束处相切”选项。

- 无：不应用相切约束，此时曲率为零。
- 方向向量：根据用作方向向量的所选实体应用相切约束。
- 垂直于轮廓：垂直曲线应用相切约束。
- 与面相切：使相邻面在所选曲线上相切。
- 与面的曲率：在所选曲线处应用平滑、具有美感的曲率连续曲面。

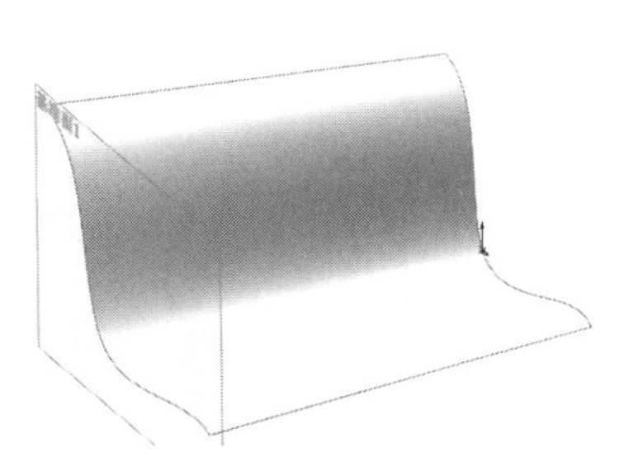

图 8-10 边界曲面

⑧ 单击“确定”按钮，完成边界曲面的创建，如图 8-10 所示。

选项说明如下：

①“选项与预览”选项组。

a.“合并切面”：如果对应的线段相切，则会使所生成的边界特征中的曲面保持相切。

b.“拖动草图”：单击此按钮，撤销先前的草图拖动并将预览返回到其先前状态。

②“显示”选项组。

a.“网格预览”：勾选此复选框，显示网格，并在网格密度中调整网格行数。

b.“曲率检查梳形图”：沿方向 1 或方向 2 的曲率检查梳形图显示。在比例选项中调整曲率检查梳形图的大小。在密度选项中调整曲率检查梳形图的显示行数。

8.1.8 实例——灯罩

扫一扫，看视频

灯罩模型如图 8-11 所示，由杯体和边沿部分组成。绘制该模型的命令主要有旋转曲面、延展曲面和圆角曲面等。

图 8-11 灯罩模型

绘制步骤

① 启动软件。执行“开始”→“所有程序”→“SOLIDWORKS 2020”菜单命令，或者单击桌面图标，启动 SOLIDWORKS 2020。

② 创建零件文件。执行“文件”→ “新建”菜单命令，或者单击“快速访问”工具栏中的“新建”图标按钮，此时系统弹出“新建 SOLIDWORKS 文件”对话框，在其中选择“零件”图标按钮，然后单击“确定”按钮，创建一个新的零件文件。

③ 保存文件。执行“文件”→“保存”菜单命令，或者单击“快速访问”工具栏中的“保存”图标按钮，此时系统弹出“另存为”对话框。在“文件名”一栏中输入“灯罩”，然后单击“保存”按钮，创建一个文件名为“灯罩”的零件文件。

④ 创建基准面。执行“插入”→“参考几何体”→“基准面”菜单命令，或者单击“特征”控制面板“参考几何体”下拉列表中的“基准面”图标按钮，弹出如图 8-12 所示的“基准面”属性管理器。选择“前视基准面”为参考面，在中输入偏移距离为 20mm，单击“确定”图标按钮✔，完成基准面 1 的创建。重复“基准面”命令，分别创建距离前视基准面为 40mm、60mm 和 70mm 的基准面，如图 8-13 所示。

图 8-12 “基准面”属性管理器

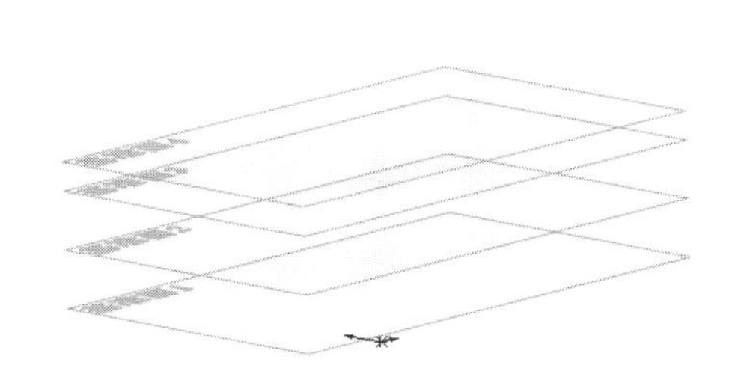

图 8-13 创建基准面

⑤ 设置基准面。在左侧 FeatureManager 设计树中用鼠标选择“前视基准面”，然后单击“前导视图”工具栏中的“正视于”图标按钮，将该基准面作为绘制图形的基准面。

⑥ 绘制草图。

a．执行“工具”→“草图绘制实体”→“中心线”菜单命令，或者单击“草图”控制面板中的“中心线”图标按钮，绘制一条水平中心线，单击“草图”控制面板中的“直线”图标按钮，绘制如图 8-14 所示的草图并标注尺寸。

b．执行“工具”→“草图工具”→“镜向实体”菜单命令，或者单击“草图”控制面板中的“镜向实体”图标按钮，弹出“镜向实体”属性管理器，选择上步创建的直线为要镜向的实体，选择水平中心线为镜向点，勾选“复制”复选框，如图 8-15 所示。单击“确定”图标按钮，结果如图 8-16 所示。

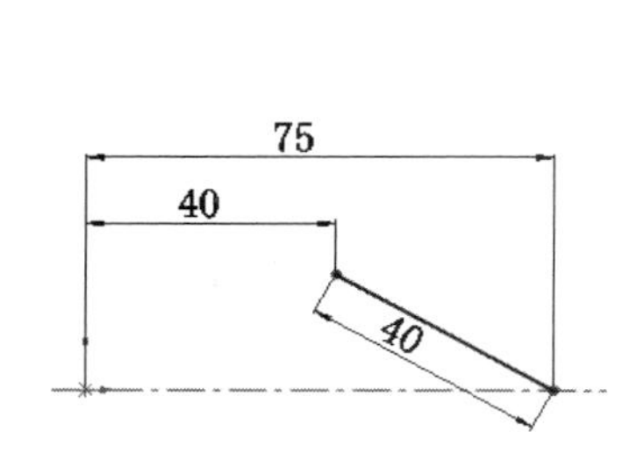

图 8-14　绘制的草图

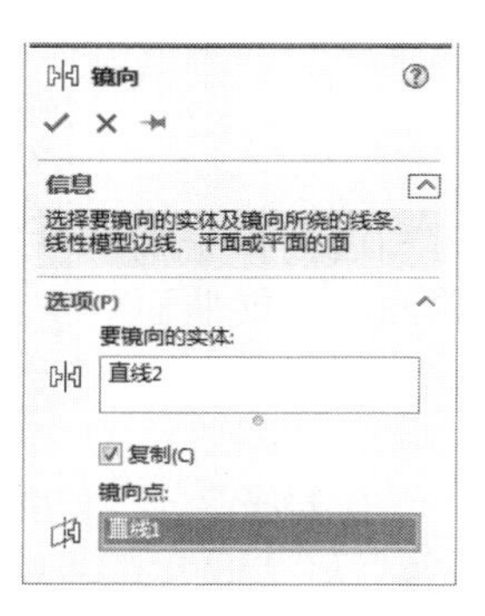

图 8-15　“镜向”属性管理器

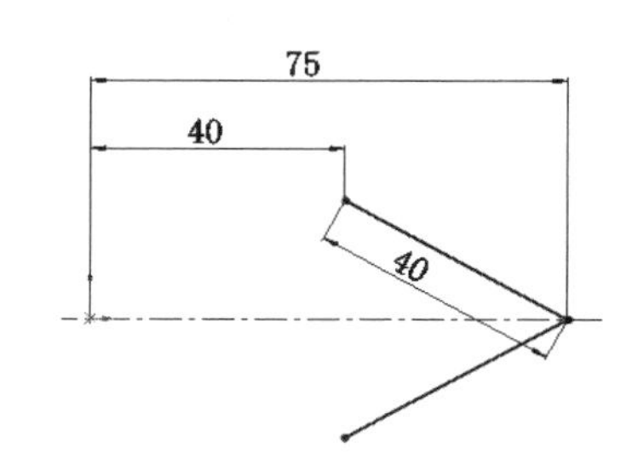

图 8-16　镜向草图

c．执行“工具”→“草图工具”→“圆周阵列”菜单命令，或者单击“草图”控制面板中的“圆周阵列”图标按钮，弹出“圆周阵列”属性管理器，选择上两步创建的直线为圆周阵列实体，选择坐标原点为中心点，输入阵列个数为 8，勾选“等间距”复选框，如图 8-17 所示。单击“确定”图标按钮，结果如图 8-18 所示。

d．执行“工具”→“草图工具”→“圆角”菜单命令，或者单击“草图”控制面板中的“绘制圆角”图标按钮，弹出“绘制圆角”属性管理器，输入圆角半径为 10，对钝角进行倒圆角操作；输入圆角半径为 3，对锐角进行倒圆角操作，如图 8-19 所示。单击“确定”图标按钮，结果如图 8-20 所示。

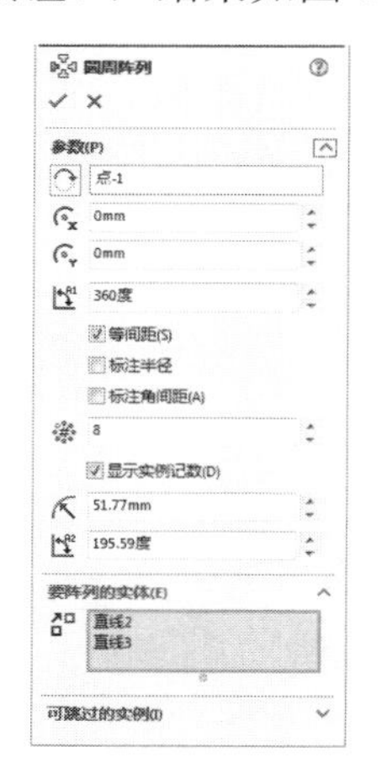

图 8-17　“圆周阵列”属性管理器

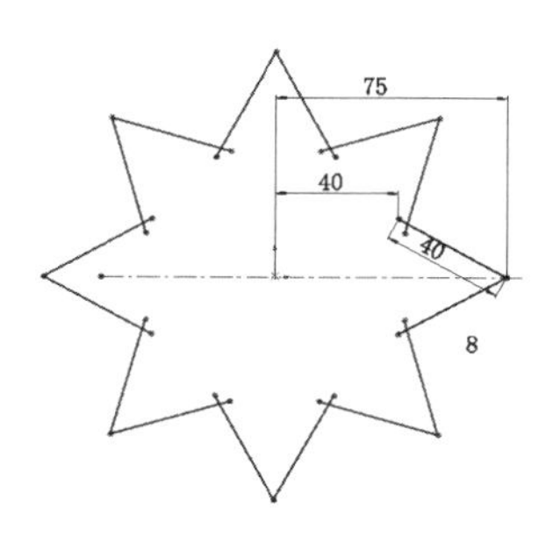

图 8-18　圆周阵列直线

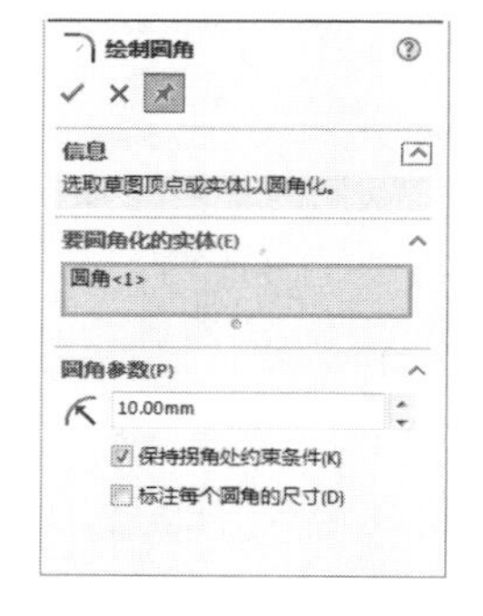

图 8-19　“绘制圆角”属性管理器

⑦ 设置基准面。在左侧 FeatureManager 设计树中用鼠标选择“基准面 1”，然后单击“前导视图”工具栏中的“正视于”图标按钮，将该基准面作为绘制图形的基准面。

⑧ 绘制草图。执行“工具”→“草图工具”→“圆”菜单命令，或者单击“草图”控制面板中的“圆”图标按钮，在坐标原点处绘制直径为 90mm 的圆。

⑨ 设置基准面。在左侧 FeatureManager 设计树中用鼠标选择“基准面 2”，然后单击“前导视图”工具栏中的“正视于”图标按钮，将该基准面作为绘制图形的基准面。

⑩ 绘制草图。执行“工具”→“草图工具”→“圆”菜单命令，或者单击“草图”控制面板中的“圆”图标按钮，在坐标原点处绘制直径为 70mm 的圆。

⑪ 设置基准面。在左侧 FeatureManager 设计树中用鼠标选择“基准面 3”，然后单击“前导视图”工具栏中的“正视于”图标按钮，将该基准面作为绘制图形的基准面。

⑫ 绘制草图。执行“工具”→“草图工具”→“圆”菜单命令，或者单击“草图”控制面板中的“圆”图标按钮，在坐标原点处绘制直径为 50mm 的圆。

⑬ 设置基准面。在左侧 FeatureManager 设计树中用鼠标选择“基准面 4”，然后单击“前导视图”工具栏中的“正视于”图标按钮，将该基准面作为绘制图形的基准面。

⑭ 绘制草图。执行“工具”→“草图工具”→“圆”菜单命令，或者单击“草图”控制面板中的“圆”图标按钮，在坐标原点处绘制直径为 10mm 的圆，结果如图 8-21 所示。

⑮ 设置基准面。在左侧 FeatureManager 设计树中用鼠标选择“上视基准面”，然后单击“前导视图”工具栏中的“正视于”图标按钮，将该基准面作为绘制图形的基准面。

⑯ 绘制草图。执行“工具”→“草图工具”→“样条曲线”菜单命令，或者单击“草图”控制面板中的“样条曲线”图标按钮，捕捉圆的节点绘制样条曲线，结果如图 8-22 所示。单击“退出草图” 图标按钮，退出草图。

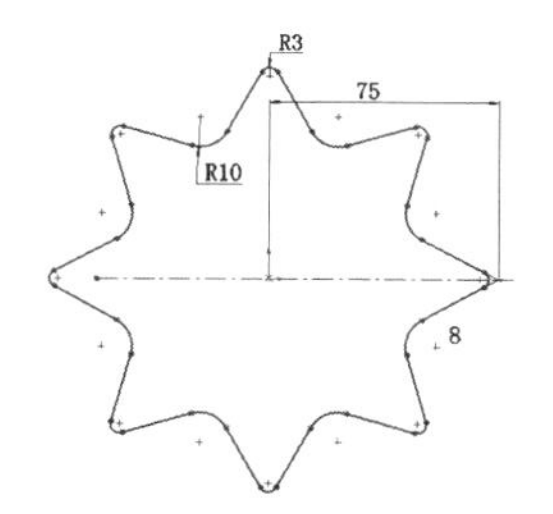

图 8-20　绘制圆角

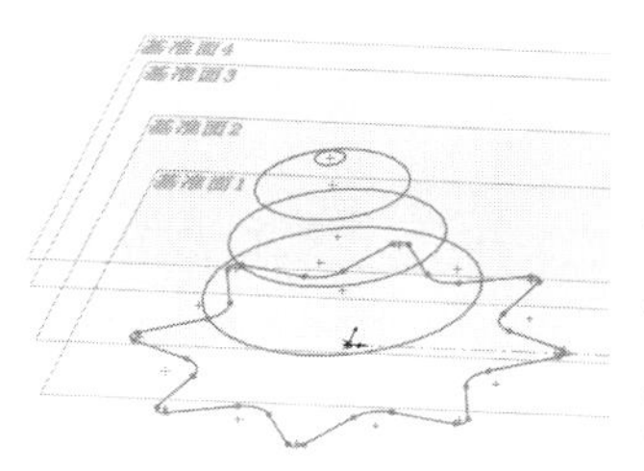

图 8-21　绘制草图 1

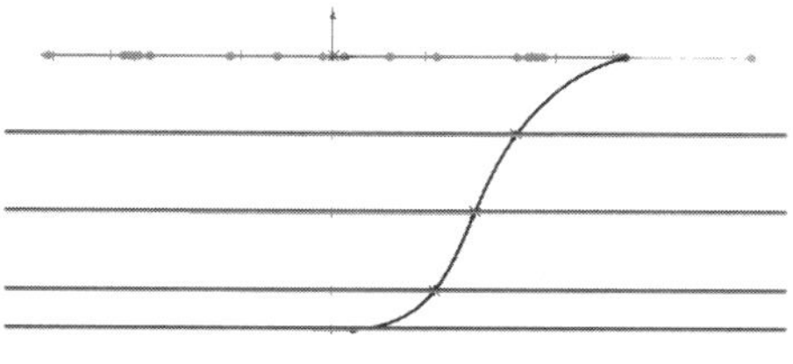

图 8-22　绘制草图 2

⑰ 重复上面两步，在上视基准面的另一侧创建样条曲线，如图 8-23 所示。

⑱ 设置基准面。在左侧 FeatureManager 设计树中用鼠标选择“右视基准面”，然后单击“前导视图”工具栏中的“正视于”图标按钮，将该基准面作为绘制图形的基准面。

⑲ 绘制草图。执行“工具”→“草图工具”→“样条曲线”菜单命令，或者单击“草图”控制面板中的“样条曲线”图标按钮，捕捉圆的节点绘制样条曲线。单击“退出草图”图标按钮，退出草图。

⑳ 重复上面两步，在右视基准面的另一侧创建样条曲线，如图 8-24 所示。

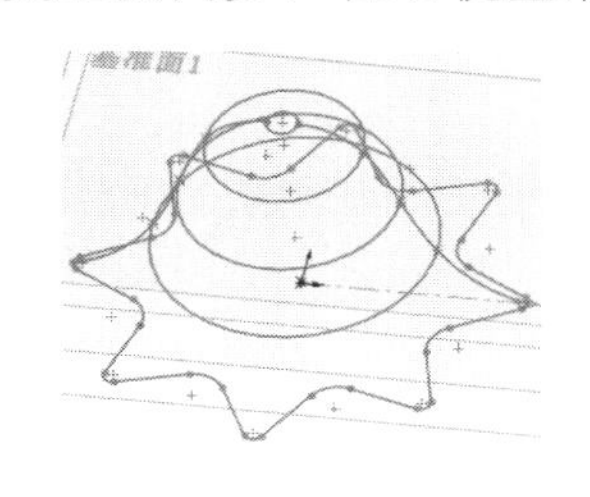

图 8-23　绘制草图 3

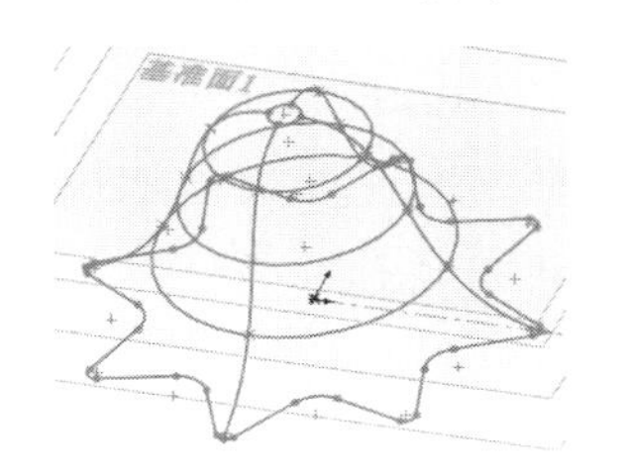

图 8-24　绘制草图 4

㉑ 放样曲面。执行“插入”→“曲面”→“放样曲面”菜单命令，或者单击“曲面”控制面板中的“放样曲面”图标按钮，此时系统弹出如图 8-25 所示的“曲面-放样”属性

管理器。选择草图 1 和草图 5 为轮廓，选择四条样条曲线为引导性，单击属性管理器中的“确定”图标按钮✔，结果如图 8-26 所示。

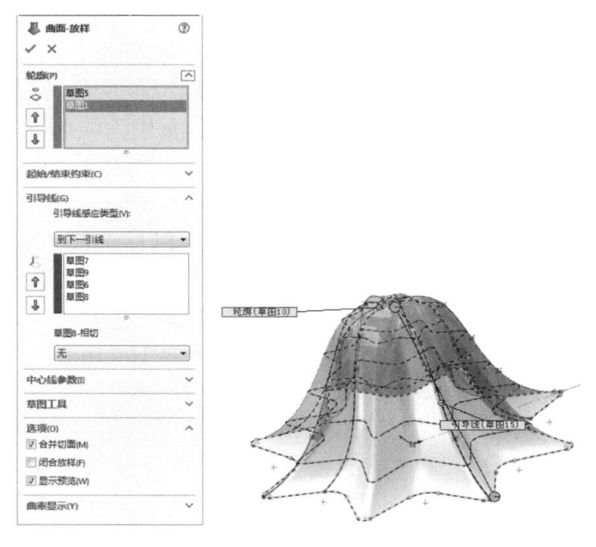

图 8-25 “曲面-放样”属性管理器

㉒ 加厚曲面。执行“插入”→“凸台/基体”→“加厚”菜单命令，此时系统弹出如图 8-27 所示的“加厚”属性管理器。选择放样曲面为要加厚的曲面，选择输入厚度为 1mm，单击属性管理器中的“确定”图标按钮✔，结果如图 8-28 所示。

图 8-26 放样曲面

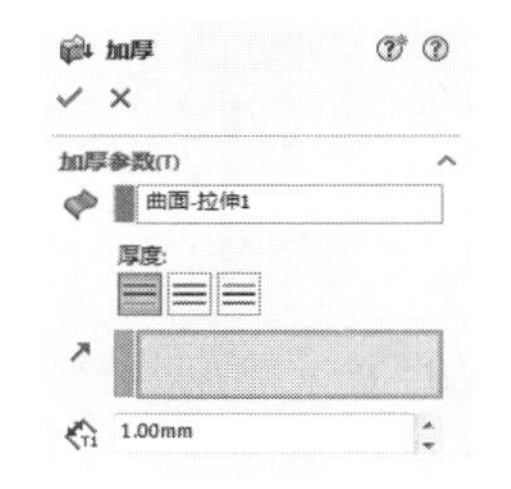

图 8-27 “加厚”属性管理器

图 8-28 加厚曲面

8.2 曲面的编辑

8.2.1 填充曲面

扫一扫，看视频

填充曲面是指在现有模型边线、草图或者曲线定义的边界内构成带任何边数的曲面修补。

【案例 8-8】填充曲面

操作步骤

① 单击“曲面”控制面板中的“填充曲面”按钮，或执行“插入”→“曲面”→“填充曲面”菜单命令。

② 在“填充曲面”属性管理器中单击“修补边界”一栏中的第一个显示框，然后在右面的图形区域中选择边线，此时被选项目出现在该显示框中，如图 8-29 所示。

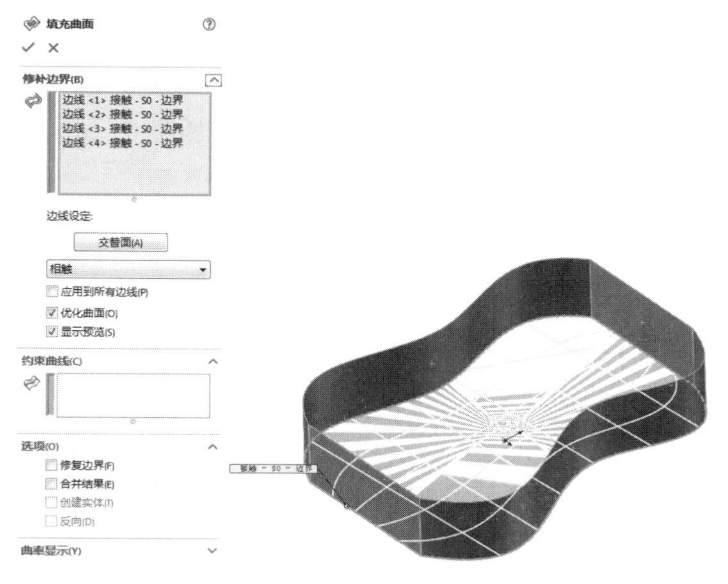

图 8-29 “填充曲面”属性管理器

③ 单击“交替面”按钮，可为修补的曲率控制反转边界面。

④ 单击“确定”按钮✓，完成填充曲面的创建，创建的曲面如图 8-30 所示。

选项说明如下：

①“修补边界”选项组。

a.“交替面”按钮：可为修补的曲率控制反转边界面，只在实体模型上生成修补时使用。

b.“曲率控制”：定义在所生成的修补上进行控制的类型。

■ 相触：在所选边界内生成曲面。

■ 相切：在所选边界内生成曲面，但保持修补边线的相切。

■ 曲率：在与相邻曲面交界的边界边线上生成与所选曲面的曲率相配套的曲面。

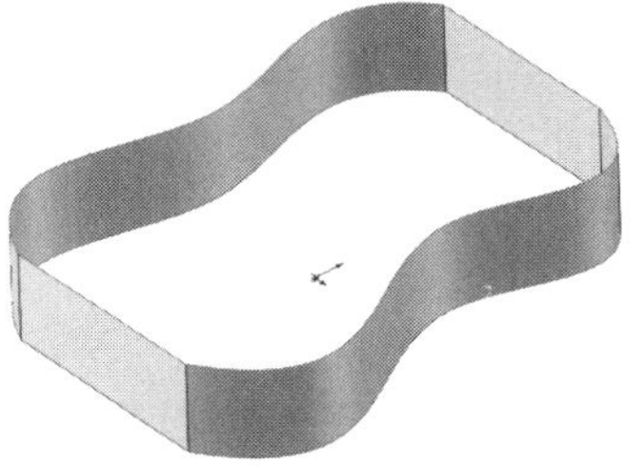

图 8-30 创建的曲面

c.“应用到所有边线”：勾选此复选框，将相同的曲率控制应用到所有边线。如果在将接触以及相切应用到不同边线后选择此选项，将应用当前选择到所有边线。

d.“优化曲面”：对类似于放样的曲面进行简化或修补操作。修补优化曲面的潜在优势包括重建时间加快以及增强与模型中的其他特征一起使用时的稳定性。

e.“预览网格”：在修补上显示网格线，以帮助直观地查看曲率。

②“选项”选项组。

a.“修复边界”：通过自动建造遗失部分或裁剪过大部分来构造有效边界。

b.“合并结果”：当所有边界都属于同一实体时，可以使用曲面填充来修补实体。如果至少有一个边线是开环薄边，勾选“合并结果”复选框，那么曲面填充会用边线所属的曲面缝合。如果所有边界实体都是开环边线，那么可以选择生成实体。

c.“尝试形成实体”：如果所有边界实体都是开环曲面边线，那么形成实体是有可能的。默认情况下，不勾选“尝试形成实体”复选框。

d．“反向”：当用填充曲面修补实体时，如果填充曲面显示的方向不符合需要，就勾选“反向”复选框更改方向。

技巧荟萃

使用边线进行曲面填充时，所选择的边线必须是封闭的曲线。如果勾选属性管理器中的“合并结果”选项，则填充的曲面将和边线的曲面组成一个实体，否则填充的曲面为一个独立的曲面。

8.2.2 缝合曲面

扫一扫，看视频

缝合曲面是将相连的两个或多个面和曲面连接成一体。缝合曲面需要注意以下几点：

- 曲面的边线必须相邻并且不重叠；
- 要缝合的曲面不必处于同一基准面上；
- 可以选择整个曲面实体或选择一个或多个相邻曲面实体；
- 缝合曲面不吸收用于生成它们的曲面；
- 空间曲面经过剪裁、拉伸和圆角等操作后，可以自动缝合，而不需要进行缝合曲面操作。

【案例 8-9】缝合曲面

操作步骤

① 单击“曲面”控制面板中的“缝合曲面”按钮，或执行“插入”→“曲面”→“缝合曲面”菜单命令，此时会出现如图 8-31 所示的属性管理器。在“缝合曲面”属性管理器中单击“选择”一栏中按钮右侧的显示框，然后在图形区域中选择要缝合的面，所选项目列举在该显示框中。

② 单击“确定”按钮，完成曲面的缝合工作，缝合后的曲面外观没有任何变化，但是多个曲面已经可以作为一个实体来选择和操作了，如图 8-32 所示。

- “缝合曲面”属性管理器说明如下。
- “缝合公差”：控制哪些缝隙缝合在一起，哪些保持打开。公差大小低于公差缝隙曲面会缝合。
- “显示范围中的缝隙”：只显示范围中的缝隙。拖动滑杆可更改缝隙范围。

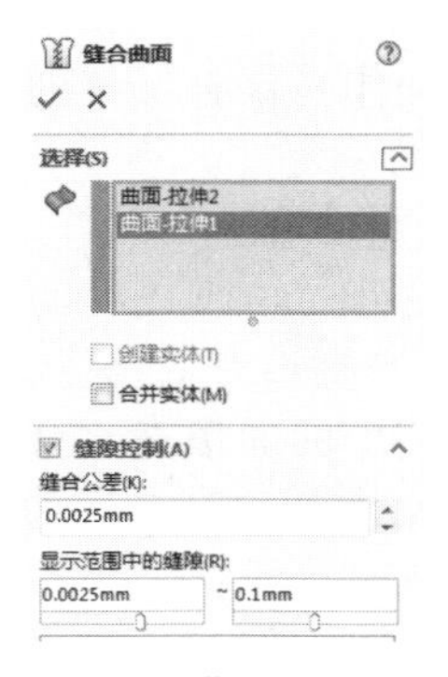

图 8-31 “缝合曲面”属性管理器

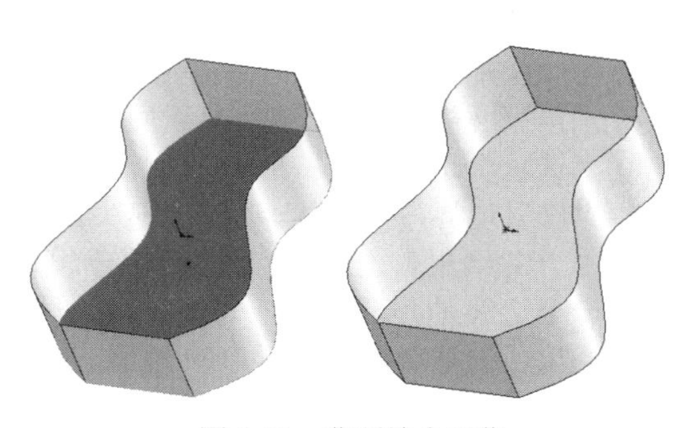

图 8-32 曲面缝合工作

8.2.3 延伸曲面

扫一扫，看视频

延伸曲面可以在现有曲面的边缘沿着切线方向，以直线或随曲面的弧度产生附加的曲面。

【案例 8-10】延伸曲面

操作步骤

① 单击“曲面”控制面板中的“延伸曲面”按钮，或执行“插入”→“曲面”→“延伸曲面”菜单命令。

② 在“延伸曲面”属性管理器中单击“拉伸的边线/面”一栏中的第一个显示框，然后在右面的图形区域中选择曲面边线或曲面，此时被选项目出现在该显示框中，如图 8-33 所示。

③ 在“终止条件”一栏中的单选按钮组中选择一种延伸结束条件。

- 距离：在微调框中指定延伸曲面的距离。
- 成形到某一面：延伸曲面到图形区域中选择的面。
- 成形到某一点：延伸曲面到图形区域中选择的某一点。

④ 在“延伸类型”一栏的单选按钮组中选择延伸类型。

- 同一曲面：沿曲面的几何体延伸曲面，如图 8-34（a）所示。
- 线性：沿边线相切于原来曲面延伸曲面，如图 8-34（b）所示。

⑤ 单击“确定”按钮，完成曲面的延伸。如果在步骤②中选择的是曲面的边线，则系统会延伸这些边线形成的曲面；如果选择的是曲面，则曲面上所有的边线相等地延伸整个曲面。

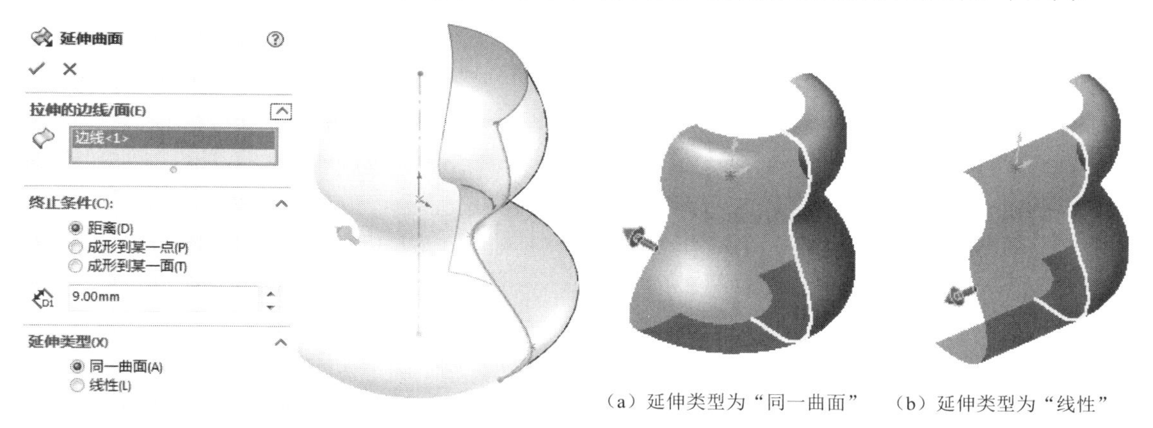

（a）延伸类型为“同一曲面”　（b）延伸类型为“线性”

图 8-33 “延伸曲面”属性管理器　　图 8-34 延伸类型

8.2.4 剪裁曲面

扫一扫，看视频

剪裁曲面主要有两种方式：一种方式是将两个曲面互相剪裁；另一种方式是以线性图元修剪曲面。

【案例 8-11】剪裁曲面

操作步骤

① 单击“曲面”控制面板中的“剪裁曲面”按钮，或执行“插入”→“曲面”→“剪

裁”菜单命令。

② 在“剪裁曲面”属性管理器中的“剪裁类型”单选按钮组中选择剪裁类型。

■ 标准：使用曲面作为剪裁工具，在曲面相交处剪裁其他曲面。

■ 相互：将两个曲面作为互相剪裁的工具。

③ 如果在步骤②中选择了“剪裁工具”，则在“选择”一栏中单击“剪裁工具”项目中按钮右侧的显示框，然后在图形区域中选择一个曲面作为剪裁工具；单击“保留部分”项目中按钮右侧的显示框，然后在图形区域中选择曲面作为保留部分，所选项目会在对应的显示框中显示，如图 8-35 所示。

④ 如果在步骤②中选择了“相互剪裁”，则在“选择”一栏中单击“曲面”项目中按钮右侧的显示框，然后在图形区域中选择作为剪裁曲面的至少两个相交曲面；单击“保留部分”项目中按钮右侧的显示框，然后在图形区域中选择需要的区域作为保留部分（可以是多个部分），所选项目会在对应的显示框中显示，如图 8-36 所示。

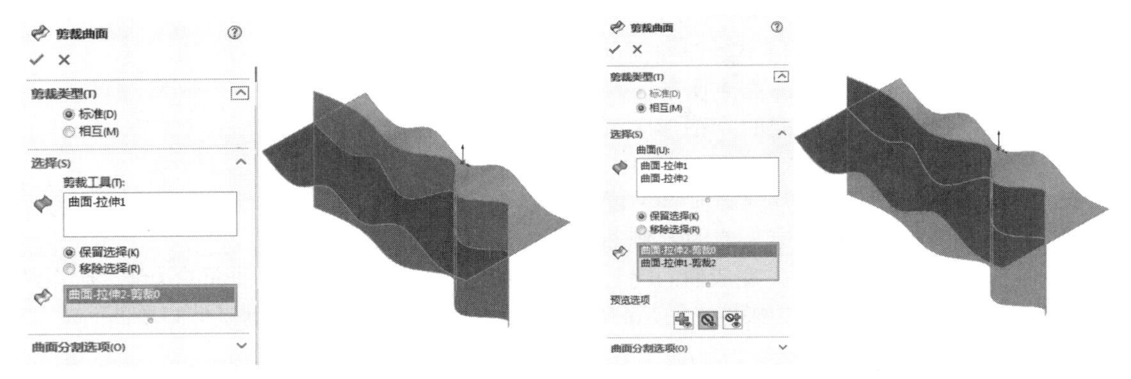

图 8-35 “剪裁曲面”属性管理器　　　　图 8-36 剪裁类型为“相互剪裁”

⑤ 单击“确定”按钮✓，完成曲面的剪裁，剪裁效果如图 8-37 所示。

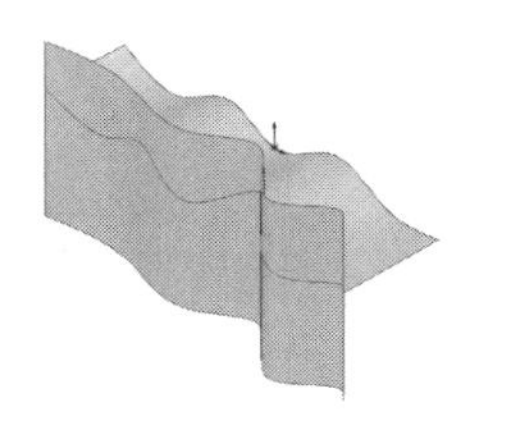
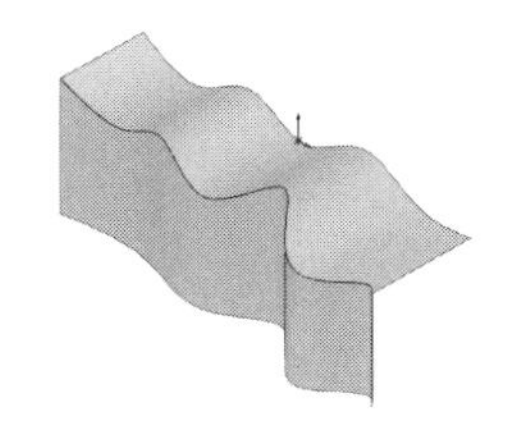

图 8-37 剪裁效果

8.2.5 移动/复制/旋转曲面

用户可以像拉伸特征、旋转特征那样对曲面特征进行移动、复制和旋转等操作。

扫一扫，看视频

【案例 8-12】移动/复制/旋转曲面

操作步骤

扫一扫，看视频

（1）移动/复制曲面

① 执行“插入”→“曲面”→“移动/复制”菜单命令。

② 单击“移动/复制实体”属性管理器最下方的“平移/旋转”按钮，切

换到“平移/旋转”模式。

③ 在“移动/复制实体”属性管理器中单击“要移动/复制的实体”一栏中按钮右侧的显示框，然后在图形区域或特征管理器设计树中选择要移动/复制的实体。

④ 如果要复制曲面，则选择“复制”复选框，然后在微调框中指定复制的数目。

⑤ 单击“平移”一栏中按钮右侧的显示框，然后在图形区域中选择一条边线定义平移方向，或者在图形区域中选择两个顶点来定义曲面移动或复制体之间的方向和距离。

⑥ 也可以在**ΔX**、**ΔY**、**ΔZ**微调框中指定移动的距离或复制体之间的距离，此时在右面的图形区域中可以预览曲面移动或复制的效果，如图 8-38 所示。

图 8-38 “移动/复制实体”属性管理器的设置及预览效果

⑦ 单击“确定”按钮✔，完成曲面的移动/复制。

（2）旋转/复制曲面

扫一扫，看视频

① 执行“插入”→“曲面”→“移动/复制”菜单命令。

② 在“移动/复制实体”属性管理器中单击“要移动/复制的实体”一栏中按钮右侧的显示框，然后在图形区域或特征管理器设计树中选择要旋转/复制的曲面。

③ 如果要复制曲面，则选择“复制”复选框，然后在微调框中指定复制的数目。

④ 激活“旋转”选项，单击按钮右侧的显示框，在图形区域中选择一条边线定义旋转方向。

⑤ 或者在、、微调框中指定原点在 X、Y、Z 轴方向移动的距离，然后在、、微调框中指定曲面绕 X、Y、Z 轴旋转的角度，此时在右面的图形区域中可以预览曲面旋转/复制的效果，如图 8-39 所示。

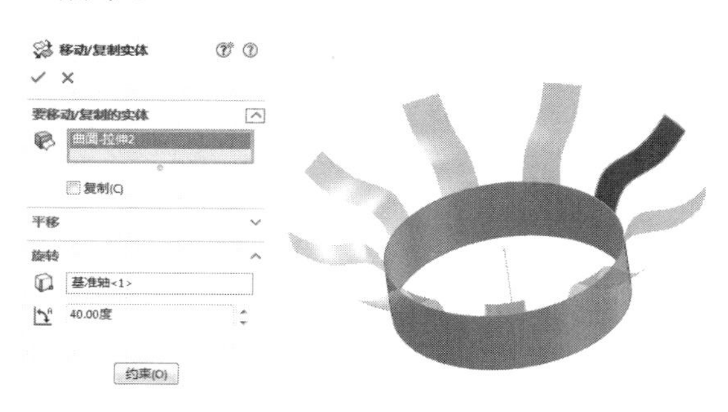

图 8-39 旋转曲面

⑥ 单击“确定”按钮✔，完成曲面的旋转/复制。

扫一扫，看视频

8.2.6 删除曲面

用户可以从曲面实体中删除一个面，并能对实体中的面进行删除和自动修补。

【案例 8-13】删除曲面

操作步骤

① 单击“曲面”控制面板中的“删除面”按钮，或执行“插入”→“面”→“删除”菜单命令。

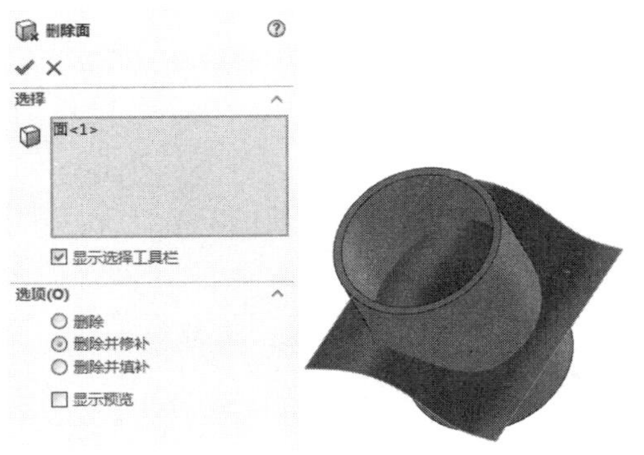

图 8-40 “删除面”属性管理器

② 在“删除面”属性管理器中单击“选择”一栏中按钮右侧的显示框，然后在图形区域或特征管理器中选择要删除的面，此时要删除的曲面在该显示框中显示，如图 8-40 所示。

③ 如果选中“删除”单选按钮，将删除所选曲面；如果选中“删除并修补”单选按钮，则在删除曲面的同时，对删除曲面后的曲面进行自动修补；如果选中“删除并填充”单选按钮，则在删除曲面的同时，对删除曲面后的曲面进行自动填充。

④ 单击“确定”按钮✔，完成曲面的删除。

8.2.7 替换面

扫一扫，看视频

替换面是指以新曲面实体来替换曲面或者实体中的面。替换曲面实体不必与旧的面具有相同的边界。替换面时，原来实体中的相邻面自动延伸并剪裁到替换曲面实体。

在上面的几种情况中，比较常用的是用一个曲面实体替换另一个曲面实体中的一个面。

执行“插入”→“面”→“替换”菜单命令，或者单击“曲面”控制面板中的“替换面”按钮，此时系统弹出“替换面”属性管理器，如图 8-41 所示。

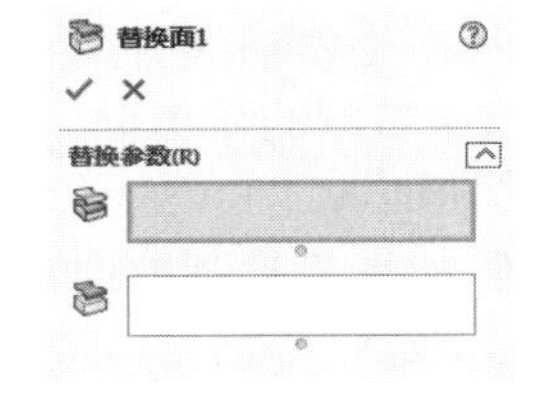

图 8-41 “替换面”属性管理器

替换曲面实体可以是以下类型之一：

- 任何类型的曲面特征，如拉伸和放样等；
- 缝合曲面实体，或复杂的输入曲面实体；
- 替换曲面实体通常比正替换的面要宽和长。然而，在某些情况下，当替换曲面实体比要替换的面小时，替换曲面实体会延伸，以与相邻面相遇。

【案例 8-14】替换面

下面以图 8-42 为例，说明替换面的操作步骤。

操作步骤

① 执行替换面命令。执行“插入”→“面”→“替换”菜单命令，或者单击“曲面”

控制面板中的“替换面”按钮，此时系统弹出“替换面”属性管理器。

② 设置属性管理器。在“替换面”属性管理器的“替换的目标面”一栏中选择图 8-42 中的面 2；在“替换曲面”一栏中选择图 8-42 中的曲面 1，此时“替换面”属性管理器如图 8-43 所示。

③ 确认替换面。单击“替换面”属性管理器中的“确定”按钮✔，生成的替换面如图 8-44 所示。

④ 隐藏替换的目标面。右键单击图 8-44 中的曲面 1，在系统弹出的快捷菜单中选择“隐藏”选项，如图 8-45 所示。

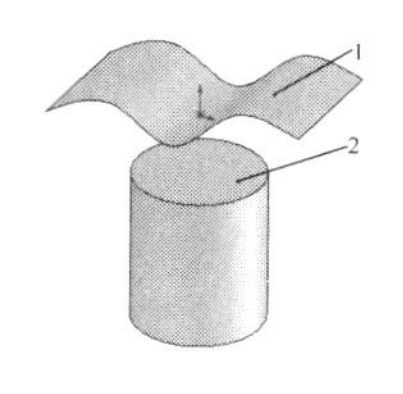

图 8-42　待生成替换的图形

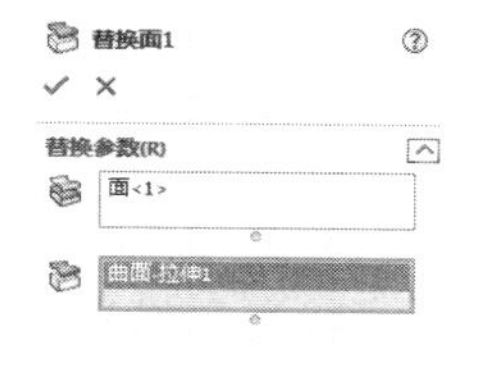

图 8-43　“替换面”属性管理器

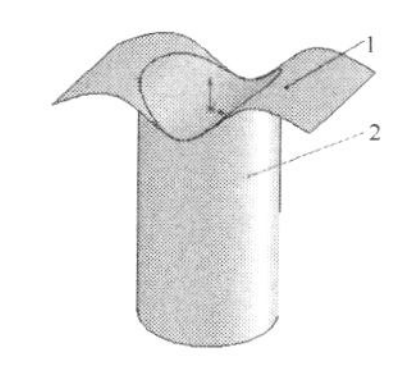

图 8-44　生成的替换面

隐藏目标面后的图形及其“FeatureManager 设计树”如图 8-46 所示。

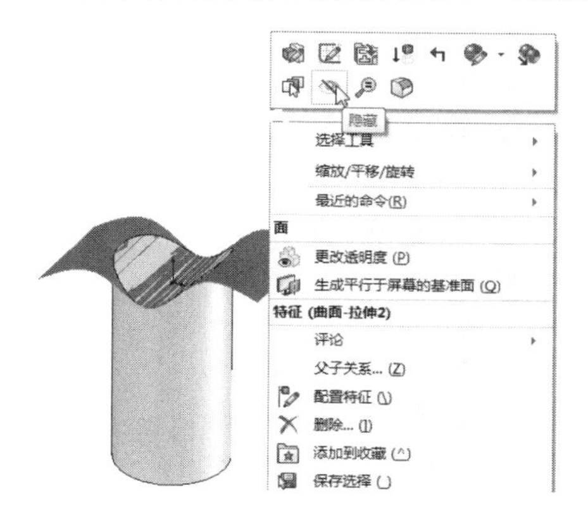

图 8-45　右键快捷菜单

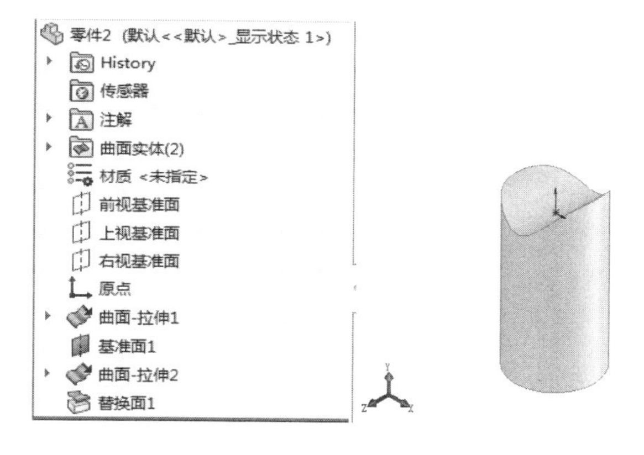

图 8-46　隐藏目标面后的图形及其“FeatureManager 设计树”

在替换面中，替换的面有两个特点：一是必须替换、必须相连；二是不必相切。

技巧荟萃

确认替换曲面实体比要替换的面宽和长。

8.2.8 中面

扫一扫，看视频

中面工具可在实体上合适的所选双对面之间生成中面。合适的双对面应该处处等距，并且必须属于同一实体。

与任何在 SOLIDWORKS 中生成的曲面相同，中面包括所有曲面的属性。中面通常有以下几种情况。

- “单个”：从视图区域中选择单个等距面生成中面。
- “多个”：从视图区域中选择多个等距面生成中面。

■ “所有”：单击“中间面”属性管理器中的“查找双对面”按钮，让系统选择模型上所有合适的等距面，用于生成所有等距面的中面。

【案例 8-15】中面

操作步骤

① 执行中面命令。执行“插入”→“曲面”→“中面”菜单命令，或者单击“曲面”工具栏中的“中面”按钮，此时系统弹出“中面”属性管理器。

② 设置“中面”属性管理器。在“中面”属性管理器的“面 1”一栏中选择图 8-47 中的面 1；在“面 2”一栏中选择图 8-47 中的面 2；在“定位”一栏中输入值 50%，其他设置如图 8-48 所示。

③ 确认中面。单击“中面”属性管理器中的“确定”按钮✔，生成中面。

生成中面后的图形及其“FeatureManager 设计树”如图 8-49 所示。

1
2

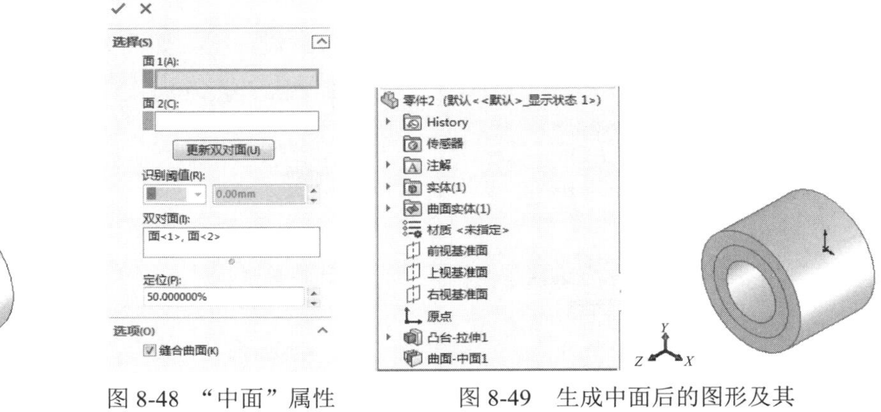

图 8-47 待生成中面的图形

图 8-48 “中面”属性管理器

图 8-49 生成中面后的图形及其“FeatureManager 设计树”

技巧荟萃

生成中面的定位值是从面 1 的位置开始的，位于面 1 和面 2 之间。

8.2.9 曲面切除

扫一扫，看视频

SOLIDWORKS 还可以利用曲面生成对实体的切除。

【案例 8-16】曲面切除

操作步骤

① 执行“插入”→“切除”→“使用曲面”菜单命令，此时出现“使用曲面切除”属性管理器。

② 在图形区域或特征管理器设计树中选择切除要使用的曲面，所选曲面出现在“曲面切除参数”栏的显示框中，如图 8-50（a）所示。

③ 图形区域中的箭头指示实体切除的方向。如有必要，单击“反向”按钮↗改变切除方向。

④ 单击“确定”按钮✔，实体被切除，如图 8-50（b）所示。

⑤ 在 FeatureManager 设计树中右键单击曲面，然后在弹出的快捷菜单中单击“隐藏”按钮来隐藏切除曲面，隐藏后的效果如图 8-50（c）所示。

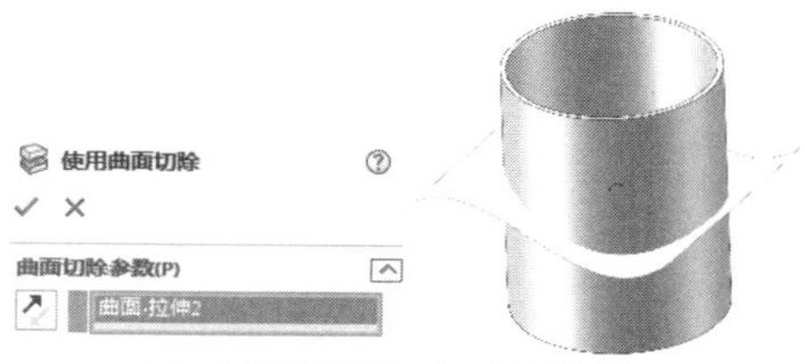

（a）“使用曲面切除”属性管理器

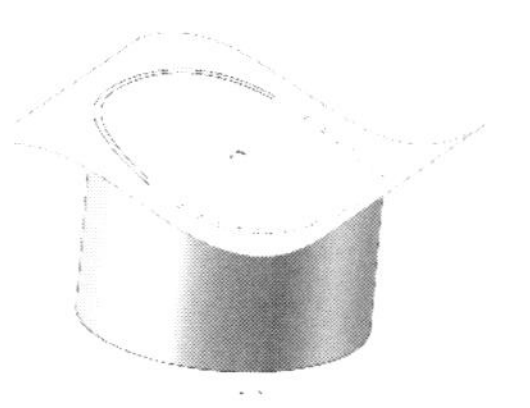

（b）切除效果

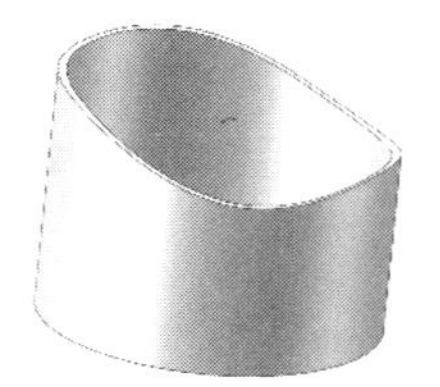

（c）剪裁后的效果

图 8-50 曲面切除

除了这几种常用的曲面编辑方法，还有圆角曲面、加厚曲面和填充曲面等多种编辑方法。它们的操作大多同特征的编辑类似。

8.2.10 实例——周铣刀

周铣刀如图 8-51 所示，由刀刃和刀柄组成。绘制该模型的命令主要有边界曲面、拉伸曲面和填充曲面等。

扫一扫，看视频

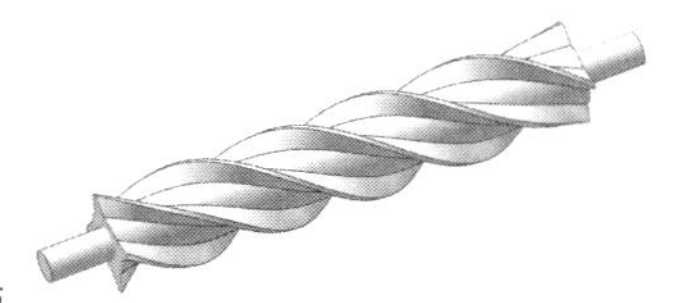

图 8-51 周铣刀

绘制步骤

① 新建文件。启动 SOLIDWORKS 2020，单击“标准”工具栏中的“新建”按钮，或执行“文件”→“新建”菜单命令，在弹出的“新建 SOLIDWORKS 文件”对话框中单击“零件”按钮，然后单击“确定”按钮，新建一个零件文件。

② 设置基准面。在左侧 FeatureManager 设计树中选择“前视基准面”，然后单击“前导视图”工具栏中的“正视于”图标按钮，将该基准面作为绘制图形的基准面。

③ 绘制草图。单击“草图”控制面板中的“圆”图标按钮、“直线”图标按钮和“圆周阵列”图标按钮，绘制如图 8-52 所示的草图并标注尺寸。

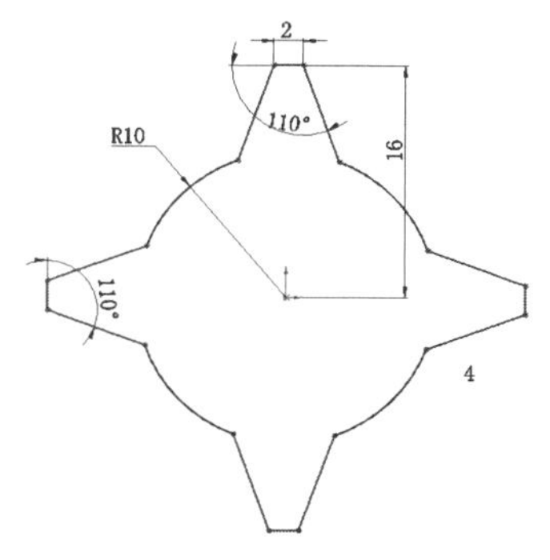

图 8-52 绘制草图

④ 执行“插入”→“参考几何体”→“基准面”菜单命令，或者单击“特征”控制面板“参考几何体”下拉列表中的“基准面”图标按钮，弹出如图 8-53 所示的“基准面”属性管理器。选择“前视基准面”为参考面，输入偏移距离为 30mm，输入基准面数为 5，单击“确定”图标按钮✔，完成基准面的创建，如图 8-54 所示。

⑤ 设置基准面。在左侧 FeatureManager 设计树中选择“基准面 1”，然后单击“前导视图”工具栏中的“正视于”图标按钮，将该基准面作为绘制图形的基准面。

⑥ 绘制草图。单击“草图”控制面板中的“转换实体引用”图标按钮，将草图 1 转换到基准面 1 上。

⑦ 重复上述步骤，在基准面 2～5 上创建草图，如图 8-55 所示。

⑧ 边界曲面。执行“插入”→“曲面”→“边界曲面”菜单命令，或者单击“曲面”

控制面板中的“边界曲面”图标按钮，此时系统弹出如图 8-56 所示的“边界-曲面”属性管理器。选择前面创建的 6 个草图为边界曲面，注意选择边界曲面时，拾取点的顺序，单击属性管理器中的“确定”图标按钮✔，结果如图 8-57 所示。

图 8-53 “基准面”属性管理器

图 8-54 创建基准面

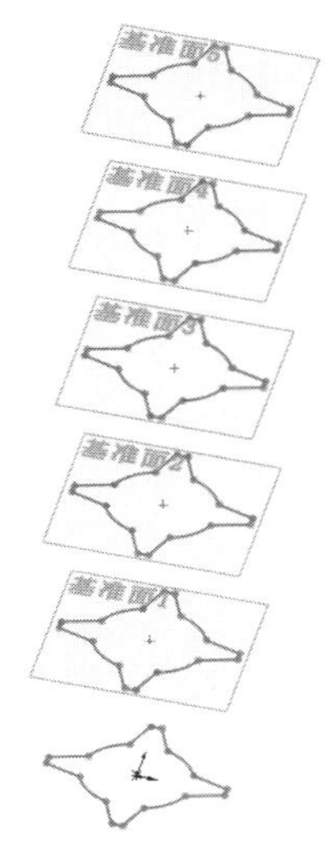

图 8-55 绘制草图

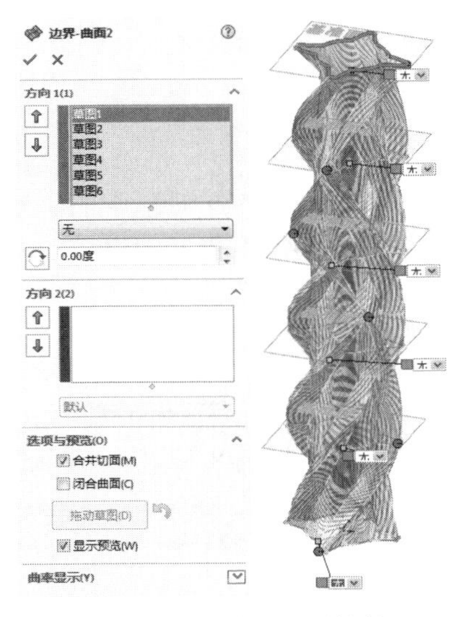

图 8-56 “边界-曲面”属性管理器

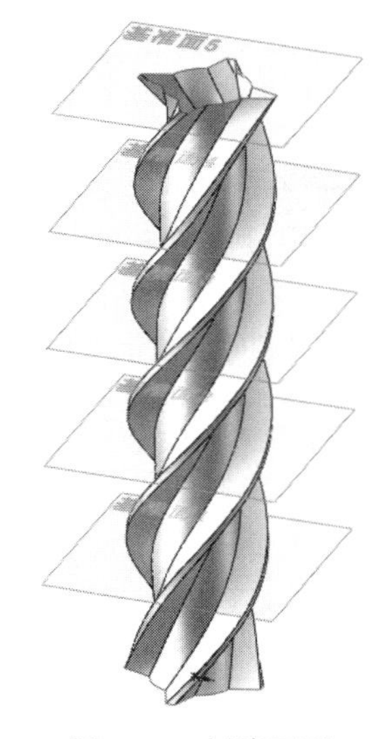

图 8-57 创建刀刃

⑨ 填充曲面。执行“插入”→“曲面”→“填充曲面”菜单命令，或者单击“曲面”控制面板中的“填充曲面”图标按钮，此时系统弹出如图 8-58 所示的“填充曲面”属性管理器。选择边界曲面的边线，单击属性管理器中的“确定”图标按钮✔。重复“填充曲面”命令，在边界曲面的另一端创建填充曲面，如图 8-59 所示。

⑩ 设置基准面。在左侧 FeatureManager 设计树中选择“基准面 5”，然后单击“前导视图”工具栏中的“正视于”图标按钮，将该基准面作为绘制图形的基准面。

⑪ 绘制草图。单击“草图”控制面板中的“圆”图标按钮，在坐标原点处绘制直径为 10 的圆。

⑫ 拉伸曲面。执行“插入”→“曲面”→“拉伸曲面”菜单命令，或者单击“曲面”控制

面板中的“拉伸曲面”图标按钮，此时系统弹出如图 8-60 所示的“曲面-拉伸”属性管理器。选择上步创建的草图，在方向 1 中输入拉伸距离为 20，在方向 2 中输入拉伸距离为 170，并勾选“封底”复选框，单击属性管理器中的“确定”图标按钮，结果如图 8-61 所示。

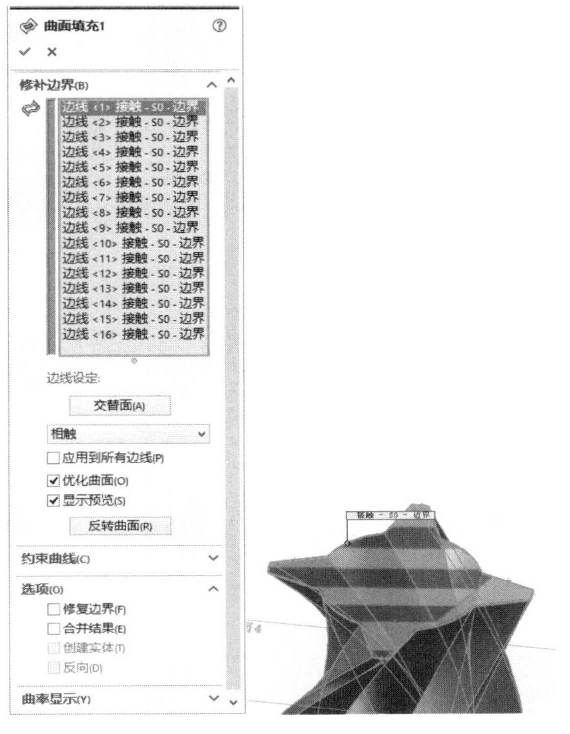

图 8-58 “填充曲面”属性管理器

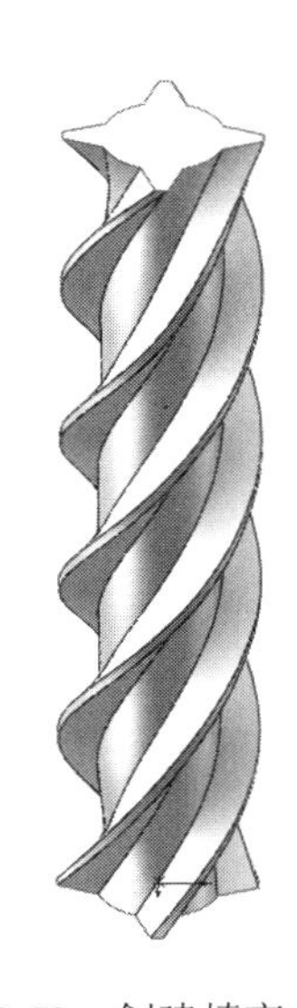

图 8-59 创建填充曲面

图 8-60 “曲面-拉伸”属性管理器

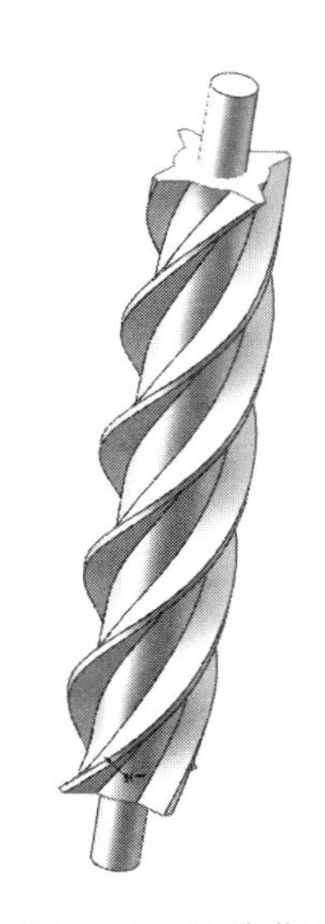

图 8-61 拉伸曲面

8.3 综合实例——足球

足球模型如图 8-62 所示，由五边形球皮和六边形球皮装配而成。绘制该模型使用的命令主要有多边形、扫描实体、抽壳、组合实体等。

8.3.1 绘制基本草图

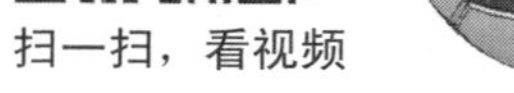

图 8-62 足球模型

（1）新建文件

① 启动软件。执行“开始”→“所有程序”→“SOLIDWORKS 2020”菜单命令，或者单击桌面图标，启动 SOLIDWORKS 2020。

② 创建零件文件。执行“文件”→“新建”菜单命令，或者单击“快速访问”工具栏中的“新建”图标按钮，此时系统弹出如图 8-63 所示的“新建 SOLIDWORKS 文件”对话框，在其中选择“零件”图标按钮，然后单击“确定”按钮，创建一个新的零件文件。

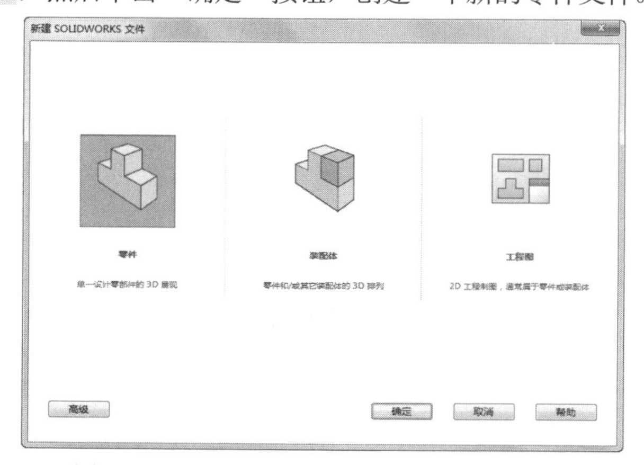

图 8-63 “新建 SOLIDWORKS 文件”对话框

③ 保存文件。执行“文件”→“保存”菜单命令，或者单击“快速访问”工具栏中的“保存”图标按钮，此时系统弹出如图 8-64 所示的“另存为”对话框。在“文件名”一栏中输入“足球基本草图”，然后单击“保存”按钮，创建一个文件名为“足球基本草图”的零件文件。

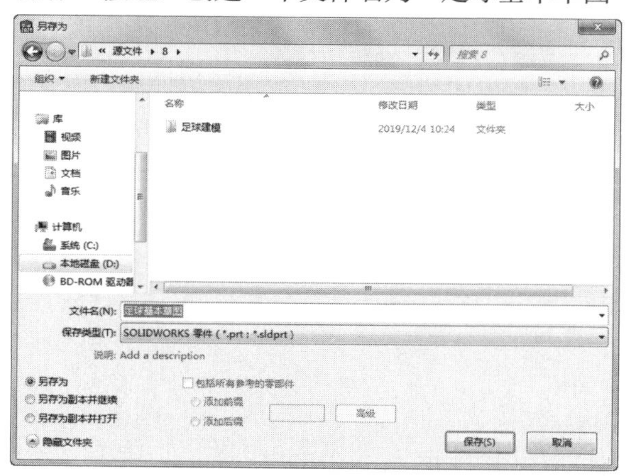

图 8-64 “另存为”对话框

（2）绘制足球辅助草图

① 设置基准面。在左侧 FeatureManager 设计树中用鼠标选择“前视基准面”，然后单击“前导视图”工具栏中的“正视于”图标按钮，将该基准面作为绘制图形的基准面。

② 绘制五边形。执行“工具”→“草图绘制实体”→“多边形”菜单命令，或单击“草图”控制面板中的“多边形”图标按钮，此时系统弹出如图 8-65 所示的“多边形”属性管理器。在“边数”一栏中输入值 5，然后以原点为圆心绘制一个内切圆模式的多边形。单击属性管理器中的“确定”图标按钮，完成五边形的绘制。

③ 标注尺寸。执行“工具”→“尺寸”→“智能尺寸”菜单命令，或者单击单击“草图”控制面板中的“智能尺寸”图标按钮，标注绘制多边形的尺寸，结果如图 8-66 所示，然后退出草图绘制状态。

图 8-65 “多边形”属性管理器

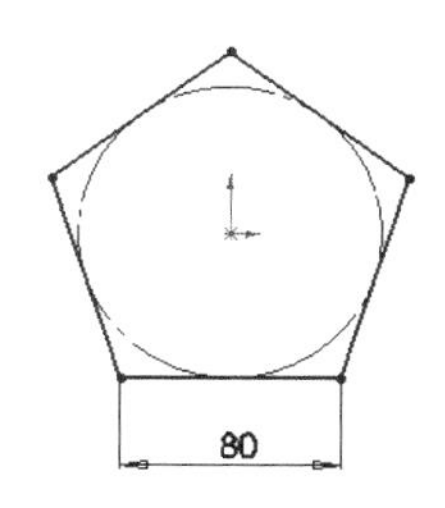

图 8-66 标注尺寸的多边形

④ 设置基准面。在左侧 FeatureManager 设计树中用鼠标选择“前视基准面”，然后单击“前导视图”工具栏中的“正视于”图标按钮，将该基准面作为绘制图形的基准面。

⑤ 绘制六边形。单击“草图”控制面板中的“多边形”图标按钮，此时系统弹出“多边形”属性管理器。在“边数”一栏中输入值 6，在五边形的附近绘制 2 个六边形，如图 8-67 所示。单击属性管理器中的“确定”图标按钮，完成六边形的绘制。

⑥ 添加几何关系。执行“工具”→“关系”→“添加”菜单命令，或者单击“草图”控制面板“显示/删除几何关系”下拉列表中的“添加几何关系”图标按钮，此时系统弹出“添加几何关系”属性管理器。在“所选实体”一栏中，选择图 8-67 中的点 1 和点 2，然后单击“添加几何关系”一栏中的“重合”图标按钮，单击属性管理器中的“确定”图标按钮，点 1 和点 2 设置为“合并”几何关系。重复该命令，将图 8-67 中的点 3 和点 4、点 4 和点 5、点 6 和点 7 设置为“合并”几何关系，结果如图 8-68 所示。

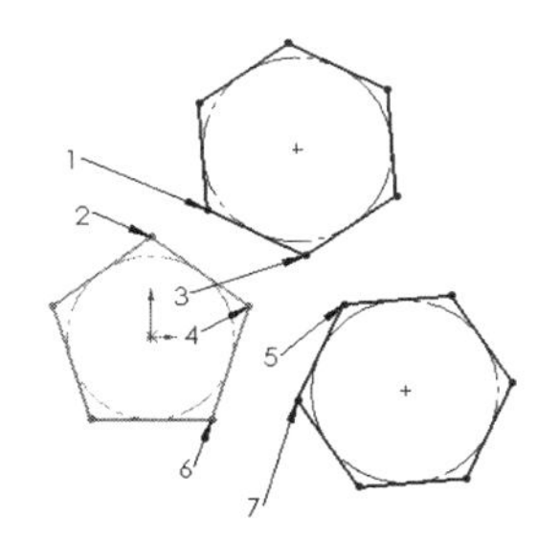

图 8-67 绘制六边形后的草图

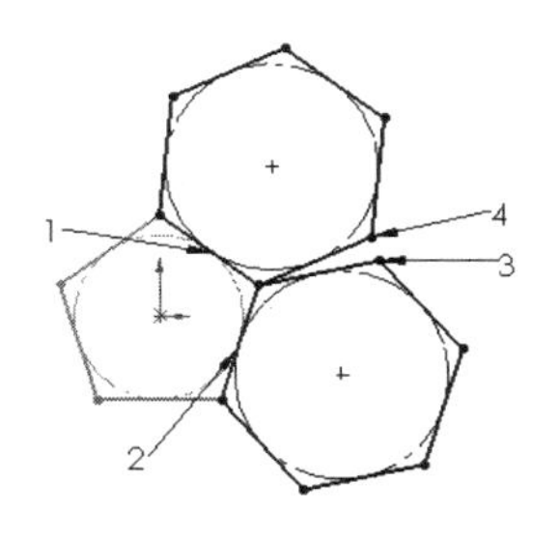

图 8-68 添加几何关系后的草图

技巧荟萃

添加几何关系的目的，一是为了使绘制的六边形和五边形等边长；二是为后续绘制草图做准备。

⑦ 绘制草图。单击“草图”控制面板中的“直线”图标按钮，绘制图 8-68 中直线 1 和直线 2 的延长线，然后绘制点 3 到直线 2 延长线的垂线，点 4 到直线 1 延长线的垂线，结果如图 8-69，然后退出草图绘制状态。

⑧ 设置视图方向。单击“前导视图”工具栏中的“等轴测”图标按钮，将视图以等轴测方向显示。

⑨ 添加基准面。执行“插入”→“参考几何体”→“基准面”菜单命令，或者单击“特征”控制面板“参考几何体”下拉列表中的“基准面”图标按钮，此时系统弹出如图 8-70 所示的“基准面”属性管理器。选择图 8-69 中的直线 1 和垂足 2，单击属性管理器中的“确定”图标按钮，添加一个基准面，结果如图 8-71 所示。

⑩ 设置基准面。在左侧 FeatureManager 设计树中用鼠标选择第⑨步添加的“基准面 1”，然后单击“前导视图”工具栏中的“正视于”图标按钮，将该基准面作为绘制图形的基准面。

⑪ 绘制草图。单击“草图”控制面板中的“圆”图标按钮，以垂足为圆心，以图 8-68 中的点 3 到图 8-68 中直线 2 的垂直距离为半径绘制圆，然后退出草图绘制状态。

⑫ 设置视图方向。单击“前导视图”工具栏中的“等轴测”图标按钮，将视图以等轴测方向显示，结果如图 8-72 所示。

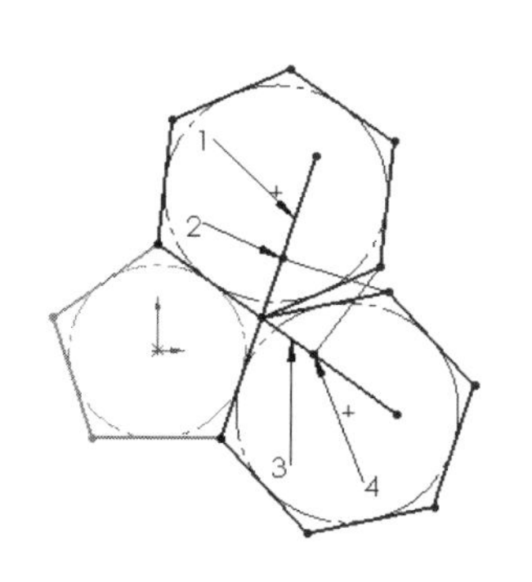

图 8-69 绘制的草图

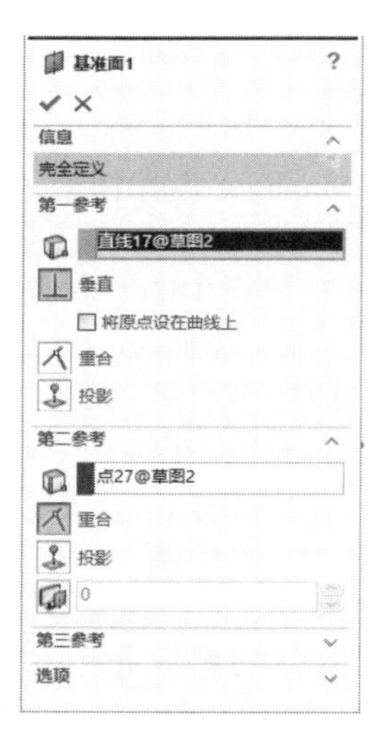

图 8-70 “基准面”属性管理器

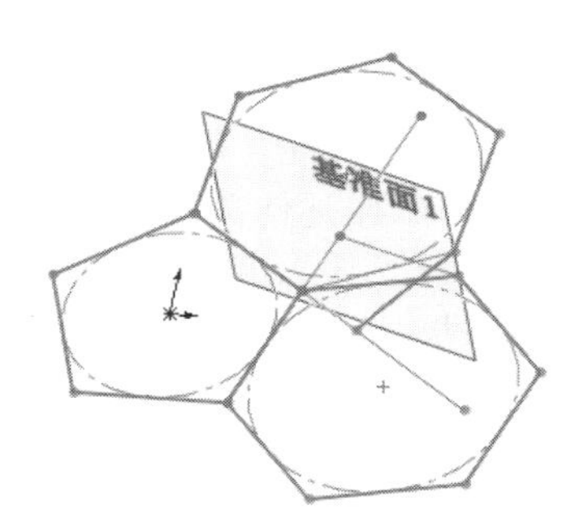

图 8-71 添加基准面后的图形

⑬ 添加基准面。单击“特征”控制面板“参考几何体”下拉列表中的“基准面”图标按钮，此时系统弹出如图 8-73 所示的“基准面”属性管理器。用鼠标选择图 8-69 中的直线 3 和垂足 4，单击属性管理器中的“确定”图标按钮，添加一个基准面，结果如图 8-74 所示。

⑭ 设置基准面。在左侧 FeatureManager 设计树中用鼠标选择第⑬步添加的“基准面 2”，然后单击“前导视图”工具栏中的“正视于”图标按钮，将该基准面作为绘制图形的基准面。

⑮ 绘制草图。单击“草图”控制面板中的“圆”图标按钮，以垂足为圆心，以图 8-68 中的点 4 到图 8-68 中直线 1 的垂直距离为半径绘制圆，然后退出草图绘制状态。

⑯ 设置视图方向。单击“前导视图”工具栏中的“等轴测”图标按钮，将视图以等轴测方向显示，结果如图 8-75 所示。

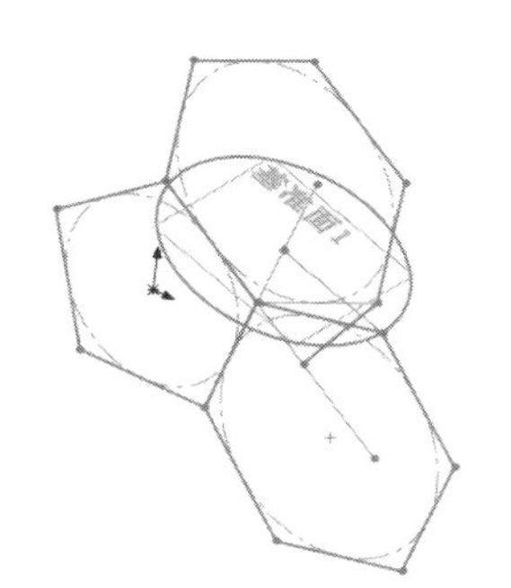

图 8-72 设置视图方向后的图形

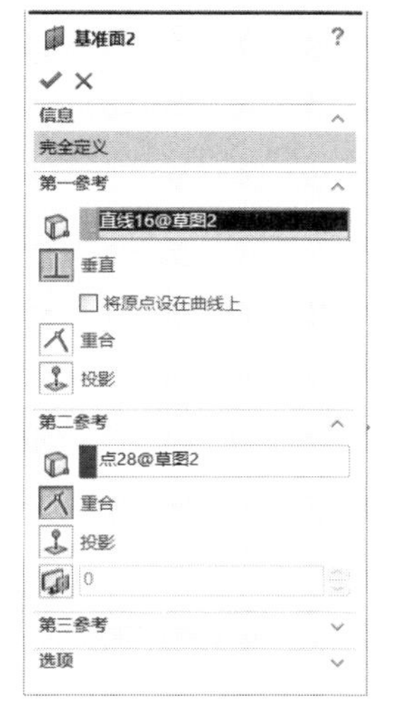

图 8-73 “基准面”属性管理器

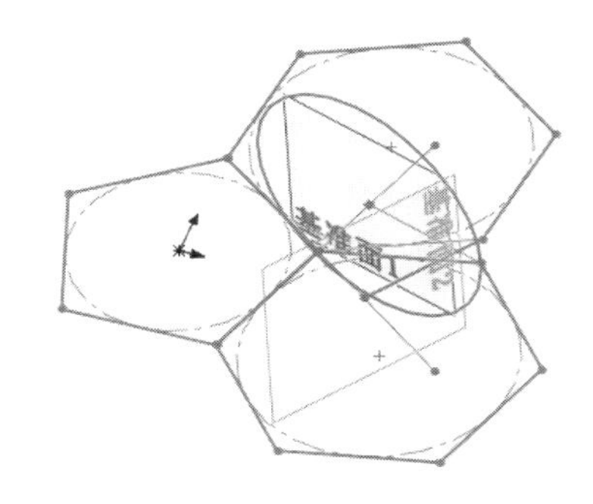

图 8-74 添加基准面后的图形

⑰ 隐藏基准面。按住<Ctrl>键，在 FeatureManager 设计树中选择“基准面 1”和“基准面 2”并右键单击，在系统弹出如图 8-76 的快捷菜单中，选择“隐藏”选项，结果如图 8-77 所示。

⑱ 设置基准面。在左侧 FeatureManager 设计树中用鼠标选择第⑬步添加的“基准面 2”，然后单击“前导视图”工具栏中的“正视于”图标按钮，将该基准面作为绘制图形的基准面。

⑲ 绘制草图。单击“草图”控制面板中的“点”图标按钮 ▫，在如图 8-77 所示的两圆交点 2 处绘制点，然后退出草图绘制状态。

⑳ 设置视图方向。单击“前导视图”工具栏中的“等轴测”图标按钮，将视图以等轴测方向显示，结果如图 8-78 所示。

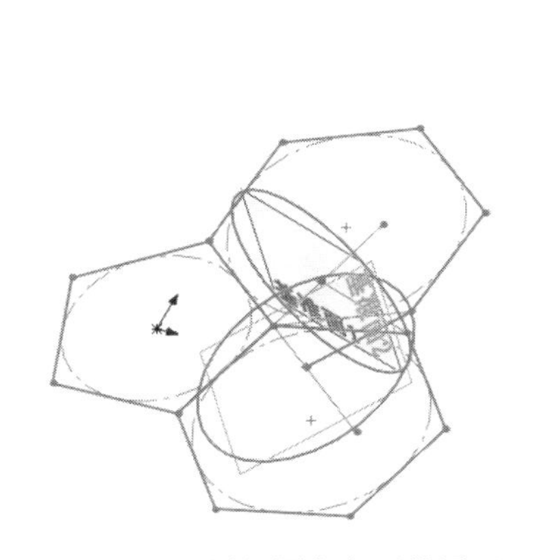

图 8-75 设置视图方向后的图形

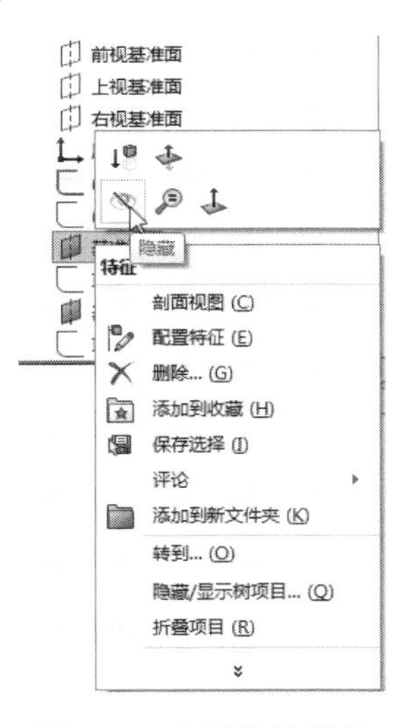

图 8-76 右键快捷菜单

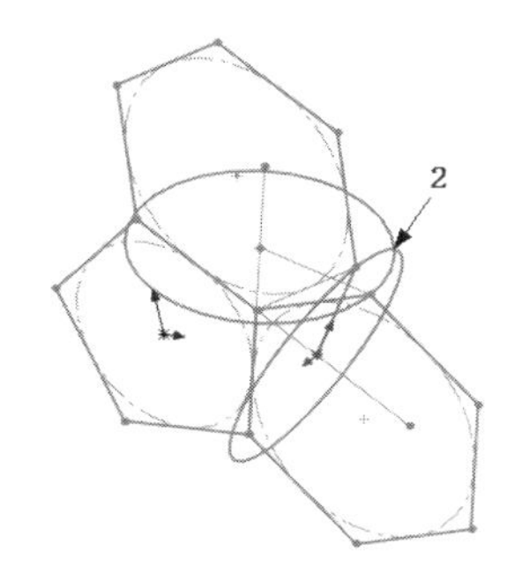

图 8-77 隐藏基准面后的图形

技巧荟萃

足球是由五边形周边环绕六边形组成。前面绘制的草图，都是辅助草图，用于确定五边形可以周边环绕六边形。

（3）绘制足球基本草图

① 添加基准面。单击“特征”控制面板“参考几何体”下拉列表中的“基准面”图标按钮，此时系统弹出如图 8-79 所示的“基准面”属性管理器。选择图 8-78 中的五边形的边线 1 和点。单击属性管理器中的“确定”图标按钮✔，添加一个基准面，结果如图 8-80 所示。

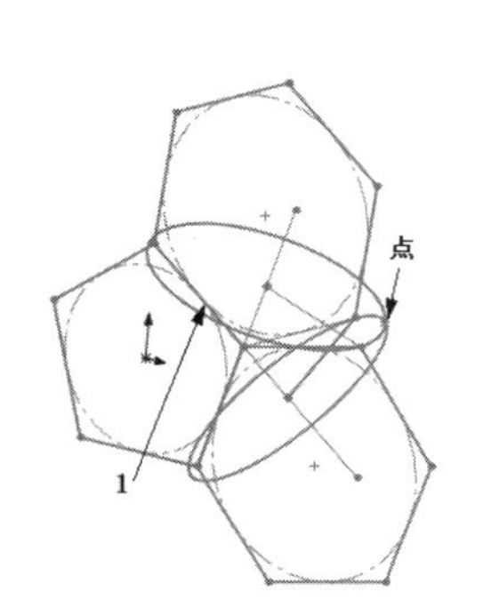

图 8-78 设置视图方向后图形

图 8-79 “基准面”属性管理器

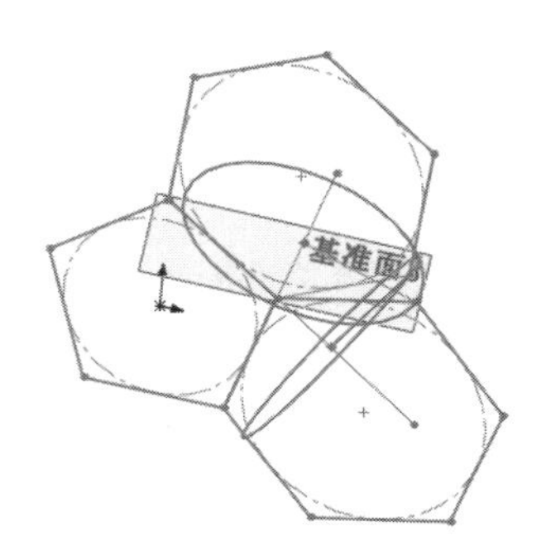

图 8-80 添加基准面后图形

② 隐藏草图。按住<Ctrl>键，在 FeatureManager 设计树中选择“草图 2”“草图 3”“草图 4”和“草图 5”并右键单击，在系统弹出如图 8-81 的快捷菜单中，选择“隐藏”选项，结果如图 8-82 所示。

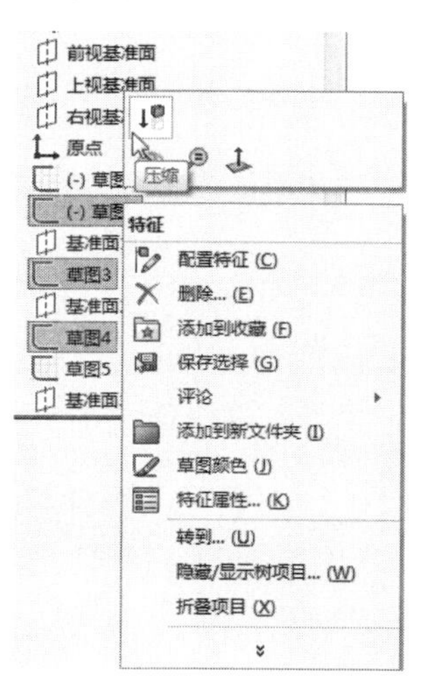

图 8-81 右键快捷菜单

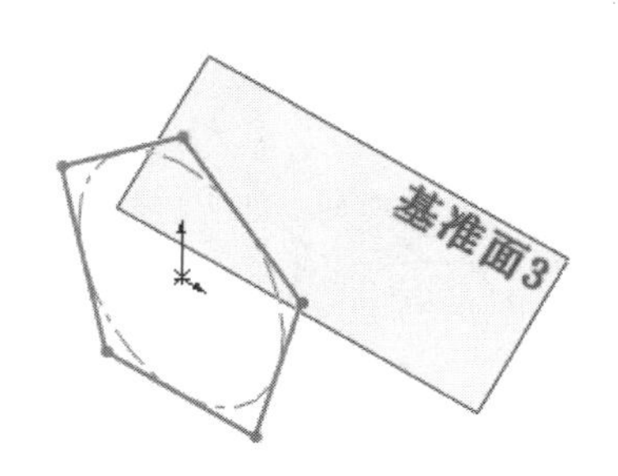

图 8-82 隐藏草图后的图形

③ 设置基准面。在左侧 FeatureManager 设计树中选择“基准面 3”，然后单击“前导视

图”工具栏中的“正视于”图标按钮，将该基准面作为绘制图形的基准面。

④ 绘制六边形。单击“草图”控制面板中的“多边形”图标按钮，此时系统弹出“多边形”属性管理器。在“边数”一栏中输入值 6，在五边形的附近绘制一个六边形，如图 8-83 所示。单击属性管理器中的“确定”图标按钮，完成六边形的绘制。

⑤ 添加几何关系。单击“草图”控制面板“显示/删除几何关系”中的“添加几何关系”图标按钮，此时系统弹出“添加几何关系”属性管理器。在“所选实体”一栏中，选择图 8-83 中的点 1 和点 2，然后单击“添加几何关系”一栏中的“重合”图标按钮，此时“重合”出现在“现有几何关系”一栏中。单击属性管理器中的“确定”图标按钮，点 1 和点 2 设置为“重合”几何关系。重复该命令，将图 8-83 中的点 3 和点 4 设置为“重合”几何关系，结果如图 8-84 所示。

⑥ 绘制草图。单击“草图”控制面板中的“中心线”图标按钮，绘制图 8-84 中六边形内切圆的圆心到和五边形公共边的垂线，结果如图 8-85 所示，然后退出草图绘制状态。

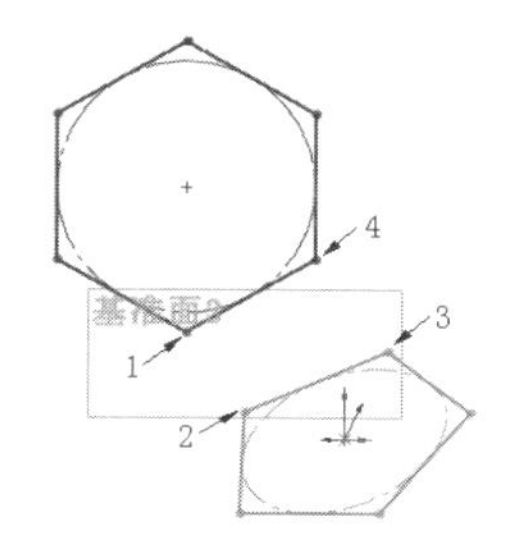

图 8-83 绘制六边形后的图形

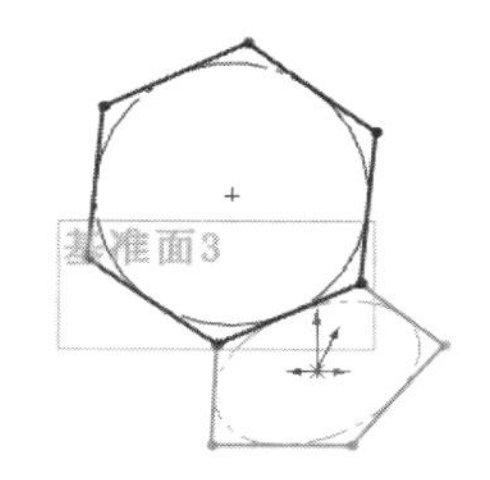

图 8-84 添加几何关系后的图形

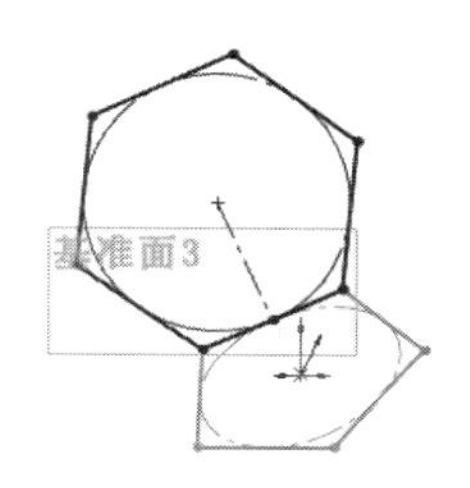

图 8-85 绘制中心线后的图形

⑦ 添加基准面。单击“特征”控制面板“参考几何体”下拉列表中的“基准面”图标按钮，此时系统弹出如图 8-86 所示的“基准面”属性管理器。在属性管理器的“选择”一栏中选择图 8-85 中的中心线和五边形内切圆的圆心，单击属性管理器中的“确定”图标按钮，添加一个基准面。

⑧ 设置视图方向。单击“前导视图”工具栏中的“等轴测”图标，将视图以等轴测方向显示，结果如图 8-87 所示。

⑨ 设置基准面。在左侧 FeatureManager 设计树中选择“基准面 4”，然后单击“前导视图”工具栏中的“正视于”图标按钮，将该基准面作为绘制图形的基准面。

⑩ 绘制草图。单击“草图”控制面板中的“直线”图标按钮，绘制通过五边形内切圆的圆心并垂直于五边形的直线，绘制通过六边形内切圆的圆心并垂直于六边形的直线，然后绘制两直线的交点到公共边线中点的连线，然后退出草图绘制状态。

⑪ 设置视图方向。按住鼠标中键，出现“旋转”图标按钮，将视图以合适的方向显示，结果如图 8-88 所示。

⑫ 创建五边形路径。在左侧 FeatureManager 设计树中选择“基准面 4”，然后单击“草图”控制面板中的“草图绘制”图标按钮，进入草图绘制状态。选择图 8-88 中的直线 1，即 FeatureManager 设计树中“草图 6”中的直线 1，单击“草图”控制面板中的“转换实体引用”图标按钮，将直线 1 转换为一个独立的草图，然后退出草图绘制状态。在 FeatureManager 设计树中产生“草图 8”，该草图作为五边形的路径。

⑬ 创建六边形路径。在左侧 FeatureManager 设计树中选择“基准面 4”，然后单击“草图”控制面板中的“草图绘制”图标按钮，进入草图绘制状态。选择图 8-88 中的直线 3，即 FeatureManager 设计树中“草图 6”中的直线 3，单击“草图”控制面板中的“转换实体

引用”图标按钮，将直线 3 转换为一个独立的草图，然后退出草图绘制状态。在 FeatureManager 设计树中产生“草图 9”，该草图作为六边形的路径。

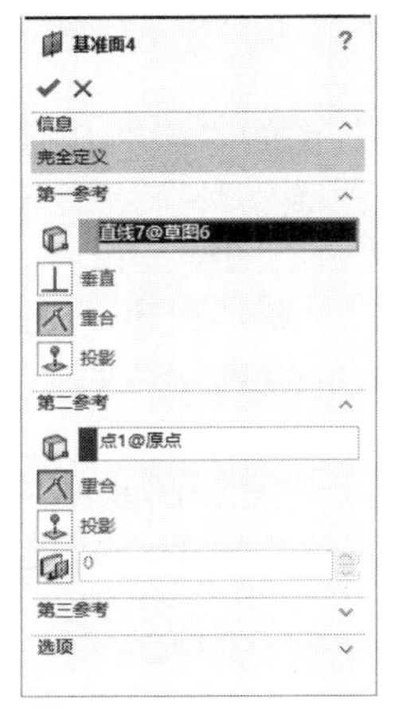

图 8-86 “基准面”属性管理器

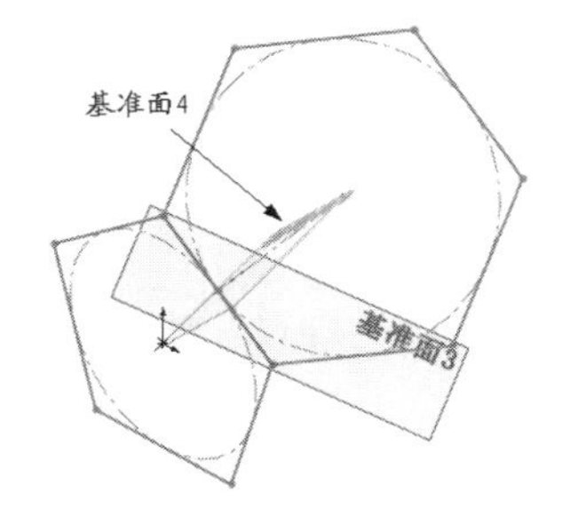

图 8-87 等轴测视图

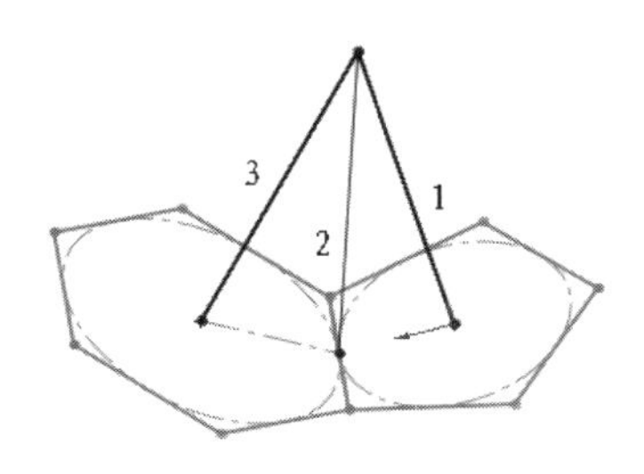

图 8-88 设置视图方向后的图形

⑭ 创建引导线。在左侧 FeatureManager 设计树中选择“基准面 4”，然后单击“草图”控制面板中的“草图绘制”图标按钮，进入草图绘制状态。选择图 8-88 中的直线 2，即 FeatureManager 设计树中“草图 6”中的直线 2，单击“草图”控制面板中的“转换实体引用”图标按钮，将直线 2 转换为一个独立的草图，然后退出草图绘制状态。在 FeatureManager 设计树中产生“草图 10”，该草图作为引导线。

技巧荟萃

在执行转换实体引用命令时，一般有比较严格的步骤，通常是先确定基准面，然后选择要转换模型或者草图的边线，然后执行命令，最后退出草图绘制状态。

⑮ 隐藏基准面。按住<Ctrl>键，在 FeatureManager 设计树中选择“基准面 3”“基准面 4”并右键单击，在系统弹出如图 8-89 的快捷菜单中，选择“隐藏”选项，结果如图 8-90 所示。

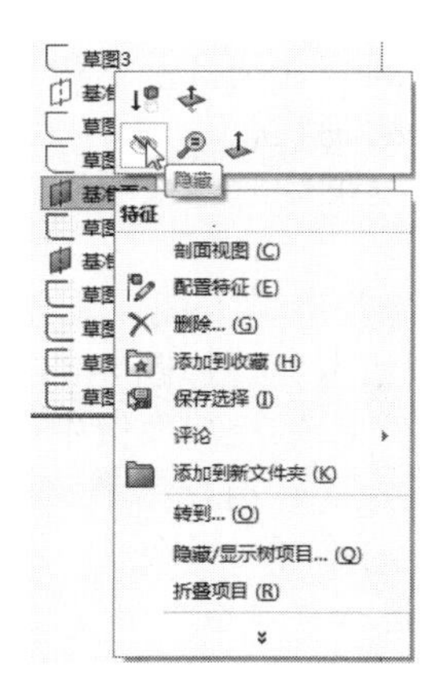

图 8-89 右键快捷菜单

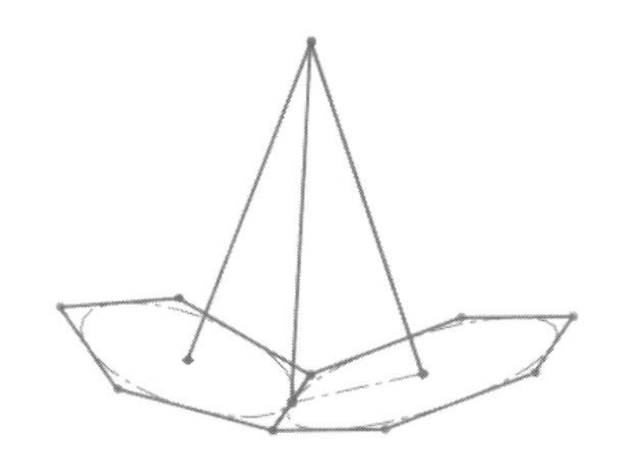

图 8-90 隐藏基准面和草图后的图形

足球基本草图及其 FeatureManager 设计树如图 8-91 所示。

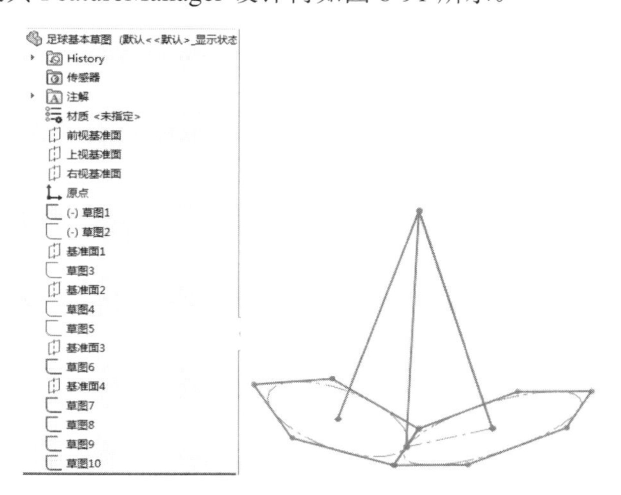

图 8-91 足球基本草图及其 FeatureManager 设计树

8.3.2 绘制五边形球皮

扫一扫，看视频

（1）新建文件

① 打开文件。执行“文件”→“打开”菜单命令，或者单击“快速访问”工具栏中的“打开”图标按钮，打开上一节绘制的“足球基本草图.sldprt”文件。

② 另存为文件。执行“文件”→“另存为”菜单命令，此时系统弹出“另存为”对话框，在“文件名”一栏中输入“五边形球皮”，然后单击“保存”按钮。此时图形如图 8-92 所示。

（2）绘制五边形球皮

① 扫描实体。执行“插入”→“凸台/基体”→“扫描”菜单命令，或者单击“特征”控制面板中的“扫描”图标按钮，此时系统弹出如图 8-93 所示的“扫描”属性管理器。在“轮廓”一栏中，用鼠标选择图 8-92 中的正五边形；在“路径”一栏中，用鼠标选择图 8-92 中的直线 1；在“引导线”一栏中用鼠标选择图 8-92 中的直线 2；取消勾选“合并平滑的面”选项，此时视图如图 8-94 所示。单击属性管理器中的“确定”图标按钮✔，完成实体扫描，结果如图 8-95 所示。

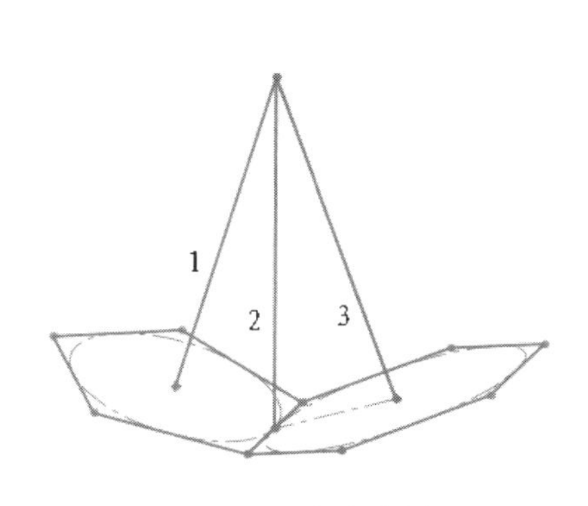

图 8-92 另存为的图形

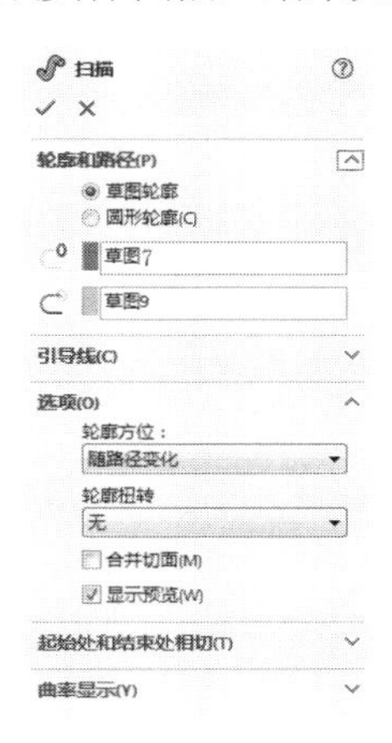

图 8-93 “扫描”属性管理器

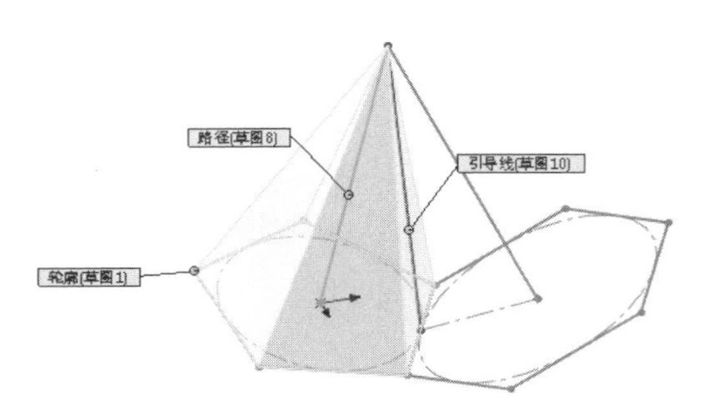

图 8-94　扫描预览视图

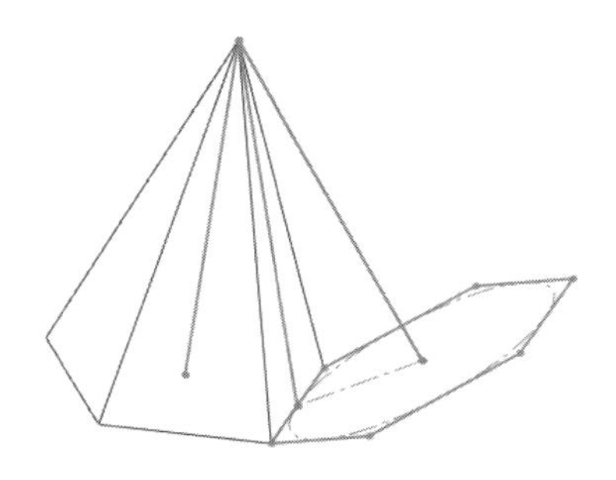

图 8-95　扫描后的图形

技巧荟萃

从图 8-93 中可以看出，在扫描实体时，路径和引导线分别是独立的草图，路径是草图 7，引导线是草图 9。如果在 FeatureManager 设计树中不隐藏草图 6，则选择路径和引导线时可能选择不到草图 7 和草图 9，而产生错误。

② 设置基准面。在左侧 FeatureManager 设计树中选择“基准面 4”，然后单击“前导视图”工具栏中的“正视于”图标按钮，将该基准面作为绘制图形的基准面。

③ 绘制草图。单击“草图”控制面板中的“直线”图标按钮和“圆”图标按钮，绘制如图 8-96 所示的草图并标注尺寸。

④ 剪裁草图实体。执行“工具”→“草图工具”→“剪裁”菜单命令，或者单击“草图”控制面板中的“剪裁实体”图标按钮，此时系统弹出如图 8-97 所示“剪裁”属性管理器，单击其中的“剪裁到最近端”图标按钮，然后单击图 8-96 两直线外的圆弧处，即 3/4 圆弧处。单击属性管理器中的“确定”图标按钮，完成草图实体剪裁，结果如图 8-98 所示。

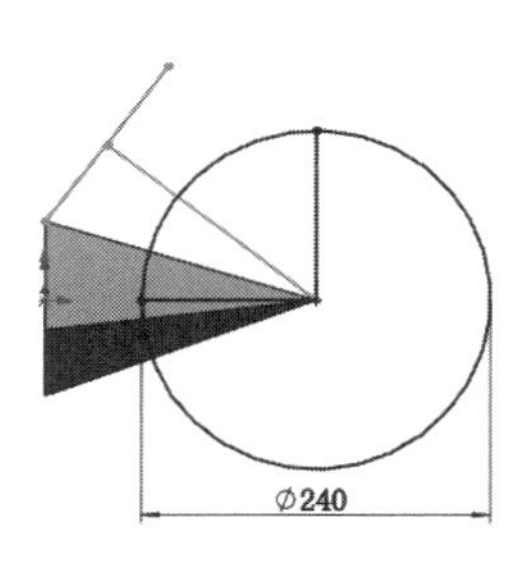

图 8-96　绘制的草图

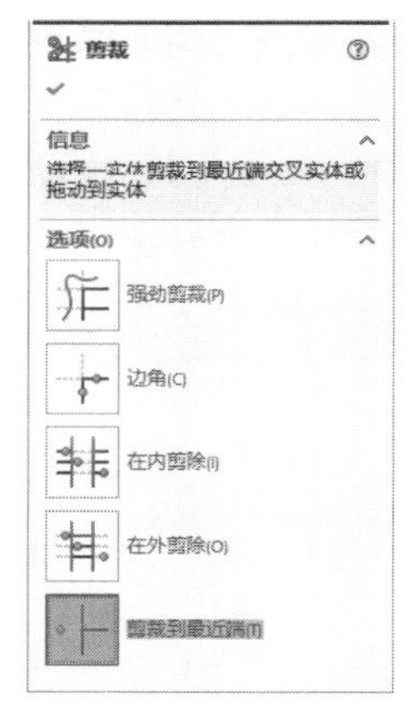

图 8-97　“剪裁”属性管理器

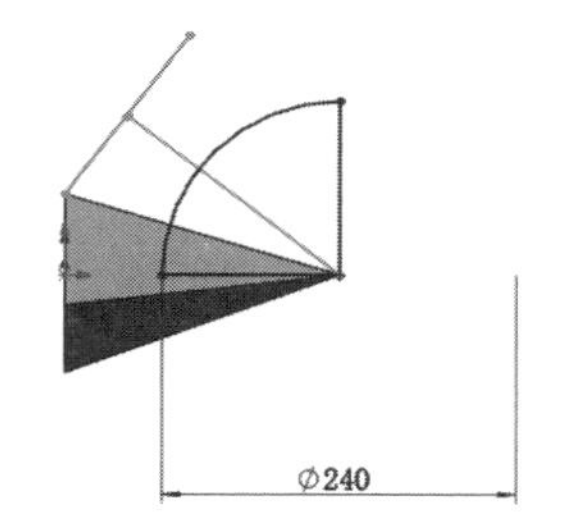

图 8-98　剪裁草图后的图形

⑤ 旋转实体。执行“插入”→“凸台/基体”→“旋转”菜单命令，或者单击“特征”控制面板中的“旋转凸台/基体”图标按钮，此时系统弹出“旋转”属性管理器。在“旋转轴”一栏中，用鼠标选择图 8-96 中的水平直线；取消勾选“合并结果”选项，其他设置如图 8-99 所示。单击属性管理器中的“确定”图标按钮，完成实体旋转。

技巧荟萃

在执行旋转实体命令时，必须取消勾选“合并结果”选项，否则旋转实体将与扫描实体合并，在下面执行抽壳命令时，得不到需要的结果。

⑥ 设置视图方向。按住鼠标中键，出现“旋转”图标按钮，将视图以合适的方向显示，结果如图 8-100 所示。

⑦ 抽壳实体。执行“插入”→“特征”→“抽壳”菜单命令，或者单击“特征”控制面板中的“抽壳”图标按钮，此时系统弹出如图 8-101 所示的“抽壳”属性管理器。在“参数”一栏中输入值 10mm；在“移除的面”一栏中，用鼠标选择图 8-100 中的面 1。单击属性管理器中的“确定”图标按钮，完成实体抽壳，结果如图 8-102 所示。

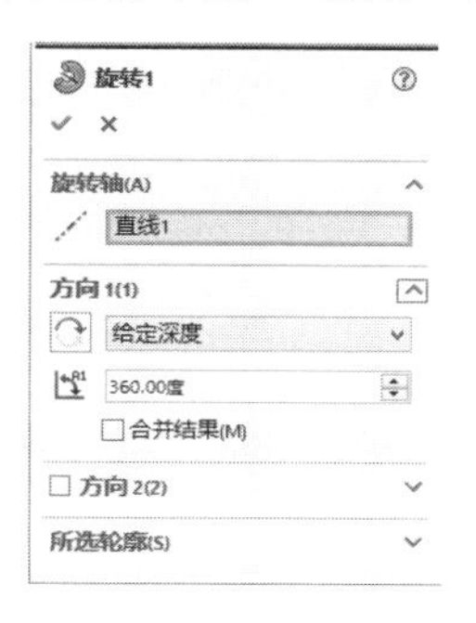

图 8-99 “旋转”属性管理器

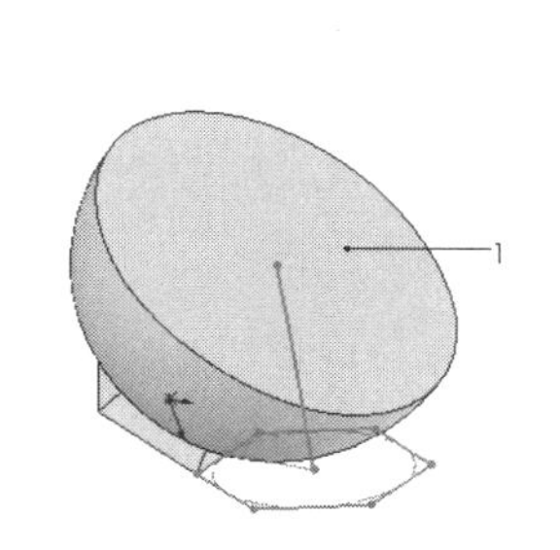

图 8-100 旋转实体后的图形

图 8-101 “抽壳”属性管理器

⑧ 组合实体。执行“插入”→“特征”→“组合”菜单命令，此时系统弹出如图 8-103 所示的“组合”属性管理器。在“操作类型”一栏中，点选“共同”选项；在“要组合的实体”一栏中，用鼠标选择视图中扫描实体和旋转实体。单击属性管理器中的“确定”图标按钮，完成组合实体，结果如图 8-104 所示。

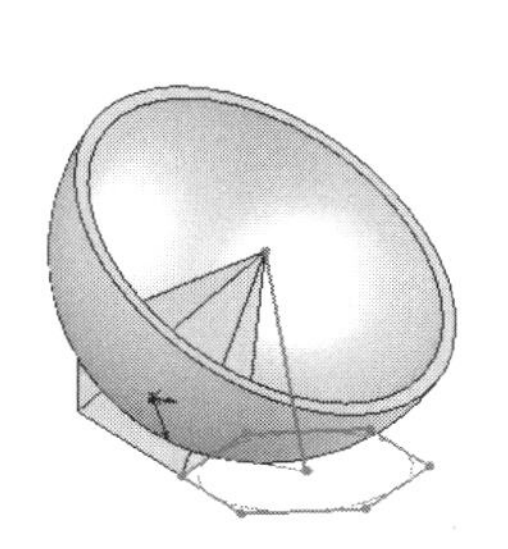

图 8-102 抽壳实体后的图形

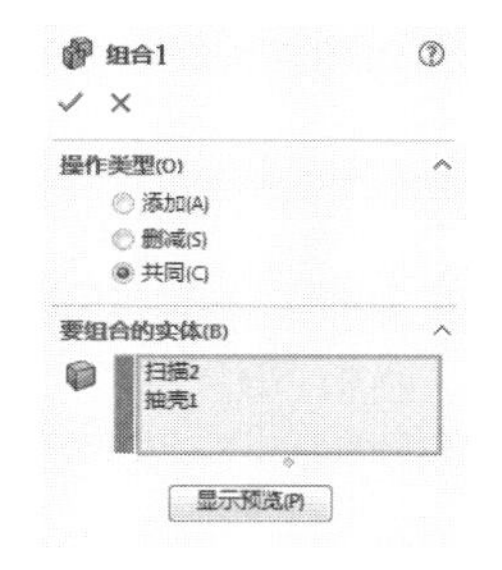

图 8-103 “组合”属性管理器

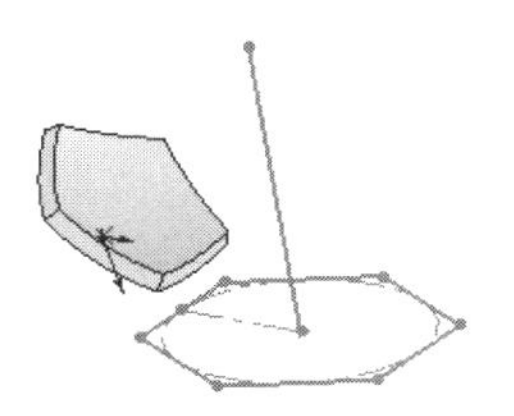

图 8-104 组合实体后的图形

⑨ 取消草图显示。执行“视图”→“隐藏/显示（H）”→“草图”菜单命令，取消视图中草图的显示。

⑩ 设置视图方向。单击“前导视图”工具栏中的“等轴测”图标按钮，将视图以等轴测方向显示，结果如图 8-105 所示。

⑪ 圆角实体。执行“插入”→“特征”→“圆角”菜单命令，或者单击“特征”控制面板中的“圆角”图标按钮，此时系统弹出如图 8-106 所示的“圆角”属性管理器。在“圆角类型”一栏中，点选“恒定大小圆角”按钮；在“半径”一栏中输入值 4mm；在“边、

线、面、特征和环”一栏中，用鼠标选择图 8-105 中表面 1 的 5 条边线。单击属性管理器中的“确定”图标按钮✔，完成圆角处理，结果如图 8-107 所示。

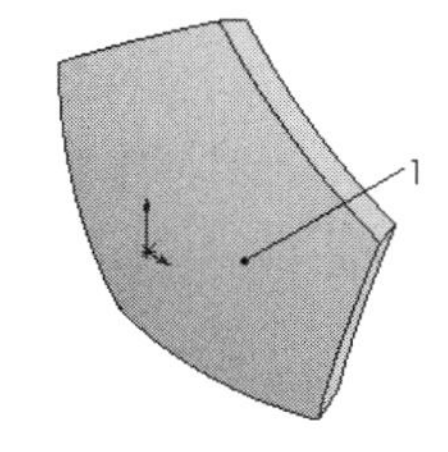

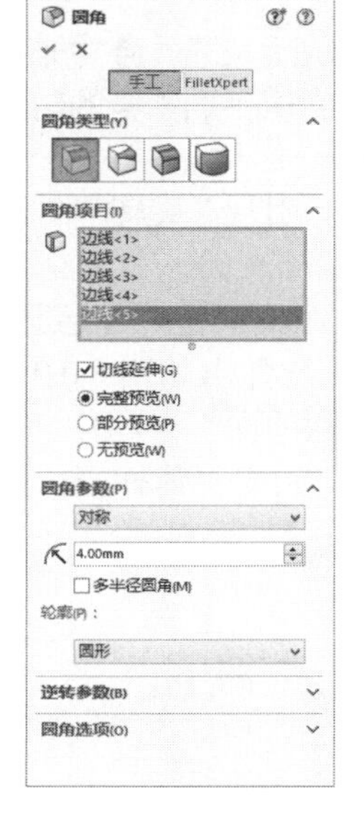

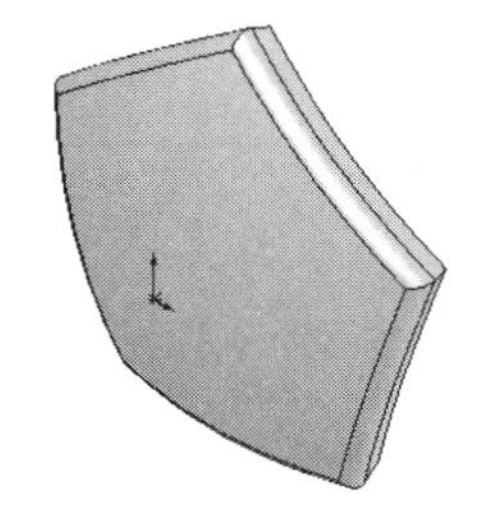

图 8-105　设置视图方向后的图形　　图 8-106　“圆角”属性管理器　　图 8-107　圆角后的图形

五边形球皮模型及其 FeatureManager 设计树如图 8-108 所示。

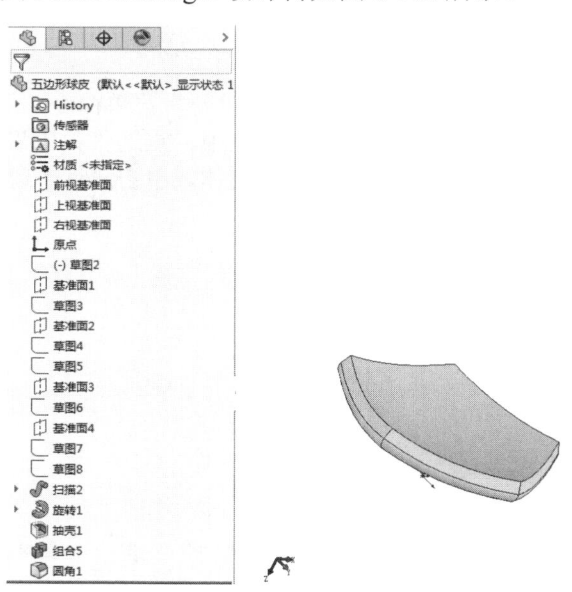

图 8-108　五边形球皮及其 FeatureManager 设计树

8.3.3 绘制六边形球皮

扫一扫，看视频

（1）新建文件

① 打开文件。执行“文件”→“打开”菜单命令，或者单击“快速访问”工具栏中的“打开”图标按钮，打开绘制的“足球基本草图.sldprt”

文件。

② 另存为文件。执行“文件”→“另存为”菜单命令，此时系统弹出“另存为”对话框，在“文件名”一栏中输入“六边形球皮”，然后单击“保存”按钮，创建一个文件名为“六边形球皮”的零件文件。此时图形如图 8-109 所示。

（2）绘制六边形球皮

① 扫描实体。执行“插入”→“凸台/基体”→“扫描”菜单命令，或者单击“特征”控制面板中的“扫描”图标按钮，此时系统弹出如图 8-110 所示的“扫描”属性管理器。在“轮廓”一栏中，用鼠标选择图 8-109 中的正六边形；在“路径”一栏中，用鼠标选择图 8-109 中的直线 3；在“引导线”一栏中用鼠标选择图 8-109 中的直线 2；取消勾选“合并平滑的面”选项，此时视图如图 8-111 所示。单击属性管理器中的“确定”图标按钮，完成实体扫描，结果如图 8-112 所示。

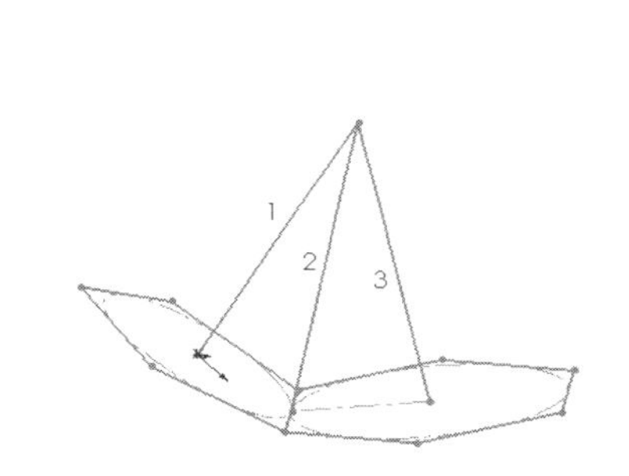

图 8-109　另存为的图形

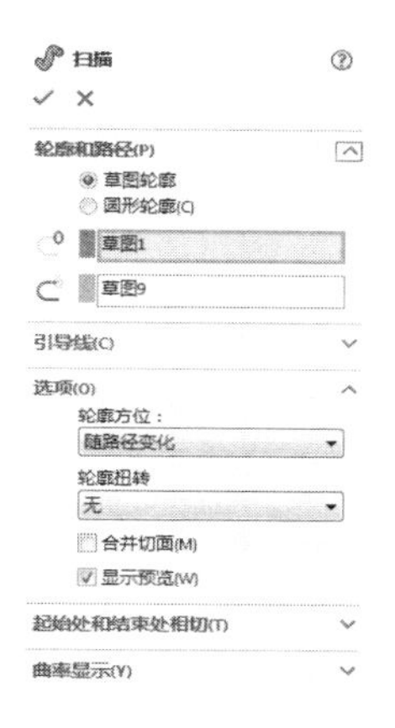

图 8-110　“扫描”属性管理器

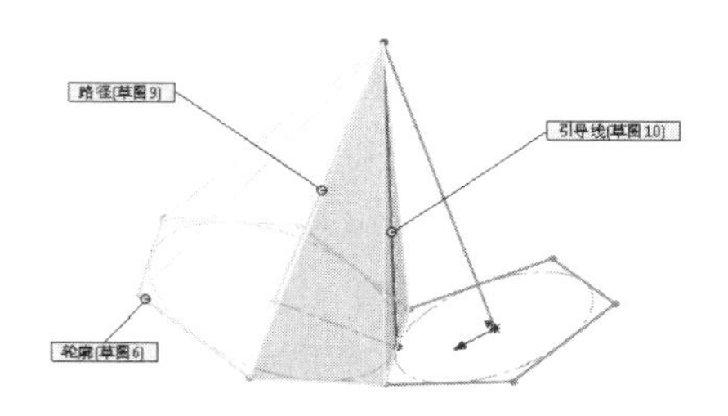

图 8-111　扫描预览视图

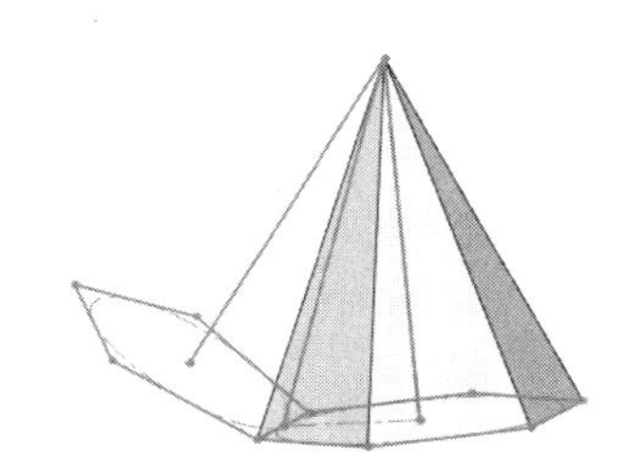

图 8-112　扫描实体后的图形

② 设置基准面。在左侧 FeatureManager 设计树中选择“基准面 4”，然后单击“前导视图”工具栏中的“正视于”图标按钮，将该基准面作为绘制图形的基准面。

③ 绘制草图。单击“草图”控制面板中的“直线”图标按钮和“圆”图标按钮，绘制如图 8-113 所示的草图并标注尺寸。

④ 剪裁草图实体。执行“工具”→“草图绘制工具”→“剪裁”菜单命令，或者单击“草图”控制面板中的“剪裁实体”图标按钮，此时系统弹出如图 8-114 所示“剪裁”属性管理器，单击“剪裁到最近端”图标按钮，然后单击图 8-113 中 3/4 圆弧处。单击属性管理器中的“确定”图标按钮，完成草图实体剪裁，结果如图 8-115 所示。

⑤ 旋转实体。执行“插入”→“凸台/基体”→“旋转”菜单命令，或者单击“特征”控制面板中的“旋转凸台/基体”图标按钮，此时系统弹出“旋转”属性管理器。在“旋

转轴”一栏中，用鼠标选择图 8-115 中的直线 1；取消勾选“合并结果”选项，其他设置如图 8-116 所示。单击属性管理器中的“确定”图标按钮✔，完成实体旋转。将视图以合适的方向显示，结果如图 8-117 所示。

⑥ 取消草图显示。执行“视图”→“隐藏/显示（H）”→“草图”菜单命令，取消视图中草图的显示，结果如图 8-118 所示。

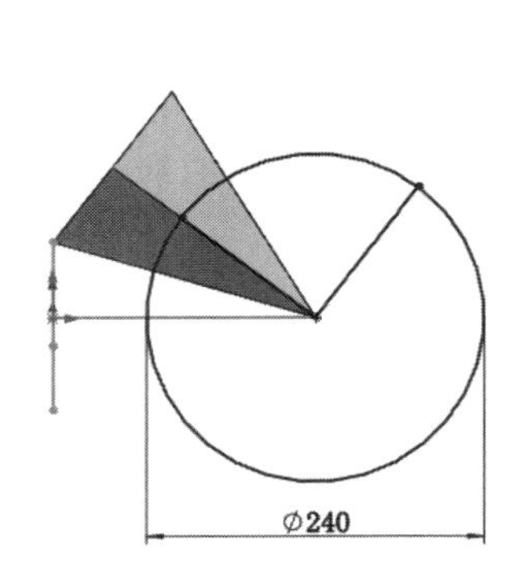

图 8-113 绘制的草图

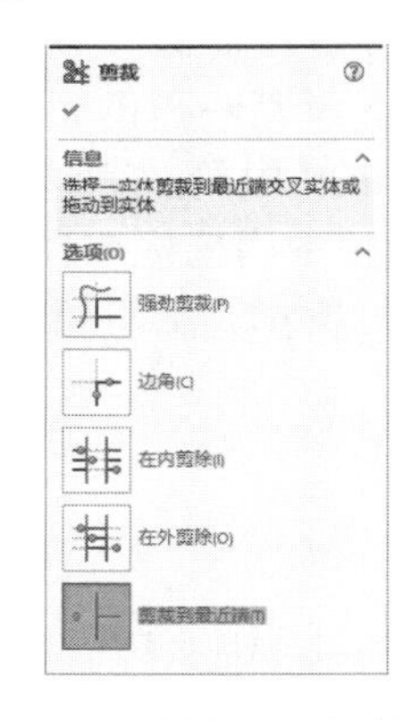

图 8-114 “剪裁”属性管理器

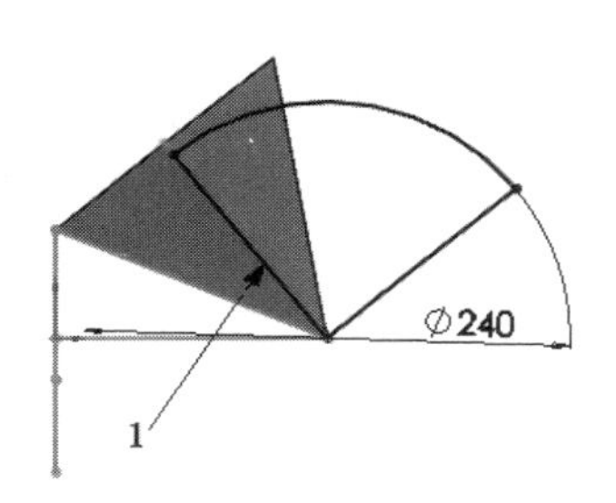

图 8-115 剪裁草图后的图形

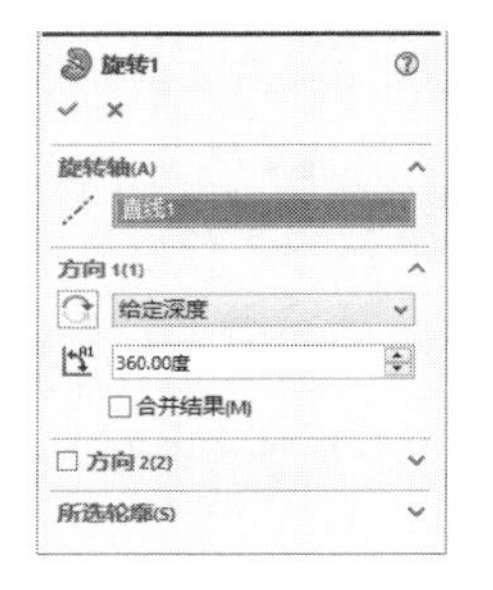

图 8-116 “旋转”属性管理器

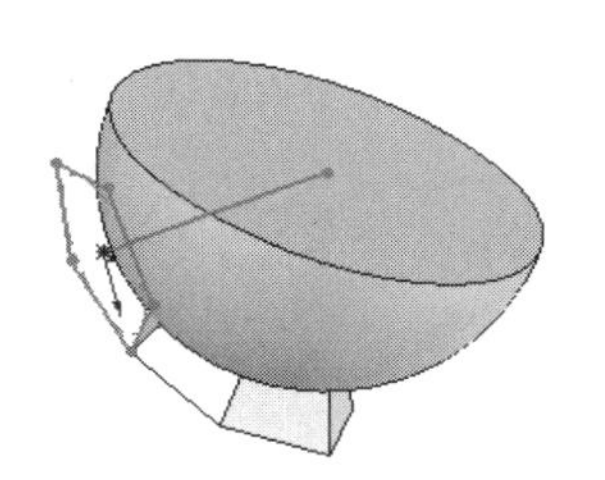

图 8-117 旋转实体后的图形

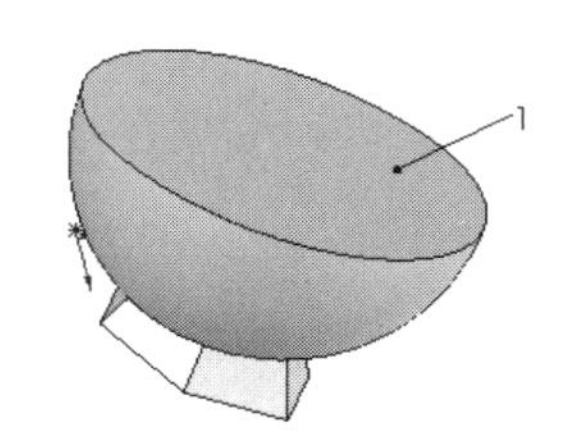

图 8-118 取消草图显示后的图形

⑦ 抽壳实体。执行“插入”→“特征”→“抽壳”菜单命令，或者单击“特征”控制面板中的“抽壳”图标按钮，此时系统弹出如图 8-119 所示的“抽壳”属性管理器。在“厚度”一栏中输入值 10mm；在“移除的面”一栏中，用鼠标选择图 8-118 中的面 1。单击属性管理器中的“确定”图标按钮✔，完成实体抽壳，结果如图 8-120 所示。

图 8-119 “抽壳”属性管理器

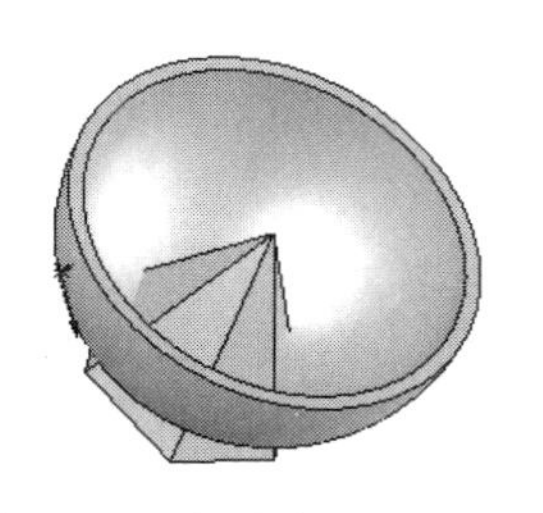

图 8-120 抽壳实体后的图形

⑧ 组合实体。执行“插入”→“特征”→“组合”菜单命令，此时系统弹出如图 8-121 所示的“组合”属性管理器。在“操作类型”一栏中，点选“共同”选项；在“要组合的实体”一栏中，用鼠标选择视图中扫描实体和旋转实体。单击属性管理器中的“确定”图标按钮✔，完成组合实体。将视图以合适的方向显示，结果如图 8-122 所示。

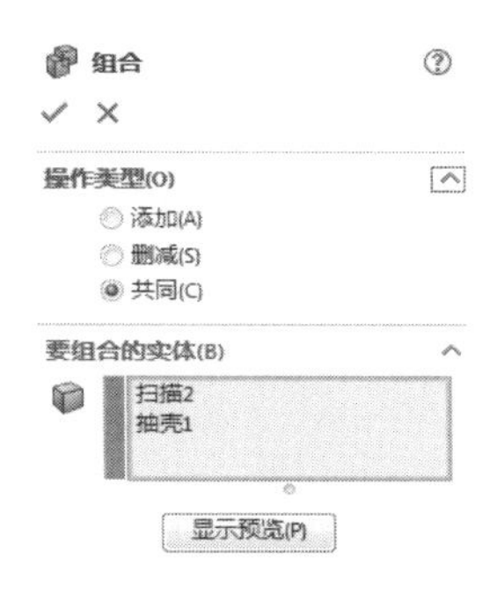

图 8-121 “组合”属性管理器

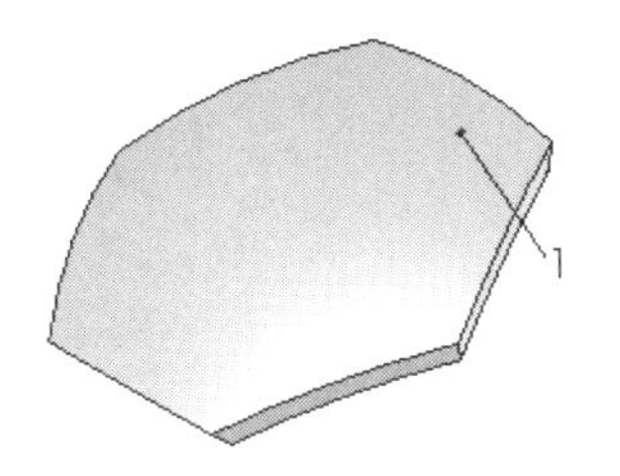

图 8-122 组合实体后的图形

⑨ 圆角实体。执行“插入”→“特征”→“圆角”菜单命令，或者单击“特征”控制面板中的“圆角”图标按钮，此时系统弹出如图 8-123 所示的“圆角”属性管理器。在“圆角类型”一栏中，点选“恒定大小圆角”按钮；在“半径”一栏中输入值 4mm；在“边、线、面、特征和环”一栏中，用鼠标选择图 8-122 中表面 1 的 6 条边线。单击属性管理器中的“确定”图标按钮✔，完成圆角处理，结果如图 8-124 所示。

⑩ 设置视图方向。按住鼠标中键拖动视图，将视图以合适的方向显示，结果如图 8-125 所示。

六边形球皮模型及其 FeatureManager 设计树如图 8-126 所示。

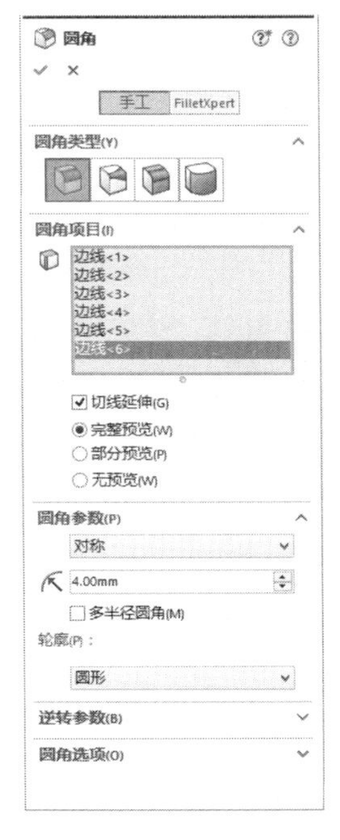

图 8-123 “圆角”属性管理器

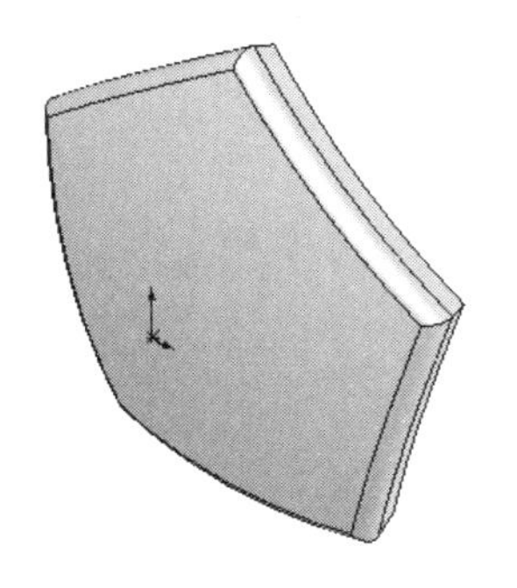

图 8-124 圆角后的图形

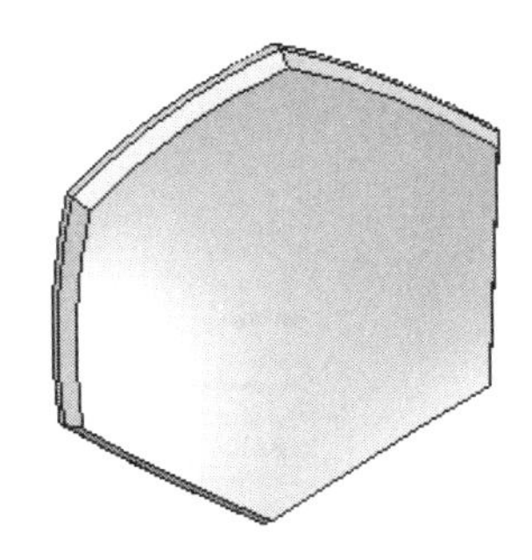

图 8-125 设置视图方向后的图形

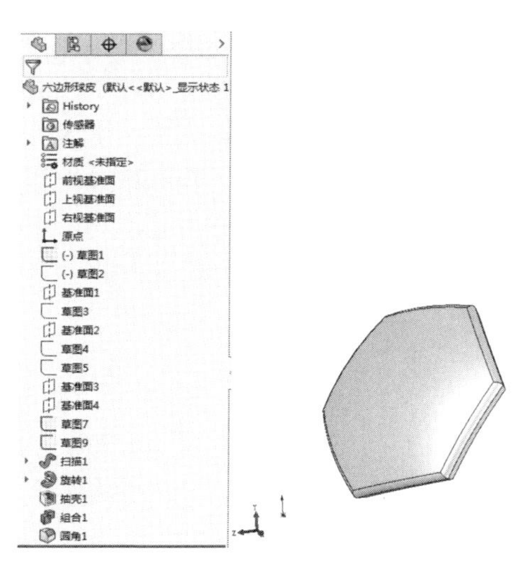

图 8-126　六边形球皮模型及其 FeatureManager 设计树

8.3.4 绘制足球装配体

扫一扫，看视频

（1）新建文件

① 创建装配体文件。执行“文件”→“新建”菜单命令，或者单击“快速访问”工具栏中的“新建”图标，此时系统弹出“新建 SOLIDWORKS 文件”对话框，在其中选择“装配体”图标，然后单击“确定”按钮，创建一个新的装配体文件。

② 保存文件。执行“文件”→“保存”菜单命令，或者单击“快速访问”工具栏中的“新建”图标，此时系统弹出“另存为”对话框。在“文件名”一栏中输入“足球装配体”，然后单击“保存”按钮，创建一个文件名为“足球装配体”的装配文件。

（2）绘制足球装配体

① 插入五边形球皮。执行“插入”→“零部件”→“现有零件/装配体”菜单命令，或者单击“装配体”控制面板中的“插入零部件”图标按钮，此时系统弹出如图 8-127 所示的“插入零部件”属性管理器。单击“浏览”按钮，此时系统弹出如图 8-128 所示的“打开”

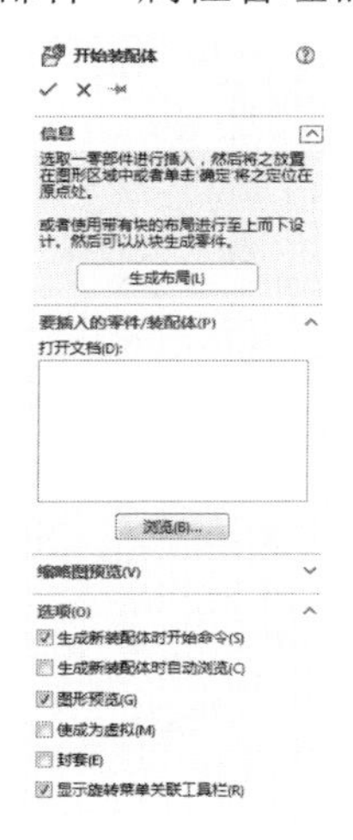

图 8-127 “插入零部件”属性管理器

图 8-128 “打开”对话框

对话框，在其中选择需要的零部件，即“五边形球皮.sldprt”。单击“打开”按钮，此时所选的零部件显示在图 8-127 中的“打开文档”一栏中。单击对话框中的“确定”图标按钮✔，此时所选的零部件出现在视图中，如图 8-129 所示。

② 设置视图方向。单击“前导视图”工具栏中的“等轴测”图标按钮，将视图以等轴测方向显示，结果如图 8-130 所示。

③ 取消草图显示。执行“视图”→“隐藏/显示”（H）→“草图”菜单命令，取消视图中草图的显示。将视图以合适的方向显示，结果如图 8-130 所示。

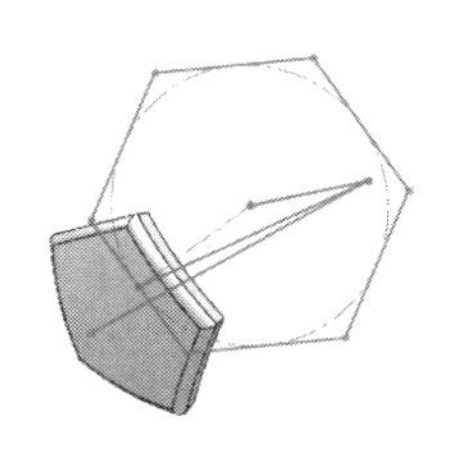

图 8-129　插入五边形球皮后的图形

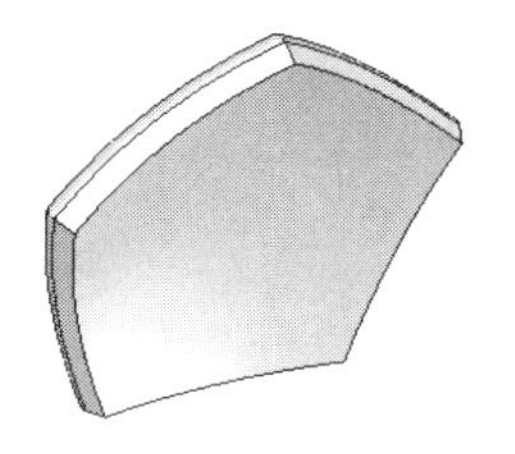

图 8-130　设置视图方向后的图形

④ 插入六边形球皮。执行“插入”→“零部件”→“现有零件/装配体”菜单命令，插入六边形球皮，具体操作步骤参考步骤①，将六边形球皮插入到图中合适的位置，结果如图 8-131 所示。

⑤ 插入配合关系。执行“插入”→“配合”菜单命令，或者单击“装配体”控制面板中的“配合”图标按钮，此时系统弹出如图 8-132 所示的“配合”对话框。在属性管理器的“配合选择”一栏中，选择图 8-131 中点 1 和点 2 所在的面，点 3 和点 4 所在的面，单击“标准配合”一栏中的“重合”图标按钮，将两个面设置为重合配合关系。重复“配合”命令，选择图 8-131 中的点 1 和点 2，单击“标准配合”一栏中的“重合”图标按钮，将点 1 和点 2 设置为重合配合关系。将点 3 和点 4 设置为重合配合关系。单击属性管理器中的“确定”图标按钮✔，完成重合配合，结果如图 8-133 所示。

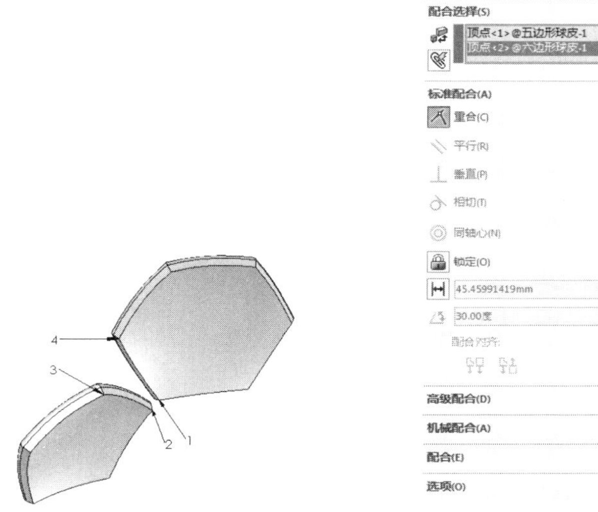

图 8-131　插入六边形球皮后的图形　图 8-132　“重合”属性管理器

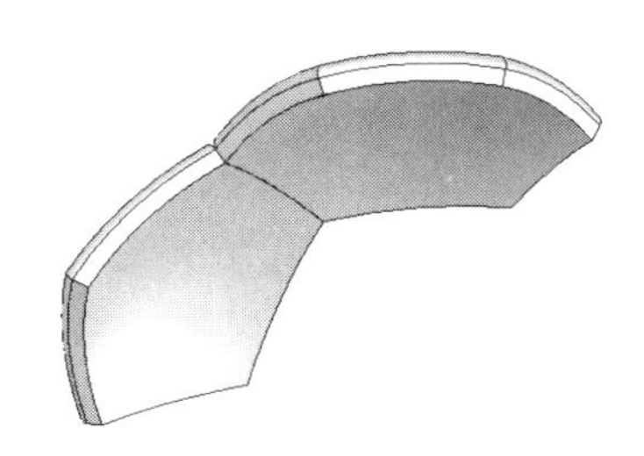

图 8-133　配合后的图形

 **技巧荟萃**

在进行足球配合时，选择配合点很重要，是能否装配成足球的关键。在本例中选择五边形球皮和六边形球皮的内表面边线的端点配合，是由绘制的足球基本草图和组合实体后的图形决定的。

⑥ 插入 4 个六边形球皮。执行“插入”→“零部件”→“现有零件/装配体”菜单命令，插入 4 个六边形球皮，具体操作步骤参考步骤①，将六边形球皮插入到图中合适的位置，结果如图 8-134 所示。

 **技巧荟萃**

足球是由五边形球皮周边环绕六边形球皮组成的，在装配时要注意。

⑦ 插入配合关系。重复步骤⑤，将插入的六边形球皮的一个边线及其端点与五边形球皮的一个边线及其端点设置为重合配合关系，结果如图 8-135 所示。

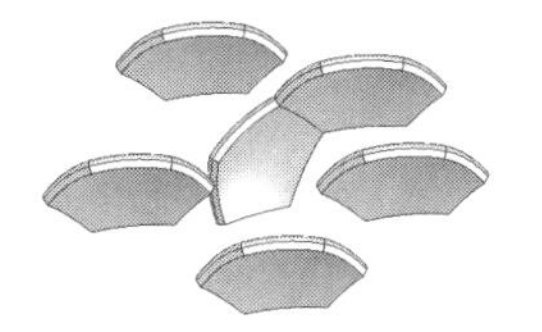

图 8-134　插入六边形球皮后的图形

图 8-135　配合后的图形

⑧ 插入其他五边形球皮和六边形球皮。执行“插入”→“零部件”→“现有零件/装配体”菜单命令，插入其他五边形球皮和六边形球皮，具体操作步骤参考步骤①，将五边形球皮插入到图中合适的位置。重复步骤⑤，将六边形球皮的一个边线及其端点与五边形球皮的一个边线及其端点设置为重合配合关系，形成半球。此时图形及其 FeatureManager 设计树如图 8-136 所示。

 **技巧荟萃**

在进行足球装配体装配时，可以先装配几个，然后通过合适的临时轴进行阵列形成足球，但是这样容易形成重复的个体，给后期渲染带来一定的困难。也可以先装配成半球，然后通过基准面进行镜向形成足球。笔者认为最简单而且不易造成差错的方法是，逐一进行装配，形成足球。

⑨ 插入其他五边形球皮和六边形球皮。执行“插入”→“零部件”→“现有零件/装配体”菜单命令，插入其他五边形球皮和六边形球皮，具体操作步骤参考步骤①，将鼠标左键插入到图中合适的位置。重复步骤⑤，将六边形球皮的一个边线及其端点与五边形球皮的一个边线及其端点设置为重合配合关系，装配成为足球。

从左侧 FeatureManager 设计树中可以看出，该足球装配体有 20 个六边形球皮和 12 个五边形球皮组成，共使用了 99 次重合配合关系。

足球装配体模型及其 FeatureManager 设计树如图 8-137 所示。

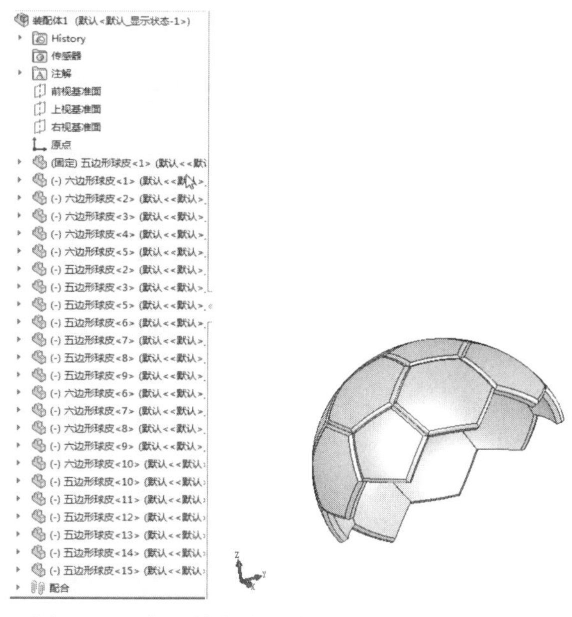

图 8-136　装配的半球及其 FeatureManager 设计树

技巧荟萃

在装配体文件左侧的 FeatureManager 设计树中，装配零件后面的数字，代表该零件第几次被装配，如果某个零件在装配过程中被删除，然后再装入该零件，那么被删除的那次也会被计算在内，所以在统计装配体中零件的个数时，不能只看 FeatureManager 设计树中零件后面的数字。

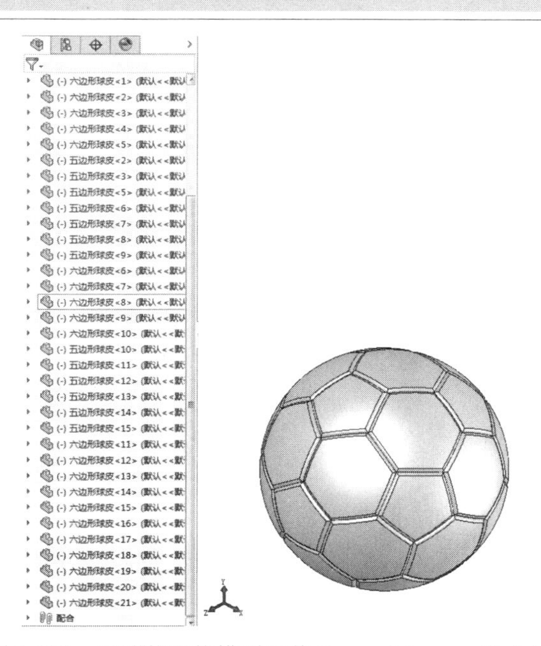

图 8-137　足球装配体模型及其 FeatureManager 设计树

SOLIDWORKS 2020

第9章 钣金设计

本章简要介绍了SOLIDWORKS钣金设计的一些基本操作，是用户进行钣金操作必须掌握的基础知识。本章主要目的是使读者了解钣金设计基础，熟练钣金设计编辑的操作。

知识点

- 折弯概述
- 钣金特征工具与钣金菜单
- 转换钣金特征
- 钣金特征
- 钣金成形
- 实例——硬盘支架

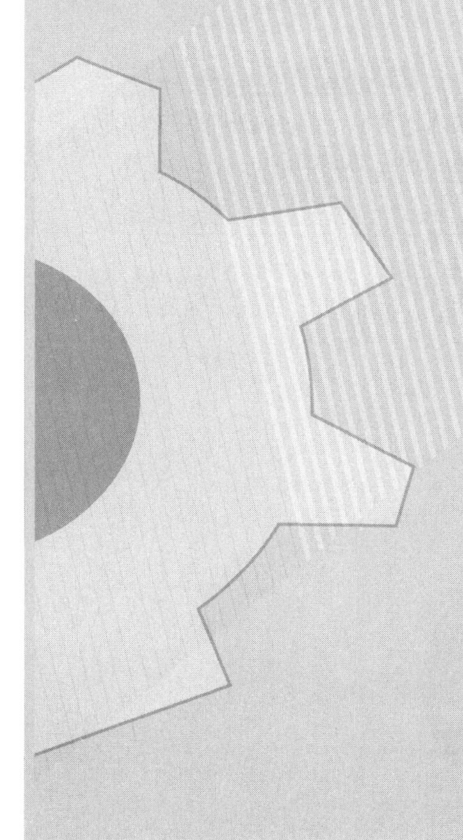

9.1 折弯概述

9.1.1 折弯系数

零件要生成折弯时，可以指定一个折弯系数给一个钣金折弯，但指定的折弯系数必须介于折弯内侧边线的长度与外侧边线的长度之间。

折弯系数可以由钣金原材料的总展开长度减去非折弯长度计算，如图 9-1 所示。

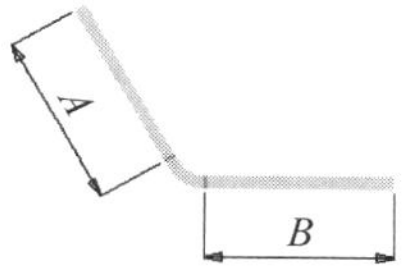

用来决定使用折弯系数值时，总展开长度的计算公式如下：

$$L_t = A + B + BA$$

图 9-1　折弯系数示意图

式中　BA——折弯系数；

L_t——总展开长度；

A、B——非折弯长度。

9.1.2 折弯扣除

生成折弯时，用户可以通过输入数值来给任何一个钣金折弯指定一个明确的折弯扣除。折弯扣除由虚拟非折弯长度减去钣金原材料的总展开长度计算，如图 9-2 所示。

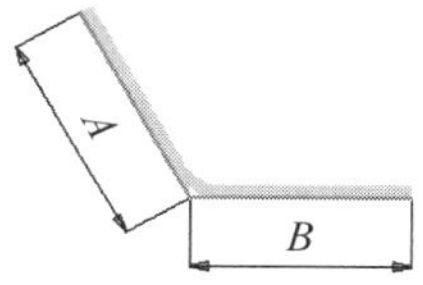

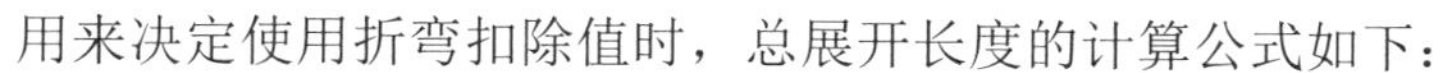

用来决定使用折弯扣除值时，总展开长度的计算公式如下：

$$L_t = A + B - BD$$

图 9-2　折弯扣除示意图

式中　BD——折弯扣除；

A、B——虚拟非折弯长度；

L_t——总展开长度。

9.1.3 K 因子

K 因子表示钣金中性面的位置，以钣金零件的厚度作为计算基准，如图 9-3 所示。K-因子为钣金内表面到中性面的距离 t 与钣金厚度 T 的比值，即 t / T。

当选择 K 因子作为折弯系数时，可以指定 K 因子折弯系数表。SOLIDWORKS 应用程序附有 Microsoft Excel 格式的 K 因子折弯系数表格。该表格位于<安装目录>\lang\Chinese-Simplified\Sheetmetal Bend Tables\kfactor base bend table.xls。

使用 K 因子也可以确定折弯系数，计算公式如下：

$$BA = \pi(R + KT)A/180$$

式中　BA——折弯系数；

R——内侧折弯半径；

K——K 因子，即 t / T；

T——材料厚度；

t——内表面到中性面的距离；

A——折弯角度（经过折弯材料的角度）。

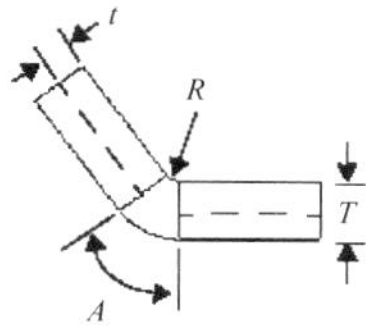

图 9-3　K 因子示意图

由上面的计算公式可知，折弯系数即钣金中性面上的折弯圆弧长。因此，指定的折弯系数的大小必须介于钣金的内侧圆弧长和外侧弧长之间，以便与折弯半径和折弯角度的数值一致。

9.1.4 折弯系数表

除直接指定和由 K-因子确定折弯系数外，还可以利用折弯系数表确定，在折弯系数表中可以指定钣金零件的折弯系数或折弯扣除数值等，折弯系数表还包括折弯半径、折弯角度以及零件厚度的数值。

在 SOLIDWORKS 中有两种折弯系数表可供使用：一种是带有.btl 扩展名的文本文件；另一种是嵌入的 Excel 电子表格。

（1）带有.btl 扩展名的文本文件

SOLIDWORKS 的<安装目录>\lang\chinese-simplified\SheermetalBendTables\sample.btl 中提供了一个钣金操作的折弯系数表样例。如果要生成自己的折弯系数表，可使用任何文字编辑程序复制并编辑此折弯系数表。

使用折弯系数表文本文件时，只允许包括折弯系数值，不包括折弯扣除值。折弯系数表的单位必须用米制单位指定。

如果要编辑拥有多个折弯厚度表的折弯系数表，半径和角度必须相同。例如，将一新的折弯半径值插入有多个折弯厚度表的折弯系数表，必须在所有表中插入新数值。

注意

折弯系数表范例仅供参考使用，此表中的数值不代表任何实际折弯系数值。如果零件或折弯角度的厚度介于表中的数值之间，那么系统就会插入数值并计算折弯系数。

（2）嵌入的 Excel 电子表格

SOLIDWORKS 生成的新折弯系数表保存在嵌入的 Excel 电子表格程序内，根据需要，可以将折弯系数表的数值添加到电子表格程序中的单元格内。

电子表格的折弯系数表只包括 90°折弯的数值，其他角度折弯的折弯系数或折弯扣除值由 SOLIDWORKS 计算得到。

生成折弯系数表的方法如下：

① 在零件文件中执行“插入”→“钣金”→“折弯系数表”→“新建”菜单命令，弹出如图 9-4 所示的“折弯系数表”属性管理器。

② 在“折弯系数表”属性管理器中设置单位，输入文件名，单击“确定”按钮，包含折弯系数表电子表格的 Excel 窗口出现在 SOLIDWORKS 窗口中，如图 9-5 所示。折弯系数表电子表格包含默认的半径和厚度值。

③ 在表格外但在 SOLIDWORKS 图形区内单击，以关闭电子表格。

图 9-4 “折弯系数表”属性管理器

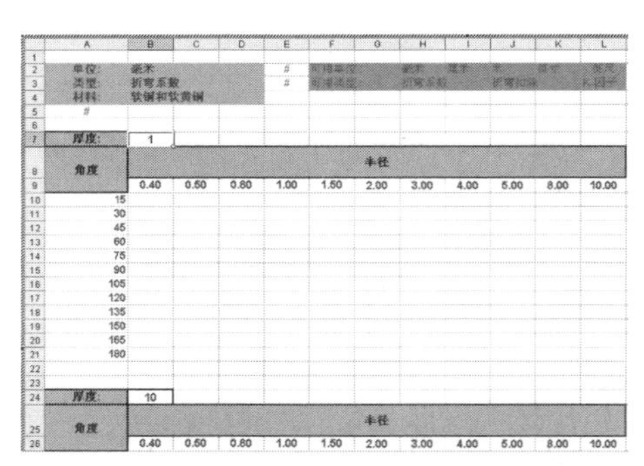

图 9-5 折弯系数表电子表格

9.2 钣金特征工具与钣金菜单

9.2.1 启用钣金特征控制面板

启动 SOLIDWORKS 2020 后，新建一个零件文件，在控制面板的名称栏中单击鼠标右键，弹出如图 9-6 所示的快捷菜单，单击“钣金”选项，则出现如图 9-7 所示的“钣金”控制面板。

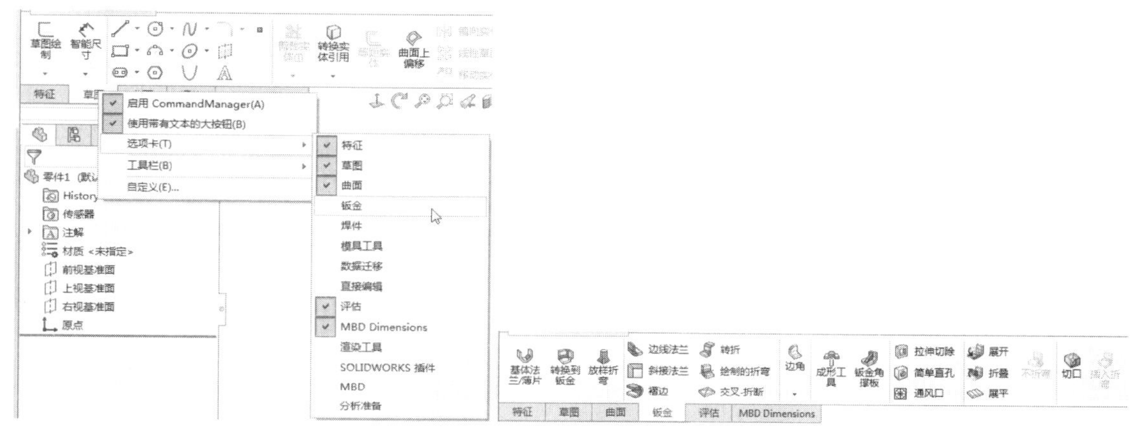

图 9-6　快捷菜单

图 9-7　“钣金”控制面板

9.2.2 钣金菜单

执行“插入”→“钣金”菜单命令，可以找到钣金下拉菜单，如图 9-8 所示。

图 9-8　钣金下拉菜单

9.3 转换钣金特征

使用 SOLIDWORKS 2020 进行钣金零件设计，常用的方法基本上可以分为两种。

（1）使用钣金特有的特征生成钣金零件

这种设计方法直接考虑作为钣金零件来开始建模：从最初的基体法兰特征开始，利用了钣金设计软件的所有功能和特殊工具、命令和选项。对几乎所有的钣金零件而言，这是一种最佳的方法。因为用户从最初的设计阶段开始就将生成零件作为钣金零件，所以消除了多余步骤。

（2）将实体零件转换成钣金零件

在设计钣金零件的过程中，可以按照常见的设计方法设计零件实体，然后将其转换为钣金零件，也可以在设计过程中先将零件展开，以便应用钣金零件的特定特征。由此可见，将一个已有的零件实体转换成钣金零件是本方法的典型应用。

9.3.1 使用基体-法兰特征

利用（基体-法兰）命令生成一个钣金零件后，钣金特征将出现在如图 9-9 所示的模型设计树中。

在模型设计树中包含 3 个特征，它们分别代表钣金的 3 个基本操作。

- （钣金）特征：包含钣金零件的定义。此特征保存了整个零件的默认折弯参数信息，如折弯半径、折弯系数和自动切释放槽（预切槽）比例等。
- （基体-法兰）特征：该项是此钣金零件的第一个实体特征，包括深度和厚度等信息。
- （平板型式）特征：默认情况下，当零件处于折弯状态时，平板形式特征是被压缩的，将该特征解除压缩即展开钣金零件。

在模型设计树中，当平板形式特征被压缩时，添加到零件的所有新特征均自动插入到平板形式特征上方。

在模型设计树中，当平板形式特征解除压缩后，新特征插入到平板形式特征下方，并且不在折叠零件中显示。

9.3.2 用零件转换为钣金的特征

利用已经生成的零件转换为钣金特征时，首先在 SOLIDWORKS 中生成一个零件，通过插入“转换到钣金”按钮生成钣金零件，这时在模型设计树中只有钣金特征，如图 9-10 所示。

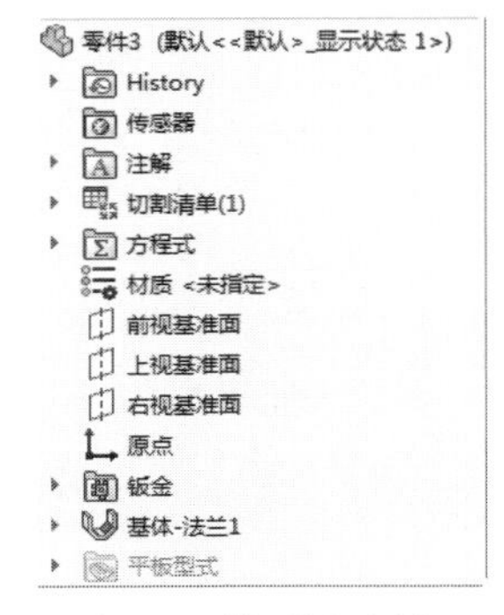

图 9-9　模型设计树 1

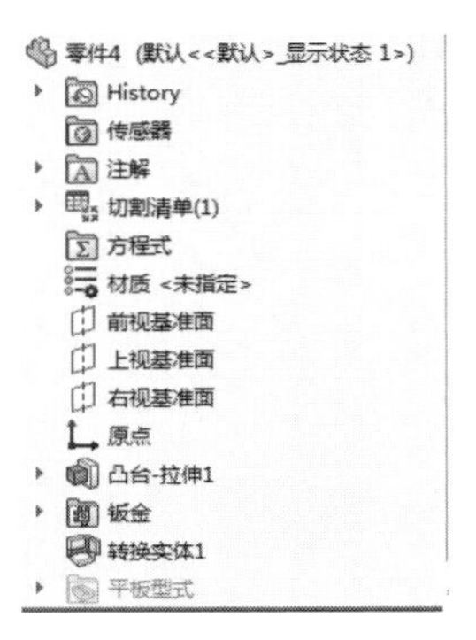

图 9-10　模型设计树 2

9.4 钣金特征

在 SOLIDWORKS 软件系统中，钣金零件是实体模型中结构比较特殊的一种，其具有带圆角的薄壁特征，整个零件的壁厚都相同，折弯半径都是选定的半径值；在设计过程中需要释放槽，软件能够加上。SOLIDWORKS 为了满足这类需求，定制了特殊的钣金工具，用于钣金设计。

9.4.1 法兰特征

基体法兰是新钣金零件的第一个特征。基体法兰被添加到 SOLIDWORKS 零件后，系统就会将该零件标记为钣金零件。折弯添加到适当位置，并且特定的钣金特征被添加到 FeatureManager 设计树中。

9.4.1.1 创建基体法兰

扫一扫，看视频

基体法兰特征是从草图生成的。草图可以是单一开环草图轮廓、单一闭环草图轮廓或多重封闭轮廓，如图 9-11 所示。

- 单一开环草图轮廓：单一开环草图轮廓可用于拉伸、旋转、剖面、路径、引导线以及钣金。典型的开环轮廓以直线或其草图实体绘制。
- 单一闭环草图轮廓：单一闭环草图轮廓可用于拉伸、旋转、剖面、路径、引导线以及钣金。典型的单一闭环轮廓是用圆、方形、闭环样条曲线以及其他封闭的几何形状绘制的。
- 多重封闭轮廓：多重封闭轮廓可用于拉伸、旋转以及钣金。如果有一个以上的轮廓，其中一个轮廓必须包含其他轮廓。典型的多重封闭轮廓是用圆、矩形以及其他封闭的几何形状绘制的。

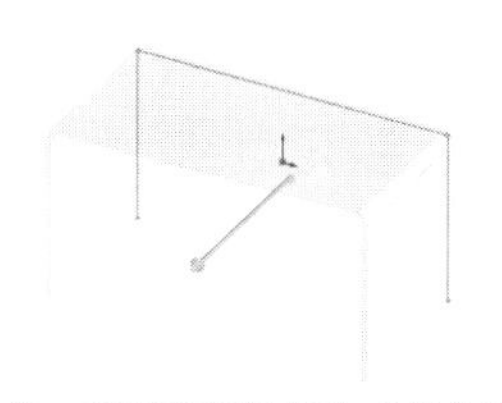
（a）单一开环草图轮廓生成基体法兰

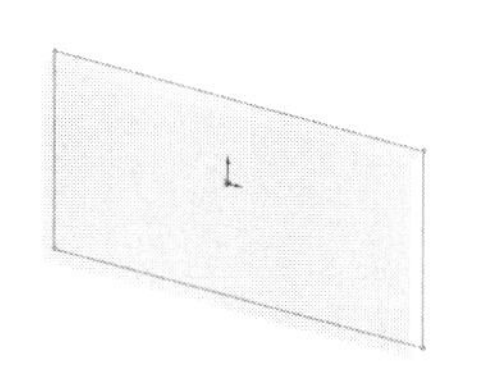
（b）单一闭环草图轮廓生成基体法兰

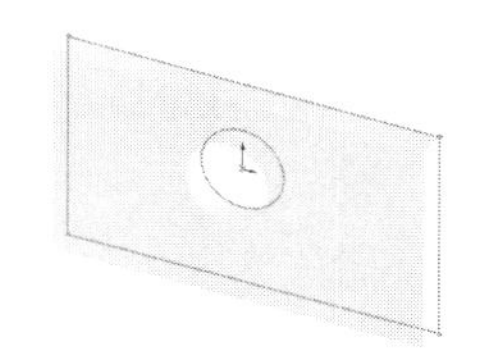
（c）多重封闭轮廓生成基体法兰

图 9-11　基体法兰图例

注意

在一个 SOLIDWORKS 零件中只能有一个基体法兰特征，且样条曲线对于包含开环轮廓的钣金为无效的草图实体。

在进行基体法兰特征设计过程中，开环草图作为拉伸薄壁特征来处理，封闭的草图则作为展开的轮廓来处理。如果用户需要从钣金零件的展开状态开始设计钣金零件，可以使用封闭的草图建立基体法兰特征。

【案例 9-1】基体法兰

操作步骤

① 执行“插入”→“钣金”→“基体法兰”菜单命令，或者单击“钣金”控制面板中

的“基体-法兰/薄片”按钮。

② 绘制基体法兰草图。在左侧的“FeatureManager 设计树”中选择“前视基准面”作为绘图基准面，绘制草图，然后单击“退出草图”按钮，结果如图 9-12 所示。

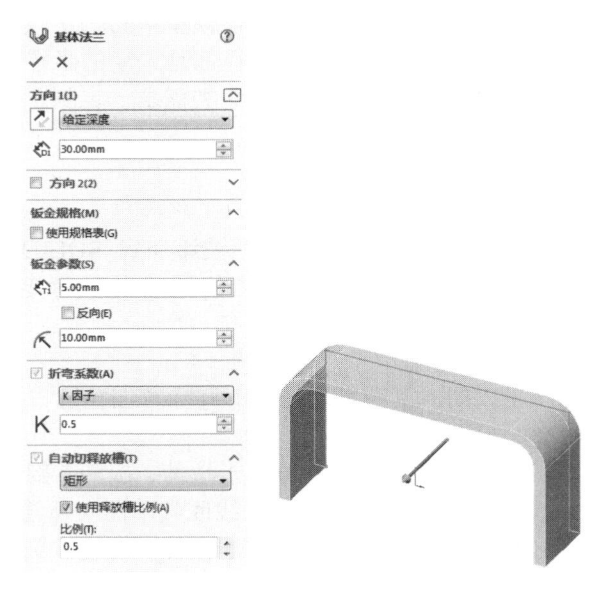

图 9-12　绘制基体法兰草图

③ 修改基体法兰参数。在“基体法兰”属性管理器中修改“深度”栏中的数值为 30.00mm；“厚度”栏中的数值为 5.00mm；“折弯半径”栏中的数值为 10.00mm，然后单击“确定”按钮，生成的基体法兰实体如图 9-13 所示。

基体法兰在“FeatureManager 设计树”中显示为基体-法兰，同时添加了其他两种特征：钣金 1 和平板形式 1，如图 9-14 所示。

图 9-13　生成的基体法兰实体

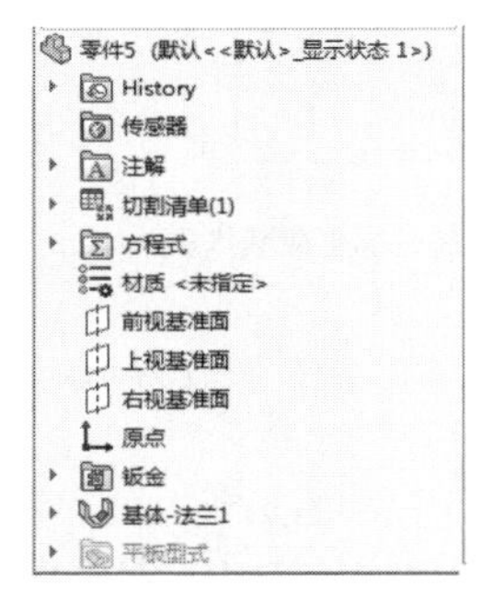

图 9-14　FeatureManager 设计树

9.4.1.2　钣金特征

【案例 9-2】钣金特征

扫一扫，看视频

在生成基体法兰特征时，同时生成钣金特征，如图 9-14 所示。通过对钣金特征的编辑，可以设置钣金零件的参数。

在“FeatureManager 设计树”中鼠标右击钣金 1 特征，在弹出的快捷菜单中选择“编辑特征”按钮，如图 9-15 所示，弹出“钣金”属性管理器，如图 9-16 所示。

钣金特征中包含用来设计钣金零件的参数，这些参数可以在其他法兰特征生成的过程中设置，也可以在钣金特征中设置。

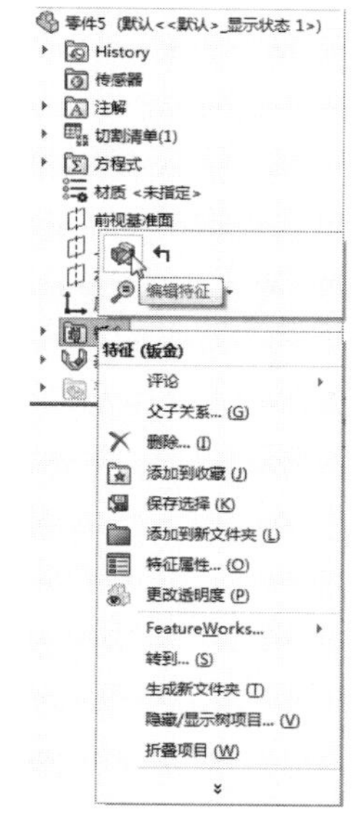

图 9-15　右击特征弹出的快捷菜单

图 9-16　“钣金”属性管理器

① 折弯参数

■ 固定的面或边线：该选项被选中的面或边在展开时保持不变。使用基体法兰特征建立钣金零件时，该选项不可选。

■ 折弯半径：该选项定义了建立其他钣金特征时默认的折弯半径，也可以针对不同的折弯给定不同的半径值。

② 折弯系数　在“折弯系数”选项中，用户可以选择 4 种类型的折弯系数表，如图 9-17 所示。

■ 折弯系数表：折弯系数表是一种指定材料（如钢和铝等）的表格，它包含基于板厚和折弯半径的折弯运算。折弯系数表是一个 Excel 表格文件，其扩展名为“*.xls”。可以通过选择菜单栏中的“插入”→“钣金”→“折弯系数表”→“从文件”命令，在当前的钣金零件中添加折弯系数表，也可以在钣金特征 PropertyManager 属性管理器中的“折弯系数”下拉列表框中选择“折弯系数表”，并选择指定的折弯系数表，或单击“浏览”按钮使用其他的折弯系数表，如图 9-18 所示。

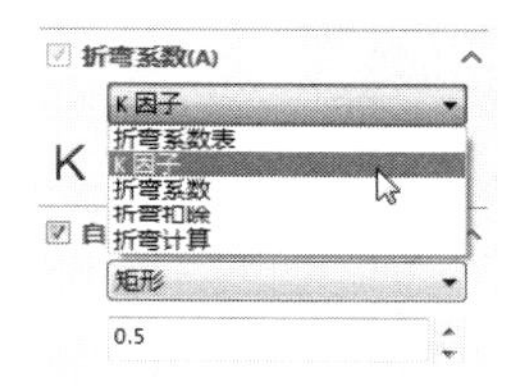

图 9-17　“折弯系数”类型

图 9-18　选择“折弯系数表”

■ K 因子：K 因子在折弯计算中是一个常数，它是内表面到中性面的距离与材料厚度的比值。

■ 折弯系数和折弯扣除：可以根据用户的经验和工厂的实际情况给定一个实际的数值。

③ 自动切释放槽　在“自动切释放槽”下拉列表框中可以选择 3 种不同的释放槽类型。

- 矩形：在需要进行折弯释放的边上生成一个矩形切除，如图 9-19（a）所示。
- 撕裂形：在需要撕裂的边和面之间生成一个撕裂口，而不是切除，如图 9-19（b）所示。
- 矩圆形：在需要进行折弯释放的边上生成一个矩圆形切除，如图 9-19（c）所示。

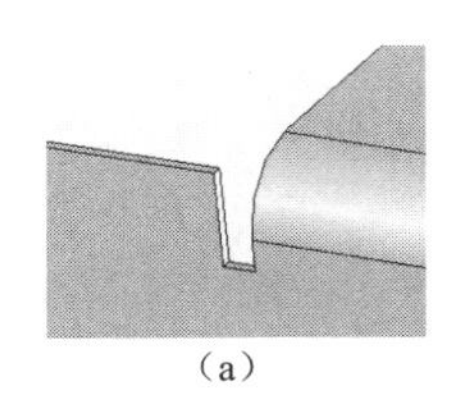
（a）

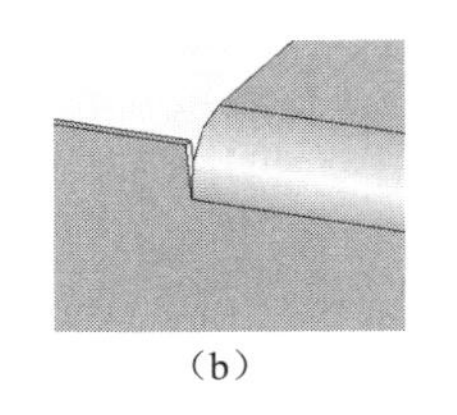
（b）

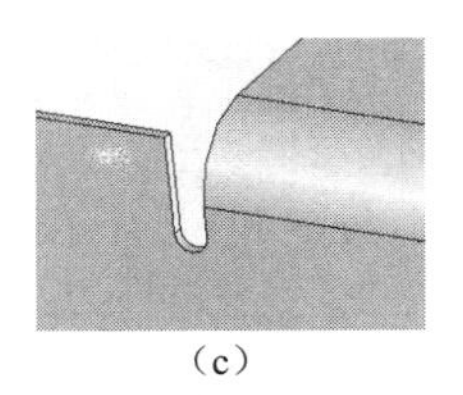
（c）

图 9-19　释放槽类型

9.4.2 边线法兰

扫一扫，看视频

使用边线法兰特征工具可以将法兰添加到一条或多条边线。添加边线法兰时，所选边线必须为线性。系统自动将褶边厚度链接到钣金零件的厚度上。轮廓的一条草图直线必须位于所选边线上。

【案例 9-3】边线法兰

操作步骤

① 执行“插入”→“钣金”→“边线法兰”菜单命令，或者单击“钣金”控制面板中的“边线法兰”按钮，弹出“边线-法兰”属性管理器，如图 9-20 所示。选择钣金零件的一条边，在“边线-法兰”属性管理器的选择边线栏中将显示所选择的边线，如图 9-20 所示。

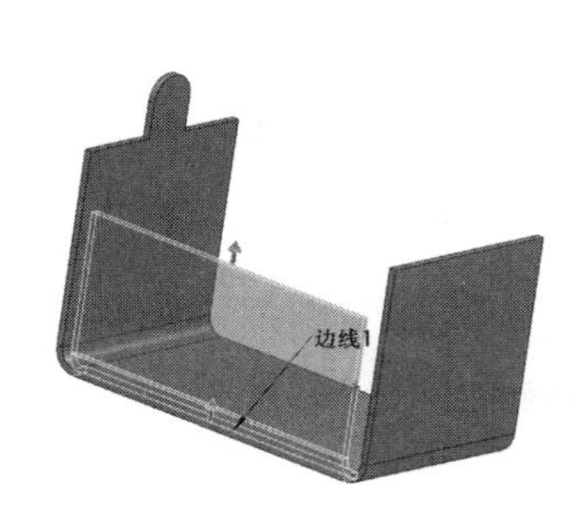

图 9-20　添加边线法兰

② 设定法兰角度和长度。在角度输入栏中输入 60°。在法兰长度输入栏选择“给定深度”选项，同时输入 35mm。由“外部虚拟交点”或“内部虚拟交点”和“双弯曲”来决定长度开始测量的位置，如图 9-21 和图 9-22 所示。

③ 设定法兰位置。在“法兰位置”中有 5 种选项可供选择，即“材料在内”、“材料在外”、“折弯向外”、“虚拟交点中的折弯”和“与折弯相切”，不同的选项产

生的法兰位置不同，如图 9-23～图 9-26 所示。在本实例中，选择“材料在外”选项，生成边线法兰如图 9-27 所示。

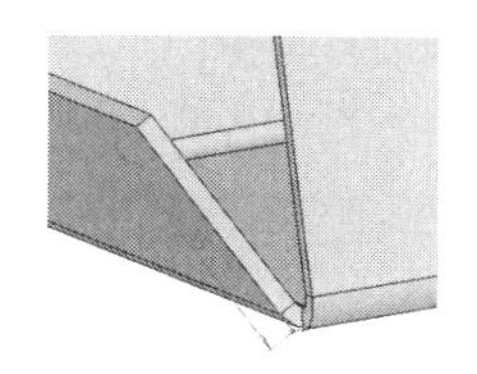
图 9-21 采用“外部虚拟交点”确定法兰长度

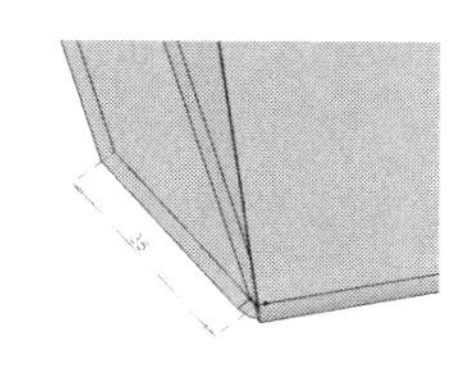
图 9-22 采用“内部虚拟交点”确定法兰长度

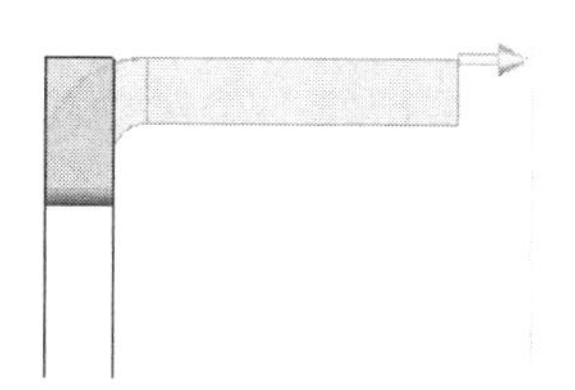
图 9-23 材料在内

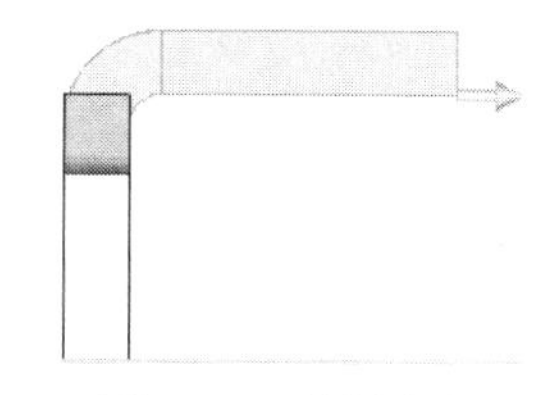
图 9-24 材料在外

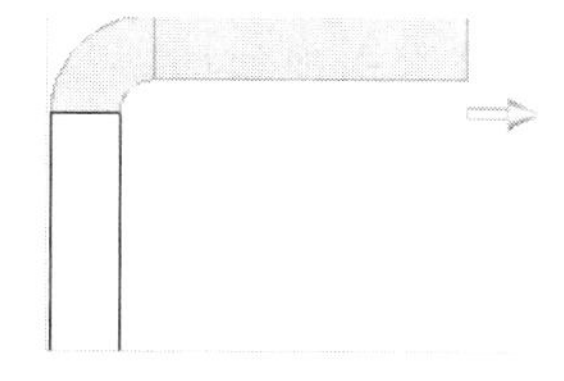
图 9-25 折弯向外

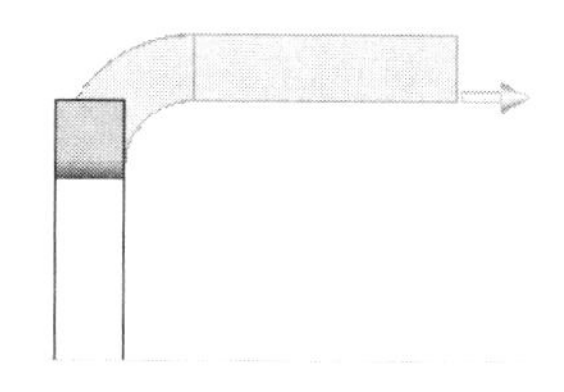
图 9-26 虚拟交点中的折弯

生成边线法兰时，如果要切除邻近折弯的多余材料，在“边线-法兰”属性管理器中选择“剪裁侧边折弯”选项，结果如图 9-28 所示。欲从钣金实体等距法兰，选择“等距”选项，然后设定等距终止条件及其相应参数，如图 9-29 所示。

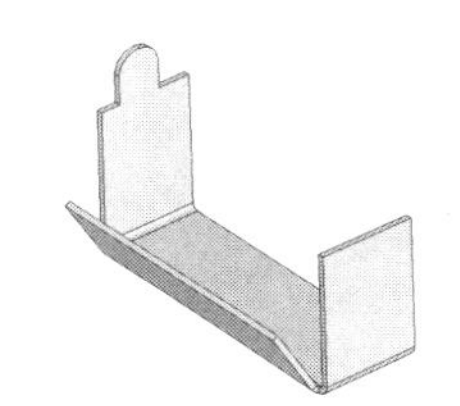
图 9-27 生成边线法兰

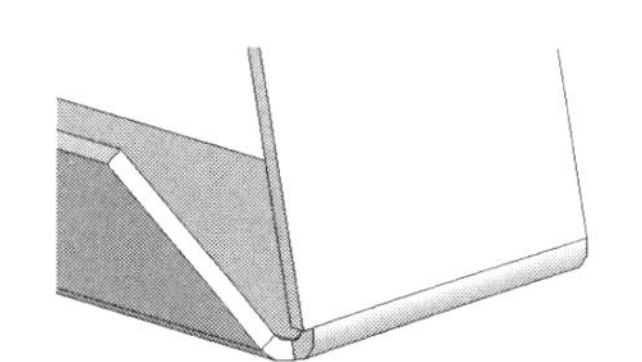
图 9-28 生成边线法兰时剪裁侧边折弯

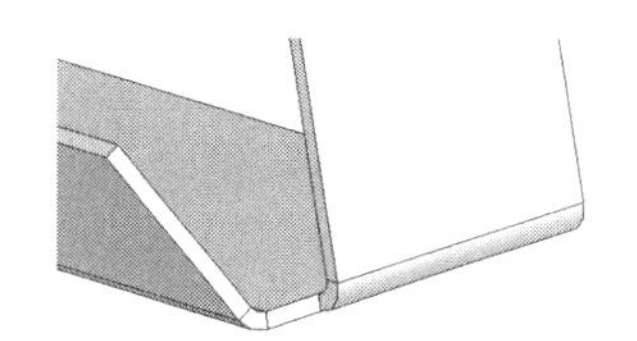
图 9-29 生成边线法兰时生成等距法兰

9.4.3 斜接法兰

扫一扫，看视频

斜接法兰特征可将一系列法兰添加到钣金零件的一条或多条边线上。生成斜接法兰特征之前首先要绘制法兰草图，斜接法兰的草图可以是直线或圆弧。使用圆弧绘制草图生成斜接法兰，圆弧不能与钣金零件厚度边线相切，如图 9-30 所示，此圆弧不能生成斜接法兰；圆弧可与长边线相切，或通过在圆弧和厚度边线之间放置一小段草图直线，如图 9-31 和图 9-32 所示，这样可以生成斜接法兰。

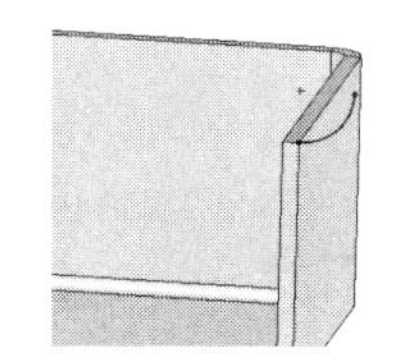
图 9-30 圆弧与厚度边线相切

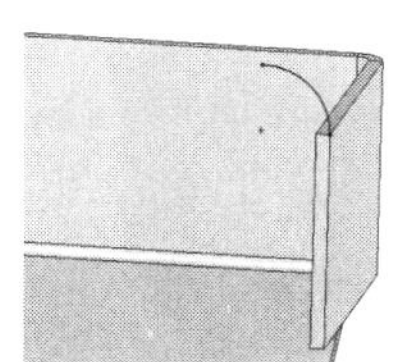
图 9-31 圆弧与长度边线相切

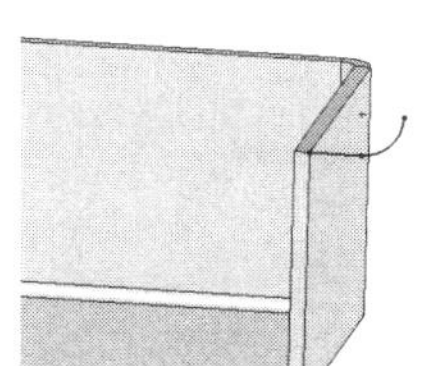
图 9-32 圆弧通过直线与厚度边线相切

斜接法兰轮廓可以包括一个以上的连续直线。例如，它可以是 L 形轮廓。草图基准面必须垂直于生成斜接法兰的第一条边线。系统自动将褶边厚度链接到钣金零件的厚度上。可以在一系列相切或非相切边线上生成斜接法兰特征。可以指定法兰的等距，而不是在钣金零件的整条边线上生成斜接法兰。

【案例 9-4】斜接法兰

操作步骤

① 选择如图 9-33 所示的零件表面作为绘制草图基准面，绘制直线草图，直线长度为 20mm。

② 执行“插入”→“钣金”→“斜接法兰”菜单命令，或者单击“钣金”控制面板中的“斜接法兰”按钮，弹出“斜接法兰”属性管理器，如图 9-34 所示。系统随即会选定斜接法兰特征的第一条边线，且图形区域中出现斜接法兰的预览。

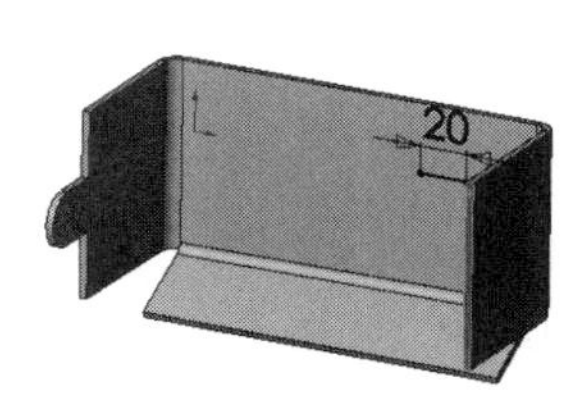

图 9-33　绘制直线草图

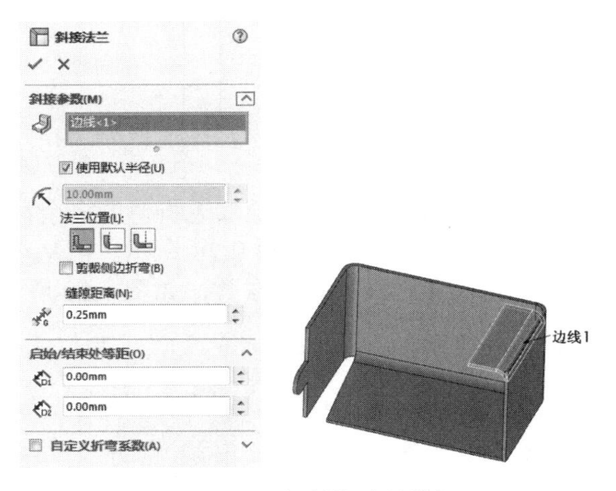

图 9-34　添加斜接法兰特征

③ 单击鼠标拾取钣金零件的其他边线，结果如图 9-35 所示。然后单击“确定”按钮✔，生成斜接法兰，如图 9-36 所示。

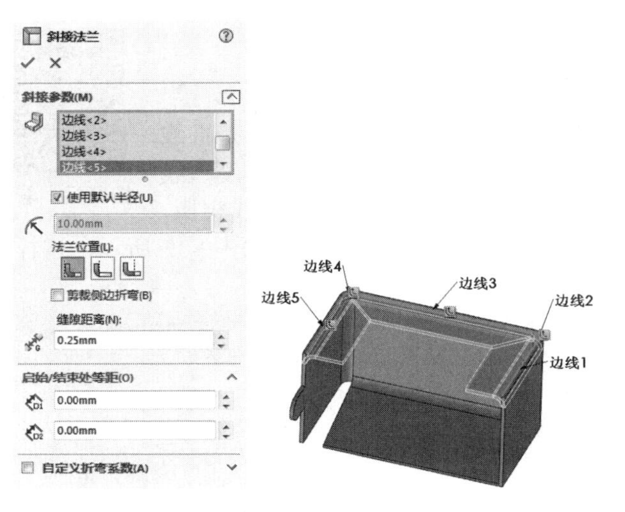

图 9-35　拾取斜接法兰其他边线

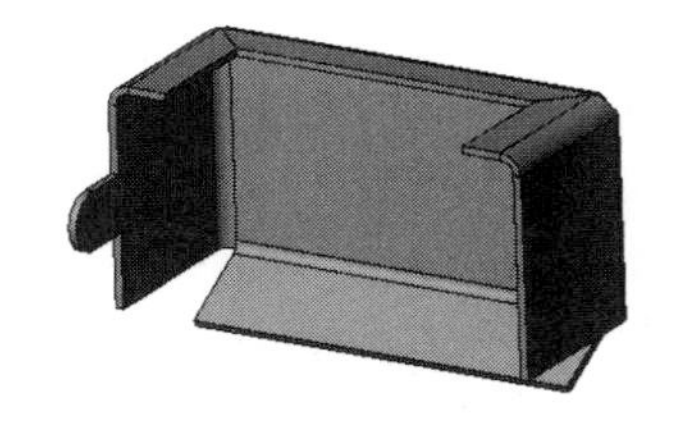

图 9-36　生成斜接法兰

📖注意

如有必要，可为部分斜接法兰指定等距距离。在“斜接法兰”属性管理器中的“启始/结束处等距”文本框中输入“开始等距距离”和“结束等距距离”数值（如果想使斜接法兰跨越模型的整个边线，将这些数值设置为零）。其他参数设置可以参考前文中边线法兰的讲解。

9.4.4 褶边特征

扫一扫，看视频

褶边工具可将褶边添加到钣金零件的所选边线上。生成褶边特征时所选边线必须为直线，斜接边角被自动添加到交叉褶边上。如果选择多个要添加褶边的边线，则这些边线必须在同一个面上。

【案例 9-5】褶边特征

操作步骤

① 执行“插入”→“钣金”→“褶边”菜单命令，或者单击“钣金”控制面板中的“褶边”按钮，弹出“褶边”属性管理器。在图形区域中选择想添加褶边的边线，如图 9-37 所示。

② 在“褶边”属性管理器中选择“材料在内”选项，在类型和大小栏中选择“开环”选项，其他选项采取默认设置。然后单击“确定”按钮，生成褶边，如图 9-38 所示。

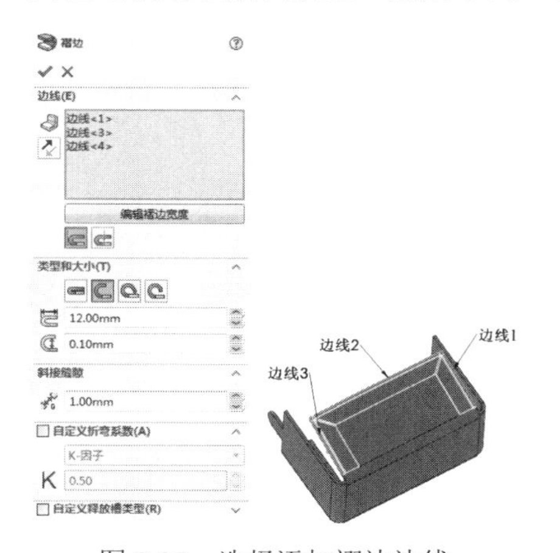

图 9-37 选择添加褶边边线

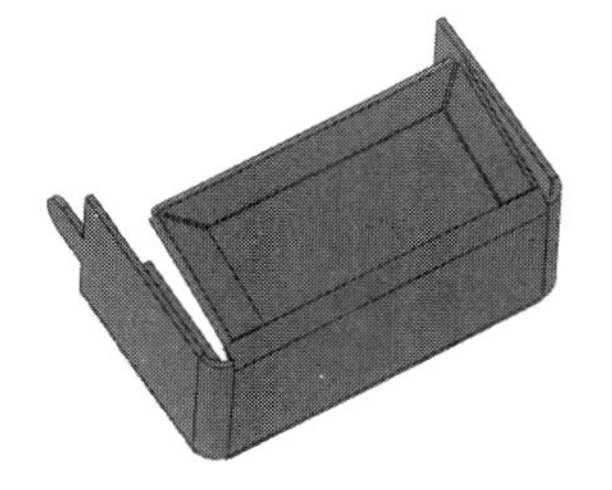

图 9-38 生成褶边

褶边类型共有 4 种，分别是“闭环”（见图 9-39）、“开环”（见图 9-40）、“撕裂形”（见图 9-41）和“滚轧”（见图 9-42）。每种类型褶边都有其对应的尺寸设置参数。长度参数只应用于闭环和开环褶边，间隙距离参数只应用于开环褶边，角度参数只应用于撕裂形和滚轧褶边，半径参数只应用于撕裂形和滚轧褶边。

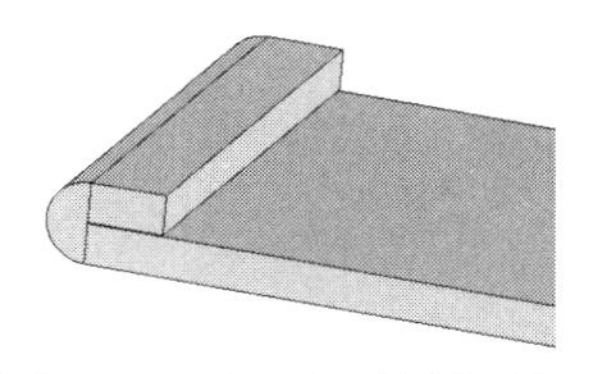

图 9-39 “闭环”类型褶边

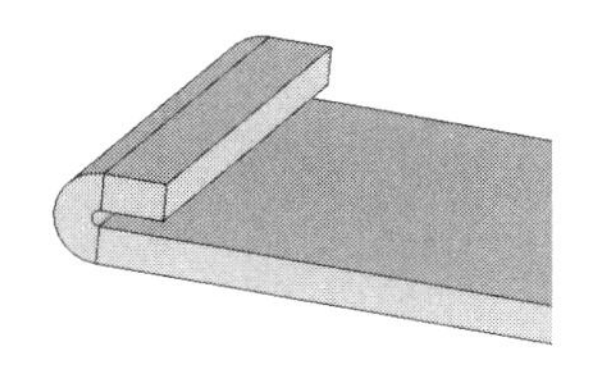

图 9-40 “开环”类型褶边

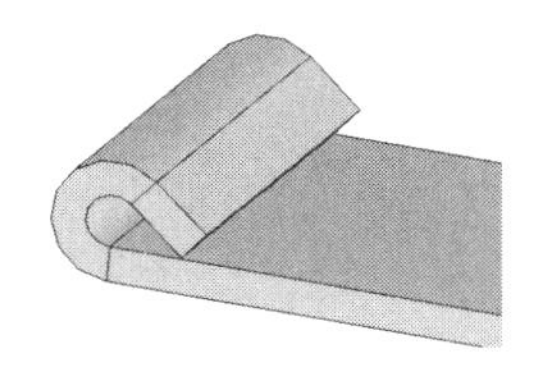

图 9-41 “撕裂形”类型褶边

选择多条边线添加褶边时，在“褶边”属性管理器中可以通过设置“斜接缝隙”的“切口缝隙”数值来设定这些褶边之间的缝隙，斜接边角被自动添加到交叉褶边上。例如，输入数值 3，上述实例将更改为图 9-43 所示形式。

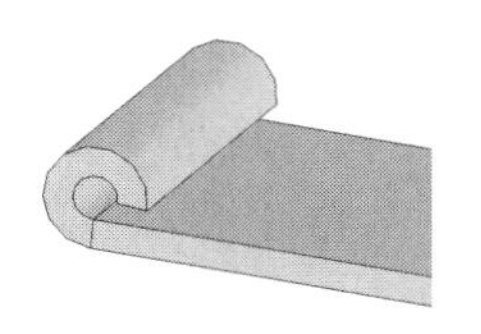

图 9-42 “滚轧”类型褶边

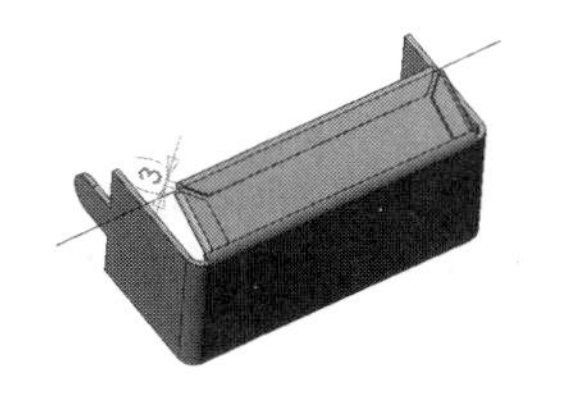

图 9-43 更改褶边之间的间隙

9.4.5 绘制的折弯特征

扫一扫，看视频

绘制的折弯特征可以在钣金零件处于折叠状态时绘制草图，将折弯线添加到零件。草图中只允许使用直线，可为每个草图添加多条直线。折弯线的长度不一定与被折弯的面的长度相同。

【案例 9-6】绘制的折弯特征

操作步骤

① 执行“插入”→“钣金”→“绘制的折弯”菜单命令，或者单击“钣金”控制面板中的“绘制的折弯”按钮，系统提示选择平面来生成折弯线和选择现有草图为特征所用，如图 9-44 所示。如果没有绘制好草图，可以首先选择基准面绘制一条直线；如果已经绘制好了草图，可以选择绘制好的直线，弹出“绘制的折弯”属性管理器，如图 9-45 所示。

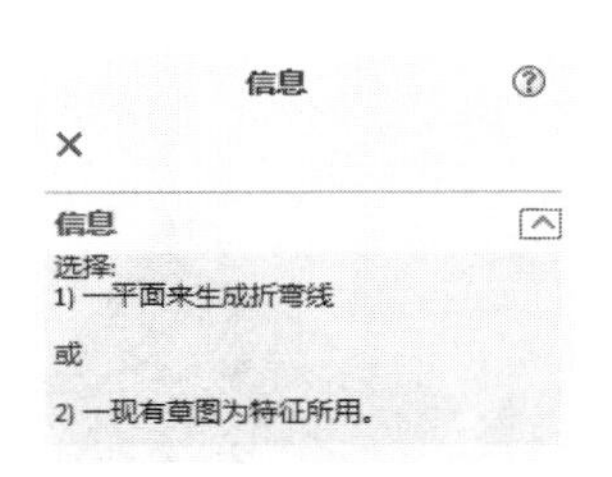

图 9-44 绘制的折弯提示信息

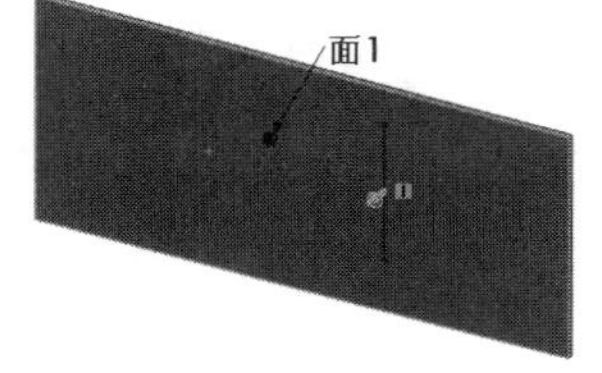

图 9-45 “绘制的折弯”属性管理器

② 在图形区域中选择如图 9-45 所示所选的面作为固定面，选择“折弯位置”选项中的“折弯中心线”，输入角度值 120.00°，输入折弯半径值 5.00mm，单击“确定”按钮。

③ 右键单击“FeatureManager 设计树”中绘制的折弯 1 特征的草图，单击“显示”按钮，如图 9-46 所示，绘制的直线将显示出来，生成绘制的折弯如图 9-47 所示。其他选项生成折弯特征效果可以参考前文中的讲解。

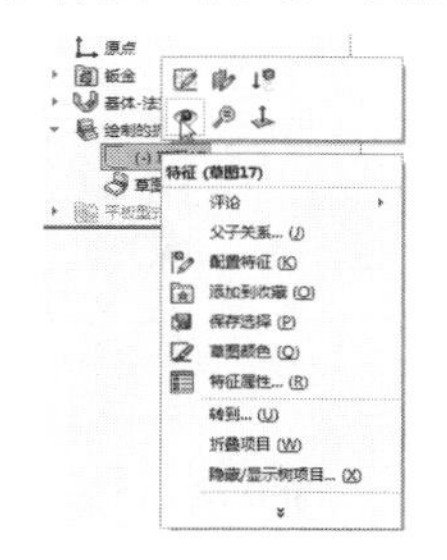

图 9-46 显示草图

图 9-47 生成绘制的折弯

9.4.6 闭合角特征

扫一扫，看视频

使用闭合角特征工具可以在钣金法兰之间添加闭合角，即在钣金特征之间添加材料。

通过闭合角特征工具可以完成以下功能：通过选择面为钣金零件同时闭合多个边角；关闭非垂直边角；将闭合边角应用到带有 90° 以外折弯的法兰；调整缝隙距离（由边界角特征所添加的两个材料截面之间的距离）；调整重叠/欠重叠（重叠材料与欠重叠材料之间的比值），数值 1 表示重叠和欠重叠相等；闭合或打开折弯区域。

【案例 9-7】闭合角特征

操作步骤

① 执行“插入”→“钣金”→“闭合角”菜单命令，或者单击“钣金”控制面板中的“闭合角”按钮，弹出“闭合角”属性管理器，选择需要延伸的面，如图 9-48 所示。

② 选择边角类型中的“重叠”选项，单击“确定”按钮，系统提示错误，不能生成闭合角，原因有可能是缝隙距离太小。单击“确定”按钮，关闭错误提示框。

③ 在缝隙距离输入栏中更改缝隙距离数值为 0.60mm，单击“确定”按钮，生成“重叠”类型闭合角，如图 9-49 所示。

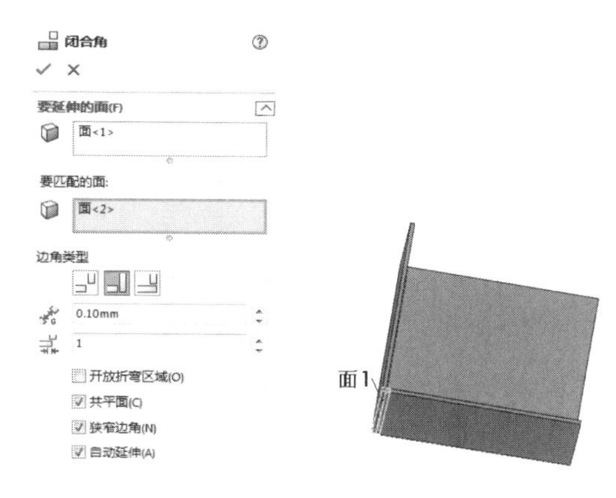

图 9-48　选择需要延伸的面

使用其他边角类型选项可以生成不同形式的闭合角。图 9-50 所示是使用边角类型中的“对接”选项生成的闭合角；图 9-51 所示是使用边角类型中的“欠重叠”选项生成的闭合角。

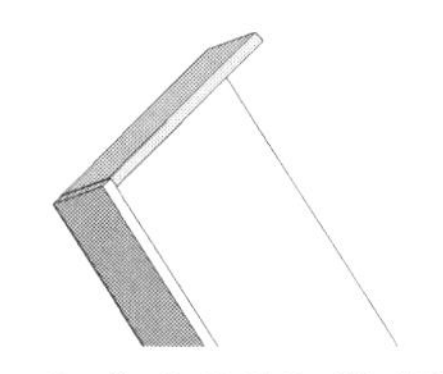

图 9-49　生成“重叠”类型闭合角

图 9-50　“对接”类型闭合角

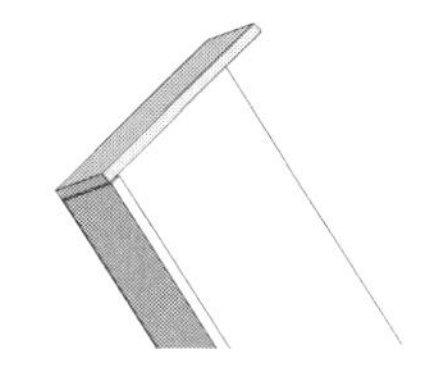

图 9-51　“欠重叠”类型闭合角

9.4.7 转折特征

扫一扫，看视频

使用转折特征工具可以在钣金零件上通过草图直线生成两个折弯。生成转折特征的草图必须只包含一条直线，不必一定是水平直线和垂直直线。折弯线的长度不必与正折弯的面的长度相同。

【案例 9-8】转折特征

操作步骤

① 在生成转折特征之前，首先绘制草图，选择钣金零件的上表面作为绘图基准面，绘制一条直线，如图 9-52 所示。

② 在绘制的草图被打开的状态下，执行“插入”→“钣金”→“转折”菜单命令，或

者单击“钣金”控制面板中的“转折”按钮，弹出“转折”属性管理器，选择箭头所指的面作为固定面，如图 9-53 所示。

③ 取消勾选“使用默认半径”，输入半径值 5mm。在“转折等距”栏中输入等距距离为 30mm。选择尺寸位置栏中的“外部等距”选项，并且选择“固定投影长度”。在转折位置栏中选择“折弯中心线”选项，其他选项采用默认设置，单击“确定”按钮，生成转折特征，如图 9-54 所示。

图 9-52 绘制直线草图

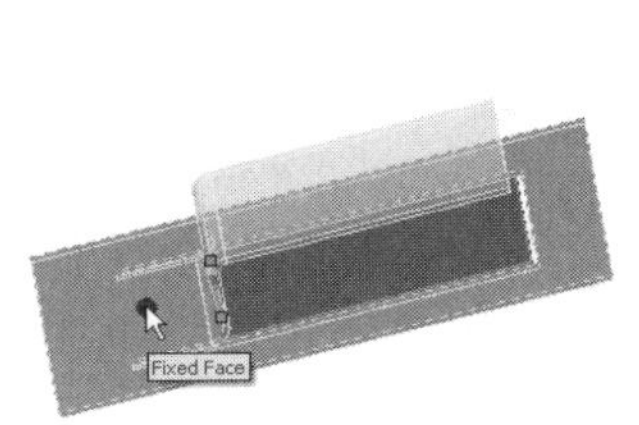

图 9-53 “转折”属性管理器

生成转折特征时，在“转折”属性管理器中选择不同的尺寸位置选项，是否选择“固定投影长度”选项都将生成不同的转折特征。例如，上述实例中使用“外部等距”选项生成的转折如图 9-55 所示；使用“内部等距”选项生成的转折如图 9-56 所示；使用“总尺寸”选项生成的转折如图 9-57 所示。取消“固定投影长度”选项生成的转折投影长度将减小，如图 9-58 所示。

在转折位置栏中还有不同的选项可供选择，在前面的特征工具中已经讲解过，这里不再重复。

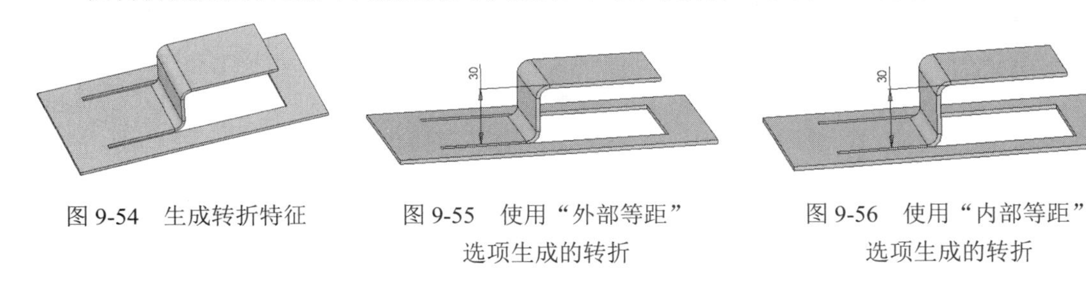

图 9-54 生成转折特征　　图 9-55 使用“外部等距”选项生成的转折　　图 9-56 使用“内部等距”选项生成的转折

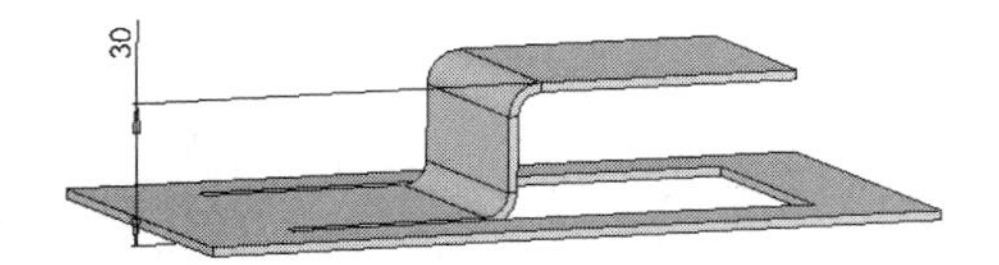

图 9-57 使用“总尺寸”选项生成的转折

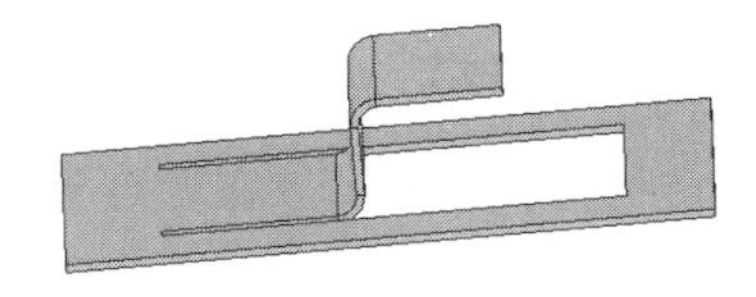

图 9-58 取消“固定投影长度”选项生成的转折

9.4.8 放样折弯特征

使用放样折弯特征工具可以在钣金零件中生成放样的折弯。放样的折弯和零件实体设计中的放样特征相似，需要两个草图才可以进行放样操作。草图必须为开环轮廓，轮廓开口应同向对齐，以使平板形式更精确。草图不能有尖锐边线。

扫一扫，看视频

【案例 9-9】放样折弯

操作步骤

① 首先绘制第一个草图。在左侧的“FeatureManager 设计树”中选择“上视基准面”作为绘图基准面，然后选择菜单栏中的“工具”→“草图绘制实体”→“多边形”命令或者单击“草图”控制面板中的“多边形”按钮，绘制一个六边形，标注六边形内接圆的直径值为80.00mm。将六边形尖角进行圆角，半径值为 10.00mm，如图 9-59 所示。绘制一条竖直的构造线，然后绘制两条与构造线平行的直线，单击“添加几何关系”按钮，选择两条竖直直线和构造线添加“对称”几何关系，然后标注两条竖直直线的距离值为 0.1mm，如图 9-60 所示。

② 单击“草图”控制面板中的“剪裁实体”按钮，对竖直直线和六边形进行剪裁，最后使六边形具有 0.10mm 宽的缺口，从而使草图为开环，如图 9-61 所示，然后单击“退出草图”按钮。

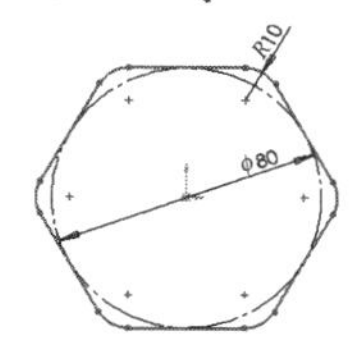

图 9-59 绘制六边形

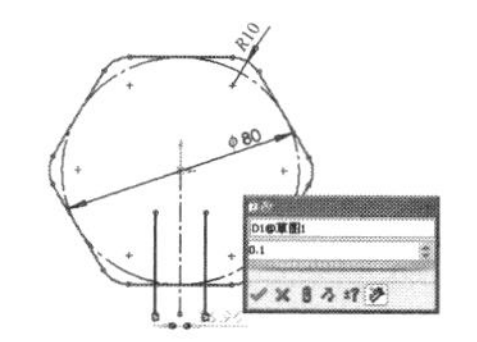

图 9-60 绘制两条竖直直线

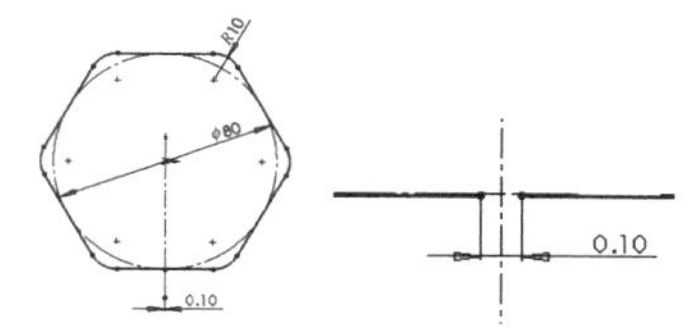

图 9-61 绘制缺口使草图为开环

③ 绘制第二个草图。执行“插入”→“参考几何体”→“基准面”菜单命令，或者单击“特征”控制面板“参考几何体”下拉列表中的“基准面”按钮，弹出“基准面”属性管理器，在“第一参考”栏中选择上视基准面，输入距离值 80.00mm，生成与上视基准面平行的基准面，如图 9-62 所示。使用上述相似的操作方法，在圆草图上绘制一个 0.10mm 宽的缺口，使圆草图为开环，如图 9-63 所示，然后单击 “退出草图”按钮。

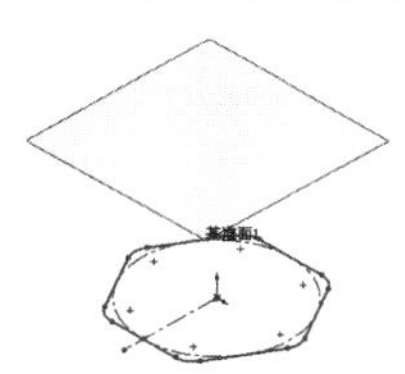
图 9-62 生成基准面

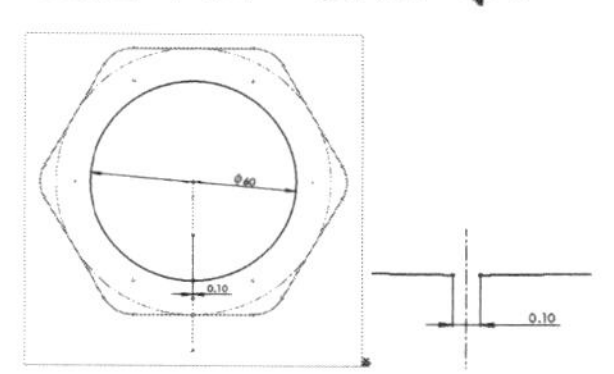

图 9-63 绘制开环的圆草图

④ 执行“插入”→“钣金”→“放样的折弯”菜单命令，或者单击“钣金”控制面板中的“放样折弯”按钮，弹出“放样折弯”属性管理器，在图形区域中选择两个草图，起点位置要对齐。输入厚度值 1mm，单击“确定”按钮，生成的放样折弯特征如图 9-64 所示。

注意

基体法兰特征不与放样的折弯特征一起使用。放样折弯使用 K 因子和折弯系数来计算折弯。放样的折弯不能被镜向。选择两个草图时，起点位置要对齐，即要在草图的相同位置，否则将不能生成放样折弯。如图 9-65 所示，箭头所选起点不能生成放样折弯。

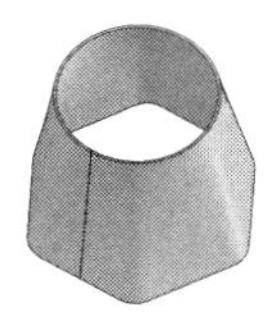
图 9-64 生成的放样折弯特征

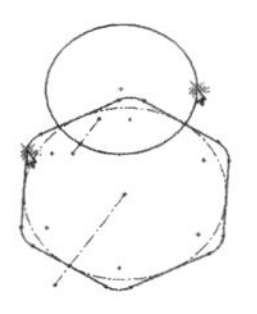
图 9-65 错误地选择草图起点

9.4.9 切口特征

使用切口特征工具可以在钣金零件或者其他任意的实体零件上生成切口特征。能够生成切口特征的零件应该具有一个相邻平面且厚度一致，这些相邻平面形成一条或多条线性边线或一组连续的线性边线，而且是通过平面的单一线性实体。

在零件上生成切口特征时，可以沿所选内部或外部模型边线生成，或者从线性草图实体生成，也可以通过组合模型边线和单一线性草图实体生成切口特征。下面在一壳体零件（见图 9-66）上生成切口特征。

【案例 9-10】切口特征

操作步骤

① 将壳体零件的上表面作为绘图基准面，然后单击“标准视图”工具栏中的“正视于”按钮，单击“草图”控制面板中的“直线”按钮，绘制一条直线，如图 9-67 所示。

② 执行“插入”→“钣金”→“切口”菜单命令，或者单击“钣金”控制面板中的“切口”按钮，弹出“切口”属性管理器，选择绘制的直线和一条边线来生成切口，如图 9-68 所示。

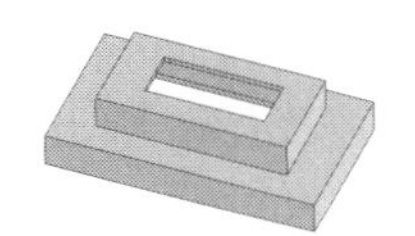

图 9-66　壳体零件

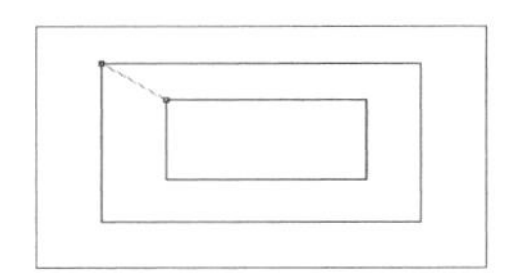

图 9-67　绘制直线

③ 在“切口”属性管理器中的切口缝隙输入框中输入数值 0.10mm，单击“改变方向”按钮，就可以改变切口的方向了，每单击一次“改变方向”按钮，切口方向将切换到一个方向，接着是另外一个方向。单击“确定”按钮，生成切口特征，如图 9-69 所示。

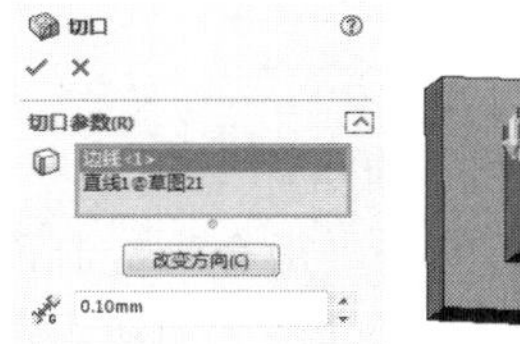

图 9-68　“切口”属性管理器

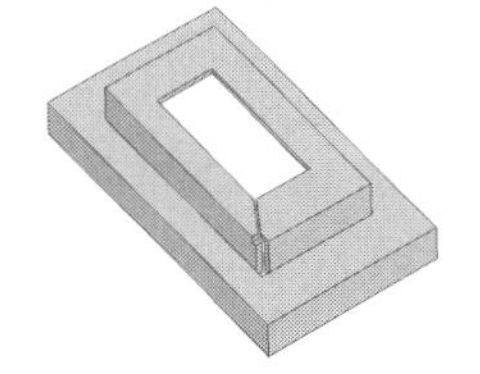

图 9-69　生成切口特征

注意

在钣金零件上生成切口特征，操作方法与上文中的讲解相同。

9.4.10 展开钣金折弯

展开钣金零件的折弯有两种方式：一种是将整个钣金零件展开；另外一种是将钣金零件部分展开。

9.4.10.1 将整个钣金零件展开

要展开整个零件，如果钣金零件的“FeatureManager 设计树”中的平板型式特征存在，可以右击平板型式1特征，在弹出的快捷菜单中单击“解除压缩”按钮，如图9-70所示。或者单击“钣金”控制面板中的“展开”按钮，展开整个钣金零件，如图9-71所示。

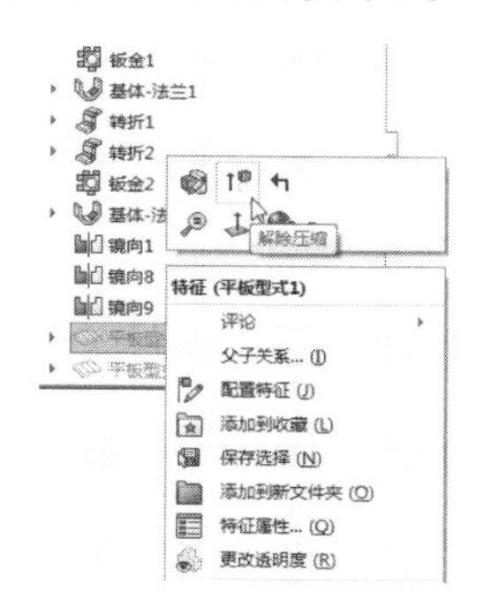

图9-70　解除平板特征的压缩

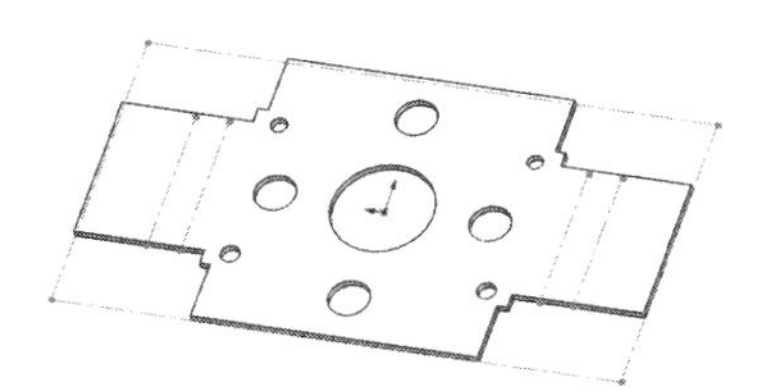

图9-71　展开整个钣金零件

注意

当使用此方法展开整个零件时，将应用边角处理以生成干净、展开的钣金零件，以使制造过程不会出错。如果不想应用边角处理，可以右击平板型式，在弹出的快捷菜单中选择“编辑特征”，在“平板型式”属性管理器中取消选中“边角处理”复选框，如图9-72所示。

要将整个钣金零件折叠，可以右击钣金零件“FeatureManager 设计树”中的平板型式特征，在弹出的快捷菜单中选择“压缩”命令，或者单击“钣金”控制面板中的“展开”按钮，使此按钮弹起，即可以将钣金零件折叠。

9.4.10.2　将钣金零件部分展开

要展开或折叠钣金零件的一个、多个或所有折弯，可使用展开和折叠特征工具。使用此展开特征工具可以沿折弯上添加切除特征。首先添加一展开特征来展开折弯，然后添加切除特征，最后添加一折叠特征，将折弯返回到其折叠状态。

扫一扫，看视频

【案例9-11】将钣金零件部分展开

操作步骤

① 执行命令。执行“插入”→“钣金”→“展开”菜单命令，或者单击“钣金”控制面板中的“展开”按钮，弹出“展开”属性管理器，如图9-73所示。

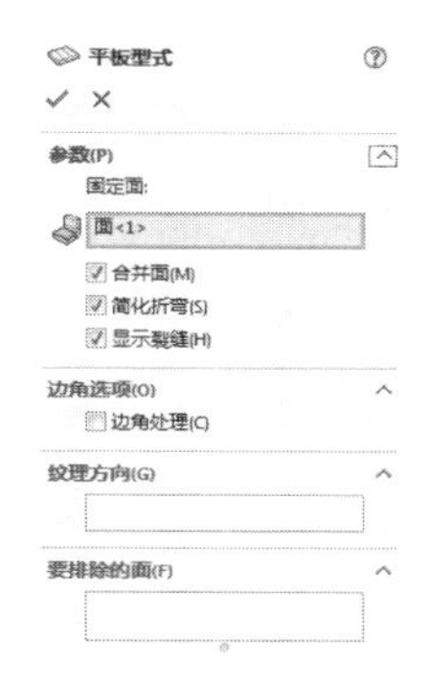

图9-72　取消“边角处理”

图9-73　“展开”属性管理器

② 设置“展开”属性管理器。在图形区域中选择箭头所指的面作为固定面，选择箭头所指的折弯作为要展开的折弯，如图 9-74 所示。单击“确定” 按钮✔，展开一个折弯，如图 9-75 所示。

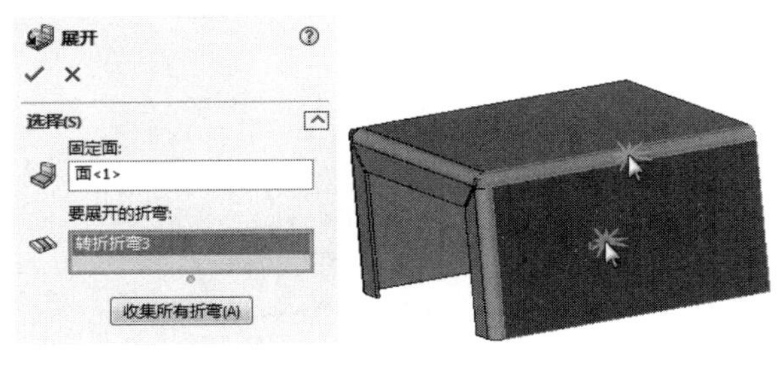

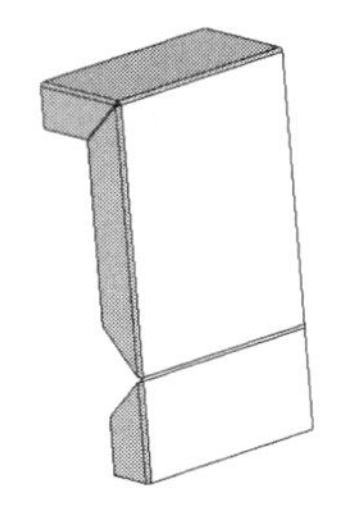

图 9-74 选择固定边和要展开的折弯

图 9-75 展开一个折弯

③ 绘制草图。选择钣金零件上箭头所指的表面作为绘图基准面，如图 9-76 所示，然后单击“标准视图”工具栏中的“正视于”按钮，单击“草图”控制面板中的“边角矩形”按钮，绘制矩形草图，如图 9-77 所示。

④ 切除实体。执行“插入”→“切除”→“拉伸”菜单命令，或者单击“特征”控制面板中的“切除拉伸”按钮，在弹出的“切除-拉伸”属性管理器中的“终止条件”一栏中选择“完全贯穿”，然后单击“确定” 按钮✔，生成切除拉伸特征，如图 9-78 所示。

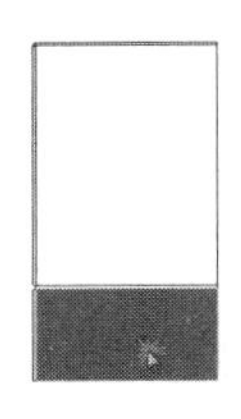

图 9-76 设置基准面

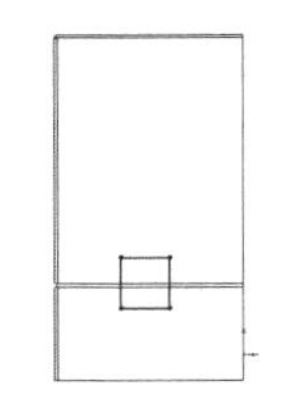

图 9-77 绘制矩形草图

⑤ 执行折叠折弯命令。执行“插入”→“钣金”→“折叠”菜单命令，或者单击“钣金”控制面板中的“折叠”按钮，弹出“折叠”属性管理器。

⑥ 折叠折弯操作。在图形区域中选择在展开操作中选择的面作为固定面，选择展开的折弯作为要折叠的折弯，单击“确定” 按钮✔，将钣金零件重新折叠，如图 9-79 所示。

注意

在设计过程中，为了使系统性能更好，只展开和折叠正在操作项目的折弯。在“展开”属性管理器和“折叠”属性管理器中选择“收集所有折弯”命令，可以把钣金零件的所有折弯展开或折叠。

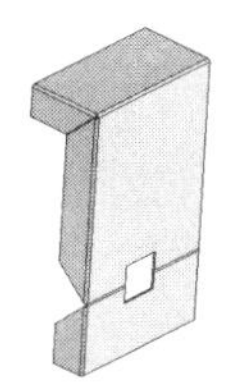

图 9-78 生成切除拉伸特征

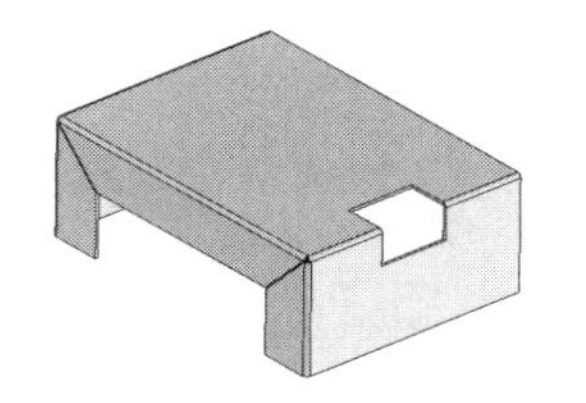

图 9-79 将钣金零件重新折叠

9.4.11 断开边角/边角剪裁特征

使用断开边角特征工具可以从折叠的钣金零件的边线或面切除材料。使用边角剪裁特征工具可以从展开的钣金零件的边线或面切除材料。

9.4.11.1 断开边角

断开边角操作只能在折叠的钣金零件中操作。

扫一扫，看视频

【案例 9-12】断开边角

操作步骤

① 执行命令。执行“插入”→“钣金”→“断裂边角”菜单命令，或者单击“钣金”控制面板中的“断开边角/边角剪裁”按钮，弹出“断开边角”属性管理器。

② 选择边角线。在图形区域中单击要断开的边角边线或法兰面，如图 9-80 所示。

③ 设置“断开边角”属性管理器。在“折断类型”中选择“倒角”选项，输入距离值 10.00mm，单击“确定”按钮，生成断开边角特征，如图 9-81 所示。

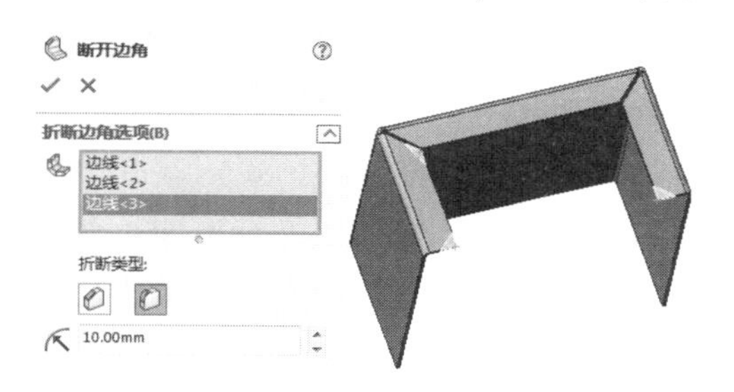

图 9-80 选择要断开的边角边线或法兰面

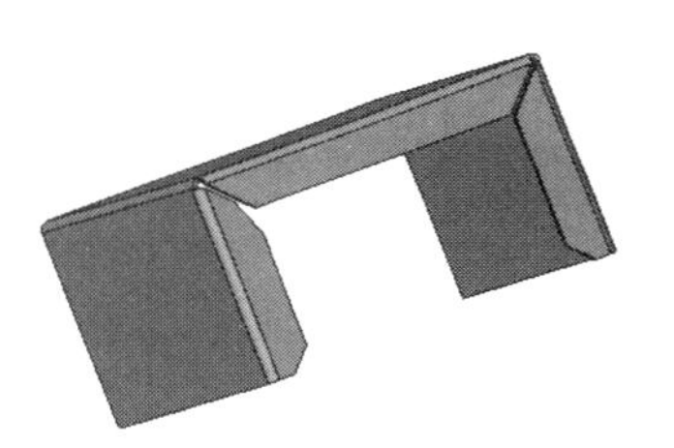

图 9-81 生成断开边角特征

9.4.11.2 边角剪裁

边角剪裁操作只能在展开的钣金零件中操作，在零件被折叠时边角剪裁特征将被压缩。

扫一扫，看视频

【案例 9-13】边角剪裁

操作步骤

① 展开图形。单击“钣金”控制面板中的“展开”按钮，展开整个钣金零件，如图 9-82 所示。

② 执行命令。执行“插入”→“钣金”→“断裂边角”菜单命令，或者单击“钣金”控制面板中的“断开边角/边角剪裁”按钮，弹出“断开边角”属性管理器。

③ 选择边角线。在图形区域中选择要折断边角的边线或法兰面，如图 9-83 所示。

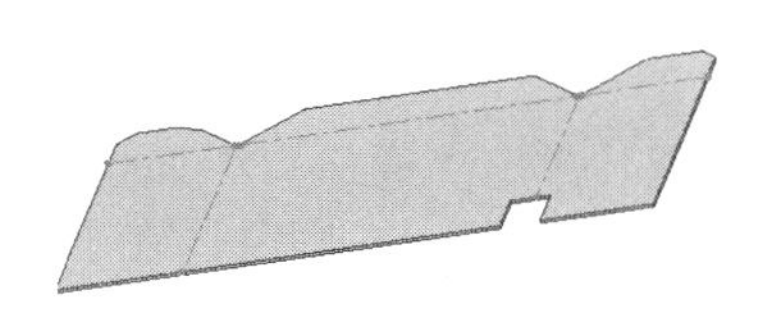

图 9-82 展开整个钣金零件

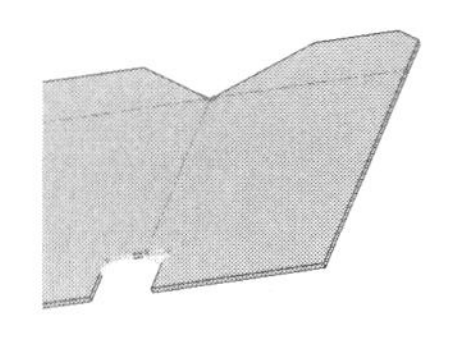

图 9-83 选择要折断边角的边线或法兰面

④ 设置“断开边角”属性管理器。在“折断类型”中选择“倒角”选项，输入距离值 10.00mm，单击“确定”按钮，生成边角剪裁特征，如图 9-84 所示。

⑤ 右击钣金零件“FeatureManager 设计树”中的平板型式特征，在弹出的快捷菜单中选择“压缩”命令，或者单击“钣金”控制面板中的“展开”按钮，使此按钮弹起，将钣金零件折叠。折叠钣金零件如图 9-85 所示。

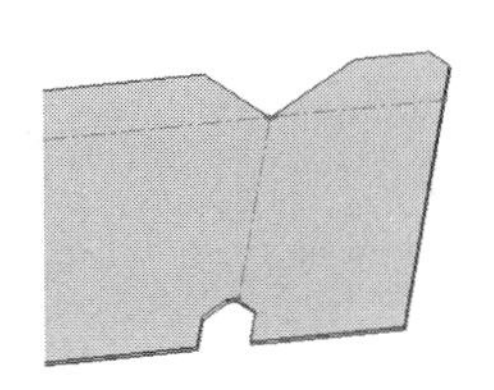

图 9-84　生成边角剪裁特征

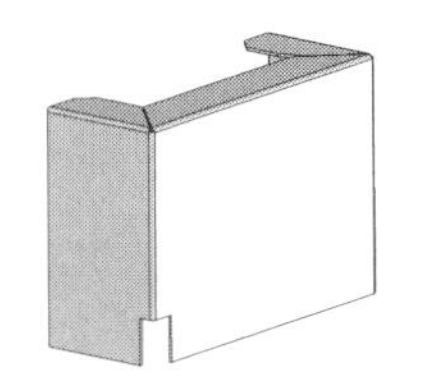

图 9-85　折叠钣金零件

9.4.12 通风口

扫一扫，看视频

使用通风口特征工具可以在钣金零件上添加通风口。在生成通风口特征之前与生成其他钣金特征相似，首先要绘制生成通风口的草图，然后在“通风口”属性管理器中设定各种选项，从而生成通风口。

【案例 9-14】通风

操作步骤

① 首先在钣金零件的表面绘制如图 9-86 所示的通风口草图。为了使草图清晰，可以执行“视图”→“隐藏/显示”→“草图几何关系”菜单命令（见图 9-87），使草图几何关系不显示，如图 9-88 所示，然后单击“退出草图”按钮。

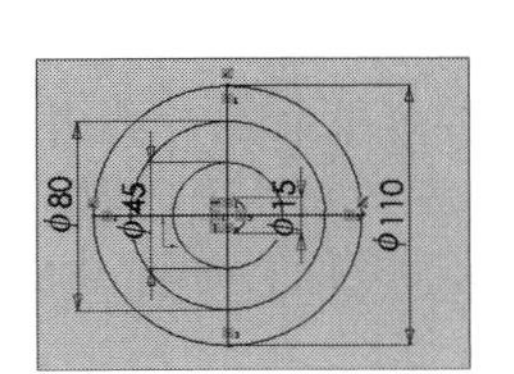

图 9-86　通风口草图

图 9-87　视图菜单

② 单击“钣金”控制面板中的“通风口”按钮，弹出“通风口”属性管理器，首先选择草图的最大直径的圆作为通风口的边界轮廓，如图 9-89 所示。同时，在“几何体属性”的“放置面”栏中自动输入绘制草图的基准面作为放置通风口的表面。

③ 在“圆角半径”输入栏中输入相应的圆角半径数值，本实例中输入数值 5.00mm。这些值将应用于边界、筋、翼梁和填充边界之间的所有相交处产生圆角，如图 9-90 所示。

④ 在“筋”下拉列表框中选择通风口草图中的两个互相垂直的直线作为筋轮廓，在“筋

宽度”输入栏中输入 5.00mm，如图 9-91 所示。

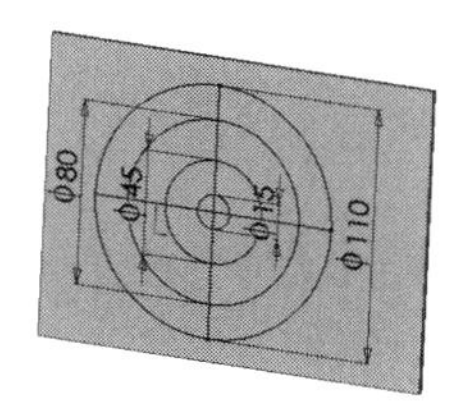

图 9-88 使草图几何关系不显示

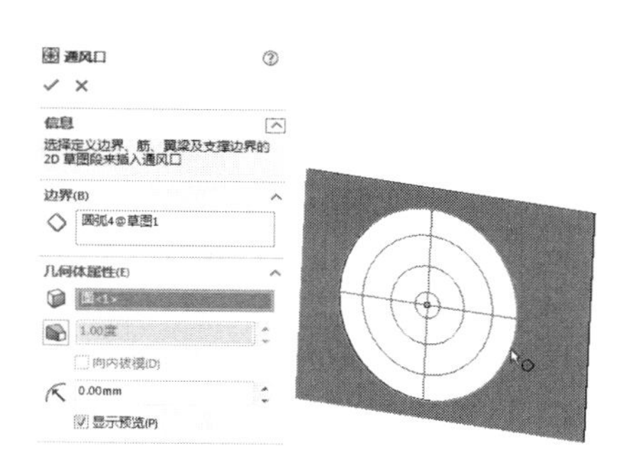

图 9-89 选择通风口的边界

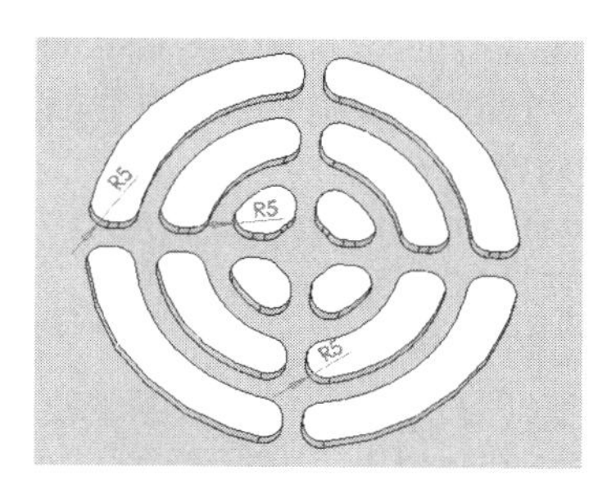

图 9-90 通风口圆角

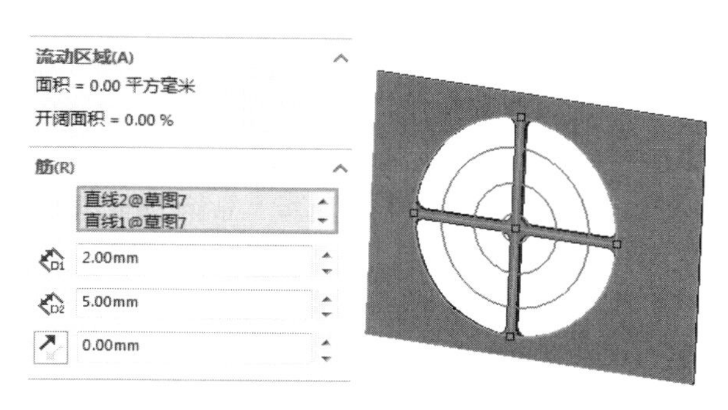

图 9-91 选择筋草图

⑤ 在“翼梁”下拉列表框中选择通风口草图中的两个同心圆作为翼梁轮廓，在“翼梁宽度”输入栏中输入 5.00mm，如图 9-92 所示。

⑥ 在“填充边界”下拉列表框中选择通风口草图中的最小圆作为填充边界轮廓，如图 9-93 所示。最后单击“确定” 按钮✔，生成通风口特征，如图 9-94 所示。

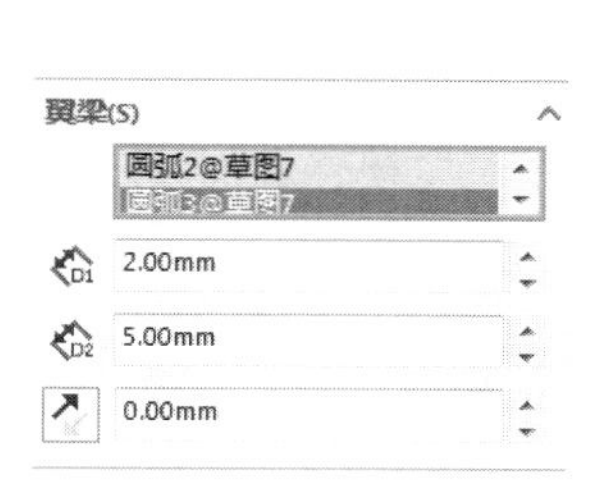

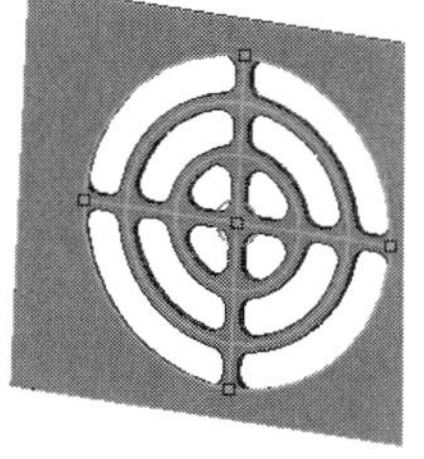

图 9-92 选择翼梁草图

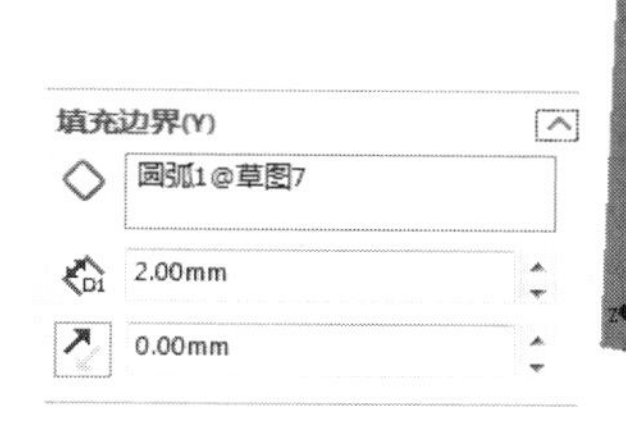

图 9-93 选择填充边界草图

图 9-94 生成通风口特征

9.4.13 实例——仪表面板

扫一扫，看视频

本例创建的仪表面板如图 9-95 所示。在设计过程中运用了插入折弯、边线法兰、展开、异型孔向导等工具，采用先设计零件实体，然后通过钣金工具在实体上添加钣金特征，从而形成钣金件的设计方法。

操作步骤

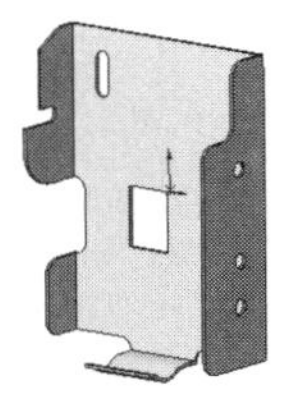
图 9-95 仪表面板

① 启动 SOLIDWORKS 2020，单击“快速访问”工具栏中的“新建”按钮，或执行“文件”→“新建”菜单命令，在弹出的“新建 SOLIDWORKS 文件”对话框中选择“零件”按钮，然后单击“确定”按钮，创建一个新的零件文件。

② 绘制草图。

a．在左侧的“FeatureManager 设计树”中选择“前视基准面”作为绘图基准面，然后单击“草图”控制面板中的“边角矩形”按钮，绘制一个矩形，标注相应的智能尺寸。单击“草图”控制面板中的“中心线”按钮，绘制一条对角构造线。

b．单击“草图”控制面板“显示/删除几何关系”下拉列表中的“添加几何关系”按钮，在弹出的“添加几何关系”属性管理器中，单击拾取矩形对角构造线和坐标原点，选择“中点”选项，添加中点约束，然后单击“确定”按钮，如图 9-96 所示。

③ 绘制矩形。单击“草图”控制面板中的“边角矩形”按钮，在草图中绘制一个矩形，如图 9-97 所示，矩形的对角点分别在原点和大矩形的对角线上，标注智能尺寸。

④ 绘制其他草图图素。单击“草图”控制面板中的绘图工具按钮，在草图中绘制其他图素，标注相应的智能尺寸，如图 9-98 所示。

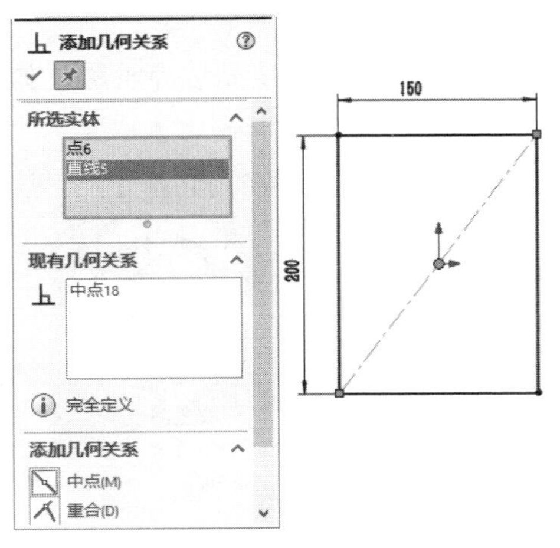

图 9-96 绘制矩形草图

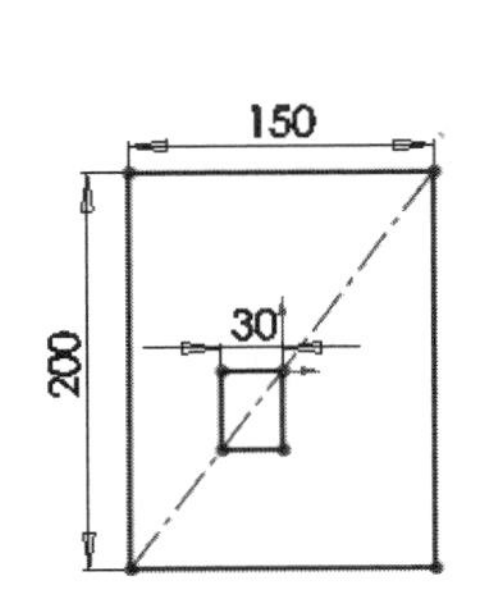

图 9-97 绘制草图中的矩形

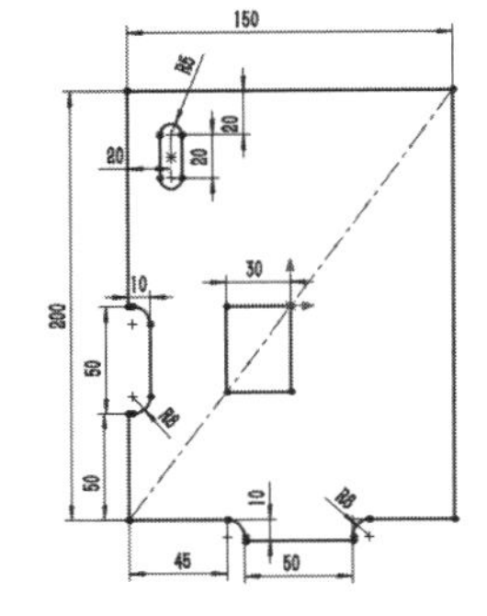

图 9-98 绘制草图中其他图素

⑤ 生成“拉伸”特征。单击“特征”控制面板中的“拉伸凸台/基体”按钮，或执行“插入”→“凸台/基体”→“拉伸”菜单命令，系统弹出“凸台-拉伸”属性管理器，在属性管理器深度栏中键入深度值 2；其他设置如图 9-99 所示，最后单击“确定”按钮。

⑥ 选择绘图基准面。单击钣金件的侧面 A， 单击“标准视图”工具栏中的“正视于”按钮，将该面作为绘制图形的基准面，如图 9-100 所示。

⑦ 绘制钣金件侧面草图。单击“草图”控制面板中的绘图工具按钮，在图 9-100 所示的绘图基准面中绘制草图，标注相应的智能尺寸，如图 9-101 所示。

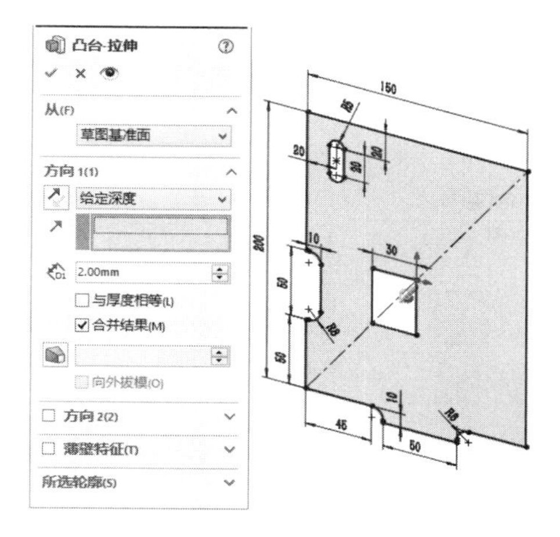

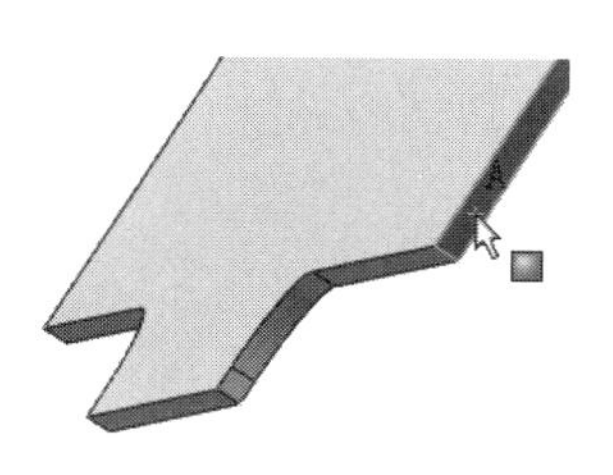

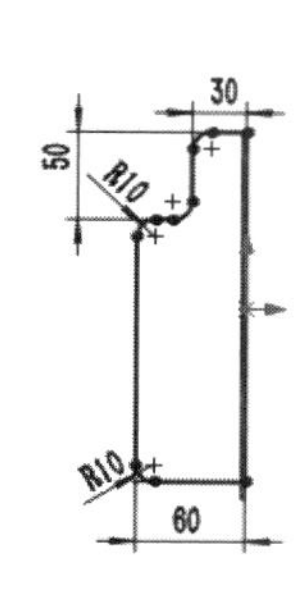

图 9-99　生成拉伸特征　　图 9-100　选择绘图基准面　　图 9-101　选择绘图基准面

⑧ 生成“拉伸”特征。单击“特征”控制面板中的“拉伸凸台/基体”按钮，或执行“插入”→“凸台/基体”→“拉伸”菜单命令，系统弹出“凸台拉伸”属性管理器，输入拉伸厚度值为2，单击“反向”按钮，如图9-102所示。单击“确定”按钮，结果如图9-103所示。

⑨ 选择绘制孔位置草图基准面。单击钣金件侧板的外面，单击“标准视图”工具栏中的“正视于”按钮，将该面作为绘制草图的基准面，如图9-104所示。

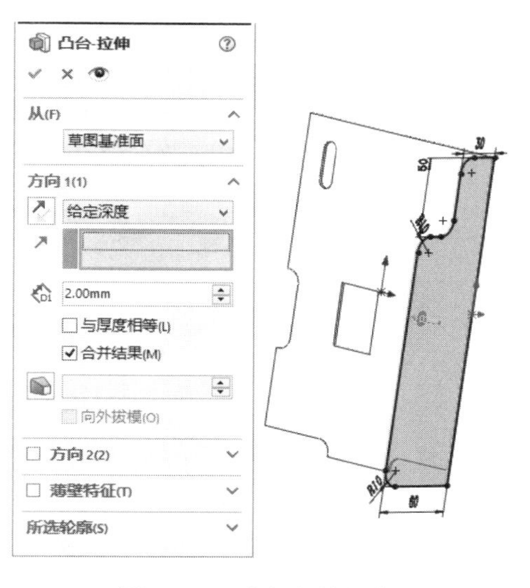

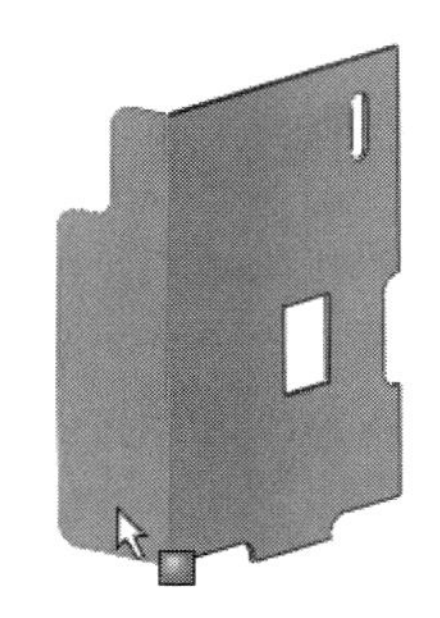

图 9-102　进行拉伸操作　　图 9-103　生成的拉伸特征　　图 9-104　选择基准面

⑩ 绘制草图。单击“草图”控制面板中的“中心线”按钮，绘制一条构造线。单击“草图”控制面板中的“点”按钮，在构造线上绘制三个点并标注智能尺寸，如图9-105所示，然后单击 “退出草图”按钮。

⑪ 生成“孔”特征。

a．单击“特征”控制面板中的“异形孔向导”按钮，或执行“插入”→“特征”→“孔”→“向导”菜单命令，系统弹出“孔规格”属性管理器。在孔规格选项栏中，单击“孔”按钮，选择“GB”标准，选择孔大小为M10，给定深度为10mm，如图9-106所示。

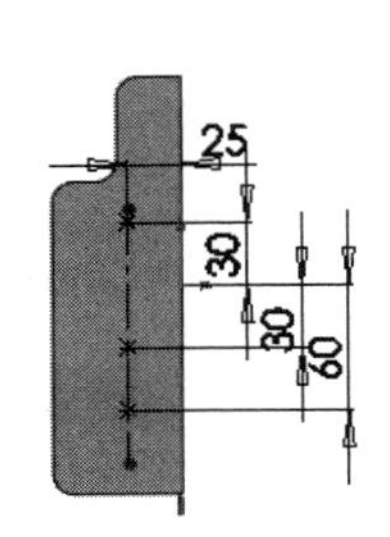

图 9-105　绘制草图

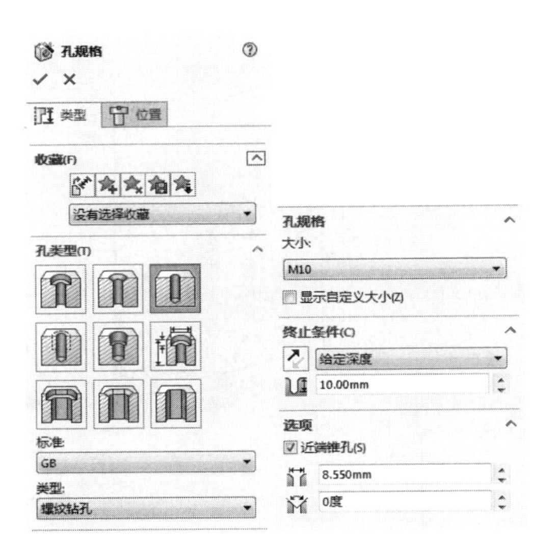

图 9-106　“孔规格”属性管理器

b．将对话框切换到位置选项后，鼠标单击拾取草图中的三个点，如图 9-107 所示，确定孔的位置，单击“确定”按钮✔，生成孔特征如图 9-108 所示。

⑫ 选择绘图基准面。单击钣金件的另一侧面，单击“标准视图”工具栏中的“正视于”按钮，将该面作为绘制图形的基准面，如图 9-109 所示。

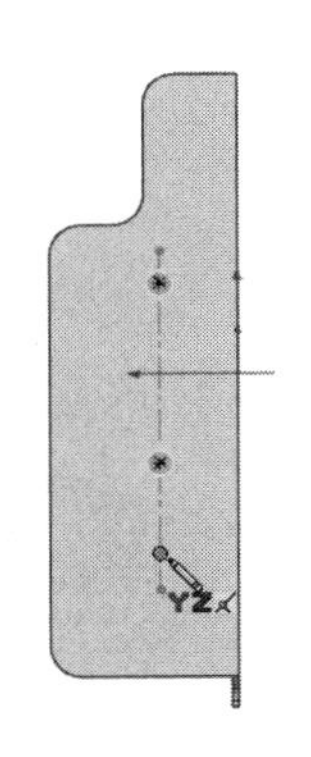

图 9-107　拾取孔位置点

图 9-108　生成的孔特征

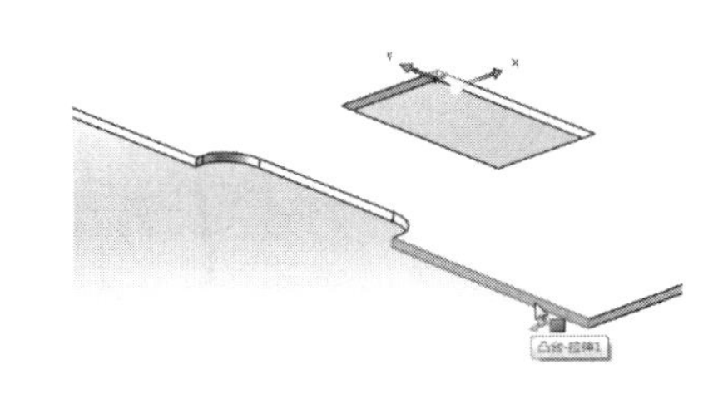

图 9-109　选择基准面

⑬ 绘制钣金件另一侧草图。单击“草图”控制面板中的绘图工具按钮，绘制草图如图 9-110 所示。

⑭ 生成“拉伸”特征。单击“特征”控制面板中的“拉伸凸台/基体”按钮，或执行“插入”→“凸台/基体”→“拉伸”菜单命令，系统弹出“凸台-拉伸”属性管理器，在方向 1 的“终止条件”栏中输入厚度值 2，单击“反向”按钮，如图 9-111 所示。单击“确定”按钮✔，结果如图 9-112 所示。

⑮ 选择基准面。单击图 9-113 所示钣金件凸缘的小面，单击“标准视图”工具栏中“正视于”按钮，将该面作为绘制图形的基准面。

⑯ 绘制草图的直线即构造线。单击“草图”控制面板中的“直线”按钮，绘制一条直线和构造线，如图 9-114 所示。

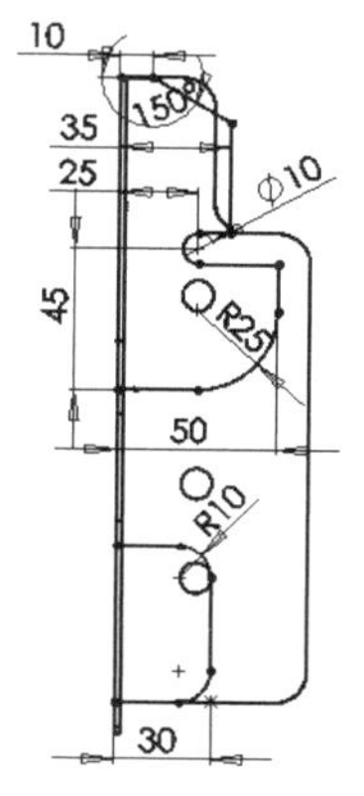

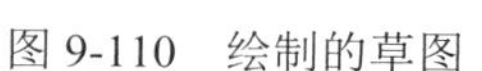

图 9-110　绘制的草图

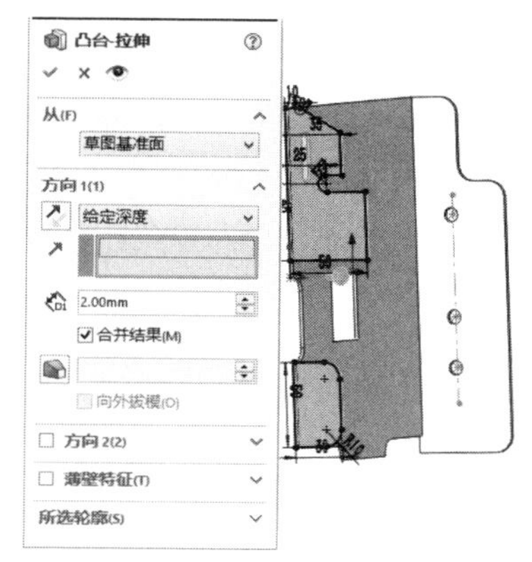

图 9-111　进行拉伸作

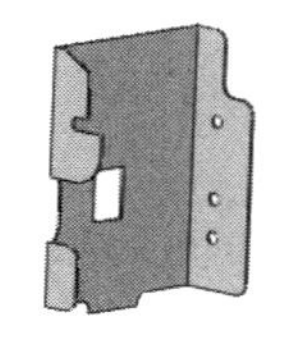

图 9-112　生成的拉伸特征

⑰ 绘制第一条圆弧。单击“草图”控制面板中的“圆心/起/终点画弧”按钮，绘制一条圆弧，如图 9-115 所示。

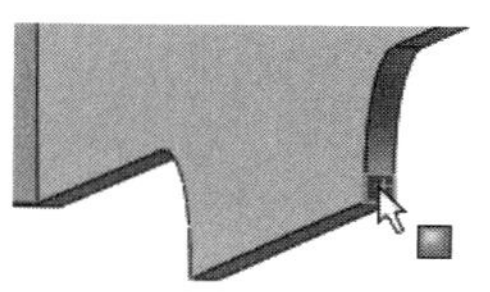

图 9-113　选择绘图基准面

图 9-114　绘制直线和构造线

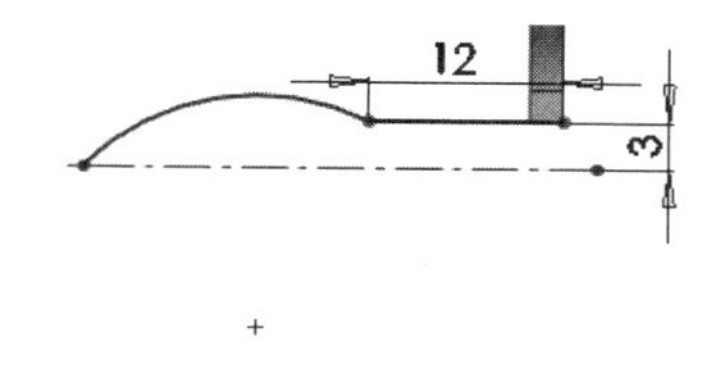

图 9-115　绘制圆弧

⑱ 添加几何关系。单击“草图”控制面板“显示/删除几何关系”中的“添加几何关系”按钮，在弹出的“添加几何关系”属性管理器中，单击拾取圆弧的起点（即直线左侧端点）和圆弧圆心点，选择“竖直”选项，添加竖直约束，然后单击“确定”按钮，如图 9-116 所示。最后标注圆弧的智能尺寸，如图 9-117 所示。

⑲ 绘制第二条圆弧。单击“草图”控制面板中的“切线弧”按钮，绘制第二条圆弧，圆弧的两端点均在构造线上，标注其尺寸，如图 9-118 所示。

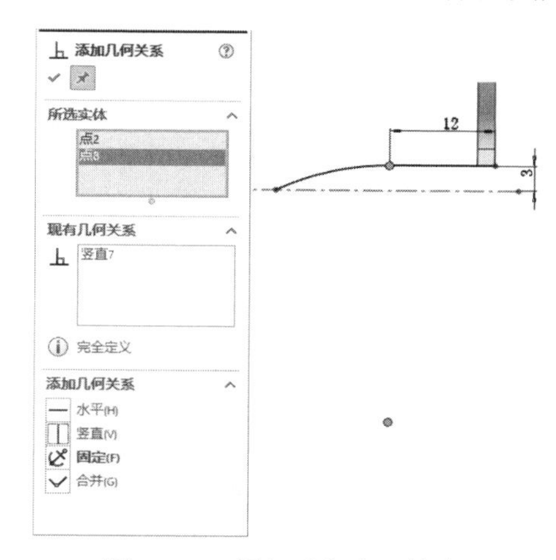

图 9-116　添加“竖直”约束

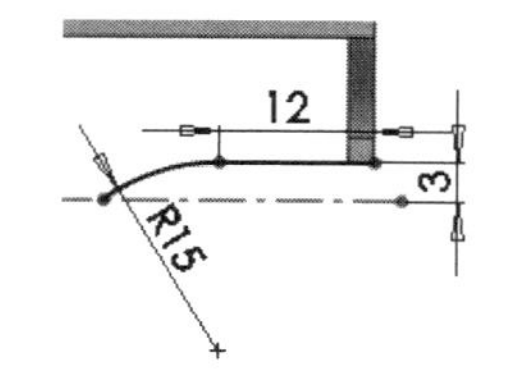

图 9-117　标注智能尺寸

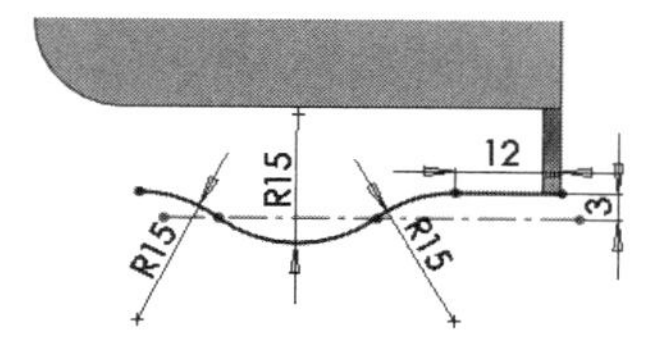

图 9-118　绘制第二条圆弧

⑳ 绘制第三条圆弧。单击“草图”控制面板中的“切线弧”按钮，绘制第三条圆弧，圆弧的起点与第二条圆弧的终点重合，添加圆弧终点与圆心点“竖直”约束，标注智能尺寸，

如图 9-119 所示。

㉑ 拉伸生成“薄壁”特征。单击“特征”控制面板中的“拉伸凸台/基体”按钮，或执行“插入”→“凸台/基体”→“拉伸”菜单命令，在弹出的“凸台-拉伸”属性管理器中，拉伸方向选择“成形到一面”，鼠标拾取图 9-120 所示的小面。在方向 1 的“终止条件”栏中输入厚度值 2，单击“反向”按钮，如图 9-121 所示。单击“确定”按钮，结果如图 9-122 所示。

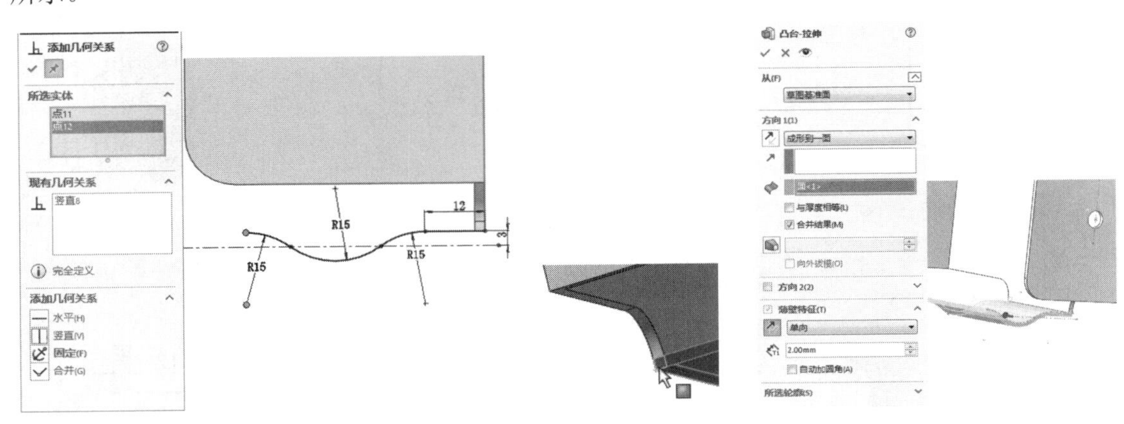

图 9-119　绘制第三条圆弧

图 9-120　拾取成形到一面

图 9-121　进行拉伸薄壁特征操作

㉒ 插入折弯。单击“钣金”控制面板中的“插入折弯”按钮，或执行“插入”→“钣金”→“折弯”菜单命令，在弹出的“折弯”属性管理器中，单击鼠标拾取钣金件的大平面作为固定的面，键入折弯半径数值 3，其他设置如图 9-123 所示，单击“确定”按钮，结果如图 9-124 所示。

㉓ 生成“边线法兰”特征。

a．单击“钣金”控制面板中的“边线法兰”按钮，或执行“插入”→“钣金”→“边线法兰”菜单命令，在弹出的“边线法兰”属性管理器中，单击鼠标拾取如图 9-125 所示的钣金件边线，键入法兰长度数值 30，其他设置如图 9-126 所示，单击“确定”按钮。

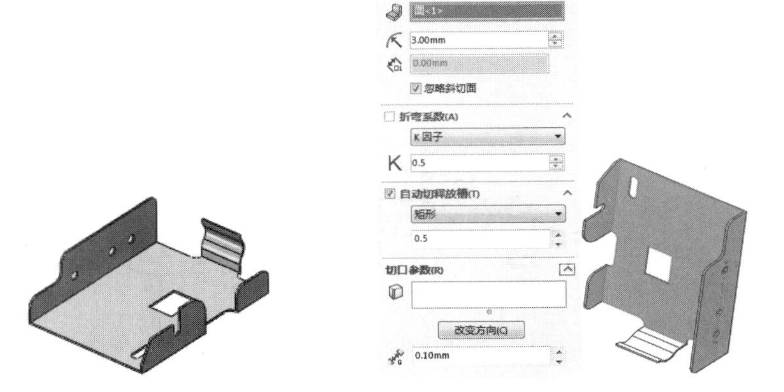

图 9-122　生成的薄壁特征

图 9-123　进行插入折弯操作

图 9-124　生成的折弯

📖注意

在进行插入折弯操作时，只要钣金件是同一厚度，选定固定面或边后，系统将会自动将折弯添加在零件的转折部位。

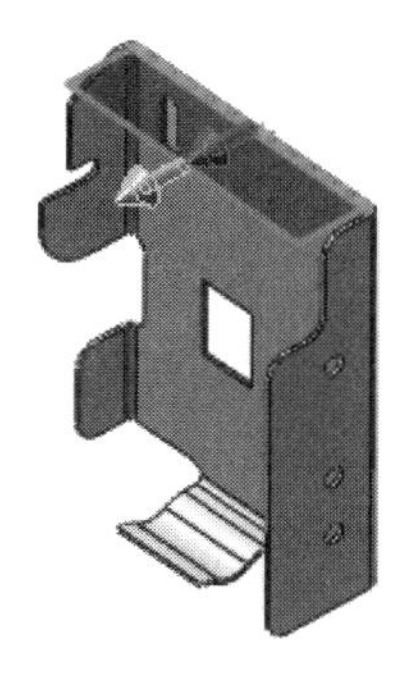

图 9-125　选择生成边线法兰的边

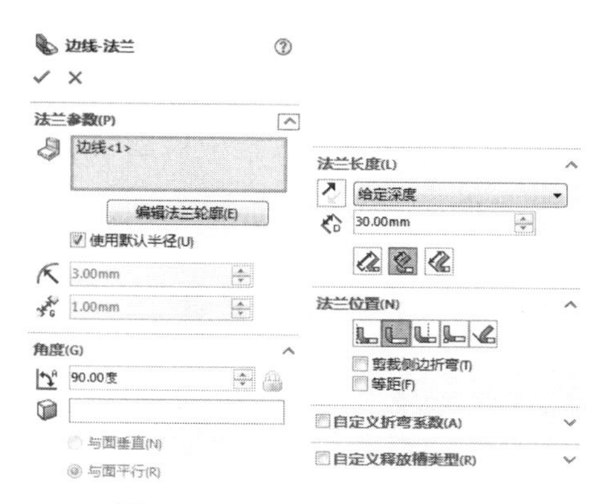

图 9-126　设置边线法兰参数

b．单击“编辑法兰轮廓”按钮，通过标注智能尺寸编辑边线法兰的轮廓，如图 9-127 所示，最后单击图 9-128 所示的轮廓草图对话框中的“完成”按钮，生成边线法兰。

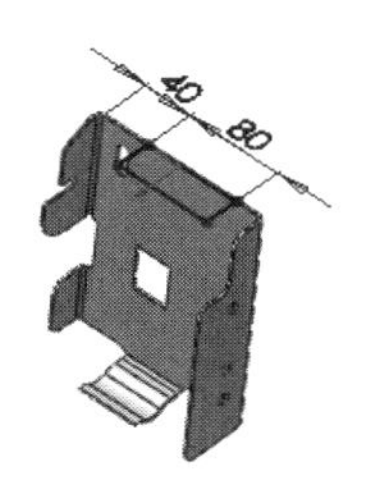

图 9-127　编辑边线法兰轮廓

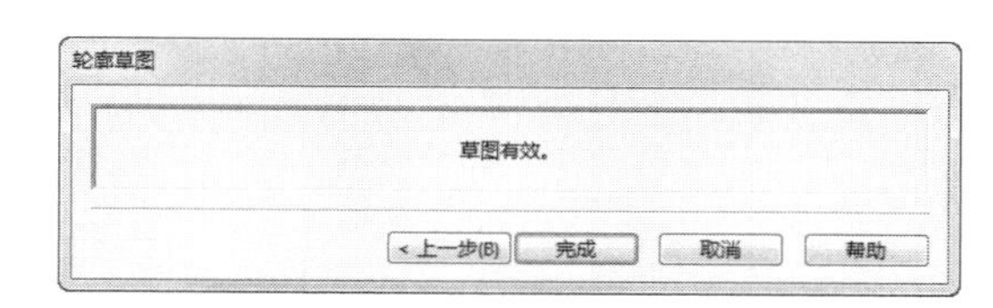

图 9-128　完成编辑边线法兰轮廓

㉔ 对边线法兰进行圆角。单击“特征”控制面板中的“圆角”按钮，或执行“插入”→“特征”→“圆角”菜单命令，对边线法兰进行半径为 10 的圆角操作，最后生成的钣金件如图 9-129 所示。

㉕ 展开钣金件。单击“钣金”控制面板中的“展开”按钮，或执行“插入”→“钣金”→“展开”菜单命令，单击鼠标拾取钣金件的大平面作为固定面，在对话框中单击“收集所有折弯”，系统将自动收集所有需要展开的折弯，如图 9-130 所示。最后，单击“确定”按钮✔展开钣金件，如图 9-131 所示。

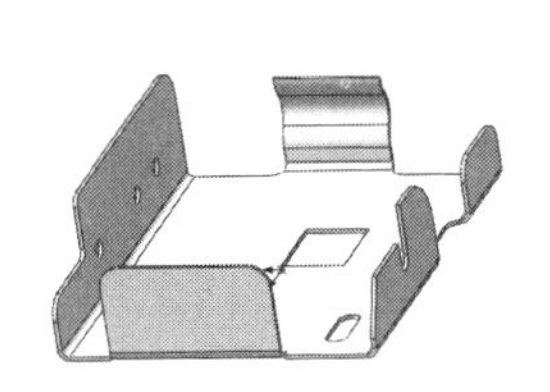

图 9-129　生成的钣金件

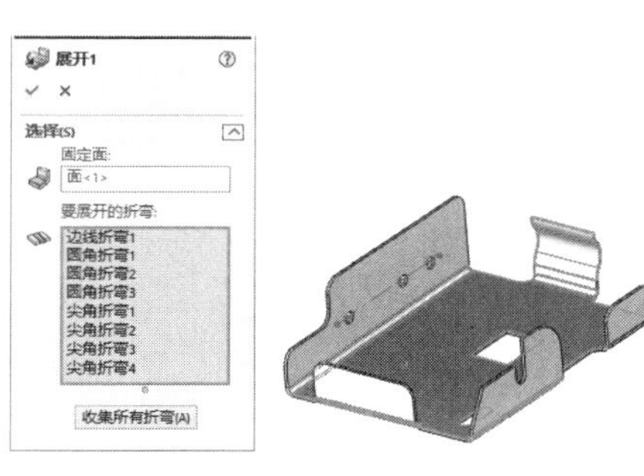

图 9-130　进行展开钣金件操作

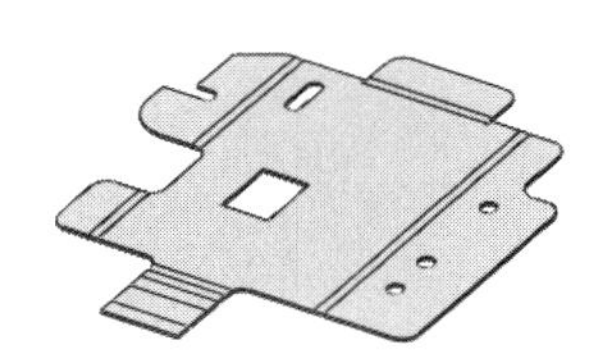

图 9-131　展开的钣金件

㉖ 保存钣金件。单击“保存”按钮将钣金件文件保存。

9.5 钣金成形

利用 SOLIDWORKS 中的钣金成形工具可以生成各种钣金成形特征，软件系统中已有的成形工具有 5 种，分别是 embosses（凸起）、extruded flanges（冲孔）、louvers（百叶窗板）、ribs（筋）和 lances（切开）。

用户也可以在设计过程中自己创建新的成形工具，或者对已有的成形工具进行修改。

9.5.1 使用成形工具

扫一扫，看视频

【案例 9-15】使用成形工具

操作步骤

① 首先创建或者打开一个钣金零件文件。单击“设计库”按钮，弹出“设计库”对话框，在对话框中选择 Design Library 文件下的 forming tools 文件夹，然后右击将其设置成“成形工具文件夹”，如图 9-132 所示，然后在该文件夹下可以找到 5 种成形工具的文件夹，在每一个文件夹中都有若干种成形工具，如图 9-132 所示。

② 在设计库中选择 embosses（凸起）工具中的“circular emboss”成形按钮，按下鼠标左键，将其拖入钣金零件需要放置成形特征的表面，如图 9-133 所示。

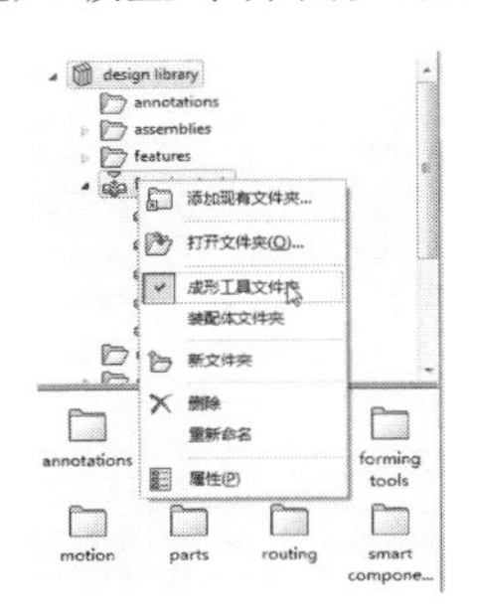

图 9-132　成形工具的存在位置

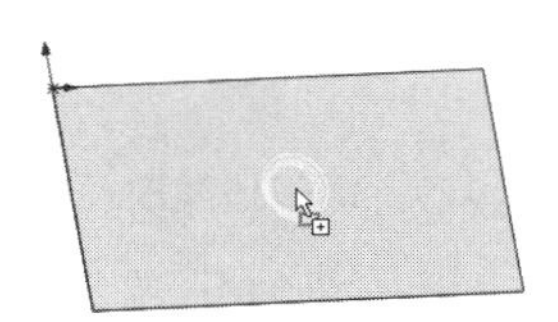

图 9-133　将成形工具拖入放置表面

③ 随意拖放的成形特征的位置并不一定合适，右键单击如图 9-134 所示的“编辑草图”按钮，为图形标注尺寸，如图 9-135 所示，最后退出草图，生成的成形特征如图 9-136 所示。

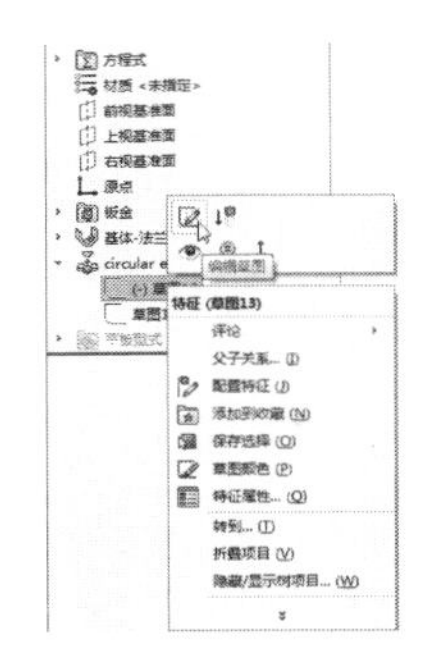

图 9-134　编辑草图

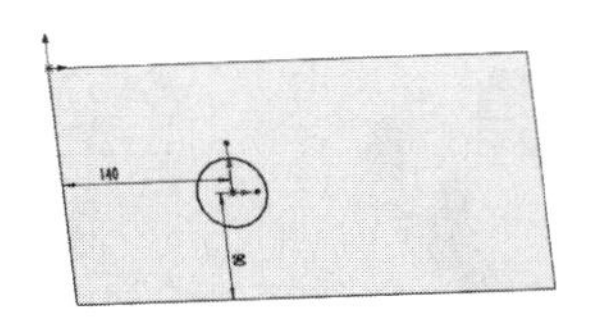

图 9-135　标注成形特征位置尺寸

📖注意

使用成形工具时，默认情况下成形工具向下行进，即形成的特征方向是“凹”，如果要使其方向变为“凸”，需要在拖入成形特征的同时按下〈Tab〉键。

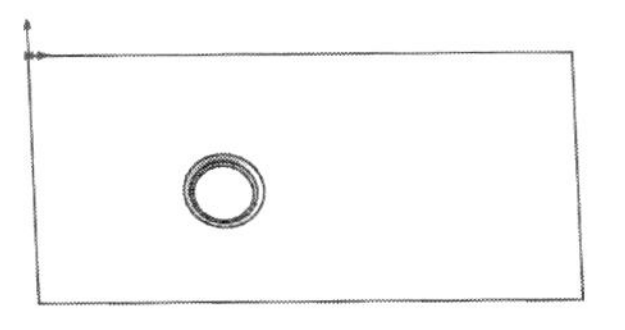

图 9-136　生成的成形特征

9.5.2 修改成形工具

SOLIDWORKS 软件自带的成形工具形成的特征在尺寸上不能满足用户使用要求，用户可以自行进行修改。

扫一扫，看视频

【案例 9-16】修改成形工具

操作步骤

① 单击“设计库”按钮，在“设计库”对话框中按照路径 Design Library\forming tools\找到需要修改的成形工具，用鼠标双击成形工具按钮。例如，用鼠标双击 embosses（凸起）工具中的“circular emboss”成形按钮，系统将会进入“circular emboss”成形特征的设计界面。

② 在左侧的“FeatureManager 设计树”中右键单击“Boss-Extrudel”特征，在弹出的快捷菜单中单击“编辑草图”按钮，如图 9-137 所示。

图 9-137　编辑“Boss-Extrudel”特征草图

③ 用鼠标双击草图中的圆直径尺寸，将其数值更改为 70mm，然后单击 “退出草图”按钮，成形特征的尺寸将变大。

④ 在左侧的“FeatureManager 设计树”中右键单击“Fillet2”特征，在弹出的快捷菜单中单击“编辑特征”按钮，如图 9-138 所示。

⑤ 在“Fillet2”属性管理器中更改圆角半径数值为 10.00mm，如图 9-139 所示。单击“确定”按钮✔，修改后的“Boss-Extrndel”特征如图 9-140 所示，执行“文件”→“保存”菜单命令保存成形工具。

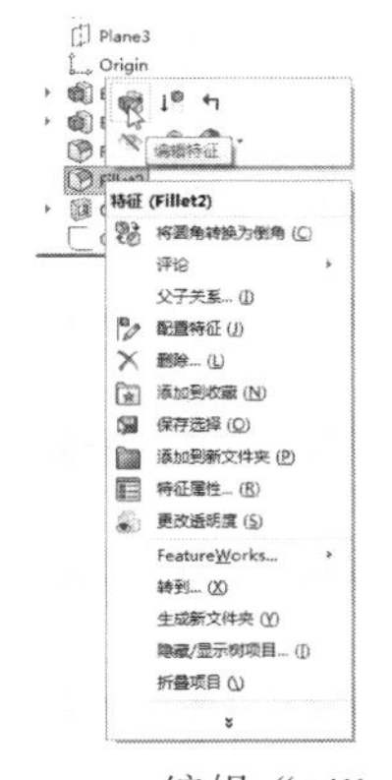

图 9-138　编辑“Fillet2”特征

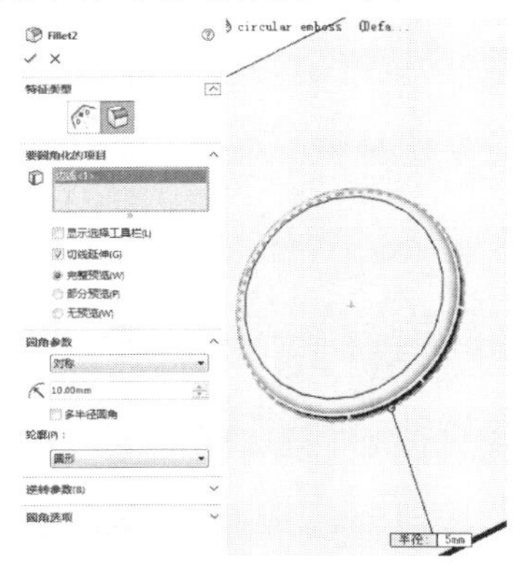

图 9-139　更改“Fillet2”特征

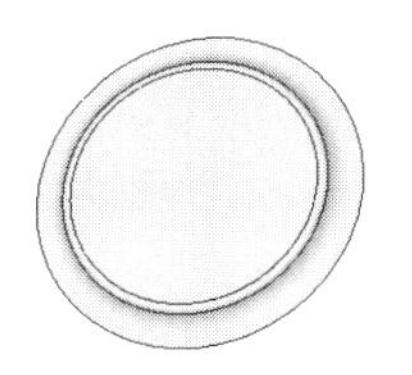

图 9-140　修改后的“Boss-Extrudel”特征

9.5.3 创建新的成形工具

用户可以自己创建新的成形工具，然后将其添加到“设计库”中备用。创建新的成形工具和创建其他实体零件的方法一样。下面举例说明创建一个新的成形工具的操作步骤。

【案例 9-17】创建新成型工具

操作步骤

① 创建一个新的文件，在操作界面左侧的“FeatureManager 设计树”中选择“前视基准面”作为绘图基准面，然后单击“草图”控制面板中的“边角矩形”按钮，绘制一个矩形，如图 9-141 所示。

② 执行“插入”→“凸台/基体”→“拉伸”菜单命令，或者单击“特征”控制面板中的“拉伸凸台/基体”按钮，在“深度”一栏中输入 80.00mm，然后单击“确定” 按钮，生成拉伸特征，如图 9-142 所示。

③ 单击图 9-142 中的上表面，然后单击“标准视图”工具栏中的“正视于”按钮，将该表面作为绘制图形的基准面。在此表面上绘制一个“矩形”草图，如图 9-143 所示。

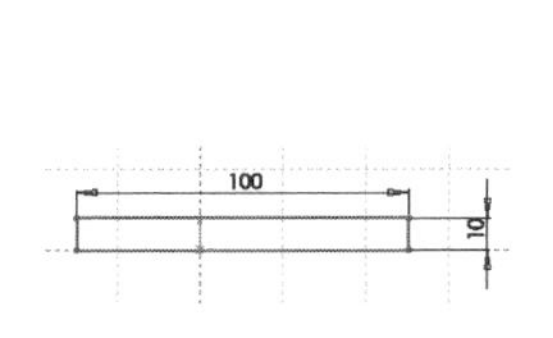

图 9-141　绘制矩形草图

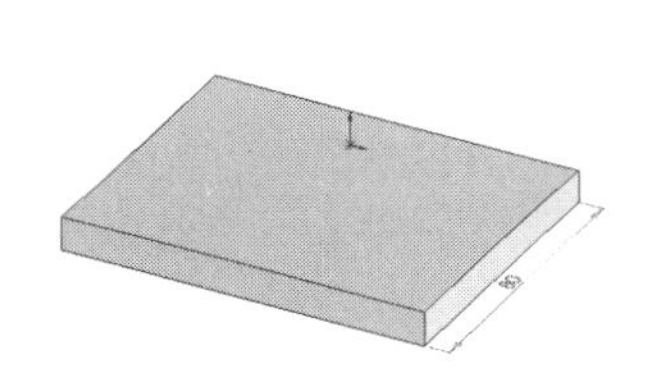

图 9-142　生成拉伸特征

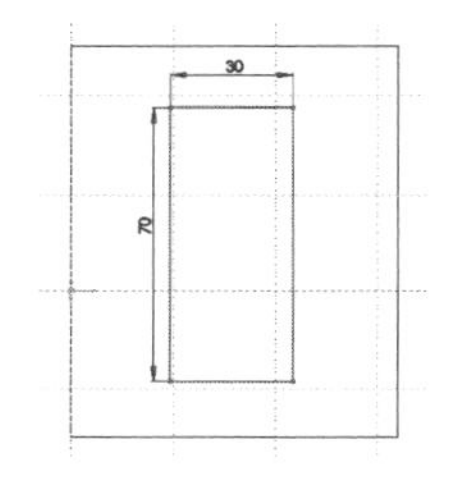

图 9-143　绘制矩形草图

④ 执行“插入”→“凸台/基体”→“拉伸”菜单命令，或者单击“特征”控制面板中的“拉伸凸台/基体”按钮，输入拉伸距离为 15.00mm，输入数值拔模角度为 10°，生成拉伸特征，如图 9-144 所示。

⑤ 执行“插入”→“特征”→“圆角”菜单命令，或者单击“特征”控制面板中的“圆角”按钮，输入圆角半径为 6.00mm，按住〈Shift〉键，依次选择拉伸特征的各个边线，如图 9-145 所示，然后单击“确定” 按钮，生成圆角特征，如图 9-146 所示。

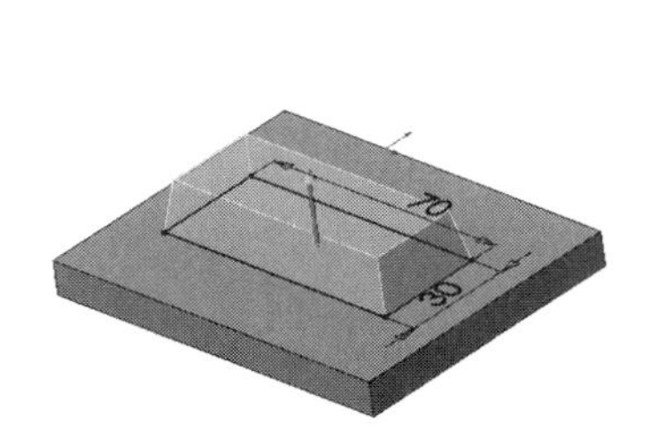

图 9-144　生成拉伸特征

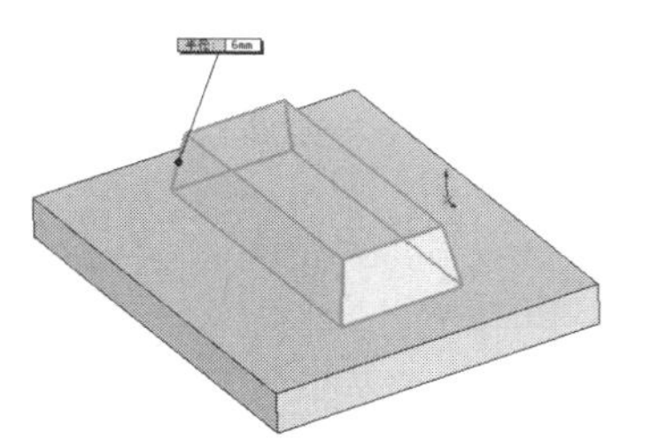

图 9-145　选择圆角边线

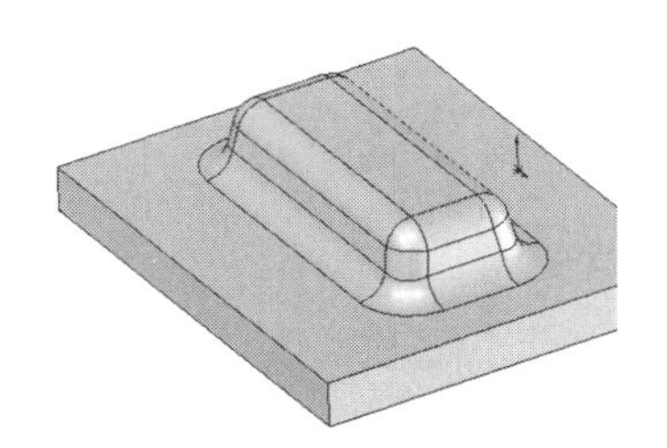

图 9-146　生成圆角特征

⑥ 单击图 9-146 中矩形实体的一个侧面，然后单击“草图”控制面板中的“草图绘制”按钮，并单击“转换实体引用”按钮，转换实体引用如图 9-147 所示。

⑦ 执行“插入”→“切除”→“拉伸”菜单命令，或者单击“特征”控制面板中的“切

除拉伸”按钮，在弹出的“切除-拉伸”属性管理器中设置终止条件为“完全贯穿”，如图 9-148 所示，然后单击“确定”按钮。

⑧ 单击图 9-149 中的底面，然后单击“标准视图”工具栏中的“正视于”按钮，将该表面作为绘制图形的基准面。单击“草图”控制面板中的“圆”按钮和“直线”按钮，以基准面的中心为圆心绘制一个圆和两条互相垂直的直线，如图 9-150 所示，单击 “退出草图”按钮。

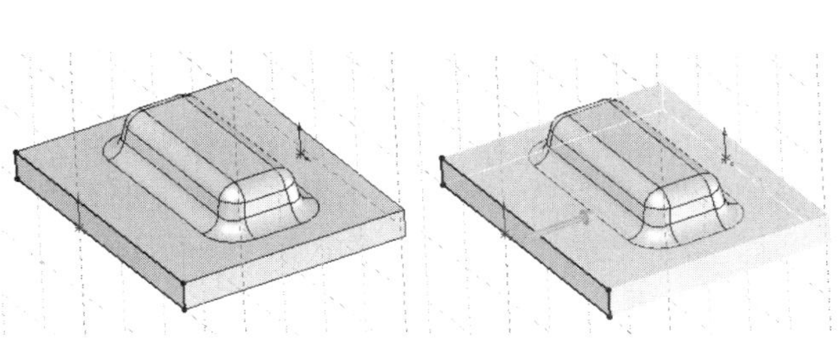

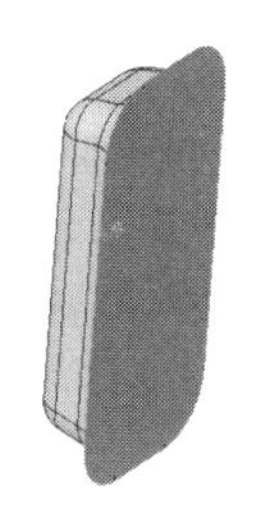

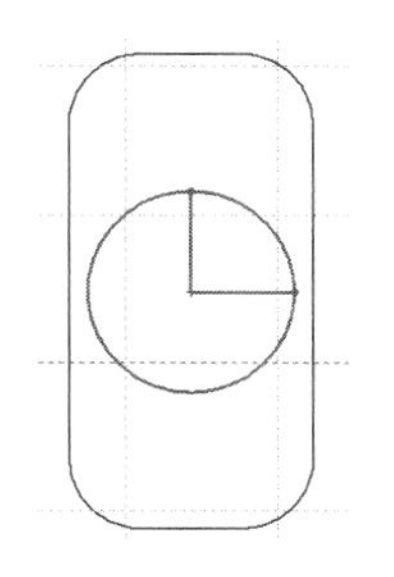

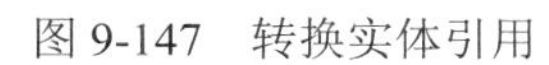

图 9-147　转换实体引用　　图 9-148　完全贯通切除　　图 9-149　选择草图基准面　　图 9-150　绘制定位草图

注意

在步骤⑧中绘制的草图是成形工具的定位草图，必须绘制，否则成形工具将不能放置到钣金零件上。

⑨ 首先将零件文件保存，单击“任务窗格”中的“设计库”按钮，在打开的窗口中单击“添加到库”按钮，如图 9-151 所示。这时会弹出“添加到库”属性管理器，选择保存路径：Design Library\forming tools\embosses\，如图 9-152 所示，将此成形工具命名为“矩形凸台”，单击“保存”按钮，把新生成的成形工具保存在设计库中。添加到设计库中的“矩形凸台”成形工具如图 9-153 所示。

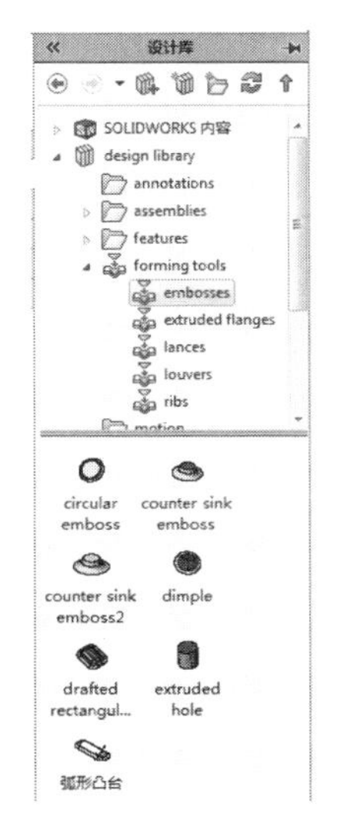

图 9-151　“添加到库”命令　　图 9-152　保存成形工具到设计库　　图 9-153　添加到设计库中的“矩形凸台”成形工具

9.6 实例——硬盘支架

扫一扫，看视频

本节介绍硬盘支架的设计过程，在设计过程中运用了基体法兰、边线法兰、褶边、自定义成形工具、添加成形工具及通风口等钣金设计工具。本例创建的校准架如图 9-154 所示。

① 启动 SOLIDWORKS 2020，单击“快速访问”工具栏中的“新建”按钮，或执行“文件”→“新建”菜单命令，在弹出的“新建 SOLIDWORKS 文件”对话框中选择“零件”按钮，然后单击“确定”按钮，创建一个新的零件文件。

② 绘制草图。在左侧的“FeatureManager 设计树”中选择“前视基准面”作为绘图基准面，然后单击“草图”控制面板中的“边角矩形”按钮，绘制一个矩形，将矩形上直线删除，标注相应的智能尺寸，如图 9-155 所示。将水平线与原点添加“中点”约束几何关系，如图 9-156 所示，然后单击 “退出草图”按钮。

图 9-154　硬盘支架

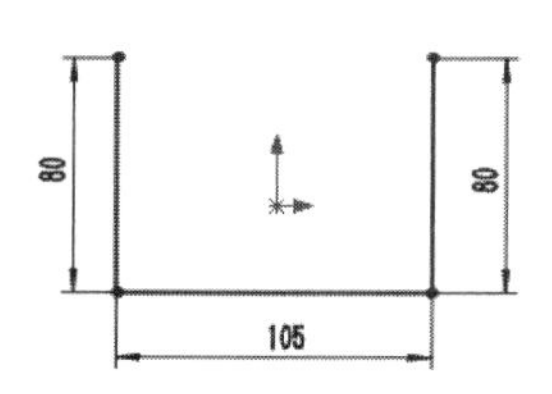

图 9-155　绘制草图

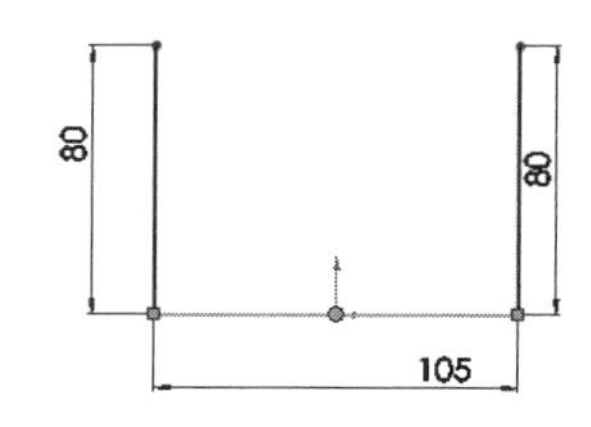

图 9-156　添加“中点”约束

③ 生成“基体法兰”特征。单击草图 1，然后单击“钣金”控制面板中的“基体法兰/薄片”按钮，或执行“插入”→“钣金”→“基体法兰”菜单命令，在属性管理器中方向 1 的“终止条件”栏中选择“两侧对称”，在“深度”栏中键入数值 110，在“厚度”栏中键入数值 0.5，折弯半径值为 1，其他设置如图 9-157 所示，单击“确定”按钮。

④ 生成“褶边”特征。单击“钣金”控制面板中的“褶边”按钮，或执行“插入”→“钣金”→“褶边”菜单命令，在属性管理器中单击“材料在内”按钮，在“类型和大小”栏中单击“闭合”按钮，其他设置如图 9-158 所示。单击鼠标拾取图 9-158 中所示的三条边线，生成“褶边”特征，最后单击“确定”按钮。

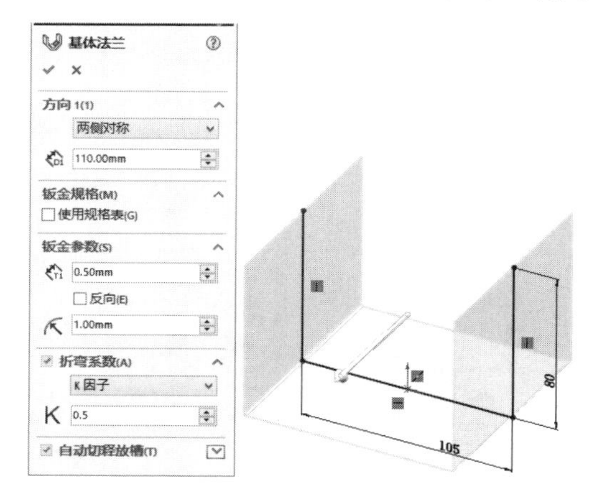

图 9-157　生成“基体法兰”特征操作

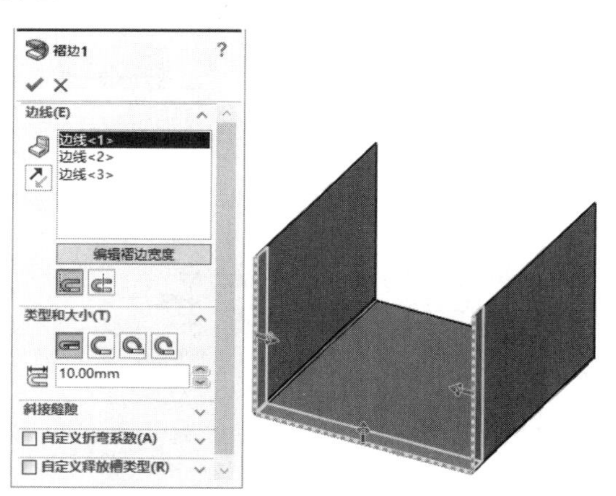

图 9-158　生成“褶边”特征操作

⑤ 生成“边线法兰”特征。

a．单击“钣金”控制面板中的“边线法兰”按钮，或执行“插入”→“钣金”→“边线法兰”菜单命令，在属性管理器中的“法兰长度”栏中键入数值10，单击“外部虚拟交点”按钮，在“法兰位置”栏中单击“折弯在外”按钮，其他设置如图9-159所示。

b．单击鼠标拾取如图9-160所示的边线，然后单击属性管理器中的“编辑法兰轮廓”按钮，进入编辑法兰轮廓状态，如图9-161所示。单击图9-162所示的边线，删除其“在边线上”的约束，然后通过标注智能尺寸编辑法兰轮廓，如图9-163所示。单击“完成”按钮，结束对法兰轮廓的编辑。

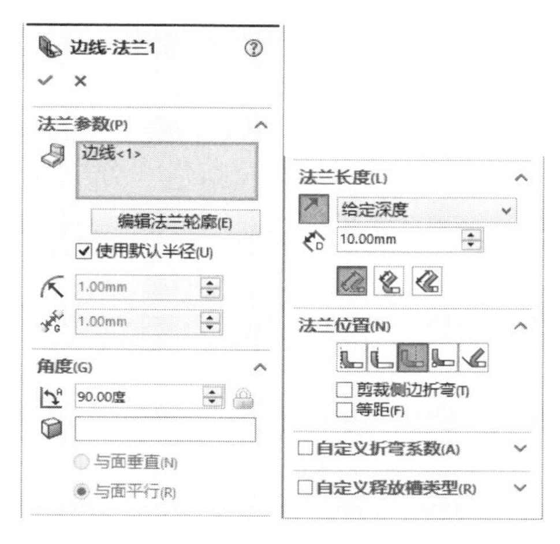

图9-159 生成“边线法兰”特征操作

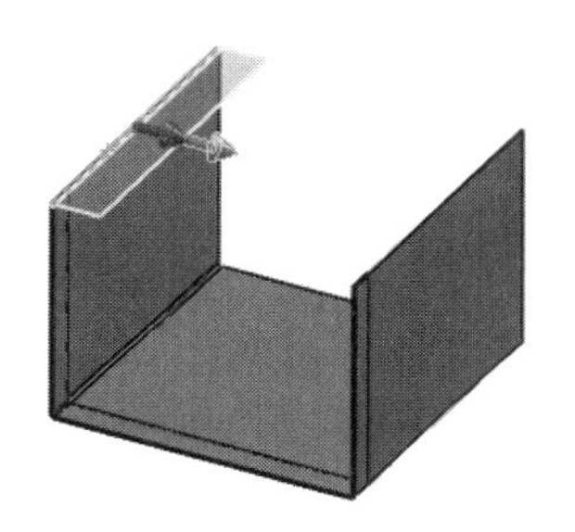

图9-160 拾取边线

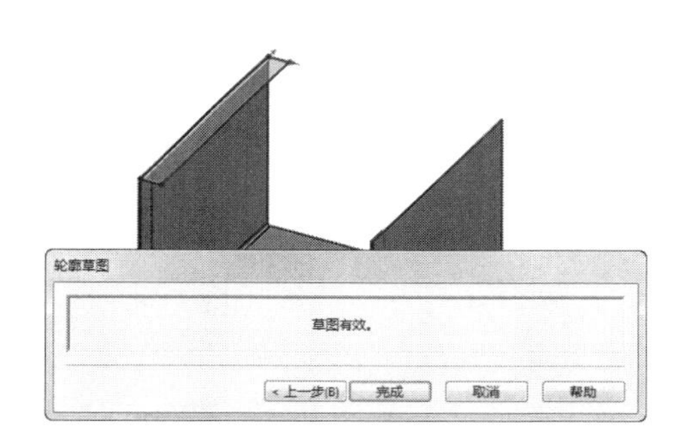

图9-161 编辑法兰轮廓

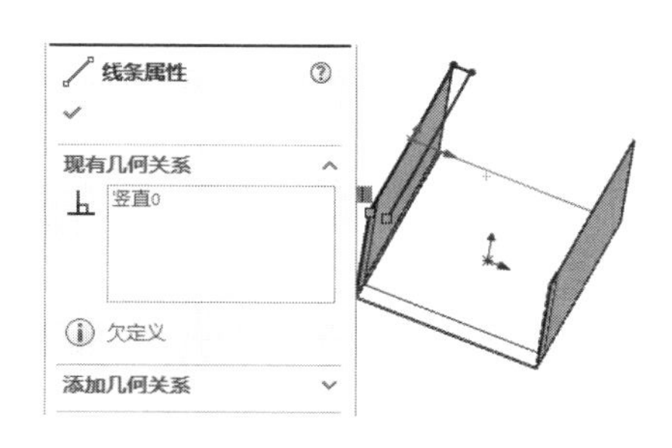

图9-162 删除约束关系

⑥ 同理，生成钣金件的另一侧面上的“边线法兰”特征，如图9-164所示。

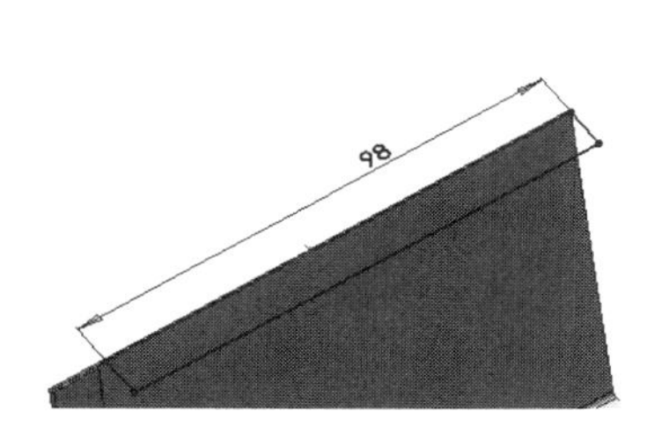

图9-163 编辑尺寸

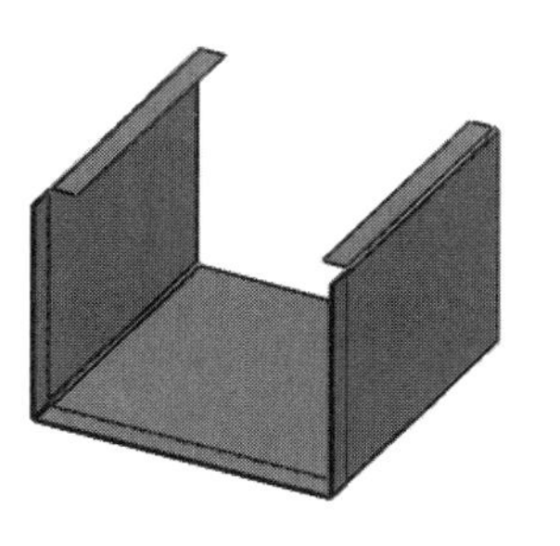

图9-164 生成的另一侧“边线法兰”特征

⑦ 选择绘图基准面。单击钣金件的面 A，单击“标准视图”工具栏中的“正视于”按钮，将该基准面作为绘制图形的基准面，如图 9-165 所示。

⑧ 绘制草图。在基准面上绘制 9-166 所示的草图，标注其智能尺寸。

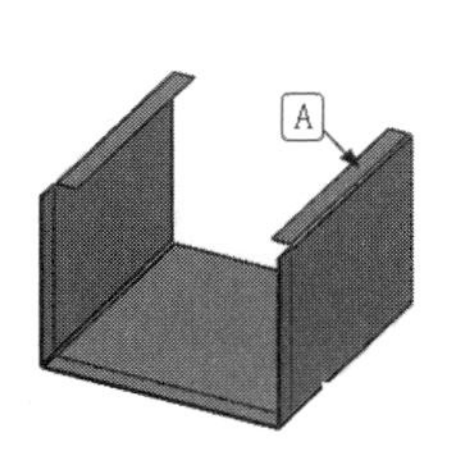

图 9-165　选择绘图基准面

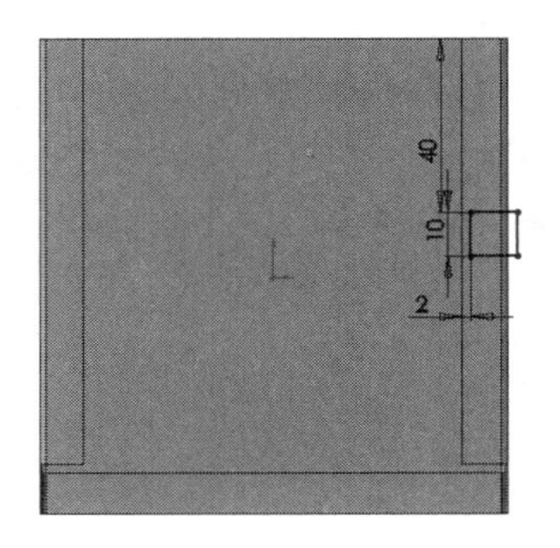

图 9-166　绘制草图

⑨ 生成“拉伸切除”特征。单击“特征”控制面板中的“拉伸切除”按钮，或执行“插入”→“切除”→“拉伸”菜单命令，在属性管理器中“深度”栏中键入数值 1.5，其他设置如图 9-167 所示，最后单击“确定”按钮✔。

⑩ 生成“边线法兰”特征。

a. 单击“钣金”控制面板中的“边线法兰”按钮，或执行“插入”→“钣金”→“边线法兰”菜单命令，在“法兰”中的“法兰长度”栏中键入数值 6，单击“外部虚拟交点”按钮，在“法兰位置”栏中单击“折弯在外”按钮，其他设置如图 9-168 所示。

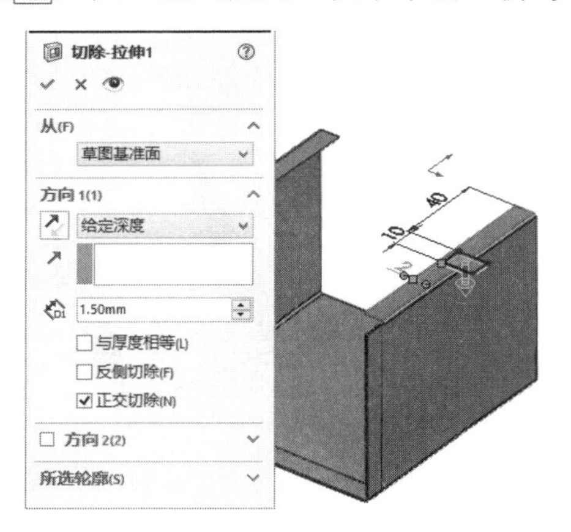

图 9-167　进行拉伸切除操作

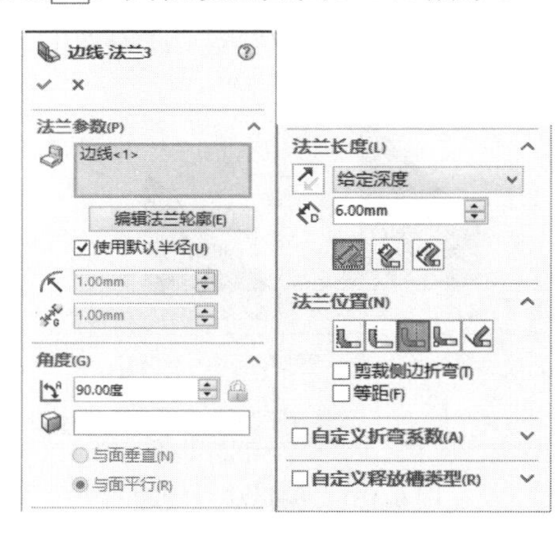

图 9-168　生成“边线法兰”操作

b. 单击鼠标拾取如图 9-169 所示的边线，单击属性管理器中的“编辑法兰轮廓”按钮，进入编辑法兰轮廓状态，通过标注智能尺寸编辑法兰轮廓，如图 9-169 所示。最后单击“完成”按钮，结束对法兰轮廓的编辑。

⑪ 生成“边线法兰”上的孔。在图 9-170 所示的边线法兰面上绘制一个直径为 3mm 的圆，进行拉伸切除操作，生成一个通孔，如图 9-171 所示，单击“确定”按钮✔。

⑫ 选择绘图基准面。单击图 9-172 所示的钣金件面 A，单击“标准视图”工具栏中的“正视于”按钮，将该面作为绘制图形的基准面。

⑬ 绘制草图。在如图 9-172 所示的基准面上，单击“草图”控制面板中的“边角矩形”按钮，绘制 4 个矩形，标注其智能尺寸，如图 9-173 所示。

图 9-169　拾取边线

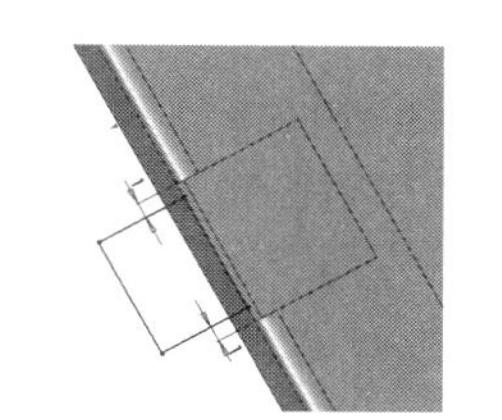

图 9-170　编辑法兰轮廓

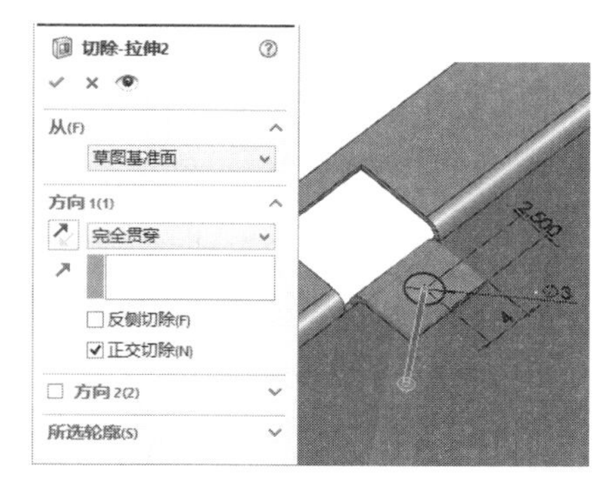

图 9-171　生成边线法兰上的孔

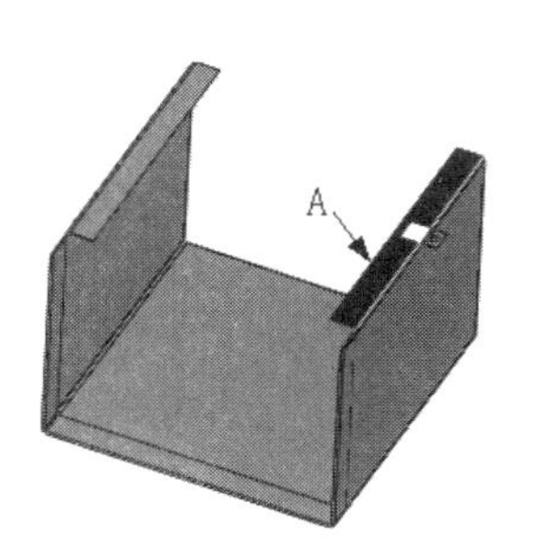

图 9-172　选择基准面

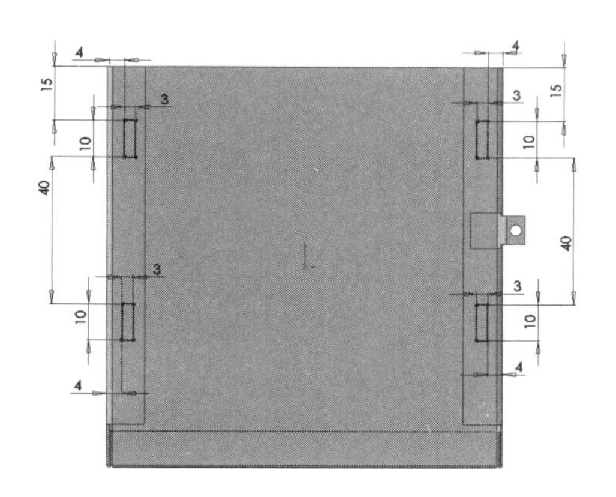

图 9-173　绘制操作

图 9-174　进行拉伸切除操作

⑭ 生成“拉伸切除”特征。单击“特征”控制面板中的“拉伸切除”按钮，或执行“插入”→“切除”→“拉伸”菜单命令，在属性管理器中“深度”栏中键入数值：0.5，其他设置如图 9-174 所示。单击“确定”按钮，生成拉伸切除特征，如图 9-175 所示。

⑮ 建立自定义的成形工具。在进行钣金设计过程中，如果软件设计库中没有需要的成形特征，就要求用户自己创建，下面介绍本钣金件中创建成形工具的过程。

a．建立新文件。单击“快速访问”工具栏中的“新建”按钮，或执行“文件”→“新建”菜单命令，在弹出的“新建 SOLIDWORKS 文件”对话框中选择“零件”按钮，然后单击“确定”按钮，创建一个新的零件文件。

b．绘制草图。在左侧的“FeatureManager 设计树”中选择“前视基准面”作为绘图基准面，然后单击“草图”控制面板中的“圆”按钮，绘制一个圆，将圆心落在原点上；单击“草图”控制面板中的“边角矩形”按钮，绘制一个矩形，如图 9-176 所示。单击“草图”控制面板“显示/删除几何关系”下拉列表中的“添加几何关系”按钮，添加矩形左边竖边线与圆的“相切”约束，如图 9-177 所示，然后添加矩形另外一条竖边与圆的“相切”约束。单击“草图”控制面板中的“剪裁实体”按钮，将矩形上边线和圆的部分线条剪裁掉，如图 9-178 所示，标注智能尺寸如图 9-179 所示。

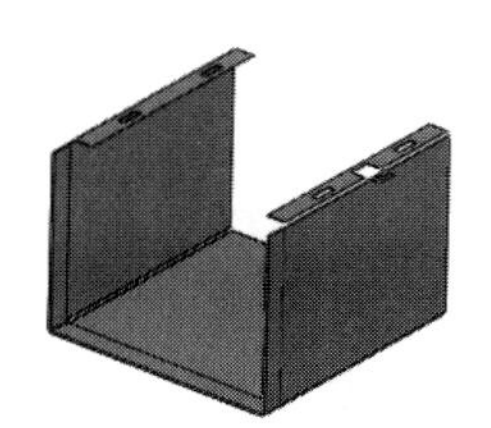

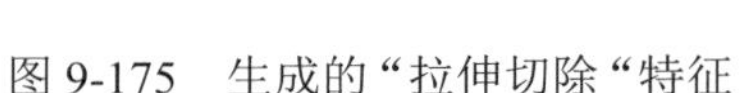

图 9-175　生成的“拉伸切除“特征

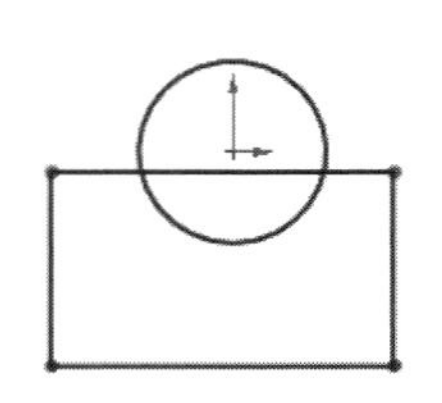

图 9-176　绘制草图

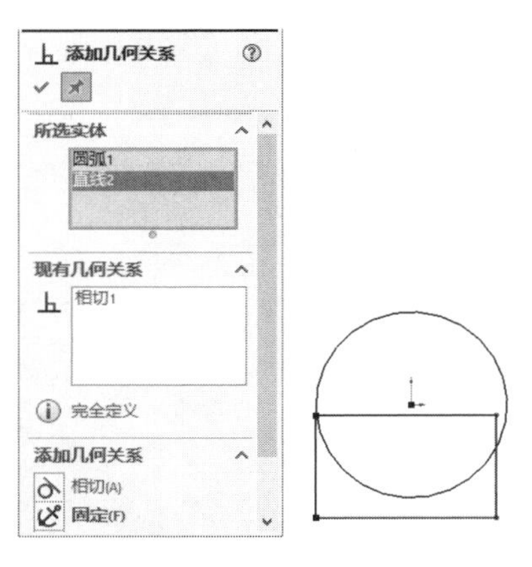

图 9-177　添加“相切”约束

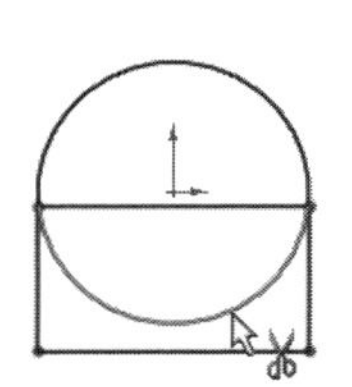

图 9-178　剪裁草图

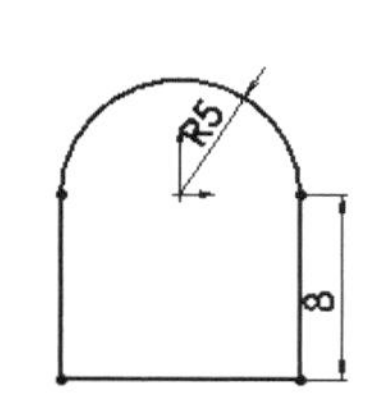

图 9-179　标注智能尺寸

图 9-180　进行拉伸操作

c．生成“拉伸”特征。单击“特征”控制面板中的“拉伸凸台/基体”按钮，或执行“插入”→“凸台/基体”→“拉伸”菜单命令，系统弹出“凸台-拉伸”属性管理器，在方向 1 的“深度”栏中键入数值 2，如图 9-180 所示，单击“确定”按钮。

d．绘制另一个草图。单击图 9-181 所示的拉伸实体的一个面作为基准面，然后单击“草图”控制面板中的“边角矩形”按钮，绘制一个矩形。矩形要大于拉伸实体的投影面积，如图 9-181 所示。

e．生成“拉伸”特征。单击“特征”控制面板中的“拉伸凸台/基体”按钮，或执行“插入”→“凸台/基体”→“拉伸”菜单命令，系统弹出“凸台-拉伸”属性管理器，在方向 1 的“深度”栏中键入数值 5，如图 9-182 所示，单击“确定”按钮。

f．生成“圆角”特征。单击“特征”控制面板中的“圆角”按钮，或执行“插入”→“特征”→“圆角”菜单命令，系统弹出“圆角”属性管理器，选择圆角类型为“恒定大小圆角”，在圆角半径输入栏中键入数值 1.5，单击鼠标拾取实体的边线，如图 9-183 所示，单击“确定”按钮生成圆角。继续单击“特征”控制面板中的“圆角”按钮，或执行“插入”→“特征”→“圆角”菜单命令，弹出“圆角”属性管理器，选择圆角类型为“恒定大小圆角”，在圆角半径输入栏中键入数值 0.5，单击鼠标拾取实体的另一条边线，如图 9-184 所示，单击“确定”按钮✔生成另一个圆角。

图 9-181　绘制矩形

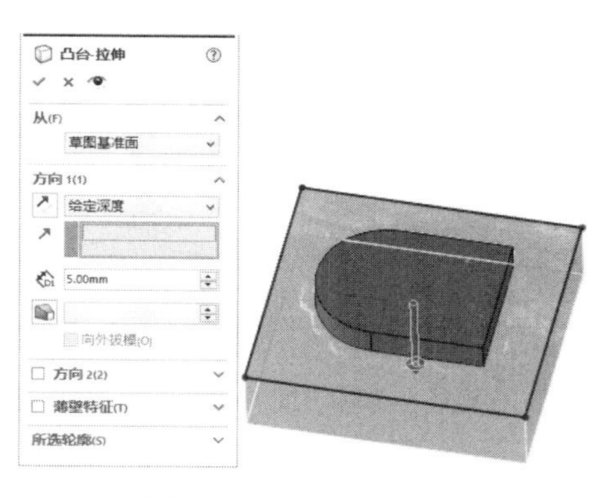

图 9-182　进行拉伸操作

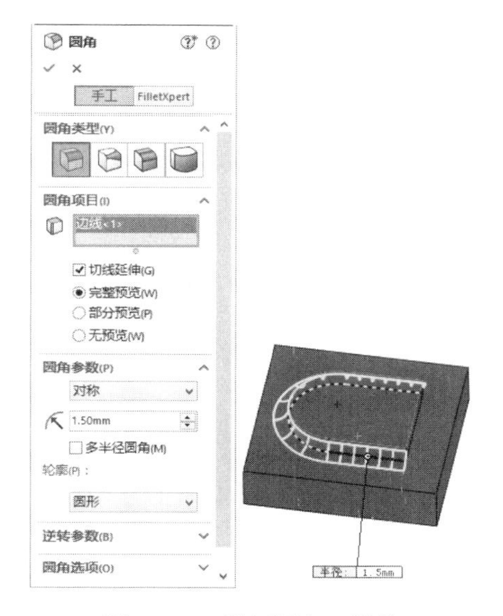

图 9-183　进行圆角 1 操作

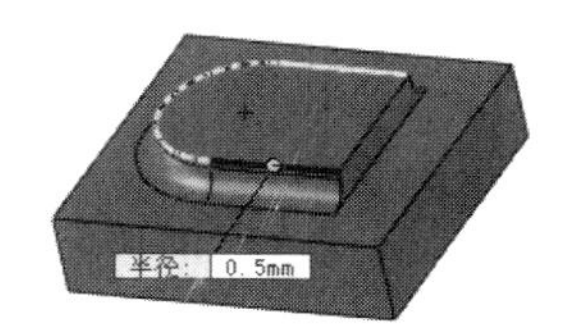

图 9-184　进行圆角 2 操作

g．绘制草图。在实体上选择图 9-185 所示的面作为绘图的基准面，单击“草图”控制面板中的“草图绘制”按钮，然后单击“草图”控制面板中的“转换实体引用”按钮，将选择的矩形表面转换成矩形图素，如图 9-186 所示。

h．生成“拉伸切除”特征。单击“特征”控制面板中的“拉伸切除”按钮，或执行“插入”→“切除”→“拉伸”菜单命令，在属性管理器中方向 1 的终止条件中选择“完全贯穿”，如图 9-187 所示，单击“确定”按钮✔完成拉伸切除操作。

i．绘制草图。在实体上选择图 9-188 所示的面作为基准面，单击“草图”控制面板中的“圆”按钮，在基准面上绘制一个圆，圆心与原点重合，标注直径智能尺寸，如图 9-189 所示，单击 “退出草图”按钮。

j．生成“分割线”特征。单击“特征”控制面板中的“分割线”按钮，或执行“插入”→“曲线”→“分割线”菜单命令，弹出“分割线”属性管理器，在分割类型中选择“投影”选项，在“要投影的草图中”栏中选择“圆”草图，在“要分割的面”栏中选择实体的上表面，如图 9-190 所示，单击“确定”按钮✔，完成分割线操作。

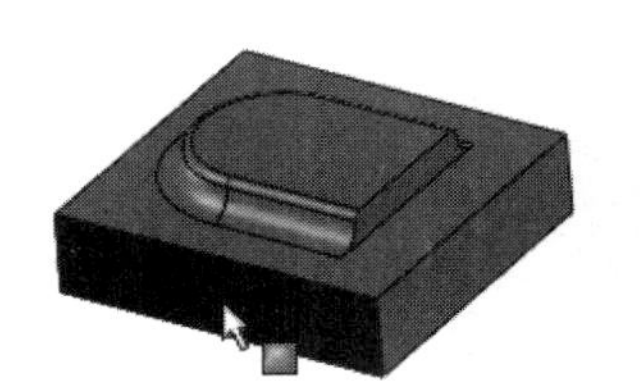

图 9-185　选择基准面

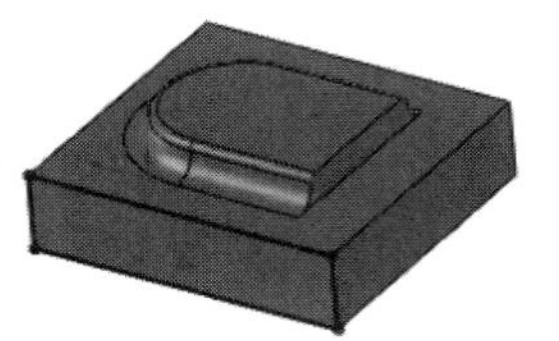

图 9-186　生成草图

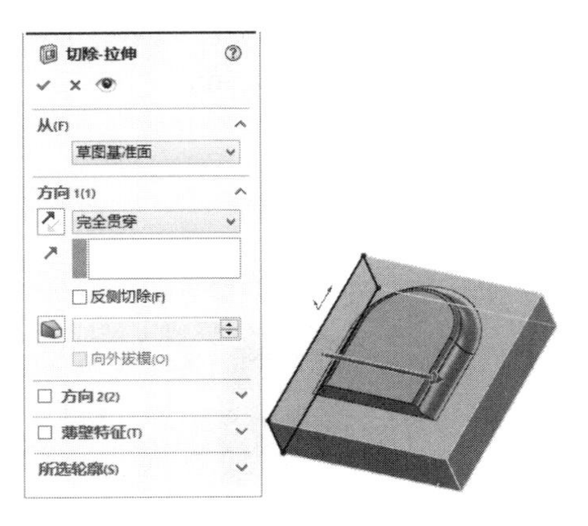

图 9-187　进行拉伸切除操作

图 9-188　选择基准面

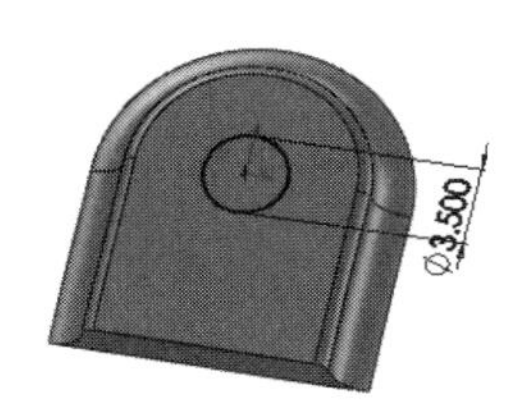

图 9-189　绘制的草图

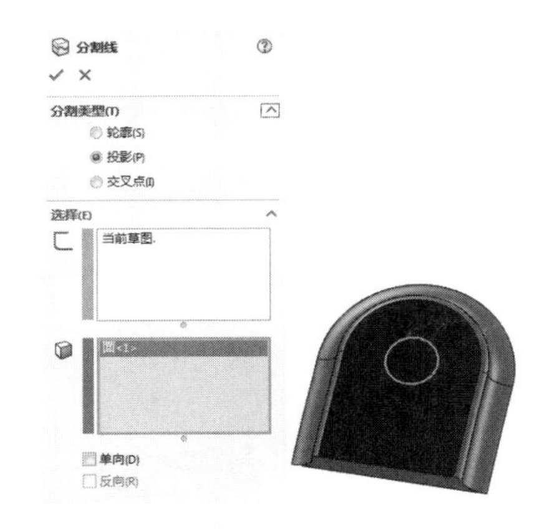

图 9-190　进行分割线操作

k．更改成形工具切穿部位的颜色。在使用成形工具时，如果遇到成形工具中红色的表面，软件系统将对钣金零件作切穿处理。所以在生成成形工具时，需要切穿的部位要将其颜色更改为红色。拾取成形工具的两个表面，单击“标准”工具栏中的“编辑外观”按钮，弹出“颜色”属性管理器，选择“红色”RGB 标准颜色，即 R=255，G=0，B=0，其他设置默认，如图 9-191 所示，单击“确定”按钮✔。

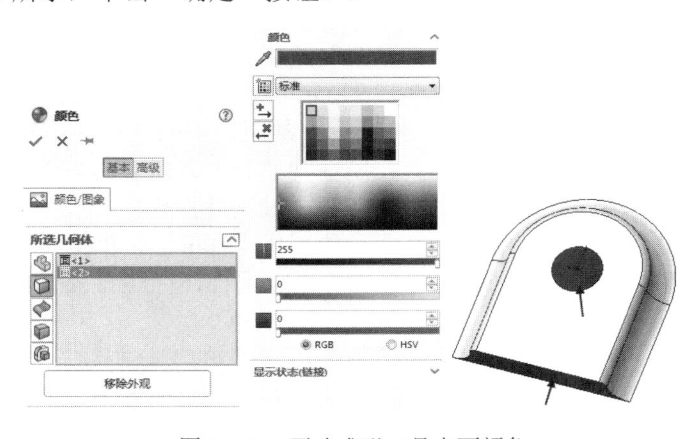

图 9-191　更改成形工具表面颜色

l. 绘制成形工具定位草图。单击成形工具，以图 9-192 所示的表面作为基准面，单击“草图”控制面板中的“草图绘制”按钮，然后单击“草图”控制面板中的“转换实体引用”按钮，将选择表面转换成图素，如图 9-193 所示。单击 “退出草图”按钮。

图 9-192　选择基准面

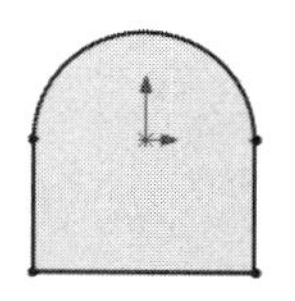

图 9-193　转换图素

注意

在设计成形工具的过程中定位草图必须绘制，如果没有定位草图，这个成形工具将不能够使用。

m. 保存成形工具。单击“快速访问”工具栏中的“保存”按钮，或执行“文件”→“保存”菜单命令，在弹出的“另存为”对话框中输入名称为“硬盘成形工具 1”，然后单击“保存”按钮。单击“任务窗格”中的“设计库”按钮，在打开的窗口中单击“添加到库”按钮，如图 9-194 所示。这时会弹出“添加到库”属性管理器，在“要添加的项目”一栏中选择上面保存的“硬盘成形工具 1”，在“设计库文件夹”栏中选择“lances”文件夹作为成形工具的保存位置，如图 9-195 所示。将此成形工具命名为“硬盘成形工具 1”，如图 9-196 所示，保存类型为“sldprt”，单击“确定”按钮，完成对成形工具的保存。

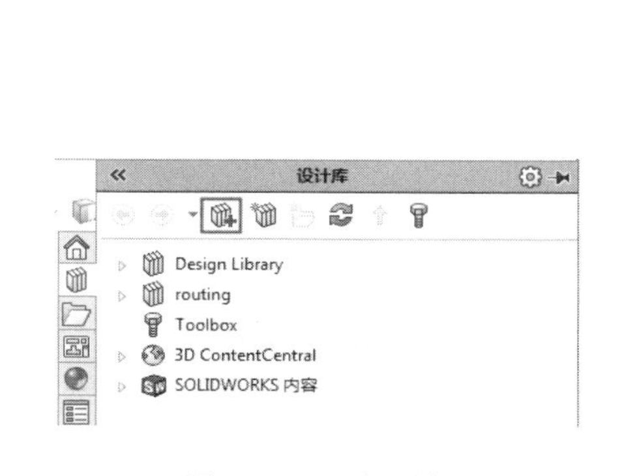

图 9-194　添加到库

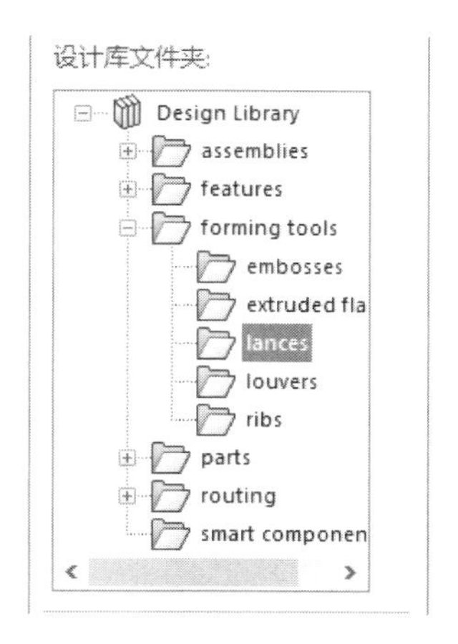

图 9-195　选择保存位置

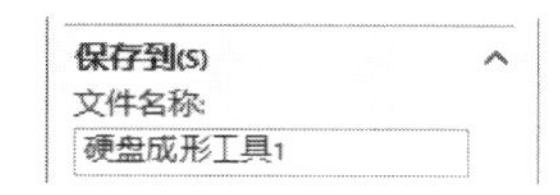

图 9-196　将成形工具命名

⑯ 向硬盘支架钣金件添加成形工具。

a. 单击系统右边的“设计库”按钮，根据图 9-197 所示的路径可以找到成形工具的文件夹 lances，找到需要添加的 “硬盘成形工具 1”，将其拖放到钣金零件的侧面上。

b. 选择设计树中“硬盘成形工具 1”下拉列表中的第一个草图，单击“草图”控制面板中的“智能尺寸”按钮，标注出成形工具在钣金件上的位置尺寸，如图 9-198 所示，完成对成形工具的添加。

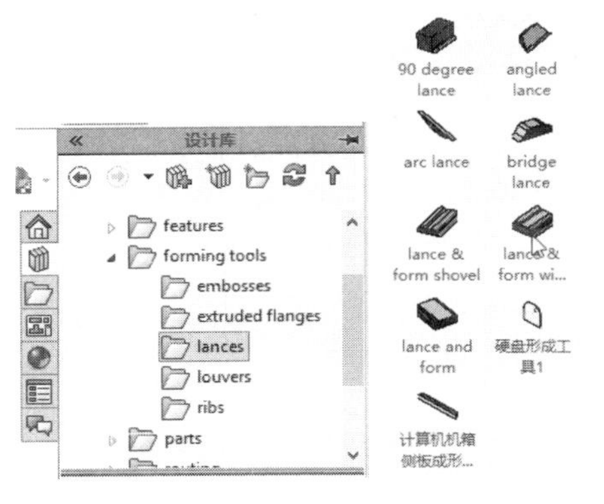

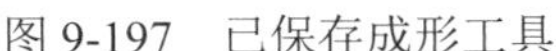

图 9-197　已保存成形工具

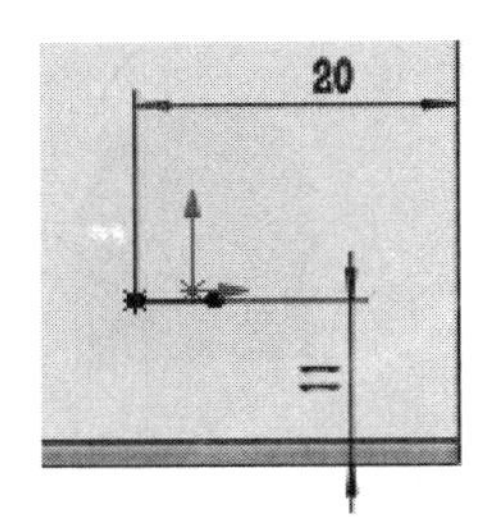

图 9-198　标注成形工具的位置尺寸

⑰ 线性阵列成形工具。单击“特征”控制面板中的“线性阵列”按钮，或执行“插入”→“阵列/镜向”→“线性阵列”菜单命令，弹出“线性阵列”属性管理器，在对话框中的方向 1 的“阵列方向”栏中单击鼠标，拾取钣金件的一条边线，单击按钮切换阵列方向，在“间距”栏中键入数值：70，然后在 FeatureManager 设计树中单击“硬盘成形工具 1”名称，如图 9-199 所示，单击“确定”按钮，完成对成形工具的线性阵列，结果如图 9-200 所示。

注意

在添加成形工具时，系统默认成形工具所放置的面是凹面，拖放成形工具的过程中，如果按下<Tab>键，系统将会在凹面和凸面间进行切换，从而更改成形工具在钣金件上所放置的面。

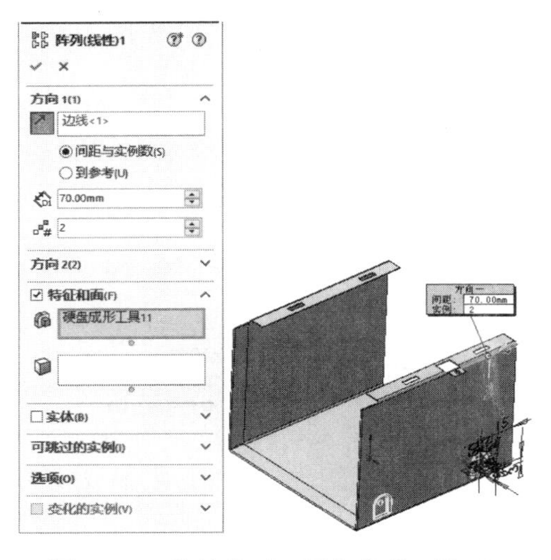

图 9-199　线性阵列“硬盘成形工具 1”

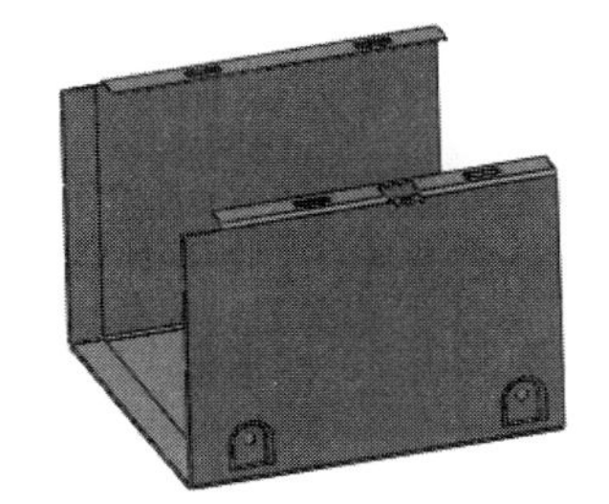

图 9-200　线性阵列生成的特征

⑱ 镜向成形工具。单击“特征”控制面板中的“镜向”按钮，或执行“插入”→“阵列/镜向”→“镜向”菜单命令，弹出“镜向”属性管理器。在“镜向面/基准面”栏中单击鼠标，在 FeatureManager 设计树中单击“右视基准面”作为镜向面，单击“要镜向的特征”栏，在 FeatureManager 设计树中单击“硬盘成形工具 1”和“阵列（线形）1”作为要镜向的

特征，其他设置默认，如图 9-201 所示，单击“确定”按钮✔，完成对成形工具的镜向。

⑲ 建立自定义的第 2 个成形工具。在此钣金件设计过程中，需要自定义 2 个成形工具，下面介绍第 2 个成形工具的创建过程。

a．建立新文件。单击“快速访问”工具栏中的“新建”按钮，或执行“文件”→“新建”菜单命令，在弹出的“新建 SOLIDWORKS 文件”对话框中选择“零件”按钮，然后单击“确定”按钮，创建一个新的零件文件。

b．绘制草图。在左侧的“FeatureManager 设计树”中选择“前视基准面”作为绘图基准面，单击“草图”控制面板中的“边角矩形”按钮，绘制一个矩形，单击“草图”控制面板中的“中心线”按钮，绘制矩形的一条对角线，如图 9-202 所示。单击“草图”控制面板“显示/删除几何关系”下拉列表中的“添加几何关系”按钮，添加矩形对角线与原点的“中点”约束，如图 9-203 所示。标注矩形的智能尺寸，如图 9-204 所示。

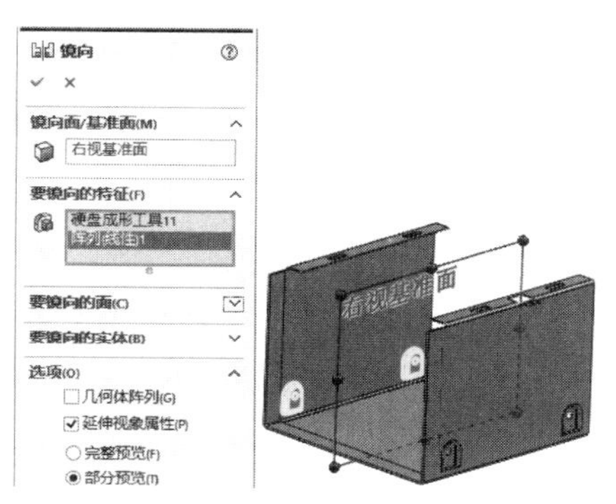

图 9-201 镜向成形操作

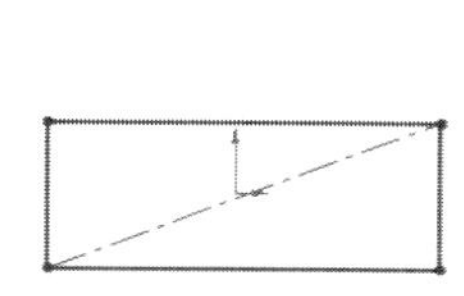

图 9-202 绘制草图

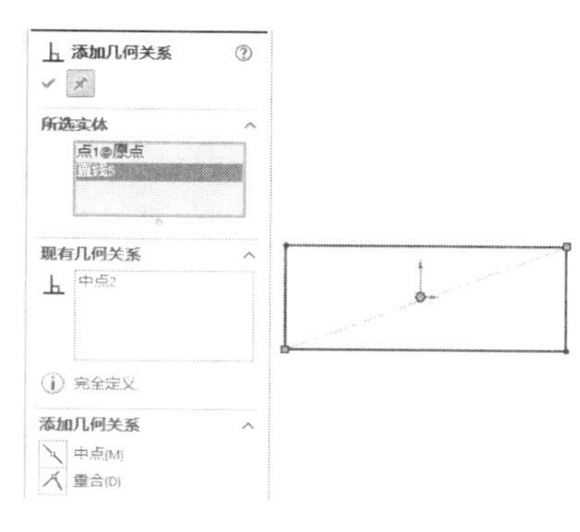

图 9-203 添加“中点”约束

c．生成“拉伸”特征。单击“特征”控制面板中的“拉伸凸台/基体”按钮，或执行“插入”→“凸台/基体”→“拉伸”菜单命令，系统弹出“凸台-拉伸”属性管理器。在方向 1 的“深度”栏中键入数值 2，如图 9-205 所示，单击“确定”按钮✔。

d．绘制另一个草图。单击图 9-204 所示的拉伸实体的一个面作为基准面，然后单击“草图”控制面板中的“边角矩形”按钮，绘制一个矩形，矩形要大于拉伸实体的投影面积，如图 9-206 所示。

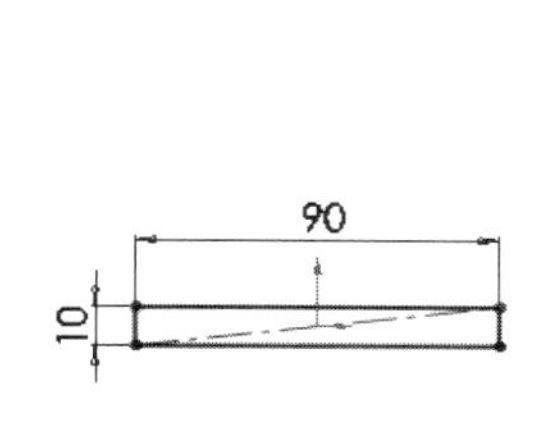

图 9-204 标注智能尺寸

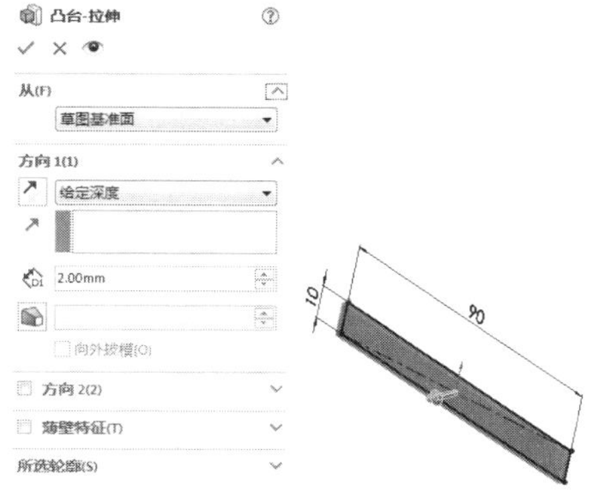

图 9-205 进行拉伸操作

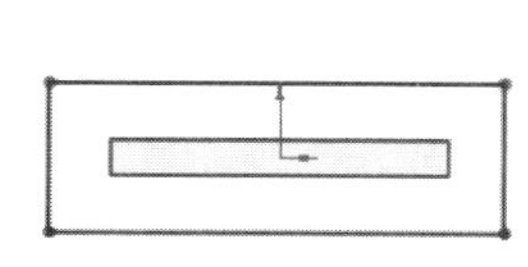

图 9-206 绘制矩形

e．生成“拉伸”特征。单击“特征”控制面板中的“拉伸凸台/基体”按钮，或执行“插入”→“凸台/基体”→“拉伸”菜单命令，系统弹出“凸台-拉伸”属性管理器，在方向

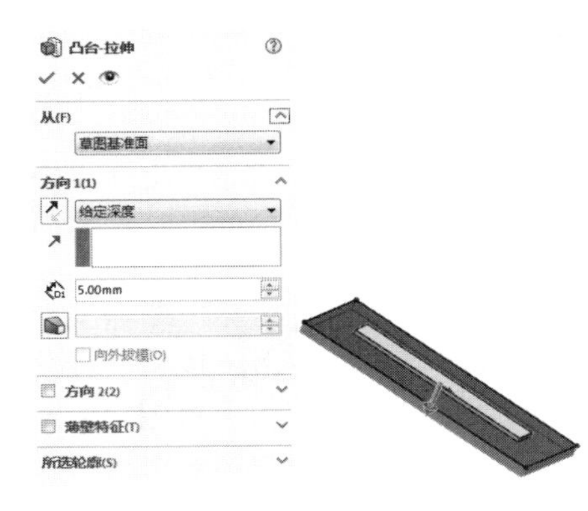

图 9-207　进行拉伸操作

1 的“深度”栏中键入数值 5，如图 9-207 所示，单击“确定”按钮✔。

f. 生成“圆角”特征。单击“特征”控制面板中的“圆角”按钮，或执行“插入”→“特征”→“圆角”菜单命令，系统弹出“圆角”属性管理器，选择圆角类型为“恒定大小圆角”，在圆角半径输入栏中键入数值 4，单击鼠标拾取实体的边线，如图 9-208 所示，单击“确定”按钮✔生成圆角。

单击“特征”控制面板中的“圆角”按钮，或执行“插入”→“特征”→“圆角”菜单命令，弹出“圆角”属性管理器，选择圆角类型为“恒定大小圆角”，在圆角半径输入栏中键入数值 1.5，单击鼠标拾取实体的另一条边线，如图 9-209 所示，单击“确定”按钮✔生成另一个圆角。

图 9-208　进行圆角 1 操作

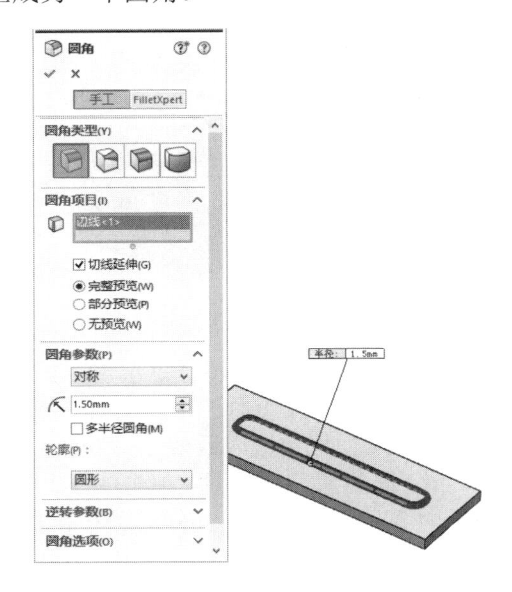

图 9-209　进行圆角 2 操作

单击“特征”控制面板中的“圆角”按钮，或执行“插入”→“特征”→“圆角”菜单命令，选择圆角类型为“恒定大小圆角”，在圆角半径输入栏中键入数值 0.5，单击鼠标拾取实体的另一条边线，如图 9-210 所示，单击“确定”按钮✔，生成另一个圆角。

g. 绘制草图。在实体上选择图 9-211 所示的面作为绘图的基准面，单击“草图”控制面板中的“草图绘制”按钮，然后单击“草图”控制面板中的“转换实体引用”按钮，将选择的矩形表面转换成矩形图素，如图 9-212 所示。

h. 生成“拉伸切除”特征。单击“特征”控制面板中的“拉伸切除”按钮，或执行“插入”→“切除”→“拉伸”菜单命令，在“切除拉伸”属性管理器中方向 1 的终止条件中选择“完全贯穿”，如图 9-213 所示，单击“确定”按钮✔，完成拉伸切除操作。

i. 绘制成形工具定位草图。单击成形工具，以图 9-214 所示的表面作为基准面，单击“草图”控制面板中的“草图绘制”按钮，然后单击“草图”控制面板中的“转换实体引用”按钮，将选择表面转换成图素，如图 9-215 所示，单击 “退出草图”按钮。

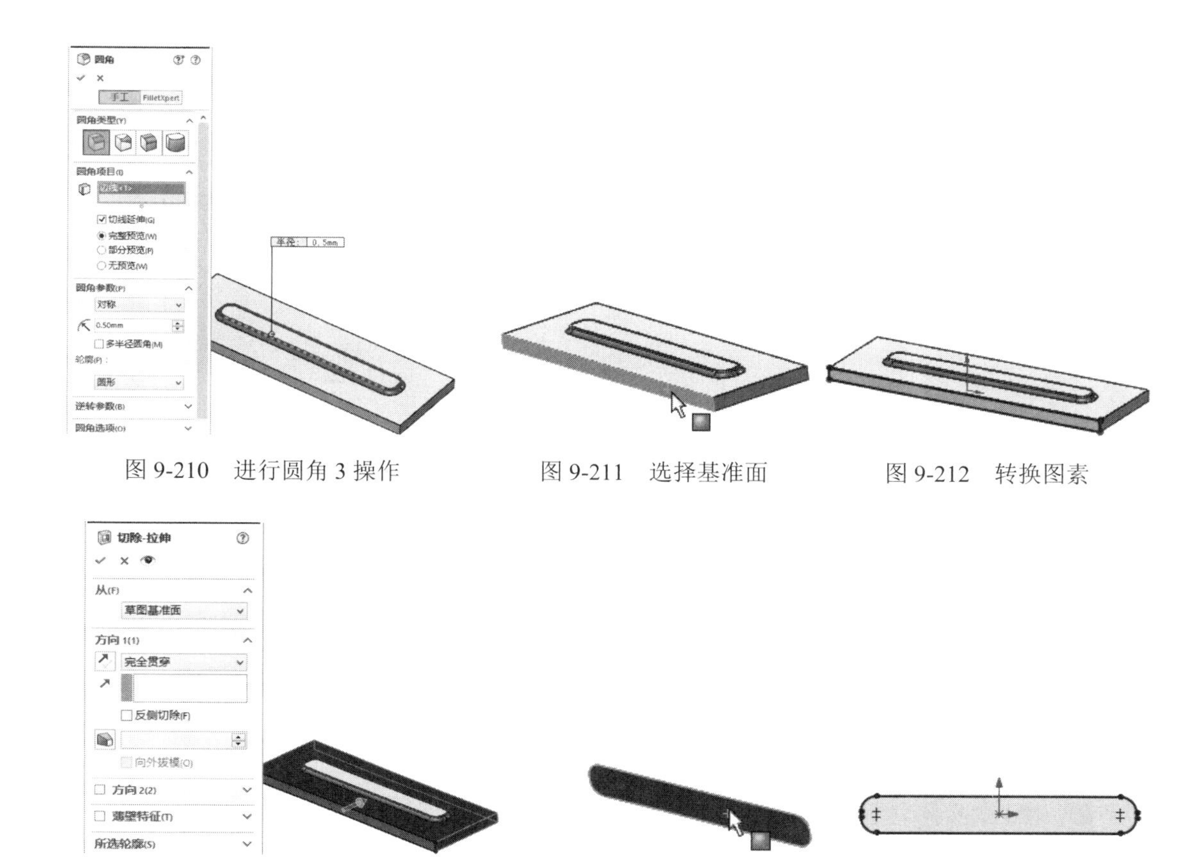

图 9-210　进行圆角 3 操作　　图 9-211　选择基准面　　图 9-212　转换图素

图 9-213　进行拉伸切除操作　　图 9-214　选择基准面　　图 9-215　绘制定位草图

j. 保存成形工具。单击“快速访问”工具栏中的“保存”按钮，或执行“文件”→“保存”菜单命令，在弹出的“另存为”对话框中输入名称为“硬盘成形工具 2”，然后单击“保存”按钮。单击“任务窗格”中的“设计库”按钮，在打开的窗口中单击“添加到库”按钮，这时会弹出“添加到库”属性管理器。在“要添加的项目”一栏中选择上面保存的“硬盘成形工具 2”，在“设计库文件夹”栏中选择“lances”文件夹作为成形工具的保存位置，将此成形工具命名为“硬盘成形工具 2”，保存类型为“sldprt”，如图 9-216 所示，单击“确定”按钮✔完成对成形工具 2 的保存。

⑳ 向硬盘支架钣金件添加成形工具。单击系统右边的“设计库”按钮，找到需要添加的成形工具“硬盘成形工具 2”，将其拖放到钣金零件的侧面上。在 FeatureManager 设计树中，单击“硬盘成形工具 2”下拉列表中的第一个草图进行编辑，单击“草图”控制面板中的“智能尺寸”按钮，标注出成形工具在钣金件上的位置尺寸，如图 9-217 所示。最后，单击“放置成形特征”对话框中的“完成”按钮，完成对成形工具的添加。

㉑ 镜向成形工具。单击“特征”控制面板中的“镜向”按钮，或执行“插入”→“阵列/镜向”→“镜向”菜单命令，弹出“镜向”属性管理器，在对话框中的“镜向面/基准面”栏中单击鼠标，在 FeatureManager 设计树中单击“右视基准面”作为镜向面，单击“要镜向的特征”栏，在 FeatureManager 设计树中单击“硬盘成形工具 2”作为要镜向的特征。

㉒ 绘制草图。单击图 9-218 所示的面作为基准面，单击“草图”控制面板中的“中心线”按钮，绘制三条构造线，一条水平构造线和两条竖直构造线，两条竖直构造线通过箭头所指圆的圆心，如图 9-219 所示。添加水平构造线如图 9-220 所示。单击“退出草图”按钮。

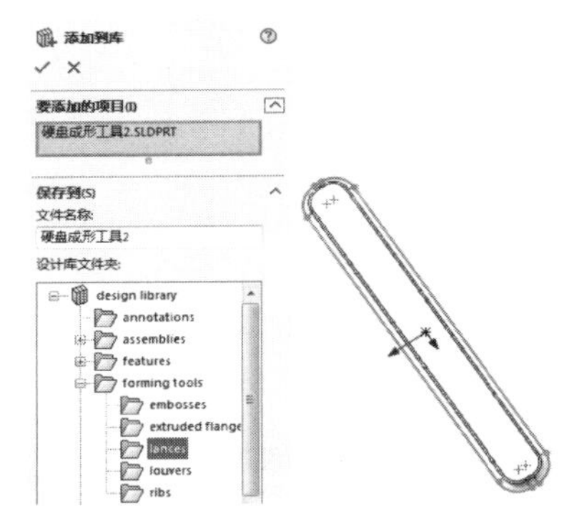

图 9-216 保存成形工具

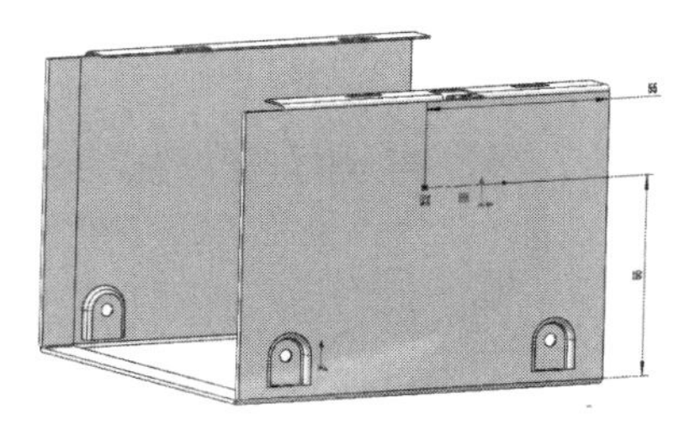

图 9-217 标注成形工具的位置尺寸

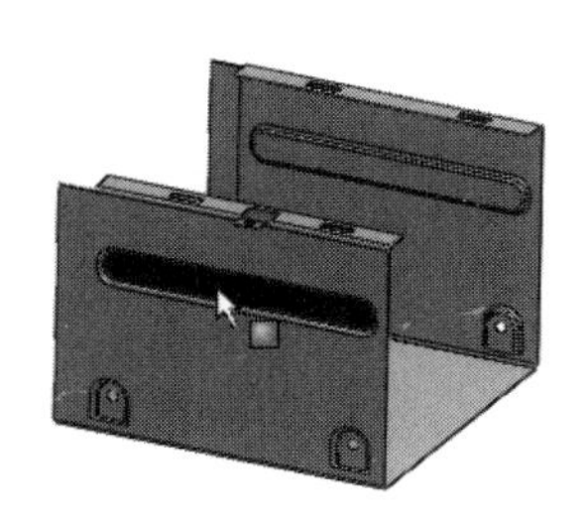

图 9-218 选择绘图基准面

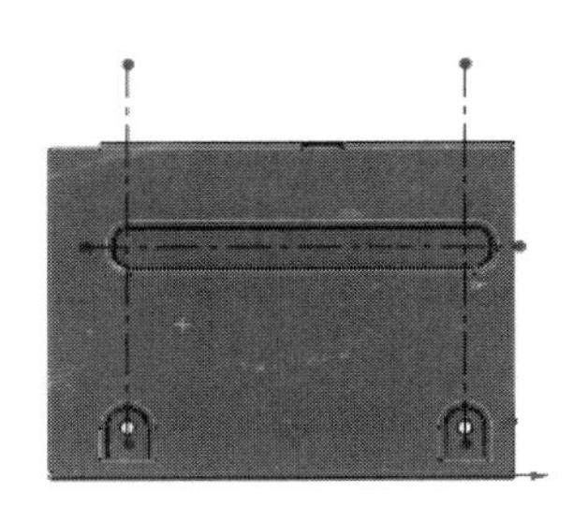

图 9-219 绘制构造线

㉓ 生成“孔”特征。单击“特征”控制面板中的“异形孔向导”按钮，或执行“插入”→“特征”→“孔”→“向导” 菜单命令，系统弹出“孔规格”属性管理器。在孔规格选项栏中，单击“孔”按钮，选择“GB”标准，选择孔大小为ϕ3.5，给定深度为 120mm，如图 9-221 所示。

将对话框切换到位置选项下，鼠标单击拾取图 9-219 中的两竖直构造线与水平构造线的交点，如图 9-220 所示，确定孔的位置，单击“确定”按钮，生成孔特征如图 9-222 所示。

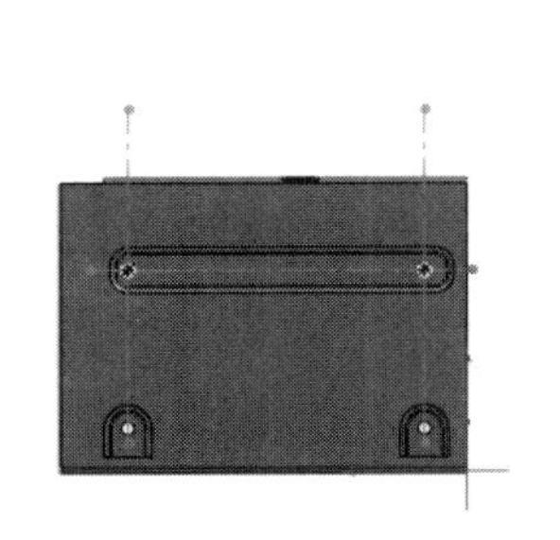

图 9-220 拾取孔位置点

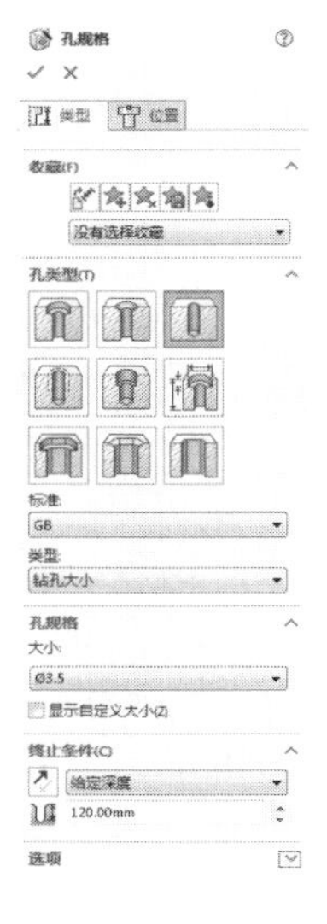

图 9-221 “孔规格”属性管理器

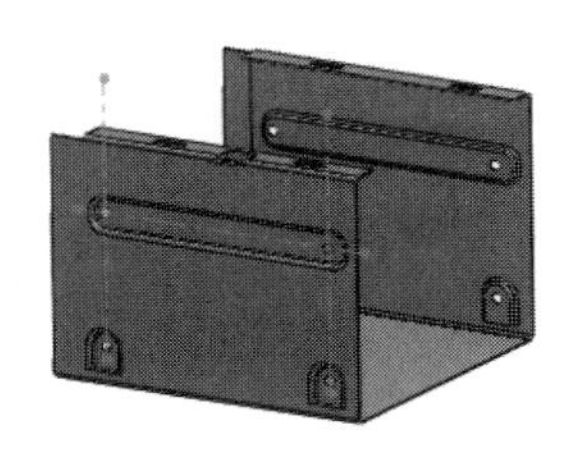

图 9-222 生成的孔特征

㉔ 线性阵列成形工具。单击“特征”控制面板中的“线性阵列”按钮，或执行“插入”→“阵列/镜向”→“线性阵列”菜单命令，弹出“线性阵列”属性管理器，在方向 1 的“阵列方向”栏中单击鼠标，拾取钣金件的一条边线为阵列方向，如图 9-223 所示，在“间距”栏中键入数值 20，然后在 FeatureManager 设计树中单击“硬盘成形工具 2”“镜向”“ϕ3.5（3.5）直径孔 1”名称，如图 9-224 所示，单击“确定”按钮，完成对成形工具的线性阵列，结果如图 9-225 所示。

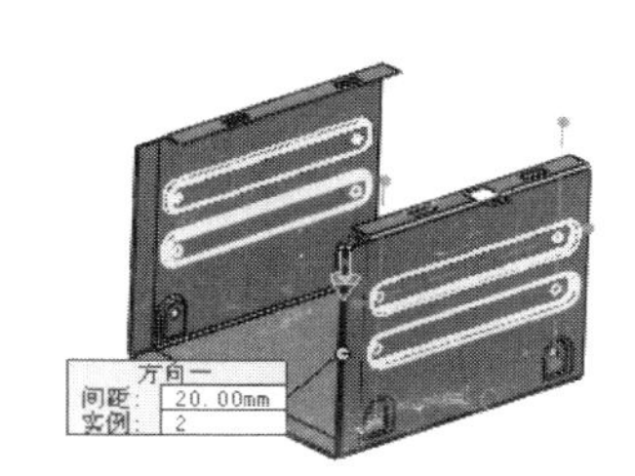

图 9-223　选择阵列方向

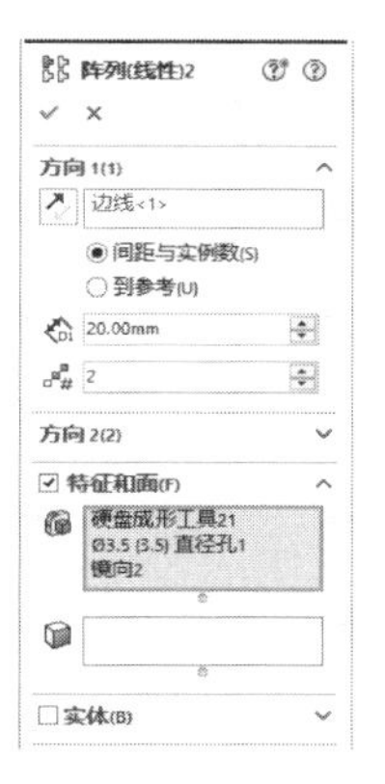

图 9-224　选择阵列特征

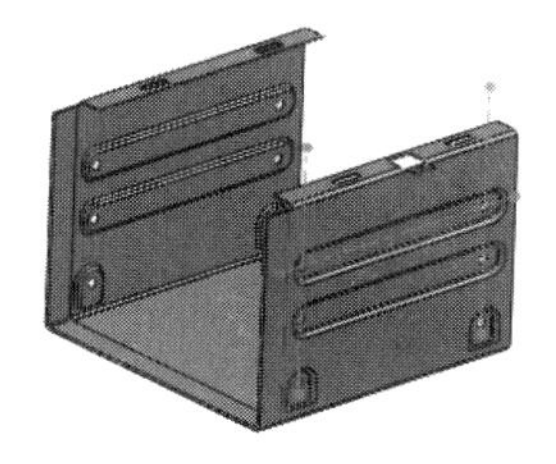

图 9-225　阵列后的结果

㉕ 选择基准面。单击钣金件的底面，单击“标准视图”工具栏中的“正视于”按钮，将该基准面作为绘制图形的基准面，如图 9-226 所示。

㉖ 绘制草图。单击“草图”控制面板中的“圆”按钮，绘制 4 个同心圆，标注其直径尺寸，如图 9-227 所示。单击“草图”控制面板中的“直线”按钮，过圆心绘制两条互相垂直的直线，如图 9-228 所示，单击“退出草图”按钮。

图 9-226　选择绘图基准面

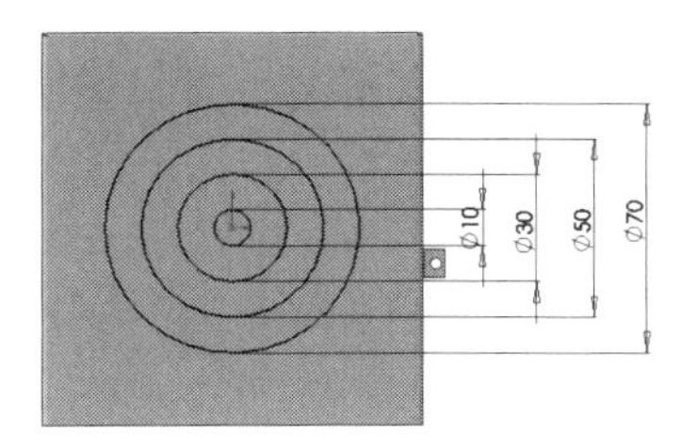

图 9-227　绘制同心圆

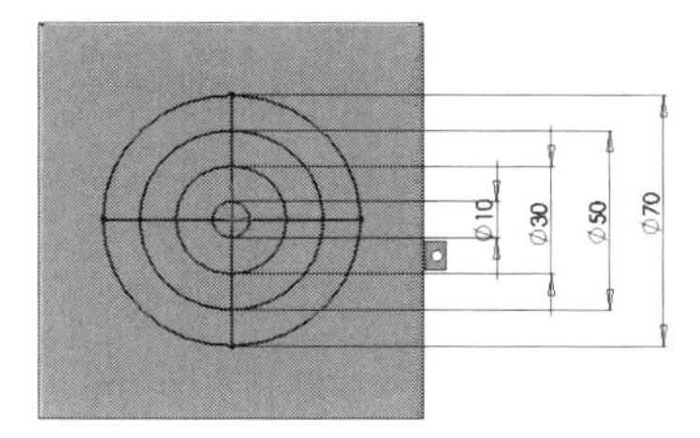

图 9-228　绘制互相垂直的直线

㉗ 生成“通风口”特征。单击“钣金”工具栏中的“通风口”按钮，或执行“插入”→“扣合特征”→“通风口”菜单命令，弹出“通风口”属性管理器，选择通风口草图中的最大直径圆作为边界，键入圆角半径数值 2，如图 9-229 所示。

在草图中选择两条互相垂直的直线作为通风口的筋，键入筋的宽度数值 5，如图 9-230 所示。在草图中选择中间的两个圆作为通风口的翼梁，键入翼梁的宽度数值 5，如图 9-231 所示。在草图中选择最小直径的圆作为通风口的填充边界，如图 9-232 所示。设置结束后单击“确定”按钮，生成通风口如图 9-233 所示。

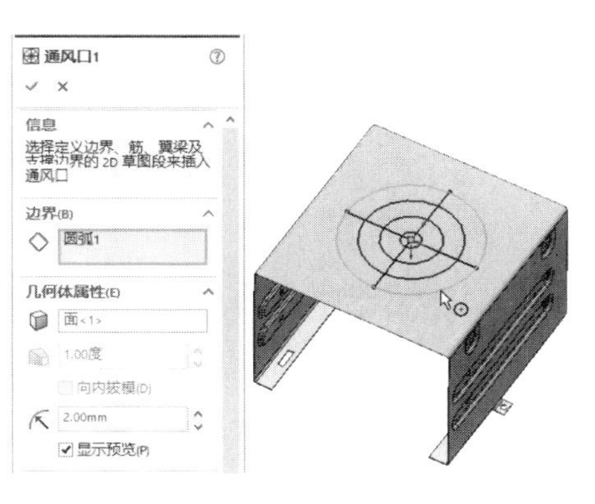

图 9-229　选择通风口边界

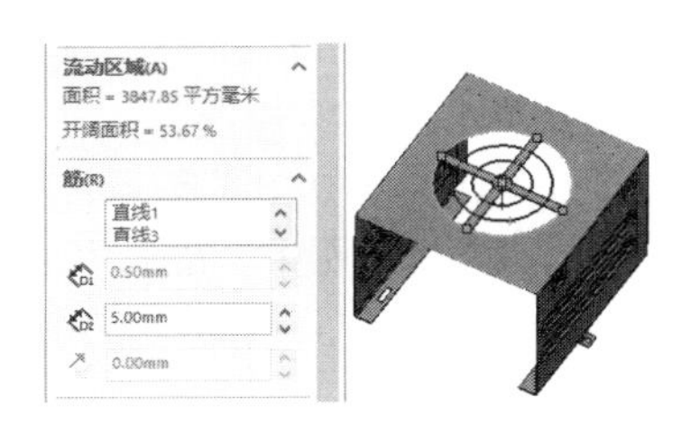

图 9-230　选择通风口筋

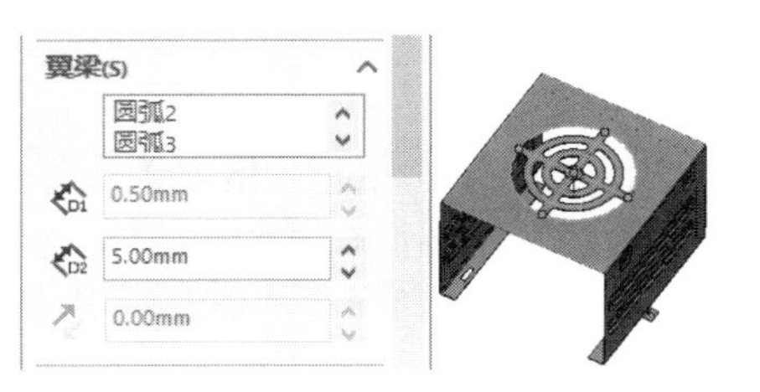

图 9-231　选择通风口翼梁

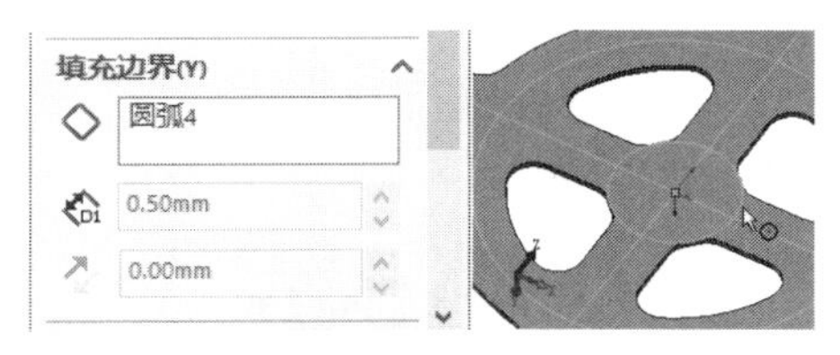

图 9-232　选择通风口填充边界

图 9-233　生成的通风口

㉘ 生成“边线法兰”特征。单击“钣金”工具栏中的“边线法兰”按钮，或执行“插入”→“钣金”→“边线法兰”菜单命令，在属性管理器中的“法兰长度”栏中键入数值：10，单击“外部虚拟交点”按钮，在“法兰位置”栏中单击“材料在内”按钮，勾选“剪裁侧边折弯”选项，其他设置如图 9-234 所示。

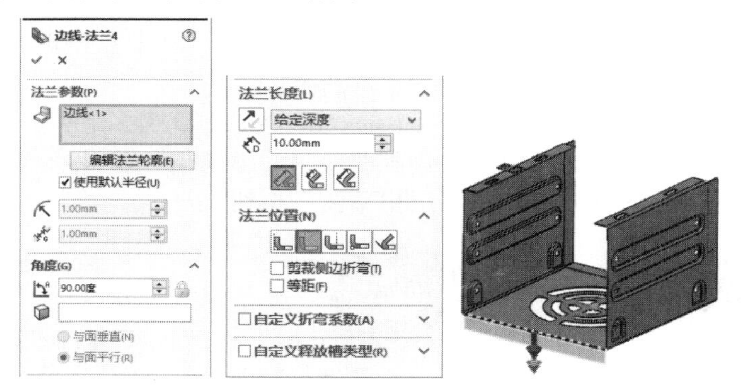

图 9-234　生成“边线法兰”操作

㉙ 编辑边线法兰的草图。在 FeatureManager 设计树中右击“边线法兰”，在弹出的菜单中单击“编辑草图”按钮，如图 9-235 所示，进入边线法兰的草图编辑状态，如图 9-236 所示。

单击“草图”控制面板中的“绘制圆角”按钮，在对话框中键入圆角半径数值：5，在草图中添加圆角，如图 9-237 所示，单击“退出草图”按钮。

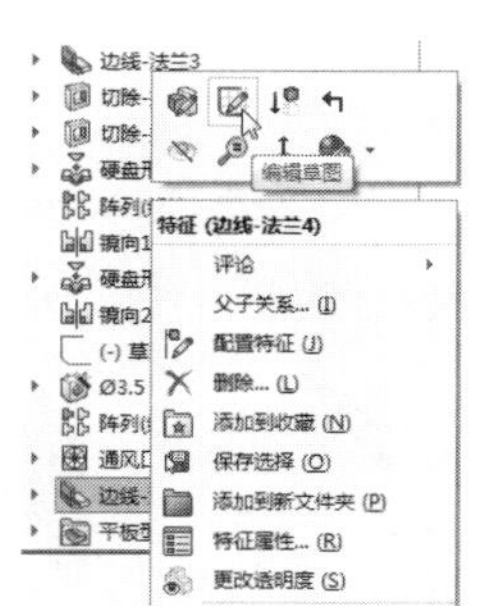

图 9-235　选择“编辑草图”命令

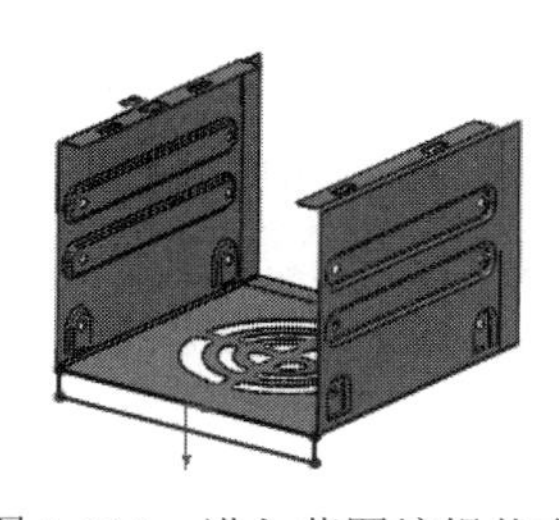

图 9-236　进入草图编辑状态

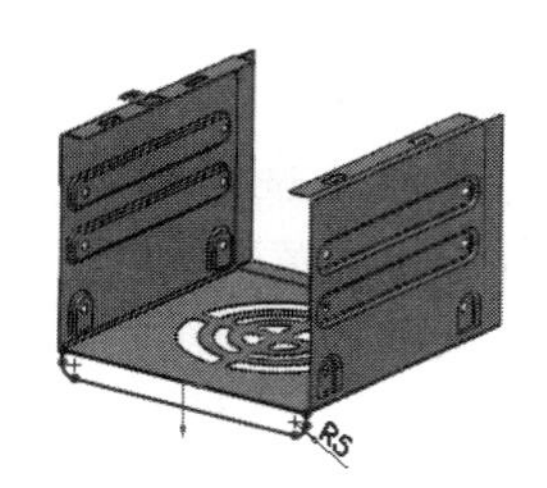

图 9-237　添加圆角

㉚ 选择基准面。单击图 9-238 所示的面，单击“标准视图”工具栏中的“正视于”按钮⊥，将该面作为绘制图形的基准面。

㉛ 生成“简单直孔”特征。单击“特征”控制面板中的“简单直孔”按钮，或执行“插入”→“特征”→“简单直孔”菜单命令。在“孔”属性管理器中的勾选“与厚度相等”选项，键入孔直径尺寸数值 3.5，如图 9-239 所示。单击“确定”按钮✔，生成简单直孔特征。

㉜ 编辑简单直孔的位置。在生成简单直孔时，孔位置可能并不合适，这样就需要重新定位。在 FeatureManager 设计树中右击“孔 1”，如图 9-240 所示。在弹出的菜单中单击“编辑草图”按钮，进入草图编辑状态，标注智能尺寸如图 9-241 所示，单击“退出草图”按钮。

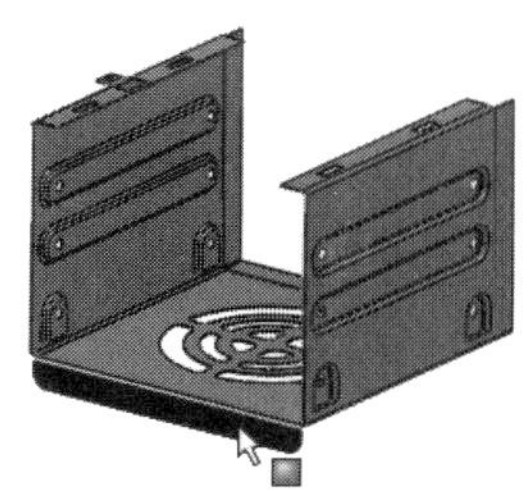

图 9-238　选择基准面

图 9-239　生成简单直孔操作

图 9-240 选择“编辑草图”命令

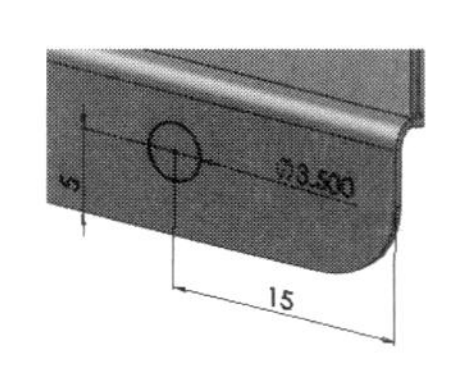

图 9-241　标注智能尺寸

㉝ 生成另一个简单直孔。重复上述的操作，在同一个表面上生成另一个简单直孔，直孔的位置如图 9-242 所示。

㉞ 展开硬盘支架。右击“FeatureManager 设计树”中的“平板型式 1”，在弹出的快捷菜单中选择“解除压缩”命令将钣金零件展开，如图 9-243 所示。

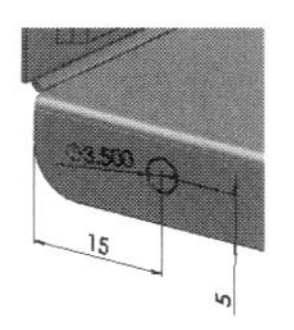

图 9-242　生成另一个简单直孔

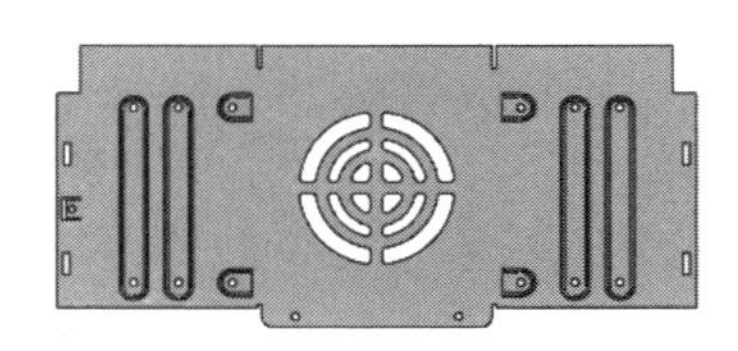

图 9-243　展开的钣金件

SOLIDWORKS 2020

第10章 装配体设计

对于机械设计而言，单纯的零件没有实际意义，一个运动机构和一个整体才有意义。将已经设计完成的各个独立的零件，根据实际需要装配成一个完整的实体。在此基础上对装配体进行运动测试，检查是否完成整机的设计功能，才是整个设计的关键，这也是SOLIDWORKS的优点之一。

本章将介绍装配体基本操作、装配体配合方式、运动测试、装配体文件中零件的阵列和镜向以及爆炸视图等。

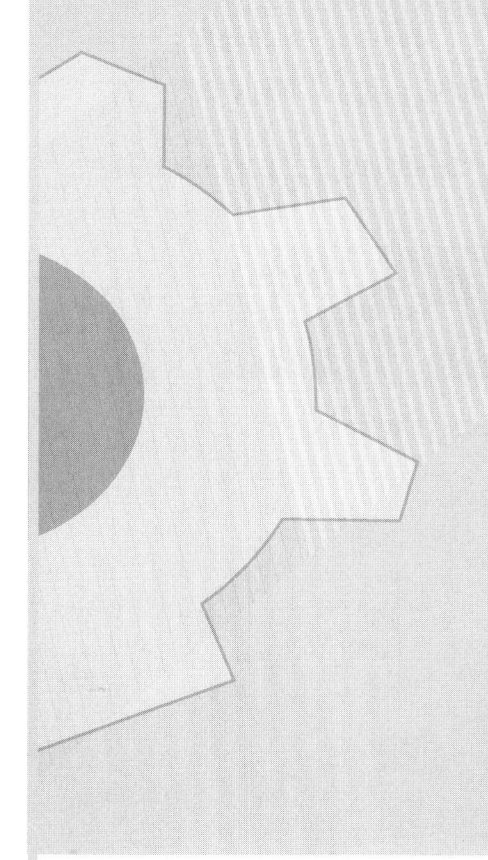

知识点

- 装配体基本操作
- 定位零部件
- 零件的复制、阵列与镜向
- 装配体检查
- 爆炸视图
- 装配体的简化
- 综合实例——轴承

10.1 装配体基本操作

要实现对零部件进行装配，必须首先创建一个装配体文件。本节将介绍创建装配体的基本操作，包括新建装配体文件、插入装配零件与删除装配零件。

扫一扫，看视频

10.1.1 创建装配体文件

下面介绍装配体文件的操作步骤。

【案例 10-1】创建装配体

① 单击菜单栏中的“文件”→“新建”命令，弹出“新建 SOLIDWORKS 文件”对话框，如图 10-1 所示。

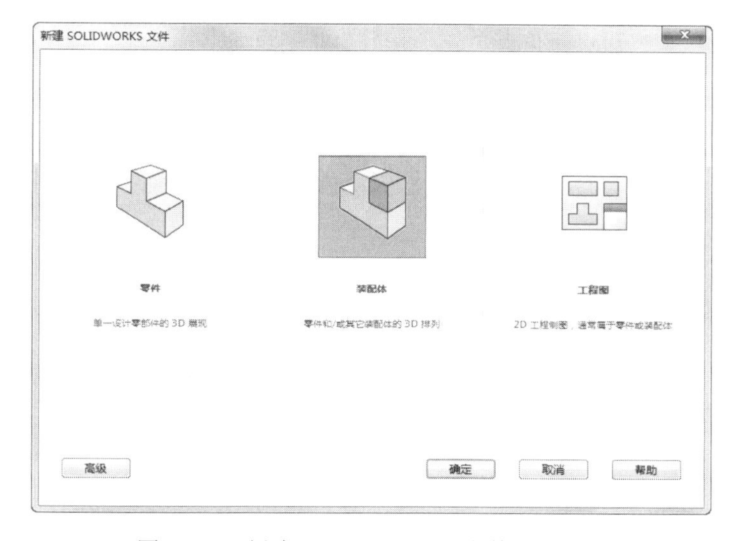

图 10-1 “新建 SOLIDWORKS 文件”对话框

② 在对话框中选择“装配体”按钮，进入装配体制作界面，如图 10-2 所示。

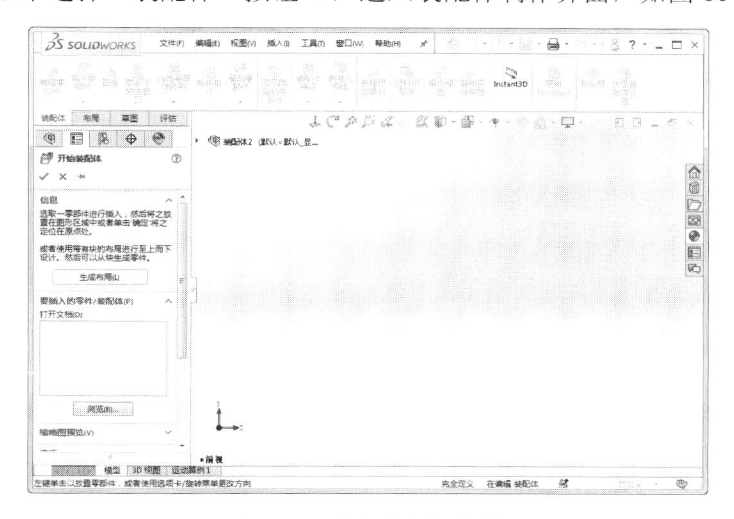

图 10-2 装配体制作界面

③ 在“开始装配体”属性管理器中，单击“要插入的零件/装配体”选项组中的“浏览”按钮，弹出“打开”对话框。

④ 在“源文件\ch10\10.1\outcircle.SLDPRT”选择一个零件作为装配体的基准零件，单击“打开”按钮，然后在图形区合适位置单击以放置零件。然后调整视图为“等轴测”，即可得到导入零件后的界面，如图 10-3 所示。

装配体制作界面与零件的制作界面基本相同，特征管理器中出现一个配合组，在装配体制作界面中出现如图 10-4 所示的“装配体”控制面板，对“装配体”控制面板的操作同前边介绍的“特征”控制面板的操作相同。

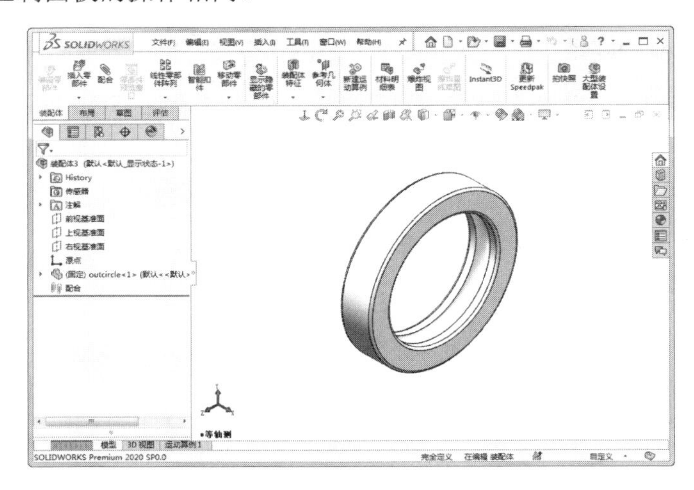

图 10-3　导入零件后的界面

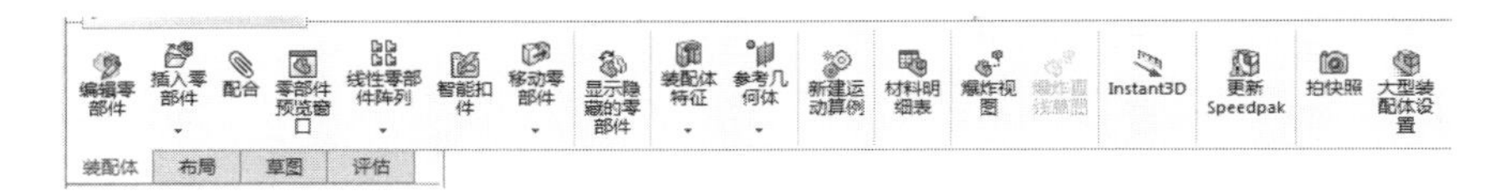

图 10-4　“装配体”控制面板

⑤ 将一个零部件（单个零件或子装配体）放入装配体中时，这个零部件文件会与装配体文件链接。此时零部件出现在装配体中，零部件的数据还保存在原零部件文件中。

技巧荟萃

对零部件文件所进行的任何改变都会更新装配体。保存装配体时文件的扩展名为“*.SLDASM”，其文件名前的图标也与零件图不同。

10.1.2　插入装配零件

制作装配体需要按照装配的过程，依次插入相关零件，有多种方法可以将零部件添加到一个新的或现有的装配体中。

① 使用插入零部件属性管理器。

② 从任何窗格中的文件探索器拖动。

③ 从一个打开的文件窗口中拖动。

④ 从资源管理器中拖动。

⑤ 从 Internet Explorer 中拖动超文本链接。

⑥ 在装配体中拖动以增加现有零部件的实例。

⑦ 从任何窗格的设计库中拖动。

⑧ 使用插入、智能扣件来添加螺栓、螺钉、螺母、销钉以及垫圈。

扫一扫，看视频

10.1.3 删除装配零件

下面介绍删除装配零件的操作步骤。

【案例 10-2】删除装配体

① 打开随书资源中的“源文件\ch10\10.2\装配体 1.SLDASM”，在图形区或 Feature Manager 设计树中单击零部件。

② 按<Delete>键，或单击菜单栏中的“编辑”→“删除”命令，或右击，在弹出的快捷菜单中单击“删除”命令，此时会弹出如图 10-5 所示的“确认删除”对话框。

③ 单击“是”按钮以确认删除，此零部件及其所有相关项目（配合、零部件阵列、爆炸步骤等）都会被删除。

技巧荟萃

① 第一个插入的零件在装配图中，默认的状态是固定的，即不能移动和旋转的，在 FeatureManager 设计树中显示为“固定”。如果不是第一个零件，则是浮动的，在 FeatureManager 设计树中显示为（－），固定和浮动显示如图 10-6 所示。

② 系统默认第一个插入的零件是固定的，也可以将其设置为浮动状态，右击 FeatureManager 设计树中固定的文件，在弹出的快捷菜单中单击“浮动”命令。反之，也可以将其设置为固定状态。

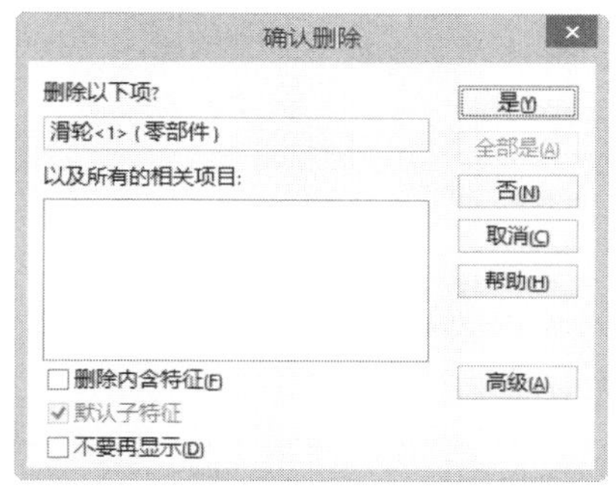

图 10-5 “确认删除”对话框

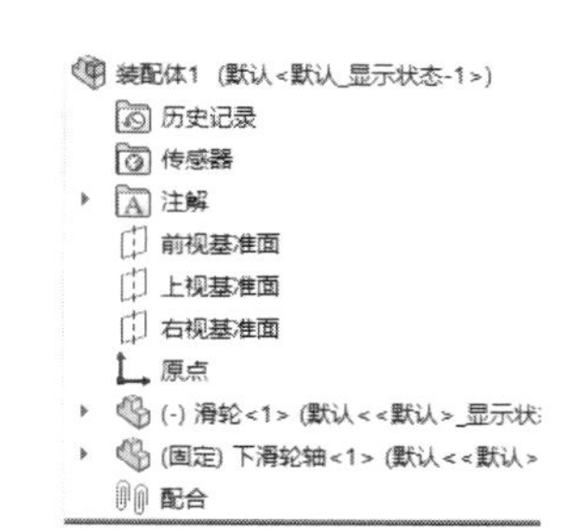

图 10-6 固定和浮动显示

10.2 定位零部件

在零部件放入装配体中后，用户可以移动、旋转零部件或固定它的位置，用这些方法可以大致确定零部件的位置，然后再使用配合关系来精确地定位零部件。

10.2.1 固定零部件

当一个零部件被固定之后，它就不能相对于装配体原点移动了。默认情况下，装配体中的第一个零件是固定的。如果装配体中至少有一个零部件被固定下来，它就可以为其余零部件提供参考，防止其他零部件在添加配合关系时意外移动。

要固定零部件，只要在 FeatureManager 设计树或图形区中，右击要固定的零部件，在弹出的快捷菜单中单击“固定”命令即可。如果要解除固定关系，只要在快捷菜单中单击“浮动”命令即可。

当一个零部件被固定之后，在 FeatureManager 设计树中，该零部件名称的左侧出现文字“固定”，表明该零部件已被固定。

扫一扫，看视频

10.2.2 移动零部件

在 FeatureManager 设计树中，只要前面有“(-)”符号的，该零件即可被移动。下面介绍移动零部件的操作步骤。

【案例 10-3】移动零部件

① 单击“装配体”控制面板中的“移动零部件”按钮，或者执行“工具”→“零部件”→“移动”命令，系统弹出的“移动零部件”属性管理器如图 10-7 所示。

② 选择需要移动的类型，然后拖动到需要的位置。

③ 单击✔（确定）按钮，或者按<Esc>键，取消命令操作。

在“移动零部件”属性管理器中，移动零部件的类型有自由拖动、沿装配体 XYZ、沿实体、由 Delta XYZ 和到 XYZ 位置 5 种，如图 10-8 所示，下面分别介绍。

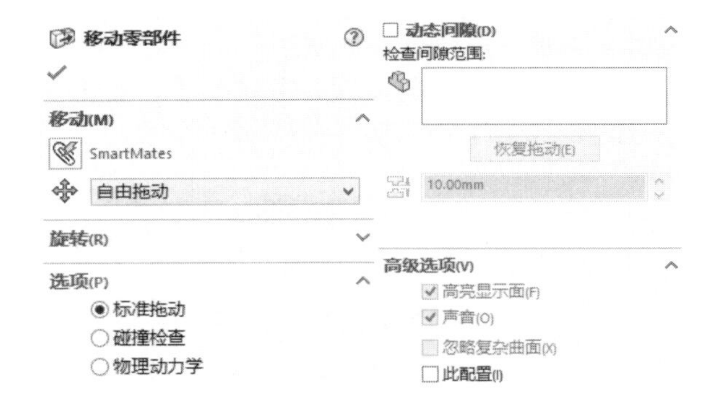

图 10-7 “移动零部件”属性管理器

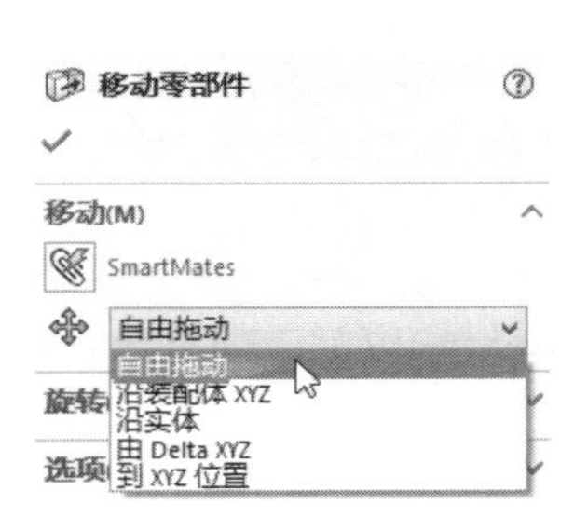

图 10-8 移动零部件的类型

- 自由拖动：系统默认选项，可以在视图中把选中的文件拖动到任意位置。
- 沿装配体 XYZ：选择零部件并沿装配体的 X、Y 或 Z 方向拖动。视图中显示的装配体坐标系可以确定移动的方向，在移动前要在欲移动方向的轴附近单击。
- 沿实体：首先选择实体，然后选择零部件并沿该实体拖动。如果选择的实体是一条直线、边线或轴，所移动的零部件具有一个自由度。如果选择的实体是一个基准面或平面，所移动的零部件具有两个自由度。
- 由 Delta XYZ：在属性管理器中键入移动 Delta XYZ 的范围，如图 10-9 所示，然后单击“应用”按钮，零部件按照指定的数值移动。
- 到 XYZ 位置：选择零部件的一点，在属性管理器中键入 X、Y 或 Z 坐标，如图 10-10 所示，然后单击“应用”按钮，所选零部件的点移动到指定的坐标位置。如果选择的项目不是顶点或点，则零部件的原点会移动到指定的坐标处。

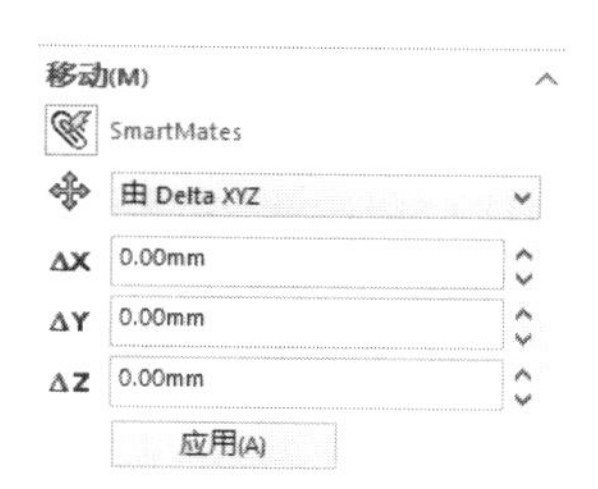

图 10-9 “由三角 XYZ”设置

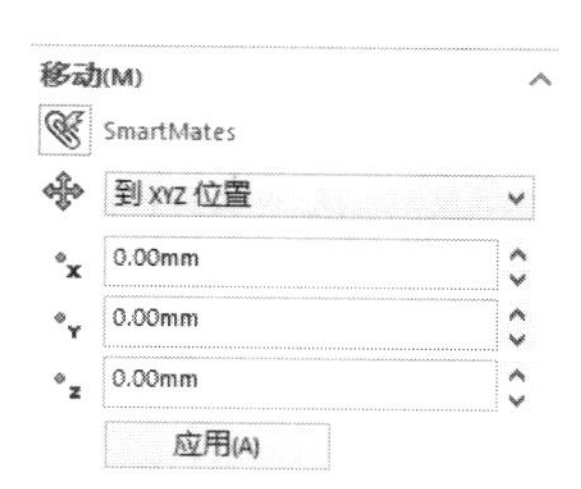

图 10-10 “到 XYZ 位置”设置

10.2.3 旋转零部件

扫一扫，看视频

在 FeatureManager 设计树中，只要前面有“(−)”符号，该零件即可被旋转。下面介绍旋转零部件的操作步骤。

【案例 10-4】旋转零部件

① 单击“装配体”控制面板中的“旋转零部件”按钮，或者执行“工具”→“零部件”→“旋转”命令，系统弹出的“旋转零部件”属性管理器如图 10-11 所示。

② 选择需要旋转的类型，然后根据需要确定零部件的旋转角度。

③ 单击（确定）按钮，或者按<Esc>键，取消命令操作。

在“旋转零部件”属性管理器中，移动零部件的类型有 3 种，即自由拖动、对于实体和由 Delta XYZ，如图 10-12 所示，下面分别介绍。

- 自由拖动：选择零部件并沿任何方向旋转拖动。
- 对于实体：选择一条直线、边线或轴，然后围绕所选实体旋转零部件。
- 由 Delta XYZ：在属性管理器中键入旋转 Delta XYZ 的范围，然后单击“应用”按钮，零部件按照指定的数值进行旋转。

技巧荟萃

① 不能移动或者旋转一个已经固定或者完全定义的零部件。

② 只能在配合关系允许的自由度范围内移动和选择该零部件。

图 10-11 “旋转零部件”属性管理器

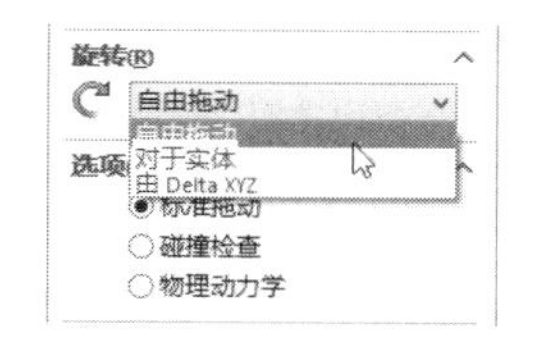

图 10-12 旋转零部件的类型

10.2.4 添加配合关系

扫一扫，看视频

使用配合关系，可相对于其他零部件来精确地定位零部件，还可定义零部件如何相对于其他的零部件移动和旋转。只有添加了完整的配合关系，才算完成了装配体模型。

下面结合实例介绍为零部件添加配合关系的操作步骤。

【案例 10-5】添加配合关系

① 打开随书资源中的“源文件\ch10\10.5\10.5. SLDASM”。

② 单击“装配体”控制面板中的“配合”按钮，或者执行“工具”→“配合”命令，系统弹出“配合”属性管理器。

图 10-13 “配合”属性管理器

③ 在图形区中的零部件上选择要配合的实体，所选实体会显示在（要配合实体）列表框中，如图 10-13 所示。

④ 选择所需的对齐条件。

■ （同向对齐）：以所选面的法向或轴向的相同方向来放置零部件。

■ （反向对齐）：以所选面的法向或轴向的相反方向来放置零部件。

⑤ 系统会根据所选的实体，列出有效的配合类型。单击对应的配合类型按钮，选择配合类型。

■ （重合）：面与面、面与直线（轴）、直线与直线（轴）、点与面、点与直线之间重合。

■ （平行）：面与面、面与直线（轴）、直线与直线（轴）、曲线与曲线之间平行。

■ （垂直）：面与面、直线（轴）与面之间垂直。

■ （同轴心）：圆柱与圆柱、圆柱与圆锥、圆形与圆弧边线之间具有相同的轴。

⑥ 图形区中的零部件将根据指定的配合关系移动，如果配合不正确，单击（撤销）按钮，然后根据需要修改选项。

⑦ 单击（确定）按钮，应用配合。

当在装配体中建立配合关系后，配合关系会在 FeatureManager 设计树中以图标表示。

10.2.5 删除配合关系

扫一扫，看视频

如果装配体中的某个配合关系有错误，用户可以随时将它从装配体中删除掉。下面结合实例介绍删除配合关系的操作步骤。

【案例 10-6】删除配合关系

① 打开随书资源中的“源文件\ch10\10.6.SLDASM”，在 FeatureManager 设计树中，右击想要删除的配合关系。

② 在弹出的快捷菜单中单击“删除”命令或按<Delete>键。

③ 弹出“确认删除”对话框，如图 10-14 所示，单击“是”按钮，以确认删除。

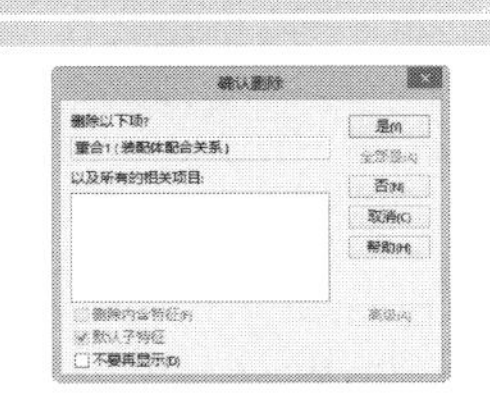

图 10-14 “确认删除”对话框

10.2.6 修改配合关系

扫一扫，看视频

用户可以像重新定义特征一样，对已经存在的配合关系进行修改。下面介绍修改配合关系的操作步骤。

【案例 10-7】修改配合关系

① 在 FeatureManager 设计树中，右击要修改的配合关系。
② 在弹出的快捷菜单中单击（编辑定义）按钮。
③ 在弹出的属性管理器中改变所需选项。
④ 如果要替换配合实体，在（要配合实体）列表框中删除原来实体后，重新选择实体。
⑤ 单击✔（确定）按钮，完成配合关系的重新定义。

10.2.7 SmartMates 配合方式

扫一扫，看视频

SmartMates 是 SOLIDWORKS 提供的一种智能装配，是一种快速的装配方式。利用该装配方式，只要选择需配合的两个对象，系统就会自动配合定位。

在向装配体文件中插入零件时，也可以直接添加装配关系。下面结合实例介绍智能装配的操作步骤。

【案例 10-8】智能装配

① 单击菜单栏中的“文件”→“新建”命令，或者单击“标准”工具栏中的（新建）按钮，创建一个装配体文件。

② 单击菜单栏中的“插入”→“零部件”→“现有零件/装配体”命令，选择“源文件\ch10\10.81 底座.SLDPRT”，插入已绘制的名为“底座”的文件，并调节视图中零件的方向。

③ 单击菜单栏中的“文件”→“打开”命令，选择“源文件\ch10\10.8\圆柱.SLDPRT”，打开已绘制的名为“圆柱”的文件，并调节视图中零件的方向。

④ 单击菜单栏中的“窗口”→“横向平铺”命令，将窗口设置为横向平铺方式，两个文件的横向平铺窗口如图 10-15 所示。

⑤ 在“圆柱”零件窗口中，单击如图 10-15 所示的边线 1，然后按住鼠标左键拖动零件到装配体文件中，装配体的预览模式如图 10-16 所示。

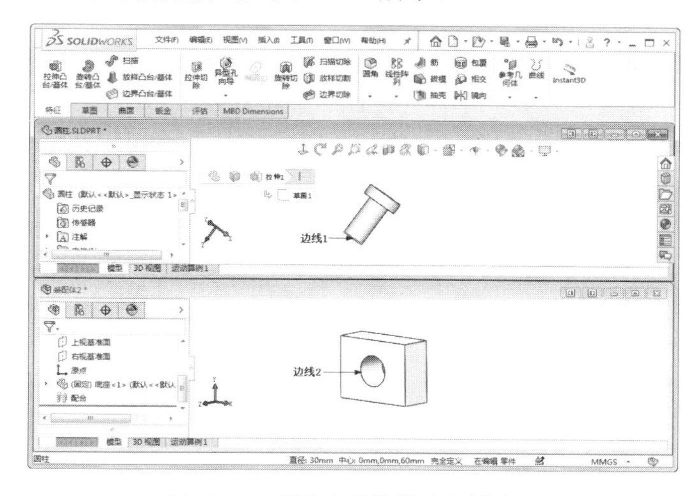

图 10-15　两个文件的横向平铺窗口

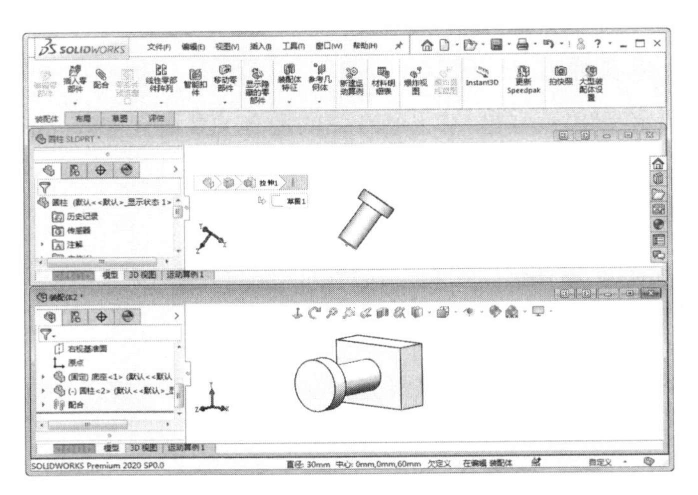

图 10-16　装配体的预览模式

⑥ 在如图 10-15 所示的边线 2 附近移动光标，当指针变为时，智能装配完成，然后松开鼠标，装配后的图形如图 10-17 所示。

⑦ 双击装配体文件 FeatureManager 设计树中的“配合”选项，可以看到添加的配合关系，装配体文件的 FeatureManager 设计树如图 10-18 所示。

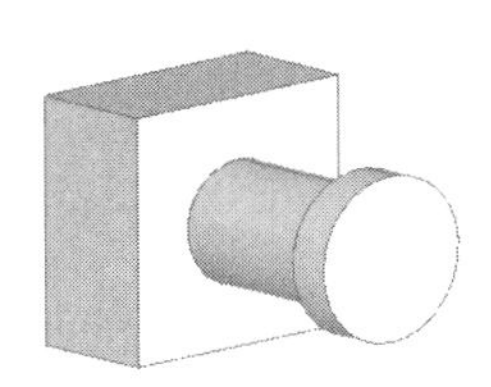

图 10-17　配合图形

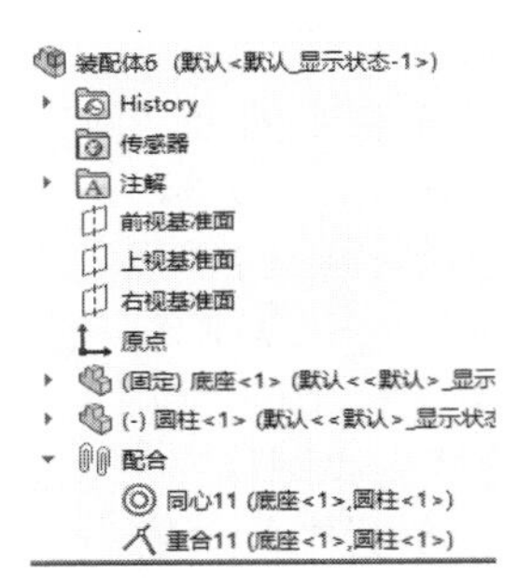

图 10-18　装配体文件的 FeatureManager 设计树

技巧荟萃

在拖动零件到装配体文件中时，有几个可能的装配位置，此时需要移动光标选择需要的装配位置。

使用 SmartMates 命令进行智能配合时，系统需要安装 SOLIDWORKS Toolbox 工具箱，如果安装系统时没有安装该工具箱，则该命令不能使用。

10.2.8 实例——绘制茶壶装配体

茶壶模型如图 10-19 所示，在壶身和壶盖的基础上利用装配体相关基本操作命令完成装配体绘制。

扫一扫，看视频

绘制步骤

（1）新建文件

执行“文件”→“新建”菜单命令，或者单击“标准”工具栏中的“新建”图标，此时系统弹出如图 10-20 所示的“新建 SOILDWORKS 文件”对话框，在其中选择“装配体”图标，然后单击“确定”按钮，创建一个新的零件文件。

图 10-19 茶壶

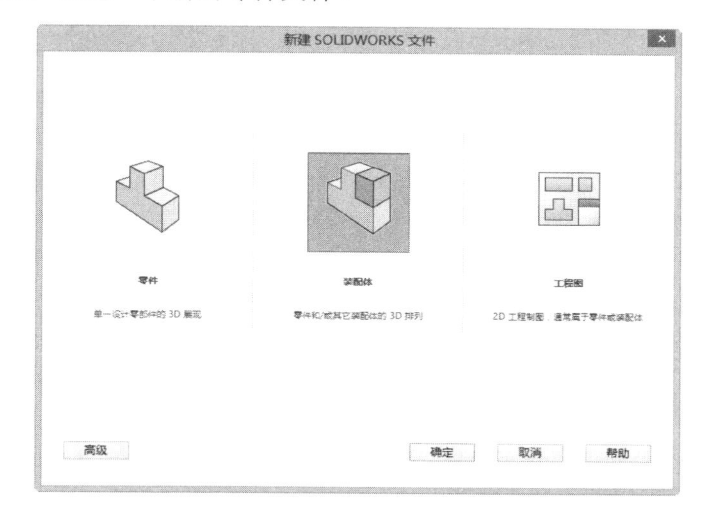

图 10-20 “新建 SOLIDWORKS 文件”对话框

（2）绘制茶壶装配体

① 插入壶身。执行“插入”→“零部件”→“现有零件/装配体”菜单命令，或者单击“装配体”控制面板中的“插入零部件”图标按钮，此时系统弹出如图 10-21 所示的“插入零部件”属性管理器。单击“浏览”按钮，此时系统弹出如图 10-22 所示的“打开”对话框，在其中选择需要的零部件，即“壶身.SLDPRT”。单击“打开”按钮，此时所选的零部件显示在如图 10-21 所示的“打开文档”一栏中。单击对话框中的“确定”图标✔，此时所选的零部件出现在视图中。

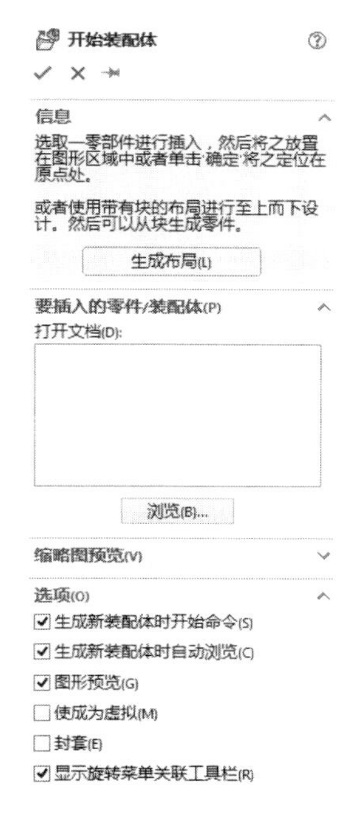

图 10-21 “插入零部件”属性管理器

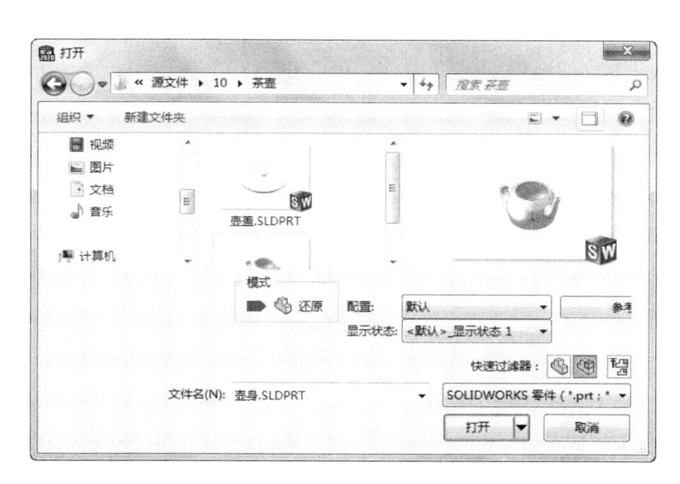

图 10-22 “打开”对话框

② 设置视图方向。单击“前导视图”工具栏中的“等轴测”按钮，将视图以等轴测方向显示，结果如图 10-23 所示。

③ 取消草图显示。执行“视图”→“隐藏/显示（H）”→“草图”菜单命令，取消视图中草图的显示。

④ 插入壶盖。执行“插入”→“零部件”→“现有零件/装配体”菜单命令，插入壶盖，具体操作步骤参考步骤①，将壶盖插入到图中合适的位置，结果如图 10-24 所示。

⑤ 设置视图方向。单击“视图”工具栏中的“旋转视图”按钮，将视图以合适的方向显示，结果如图 10-25 所示。

⑥ 插入配合关系。单击“装配体”控制面板中的“配合”按钮，或者执行“插入”→“配合”命令，此时系统弹出“配合”对话框。在属性管理器的“配合选择”一栏中，选择如图 10-25 所示的面 3 和面 4。单击“标准配合”栏中的“同轴心”按钮，将面 3 和面 4 设置为同轴心配合关系，如图 10-26 所示。单击属性管理器中的“确定”按钮，完成配合，结果如图 10-27 所示。

图 10-23　插入壶身后的图形

图 10-24　插入壶盖后的图形

图 10-25　设置视图方向后的图形

图 10-26　“同心”属性管理器

⑦ 插入配合关系。重复步骤⑥，将如图 10-25 所示的边线 1 和边线 2 设置为重合配合关系，结果如图 10-28 所示。

⑧ 设置视图方向。单击“前导视图”工具栏中的“等轴测”按钮，将视图以等轴测方向显示。

茶壶装配体模型及其 FeatureManager 设计树如图 10-29 所示。

图 10-27　插入同轴心配合关系后的图形

图 10-28　插入重合配合关系后的图形

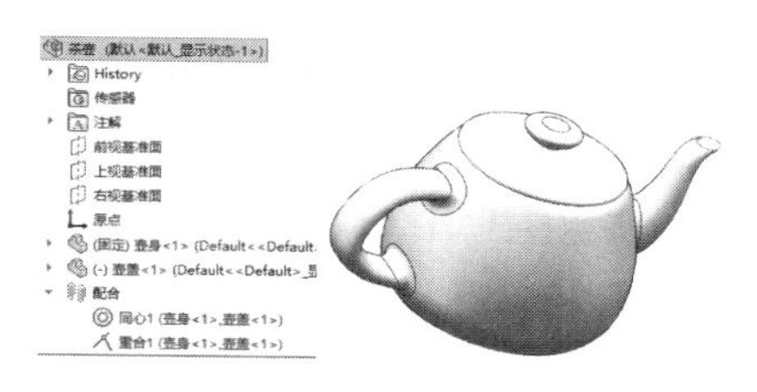

图 10-29　茶壶装配体及其 FeatureManager 设计树

10.3 零件的复制、阵列与镜向

在同一个装配体中可能存在多个相同的零件，在装配时用户可以不必重复插入零件，而是利用复制、阵列或者镜向的方法，快速完成具有规律性的零件的插入和装配。

扫一扫，看视频

10.3.1 零件的复制

SOLIDWORKS 可以复制已经在装配体文件中存在的零部件，下面结合实例介绍复制零部件的操作步骤。

【案例 10-9】复制零件

① 打开随书资源中的“源文件\ch10\10.9\10.9.SLDASM”，如图 10-30 所示。

② 按住<Ctrl>键，在 FeatureManager 设计树中选择需要复制的零部件，然后将其拖动到视图中合适的位置，复制后的装配体如图 10-31 所示，复制后的 FeatureManager 设计树如图 10-32 所示。

③ 添加相应的配合关系，配合后的装配体如图 10-33 所示。

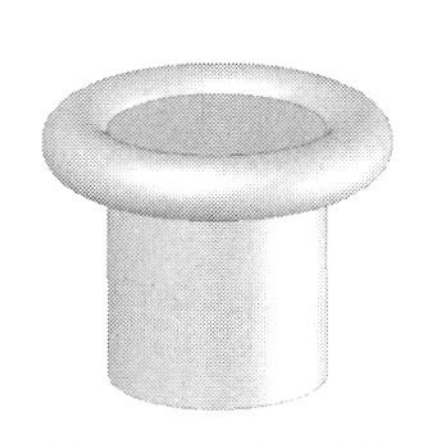

图 10-30　打开的文件实体

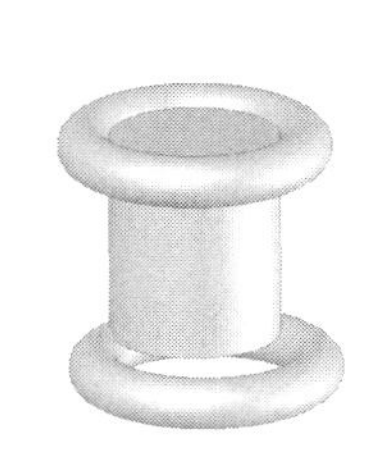

图 10-31　复制后的装配体

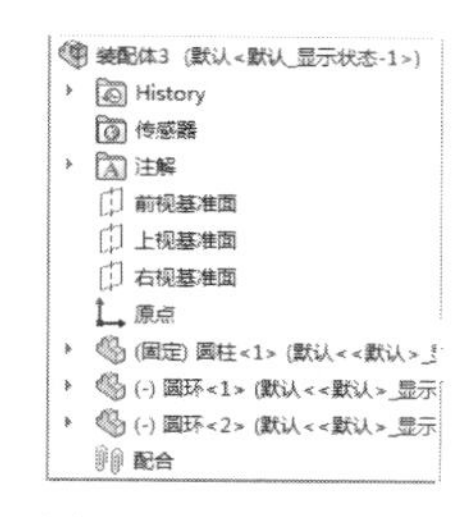

图 10-32　复制后的 FeatureManager 设计树

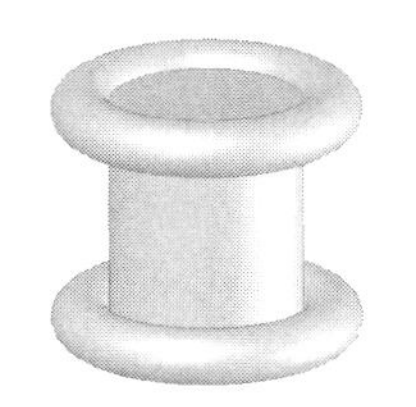

图 10-33　配合后装配体

10.3.2 零件的阵列

扫一扫，看视频

零件的阵列分为线性阵列和圆周阵列。如果装配体中具有相同的零件，并且这些零件按照线性或者圆周的方式排列，可以使用线性阵列和圆周阵列命令进行操作。下面结合实例介绍线性阵列的操作步骤，其圆周阵列操作与此类似，读者可自行练习。

线性阵列可以同时阵列一个或者多个零部件，并且阵列出来的零件不需要再添加配合关系，即可完成配合。

【案例 10-10】阵列零件

① 单击菜单栏中的“文件”→“新建”命令，创建一个装配体文件。

② 单击菜单栏中的“插入”→“零部件”→“现有零件/装配体”命令，选择“源文件\ch10\10.10 底座.SLDPRT”，插入已绘制的名为“底座”文件，并调节视图中零件的方向，底座零件的尺寸如图 10-34 所示。

③ 单击菜单栏中的“插入”→“零部件”→“现有零件/装配体”命令，选择“源文件\ch10\10.10\圆柱.SLDPRT”，插入已绘制的名为“圆柱”文件，圆柱零件的尺寸如图 10-35 所示。调节视图中各零件的方向，插入零件后的装配体如图 10-36 所示。

④ 单击“装配体”控制面板中的“配合”按钮，或者执行“插入”→“配合”命令，系统弹出“配合”属性管理器。

⑤ 将如图 10-36 所示的平面 1 和平面 4 添加为“重合”配合关系，将圆柱面 2 和圆柱面 3 添加为“同轴心”配合关系，注意配合的方向。

⑥ 单击（确定）按钮，配合添加完毕。

⑦ 单击“前导视图”工具栏中的“等轴测”按钮，将视图以等轴测方向显示，配合后的等轴测视图如图 10-37 所示。

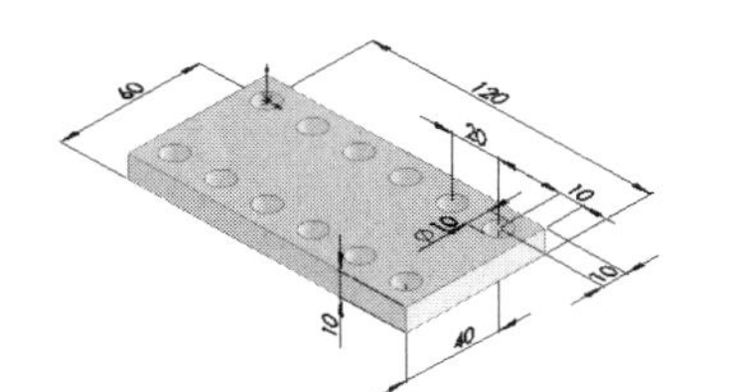

图 10-34 底座零件

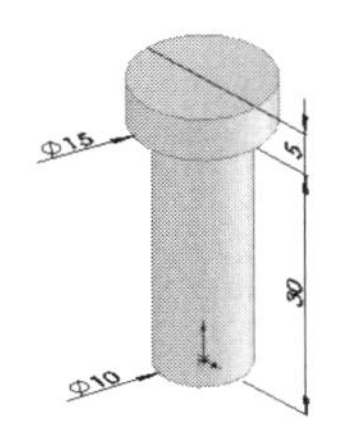

图 10-35 圆柱零件

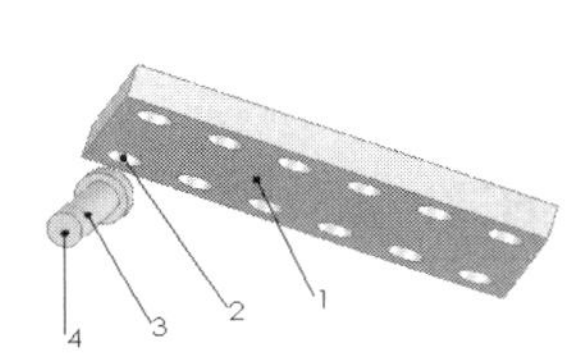

图 10-36 插入零件后的装配体

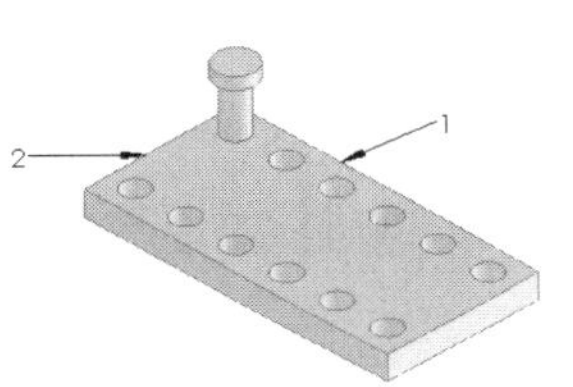

图 10-37 配合后的等轴测视图

⑧ 单击“装配体”控制面板上的“线性零部件阵列”按钮，系统弹出“线性阵列”属性管理器。

⑨ 在“要阵列的零部件”选项组中，选择如图 10-37 所示的圆柱；在“方向 1”选项组的（阵列方向）列表框中，选择如图 10-37 所示的边线 1，注意设置阵列的方向；在“方向 2”选项组的（阵列方向）列表框中，选择如图 10-37 所示的边线 2，注意设置阵列的方向，其他设置如图 10-38 所示。

⑩ 单击（确定）按钮，完成零件的线性阵列，线性阵列后的图形如图 10-39 所示，此时装配体的 FeatureManager 设计树如图 10-40 所示。

图 10-38 “线性阵列”属性管理器

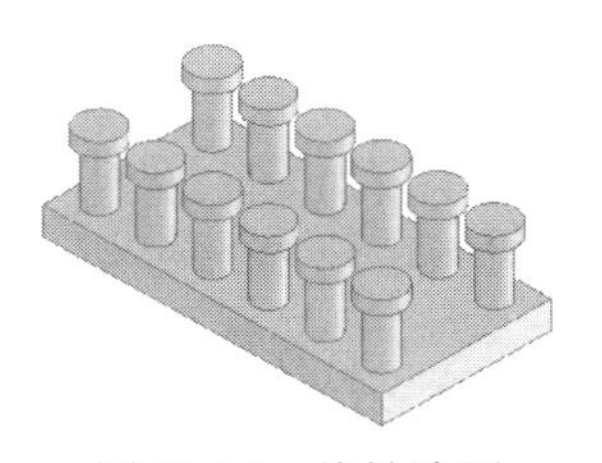

图 10-39 线性阵列

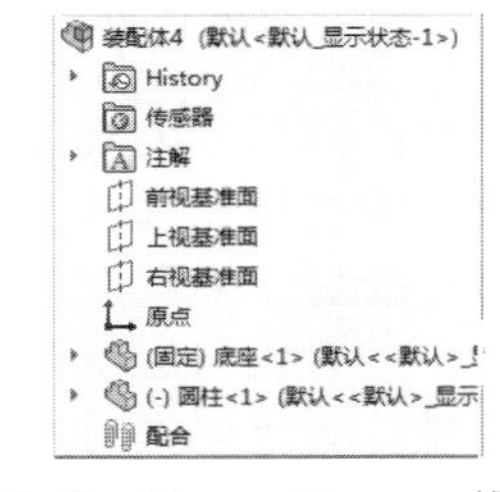

图 10-40 FeatureManager 设计树

10.3.3 零件的镜向

扫一扫，看视频

装配体环境中的镜向操作与零件设计环境中的镜向操作类似。在装配体环境中，有相同且对称的零部件时，可以使用镜向零部件操作来完成。

【案例 10-11】镜向零件

① 单击菜单栏中的“文件”→“新建”命令，创建一个装配体文件。

② 单击菜单栏中的“插入”→“零部件”→“现有零件/装配体”命令，选择“源文件\ch10\10.11 底座.SLDPRT”，插入已绘制的名为“底座”文件，并调节视图中零件的方向，底座平板零件的尺寸如图 10-41 所示。

③ 单击“装配体”控制面板上的“插入零部件”按钮，选择“源文件\ch01\10.11 圆柱.SLDPRT”，插入已绘制的名为“圆柱”文件，圆柱零件的尺寸如图 10-42 所示。调节视图中各零件的方向，插入零件后的装配体如图 10-43 所示。

④ 单击“装配体”控制面板中的“配合”按钮，或者执行“插入”→“配合”命令，系统弹出“配合”属性管理器。

⑤ 将如图 10-43 所示的平面 1 和平面 3 添加为“重合”配合关系，将圆柱面 2 和圆柱面 4 添加为“同轴心”配合关系，注意配合的方向。

⑥ 单击✔（确定）按钮，配合添加完毕。

⑦ 单击“前导视图”工具栏中的“等轴测”按钮，将视图以等轴测方向显示。配合后的等轴测视图如图 10-44 所示。

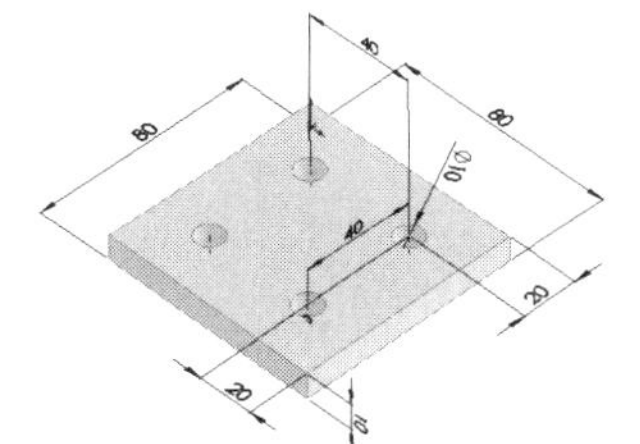

图 10-41　底座平板零件

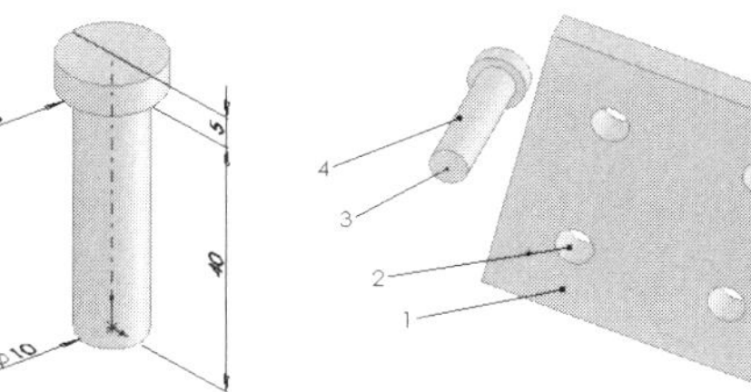

图 10-42　圆柱零件　　图 10-43　插入零件后的装配体

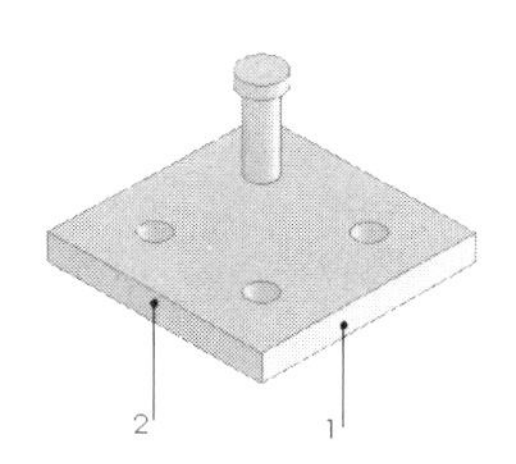

图 10-44　配合后的等轴测视图

⑧ 单击“装配体”控制面板“参考几何体”下拉列表中的“基准面”按钮，或执行“插入”→“参考几何体”→“基准面”菜单命令，系统弹出“基准面”属性管理器。

⑨ 在（参考实体）列表框中，选择如图 10-44 所示的面 1；在（偏移距离）文本框中输入“40”，注意添加基准面的方向，其他设置如图 10-45 所示，添加如图 10-46 所示的基准面 1。重复该命令，添加如图 10-46 所示的基准面 2。

⑩ 单击“装配体”控制面板上的“镜向零部件”按钮，系统弹出“镜向零部件”属性管理器。

⑪ 在“镜向基准面”列表框中，选择如图 10-46 所示的基准面 1；在“要镜向的零部件”列表框中，选择如图 10-46 所示的圆柱，如图 10-47 所示，单击（下一步）按钮，“镜向零部件”属性管理器如图 10-48 所示。

⑫ 单击✔（确定）按钮，零件镜向完毕，镜向后的图形如图 10-49 所示。

⑬ 单击“装配体”控制面板上的“镜向零部件”按钮，系统弹出“镜向零部件”属性管理器。

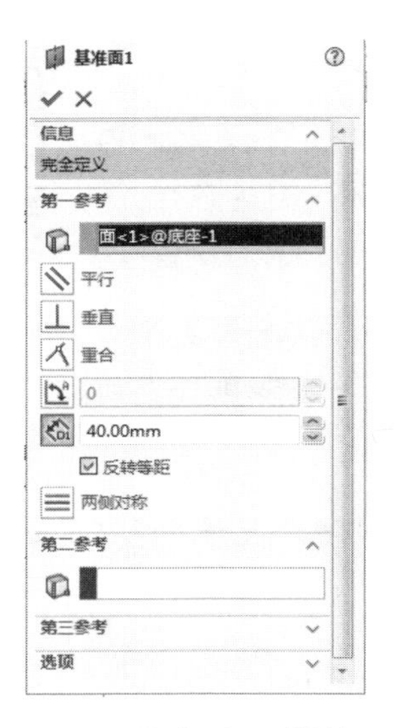

图 10-45 “基准面”属性管理器

图 10-46 添加基准面

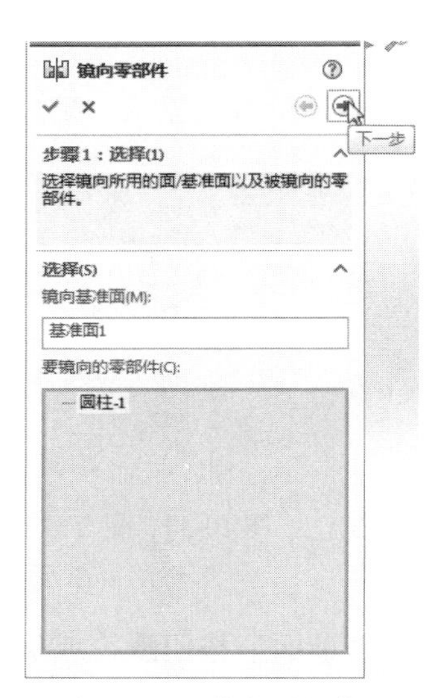

图 10-47 “镜向零部件”属性管理器 1

图 10-48 “镜向零部件”属性管理器 2

图 10-49 镜向零件

⑭ 在“镜向基准面”列表框中，选择如图 10-49 所示的基准面 2；在“要镜向的零部件”列表框中，选择如图 10-49 所示的两个圆柱，单击（下一步）按钮。选择“圆柱-1”，然后单击“生成相反方位版本”按钮，如图 10-50 所示。

⑮ 单击（确定）按钮，零件镜向完毕，镜向后的装配体图形如图 10-51 所示，此时装配体文件的 FeatureManager 设计树如图 10-52 所示。

技巧荟萃

从上面的案例操作步骤可以看出，不但可以对称地镜向原零部件，而且还可以反方向镜向零部件，要灵活应用该命令。

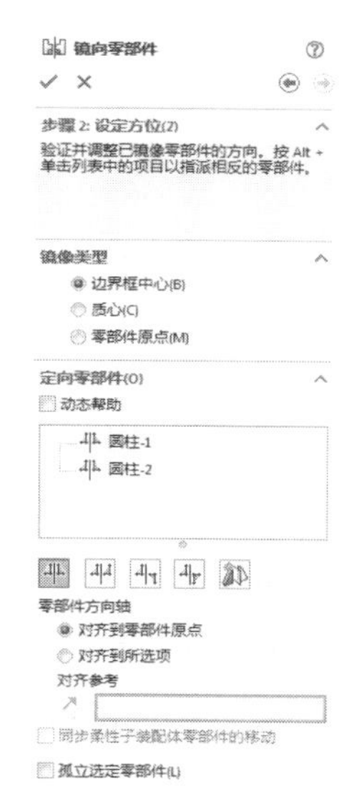

图 10-50 “镜向零部件”属性管理器 3

图 10-51 镜向后的装配体图形

10.11 (默认<默认_显示状态-1>)
History
传感器
注解
前视基准面
上视基准面
右视基准面
原点
(固定) 底座<1> (默认<<默认>_显示
(-) 圆柱<1> (默认<<默认>_显示状态
配合
基准面1
基准面2
镜向零部件1
镜向零部件2

图 10-52 FeatureManager 设计树

10.4 装配体检查

装配体检查主要包括碰撞测试、动态间隙、体积干涉检查和装配体统计等，用来检查装配体各个零部件装配后装配的正确性、装配信息等。

10.4.1 碰撞测试

扫一扫，看视频

在 SOLIDWORKS 装配体环境中，移动或者旋转零部件时，提供了检查其与其他零部件的碰撞情况。在进行碰撞测试时，零件必须做适当的配合，但是不能完全限制配合，否则零件无法移动。下面结合实例介绍碰撞测试的操作步骤。

【案例 10-12】碰撞测试

① 打开随书资源中的“源文件\ch10\10.12 碰撞测试\10.12.SLDASM”，如图 10-53 所示，两个轴件与基座的凹槽为“同轴心”配合方式。

② 单击“装配体”控制面板中的“移动零部件”按钮，或者“旋转零部件”按钮，系统弹出“移动零部件”属性管理器或者“旋转零部件”属性管理器。

③ 在“选项”选项组中点选“碰撞检查”和“所有零部件之间”单选钮，勾选“碰撞时停止”复选框，则碰撞时零件会停止运动；在“高级选项”选项组中勾选“高亮显示面”复选框和“声音”复选框，则碰撞时零件会高亮显示并且计算机会发出碰撞的声音。碰撞设置如图 10-54 所示。

④ 拖动如图 10-53 所示的零件 2 向零件 1 移动，在碰撞零件 1 时，零件 2 会停止运动，并且零件 2 会亮显，碰撞检查时的装配体如图 10-55 所示。

⑤ 物资动力是碰撞检查中的一个选项，点选“物理动力学”单选钮，等同于向被撞零部件施加一个碰撞力。在“移动零部件”属性管理器或者“旋转零部件”属性管理器的“选项”选项组中点选“物理动力学”和“所有零部件之间”单选钮，用“敏感度”工具条可以调节施加的力；在“高级选项”选项组中勾选“高亮显示面”和“声音”复选框，则碰撞时

零件会高亮显示并且计算机会发出碰撞的声音。物资动力设置如图 10-56 所示。

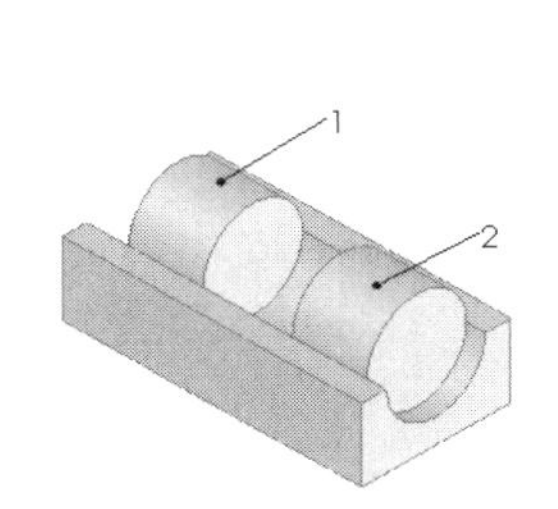

图 10-53　打开的文件实体

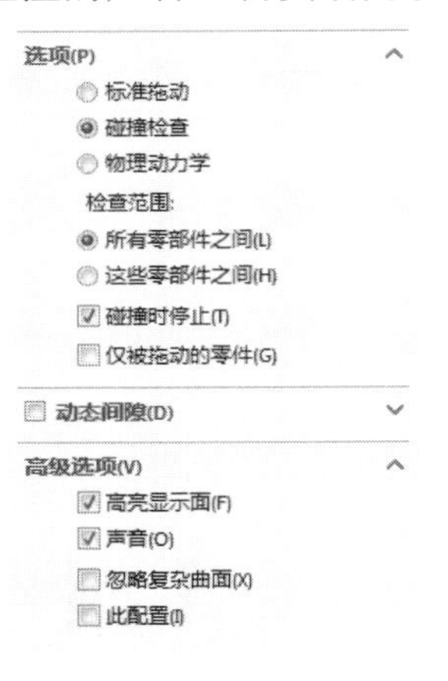

图 10-54　碰撞设置

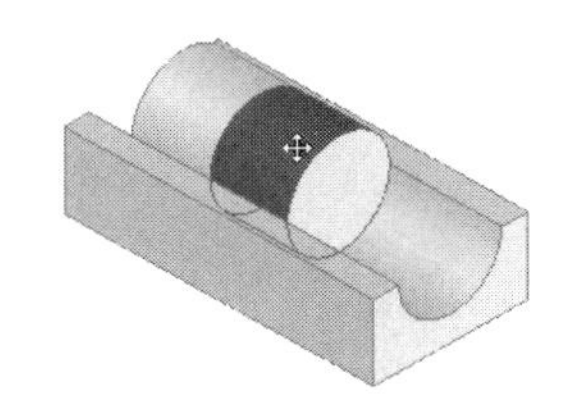

图 10-55　碰撞检查时的装配体

⑥ 拖动如图 10-53 所示的零件 2 向零件 1 移动，在碰撞零件 1 时，零件 1 和 2 会以给定的力一起向前运动。物资动力检查时的装配体如图 10-57 所示。

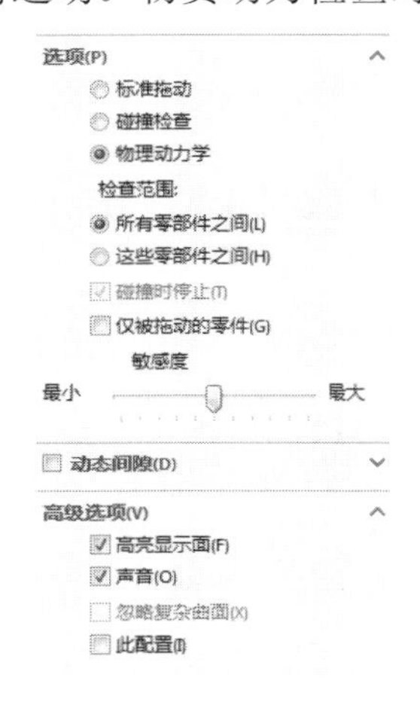

图 10-56　物资动力设置

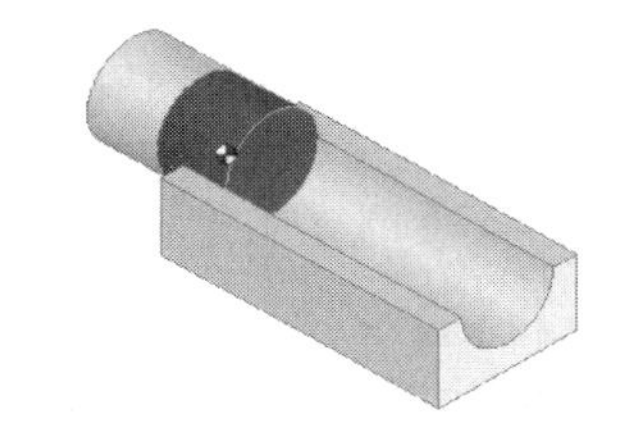

图 10-57　物资动力检查时的装配体

10.4.2 动态间隙

扫一扫，看视频

动态间隙用于在零部件移动过程中，动态显示两个零部件间的距离。下面结合实例介绍动态间隙的操作步骤。

【案例 10-13】动态间隙

① 打开随书资源中的“源文件\ch10\10.13 动态间隙\10.13.SLDASM”，打开的文件实体如图 10-53 所示。两个轴件与基座的凹槽为“同轴心”配合方式。

② 单击“装配体”控制面板中的“移动零部件”按钮，系统弹出“移动零部件”属性管理器。

③ 勾选“动态间隙”复选框，在（所选零部件几何体）列表框中选择如图 10-53 所示的零件 1 和零件 2，然后单击“恢复拖动”按钮。动态间隙设置如图 10-58 所示。

④ 拖动如图 10-53 所示的零件 2 移动，则两个零件之间的距离会实时地改变，动态间隙

图形如图 10-59 所示。

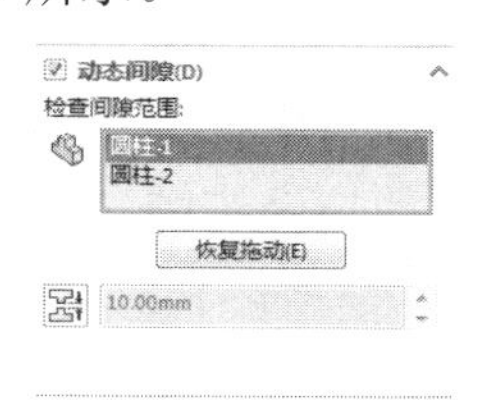

图 10-58　动态间隙设置

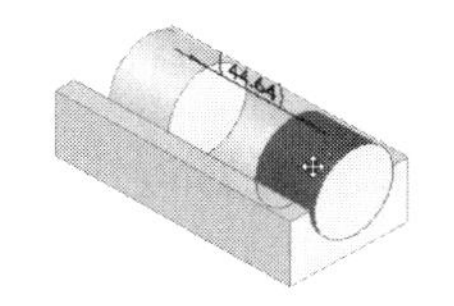

图 10-59　动态间隙图形

技巧荟萃

动态间隙设置时，在“指定间隙停止”一栏中输入的值，用于确定两零件之间停止的距离。当两零件之间的距离为该值时，零件就会停止运动。

10.4.3 体积干涉检查

扫一扫，看视频

在一个复杂的装配体文件中，直接判别零部件是否发生干涉是件比较困难的事情。SOLIDWORKS 提供了体积干涉检查工具，利用该工具可以比较容易地在零部件之间进行干涉检查，并且可以查看发生干涉的体积。下面结合实例介绍体积干涉检查的操作步骤。

【案例 10-14】干涉检查

① 打开随书资源中的“源文件\ch10\10.14 干涉检查\10.14.SLDASM”，两个轴件与基座的凹槽为“同轴心”配合方式，调节两个轴件相互重合，体积干涉检查装配体文件如图 10-60 所示。

② 单击菜单栏中的“工具”→“评估”→“干涉检查”命令，弹出“干涉检查”属性管理器。

③ 勾选“视重合为干涉”复选框，单击“计算”按钮，如图 10-61 所示。

④ 干涉检查结果出现在“结果”选项组中，如图 10-62 所示。在“结果”选项组中，不但显示干涉的体积，而且还显示干涉的数量以及干涉的个数等信息。

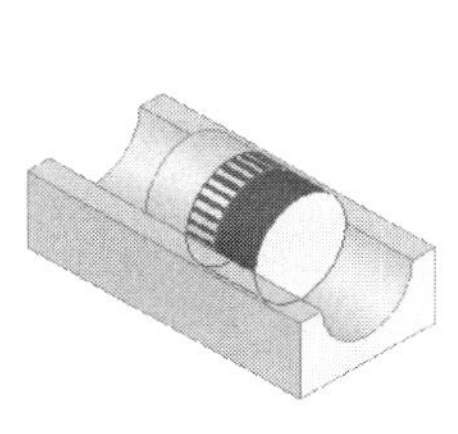

图 10-60　体积干涉检查装配体文件

图 10-61　“体积检查”属性管理器

图 10-62　干涉检查结果

10.4.4 装配体统计

扫一扫，看视频

SOLIDWORKS 提供了对装配体进行统计报告的功能，即装配体统计。通过装配体统计，可以生成一个装配体文件的统计资料。下面结合实例介绍装配体统计的操作步骤。

【案例 10-15】装配统计

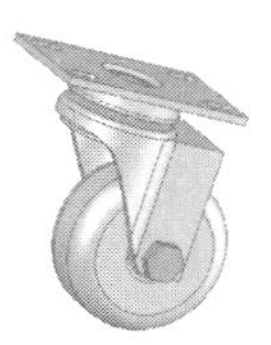
图 10-63　打开的文件实体

① 打开随书资源中的“源文件\ch10\10.15 脚踏轮装配体\移动轮装配体.SLDASM”，如图 10-63 所示，装配体的 FeatureManager 设计树如图 10-64 所示。

② 单击菜单栏中的““工具”→“评估”→“性能评估”命令，系统弹出的“性能评估”对话框如图 10-65 所示。

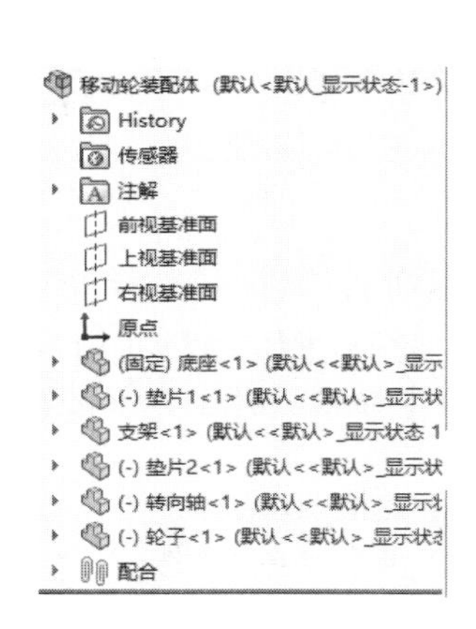

图 10-64　FeatureManager 设计树

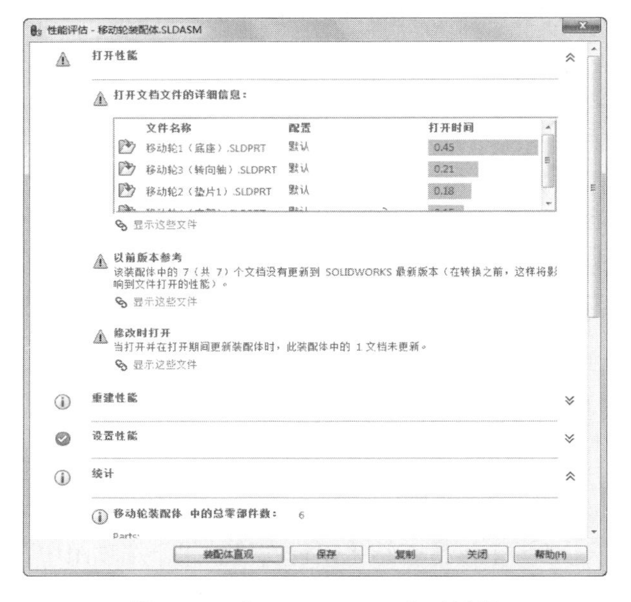

图 10-65　“AssemblyXpert”对话框

③ 单击“性能评估”对话框中的“确定”按钮，关闭该对话框。

从“性能评估”对话框中，可以查看装配体文件的统计资料，对话框中各项的意义如下。

- 零部件：统计的零件数包括装配体中所有的零件，无论是否被压缩，但是被压缩的子装配体的零部件不包括在统计中。
- 子装配体零部件：统计装配体文件中包含的子装配体个数。
- 还原零部件：统计装配体文件处于还原状态的零部件个数。
- 压缩零部件：统计装配体文件处于压缩状态的零部件个数。
- 顶层配合：统计最高层装配体文件中所包含的配合关系个数。

10.5 爆炸视图

在零部件装配体完成后，为了在制造、维修及销售中，直观地分析各个零部件之间的相互关系，我们将装配图按照零部件的配合条件来产生爆炸视图。装配体爆炸以后，用户不可以对装配体添加新的配合关系。

10.5.1 生成爆炸视图

利用爆炸视图可以很形象地查看装配体中各个零部件的配合关系，常称为系统立体图。爆炸视图通常用于介绍零件的组装流程、仪器的操作手册及产品使用说明书中。下面结合实例介绍爆炸视图的操作步骤。

【案例 10-16】爆炸视图

① 打开随书资源的“源文件\ch10\10.16 脚踏轮装配体\10.16 脚踏轮装配体.SLDASM”，打开的文件实体如图 10-66 所示。

② 单击“装配体”控制面板中的“爆炸视图”按钮，系统弹出“爆炸”属性管理器。

③ 在“添加阶梯”选项组的（爆炸步骤零部件）列表框中，单击“底座”零件，此时装配体中被选中的零件被亮显，并且出现一个设置移动方向的坐标，选择零件后的装配体如图 10-67 所示。

④ 单击如图 10-67 所示的坐标的某一方向，确定要爆炸的方向，然后在“添加阶梯”选项组的（爆炸距离）文本框中输入爆炸的距离值，如图 10-68 所示。

⑤ 在“添加阶梯”选项组中，单击（反向）按钮，反方向调整爆炸视图，观测视图中预览的爆炸效果。单击“添加阶梯”按钮，第一个零件爆炸完成，第一个爆炸零件视图如图 10-69 所示，并且在“爆炸步骤”选项组中生成“爆炸步骤 1”，如图 10-70 所示。

⑥ 重复步骤③～⑤，将其他零部件爆炸，最终生成的爆炸视图如图 10-71 所示，共有 9 个爆炸步骤。

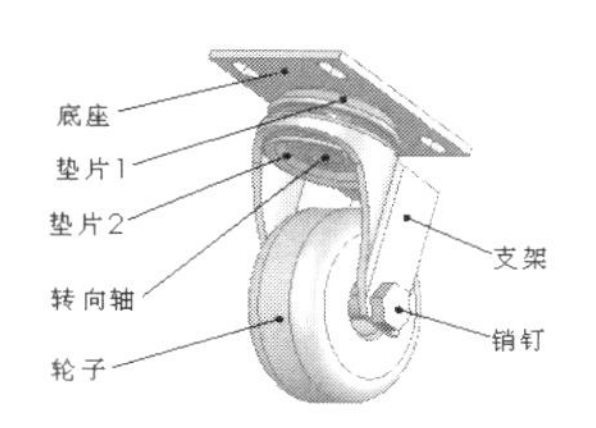

图 10-66　打开的文件实体

图 10-67　选择零件后的装配体

图 10-68　“添加阶梯”选项组的设置

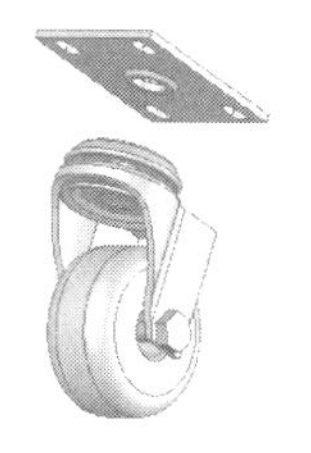

图 10-69　第一个爆炸零件视图

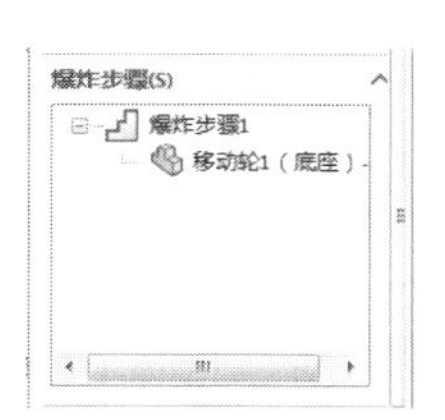

图 10-70　生成的爆炸步骤 1

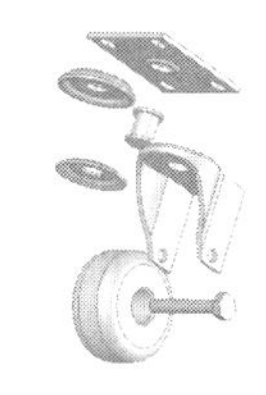

图 10-71　最终爆炸视图

技巧荟萃

在生成爆炸视图时，建议对每一个零件在每一个方向上的爆炸设置为一个爆炸步骤。如果一个零件需要在 3 个方向上爆炸，建议使用 3 个爆炸步骤，这样可以很方便地修改爆炸视图。

10.5.2 编辑爆炸视图

扫一扫，看视频

装配体爆炸后，可以利用“爆炸视图”属性管理器进行编辑，也可以添加新的爆炸步骤。下面结合实例介绍编辑爆炸视图的操作步骤。

【案例 10-17】编辑爆炸视图

① 打开随书资源的“源文件\ch10\10.17 编辑爆炸视图\移动轮装配体.SLDASM”，如图 10-71 所示。

② 右击左侧 ConfigurationManager 设计树“爆炸步骤”中的“爆炸步骤 1”，在弹出的快捷菜单中单击“编辑爆炸步骤”命令，弹出“爆炸视图”属性管理器，此时“爆炸步骤 1”的爆炸设置显示在“在编辑爆炸步骤 1”选项组中。

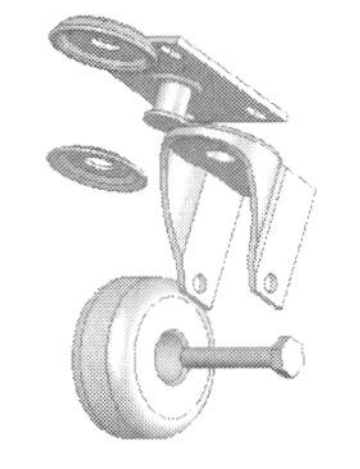
图 10-72 删除爆炸步骤 1 后的视图

③ 修改“在编辑爆炸步骤 1”选项组中的距离参数，或者拖动视图中要爆炸的零部件，然后单击“完成”按钮，即可完成对爆炸视图的修改。

④ 在“爆炸步骤 1”的右键快捷菜单中单击“删除爆炸步骤”命令，该爆炸步骤就会被删除，零部件恢复爆炸前的配合状态，删除爆炸步骤 1 后的视图如图 10-72 所示。

10.6 装配体的简化

在实际设计过程中，一个完整的机械产品的总装配图是很复杂的，通常由许多的零件组成。SOLIDWORKS 提供了多种简化的手段，通常使用的是改变零部件的显示属性以及改变零部件的压缩状态来简化复杂的装配体。SOLIDWORKS 中的零部件有 2 种显示状态。

- （隐藏）：仅隐藏所选零部件在装配图中的显示。
- （压缩）：装配体中的零部件不被显示，并且可以减少工作时装入和计算的数据量。

10.6.1 零部件显示状态的切换

零部件有显示和隐藏两种状态。通过设置装配体文件中零部件的显示状态，可以将装配体文件中暂时不需要修改的零部件隐藏起来。零部件的显示和隐藏不影响零部件的本身，只是改变在装配体中的显示状态。

切换零部件显示状态常用的有 3 种方法，下面分别介绍。

① 快捷菜单方式。在 FeatureManager 设计树或者图形区中，单击要隐藏的零部件，在弹出的左键快捷菜单中单击（隐藏零部件）按钮，如图 10-73 所示。如果要显示隐藏的零部件，则右击图形区，在弹出的右键快捷菜单中单击“显示隐藏的零部件”命令，如图 10-74 所示。

② 控制面板方式。在 FeatureManager 设计树或者图形区中，选择需要隐藏或者显示的零部件，然后单击“装配体”控制面板中的（隐藏/显示零部件）按钮，即可实现零部件的隐藏和显示状态的切换。

③ 菜单方式。在 FeatureManager 设计树或者图形区中，选择需要隐藏的零部件，然后单击菜单栏中的“编辑”→“隐藏”→“当前显示状态”命令，将所选零部件切换到隐藏状态。选择需要显示的零部件，然后单击菜单栏中的“编辑”→“显示”→“当前显示状态”菜单命令，将所选的零部件切换到显示状态。

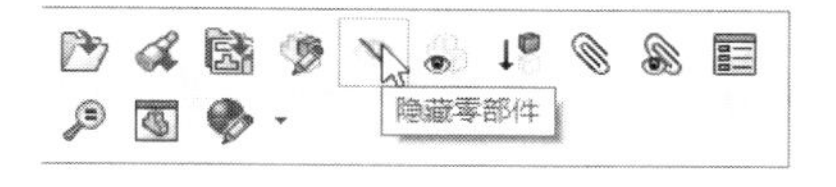

图 10-73　左键快捷菜单

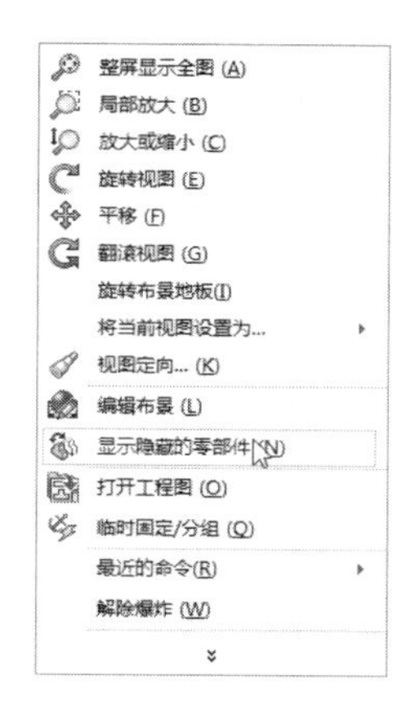

图 10-74　右键快捷菜单

图 10-75 所示为脚轮装配体图形，图 10-76 所示为脚轮的 FeatureManager 设计树，图 10-77 所示为隐藏支架（脚轮 4）零件后的装配体图形，图 10-78 所示为隐藏零件后的 FeatureManager 设计树（“脚轮 4”前的零件图标变为灰色）。

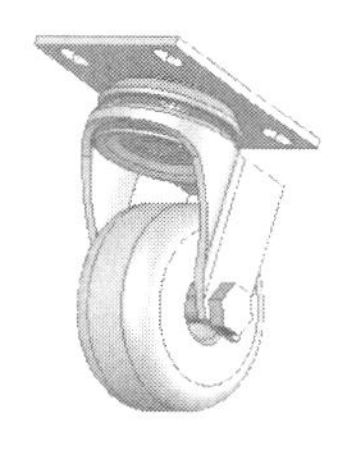

图 10-75　脚轮装配体图形

原点
(固定) 移动轮1 (底座) <1>
(-) 移动轮2 (垫片1) <1>
(-) 移动轮3 (转向轴) <1>
(-) 移动轮2 (垫片2) <1>
移动轮4 (支架) <1> (默认
(-) 移动轮5 (轮子) <1> (默
(-) hex head bolts-full thre
配合

图 10-76　脚轮的 FeatureManager 设计树

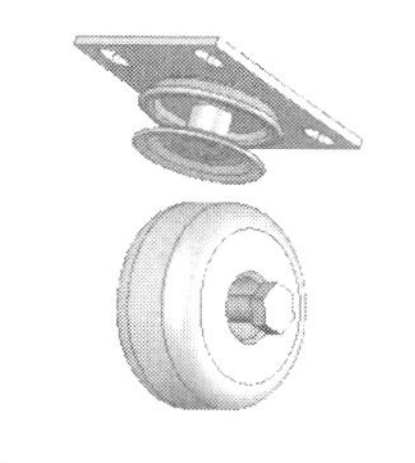

图 10-77　隐藏支架后的装配体图形

原点
(固定) 移动轮1 (底座) <1>
(-) 移动轮2 (垫片1) <1>
(-) 移动轮3 (转向轴) <1>
(-) 移动轮2 (垫片2) <1>
移动轮4 (支架) <1> (默认
(-) 移动轮5 (轮子) <1> (默
(-) hex head bolts-full thre
配合

图 10-78　隐藏零件后的 FeatureManager 设计树

10.6.2 零部件压缩状态的切换

在某段设计时间内，可以将某些零部件设置为压缩状态，这样可以减少工作时装入和计算的数据量。装配体的显示和重建会更快，可以更有效地利用系统资源。

装配体零部件共有还原、压缩和轻化 3 种压缩状态，下面分别介绍。

（1）还原

还原是使装配体中的零部件处于正常显示状态，还原的零部件会完全装入内存，可以使用所有功能并可以完全访问。

常用设置还原状态的操作步骤是使用左键快捷菜单，具体操作步骤如下。

① 在 FeatureManager 设计树中，单击被轻化或者压缩的零件，系统弹出左键快捷菜单，单击（解除压缩）按钮。

② 在 FeatureManager 设计树中，右击被轻化的零件，在系统弹出的右键快捷菜单中单击“设定为还原”命令，则所选的零部件将处于正常的显示状态。

（2）压缩

压缩命令可以使零件暂时从装配体中消失。处于压缩状态的零件不再装入内存，所以装入速度、重建模型速度及显示性能均有提高，减少了装配体的复杂程度，提高了计算机的运行速度。

被压缩的零部件不等同于该零部件被删除，它的相关数据仍然保存在内存中，只是不参与运算而已，它可以通过设置很方便地调入装配体中。

被压缩零部件包含的配合关系也被压缩。因此，装配体中的零部件位置可能变为欠定义。当恢复零部件显示时，配合关系可能会发生矛盾，因此在生成模型时，要小心使用压缩状态。

常用设置压缩状态的操作步骤是使用右键快捷菜单，在 FeatureManager 设计树或者图形区中，右击需要压缩的零件，在系统弹出的右键快捷菜单中单击（压缩）按钮，则所选的零部件将处于压缩状态。

（3）轻化

当零部件为轻化时，只有部分零件模型数据装入内存，其余的模型数据根据需要装入，这样可以显著提高大型装配体的性能。使用轻化的零件装入装配体比使用完全还原的零部件装入同一装配体速度更快。因为需要计算的数据比较少，包含轻化零部件的装配重建速度也更快。

常用设置轻化状态的操作步骤是使用右键快捷菜单，在 FeatureManager 设计树或者图形区中，右击需要轻化的零件，在系统弹出的右键快捷菜单中单击“设定为轻化”命令，则所选的零部件将处于轻化的显示状态。

图 10-79 所示是将图 10-75 所示的支架（移动轮 4）零件设置为轻化状态后的装配体图形，图 10-80 所示为轻化后的 FeatureManager 设计树。

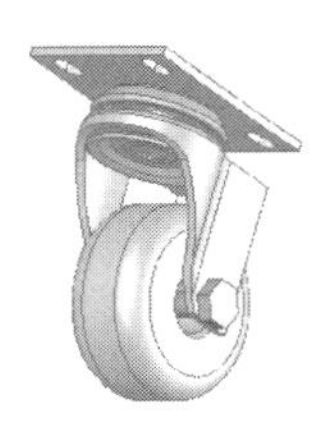

图 10-79　轻化后的装配体图形

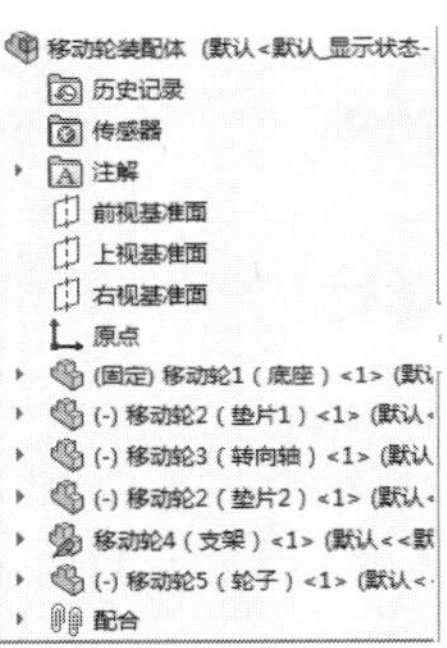

图 10-80　轻化后的 FeatureManager 设计树

对比图 10-75 和图 10-79 可以得知，轻化后的零件并不从装配图中消失，只是减少了该零件装入内存中的模型数据。

10.7 综合实例——轴承

本节通过生成深沟球滚动轴承装配体模型的全过程（零件创建、装配模型、模型分析），全面复习前面章节中的内容。深沟球滚动轴承包括 4 个基本零件：轴承外圈、轴承内圈、滚动体和保持架。图 10-81 显示了深沟球滚动轴承的装配体模型。

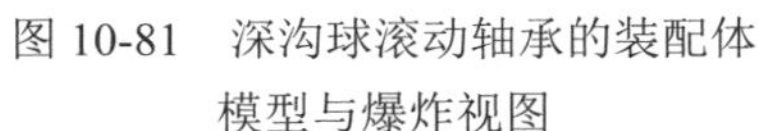

图 10-81　深沟球滚动轴承的装配体模型与爆炸视图

10.7.1 轴承外圈

扫一扫，看视频

绘制步骤

（1）新建文件

单击“标准”工具栏中的“新建”按钮，单击“零件”按钮，然后单击“确定”按钮，新建一个零件文件。

（2）绘制草图

① 在打开的模型树中选择“前视基准面”作为草图绘制平面，单击“草图”控制面板中的“草图绘制”按钮，新建一张草图。

② 利用草图绘制工具绘制基体旋转的草图轮廓，并标注尺寸，如图 10-82 所示。

③ 单击“特征”控制面板中的“旋转凸台/基体”按钮。在“旋转”属性管理器中设置旋转类型为“给定深度”，在微调框中设置旋转角度为 360°。单击按钮，从而生成旋转特征，如图 10-83 所示。

④ 单击“特征”控制面板中的“圆角”按钮。选中要添加圆角特征的边，将圆角半径设置为 2mm。单击按钮，从而生成圆角特征，如图 10-84 所示。

⑤ 单击“特征”控制面板“参考几何体”下拉列表中的“基准面”按钮。在弹出的“基准面”属性管理器中选择右视基准面为第一参考，偏移距离为 0mm，单击“确定”按钮，如图 10-85 所示。

⑥ 单击保存按钮，将零件保存为“outcircle. SLDPRT”。

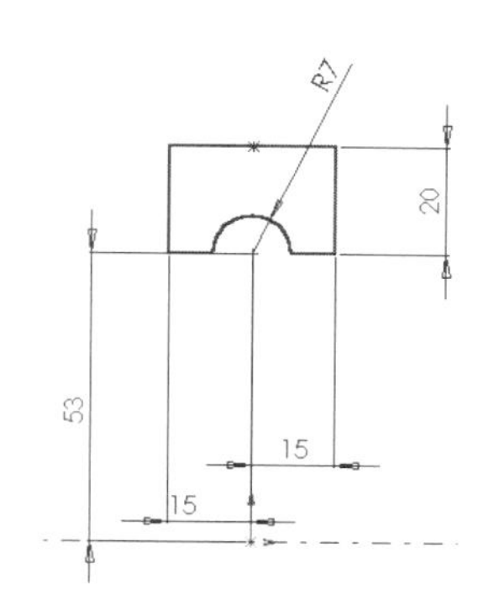

图 10-82　旋转轮廓草图

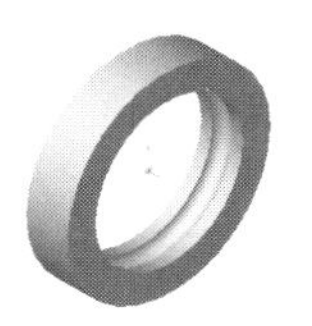
图 10-83　旋转特征

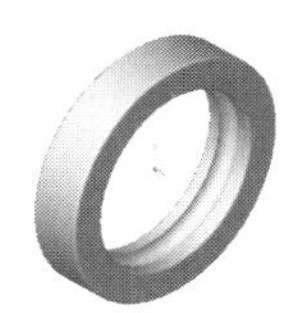
图 10-84　生成圆角特征

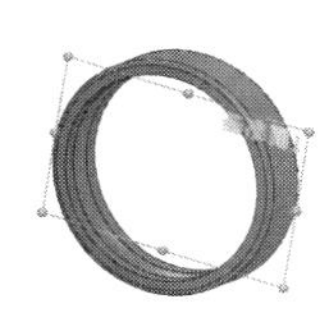
图 10-85　生成基准面

10.7.2 轴承内圈

轴承内圈 incircle. SLDPRT 与轴承外圈的生成过程完全一样，不再重复过程，最后得到轴承内圈如图 10-86 所示。

扫一扫，看视频

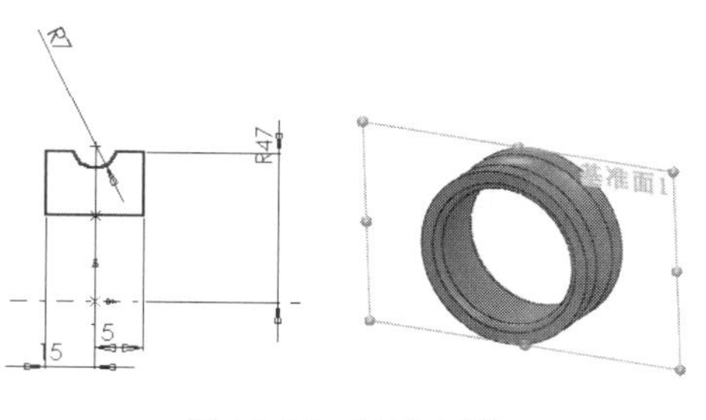

图 10-86　轴承内圈

10.7.3 滚动体

滚动体实际上是一个子装配体，首先制作该子装配体中用到的零件 round. SLDPRT。

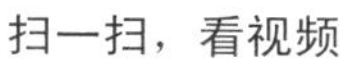

绘制步骤

① 新建文件。单击“标准”工具栏中的“新建”按钮，在打开的“新建 SOLIDWORKS 文件”对话框中选择“零件”模型，单击“确定”按钮新建一个零件模型。

② 在模型树选择“前视基准面”作为草图绘制平面，单击“草图”控制面板中的“草图绘制”图标，新建草图。

③ 绘制草图。

利用草图绘制工具绘制基体旋转的草图轮廓，并标注尺寸，如图 10-87 所示。

④ 创建滚珠。单击“特征”控制面板中的“旋转凸台/基体”按钮。在“旋转”属性管理器中设置旋转类型为“给定深度”，在微调框中设置旋转角度为 360°，单击按钮，生成旋转特征，如图 10-88 所示。

⑤ 创建基准轴。

a．在模型树选择“前视基准面”作为草图绘制平面，单击“草图”控制面板中的“草图绘制”图标，新建草图。

b．绘制一条通过原点的竖直直线。单击“退出草图”按钮，退出草图的编辑状态。

c．选择步骤②中的直线，然后单击“特征”控制面板“参考几何体”下拉列表中的“基准轴”按钮。将该直线设置为基准轴 1。

⑥ 单击“保存”按钮，将零件保存为 round. SLDPRT，最后的效果如图 10-89 所示。

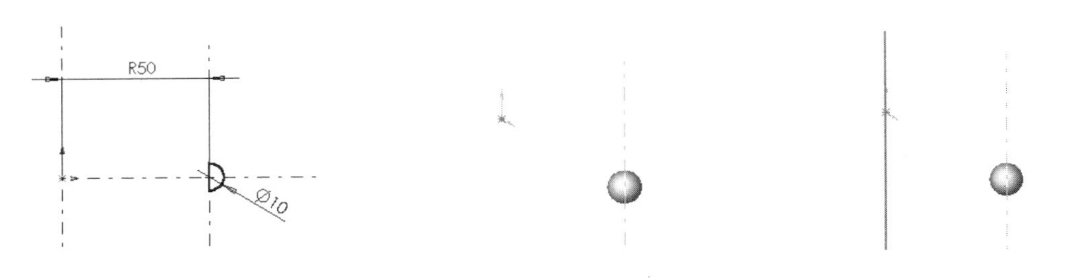

图 10-87 旋转草图轮廓　　图 10-88 旋转特征　　图 10-89 零件 round. SLDPRT

10.7.4 子装配体

下面利用零件 round. SLDPRT 制作作为滚动体的子装配体 sub-bearing. SLDASM。

扫一扫，看视频

绘制步骤

① 新建文件。单击“标准”工具栏中的“新建”按钮，在打开的“新建 SOLIDWORKS 文件”对话框中选择“装配体”模型，新建一个装配体文件。

② 执行“窗口”→“横向平铺”命令，将零件 round. SLDPRT 和装配体平铺在窗口中。

③ 将零件 round. SLDPRT 拖动到装配体窗口中，当鼠标指针变为形状时，释放鼠标，如图 10-90 所示。

④ 选择图形区域中的竖直线，将其设置为基准轴。

⑤ 选择特征管理器设计树中的上视视图，将其设置为基准面 1。

⑥ 单击“装配体”控制面板中的“圆周零部件阵列”按钮。在出现的“圆周阵列”PropertyManger 中单击图标右侧的显示框，然后在图形区域中选择竖直线，将其设置为基准轴。在微调框中指定阵列的零件数（包括原始零件特征），此处指定 10 个阵列零件。此时在图形区域中可以预览阵列的效果。单击“要阵列的零部件”显示框，然后在特征管理器设计树中或图形区域中选择作为滚珠的零件 round。选择了“等间距”复选框，则总角度将默认为 360°，所有的阵列特征会等角度均匀分布，如图 10-91 所示。

⑦ 单击✔按钮，生成零件的圆弧阵列，如图 10-92 所示。

⑧ 单击保存按钮，将装配体保存为 sub-bearing.SLDASM。

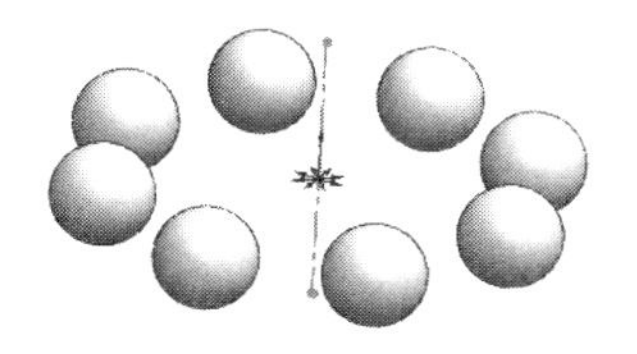

图 10-90　载入零件 round. SLDPRT　　图 10-91　指定阵列零件的个数与间距　　图 10-92　圆弧零件阵列

10.7.5 保持架

扫一扫，看视频

保持架是整个装配体模型的重点和难点。保持架也是在零件 round. SLDPRT 的基础上制作的，只是保持架仍然是零件而非子装配体。

绘制步骤

① 打开零件 round. SLDPRT。

② 执行“文件”→“另存为”命令，将其另存为 frame. SLDPRT。

③ 重新定义球的直径为 14mm。

④ 在打开的模型树中选择“上视基准面”作为草图绘制平面，单击“草图”控制面板中的“草图绘制”按钮，新建一张草图。

⑤ 绘制一个以原点为圆心的圆，并标注尺寸，如图 10-93 所示。

⑥ 单击“特征”控制面板中的“拉伸凸台/基体”按钮。在“凸台-拉伸”属性管理器中设置拉伸类型为“两侧对称”，拉伸深度为 4mm。单击✔按钮生成拉伸特征，如图 10-94 所示。

⑦ 单击“特征”控制面板中的“圆周阵列”按钮。在“阵列（圆周）1”属性管理器中设置阵列的特征为旋转，即滚珠。设置阵列数为 10，阵列轴为基准轴 1。单击✔按钮，从而生成圆周阵列特征，如图 10-95 所示。

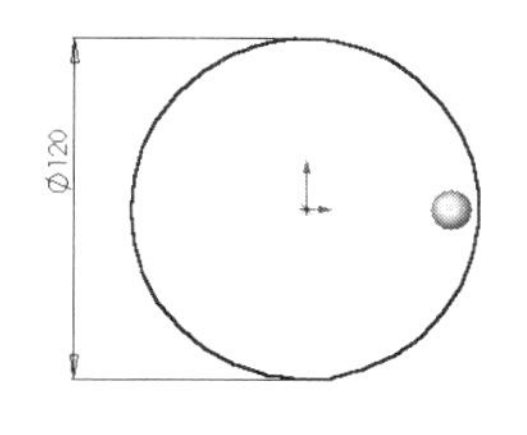

图 10-93　拉伸草图轮廓

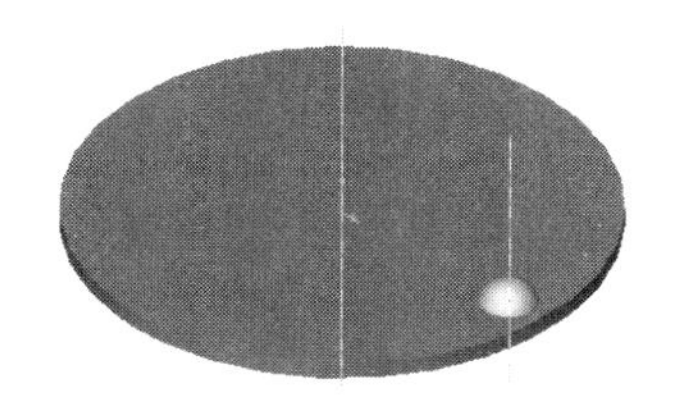

图 10-94　拉伸特征

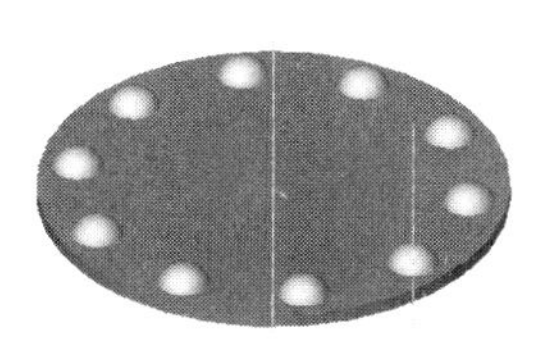

图 10-95　圆周阵列

⑧ 选择生成的凸台平面，单击“草图”控制面板中的“草图绘制”按钮，在其上建立新的草图。

⑨ 绘制一个直径为 106mm 的圆。

⑩ 单击“特征”控制面板中的“拉伸切除”按钮。在“切除-拉伸”属性管理器中设置切除类型为“两侧对称”、深度为17mm，选择“反侧切除”复选框，单击按钮，生成切除拉伸特征，如图 10-96 所示。

⑪ 仿照步骤⑧～步骤⑩，生成另一个切除拉伸特征，如图 10-97 所示。

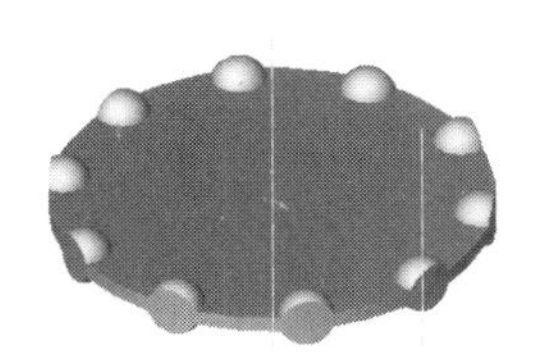

图 10-96　生成切除特征

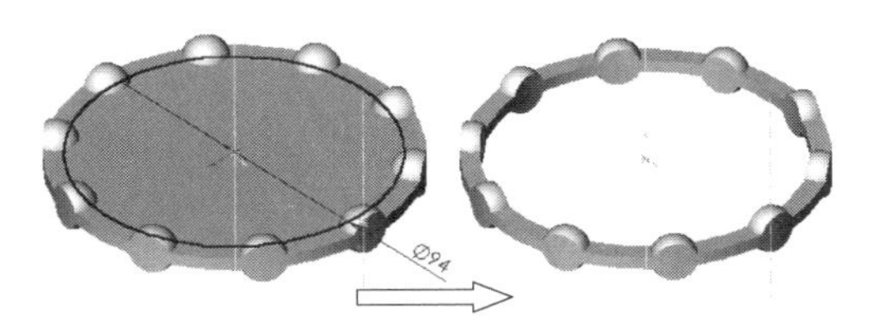

图 10-97　生成另一个切除拉伸特征

⑫ 在特征管理器设计树中选择右视视图，单击“草图”控制面板中的“草图绘制”按钮，在其上建立新的草图。

⑬ 绘制一个以原点为圆心、直径为 10mm 的圆。

⑭ 单击“特征”控制面板中的“拉伸切除”按钮。在“切除-拉伸”属性管理器中设置切除类型为“完全贯穿”，单击按钮，从而生成切除拉伸特征，如图 10-98 所示。

⑮ 单击“特征”控制面板中的“圆周阵列”按钮。在“阵列（圆周）2”属性管理器中设置阵列的特征为在步骤⑭中生成的切除特征，设置阵列数为 10，阵列轴为“基准轴 1”，单击按钮，生成圆周阵列特征，如图 10-99 所示。

⑯ 将上视视图设置为基准面 1，以备将来装配之用。

⑰ 单击保存按钮，将零件保存为 frame. SLDPRT，最后的效果如图 10-100 所示。

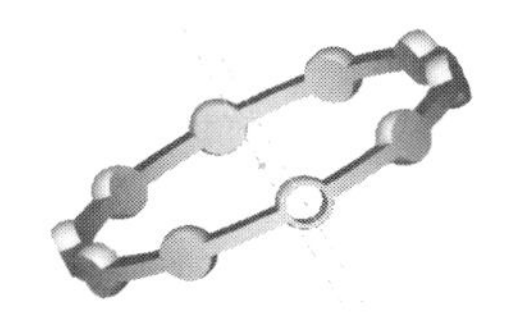

图 10-98　应用切除特征生成孔

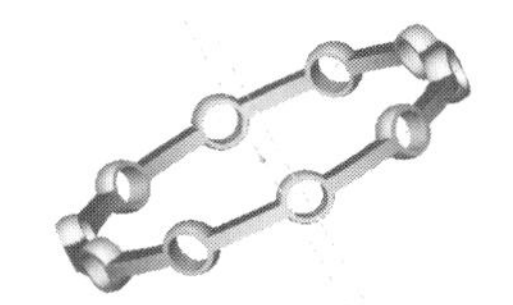

图 10-99　切除特征的圆周阵列

图 10-100　保持架的最后效果

10.7.6 装配零件

扫一扫，看视频

前面已经创建了深沟球轴承的内外圈、滚动体和保持架，下面将为这些零件添加装配体约束，将它们装配为完整的部件。

绘制步骤

① 新建文件。单击“标准”工具栏中的“新建”按钮，在打开的“新建 SOLIDWORKS 文件”对话框中选择“装配体”模型，新建一个装配体文件。

② 执行“插入”→“零部件”→“现有零件/装配体”命令。

③ 将零件 outcircle. SLDPRT 插入到装配体中，当鼠标指针变为形状时，释放鼠标，使轴承外圈的基准面和装配体基准面重合。

④ 将轴承内圈 incircle. SLDPRT、保持架 frame. SLDPRT 和滚动体 sub-bearing.SLDASM 插入到装配体中。为了便于零部件的区别，对它们应用不同的颜色，如图 10-101 所示。

⑤ 单击“装配体”操控板上的“配合”按钮。在图形区域中选择保持架的轴线和滚动体的轴线。在“配合”属性管理器中选择配合类型为重合。单击按钮，完成该配合，

此时配合如图 10-102 所示。

⑥ 选择保持架上的右视基准面和滚动体上的右视基准面，为它们添加重合配合关系，单击✔按钮，完成该配合，如图 10-103 所示。

⑦ 单击“视图”工具栏中的“等轴测”按钮，以等轴测视图观看模型。

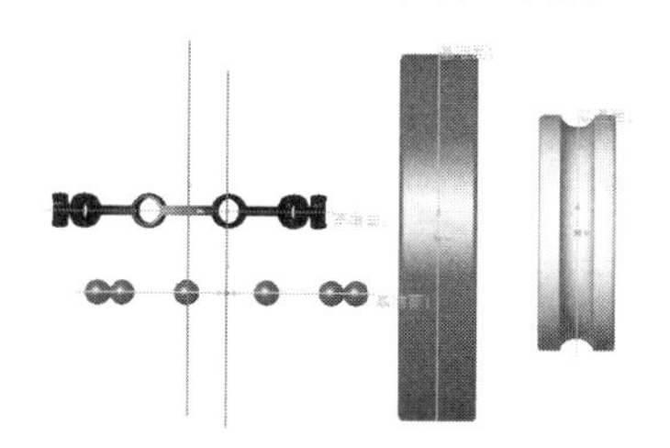

图 10-101 载入零部件后的装配体

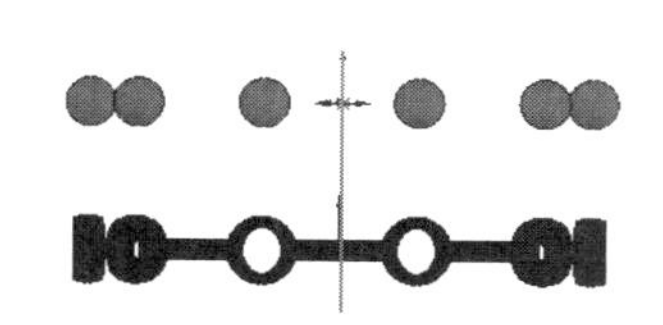

图 10-102 轴线应用“重合”配合关系

⑧ 单击“装配体”操控板上的“旋转零部件”按钮，将配合好的保持架和滚动体旋转到合适的角度。

⑨ 单击“装配体”操控板上的“配合”按钮。选择保持架上的边线和轴承内圈的边线。为它们添加同轴心配合关系，如图 10-104 所示。

⑩ 选择保持架上的基准面 1 和轴承内圈上的基准面 1。为它们添加“重合”配合关系。单击✔按钮，完成该配合。

⑪ 选择轴承外圈的边线和轴承内圈的边线，并为它们添加“同轴心”关系。单击✔按钮完成配合。

⑫ 选择轴承外圈上的基准面 1 和轴承内圈上的基准面 1，为它们添加“重合”关系。单击✔按钮完成配合。

⑬ 将基准面和轴隐藏起来，最后的效果如图 10-81 所示。

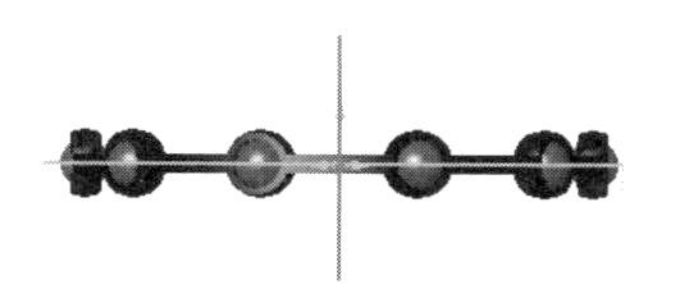

图 10-103 完成滚动体与保持架的配合

图 10-104 添加配合关系

第11章 动画制作

SOLIDWORKS 是一款功能强大的中高端 CAD 软件，方便快捷是其最大特色，特别是自 SOLIDWORKS 2001 后内置的 animator 插件，秉承 SOLIDWORKS 一贯的简便易用的风格，可以很方便地生成工程机构的演示动画，让原先呆板的设计成品动了起来，用最简单的办法实现了产品的功能展示，增强了产品的竞争力以及与客户的亲和力。

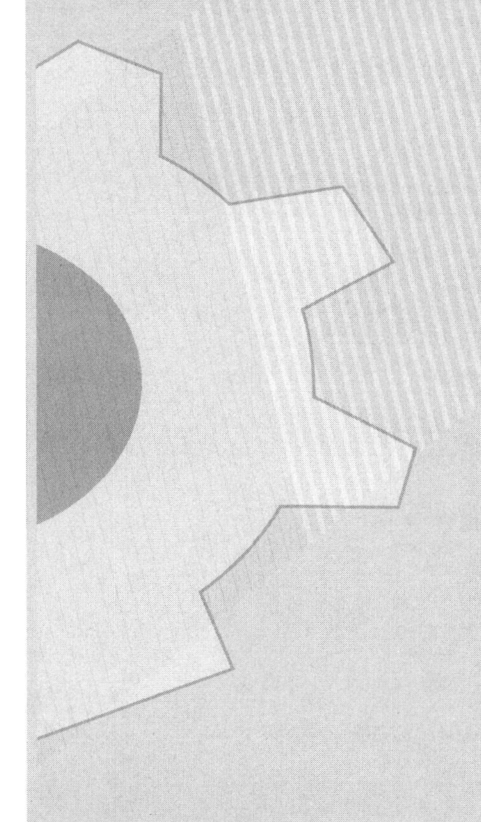

知识点

- 运动算例
- 动画向导
- 动画
- 保存动画
- 综合实例——变速箱机构运动模拟

11.1 运动算例

运动算例是装配体模型运动的图形模拟，可将诸如光源和相机透视图之类的视觉属性融合到运动算例中。运动算例不更改装配体模型或其属性。

11.1.1 新建运动算例

新建运动算例有两种方法。

① 新建一个零件文件或装配体文件，在 SOLIDWORKS 界面左下角会出现“运动算例”标签。右键单击“运动算例”标签，在弹出的快捷菜单中选择“生成新运动算例”，如图 11-1 所示，自动生成新的运动算例。

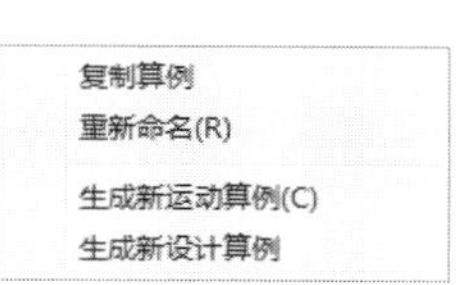

图 11-1 右键快捷菜单

② 打开装配体文件，单击“装配体”控制面板中的“新建运动算例”按钮，在左下角自动生成新的运动算例。

11.1.2 运动算例 MotionManager 简介

单击“运动算例 1”标签，弹出“运动算例 1”MotionManager，如图 11-2 所示。

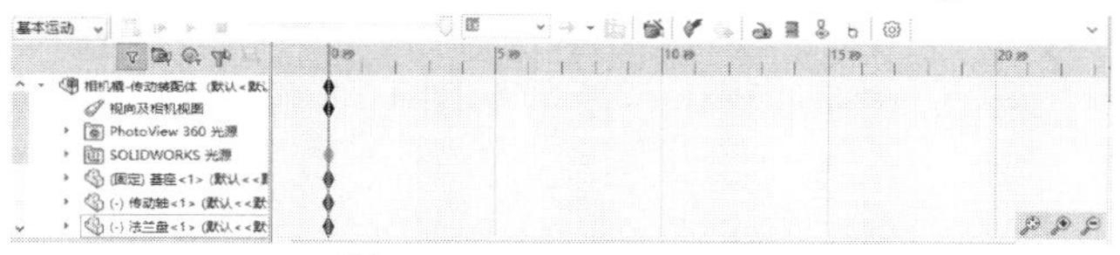

图 11-2 MotionManager

（1）MotionManager 工具

- 算例类型：选取运动类型的逼真度，包括动画和基本运动。
- 计算：单击此按钮，部件的视象属性将会随着动画的进程而变化。
- 从头播放：重设定部件并播放模拟。在计算模拟后使用。
- 播放：从当前时间栏位置播放模拟。
- 停止：停止播放模拟。
- 播放速度：设定播放速度乘数或总的播放持续时间。
- 播放模式：包括正常、循环和往复。正常：一次性从头到尾播放；循环：从头到尾连续播放，然后从头反复，继续播放；往复：从头到尾连续播放，然后从尾反放。
- 保存动画：将动画保存为 AVI 或其他类型。
- 动画向导：在当前时间栏位置插入视图旋转或爆炸/解除爆炸。
- 自动解码：当按下此按钮时，在移动或更改零部件时自动放置新键码。再次单击可切换该选项。
- 添加/更新键码：单击以添加新键码或更新现有键码的属性。
- 马达：移动零部件，似乎由马达所驱动。
- 弹簧：在两个零部件之间添加一弹簧。
- 接触：定义选定零部件之间的接触。
- 引力：给算例添加引力。
- 无过滤：显示所有项。
- 过滤动画：显示在动画过程中移动或更改的项目。
- 过滤驱动：显示引发运动或其他更改的项目。
- 过滤选定：显示选中项。

■ 过滤结果：显示模拟结果项目。
■ 放大：放大时间线以将关键点和时间栏更精确定位。
■ 缩小：缩小时间线以在窗口中显示更大时间间隔。
■ 全屏显示全图：重新调整时间线视图比例。

（2）MotionManager 界面

① 时间线：时间线是动画的时间界面。时间线位于 MotionManager 设计树的右方。时间线显示运动算例中动画事件的时间和类型。时间线被竖直网格线均分，这些网络线对应于表示时间的数字标记，数字标记从 00：00：00 开始。时标依赖于窗口大小和缩放等级。

② 时间栏：时间线上的纯黑灰色竖直线即为时间栏。它代表当前时间。在时间栏上单击鼠标右键，弹出如图所示的快捷菜单，如图 11-3 所示。

■ 放置键码：指针位置添加新键码点并拖动键码点以调整位置。
■ 粘贴：粘贴先前剪切或复制的键码点。
■ 选择所有：选取所有键码点以将之重组。

③ 更改栏：更改栏是连接键码点的水平栏，表示键码点之间的更改。

④ 键码点代表动画位置更改的开始或结束或者某特定时间的其他特性。

⑤ 关键帧是键码点之间可以为任何时间长度的区域。此定义装配体零部件运动或视觉属性更改所发生的时间。

MotionManager 界面上的按钮和更改栏功能如图 11-4 所示。

图 11-3　时间栏右键快捷菜单

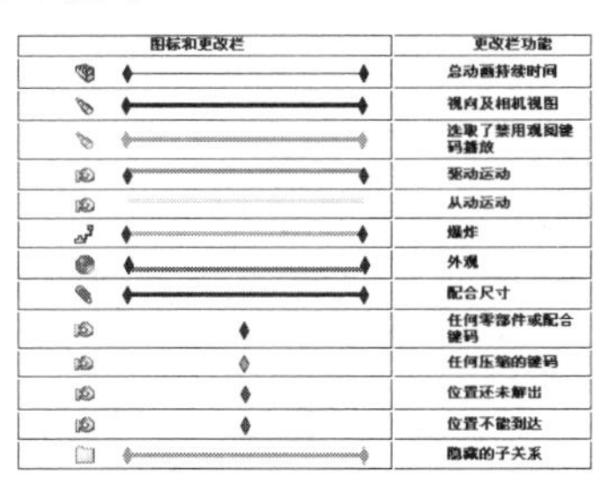

图 11-4　更改栏功能

11.2 动画向导

单击“运动算例 1”中“MotionManager”上的“动画向导”按钮，弹出“选择动画类型”对话框，如图 11-5 所示。

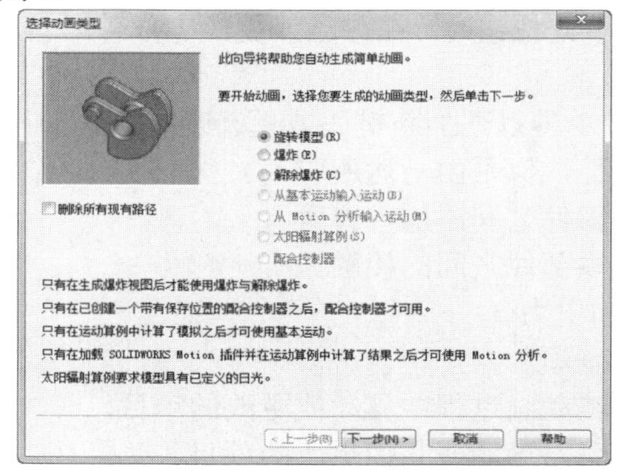

图 11-5　“选择动画类型”对话框

11.2.1 旋转

扫一扫，看视频

下面结合实例讲述旋转零件或装配体的方法。

【案例 11-1】旋转

① 打开零件文件。在随书资源中的“源文件\ch11\旋转\11.1”中，打开“凸轮”零件，如图 11-6 所示。

② 单击“运动算例 1”中“MotionManager”上的“动画向导”按钮，弹出“选择动画类型”对话框。

③ 在“选择动画类型”对话框中的“旋转模型”单选按钮，单击“下一步”按钮。

④ 弹出“选择-旋转轴”对话框，如图 11-7 所示，在对话框中选择旋转轴为“Z-轴”，旋转次数为“1”，逆时针旋转。单击“下一步”按钮。

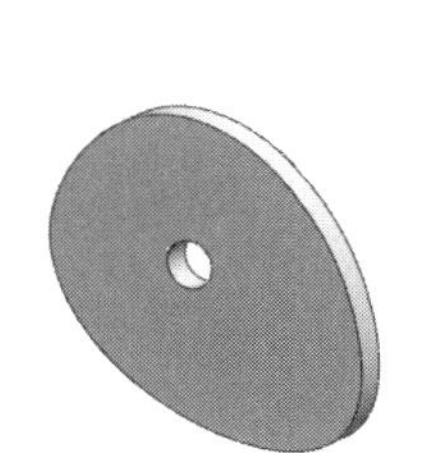

图 11-6 “凸轮”零件

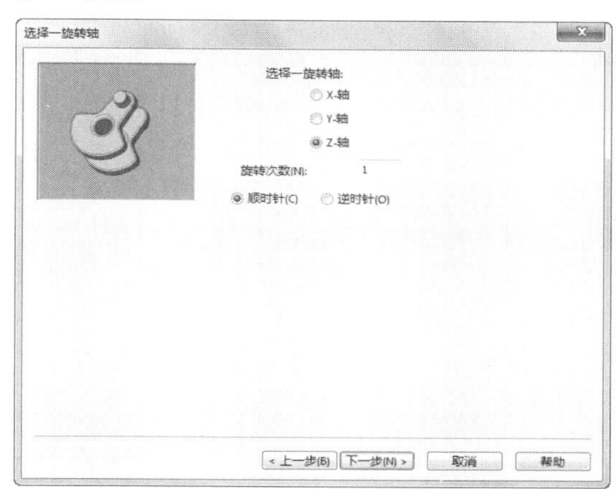

图 11-7 “选择-旋转轴”对话框

⑤ 弹出“动画控制选项”对话框，如图 11-8 所示。在对话框中设置时间长度为“10”，开始时间为“0”，单击“完成”按钮。

⑥ 单击“运动算例 1”中“MotionManager”上的“播放”▶按钮，视图中的实体绕 z 轴逆时针旋转 10 秒，图 11-9 所示是凸轮旋转到 5 秒时的动画，MotionManager 界面如图 11-10 所示。

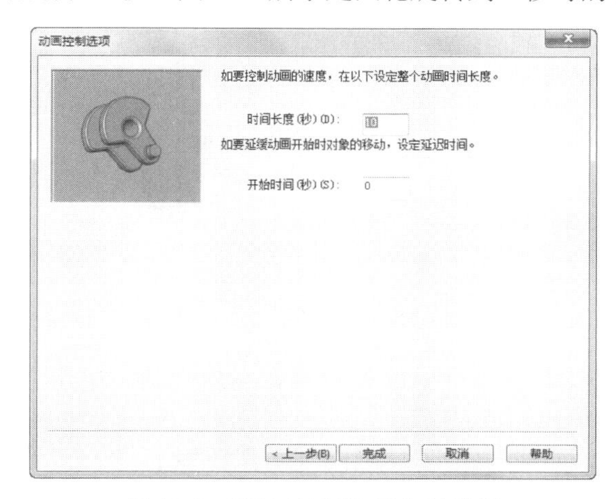

图 11-8 “动画控制选项”对话框

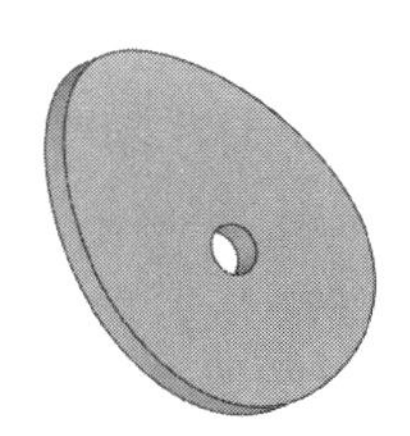

图 11-9 动画

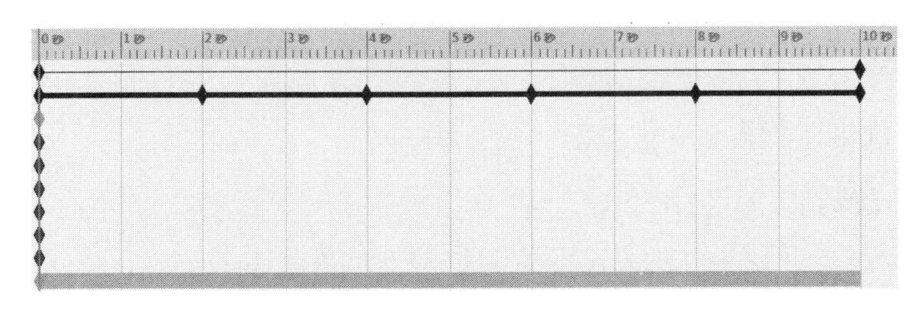

图 11-10　MotionManager 界面

扫一扫，看视频

11.2.2　爆炸/解除爆炸

下面结合实例讲述爆炸/解除爆炸的方法。

【案例 11-2】爆炸/解除爆炸

① 打开装配体文件。在随书资源中的“源文件\ch11\爆炸-解除爆炸\11.2.SLDASM”，打开实体“同轴心”装配体，如图 11-11 所示。

② 执行创建爆炸视图命令。单击菜单栏中的“插入”→“爆炸视图”命令，此时系统弹出如图 11-12 所示的“爆炸”属性管理器。

③ 设置属性管理器。在“添加阶梯”下拉列表中的“爆炸步骤零部件”一栏中，用鼠标单击图 11-11 中的“同轴心 1”零件，此时装配体中被选中的零件被亮显，并且出现一个设置移动方向的坐标，如图 11-13 所示。

④ 设置爆炸方向。单击如图 11-13 所示中坐标的某一方向，并在距离中设置爆炸距离，如图 11-14 所示。

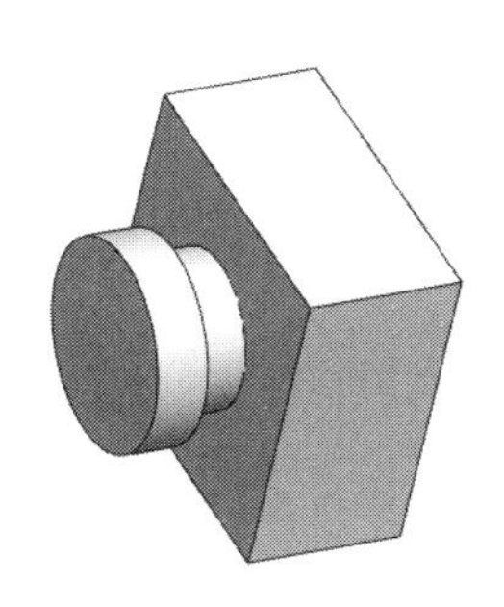

图 11-11 “同轴心”装配体

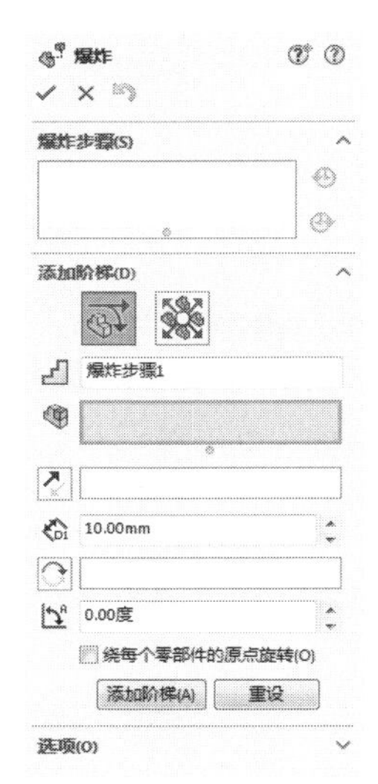

图 11-12 “爆炸”属性管理器

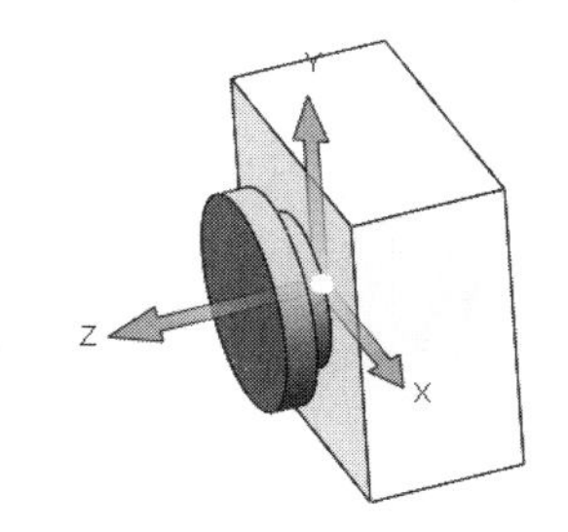

图 11-13　移动方向的坐标

⑤ 单击“爆炸方向”前面的“反向”按钮，可以反方向调整爆炸视图。单击“添加阶梯”按钮，第一个零件爆炸完成，结果如图 11-15 所示。

⑥ 单击“运动算例 1”中“MotionManager”上的“动画向导”按钮，弹出“选择动画类型”对话框，如图 11-16 所示。

⑦ 在“选择动画类型”对话框中的“爆炸”单选按钮，单击“下一步”按钮。

图 11-14　设置方向和距离

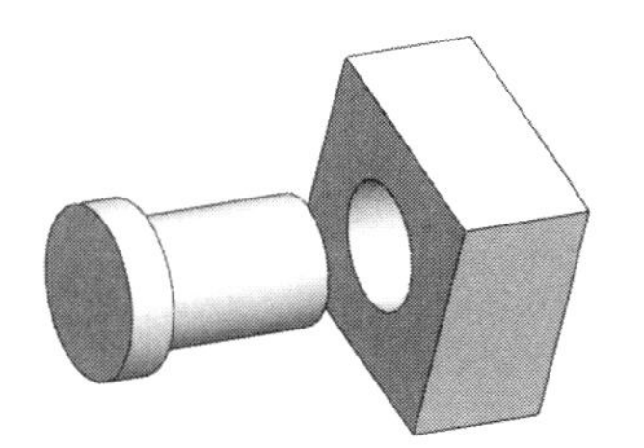

图 11-15　爆炸视图

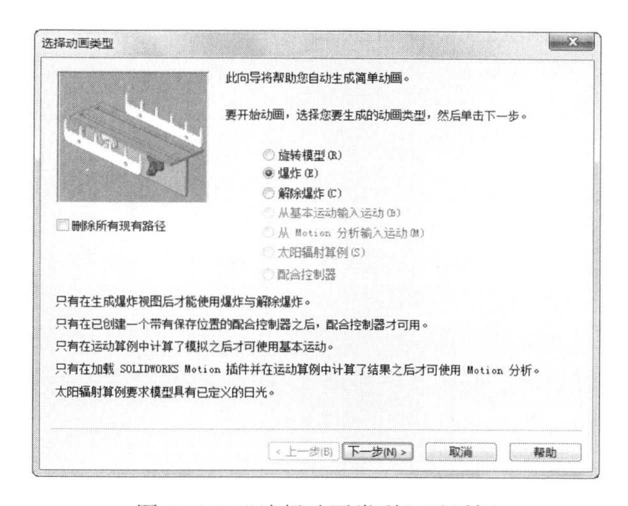

图 11-16　“选择动画类型”对话框

⑧ 弹出“动画控制选项”对话框，如图 11-17 所示。在对话框中设置时间长度为“10”，开始时间为“0”，单击“完成”按钮。

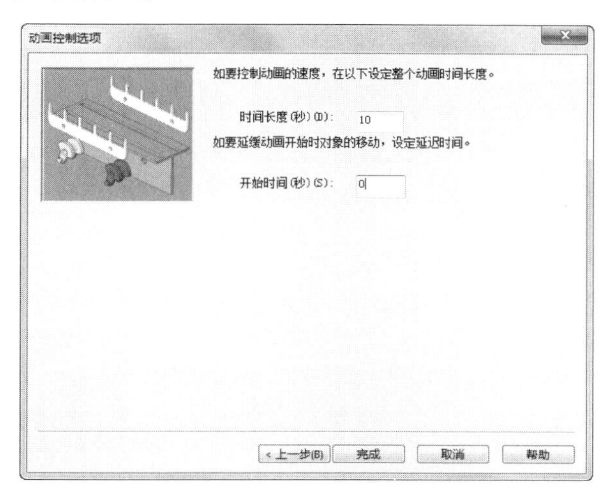

图 11-17　“动画控制选项”对话框

⑨ 单击“运动算例 1”中“MotionManager”上的“播放”按钮▶，视图中的“同轴心1”零件沿 z 轴正向运动。动画如图 11-18 所示，MotionManager 界面如图 11-19 所示。

⑩ 在“选择动画类型”对话框中的“解除爆炸”单选按钮。

⑪ 单击“运动算例 1”中“MotionManager”上的“播放”按钮▶，视图中的“同轴心1”零件向 z 轴负方向运动。动画如图 11-20 所示，MotionManager 界面如图 11-21 所示。

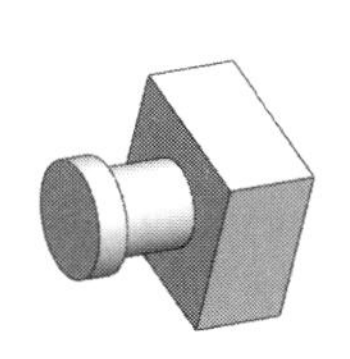

图 11-18　动画

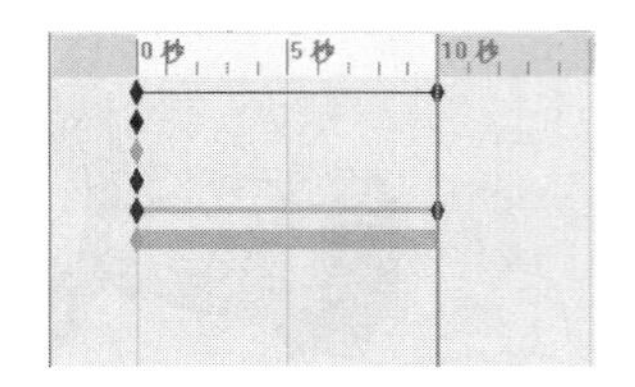

图 11-19　MotionManager 界面

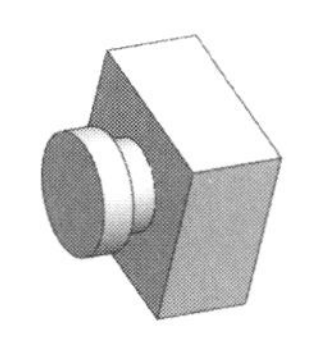

图 11-20　动画

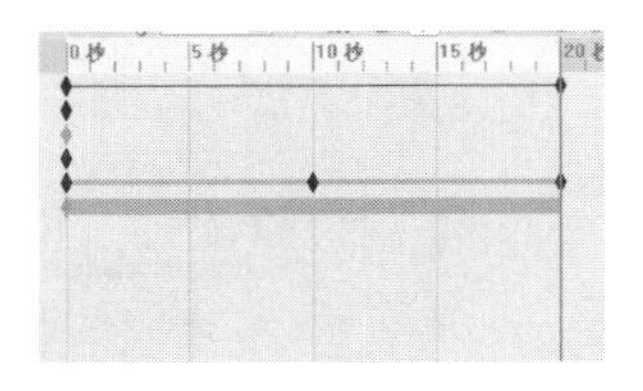

图 11-21　MotionManager 界面

11.2.3　实例——轴承装配体分解结合动画

扫一扫，看视频

本例将通过轴承装配体分解结合动画实例讲述利用动画向导建立动画的一般过程。

绘制步骤

（1）打开装配体文件

打开“源文件\ch11\轴承装配体爆炸\轴承装配体爆炸.SLDASM”装配体，如图 11-22 所示。

（2）解除爆炸

单击设计树上方的“ConfigurationManager”标签栏，打开如图 11-23 所示的“配置” 管理器，在爆炸视图处单击鼠标右键，弹出如图 11-24 所示的右键快捷菜单，选择“解除爆炸”选项，装配体恢复爆炸前状态，如图 11-25 所示。

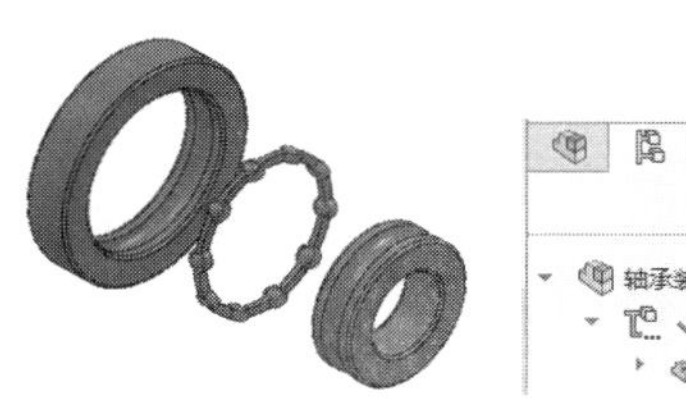

图 11-22　传动装配体爆炸

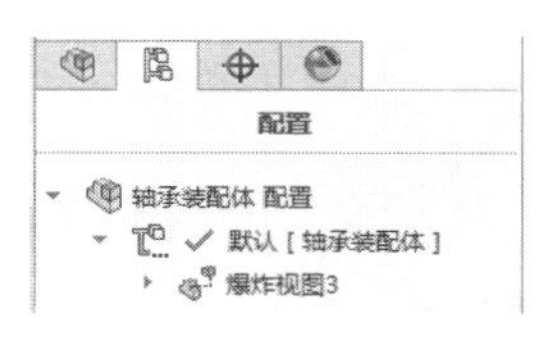

图 11-23　“配置”管理器

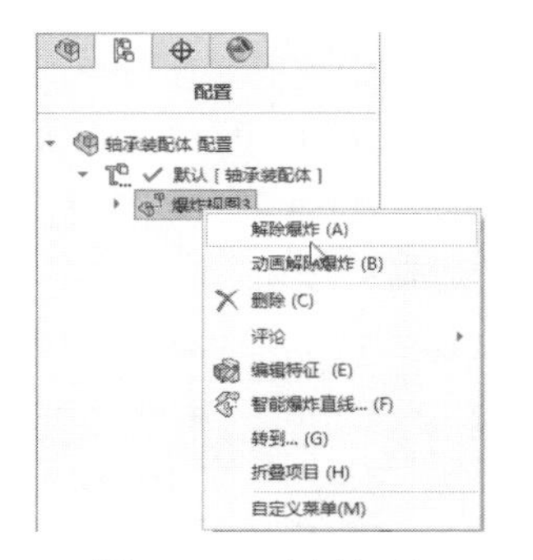

图 11-24　右键快捷菜单

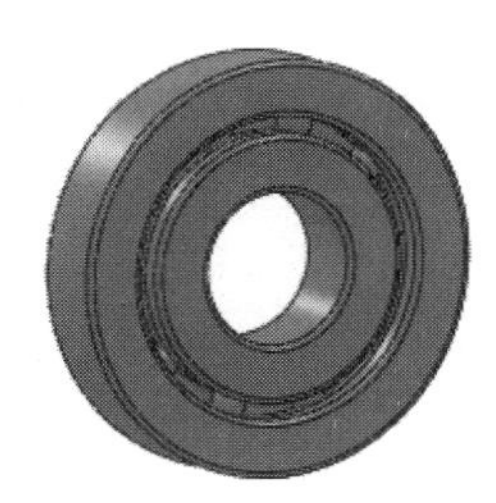

图 11-25　解除爆炸

（3）爆炸动画

① 单击“运动算例 1”中“MotionManager”上的“动画向导”按钮，弹出“选择动画类型”对话框，如图 11-26 所示。

② 在“选择动画类型”对话框中的“爆炸”单选按钮，单击“下一步”按钮。

③ 弹出“动画控制选项”对话框，如图 11-27 所示。在对话框中设置时间长度为“15”，开始时间为“0”，单击“完成”按钮。

④ 单击“运动算例 1”中“MotionManager”上的“播放”按钮▶，视图中的各个零件按照爆炸图的路径运动。在 6 秒处的动画如图 11-28 所示，MotionManager 界面如图 11-29 所示。

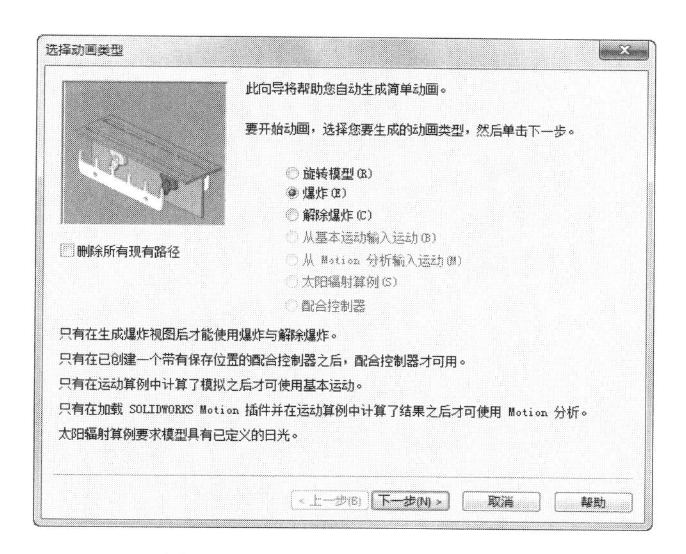

图 11-26 “选择动画类型”对话框

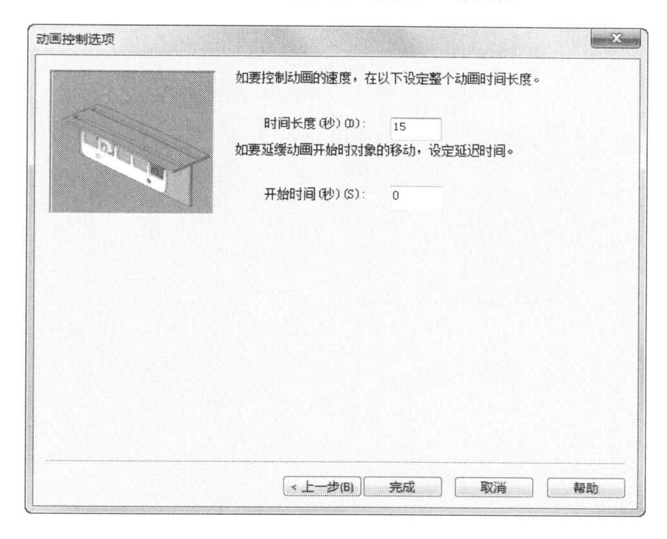

图 11-27 “动画控制选项”对话框

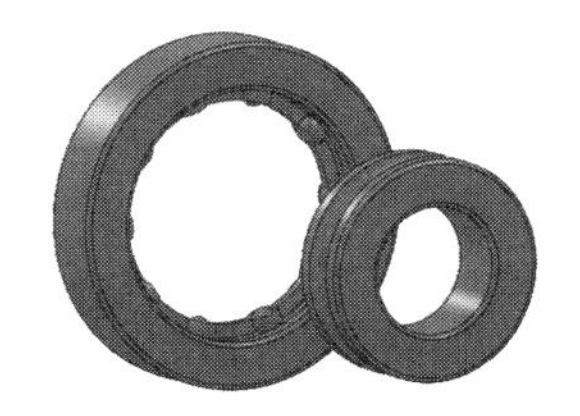

图 11-28 在 6 秒处的动画

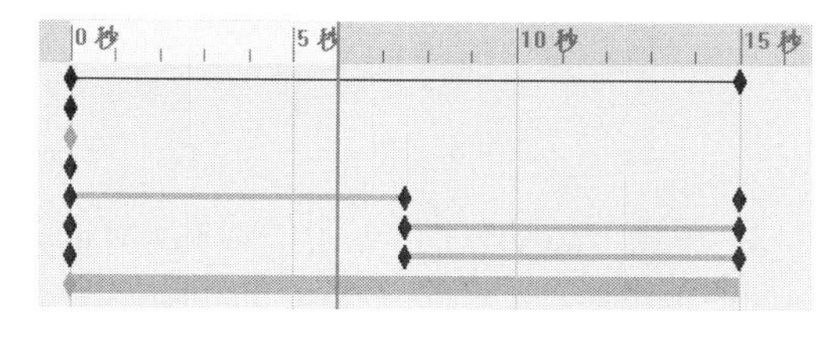

图 11-29 MotionManager 界面

（4）结合动画

① 单击“运动算例 1”中“MotionManager”上的“动画向导”按钮，弹出“选择动画类型”对话框，如图 11-30 所示。

② 在“选择动画类型”对话框中的“解除爆炸”单选按钮，单击“下一步”按钮。

③ 弹出“动画控制选项”对话框，如图 11-31 所示。在对话框中设置时间长度为“15”，

开始时间为“16”，单击“完成”按钮。

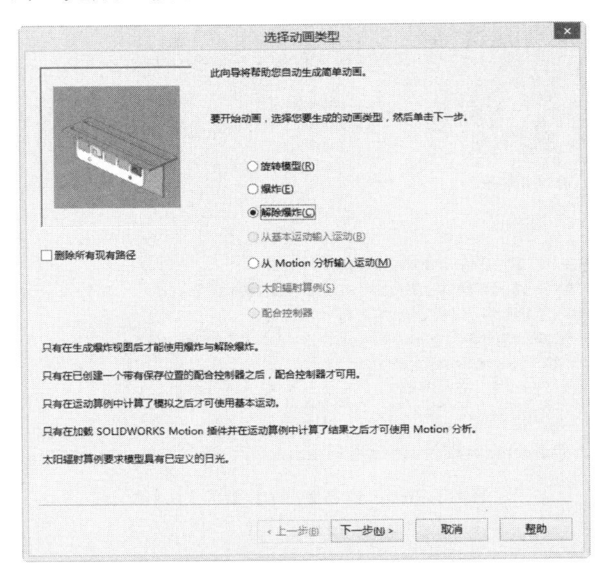

图 11-30 “选择动画类型”对话框

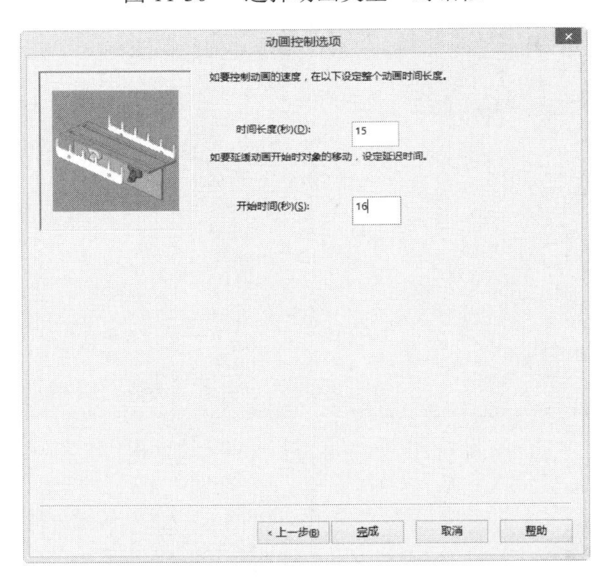

图 11-31 “动画控制选项”对话框

④ 单击“运动算例 1”中“MotionManager”上的“播放”按钮 ▶，视图中的各个零件按照爆炸图的路径运动。在 21.5 秒处的动画如图 11-32 所示，MotionManager 界面如图 11-33 所示。

图 11-32 在 21.5 秒处的动画

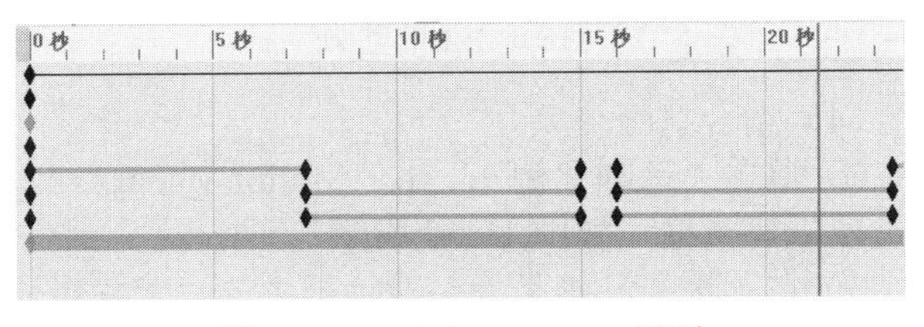

图 11-33 MotionManager 界面

11.3 动画

使用动画来生成使用插值以在装配体中指定零件点到点运动的简单动画，可使用动画将基于马达的动画应用到装配体零部件。

可以通过以下方式来生成动画运动算例。

- 通过拖动时间栏并移动零部件生成基本动画。
- 使用动画向导生成动画或给现有运动算例添加旋转、爆炸或解除爆炸效果（在运动分析算例中无法使用）。
- 生成基于相机的动画。
- 使用马达或其他模拟单元驱动运动。

11.3.1 基于关键帧动画

可以通过沿时间线拖动时间栏到某一时间关键点，然后移动零部件到目标位置的方式来创建基本的动画。MotionManager 将零部件从其初始位置移动到指定的特定时间的位置。

沿时间线移动时间栏为装配体位置中的下一更改定义时间。

11.3.2 实例——创建茶壶的动画

本例将通过茶壶动画实例讲述基于关键帧建立动画的一般过程。

扫一扫，看视频

绘制步骤

① 打开“源文件\ch11\创建茶壶的动画\茶壶.SLDASM”装配体，单击“前导视图”工具栏中的“等轴测”视图，如图 11-34 所示。

② 在 MotionManager 中的“视向及相机视图”栏时间线 0 秒处单击鼠标右键，在弹出的快捷菜单选择“替换键码”。

③ 将时间线拖动到 2 秒处，在视图中将视图旋转如图 11-35 所示。

④ 在“视向及相机视图”栏时间线上单击鼠标右键，在弹出的快捷菜单选择“放置键码”。

⑤ 单击 MotionManager 工具栏上的 ▶ 键，茶壶动画如图 11-36 所示，MotionManager 界面如图 11-37 所示。

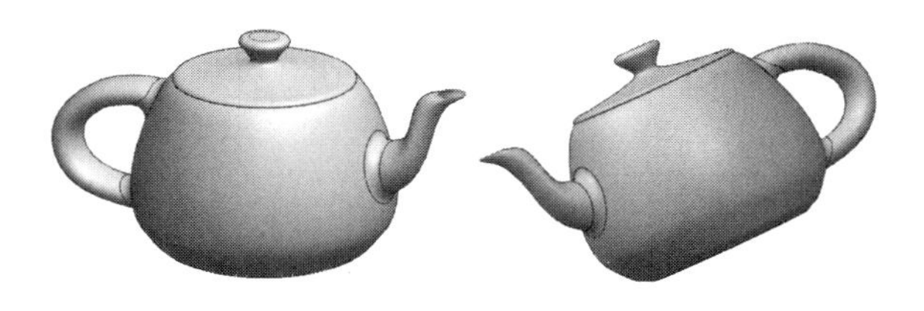

图 11-34 等轴测视图　　图 11-35 旋转后的视图

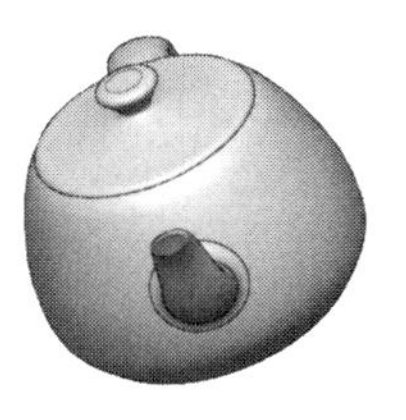

图 11-36 动画中的茶壶

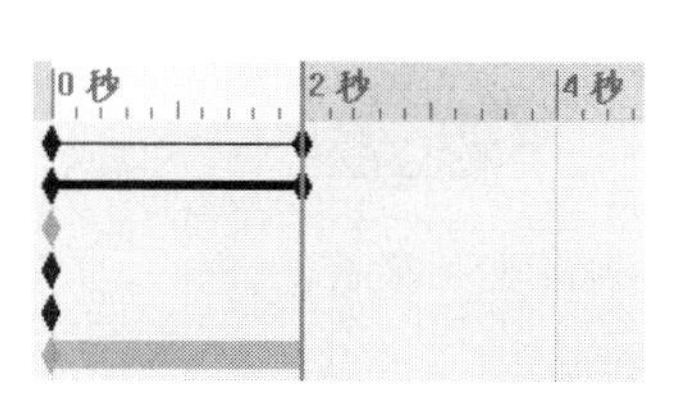

图 11-37 MotionManager 界面

⑥ 将时间线拖动到 4 秒处。

⑦ 在茶壶装配 FeatureManager 设计树中，删除或压缩重合配合，如图 11-38 所示。

⑧ 单击“运动算例 1”中“MotionManager”上的“自动键码”按钮，当按下时，会自动为拖动的部件在当前时间栏生成键码。

⑨ 单击“装配体”控制面板中的“移动零部件”按钮，在视图中拖动壶盖沿 Y 轴移动，如图 11-39 所示。

⑩ 单击 MotionManager 工具栏上的 ▶ 键，茶壶动画如图 11-40 所示，MotionManager 界面如图 11-41 所示。

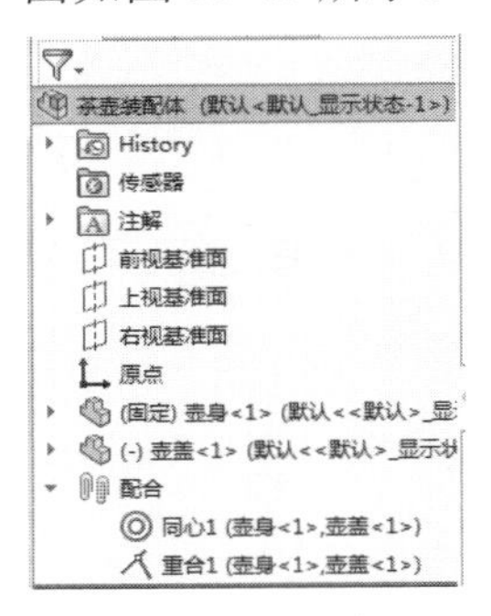

图 11-38 茶壶装配 FeatureManager 设计树

图 11-39 移动壶盖

图 11-40 动画中的茶壶

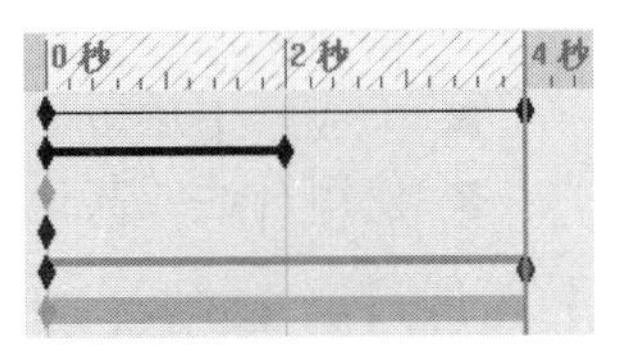

图 11-41 MotionManager 界面

11.3.3 基于马达的动画

可以通过“马达”属性管理器创建旋转马达或线性马达。由于前面已经讲述了如何创建马达，这里不再赘述。下面结合实例讲述基于马达的动画设置的方法。

11.3.4 实例——轴承装配体基于马达的动画

本例将通过轴承装配体基于马达的动画实例讲述基于马达建立动画的一般过程。

扫一扫，看视频

绘制步骤

（1）基于旋转马达动画

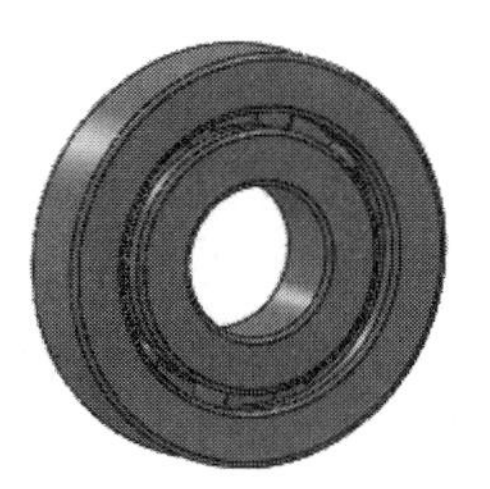

图 11-42 轴承装配体

① 打开“源文件\ch11\轴承装配体\轴承装配体.SLDASM”装配体，如图 11-42 所示。

② 在轴承装配体“FeatureManager 设计树”上删除所有的配合，如图 11-43 所示。

③ 将时间线拖到 5 秒处。

④ 单击 MotionManager 工具栏上的“马达”按钮，弹出“马达”属性管理器。

⑤ 在属性管理器“马达类型”栏选择“旋转马达”，在“马达位置”选项框中选择内圈的内表面，在“要相对此项而移动的零部件”选项框中选择滚珠装配体、属性管理器和旋转方向，如图 11-44 所示。

⑥ 在属性管理器中选择“等速”运动，单击属性管理器中的“确定”✔按钮，完成马达的创建。

⑦ 单击 MotionManager 工具栏上的“播放”▶，滚珠装配体绕中心轴旋转，传动动画如图 11-45 所示，MotionManager 界面如图 11-46 所示。

（2）基于线性马达的动画

① 新建运动算例。右键单击“运动算例”标签，在弹出的快捷菜单中选择“生成新运动算例”。

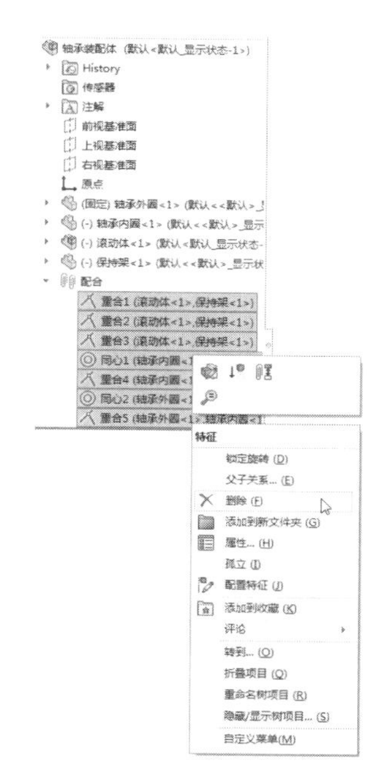

图 11-43　FeatureManager 设计树

图 11-44　选择旋转方向

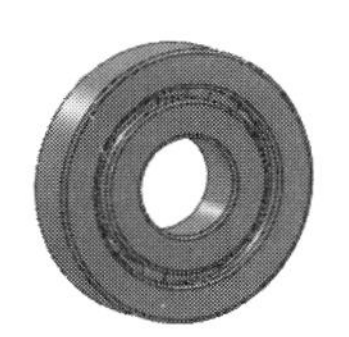

图 11-45　传动动画

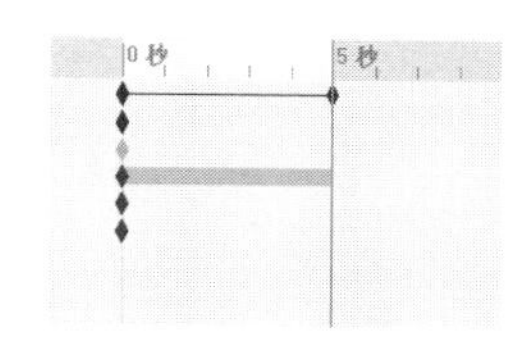

图 11-46　MotionManager 界面

② 单击 MotionManager 工具栏上的“马达” 按钮，弹出“马达”属性管理器。

③ 在属性管理器“马达类型”一栏中选择“线性马达”，在“马达位置”选项框中选择外圈的边线，在“要相对此项而移动的零部件”选项框中选择滚珠装配体，属性管理器和线性方向，如图 11-47 所示。

④ 单击属性管理器中的“确定”✔按钮，完成马达的创建。

⑤ 单击 MotionManager 工具栏上的“播放”▶，滚珠装配体沿 y 轴移动，传动动画如图 11-48 所示，MotionManager 界面如图 11-49 所示。

⑥ 单击 MotionManager 工具栏上的“马达”按钮，弹出“马达”属性管理器。

⑦ 在属性管理器“马达类型”一栏中选择“线性马达”，在视图中选择外圈上的边线，属性管理器和线性方向，如图 11-50 所示。

⑧ 在属性管理器中选择“距离”运动，设置距离为“200mm”，起始时间为“0 秒”，终止时间为“10 秒”，如图 11-51 所示。

⑨ 单击属性管理器中的“确定”✔按钮，完成马达的创建。

⑩ 在 MotionManager 界面上的时间栏上将总动画持续时间拉到 10 秒处，在线性马达 1 栏 5 秒时间栏键码处单击鼠标右键，在弹出的快捷菜单中单击关闭，关闭线性马达 1，在线性马达 2 栏将时间拉至 5 秒处。

⑪ 单击 MotionManager 工具栏上的“播放”▶，内圈沿 y 轴移动，传动动画如图 11-52 所示。

图 11-47　属性管理器和线性方向

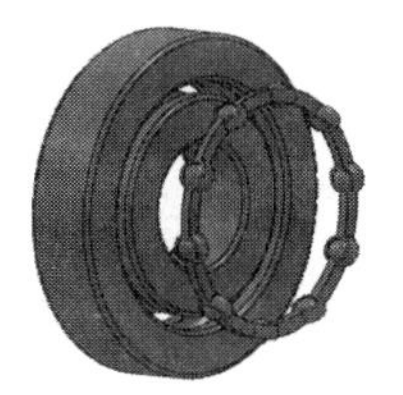

图 11-48　传动动画

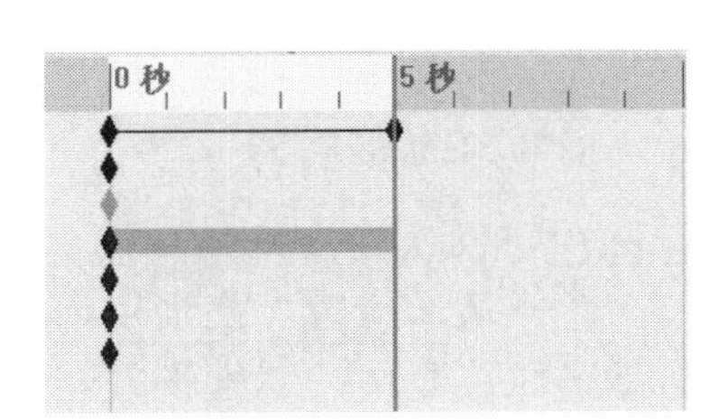

图 11-49　MotionManager 界面

图 11-50　选择零件和方向

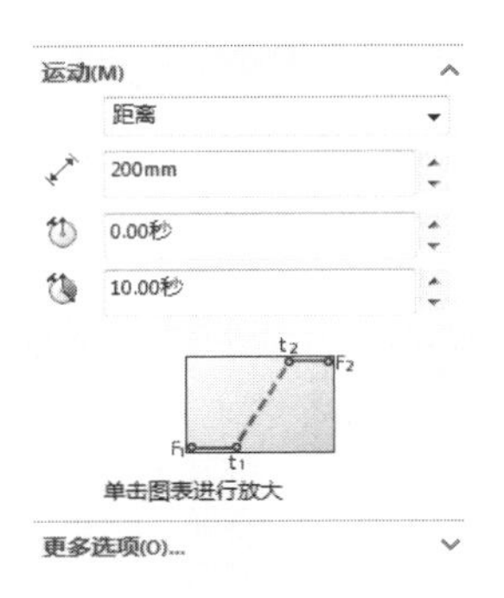

图 11-51　设置“运动”参数

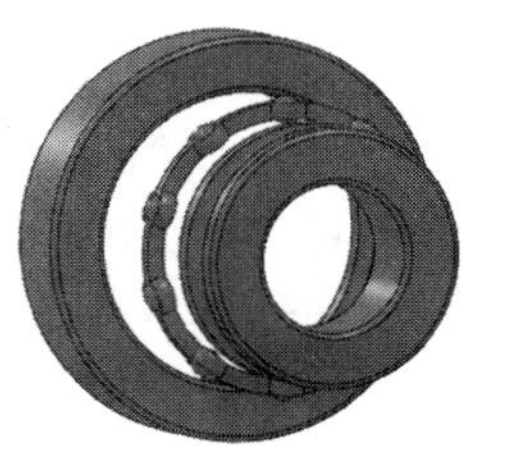

图 11-52　传动动画

⑫ 传动动画的结果如图 11-53 所示，MotionManager 界面如图 11-54 所示。

图 11-53 动画结果

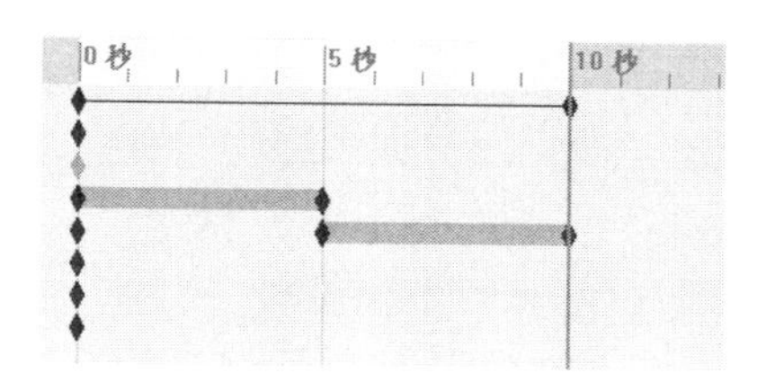

图 11-54 MotionManager 界面

11.3.5 基于相机橇的动画

通过生成一个假零部件作为相机橇，然后将相机附加到相机橇上的草图实体来生成基于相机的动画。其主要方式有以下几种：

- 沿模型或通过模型而移动相机；
- 观看一解除爆炸或爆炸的装配体；
- 导览虚拟建筑；
- 隐藏假零部件以只在动画过程中观看相机视图；

扫一扫，看视频

11.3.6 实例——轴承装配体基于相机的动画

本例将通过轴承装配体基于相机的动画实例讲述基于相机建立动画的一般过程。

绘制步骤

（1）创建相机橇

① 在左侧的“FeatureManager 设计树”中用鼠标选择“上视基准面”作为绘制图形的基准面。

② 选择菜单栏中的“工具”→“草图绘制实体”→“边角矩形”命令，以原点为一角点绘制一个边长为 60 的正方形，结果如图 11-55 所示。

③ 选择菜单栏中的“插入”→“凸台/基体”→“拉伸”命令，将上一步绘制的草图拉伸为“深度”为 10 的实体，结果如图 11-56 所示。

④ 单击“保存”按钮，将文件保存为“相机橇. SLDPRT”。

⑤ 打开“轴承装配体”，调整视图方向如图 11-57 所示。

⑥ 选择菜单栏中的“插入”→“零部件”→“现有零件/装配体”命令，或者单击“装配体”控制面板中的“插入零部件”按钮。将①～④步创建的相机橇零件添加到传动装配文件中，如图 11-58 所示。

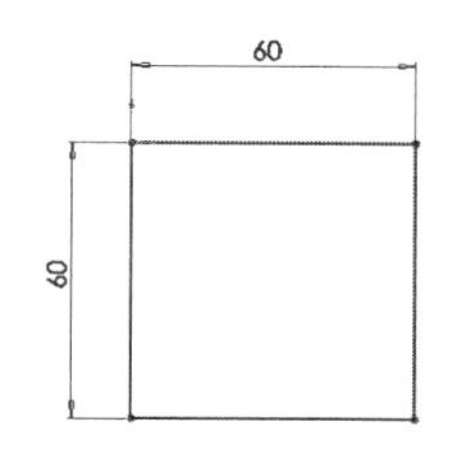

图 11-55 绘制草图

图 11-56 拉伸实体

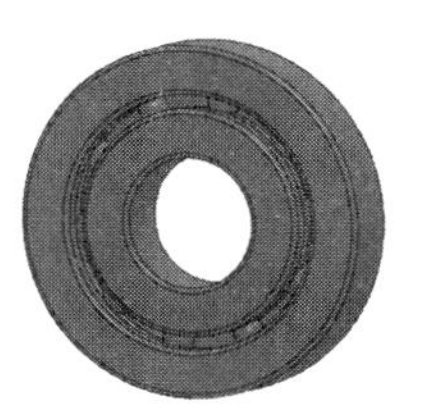

图 11-57 轴承装配体

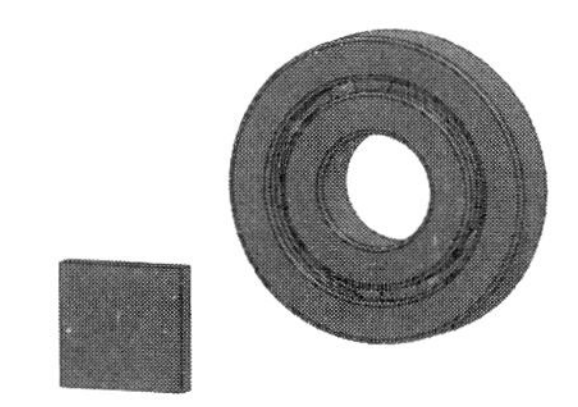

图 11-58 插入相机橇

⑦ 选择菜单栏中的“插入”→“配合”命令，或者单击“装配体”控制面板中的“配合”按钮，弹出“配合”属性管理器，如图 11-59 所示。将相机橇正面和轴承装配体中的基座正面进行平行装配，如图 11-60 所示。

⑧ 单击“前导标准”工具栏中的“右视”按钮，将视图切换到右视，将相机橇移动到如图 11-61 所示的位置。

⑨ 选择菜单栏中的“文件”→“另存为”命令，将传动装配体保存为“相机橇-轴承装配.SLDASM”。

（2）添加相机并定位相机橇

① 用鼠标右键单击 MotionManager 树上的“光源、相机与布景”，弹出右键快捷菜单，在快捷菜单中选择“添加相机”，如图 11-62 所示。

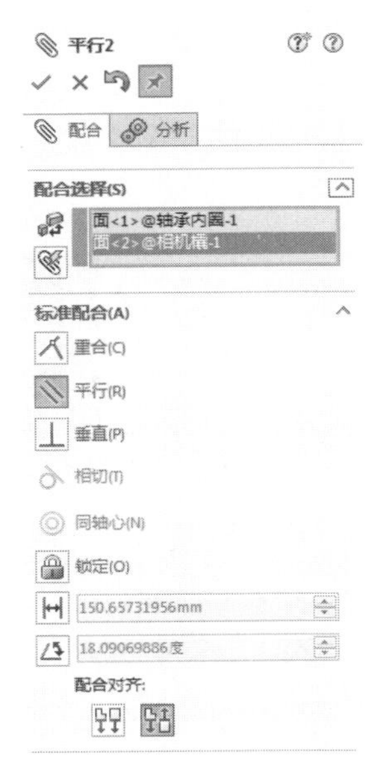

图 11-59 “配合”属性管理器

图 11-60 平行装配 1 结果

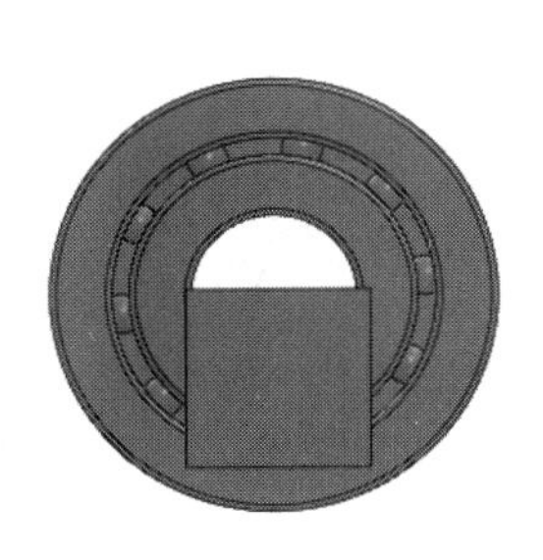

图 11-61 右视图

图 11-62 添加相机

② 弹出“相机”属性管理器，屏幕被分割成两个视口，如图 11-63 所示。

③ 在左边视口中选择相机撬的上表面前边线中点为目标点，如图 11-64 所示。

④ 选择相机撬的上表面后边线中点为相机位置，“相机”属性管理器和视图如图 11-65 所示。

⑤ 拖动相机视野以通过使用视口作为参考来进行拍照，右视口中的图形如图 11-66 所示。

⑥ 在“相机”属性管理器中单击“确定”按钮✔，完成相机的定位。

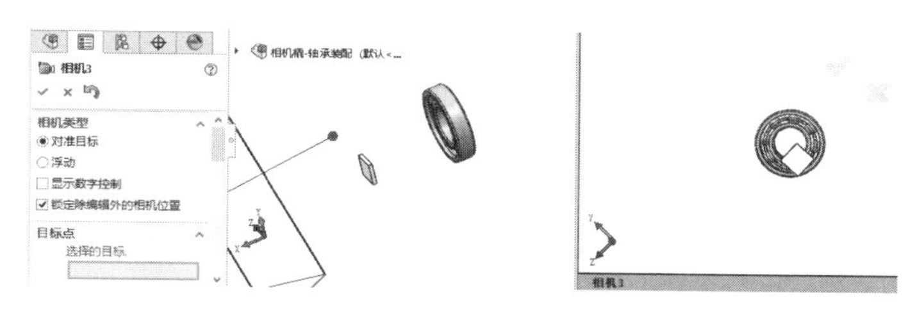

图 11-63　相机视口

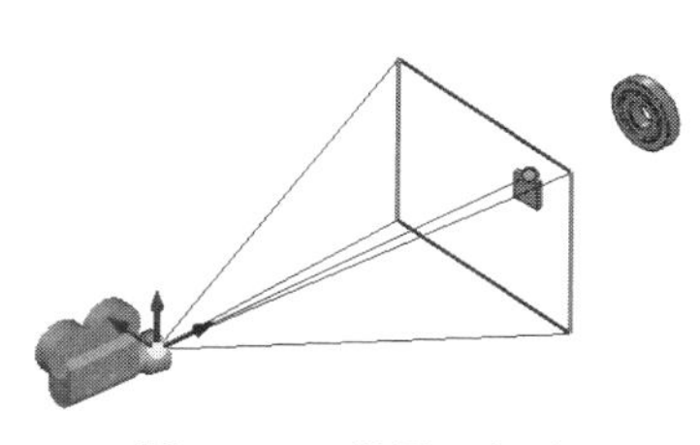

图 11-64　设置目标点

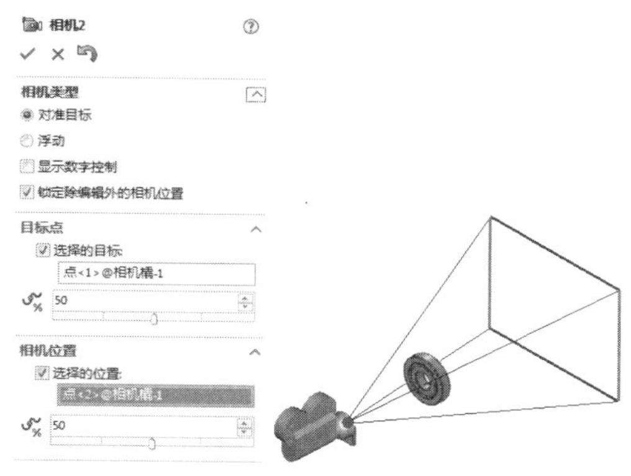

图 11-65　设置相机位置

（3）生成动画

① 在“前导视图”工具栏上选择后视，在左边显示相机橇，在右侧显示轴承装配体零部件，如图 11-67 所示。

② 将时间栏放置在 6 秒处，将相机撬移动到如图 11-68 所示的位置。

③ 在 MotionManager 设计树的视向及相机视图上单击鼠标右键，在弹出的快捷菜单中选择“禁用观阅键码播放”，如图 11-69 所示。

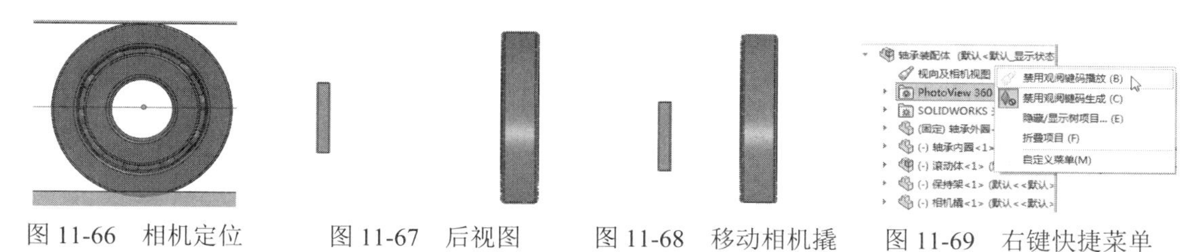

图 11-66　相机定位　　图 11-67　后视图　　图 11-68　移动相机撬　　图 11-69　右键快捷菜单

④ 在“MotionManager 界面”时间 6 秒内单击鼠标右键，在弹出的快捷菜单中单击“相机视图”，如图 11-70 所示，切换到相机视图。

⑤ 在 MotionManager 工具栏上单击“从头播放”按钮，动画如图 11-71 所示，Motion Manager 界面如图 11-72 所示。

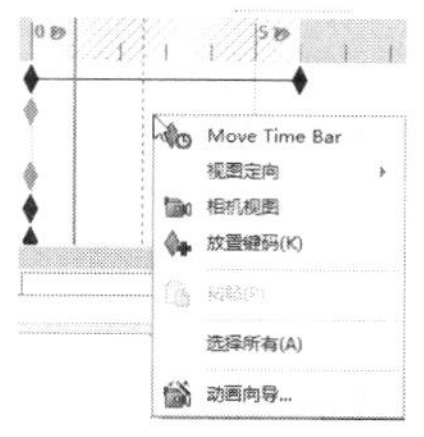

图 11-70　添加视图

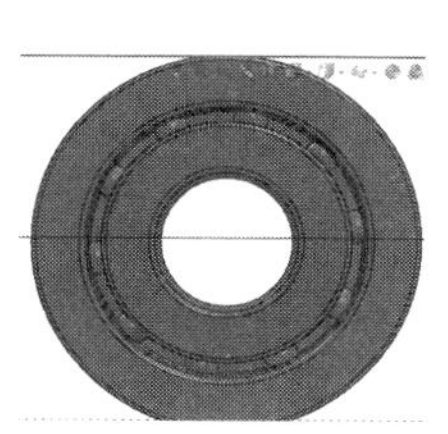

图 11-71　动画

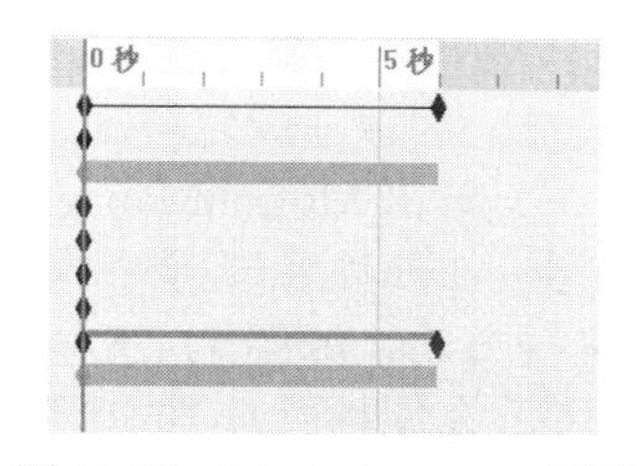

图 11-72　MotionManager 界面

11.4 保存动画

单击“运动算例 1”中“MotionManager”上的“保存动画”按钮，弹出“保存动画到文件”对话框，如图 11-73 所示，利用该对话框可以把动画保存为相应格式的文件。

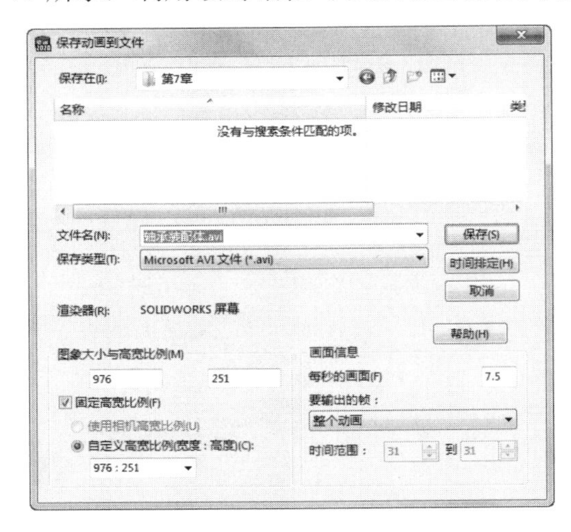

图 11-73 “保存动画到文件”对话框

11.5 综合实例——变速箱机构运动模拟

扫一扫，看视频

本例将通过变速箱机构运动模拟实例综合利用前面所学的知识讲述利用 SOLIDWORKS 的动画功能进行机构运动模拟的一般方法和技巧。

绘制步骤

（1）创建大齿轮转动

① 打开随书资源中的“源文件/ch11/变速箱装配体\变速箱装配体.SLDASM”，如图 11-74 所示。

② 单击 MotionManager 工具栏上的“马达”按钮，弹出“马达”属性管理器。

③ 在属性管理器“马达类型”栏选择“旋转马达”，在视图中选择大齿轮，属性管理器和旋转方向，如图 11-75 所示。

④ 在属性管理器中选择“等速”运动，设置转速为 1RPM，单击属性管理器中的“确定”按钮✔，完成马达的创建。

⑤ 单击 MotionManager 工具栏上的“播放”按钮▶，大齿轮绕 y 轴旋转，传动动画如图 11-76 所示，MotionManager 界面如图 11-77 所示。

（2）创建小齿轮转动

① 单击 MotionManager 工具栏上的“马达”按钮，弹出“马达”属性管理器。

② 在属性管理器“马达类型”栏选择“旋转马达”，在视图中选择小齿轮，属性管理器和旋转方向，如图 11-78 所示。

③ 在属性管理器中选择“等速”运动，设置转速为 2.3RPM，单击属性管理器中的“确定”按钮✔，完成马达的创建。

图 11-74　变速箱装配体　　　　图 11-75　选择旋转方向

图 11-76　传动动画

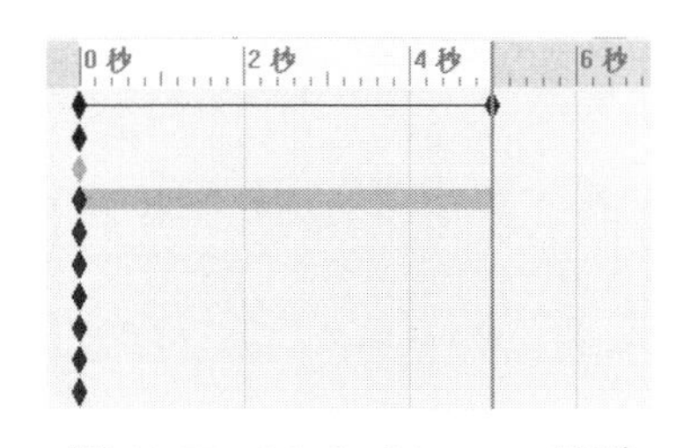

图 11-77　MotionManager 界面

图 11-78　选择旋转方向

④ 单击 MotionManager 工具栏上的“计算”按钮，小齿轮绕 y 轴旋转，传动动画如图 11-79 所示，MotionManager 界面如图 11-80 所示。

图 11-79　传动动画

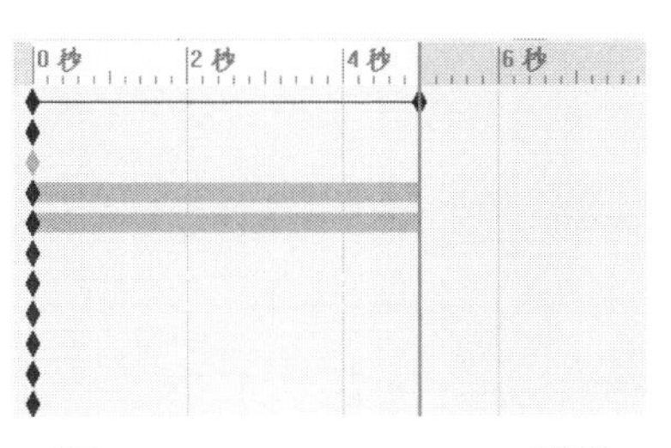

图 11-80　MotionManager 界面

（3）更改时间点

在 MotionManager 界面中的“变速箱装配体”栏上 5 秒处单击鼠标右键，弹出如图 11-81 所示的快捷菜单，选择“编辑关键点时间”选项，弹出“编辑时间”对话框，输入时间为 60 秒。单击“确定”按钮✔，完成时间点的编辑，如图 11-82 所示。

（4）设置差动机构的视图方向

为了更好地观察齿轮一周的转动，下面将视图转换到其他方向。

① 将时间轴拖到时间栏上某一位置，将视图调到合适的位置，在“视向及相机视图”

一栏与时间轴的交点处点击，弹出如图 11-83 所示的快捷菜单，选择“放置键码”选项。

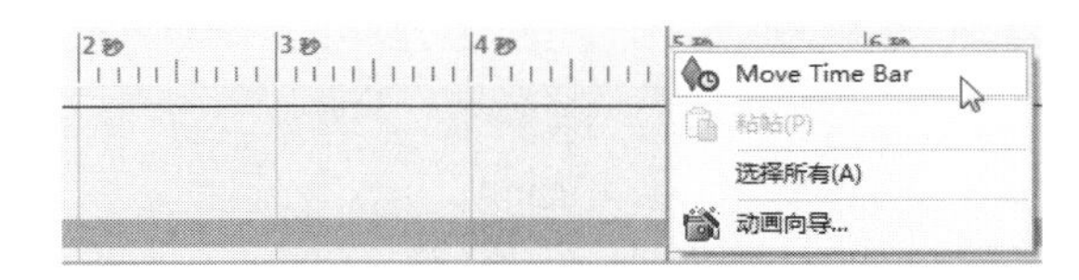

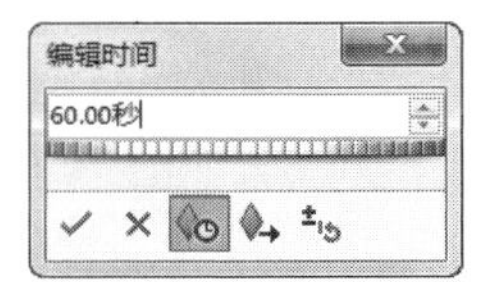

图 11-81　右键快捷菜单

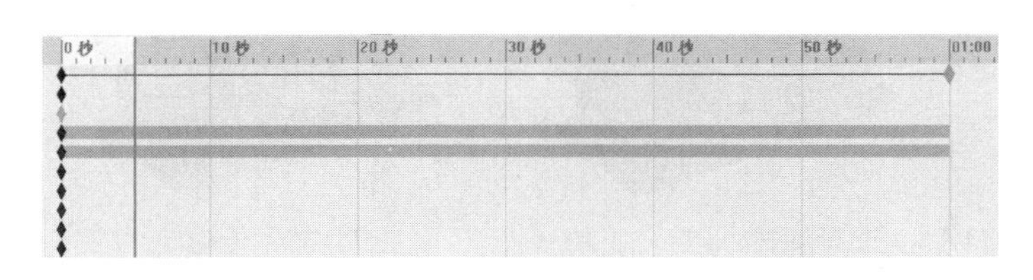

图 11-82　编辑时间点

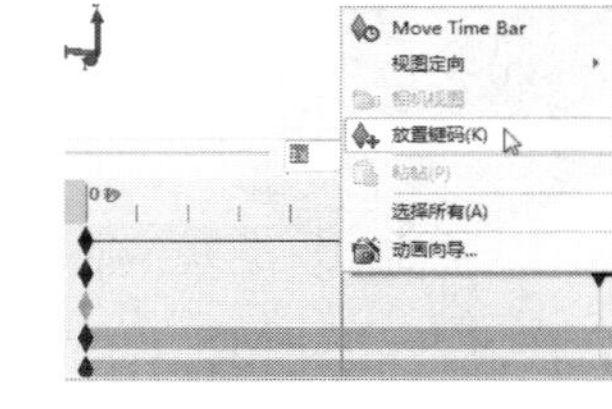

图 11-83　快捷菜单

② 重复步骤①，在其他时间放置视图键码。

③ 为了保证视图在某一时间段是不变的，可以再将前一个时间键码复制，粘贴到视图变化前的某一个时间点。

（5）保存动画

① 单击“运动算例 1”中“MotionManager”上的“保存动画”按钮，弹出“保存动画到文件”对话框，如图 11-84 所示。

② 设置保存路径，输入文件名为“变速箱机构运动”。在“要输出的帧”下拉列表中选择整个动画。

③ 首先取消固定高宽比例复选框，然后在图像大小与高宽比例中输入宽度为 800、高度为 600，单击“保存”按钮。

④ 弹出“视频压缩”对话框，如图 11-85 所示。在压缩程序下拉列表中选择“Microsoft Video 1”，拖动压缩质量下的滑动块设置压缩质量为 85，输入帧为 8，单击“确定”按钮，生成动画。

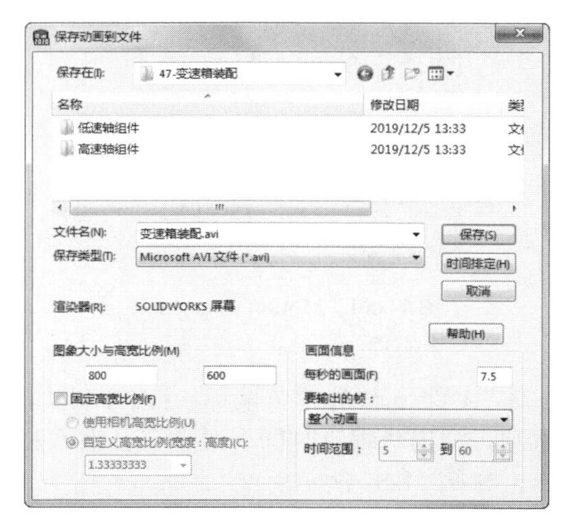

图 11-84　“保存动画到文件”对话框

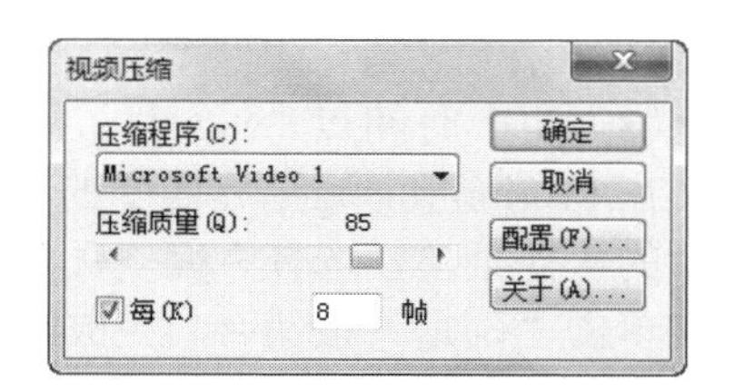

图 11-85　“视频压缩”对话框

第12章 工程图的绘制

工程图在产品设计过程中是很重要的，它一方面体现着设计结果，另一方面也是指导生产的重要依据。在许多应用场合，工程图起到了方便设计人员之间的交流、提高工作效率的作用。在工程图方面，SOLIDWORKS 系统提供了强大的功能，用户可以很方便地借助于零件或三维模型创建所需的各个视图，包括剖面视图、局部放大视图等。

知识点

- 工程图的绘制方法
- 定义图纸格式
- 标准三视图的绘制
- 模型视图的绘制
- 派生视图的绘制
- 操纵视图
- 注解的标注
- 分离工程图
- 打印工程图
- 综合实例——轴瓦工程图

12.1 工程图的绘制方法

默认情况下，SOLIDWORKS 系统在工程图和零件或装配体三维模型之间提供全相关的功能，全相关意味着无论什么时候修改零件或装配体的三维模型，所有相关的工程视图将自动更新，以反映零件或装配体的形状和尺寸变化；反之，当在一个工程图中修改一个零件或装配体尺寸时，系统也将自动地将相关的其他工程视图及三维零件或装配体中的相应尺寸加以更新。

在安装 SOLIDWORKS 软件时，可以设定工程图与三维模型间的单向链接关系，这样当在工程图中对尺寸进行了修改时，三维模型并不更新。如果要改变此选项的话，只有再重新安装一次软件。

此外，SOLIDWORKS 系统提供多种类型的图形文件输出格式，包括最常用的 DWG 和 DXF 格式以及其他几种常用的标准格式。

工程图包含一个或多个由零件或装配体生成的视图。在生成工程图之前，必须先保存与它有关的零件或装配体的三维模型。

下面介绍创建工程图的操作步骤。

① 单击“标准”工具栏中的(新建）按钮，或单击菜单栏中的“文件”→“新建”命令。

② 在弹出的“新建 SOLIDWORKS 文件”对话框的“模板”选项卡中选择“工程图”图标，如图 12-1 所示。

③ 单击“确定”按钮，关闭该对话框。

④ 在弹出的“图纸格式/大小”对话框中，选择图纸格式，如图 12-2 所示。

■ 标准图纸大小：在列表框中选择一个标准图纸大小的图纸格式。

■ 自定义图纸大小：在“宽度”和“高度”文本框中设置图纸的大小。

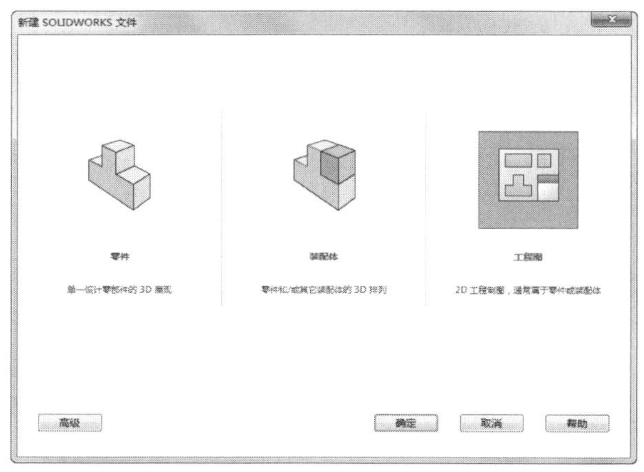

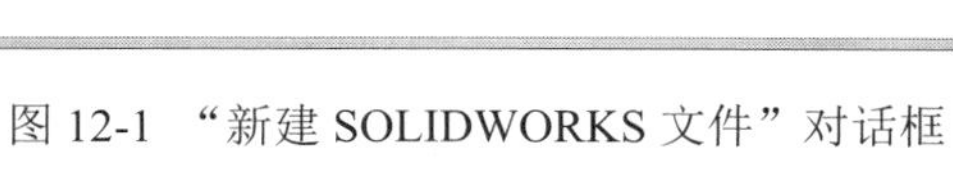
图 12-1 “新建 SOLIDWORKS 文件”对话框

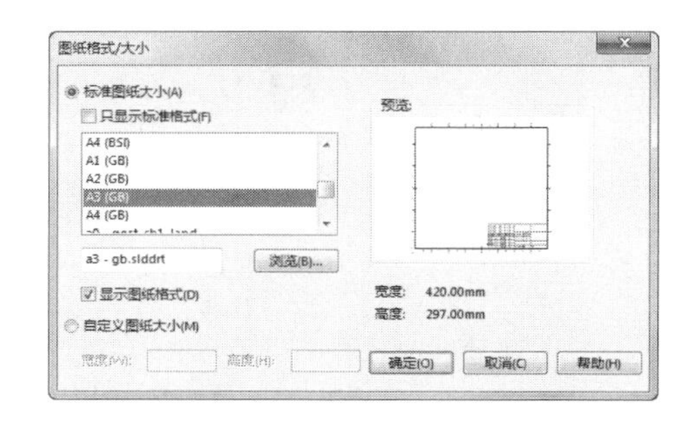

图 12-2 “图纸格式/大小”对话框

如果要选择已有的图纸格式，则单击“浏览”按钮导航到所需的图纸格式文件。

⑤ 在“图纸格式/大小”对话框中单击“确定”按钮，进入工程图编辑状态。

工程图窗口中也包括 FeatureManager 设计树，它与零件和装配体窗口中的 FeatureManager 设计树相似，包括项目层次关系的清单。每张图纸有一个图标，每张图纸下有图纸格式和每个视图的图标。项目图标旁边的符号▸表示它包含相关的项目，单击它将展开所有的项目并显示其内容。工程图窗口如图 12-3 所示。

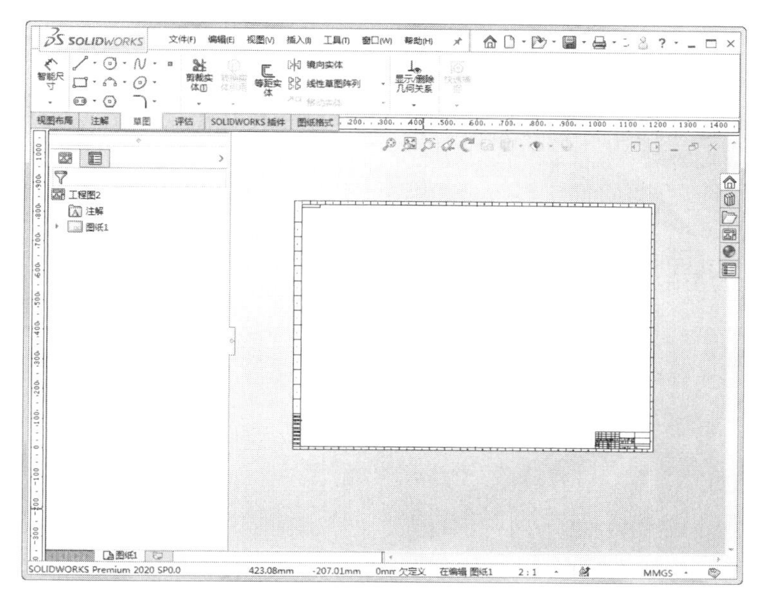

图 12-3　工程图窗口

前导视图包含视图中显示的零件和装配体的特征清单，派生的视图（如局部或剖面视图）包含不同的特定视图项目（如局部视图图标、剖切线等）。

工程图窗口的顶部和左侧有标尺，标尺会报告图纸中光标指针的位置。单击菜单栏中的“视图”→“标尺”命令，可以打开或关闭标尺。

如果要放大到视图，右击 FeatureManager 设计树中的视图名称，在弹出的快捷菜单中单击“放大所选范围”命令。

用户可以在 FeatureManager 设计树中重新排列工程图文件的顺序，在图形区拖动工程图到指定的位置。

工程图文件的扩展名为“.slddrw”。新工程图使用所插入的第一个模型的名称。保存工程图时，模型名称作为默认文件名出现在“另存为”对话框中，并带有扩展名“.slddrw”。

12.2 定义图纸格式

扫一扫，看视频

SOLIDWORKS 提供的图纸格式不符合任何标准，用户可以自定义工程图纸格式以符合本单位的标准格式。

（1）定义图纸格式

下面介绍定义工程图纸格式的操作步骤。

① 右击工程图纸上的空白区域，或者右击 FeatureManager 设计树中的（图纸格式）图标。

② 在弹出的快捷菜单中单击“编辑图纸格式”命令。

③ 双击标题栏中的文字，即可修改文字。同时在“注释”属性管理器的“文字格式”选项组中可以修改对齐方式、文字旋转角度和字体等属性，如图 12-4 所示。

④ 如果要移动线条或文字，单击该项目后将其拖动到新的位置。

⑤ 如果要添加线条，则单击“草图”控制面板中的（直线）按钮，然后绘制线条。

⑥ 在 FeatureManager 设计树中右击（图纸）选项，在弹出的快捷菜单中单击“属性”命令。

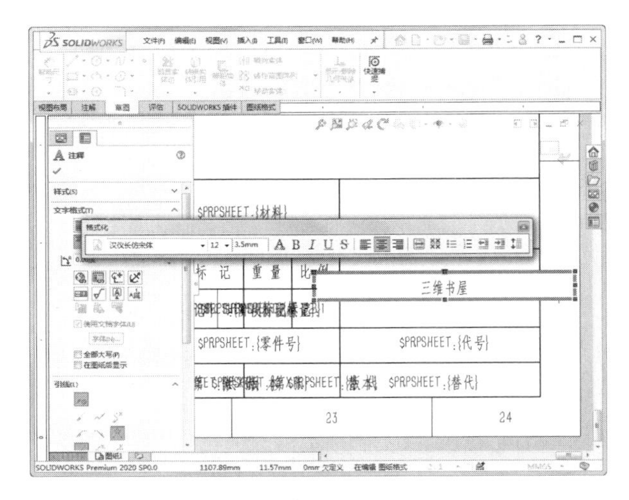

图 12-4 “注释”属性管理器

⑦ 系统弹出的“图纸属性”对话框如图 12-5 所示，具体设置如下。

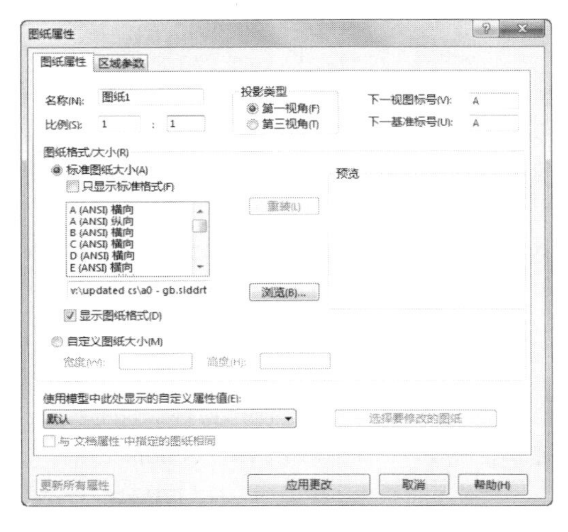

图 12-5 “图纸属性”对话框

a．在“名称”文本框中输入图纸的标题。

b．在“比例”文本框中指定图纸上所有视图的默认比例。

c．在“标准图纸大小”列表框中选择一种标准纸张（如 A4、B5 等）。如果点选“自定义图纸大小”单选钮，则在下面的“宽度”和“高度”文本框中指定纸张的大小。

d．单击“浏览”按钮，可以使用其他图纸格式。

e．在“投影类型”选项组中点选“第一视角”或“第三视角”单选钮。

f．在“下一视图标号”文本框中指定下一个视图要使用的英文字母代号。

g．在“下一基准标号”文本框中指定下一个基准标号要使用的英文字母代号。

h．如果图纸上显示了多个三维模型文件，在“采用在此显示的模型中的自定义属性值”下拉列表框中选择一个视图，工程图将使用该视图包含模型的自定义属性。

⑧ 单击“应用更改”按钮，关闭“图纸属性”对话框。

（2）保存图纸格式

下面介绍保存图纸格式的操作步骤。

① 单击菜单栏中的“文件”→“保存图纸格式”命令，系统弹出的“保存图纸格式”对话框。

② 如果要替换 SOLIDWORKS 提供的标准图纸格式，则右击 FeatureManager 设计树中的“图纸”选项，在弹出的快捷菜单中单击“属性”命令，系统弹出“图纸属性”对话框。在“纸张格式/大小”列表框中选择一种图纸格式，单击“确定”按钮，图纸格式将被保存在<安装目录>\data 下。

③ 如果要使用新的图纸格式，可以点选“自定义图纸大小”单选钮，自行输入图纸的高度和宽度；或者单击“浏览”按钮，选择图纸格式保存的目录并打开，然后输入图纸格式

名称，最后单击“确定”按钮。

④ 单击“保存”按钮，关闭对话框。

12.3 标准三视图的绘制

在创建工程图前，应根据零件的三维模型，考虑和规划零件视图，如工程图由几个视图组成，是否需要剖视图等。考虑清楚后，再进行零件视图的创建工作，否则如同用手工绘图一样，可能创建的视图不能很好地表达零件的空间关系，给其他用户的识图、看图造成困难。

标准三视图是指从三维模型的主视、左视、俯视 3 个正交角度投影生成 3 个正交视图，如图 12-6 所示。

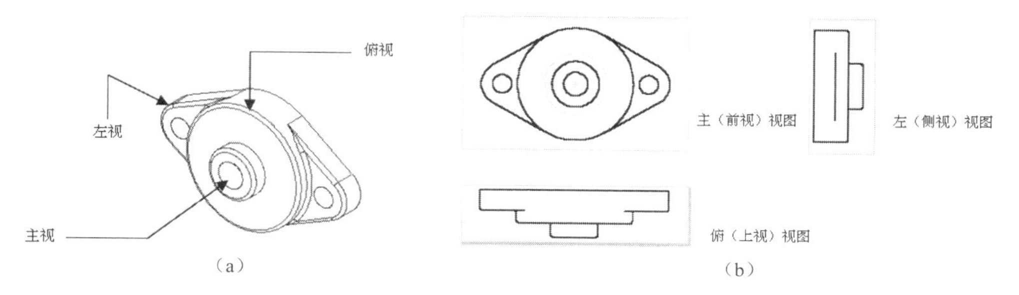

图 12-6 标准三视图

在标准三视图中，主视图与俯视图及侧视图有固定的对齐关系。俯视图可以竖直移动，侧视图可以水平移动。SOLIDWORKS 生成标准三视图的方法有多种，这里只介绍常用的两种。

12.3.1 用标准方法生成标准三视图

下面结合实例介绍用标准方法生成标准三视图的操作步骤。

扫一扫，看视频

【案例 12-1】标准方法生成标准三视图

① 打开随书资源中的“源文件\ch12＼12.1\12.1sourse.SLDPRT”，打开的文件实体如图 12-6 所示。

② 新建一张工程图。

③ 单击“工程图”控制面板中的（标准三视图）按钮，或单击菜单栏中的“插入”→“工程视图”→“标准三视图”命令，此时光标指针变为形状。

④ 在“前导视图”属性管理器中提供了 4 种选择模型的方法。

■ 选择一个包含模型的视图。

■ 从另一窗口的 FeatureManager 设计树中选择模型。

■ 从另一窗口的图形区中选择模型。

■ 在工程图窗口右击，在快捷菜单中单击“从文件中插入”命令。

⑤ 单击菜单栏中的“窗口”→“文件”命令，进入到零件或装配体文件中。

⑥ 利用步骤④中的一种方法选择模型，系统会自动回到工程图文件中，并将三视图放置在工程图中。

如果不打开零件或装配体模型文件，用标准方法生成标准三视图的操作步骤如下。

① 新建一张工程图。

② 单击“视图布局”控制面板中的（标准三视图）按钮，或单击菜单栏中的“插

入”→“工程视图”→“标准三视图”命令。

③ 在弹出的“标准三视图”属性管理器中，单击“浏览”按钮。

④ 在弹出的“打开”对话框中浏览到所需的模型文件，单击“打开”按钮，标准三视图便会放置在图形区中。

12.3.2 利用 Internet Explorer 中的超文本链接生成标准三视图

利用 Internet Explorer 中的超文本链接生成标准三视图的操作步骤如下。

① 新建一张工程图。

② 在 Internet Explorer（4.0 或更高版本）中，导航到包含 SOLIDWORKS 零件文件超文本链接的位置。

③ 将超文本链接从 Internet Explorer 窗口拖动到工程图窗口中。

④ 在出现的“另存为”对话框中保存零件模型到本地硬盘中，同时零件的标准三视图也被添加到工程图中。

12.4 模型视图的绘制

扫一扫，看视频

标准三视图是最基本也是最常用的工程图，但是它所提供的视角十分固定，有时不能很好地描述模型的实际情况。SOLIDWORKS 提供的模型视图解决了这个问题。通过在标准三视图中插入模型视图，可以从不同的角度生成工程图。

下面结合实例介绍插入模型视图的操作步骤。

【案例 12-2】插入模型视图

① 单击“工程图”控制面板中的（模型视图）按钮，或单击菜单栏中的“插入”→“工程视图”→“模型”命令。

② 和生成标准三视图中选择模型的方法一样，在零件或装配体文件中选择一个模型（打开随书资源中的“源文件\ch12\12.2\12.2.SLDPRT”，如图 12-7 所示）。

③ 当回到工程图文件中时，光标指针变为形状，用光标拖动一个视图方框表示模型视图的大小。

④ 在“模型视图”属性管理器的“方向”选项组中选择视图的投影方向。

⑤ 单击，从而在工程图中放置模型视图，如图 12-8 所示。

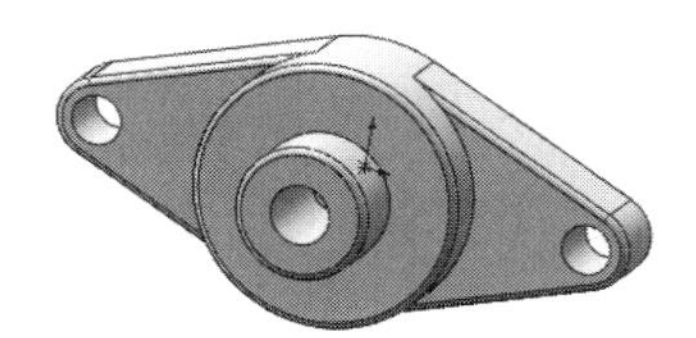

图 12-7　三维模型

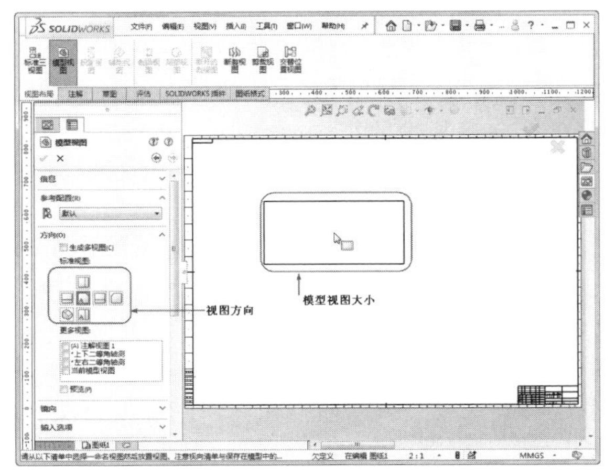

图 12-8　放置模型视图

⑥ 如果要更改模型视图的投影方向，则双击“方向”选项中的视图方向。

⑦ 如果要更改模型视图的显示比例，则点选“使用自定义比例”单选钮，然后输入显示比例。

⑧ 单击✔（确定）按钮，完成模型视图的插入。

12.5 派生视图的绘制

派生视图是指从标准三视图、模型视图或其他派生视图中派生出来的视图，包括剖面视图、旋转剖视图、投影视图、辅助视图、局部视图和断裂视图等。

扫一扫，看视频

12.5.1 剖面视图

剖面视图是指用一条剖切线分割工程图中的一个视图，然后从垂直于剖面方向投影得到的视图，如图 12-9 所示。

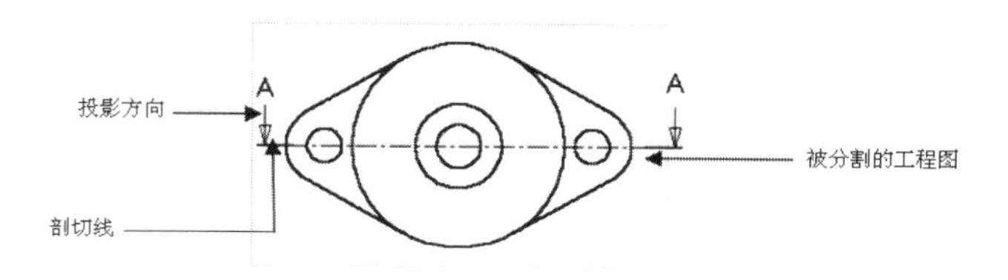

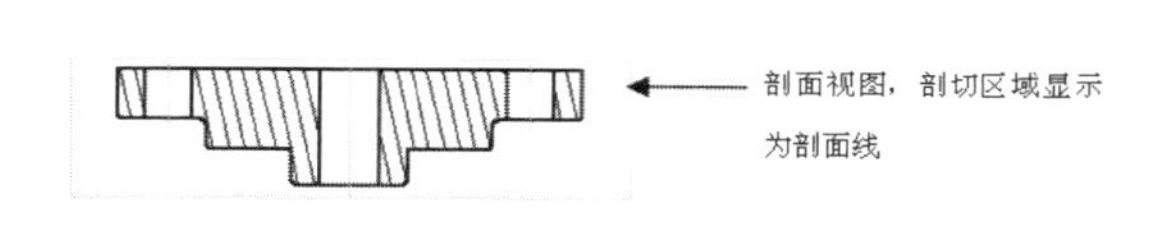

图 12-9　剖面视图举例

下面结合实例介绍绘制剖面视图的操作步骤。

【案例 12-3】剖面视图

① 打开随书资源中的“源文件\ch12\12.3\12.3sourse.SLDDRW”，打开的工程图如图 12-10 所示。

② 单击“工程图”控制面板中的（剖面视图）按钮，或单击菜单栏中的“插入”→“工程图视图”→“剖面视图”命令。

③ 系统弹出“剖面视图辅助”属性管理器，同时“草图”控制面板中的（直线）按钮也被激活。

④ 在工程图上绘制剖切线。绘制完剖切线之后，系统会在垂直于剖切线的方向出现一个方框，表示剖切视图的大小。拖动这个方框到适当的位置，则剖切视图被放置在工程图中。

⑤ 在“剖面视图”属性管理器中设置相关选项，如图 12-11（a）所示。

a．如果单击“反转方向”按钮，则会反转切除的方向。

b．在（名称）文本框中指定与剖面线或剖面视图相关的字母。

c．如果剖面线没有完全穿过视图，勾选“部分剖面”复选框将会生成局部剖面视图。

d．如果勾选“横截剖面”复选框，则只有被剖面线切除的曲面才会出现在剖面视图上。

e．如果点选“使用图纸比例”单选钮，则剖面视图上的剖面线将会随着图纸比例的改变而改变。

f. 如果点选“使用自定义比例”单选钮，则定义剖面视图在工程图纸中的显示比例。

⑥ 单击✔（确定）按钮，完成剖面视图的插入，如图 12-11（b）所示。

新剖面是由原实体模型计算得来的，如果模型更改，此视图将随之更新。

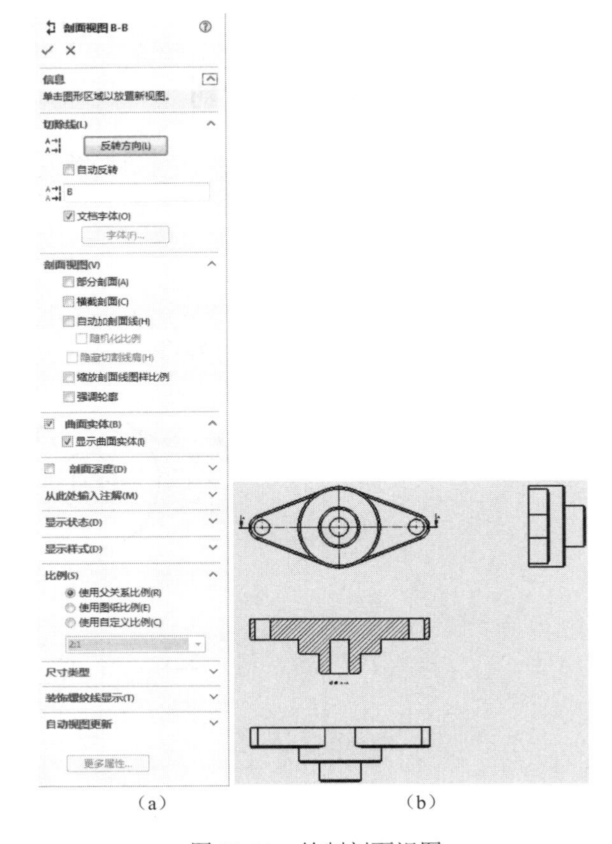

（a）　　（b）

图 12-10　基本工程图　　　　图 12-11　绘制剖面视图

12.5.2 旋转剖视图

扫一扫，看视频

旋转剖视图中的剖切线是由两条具有一定角度的线段组成的。系统从垂直于剖切方向投影生成剖面视图，如图 12-12 所示。

下面结合实例介绍生成旋转剖切视图的操作步骤。

【案例 12-4】旋转剖切视图

① 打开随书资源中“源文件\ch12\12.4\12.4sourse.SLDDRW”，打开的工程图如图 12-12 左图所示。

② 单击“草图”控制面板中的（中心线）按钮或（直线）按钮。绘制旋转视图的剖切线，剖切线至少应由两条具有一定角度的连续线段组成。

③ 按住<Ctrl>键选择剖切线段。

④ 单击“工程图”控制面板中的“剖面视图”按钮，或执行菜单栏中的“插入”→“工程视图”→“剖面视图”命令。打开“剖面视图辅助”属性管理器，选择“对齐”切割线类型，将切割线的第一点放置到主视图圆心，将第二点放置到一侧筋位置，将第三点放置到相邻筋位置，单击“确定”按钮✔。

⑤ 系统会弹出如图 12-13 所示的提示对话框。单击“创建对齐剖面视图”选项，即可得到剖视图。

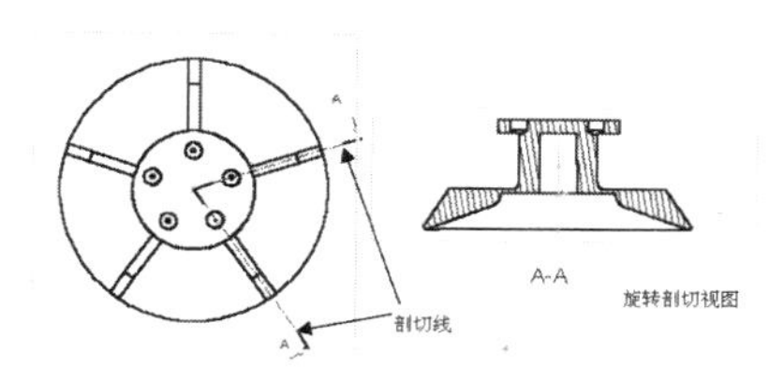

图 12-12　旋转剖视图举例

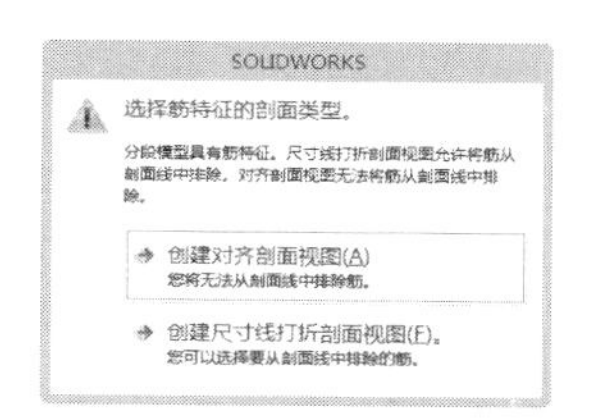

图 12-13　“SOLIDWORKS”对话框

⑥ 系统会在沿第一条剖切线段的方向出现一个方框，表示剖切视图的大小，拖动这个方框到适当的位置，则旋转剖切视图被放置在工程图中。

⑦ 单击✔（确定）按钮，完成旋转剖面视图的插入，如图 12-14（b）所示。

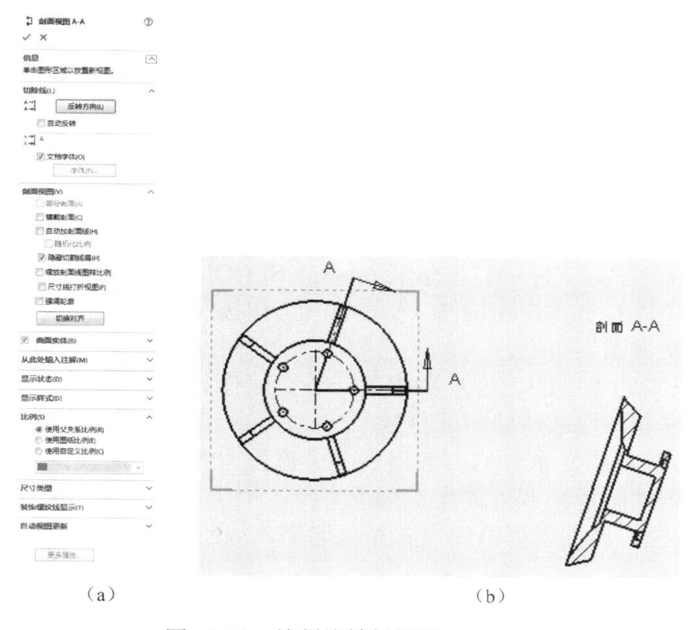

（a）　　（b）

图 12-14　绘制旋转剖视图

12.5.3 投影视图

扫一扫，看视频

投影视图是通过从正交方向对现有视图投影生成的视图，如图 12-15 所示。

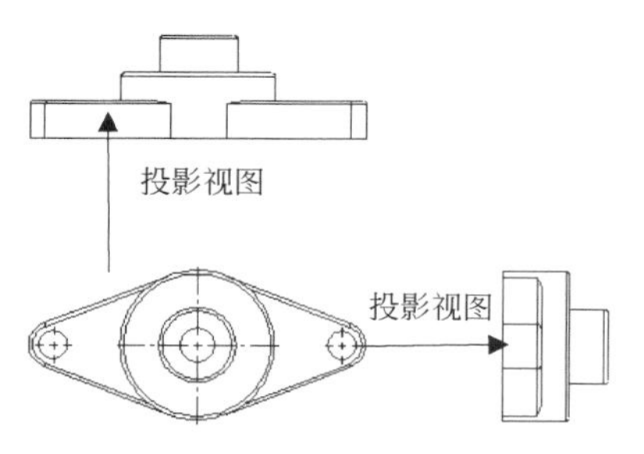

图 12-15　投影视图举例

下面结合实例介绍生成投影视图的操作步骤。

【案例 12-5】投影视图

① 在工程图中选择一个要投影的工程视图（打开随书资源中“源文件\ch12\12.5\12.5sourse. SLDDRW”，打开的工程图如图 12-15 所示）。

② 单击“工程图”控制面板中的（投影视图）按钮，或单击菜单栏中的“插入”→“工程图视图”→“投影视图”命令。

③ 系统将根据光标指针在所选视图的位置决定投影方向。可以从所选视图的上、下、左、右 4 个方向生成投影视图。

④ 系统会在投影方向出现一个方框，表示投影视图的大小，拖动这个方框到适当的位置，则投影视图被放置在工程图中。

⑤ 单击（确定）按钮，生成投影视图。

扫一扫，看视频

12.5.4 辅助视图

辅助视图类似于投影视图，它的投影方向垂直所选视图的参考边线，如图 12-16 所示。

下面结合实例介绍插入辅助视图的操作步骤。

【案例 12-6】辅助视图

① 打开随书资源中“源文件\ch12\12.6\12.6sourse. SLDDRW”，打开的工程图如图 12-16 所示。

② 单击“工程图”控制面板中的（辅助视图）按钮，或单击菜单栏中的“插入”→“工程图视图”→“辅助视图”命令。

③ 选择要生成辅助视图的工程视图中的一条直线作为参考边线，参考边线可以是零件的边线、侧影轮廓线、轴线或所绘制的直线。

④ 系统会在与参考边线垂直的方向出现一个方框，表示辅助视图的大小，拖动这个方框到适当的位置，则辅助视图被放置在工程图中。

⑤ 在“辅助视图”属性管理器中设置相关选项，如图 12-17（a）所示。

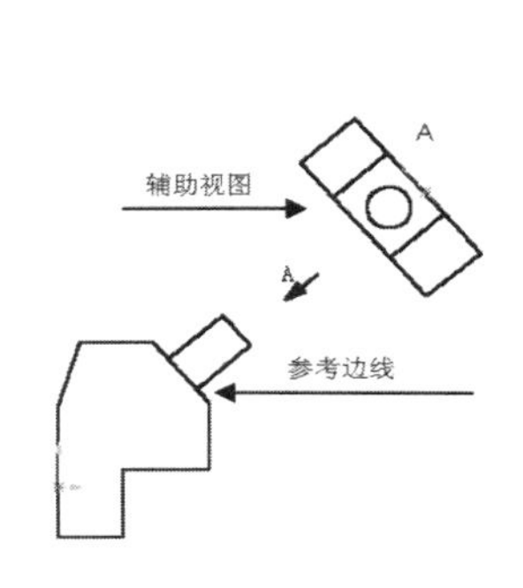

图 12-16　辅助视图举例

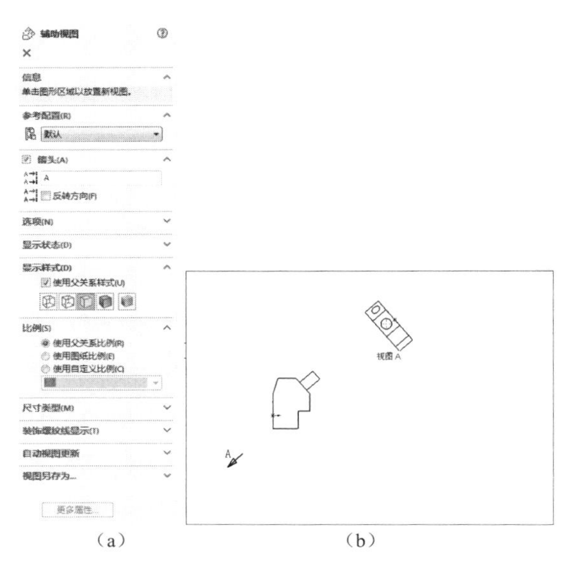

图 12-17　绘制辅助视图

a．在A→（标号）文本框中指定与剖面线或剖面视图相关的字母。

b．如果勾选“反转方向”复选框，则会反转切除的方向。

⑥ 单击✔（确定）按钮，生成辅助视图，如图 12-17（b）所示。

12.5.5 局部视图

可以在工程图中生成一个局部视图，来放大显示视图中的某个部分，如图 12-18 所示。局部视图可以是正交视图、三维视图或剖面视图。

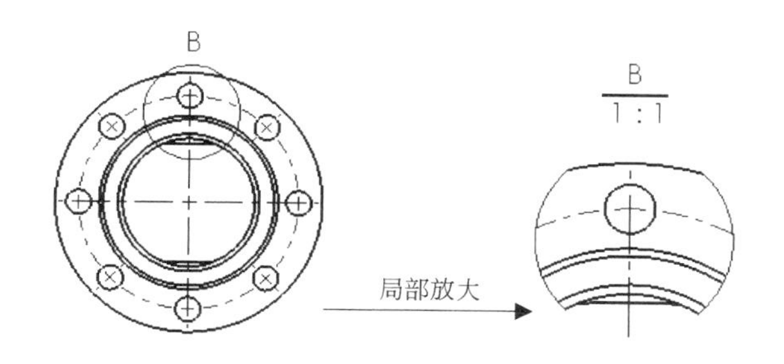

图 12-18　局部视图举例

下面结合实例介绍绘制局部视图的操作步骤。

【案例 12-7】局部视图

① 打开随书资源中“源文件\ch12\12.7\12.7sourse.SLDDRW”，打开的工程图如图 12-18（a）所示。

② 单击“工程图”控制面板中的（局部视图）按钮，或单击菜单栏中的“插入”→“工程图视图”→“局部视图”命令。

③ 此时，“草图”控制面板中的（圆）按钮被激活，利用它在要放大的区域绘制一个圆。

④ 系统会弹出一个方框，表示局部视图的大小，拖动这个方框到适当的位置，则局部视图被放置在工程图中。

⑤ 在“局部视图”属性管理器中设置相关选项，如图 12-19（a）所示。

a．（样式）下拉列表框：在下拉列表框中选择局部视图图标的样式，有“依照标准”“断裂圆”“带引线”“无引线”和“相连”5 种样式。

b．（名称）文本框：在文本框中输入与局部视图相关的字母。

c．如果在“局部视图”选项组中勾选了“完整外形”复选框，则系统会显示局部视图中的轮廓外形。

d．如果在“局部视图”选项组中勾选了“钉住位置”复选框，在改变派生局部视图的视图大小时，局部视图将不会改变大小。

e．如果在“局部视图”选项组中勾选了“缩放剖面线图样比例”复选框，将根据局部视图的比例来缩放剖面线图样的比例。

⑥ 单击✔（确定）按钮，生成局部视图，如图 12-19（b）所示。

此外，局部视图中的放大区域还可以是其他任何的闭合图形。其方法是首先绘制用来作放大区域的闭合图形，然后再单击（局部视图）按钮，其余的步骤相同。

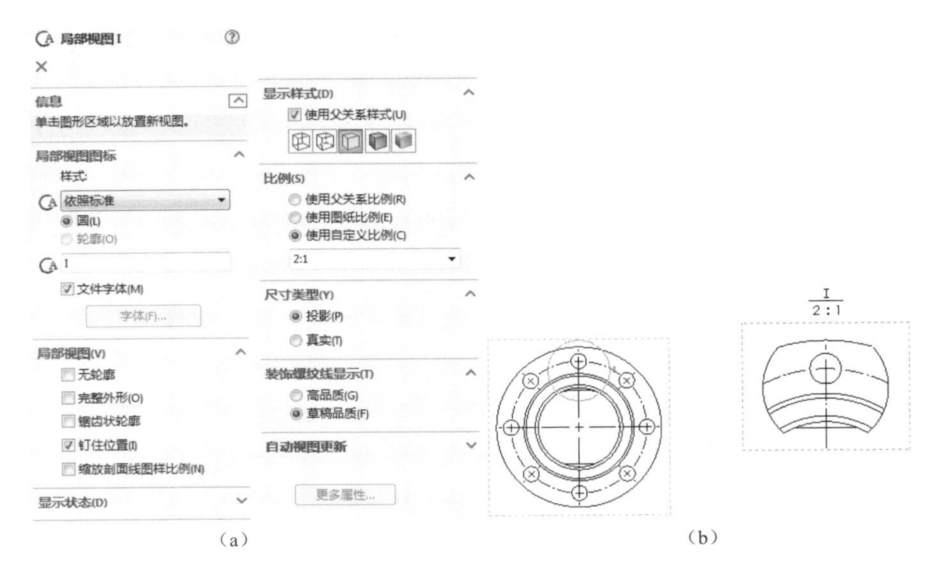

（a）　　（b）

图 12-19　绘制局部视图

12.5.6 断裂视图

扫一扫，看视频

工程图中有一些截面相同的长杆件（如长轴、螺纹杆等），这些零件在某个方向的尺寸比其他方向的尺寸大很多，而且截面没有变化。因此可以利用断裂视图将零件用较大比例显示在工程图上，如图 12-20 所示。

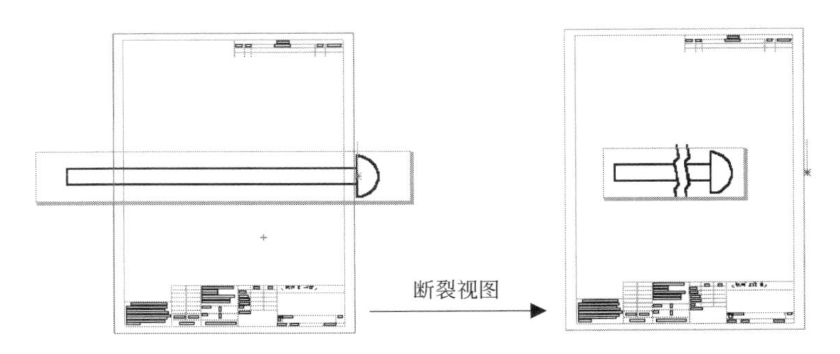

图 12-20　断裂视图举例

下面结合实例介绍绘制断裂视图的操作步骤。

【案例 12-8】断裂视图

① 打开随书资源中“源文件\ch12\12.8\12.8sourse.SLDDRW”，打开的文件实体如图 12-20（a）所示。

② 单击菜单栏中的“插入”→“工程图视图”→“断裂视图”命令，此时折断线出现在视图中。可以添加多组折断线到一个视图中，但所有折断线必须为同一个方向。

③ 将折断线拖动到希望生成断裂视图的位置。

④ 单击“确定”按钮✔，生成断裂视图，如图 12-20（b）所示。

此时，折断线之间的工程图都被删除，折断线之间的尺寸变为悬空状态。如果要修改折断线的形状，则右击折断线，在弹出的快捷菜单中选择一种折断线样式（直线、曲线、锯齿线和小锯齿线）。

12.6 操纵视图

在上一节的派生视图中，许多视图的生成位置和角度都受到其他条件的限制（如辅助视图的位置与参考边线相垂直）。有时，用户需要自己任意调节视图的位置和角度以及显示和隐藏，SOLIDWORKS 就提供了这项功能。此外，SOLIDWORKS 还可以更改工程图中的线型、线条颜色等。

12.6.1 移动和旋转视图

光标指针移到视图边界上时，光标指针变为形状，表示可以拖动该视图。如果移动的视图与其他视图没有对齐或约束关系，可以拖动它到任意的位置。

如果视图与其他视图之间有对齐或约束关系，若要任意移动视图，其操作步骤如下。

① 单击要移动的视图。

② 单击菜单栏中的“工具”→“对齐工程图视图”→“解除对齐关系”命令。

③ 单击该视图，即可以拖动它到任意的位置。

SOLIDWORKS 提供了两种旋转视图的方法，一种是绕着所选边线旋转视图，一种是绕视图中心点以任意角度旋转视图。

（1）绕边线旋转视图

① 在工程图中选择一条直线。

② 单击菜单栏中的“工具”→“对齐工程图视图”→“水平边线”命令，或单击菜单栏中的“工具”→“对齐工程图视图”→“竖直边线”命令。

③ 此时视图会旋转，直到所选边线为水平或竖直状态，旋转视图如图 12-21 所示。

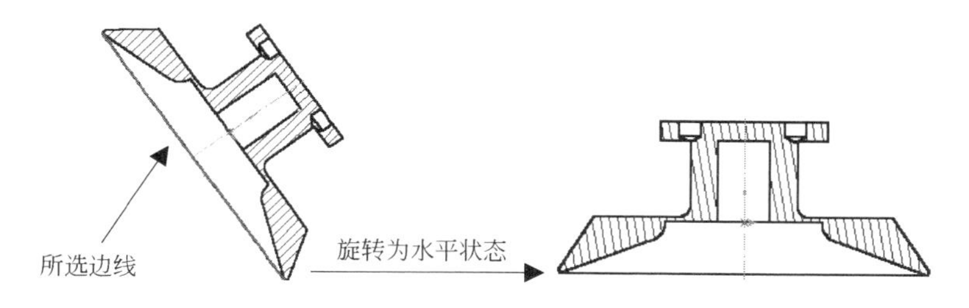

图 12-21 旋转视图

（2）围绕中心点旋转视图

① 选择要旋转的工程视图。

② 单击“前导视图”工具栏中的（旋转）按钮，系统弹出的“旋转工程视图”对话框如图 12-22 所示。

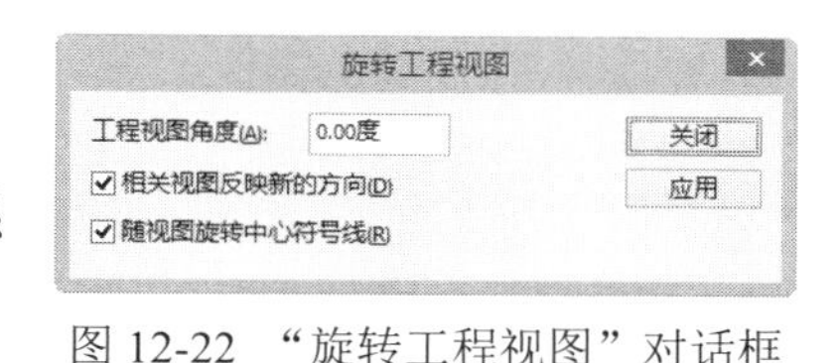

图 12-22 “旋转工程视图”对话框

③ 使用以下方法旋转视图。

■ 在“旋转工程视图”对话框的“工程视图角度”文本框中输入旋转的角度。

■ 使用鼠标直接旋转视图。

④ 如果在“旋转工程视图”对话框中勾选了“相关视图反映新的方向”复选框，则与该视图相关的视图将随着该视图的旋转做相应的旋转。

⑤ 如果勾选了“随视图旋转中心符号线”复选框，则中心符号线将随视图一起旋转。

12.6.2 显示和隐藏

在编辑工程图时，可以使用“隐藏视图”命令来隐藏一个视图。隐藏视图后，可以使用“显示视图”命令再次显示此视图。当用户隐藏了具有从属视图（如局部、剖面或辅助视图等）的父视图时，可以选择是否一并隐藏这些从属视图。再次显示父视图或其中一个从属视图时，同样可选择是否显示相关的其他视图。

下面介绍隐藏或显示视图的操作步骤。

① 在 FeatureManager 设计树或图形区中右击要隐藏的视图。

② 在弹出的快捷菜单中单击“隐藏”命令，如果该视图有从属视图（局部、剖面视图等），则弹出询问对话框，如图 12-23 所示。

③ 单击“是”按钮，将会隐藏其从属视图；单击“否”按钮，将只隐藏该视图。此时，视图被隐藏起来。当光标移动到该视图的位置时，将只显示该视图的边界。

④ 如果要查看工程图中隐藏视图的位置，但不显示它们，则单击菜单栏中的“视图”→“隐藏/显示”→“显示被隐藏的视图”命令，此时被隐藏的视图将显示如图 12-24 所示的形状。

图 12-23　询问对话框

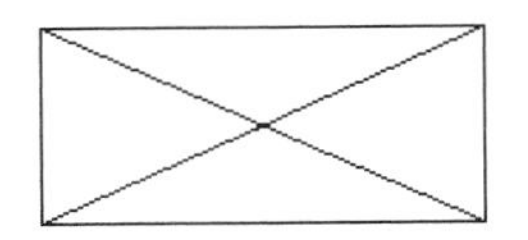

图 12-24　被隐藏的视图

⑤ 如果要再次显示被隐藏的视图，则右击被隐藏的视图，在弹出的快捷菜单中单击“显示视图”命令。

12.6.3 更改零部件的线型

在装配体中为了区别不同的零件，可以改变每一个零件边线的线型。

下面介绍改变零件边线线型的操作步骤。

① 在工程视图中右击要改变线型的视图。

② 在弹出的快捷菜单中单击“零部件线型”命令，系统弹出“零部件线型”对话框，如图 12-25 所示。

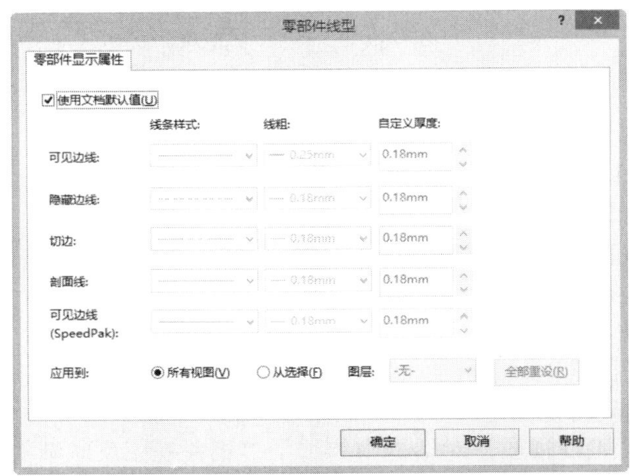

图 12-25　“零部件线型”对话框

③ 消除对“使用文件默认值”复选框的勾选。

④ 在“边线类型”列表框中选择一个边线样式。

⑤ 在对应的“线条样式”和“线粗”下拉列表框中选择线条样式和线条粗细。

⑥ 重复步骤④～步骤⑤，直到为所有边线类型设定线型。

⑦ 如果点选“工程视图”选项组中的“从选择”单选钮，则会将此边线类型设定应用到该零件视图和它的从属视图中。

⑧ 如果点选“所有视图”单选钮，则将此边线类型设定应用到该零件的所有视图。

⑨ 如果零件在图层中，可以从“图层”下拉列表框中改变零件边线的图层。

⑩ 单击“确定”按钮，关闭对话框，应用边线类型设定。

12.6.4 图层

图层是一种管理素材的方法，可以将图层看作是重叠在一起的透明塑料纸，假如某一图层上没有任何可视元素，就可以透过该层看到下一层的图像。用户可以在每个图层上生成新的实体，然后指定实体的颜色、线条粗细和线型。还可以将标注尺寸、注解等项目放置在单一图层上，避免它们与工程图实体之间的干涉。SOLIDWORKS 还可以隐藏图层，或将实体从一个图层上移动到另一图层。

下面介绍建立图层的操作步骤。

① 单击菜单栏中的“视图”→“工具栏”→“图层”命令，打开“图层”工具栏，如图 12-26 所示。

② 单击（图层属性）按钮，打开“图层”对话框。

③ 在“图层”对话框中单击“新建”按钮，则在对话框中建立一个新的图层，如图 12-27 所示。

图 12-26 “图层”工具栏

④ 在“名称”选项中指定图层的名称。

⑤ 双击“说明”选项，然后输入该图层的说明文字。

⑥ 在“开关”选项中有一个灯泡图标，若要隐藏该图层，则双击该图标，灯泡变为灰色，图层上的所有实体都被隐藏起来。要重新打开图层，再次双击该灯泡图标。

⑦ 如果要指定图层上实体的线条颜色，单击“颜色”选项，在弹出的“颜色”对话框中选择颜色，如图 12-28 所示。

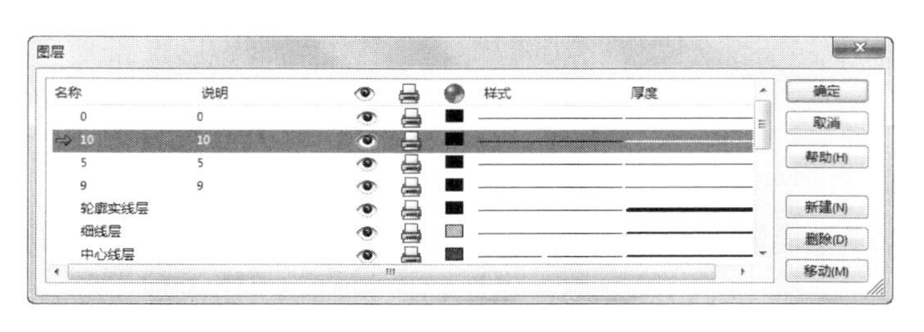

图 12-27 “图层”对话框

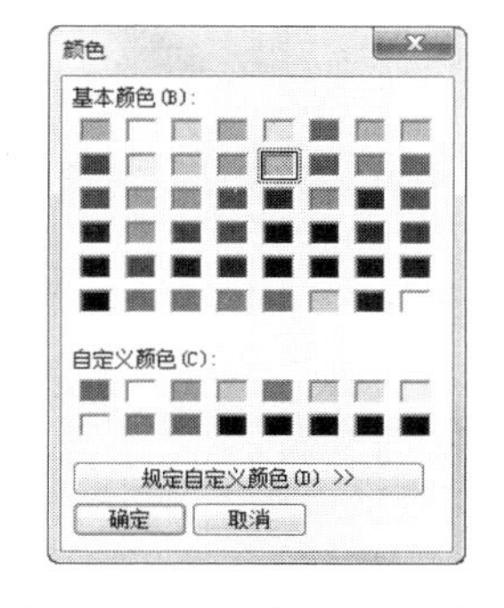

图 12-28 “颜色”对话框

⑧ 如果要指定图层上实体的线条样式或厚度，则单击“样式”或“厚度”选项，然后从弹出的清单中选择想要的样式或厚度。

⑨ 如果建立了多个图层，可以使用“移动”按钮来重新排列图层的顺序。

⑩ 单击“确定”按钮，关闭对话框。

建立了多个图层后，只要在“图层”工具栏的“图层”下拉列表框中选择图层，就可以导航到任意的图层。

12.7 注解的标注

如果在三维零件模型或装配体中添加了尺寸、注释或符号，则在将三维模型转换为二维工程图纸的过程中，系统会将这些尺寸、注释等一起添加到图纸中。在工程图中，用户可以添加必要的参考尺寸、注解等，这些注解和参考尺寸不会影响零件或装配体文件。

工程图中的尺寸标注是与模型相关联的，模型中的更改会反映在工程图中。通常用户在生成每个零件特征时生成尺寸，然后将这些尺寸插入到各个工程视图中。在模型中更改尺寸会更新工程图，反之，在工程图中更改插入的尺寸也会更改模型。用户可以在工程图文件中添加尺寸，但是这些尺寸是参考尺寸，并且是从动尺寸，参考尺寸显示模型的测量值，但并不驱动模型，也不能更改其数值，但是当更改模型时，参考尺寸会相应更新。当压缩特征时，特征的参考尺寸也随之被压缩。

默认情况下，插入的尺寸显示为黑色，包括零件或装配体文件中显示为蓝色的尺寸（如拉伸深度），参考尺寸显示为灰色，并带有括号。

12.7.1 注释

扫一扫，看视频

为了更好地说明工程图，有时要用到注释。注释可以包括简单的文字、符号或超文本链接。

下面结合实例介绍添加注释的操作步骤。

【案例 12-9】添加注释

① 打开随书资源中“源文件\ch12\12.9\12.9sourse. SLDD RW”，打开的工程图如图 12-29 所示。

② 单击“注解”控制面板中的A（注释）按钮，或单击菜单栏中的“插入”→“注解”→“注释”命令，系统弹出“注释”属性管理器。

③ 在“引线”选项组中选择引导注释的引线和箭头类型。

④ 在“文字格式”选项组中设置注释文字的格式。

⑤ 拖动光标指针到要注释的位置，在图形区添加注释文字，如图 12-30 所示。

⑥ 单击✔（确定）按钮，完成注释。

图 12-29 打开的工程图

12.7.2 表面粗糙度

扫一扫，看视频

表面粗糙度符号√用来表示加工表面上的微观几何形状特性，它对于机械零件表面的耐磨性、疲劳强度、配合性能、密封性、流体阻力以及外观质量等都有很大的影响。

下面结合实例介绍插入表面粗糙度的操作步骤。

【案例 12-10】插入表面粗糙度

① 打开随书资源中“源文件\ch12\12.10\12.10sourse.SLDD RW”，打开的工程图如图 12-29 所示。

② 单击“注解”控制面板中的√（表面粗糙度符号）按钮，或单击菜单栏中的“插入”→“注解”→“表面粗糙度符号”命令。

③ 在弹出的“表面粗糙度”属性管理器中设置表面粗糙度的属性，如图 12-31 所示。

④ 在图形区中单击，以放置表面粗糙符号。

⑤ 可以不关闭对话框，设置多个表面粗糙度符号到图形上。

⑥ 单击✔（确定）按钮，完成表面粗糙度的标注。

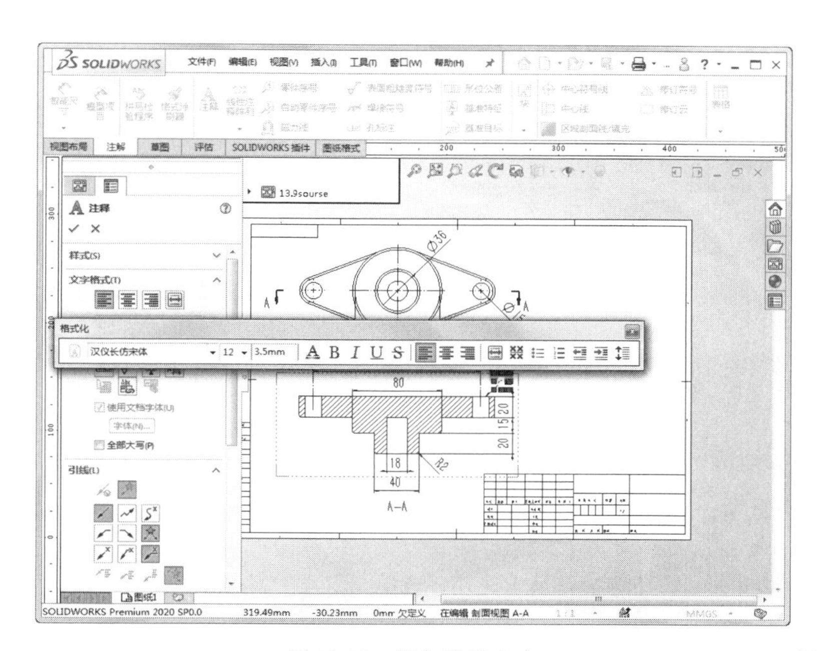

图 12-30　添加注释文字

图 12-31　“表面粗糙度”属性管理器

12.7.3 形位公差

形位公差是机械加工工业中一项非常重要的基础，尤其在精密机器和仪表的加工中，形位公差是评定产品质量的重要技术指标。它对于在高速、高压、高温、重载等条件下工作的产品零件的精度、性能和寿命等有较大的影响。

扫一扫，看视频

下面结合实例介绍标注形位公差的操作步骤。

【案例 12-11】标注形位公差

① 打开随书资源中“源文件\ch12\12.11\12.11sourse.SLDDRW”，打开的工程图如图 12-32 所示。

② 单击“注解”控制面板中的▭（形位公差）按钮，或单击菜单栏中的“插入”→“注解”→“形位公差”命令，系统弹出“属性”对话框。

③ 单击“符号”文本框右侧的下拉按钮，在弹出的面板中选择形位公差符号。

④ 在“公差”文本框中输入形位公差值。

⑤ 设置好的形位公差会在“属性”对话框中显示，如图 12-33 所示。

⑥ 在图形区中单击，以放置形位公差。

⑦ 可以不关闭对话框，设置多个形位公差到图形上。

⑧ 单击“确定”按钮，完成形位公差的标注。

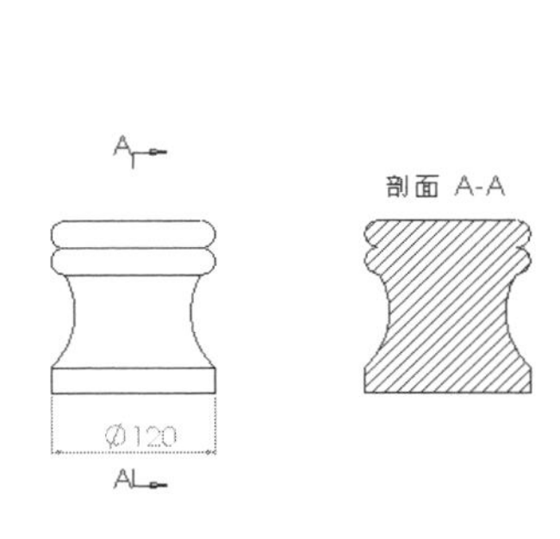

图 12-32　打开的工程图

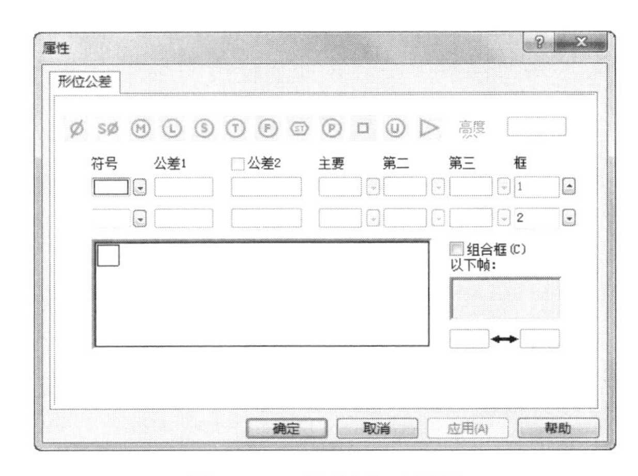

图 12-33 “属性”对话框

12.7.4 基准特征符号

扫一扫，看视频

基准特征符号用来表示模型平面或参考基准面。下面结合实例介绍插入基准特征符号的操作步骤。

【案例 12-12】插入基准特征符号

① 打开随书资源中“源文件\ch12\12.12\12.12sourse.SLDDRW”，打开的工程图如图 12-34 所示。

② 单击“注解”控制面板中的（基准特征符号）按钮，或单击菜单栏中的“插入”→“注解”→“基准特征符号”命令。

③ 在弹出的“基准特征”属性管理器中设置属性，如图 12-35 所示。

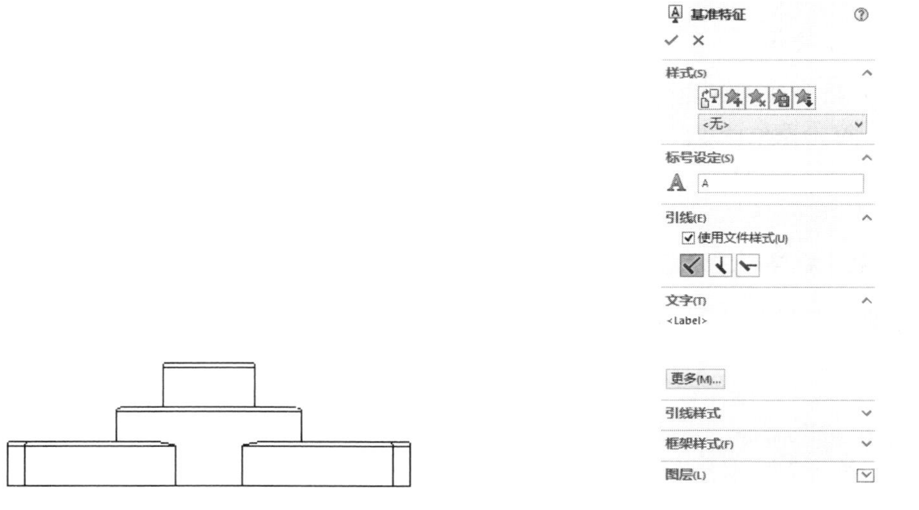

图 12-34　打开的工程图　　　　图 12-35 “基准特征”属性管理器

④ 在图形区中单击，以放置符号。

⑤ 可以不关闭对话框，设置多个基准特征符号到图形上。

⑥ 单击✔（确定）按钮，完成基准特征符号的标注。

12.8 分离工程图

分离格式的工程图无须将三维模型文件装入内存，即可打开并编辑工程图。用户可以将RapidDraft 工程图传送给其他的 SOLIDWORKS 用户而不传送模型文件。分离工程图的视图在模型的更新方面也有更多的控制。当设计组的设计员编辑模型时，其他的设计员可以独立地在工程图中进行操作，对工程图添加细节及注解。

由于内存中没有装入模型文件，以分离模式打开工程图的时间将大幅缩短。因为模型数据未被保存在内存中，所以有更多的内存可以用来处理工程图数据，这对大型装配体工程图来说是很大的性能改善。

下面介绍转换工程图为分离工程图格式的操作步骤。

① 单击“标准”工具栏中的（打开）按钮，或单击菜单栏中的“文件”→“打开”命令。

② 在“打开”对话框中选择要转换为分离格式的工程图。

③ 单击“打开”按钮，打开工程图。

④ 单击“标准”工具栏中的（保存）按钮，选择“保存类型”为“分离的工程图”，保存并关闭文件。

⑤ 再次打开该工程图，此时工程图已经被转换为分离格式的工程图。

在分离格式的工程图中进行的编辑方法与普通格式的工程图基本相同，这里就不再赘述。

12.9 打印工程图

用户可以打印整个工程图纸，也可以只打印图纸中所选的区域，其操作步骤如下。

单击菜单栏中的“文件”→“打印”命令，弹出“打印”对话框，如图 12-36 所示。在该对话框中设置相关打印属性，如打印机的选择，打印效果的设置，页眉、页脚设置，打印线条粗细的设置等。在“打印范围”选项组中点选“所有图纸”单选钮，可以打印整个工程图纸；点选其他三个单选钮，可以打印工程图中所选区域。单击“确定”按钮，开始打印。

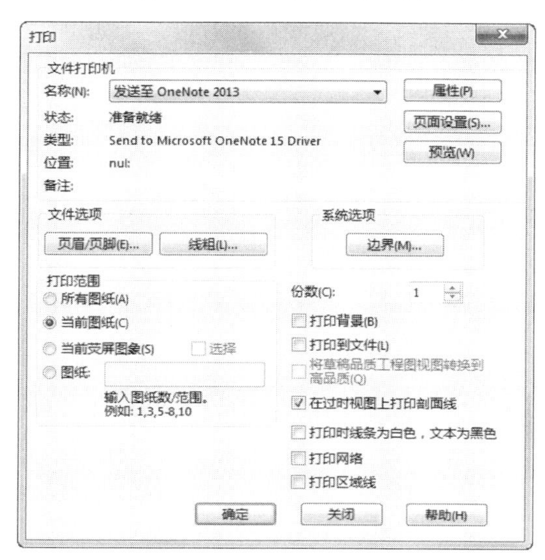

图 12-36 “打印”对话框

12.10 综合实例——轴瓦工程图

本例将通过如图 12-37 所示轴瓦零件的工程图创建实例，综合利用前面所学的知识，讲述利用 SOLIDWORKS 的工程图功能创建工程图的一般方法和技巧。

扫一扫，看视频

绘制步骤

① 进入 SOLIDWORKS，选择菜单栏中的“文件”→“打开”命令，在弹出的“打开”对话框中选择将要转化为工程图的零件文件。

② 单击“标准”工具栏中的（从零件/装配图制作工程图）命令，此时会弹出“图纸格式/大小”对话框，选择“自定义图纸大小”并设置图纸尺寸如图 12-38 所示。单击“确定”按钮，完成图纸设置。

图 12-37 轴瓦零件图

③ 此时在图形编辑窗口，会出现如图 12-39 所示放置框，在图纸中合适的位置放置正视图，如图 12-40 所示。

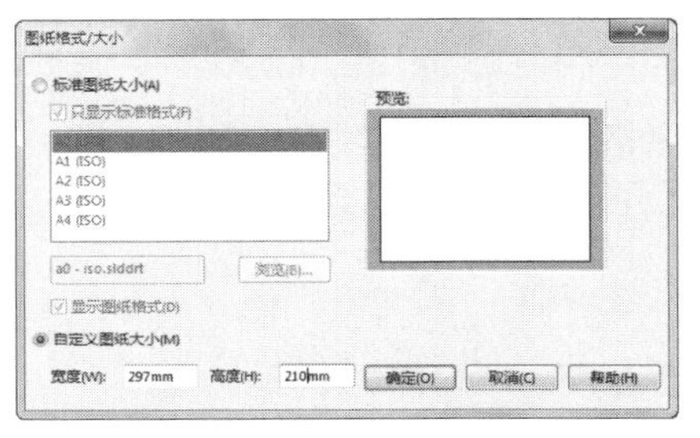

图 12-38 “图纸格式/大小”对话框

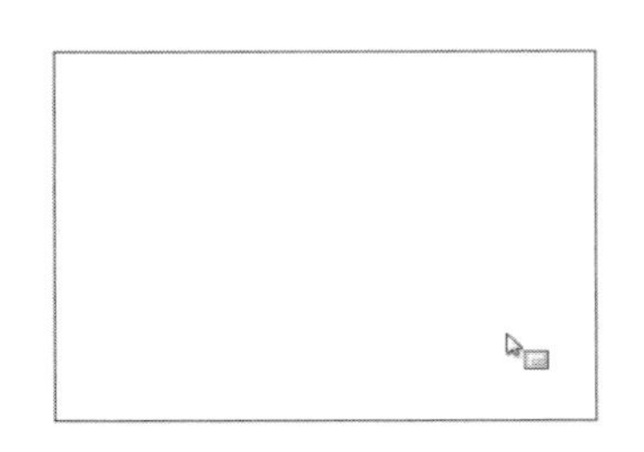

图 12-39 放置框

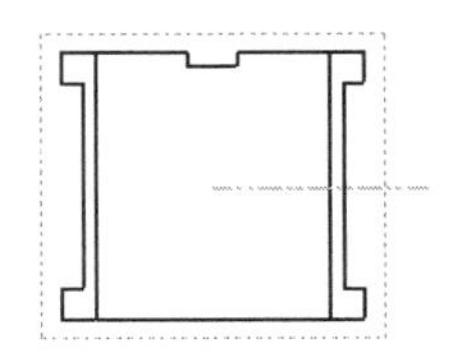

图 12-40 正视图

④ 利用同样的方法，在图形操作窗口放置俯视图（由于该零件图比较简单，故侧视图没有标出），相对位置如图 12-41 所示。

⑤ 在图形窗口中的正视图内单击，此时会出现“工程图视图 1”属性管理器中设置相关参数：在“显示样式”面板中选择（隐藏线可见）按钮（如图 12-42 所示），此时的三视图将显示隐藏线，如图 12-43 所示。

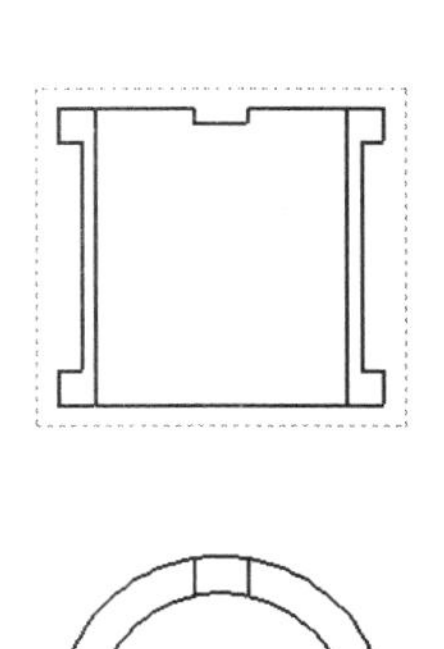

图 12-41 视图模型

图 12-42 “工程图视图 1”属性管理器

⑥ 选择菜单栏中的“插入”→“模型项目”命令，或者选择“注解”控制面板中的“模型项目”按钮，会出现“模型项目”属性管理器，在属性管理器中设置各参数如图 12-44 所示，单击属性管理器中的✔按钮，这时会在视图中自动显示尺寸，如图 12-45 所示。

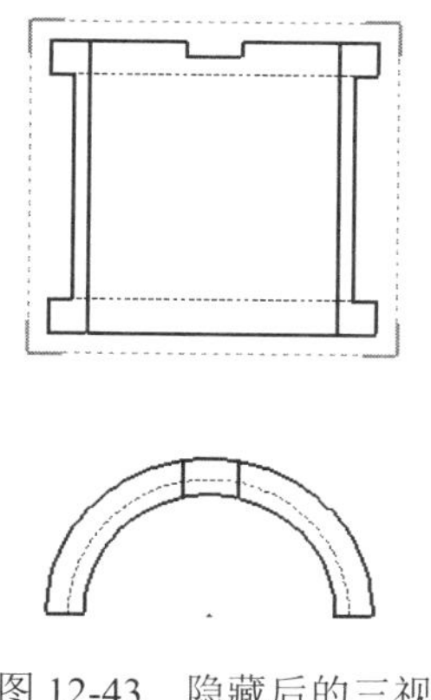

图 12-43　隐藏后的三视图

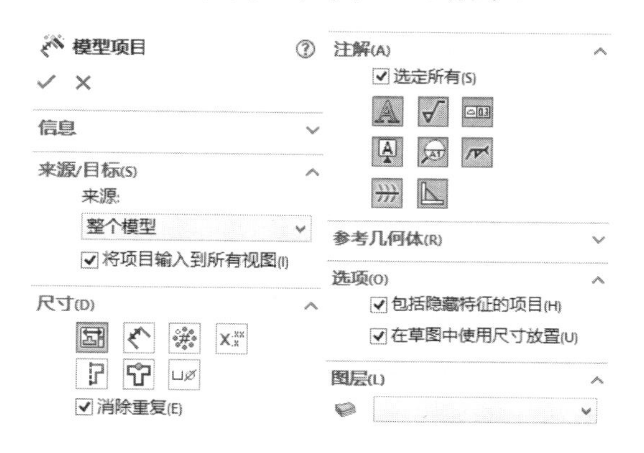

图 12-44　“模型项目”属性管理器

⑦ 在主视图中单击选取要移动的尺寸，按住鼠标左键移动光标位置，即可在同一视图中动态地移动尺寸位置。选中将要删除多余的尺寸，然后按键盘中的<Delete>键即可将多余的尺寸删除，调整后的主视图如图 12-46 所示。

技巧荟萃

如果要在不同视图之间移动尺寸，首先选择要移动的尺寸并按住鼠标左键，然后按住键盘中的<Shift>键，移动光标到另一个视图中释放鼠标左键，即可完成尺寸的移动。

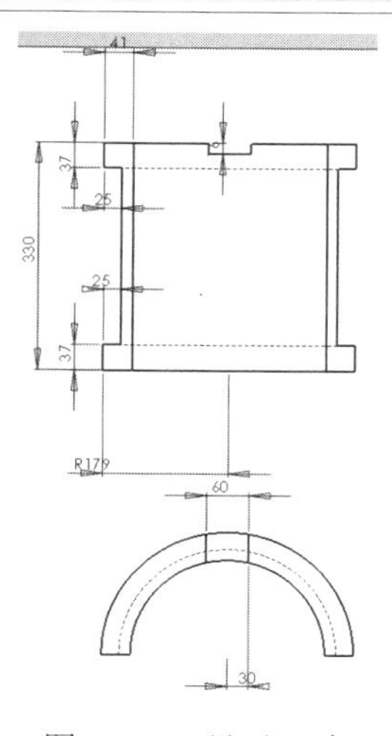

图 12-45　显示尺寸

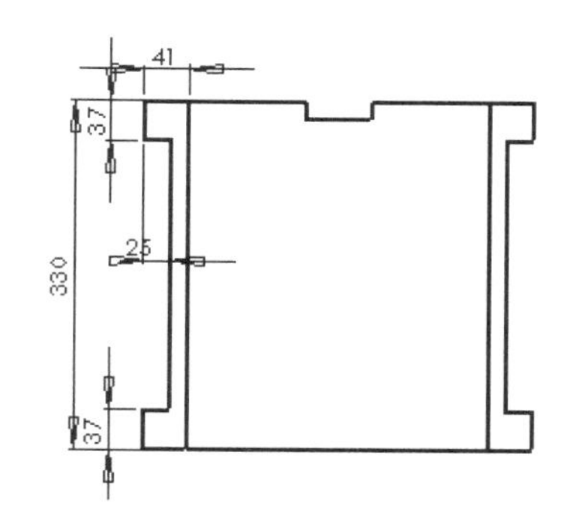

图 12-46　调整后的主视图

⑧ 利用同样的方法可以调整俯视图，得到的结果如图 12-47 所示。

⑨ 选择“草图”控制面板中的命令，在主视图中绘制中心线，如图 12-48 所示。

⑩ 选择菜单栏中的“工具”→“尺寸”→“智能尺寸”命令，或者选择“注解”控制面板中的按钮，标注视图中的尺寸，在标注过程中将不符合国标的尺寸删除，最终得到的结果如图 12-49 所示。

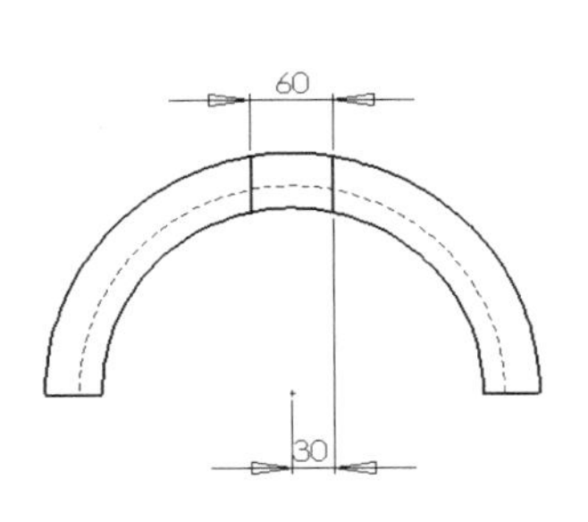

图 12-47　调整后的俯视图

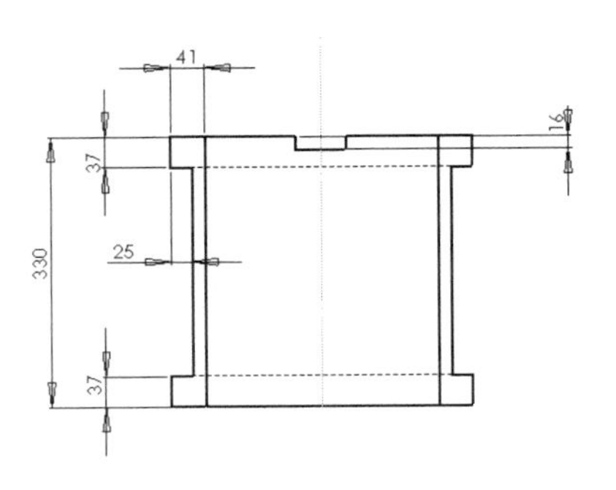

图 12-48　绘制中心线

⑪ 选择“注解”控制面板中的√按钮，会出现“表面粗糙度”属性管理器，在属性管理器中设置各参数如图 12-50 所示。

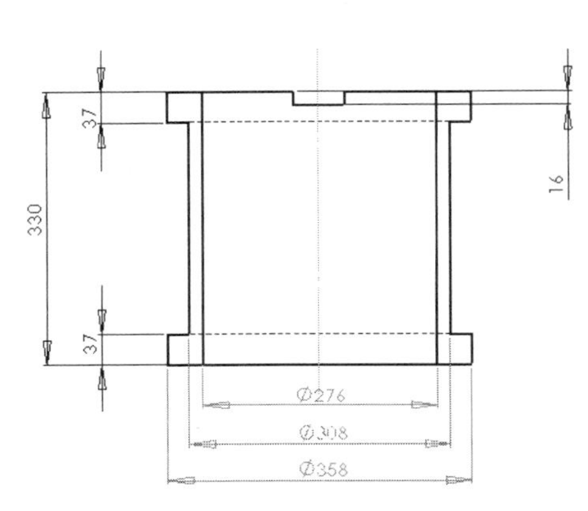

图 12-49　添加尺寸

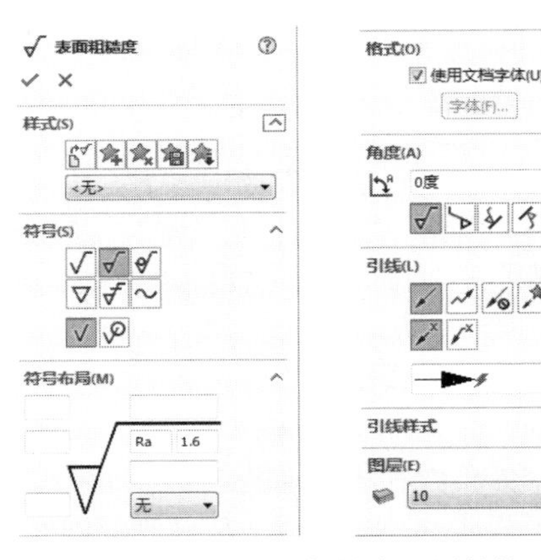

图 12-50　“表面粗糙度”属性管理器

⑫ 设置完成后，移动光标到需要标注表面粗糙度的位置，单击即可完成标注，单击属性管理器中的✔按钮，表面粗糙度即可标注完成。下表面的标注需要设置角度为 180°，标注表面粗糙度效果如图 12-51 所示。

⑬ 选择“注解”操控板中的A按钮，会出现“基准特征”属性管理器，在属性管理器中设置各参数如图 12-52 所示。

⑭ 设置完成后，移动光标到需要添加基准特征的位置单击，然后拖动鼠标到合适的位置再次单击即可完成标注，单击✔按钮即可在图中添加基准符号，如图 12-53 所示。

⑮ 选择“注解”操控板中的▭按钮，会出现“形位公差”属性管理器及“属性”对话框，在属性管理器中设置各参数如图 12-54 所示，在“属性”对话框中设置各参数如图 12-55 所示。

⑯ 设置完成后，移动光标到需要添加形位公差的位置单击即可完成标注，单击✔按钮即可在图中添加形位公差符号，如图 12-56 所示。

⑰ 选择“草图”操控板中的“中心线”按钮，在俯视图中绘制两条中心线，如图 12-57 所示。

⑱ 选择主视图中的所有尺寸，如图 12-58 所示，在“尺寸”属性管理器中的“尺寸界线/引线显示”属性管理器中实心箭头，如图 12-59 所示，单击确定按钮。

⑲ 利用同样的方法修改俯视图中尺寸的属性如图 12-60，最终可以得到如图 12-61 所示的工程图。工程图的生成到此结束。

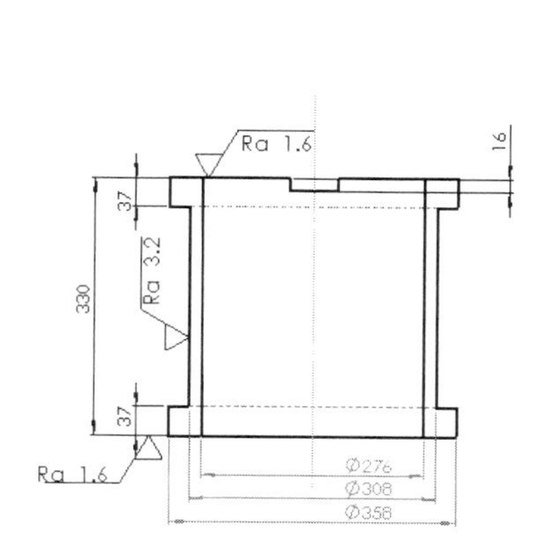

图 12-51　标注表面粗糙度

图 12-52　“基准特征”属性管理器

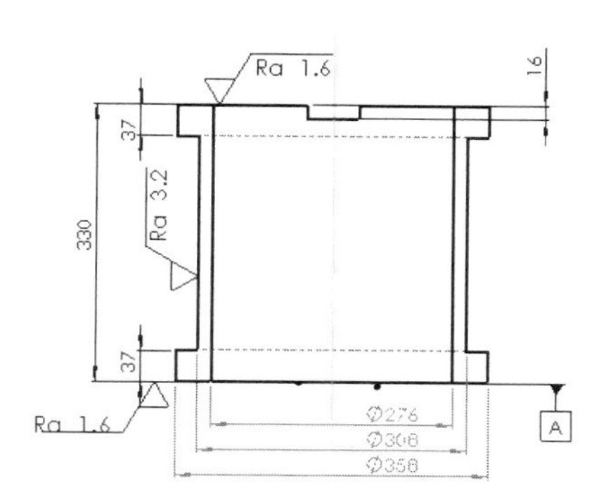

图 12-53　添加基准符号

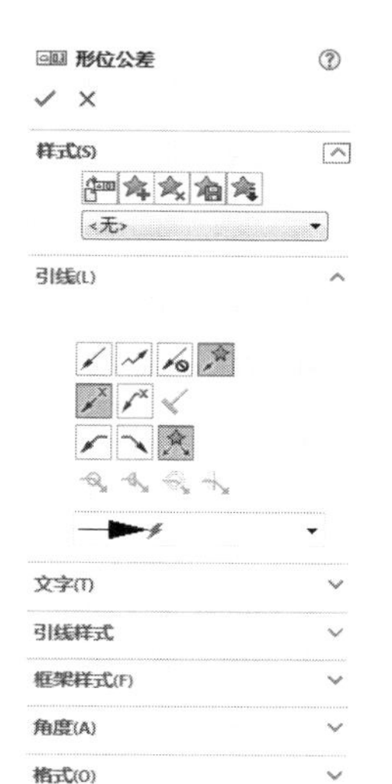

图 12-54　“形位公差”属性管理器

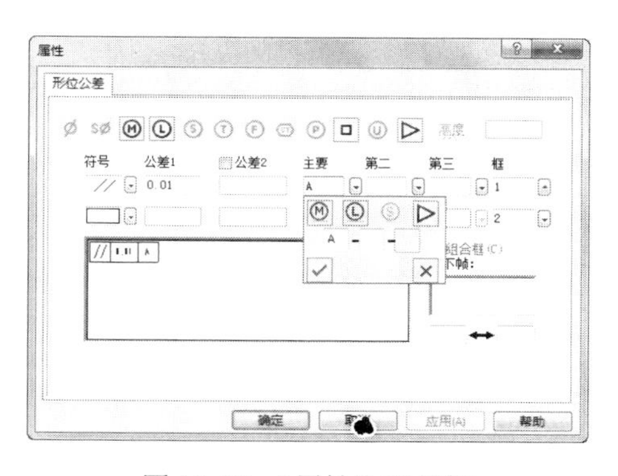

图 12-55　“属性”对话框

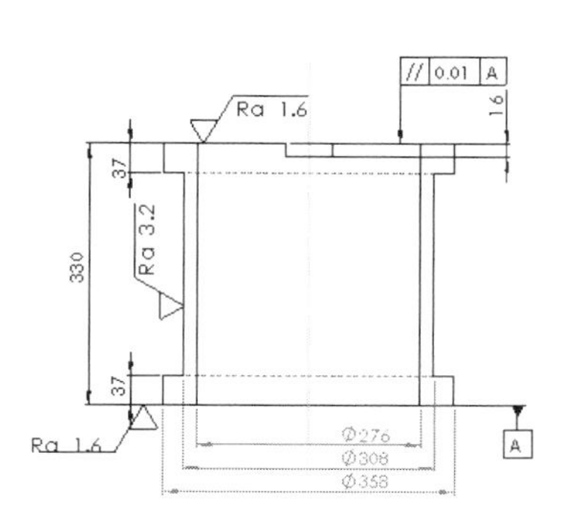

图 12-56　添加形位公差

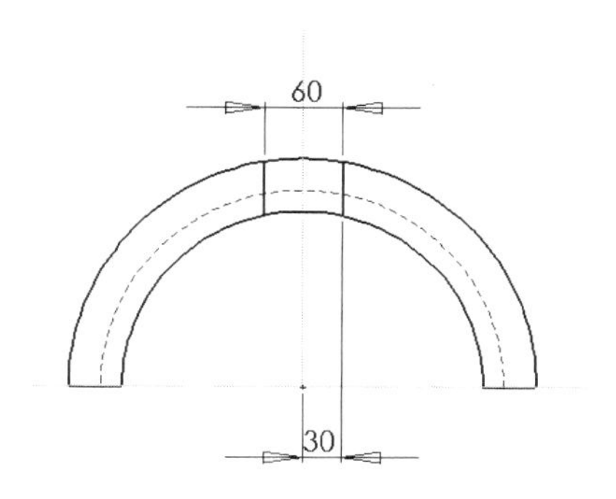

图 12-57　添加中心线

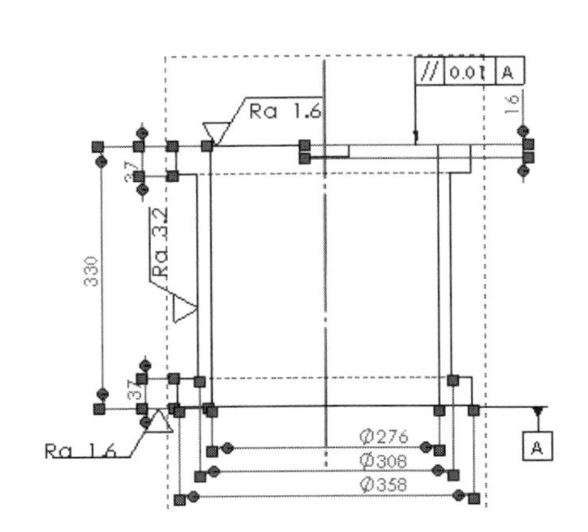

图 12-58　选择尺寸线

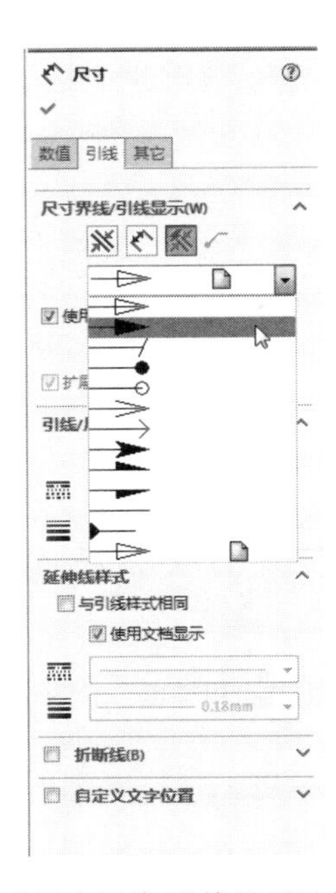

图 12-59　“尺寸界线/引线显示”属性管理器

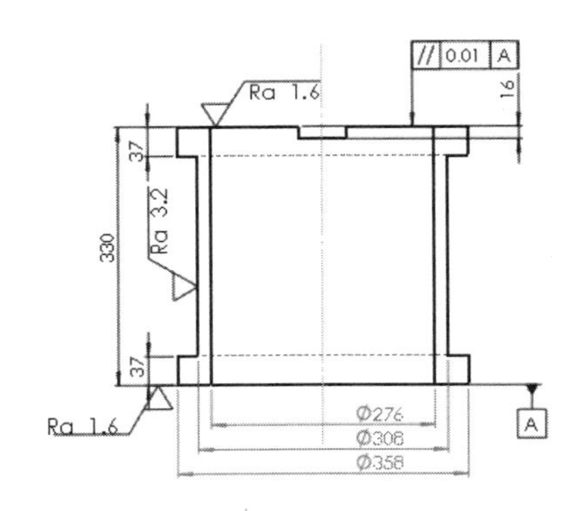

图 12-60　更改尺寸属性

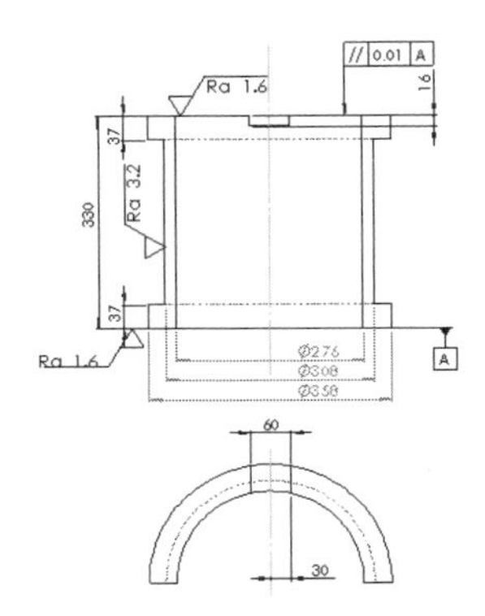

图 12-61　工程图

第13章 交互动画制作工具 SOLIDWORKS Composer

由于随着现在制作装配说明、客户服务材料及制作装配与结合的交互动画的需要增多，SOLIDWORKS Composer 的使用越来越广泛。作为 SOLIDWORKS 完美结合的 SOLIDWORKS Composer 我们单独列出一章来介绍。

本章主要介绍 SOLIDWORKS Composer 软件的使用，首先介绍软件的图形界面及所能实现的功能，然后介绍如何导航视图、制作视图和标记、爆炸图和矢量图及动画的制作。每节后面结合典型实例来详细讲述 SOLIDWORKS Composer 具体的使用方法。

知识点

- 概述
- 功能区
- 导航视图
- 视图和标记
- 爆炸图和矢量图
- 动画制作
- 实例——滑动轴承的拆解与装配

13.1 概述

本节为基础部分，首先是对 SOLIDWORKS Composer 的介绍，然后通过图形用户界面来讲述各部分的功能，最后来说明 SOLIDWORKS Composer 的文件格式。

13.1.1 SOLIDWORKS Composer 简介

SOLIDWORKS Composer 是 Dassault Systèmes 公司推出的一款文档制作软件。它可以直接使用在 SOLIDWORKS 中创建的模型，以无缝对接的方式直接更新到产品的文档中，来创建精确的和最新的印刷及交互材料。可以通过使用 SOLIDWORKS Composer 来创建装配说明、客户服务程序、市场营销资料、现场服务维修手册、培训教材和用户手册。

利用 SOLIDWORKS Composer 可创建基于 exe 格式、DOC 格式、PDF 格式、PPT 格式、AVI 格式和网页格式的文件。SOLIDWORKS Composer 功能强大，但是并不是那么复杂和难以使用，相反，它带给用户的体验往往很好，而且马上就可以见到效果。

13.1.2 图形用户界面

如图 13-1 所示为 SOLIDWORKS Composer 的图形用户界面（GUI）。

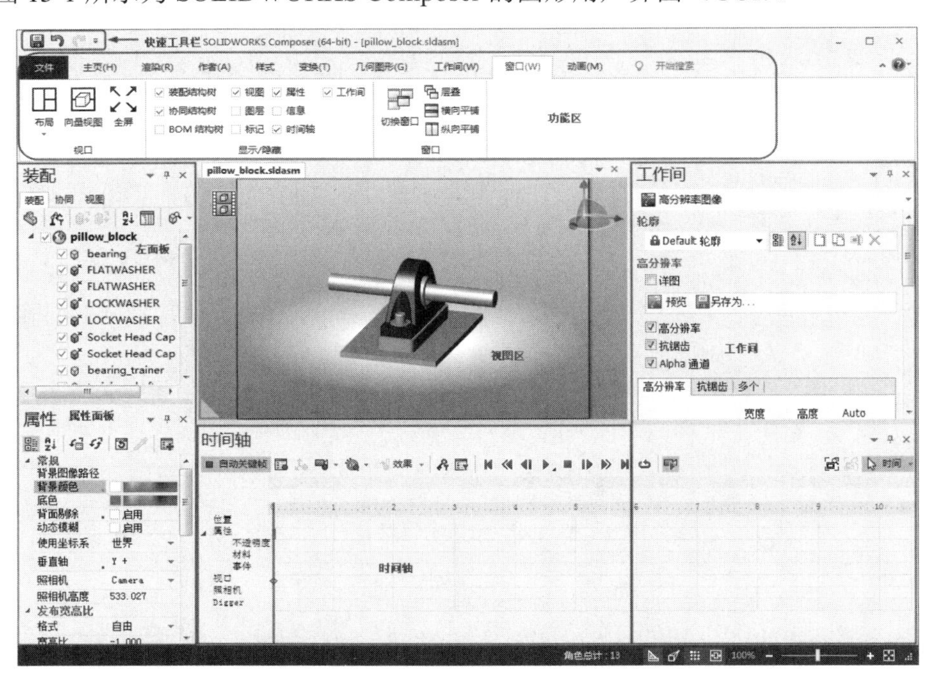

图 13-1　SOLIDWORKS Composer 的图形用户界面

（1）快速工具栏

快速工具栏提供了快捷使用常用命令的方式，默认情况下，快速工具栏包含有保存、撤消和前进命令图标。快速工具栏中的命令是可以配置的。可以通过单击“快速”工具栏中“展开”图标“ ”，从中选择命令或单击“更多命令”来配置，如图 13-2 所示。

（2）功能区

功能区是显示基于任务的工具和控件的选项板。在打开文件时，会默认显示功能区，提供一个包括创建或修改图形所需的所有工具的小型选项板。它由选项卡、面板及所含命令组成，如图 13-3 所示。

在 SOLIDWORKS Composer 中功能区包含有文件、主页、渲染、作者、样式、变换、几何图形、工作间、窗口 9 个选项卡。各个选项卡下包含有各自的面板。

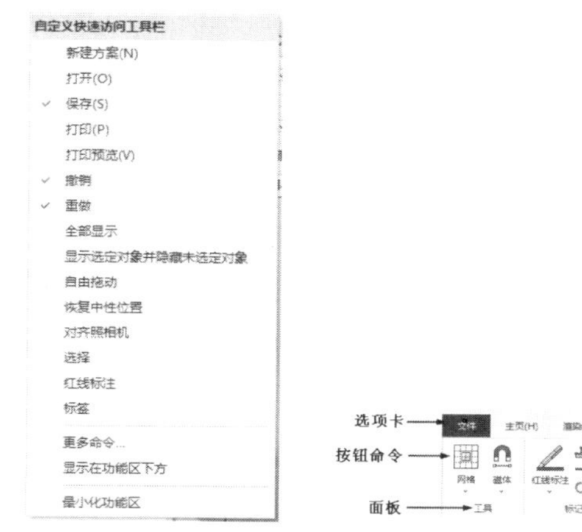

图 13-2　配置快速工具栏

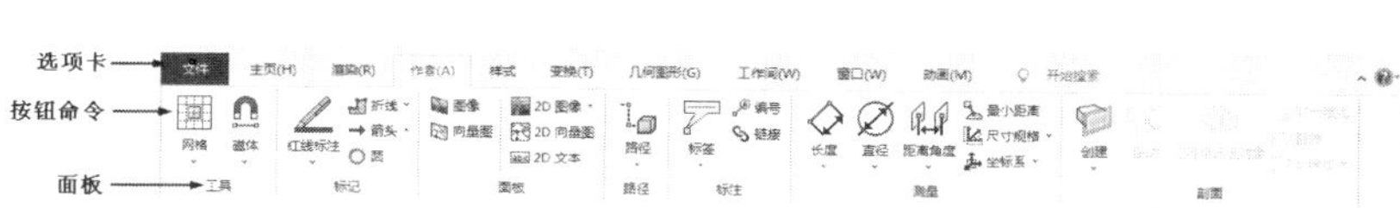

图 13-3　功能区

（3）左面板

默认情况下左面板包含有装配、协同和视图三个面板，但是也可以添加其他的面板，例如 BOM 和标记等。可以通过功能区的“窗口”选项卡“显示/隐藏”面板中的各个选项来控制左面板中各个面板的显示情况，也可以通过拖动面板上的标签来调节各个面板的位置。

（4）视图区

视图区是 SOLIDWORKS Composer 的主要工作区。它显示的是三维的场景，场景中包含有所有 SOLIDWORKS Composer 中的对象（几何模型、协同对象、照相机、灯光等）。视图区还包含有文档标签、模式图标、图纸空间、激活视图面板符号、罗盘和地面，如图 13-4 所示。

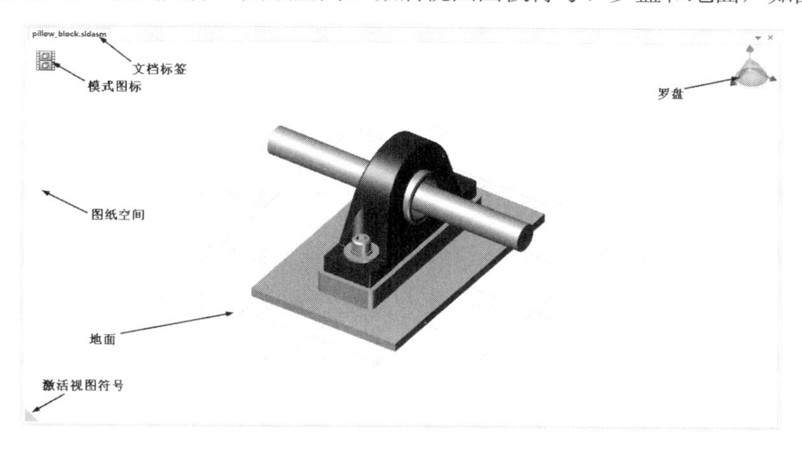

图 13-4　视图区

（5）工作间

工作间面板提供了 SOLIDWORKS Composer 特征设置。要显示工作间面板，可以通过单击“视图”→“显示/隐藏”→“工作间”或在工作间选项卡中单击需要显示的工作间图标。工作间包含有开始、模型浏览器、样式、过滤器、纹理、视图、BOM、技术图解、高分辨率图像、视频、简化、间隙检查、交互式冲突检测和路径规划等。

（6）属性面板

属性面板允许查看和编辑所选择对象的属性。每个对象含有中性属性，默认的是导入时文件的属性（CAD 属性）。可以修改并保存它的中性属性。当选择的对象为一个时，属性面板中显示的是它的所有属性，而选择的对象为多个时，属性面板中则显示的为它们共同的属性。

（7）时间轴

时间轴允许创建、修改和播放三维的动画。SOLIDWORKS Composer 是基于关键帧的界面。创建的关键帧捕获当下用户给的属性和位置，然后软件将通过计算播放两帧之间的过渡。

（8）状态栏

初始情况下状态栏被固定在 SOLIDWORKS Composer 中的底部。它显示了使用命令的指示性信息和其他有用的信息，另外它还包含有一些命令。例如“照相机透视模式”，利用此命令可以将视图在透视模式和正交投影模式间进行切换；而“显示/隐藏纸张”命令可以调整纸张的显示和隐藏。

13.1.3 文件格式

SOLIDWORKS Composer 默认保存的文件类型为 SMG（*.SMG），它是一个独立的文件，包含所有属性、几何模型、视图和动画信息。利用解压缩类软件，比如 WinRAR，可以对这个文件进行解压缩，解压缩后的文件包含有.smgXml，.smgGeom 及其他渲染所需的文件。其中.smgXml 文件包含有装配结构、对象的位置信息及视图的性能等。.smgGeom 文件为对象的模型。

打包文件（*.exe），SOLIDWORKS Composer 也可以生成打包的文件，它仅含有一个 exe 的文件。exe 文件包内除含有 SMG 文件外还包含有 SOLIDWORKS Composer Player 扩展文件及 SOLIDWORKS Composer Player 帮助文件。

方案文件（.smgProj），可以存放于不同的方案文件夹中，其中.smgXml、.smgView、.smgSce 文件可以被命名为不同的文件和放于不同的文件夹中，而.smgXml 和.smgGeom 文件必须名称相同且位于同目录中。表 13-1 列举了各个文件之间的比较。

表 13-1 文件类型比较

优 点	SMG（.smg）	打包文件（.exe）	产品（.smgXml）	方案（.smgProj）
最小的文件数量	√	√		
包 SOLIDWORKS Composer Player		√		
可编辑 XML			√	√
单独的产品、场景和视图文件			√	√
产品、场景和视图文件可存放于不同的文档				√

SOLIDWORKS Composer 可以支持的三维文件类型比较广泛，目前市面上比较流行的三维文件格式基本都可以导入到软件中进行操作。下面的三维模型都可以导入到 SOLIDWORKS Composer 中：

- 所有 SOLIDWORKS Composer 格式
- CATIA V4 4.1.9～4.2.4
- CATIA V5 R2～R22（不支持 Windows NT）。
- SOLIDWORKS 2006～2020
- 3DXML V2～V4

- ACIS，最高为 R21
- IGES，最高为 5.3
- STEP AP203 和 AP214
- VDA 1.0 和 2.0
- Pro/ENGINEER 16～Wildfire 5
- U3D ECMA 1～3
- STL
- VRML 2.0（非 1.0，不支持动画）
- Alias Wavefront
- XAML
- 3DStudio，最高为 3D Studio MAX 4（不支持动画和实例）
- Inventor（需要安装 SOLIDWORKS 和 Autodesk Inventor Viewer）

另外可以自 SOLIDWORKS 中直接导出为 smg 文件。首先打开“SOLIDWORKS”软件，在“SOLIDWORKS”中，单击“文件”，选择“另存为”命令，在弹出的“另存为”对话框中，指定“保存类型（T）”为“SOLIDWORKS Composer（*.smg）”，如图 13-5 所示。可以将当前 SOLIDWORKS 文件直接转换为 smg 格式的文件。

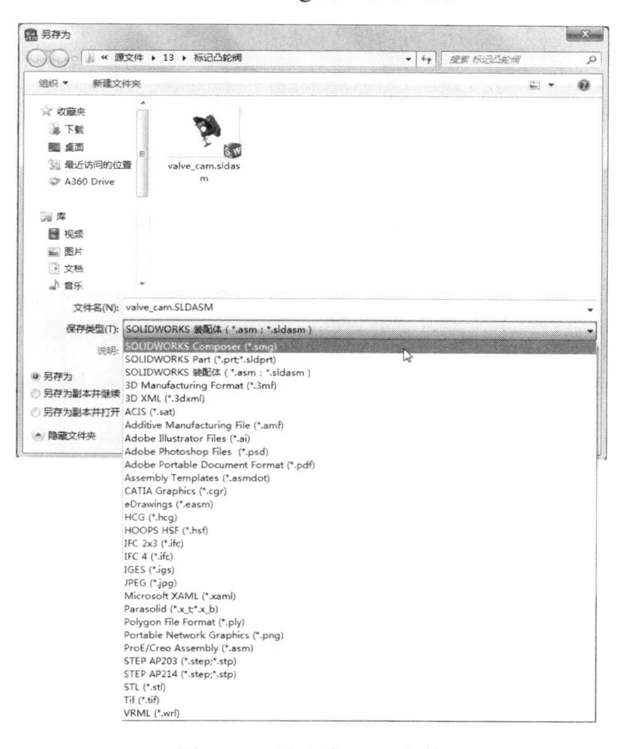

图 13-5　导出为 smg 文件

13.2 功能区

在功能区中几乎包含了 SOLIDWORKS Composer 的所有命令，要使用 SOLIDWORKS Composer 首先需要掌握功能区的各个命令。学好本节将为之后的章节打下良好的基础，起到事半功倍的效果。

13.2.1 文件

利用文件菜单中的命令可以管理文件，包括发布到各种格式、设置应用程序集及文档的属性等。文件菜单固定于 SOLIDWORKS Composer 窗口的左上角，打开后的文件菜单如图 13-6 所示。

（1）新建方案

创建一个新的 SOLIDWORKS Composer 方案文件。单击新建方案命令后会弹出“新方案”对话框，如图 13-7 所示，需要在其中设置方案的名称、位置及加载选项，然后单击“确定”按钮。系统会弹出“添加产品”对话框，在对话框中选择一个或多个产品文件（.smgXml）添加到方案中。

图 13-6 文件菜单

图 13-7 “新方案”对话框

（2）打开

打开一个 SOLIDWORKS Composer 文件、CAD 或其他三维格式的文件。

（3）保存

将文档保存为 SMG（.smg）格式或产品（.smgXml）格式文件。

（4）另存为

使用另存为命令可以将文档保存一个副本，另外使用另存为命令还可以将文档更改为其他的格式文件来保存，包括 SOLIDWORKS Composer 各种文件及其他交互格式的文件，例如：U3D，3ds 及 XAML 等。

（5）打印

可以更改打印设置，将文档打印。还可以快速打印或打印预览。

（6）发布

任务完成后可以将结果进行发布操作。不仅可以将文件发布为 html 和 pdf 格式，还可以直接发布到 SOLIDWORKS.com 网站上，或发送 E-mail。发布的具体设置将在后续章节中进行介绍。

（7）属性

在属性命令中包含有文档属性和默认文档属性两种属性，它们的区别为使用文档属性仅更改当前文件的各个属性，而修改默认文档属性则会修改当前及以后所保存得文档。

例如单击文档属性命令会弹出如图 13-8 所示的“文档属性”对话框，在对话框中可以进行安全性、签名、视口、视口背景、选定对象等属性的更改。

图 13-8 “文档属性”对话框

另外在属性命令中还包含有“显示 XML”命令，利用此命令可以打开 XML 场景描述文件。一般情况下打开此文件为系统中默认的 XML 编辑器，如果未安装的话，则使用 IE 打开。

（8）关闭

关闭当前文档。

（9）首选项

单击首选项命令会弹出如图 13-9 所示的“应用程序首选项”对话框，在“应用程序首选项”对话框中，可以进行应用程序设置的修改和用户配置文件的管理。“应用程序首选项”对话框包含有常规、输入、视口、照相机、选定对象、切换、硬件支持、应用程序路径、Data Paths 和高级设置十个页面。

在“应用程序首选项”对话框的右上角“轮廓”栏中有默认的四个配置文件可以选取。它们分别为标准、高质量、高速和安全。这四个配置文件是经过优化配置后的，例如选择默认配置表示将所有的设置返回到安装的初始状态；高质量配置中，显示隐藏边的选项将是启用的；高速配置中，选中突出显示将为禁用状态。

在“应用程序首选项”对话框的左下角，还可以对定义好的配置文件进行加载和保存的操作。

可以通过最小化功能区的方式来增加视图区或其他面板的有效空间。单击功能区右上角的最小化功能区图标 ˄ 或使用快捷键 Ctrl+F11 可以将功能区进行最小化。

图 13-9 “应用程序首选项”对话框

13.2.2 主页

在“主页”选项卡中，提供在程序中经常使用到的命令，含有样式、可视性、Digger、切换和显示/隐藏五个面板。如图 13-10 所示。

图 13-10 “主页”选项卡

（1）显示/隐藏

在“显示/隐藏”面板中包含有三个命令，包括动画、技术图解及高分辨率图像。

- 动画：切换为动画模式并显示时间轴。
- 技术图解：显示或隐藏技术图解工作间。
- 高分辨率图像：显示或隐藏高分辨率图形工作间。

（2）可视性

在此面板中可以调节管理对象的可视性状况。对象可以可见、隐藏或虚化。如图 13-11 所示，为面板展开后的情况。

图 13-11 “可视性”面板

（3）Digger

用于显示或隐藏 Digger 放大工具，Digger 为 SOLIDWORKS 特有的十分好用的一个工具。利用 Digger 不仅可以移动、拖动 Digger 环，还可以调节缩放比例、查看洋葱皮效果、X 光模式、改变光源及 2D 图像截图。

（4）切换

利用切换面板中的命令控制导航绘图区及照相机的方向。

- 缩放模式：当按钮被选择时，使用鼠标左键来进行缩放操作。
- 旋转模式：选取此命令，使用鼠标左键进行模型视图的旋转。

- 平移模式：选取此命令，可以对模型视图进行平移。
- 缩放面积模式：选取此命令，用鼠标左键选取一个区域来放大。
- 漫游模式：在此命令下，视图进入飞入状态。
- 惯性模式：在旋转模型后，因为惯性模型会继续旋转。

13.2.3 渲染

在“渲染”选项卡中，提供控制灯光和渲染对象的命令，含有模式、景深、照明、地面和需要时五个面板，如图 13-12 所示。

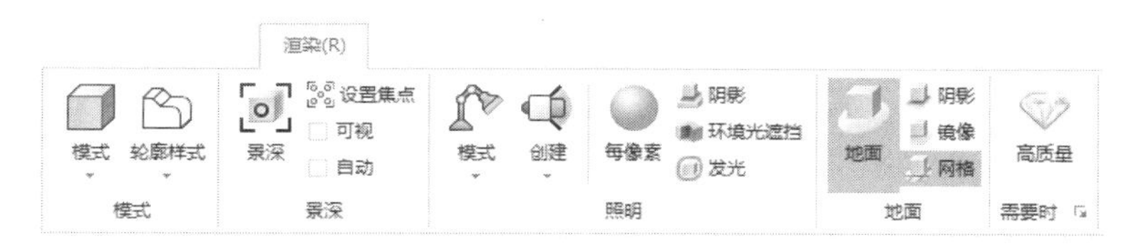

图 13-12 “渲染”选项卡

（1）模式

在模式中，可以调节模型的显示模式。如图 13-13 所列举的是部分的渲染样式。除整体显示模式外，还可以使用自定义显示模式，自定义显示模式可以对不同的对象调整设置不同的显示模式，也可以配置在矢量图中可视或隐藏线类型。

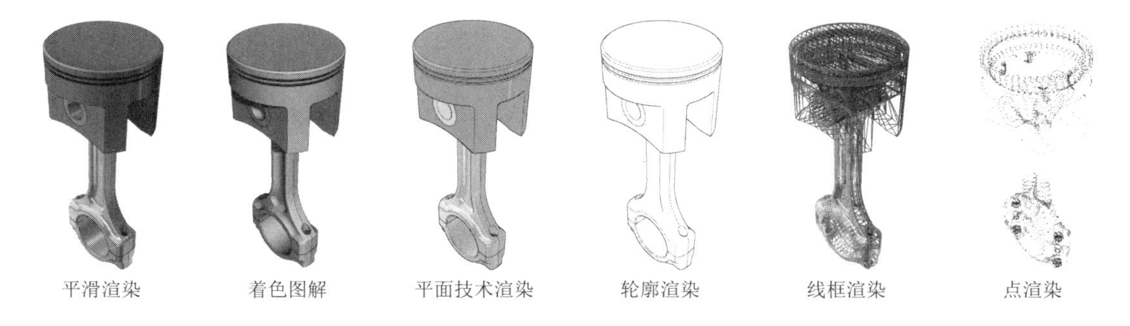

图 13-13 部分渲染样式

在使用自定义模式时，首先在模式中调整为自定义模式，然后选中要调整的模型。在属性窗格中将会出现“自定义渲染”组，组中含有优先级、不透明度、渲染、技术图解的可见样式、技术图解的隐藏样式，如图 13-14 所示。

（2）景深

利用景深命令可以让视图具有景深的效果，并且可以调整焦点。景深选项卡中包含有四个命令。

- 景深：使用此命令定义景深是否可用，要使用景深的效果除了执行本命令外，还需要将照相机透视模式设置为可用，在首选项中将 HardwareSupport.Advanced 参数设置为可用（需硬件支持），另外在视频（.avi）输出模式中是不支持景深的。如图 13-15 所示为显示景深前后效果。
- 设置焦点：可以手动进行设置景深焦点。要设置焦点，单击设置焦点 ，然后单击视口中的几何对象。焦点与对象相关联；对象移动，焦点也相应移动。要设置无对象关联的焦点，单击空视口背景或在单击对象前按<Alt>。与对象关联时，焦点图标为红色，反之为白色。

■ 可视：设置焦点是否在视图中是否可视，如图 13-16 所示。

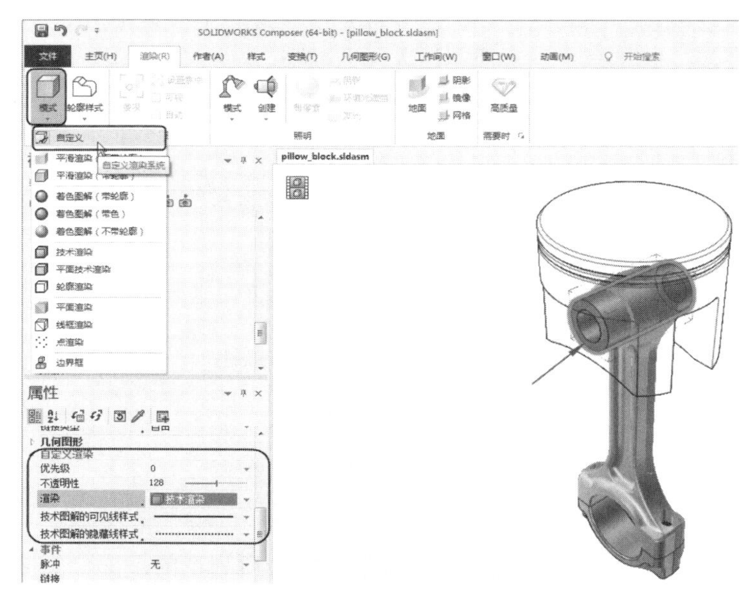

图 13-14　自定义渲染模式

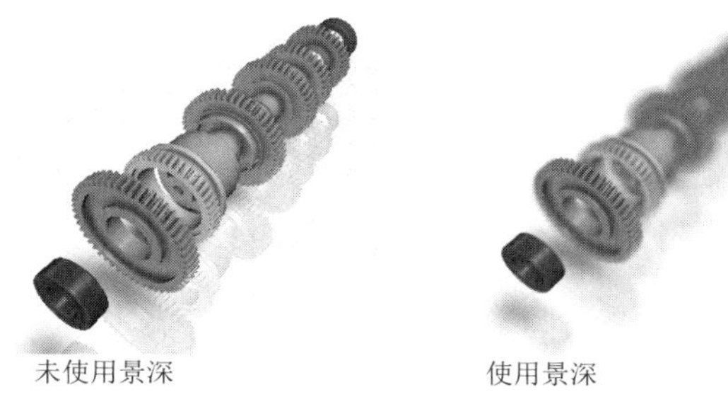

图 13-15　景深

图 13-16　焦点可视

■ 自动：要保持先前在平移或旋转视口时自动更改 DOF 焦点的行为，在“渲染”选项卡上选择自动。

（3）照明

照明面板中包含的命令可以控制模型的照明情况。可以进行预定义的灯光模式，也可以创建自定义灯光模式，还可以应用灯光的效果。

■ 模式：定义了几种模式的灯光效果，包括柔和、中度、金属、重金属等。

■ 创建：创建灯光，灯光中包含有聚光灯、定向光源和定位光源。

■ 每像素：调节表面显示的颜色和灯光，是否为每像素显示。选中此选项将提高显示的效果，如图 13-17 所示为显示效果对比。

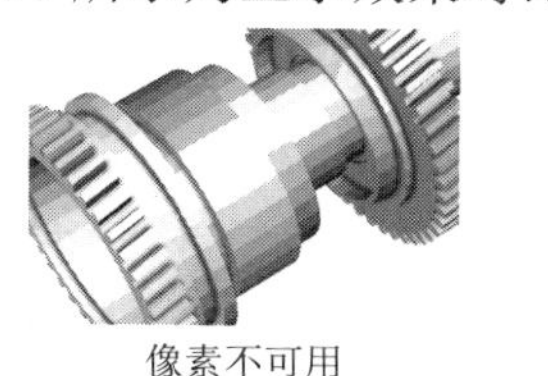

图 13-17　像素

（4）地面

地面命令可以调节地面对象，利用地面可以为场景添加深度和真实性。地面命令的具体效果可以通过点击各个命令进行查看。

（5）需要时

需要时面板仅包含高质量：使用此命令可以为视图创建高质量的图形。也可以直接单击键盘 A 键，执行此命令。

13.2.4 作者

在“作者”选项卡中，提供各种协同对象的创建和编辑的命令，含有工具、标记、面板、路径、标注、测量和剖面等，如图 13-18 所示。

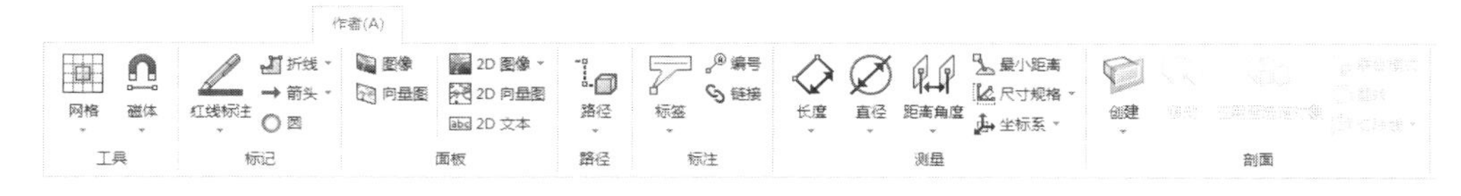

图 13-18 “作者”选项卡

（1）工具

网格和磁体线帮助在场景中放置和对齐对象。

网格：网格是一个平面，可以精确位置和对齐对象。要限制对象到网格上会使用到此命令。要重新调整网格，拖动网格角上的锚点，按着<Shift>来调整的话，会保持方向的比率。创建网格，通过定义矢量的方式来创建网格。另外还可以使用变形网格命令变形网格。变形网格可以利用几何来变形或整体变形。

磁体：利用磁体线可以非常容易地对齐协同对象。如图 13-19 所示。

（2）标记

标记面板中的命令可以创建和管理对象来增强模型，例如箭头和红线标注，如图 13-20 所示。在这里创建的所有对象均为协同对象，改变标记的显示方式是通过属性窗格进行调节。

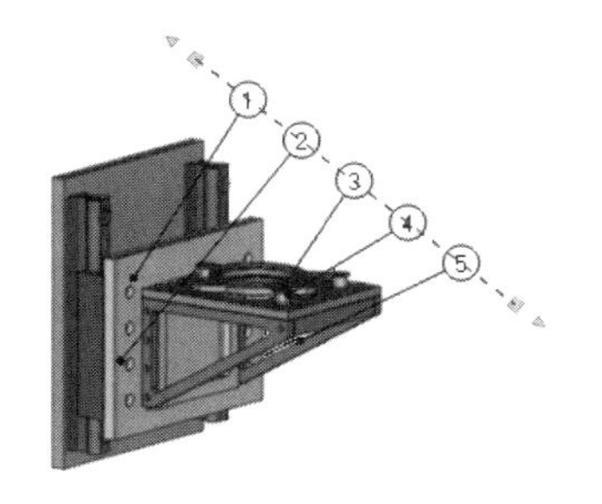

图 13-19 磁体线对齐

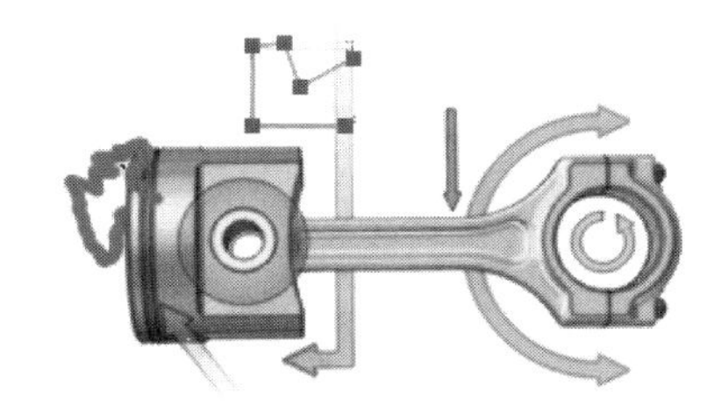

图 13-20 标记

（3）面板

利用面板命令可以为三维的场景添加二维的图像、二维文本或向量图形，如图 13-21 所示为利用面板中的命令所创建的视图。

（4）路径

利用路径命令可以创建关联的或非关联的线，用来显示对象在动画中位置的变动。当动画中的对象移动，关联的路径也会相应改变，而非关联的路径不同自动更新。

（5）标注

利用标注面板中的命令可以添加标签、编号及链接等，如图 13-22 所示。

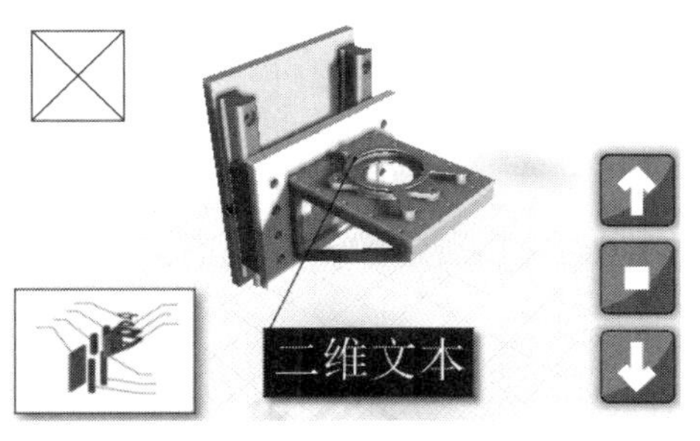

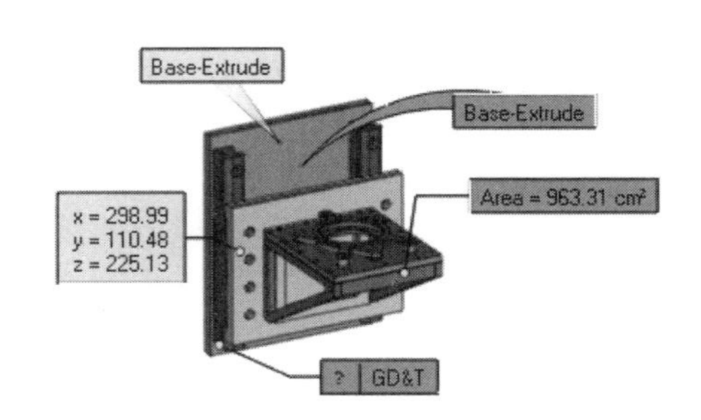

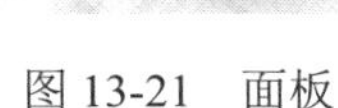
图 13-21　面板

图 13-22　标注

（6）测量

利用测量面板中的命令可以创建模型尺寸的标签，例如角度和距离等。大多数的测量协同对象为关联的。另外还可以在默认文档属性中的更改测量显示的单位。同样测量的显示也是通过属性窗格进行定义的。

（7）剖面

可以利用剖面面板中的命令来进行创建剖面的操作。不仅可以进行剖面的创建，而且还可以对剖面进行移动、旋转及应用至选定对象。另外在联合模式中可以创建高级别的剖面图。

13.2.5 样式

“样式”选项卡允许查看样式库、为角色应用样式以及为角色定制样式。使用样式工作间创建和管理样式，如图 13-23 所示。

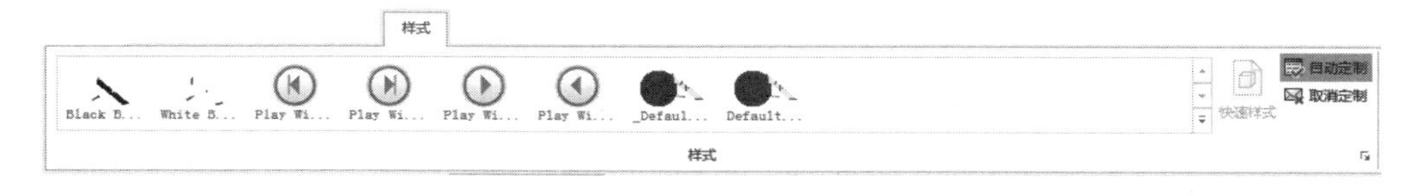

图 13-23　“样式”选项卡

样式是显示对象属性的集成。在属性面板上的所有可用属性都可以应用样式，如：3D 箭头在样式里能够设置颜色、不透明度等。其实，样式是经常使用的，每一个对象可能都会创建一个_Default 样式。当创建一个新对象时，那么样式就可以应用到新对象。样式面板中的命令如下：

样式类型：列举了当前可用的样式类型。

■ 自动定制：样式改变时，应用样式至所选对象和更新的对象。自动给新对象制定样式。

■ 取消定制：打断被选择对象和制定样式的联系。

13.2.6 变换

在“变换”选项卡中，提供线性移动或旋转对象的命令并且还可以进行爆炸图的操作，含有对齐、爆炸、移动、对齐枢轴和运动机构等，如图 13-24 所示。

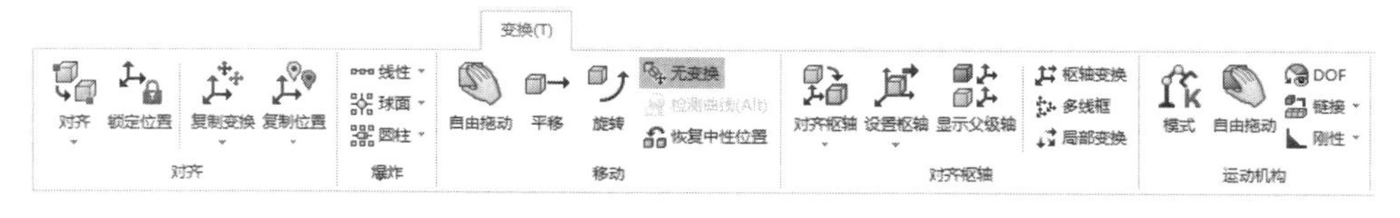

图 13-24　“变换”选项卡

（1）对齐

对齐命令帮助放置模型对象的位置。例如，可以通过与另外的一个对象的面对齐的方式来确定一个对象的位置。对齐命令仅移动对象的位置并不是将它附到其他对象之上。

要对齐一个对象，首先激活一个对齐工具，单击想要对齐的特征（线、面和点等），然后单击要对齐到的特征。如果对齐的结果与想得到的结果相反的话，则在选择第二个对象时按下键盘的<Shift>键。

（2）爆炸

“爆炸”命令将在对象之间添加空间，形成爆炸图。可以使用的分解的命令有线性分解命令、球面分解命令和圆柱分解命令。

（3）移动

移动面板中的命令为平移、旋转和自由拖动场景中的零件。在自由拖动模式下，可以在二维空间方向下移动几何对象到视口的任何地方，当鼠标指针变为时，就可以自由拖动。此模式不支持拖动协同对象。平移模式允许在三维空间移动对象。

选中一个或更多对象则一个三角导航将出现，如图 13-25 所示，选择一个轴，可以控制在此方向上移动。旋转模式下允许在三维空间旋转对象，失去一个或更多的对象则出现一个球形导航。选择一个面，则可以在此面上旋转模型。

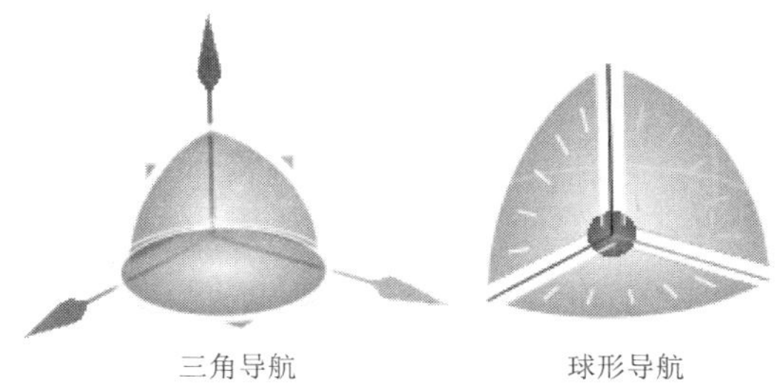

图 13-25　导航

（4）对齐枢轴

使用“对齐枢轴”面板中的命令可以调节变换所需的枢轴，其中的命令含有对齐枢轴、设置枢轴、显示父级轴、枢轴变换、多线框和局部变换。如图 13-26 所示，要以其中一个小圆孔为中心旋转零件，因为默认的旋转中心为零件的中心，所以需要首先定义枢轴为小圆孔中心，然后再进行旋转操作。

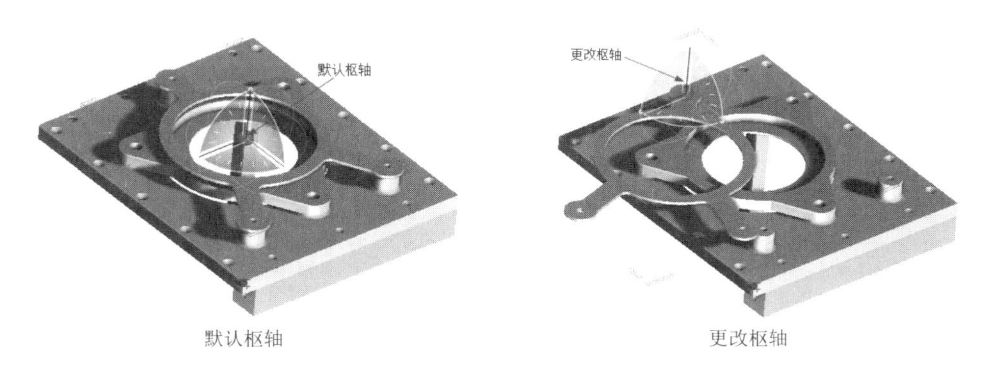

图 13-26　对齐枢轴

（5）运动机构

运动机构可以创建具有运动机构的装配树结构并且装配动画。可以应用运动机构链接到零件或动画。运动机构的链接类型可以是自由、枢轴、球面、线性或刚性的，并且可以调节受限接合来控制运动的上下限。

13.2.7 几何图形

在“几何图形”选项卡中，使用这些命令来控制几何图形。这些命令并不可以对协同对象进行操作，“几何图形”选项卡如图 13-27 所示。

图 13-27 “几何图形”选项卡

- 几何图形：“几何图形”面板命令中的合并、按颜色合并、分解和按颜色分解命令可以对模型进行合并及分解，如果导入的模型如果有缺陷或分解后导入的，就可以使用这些命令。利用更新命令可以对导入的零件进行更换。而复制、替换、比例、对称、翻转面和翻转法线命令可以对零件的几何图形进行修改操作。
- 几何体：利用“几何体”命令可以创建点、直线、正方形、圆形、正方体、圆及圆柱体。
- Secure：安全 3D 刷（3D 安全刷）工具可以在保持整体一致性的情况下智能保护几何图形的安全。在“安全 3D 刷”窗口中可以调节半径精度值，将零件模型的尺寸进行微调。

13.2.8 工作间

在“工作间”选项卡中，提供了打开工作间的命令，“工作间”选项卡如图 13-28 所示。工作间的具体使用后面章节中将叙述。

图 13-28 “工作间”选项卡

13.2.9 窗口

“窗口”选项卡用来管理 SOLIDWORKS Composer 窗格面板和文档窗口。“窗口”选项卡如图 13-29 所示。

图 13-29 “窗口”选项卡

- 视口：在“视口”面板中包含有布局、向量视图和全屏。布局命令可以调节视图中窗格的布局。向量视图命令可以调节矢量视图的显示或隐藏（如果首选项高级设置中 External Vector View Window 参数设置为启用则会以默认 Web 浏览器的方式打开）。全屏命令可以将视图区填充整个计算机屏幕，要退出全屏模式可以单击“关闭全屏”命令或单击键盘中的<F11>。
- 显示/隐藏：在显示/隐藏面板中可以对左面板中的标签、属性栏时间轴和工作间的显示或隐藏进行设置。

- 窗口：对 Window 窗口进行调节，可以切换窗口、层叠、横向平铺和纵向平铺。

13.2.10 动画

在“动画”选项卡中，提供在创建动画过程中应用到的各种命令。动画选项卡在视图模式中是不显示的，仅在切换为动画模式时，“动画”选项卡才显示。“动画”选项卡如图 13-30 所示。如果在视图模式则单击视图区域左上角的“模式图标”，将当前模式转换为动画模式中，“动画”选项卡即可显示。

图 13-30 “动画”选项卡

- 场景：包含对场景的一些命令，例如加载根场景、保存根场景、刷新场景、导出及清除轨迹并移除所有子场景。
- 路径：路径面板中包含关于动画路径的一些命令，可以使用这些命令对动画中零件的路径进行调整。
- 清除：清除面板内包含有删除未使用的关键帧和删除所有关键帧命令。删除未使用的关键帧在完成动画后使用，可以优化动画。
- 播放：播放面板中包含有播放控制的命令。这些命令在时间轴窗格中同样有显示。
- 其他：其他面板中含有时间设置、时间轴命令。时间设置可以调整动画的时间，包括开始时间、结束时间及持续时间。时间轴命令为调整时间轴窗格是否显示。

13.3 导航视图

使用 SOLIDWORKS Composer 首先要了解如何导入模型，对模型进行导航及选中。下面将一一介绍 SOLIDWORKS Composer 中的导航视图基础。

13.3.1 导入模型

单击“打开”命令后会弹出如图 13-31 所示的“打开”对话框。可以通过此对话框直接导入模型，当然这些模型可以是通过 SOLIDWORKS 所建立的或其他三维建模类软件所创建的。

下面对“打开”对话框中的一些选项进行介绍。

① “打开”单选框：作为单独的文件来打开所选择的文件，如果选择的文件为一个则打开一个文件，如果选择的文件为多个的话，则分别打开多个文件。

② “合并到当前文档”单选框：将所选择的文件打开并且放于当前打开的文档之中，其实相当于将所选择的文件插入到当前活动文档的操作。

③ “合并到新文档”单选框：打开所选择的文件并且将所有的对象放于一个新的文档之中。

④ SOLIDWORKS：如果选择的文件为 SOLIDWORKS 所生成的文件，则会出现 SOLIDWORKS 配置选项，如图 SOLIDWORKS 具有多个配置的文件，则可以选择需要导入 SOLIDWORKS 中的哪一个配置。

⑤ 导入：在导入选项中，可以对所导入的文件进行选项的设置，里面包括将文件合并到零件对象、导入实例名称、导入元属性、作为几何体导入等。

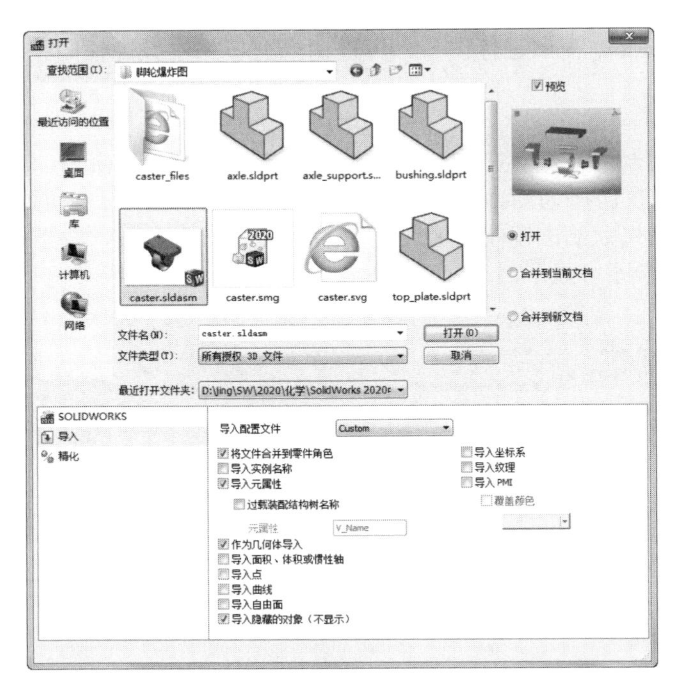

图 13-31 “打开”对话框

⑥ 精化：定义面的精度，可以通过调整精化选项达到模型的显示精度和文件大小之间的平衡，一般情况下如果模型简单则提高显示精度，而模型比较复杂则降低精度来达到缩小文件的体积使运行程序时更加快捷。

13.3.2 导航视图

打开模型后，至少还需要对模型进行查看和导航，这就需要了解导航视图中的一些命令。SOLIDWORKS Composer 具有两个模式，分别是视图模式和动画模式。动画模式将在后续章节中进行介绍，这里所进行的操作均在视图模式中执行。如果在动画模式状态下则单击视图区域左上角的“模式图标”，将当前模式转换为视图模式中。

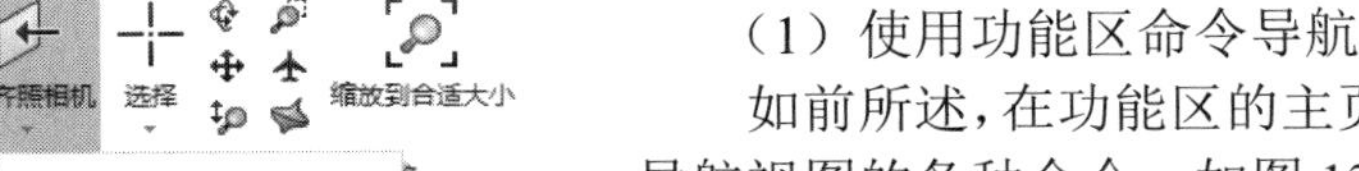

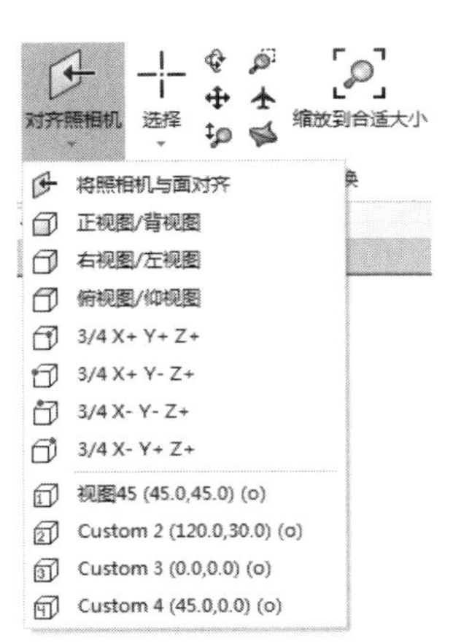

图 13-32 功能区中导航视图命令

（1）使用功能区命令导航

如前所述，在功能区的主页选项卡下的切换面板中包含有导航视图的各种命令。如图 13-32 所示。

① 将照相机与面对齐：选择此命令后鼠标指针会变为一个箭头样式，使用此箭头选择一个平面，即可将视图切换为选中的面方向上的视图。

② X 视图：此类命令含有正视图/背视图、右视图/左视图和俯视图/仰视图。单击此类命令可以直接将视图切换为此六种视图。

③ 轴测图：在 X 视图的三个命令下的四个命令则为四个方向的轴测图。

④ 自定义视图：在 SOLIDWORKS Composer 中还可以自定义四个视图。具体设置位置为“文件”→“属性”→“文档属性/默认文档属性”，如图 13-33 所示。在此栏中可以设置四个自定义的视图，定义的方式为极坐标的方式来定义。

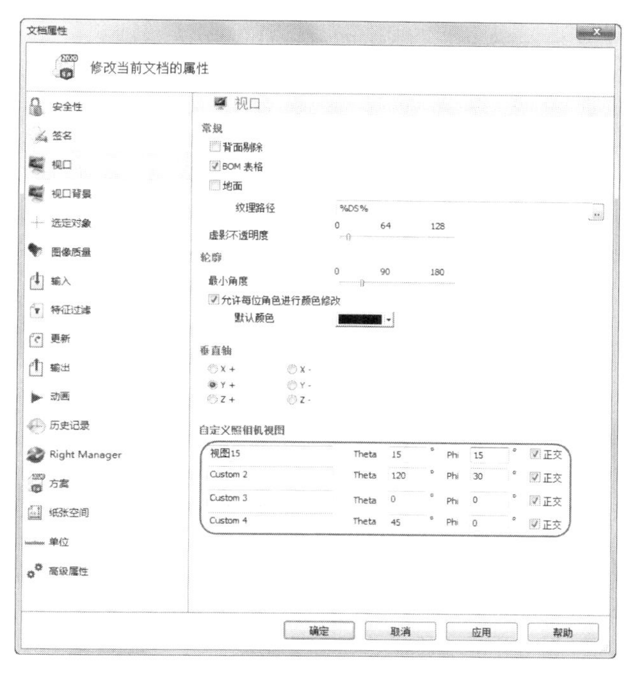

图 13-33　自定义视图

功能面板中的其他命令在前面章节中有介绍这里将不再赘述。

（2）使用视图区中的罗盘工具进行导航

罗盘提供了一个快速的方法来查看模型的 X，Y 和 Z 平面。单击罗盘上的其他轴和面来改变视口的方向。默认情况下罗盘在视图区的右上角，可以在左面板中的协同面板内对罗盘进行选中，如图 13-34 所示。选中后可以直接在绘图区拖动将它放于视图区的任何位置，另外在属性窗格中可以对罗盘的参数进行调整。例如可以调整罗盘的大小、固定于某位置或将它重置回默认。

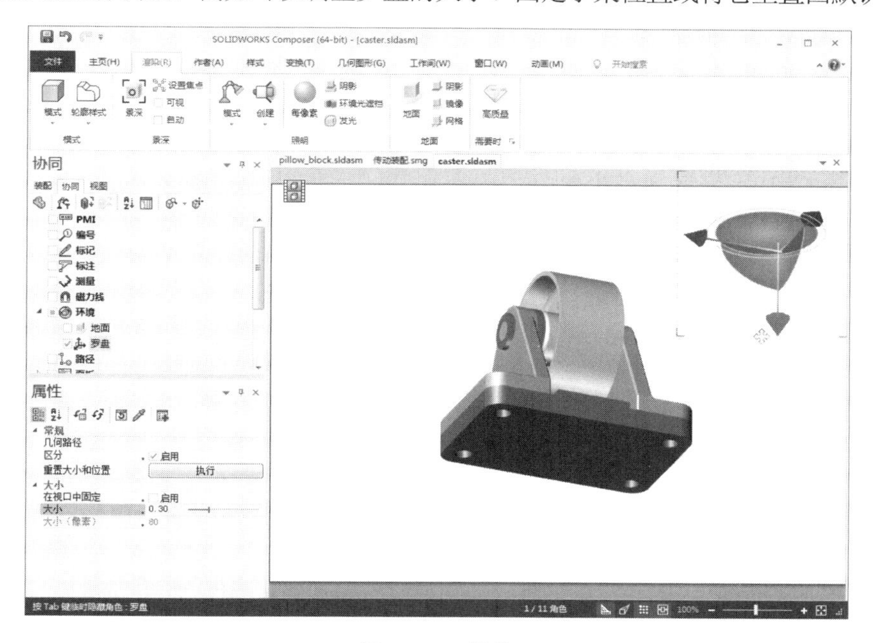

图 13-34　罗盘

（3）使用鼠标进行导航

① 放大和缩小：要缩放视口的部分，将指针移动到感兴趣的区域，并滚动鼠标滚轮。同时按下鼠标左、右键并在视口中上或下拖动鼠标。

要缩放到一个对象，双击这个对象。

要缩放整个模型以适合视口，双击视口背景。

② 旋转对象：要旋转模型，在视口背景中右击并拖动。默认情况下，是相对于垂直轴的旋转。

要绕模型上的一个点旋转，右键单击一个对象并拖动，则围绕红点 ◉ 旋转。

要自由旋转，而不考虑原始的垂直轴，按住<Ctrl>键和鼠标右键，并拖动。

要旋转视角，从中观察模型，按<Shift>键和鼠标右键，并拖动。

要绕视口的中心滚动，按住<Alt>键和鼠标右键，并拖动。

③ 平移：在视口中按下鼠标滚轮并拖动。

13.3.3 预选取和选中对象

在视图区中一般会利用鼠标高亮或选中对象，鼠标指针滑到零件对象上面的时候，此零件外围会被绿色覆盖表示零件被预选取，预选取状态不是选中状态，仅仅为了在后续的操作中指示方便。在预选取状态下单击鼠标左键，则预选取的零件将会被选中，此时的零件外围具有橙色线框表示零件是选中状态。

除了使用鼠标选择零件外，还可以通过装配面板或键鼠结合选择零件对象。

（1）装配面板

装配面板可查看和管理模型的结构，还可以管理视图、可视性、热点和选择集。在装配面板中的模型树与 SOLIDWORKS 或其他三维软件的模型树功能相似，可以通过直接单击树中的节点来选择零件。在装配面板中还可以创建选择集，选择要创建选择集的几个零件或部件后，单击装配面板中的“创建选择集”命令，即可创建一个选择集。选中一个选择集，会选中集合中的所有对象，并且在属性窗格中显示选择集中所有对象的共同属性。要反复操作相同的对象则使用选择集。

（2）键鼠结合

下面列举了使用键盘或鼠标选取零件的方法，包括快捷键：

- 鼠标单击为选中单个对象。
- 可使用<Ctrl>键来选择多个角色。
- 使用<Shift>键来扣除选择。
- 使用<Ctrl>+<A>可以选择所有。
- 使用<Ctrl>+<I>可以反向选择角色
- 使用鼠标框选，分从左至右框选和从右至左框选两种。
- 使用<Tab>键可以暂时隐藏鼠标指针下的零件，这样就可以直接选取所隐藏零件下的不易被选取的零件。

13.3.4 Digger

Digger 能够放大角色的部分区域，它能剥离部分角色，看到他们后面的区域。要显示 Digger 工具，可以选择“主页”选项卡“Digger”面板中的“Digger”命令或按下空格键、<X>键或<Ctrl>+<D>来显示 Digger 工具。打开的 Digger 工具如图 13-35 所示。

下面对 Digger 上面的工具按钮进行简单介绍。

- 半径：调整 Digger 工具的区域大小。拖动此手柄可以向框里移动或向框外移动来调整 Digger 工具的区域大小。

图 13-35 Digger 工具

- 百分率：利用百分率手柄可改变洋葱皮、X 射线、剖面和缩放效果的工具。在 Digger 的圆环上拖动此工具来调节
- 显示/隐藏：显示或隐藏 Digger 工具，例如洋葱皮和 X 射线等。
- 缩放：在 Digger 工具中放大物体。单击此工具按钮激活缩放后，拖动百分率手柄来调节缩放比率。
- 切除面：显示切除面。切除面会平行与屏幕。单击此工具按钮激活切除面后，拖动百分率手柄来调节切除面比率。
- X 射线：随着图层以 X 射线方式剥离模型。随着深度的增长，模型改变虚化外框然后直到消失。
- 洋葱皮：利用洋葱皮工具剥离模型。随着深度的增长，对象逐步消失。
- 改变光源：在 Digger 区域中显示临时的灯光。在区域中拖动此工具按钮可以调节照明效果。
- 对 2D 图像进行截图：创建一个二维图像面板。可以在场景中任意拖动并在属性窗格中可以改变它的属性。
- 锁定/解锁深度方向：当锁定的时候，洋葱皮、X 射线和切除面工具保持在它们原始的层深。当解锁后，工具视口将会随工具更新。
- 更改兴趣点：改变要缩放图形的中心点。要改变兴趣的中心点，拖动此工具到场景中的合适位置。

13.3.5 实例——查看传动装配体

扫一扫，看视频

下面以实例的形式来练习导航视图中命令的操作。模型如图 13-36 所示。

图 13-36 传动装配体模型

绘制步骤

（1）打开模型

① 启动软件。选择“开始”→“所有程序”→“SOLIDWORKS 2020”→“SOLIDWORKS Composer 2020”→“SOLIDWORKS Composer 2020 64 位版本”命令，或双击桌面图标，启动 SOLIDWORKS Composer 2020。

② 在打开的 SOLIDWORKS Composer 2020 界面中选择“文件”→“打开”命令，系统弹出如图 13-37 所示的“打开”对话框。

③ 在“打开”对话框中选择光盘源文件中的“传动装配”文件。单击“打开”按钮，打开模型。此时会弹出如图 13-38 所示的 SOLIDWORKS Converter（转换）对话框。转换完成后的 SOLIDWORKS Composer 软件界面如图 13-39 所示。

④ 保存文件。单击快速工具栏中的“保存”按钮，系统会以文件名为“传动装配”，类型为“smg”的形式保存。

（2）导航视图

① 更改视觉效果。选择功能区的“渲染”选项卡“模式”面板中的“平滑渲染（带轮廓）”命令，如图 13-40 所示，将视图模式改为带轮廓的平滑渲染模式。

图 13-37 “打开”对话框

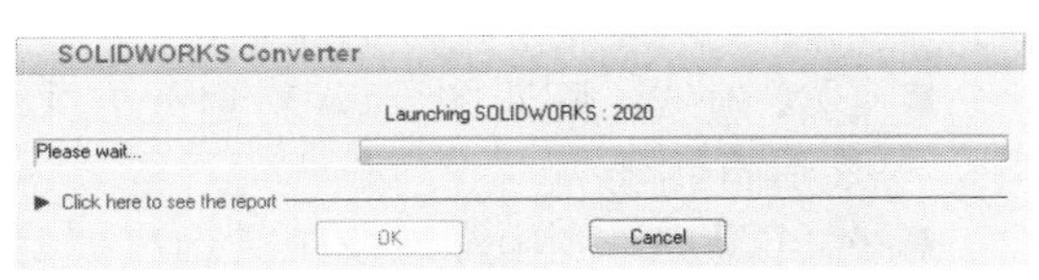

图 13-38 SOLIDWORKS Converter 对话框

② 将照相机与面对齐。选择功能区的“主页”选项卡“切换”面板“将照相机与面对齐”命令，然后单击模型基座零件的筋板斜面，此时视图将显示为此斜面正视于屏幕。再次使用此命令，单击基座底座的一个侧面，与之前的模型显示情况进行对比，如图 13-41 所示。

③ 等轴测显示。选择功能区的“主页”选项卡“切换”面板中的“3/4 X- Y- Z+”命令，将视图切换为等轴测图。

④ 自定义视图。选择功能区的“文件”→“属性”→“文档属性”命令，打开“文档属性”对话框，在左侧选择“视口”选项，如图 13-42 所示。在这里可以更改自定义视图的名称及视图的极坐标轴。将名称设置为“视图 45”，Theta 设置为 45°，Phi 设置为 45°，单击“确定”按钮，定义视图 45。

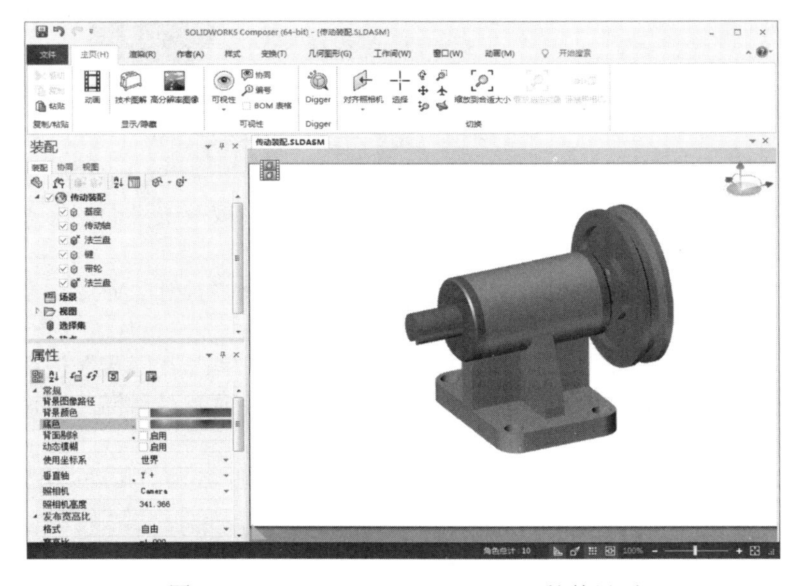

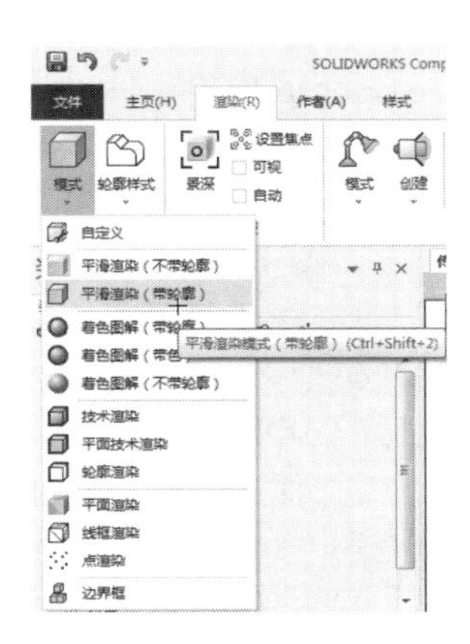

图 13-39 SOLIDWORKS Composer 软件界面

图 13-40 平滑渲染

⑤ 视图45显示。选择功能区的“主页”选项卡“切换”面板中的“视图45（45.0 45.0）（o）”命令，可将视图切换为视图45。

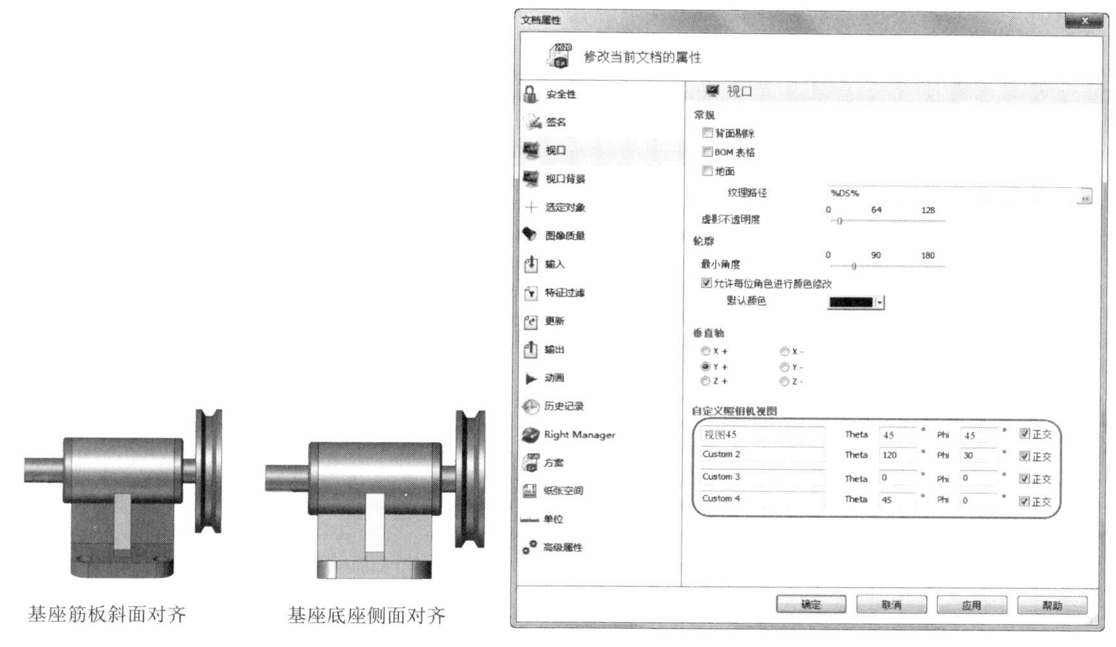

图 13-41　照相机与面对齐

图 13-42　“文档属性”对话框

⑥ 使用罗盘导航。单击罗盘的0 X Z Plane面，将视图切换为俯视图状态，如图13-43所示。

⑦ 透视模式。单击状态栏右下方的“照相机透视模式”按钮，将视图切换为透视模式，如图13-44所示。

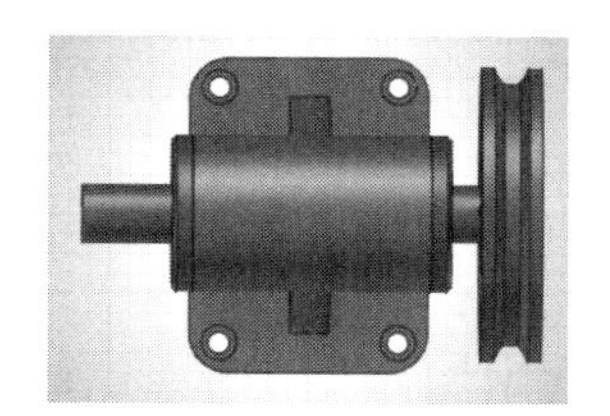

图 13-43　俯视图

图 13-44　透视模式

⑧ 调整为合适大小。尝试使用鼠标滚轮缩放、中键平移视图和右键旋转视图。然后在视图的空白区域双击鼠标中键，将视图缩放到合适的大小。

（3）创建选择集

① 选择一个法兰盘。可在视图区或装配树中选择一个法兰盘。

② 选择另一个法兰盘。按住<Ctrl>键来选择另一个法兰盘，此时两个法兰盘均为选中状态。

③ 创建一个选择集。保持两个法兰盘为选中状态，单击左侧“装配”面板中的“创建选择集”按钮，将创建新的选择集，输入新的选择集名称为“法兰盘”，如图13-45所示。

（4）创建Digger工具

① 打开Digger。首先调整传动装配体的视图方向，单击“主页”选项卡“切换”面板中的“视图45（45.0 45.0）（o）”按钮，可将视图切换为视图45；然后选择“主页”选项

卡 Digger 面板中的 Digger 命令或按 Space 键创建 Digger 工具。拖动 Digger 的圆环将其拖动到合适的位置，然后单击“显示/隐藏工具”按钮，将 Digger 中的工具按钮全部显示出来。

② 更改兴趣点。改变要缩放图形的中心点，按住鼠标左键拖动“更改兴趣点”按钮到视图的带轮上，如图 13-46 所示。

③ 洋葱皮。首先单击“洋葱皮”按钮，然后调节“百分率”手柄，将百分率调整为 35%左右，此时视图中的带轮被剥下，如图 13-47 所示。

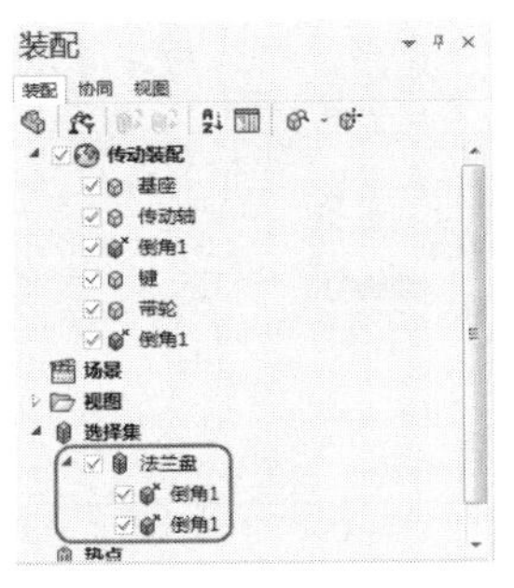

图 13-45　创建选择集

图 13-46　更改兴趣点

图 13-47　洋葱皮工具

④ 对 2D 图像进行截图。单击“对 2D 图像进行截图”按钮，对 Digger 图形进行截图操作，如图 13-48 所示。

⑤ 保存图像。在功能区中选择“文件”→“另存为”→“图像”命令，系统弹出如图 13-49 所示的“另存为”对话框，单击对话框中的“保存”按钮，将视图中的图像保存为“传动装配.jpg”图像文件。

图 13-48　对 2D 图像进行截图

图 13-49　“另存为”对话框

⑥ 保存图形。单击快速工具栏中的“保存”按钮，将文件进行保存。

13.4 视图和标记

在上节的实例中已经介绍了视图的操作，但是为了更加有效地管理视图，还需要利用视图面板来对视图进行更加复杂的操作。为了更加有效地表达视图，通常还会添加一些标记或采用剖面图的形式显示。

13.4.1 视图

在本节中介绍利用视图面板进行视图的操作，视图面板如图 13-50 所示。

在视图面板中视图有两种类型，分别为普通视图和自定义视图。普通视图包含场景中所有对象的位置和属性，如图 13-50 中上面的两个视图；自定义视图又称为智能视图，它仅捕获指定的对象和属性。自定义视图的缩略图有橙色的对角线和底纹如图 13-50 中下面的两个视图。当应用一个自定义视图到普通视图，只有捕获的属性被应用。下面介绍一下视图面板中的工具：

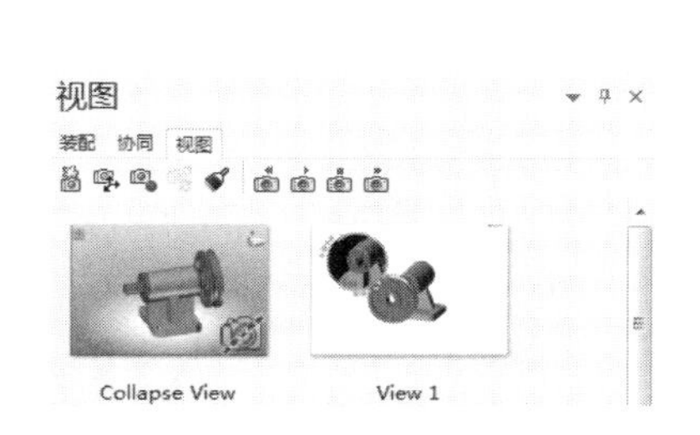

图 13-50　视图面板

图 13-51　协同窗格

- 创建视图：创建一个视图，捕捉整个视口状态。此命令与在视图工作间创建创造一个视图的命令相同，均为捕获所有的项目。
- 创建照相机视图：创建一个仅捕捉照相机位置的自定义视图。此命令仅在视图工作间中照相机选项被选择时创建一个视图相同。
- 更新视图：使用当前场景更新所有捕获的项目到所选择的视图。
- 用选定角色更新视图：更新选定对象的所有属性和可视性到所选择的视图。
- 重新绘制所有视图：刷新所有视图的缩略图。
- 转至上一个视图：显示之前的视图。
- 播放视图：依次逐个显示视图。 要停止播放，单击“停止视图”或按下<Esc>键。
- 停止视图：停止播放视图。
- 转至下一个视图：显示下一个视图。也可以按下空格键显示下一个视图。

13.4.2 标记及注释

为了得到更加清楚的表达方式，还可以在场景中添加标记和注释，在 SOLIDWORKS Composer 中将这些统称为协同对象。可以通过功能区的“作者”选项卡来创建协同的对象。

通常在协同窗格中列举了协同的对象，如图 13-51 所示。下面对这些协同对象分别进行介绍：

- 标注：列出场景中的标注，如标签和链接。
- 编号：列举了编号。可以从 BOM 工作间中自动创建 BOM 表的 ID 和编号。
- 照相机：显示或隐藏照相机对象。要拾取照相机，单击协同树中的照相机。还可以在视口中拾取照相机，确保它为被选择的唯一对象。 在动画模式中选中照相机时，视口中将显示照相机的路径（红色）和照相机关键帧的源/目标线（蓝色）。可以通过拖动红色锚点修改路径和目标。
- 坐标系：列举了用户定义的坐标系。
- 切除面：列举了切除面。
- 环境：列举了环境对象，包括罗盘和地面。要拾取这些对象（例如，在属性窗格中编辑它们的属性）， 在协同窗格中单击 “罗盘”或“地面”；也可以在视口中通过拖动一个拾取框来拾取这些对象，仅当它们是被选择的唯一对象。
- 相交线：列举自碰撞测试中保存的相交线。
- 照明：列举了照明。
- 磁力线：列举了磁力线。
- 标记：列举了场景标记的对象，例如箭头、红线、圆和折线。
- 测量：列举了场景测量的对象。
- 面板：列举了包括 BOM 表格在内的 2D 和 3D 面板。
- 路径：列举了关联和非关联路径。
- PMI：列举了产品制造信息（PMI），像自 CAD 中导入的几何尺寸与公差（GD&T）和功能公差与标注（FT&A）。

13.4.3 实例——标记凸轮阀

扫一扫，看视频

下面以实例的形式来练习视图和标记命令的操作。模型如图 13-52 所示。

图 13-52 凸轮阀模型

绘制步骤

（1）打开模型

① 启动软件。选择“开始”→“所有程序”→“SOLIDWORKS 2020”→“SOLIDWORKS Composer 2020”→“SOLIDWORKS Composer 2020 64 位版本”命令，或双击桌面图标，启动 SOLIDWORKS Composer 2020。

② 在打开的 SOLIDWORKS Composer 2020 中选择“文件”→“打开”命令，系统弹出“打开”对话框。

③ 在“打开”对话框中选择光盘源文件中的“valve_cam”文件。单击“打开”按钮，打开模型。此时会弹出 SOLIDWORKS Converter（转换）对话框。转换完成后的 SOLIDWORKS Composer 软件界面如图 13-53 所示。

④ 保存文件。单击快速工具栏中的“保存”按钮，系统会以文件名为“valve_cam”、类型为“smg”的形式保存。

（2）创建视图

① 创建视图。单击左侧“视图”面板中的“创建视图”按钮，新建一个视图，单击新视图的名称，稍后再单击一次，将视图重命名为“默认视图”，如图 13-54 所示。

② 自定义视图。选择功能区的“文件”→“属性”→“文档属性”命令，打开“文档属性”对话框，在左侧选择“视口”选项，如图 13-55 所示。在这里可以更改自定义视图的名称及视图的极坐标轴。将名称设置为“视图 15”，Theta 设置为 15°，Phi 设置为 15°，单

击“确定”按钮，定义视图 15。

图 13-53　SOLIDWORKS Composer 软件界面

图 13-54　创建视图

③ 显示视图 15。选择功能区的“主页”选项卡“切换”面板中的“视图 15（15.0 15.0）（o）”命令，将视图切换为视图 15。

④ 取消地面显示。单击左面板中的“协同”标签，打开“协同”面板。展开树形目录中的“环境”分支，取消选中“地面”复选框，如图 13-56 所示。此时视图区域地面会隐藏。

图 13-55　“文档属性”对话框

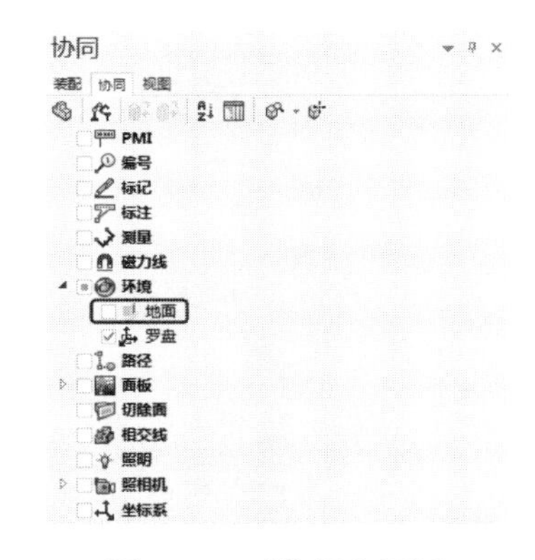

图 13-56　“协同”面板

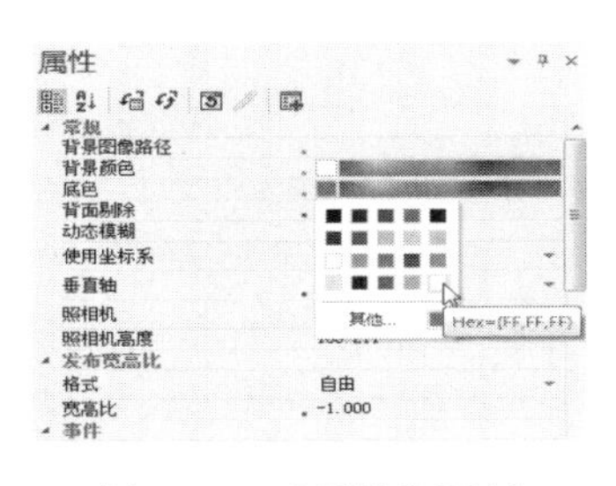

图 13-57 “属性”面板

⑤ 更改背景颜色。在绘图区域的空白处单击，此时属性面板中显示的是背景的属性。可以看到在默认背景中底色为灰色，单击“底色”栏中的灰色方框，在打开的颜色选择面板中选择白色，将底色改为白色，如图 13-57 所示。

⑥ 再次创建视图。单击左侧“视图”面板中的“创建视图”按钮，再次创建一个视图，单击新视图的名称，稍后再单击一次，将视图重命名为“协同视图”，结果如图 13-58 所示。

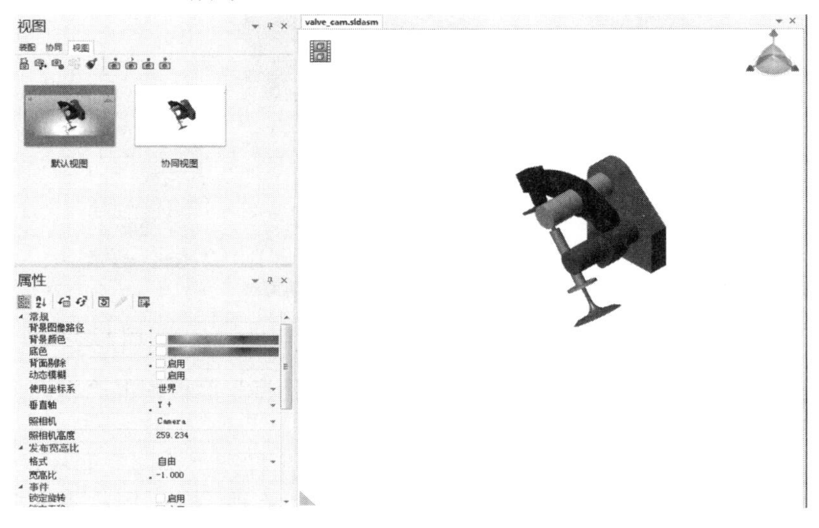

图 13-58 协同视图

（3）添加注释

① 添加圆形箭头。选择功能区的“作者”选项卡“标记”面板中的“圆形箭头”命令，如图 13-59 所示。此时光标上出现圆形箭头图样，选择绿色 camshaft 零件的外圆端面来确定

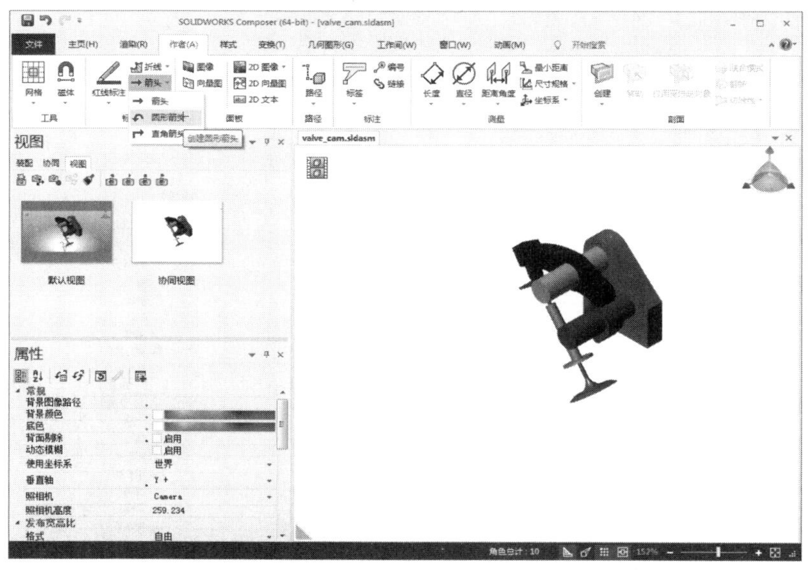

图 13-59 添加圆形箭头

圆形箭头的平面，然后向外移动鼠标之后单击，确定圆形箭头的位置。采用同样的方式放置另外一个圆形箭头，结果如图 13-60 所示。

② 修改圆形箭头。单击其中一个圆形箭头，此时属性面板中显示的是圆形箭头的属性。更改“灯头宽度”为 4、“灯头长度”为 8、“半径”为 8、“宽度”为 4。采用同样的方式更改另外一个箭头。注意箭头所指的方向，如果与图 13-60 所示的方向不同，则更改属性栏中的“端点”为“结束”。

③ 添加标签。选择功能区的“作者”选项卡“标注”面板中的“标签”命令。此时光标上出现标签图样，选择绿色 camshaft 零件确定标签所附着零件，然后确定标签位置。采用同样的方式在另外一个轴上放置标签，结果如图 13-61 所示。

④ 修改标签。单击其中一个标签，此时属性面板中显示的是此标签的属性。更改文本“大小”为 25、“文本”为“字符串”、“文本字符串”为“主动轴”。采用同样的方式更改另外一个标签为从动轴。结果如图 13-62 所示。

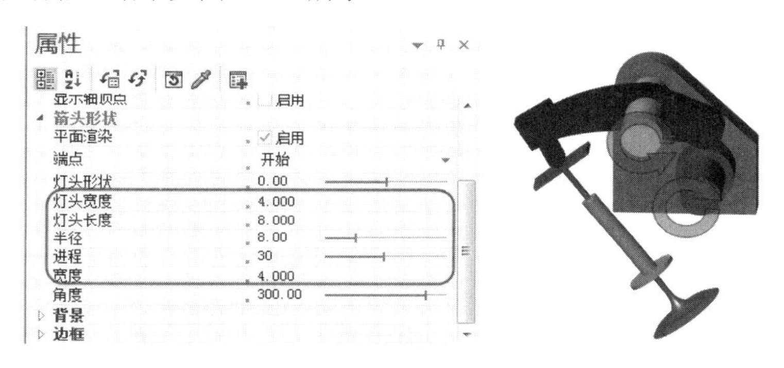

图 13-60 修改圆形箭头

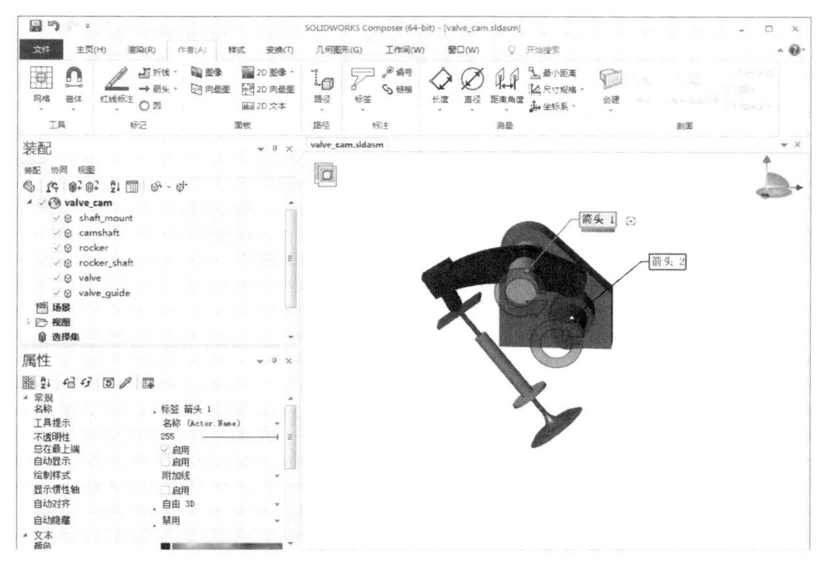

图 13-61 添加标签

⑤ 添加尺寸标注。选择功能区的“作者”选项卡“测量”面板中的“两平面距离/角度”命令，如图 13-63 所示。分别选择红色 valve 的上表面与橙色 valve_guide 的上表面，添加两个表面之间的距离尺寸标注，并在属性面板中将文本“大小”改为 20。结果如图 13-63 所示。

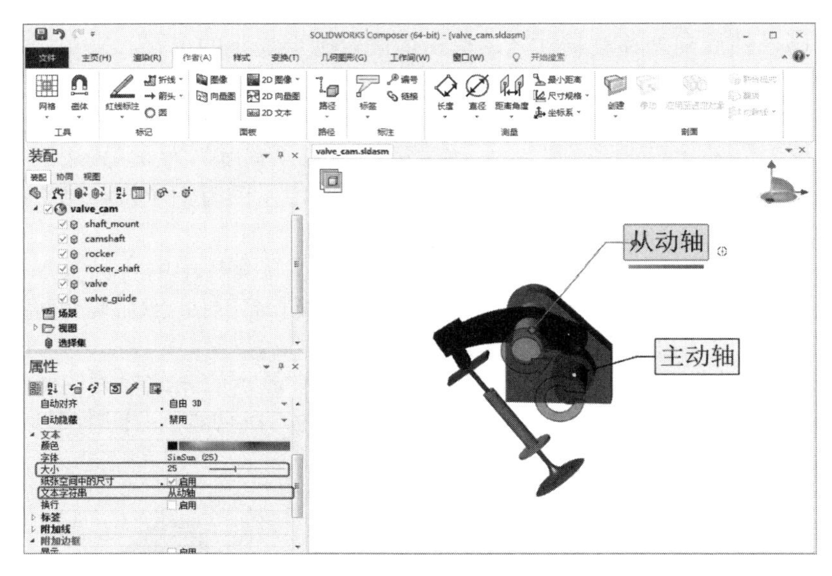

图 13-62　修改标签

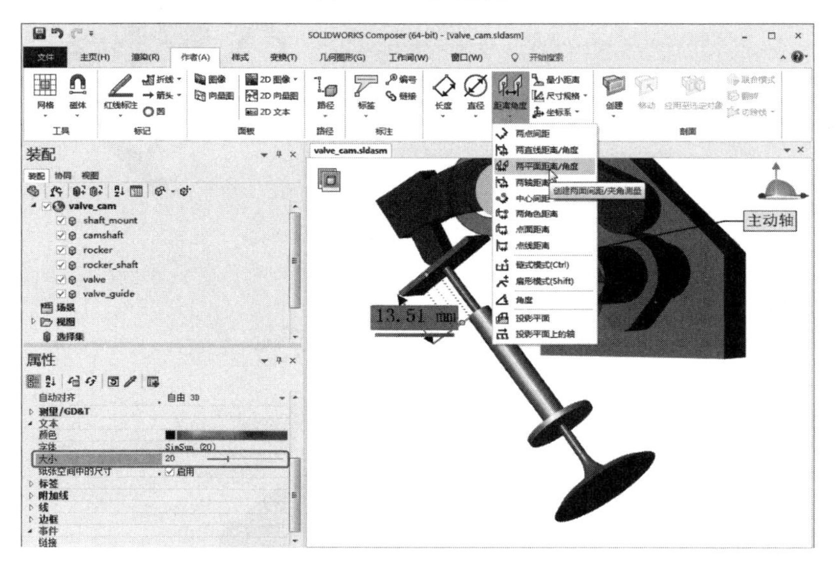

图 13-63　添加尺寸标注

⑥ 添加图像。选择功能区的“作者”选项卡“面板”面板中的“图像”命令。在绘图区域的右下角拉动一个框，此时系统默认的 SOLIDWORKS 图像将添加到绘图区域中。在属性面板中将“图像填充模式”改为“不变形”，将“透明度”改为启用。结果如图 13-64 所示。

⑦ 添加 2D 图像。选择功能区的“作者”选项卡“面板”面板中的“2D 图像”命令。在绘图区域的左下角拉动一个框，此时系统默认的 Tex 图像将添加到绘图区域中。单击“映射路径”栏最右端的“…”，在打开的对话框中选择一个图片，结果如图 13-65 所示。添加完成后可以旋转视图查看添加的图像和 2D 图像，如图 13-66 所示。旋转后 2D 图像始终是不动的。查看完成后返回到视图 15。

⑧ 添加文字。选择功能区的“作者”选项卡“面板”面板中的“2D 文本”命令。在绘图区域的左上角单击。在属性面板中的“文本字符串”中输入“凸轮阀传动”，将文本“大小”改为 40，将“字体”改为“隶书”。添加完成后的结果如图 13-67 所示。

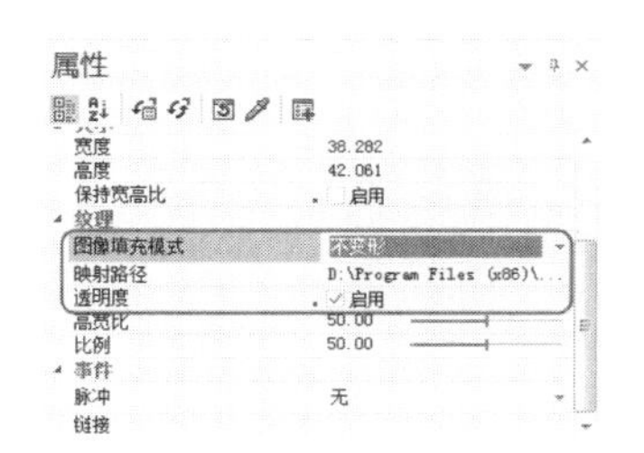

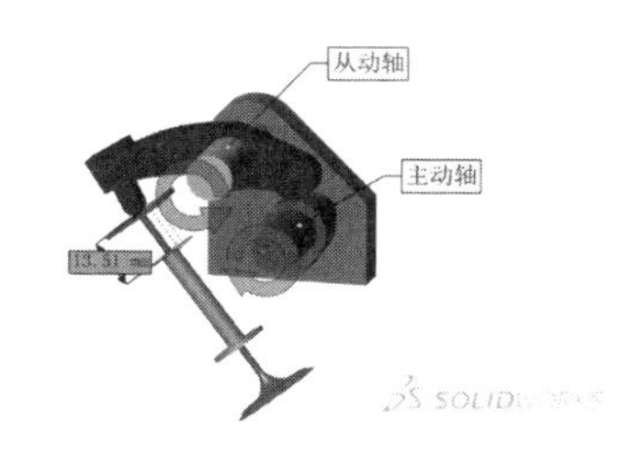

图 13-64　添加图像

⑨ 更新视图。单击左面板中的“视图”标签，打开“视图”面板。首先选中“协同视图”，然后单击面板上的“更新视图”按钮，将视图进行更新，最终结果如图 13-68 所示。

⑩ 导出为高分辨率图像。选择功能区的“工作间”选项卡“发布”面板中的“高分辨率图像”命令，打开如图 13-69 所示的高分辨率图像工作间。选中“抗锯齿”复选框以使模型的边线平坦光滑，然后设置像素为 2000。单击“另存为”按钮，打开如图 13-70 所示的“另存为”对话框。采取默认的文件名，单击“保存”按钮，将文件保存为高分辨率的图像。

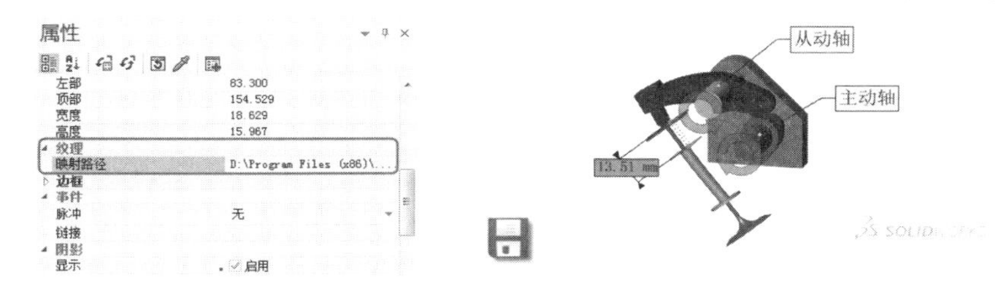

图 13-65　添加 2D 图像

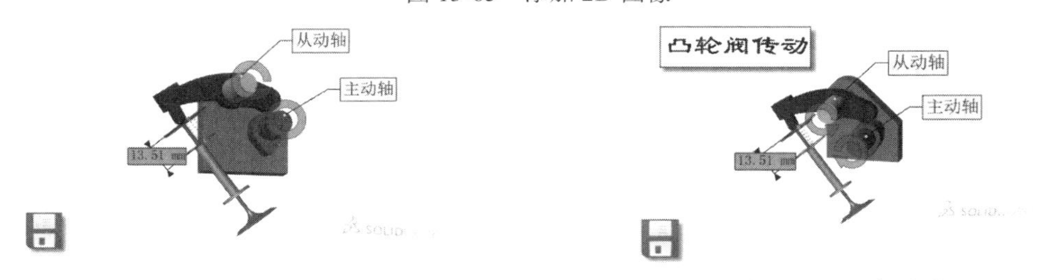

图 13-66　图像和 2D 图像　　　　图 13-67　添加文字

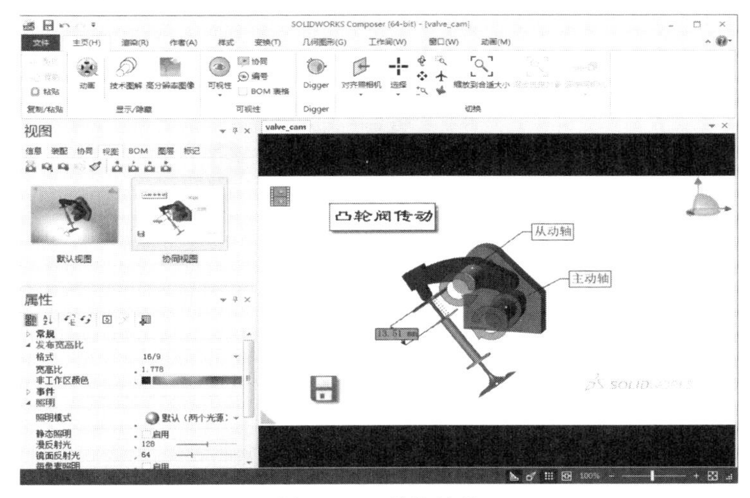

图 13-68　最终结果

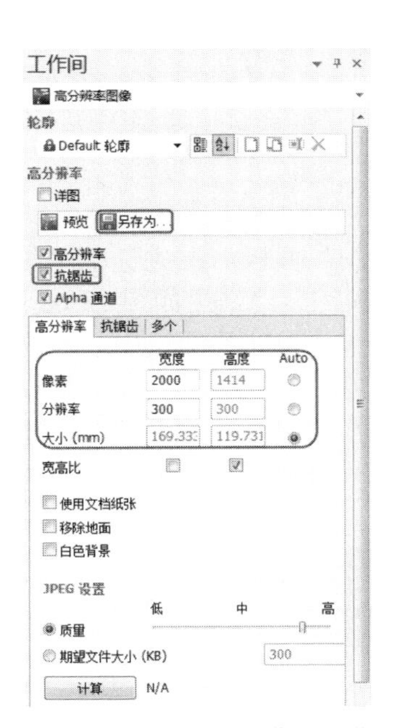

图 13-69 “高分辨率图像”工作间

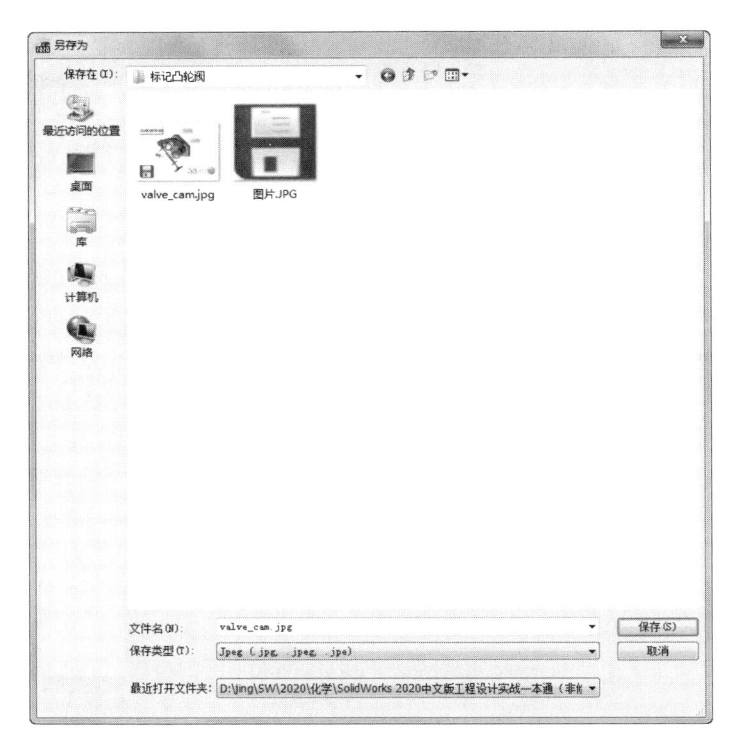

图 13-70 “另存为”对话框

13.5 爆炸图和矢量图

在前面的章节中介绍的都是视图的操作，接下来介绍的将是如何移动零件及对象，通过移动变换可以将零件对象移动到合适的位置，可以创建爆炸视图，如图 13-71 所示，在以后创建的动画中也会有很大的用途。另外还可以创建矢量图以线框的方式来显示视图。

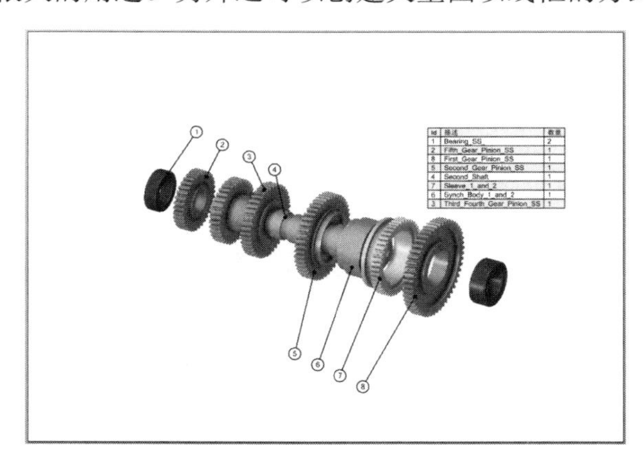

图 13-71 爆炸图

13.5.1 移动

在对模型进行操作时，不可避免地要移动零件。移动零件的基本动作有平移和旋转两种方式。

（1）平移

单击功能区的“变换”选项卡“移动”面板中的“平移”命令，在平移模式中，单击一个对象或多个对象则会弹出如图 13-72 所示的三角导航，可以选择三角导航中的任意一个轴确定沿某轴的移动方向，在移动时可以直接拖动将对象进行移动，也可以在属性窗格中输入数值达到精确的控制。

除了在三个轴向方向上平移之外，还可以选择三角导航的三个平面中的任一平面，这样可以在这个平面内任意移动对象。在此平面内拖动对象时，会分别显示两个轴向上移动的距离，如图 13-73 所示，而在属性窗格中只可以输入移动的长度。

（2）旋转

单击功能区的“变换”选项卡“移动”面板中的“旋转”命令，就可以进入到旋转模式，在旋转模式中会弹出如图 13-74 所示的球形导航。可以选择要旋转的面，选择一个面后就可以拖动零件，图中会显示旋转的角度，如图 13-75 所示。同样在旋转时可以在属性窗格中直接输入旋转的精确数值。

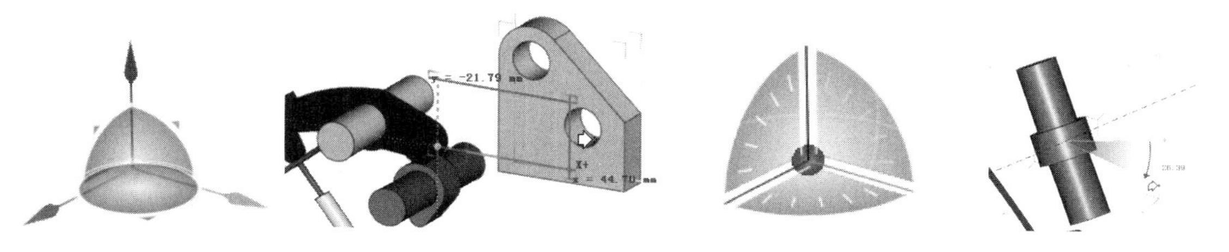

图 13-72　三角导航　　图 13-73　平面移动对象　　图 13-74　球形导航　图 13-75　平面旋转对象

13.5.2 爆炸图

制作爆炸图会使用到各种分解的命令，位置在功能区“变换”选项卡的“分解”面板内。其中包括了线性、球面和圆柱分解三大类。采用这些命令可以在拖动角色时，将它们分别呈线性、球面或圆柱形自动分开。

在采用分解模式时，对象通过基于中心的轴向移动。最后的对象为基准，它是不移动的，如图 13-76 所示，为四个零件线性分解的过程。

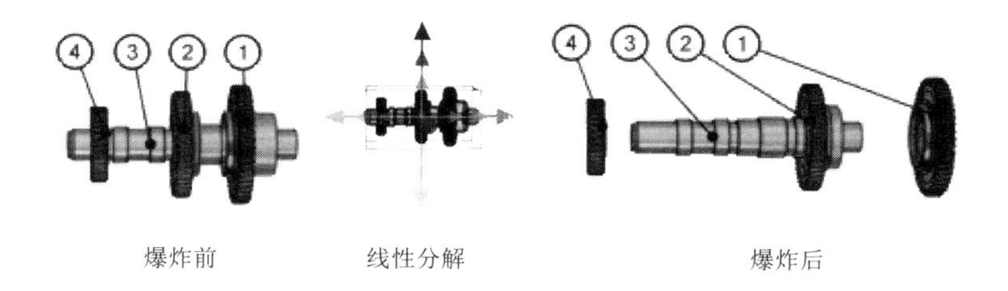

图 13-76　线性分解过程

① 线性分解：创建轴向方向的爆炸图，当选择多个对象后，会出现如图 13-77 所示的导航轴，拖动想要爆炸方向上的导航轴中的其中的一个轴，鼠标指针会变为一个箭头的符号，表示要爆炸的方向。也可以通过输入精确值的方式来生成线性分解图。首先单击导航轴中的一个轴后在属性窗格中输入值，即可达到爆炸的效果。如对四个零件进行线性爆炸，输入的数值为 300 的话，则结果为每两个零件的间隙为 100。

② 球面分解：以选择零件的中心点为中心向四周进行爆炸，当选择多个对象后，会出现如图 13-78 所示的导航轴，单击此导航轴鼠标指针会变为一个箭头的符号，表示要爆炸的

方向，拖动导航轴会进行爆炸。

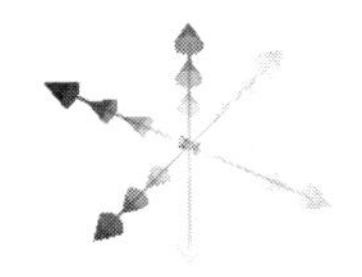

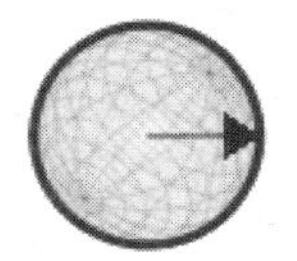

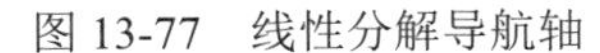

图 13-77　线性分解导航轴　　　　图 13-78　球形分解导航轴

③ 圆柱分解：围绕所选择的轴线创建一个圆柱形的爆炸视图，当选择多个对象后，会出现一个与线性分解导航轴一样的导航轴，单击此导航轴鼠标指针会变为一个箭头的符号，表示要爆炸的方向，拖动导航轴会进行爆炸。

13.5.3 BOM 表格

BOM 的英文全称为 the bill of materials，即材料清单。在创建 BOM 表格时，通常使用 BOM 工作间。可以单击功能区的“工作间”选项卡“发布”面板中的 BOM 命令，就可以进入到 BOM 工作间。如图 13-79 所示为 BOM 工作间及生成的 BOM 表格。

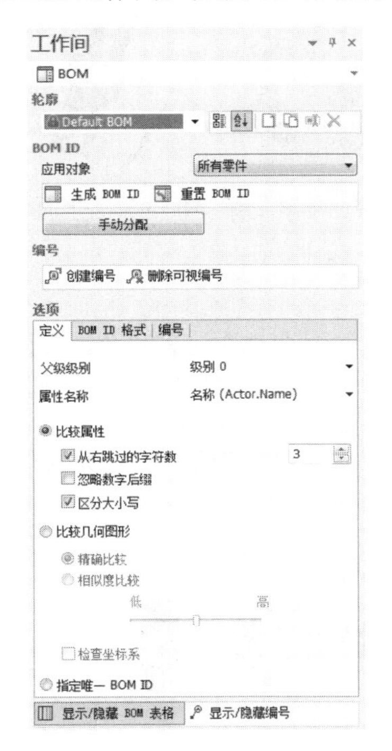

描述	BOM ID	数量
Antenna	1	1
Auxiliar Switch	2	1
Body	3	1
channel 1	4	1
channel 2	5	1
Crystal Mount	6	1
Grüne Lamp	7	1
Rote Lampe	8	1
Swicth On/Off	9	1
Trim Tab	10	1

图 13-79　BOM 工作间

- BOM ID：BOM ID 中含有 BOM ID 的一些命令包含有生成 BOM ID、重置 BOM ID 及手动分配等，其中生成 BOM ID 为应用对象范围内所选择的零件生成 BOM ID。重置 BOM ID 为删除应用对象范围内所选择的 BOM ID。除了这些自动命令外，还可以使用手动分配方式来创建 BOM ID。
- 编号：编号栏中包括创建编号和删除可视编号两个命令。创建编号命令在视图中为所选择的对象创建编号。
- 选项：选项内包含三个选项卡分别为定义、BOM ID 格式及编号。定义选项卡内指定如何将 BOM ID 指定到几何图形对象。利用 BOM ID 格式可以定义 BOM ID 的规则，指定例如前缀及后缀等。编号选项卡用来定义所创建的编号。

13.5.4 矢量图

在 SOLIDWORKS 中可以创建矢量图。这些矢量图可以保存为.SVG、.EPS、SVGZ、CGM 及 Tech Illustrator 等格式。矢量图利用边、多边形或文本来描绘图形，对于光栅图像来说矢量图具有很多优点，最突出的优点为可以放大图形到任意尺寸而不会像光栅图像一样丢失清晰度。另外使用矢量图可以更加容易地补全缺失的图形文件；使用矢量图形显示图形可以不用考虑照明、阴影、颜色及控制 dpi。

在 SOLIDWORKS Composer 中创建矢量图是通过技术图解工作间来进行的。通过技术图解工作间可以创建和发布场景中的矢量图形。可以单击功能区的“工作间”选项卡“发布”面板中的“技术图解”命令就可以进入到技术图解工作间，如图 13-80 所示为技术图解工作间及创建的矢量图形。

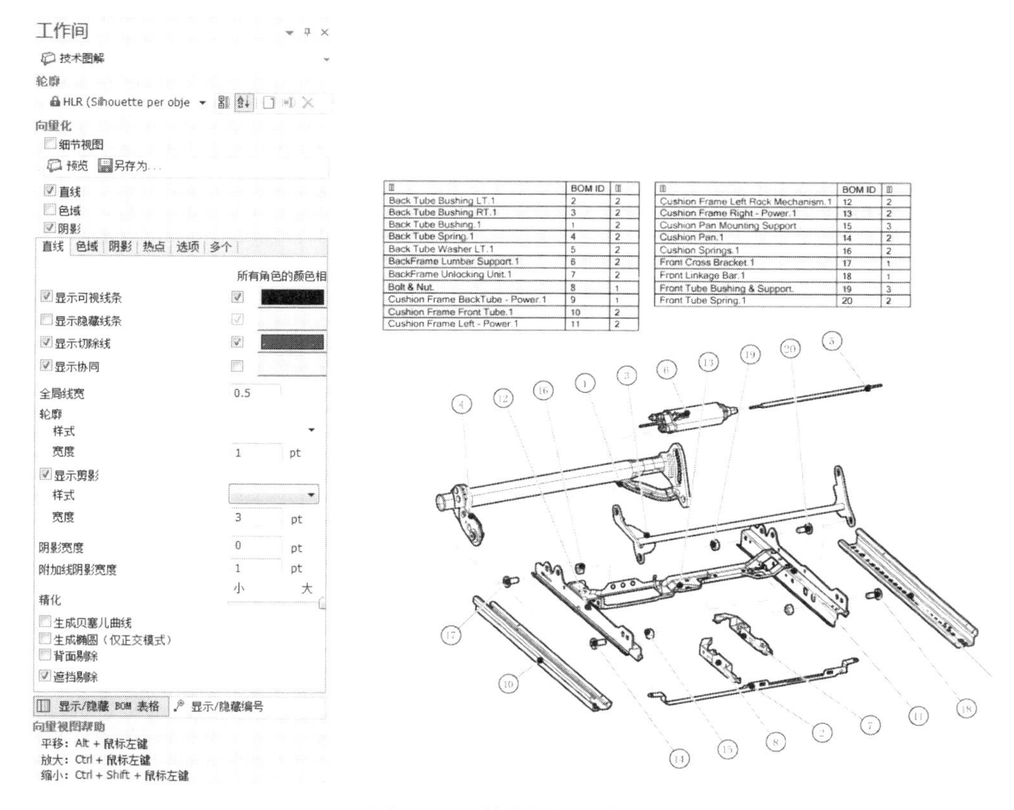

图 13-80　技术图解工作间

细节视图：为场景创建一个矢量的 2D 图像面板。在创建此 2D 图像面板前可以调节选取所创建的 2D 图像面板的包含图形的范围，创建完成后可以通过属性窗格调整此 2D 图像面板。

HLR 选项卡：HLR 的英文全称为 hidden line removal，即移除隐藏线。在此选项卡中可以控制隐藏线、生成剪影和其他方式的矢量输出。要使用此选项必须首先在技术图解工作间中将“移除隐藏线条”选项选中。

- 色域选项卡：使输出的矢量图形具有颜色。在此选项卡中还可以调整灯光照明及色深等。
- 阴影选项卡：在此选项卡中调节关于阴影的一些参数，例如管理阴影轮廓和阴影的填充颜色。通过其中的透明度选项可以调节阴影的透明度。

- 热点选项卡：此选项卡中可以设置矢量输出的热点。热点为可激活区域，通过在 SOLIDWORKS Composer 所创建的热点可以访问文件、事件链接、BOM 信息或网页等。
- 选项选项卡：通过选项选项卡可以设置管理输出的页面格式。

13.5.5 实例——脚轮爆炸图

扫一扫，看视频

下面以实例的形式来练习爆炸图和矢量图的操作。模型如图 13-81 所示。

图 13-81 脚轮模型

绘制步骤

（1）打开模型

① 启动软件。单击菜单栏中的“开始”→“所有程序”→“SOLIDWORKS Composer V6R2020”→“SOLIDWORKS Composer 2020 64 位版本”命令，或单击桌面图标，启动 SOLIDWORKS Composer 2020。

② 在打开的 SOLIDWORKS Composer 2020 中，单击菜单栏中的“文件”→“打开”命令，系统弹出如图 13-82 所示的 “打开”对话框。

图 13-82 “打开”对话框

③ 在“打开”对话框中选择光盘源文件中的“caster”文件。然后单击“将文件合并到零件角色”将之选中，单击“打开”按钮，打开模型。此时会弹出 SOLIDWORKS Convert（转换）对话框。转换完成后的 SOLIDWORKS Composer（64-bit）软件界面如图 13-83 所示。

④ 保存文件。单击快速工具栏中的“保存”按钮。系统会以“caster”文件名保存。

（2）创建视图

① 更改坐标系。由于所得到的模型与实际中的相反，我们可以在 SOLIDWORKS Composer 中对模型进行调整。在“属性”面板“垂直轴”选项中，将垂直轴更改为“Y+”。此时模型将翻转过来。

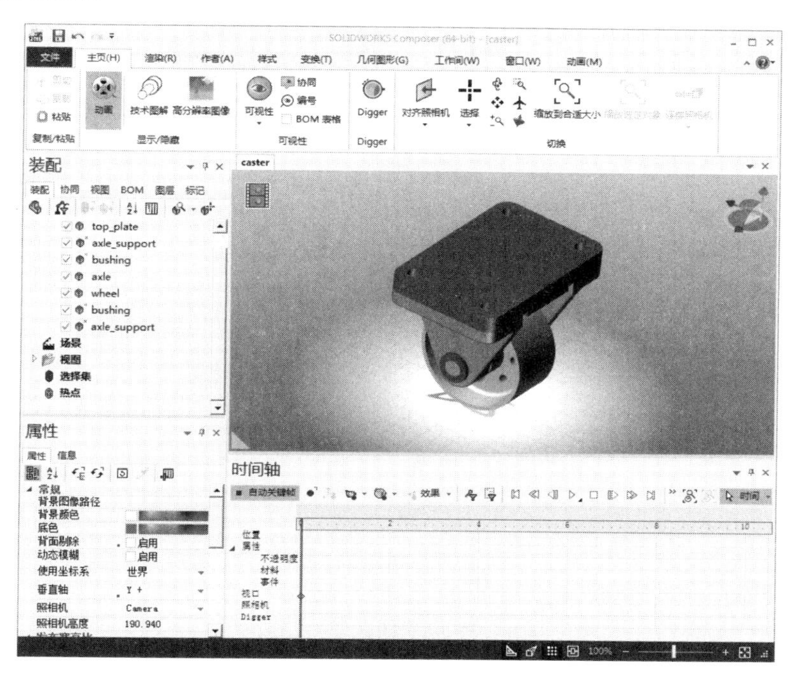

图 13-83　SOLIDWORKS Composer 软件界面

② 创建视图。单击左侧面板中的“视图”面板中的“创建视图”按钮，新建一个视图，单击新视图的名称，稍后再单击一次，将视图重命名为“默认视图”，如图 13-84 所示。

图 13-84　视图

③ 自定义视图。单击功能区的“文件”→“属性”→“文档属性”命令，打开“文档属性”对话框，单击“文档属性”对话框左栏中的“视口”，如图 13-85 所示。在这里可以更改自定义视图的名称及视图的极坐标轴。将名称命令为“视图 15”，Theta 设置为 15°，Phi 设置为 15°，单击“确定”按钮定义视图 15。

④ 视图 15 显示。选择“主页”选项卡“切换”面板中的“视图 15（15.0，15.0）(o)”命令。将视图切换为视图 15。

⑤ 再次创建视图。单击左侧“视图”面板上的“创建视图”按钮，再次创建一个视图，单击新视图的名称，稍后再单击一次，将视图重命名为“爆炸视图”，结果如图 13-86 所示。

（3）爆炸图

① 线性爆炸。单击“变换”选项卡“爆炸”面板中的“线性”按钮，如图 13-87 所示。按下键盘快捷键<Ctrl>+<A>选择所有模型，此时光标上出现导航轴，选择红色轴为爆炸方向，拖动鼠标到如图 13-87 所示合适的位置。

图 13-85 “文档属性”对话框

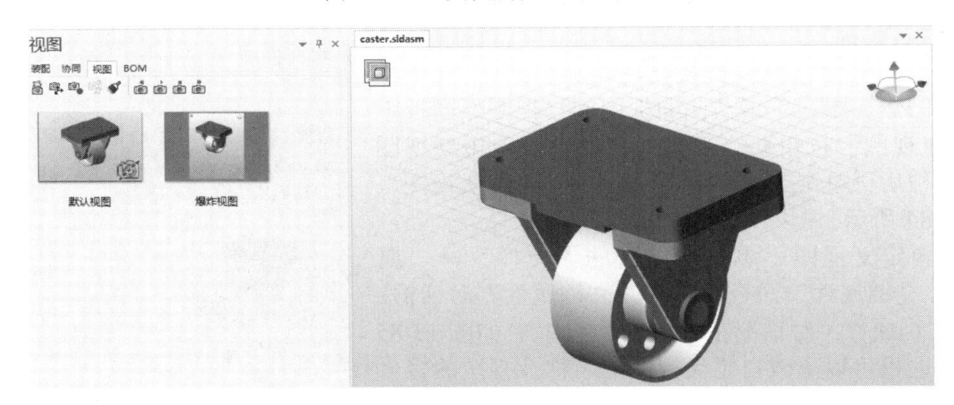

图 13-86 爆炸视图

② 平移顶部平板零件。单击“变换”选项卡“移动”面板“平移”按钮。选择左侧面板的“装配”面板中的“top_plate”零件，拖动三角导航中的蓝色轴到合适的位置，如图 13-88 所示。

③ 平移轴。单击“变换”选项卡“移动”面板“平移”按钮。选择“装配”选项组中的“Axle”零件，然后单击绿色轴，直接在“属性窗格”中输入长度为“60”。将轴平移到底轮的上方，结果如图 13-89 所示。

④ 更新视图。首先选择左侧面板“视图”面板中的“爆炸视图”，然后单击“更新视图”按钮，将视图进行更新，最终结果如图 13-90 所示。

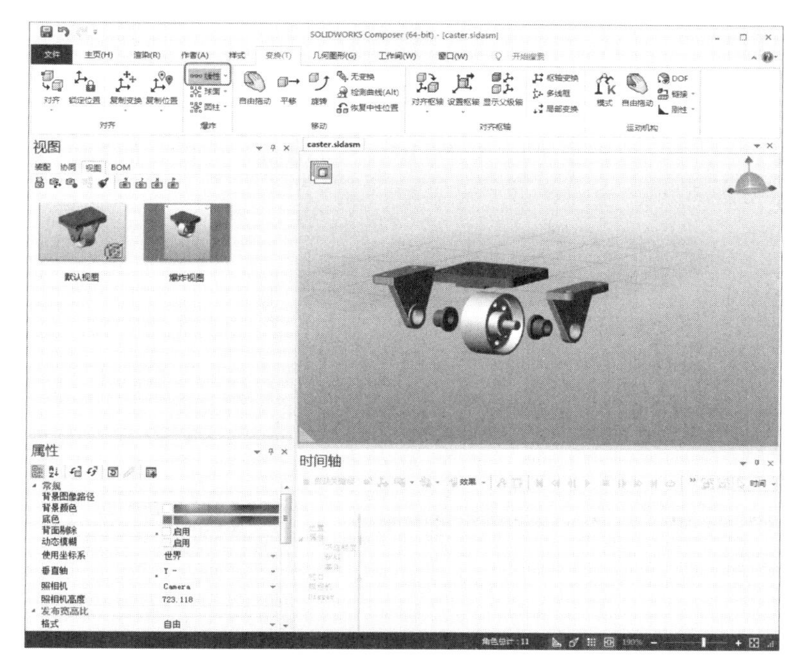

图 13-87　线性爆炸

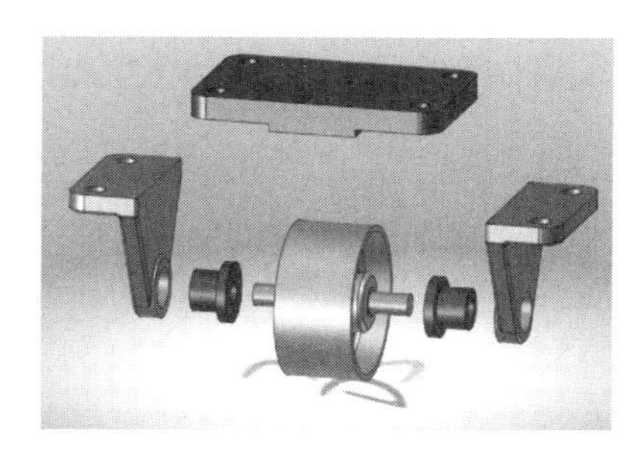

图 13-88　平移顶部平板零件

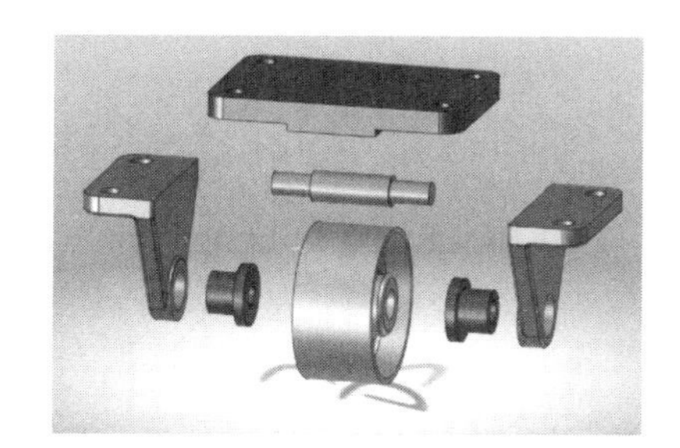

图 13-89　平移轴零件

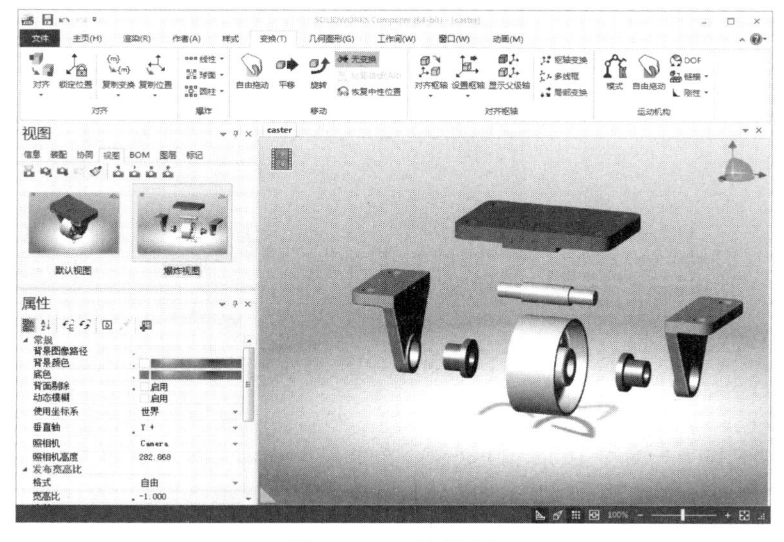

图 13-90　更新视图

（4）BOM 表格

① 打开 BOM 工作间。单击“工作间”选项卡“发布”面板中的“BOM“按钮，打开如图 13-91 所示的 BOM 工作间。首先选择应用对象为“可视几何图形”，然后单击“生成 BOM ID” 按钮命令，为模型生成 BOM ID。在如图 13-92 所示的左面板中的 BOM 页可以查看零件的编号及数量。

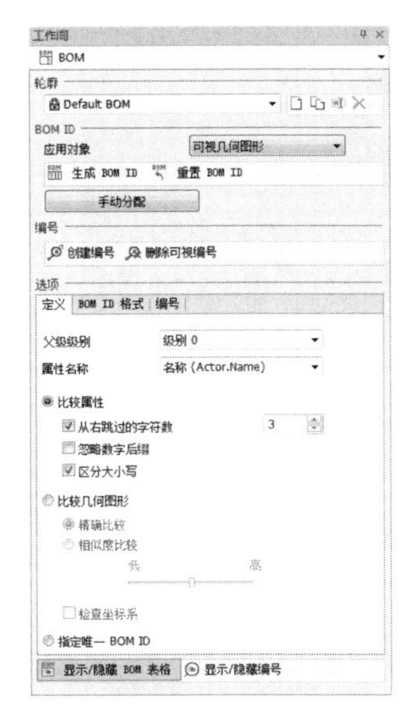

图 13-91　BOM 工作间

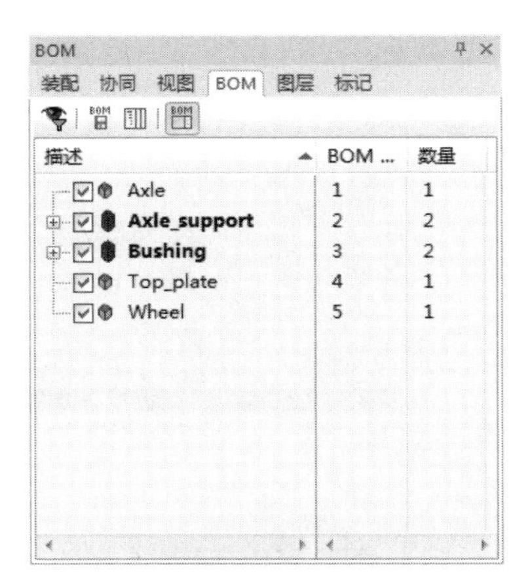

图 13-92　BOM 左面板

② 更改 BOM 位置。首先单击“工作间”对话框中的“显示/隐藏 BOM 表格”按钮，将表格显示在图形区域，然后选中 BOM 表格，此时属性窗格中将显示 BOM 的属性。更改其中的文本大小为“20”、放置位置为“右”，其余采取默认，如图 13-93 所示。

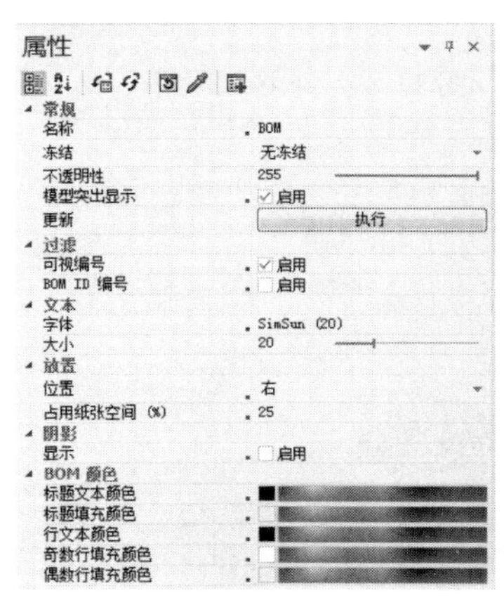

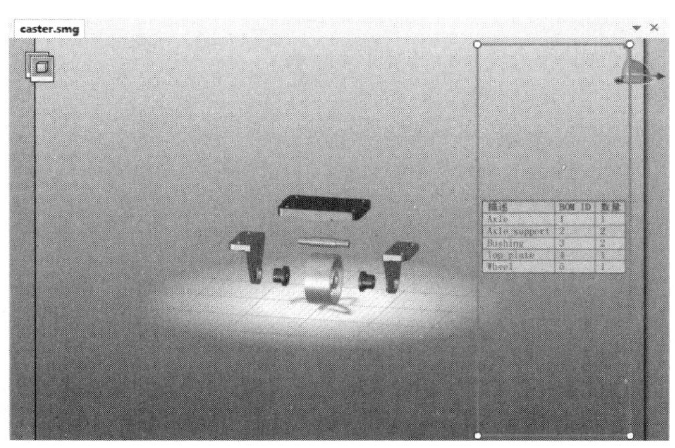

图 13-93　BOM 属性

③ 创建编号。在图形区中选择所有的零件，然后在右侧工作间中选择“编号”选项卡，在“创建”栏中选择“为每个 BOM ID 创建一个编号”选项，在“附加点”栏中选中“在中心最近处附近点”选项。然后在视图区选择全部对象，单击“编号”选项组中的“创建编号”按钮，为所选的对象添加符号。最后在属性面板中将“大小”改为 20。结果如图 13-94 所示。

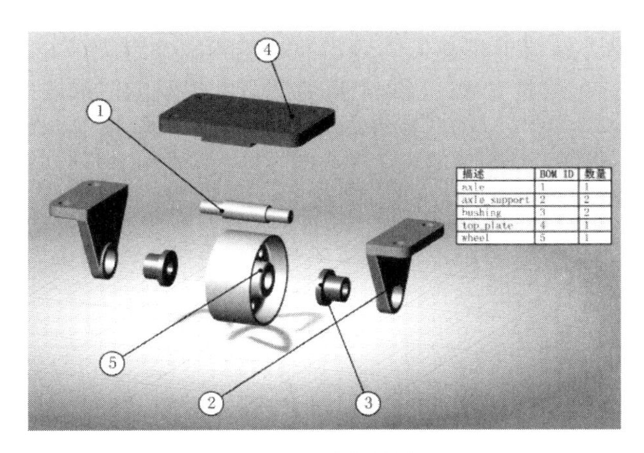

图 13-94　创建编号

④ 更新视图。首先选择左侧面板“视图”面板中的“爆炸视图”，然后单击“更新视图”按钮，将视图进行更新。

（5）矢量视图

① 打开技术图解工作间。单击“工作间”选项卡“发布”面板“技术图解”按钮，打开如图 13-95 所示的技术图解工作间。单击“预览”命令查看默认状态下的预览图，系统弹出 IE 浏览器，可以查看生成的技术图解。

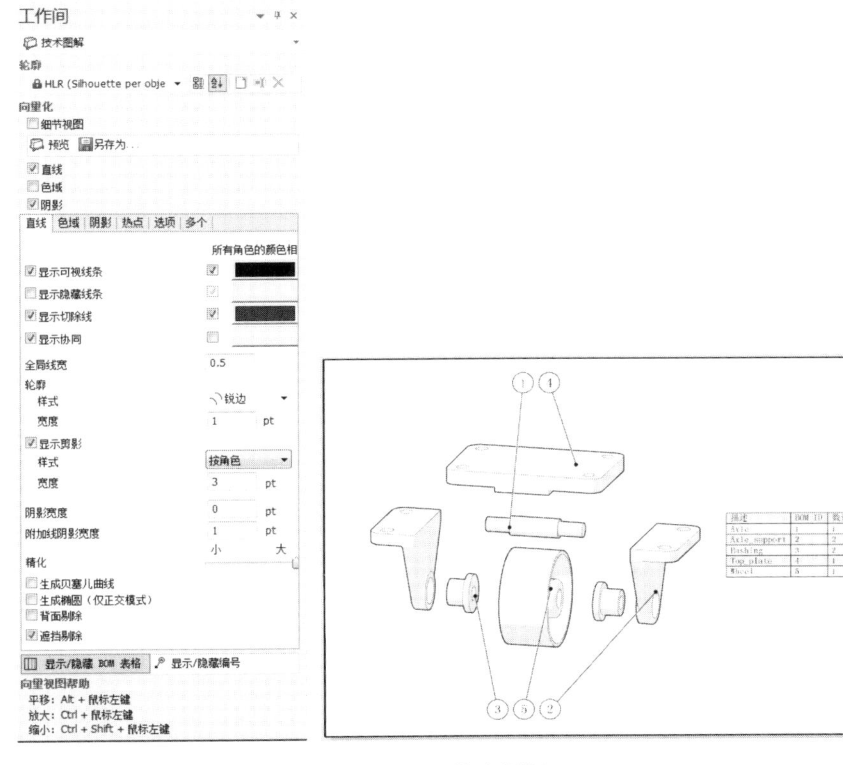

图 13-95　技术图解

② 取消 BOM 表格和编号显示。在技术图解工作间中，将轮廓中的方式更改为“HLR（high）”，然后单击技术图解工作间中的“显示/隐藏 BOM 表格” 按钮及“显示/隐藏编号”

按钮，将 BOM 表格及编号取消显示。最后在视图中的空白区域双击鼠标中间，将视图调整为合适的大小。单击“预览”按钮，查看预览的矢量图，如图 13-96 所示。

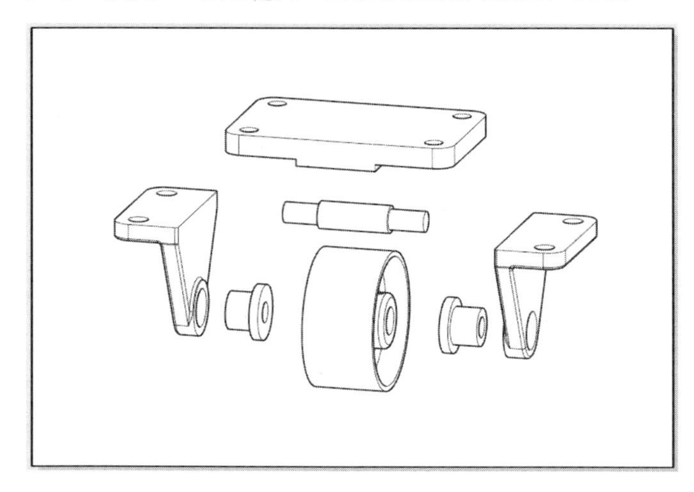

图 13-96 HLR（high）模式

③ 另存图像。单击技术图解工作间中的“另存为”按钮，打开如图 13-97 所示的“向量化另存为”对话框。在这里采取默认的文件名，单击保存按钮，保存为 svg 格式的矢量图形。

图 13-97 “另存为”对话框

13.6 动画制作

SOLIDWORKS Composer 采用框架界面去创建时间轴，时间轴面板可以通过键、过滤、播放工具等来创建和编辑动画。动画创作完成后可以进行输出操作，还可以通过事件来增强动画的交互性。

13.6.1 时间轴面板

时间轴面板是创建动画的基本面板，可以在其中进行关键帧操作及动画的播放控制。时间轴面板只在动画模式中才可以被激活，如果在视图模式下，则单击视图区域左上角的“切换到动画模式”图标，将当前模式转换为动画模式中。如图 13-98 所示，时间轴由四部分构成：

图 13-98　时间轴

（1）工具条

工具条中提供了许多制作动画的命令，其他附加的命令也可以通过动画功能区或右击轨道帧来实现。

自动关键帧：当改变动画属性（位置、颜色等）时，在当前时间自动创建关键帧。使用自动关键帧模式可能会导致创建多余的关键帧，在熟练使用此命令之前建议取消自动关键帧模式。

设置关键帧：为选择的对象在当前时间创建关键帧，这个关键帧包括选择对象的所有属性。

设置位置关键帧：在当前时间创建选择对象的位置关键帧。位置关键帧的颜色与对象的中性颜色相同。

设置照相机关键帧：在当前时间捕捉照相机的位置。照相机关键帧记录了方向和缩放的大小。

设置 Digger 关键帧：在当前时间捕捉 Digger 对象的关键帧。

效果：此命令中包含可以自动创建的效果，这些效果有淡入、淡出、热点及恢复关键帧的初始属性。

仅显示选定角色的关键帧：仅显示当前选择角色的帧。

仅显示选定属性的关键帧：仅显示选定对象在属性面板更改的属性关键帧，这些属性包括颜色和不透明度等。可以使用<Ctrl>键选择多个属性。如果没有选择属性，将显示所有属性帧。

（2）标记条

标记条用于显示动画的标记，标记指定了动画中的关键点。只需在要创建的时间点的标记条中单击，则会创建新的标记。右击所创建的标记，在弹出的快捷菜单中选择“重命名标记”，即可对标记进行重命名。同样可以在弹出的快捷菜单中选择“删除标记”可以删除掉此标记。想要移动标记，仅需拖动它即可。

（3）时间轴

显示部分或全部的动画时间轴。要改变当前动画的时间，在时间轴中单击。时间轴中的竖直的红色条称为时间指示条，在查看动画时通过拖动时间指示条来改变动画时间。

（4）轨道帧

显示动画关键帧、轨道帧分为三行，分别为位置/属性关键帧、照相机关键帧和 Digger

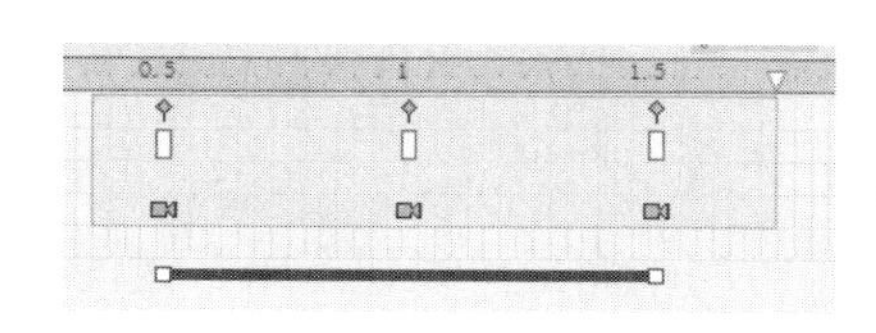

图 13-99　多选关键帧

帧。可以直接对轨道帧中的关键帧进行操作，要移动一个关键帧可以直接拖动，要复制一个关键帧可以按下<Ctrl>键并拖动它，要删除一个帧右击并选择“删除关键帧”。

要选择多个帧只需在轨道帧上按下鼠标左键并拖动，包含在拖动框中的所有关键帧将被选中，此时在轨道帧的下面将出现一个如图 13-99 所示的黑条，要移动这些帧，可以拖动此黑条。要复制这些帧，按下<Ctrl>键并拖动黑条即可。要改变此段的时间直接拖动黑条的端点，则关键帧将按比例更改时间。

13.6.2 事件

为了更好地表达，得到更好的交互效果，可以在制作的动画中添加事件。事件不可应用于 AVI 形式，仅用于交互的平台形式，例如网页格式、打包文件等。事件是通过属性窗格配合时间轴进行的。一般在时间轴上单击一个时间点，在此点上更改属性窗格中的事件栏，如图 13-100 所示。在属性栏中可定义的事件有脉冲和链接。

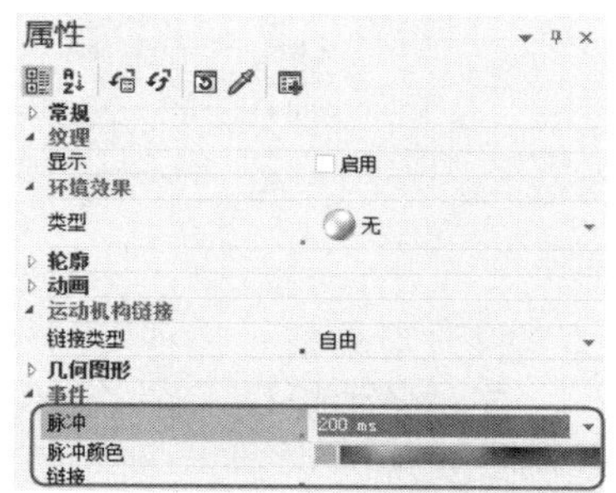

图 13-100　属性窗格

- 脉冲：可指定动画中对象闪烁的时间，指示此对象具有事件。可以设定无、200ms、400ms 及 800ms。对象闪烁完成后，动画会暂停等待响应。
- 链接：为对象定义链接，可定义的链接形式包括链接到文件、链接到网页、链接到 FTP、打开视图、下一标记、上一标记、转到开始、转到结束、链接到标、播放及播放标记。双击链接栏最右端的空白处，将打开如图 13-101 所示的“选择链接”对话框，在最下端的 URL 中可以选择要添加的链接。

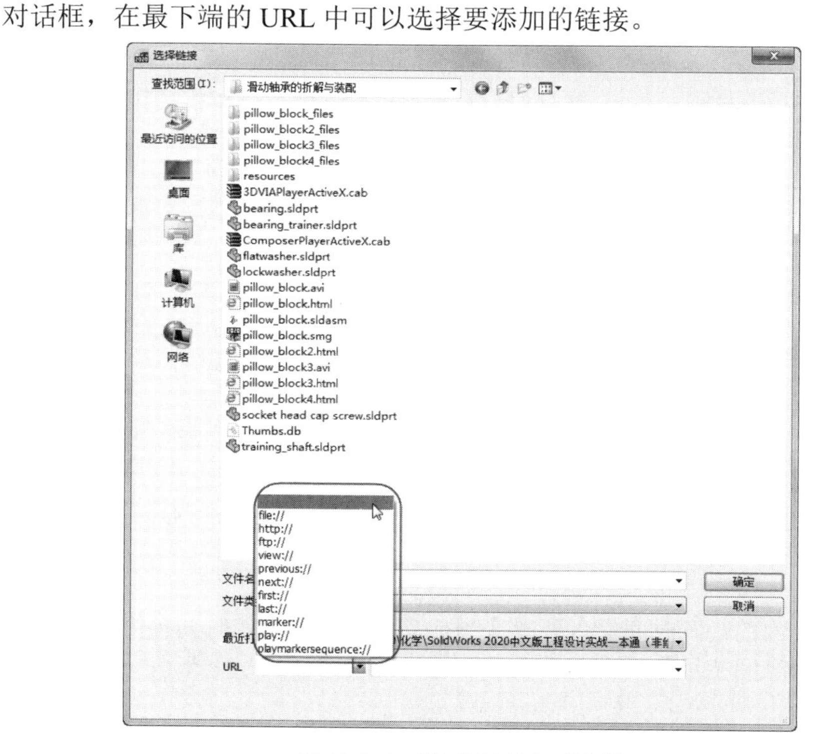

图 13-101　“选择链接”对话框

13.6.3 动画输出

动画完成后要进行动画输出，在 SOLIDWORKS Composer 中使用视频工作间进行动画的输出控制。使用视频工作间可以将动画生成为 AVI 视频。单击“工作间”选项卡“发布”面板中的“视频”按钮，可以进入到视频工作间。如图 13-102 所示为视频工作间。

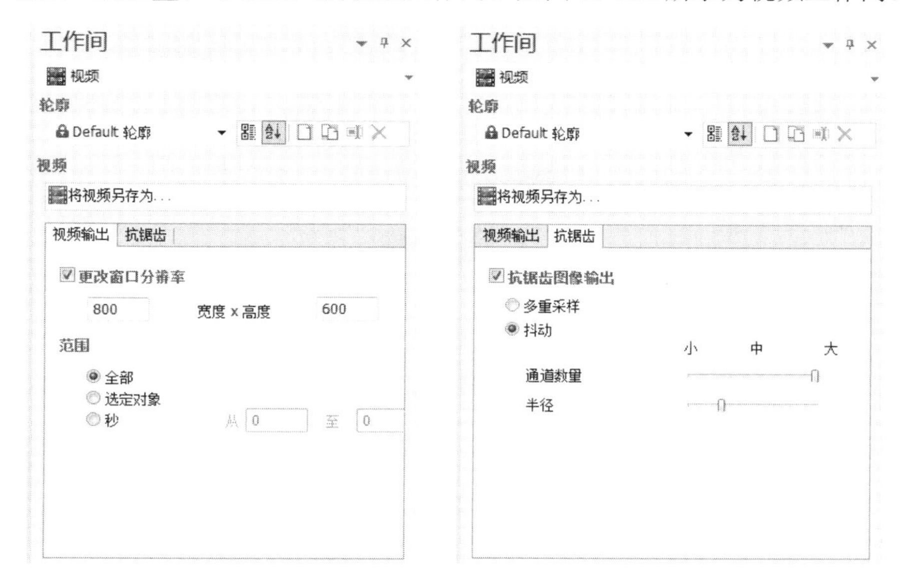

图 13-102　视频工作间

- 将视频另存为：单击此命令后会弹出“保存视频”对话框。在此对话框中可输入保存的名称及路径。单击“保存”按钮后，将弹出“视频压缩”对话框，在“视频压缩”对话框中设置压缩的编码格式，默认为“全帧（非压缩的）”采用此种格式生成的文件将特别大，一般不建议选取。
- 视频输出：在 AVI 输出页面中可以更改窗口分辨率，可以设置要生成动画的范围，包括全部、选定对象和指定时间。
- 抗锯齿：在抗锯齿页面中可以更改抗锯齿图像输出，可以选择抗锯齿的方式包括多重采样和抖动。可以调整通道数量及半径。

13.6.4 发布交互格式

在 SOLIDWORKS Composer 中除了可以生成传统的图片及动画 AVI 形式的结果文件外，还可以发布成交互文件的形式，这也是 SOLIDWORKS Composer 非常突出的优点，而且在创建复杂的装配体时，通过 SOLIDWORKS Composer 生成的交互文件可以流畅地运行，在这方面是其他软件无法比拟的。

在所有交互格式类型的文件中，HTML 格式文件是使用最频繁和被支持最多的格式，如图 13-103 所示为生成的 HTML 文件。通过 SOLIDWORKS Composer 可以通过预先定义好的模板来生成 HTML 格式的文件，当然也可以定义模板或生成后再编辑 HTML 文件。

单击功能区的“文件”→“发布”→“HTML”命令就可以打开如图 13-104 所示的“另存为”对话，在此对话框中可以进行设置输出为 HTML 格式的各个选项。其中单击 HTML 输出则在此页面中选择要生成 HTML 的模板，如图 13-105 所示。单击对话框中的“保存”按钮即可生成 HTML 格式的交互文件。

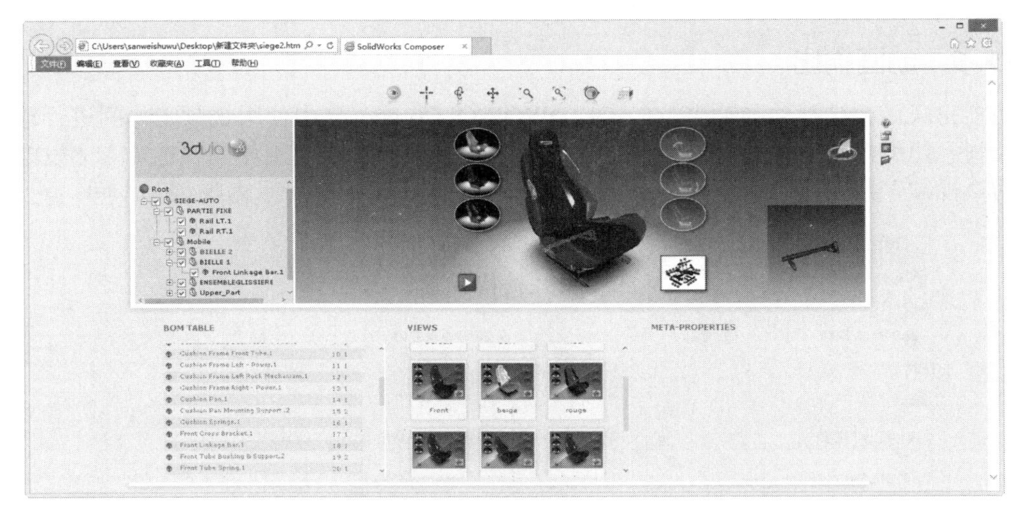

图 13-103　HTML 格式

图 13-104　“另存为”对话

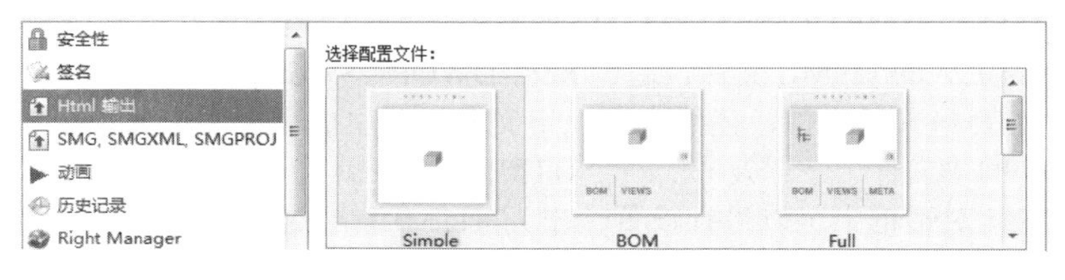

图 13-105　可选的默认模板

13.7 实例——滑动轴承的拆解与装配

下面以实例的形式来练习制作动画的操作。模型如图 13-106 所示。

扫一扫，看视频

绘制步骤

（1）打开模型

① 启动软件。选择“开始”→“所有程序”→“SOLIDWORKS 2020”→“SOLIDWORKS Composer 2020”→“SOLIDWORKS Composer 2020 64 位版本”命令，或双击桌面图标，启动 SOLIDWORKS Composer 2020。

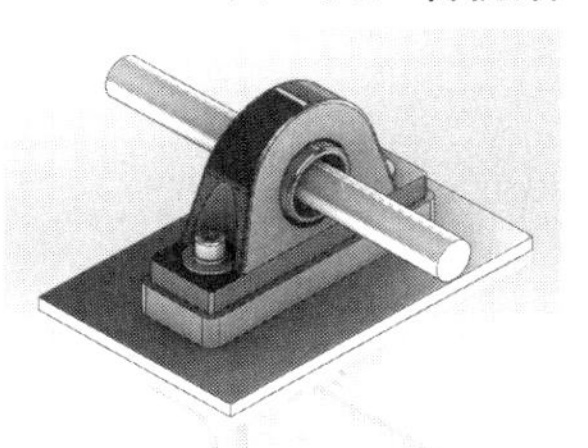

图 13-106 滑动轴承模型

② 在打开的 SOLIDWORKS Composer 2020 中选择“文件”→“打开”命令，系统弹出如图 13-107 所示的“打开”对话框。

图 13-107 “打开”对话框

③ 在“打开”对话框中选择光盘源文件中的 pillow_block 文件，然后选中“将文件合并到零件角色”复选框，单击“打开”按钮，打开模型，此时会弹出“SOLIDWORKS Converter”转换对话框。转换完成后的 SOLIDWORKS Composer（64-bit）软件界面如图 13-108 所示。

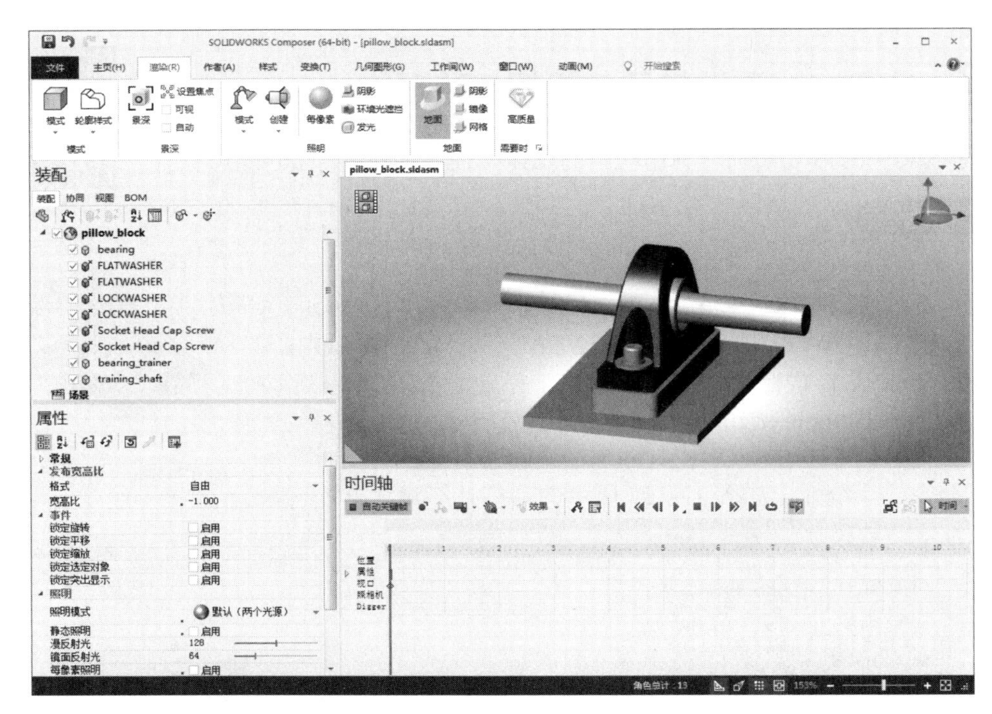

图 13-108　SOLIDWORKS Composer 软件界面

④ 保存文件。单击快速工具栏中的“保存”按钮，系统会以“pillow_block.smg”为文件名进行保存。

（2）创建拆解动画

① 创建动画。创建动画需要在动画模式中，如果当前在视图模式下，则单击视图区域左上角的“切换到动画模式”图标，将当前模式转换为动画模式。

② 移除长杆。首先在“时间轴”面板中 0s 处创建第一照相机关键帧，用来固定模型的位置，然后将时间指示条拖动到 1s 处，单击“变换”选项卡“移动”面板中的“平移”按钮，选择零件中的 training_shaft，向左拖动三角导航中的红色轴到合适的位置，如图 13-109 所示。

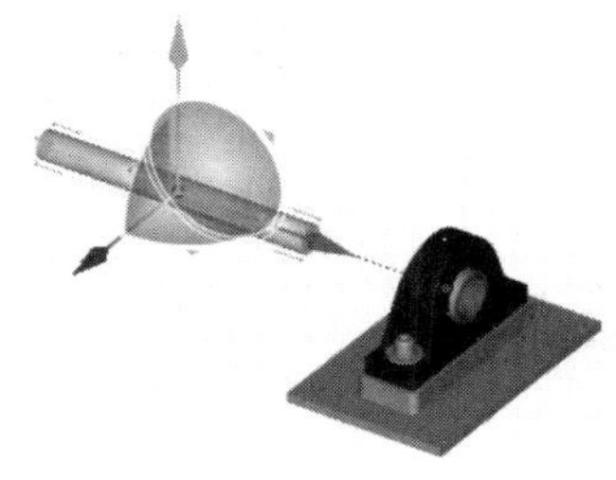

图 13-109　移除长杆

③ 捕捉照相机。保持时间指示条在 1s 上，单击“时间轴”面板中的“设置照相机关键帧”按钮，在 1s 处设置照相机关键帧。在此步放置照相机关键帧表示在 0～1s 时间内，照相机视图（指移除长杆以后的部分）一直保持现在状态不动。

④ 移动相机视图。在“时间轴”面板中将时间指示条拖动到 2s 处，将视图进行放大，重点突出显示螺钉部分。单击“时间轴”面板中的“设置照相机关键帧”按钮，在 2s 处设置照相机关键帧。在此步放置照相机关键帧表示在 1～2s 时间内，照相机视图进行放大的过程。结果如图 13-110 所示。

⑤ 添加热点效果。在“时间轴”面板中将时间指示条拖动到 2.5s 处，在视图中选择 Socket Head Cap Screw（面向屏幕的这个），选择“时间轴”面板中的“效果”→“热点”命令，在 2.5s 处添加热点效果。采用同样的方式，分别在 3s 和 3.5s 处添加热点效果。添加完成后，单击“时间轴”面板中的“播放”按钮，播放制作的动画。结果如图 13-111 所示。

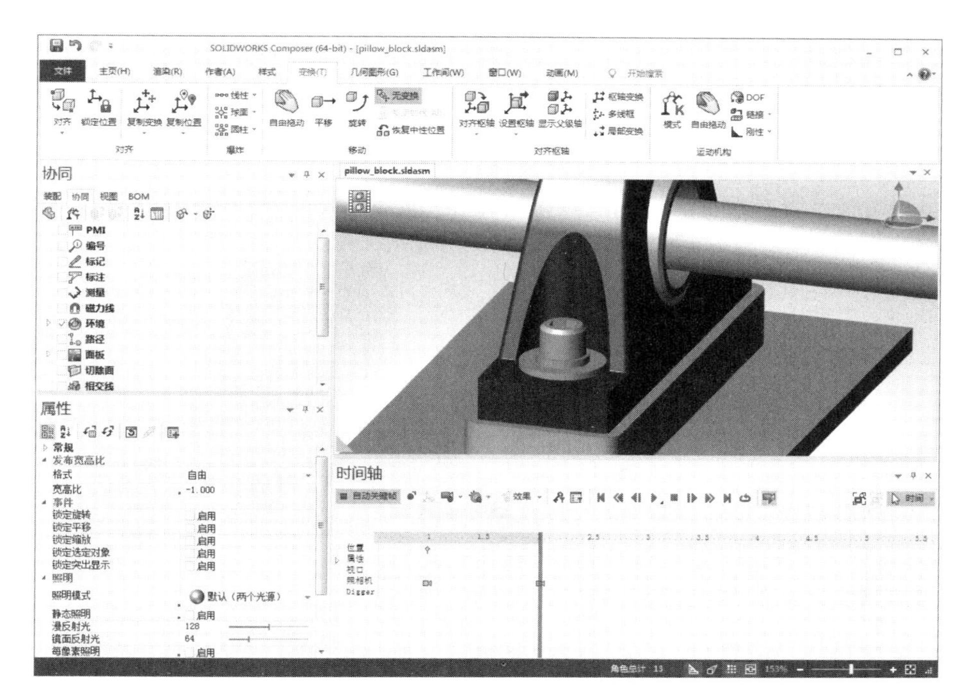

图 13-110　移动相机视图

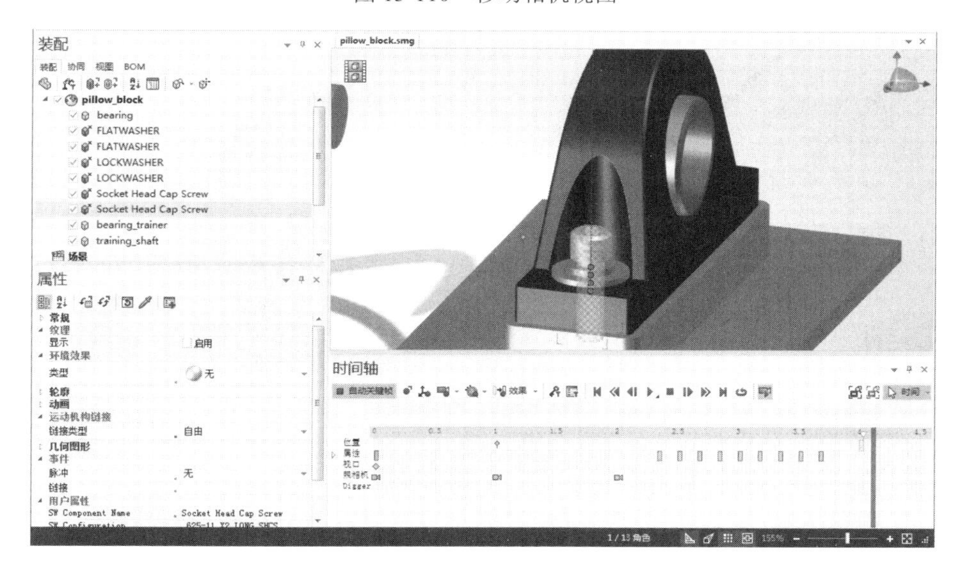

图 13-111　添加热点效果

⑥ 添加位置关键帧。在“时间轴”面板中将时间指示条拖动到 4s 处，在视图中选择 Socket Head Cap Screw，单击“时间轴”面板中的“设置位置关键帧”按钮，在 4s 处添加位置关键帧。

⑦ 制作螺栓旋转动画。在“时间轴”面板中将时间指示条拖动到 5s 处，单击“变换”选项卡“移动”面板中的“平移”按钮。选择零件 Socket Head Cap Screw，然后单击绿色轴，直接在属性面板中输入长度为 5，将螺钉向上平移 5。然后单击“变换”选项卡“移动”面板中的“旋转”按钮，单击蓝色轴与红色轴之间的平面，直接在属性面板中输入角度为 120°，将螺钉旋转 120°。完成后将时间指示条拖动到 4s 处，然后单击“播放”按钮，

播放 4～5s 之间的动画，查看螺栓旋转出的效果。结果如图 13-112 所示。

⑧ 制作螺栓旋转其余动画。在“时间轴”面板中将时间指示条拖动到 6s 处，采用与步骤⑦同样的方式添加一段螺栓旋转出的动画。制作完成后将时间指示条拖动到 7s 处，再次添加一段螺栓旋转出的动画。完成后将时间指示条拖动到 4s 处，然后单击“播放”按钮▶，播放 4～7s 之间的动画，查看螺栓旋转出的效果，如图 13-113 所示。

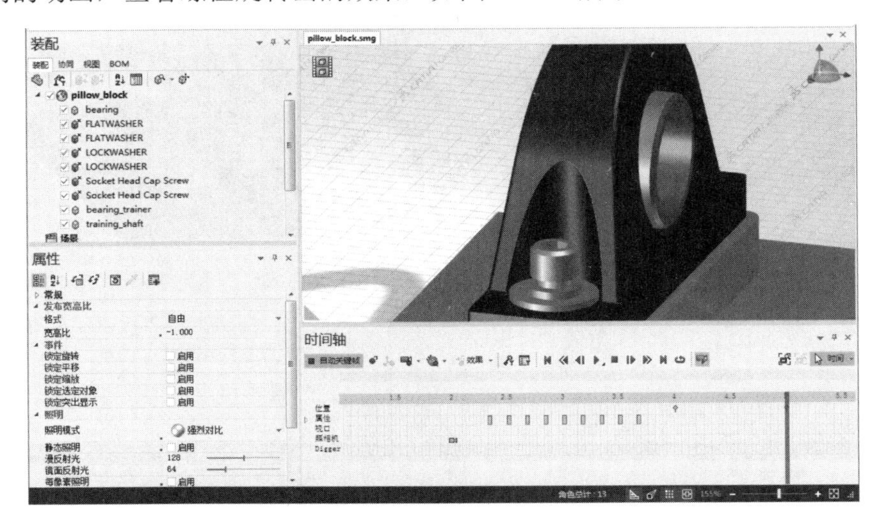

图 13-112　螺栓旋转动画 1

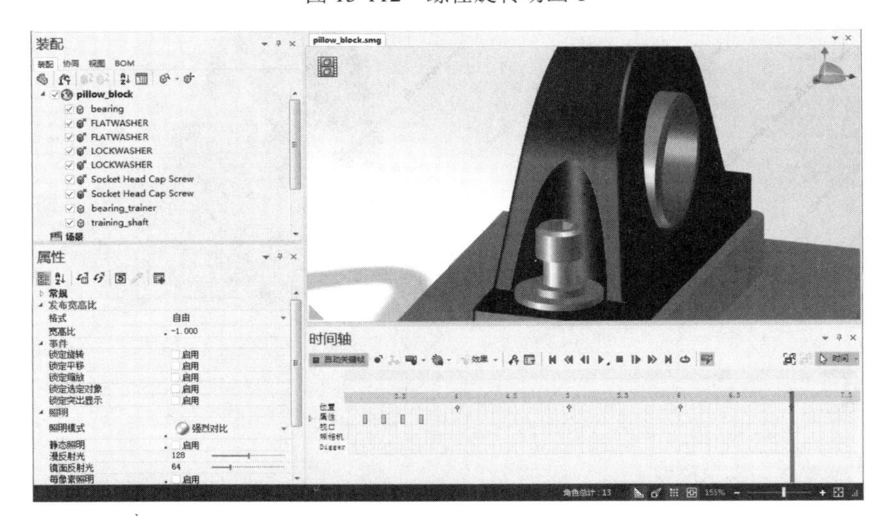

图 13-113　螺栓旋转动画 2

⑨ 制作螺栓平移动画。在“时间轴”面板中将时间指示条拖动到 8s 处，单击“变换”选项卡“移动”面板中的“平移”按钮。单击选择零件 Socket Head Cap Screw，然后单击绿色轴，直接在属性面板中输入长度为 150，将螺栓向上平移 150，添加螺栓平移出的动画。

⑩ 锁紧垫片平移动画。在“时间轴”面板中将时间指示条拖动到 9s 处，单击“变换”选项卡“移动”面板中的“平移”按钮。单击选择零件 LOCKWASHER，然后单击绿色轴，直接在属性面板中输入长度为 80，将锁紧垫片向上平移 80，添加锁紧垫片平移出来的动画。完成后将时间指示条拖动到 7s 处，然后单击“播放”按钮▶，播放 7～9s 之间的动画，此时发现锁紧垫片并不是自 8s 开始移出，这是因为没有在 8s 处为锁紧垫片添加位置关键帧。

⑪ 恢复中性位置。在“时间轴”面板中将时间指示条拖动到 8s 处，选择零件 LOCKWASHER，单击“变换”选项卡“移动”面板中的“恢复中性位置”按钮。将 8s 处的锁紧垫片恢复到初始位置。再次播放 7～9s 之间的动画，查看最终的动画效果。

⑫ 制作平垫片平移动画。在“时间轴”面板中将时间指示条拖动到 9s 处，选择零件 FLATWASHER，单击“时间轴”面板中的“设置位置关键帧”按钮，在 9s 处为平垫片添加位置关键帧。然后在“时间轴”面板中将时间指示条拖动到 10s 处，单击“变换”选项卡“移动”面板中的“平移”按钮，然后单击绿色轴，直接在属性面板中输入长度为 40，将平垫片向上平移 40，添加平垫片平移出来的动画。结果如图 13-114 所示。

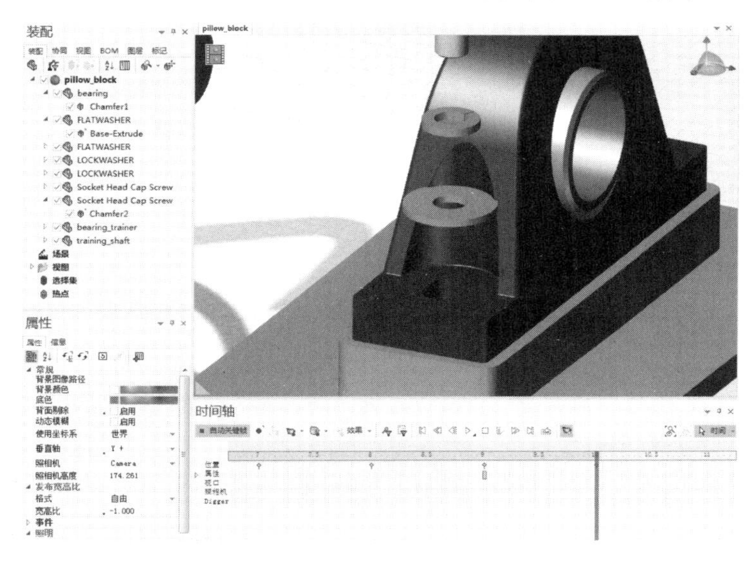

图 13-114　平垫片平移动画

⑬ 旋转视图。保持时间指示条在 10s 处，单击“时间轴”面板中的“设置照相机关键帧”按钮，在 10s 处添加照相机关键帧。然后在“时间轴”面板中将时间指示条拖动到 11s 处，旋转视图突出显示另一侧的螺钉。单击“设置照相机关键帧”按钮，在 11s 处添加照相机关键帧。结果如图 13-115 所示。

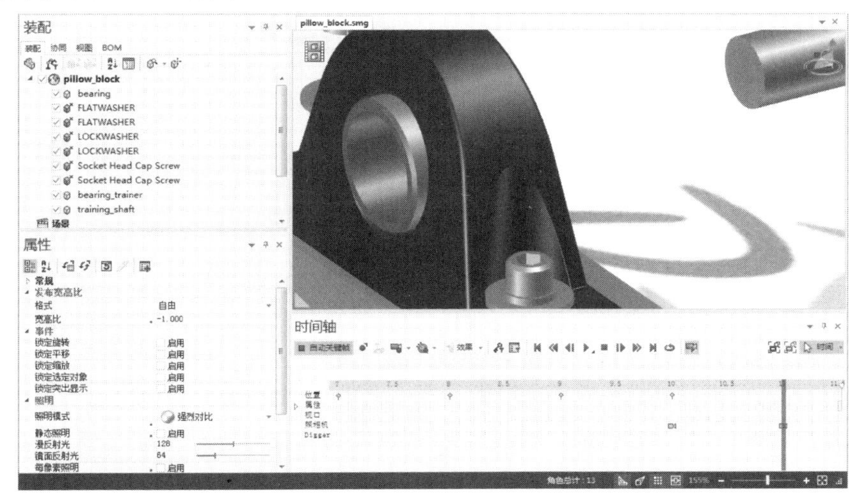

图 13-115　旋转视图

⑭ 创建另一侧螺栓部分拆解。根据之前的步骤，将另一侧的螺栓、锁紧垫片和平垫片进行拆解。完成后的视图及时间轴如图 13-116 所示。

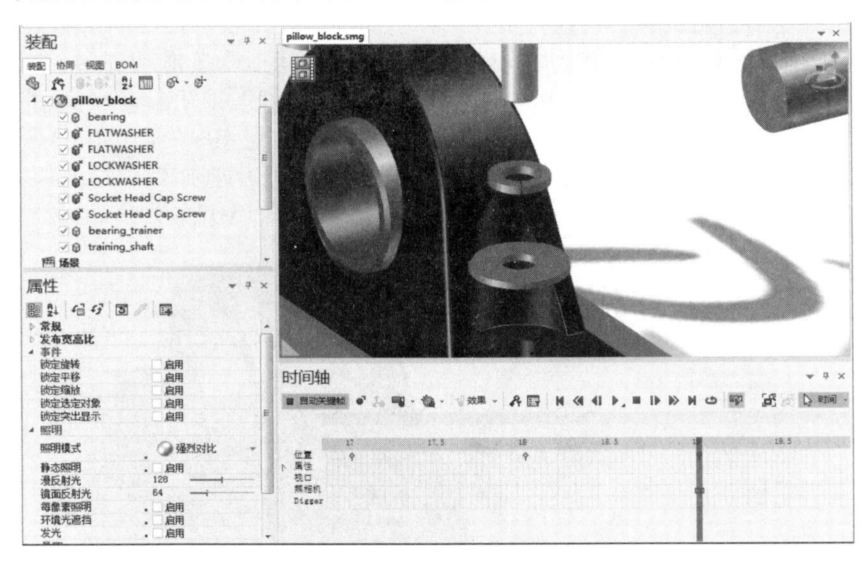

图 13-116　另一侧螺栓部分拆解

⑮ 缩小视图。保持时间指示条在 19s 处，单击“时间轴”面板中的“设置照相机关键帧”按钮，在 19s 处添加照相机关键帧。然后在“时间轴”面板中将时间指示条拖动到 20s 处，将视图进行缩小。单击“设置照相机关键帧”按钮，在 20s 处添加照相机关键帧。结果如图 13-117 所示。

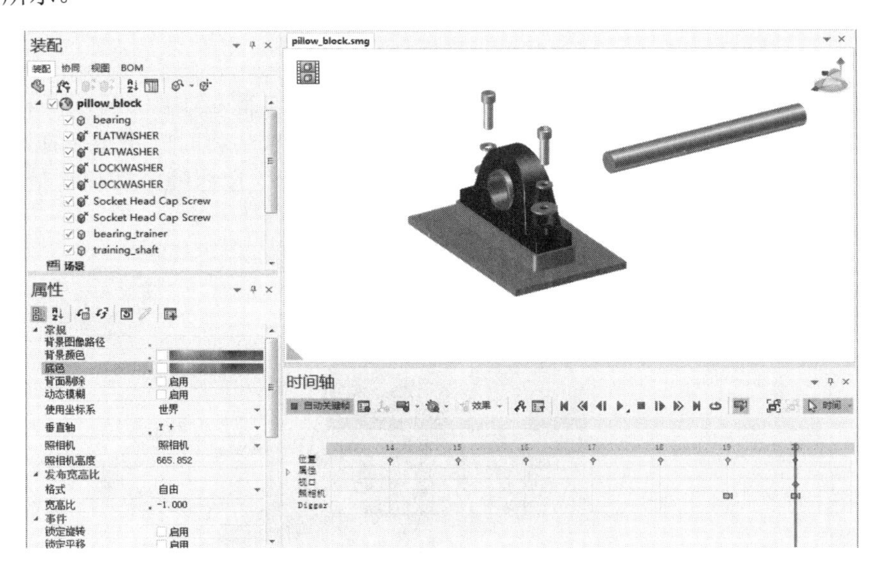

图 13-117　缩小视图

⑯ 制作轴承台平移动画。在时间轴面板中保持时间指示条在 20s 处，单击零件 bearing_trainer，单击“时间轴”面板中的“设置位置关键帧”按钮，在 21s 处为轴承台添加位置关键帧。然后在“时间轴”面板中将时间指示条拖动到 21s 处，单击“变换”选项卡“移动”面板中的“平移”按钮，然后单击绿色轴，直接在属性面板中输入长度为-150，

将轴承台向下平移 150，添加轴承台向下平移出来的动画。结果如图 13-118 所示。

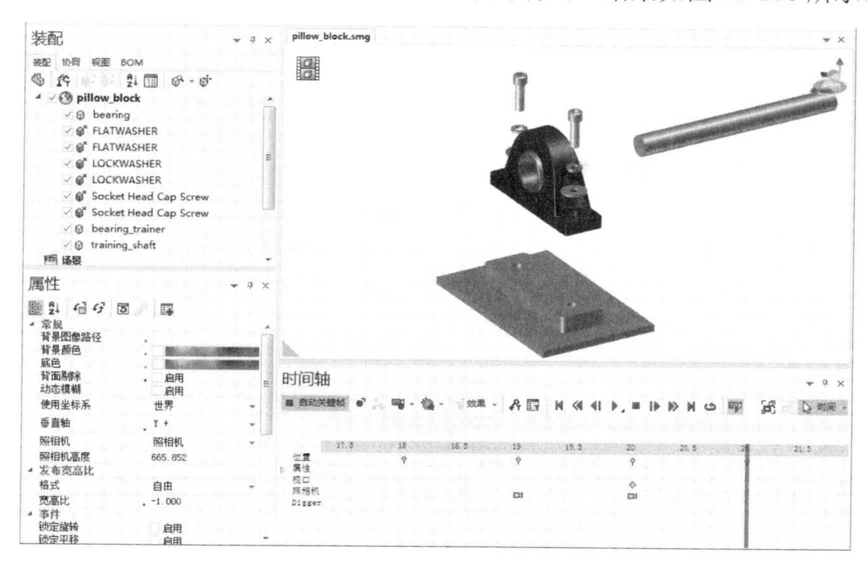

图 13-118　轴承台平移动画

⑰ 设置拆解结束帧。保持时间指示条在 21s 处，单击“时间轴”面板中的“设置照相机关键帧”按钮，在 21s 处添加照相机关键帧，然后在“时间轴”面板中保持时间指示条在 22s 处，将视图缩放到合适的尺寸，然后单击“设置照相机关键帧”按钮。如图 13-119 所示。

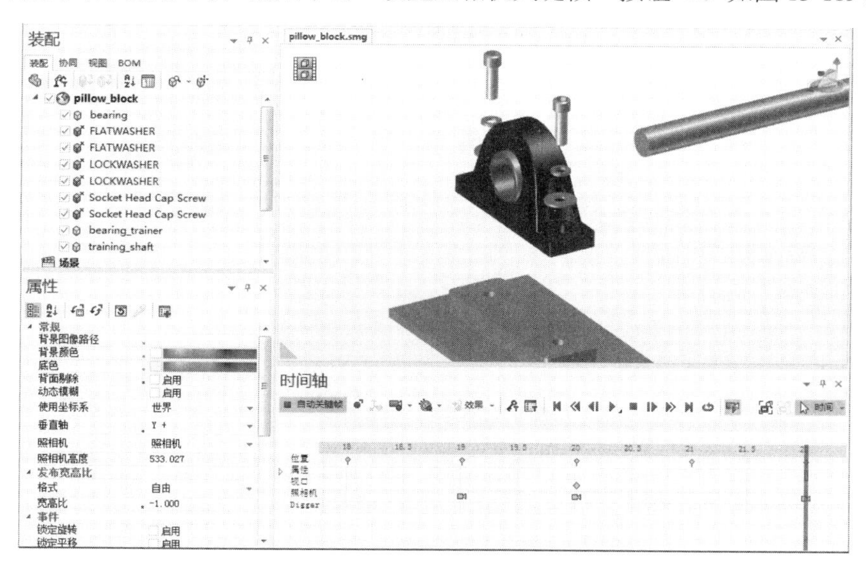

图 13-119　分解结果

（3）制作结合动画

① 复制所有帧。在“时间轴”面板中框选轨道帧中的所有帧。按住<Ctrl>键的同时向后拖动轨道帧的黑色指示条，对所创建的所有动画进行复制操作。

② 反转动画。保持复制后的帧为选中状态，在蓝色框内右击，在弹出的如图 13-120 所示的快捷菜单中选择“反转时间选择”命令。

③ 检查动画。利用“时间轴”面板中的播放工具播放反转后的动画，播放完成后发现

最后一步中长杆并没有恢复到中性位置。在“时间轴”面板中保持时间指示条在结尾处，选择长杆并单击“变换”选项卡“移动”面板中的“恢复中性位置”按钮，将长杆恢复到初始位置。

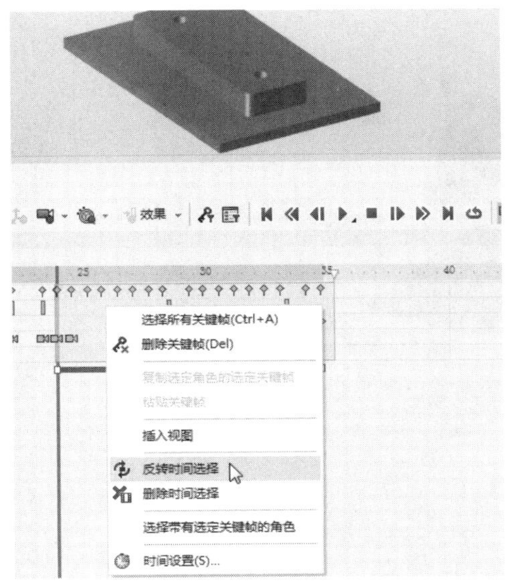

图 13-120　反转时间选择

④ 删除热点效果。在结合的动画中有两部分热点效果是多余的，需要将其删除。首先选择结合动画中的一部分热点效果，在蓝色框内右击，在弹出的快捷菜单中选择“删除时间选择”命令，此时后面的所有帧将自动向前平移。

⑤ 压缩动画时间。选择动画中后半段所有的结合动画部分，此时在轨道帧出现黑色指示条，拖动指示条的最右端方框向左平移，将结合动画时间进行压缩，压缩完成后可以利用“时间轴”面板中的播放工具播放动画，查看最终的效果。

（4）生成视频

① 打开“视频”工作间。单击“工作间”选项卡“发布”面板“视频”按钮，打开如图 13-121 所示的“视频”工作间。

② 设置分辨率。在“视频”工作间中，选中“更改窗口分辨率”复选框，输入分辨率为 800×600。然后单击“将视频另存为”按钮，打开如图 13-122 所示的“保存视频”对话框。

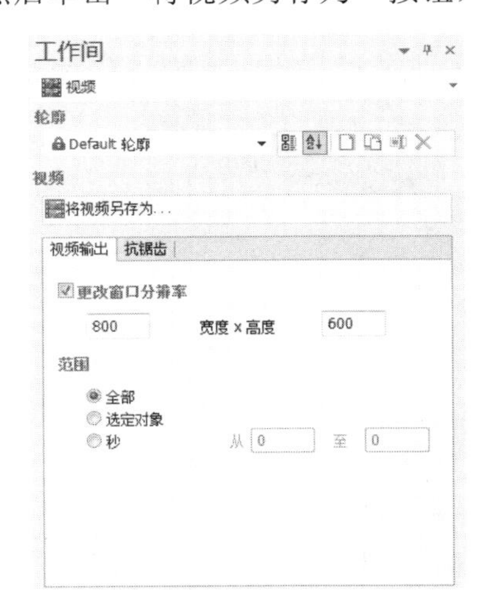

图 13-121　“视频”工作间

图 13-122　“保存视频”对话框

③ 压缩视频。单击“保存视频”对话框中的“保存”按钮，打开如图 13-123 所示的“视频压缩”对话框。在“压缩程序”下拉列表框中选择 Microsoft Video 1 格式。单击“确定”按钮，生成动画。生成动画需要一段时间，生成后会自动播放视频文件。

（5）发布

① 打开“另存为”对话框。选择功能区的“文件”→“发布”→HTML 命令，打开如图 13-124 所示的“另存为”对话框。

② 选择模板。在“另存为”对话框的左下角选择“HTML 输出”选项，在 HTML 输出页面中选择 BOM 模板，单击“保存”按钮，生成 Simple 格式的交互文件，如图 13-125 所示。

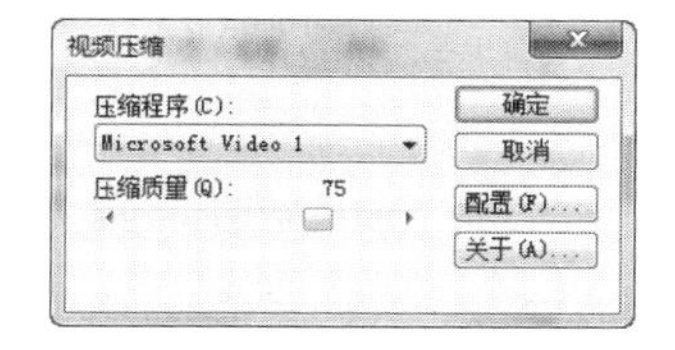

图 13-123 “视频压缩”对话框

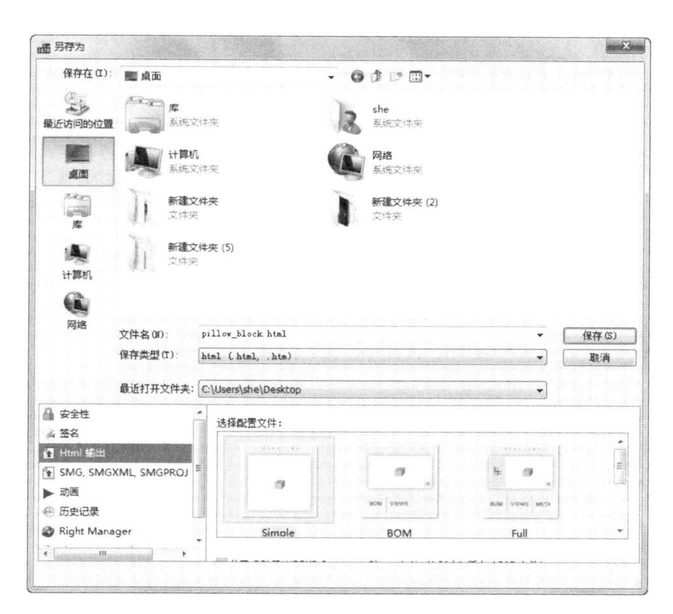

图 13-124 “另存为”对话框

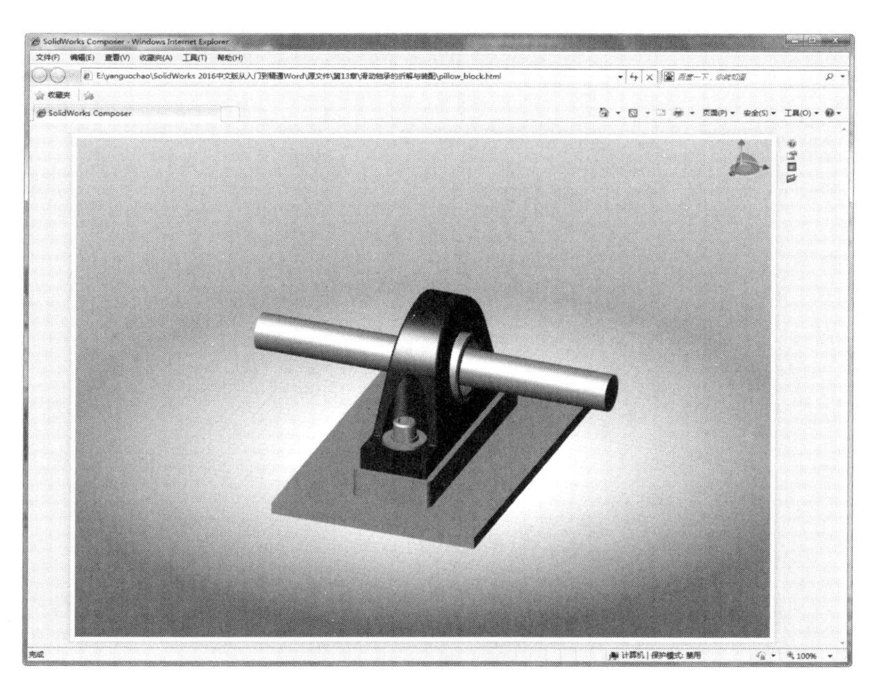

图 13-125 Simple 的浏览器页面

SOLIDWORKS 2020

第14章 SOLIDWORKS Motion 运动仿真

本章介绍了虚拟样机技术和运动仿真的关系，并给出了 SOLIDWORKS Motion 2020 运动仿真的实例。通过对工程实例的分析，读者将进一步理解和掌握 SOLIDWORKS Motion 2020 工具。

知识点

- 虚拟样机技术及运动仿真
- Motion 分析运动算例
- 综合实例——自卸车斗驱动

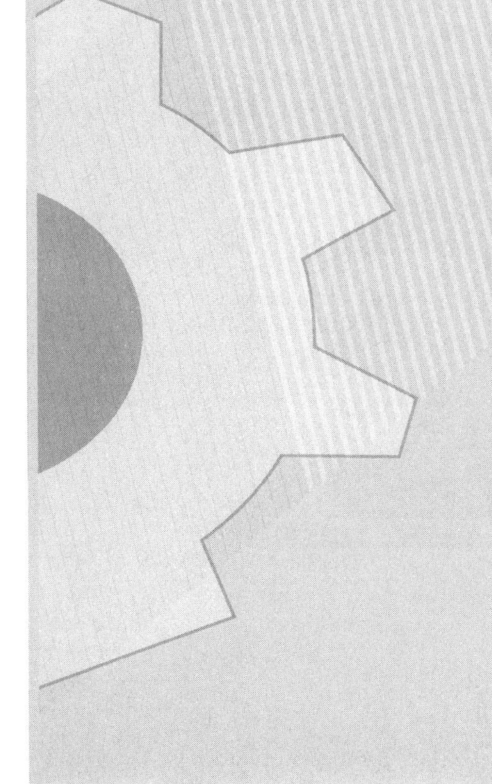

14.1 虚拟样机技术及运动仿真

14.1.1 虚拟样机技术

如图 14-1 所示表明了虚拟样机技术在企业开展新产品设计以及生产活动中的地位。进行产品三维结构设计的同时，运用分析仿真软件（CAE）对产品工作性能进行模拟仿真，发现设计缺陷。根据分析仿真结果，用三维设计软件对产品设计结构进行修改。重复上述仿真、找错、修改的过程，不断对产品设计结构进行优化，直至达到一定的设计要求。

虚拟产品开发有如下三个特点：

- 以数字化方式进行新产品的开发；
- 开发过程涉及新产品开发的全生命周期；
- 虚拟产品的开发是开发网络协同工作的结果。

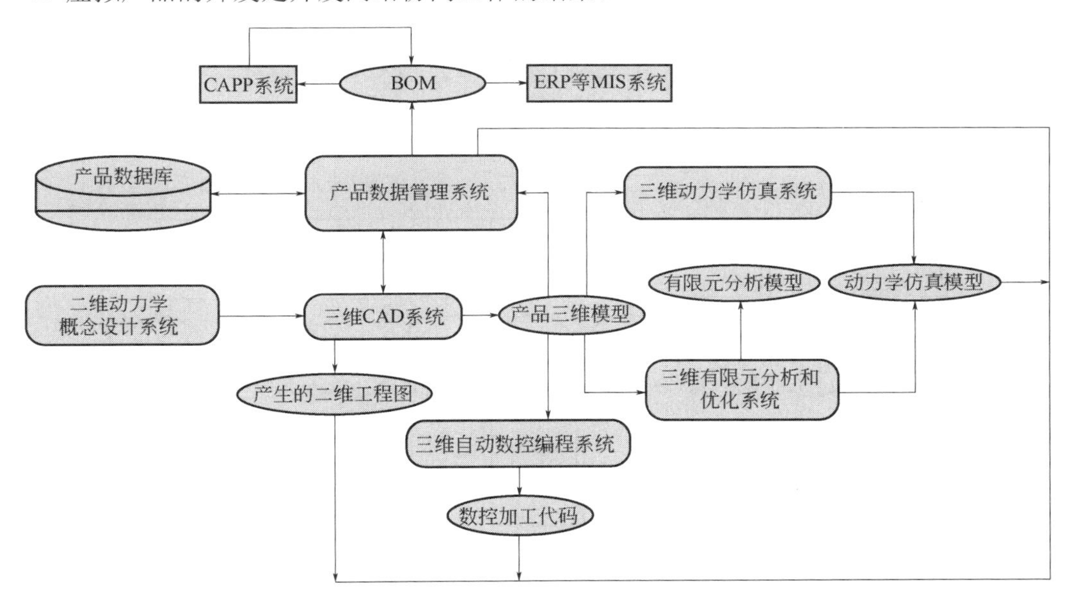

图 14-1 虚拟样机设计、分析仿真、设计管理、制造生产一体化解决方案

为了实现上述的三个特点，虚拟样机的开发工具一般实现如下 4 个技术功能：

- 采用数字化的手段对新产品进行建模；
- 以产品数据管理（PDM）/产品全生命周期（PLM）的方式控制产品信息的表示、储存和操作；
- 产品模型的本地/异地的协同技术；
- 开发过程的业务流程重组。

传统的仿真一般是针对单个子系统的仿真，而虚拟样机技术则是强调整体的优化，它通过虚拟整机与虚拟环境的耦合，对产品进行多种设计方案进行测试、评估，并不断改进设计方案，直到获得最优的整机性能。而且，传统的产品设计方法是一个串行的过程，各子系统（如：整机结构、液压系统、控制系统等）的设计都是独立的，忽略了各子系统之间的动态交互与协同求解，因此设计的不足往往到产品开发的后期才被发现，造成严重浪费。运用虚拟样机技术可以快速地建立包括控制系统、液压系统、气动系统在内的多体动力学虚拟样机，实现产品的并行设计，可在产品设计初期及时发现问题、解决问题，把系统的测试分析作为整个产品设计过程的驱动。

14.1.2 数字化功能样机及机械系统动力学分析

在虚拟样机的基础上，人们又提出了数字化功能样机（Functional Digital Prototyping）的概念，这是在CAD/CAM/CAE技术和一般虚拟样机技术的基础之上发展起来的。其理论基础为计算多体系动力学、结构有限元理论、其他物理系统的建模与仿真理论，以及多领域物理系统的混合建模与仿真理论。该技术侧重于在系统层次上的性能分析与优化设计，并通过虚拟试验技术，预测产品性能。基于多体系统动力学和有限元理论，解决产品的运动学、动力学、变形、结构、强度和寿命等问题。而基于多领域的物理系统理论，解决较复杂产品的机-电-液-控等系统的能量流和信息流的耦合问题。

数字化功能样机的内容如图14-2所示，它包括计算多体系统动力学的运动/动力特性分析，有限元疲劳理论的应力疲劳分析，有限元非线性理论的非线性变形分析，有限元模态理论的振动和噪声分析，有限元热传导理论的热传导分析，基于有限元大变形理论的碰撞和冲击的仿真，计算流体动力学分析，液压/气动的控制仿真，以及多领域混合模型系统的仿真等。

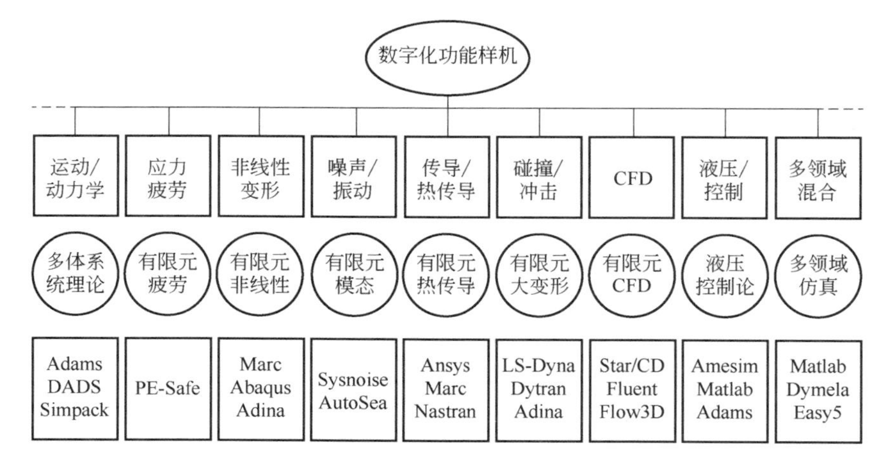

图14-2 数字化功能样机的内容

多个物体通过运动副的连接便组成了机械系统，系统内部有弹簧、阻尼器、制动器等力学元件的作用，系统外部受到外力和外力矩的作用，以及驱动和约束。物体分柔性和刚性之分，而实际上的工程研究对象多为混合系统。机械系统动力学分析和仿真主要是为了解决系统的运动学、动力学和静力学问题。其过程主要包括：

- 物理建模：用标准运动副、驱动/约束、力元和外力等要素抽象出同实际机械系统具有一致性的物理模型；
- 数学建模：通过调用专用的求解器生成数学模型；
- 问题求解：迭代求出计算解。

实际上，在软件操作过程中数学建模和问题求解过程都是软件自动完成的，内部过程并不可见，最后系统会给出曲线显示、曲线运算和动画显示过程。

美国MDI（Mechanical Dynamics Inc.）最早开发了ADAMS（Automatic Dynamic Analysis of Mechanical System）软件，应用于虚拟仿真领域，后被美国的MSC公司收购为MSC.ADAMS。SOLIDWORKS Motion正是基于ADAMS解决方案引擎创建的。通过SOLIDWORKS Motion可以在CAD系统构建的原型机上查看其工作情况，从而检测设计的结果，例如电动机尺寸、连接方式、压力过载、凸轮轮廓、齿轮传动率、运动零件干涉等设计中可能出现的问题。进而修改设计，得到了进一步优化了的结果。同时，SOLIDWORKS Motion 用户界面是 SOLIDWORKS 界面的无缝扩展，它使用 SOLIDWORKS 数据存储库，不需要 SOLIDWORKS 数据的复制/导出，给用户带来了方便性和安全性。

14.2 Motion 分析运动算例

在 SOLIDWORKS 2020 中 SOLIDWORKS Motion 比之前版本的 Cosmos Motion 大大简化了操作步骤，所建装配体的约束关系不用再重新添加，只需使用建立装配体时的约束即可，新的 SOLIDWORKS Motion 是集成在运动算例中的。运动算例是 SOLIDWORKS 中对装配体模拟运动的统称，运动算例不更改装配体模型或其属性。运动算例包括动画、基本运动与 Motion 分析，在这里我们重点讲解 Motion 分析的内容。

14.2.1 马达

运动算例马达模拟作用于实体上的运动，由马达所应用。下面结合实例介绍马达运动分析的操作步骤。

扫一扫，看视频

【案例 14-1】马达运动分析

① 单击 MotionManager 工具栏上的“马达”按钮。

② 弹出“马达”属性管理器，如图 14-3 所示。在属性管理器“马达类型”一栏中，选择旋转或者线性马达。

③ 在属性管理器“零部件/方向”一栏中选择要做动画的表面或零件，通过“反向”按钮来调节。

④ 在属性管理器“运动”一栏中，在类型下拉菜单中选择运动类型，包括等速、距离、振荡、插值和表达式。

- 等速：马达速度为常量。输入速度值。
- 距离：马达以设定的距离和时间帧运行。为位移、开始时间、及持续时间输入值，如图 14-4 所示。
- 振荡：为振幅和频率输入值，如图 14-5 所示。

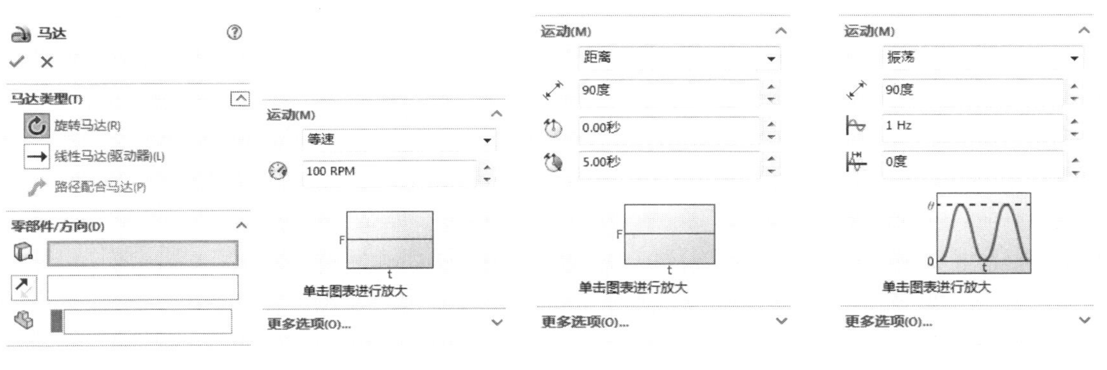

图 14-3 “马达”属性管理器　　图 14-4 “距离”运动　　图 14-5 “振荡”运动

- 线段：选定线段（位移、速度、加速度），为插值时间和数值设定值，线段“函数编制程序”对话框如图 14-6 所示。

■ 数据点：输入表达数据（位移、时间、立方样条曲线），数据点“函数编制程序”对话框如图 14-7 所示。

■ 表达式：选取马达运动表达式所应用的变量（位移、速度、加速度），表达式“函数编制程序”对话框如图 14-8 所示。

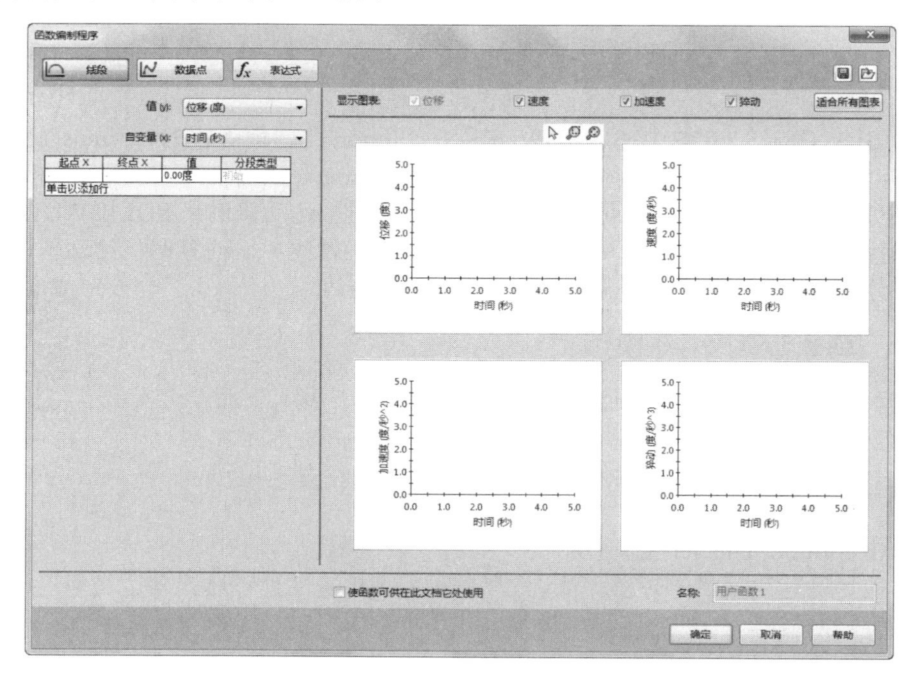

图 14-6 “线段”运动

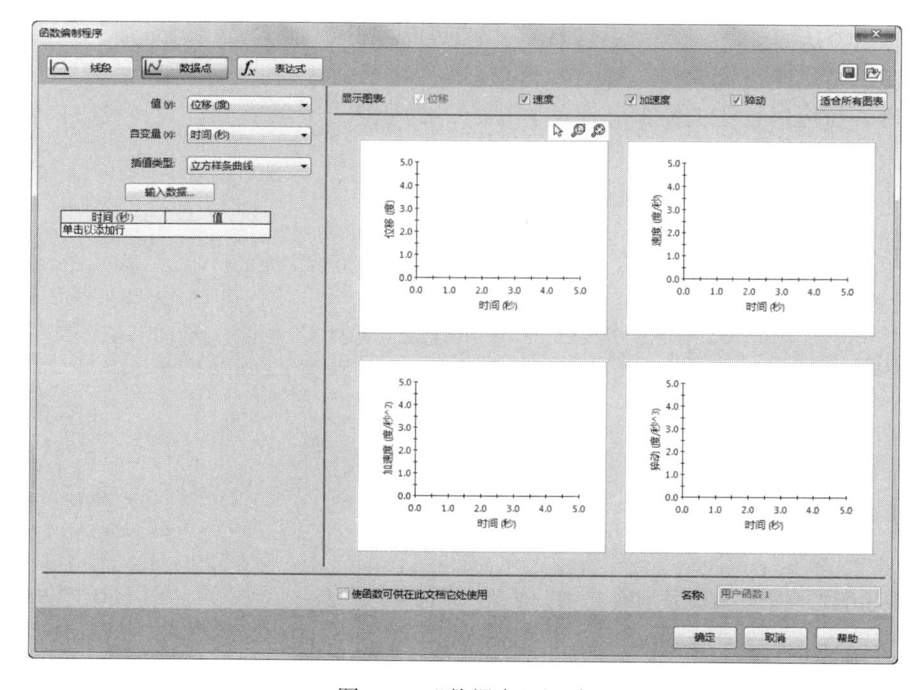

图 14-7 “数据点”运动

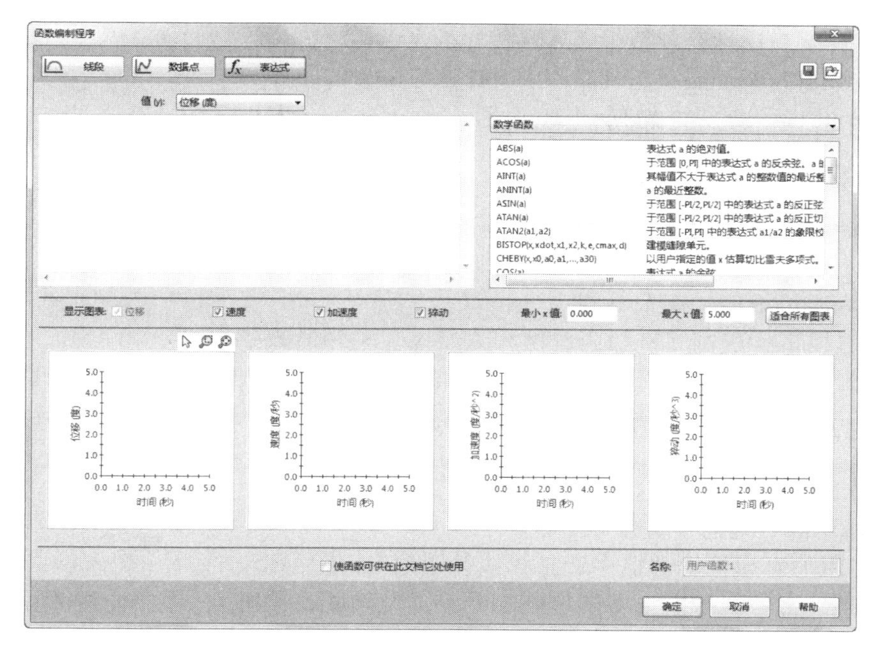

图 14-8 “表达式”运动

⑤ 单击属性管理器中的“确定”按钮✔，动画设置完毕。

14.2.2 弹簧

扫一扫，看视频

弹簧为通过模拟各种弹簧类型的效果而绕装配体移动零部件的模拟单元。属于基本运动，在计算运动时考虑到质量。下面结合实例介绍弹簧质量分析的操作步骤。

【案例 14-2】弹簧质量分析

① 单击 MotionManager 工具栏中的“弹簧”按钮，弹出“弹簧”属性管理器。

② 在“弹簧”属性管理器中选择“线性弹簧”类型，在视图中选择要添加弹簧的两个面，如图 14-9 所示。

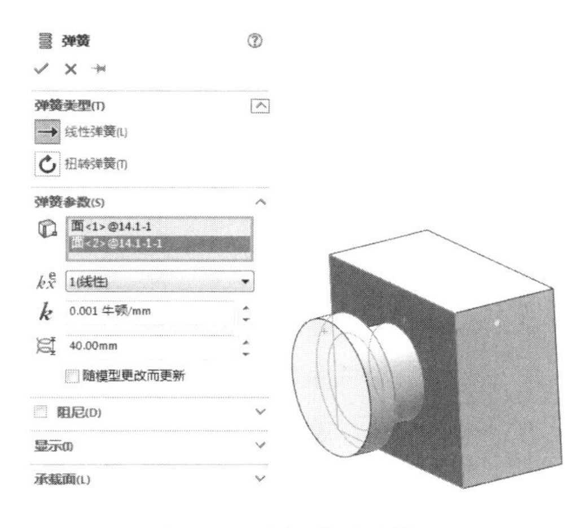

图 14-9 选择放置弹簧面

③ 在“弹簧”属性管理器中设置其他参数，单击“确定”按钮✔，完成弹簧的创建。

④ 单击 MotionManager 工具栏中的“计算”按钮，计算模拟。MotionManager 界面如图 14-10 所示。

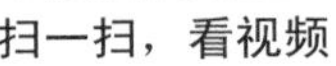

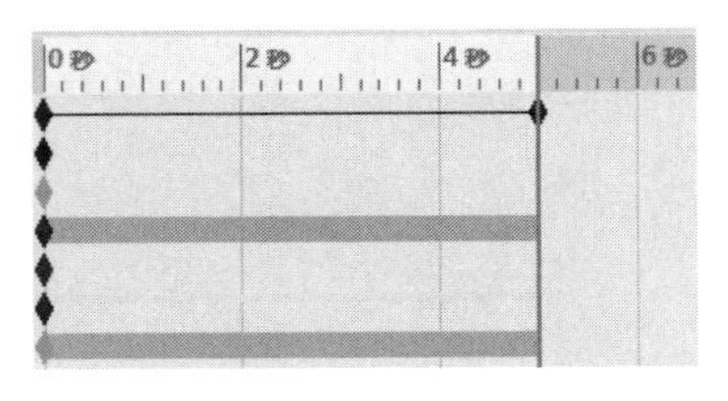

图 14-10　MotionManager 界面

14.2.3　阻尼

如果对动态系统应用了初始条件，系统会以不断减小的振幅振动，直到最终停止。这种现象称为阻尼效应。阻尼效应是一种复杂的现象，它以多种机制（例如内摩擦和外摩擦、轮转的弹性应变材料的微观热效应以及空气阻力）消耗能量。下面结合实例介绍阻尼分析的操作步骤。

【案例 14-3】阻尼分析

① 单击 MotionManager 工具栏中的“阻尼”按钮，弹出如图 14-11 所示的“阻尼”属性管理器。

② 在“阻尼”属性管理器中选择“线性阻尼”，然后在绘图区域选取零件上弹簧或阻尼一端所附加到的面或边线。此时在绘图区域中被选中的特征将高亮显示。

③ 在“阻尼力表达式指数”和“阻尼常数”中可以选择和输入基于阻尼的函数表达式，单击“确定”按钮✔，完成阻尼的创建。

图 14-11　“阻尼”属性管理器

14.2.4　接触

扫一扫，看视频

接触仅限基本运动和运动分析，如果零部件碰撞、滚动或滑动，可以在运动算例中建模零部件接触，还可以使用接触来约束零件在整个运动分析过程中保持接触。默认情况下零部件之间的接触将被忽略，除非在运动算例中配置了“接触”。如果不使用“接触”指定接触，零部件将彼此穿越。下面结合实例介绍接触分析的操作步骤。

【案例 14-4】接触分析

① 单击 MotionManager 工具栏中的“接触”按钮，弹出如图 14-12 所示的“接触”属性管理器。

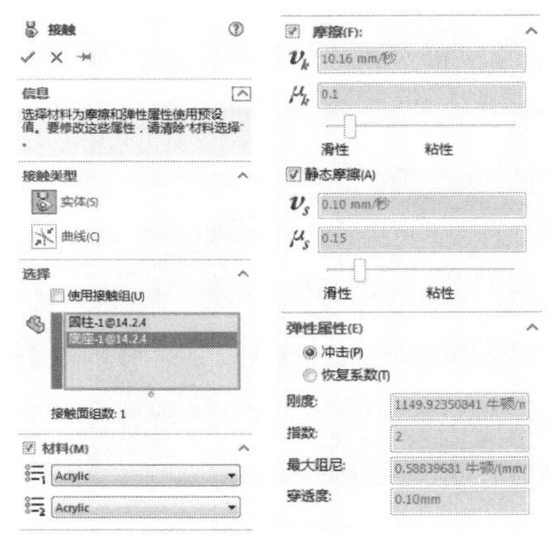

图 14-12　“接触”属性管理器

② 在“接触”属性管理器中选择“实体”，然后在绘图区域选择两个相互接触的零件，添加它们的配合关系。

③ 在“材料”栏中更改两个材料类型为“Acrylic”属性管理器中设置其他参数，单击“确定”按钮✔，完成接触的创建。

扫一扫，看视频

14.2.5 力

力/扭矩对任何方向的面、边线、参考点、顶点和横梁应用均匀分布的力、力矩或扭矩，以供在结构算例中使用。下面结合实例介绍力分析的操作步骤。

【案例 14-5】力分析

① 单击 MotionManager 工具栏中的“力”按钮，弹出如图 14-13 所示的“力/扭矩”属性管理器。

② 在“力/扭矩”属性管理器中选择“力”类型，单击“作用力与反作用力”按钮，在视图中选择如图所示的作用力和反作用力面，如图 14-14 所示。

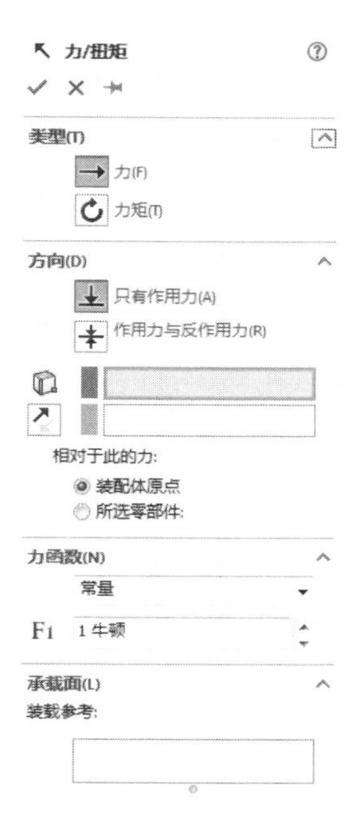

图 14-13 “力/扭矩”属性管理器

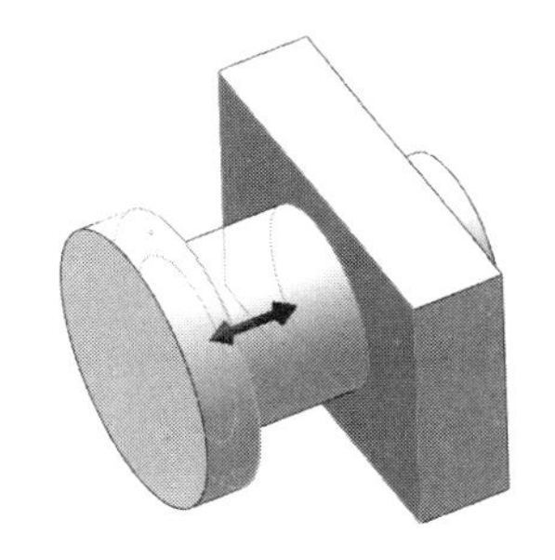

图 14-14 选择作用力面和反作用力面

属性管理器选项说明：

a．类型

■ 力：指定线性力

■ 力矩：指定扭矩。

b．方向

■ 只有作用力：为单作用力或扭矩指定参考特征和方向。

■ 作用力与反作用力：为作用与反作用力或扭矩指定参考特征和方向。

③ 在“力/扭矩”属性管理器中设置其他参数，如图 14-15 所示，单击“确定”按钮✔，完成力的创建。

④ 在时间线视图中设置时间点为 0.1 秒，设置播放速度为 5 秒。

⑤ 单击 MotionManager 工具栏中的“计算”按钮，计算模拟。单击“从头播放”按钮，动画如图 14-16 所示，MotionManager 界面如图 14-17 所示。

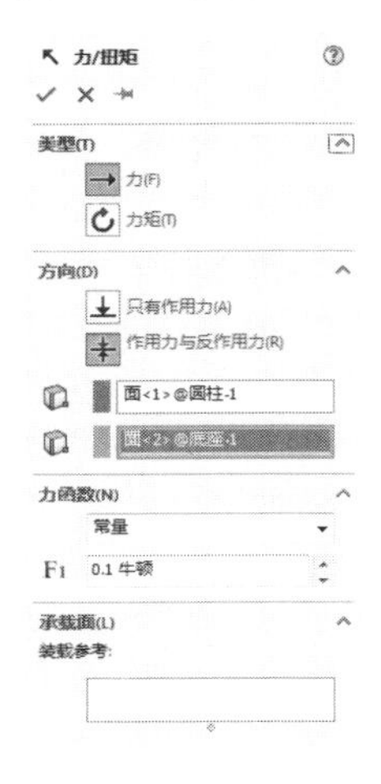

图 14-15　设置参数

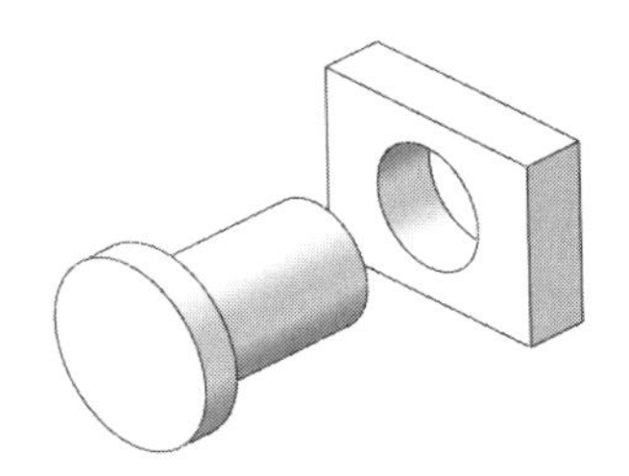

图 14-16　动画

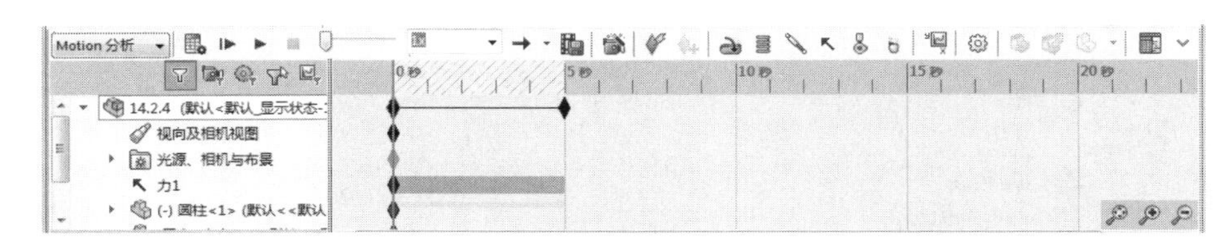

图 14-17　MotionManager 界面

14.2.6 引力

扫一扫，看视频

引力（仅限基本运动和运动分析）为一通过插入模拟引力而绕装配体移动零部件的模拟单元。下面结合实例介绍引力分析的操作步骤。

【案例 14-6】引力分析

① 单击 MotionManager 工具栏中的“引力”图标按钮，弹出“引力”属性管理器。

② 在“引力”属性管理器中选择“Z 轴”，可单击“反向”按钮，调节方向，也可以在视图中选择线或者面作为引力参考，如图 14-18 所示。

③ 在“引力”属性管理器中设置其他参数，单击“确定”按钮✔，完成引力的创建。

④ 单击 MotionManager 工具栏中的“计算”按钮，计算模拟。MotionManager 界面如图 14-19 所示。

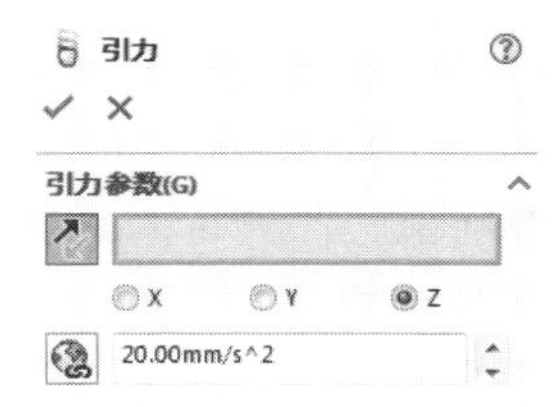

图 14-18 “引力”属性管理器

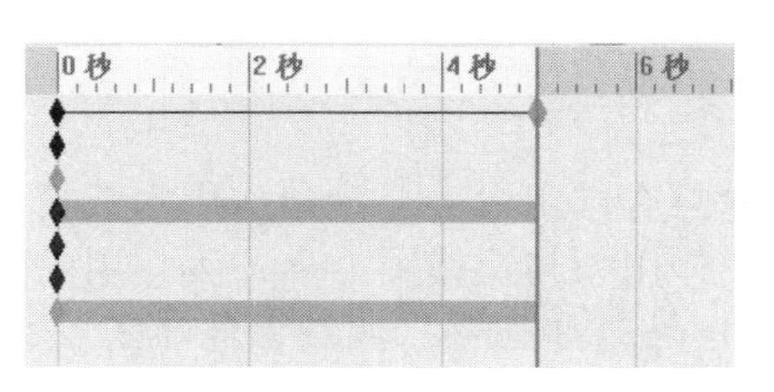

图 14-19　MotionManager 界面

14.3 综合实例——自卸车斗驱动

扫一扫，看视频

本例说明了用 SOLIDWORKS Motion 求解自卸车斗的驱动力问题。同时介绍了装配体可动功能和运动副位置控制的问题，最后用 COSMOSWorks 进行了静力和扭曲分析 。自卸车斗的结构如图 14-20 所示，其尺寸如图 14-21 所示。

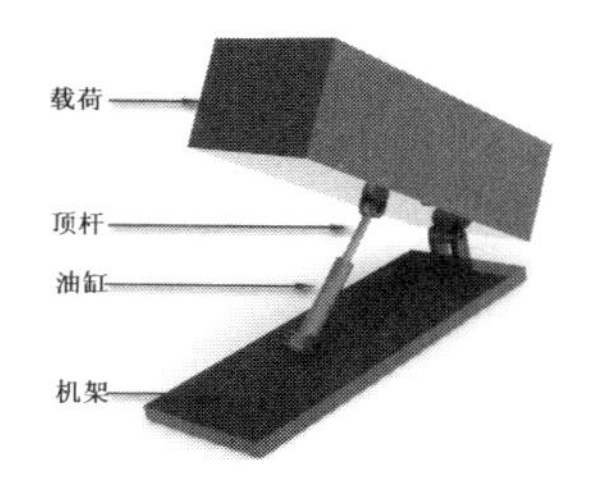

图 14-20 “自卸车斗”结构组成

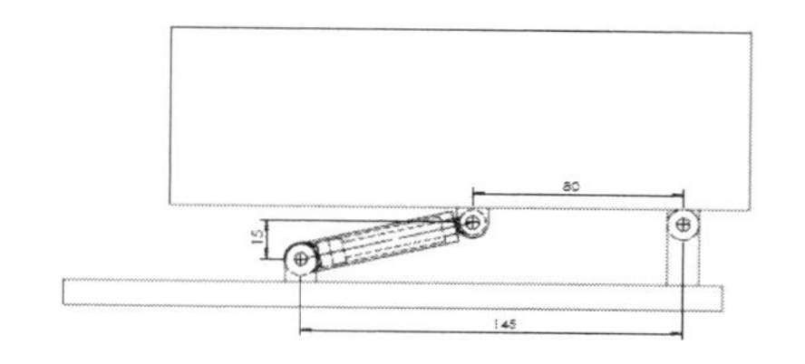

图 14-21 “自卸车斗”的结构尺寸

14.3.1 调入模型设置参数

（1）加载装配体模型

① 加载装配体文件，“车斗.SLDASM”。该文件位于“自卸车斗”文件夹。

② 在装配体结构树的“油缸顶杆”装配体上单击鼠标右键，如图 14-22 所示，单击“零部件属性”图标，弹出“零部件属性”对话框，如图 14-23 所示，注意右下角的“求解为”区域，有“柔性”和“刚性”两个选项。如图 14-24 和图 14-25 所示，“柔性”选项意味着“顶杆”和“油缸”零件在“油缸顶杆”装配体中独立存在，即可以相对运动，产生运动副。否则，选择“刚性”，会导致系统自由度数为 0，系统无法运动，仿真无法运行。

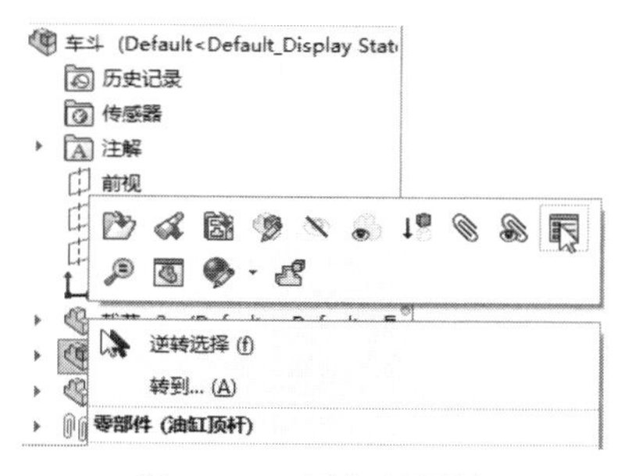

图 14-22 零部件属性

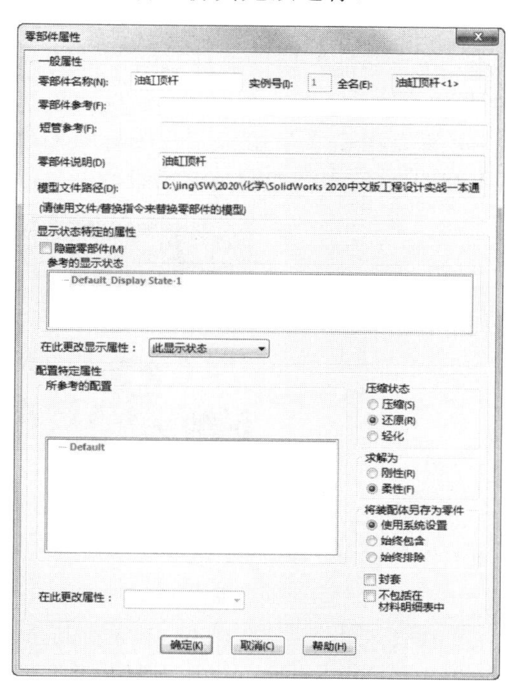

图 14-23 “零部件属性”对话框

（2）定义运动参数

① 为了在设计阶段保证“载荷”零件在装配体中保持水平，设置了“平行”配合，在此需要把它取消，如图 14-26 所示，将此配合压缩。

② 单击绘图区下部的“运动算例 1”标签，切换到运动算例界面。

③ “算例类型”选择“Motion 分析”。单击 MotionManager 工具栏中的“马达”按钮，系统弹出如图 14-27 所示的“马达”属性管理器。

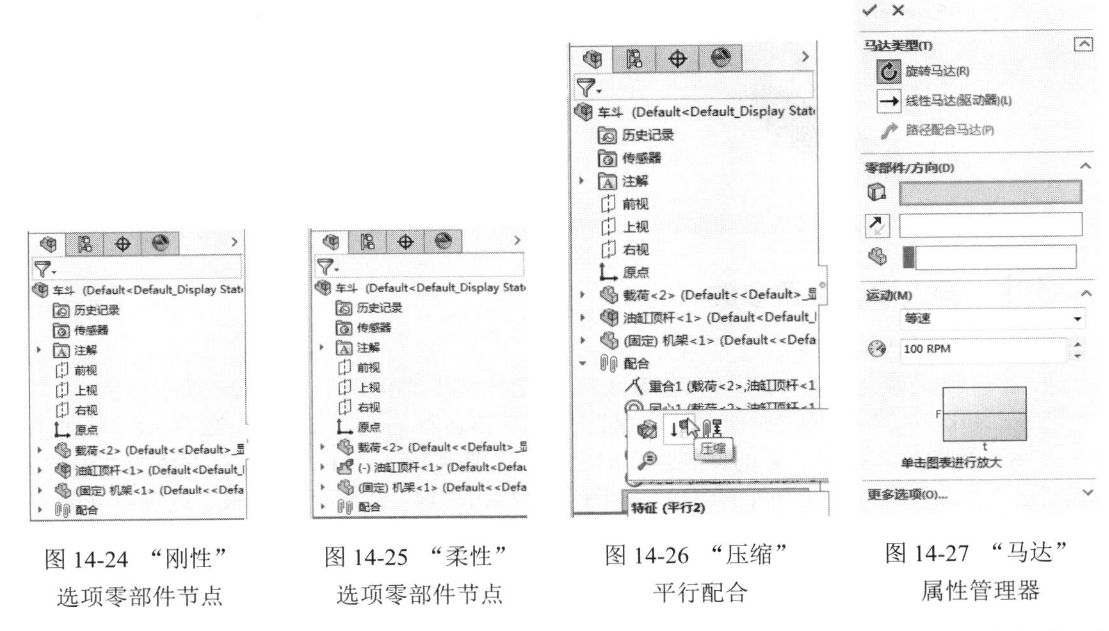

图 14-24 “刚性”选项零部件节点　　图 14-25 “柔性”选项零部件节点　　图 14-26 “压缩”平行配合　　图 14-27 “马达”属性管理器

④ 在“马达”属性管理器的“马达类型”中，单击“线性马达”图标，为车斗添加线性类型的马达。

⑤ 首先单击“马达位置”图标右侧的显示栏，然后在绘图区单击顶杆的外圆，如图 14-28 所示，为添加的马达位置。

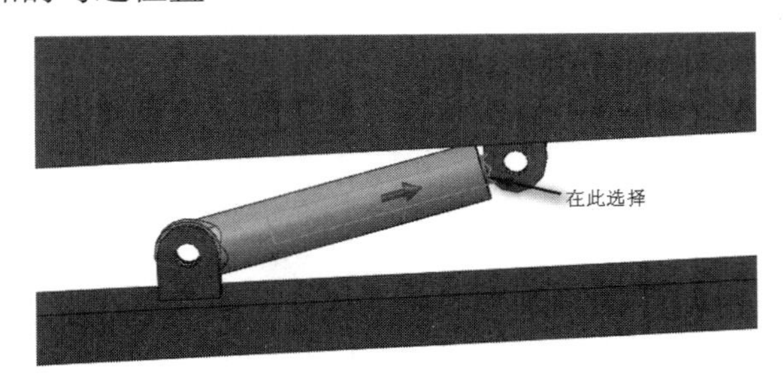

图 14-28 添加马达位置

⑥ 在“运动”栏内选择“马达类型”为“等速”，马达的速度为 5mm/s。参数设置完成后的“马达”属性管理器如图 14-29 所示。

⑦ 单击“确定”按钮✔，生成新的马达。

⑧ 单击 MotionManager 工具栏中的“引力”图标按钮，系统弹出“引力”属性管理器。

⑨ 在“引力”属性管理器的“引力参数”中，选中“Y”方向单选框。为车斗添加竖直向下的引力。参数设置完成后的“引力”属性管理器如图 14-30 所示。

⑩ 单击“确定”按钮✔，生成引力。

14.3.2 仿真求解

当完成模型动力学参数的设置后，就可以仿真求解题设问题。

（1）仿真参数设置及计算

① 单击 MotionManager 工具栏中的“选项”按钮⚙，系统弹出如图 14-31 所示的“运动算例属性”属性管理器。对冲压机构进行仿真求解的设置。

② 在“Motion 分析”栏内输入“每秒帧数”为 50，其余参数采用默认的设置。

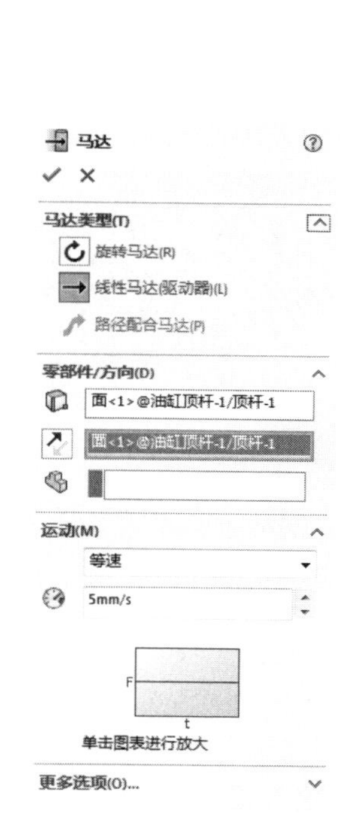

图 14-29 “马达”属性管理器

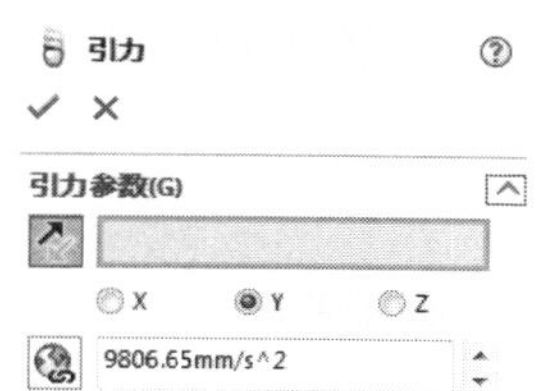
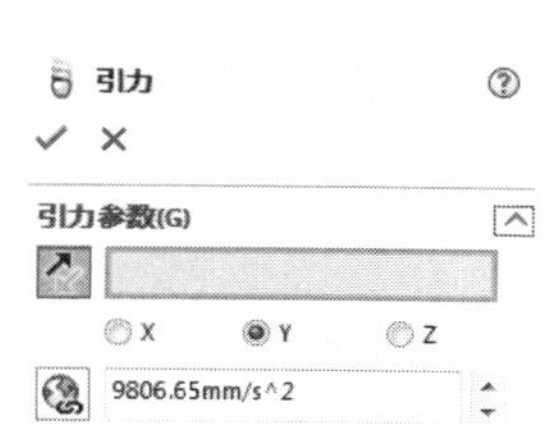

图 14-30 “引力”属性管理器

图 14-31 “运动算例属性”属性管理器

③ 在 MotionManager 界面将时间栏的长度拉到 6 秒，如图 14-32 所示。

④ 单击 MotionManager 工具栏中的“计算”按钮，对车斗进行仿真求解的计算。

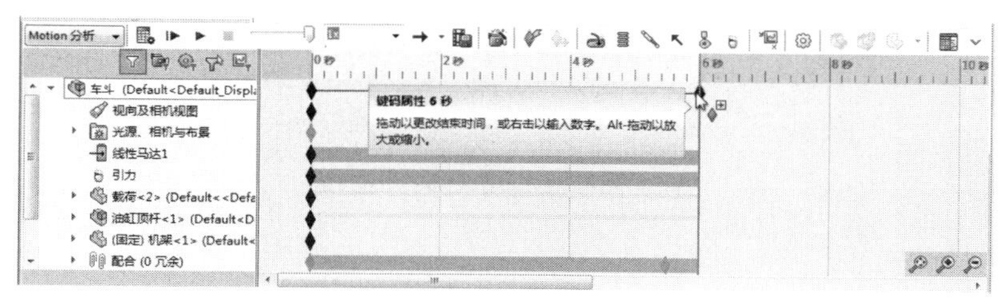

图 14-32 MotionManager 界面

（2）添加结果曲线

分析计算完成后可以对分析的结果进行后处理，以便分析前面所得出的计算结果同时进行图解。

① 单击 MotionManager 工具栏中的“结果和图解”按钮，系统弹出如图 14-33 所示的“结果”属性管理器。对车斗进行仿真结果的分析。

② 单击“结果”栏内的“选取类别”下拉框，选择分析的类别为“力”；单击“选取子类别”下拉框，选择分析的子类别为“反作用力”；单击“选取结果分量”下拉框，选择分析的结果分量为“幅值”。

③ 首先单击“面”图标右侧的显示栏，然后在装配体模型树中单击油缸顶杆与载荷的同心配合，如图 14-34 所示。

④ 单击“确定”按钮，生成新的图解，如图 14-35 所示。

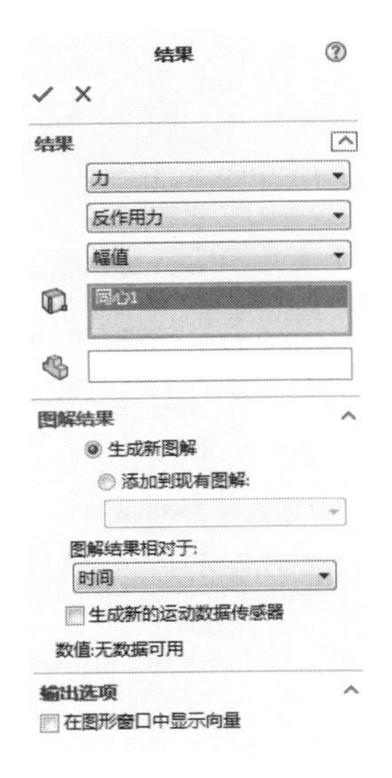

图 14-33 “结果”属性管理器

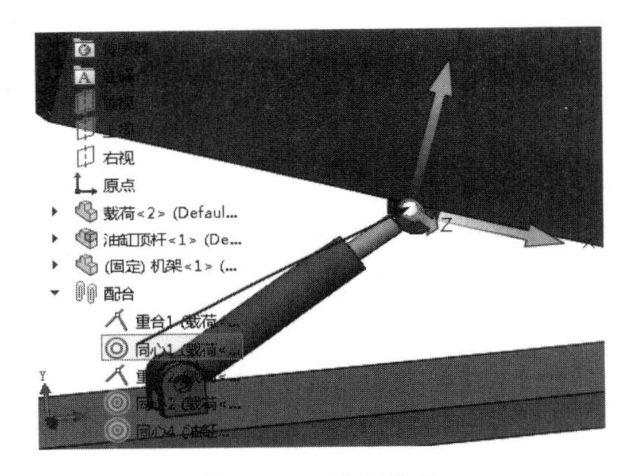

图 14-34 选择滑块

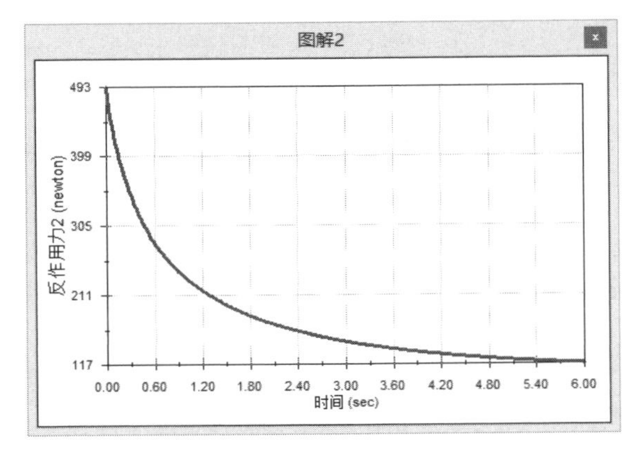

图 14-35 反作用力-时间曲线

第15章 SOLIDWORKS Simulation 有限元分析

本章首先介绍有限元法和自带的有限元分析工具 SOLIDWORKS SimulationXpress。利用一个手轮的受力分析说明该工具的具体使用方法。然后简要说明了 SOLIDWORKS Simulation 的具体使用方法。最后根据不同学科和工程应用分别采用实例说明 SOLIDWORKS Simulation 2020 的应用。

知识点

- 有限元法
- 有限元分析法（FEA）的基本概念
- 实例——手轮应力分析
- SOLIDWORKS Simulation 功能和特点
- SOLIDWORKS Simulation 的启动
- SOLIDWORKS Simulation 的使用
- 综合实例——简单拉压杆结构
- 综合实例——机翼振动分析
- 综合实例——冷却栅温度场分析

15.1 有限元法

有限元法是随着计算机的发展而迅速发展起来的一种现代计算方法。它是 20 世纪 50 年代首先在连续体力学领域——飞机结构静、动态特性分析中应用的一种有效的数值分析方法，随后很快广泛应用于求解热传导、电磁场、流体力学等连续性问题。

简单地说，有限元法就是将一个连续的求解域（连续体）离散化，即分割成彼此用节点（离散点）互相联系的有限个单元，在单元体内假设近似解的模式，用有限个节点上的未知参数表征单元的特性，然后用适当的方法，将各个单元的关系式组合成包含这些未知参数的代数方程，得出各节点的未知参数，再利用插值函数求出近似解。它是一种有限的单元离散某连续体然后进行求解的一种数值计算的近似方法。

由于单元可以被分割成各种形状和大小不同的尺寸，所以它能很好地适应复杂的几何形状、复杂的材料特性和复杂的边界条件，再加上它有成熟的大型软件系统支持，已成为一种非常受欢迎的、应用极广的数值计算方法。

有限单元法发展到今天，已成为工程数值分析的有力工具，特别是在固体力学和结构分析的领域内，有限单元法取得了巨大的进展，利用它已经成功地解决了一大批有重大意义的问题，很多通用程序和专用程序投入了实际应用。同时有限单元法又是仍在快速发展的一个科学领域，它的理论，特别是应用方面的文献经常大量地出现在各种文献中。

15.2 有限元分析法（FEA）的基本概念

有限元模型是真实系统理想化的数学抽象。如图 15-1 所示说明了有限元模型对真实模型的理想化后的数学抽象。

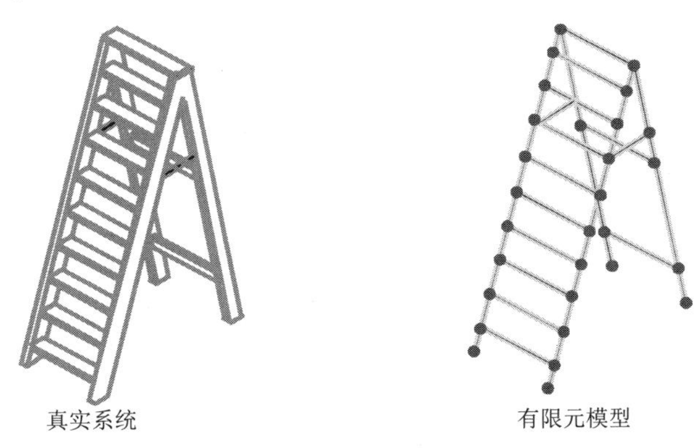

图 15-1 对真实系统理想化后的有限元模型

在有限元分析中，如何对模型进行网格划分，以及网格的大小都直接关系到有限元求解结果的正确性和精度。

进行有限元分析时，应该注意以下事项。

（1）制定合理的分析方案

- 对分析问题力学概念的理解。
- 结构简化的原则。
- 网格疏密与形状的控制。
- 分步实施的方案。

（2）目的与目标明确

■ 初步分析还是精确分析。

■ 分析精度的要求。

■ 最终需要获得的是什么。

（3）不断的学习与积累经验

利用有限元分析问题时的简化方法与原则：划分网格时主要考虑结构中对结果影响不大、但建模又十分复杂的特殊区域的简化处理。同时需要明确进行简化对计算结果带来的影响是有利还是没利的。对于装配体的有限元分析中，首先明确装配关系。对于装配后不出现较大装配应力同时结构变形时装配处不发生相对位移的连接，可采用两者之间连为一体的处理方法，但连接处的应力是不准确的，这一结果并不影响远处的应力与位移。如果装配后出现较大应力或结构变形时装配处发生相对位移的连接，需要按接触问题处理。如图 15-2 所示说明了有限元法与其他课程之间的关系。

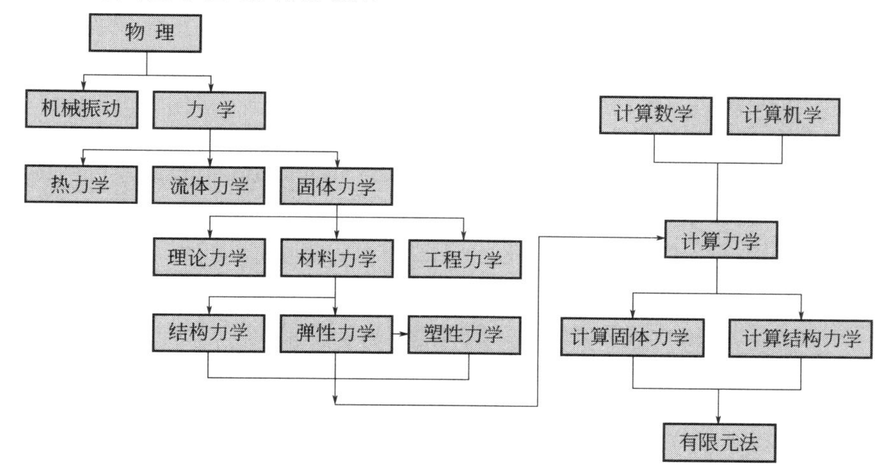

图 15-2　有限元法与其他课程之间的关系

15.3 实例——手轮应力分析

扫一扫，看视频

SOLIDWORKS 为用户提供了初步的应力分析工具 SOLIDWORKS SimulationXpress，利用它可以帮助用户判断目前设计的零件是否能够承受实际工作环境下的载荷，它是 SOLIDWORKS Simulation Works 产品的一部分。SOLIDWORKS SimulationXpress 利用设计分析向导为用户提供了一个易用的、一步一步的设计分析方法。向导要求用户提供用于零件分析的信息，如材料、约束和载荷，这些信息代表了零件的实际应用情况。

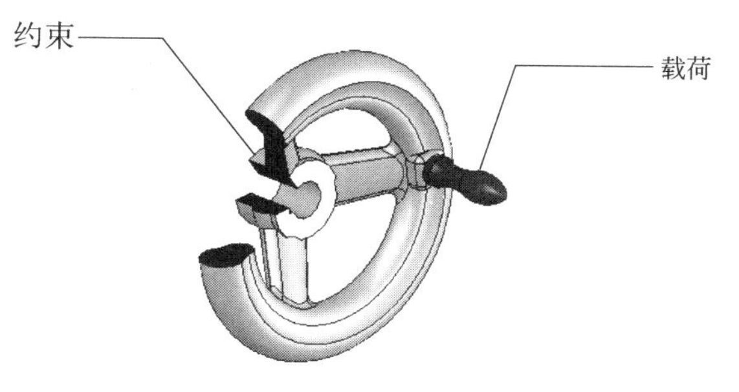

图 15-3　手轮受力分析

下面通过研究一个手轮零件的应力分析来说明 SOLIDWORKS SimulationXpress 的应用，如图 15-3 所示。

手轮在安装座的位置安装轮轴，形成一个对手轮的一个“约束”。当转动摇把旋转手轮时，有一个作用力作用在手轮轮辐的摇把安装孔上，这就是“负载”。这种情况下，会对轮辐造成什么影响呢？轮辐是否弯曲？轮辐是否会折断？这些问题不仅依赖于手轮零件所采用的材料，而且还依赖于轮辐的形状、大小以及负载的大小。

SOLIDWORKS SimulationXpress 设计分析向导可以指导用户一步一步地完成分析步骤，这些步骤包括：

■ 选项设置：设置通用的材料、负载和结果的单位体系，还可以设置用于存放分析结果的文件位置。
■ 夹具设置：选择面，指定分析过程中零件的约束信息——零件固定的位置。
■ 载荷设置：指定导致零件应力或变形的外部载荷，如力或压力。
■ 材料设置：从标准的材料库或用户自定义的材料库中选择零件所采用的材料。
■ 分析：开始运行分析程序，可以设置零件网格的划分程度。
■ 查看结果：显示分析结果，如最小安全系数（FOS）、应力情况和变形情况，这个步骤有时也称为“后处理”。

绘制步骤

（1）启动 SOLIDWORKS SimulationXpress

① 单击菜单栏中的“工具”→“Xpress 产品”→“SimulationXpress”命令，如图 15-4 所示，或单击“评估”选项板中的“SOLIDWORKS SimulationXpress 分析向导”按钮，SimulationXpress 向导随即开启，如图 15-5 所示。

图 15-4　选择 SimulationXpress

② 单击 选项 按钮，弹出“选项”对话框中，如图 15-6 所示。从“单位系统”下拉列表框中选择“公制”，并点击按钮 ...，打开“选择结果位置”对话框设置分析结果要存储的文件夹，单击“确定”按钮完成选项的设置。

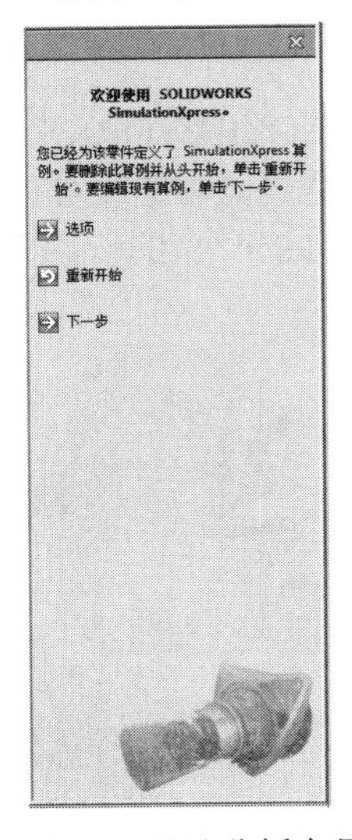

图 15-5　设计分析向导

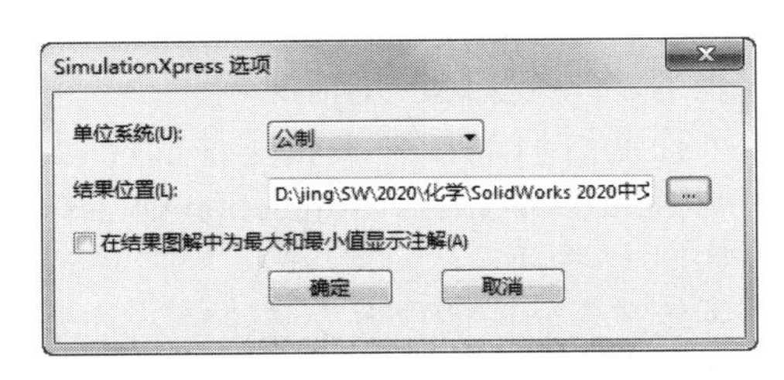

图 15-6　设置选项

③ 单击 下一步按钮，进入“夹具”标签。

（2）设置夹具

①“夹具”标签，如图15-7所示，用来设置约束面。零件在分析过程中保持不动，夹具约束就是用于“固定”零件的表面。在分析中可以有多组夹具约束，每组约束中也可以有多个约束面，但至少有一个约束面，以防由于刚性实体运动而导致分析失败。

② 单击 添加夹具按钮，弹出“夹具”属性管理器。并在图形区域中选择手轮安装座上的轴孔的4个面，单击“确定”按钮✔，完成夹具约束。如图15-8所示。系统会自动创建一个夹具约束的名称为“固定1”。添加完夹具约束后的“SimulationXpress 算例树”如图15-9所示。

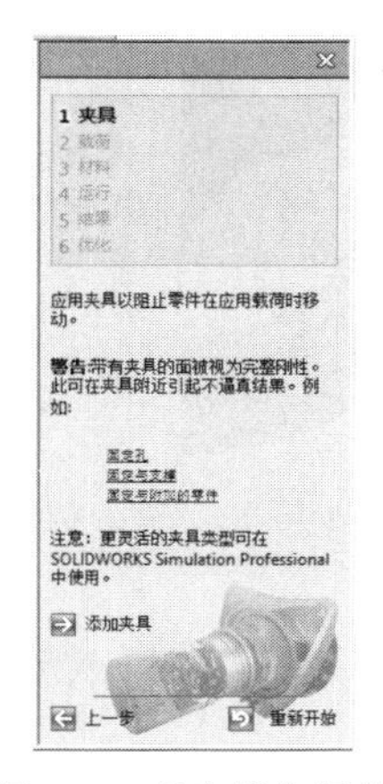

图15-7 “夹具”标签

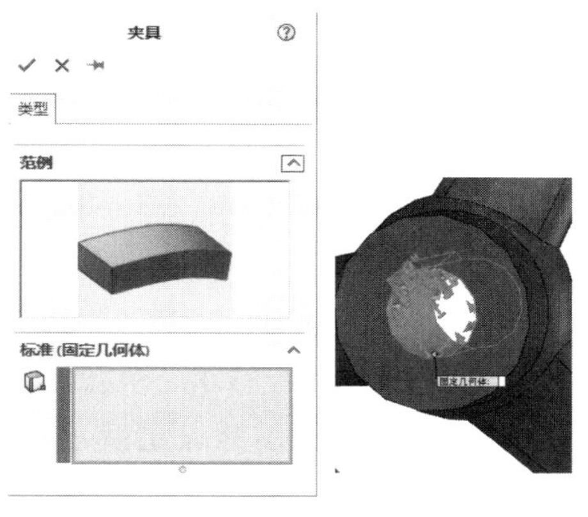

图15-8 设置约束面

③“夹具”标签显示界面如图15-10所示。在这里可以添加、编辑或删除约束。尽管SOLIDWORKS SimulationXpress允许用户建立多个约束组，但这样做没有太多的价值，因为分析过程中，这些约束组将被组合到一起进行分析。

④ 单击 下一步按钮，进入“载荷”标签。如果正确完成了上一个步骤，设计分析向导的相应标签上会显示一个“通过”符号✔。

（3）设置载荷

①“载荷”标签，如图15-11所示，用户可以在零件的表面上添加外部力和压力。SOLIDWORKS SimulationXpress中指定的作用力值将分别应用于每一个表面，例如，如果选择了3个面，并指定作用力的值为500N，那么总的作用力大小将为1500N，也就是每一个表面都受到500N的作用力。

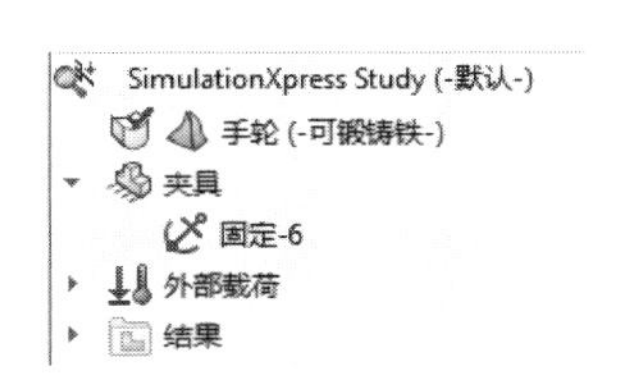

图15-9 SimulationXpress 算例树

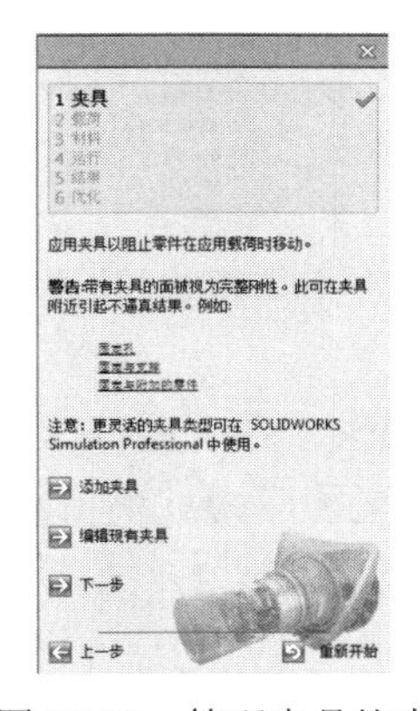

图15-10 管理夹具约束

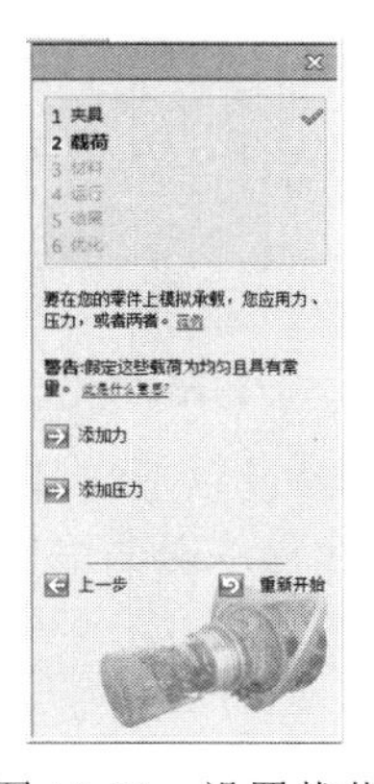

图15-11 设置载荷

② 选择作用于手轮上的载荷类型为“添加力”，在图形区域中选择圆轮上手柄的安装孔面。选择“选定的方向”单选框，然后从 FeatureManager 设计树中选择“前视基准面”作为选择的参考基准面；在载荷输入框中输入力的大小为 300N；选择“反向”复选框，如图 15-12 所示。此时“载荷”标签显示界面如图 15-13 所示，在这可以添加、编辑或删除载荷。

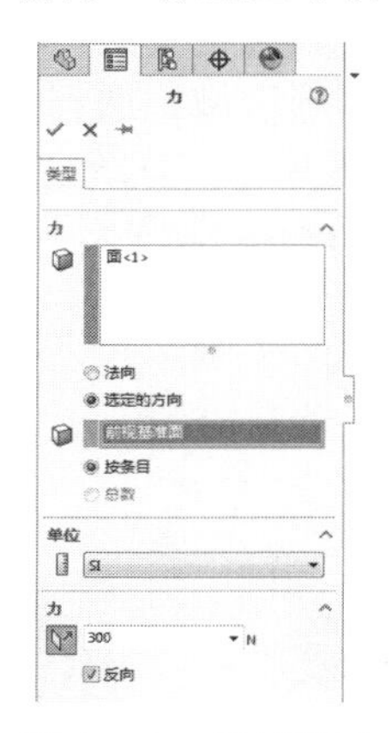

图 15-12　设置载荷

图 15-13　管理载荷

（4）设置材料

① 当完成前一个步骤设定后，单击下一步按钮后分析向导会进入到下一标签，如图 15-14 所示。

② “材料”标签用来设置零件所采用的材料，可以从系统提供的标准材料库中选择材料。在材料库文件中选择手轮的材料为“铁”→“可锻铸铁”，单击“应用”按钮，将材质应用于被分析零件，如图 15-15 所示。

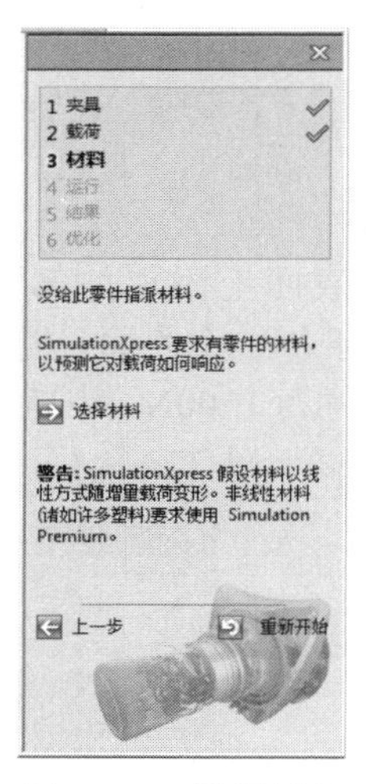

图 15-14　设置材料

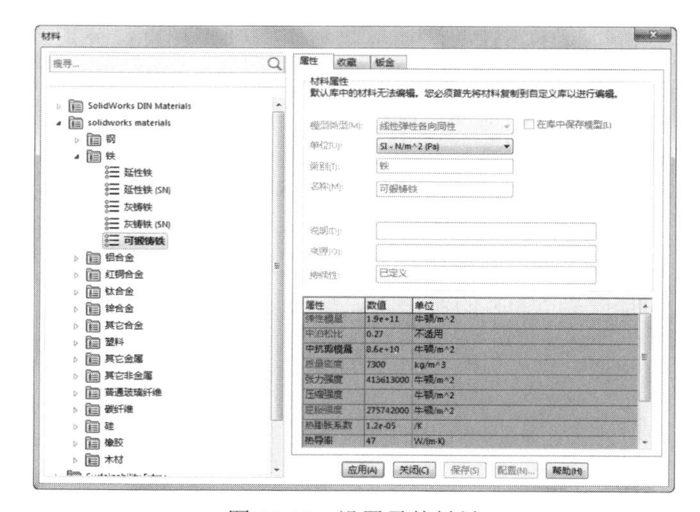

图 15-15　设置零件材料

③ 经过以上步骤后，SOLIDWORKS SimulationXpress 已经收集到了进行零件分析的所必需的信息，现在可以计算位移、应变和应力。单击下一步按钮，界面提示可以进行分析，如图 15-16 所示。

（5）运行分析

在“分析”标签中单击运行模拟按钮开始零件分析。这时将出现一个状态窗口，显示出分析过程和使用的时间，如图 15-17 所示。

（6）查看结果

① 可以通过“结果”标签显示零件分析的结果，如图 15-18 所示。在此标签中可是播放、停止动画。观察后单击 是，继续，弹出如图 15-19 所示的对话框。默认的分析结果显示是安全系数（FOS），该系数是材料的屈服强度与实际应力的对比值。SOLIDWORKS Simulation Xpress 使用最大等量应力标准来计算安全系数分布。此标准表明，当等量应力（von Mises 应力）达到材料的屈服强度时，材料开始屈服。屈服强度（σb）是材料的力学属性。SOLIDWORKS SimulationXpress 对某一点安全系数的计算是屈服强度除以该点的等量应力。

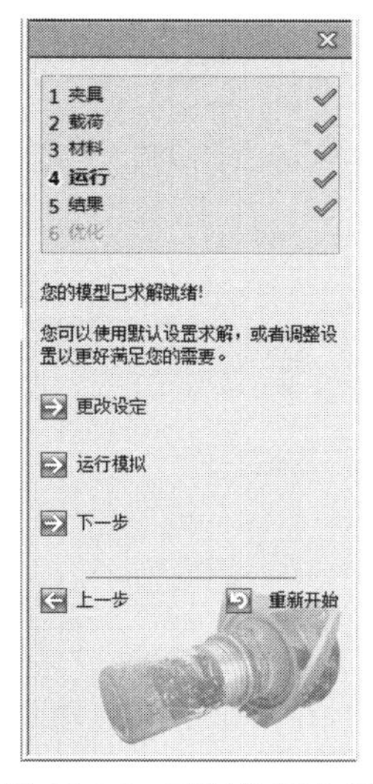

图 15-16 可以进行分析

图 15-17 分析过程

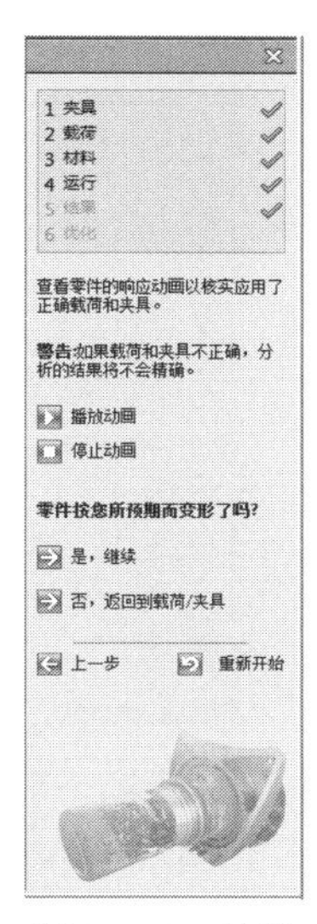

图 15-18 结果

② 可以通过安全系数，检查零件设计是否合理。

■ 某位置的安全系数小于 1.0，表示该位置的材料已屈服，设计不安全。

■ 某位置的安全系数为 1.0，表示该位置的材料刚开始屈服。

■ 某位置的安全系数大于 1.0，表示该位置的材料尚未屈服。

③ 显示应力分布。单击 显示 von Mises 应力按钮，零件的应力分布云图显示在图形区域中。点击“播放”按钮，可以以动画的形式播放零件的应力分布情况；点击“停止”按钮，停止动画播放，如图 15-20 所示。

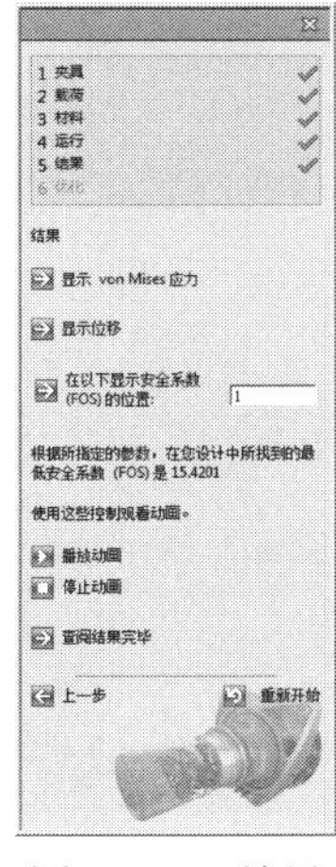

图 15-19 结果

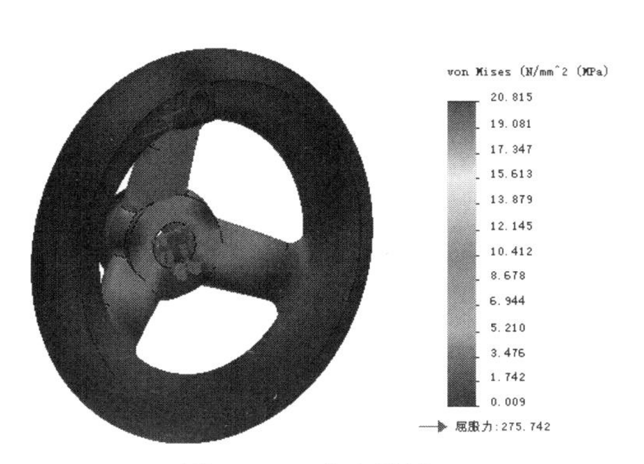

图 15-20 应力结果

④ 显示位移。显示零件的变形云图。同样可以播放、停止零件的变形云图。

⑤ 生成报告结果。单击 查阅结果完毕 按钮，进入报告结果部分，如图 15-21 所示。可以保存一份结果的报表来进行存档。

- 生成报表：生成 Word 格式的分析报告，生成的报告可以在最初设置的结果存放文件夹下找到，如图 15-22 所示。
- eDrawing 分析结果：可以通过 SOLIDWORKS eDrawings 打开的报告，如图 15-23 所示。单击 生成 eDrawings 文件 按钮，弹出“另存为”对话框，选择要保存的路径，并保存 SOLIDWORKS SimulationXpress 分析数据。

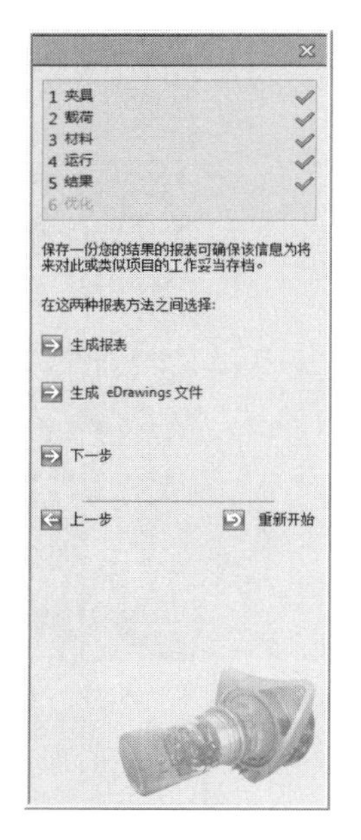

图 15-21　设置报告参数

图 15-22　Word 格式的分析报告

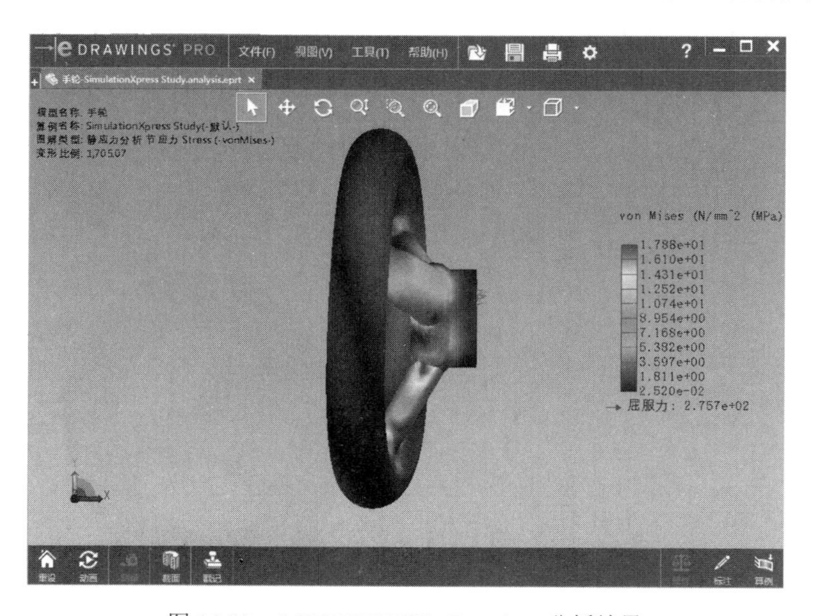

图 15-23　SOLIDWORKS eDrawing 分析结果

15.4 SOLIDWORKS Simulation 功能和特点

Structural Research and Analysis Corporation（简称 SRAC）创建于 1982 年，是一个全力发展有限元分析软件的公司，公司成立的宗旨是为工程界提供一套高品质并且具有最新技术、价格低廉并能为大众所接受的有限元软件。

1998 年 SRAC 公司着手对有限元分析软件以 Parasolid 为几何核心，进行全新写起。以 Windows 视窗界面为平台，给使用者提供操作简便的友好界面，包含实体建构能力的前、后处理器的有限元分析软件 GEOSTAR。GEOSTAR 根据用户的需要可以单独存在，也可以与所有基于 Windows 平台的 CAD 软体达到无缝集成。这项全新的标准的出台，最终的结果就是 SRAC 公司开发出了为计算机三维 CAD 软件的领导者 SOLIDWORKS 服务的全新嵌入式有限元分析软件 SOLIDWORKS Simulation。

SOLIDWORKS Simulation 使用 SRAC 公司开发的当今世上最快的有限元分析算法——快速有限元算法（FFE），完全集成在 Windows 环境并与 SOLIDWORKS 软件无缝集成。最近的测试表明，快速有限元算法（FFE）提升了传统算法 50～100 倍的解题速度，并降低磁盘储存空间，只需原来的 5%就够了；更重要的是，它在计算机上就可以解决复杂的分析问题，节省使用者在硬件上的投资。

SRAC 公司的快速有限元算法（FFE）比较突出的原因如下。

① 参考以往的有限元求解算法的经验，以 C++语言重新编写程序，程序代码中尽量减少循环语句，并且引入当今世界范围内软件程序设计新技术的精华。因此极大提高了求解器的速度。

② 使用新的技术开发、管理其资料库，使程序在读、写、打开、保存资料及文件时，能够大幅提升速度。

③ 按独家数值分析经验，搜索所有可能的预设条件组合（经大型复杂运算测试无误者）来解题，所以在求解时快速而能收敛。

SRAC 公司为 SOLIDWORKS 提供了三个插件，分别是 SOLIDWORKS Simulation、SOLIDWORKS Motion 和 COSMOSFloWorks。

- SOLIDWORKS Motion：一个全功能运动仿真软件，可以对复杂机械系统进行完整的运动学和动力学仿真，得到系统中各零部件的运动情况，包括位移、速度、加速度和作用力及反作用力等，并以动画、图形、表格等多种形式输出结果，还可将零部件在复杂运动情况下的复杂载荷情况直接输出到主流有限元分析软件中以做出正确的强度和结构分析。
- COSMOSFloWorks：一个流体动力学和热传导分析软件，可以在不同雷诺数范围上，建立跨音速、超音速和压音速的可压缩和不可压缩的气体和流体的模型，以确保获得真实的计算结果。
- SOLIDWORKS Simulation：为设计工程师在 SOLIDWORKS 的环境下，提供比较完整的分析手段。凭借先进的快速有限元技术（FFE），工程师能非常迅速地实现对大规模的复杂设计的分析和验证，并且获得修正和优化设计所需的必要信息。

SOLIDWORKS Simulation 的基本模块可以对零件或装配体进行静力学分析、固有频率和模态分析、失稳分析和热应力分析等。

- 静力学分析：算例零件在只受静力情况下，零组件的应力、应变分布。
- 固有频率和模态分析：确定零件或装配的造型与其固有频率的关系，在需要共振效果的场合，如超声波焊接喇叭、音叉，获得最佳设计效果。
- 失稳分析：当压应力没有超过材料的屈服极限时，薄壁结构件发生的失稳情况。
- 热应力分析：在存在温度梯度情况下，零件的热应力分布情况，以及算例热量在零件和装配中的传播。

- 疲劳分析：预测疲劳对产品全生命周期的影响， 确定可能发生疲劳破坏的区域。
- 非线性分析：用于分析橡胶类或者塑料类的零件或装配体的行为，还用于分析金属结构在达到屈服极限后的力学行为，也可以用于考虑大扭转和大变形，如突然失稳。
- 间隙/接触分析：在特定载荷下，两个或者更多运动零件相互作用。例如，在传动链或其他机械系统中接触间隙未知的情况下分析应力和载荷传递。
- 优化：在保持满足其他性能判据（如应力失效）的前提下，自动定义最小体积设计。

15.5 SOLIDWORKS Simulation 的启动

① 单击菜单栏中的“工具”→“插件”命令。

② 在出现的“插件”对话框中，如图 15-24 所示，选择 SOLIDWORKS Simulation，并单击“确定”按钮。

③ 在 SOLIDWORKS 的主菜单中添加了一个新的菜单 SOLIDWORKS Simulation，如图 15-25 所示。当 SOLIDWORKS Simulation 生成新算例后在管理程序窗口的下方会出现 SOLIDWORKS Simulation 的模型树，绘图区的下方出现新算例的标签栏。

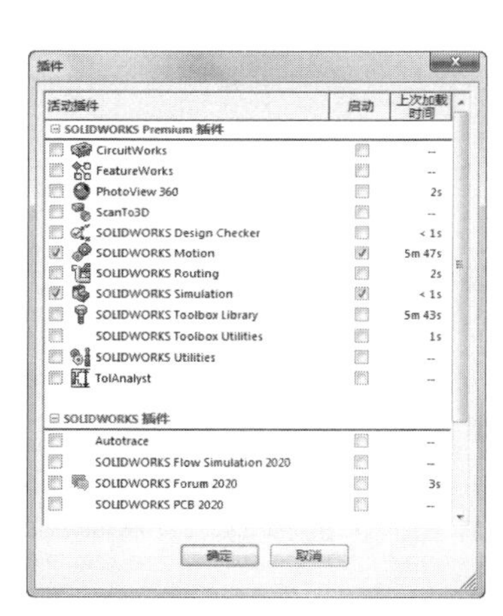

图 15-24 “插件”对话框

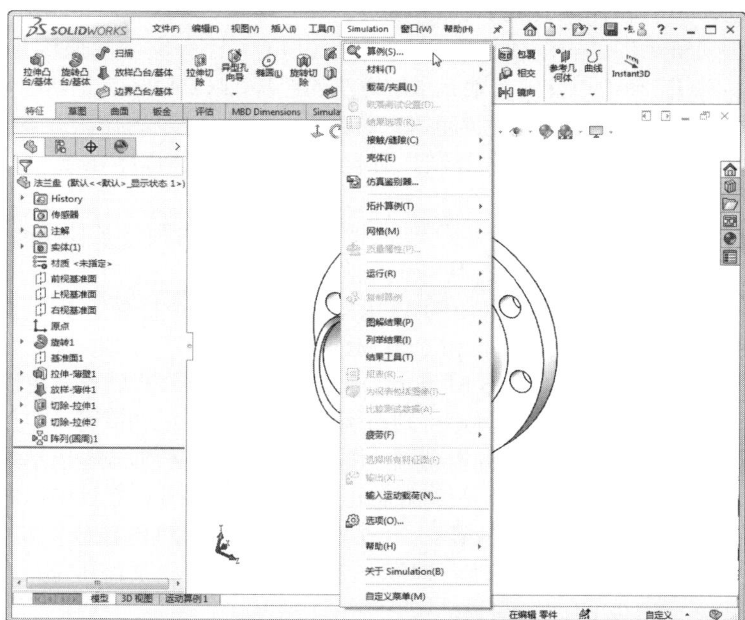

图 15-25 加载 SOLIDWORKS Simulation 后的 SOLIDWORKS

15.6 SOLIDWORKS Simulation 的使用

15.6.1 算例专题

在用 SOLIDWORKS 设计完几何模型后，就可以使用 SOLIDWORKS Simulation 对其进行分析。分析模型的第一步是建立一个算例专题。算例专题由一系列参数所定义，这些参数完整地表述了该物理问题的有限元模型。

当对一个零件或装配体进行分析时，典型的问题就是要研究零件或装配体在不同工作条件下的不同反应。这就要求运行不同类型的分析，实验不同的材料，或指定不同的工作条件。每个算例专题都描述其中的一种情况。

一个算例专题的完整定义包括以下几方面：

■ 分析类型和选项

■ 材料

■ 载荷和约束

■ 网格

要确定算例专题，可按如下步骤操作：

① 单击“Simulation”控制面板中的“新算例”按钮，或单击菜单栏中的“Simulation”→“算例”命令。如图15-26所示。

② 在弹出的“算例”对话框中，定义“名称”和“类型”，如图15-27所示。

③ SOLIDWORKS Simulation的基本模块，提供多种分析类型。

图15-26 新算例

图15-27 定义算例专题

■ 静应力分析：可以计算模型的应力、应变和变形；

■ 频率：可以计算模型的固有频率和模态；

■ 屈曲：计算危险的屈曲载荷，即屈曲载荷分析；

■ 热力：计算由于温度、温度梯度和热流影响产生的应力；

■ 跌落测试：模拟零部件掉落后的变形和应力分布；

■ 疲劳：计算材料在交变载荷作用下产生的疲劳破坏情况；
■ 非线性：为带有诸如橡胶之类非线性材料的零部件研究应变、位移、应力；
■ 线性动力：使用频率和模式形状来研究对动态载荷的线性响应；
■ 压力容器设计：在压力容器设计算例中，将静应力分析算例的结果与所需因素组合。每个静应力分析算例都具有不同的一组可以生成相应结果的载荷。

子模型：不可能获取大型装配体或多实体模型的精确结果，因为使用足够小的元素大小可能会使问题难以解决。使用粗糙网格或拔模网格解决装配体或多实体模型后，子模型算例允许使用高品质网格或更精细的网格增加选定实体的求解精确度。

④ 在 SOLIDWORKS Simulation 模型树中新建的“算例”上面右击，选择“属性”，打开“静应力分析”对话框，在弹出的对应属性对话框中进一步定义它的属性，如图 15-28 所示。每一种“分析类型”都对应不同的属性。

⑤ 定义完算例专题后，单击“确定”按钮✔。

在定义完算例专题后，就可以进行下一步的工作了，此时在 SOLIDWORKS Simulation 的模型树中可以看到定义好的算例专题，如图 15-29 所示。

图 15-28　定义算例专题的属性

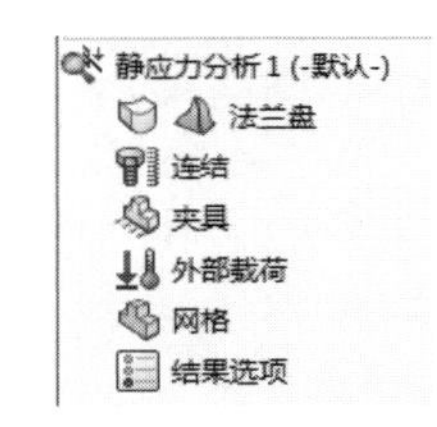

图 15-29　定义好的算例专题出现在 SOLIDWORKS Simulation 模型树中

15.6.2 定义材料属性

在运行一个算例专题前，必须要定义好指定的分析类型所对应需要的材料属性。在装配体中，每一个零件可以是不同的材料。对于网格类型是“使用曲面的外壳网格”的算例专题，每一个壳体可以具有不同的材料和厚度。

要定义材料属性，可按如下步骤操作：

① 在 SOLIDWORKS Simulation 的管理设计树中选择要定义材料属性的算例专题，并选择要定义材料属性的零件或装配体。

② 单击菜单栏中的“Simulation”→“材料”→“应用材料到所有”命令，或右击要定义材料属性的零件或装配体，在弹出的快捷菜单中选择命令“应用/编辑材料”，或者单击

“Simulation”控制面板中的“应用材料”按钮☰。

③ 在弹出的“材料”对话框中，如图 15-30 所示，选择一种方式定义材料属性。

- 使用 SOLIDWORKS 中定义的材质：如果在建模过程中已经定义了材质，此时在“材料”对话框中会显示该材料的属性。如果选择了该选项，则定义的所有算例专题都将选择这种材料属性。
- 自定义材料：可以自定义材料的属性，用户只要单击要修改的属性，然后输入新的属性值。对于各向同性的材料，弹性模量和泊松比是必须被定义的变量。如果材料的应力产生是因为温度变化引起的，则材料的传热系数必须被定义。如果在分析中，要考虑重力或者离心力的影响，则必须定义材料的密度。对于各向异性材料，则必须要定义各个方向的弹性模量和泊松比等材料属性。

④ 在“材料属性”栏目中，可以定义材料的类型和单位。其中，在“模型类型”下拉菜单中可以选择“线性弹性同向性”即各向同性材料，也可以选择“线性弹性异向性”即各向异性材料。“单位”下拉列表框中可选择“SI”（国际单位）、“英制”和“公制”单位体系。

⑤ 单击“确定”按钮就可以将材料属性应用于算例专题了。

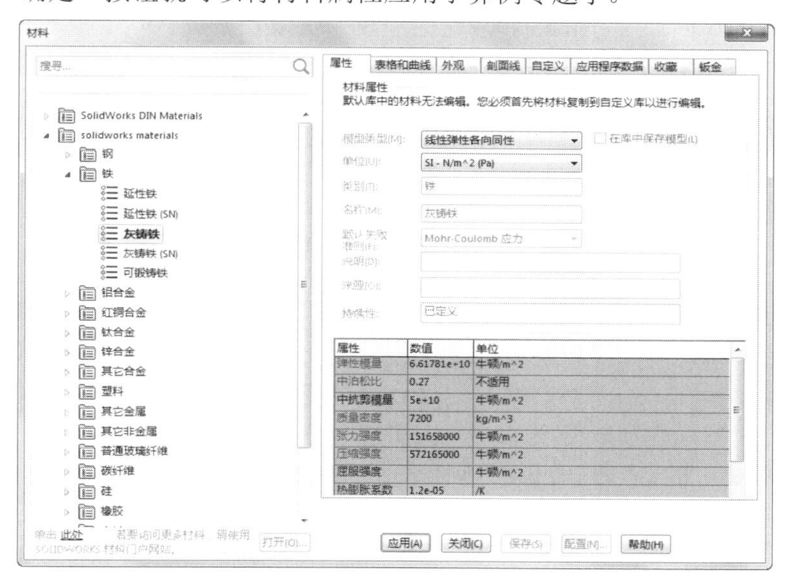

图 15-30　定义材料属性

15.6.3 载荷和约束

在进行有限元分析中，必须模拟具体的工作环境对零件或装配体规定边界条件（位移约束）和施加对应的载荷。也就是说实际的载荷环境必须在有限元模型上定义出来。

如果给定了模型的边界条件，则可以模拟模型的物理运动。如果没有指定模型的边界条件，则模型可以自由变形。边界条件必须给以足够的重视，有限元模型的边界既不能欠约束，也不能过约束。加载的位移边界条件可以是零位移，也可以是非零位移。

每个约束或载荷条件都以图标的方式在载荷/制约文件夹中显示。SOLIDWORKS Simulation 提供一个智能的 PropertyManager 来定义负荷和约束。只有被选中的模型具有的选项才被显示，其不具有的选项则为灰色不可选项。例如，如果选择的面是圆柱面或是轴，PropertyManager 允许定义半径、圆周、轴向抑制和压力。载荷和约束是和几何体相关联的，当几何体改变时，它们自动调节。

在运行分析前，可以在任意的时候指定负荷和约束。运用拖动（或复制粘贴）功能，SOLIDWORKS Simulation 允许在管理树中将条目或文件夹复制到另一个兼容的算例专题中。

要设定载荷和约束，可按如下步骤操作：

① 选择一个面或边线或顶点，作为要加载或约束的几何元素。如果需要可以按住〈Ctrl〉键选择更多的顶点、边线或面。

② 单击菜单栏中的“Simulation”→“载荷/夹具”中选择一种加载或约束类型，如图 15-31 所示。

③ 在对应的载荷或约束 PropertyManager 中设置相应的选项、数值和单位。

④ 单击“确定”按钮✔，完成加载或约束。

图 15-31 “载荷/夹具”菜单栏

15.6.4 网格的划分和控制

有限元分析提供了一个可靠的数字工具进行工程设计分析。首先，要建立几何模型。然后，程序将模型划分为许多具有简单形状的小的块（elements），这些小块通过节点（node）连接，这个过程称为网格划分。有限元分析程序将集合模型视为一个网状物，这个网是由离散的互相连接在一起的单元构成的。精确的有限元结果很大程度上依赖于网格的质量，通常来说，优质的网格决定优秀的有限元结果。

网格质量主要靠以下几点保证。

- 网格类型：在定义算例专题时，针对不同的模型和环境，选择一种适当的网格类型。
- 适当的网格参数：选择适当的网格大小和公差，可以节约计算资源和时间，同时提高精度。
- 局部的网格控制：对于需要精确计算的局部位置，采用加密网格可以得到比较好的结，在定义完材料属性和载荷/约束后，就可以划分网格了。

下面结合实例介绍网格划分的操作步骤。

① 单击 SOLIDWORKS Simulation 主菜单工具栏中的“网格”按钮，或者在 SOLIDWORKS Simulation 的管理设计树中右击网格图标，然后在弹出的快捷菜单中执行命令“生成网格”。

② 在出现的“网格”PropertyManager 中，设置网格的大小和公差，如图 15-32 所示。

③ 单击✔按钮，程序会自动划分网格。

如果需要对零部件局部应力集中的地方或者对结构比较重要的部分进行精确的计算，就要对这个部分进行网格的细分。Simulation 本身会对局部几何形状变化较大的地方进行网格的细化，但有时候用户需要手动控制网格的细化程度。

要手动控制网格的细化程度，可按如下步骤操作：

① 选择命令“Simulation”→“网格”→“应用控制”。

② 选择要手动控制网格的几何实体（可以是线或面），此时所选几何实体会出现在“网格控制”属性管理器中的“所选实体”栏中，如图 15-33 所示。

③ 在“网格参数”栏中图标右侧的输入栏中输入网格的大小。这个参数是指步骤②中所选几何实体最近一层网格的大小。

④ 在图标右侧的输入栏中输入网格梯度，即相邻两层网格的放大比例。

⑤ 单击✔按钮后，在 Simulation 的模型树中的网格文件夹下会出现控制图标。

⑥ 如果在手动控制网格前，已经自动划分了网格，需要重新对网格进行划分。

图 15-32　划分网格

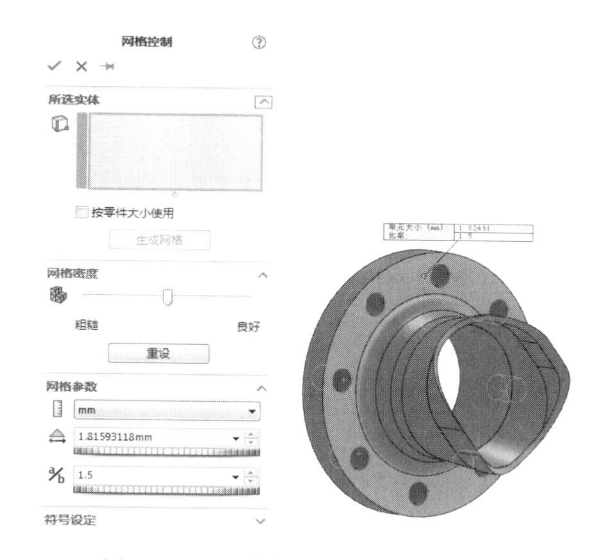

图 15-33　“网格控制”PropertyManager

15.6.5 运行分析与观察结果

① 在 SOLIDWORKS Simulation 的管理设计树中选择要求解的有限元算例专题。

② 单击菜单栏中的“Simulation”→“运行”→“运行”命令，或者在 SOLIDWORKS Simulation 的模型树中右击要求解的算例专题图标，然后在弹出的快捷菜单中选择命令“运行”。

③ 系统会自动弹出调用的解算器对话框。对话框中显示解算器执行的过程、单元、节点和 DOF 自由度数，如图 15-34 所示。

④ 如果要中途停止计算，则单击“取消”按钮；如果要暂停计算，则单击“暂停”按钮。

运行分析后，系统自动为每种类型的分析生成一个标准的结果报告。用户可以通过在管理树上单击相应的输出项，观察分析的结果。例如，程序为静力学分析产生 5 个标准的输出项，在 SOLIDWORKS Simulation 的管理设计树中对应的算例专题中会出现对应的 5 个文件夹分别为：应力、位移、应变、变形和设计检查。单击这些文件夹下对应的图解图标，就会以图的形式显示分析结果，如图 15-35 所示。

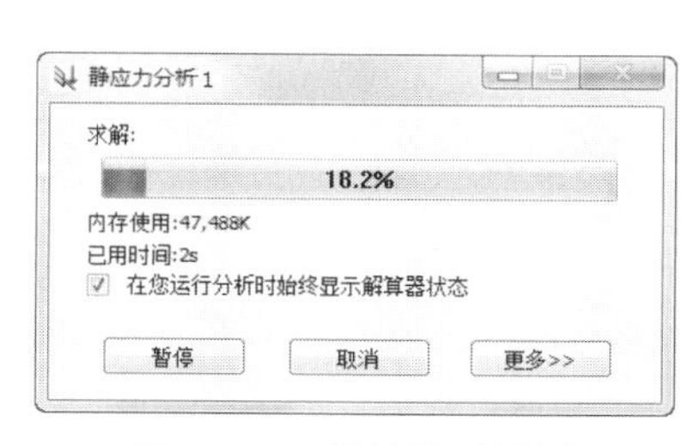

图 15-34　解算器对话框

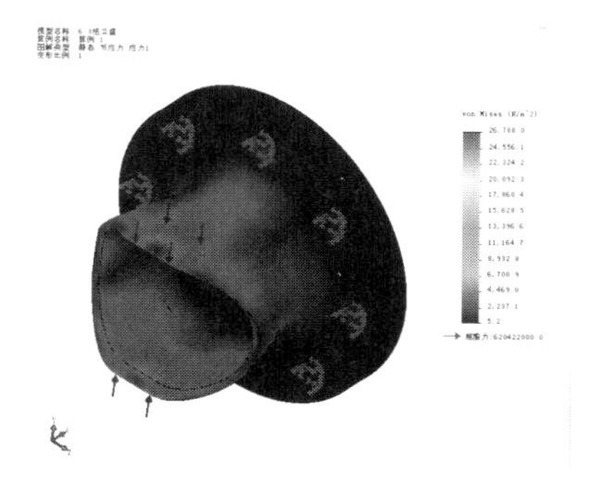

图 15-35　静力学分析中的应力分析图

在显示结果中的左上角会显示模型名称、名称、图解类型和变形比例。模型也会以不同的颜色表示应力、应变等的分布情况。

为了更好地表达出模型的有限元结果，SOLIDWORKS Simulation 会以不同的比例显示模型的变形情况。用户也可以自定义模型的变形比例。

① 在 SOLIDWORKS Simulation 的管理设计树中右击要改变变形比例的输出项，如应力、应变等，在弹出的快捷菜单中选择命令“编辑定义”；或者单击菜单栏中的“Simulation”→“图解结果”，在下一级子菜单中选择要更改变形比例的输出项。

② 在出现的对应对话框中，选择更改应力图解结果，如图 15-36 所示。

③ 在“变形形状”栏目中选择“定义”单选按钮，然后在右侧的输入框中输入变形比例。

④ 单击“确定”按钮✔，关闭对话框。

对于每一种输出项，根据物理结果可以有多个对应的物理量显示。图 15-35 中的应力结果中显示的是 von mises 应力，还可以显示其他类型的应力，如不同方向的正应力、切应力等。在图 15-36 的“显示”栏目中图标右侧的下拉菜单中可以选择更改应力的显示物理量。

SOLIDWORKS Simulation 除了可以以图解的形式表达有限元结果，还可以将结果以数值的形式表示。可按如下步骤操作：

① 在 SOLIDWORKS Simulation 的模型树中选择算例专题。

② 单击菜单栏中的“Simulation”→“列举结果”命令，在下一级子菜单中选择要显示的输出项。子菜单共有 5 项，分别为位移、应力、应变、模式和热力。

③ 在出现的对应列表对话框中设置要显示的数值属性，这里选择位移，如图 15-37 所示。

④ 每一种输出项都对应不同的设置，这里不再赘述。

⑤ 单击“确定”按钮后，会自动出现结果的数值列表，如图 15-38 所示。

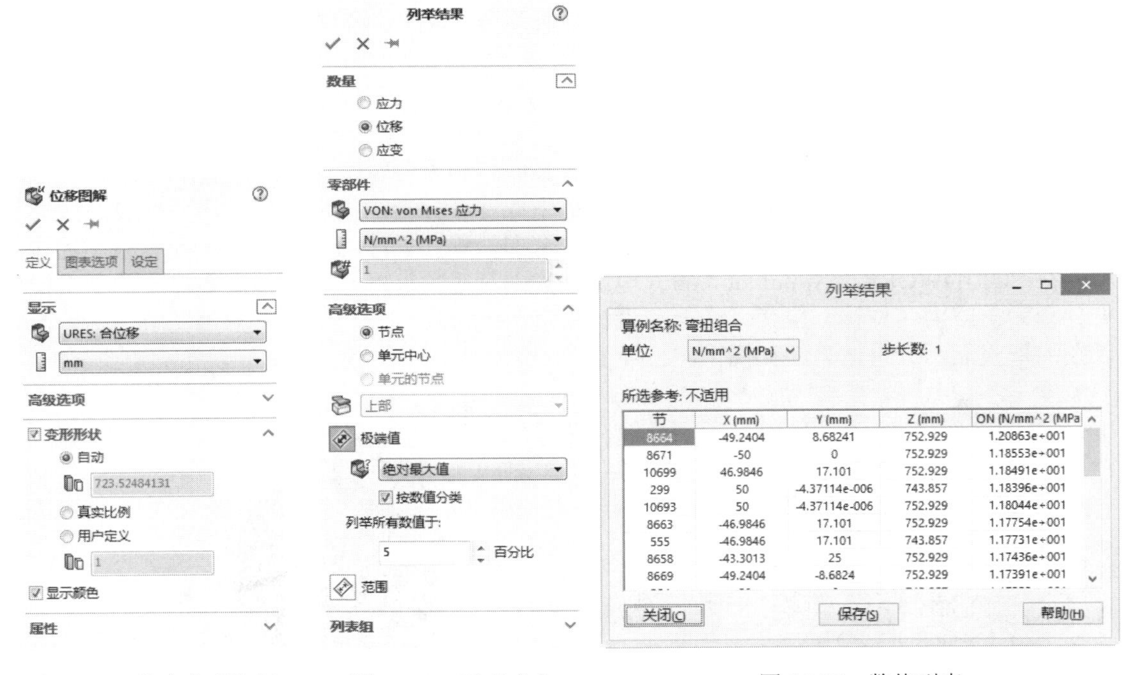

图 15-36　设定变形比例　　图 15-37　列表应力　　图 15-38　数值列表

⑥ 单击“保存”按钮，可以将数值结果保存到文件中。在出现的“另存为”对话框中可以选择将数值结果保存为文本文件或者 Excel 列表文件。

15.7 综合实例——简单拉压杆结构

扫一扫，看视频

本节分析均布载荷作用下杆的变形和应力分布情况。

两端简支，长度 l=5m，高度 h=1m，在均布载荷 q=5000N/m^2 作用下发生平面弯曲，如图 15-39 所示。已知弹性模量 E=30GPa，泊松比 NUXY=0.3。

有限元方法的最广泛应用即结构分析，结构不仅包含桥梁、建筑物等建筑工程结构，而且也包括活塞、机械零件和工具等，主要用来分析由于稳态外载荷所引起的系统或零部件的位移、应力、应变和作用力。

图 15-39　均布载荷作用下杆的计算模型

15.7.1 建模

① 启动 SOLIDWORKS 2020，单击菜单栏中的“文件”→“新建”命令或单击“快速访问”工具栏中的“新建”按钮，在打开的“新建 SOLIDWORKS 文件”对话框中，选择“零件”按钮，如图 15-40 所示。单击“确定”按钮。

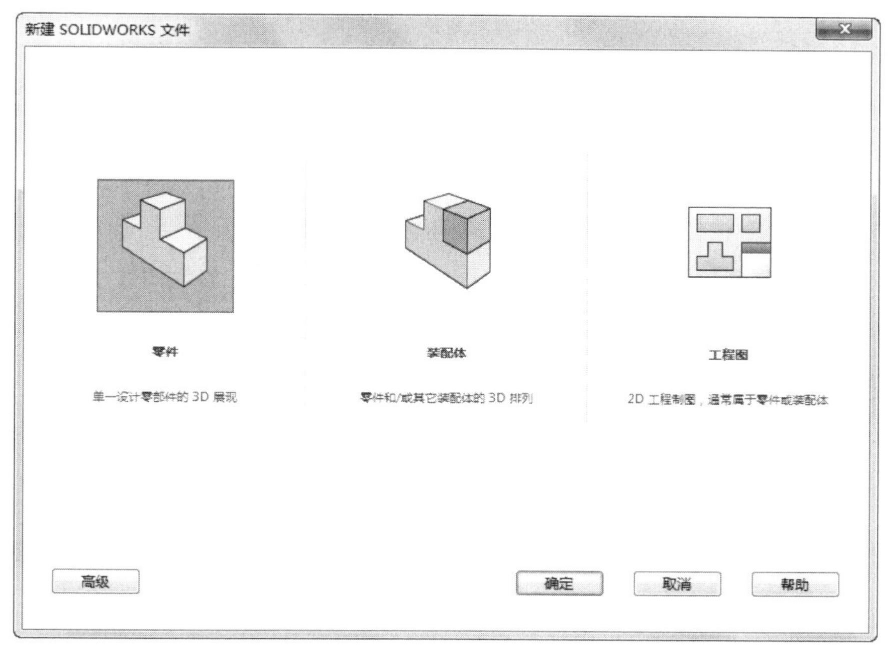

图 15-40　“新建 SOLIDWORKS 文件”对话框

② 单击菜单栏中的“工具”→“选项”命令，在“文档属性”标签下的“单位”栏目中选择单位系统为“MKS（米、公斤、秒）”，如图 15-41 所示。单击“确定”按钮，从而将系统的长度单位改变为“米”，方便建模。

③ 在 FeatureManager 设计树中选择“前视基准面”，单击“草图绘制”按钮，将其作为草绘平面。

④ 单击“中心矩形”按钮，绘制一个以原点为中心的矩形。

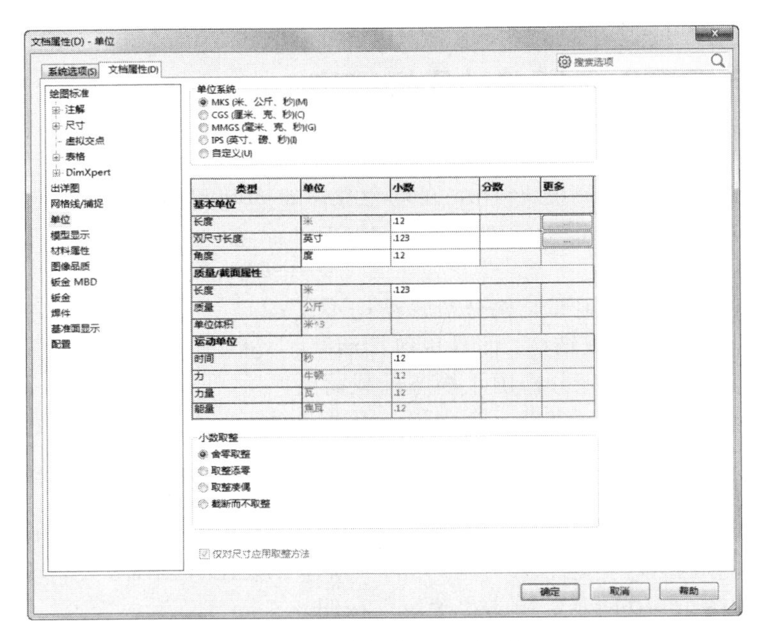

图 15-41　设置系统的单位系统为 MKS

⑤ 单击“智能尺寸”按钮，标注矩形的长、宽尺寸分别为 5m、1.75m。如图 15-42 所示。

⑥ 单击“拉伸凸台/基体”按钮，设置“终止条件”为“给定深度”；在图标右侧的“深度”微调框中设置拉伸深度为 1m。“凸台-拉伸”属性管理器如图 15-43 所示。

⑦ 单击“确定”按钮，从而生成深梁模型，如图 15-44 所示。

图 15-42　矩形草图

图 15-43　“凸台-拉伸”属性管理器

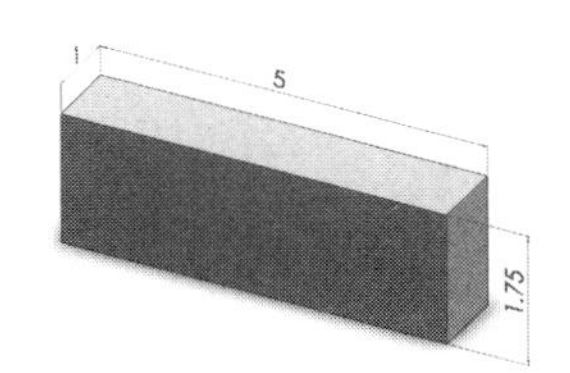

图 15-44　深梁模型

⑧ 单击“保存”按钮，将模型保存为“深梁.sldprt”。

15.7.2 分析

（1）建立研究并定义材料

① 单击“Simulation”标签栏中的“新算例”按钮，打开“新算例”对话框。定义名

称为“梁变形”；分析类型为“静应力分析”，“算例”属性管理器如图 15-45 所示，单击“确定”按钮✔。

② 在 SOLIDWORKS Simulation 模型树中的 梁变形 (-默认-) 右击“深梁”图标 深梁，单击“应用/编辑材料”按钮☰，打开“材料”对话框。创建自定义新材料，设置“模型类型”为“线性弹性各向同性”；定义材料的弹性模量为 3×10^9N/m^2，泊松比为 0.3，如图 15-46 所示。单击“应用”按钮，然后关闭对话框。

（2）建立约束并施加载荷

① 单击“夹具顾问”按钮，弹出“Simulation 顾问”栏，在栏中单击“添加夹具。”然后在图形区域中选择面 5m×1.75m 上的两条长为 1.75m 的边线；默认夹具下拉菜单中的夹具类型为“固定几何体”；在“符号设定”栏目中设置符号大小为 300%，从而更好地显示夹具，如图 15-47 所示。

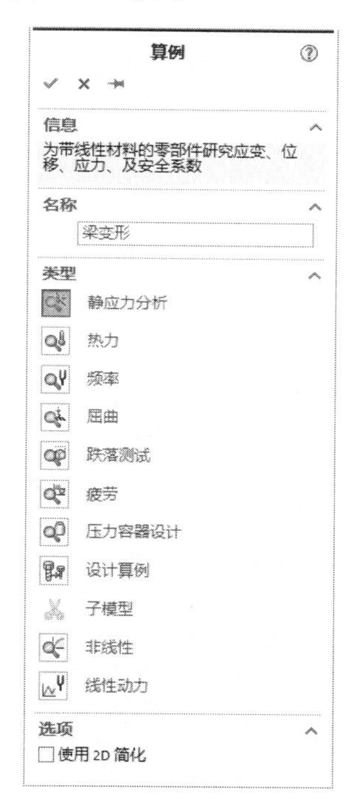

图 15-45 “算例”属性管理器

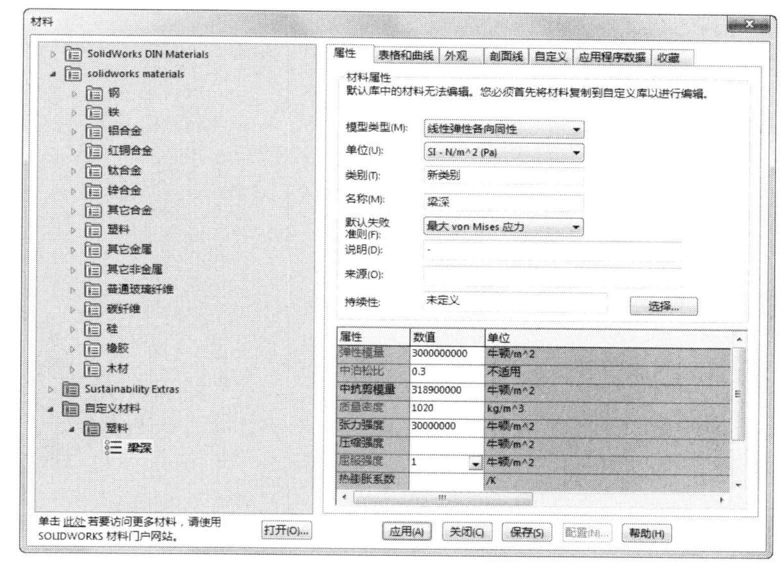

图 15-46 定义材料

② 单击“确定”按钮✔，完成该约束的建立。

③ 单击“外部载荷顾问”下拉菜单中的“压力”按钮，选择深梁中 5m×1.75m 的上端面作为加载平面；在“压力类型”栏目中选择单选按钮“垂直于所选面”；在“压强值”栏目中选择压强单位为“N/m^2”；图标右侧的微调框中输入压力值为 5000N/m^2，如图 15-48 所示。

（3）划分网格并运行

① 单击“运行此算例”下拉菜单中的单击“生成网格”按钮，打开“网格”属性管理器，如图 15-49 所示。保持网格的默认粗细程度。

② 单击“确定”按钮✔，为模型划分网格。划分完网格的模型如图 15-50 所示。

③ 单击“运行此算例”按钮，SOLIDWORKS Simulation 则调用解算器进行有限元分析，此时会出现图 15-51 所示的对话框显示计算进度与过程。

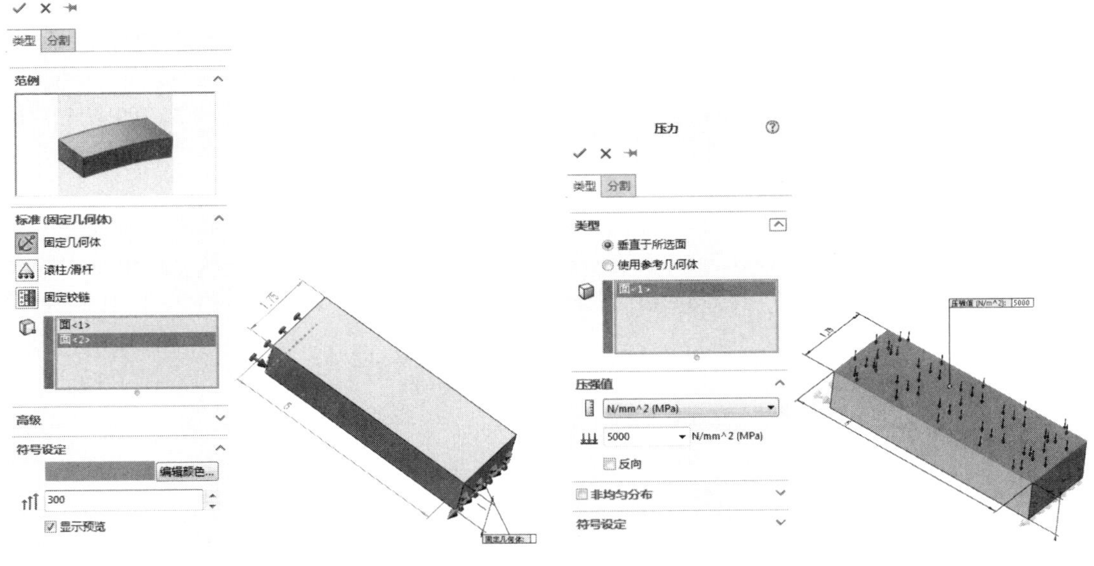

图 15-47　定义梁两端的固支约束

图 15-48　定义深梁的载荷

图 15-49　设置自动划分网格

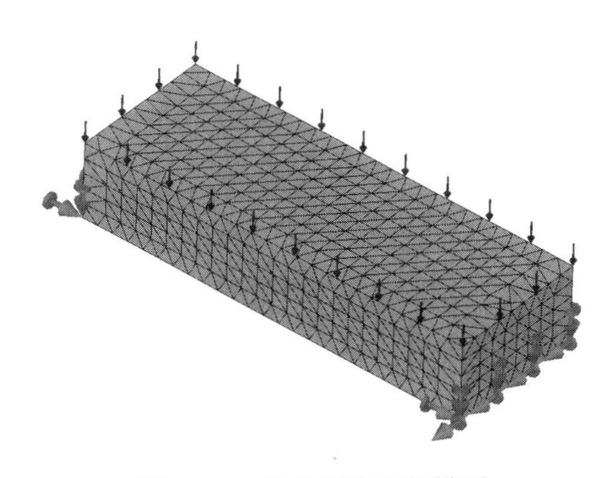

图 15-50　划分网格后的模型

（4）观察结果

① 在有限元分析完成之后，会在 SOLIDWORKS Simulation 模型树中自动生成几个结果文件夹，如图 15-52 所示。通过这几个文件夹就可以查看分析的图解结果。

② 双击 SOLIDWORKS Simulation 模型树中结果文件夹下的“应力 1”图标 应力1，则可以观察深梁在给定约束和加载下的应力分布图解，如图 15-53 所示。

图中左上端的文字表述该图解对应的研究和分析类型以及图中的变形比例，右侧的标尺则表示不同颜色深度所对应的应力值。

③ 要自定义图解中表示的不同类型的应力或者变形比例，则右击 SOLIDWORKS Simulation 模型树中的图解图标 应力1，在快捷菜单中选择命令“编辑定义”，打开“应力图

解”属性管理器，如图 15-54 所示，重新定义。定义后的结果如图 15-55 所示。

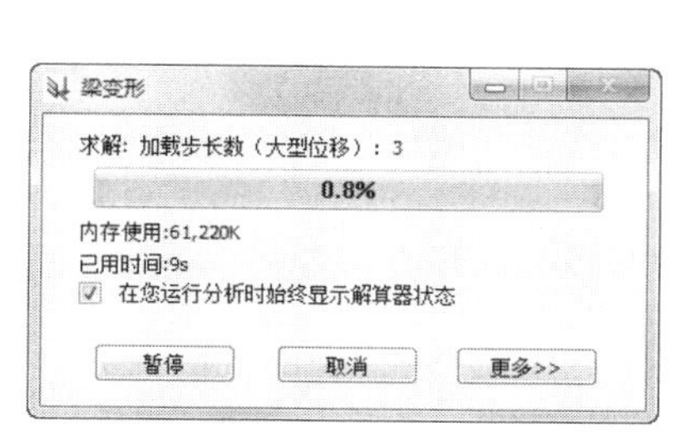

图 15-51　显示计算进度与过程

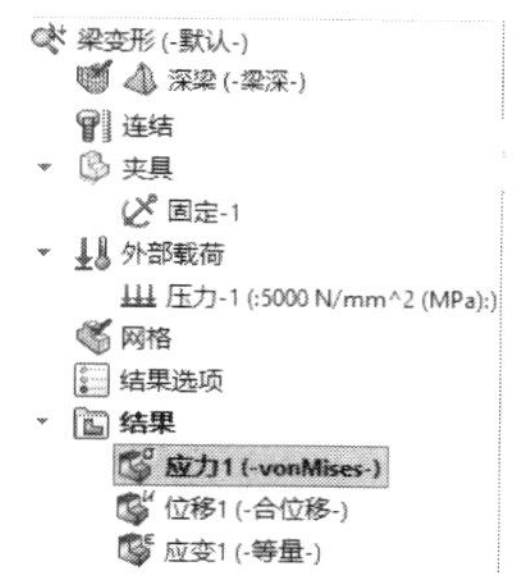

图 15-52　在模型树中添加的结果文件夹

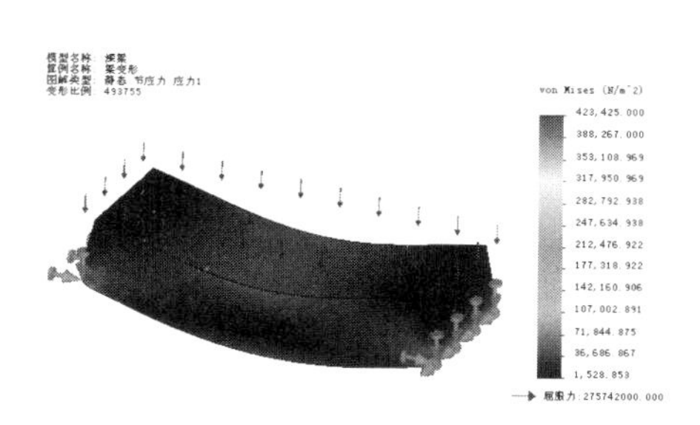

图 15-53　深梁的应力分布云图

图 15-54　“应力图解”属性管理器

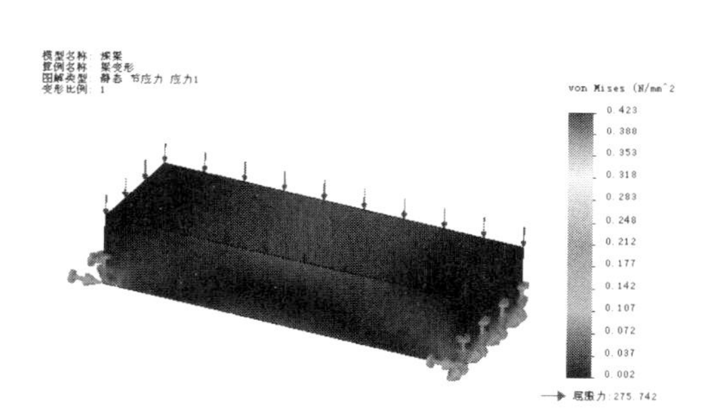

图 15-55　深梁的应力分布云图

图 15-56、图 15-57 所示分别是深梁的位移和应变云图。

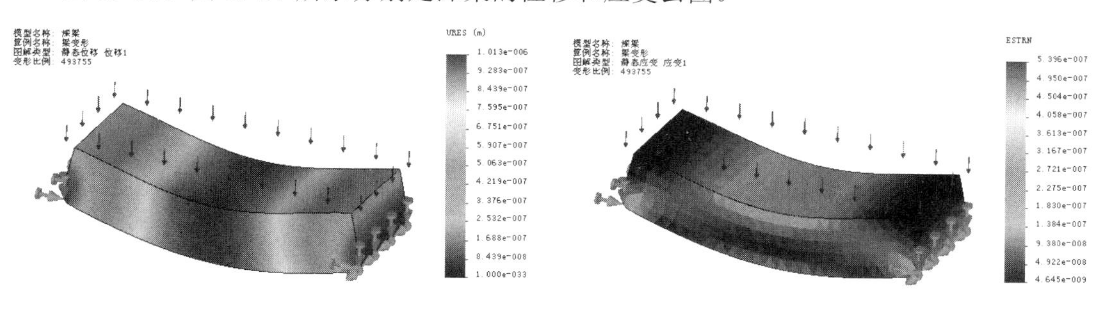

图 15-56　深梁的位移云图

图 15-57　深梁的应变云图

15.8 综合实例——机翼振动分析

扫一扫，看视频

本节分析机翼模型的振动模态和固有频率。

长度为 2540mm 的机翼模型，横截面形状和尺寸如图 15-58 所示。其一端固定，另一端自由。已知弹性模量 E=2.06MPa，密度为 887kg/m^3，泊松比 NUXY=0.3。计算分析该机翼自由振动的前 5 阶频率和振型。

用模态分析可以确定一个结构的固有频率和振型，固有频率和振型是承受动态载荷结构设计中的重要参数。如果要进行模态叠加法谐响应分析或瞬态动力学分析，固有频率和振型也是必要的。

15.8.1 建模

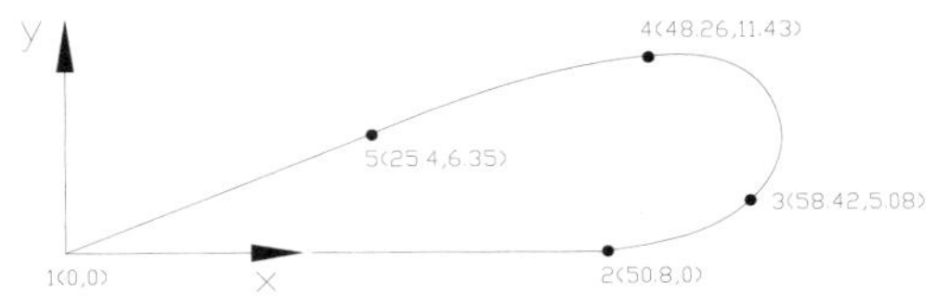

图 15-58　机翼模型横截面尺寸示意图

① 启动 SOLIDWORKS 2020，单击菜单栏中的“文件”→“新建”命令或单击“快速访问”工具栏中的“新建”按钮，在打开的“新建 SOLIDWORKS 文件”对话框中，选择“零件”按钮，单击“确定”按钮。

② 在 FeatureManager 设计树中选择“前视基准面”，单击“草图绘制”按钮，将其作为草绘平面。

③ 使用“直线”按钮和“样条曲线”按钮绘制如图 15-59 所示的曲线，可以通过定义样条点的坐标来控制曲线，如图 15-59 所示。

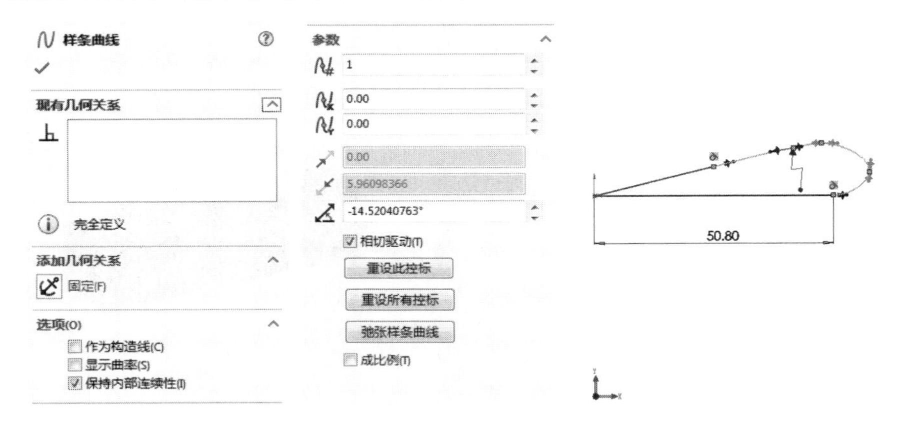

图 15-59　定义样条曲线

④ 单击“拉伸凸台/基体”按钮，设置终止类型为“给定深度”，输入深度为 2540mm；其他选项如图 15-60 所示。

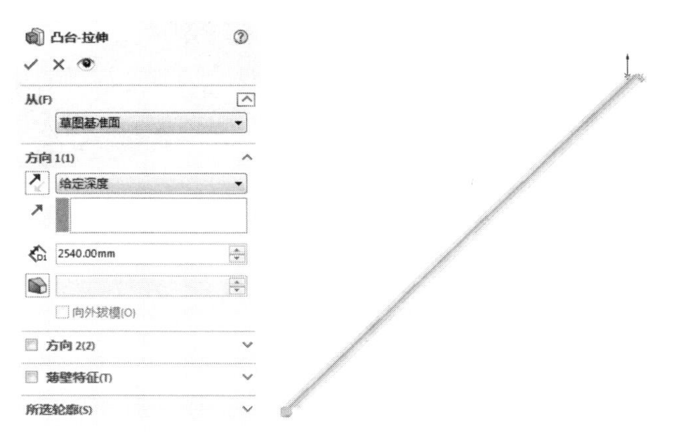

图 15-60　设置拉伸参数

⑤ 单击“确定”按钮，生成模型。

⑥ 单击“保存”按钮，将模型保存为“机翼.sldprt”。

15.8.2 分析

（1）建立研究

① 单击“新算例”按钮，打开“算例”属性管理器。定义名称为“模态分析”；分析类型为“频率”，如图 15-61 所示。

② 在 SOLIDWORKS Simulation 模型树中新建的 模态分析(-默认-)单击右键，单击“属性”，打开“频率”对话框。在“选项”标签下，在“频率数”的微调框中设置要计算的模态阶数为 5，如图 15-62 所示。

图 15-61 定义算例

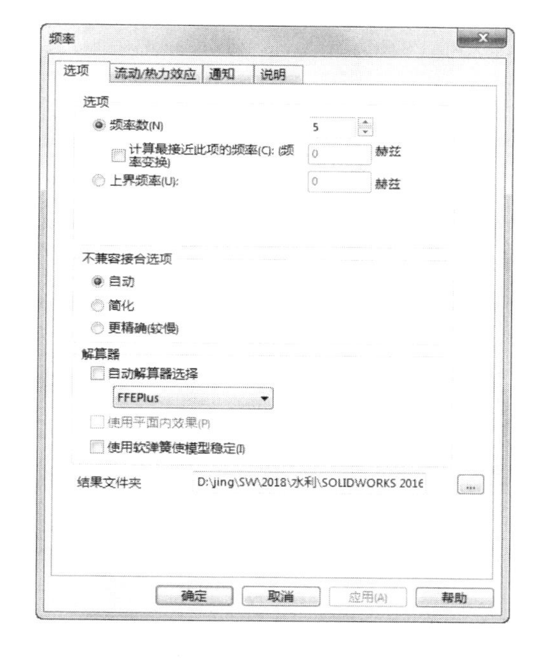

图 15-62 定义频率属性

③ 单击“确定”按钮，关闭对话框。

④ 在 SOLIDWORKS Simulation 模型树中右击“机翼”图标 机翼，单击“应用/编辑材料”按钮，打开“材料”对话框。选择“选择材料来源”为“自定义”；设置“模型类型”为“线性弹性各向同性”；定义材料的名称为“机翼材料”；定义材料的弹性模量为 2.06×10^6Pa，泊松比为 0.3，密度为 887kg/m^3，如图 15-63 所示。

⑤ 单击“应用”按钮，关闭“材料”对话框。

（2）建立约束并施加载荷

① 单击“夹具顾问”按钮下拉列表中的“固定几何体”按钮，弹出“夹具”属性管理器，选择夹具类型为“固定几何体”，然后选择机翼的端面作为约束元素。如图 15-64 所示。

② 单击“确定”按钮，完成机翼的固支约束。

（3）划分网格并运行

① 单击“运行此算例”按钮，下拉列表中的“生成网格”按钮，打开“网格”属性管理器。保持网格的默认粗细程度。

② 单击“确定”按钮，开始划分网格，划分网格后的模型如图 15-65 所示。

③ 单击“运行此算例”按钮，运行分析。

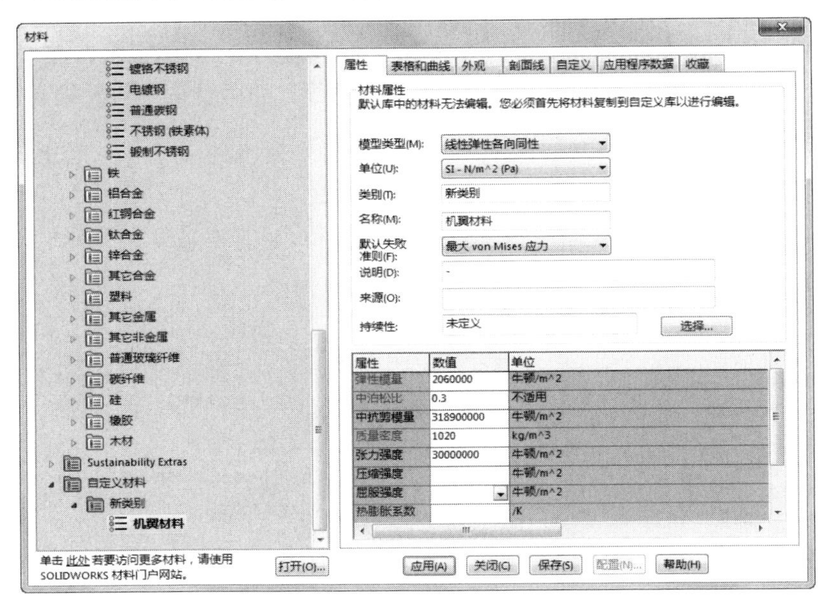

图 15-63　定义机翼材料

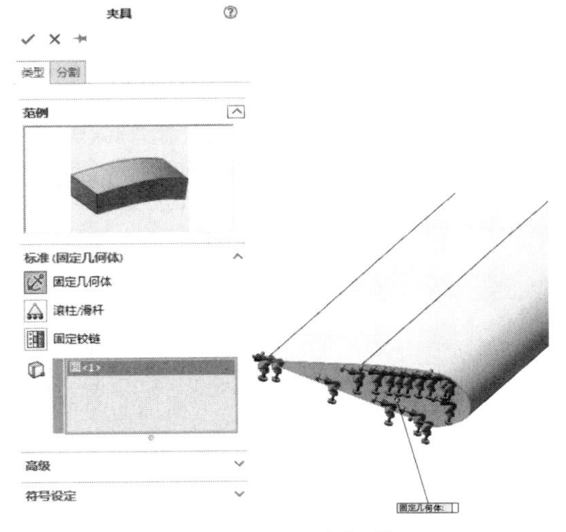

图 15-64　约束机翼

图 15-65　划分网格后的机翼

（4）观察结果

① 双击 SOLIDWORKS Simulation 模型树中结果文件夹下的“振幅 1”图标 振幅1，观察机翼在给定约束下的一阶变形图解，如图 15-66 所示。

② 双击 SOLIDWORKS Simulation 模型树中结果文件夹下的“振幅 2”图标 振幅2，观察机翼在给定约束下的二阶变形图解，如图 15-67 所示。

图 15-68 所示是机翼的三阶振型。

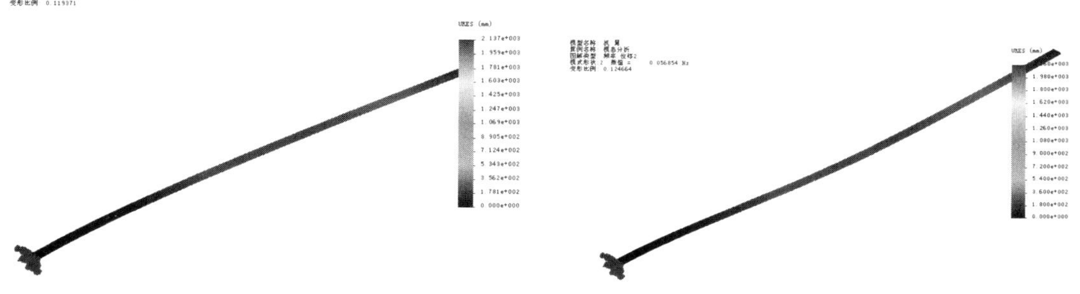

图 15-66　给定约束下的机翼一阶振型　　　　图 15-67　机翼的二阶振型

③ 单击菜单栏中的“Simulation”→“列举结果”→“模式”命令，则弹出“列举模式”对话框，显示计算得出的前 5 阶振动频率，如图 15-69 所示。

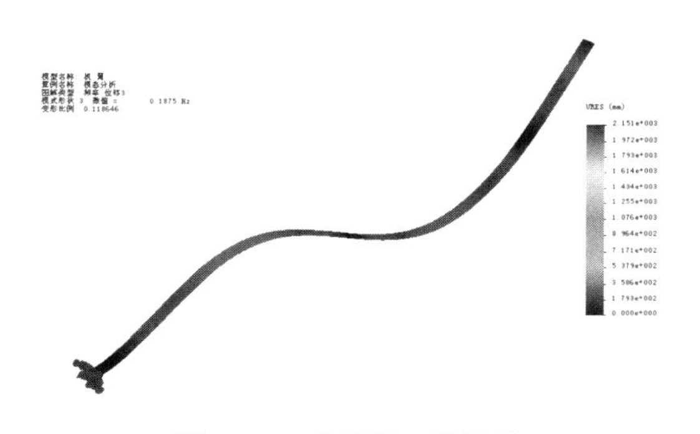

图 15-68　机翼的三阶振型

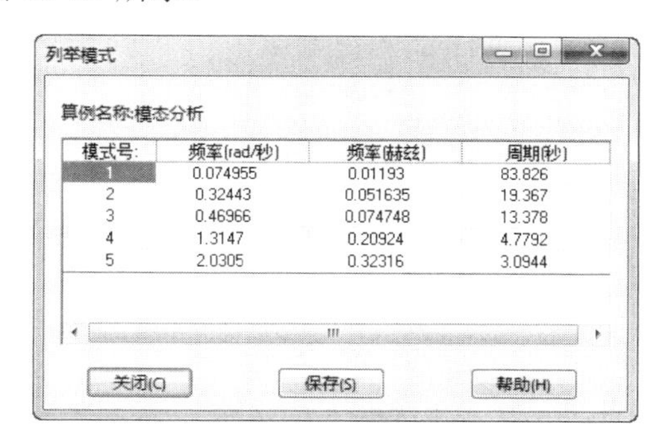

列举模式

算例名称:模态分析

模式号	频率(rad/秒)	频率(赫兹)	周期(秒)
1	0.074955	0.01193	83.826
2	0.32443	0.051635	19.367
3	0.46966	0.074748	13.378
4	1.3147	0.20924	4.7792
5	2.0305	0.32316	3.0944

关闭(C)　保存(S)　帮助(H)

图 15-69　前 5 阶振动频率

15.9 综合实例——冷却栅温度场分析

扫一扫，看视频

本例确定一个冷却栅的温度场分布。如图 15-70 所示，一个轴对称的冷却栅结构管内为热流体，管外流体为空气，管道机冷却栅材料均为不锈钢，导热系数为 52W/（m·K），弹性模量为 2×10^8Pa，热膨胀系数为 1.42×10^{-5}/K，泊松比为 0.3，管内压力为 6.89MPa，管内流体温度为 523K，对流系数为 100W/（m^2·℃），外界流体（空气）温度为 39℃，对流系数为 25W/（m^2·K）。

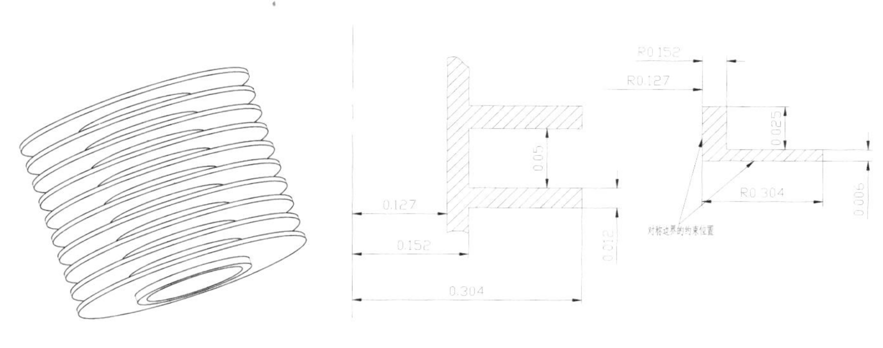

图 15-70　冷却栅结构

热分析用于计算一个系统或部件的温度分布及其他热物理参数，如热量的获取或损失、热梯度及热流密度（热通量）等。它在许多工程引用中扮演重要角色，如内燃机、涡轮机、换热器、管路系统及电子元件等。

15.9.1 建模

① 在 FeatureManager 设计树中选择“前视基准面”，单击“草图绘制”按钮，将其作为草绘平面。

② 单击“中心线”按钮，绘制通过原点的竖直直线作为旋转特征的中心线。

③ 单击“直线”按钮，绘制冷却栅的旋转图形，如图 15-71 所示。

④ 单击“旋转凸台/基体”按钮，选择中心线作为旋转轴；设置旋转角度为 360° 。

⑤ 单击“确定”按钮，创建模型，如图 15-72 所示。

⑥ 单击“保存”按钮，将模型保存为“冷却栅管.sldprt”。

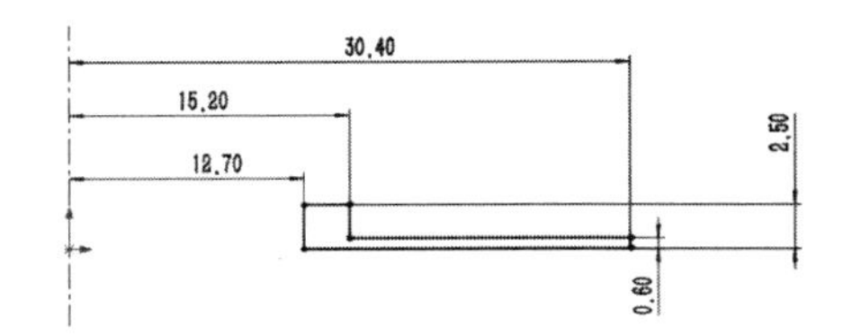

图 15-71　旋转轮廓

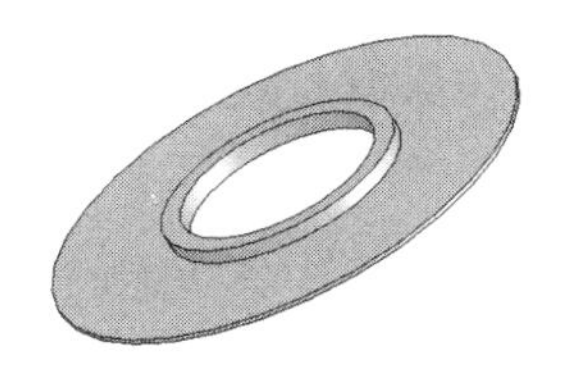
图 15-72　冷却栅管模型

15.9.2 分析

（1）建立研究

① 单击“新算例”按钮，打开“算例”属性管理器。定义名称为“热力分析”；分析类型为“热力”，如图 15-73 所示。

② 在 SOLIDWORKS Simulation 模型树中新建的“热力分析”右击，单击“属性”，打开“热力”对话框，设置解算器为“FFEPlus”，并选择求解类型为“稳态”，如图 15-74 所示，即计算稳态传热问题。单击“确定”按钮，关闭对话框。

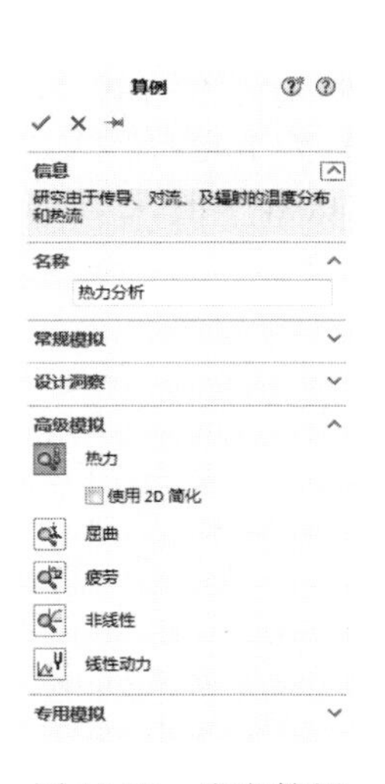

图 15-73　定义算例

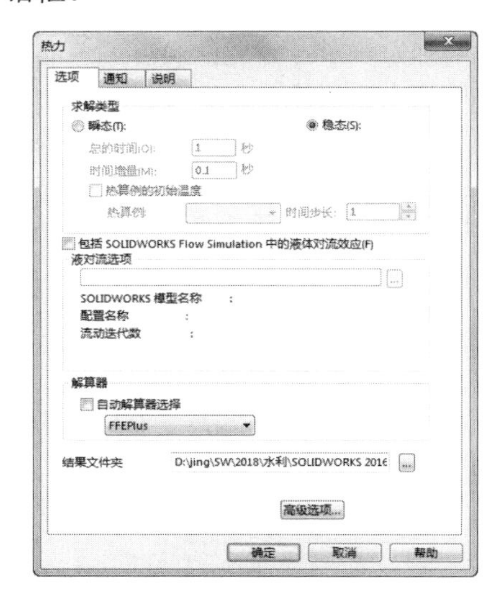

图 15-74　设置热力研究属性

③ 单击菜单栏中的“Simulation”→“材料”→“应用材料到所有”命令，打开“材料”对话框。选择“选择材料来源”为“自定义”，在右侧的材料属性栏目中定义弹性模量为 2×10^{8}N/m^{2}，泊松比为 0.3，热导率为 52，热膨胀系数为 1.42×10^{-5}/K，如图 15-75 所示。

④ 单击“应用”按钮，关闭对话框。

（2）建立约束并施加载荷

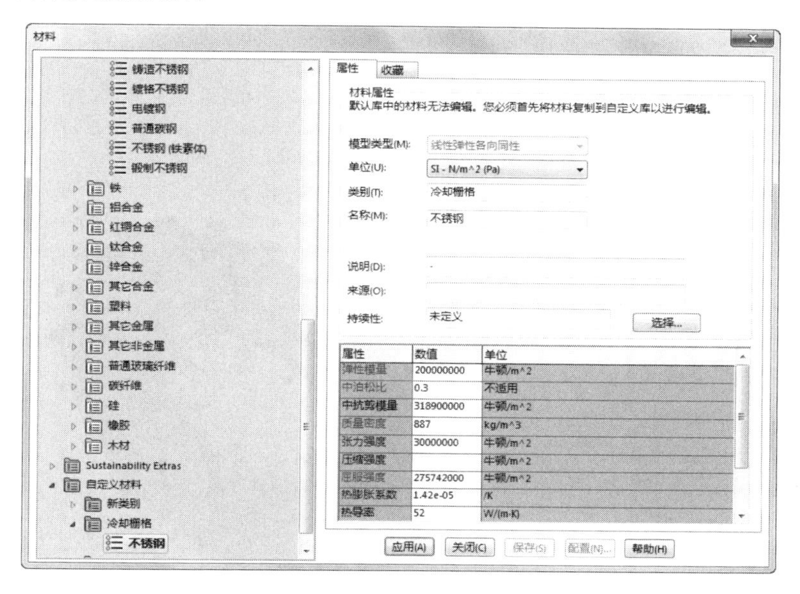

图 15-75　设置冷却栅管的材料

① 单击“对流”按钮，打开“对流”属性管理器。单击图标右侧的显示栏，在图形区域中冷却栅管的内侧面作为对流面；设置对流系数为 100W/m^{2} • K，总温度为 523K，具体如图 15-76 所示。

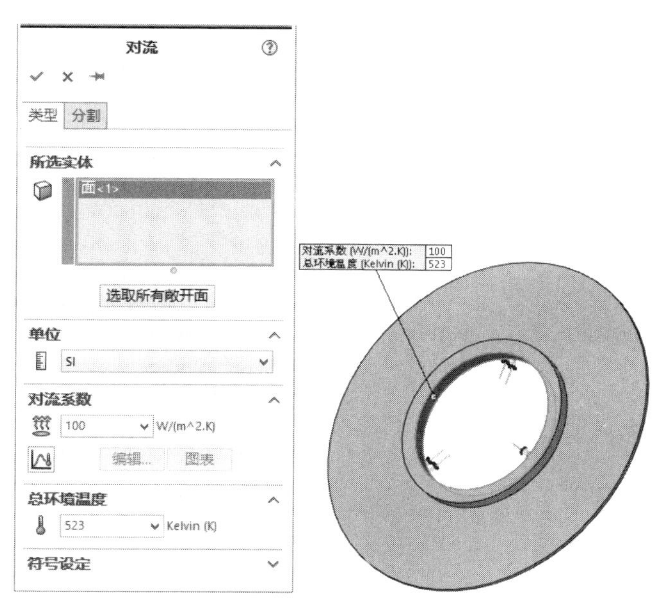

图 15-76　设置管道内流体对流参数

② 单击“确定”按钮✔，完成“对流-1”热载荷的创建。

③ 单击“对流”按钮，打开“对流”属性管理器。单击图标右侧的显示栏，在图形区域中选择冷却栅管的外部三个侧面作为对流面；设置对流系数为25W/m²·K，总温度为312K，具体如图15-77所示。

④ 单击“确定”按钮✔，完成“对流-2”热载荷的创建。

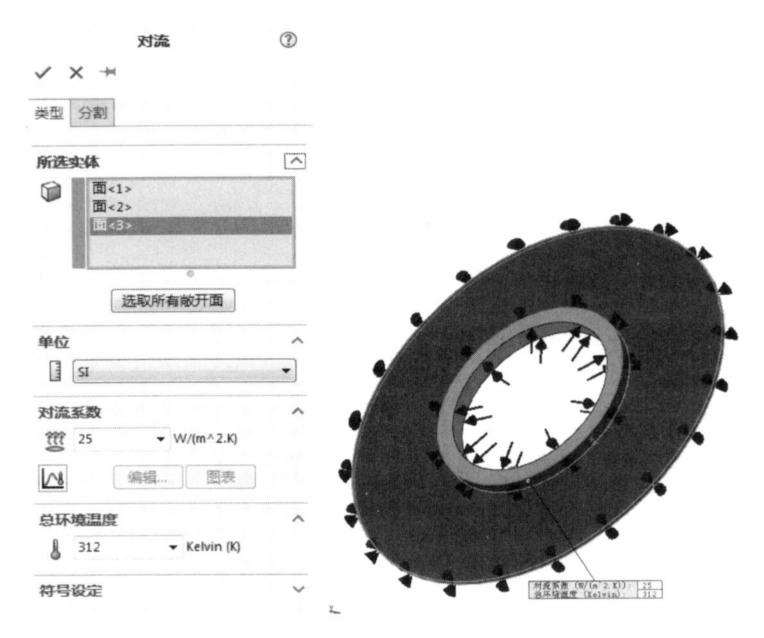

图 15-77　设置管道外空气对流参数

（3）划分网格并运行

① 单击“生成网格”按钮，打开“网格”属性管理器。保持网格的默认粗细程度。

② 单击“确认”按钮✔，开始划分网格，划分网格后的模型如图15-78所示。

③ 单击“运行此算例”按钮，SOLIDWORKS Simulation 则调用解算器进行有限元分析。

（4）观察结果

① 双击模型树中“结果”文件夹下的“热力1”图标**热力1(-温度-)**，则可以观察冷却栅管的温度分布图解，如图15-79所示。

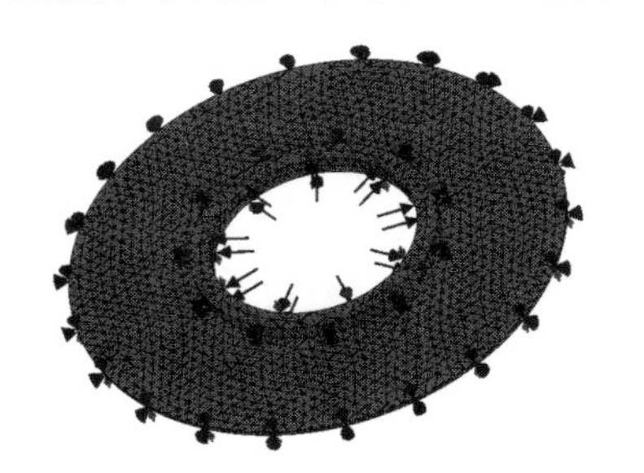

图 15-78　划分网格后的模型

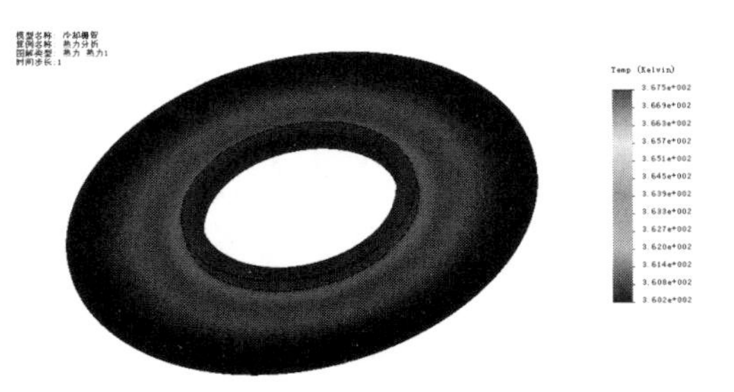

图 15-79　冷却栅管的温度分布云图

② 单击菜单栏中的“Simulation”→“结果工具”→“截面剪裁”命令，打开“截面”属性管理器。选择“前视基准面”作为参考实体；其他选项如图15-80所示。

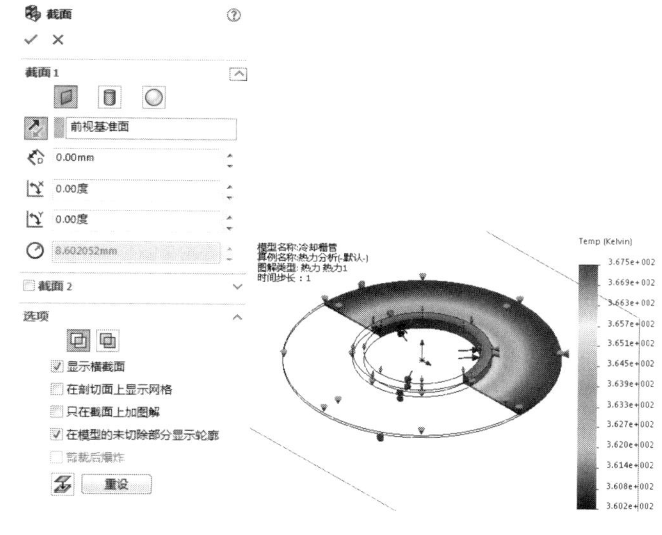

图 15-80 截面裁剪选项

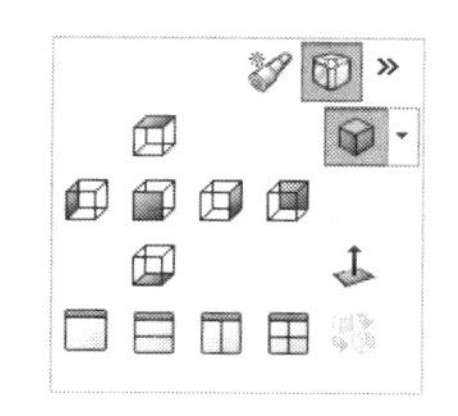

图 15-81 视图定向快捷菜单

③ 单击“确定”按钮✔，从而以“前视基准面”作为截面剖视图解。

④ 单击“探测”按钮，或右击“结果”文件夹下的“热力 1 ”图标，在弹出的快捷菜单中选择命令“探测”。

⑤ 单击前导视图中的“视图定向”按钮，打开视图定向快捷菜单，如图 15-81 所示。在对话框中选择“前视”，从而以“前视”视图方向观察模型。

⑥ 在图形区域中沿冷却栅管的半径方向依次选择几个节点作为探测目标，这些节点的序号、坐标及其对应的温度都显示在“探测截面”对话框中，如图 15-82 所示。

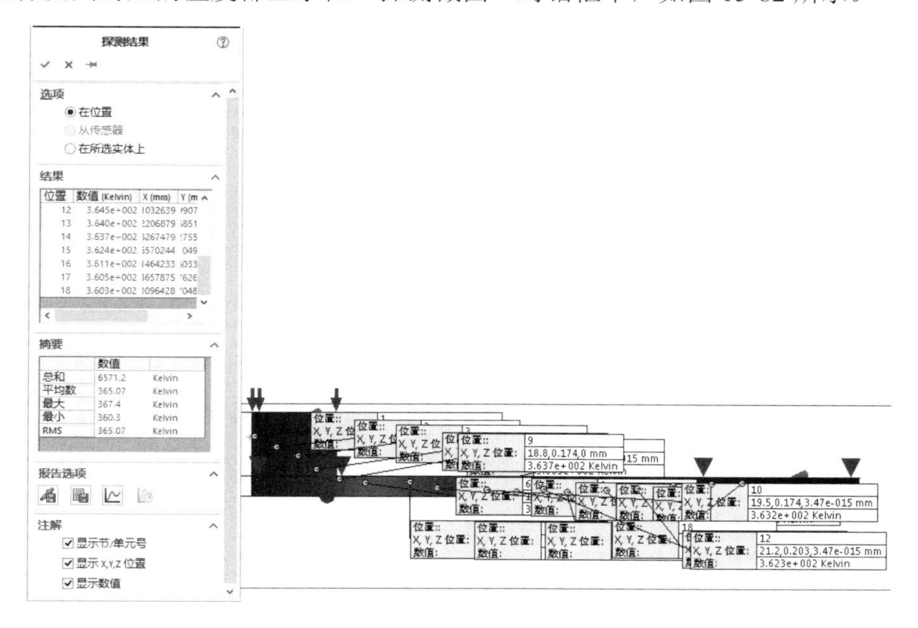

图 15-82 选择节点

⑦ 单击“图解”按钮，可以观察随冷却栅管半径的温度分布曲线，如图 15-83 所示。

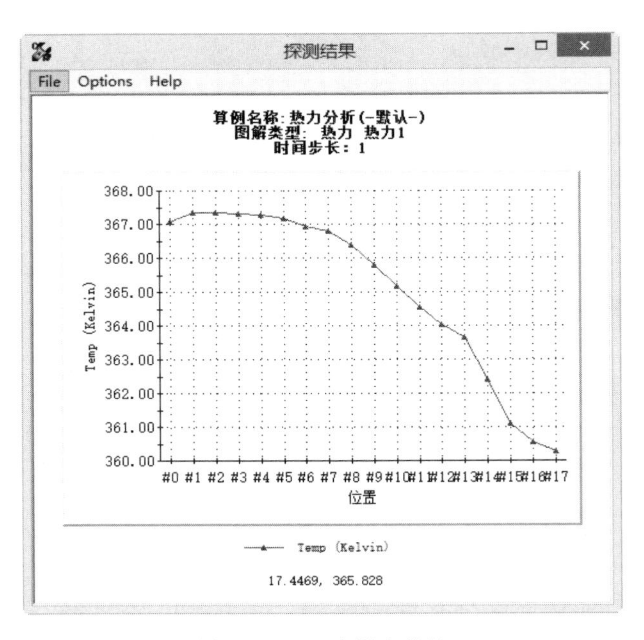

图 15-83　温度梯度曲线

附录　配套学习资源

本书配套实例源文件	
全国成图大赛试题集	
SOLIDWORKS 行业案例设计方案及同步视频讲解